Agrarwirtschaft

Fachstufe Landwirt

Lehr- und Arbeitsbuch für berufsbildende Schulen in zwei Bänden:

Agrarwirtschaft – Grundstufe Landwirt	Fachtheorie für Boden | Pflanze | Tier | Technik Chemie | Physik | Biologie | Züchtung Ökologie | Landschaftspflege | Artenschutz Betriegswirtschaft | Buchführung Datenverarbeitung | Kommunikation
Agrarwirtschaft – Fachstufe Landwirt	Fachtheorie für **Pflanzliche Produktion**: Planung, Führung, Verwertung und Vermarktung von Kulturen **Tierische Produktion**: Haltung, Fütterung, Zucht und Vermarktung von Nutztieren **Energieproduktion**: Erzeugung und Vermarktung regenerativer Energie

Agrarwirtschaft Fachstufe Landwirt

Fachtheorie für

Pflanzliche Produktion

Planung, Führung, Verwertung und Vermarktung von Kulturen

Tierische Produktion

Haltung, Fütterung, Zucht und Vermarktung von Nutztieren

Energieproduktion

Erzeugung und Vermarktung regenerativer Energie

Schriftleitung:
StD Horst Lochner, Staatliches Berufliches Schulzentrum Ansbach/Triesdorf
StR Johannes Breker, Wilhelm-Normann-Berufskolleg Herford

Mitarbeiter:
TA Christian Beckmann, Dipl.-Ing. (FH), Landmaschinenschule Schönbrunn/Agrarbildungszentrum Landshut
StR Johannes Becker, Wilhelm-Normann-Berufskolleg Herford
Dr. med vet. Andreas Dietz, Brakel
Akad. Dir. Dr. agr. Heinrich Gamringer, Technische Universität München/Weihenstephan
OStR Thomas Heubeck, Staatliches Berufliches Schulzentrum Ansbach/Triesdorf
OStR Anton Höcherl, Dipl.-Ing. (FH),
Staatliche Berufsschule Schwandorf/Neuburg v. Wald
StR Siegfried Launer, Staatliches Berufliches Schulzentrum Herzogenaurach-Höchstadt
StD Horst Lochner, Staatliches Berufliches Schulzentrum Neustadt a. d. Waldnaab
StD Heinrich Müller, Staatliches Berufsbildungszentrum Neustadt a. d. Waldnaab
LD a. D. Georg Rossbauer, Dipl.-Ing. agr., Biburg
StD Rudolf Schacherl, Dipl.-Ing. agr., Staatliche Berufsschule I Passau
Josef Schlaghecken, Dipl.-Ing. (FH), DLR Rheinpfalz, Neustadt/Weinstraße

8., überarbeitete Auflage

blv BLV Buchverlag GmbH & Co. KG
München

Landwirtschaftsverlag GmbH
Münster-Hiltrup

Bibliografische Information Der Deutschen Bibliothek
Die Deutsche Bibliothek verzeichnet diese Publikation in der Deutschen Nationalbibliografie; detaillierte bibliografische Daten sind im Internet über http://dnb.ddb.de abrufbar.

Bildnachweis

ADR/Bonn: 1069; agentur walter, Fa: 5, 92, 140, 146, 148–149, 151–153, 160–163, 171, 183, 213–216, 222, 264, 316, 333, 375, 428–431, 482, 507, 521, 523, 568–569, 573–575, 586–587, 592, 607–608, 610, 612, 701, 718, 728, 757, 761–763, 775–780, 785, 787–789, 806–810, 815, 826, 829, 831, 834–835, 842, 851, 867–868, 872–873, 922, 950–952, 958, 965, 972, 975, 989, 992, 1014, 1016, 1019, 1094, 1099, 1101–1102, 1104–1105, 1110, 1124–1125, 1135, 1154, 1178, 1185, 1191, 1195, 1205, 1207, 1212, 1216, 1219–1221, 1238, 1246, 1269, 1275–1276, 1310–1315, 1330, 1337–1338, 1348, 1350, 1358–1360, 1369–1374; agrarpress.de: 1200, 1206; agro Products Aps/DK: 1241; aid/Bonn: 985, 1119; Alsing, Dr. W.: 65, 188, 209, 211, 246, 254, 267, 295–296, 312, 318, 356, 438, 465, 468, 470, 532, 570–571, 593, 594, 600–601, 629, 699, 774, 800, 937, 943, 1034, 1042, 1051–1254; Althammer, P.: 1166; Angermaier, T.: 1317, 1353; Auer, St.: 81–83, 99–100, 102, 104–110, 115, 117–119, 126, 136, 138, 144, 154–156, 165–168, 282, 285, 290–291, 293, 307, 309, 311, 335–338, 340, 342, 357, 362–363, 366–370, 372, 380–382, 400–405, 417–419, 422, 425–427, 432–433, 635, 641, 644, 655, 657–658, 661–662, 667–669, 671, 679, 681–682, 689–694, 740, 987–988, 990, 993, 1218; BA Fleischf./Kulmbach: 1061; BASF, Fa. 52–57, 59–64, 67–71, 74–76, 180–182, 184, 186–187, 196–198, 202–203, 206, 233–239, 243–245, 248–250, 256–259, 263, 273, 298–299, 302, 306, 313–314, 321, 346–354, 373–374, 379, 406–410, 414–415, 466, 579; Bauer, K.: 1139, 1245; Bayer, Fa. 58, 72, 185, 301, 345, 353, 416; Bayer. Staatsforst-Verwaltung: 719; Fa. Becker: 289; Beckmann, Ch.: 420, 649–650; Berchtold, J.: 783–784, 791, 953, 1026; Fa. Big Dutchman: 1242; Bomme, Dr./LfL: 472–473; Breker, J.: 1401–1402; Brüning, U.: 1247,1256; BSSB®R.Schuhmann: 1159–1160, 1213, 1215, 1217, 1233, 1262; Burgkart, Dr. M.: 1327–1328, 1334–1336; Fa. Busatis: 637–640, 642–643; CARMEN: 1390; Fa. Case:132; Fa. Claas: 80, 123, 127, 308, 310, 646, 651, 663, 683; CMA: 317, 1020; Fa. Dameco Skjold: 145, 147, 169; Damme, Dr. K.: 1361–1368; Daxwanger, J.: 446–447; , Fa. Deere: 684, 686–688; Fa. Deutz-Fahr: 128, 137, 654, 656, 660, 676; DLG-Gesellschaft/FFM: 1071–1072; dlz-Archiv: 1214; Drews, A.: 822–823, 825, 843, 846, 850, 852–853, 855, 861–862, 879–881, 884, 888, 893, 901–903, 907, 909, 911, 915–916, 920–921, 926–927, 942, 944, 946, 957, 961–964, 967, 976, 978–980, 998–999, 1000, 1003–1004, 1012, 1022, 1024, 1031, 1038, 1041, 1044, 1050, 1063, 1073, 1097, 1106, 1109, 1137, 1142, 1146, 1155, 1167, 1172, 1184, 1186–1188, 1196, 1198, 1231, 1235, 1248, 1249, 1272; dtp: 90,95, 227, 247, 252, 388, 391, 393, 578, 580, 611, 628, 697, 812, 866, 882–883, 914, 947–948, 1021, 1056, 1131, 1144, 1158, 1250–1251, 1255, 1268, 1326; DWD: 1405, 1412; Eckl, Prof.: 1266; Eich, K.-O.: 1277–1281, 1283–1293; Fa. Eicher: 977; Erzeugergem. Osnabrück: 1308; FAL Inst. Pflanzenbau + Pflanzenzüchtung: 469, 471; Fa. Faresin: 991; Farnhammer, D./BLV: 8, 50–51, 143, 150, 157, 217–219, 223, 229, 231–232, 253, 274, 396, 524–526, 530–531, 606, 609, 615, 618, 624, 632–634, 786, 828, 836, 912–913, 917, 923, 925, 1018, 1023, 1028–1029, 1032, 1035–1037, 1039, 1067, 1136, 1141, 1143, 1145, 1153, 1171, 1173–1174, 1203–1204, 1306, 1309; Fiedler, Dr. A.: 959; Gamringer, Dr. H.: 781, 844–845, 848, 865, 869–871, 875–878, 904, 918, 931–933, 941, 1030, 1060, 1066; Fa. Gaspardo: 284; Gemke, M.: 1, 9–31, 44, 195, 224, 230, 269, 331, 341, 378, 398, 588, 619, 703–713, 724, 737, 748, 750–752, 816, 858, 863–864, 885–887, 891, 945, 969, 974, 983, 994, 1007, 1049, 1122, 1132, 1183, 1189, 1190, 1274; Gottschalk, Dr. A.: 837; Fa. Grimme: 421; Herrmann, H.: 2, 6–7, 32, 34, 37–40, 43, 66, 77, 86–89, 91, 94, 170, 173–174, 176, 189–194, 199–201, 204–205, 208, 210, 212, 220–221, 226, 228, 241–242, 251, 255, 260–262, 265, 270, 272, 275–276, 278–279, 281, 300, 303–305, 315, 324–330, 343, 355, 376, 383, 386, 394, 397, 409, 411–413, 435, 437, 439, 449, 450–456, 463–464, 527–528, 533, 567, 572, 581–582, 590, 596–599, 602–603, 613–614, 621–622, 714, 717, 736, 738, 765–767, 832, 854, 874, 1013, 1015, 1027, 1046, 1123, 1127–1130, 1133, 1147, 1151–1152, 1156–1157, 1165, 1175, 1181, 1193, 1225, 1232, 1252, 1270–1273, 1302, 1304–1305, 1307, 1355; Fa.Himmel: 164; Höcherl, A.: 721, 753, 758, 764; Hoffmann, H.: 111–114, 700, 716, 722, 725, 729–730, 732–733, 747, 749, 754–756, 773, 906, 966, 973, 981, 1222–1223, 1236–1237, 1258, 1260, 1263–1265, 1329, 1331, 1333, 1356; Hollwich, Dr.: 1062; Fa. Holmer: 360; Hoy, Prof. St.: 1224, 1229–1230, 1261; Huber, H.: 1057, 12971299; Hühn, Prof. Dr. U.: 1169; Fa. Husquarna: 739; Hutschenreiter, M.: 664; Fa. IBO: 1240; Fa. Jabelmann: 434; Jahrsdorf, C.: 833, 847, 859, 895, 897, 935, 940, 955, 986, 1002, 1010, 1045; Joas, C.: 695–696; John Deere, Fa.: 135; Kali + Salz, Fa.: 268, 770; Fa. Kartographie Huber: 48, 908, 910, 919, 928–930, 936, 938, 949, 1005, 1017, 1033, 1040, 1043, 1047–1048, 1108, 1148–1150, 1168, 1170, 1176–1177, 1179, 1180, 1182, 1192, 1197, 1201–1202, 1208–1211, 1259, 1267; Fa. Kleine: 339, 359; Koller Dr. et al.: 894, 896, 899, 960, 968, 970–971, 997; Fa. Krone: 675, 680; Landwirtschaftliches Zentrum Ebenrain/Sissach: 860; Lemke: 1117; Lehrstuhl f. Landtechnik der TUM/Freising-Weihenstephan: 84, 120, 158, 623, 1025 1227; Fa. Lemken: 101,116; LfL Tierzucht, Grub: 794, 820–821, 824, 889, 905, 924, 995, 1065, 1070, 1112, 1114, 1134; LfL Wolnzach/Roßbauer: 506, 508–520, 522; LKV Bayern: 811, 838, 840–841, 1054; Lochner, H.: 1380–1381, 1383–1384, 1386–1389, 1391–1392, 1395–1396, 1400, 1403, 1409; Mack, M.: 954; Mayer-Ötting, Dr.: 583; Melzig, Dr./SGD: 1294–1295; Fa. Mengele: 939; Fa. Miele: 1009; Fa. Monosem: 286–288, 292; Müller, Dr./Wels: 1075; Müller, H.: 459–462, 625–626; Fa. New Holland: 125, 130, 134, 673, 677; Fa. oekostrom AG, Wien: 1411; OHG/Schulze, Wolfhard: 790, 792, 830; Petercord, B./Wiegard, K.: 1332, 1340, 1352 1354, 1357; Pfänder, H.-G.: 280; Pirkelmann, Dr.: 385, 387; Fa. Pöttinger: 645, 659, 685; Preiß, W.: 33, 78, 179, 322, 358, 399, 584, 591, 630, 636, 720, 727, 1001, 1011, 1058, 1074, 1096; Preuschen, Prof.: 457; Reinhard, H.: 474–477, 698; Robeis, J.: 782; Ropa, Fa.: 361, 371; Rosenberger, E.: 802; Rosenberger, Prof. Dr.: 813–814, 1076, 1078, 1084; Fa. Roxell: 1257; Rüppold, Dr./BayWa: 73; Saaten-Union, Fa.: 319, 467; Sambraus, Prof. Dr. H.H.: 793, 795–799, 803–805, 1115, 1120, 1318–1325, 1342–1347; Schacherl, R.: 1199, 1234, 1300–1301, 1303; Schauer, Fa.: 1244; Scheerer, K.: 934; Schemmer, J.: 715, 723, 759–760; Schlaghecken, J.: 479–481, 483–505; Schönberger, M.: 35–36, 41–42, 45–46, 49, 85, 93, 96–98, 103, 121–122, 124, 129, 131, 133, 141–142, 159, 177–178, 266, 271–277, 283, 294, 297, 320, 332, 334, 344, 364, 377, 389, 392, 395, 423–424, 440–445, 448, 458–529, 534–566, 577, 605, 616–617, 620, 627, 631, 647–648, 652–653, 665–666, 670, 674, 702, 726; Schrag, Dr.: 890, 892, 1080–1083, 1085–1088, 1090, 1092, 1282, 1296; Schütt, P. et al.: 768, 771–772; Steinert, D.: 849; Stiehl, Fa.: 735, 741–746; Fa. Stoll: 365; Straiton, E.C.: 1077, 1089; TGD Bayern: 1079; TGD Bayern/Dr. Tenhumberg: 1093; TGD Bayern/Dr. Günzler: 900, 1091; TGD Bayern/Dr. E.-G. Hellwig: 1161–1164; Uhl + Massopust: 3–4, 139, 207, 478, 1098, 1100, 1103, 1194, 1253, 1316, 1339, 1375–1379, 1382, 1385, 1393–1394, 1397–1399, 1404, 1406–1408; Fa.Vereinigte Kunstmühlen: 172; Fa. Vicon: 984; Fa. Vredo/Holland: 604; Waldbauernschule Scheyarn: 734; Fa. Weda: 1239, 1243; Wiemker, J.: 1341, 1349, 1351; Wittmann, Dr. W.: 1138,1226, 1228; www.windkraft.de: 1410; ZDS/Bonn: 1107, 1111, 1113, 1116, 1118, 1121; Zernecke, D.: 769; Zunke, Dr. U.: 240.

BLV Buchverlag GmbH & Co. KG
80797 München 7 8 9 0 1 2 3 4 5 6

Umschlaggestaltung: Anja Masuch, Fürstenfeldbruck
Lektorat: Dr. Wolfgert Alsing
Satz: Uhl + Massopust, Aalen
Herstellung: Hermann Maxant
Gedruckt auf chlorfrei gebleichtem Papier
ISBN 978-3-8354-0152-1

Vorwort

Ergebnisse aus Wissenschaft und Forschung, die agrarpolitischen Rahmenbedingungen besonders in Deutschland und der EU sowie die zunehmende Globalisierung führen bei den Berufen der Agrarwirtschaft ständig zu Veränderungen des Fachwissens. Es entstehen immer neue Gegebenheiten und Herausforderungen, die besonders auch in der Landwirtschaft eine ständige Lernbereitschaft zur Aktualisierung des Wissens und Könnens erfordern.

Die beste Zukunftsvorsorge besteht deshalb in einer gründlichen Aus- und Weiterbildung. Selbstständige Bauern, landwirtschaftliche Betriebsleiter und mitarbeitende Fachkräfte werden ohne Fach-, Methoden- und Sozialkompetenz ihre Aufgaben in Zukunft kaum noch bewältigen können.

Das vorliegende zweibändige Lehrwerk »Agrarwirtschaft – Grundstufe Landwirt« und »Agrarwirtschaft – Fachstufe Landwirt« will deshalb vorrangig die fachlichen Grundlagen auf dem Standard der Berufsabschlussprüfung im Ausbildungsberuf Landwirt/Landwirtin vermitteln, zugleich aber auch die persönlichen und sozialen Kräfte der angehenden Landwirte sensibilisieren und mobilisieren. Beide Lehrbücher begleiten bundesweit die Berufsausbildung zum Landwirt. Sie behandeln die in der Bundesausbildungs- und in der Prüfungsverordnung zu Grunde gelegten Ausbildungsinhalte in der dem Berufsbild entsprechenden Breite und Tiefe.

Beide Lehrbücher sind aber auch für die Ausbildung weiterer landwirtschaftlicher Berufe wie etwa den Tierwirt oder den neu geschaffenen Beruf Fachkraft Agrarservice gut geeignet.

Die »Grundstufe Landwirt« enthält die Fachtheorie des 1. Ausbildungsjahres für die landwirtschaftlichen Produktionsgrundlagen in der gebotenen wissenschaftlichen Ausführlichkeit. Darauf aufbauend vermittelt die »Fachstufe Landwirt« für das 2. und 3. Ausbildungsjahr die Fachtheorie für die einzelnen Produktions- und Arbeitsvorgänge in den Betriebszweigen des pflanzlichen und tierischen Bereichs.

Den Autoren und Mitarbeitern, der Schriftleitung und dem Verlag war es ein Anliegen, bei der Neustrukturierung des Lehrwerks fachwissenschaftliche Erkenntnisse mit beruflicher Praxiserfahrung zu verknüpfen. Die Bücher sind so konzipiert, dass sie sowohl für die Auszubildenden der Regelausbildung als auch für externe Teilnehmer an der Berufsabschlussprüfung alle Möglichkeiten der eigenständigen oder unterrichtlichen Prüfungsvorbereitung in der Berufsschule oder in Lehrgängen ermöglichen.

Das Lehrwerk erweitert und ergänzt die methodisch-didaktischen Planungen für eine zeitgemäße, multimediale Gestaltung eines fächerübergreifenden, handlungsorientierten und EDV-gestützten Unterrichts. Die Kapitel sind lernfeldmäßig strukturiert. Informative Abbildungen, Tabellen und Merksätze veranschaulichen die Sachverhalte; sie verbessern sowohl die Transparenz als auch die Merkfähigkeit der Lerninhalte und helfen, Vorgänge zu analysieren und fachsprachlich auszuwerten.

Das verwendete Zahlenmaterial hilft, die pädagogisch-fachlichen Absichten zu erfüllen: Es fördert das Verständnis der fachlichen Inhalte, zeigt Zusammenhänge und Tendenzen auf und ermöglicht es, Bewertungen vorzunehmen sowie mit vergleichenden Beurteilungen ergiebig zu diskussieren. Dabei leistet der umfangreiche Anhang mit Literaturhinweisen und Internet-Adressen, Erklärungen von Fachbegriffen sowie zahlreichen Tabellen, Zahlen- und Formelsammlungen sowie den Ergebnissen von Rechenaufgaben aus dem Text wertvolle Hilfe und erleichtert das eigenständige Arbeiten.

Allen Autorinnen und Autoren, Mitarbeiterinnen und Mitarbeitern sowie Beraterinnen und Beratern gebührt Dank und Anerkennung für ihre hilfreiche Unterstützung, für die Anregungen und Anmerkungen sowie den Firmen und Institutionen für die Überlassung von Bild-, Text- und Zahlenmaterial.

Wir wünschen uns, dass auch diese Auflage der »Agrarwirtschaft – Grundstufe Landwirt« und »Agrarwirtschaft – Fachstufe Landwirt« die anspruchsvolle und vielseitige Berufsausbildung der künftigen Landwirte wirkungsvoll unterstützt, die Freude am Beruf fördert und zu einer erfolgreichen beruflichen Zukunft beiträgt.

Schriftleitung und Verlag

Inhalt

Pflanzliche Produktion

1 Getreideproduktion

2 Anbau von Getreide

3 Anbau anderer Mähdruschfrüchte

4 Anbau von Mais

5 Hackfruchtbau

6 Anbau von Futterpflanzen

7 Sonderkulturen

8 Grünland

9 Futterernte und -konservierung

10 Waldwirtschaft

Tierische Produktion

11 Rinderhaltung

12 Schweinehaltung

13 Weitere Nutztiere

Energieproduktion

14 Energieproduktion

15 Anhang

Pflanzliche Produktion

Etwa 40 % der gesamten Verkaufserlöse der Landwirtschaft in Deutschland stammen aus der pflanzlichen Produktion. In Ackerbaugebieten bilden nicht selten die pflanzlichen Erzeugnisse sogar den einzigen Einkommensbereich.

Pflanzliche Erzeugnisse sind als Lebensmittel in der menschlichen Ernährung unverzichtbar. Als Futtermittel bilden sie die Grundlage in der Tierhaltung. Für zahlreiche Produkte des täglichen Lebens dienen sie als Rohstoff. Daneben sind Pflanzen im Kreislauf der Natur unersetzlich. Ohne Grünpflanzen ist tierisches und menschliches Leben unmöglich.

Deshalb gehören umfassende Kenntnisse in der Pflanzenproduktion zum Grundlagenwissen eines Landwirts und sind auch wesentlicher Ausbildungsinhalt für den neuen Beruf Fachkraft Agrarservice.

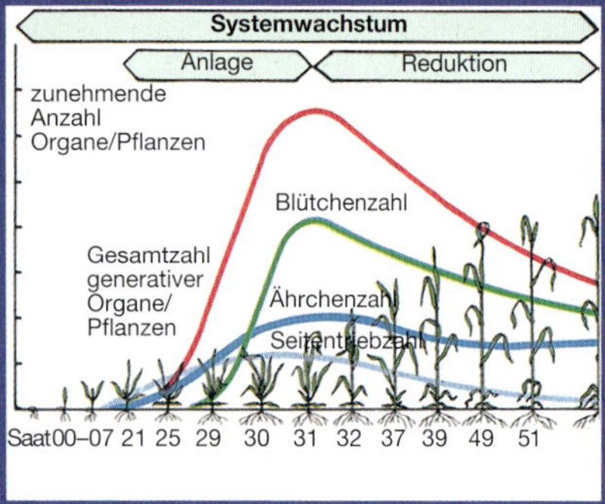

1 Getreideproduktion

Im fachsprachlichen Gebrauch versteht man unter Getreidebau alle Einflüsse und pflanzenbaulichen Maßnahmen im Rahmen der einzelnen Produktionsverfahren. Um höchstmögliche Qualität und Quantität zu erlangen, müssen sämtliche biotischen und abiotischen Produktionsfaktoren sinnvoll miteinander in Einklang gebracht werden. Diese Zielsetzung erfordert vom Landwirt ein hohes Maß an fachlichem Wissen und Können.

In diesem Kapitel sind die für alle Getreidearten und Mähdruschfrüchte maßgeblichen züchterischen, botanischen, pflanzenbaulichen und agrartechnischen ***Grundlagen des Anbaus*** sowie die ***Lagerung, Aufbereitung und Verarbeitung von Getreide*** dargelegt.

1 Getreideproduktion

1 Grundlagen

1.1 Bedeutung des Getreidebaus

Geschichtliches – Heute sind Weizen, Roggen, Gerste, Hafer und Mais sind heute die Hauptgetreidearten. Seit der Steinzeit, vor ca. 10 000 Jahren, werden *Gerste* und *Weizen* als Kulturpflanzen angebaut. Die ältesten Brote wurden in Ägypten gefunden. Sie wurden schon aus Weizen gebacken. Gerste wurde anfänglich nur als Brei gegessen und verhältnismäßig bald in vergorenem Zustand zur Herstellung von alkoholischen Getränken verwendet.
Gegen Ende der Bronzezeit wurde in Deutschland der *Hafer* heimisch, der bei den Römern noch als Unkraut galt.
Im 7. Jahrhundert v. Chr. ist erstmals im Gebiet des heutigen Schlesiens der *Roggen* festzustellen, der ursprünglich ebenfalls ein Unkraut im Weizen war. Langsam verbreitete er sich westwärts.
Grundsätzlich lässt sich feststellen, dass die Getreidearten aus Mittel- und Vorderasien über den Mittelmeerraum nach Deutschland gekommen sind.
Der *Mais* stammt eigentlich aus Mexiko. Dort fand man Überreste, deren Alter auf etwa 7000 Jahre geschätzt werden. Die spanischen Eroberer brachten die Pflanze nach Europa, wo sie über Italien in der Türkei zum nationalen Getreide wurde. Seine große Verbreitung im übrigen Europa verdankt der Mais den amerikanischen Bemühungen nach dem 2. Weltkrieg, Armut und Hunger in der Alten Welt so rasch wie möglich zu beseitigen. Über die Welternährungsorganisation (FAO) informierten und unterstützten die USA die Maiszüchter Europas.

Entwicklung der Anbauflächen – In Deutschland umfasst der Getreidebau mehr als die Hälfte des Ackerlandes. Der ständige Anstieg des Getreideanteils an der Ackerfläche ist auf die Rationalisierung der Betriebe durch Betriebsvereinfachung, die günstige Mechanisierbarkeit von Anbau, Pflege und Ernte des Getreides und den Rückgang des Hackfruchtanbaus, besonders der Kartoffel, aus arbeits- und marktwirtschaftlichen Gründen zurückzuführen.
Lange Zeit war Roggen die wichtigste Brotgetreidefrucht in Deutschland und nahm die größte Anbaufläche ein. Heute folgt Roggen erst nach dem Weizen und der Gerste auf dem dritten Platz.
Die Anbauflächen von Mais, Futter- und Industriegetreide nahmen zu, weil deren Erträge auch die Grundlage der tierischen Veredelungsproduktion darstellen.
Obwohl aus arbeitswirtschaftlichen Gründen (Mechanisierbarkeit) der Getreidebau insgesamt stetig zunimmt, muss darauf hin-

Abb. 1 Schon zur Zeit der Pharaonen war Ackerbau eine wichtige Angelegenheit (Fellache beim Pflügen, 2000 Jahre v. Chr., Ägypten).

Abb. 2 Getreide spielte bereits bei den Völkern des Altertums eine große Rolle.

Abb. 3 Getreide-Anbauflächen in Deutschland (Agrarbericht 2006).

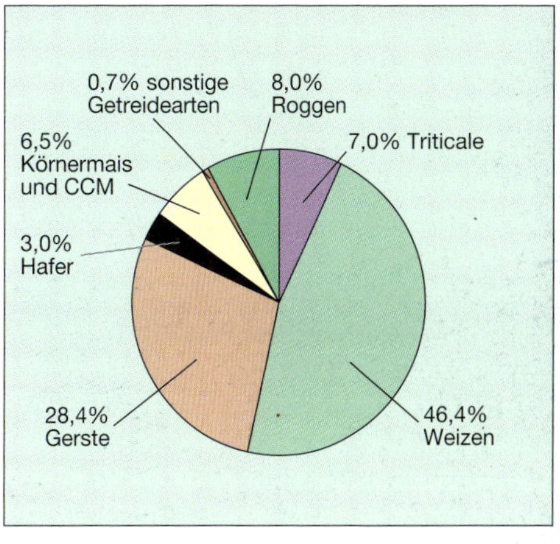

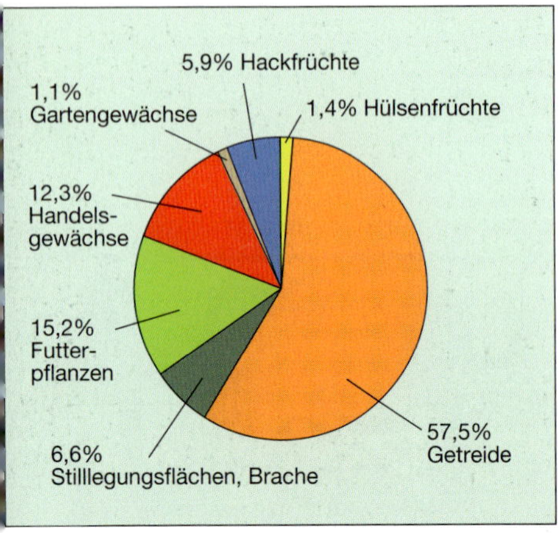

Abb. 4 Ackerflächennutzung in Deutschland (Statistisches Bundesamt 2005).

Abb. 5 Aufbau einer Getreidepflanze (Schema).

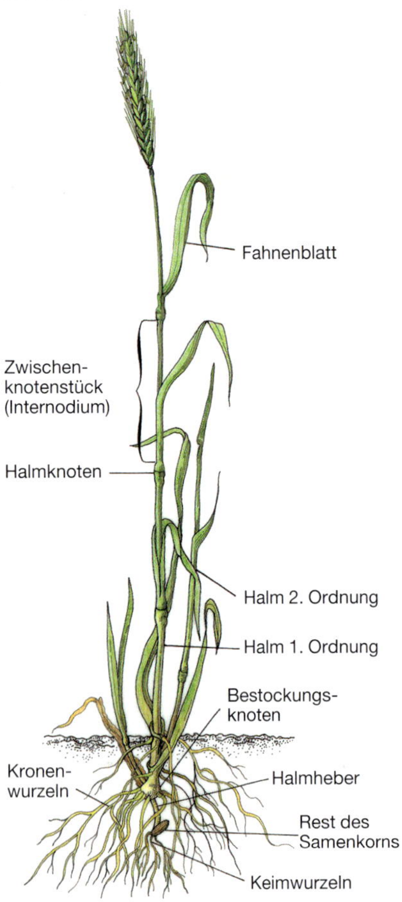

gewiesen werden, dass Getreide (ohne Mais) gegenüber den Hackfrüchten nur etwa die Hälfte des Ertrages an Energieeinheiten je Flächeneinheit bringt.

Fruchtfolgewert – obwohl Getreidepflanzen relativ flach wurzeln und der Strohanteil an der Gesamternte ständig geringer wird – zugunsten einer größeren Standfestigkeit –, können die Getreidearten als *Humusmehrer* bezeichnet werden, wenn das Stroh auf dem Acker bleibt. Getreide räumt das Feld frühzeitig, so dass anschließend Zwischenfruchtbau möglich ist, der die Bodenfruchtbarkeit verbessert. Unter den Getreidearten ist der Hafer die beste Vorfrucht.

Getreidemarkt – Der Welthandel mit Getreide hat in den letzten Jahren stark zugenommen. *Exportländer* sind vor allem die großen Flächenstaaten mit günstigem Klima (USA, Kanada, Australien, Frankreich, Argentinien). *Importländer* sind die unterentwickelten Staaten, aber auch die bevölkerungsreichen Industrienationen. Der Wettbewerb um den Absatz ist gewaltig.

In der EU besteht zum Schutze gegen ungeregelte Einfuhren eine **Marktordnung** für Getreide. Für den Handel mit Getreide gilt die wiederholt geänderte EG-Verordnung Nr. 120/67 (Getreide-Marktordnung).

Sie regelt für den **Binnenmarkt:**

- Festlegung eines einheitlichen Interventionspreises; danach können die Interventionsstellen Getreide zwischen November und Mai aufkaufen, wenn der Marktpreis auf 94 % des Interventionspreises gesunken ist.
- Produktionserstattungen für Stärke aus Mais und Weichweizen zum Ausgleich von Wettbewerbsnachteilen.
- Für alle Einfuhren in die Gemeinschaft und Ausfuhren aus der Gemeinschaft müssen Lizenzen vorgelegt werden. Sie gelten für die gesamte EU, werden aber von nationaler Stelle erteilt.
- Durch Erstattungen (Exporthilfen) soll es ermöglicht werden, in der Gemeinschaft erzeugtes Getreide auf dem Weltmarkt zu konkurrenzfähigen Preisen abzusetzen.
- Ausgleichszahlungen in Form einer Flächenprämie bei der Stilllegung eines festgesetzten Prozentsatzes der Getreide-, Öl- und Eiweißpflanzenfläche bei Betrieben über 92 t Getreideerzeugung im Jahr.

1.2 Botanik

1.2.1 Aufbau der Getreidepflanze

Alle Getreidearten gehören zu der wichtigen Pflanzenfamilie der **Gräser** (Gramineae). Weizen, Gerste und Roggen werden bei uns als Winter- und Sommerformen angebaut.

Wurzel – Die Getreidearten besitzen keine Haupt- oder Pfahlwurzel, deswegen bezeichnet man sie als *Büschelwurzler.* Die Hauptwurzelmasse befindet sich zwischen 15 und 25 cm Bodentiefe. Bei lang andauernder Trockenheit dringen die Getreidewurzeln auch wesentlich tiefer (mehr als 2 m) in den Boden ein. Wintergerste, Winterweizen, Hafer und Sommerweizen besitzen die größte

Wurzelmasse. Bei Sommergerste ist sie am geringsten. Je größer die Wurzelmasse, desto größer ist das Nährstoffaneignungsvermögen.
Rund um die Pflanze verlaufen die *Kronenwurzeln* wie Strahlen schräg nach unten. Sie verleihen der Getreidepflanze die nötige Standfestigkeit.
Halm – Die Konstruktion des Getreidehalmes ist ein Wunderwerk der Natur. Sie ermöglicht eine hohe Biege- und Tragefestigkeit. Trotzdem gilt die Sorge der Züchter und Landwirte der Standfestigkeit unserer Getreidesorten.
Der Halm besitzt etwa 5–7 *Halmknoten.* Ihre Abstände werden von unten nach oben größer. Die Zwischenstücke heißen *Internodien.*
Blätter – Neben dem Halm stellen die Blätter die Hauptassimilationsfläche dar. Die einkeimblättrigen Pflanzen, und dazu gehört das Getreide, besitzen Blätter mit parallel verlaufenden Leitungsbahnen (Blattnerven). Blattstiele fehlen. Die *Blattscheide* entspringt an einem Halmknoten und umschließt als schützende Röhre den untersten und damit noch weichsten Teil der Internodien.
Die Blattscheide endet erst am nächsten Halmknoten. Dort umschließen außer beim Hafer die sog. *Blattöhrchen* den Halm. An der Ansatzstelle des Blattes an der Blattscheide findet man unmittelbar am Halm die *Blatthäutchen (Ligula).* Die Art der Ausbildung von Blattöhrchen und Blatthäutchen ist ein Erkennungsmerkmal der Getreidearten, bevor die Ähre sichtbar ist.
Blüte – Weizen, Roggen und Gerste haben zusammengesetzte Ähren, der Hafer eine Rispe mit Ährchen als Blütenstand. Die Ährchen umschließen mit ihren 2 *Hüllspelzen* 1, 2 oder auch mehrere Blütchen. Jedes Blütchen besitzt eine Deckspelze, die mehr oder weniger lang begrannt ist. Sie umschließt, mit Ausnahme der Blühdauer, die *Bauchspelze* fast völlig.
Die *Staubbeutel* enthalten die winzigen Pollenkörner. Der *Fruchtknoten* besitzt 2 federförmige Narben.
Weizen, Gerste und Hafer sind Selbstbefruchter, Roggen und Mais sind *Fremdbefruchter.*
Korn – Das Getreidekorn ist eine *Frucht* (kein Samen) und von der Fruchtschale umgeben. Die Körner von Gerste und Hafer sind zudem bespelzt.
Am unteren Ende des Kornrückens sitzt der *Keimling.* Obwohl er bei den Hauptgetreidearten nur 2–5 % und beim Mais 11–14 % des gesamten Korngewichts ausmacht, ist in ihm die *Wurzel-* und *Sprossanlage* für eine neue Getreidepflanze vollständig vorhanden. Das Schildchen verbindet ihn mit dem Mehlkörper, dessen Aufgabe es ist, den Keimling zu ernähren, bis die Wurzeln gebildet sind.

1.2.2 Unterscheidungsmerkmale der Getreidearten

Die wichtigsten Unterscheidungsmerkmale der Getreidearten sind in der Tabelle 1 zusammengestellt.
Im *blütenlosen* Zustand sind die einzelnen Arten vor allem an *Blattöhrchen* und *Blatthäutchen* zu unterscheiden.

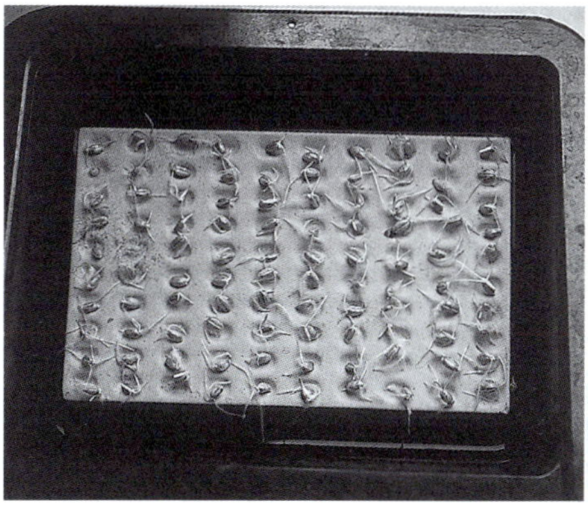

Abb. 6 Die Keimprobe gibt über die Keimfähigkeit des Saatgutes Aufschluss.

Abb. 7 Getreideähren bestehen aus mehreren einzelnen Blütchen (**Beispiel** Roggen).

Abb. 8 Schematischer Schnitt durch ein Getreidekorn.

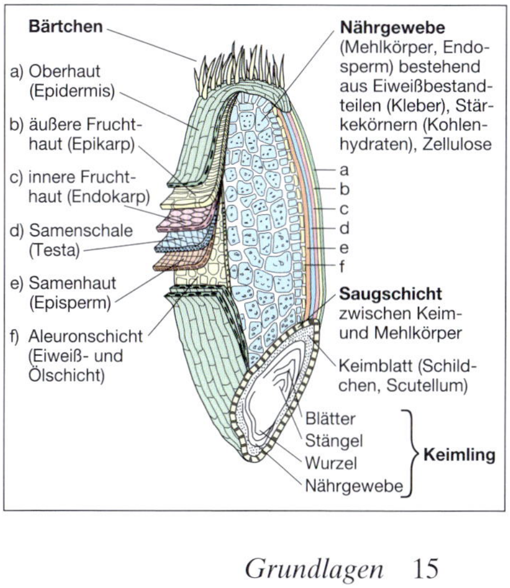

Tabelle 1: Unterscheidungsmerkmale der Getreidearten einschließlich Mais

Getreideart	Weizen	Gerste	Roggen	Hafer	Mais
botanischer Name	*Triticum aestivum*	*Hordeum vulgare*	*Secale cereale*	*Avena sativa*	*Zea mays*
Blütenstand	 Ähre Abb. 9	 Ähre Abb. 10	 Ähre Abb. 11	 Rispe Abb. 12	 Kolben Abb. 13
Ährchenform	 Abb. 14 Weizenährchen mit 5 Blüten-Kornanlange	 Abb. 15 Ährchen einer zweizeiligen Gerste	 Abb. 16 Spindelglied der Ähre	 Abb. 17 Außenkorn	 männlicher Blütenstand: gipfelständige Rispe  Abb. 18 weiblicher Blütenstand: blattachselständiger Kolben mit Lieschenblättern und Narbenfäden
Blattöhrchen	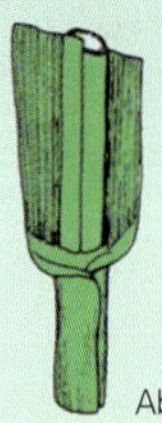 Abb. 19	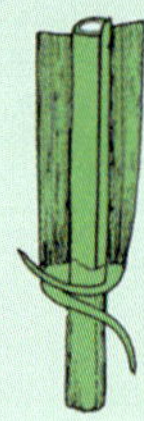 Abb. 20	 Abb. 21	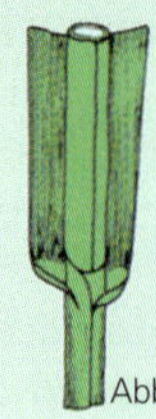 Abb. 22	
Blatthäutchen	 Abb. 23 lang	 Abb. 24 kurz	 Abb. 25 kurz	 Abb. 26 lang, fransig	
Form der Keimpflanze	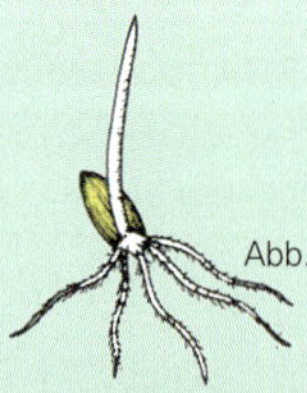 Abb. 27	 Abb. 28	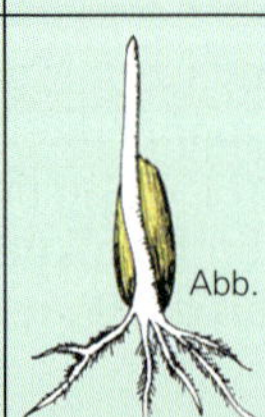 Abb. 29	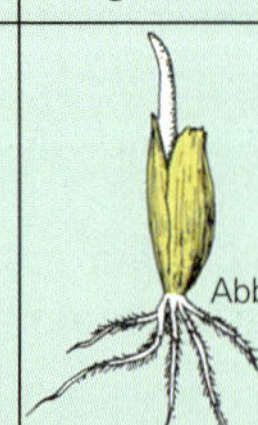 Abb. 30	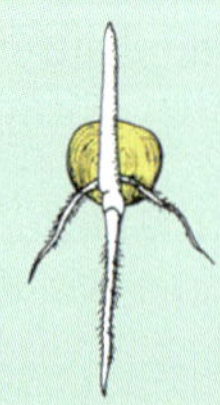 Abb. 31
Tausendkorngewicht (TKG) in g	Winter- Sommer-weizen 41–52 38–49	Winter- Sommer-gerste mehrzeilig 37–47 – zweizeilig 42–53 38–48	Winterroggen 31–39	29–37	150–400

1.2.3 Entwicklung der Getreidepflanze

Die Maßnahmen zur Bestandsführung sind jeweils ganz bestimmten Entwicklungsabschnitten der Pflanze zugeordnet. Deshalb ist es nötig, für diese Wachstumsphasen eindeutige Bezeichnungen festzulegen. Bei Getreide gilt dafür der Code der Biologischen Bundesanstalt (BBCH-Code), der die Entwicklungsstadien mit zweistelligen Ziffern bezeichnet. In abgewandelter Form kann er auch für andere Pflanzen verwendet werden.

Keimung – Voraussetzungen sind die Beendigung der Samenruhe und die Wasseraufnahme, wodurch der Samen aufquillt (ab 30 % H_2O). Pflanzenhormone veranlassen bei entsprechenden Temperaturen das Zellwachstum und die Zellteilung im Keimling. Gleichzeitig beginnt die **Zelldifferenzierung** für die Organe der neuen Pflanze. Schließlich treten die erste, die Primärwurzel und der Primärspross aus dem Keimling hervor.

Bei optimalen Temperaturen (16–25 °C) dauert die Keimung ca. 8–12 Tage, beim Temperaturminimum (2–4 °C) kann sie mehr als 30 Tage dauern. Im Quellungszustand ist das Samenkorn sehr *frostgefährdet.* Für die beginnenden Lebensvorgänge im Samenkorn wird viel Sauerstoff benötigt, weswegen ein durchlässiges, krümeliges Saatbett unerlässlich ist.

Auflaufen – Das erste unterirdische Internodium streckt sich und hebt den Keimspross, der vom ersten Laubblatt und der Keimscheide *(Koleoptile)* umhüllt ist. Man nennt dieses Internodium deswegen auch *Halmheber.* Die Koleoptile durchstößt schließlich die Bodenoberfläche. Dieser Vorgang heißt Auflaufen. Bis zu diesem Stadium können Saaten geeggt werden.

Lückiges Auflaufen kann verursacht werden durch
- ▶ verkrustete Bodenoberflächen (O_2-Mangel),
- ▶ mangelhaften Bodenschluss (H_2O-Mangel),
- ▶ unzureichende Keimfähigkeit bzw. Triebkraft,
- ▶ Fröste unter –5 °C im Quellstadium.

Während des Auflaufens verlängert sich gleichzeitig die Primärwurzel und nacheinander entstehen 2, selten bis zu 4 sekundäre Keimwurzeln. Mit den Wurzelhaaren der Primärwurzel kann die Keimpflanze schon Wasser und mineralische Nährstoffe aufnehmen, sie bleibt aber bis zum 4-Blatt-Stadium von der Versorgung aus dem Restsamenkorn abhängig. Ab jenem Stadium entwickeln sich dann die sprossbürtigen Wurzeln.

Bestockung – Darunter versteht man die Fähigkeit der Getreidepflanze, mehrere **Seitensprosse** (Halme) aus dem ersten Halm hervorzubringen. Dabei entwickeln sich aus dem Bestockungsknoten des ersten Halmes zunächst 2 Seitenhalme. Man bezeichnet sie als *Sprosse 1. Ordnung.* Aus deren Knoten können sich nun wieder 2 Seitenhalme bilden (Sprosse 2. Ordnung) und so weiter. Natürlich sind der erste Halm und die Halme der 1. Ordnung am kräftigsten. Während der weiteren Entwicklung unterliegen daher die Halme höherer Ordnungen der Konkurrenz mit den anderen Halmen um die Wachstumsfaktoren, so dass etwa nur die Hälfte der gebildeten Triebe übrig bleibt (Reduktion).

Die Bestockung bringt den Bestand auf seine größte Dichte und ist damit ein *Ertragsfaktor.* Bei Wintergetreide können so auch

Abb. 32 Gekeimtes Weizenkorn.

Abb. 33 Auflaufen von Getreide bis zum Drei-Blatt-Stadium.

Abb. 34 Bereits gegen Ende der Bestockung bilden sich im Inneren der Pflanze die Ährenanlagen.

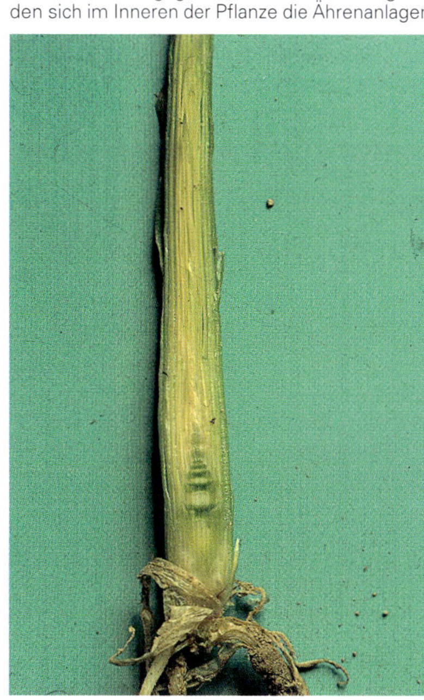

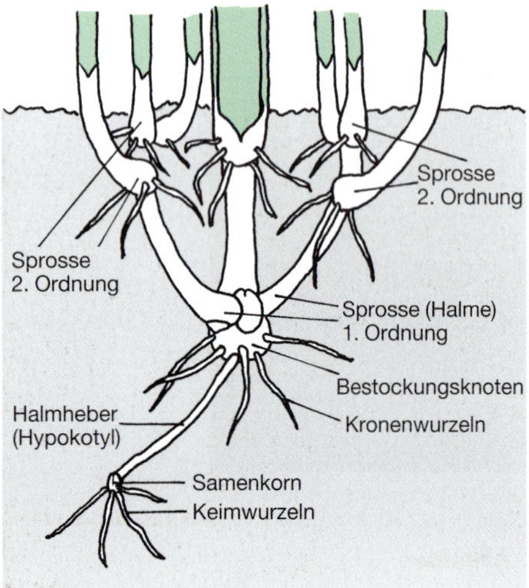

Abb. 35 Bestockung des Getreides.

Auswinterungsverluste ausgeglichen werden. Allerdings bringen die Bestockungstriebe höherer Ordnungen weniger Leistung, so dass nach der Bestockung nicht mehr als 3 Triebe je Einzelpflanze vorhanden sein sollten.

Von außen unsichtbar beginnt bereits gegen Ende der Bestockung die **Ährenbildung.** Dabei wird die Zahl der *Kornanlagen,* ein weiterer Ertragsfaktor, festgelegt. Leidet die Pflanze zu diesem Zeitpunkt unter Wasser- und Nährstoffmangel, bedeutet dies kleinere Ähren mit niedrigerer Kornzahl.

!

1. Die Bestandsdichte wird hauptsächlich durch Aussaatstärke und Bestockung bestimmt.
2. Hohe Bestandsdichte erhöht Lagerneigung und Krankheitsrisiko.
3. Bestockungstriebe höherer Ordnung bringen geringeren Ertrag. Je stärker also die Bestockung ist, desto weniger Ährchen/Ähren können gebildet werden, weil zunächst immer die Bestockungstriebe mit Assimilaten versorgt werden. Höhere Erträge sind aber eher über eine größere Kornzahl/Ähre als über mehr Ähren tragende Halme zu erreichen.

Schossen – Darunter versteht man die Streckung der Getreidehalme, ausgelöst durch zunehmende Tageslänge und höhere Temperaturen. Je länger diese Periode dauert, desto mehr Blüten können in den Ährchenanlagen ausgebildet werden. Nährstoffmangel infolge der Konkurrenz mit den anderen Pflanzenorganen, die in dieser Phase stark wachsen, führt zur Verkümmerung eines Teiles der Ährchenanlagen (Reduktion). Deswegen ist die N-Schossergabe für den Ertrag so wichtig.

Abb. 36 Entwicklungsstadien bei Getreide nach dem BBCH-Code (Schema, ohne Mais). (Die Abkürzung BBCH steht für **B**iologische Bundesanstalt, **B**undessortenamt, **Ch**emische Industrie; der Code drückt die Wachstumsphasen bei Kulturpflanzen als 2-stellige Zahlen aus.)

00–09	10–13	21 25 29	30 31 32 37 39 49	51–59	61–69	71–92
Keimung/ Austrieb	Blattentwicklung	Bestockung	Schossen	Ähren-/Rispenschieben	Blüte	Fruchtbildung und Reife
00 = trockenes Korn 09 = Auflaufen	11 = Einblatt-Stadium 12 = Zweiblatt-Stadium	21 = Bestockungsbeginn 25 = Hauptbestockung 29 = Bestockungsende	30 = Schossbeginn 31 = 1-Knoten-Stadium 32 = 2-Knoten-Stadium 37 = Erscheinen des Fahnenblattes (F) 39 = Blatthäutchen-Stadium; F voll entwickelt 47 = Öffnen der Blattscheide 49 = Ende des Schossens	51 = Beginn 52 = Mitte 59 = Ende des Ährenschiebens	61 = Beginn 69 = Ende der Blüte	71 = Bildung des Korns 75 = Milchreife 85 = Teigreife 87 = Gelbreife 91 = Vollreife 92 = Totreife
vegetative Phase			generative Phase			

Ährenschieben – Die Ähre entwickelt sich während des Schossens weiter. Wenn die Ährenbildung abgeschlossen ist, endet auch das Schossen und die Ähre bzw. Rispe schiebt sich heraus. Kühles Wetter verzögert den Vorgang, warmes beschleunigt ihn.

Blüte und Kornfüllung – Kurz nach dem Ährenschieben, bei der Gerste schon gleichzeitig damit, beginnt die **Blüte.** Zuerst werden die Spelzen der Blütchen gespreizt, damit die Staubgefäße hervortreten können. Diese platzen auf und die winzigen Pollenkörner werden von den gefiederten Narben aufgefangen. Nur jeweils ein Pollenkorn befruchtet eine Fruchtanlage, indem ein feiner Samenfaden in den Fruchtknoten hineinwächst und so die Eizelle befruchtet. Aus dem Fruchtknoten bildet sich dann das neue Korn. Nach der Befruchtung werden die Staubgefäße abgestoßen. Der ganze Vorgang dauert beim Einzelblütchen zwischen einer halben und einer knappen Stunde. Die Blühdauer eines Bestandes erstreckt sich aber auf ca. 10 – 14 Tage, weil ja nicht alle Blütchen gleichzeitig blühen.

Bei Weizen, Gerste und Hafer genügt der Blütenstaub derselben Blüte *(Selbstbefruchtung)*. Deshalb ist hier im Gegensatz zum Roggen kein Stäuben der blühenden Felder zu erkennen. Beim Roggen dagegen ist der fliegende Blütenstaub erkennbar *(Fremdbefruchtung)*. Dies bringt die Gefahr »schartiger« Ähren mit sich, wenn Roggen vor der Blüte lagert oder in der Blütezeit Regenwetter oder gar Frost eintritt. Mais und die meisten Futtergräser sind ebenfalls Fremdbefruchter.

Nach Bestäubung und Befruchtung folgt die **Kornfüllungsphase.** Zunächst bilden sich im Mehlkörper des Kornes in etwa 14 Tagen mehr als 100 000 Zellen, die sich anschließend strecken und die Stärke einlagern.

Reife – Wenn das Korn sein größtes Volumen erreicht hat, setzt die Reife ein. Obwohl für den Landwirt nur die Mähdruschreife von Bedeutung ist, unterscheidet man im Wachstumsverlauf der Getreidepflanze mehrere Reifestadien.

Tabelle 2: Erkennungsmerkmale der Reifestadien bei Getreide

Reifestadium	Erkennungsmerkmale	Wassergehalt des Korns
Milch- bis Teigreife (75 – 85)	Korn milchig weich, Halm und Blätter oben noch grün, Knoten noch prall, Korn biegt sich bei Nagelprobe	ca. 50 – 35 %
Gelbreife (87)	Halme und Blätter gelb, Knoten schrumpfen und trocknen, Korn zäh, lässt sich über den Nagel brechen	ca. 30 %
Vollreife (91)	Halm völlig ausgetrocknet, Korn hart, lässt sich nicht mehr über den Nagel brechen	20 – 25 %
Totreife (Mähdruschreife) (92)	Korn fällt leicht aus, Stroh spröde, das Korn lässt sich nicht mehr brechen, Bestand »knistert«	14 – 16 %

Abb. 37 Schossen des Getreides.

Abb. 38 Links: Blühender Weizen.
Abb. 39 Rechts: Blühender Roggen.

Abb. 40 Typisches Krümmen der Weizenähren in der Vollreife.

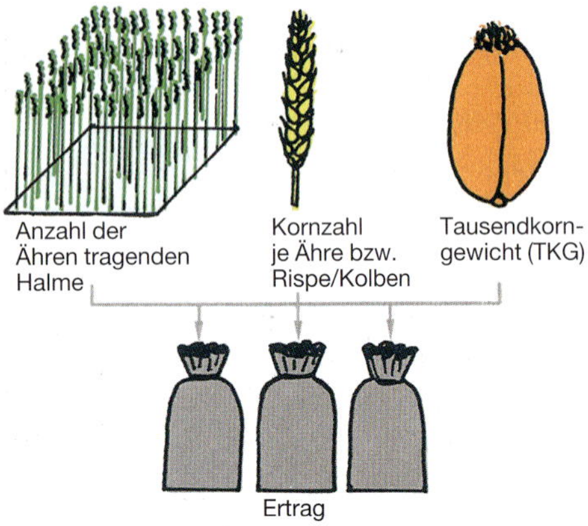

Abb. 41 Ertragsfaktoren bei Getreide (Schema).

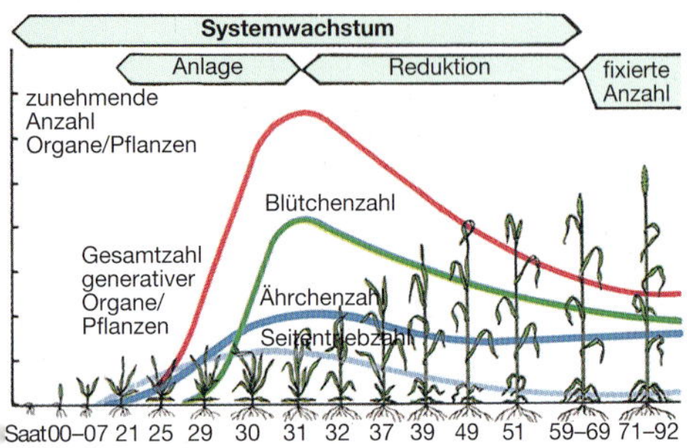

Abb. 42 Entwicklung der ertragsbildenden Organe bei Winterweizen (Schema).

Abb. 43 Die Bestockung bringt den Bestand auf seine größte Dichte.

Reift der Bestand durch Trockenheit oder Krankheit zu schnell ab, bilden sich Schmacht- und Schrumpfkörner *(Notreife)*. Ein Vergleich des Hektoliter- bzw. Tausendkorngewichts (TKG) zeigt dies deutlich an.

1.2.4 Getreideertrag

Die Getreideerträge in Deutschland stiegen in den vergangenen Jahren stetig. Wissenschaftler behaupten, unsere Weizensorten aufgrund der Erbanlagen ein Ertragspotenzial von bis zu 200 dt/ha Ertrag hätten. Immerhin werden nicht nur im norddeutschen Tiefland Erträge um 100 dt/ha erreicht. Der Durchschnitt in Deutschland lag aber im Jahr 2005 nur bei 74,7 dt Getreide/ha.
Der Grund dafür liegt in der Tatsache, dass die Erträge nicht nur von den Erbanlagen (genetisches Potenzial) und der Produktionstechnik abhängen, sondern zumindest zur Hälfte von den natürlichen Standortbedingungen beeinflusst werden, die der Landwirt kaum verändern kann.
Ertragsfaktoren – Den Getreideertrag bestimmen vor allem:
- der Anzahl der Ähren tragenden Halme/m^2 (Bestandesdichte),
- der Kornzahl der Ähre bzw. Rispe oder des Kolbens,
- dem Tausendkorngewicht (TKG).

Die Natur ist stets bemüht, die *Arterhaltung* zu sichern. Deshalb bildet auch die Getreidepflanze zunächst weit mehr Organe, die der Vermehrung dienen, als sie auch bei günstigsten Bedingungen bis zur Fruchtreife entwickeln kann. Mit Beginn des Schossens werden diese Ertragsanlagen (z. B. Triebe, Ährchen und Blüten) infolge der sich verschärfenden Konkurrenz um die Wachstumsfaktoren wieder *reduziert.*
Bestandesdichte – Darunter versteht man die Zahl der Ähren tragenden Halme/m^2. Sie wird hauptsächlich durch *Aussaatstärke* und *Bestockung* reguliert.
Bei der Festlegung der Aussaatstärke ist zunächst zu prüfen, welche Kornzahl/m^2 unter Berücksichtigung der Sorteneigenschaften, Standortbedingungen und Keimfähigkeit auszusäen ist.
Die **Saatstärke** wird dann nach folgender Formel berechnet:

$$\text{Saatstärke in kg/ha} = \frac{\text{Zahl der Pflanzen [je m}^2\text{]} \times \text{TKG [in g]}}{\text{Keimfähigkeit [in \%]}}$$

Beispiel: Zahl der Pflanzen (vor der Bestockung) je m^2 = 400
Tausendkorngewicht = 47 g
Keimfähigkeit = 95 %

Saatstärke [in kg/ha]: $\frac{400 \times 47}{95} = 198 \triangleq 198\,\text{kg/ha}$

Die **Bestockung** bringt den Bestand auf seine größte Dichte. Nach der Reduktionsphase während des Schossens, bei der etwa die Hälfte der gebildeten Seitentriebe wieder reduziert werden, sollte die Bestandesdichte z. B. bei Winterweizen 500 – 600 Ähren tragende Halme/m^2 betragen. Sie lässt sich leicht auf dem Feld ermitteln, wenn man die durchschnittliche Zahl der Halme/m Reihenlänge durch den Reihenabstand dividiert.

Beispiel: Durchschnittliche Zahl der Ähren tragenden Halme/m^2

Reihenabstand = 12 cm; Halme/m Reihenlänge: $\frac{60\ \text{Halme}}{1\ \text{m}}$

Zahl der Ähren tragenden Halme/m^2:

$$\frac{60\ \text{Halme}}{1\ \text{m} \times 0{,}12\ \text{m}} = 500\ \text{Halme/m}^2$$

Zu große Bestandesdichten beeinträchtigen die Standfähigkeit, erhöhen den Infektionsdruck für Halm- und Blattkrankheiten und führen zu einer geringeren Blütenzahl. In zu dichten Beständen wird Unkraut mit *Kontaktherbiziden* behandelt (auch Kalkstickstoff). Dies hemmt gleichzeitig die Bestockung und reduziert geschwächte Triebe. Die Bekämpfung der Pilzkrankheiten fördert die Bestandsdichte.

Zu geringe Bestandesdichten mindern den Ertrag und fördern die Verunkrautung. Sind anfangs zu wenige Keimpflanzen vorhanden, kann man mit einer N-Düngung sowie mit Walzen oder Striegeln die Bestockung anreizen. Zu schwach bestockte Bestände werden bis zum Stadium 29 mit einer erhöhten 2. N-Gabe (eventuell auch als Gülle) gedüngt.

Anzahl der Körner/Ähre – Sie wird zunächst von der Zahl der Ährchen/Fruchtstand bestimmt. Diese werden unter Kurztagsbedingungen, also z. T. schon im 4–6-Blatt-Stadium, angelegt. Wasser- und Nährstoffmangel sowie Pilzkrankheiten (z. B. Mehltau), aber auch eine starke Bestockung, die zusätzlich Assimilate erfordert, vermindern die Zahl der Ährchenanlagen erheblich. Bei Weizen werden je nach Bestäubung 3–4, bei Roggen 2 und bei Gerste 1 Korn/Ährchen gebildet.

Anhaltende Trockenheit oder Nässe während der Blüte vermindern nicht nur bei Fremdbefruchtern (Roggen, Mais), sondern auch bei den Selbstbefruchtern die Kornzahl. Deswegen gilt es, durch eine ausreichende Nährstoffversorgung, vor allem aber durch eine N-Gabe bis zum Stadium 31/32, die weitgehend verborgen ablaufenden Prozesse der Ährchenanlage (ab 4-Blatt-Stadium) zu fördern und deren Reduktion, die sich bis kurz nach der Befruchtung hinziehen kann, einzuschränken. Bei Weizen können so 23, bei Gerste 32 Ährchendrillinge erreicht werden. Durch Bekämpfung der Fuß- und Blattkrankheiten sind die Pflanzen gesund zu erhalten.

Korngewicht – Neben dem sortenbedingten Fassungsvermögen des Korns sind vor allem die *Dauer* und *Intensität* der Kornfüllungsphase entscheidend. Sie beginnt nach Bestäubung und Befruchtung und wird anfangs durch kühles, feuchtes Wetter, das eine starke Zellteilung begünstigt, gefördert. Für die anschließende Zellstreckung und Stärkeeinlagerung ist es wichtig, dass ausreichend Assimilate zur Verfügung stehen. Dies ist umso mehr gewährleistet, je gesünder das **Fahnenblatt** ist und je günstiger es zum Licht steht (Lichtabsorption). Eine optimale Kaliversorgung fördert zusammen mit einer ausreichenden Wasser- und Stickstoffversorgung die Kornfüllung.

! Je besser die Kornanlagen infolge einer sorgfältigen Bestandesführung ausgebildet sind, desto größer sind die Nährstoff- und Wasseransprüche.

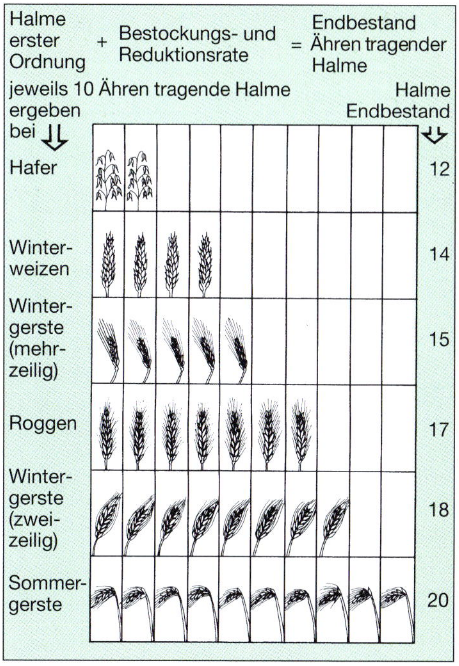

Abb. 44 Ergänzung der Bestandesdichte durch die Bestockung (im Mittel), bezogen auf 10 Halme.

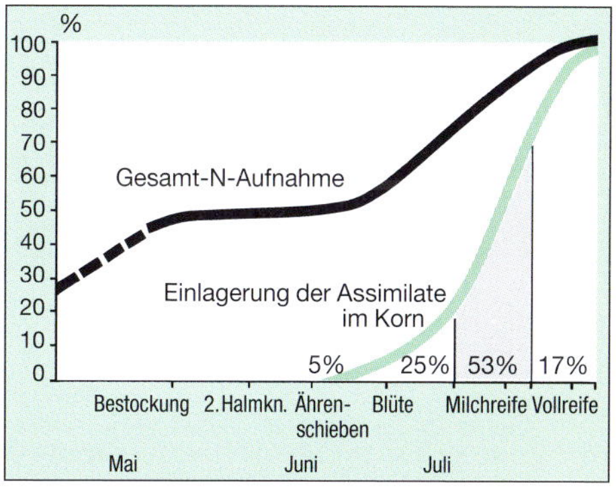

Abb. 45 Einlagerung von Assimilaten in das Weizenkorn vom Ährenschieben bis zur Reife (Schema).

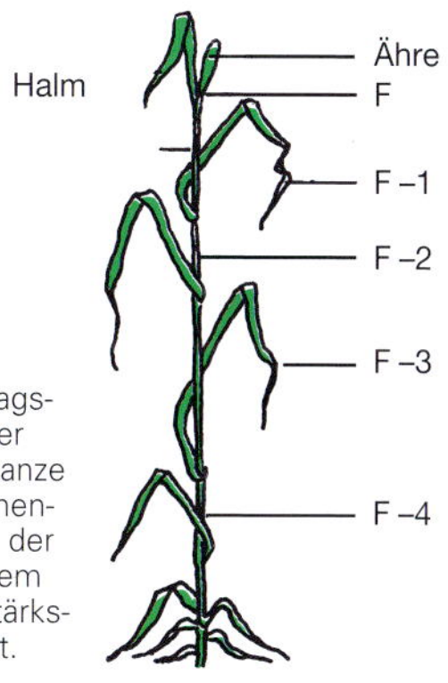

Abb. 46
An der Ertragsbildung einer Getreidepflanze ist das Fahnenblatt neben der Ähre und dem Halm am stärksten beteiligt.

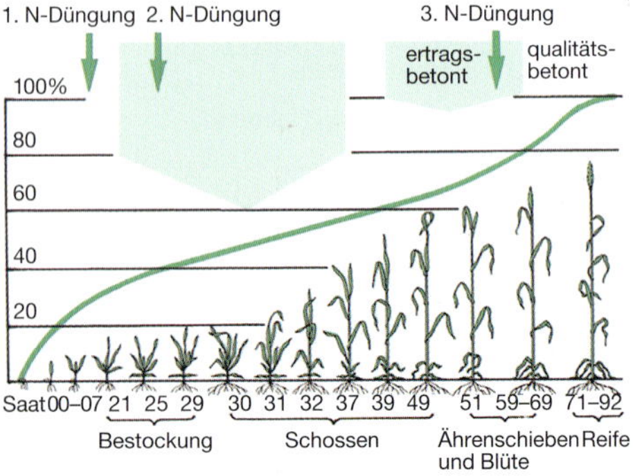

Abb. 47 Aufteilung der Stickstoffdüngung bei Getreide (Schema).

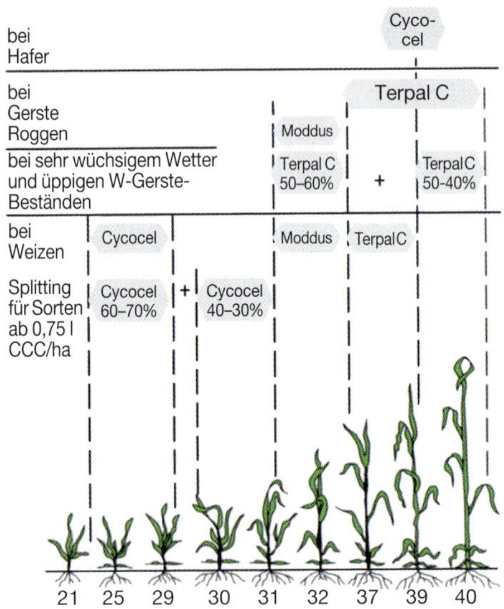

Abb. 48 Anwendungszeiten von Wachstumsreglern zur Halmverkürzung in Getreide (Schema).

Abb. 49 Wachstumsregler bewirken eine Verkürzung der unteren Internodien und stärken dadurch die Standfestigkeit von Getreide.

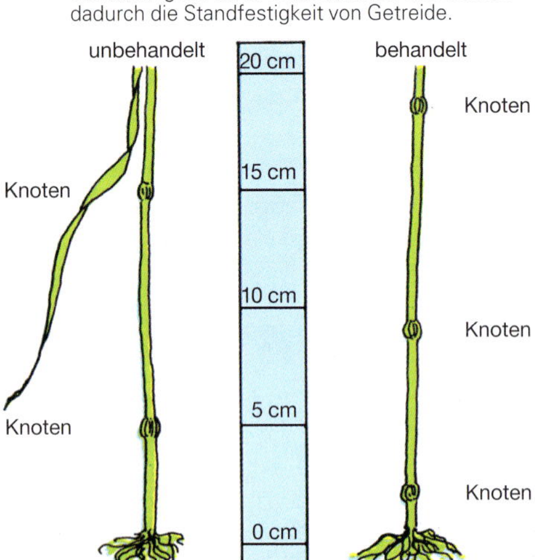

1.3 Produktionstechnik

1.3.1 Bestandesführung

Unter dem Begriff »Bestandesführung« werden alle Maßnahmen zusammengefasst, die von der Saat bis zur Ernte die sortentypisch festgelegten Ertragsmerkmale optimal fördern. Dabei ist es unmöglich, alle Ertragsfaktoren in gleicher Weise zu verbessern. Manchmal steht der Förderung des einen Faktors die Einschränkung des anderen gegenüber. So verhindern große Bestandesdichten in der Regel große Ähren. Geringe Bestandesdichten fördern eher die Kornzahl und das TKG. Zwei wesentliche Möglichkeiten der Bestandesführung sind neben der Pflanzengesundheit und Beseitigung der Konkurrenzpflanzen die N-Düngung und die Anwendung von Wachstumsregulatoren.

N-Düngung – Obwohl mit einer N_{min}-Untersuchung der Bodenvorrat an Stickstoff im Frühjahr ermittelt werden kann, lässt sich wegen der witterungsbedingten Umwandlungsprozesse seine Wirkung nur durch ständige Beobachtung des Pflanzenbestandes feststellen. Auf jeden Fall ist der Stickstoff wegen der Auswaschungsgefahr auf mehrere Gaben zu verteilen, von denen die letzte gegen Ende des Schossens bis zum Ährenschieben größtenteils zur Eiweißbildung im Korn verwendet wird (qualitätsbetonte N-Düngung).

Die Düngung ist eine der wichtigsten Maßnahmen zur Bestandesführung. Besonders mit der N-Düngung lässt sich die Bestandesdichte erhöhen. Damit verschlechtert sich aber meist das Bestandesklima, was sich auf die Pflanzengesundheit negativ auswirkt, zugleich die Zahl der Pflanzen/Fläche und den Wasserbedarf erhöht.

Anwendung von Wachstumsregulatoren – Eine ertragsbetonte N-Düngung bei Getreide ist ohne den Einsatz von Wachstumsregulatoren, wie z.B. Cycocel (CCC), Terpal C oder Moddus nicht möglich. Sie erhöhen die Standfestigkeit durch Verkürzen der unteren Internodien und Verstärkung der Halmwand (CCC) bzw. durch Einkürzen der oberen Halmglieder und Einlagerung von Gerüstsubstanzen (Terpal C). Die Stauchung der Blattetagen erhöht allerdings den Krankheitsdruck im Bestand.

Wachstumsregulatoren zur Verkürzung der unteren Internodien und zur Verstärkung der Halmwand werden daher ab der Bestockung eingesetzt, die Einkürzung der oberen Halmglieder erfolgt während des Schossens bzw. Ähren- und Rispenschiebens. Seit einigen Jahren gewinnt das flexibel einsetzbare Mittel Moddus an Bedeutung, da es von fast allen Getreidearten gut vertragen wird und problemlos mit vielen Fungiziden, Insektiziden und Herbiziden gemischt werden kann.

> **!** Voraussetzung für den Einsatz der Wachstumsregulatoren sind gute Bodenstruktur und Nährstoffverfügbarkeit. Eine Kombination mit Bodenherbiziden (Gebrauchsanweisung beachten!) oder Fungiziden bzw. Harnstoff ist möglich. Die Aufwandmenge hängt von Standort, Getreideart und Sorte ab.

Aufgaben:

1. Welche Faktoren bestimmen den Getreideertrag?
2. Weshalb gehören der Einsatz von Wachstumsregulatoren und die N-Spätdüngung bei Getreide zusammen?
3. Welche Bedeutung hat die Bestockung?
4. Auf 1 m Reihenlänge werden im Mittel 63 ährentragende Halme gezählt. Die Reihenweite beträgt 13 cm. Wie groß ist die Ährendichte je m^2?
5. In Stichproben wurde ein mittlerer Kornbesatz je Ähre von 28 ausgezählt. Die zu erwartende Einzelkornmasse betrage 52 g je 1000 Körner. Die ermittelte Bestandesdichte betrug 570 Ähren tragende Halme je m^2.
   Mit welchem Ertrag in dt/ha ist zu rechnen?
6. Die Drillweite in einem Getreidebestand beträgt 12 cm. Wie viele Ähren tragende Halme sollen im Mittel auf einem laufenden Meter in der Reihe stehen, wenn die Bestandsdichte $350/m^2$ ($450/m^2$; $700/m^2$) betragen soll?
7. Unterstellt wird ein Weizenertrag von 80 dt/ha.
   a) Welches mittlere Ährengewicht ist erforderlich bei einer Bestandesdichte von $400/m^2$ Ähren tragenden Halmen?
   b) Welche Bestandesdichte ist erforderlich, wenn ein mittleres Ährengewicht von 1,7 g zugrunde gelegt wird?
8. Auf einem Getreideschlag wurden $350/m^2$ keimfähige Körner ausgesät. Nach dem Auflaufen zählte man $280/m^2$ Keimpflanzen. Später ermittelte man $500/m^2$ Ähren tragende Halme.
   a) Wie hoch ist der Feldaufgang in %?
   b) Wie groß ist der Bestockungsfaktor?
9. $350/m^2$ aufgelaufene Weizen-Keimpflanzen seien erwünscht. Man rechnet mit einem Feldaufgang von 85 %. Die Keimfähigkeit des Saatguts beträgt 94 %, das TKG 51 g. Wie viele kg Saatgut sind je ha auszusäen?
10. 600 Halme/m^2 Ährendichte sei erwünscht. Die Einzelkornmasse beträgt 0,048 g, die Keimfähigkeit 98 %, der zu erwartende Feldaufgang 85 % und der Bestockungsfaktor 1,8. Wie viele Kilogramm Saatgut benötigt man für 15 ha?
11. Berechnen Sie die erforderliche Saatmasse für 7,8 ha Wintergerste. Gewünschte Keimpflanzendichte $350/m^2$, TKG 51 g, Keimfähigkeit 97 %, erwarteter Feldaufgang 80 %.
12. Berechnen Sie die erforderliche Saatmasse für 5,75 ha Hafer. Saatstärke an keimfähigen Körnern $370/m^2$, TKG 29 g, Keimfähigkeit 90 %.
13. In einer kreisrunden Zählfläche mit einem Durchmesser von d = 50 cm werden im Mittel 69 Keimpflanzen gezählt. Wie viele Keimpflanzen stehen auf einem Quadratmeter?

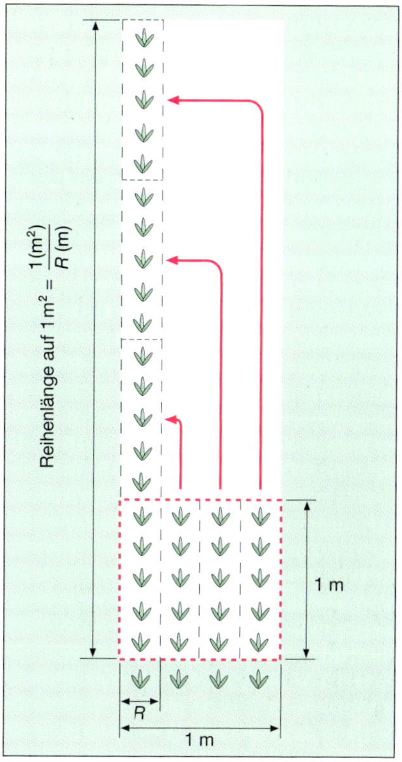

Abb. 50 Die Pflanzendichte/m^2 ist die Zahl der Pflanzen auf einem Reihenabschnitt, dessen Länge so viele Meter beträgt, wie der Reihenabstand R (in m) in 1 m^2 enthalten ist.

Abb. 51 Die Bestandesdichte ist von der Zahl der ausgesäten keimfähigen Körner, dem Feldaufgang und der Bestockung abhängig.

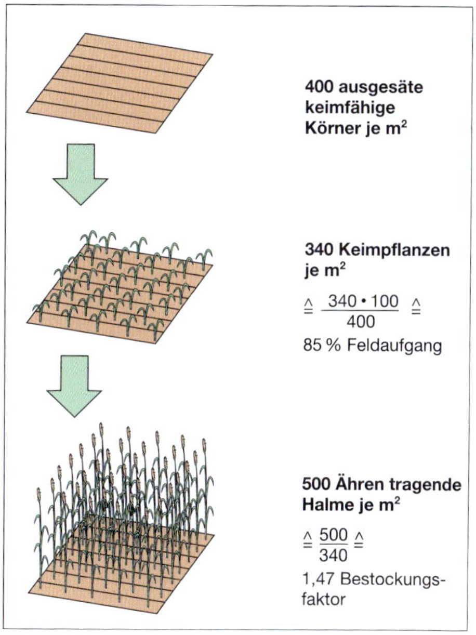

1.3.2 Schädigung der Getreidepflanze

Krankheiten und Schädlinge – Die Tabellen 3 und 4 (Seite 28) zeigen wichtige, wirtschaftlich bedeutsame Krankheiten und Schädlinge im Getreide.

Tabelle 3: Bedeutsame Krankheiten des Getreides

Name der Krankheit, Erreger	befallene Getreidearten[1]	Schadbild	Bekämpfung
Auswinterungskrankheiten			
 Abb. 52 Schneeschimmel *Fusarium nivale* samen- und bodenbürtiger Pilz	W-Roggen, W-Weizen, W-Gerste	fleckenweise abgestorbene und mit einem weißen Pilzrasen überzogene Pflanzen, die dem Boden dicht anliegen	Saatgutbeizung, Fruchtwechsel
 Abb. 53 Typhula-Fäule *Typhula incarnata* luft- und bodenbürtiger Pilz	W-Gerste, Roggen, W-Weizen	nesterweise vergilbte oder abgestorbene Pflanzen; typisch sind kleesamengroße (bis 3 mm) helle, später dunkelbraune Dauerformen des Pilzes am Halmgrund	bei W-Gerste Saatstärke verringern und später säen; Jugendentwicklung der Pflanzen fördern
Fußkrankheiten			
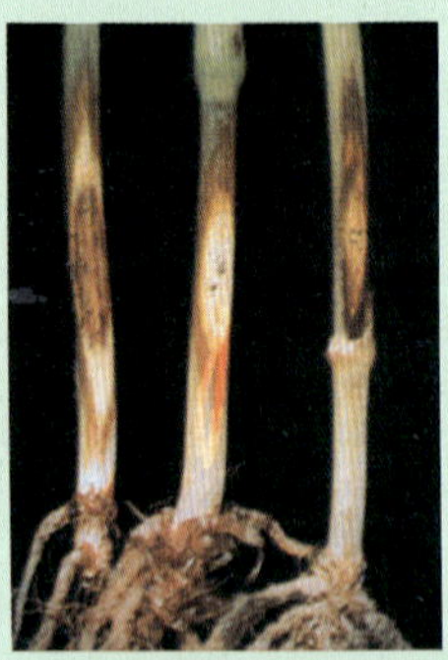 Abb. 54 Halmbruch-Krankheit *Cercosporella herpotrichoides* luft- und bodenbürtiger Pilz	W-Weizen, W-Gerste, Roggen, S-Getreide	Halme liegen einzeln oder nesterweise wirr durcheinander, längliche, medaillonartige Flecken mit heller Mitte und gelblich bis rotbraunem Rand, Halmgrund durch watteartiges Pilzmyzel vermorscht	hoher Befallsdruck bei 10 °C und rel. Luftfeuchtigkeit über 80 %, weite Fruchtfolge, Fungizide
 Abb. 55 Stängelfäule *Fusarium* ssp. Pilz	Roggen, W-Gerste, W-Weizen	braune Flecken, die später schwarz werden, auf den unteren Blattscheiden, bei stärkerem Befall sterben die Pflanzen ab	Beizung, Fruchtwechsel

[1]) In der Reihenfolge der Befallshäufigkeit.

Fortsetzung Tabelle 3

Name der Krankheit, Erreger		befallene Getreidearten[1])	Schadbild	Bekämpfung
Halm- und Blattkrankheiten				
	Streifen-Krankheit *Helminthosporium graminea* Pilz Abb. 56	Gerste	zunächst helle, dann braune Längsstreifen auf den Blättern, die später aufschlitzen, Blüteninfektion → Übertragung mit dem Saatgut, Pilz keimt zwischen Korn und Spelze und wächst in den Keimling hinein	Saatgutbeizung
	Netzflecken-Krankheit *Helminthosporium teres* Pilz Abb. 57	W-Gerste, S-Gerste, Hafer	untere Blätter zeigen ab Mitte Juni zuerst kleine braune Flecken, die sich vergrößern und ein Netzmuster bilden	Saatgutbeizung, Fruchtwechsel, Fungizide bei Befall
	Blattflecken-Krankheit *Rhynchosporium secale* Pilz Abb. 58	Gerste, Roggen	erst wässrige, dann weißlich-graue Flecken, die gelb bis braun umrandet sind	Fungizide
	Blattdürre *Ascochyta* Pilz Abb. 59	Weizen, Gerste, Hafer	kreisförmige, erbsengroße Flecken auf den unteren Blättern, helle, kreisförmige und scharf umrandete Flecken auf den Spelzen	Fungizide
	Gelbrost *Puccinia glumarum* Pilz Abb. 60	Weizen, Gerste	auf Blättern (besonders oberseits) ovale, gelborange Pusteln, streifenförmig zwischen den Blattadern, später auch auf Ähren und Blattscheiden; Vergilben und Vertrocknen der Blätter	Beseitigung von aufgelaufenem Ausfallgetreide, Wahl resistenter Sorten; systemische Fungizide bis Beginn der Blüte

Fortsetzung Tabelle 3

Name der Krankheit, Erreger	befallene Getreidearten[1])	Schadbild	Bekämpfung
 Braunrost *Puccinia dispersa* *P. recondita* *P. hordei* *P. coronata* Pilze Abb. 61	Roggen, Weizen, Gerste, Hafer	Pusteln auf den Blättern in den entsprechenden Farben (Sporenlager des Pilzes), auch an Ähren, Spelzen und Körnern	Sortenwahl, Fungizide
 Schwarzrost *Puccinia graminis* Pilz Abb. 62	alle Getreidearten	meist erst ab Ende Juni rostfarbene, strichförmige Pusteln auf Blättern, Blattscheiden, Halmen und Spelzen; kurz vor der Ernte schwarzbraune Pusteln vorzugsweise an Blattscheiden und Halmen	Sortenwahl, Fungizide
 Mehltau *Erysiphe graminis* Pilz Abb. 63	Gerste, Weizen, Roggen, Hafer	Befall beginnt an den untersten Blättern, zuerst kleine, watteartige weiße Flecken; diese weiten sich zu pelzigen, graubraunen Belägen aus; ab Juni kleine schwarze Punkte (Fruchtkörper des Pilzes) auf den Belägen; empfindliche Schäden bei Befall des Fahnenblattes und der Ähre; Infektionsdruck bei feuchtwarmer Witterung besonders groß	Sortenwahl, Saatstärke vermindern, Beizung, Fungizide
Ährenkrankheiten			
 Mehltau *Erysiphe graminis* Pilz Abb. 64	Weizen	wie Mehltau auf Blättern	befallene Fahnenblätter behandeln (Sprungbrett für weitere Infektionen)

Fortsetzung Tabelle 3

Name der Krankheit, Erreger	befallene Getreidearten[1])	Schadbild	Bekämpfung
 Braunspelzigkeit *Septoria nodorum* Pilz Abb. 65	Weizen	zuerst kleine, dann immer mehr zusammenfließende braune Flecken, auch Befall von Koleoptilen, Blättern, Halmen und Ährenspindeln	Fungizide
 Schwärzepilze *Cladosporium herbarum*, *Alternaria* ssp., *Pullularia pullulans* Abb. 66	alle Getreidearten	schwarzgrauer Belag an den Ähren, gelegentlich auch an den Blättern und Halmen, in der Regel nur an Pflanzen, die schon durch andere Ursachen geschwächt sind	Fungizide mit Zusatzwirkstoff
 Hartbrand Gerstenhartbrand *Ustilago hordei* Weizensteinbrand *Tilletia tritici* Zwergsteinbrand *Tilletia controversa* Pilze Abb. 67	Gerste, Weizen, Weizen	gespreizte graugrüne Ähren enthalten statt Körnern dunkle Brandbutten, Übertragung der Sporen beim Drusch	Saatgutbeizung
 Flugbrand *Ustilago nuda* *U. tritici* *U. avenae* Pilze Abb. 68	Gerste, Weizen, Hafer	Blüteninfektion: Sporen gelangen über die offene Blüte in den Fruchtknoten, Sporen sitzen im Saatkorn → Keimlingsinfektion: Sporen sitzen zwischen den Spelzen	Saatgutwechsel, Befall ist Aberkennungsgrund bei Saatguterzeugung! Saatgutbeizung
Viruskrankheiten			
 Gelbmosaik-Virus Abb. 69	Gerste	ab Februar/März strichel- oder punktförmige, gelbliche bis bleiche Aufhellungen, Blätter vergilben von der Spitze her und sterben ab, alle befallenen Pflanzen bleiben verkürzt	weite Fruchtfolge

Tabelle 4: Bedeutsame Getreideschädlinge

Schädling, Bedeutung	Schadbild	Befall	Bekämpfung
 Abb. 70 Fritfliege *Oscinella frit* befällt alle Getreidearten, Mais und Gräser besonders bei später Frühjahrs- und früher Herbstsaat	Herztriebe vergilben, Hüllblätter bleiben zunächst noch grün, später Absterben des Triebs; bis 5 mm lange, glasigweiße, fußlose Larve ohne Kopfkapsel	3 Generationen jährlich, Eiablage der Fliege im Frühjahr und Herbst an die Blattscheiden, Massenauftreten nach trockenwarmer Witterung	Vernichten von aufgelaufenem Ausfallgetreide, Saatgutinkrustierung mit Insektiziden
 Abb. 71 Brachfliege *Delia coarctata* tritt jahr- und gebietsweise vor allem bei W-Weizen auf leichten Böden auf	Vergilben der Herztriebe bei W-Weizen und Roggen, auch bei Hafer; im Februar bis April an der Triebbasis ca. 8 mm lange weißliche Larven mit schwarzen Mundhaken und 6 Fortsätzen am Hinterleib, ohne Kopfkapsel und Beine	Eiablage der Fliege im Juli/August in lockere Böden, Einbohren der Junglarven in ihre Wirtspflanzen im zeitigen Frühjahr	Saatgutinkrustierung in Befallsgebieten; Bekämpfung der Quecke
 Abb. 72 Getreide-Zystenälchen *Heterodera avenae* befallen werden Hafer, S-Weizen, S-Gerste, der überwiegende Teil der Anbaufläche ist verseucht	anfangs nesterweise, später großflächig schlechte Bestockung, Wuchshemmung, Kümmerähren und -rispen, Befallsflächen stark verunkrautet; geschädigte Pflanzen mit dichtem, kurzem Wurzelwerk, ab Mitte Juni erst weiße, später dunkelbraune, zitronenförmige, 1 mm lange Zysten	von März bis Mai Schlupf der fadenförmigen Larven	Anbau resistenter oder teilresistenter Sorten, Sommergetreide nur alle 5–6 Jahre auf die gleiche Fläche bringen, Flughafer bekämpfen
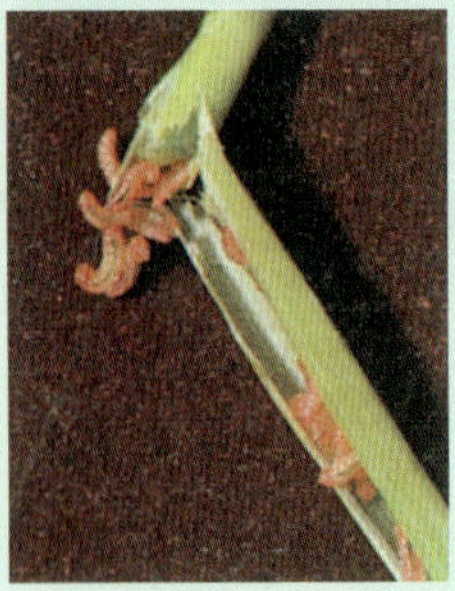 Abb. 73 Sattelmücke *Haplodiplosis marginata* regionaler Befall besonders von S-Gerste und Weizen	Wuchshemmung, Steckenbleiben der Ähren; am Halm in sattelförmigen Vertiefungen anfangs glasig weiße, später ziegelrote, bis 5 mm lange Larven, befallene Halme brechen um	ab Mitte Mai Schlupf der roten Mücke und Eiablage auf den obersten Blattetagen	Kontaktinsektizide gezielt gegen Eier und schlüpfende Larven, Schadschwelle 5 Eier/Halm

Fortsetzung Tabelle 4

Schädling, Bedeutung	Schadbild	Befall	Bekämpfung, Schadschwelle
Große Getreideblattlaus *Macrosiphum avenae*  Abb. 74	grün bis rötlich mit schwarzen Hinterleibsröhrchen und fast körperlangen Fühlern, Befall an Fahnenblättern, später an Blütenständen	ab Mitte Mai bis Ende Juni Zuflug geflügelter Wanderläuse von Winterwirten (Gräser, Rosen, Traubenkirsche), mehrere Generationen und Massenvermehrung auf Getreide bei 15–25 °C und trockener Witterung	gezielte Bekämpfung mit nützlingsschonenden Insektiziden, Schadschwellen: Ende Ährenschieben 20 %, Ende Blüte 25 %, frühe Milchreife 80 % befallene Halme
Haferblattlaus *Rhophalosiphum padi*  Abb. 75	rundliche Körperform, grün mit rötlichem Querband um die kurzen, rostroten Hinterleibsröhrchen, Befall auf Blattspreiten, -scheiden und Ähren		
Bleiche Getreidelaus *Metopolophium dirhodum*  Abb. 76	bleichgrün mit grünem Längsstreifen auf der Rückenmitte, saugt vorwiegend an der Blattunterseite		
 Abb. 77 Gelbe und Orangerote Weizengallmücke *Contarinia tritici* und *Sitodiplosis mosellana* nur gebiets- und jahrgangsweise an Weizen, seltener an Roggen und Gerste wirtschaftlich bedeutsam	zur Zeit der Kornausbildung mehrere gelbe bzw. orangerote Larven (2,5 mm lang, ohne Kopfkapsel und Beine) an Kornanlagen saugend, Missbildungen des Korns, Spelzen an Basis verbräunt	im Mai Wanderung der Larven zur Bodenoberfläche, Verpuppung und Schlupf der Mücken, Eiablage an windstillen Abenden ab 15 °C	zugelassene Kontaktinsektizide, Schadschwelle: Beginn des Ährenschiebens 1 Gelbe Gallmücke/Ähre, Ende des Ährenschiebens 1 Orangerote Mücke/2 Halme

Außerdem sind wirtschaftlich noch von Bedeutung: *Blaues* und *Rothalsiges Getreidehähnchen, Getreide-* und *Ährenwickler* sowie *Blasenfüße* (Thripse).
Bei *Feldmausbefall* hilft nur eine großflächige Bekämpfungsaktion. Vielfach stellen Landwirte krückenartige Pfähle (Julen) auf die Flächen, um den mäusefangenden Greifvögeln eine Möglichkeit zum Aufblocken zu geben.

Abb. 78 Aufgefrorene Böden müssen im Frühjahr gewalzt werden, um Auswinterungsschäden zu verringern.

Abb. 79 Ein »raues Saatbett« schützt die Getreidepflanze im Winter.

Abb. 80 Moderne Mähdrescher haben hohe Durchsatz- und Flächenleistungen

Auswinterungsschäden an Wintergetreide – Sie können sowohl durch *Witterungseinflüsse* als auch durch *Pilze* verursacht werden.

- **Erfrieren:** Die Frosthärte der Getreidearten ist durch züchterische Beeinflussung bei Wintergerste auf –15 °C, bei Winterweizen auf –20 °C und bei Winterroggen bis auf –25 °C verbessert worden. Dennoch können Wintersaaten erfrieren, wenn das Getreide infolge zu später Saat während der Keimung vom Frost überrascht wird.
  Bei starken Kahlfrösten, besonders in Verbindung mit hoher Luftfeuchtigkeit und Wind, kann das Getreide auch nach dem Keimen noch erfrieren. Das *Saatbett* sollte deswegen nicht zu fein sein, weil die Pflanzen durch die Kluten geschützt werden. Auf feuchten Standorten führen starke *Wechselfröste* zum Auffrieren der Saaten. Dabei reißen die feinen Wurzeln ab und die Pflanzen verfärben sich. Hier helfen das Wiederherstellen des Bodenschlusses mit einer Formwalze und eine möglichst früh ausgebrachte Stickstoffgabe.
- **Ausfaulen:** Dies tritt unter einer Schneedecke über ungefrorenem Boden auf. Solange der Schnee locker ist und den Luftaustausch nicht behindert, gehen die Lebensvorgänge der Pflanze weiter. Sobald aber die Schneedecke verharscht, tritt Sauerstoffmangel auf, der vor allem die Blätter schwächt und Fäulnisbakterien begünstigt.
- **Aussauern:** Stehen Wurzeln und Halmgrund während der Schneeschmelze längere Zeit im *Stauwasser,* weil der Boden noch gefroren ist, sinkt der pH-Wert im Wurzelbereich stark ab. Dadurch werden *Fäulnispilze* begünstigt (Wurzel). Abhilfe schafft meist nur ein oberirdisches Ableiten des Stauwassers.

Aufgaben:

1. Welche Getreidekrankheiten und -schädlinge traten in den Beständen Ihres Ausbildungsbetriebes auf?
2. Weshalb sollte das Fahnenblatt möglichst lange gesund bleiben?
3. Welche Ursachen kann das »Auswintern« von Getreide haben?

1.3.3 Ernte

Ernte und Körnerkonservierung entscheiden wesentlich über die Qualität des Getreides. Hier kommen Fehler teuer zu stehen, weil sie Kosten, Mühe und Sorgfalt bei Anbau, Düngung und Pflege zunichte machen.

Mähdrusch – Heute wird Getreide fast ausschließlich mit dem **Mähdrescher** geerntet. Dabei sollte das Erntegut voll- bzw. totreif sein und einen für die spätere Lagerung günstigen *Wassergehalt* (ca. 14–20 %) im Korn aufweisen. Vorzeitige Ernte erhöht den Anteil an Schrumpfkörnern und Beschädigungen, zu später Drusch vermehrt die Ausfall- und Auswuchsverluste.

Höherer Wassergehalt bedingt größere Trocknungskosten.

Mit der Auswahl **standfester Sorten** mit hoher Ausfall- und Auswuchssicherheit wird versucht, die vorhandene Arbeitsleistung des Mähdreschers in der vom Klima begrenzten Einsatzzeit (Mähdrescherstunden) voll auszunutzen.

Neben Getreide werden auch Raps, Grassamen, Ackerbohnen, Erbsen, CCM, Körnermais, Rüben- und Kleesamen mit dem Mähdrescher geerntet.

Kornbergung – Heute werden die Körner nur noch lose transportiert. Die Kornübergabe vom Mähdrescher zum Transportwagen geschieht nur bei kleinen Flächen am Feldrand. In der Regel wird jedoch am haltenden Mähdrescher abgetankt. Bei Maschinen mit hoher Leistung ist die Übergabe des Dreschgutes auf einen nebenherfahrenden Wagen üblich, um Zeit zu sparen.

Beim Abladen am Körnerlager unterscheidet man eine Schnellentleerung in einen Körnersumpf und eine Zuteilentleerung über Körnergebläse oder mechanische Fördereinrichtungen.

Strohernte – Die Strohmenge beträgt bei Getreide ca. 40 – 80 dt/ha. Die *Strohbergung* zur Gewinnung der Einstreu, zur industriellen Verwertung bzw. zum Verbrennen kann als Langgut (Ladewagen), als Häcksel (Feldhäcksler, Kurzschnitt-Ladewagen) oder Ballen (Hochdruck-Ballenpresse, Rund- und Großballen-Presse) erfolgen, nachdem das ausgedroschene Stroh am Boden in einem Schwad abgelegt worden ist.

In viehlosen Betrieben oder Viehhaltungen mit stroharmer bzw. strohloser Aufstallung bleibt das Stroh auf dem Feld. Deshalb muss es kurz gehäckselt und gleichmäßig verteilt in die Stoppeln geblasen werden. Ebenso ist die Spreu zu verteilen. Die *Strohdüngung* verbessert die Bodenstruktur, vermindert die Erosion und führt die im Stroh enthaltenen Nährstoffe wieder dem Boden zu und trägt zur Bildung von Humusstoffen bei. Damit diese Vorteile wirksam werden, ist es nötig, das Stroh gleichmäßig kurz zu zerkleinern, breitflächig zu verteilen und mit dem Boden zu vermischen. Für diese Arbeit eignen sich Scheibenpflug, Schälgrubber und Gerätekombinationen aus Grubber und Zapfwellengetriebenen Nachlaufgeräten.

Während der *Strohrotte* nehmen die daran beteiligten Kleinlebewesen Stickstoff auf, der erst nach ihrem Absterben wieder frei wird. Damit wird verfügbarer Stickstoff (aus der Spätdüngung oder aus Güllegaben) vor dem Auswaschen bewahrt.

1.3.4 Schädigung des Erntegutes

Trocknung – Oft muss wegen der *Witterung* und um *Auswuchs* zu verhindern (Auswuchs-Warndienst in den Medien, über Telefon oder Internet beachten!) Getreide bei Kornfeuchten von 20 % und mehr gedroschen werden. Hefe- und Schimmelpilze sowie Bakterien finden dann gute Lebensbedingungen und verderben das Erntegut. Deswegen muss Getreide, das nicht sofort verkauft

Abb. 81 Geräumige Fahrerkabinen und ein hoher Bedienungskomfort sind Voraussetzungen für ein ermüdungsfreies Arbeiten.

Abb. 82 Für eine verlustarme Ernte sind große Abscheideflächen notwendig.

Abb. 83 Stroh wird im Schwad abgelegt (oben) oder muss für die spätere Einarbeitung zerkleinert und gleichmäßig verteilt werden (unten).

Abb. 88 Haploide Pflanzen erhält man aus Antheren-(= Staubgefäße-)Kulturen. Entfernen der Antheren (oben), Keimbettung der Antheren im Kulturgefäß (Mitte), Bildung der neuen Pflanze auf einer Nährlösung (unten).

Abb. 89 Meristemkultur, hier bei Arnika.

z. B. Mais, Futter- und Zuckerrüben. Erst heute wird versucht, auch bei Roggen, Raps, Gerste und Weizen Hybriden zu züchten. Die Erfolge in der Roggen-Hybridzucht führten bereits zu einer weitgehenden Verdrängung der Populationssorten.

Die reinerbigen Kreuzungspartner erhält man durch **Inzucht** und anschließende Selektion jener Pflanzen, die die gewünschten Eigenschaften am besten zeigen. So erhält man sog. *Inzuchtlinien*. Hierzu ist viel Arbeit und Zeit nötig. Die aus der Kreuzung der Inzuchtlinien entstandenen Hybriden übertreffen die Leistungen der Ausgangsformen, spalten in der F_2-Generation jedoch wieder auf, d. h., die Leistungen streuen stärker und gehen wieder zurück.

Eine Festigung der Heterosiswirkung kann durch Kreuzung von Hybriden erzielt werden (**Doppelhybriden**). **Top-Cross-Hybriden** entstehen aus der Kreuzung einer Hybride mit einer Sorte. Die Kreuzung einer Hybride mit einer Inzuchtlinie wird als **Drei-Wege-Hybride** bezeichnet.

Biotechnologie – Unter diesem Begriff werden alle Verfahren zusammengefasst, deren Endprodukte das Ergebnis biologischer Verfahren sind. Dazu zählen im Grunde alle Verfahren der Pflanzenzucht, man versteht jedoch im Besonderen darunter

- **Haploidenzucht:** Die Staubgefäße einer diploiden Pflanze werden vor ihrer Reifeteilung auf künstlichen Nährboden gebracht. Aus ihnen entwickelt sich eine haploide Pflanze. Weil diese meist wenig leistungsfähig ist, behandelt man sie mit dem Gift der Herbstzeitlose, Colchizin, und erreicht so die Verdoppelung des Chromosomensatzes, so dass die Pflanze wieder diploid, aber reinerbig ist.
- **Zellfusion:** Mit Hilfe eines Enzymgemisches lässt man die Protoplasten zweier Zellen verschmelzen. Auf diese Weise können Pflanzen kombiniert werden, die auf natürlichem Wege nicht kreuzbar sind.
- **Meristemkultur:** Unter besonderen Bedingungen kann aus jeder Zelle wieder eine ganze Pflanze erwachsen. Für Resistenzzüchtungen (z. B. bei Kartoffeln oder Bäumen) werden deswegen aus den jungen, teilungsfähigen Geweben (Meristeme) Zellen oder Zellverbände entnommen und im Reagenzglas zu neuen Pflänzchen herangezogen. Später topft man sie ein und stellt sie ins Gewächshaus.

  Auf diese Weise lässt sich schnell eine große Menge Pflanzen mit gleichen Erbanlagen gewinnen. Bei Kartoffeln und Ulmen wurde damit ein wesentlicher Fortschritt im Kampf gegen Virus-Krankheiten erzielt.
- **Gentechnologie:** Hierbei handelt es sich um das gezielte Übertragen einiger Gene. Dazu wird aus einem Chromosom ein DNA-Abschnitt mit der gewünschten Erbinformation isoliert und in ein Bakterium eingebaut. Dies vermehrt das DNA-Stück. Die so gewonnenen DNA-Stücke werden nun abermals isoliert und in die Pflanzenzelle eingeschleust. Aus ihr entsteht eine Pflanze, die neben ihren ursprünglichen Eigenschaften auch noch das mit dem Gen übertragene Merkmal besitzt.

  Erste nutzbare Erfolge der Gentechnologie sind z. B. mit der Erzeugung Rizomania-resistenter Zuckerrüben oder Zünslerresistenter Maissorten erzielt worden. Eine Anwendung gentechnisch veränderter Sorten in der Landwirtschaft stößt in Deutschland jedoch auf große Skepsis weiter Bevölkerungsschichten.

1.4.3 Saatgutwesen

Bedeutung – Saatgut ist ein wertvolles Betriebsmittel. Herstellung und Vertrieb sind gesetzlich geregelt. Das Saatgutwesen befasst sich daher mit der Zulassung von Sorten, der Vermehrung, Anerkennung und Kontrolle von Saat- und Pflanzgut.

Entstehung einer neuen Sorte – Im Zuchtgarten des Züchters werden zunächst typische, das Zuchtziel verkörpernde Pflanzen selektiert und gekreuzt. Nach Vermehrung in der 3. oder 4. Generation werden die aussichtsreichsten Zuchtstämme *Leistungsprüfungen* unterworfen. Nach erneuter Selektion und Vermehrung der jeweils besten Stämme stellt der Züchter nach der 8. oder 9. Generation Antrag auf **Sortenschutz** beim Bundes-Sortenamt.

Sortenschutz-Gesetz – Hat ein Züchter eine *neue Sorte* geschaffen, so kann er sie zur Erteilung des Sortenschutzes beim Bundes-Sortenamt in Hannover anmelden. Das Gesetz gibt dem Züchter die Garantie, dass mit seinen Sorten kein Missbrauch getrieben wird. Gleichzeitig räumt es ihm das alleinige Recht zur Saatgutvermehrung ein.

Zur **Erteilung des Sortenschutzes** muss die gezüchtete Sorte folgende Kriterien erfüllen:

- ▶ Die Sorte muss *neu* sein. Was bedeutet, dass sie durch wenigstens ein wichtiges Merkmal von jeder anderen in der Bundes-Sortenliste eingetragenen Sorte *unterscheidbar* ist.
- ▶ Die Sorte muss *homogen* sein. Das ist erfüllt, wenn die Sorte, von wenigen Abweichungen abgesehen, in ihren wesentlichen Merkmalen gleich ist.
- ▶ Die Sorte muss *beständig* sein. Dies bedeutet, dass die Sorte nach jeder Vermehrung die für die Unterscheidung maßgebenden Merkmale beibehält.
- ▶ Die Sorte muss mit einer *eintragsfähigen Sortenbezeichnung* benannt sein.

In einer sog. *Registerprüfung* werden die genannten Kriterien kontrolliert.

Saatgut-Verkehrs-Gesetz – Es regelt die Erzeugung, Anerkennung und den Vertrieb von Saatgut. Das Gesetz schreibt auch vor, dass Saatgut nur dann vertrieben werden darf, wenn die betreffende Sorte in der Sortenliste des Bundes-Sortenamtes eingetragen ist. Dies setzt voraus, dass die Sorte von *landeskulturellem Wert* ist und die Anforderungen des Sortenschutzes erfüllt.

Eine Sorte besitzt **landeskulturellen Wert**, wenn sie nach der Gesamtheit ihrer wertbestimmenden Eigenschaften gegenüber den in der Sortenliste eingetragenen vergleichbaren Sorten eine deutliche Verbesserung für den Pflanzenbau oder für die Verwertung des Erntegutes oder für aus dem Erntegut gewonnener Erzeugnisse erwarten lässt. In dieser *Wertprüfung* werden Anbau, Resistenz, Ertrag und Qualität geprüft. Nach Bestehen der Registerprüfung und der Wertprüfung wird die neue Sorte in die **Beschrei-**

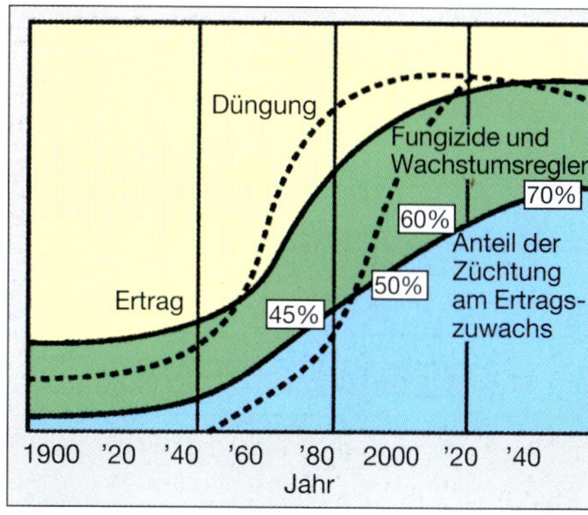

Abb. 90 Anteil des Züchtungsfortschrittes am Ertragszuwachs bei Getreide (Schema).

Abb. 91 Laborversuch auf Gelbrost-Resistenz bei Gerste.

Abb. 92 Systematik des Sortenrechts (Schema)

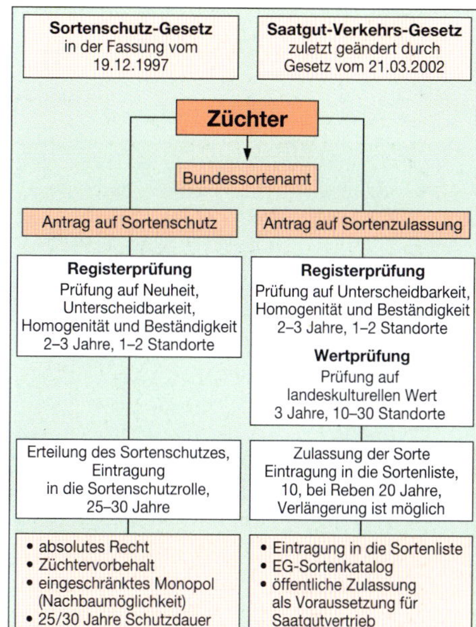

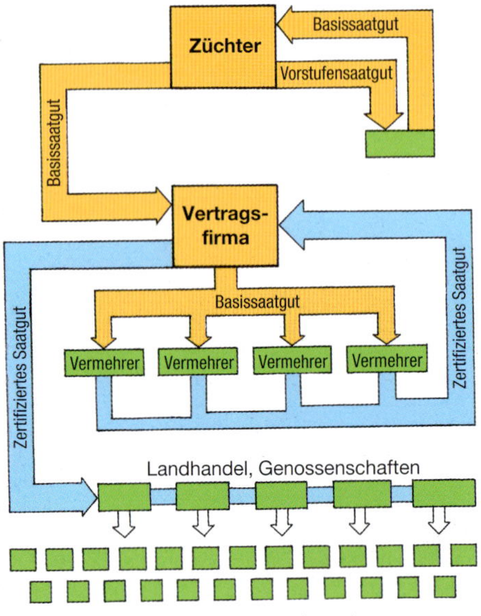

Abb. 93 Organisation der Saatgutvermehrung (Schema).

bende Sortenliste des Bundes-Sortenamtes aufgenommen, in der alle in Deutschland zugelassenen Sorten mit ihren Eigenschaften aufgelistet sind.
Seit Februar 2000 gilt EU-weit die Regelung, dass die nationalen Sortenämter alle Neuzulassungen an die EU-Kommission melden. Die Sorten werden in einen gemeinsamen **EU-Sortenkatalog** aufgenommen und sind dann innerhalb der gesamten EU frei verkehrsfähig.
Die so in Deutschland zugelassenen neuen Sorten können in die **Landes-Sortenversuche** aufgenommen werden. Diese werden von den jeweils zuständigen Stellen der einzelnen Bundesländer für ihre speziellen Regionen durchgeführt. Je nach Fruchtart und klimatischen Regionen macht jedes Bundesland mehrere Versuche. Nach einer mindest zweijährigen Prüfdauer liegen den Ländern ausreichend Daten vor, um die Sorten in ihre regionale Beratung und Sortenempfehlung für die Landwirte aufzunehmen.

1.4.4 Saatgutrecht

Saatgut ist ein wertvolles *Betriebsmittel*. Seine Herstellung und sein Vertrieb sind gesetzlich geregelt.
Sortenschutz-Gesetz – Es sichert dem Züchter den Schutz seiner Sorte zu. Nur er hat das Recht, Vermehrungssaatgut einer geschützten Sorte zu erzeugen und zu verkaufen. Voraussetzung ist, dass er seine Sorte zur Prüfung beim *Bundes-Sortenamt* in Hannover anmeldet.
Saatgut-Verkehrs-Gesetz – Dieses Gesetz schützt den Saatgutverbraucher. Es unterscheidet folgende *Saatgutkategorien:*
- ▶ **Vorstufensaatgut** entstammt der dem Basissaatgut vorausgehenden Generation.
- ▶ **Basissaatgut** des Züchters (Vorstufe für Zertifiziertes Saatgut), es muss gleichfalls vor dem Verkauf anerkannt werden.
- ▶ **Zertifiziertes Saatgut** ist in der Sortenliste eingetragen, amtlich überprüft (Feldbesichtigung) und vor dem Verkauf anerkannt (Zertifikat und Plombe).

Abb. 94 Reinigungsanlage für Saatgut.

1.4.5 Saatgutvermehrung

Organisation – Züchter sind nicht in der Lage, auf ihren Betrieben den Saatgutbedarf für die ganze Landwirtschaft sicherzustellen. Daher haben sie mit *Firmen* Verträge über die Vermehrung ihrer Sorten abgeschlossen. Diese Vertragsfirmen schließen ihrerseits Verträge über die *Vermehrung* mit ihnen geeignet erscheinenden landwirtschaftlichen Betrieben (Vermehrer).
Der Züchter stellt Basis- oder Vorstufensaatgut für die Vermehrungsbetriebe bereit. Die Vermehrung erfolgt nach den amtlichen Richtlinien der Anerkennungsstellen. Der vermehrende Anbauer übernimmt die Pflicht, die Vermehrungsfläche frei von fremden Kulturpflanzen und Unkräutern zu halten. Er muss den Bestand laufend beobachten und ihn gesund erhalten, eventuell auch von unerwünschten Pflanzen bereinigen. Nach der Ernte erfolgt die Aufbereitung und Sortierung des Saatgutes. Erst nach der Anerkennung darf das Saatgut in den Verkehr gebracht werden. Der

Züchter zahlt dem Vermehrer eine Vergütung für die angefallenen Kosten.

Saatgutanerkennung – Die Anerkennung des Saatguts wird von den Bundesländern durchgeführt. Sie besteht aus:

- Anmeldung der Vermehrungsflächen;
- Feldbesichtigung, mindestens einmal vor der Ernte;
- Saatgutuntersuchung (Reinheit, Feuchtigkeitsgehalt, Keimfähigkeit; bei Mais Triebkraftprobe; bei Kartoffeln Prüfung auf Viruskrankheiten).

Bei Erreichen der Anforderungen wird die *Saatgutanerkennung* erteilt. Etikett und Plombe sichern dies zu.

Saatgut-Verkehrskontrolle – Das Saatgut-Verkehrsgesetz regelt den Vertrieb von Saat- und Pflanzgut. *Saatgut-Erzeugerbetriebe* haben genaue Aufzeichnungen über Eingang und Verkauf von Saatgut zu machen. Neben Betriebsprüfungen in unregelmäßigen Abständen werden laufend Proben aus anerkanntem Saatgut entnommen und auf die Einhaltung der Normen überprüft.

Saatgutverbraucher sollten die Etiketten des Saatgutes bis zur Ernte aufbewahren. Sie stellen einen Garantieschein dar.

Aufgaben:

1. Weshalb ist der Nachbau von Saatgut, das aus Hybridsorten gewonnen wurde, nicht zu empfehlen?
2. Was versteht man unter Heterosiseffekt?
3. Beschreiben Sie die Entstehung einer neuen Sorte.
4. Welche Bedeutung hat das Gesetz über den Schutz von Pflanzensorten?
5. Welche Saatgutkategorien unterscheidet das Saatgut-Verkehrsgesetz?
6. Welche Ziele verfolgt das Saatgut-Verkehrsgesetz?
7. Welche Eigenschaften muss Zertifiziertes Saatgut besitzen?

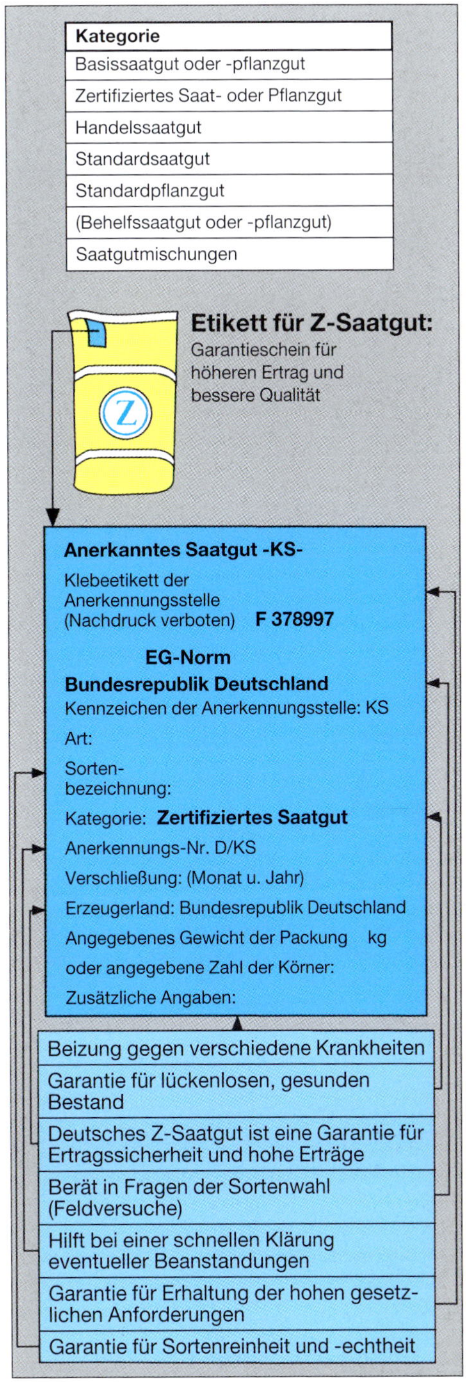

Abb. 95 Erklärung der Saatgutkategorien und ihre Kennzeichnung.

Abb. 96 Bauarten von Drillmaschinen. Dreipunkt-Heckanbaumaschine (oben), Kombination zur Frässaat (unten).

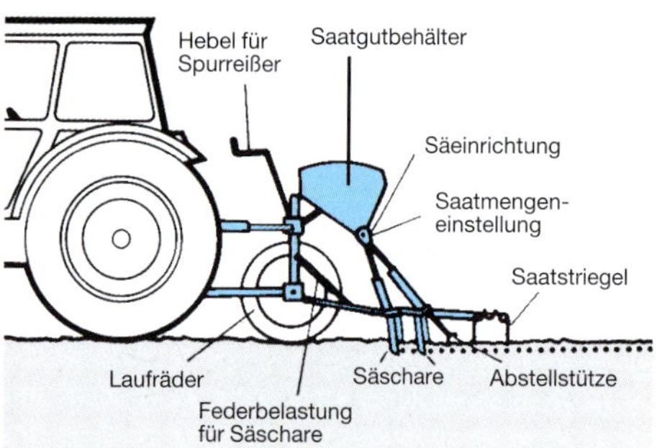

Abb. 97 Bauteile einer Drillmaschine (Schema).

Abb. 98 Saatgut-Vorratsbehälter im Querschnitt (Schema).

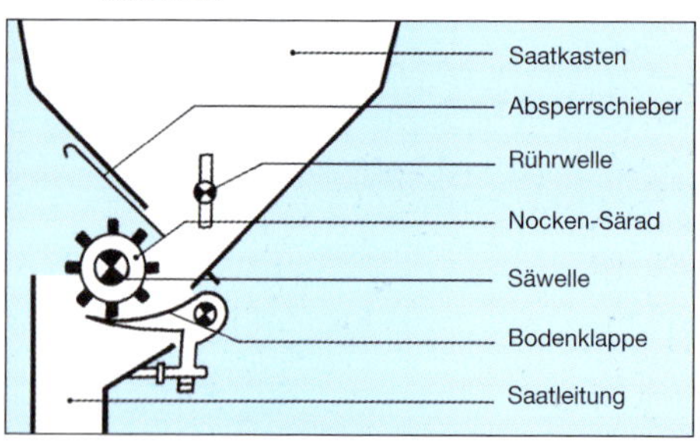

2 Agrartechnik

Neben zahlreichen anderen Einflüssen bestimmen die Arbeitsverfahren Aussaat, Ernte, Lagerung und Aufbereitung nachhaltig die Qualität und den Marktwert des Erntegutes. Deshalb wird im Rahmen des Kapitels 1 Getreidebau die entsprechende Agrartechnik ausführlich behandelt.
Dagegen sind die Maschinen und Geräte für die Bodenbearbeitung und Saatbettbereitung sowie für die Bestandesführung (z. B. Ausbringung von Dünge- und Pflanzenschutzmittel) in der »Agrarwirtschaft, Grundstufe Landwirt« dargelegt.

2.1 Getreidesaat

Eine sorgfältige und sachgerechte *Aussaat* ist eine entscheidende Voraussetzung für einen guten *Feldaufgang* sowie für eine *optimale Pflanzenentwicklung* und bildet somit eine wesentliche *Ertragsgrundlage.*

2.1.1 Aufbau und Arbeitsweise von Drillmaschinen

Drillmaschinen müssen deshalb die eingestellte Saatmenge *exakt ausbringen,* eine *gleichmäßige Querverteilung* des Saatgutes sowie eine *einheitliche Saattiefe* gewährleisten und dem Saatgut zur besseren Wasserversorgung einen *guten Bodenschluss* verschaffen.
Je nach Verbindung mit dem Traktor unterscheidet man folgende **Bauarten:**

- **Anbau-Drillmaschinen:** Sie werden am Dreipunktgestänge angebaut. Laufräder führen das Gerät bei der Arbeit und dienen als Antrieb der Sämaschine. Bei großen Tankvolumina ist auf die Hubkraft der Hydraulik und die max. zulässige Vorderachsentlastung des Traktors zu achten.
- **Aufsattel-** oder **Anhänge-Drillmaschinen:** Diese Bauart wird bei Maschinen mit großer Arbeitsbreite verwendet. Sie laufen auf einem eigenen Fahrwerk.
- **Kombinationen:** Saatbettvorbereitung und Säen erfolgen in einem Arbeitsgang.

Nach der **Bauweise des Saatgutbehälters** unterscheidet man:

- Kasten-Drillmaschinen,
- Tank-Drillmaschinen.

Außerdem teilt man ein in Maschinen mit

- mechanischer und
- pneumatischer Saatgutzuteilung.

Aufbau und Arbeitsweise – Die Bauteile

- Saatgut-Vorratsbehälter,
- Säorgane,
- Saatgutleitungen,
- Säschare

müssen übersichtlich angeordnet sein, damit eine einfache, zuverlässige und sichere Steuerung sowie die Bedienung während der Säarbeit möglich ist. Je nach Bauart und Konstruktion

arbeiten sie entweder nach dem *mechanischen* oder *pneumatischen Prinzip.*
Saatgut-Vorratsbehälter – Das *Fassungsvermögen* des **Saatgut-Vorratsbehälters** von Kasten-Drillmaschinen sollte mindestens 150 l/m Arbeitsbreite betragen. Dadurch ist die Aussaat auf großen Flächen ohne Nachfüllen möglich. Die Rührwelle im Saatkasten hält das Saatgut in Bewegung und verhindert so eine Brückenbildung.
Die *Inhaltsmenge* kann mithilfe eines Zeigers oder Schaufensters ständig kontrolliert werden. Die *Auslauföffnungen* sind an der Rückseite des Saatgutbehälters angebracht und können mit Absperrschiebern je nach Bedarf oder Korngröße halb oder ganz geöffnet bzw. auch geschlossen werden.
Drillmaschinen mit pneumatischer Saatgutzuteilung besitzen einen zentralen *Saatguttank,* dessen Fassungsvermögen der Säbreite entsprechend groß ist, und eine zentral angeordnete Saatgut-Dosiereinrichtung. Der *Tankschwerpunkt* muss im Hinblick auf die Gewichtsverteilung, die sowohl bei Straßenfahrten als auch beim Säen (Bodendruck) von besonderer Bedeutung ist, nahe am Traktor liegen.
Säorgane – Mithilfe der **Säorgane** wird das Saatgut bei mechanischen Drillmaschinen mit Nocken- oder Schubsärädern, bei pneumatischen Drillmaschinen mit einem Luftrom auf die einzelnen Saatgutleitungen verteilt.
Nockenrad-Prinzip – Auf der Säwelle sitzt für jedes Säschar ein *Nockenrad.* Es fördert das Saatgut über die gefederte Bodenklappe zur Saatgutleitung. Je nach Korngröße wird die Bodenklappe eingestellt. Der Antrieb der *Säwelle* erfolgt über die Laufräder. Mit einem Stufen- oder stufenlosen Schaltgetriebe kann die Drehzahl der Säräder verändert und damit die *Aussaatmenge* eingestellt werden.
Diese Nockenräder können mit einem Särad für *Feinsämereien* wie Raps oder Klee kombiniert werden. Für das Ausbringen von Feinsämereien wird der Arretierungsbolzen gelöst, das Normal-Särad bleibt stehen, es bewegt sich nur noch das Fein-Särad.
Schubrad-Prinzip – Der Antrieb der Schubräder erfolgt über die *Säwelle* durch die Laufräder. Die Schubrad-Oberfläche enthält Querrillen, die sich mit Saatgut füllen. Beim Drehen wird das Saatgut dadurch zwischen Bodenklappe und Särad zur Saatleitung gefördert. Die Bodenklappe lässt sich je nach Korngröße verstellen.
Durch seitliches Verschieben der Säwelle wird die wirksame Breite der Säräder verändert und die *Aussaatmenge* variiert.
Pneumatisches Prinzip – Am Auslauf des in der Mitte angeordneten Saatguttanks sitzt ein *Zellenrad.* Dieses bodenangetriebene Rad dosiert das Saatgut in eine *Injektorschleuse.* Ein Luftstrom erfasst die Körner, bläst sie durch ein Wellrohr zum Verteiler und dann in die Saatleitungen.
Diese Drillmaschine ist gleichermaßen für grobes oder feines Saatgut bei stufenloser Einstellung der Saatmenge geeignet.
Saatgutleitungen – Sie haben die Aufgabe, das Saatgut von den Säorganen zum Säschar zu leiten.
Kasten-Drillmaschinen sind in der Regel mit Teleskoprohren aus Kunststoff oder Metall ausgerüstet. Sie lassen sich in senkrechter

Abb. 99 Einfache Füllstandsüberwachung im Saatgutbehälter.

Abb. 100 Bei der Aussaat kleiner Mengen ist die Rührwelle abzuschalten.

Abb. 101 Nockenrad mit mittig angeordnetem Fein-Särad.

Abb. 102 Särad einer Schubrad-Sämaschine.

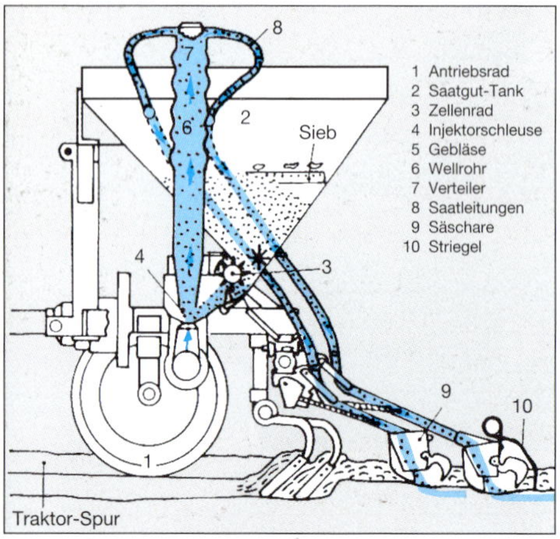

Abb. 103 Bauteile einer pneumatischen Tank-Drillmaschine (Schema).

Abb. 104 Einstellen der Saatgutmenge an einer pneumatischen Sämaschine.

Abb. 105 Schleppschare; Anbau eines Schares für tiefere Saat z.B. für Bohnen.

Abb. 106 Mitte: Doppelscheiben-Schar mit Tiefenführungsrollen zur exakten Tiefenführung.

Richtung verschieben und passen sich so den Bewegungen der Säschare an.

Bei *Tank-Drillmaschinen* werden Spiralschläuche als Saatleitungen verwendet, in denen das Saatgut im Luftstrom zum Säschar transportiert wird.

Säschare – Sie ziehen Rillen für die Saatgutablage. Die einheitliche *Saattiefe* als Voraussetzung für einen gleichmäßigen Feldaufgang wird mit der *Federdruckbelastung* der Säschare erreicht, die zentral oder einzeln eingestellt werden kann. *Tiefenbegrenzer* an Säscharen können auf leichten, sehr lockeren Böden nötig sein. Während der Säarbeit sind die Säschare bezüglich Verstopfungen mehrmals zu überprüfen.

Für die unterschiedlichen Bodenstrukturen und Oberflächenbeschaffenheiten stehen verschiedene Säschare zur Verfügung:

Schleppschare erzeugen eine Drillreihe und legen das Saatgut in einer Breite von etwa 2 cm ab. Bei unterschiedlichen Bodenstrukturen kann die Saattiefe stärker variieren.

Bandsäschare legen das Saatgut auf einer Bandbreite von 4–6 cm ab. Dadurch werden bessere Aufgangsbedingungen geschaffen unter der Voraussetzung, dass die Saattiefe gleichmäßig ist.

Ebenso wird bei **Rollscharen** eine Bandbreite von 3–5 cm erreicht. Sie arbeiten weitgehendst verstopfungsfrei.

Doppelscheiben-Schare arbeiten selbst bei dichteren Mulchschichten ohne Verstopfung, benötigen aber zur genauen Tiefenführung Tiefenführungsrollen, die gleichzeitig dem Saatgut in der Saatrille einen Bodenschluss geben. Die Saatgutablage kann bei aufgebauten Sämaschinen mit Saatrohren in den Erdstrom oder unter den Erdstrom des Bodenbearbeitungsgerätes bandförmig oder in Breitsaat erfolgen.

2.1.2 Einstellen der Maschine zur Saat

Um die **Aussaatmenge** genau zu ermitteln, ist eine **Abdrehprobe** durchzuführen. Vorher sind die Grundeinstellungen für das entsprechende Saatgut nach der Betriebsanleitung an der Drillmaschine vorzunehmen. Einzustellen sind:

- Rührwelle aus- oder einschalten,
- Stellung der Absperrschieber,

- ▶ Bodenklappenstellung der Korngröße anpassen,
- ▶ Drehzahl der Säwelle oder wirksame Säradbreite.

Nach den Grundeinstellungen ist die Abdrehprobe durchzuführen. Sie bezieht sich auf eine Teilfläche eines Hektars.

Um genauere Abdrehwerte zu erhalten, ist die Abdrehprobe für eine Fläche von $^1/_{40}$ oder $^1/_{50}$ ha notwendig. Dazu sind die Rad- oder Kurbelumdrehungen unter Berücksichtigung der Arbeitsbreite der Drillmaschine und der Bereifungsgröße aus der Betriebsanleitung zu entnehmen.

Beispiel: *Abdrehprobe nach Sätabelle* für die Saat von W-Weizen:

▶ Rührwelle	– ein
▶ Absperrschieber	– $^3/_4$ offen
▶ Bodenklappe	– Stellung 1
▶ Getriebestellung	– 44
▶ Abdrehfläche	– $^1/_{40}$ ha
▶ Radumdrehungen für 1/40 ha	– 39
▶ Aussaatmenge	– 184 kg/ha
▶ Abdrehmenge für 1/40 ha	– 4,6 kg

Nach dem Abdrehen wird die Abdrehmenge gewogen und mit der erforderlichen Aussaatmenge bzw. Abdrehmenge verglichen. Ist kein annäherndes Ergebnis erreicht, muss mit korrigierter **Getriebeeinstellung** nochmals abgedreht werden. Eine neue Getriebeeinstellung ist zu ermitteln:

Beispiel: Bei der Abdrehprobe für $^1/_{40}$ ha in der Getriebeeinstellung 44 wurde eine Abdrehmenge von 4,8 kg Weizen gewogen. Diese Menge entspricht einer Aussaatmenge von 192 kg/ha. Gefordert wird eine Menge von 180 kg/ha.

$$\text{neue Getriebeeinstellung} = \frac{\text{neue Saatstärke} \times \text{alte Getriebeeinstellung}}{\text{alte Saatstärke}}$$

$$x = \frac{180\ \text{kg/ha} \times 44}{192\ \text{kg/ha}}$$

$$x = 41$$

Bei der *Abdrehprobe ohne Sätabelle* erfolgt die Getriebeeinstellung mit einem Mittelwert aus der Betriebsanleitung. Er ist vom Hersteller z. B. auf 30 festgelegt. Mit diesem Wert wird die 1. Abdrehprobe vorgenommen.

Beispiel: Bei der Abdrehprobe für $^1/_{40}$ ha in der Getriebeeinstellung 30 wurde eine Abdrehmenge von 3,3 kg gewogen. Diese Menge entspricht einer Aussaatmenge von 132 kg/ha. Gefordert wird eine Menge von 180 kg/ha.

Getriebeeinstellung 30 entspricht der Aussaatmenge von 132 kg/ha.
Getriebeeinstellung x entspricht der Aussaatmenge von 180 kg/ha

$$\text{neue Getriebeeinstellung: } x = \frac{180 \times 30}{132}$$

$$x = 41$$

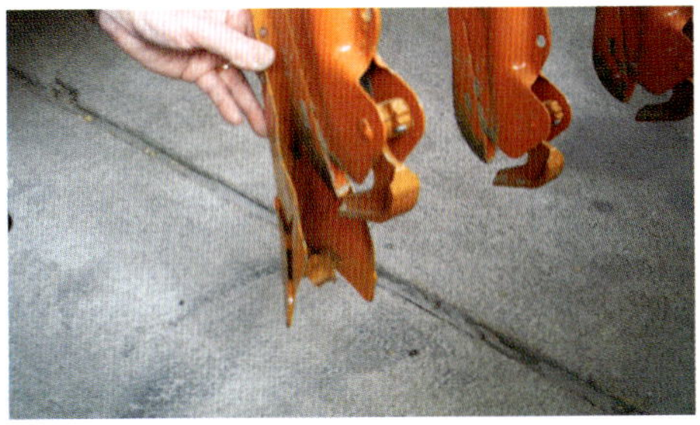

Abb. 107 Anbau eines Bandsäschares an ein Schleppschar.

Abb. 108 Rollschare arbeiten weitgehend verstopfungsfrei.

Abb. 109 Rollschar mit Tiefenführungsrolle.

Abb. 110 Stufenlose Einstellung der Saattiefe.

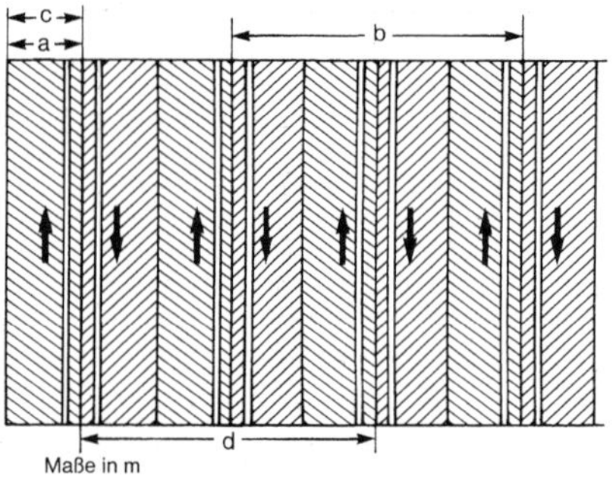

Maschinenbreite a	2	2,5	3	4
Streu-Spritz-Breite b	8	10	12	16
Feldrandabstand c	2	2,5	3	4
Fahrgassenabstand d	8	10	12	16

Abb. 111 Anlegen von Fahrgassen: Es wird nur eine Fahrgasse in der Drillbreite angelegt. Eine Bedienung der Fahrgassenschaltung ist nicht notwendig. Der Beginn mit Dünge- und Spritzgeräten am Feldrand ist mit voller Arbeitsbreite nicht möglich. Wird die erste Fahrgasse jedoch erst in der 2. und 3. Drillfahrt angebracht, können die Geräte in voller Arbeitsbreite beginnen (Maße in m).

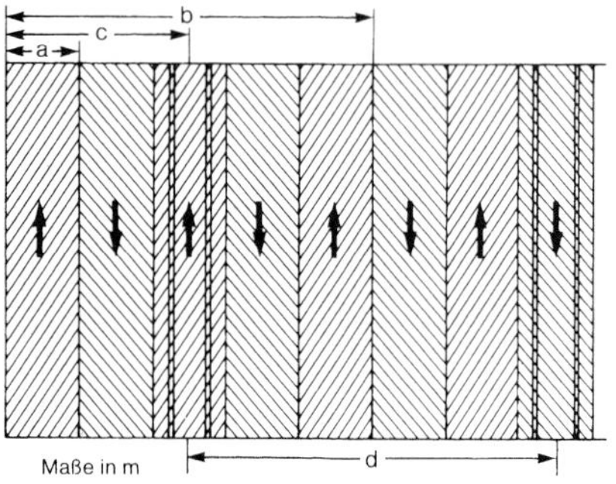

Maschinenbreite a	2	2,5	3	4
Streu-Spritz-Breite b	10	12,5	15	20
Feldrandabstand c	5	6,25	7,5	10
Fahrgassenabstand d	10	12,5	15	20

Abb. 112 Anlegen von Fahrgassen: Beide Fahrgassen sind in der Drillbreite; Einsatz von Dünge- und Spritzgeräten am Feldrand ist mit voller Arbeitsbreite möglich (Maße in m).

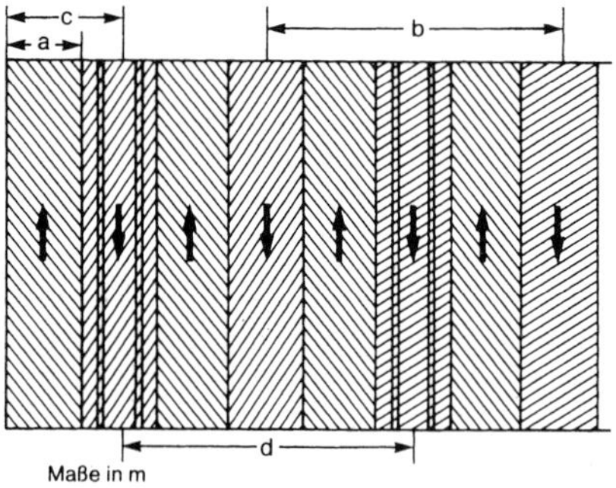

Maschinenbreite a	2	2,5	3	4
Streu-Spritz-Breite b	8	10	12	16
Feldrandabstand c	3	3,75	4,5	6
Fahrgassenabstand d	8	10	12	16

Abb. 113 Anlegen von Fahrgassen: Beide Fahrgassen sind in der Drillbreite; der Beginn mit Dünge- und Spritzgeräten am Feldrand ist mit voller Arbeitsbreite nicht möglich (Maße in m).

Zur Ermittlung der Aussaat werden bei manchen Drillmaschinen *Rechenschablonen* mitgeliefert, mit denen der aufgezeigte Rechenvorgang einfach durchgeführt und das Ergebnis der Getriebeeinstellung schnell zu ermitteln ist. Weichen die Werte der ermittelten von der gewünschten Aussaatmenge ab, so ist mit der korrigierten Einstellung erneut eine Abdrehprobe vorzunehmen. Bei gebeiztem Saatgut mit größeren Aussaatmengen ist sicherheitshalber nochmals abzudrehen, um eine exakte Aussaatmenge zu erreichen.

2.1.3 Einstellen der Fahrspur

Zum exakten Anschlussfahren beim Einsatz des Düngerstreuers, eines Striegels oder der Pflanzenschutzspritze sind **Fahrgassen** in der Kultur anzulegen. Die Breite eines *Spurschachtes* richtet sich nach der Breite der Bereifung des Pflegetraktors.
Bei Verwendung von schmalen Pflegereifen ist es ausreichend, je Spurschacht 1 Säschar zu schließen. Bei breiter Bereifung werden 2 Säschare für einen *Spurschacht* geschlossen. So sind effektive Spurschachtbreiten von 20–50 cm, je nach gegebenem Reihenabstand der Drillmaschine zu erreichen. Welche Saatrohre zur Anlage der Spurschächte geschlossen werden müssen, ist von der Spurweite des Pflegetraktors abhängig.
Der **Fahrgassenabstand** und die Position der Fahrgasse wird bestimmt durch
- ▶ die Arbeitsbreite der Drillmaschine,
- ▶ die Arbeitsbreite des Düngerstreuers, des Striegels oder der Pflanzenschutzspritze.

Der Abstand von Fahrgasse zu Fahrgasse ist ein Vielfaches der Arbeitsbreite einer Drillmaschine und muss sich mit der Arbeitsbreite des Folgegerätes decken. Ist die Arbeitsbreite des Folgegerätes, das 3-, 5-, oder 7fache der Drillmaschinenbreite, so ist die Position der Fahrgasse symmetrisch.
Ist dagegen die Arbeitsbreite eines Folgegerätes das 2-, 4-, oder 6fache der Drillmaschinenbreite, so wird die Fahrgasse asymmetrisch angelegt. Dann ist ein Beginn mit dem Dünge- oder Spritzgerät am Feldrand in voller Arbeitsbreite nicht möglich. Vielfach wird dann die erste Fahrgasse auch in der 1. Drillmaschinenfahrt am Feldrand angelegt.
Anlegen der Fahrgassen – Dies ist möglich durch
- ▶ Schließen der entsprechenden Absperrschieber am Säkasten,
- ▶ Abschalten der entsprechenden Säräder auf der Säwelle,
- ▶ Absperren der entsprechenden Saatleitungen mittels Magnetschalter.

Die **Fahrgassenschaltung** kann von Hand oder automatisch erfolgen. Bei der mechanischen *Fahrgassenautomatik* erfolgt die Steuerung der Schaltung durch ein Gestänge beim Ausheben der Maschine oder durch Betätigung des Spuranreißers. Der Schaltrhythmus ist durch Austausch von Schaltelementen der gewünschten Fahrgassenanordnung anzupassen. Die Schaltposition wird dem Fahrer angezeigt.
Bei der elektronischen Fahrgassenautomatik erzeugt ein Sensor an der Hubeinrichtung der Drillmaschine einen Schaltimpuls. Der

gewünschte Schaltrhythmus kann durch Vorwahl am Monitor bestimmt und korrigiert werden. Die aktuelle Schaltposition wird über Kontrollleuchten oder am Display angezeigt.

Spuranreißer – Er markiert die Fahrspur für eine genaue Anschlussfahrt. Zur Einstellung des *Spuranreißers* sind die Maße

- der Säbreite der Drillmaschine, also der Abstand der beiden äußeren Schare,
- der Reihenabstand von Säschar zu Säschar,
- die Spurweite der Traktorvorderräder

erforderlich.

Das zur Einstellung notwendige Maß wird ermittelt:

$$\text{Spuranreißermaß} = \frac{\text{Säbreite} - \text{Spurweite der Traktorvorderräder}}{2} + 1\ \text{Reihenabstand}$$

Beispiel: Der Abstand zwischen linkem und rechtem äußerem Säschar beträgt 288 cm, der Reihenabstand der Säschare 12 cm (288 cm : 24 Säscharabstände), die Spurweite an den Traktorvorderrädern ist 165 cm.

$$\frac{288\ \text{cm} - 165\ \text{cm}}{2} + 12\ \text{cm} = 73{,}5\ \text{cm}$$

Das ermittelte Maß ist der Abstand vom äußeren Säschar bis zur Mitte des Spuranreißers.

Wird bei schlechten Sichtverhältnissen auf die Vorderräder die Markierungsspur über die Traktormitte angepeilt, ist der Spurreißerabstand zu ermitteln:

$$\frac{288\ \text{cm}}{2} + 12\ \text{cm} = 156\ \text{cm}$$

Um eine gut erkenntliche, aber nicht zu tiefe Markierungsspur zu erhalten, sind die Spuranreißerscheiben durch Schrägstellen den Bodenverhältnissen anzupassen. Beim Einsatz auf schweren Böden sind gezackte Scheibenseche von Vorteil.

2.1.4 Saatstriegel

Der **Saatstriegel** übernimmt das Zudecken der Saatkörner in der Saatrille. Die *Tiefeneinstellung* erfolgt durch *Federdruck.* Je nach Saattiefe und Bodenzustand ist er so zu wählen, dass die Saatrille mit lockerer Erde gefüllt wird.

Ein zu tiefe Einstellung zerstört den Saathorizont und verschlechtert die Keimbedingungen für das Saatgut. Die Voreinstellung des Striegels muss bei angebauter Drillmaschine auf einer Betonfläche vorgenommen werden. Die erste Krümmung des Striegels soll sich dabei etwa 2 cm über dem Boden befinden.

2.1.5 Wartung der Drillmaschine

Die einwandfreie Funktion und eine lange Lebensdauer der Maschine setzen eine sorgfältige Pflege voraus. Eine Reihe von wichtigen Pflegemaßnahmen sind deshalb regelmäßig durchzuführen:

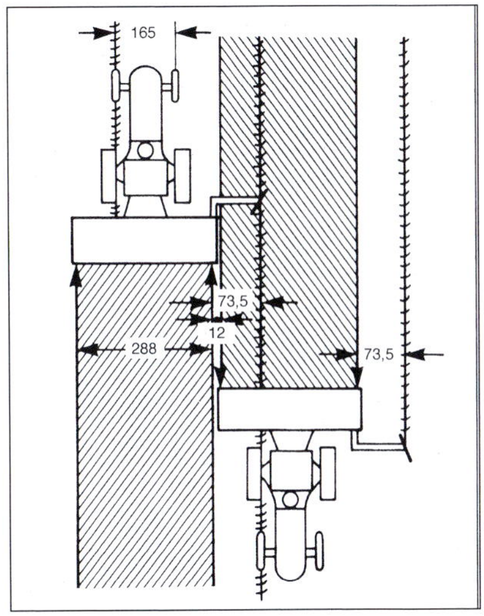

Abb. 114 Schema einer Spuranreißereinstellung (Maße in cm).

Abb. 115 Die Ansteuerung der elektronischen Fahrgassenschaltung übernimmt ein Sensor.

Abb. 116 Mit der Fahrgassenschaltung kann eine Vorauflauf-Markierung betätigt werden, die die Fahrgassen markiert.

Abb. 117 Der Saatstriegel übernimmt das Zudecken des Saatguts und das Einebnen der Drillfurchen.

Abb. 118 Nachjustieren der Bodenklappen.

Abb. 119 Den Ölstand im Getriebe regelmäßig über das »Auge« kontrollieren.

Abb. 120 Mähdrescher-Bauarten.

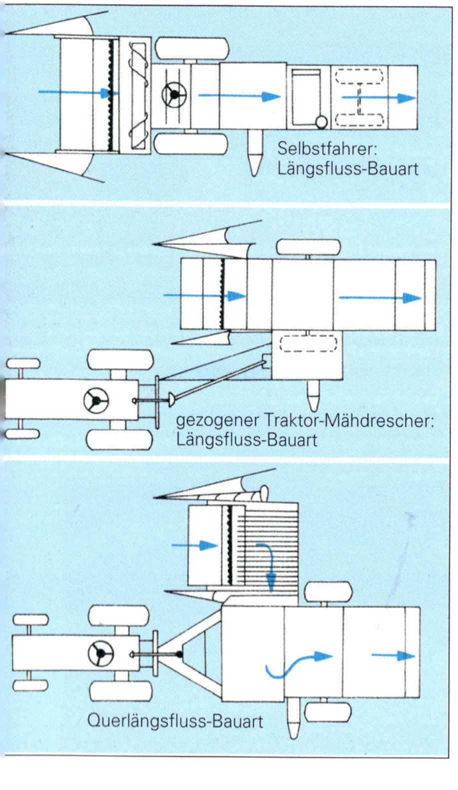

- Alle Schmiernippel mit Mehrzweckfett abschmieren.
- Antriebsketten mit Öl bzw. Kettenfett behandeln.
- Kontrolle des Ölstands im Ölbadgetriebe, eventuell Ölwechsel.
- Achtung! Alle Bauteile, die mit Saatgut in Berührung kommen, von Fett und Schmierstoffen frei halten (Saatleitungsrohre, Säräder und Bodenklappen).
- Kunststoffteile werden mit Wasser gereinigt.
- Bodenklappen auf ihre Stellung und Gängigkeit überprüfen und eventuell nachstellen.
- Reifendruck gelegentlich kontrollieren.
- Nach Beendigung der Säarbeit Saatkasten entleeren und gründlich reinigen.

Aufgaben:

1. Eine Drillmaschine mit einer Arbeitsbreite von 3 Metern soll abgedreht werden. Die Testfläche beträgt 1/40 ha.
   a) Wie lang ist die Fahrstrecke für die Testfläche?
   b) Wie viele Radumdrehungen sind für die errechnete Fahrstrecke nötig, wenn der Außendurchmesser des Antriebsrades 38 Zentimeter beträgt?
   c) Wie viele Kilogramm Testmenge entsprechen einer Saatstärke von 160 kg/ha?

2. Bei der Abdrehprobe für 1/40 ha wurden 3,95 kg Weizen gewogen. Dabei war das Getriebe auf Nr. 46 eingestellt. Welche Getriebeeinstellung ist erforderlich, wenn 172 kg/ha Weizen gesät werden sollen?

3. Die Arbeitsbreite der Sämaschine beträgt 3 Meter. Wie ist die Fahrgasse anzulegen, wenn der Düngerstreuer eine Arbeitsbreite von **a)** 12 Meter, **b)** 15 Meter, **c)** 18 Meter hat?

4. Die Sämaschine hat eine Säbreite von 288 cm und ist mit 25 Säscharen ausgerüstet; die Traktorspurweite beträgt **a)** 136 cm, **b)** 150 cm, **c)** es wird über Traktormitte gefahren. Welche Maße ergeben sich für die Spuranreißereinstellung für a, b und c?

2.2 Getreideernte

Die *Ernte* und die *Konservierung* des Getreides werden wesentlich von den Witterungsverhältnissen sowie von der Schlagkraft der Erntemaschinen und der Arbeitssorgfalt bei den Erntearbeiten bestimmt. Sie beeinflussen sowohl die Ernteverluste als auch nachhaltig die Qualität des Enteproduktes. Die Arbeitsorganisation und die Leistungsfähigkeit der Erntemaschinen sind deshalb maßgebliche Kriterien für einen betriebsspezifischen Ernteverlauf.

2.2.1 Mähdrescher

Bei den **Mähdreschern** geht der Trend zu Großmaschinen. Der Kauf dieser teuren Technik lohnt sich aber nur bei entsprechend großer Anbaufläche oder im überbetrieblichen Einsatz.

Bauarten – Die wesentlichen **Bauteile** wie Dreschtrommel, Schüttler und Reinigungseinrichtung sind bei allen Mähdreschern sehr ähnlich. Ein großer Unterschied besteht aber zwischen den gezogenen (angehängt oder angebaut) und den selbst fahrenden Mähdreschern.

Selbst fahrende Mähdrescher sind mit eigenem Motor, Fahrwerk und Hydrauliksystem ausgestattet. Der hydrostatische Fahrantrieb oder das 3- bis 4-stufige Getriebe in Kombination mit einem Variator ermöglichen eine stufenlose Anpassung der Fahrgeschwindigkeit an die Ernteverhältnisse. Elektronische Bauteile erleichtern die Überwachung der Maschine. Eine Vollsichtkabine mit Klimaanlage schützt den Fahrer vor Staub und Hitze.

Bei Schnittbreiten über 3 m wird für die Straßenfahrt das Schneidwerk vom Mähdrescher abgekoppelt und auf einem speziellen Schneidwerkswagen transportiert.

Eine weitere Unterscheidung der Mähdrescher ist nach dem Erntefluss-System möglich.

Baugruppen – Vollständiger Ausdrusch sowie das Vermeiden von Körnerverlusten und -beschädigungen erfordern sowohl eine schonende Behandlung des Erntegutes als auch eine *einwandfreie Funktion der Baugruppen:*

- ▶ Schneidwerk: → Mähen und Aufnehmen,
- ▶ Dreschwerk: → Lösen der Körner aus den Ähren,
- ▶ Schüttler: → Trennen von Korn und Stroh,
- ▶ Siebkasten: → Reinigen der Körner von Beimengungen,
- ▶ Korntank: → Sammeln der Körner.

Schneidwerk: Die *Halmteiler* schieben sich wie Keile in den Bestand und trennen das zu mähende Getreide an der Mähkante. Die über dem Messerbalken angeordnete *Haspel* unterstützt den Fluss des Erntegutes zur *Einzugsschnecke.* Ein *Messerbalken,* der mit Scherenschnitttechnik arbeitet, schneidet die Halme ab. Die *Einzugsschnecke* fasst das geschnittene Gut auf die Breite der Dreschtrommel zusammen. Der *Kettenschrägförderer* transportiert das Gut zum *Dreschwerkzeug.*

Über *Hydraulikzylinder* erfolgen die Schneidwerks-Höhenverstellung und die Höhenverstellung der Haspel. Bei Schnittbreiten über 3 m ist das Schneidwerk für den Straßentransport abzubauen oder (hydraulisch) zusammen zu klappen (Sonderausrüstung).

Dreschwerk: Zwischen den auf der *Dreschtrommel* befestigten *Schlagleisten* und den *Korbleisten* entsteht eine Reib- und Schlagwirkung. Dadurch werden die Körner aus den Ähren, Schoten, Hülsen oder Rispen gelöst. Die Drehzahl der Trommel und der Abstand zwischen Schlag- und Korbleisten kann an die unterschiedlichen Früchte und Erntebedingungen angepasst werden.

Ist der Korbabstand zu klein oder die Dreschtrommel-Drehzahl zu hoch, entstehen viele Bruchkörner. Bei ungenügendem Ausdrusch muss die Drehzahl erhöht oder der Korbabstand verringert werden.

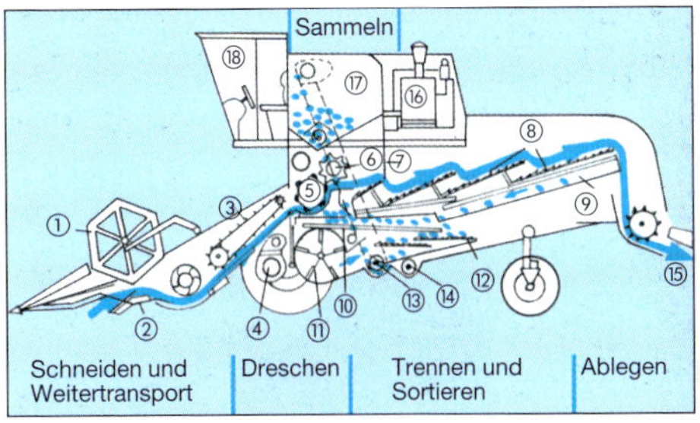

Abb. 121 Mähdrescher (Arbeitsweise und Bauteile):
1 Haspel,
2 Schneidwerk und Ährenheber,
3 Schrägförderer,
4 Fahrwerksantrieb,
5 Dreschtrommel und Dreschkorb,
6 Strohlleittrommel,
7 Spritztuch,
8 Hordenschüttler,
9 Rücklaufboden,
10 Vorbereitungsboden,
11 Druckwindgebläse,
12 Ober- und Untersieb,
13 Körnerelevator,
14 Überkehrelevator,
15 Strohverteiler oder -häcksler,
16 Antriebsmotor,
17 Korntank,
18 Fahrstand mit Kabine.

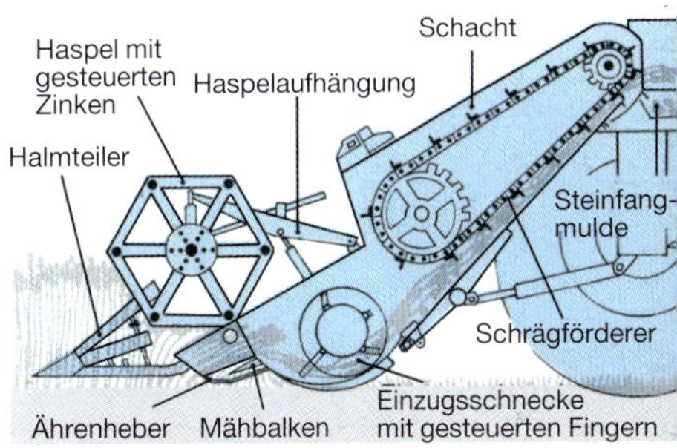

Abb. 122 Das Schneidwerk (Schema).

Abb. 123 Heutige Getreideschneidewerke nehmen auch Lagergetreide gut auf.

Abb. 124 Das Dreschwerk (Schema).

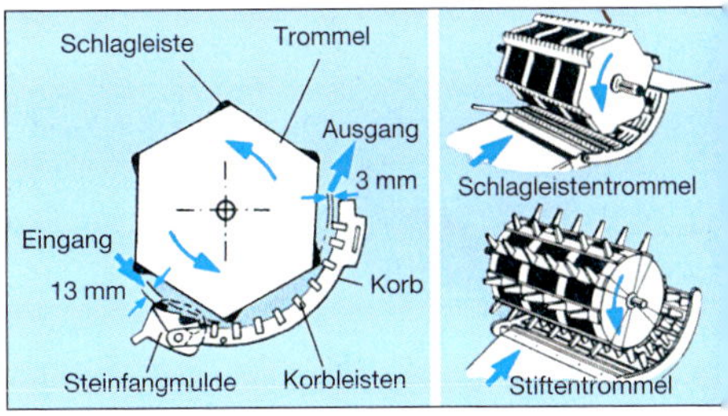

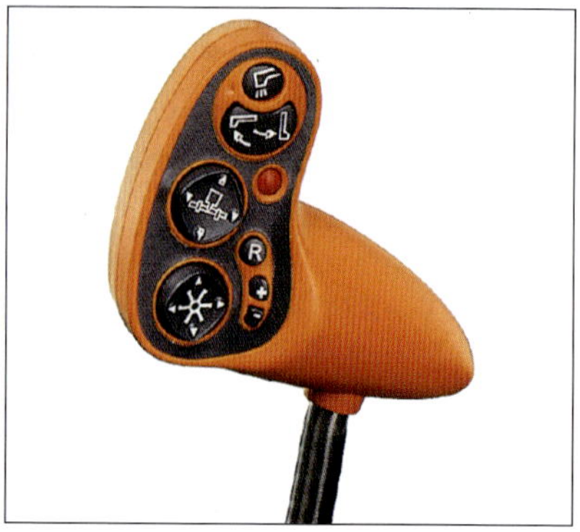

Abb. 125 Die Einstellungen am Schneidtisch und der Haspel sind über den Joystick elektrohydraulisch möglich.

Abb. 126 Die automatische Bodenanpassung des Schneidwerkes ist für eine verlustarme Ernte besonders bei Lagergetreide notwendig.

Abb. 127 Dreschwerk mit 2 Trommeln und zusätzlicher Abscheidefläche.

Stimmt die Einstellung, fallen bereits 80 – 90 % der Körner durch die Zwischenräume des Korbes auf den *Vorbereitungsboden.* Der Rest wird mit dem Stroh auf die *Schüttler* geschleudert.

Die vor der Trommel angeordnete *Steinfangmulde* muss von Zeit zu Zeit entleert werden, damit sie ihre Wirkung nicht verliert.

Schüttler: Ausgedroschene, aber noch im Stroh verbliebene Körner werden vom Schüttler abgeschieden.

Die heute am meisten verwendeten *Hordenschüttler* mit je 4 – 6 Fallstufen sind nebeneinander auf 2 Kurbelwellen gelagert. Das Stroh wird durch die Hubbewegung der Horden hochgeworfen und nach rückwärts weiter transportiert. Die *Fallstufen* bewirken einen gewissen Wendeeffekt, so dass der Strohteppich gelockert wird. So fallen die Körner durch das Stroh und den gelochten Schüttlerbelag auf den *Rücklaufboden.*

Einbauten wie *Taumelzinken* oder *Querschüttler* lockern das Stroh zusätzlich und unterstützen die Abscheidung der Körner.

Reinigung: Die durch Korb und Schüttler abgeschiedenen Körner fallen auf den *Vorbereitungsboden.* Seine Schwingbewegungen transportieren das Gemisch aus Körnern, Spreu, Unkrautsamen und Kurzstroh zum *Obersieb.* An diesem schwingenden Lamellensieb ist die Öffnungsweite einstellbar. Die schweren Teile, also die Körner, fallen durch, die leichteren Teile nimmt ein von einem Gebläse erzeugter *Druckluftstrom* mit und bläst sie nach hinten aus der Maschine. Unausgedroschene Ähren wandern über das Obersieb, rutschen zur *Überkehrschnecke* und werden der *Dreschtrommel* erneut zugeführt.

Eine *Förderschnecke* transportiert die durch das Untersieb gefallenen Körner zum *Elevator,* der sie in den *Korntank* befördert. Dieser wird ebenfalls mithilfe einer *Förderschnecke* mit hoher Förderleistung entleert.

Tabelle 5: Ernteverluste und Ursachen

Beobachtung	Ursachen
ausgeschlagene Körner und abgeschnittene Ähren unter der Maschine	**Schneidwerkverluste** Mähbalken zu hoch eingestellt, Haspel läuft zu schnell, Haspel schlägt in Ährenhöhe, Halmteiler falsch eingestellt
unausgedroschene Ähren im Stroh	**Dreschverluste** Trommeldrehzahl zu niedrig, Korb zu weit eingestellt, Trommel überlastet, Trommel- und Korbleisten verbogen oder abgenutzt
Körner im Stroh Körner in Siebkastenbreite unter dem Stroh	**Reinigungsverluste** Schüttler überlastet, Gitterstäbe am Dreschkorb mit Erde verklebt, Schüttlersiebe verstopft, Wind falsch eingestellt, Spreuklappe zu niedrig, Siebe falsch ausgewählt
viele Bruchkörner	Dreschkorb zu eng eingestellt, Entgranner zu scharf

Körnerverluste – Sie sind beim *Mähdrusch* unvermeidlich, sollten aber 2 % nicht überschreiten. Die folgende Tabelle gibt einen Überblick über die häufigsten Ursachen für die Kornverluste.

2.2.2 Pflege des Mähdreschers

Ernten bedeutet immer, unter Zeitdruck zu arbeiten, um den optimalen Erntezeitpunkt zu nutzen. Regelmäßige und sorgfältige **Wartung des Mähdreschers** trägt dazu bei, dass möglichst keine Stillstandszeiten beim Einsatz entstehen.

- Täglich den Antriebsmotor warten, insbesondere den Luftfilter und den Kühler.
- Alle Schmierstellen laut Schmierplan fetten bzw. ölen.
- Keilriemen auf Beschädigung überprüfen und auf richtige Spannung achten.
- Antriebsketten rechtzeitig nachspannen.
- Überlastkupplungen auf korrekte Einstellung überprüfen.

Nach Beendigung der Erntesaison sind folgende Arbeiten zum »Einwintern« des Mähdreschers notwendig:

- Mähdrescher innen und außen reinigen.
- Motoröl ablassen und neues Öl, am besten Korrosionsschutzöl, einfüllen.
- Luftfilter und Auspuff verschließen, damit keine Feuchtigkeit eindringen kann.
- Kühlwasser auf Frostsicherheit überprüfen.
- Batterie ausbauen und in einem kühlen, trockenen Raum aufbewahren, alle 6–8 Wochen nachladen.
- alle Lager fetten.

> **!** **Unfallverhütung:**
> - Verstopfungen des Schneidwerks *nie* bei laufender Maschine beseitigen.
> - Bei Wartungs- oder Reparaturarbeiten im Mähdrescher immer Zündschlüssel abziehen.
> - Kinder und Unbefugte sind vom Gefahrenbereich der Maschine fernzuhalten.
> - Beim Druschbetrieb keine Beobachter des Druschvorganges am Kabinenaufstieg dulden.

2.2.3 Alternative Abscheidesysteme

Bei der Mähdrescherentwicklung ist der Trend zu leistungsstärkeren Maschinen unverkennbar. Gesetzliche Vorschriften lassen aber eine weitere Vergrößerung der leistungsbestimmenden Organe nicht zu.

Um eine weitere Leistungssteigerung zu ermöglichen, werden technische Lösungen angeboten, die zwar das übliche Schlagleisten-Dreschwerk beibehalten, aber zusätzlich Trennvorrichtungen enthalten oder die leistungsbegrenzenden Hordenschüttler völlig ersetzt haben:

Abb. 128 Bei Mäharbeiten mit Hangausgleich bleiben die Schüttler und Siebe bis zu 20 Grad Querhang waagrecht.

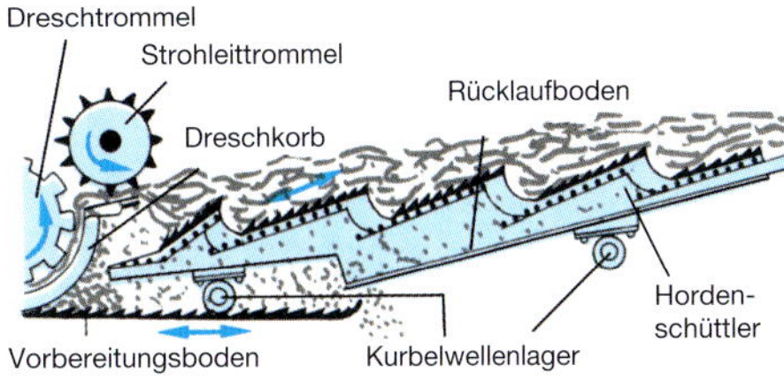

Abb. 129 Der Hordenschüttler (Schema).

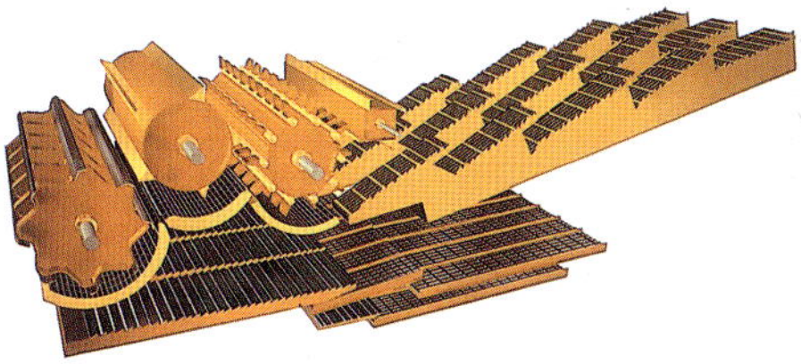

Abb. 130 Zusätzliche Abscheidevorrichtungen erhöhen die Durchsatzleistung des Mähdreschers.

Abb. 131 Die Reinigungsanlage (Schema).

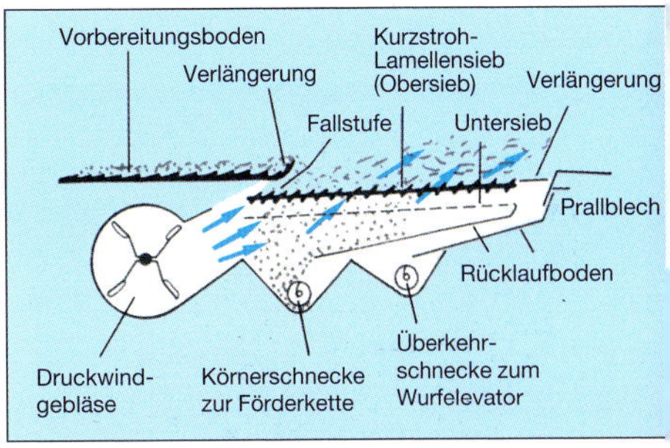

Abb. 132 Mitte: Mähdrescher mit Axial-Dreschsystem (Funktionsschema).

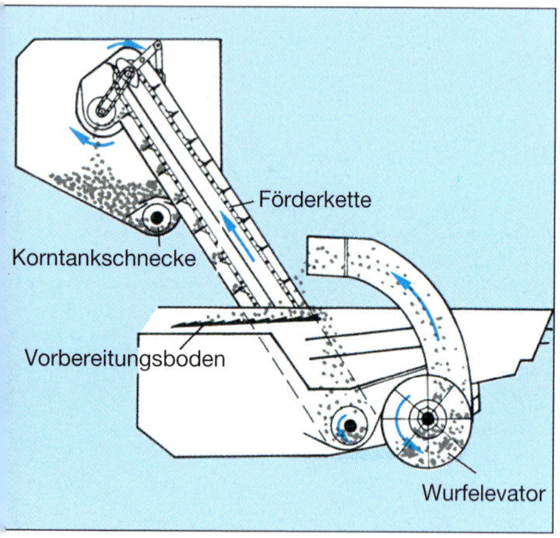

Abb. 133 Ährenteile werden in einem Wurfelevator ausgedroschen und gelangen dann auf den Vorbereitungsboden.

Abb. 134 Tangential-Dreschsystem mit Abscheidetrommel und rotierendem Strohabscheider.

Abb. 135 Tangential-Dreschsystem mit 2 axialen Strohabscheiderotoren.

- *Zentrifugal-Abscheider:* Dreschorgan quer, Trennung und Abscheidung besorgen rotierende Zentrifugal-Abscheider mit Korb, verkürzte Hordenschüttler.
- *Abscheidetrommeln* und *-körbe:* Anstelle des Hordenschüttlers trennen 8 Abscheidetrommeln und -körbe die Körner vom Stroh.
- *Zentrifugal-Abscheider* und *Doppelfluss-Abscheiderotor:* statt Hordenschüttler hier Wendetrommel, Zentrifugal-Abscheider und Doppelfluss-Abscheiderotor mit Korb bzw. Körben.

Im *Axialfluss-Mähdrescher* sind längs zur Fahrtrichtung maximal zwei Rotoren eingebaut für Drusch, Trennung und Abscheidung.

2.2.4 Dreschen von Sonderfrüchten

Das **Dreschen von Sonderfrüchten** wie Raps, Sonnenblumen, Bohnen, Erbsen oder Grasssamen erfordert eine **Umrüstung des Mähdreschers.** Die einzelnen Baugruppen sind spezifisch auf die Fruchtart einzustellen.

Für den **Rapsdrusch** wird ein *verlängerter Schneidwerkstisch* benötigt. Zum Durchtrennen der Rapsbestandes an den Seiten sind *Seitenschneidwerke* nötig. Die abgeschnittenen Rapspflanzen sollen möglichst gleichmäßig und durch leichte Unterstützung der Haspel der Einzugschnecke zugeführt werden. Auf Verlustminderung im Schneidtischbereich ist hier besonders zu achten.

Zum **Sonnenblumendrusch** ist ein *spezielles Schneidwerk* mit angebauten *Schiffchen* zu verwenden. Die Schneidwerkshöhe ist hier besonders hoch einzustellen. Damit wird möglichst wenig Stängelmasse in die Maschine gebracht und dadurch die Anfeuchtung der Körner durch die grünen, feuchten Stängel vermieden. Abfallende Sonnenblumenkörbe werden von den Schiffchen aufgefangen und von da aus der Einzugsschnecke zugeführt.

Beim Drusch von **Ackerbohnen** ist es vorteilhaft an den Schneidwerksrändern mit dem *Seitenschneidwerk,* wie beim Rapsdrusch zu arbeiten. Der Mähdrusch von **Erbsen** ist bei den rankenden, stehenden Sorten mit dem Getreideschneidwerk möglich. Ebenso

wird auch **Grasssamen** im Mähdrusch geerntet. Zum Schwaddrusch bei Erbsen und Grasssamen kann der Schneidtisch des Mähdreschers mit einer *Pick-up* ausgestattet werden.
Die Einstellungen des Mähdreschers an Schneidwerk, Dreschwerk und der Reinigung für die verschiedenen Sonderfrüchte ist nach den Angaben in der Dreschtabelle vorzunehmen. Beim Drusch sind diese Einstellungen entsprechend den Verhältnissen und Druschergebnissen zu korrigieren.

Abb. 136 Schneidwerk zum Sonnenblumendrusch.

Aufgaben:
1. Benennen Sie die Bauteile eines Mähdreschers mit denen das Korn auf dem Weg durch die Maschine in Berührung kommt.
2. Benennen Sie die Bauteile eines Mähdreschers mit denen das Stroh auf dem Weg durch die Maschine in Berührung kommt.
3. Welche Einstellungen sind vorzunehmen, wenn Ähren nicht vollständig ausgedroschen sind?
4. Welche Einstellungen sind nötig, wenn Körnerverluste über den Siebkasten festgestellt werden?

2.3 Getreidelagerung

Abb. 137 Mit spezieller Pick-Up ist auch ein verlustarmer Erbsendrusch möglich.

Ein funktionssicheres und effektives Getreidelager ermöglicht es, Getreide kostengünstig zu behandeln und zu lagern, um es optimal vermarkten und verwerten zu können.
Ab dem Zeitpunkt der Ernte gilt Getreide als Lebens- oder Futtermittel. Nicht zuletzt schreiben EU-Recht und EU-Verordnungen einen bestimmten Hygiene- und Qualitätsstandard für den Transport, die Lagerung und die Verarbeitung von Getreide für den Erzeuger-, Lager- und Verarbeitungsbetrieb vor.
Lagerkapazität und -technik sind auf die spezifischen Betriebsbedingungen so auszurichten, dass auch in ungünstigen Jahren das mit erheblichen Aufwand produzierte Getreide hinsichtlich Menge und Qualität aufbereitet werden kann.
Für *Verkaufsgetreide* ist zusätzlich ein Vorreiniger (Vorabscheidung nach Gewicht und Korngröße) nötig. Eine Durchlaufwaage zur Ertragskontrolle und zum Verwiegen (Eichung!) ergänzt die Anlage. Zur *Saatguterzeugung* ist zusätzlich eine Saatgutaufbereitungsanlage erforderlich, soweit nicht überbetriebliche Einrichtungen oder Lohnunternehmer damit beauftragt werden.
Getreide ist vor der Einlagerung und Trocknung vorzureinigen. Der *Vorreiniger* arbeitet mit Saugluft und entfernt aus dem Getreide die leichten, teilweise feuchte Bestandteile. Zusätzlich kann in die Getreideförderanlage eine *Durchlaufwaage* eingeschaltet werden, die bei der Ein- und Auslagerung Gewichtskontrollen übernimmt.
Für die *Saatgutreinigung* ist zur Aufbereitung eine Reinigungs- und Sortieranlage erforderlich, die nach Gewicht (Luftstrom), Korngröße (Siebe) und nach Kornform (Trieur) sortiert.
Lagerung des Getreides – Sie erfolgt im *Flachlager* oder im *Hochbehälter* aus Holz oder Stahl. Die Lagerbehälter sind meist mit

Abb. 138 Hydraulisch angetriebenes Seitenschneidwerk für den Rapsdrusch.

Abb. 139 Mitte: Einlagerung von Getreide in Hochsilos.

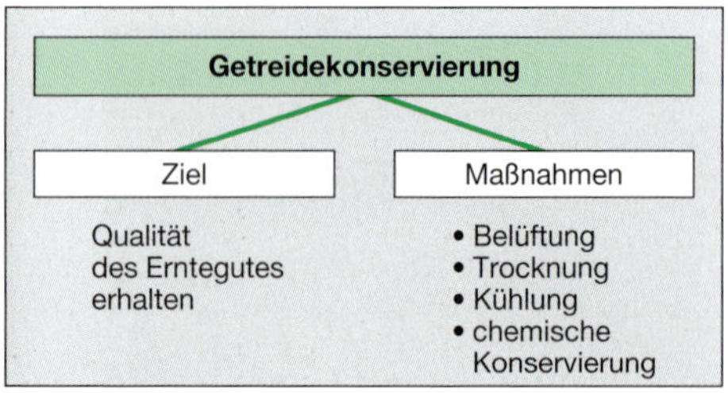

Abb. 140 Ziele und Maßnahmen der Getreidekonservierung.

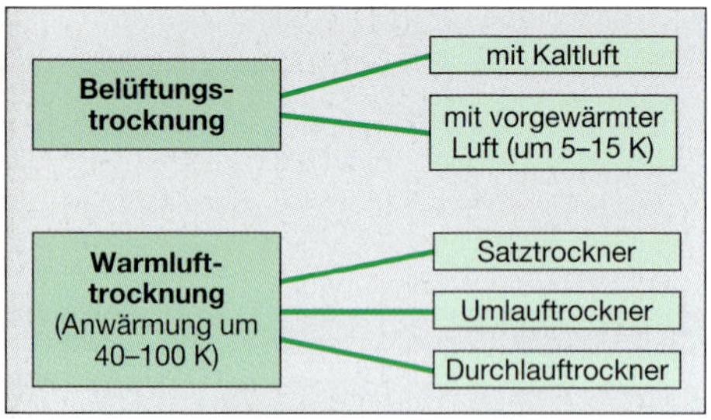

Abb. 141 Möglichkeiten der Getreidetrocknung.

Abb. 142 Trocknungsverlauf einer Belüftungstrocknung (Langsamtrockner, Schema).

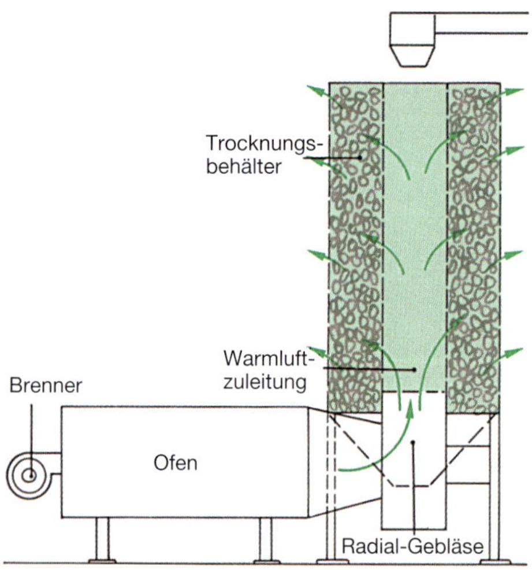

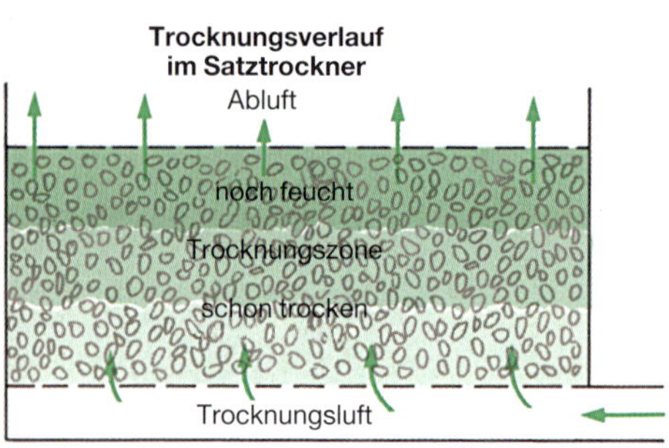

Lüftungskanälen oder -rohren ausgestattet. Das ermöglicht ein schnelles *Abkühlen* oder *Belüften* des Getreides.

Das *Befüllen* eines Flachlagers erfolgt direkt mit dem Transportfahrzeug durch Abkippen der Ladung oder mit dem Frontlader. Bei größeren Schütthöhen ist die Befüllung mit einem *Förderband* möglich.

Getreideförderung – Um Standzeiten der Transportfahrzeuge beim Abladen zu vermeiden, sind Schüttgossen oder Annahmetröge mit mindestens 15 m^3 Volumen zu empfehlen. Die nachfolgende Förderanlage ist mit ihrer Leistung auf die Druckkapazität und Getreideart abzustimmen. Mähdrescherleistungen von 30 t/h erfordern Förderleistungen von 40 t/h, dagegen sind für Umlagerungen, Reinigung, Trocknung und Verarbeitung 10–20 t/h ausreichend.

Als **Fördergeräte** kommen z. B. Becherelevatoren, Kettenelevatoren oder Förderschnecken, Bandförderer, Trogkettenförderer, Schwingförderer oder Fallrohre zum Einsatz. Sie sichern hohe Durchsätze bei niedrigem Energieverbrauch.

Je nach Förderhöhe und -entfernung, Schonung des Fördergutes, Sicherung der Sortenreinheit sowie der Weitläufigkeit der Anlage sind sie miteinander kombinierbar. Allerdings sind mehrere in ein Fördersystem integrierte Geräte in der Leistung aufeinander abzustimmen.

Bei günstigen Kosten sind 40 t/h Durchsatz realistisch. Für mittlere und große Anlagen sind elektrotechnische Steuerungs- und Regeleinrichtungen in Verbindung mit Sicherungsaspekten sinnvoll.

Als Fördergeräte kommen noch vielfach **Druckgebläse** zum Einsatz. Sie sind besonders flexibel an vorhandene Bausubstanz anpassbar, haben jedoch geringe Förderleistungen und einen höheren Energiebedarf als mechanische Förderer. *Saug-Druckgebläse* können das Fördergut selbst annehmen, erreichen aber nur 30–60 % der Förderleistung von Fördergebläsen.

2.4 Getreidetrocknung

Die technischen Verfahren zur **Trocknung von Körnerfrüchten** sind vielfältig. Im Wesentlichen kann man sie einteilen in eine *Belüftungstrocknung im Lagerbehälter* mit kalter oder vorgewärmter Luft und eine *Warmlufttrocknung in besonderen Trocknungsbehältern* (Satztrockner, Umlauftrockner, Durchlauftrockner).

2.4.1 Lagerbelüftungstrocknung

Bei der **Lagerbelüftungstrocknung** erfolgt die Trocknung des Getreides im Lagerraum. Es können *Flachlager* oder *Hochlager* sein. Das Getreide kann bei diesem System eingelagert und getrocknet werden, ohne dass es weiter bewegt werden muss.
Die **Lagerhöhen** können betragen

bei einer Kornfeuchte	bis 20 % max. 3 m,
	bis 18 % max. 4 m,
	bis 16 % max. 5 m.

Die **Trocknungsluft** wird vom Gebläse über einen Hauptkanal den Belüftungskanälen zugeführt. Die *Luftverteilung* im Lagerbehälter muss gleichmäßig erfolgen. Die **Belüftungskanäle** liegen auf dem Behälterboden oder sind bei befahrbaren Siloanlagen als Unterflurkanäle ausgebildet. Der maximale *Abstand* der Belüftungskanäle zueinander darf betragen

bei einer Lagerhöhe von	3 m → 1,5 m,
	4 m → 1,8 m,
	5 m → 2,0 m.

Die *Kanalquerschnitte* sind nach der Luftleistung des Gebläses auszurichten. Zu hohe Luftgeschwindigkeiten verschlechtern den Wirkungsgrad. Die Summe der Querschnitte der Belüftungskanäle soll dem Querschnitt des Hauptkanals entsprechen.
Die *Luftleistung* des **Belüftungsgebläses** ist nach dem Volumen des zu belüftenden Getreides auszurichten. Die Luftrate soll betragen

70 – 80 m^3/h je m^3 Getreide bei Kornfeuchten bis 20 %,
35 – 40 m^3/h je m^3 Getreide bei Kornfeuchten bis 18 %,
20 – 25 m^3/h je m^3 Getreide bei Kornfeuchten bis 16 %.

Für die Belüftung des Getreides wird verwendet:
- Frischluft von außen oder,
- Umluft aus dem Lagergebäude.

Dabei ist es wichtig, dass die Trocknungsluft das **Feuchtegleichgewicht** nicht überschreitet. Dieses gibt an, bei welcher relativen Luftfeuchtigkeit die zu lagernden Körner noch Feuchtigkeit an die Luft abgeben können.
Die *relative Luftfeuchtigkeit* der Trocknungsluft muss also stets unter dem Feuchtegleichgewicht liegen. Je größer diese Differenz, desto größer ist die Trocknungswirkung.

So kann Luft mit einer relativen Feuchte von
- 75 % Körner auf 16 % Feuchte,
- 70 % Körner auf 15 % Feuchte,
- 65 % Körner auf 14 % Feuchte

heruntertrocknen.

Nie bei Luftfeuchten von über 75 % belüften.

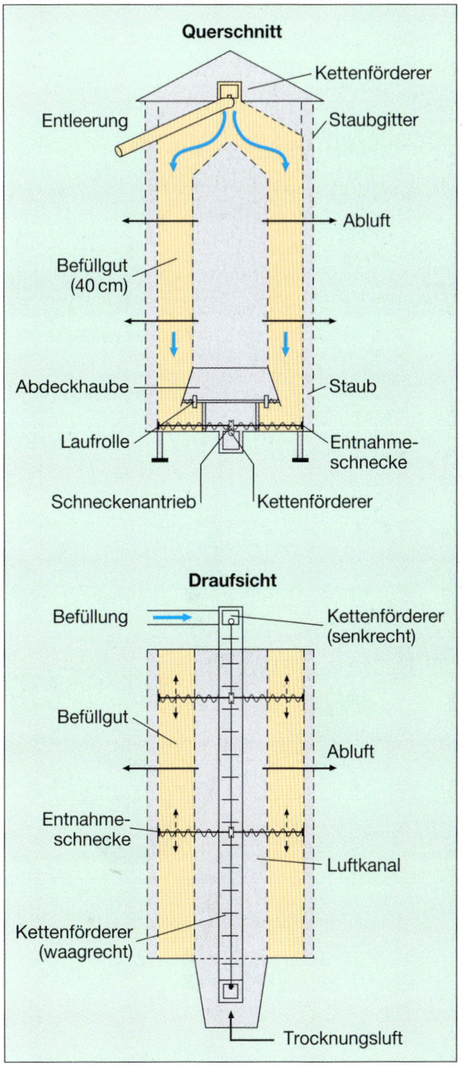

Abb. 143 Doppelschacht-Umlauftrockner als Hochbehälter (Schema).

Abb. 144 Getreide-Rundsilo mit einer sog. Fegeschnecke.

Abb. 145 Aufbau und Luftführung einer Belüftungstrocknung. Die Trocknungsluft strömt vom Gebläse über die Dreiecksschächte und Belüftungsbleche von unten nach oben durch den Getreidestapel.
→ Luftführung
→ Körnerentleerung

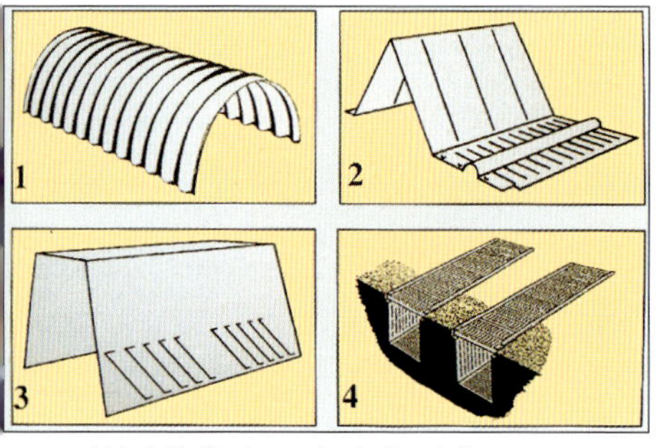

Abb. 146 Systeme der Luftverteilung:
1 Halbrunder Belüftungskanal,
2 Dachreiter-Belüftungsboden mit Düsenblech,
3 trapezförmiger Belüftungskanal,
4 befahrbare Unterflurkanäle.

Abb. 147 Wagentrocknungsanlage mit Gebläse und Warmlufterzeuger (Schema).

Bei der Trocknung von *Raps* gilt:

Luft mit einer relativen Feuchte von
75 % kann Körner auf 11 % Feuchte,
70 % kann Körner auf 9,5 % Feuchte,
65 % kann Körner auf 8 % Feuchte
heruntertrocknen.

Steigt die Luftfeuchte über die Gleichgewichtsfeuchte an, werden die Körner von der Trocknungsluft wieder angefeuchtet. Also muss rechtzeitig das Gebläse ausgeschaltet oder auf Umluft geschaltet werden. Da der Feuchtigkeitsgehalt der Luft temperaturabhängig ist, muss zu feuchte Luft für die Trocknung *angewärmt* werden. Dies kann erfolgen durch

- **Belüftung** des warmen Getreides mit Luft niedrigerer Temperatur als die des Getreides. Bis die Getreidetemperatur auf den Wert der Außentemperatur abgefallen ist, wird die Trocknungsluft dabei angewärmt.
- **Luftanwärmung** über ein Heizaggregat.

! Eine Luftanwärmung von 1 °C senkt die Luftfeuchte um 5 % ab.

Auch bei der Lagerbelüftungstrocknung ist auf eine schonende Behandlung der Körner zu achten. Deshalb

- Gebläseleistungen dem Trocknungsvolumen anpassen.
- gleichmäßige Luftverteilung im Behälter sicherstellen.
- Getreide nach der Einlagerung schwitzen lassen, dabei wandert die Feuchtigkeit aus der Mitte des Korns nach außen.
- nach dem Schwitzprozess möglichst schnell mit kühler Luft kühlen.
- Temperatur und relative Feuchte der Trocknungsluft sowie Temperatur des Getreides und rel. Feuchte der Abluft laufend messen.
- Automatische Steuerungsanlagen mit Temperatur- und Feuchteerfassung nutzen die effektiven Trocknungszeiten besser aus.

2.4.2 Warmlufttrocknung

Im Gegensatz zur Lagerbelüftungstrocknung wird bei der **Warmlufttrocknung** das Getreide *in kurzer Zeit* getrocknet. Die Trocknungsluft muss dazu *stark angewärmt* werden. Als **Trocknungsanlagen** sind Satz-, Durchlauf- und Umlauftrockner im Einsatz.

Satztrockner – Bei einem **Satztrockner** wird eine Getreidemenge in den Trocknungsbehälter eingefüllt und anschließend solange getrocknet, bis die geforderte Endfeuchte erreicht ist. Folgende Verfahren sind üblich:

- *Wagentrockner:* Sie haben geringe Leistungen (1 – 3 t/h), je nach Trocknergröße und Feuchteentzug, binden Transportkapazität, lassen sich schlecht auf inhomogene Schwankungen im Trockengut einstellen und haben daher kaum noch Bedeutung.

► *Silotrockner:* Der von oben zu befüllende Trockner ist mit querverlaufenden Zu- und Abluftkanälen ausgestattet. Die versetzt angeordneten Dreikantkanäle für den Lufteintritt und den Luftaustritt liegen dicht übereinander, so dass die Trocknungsluft über eine kurze Strecke durch das Getreide fließt und die Körner trocknet.

Nach dem Trocknungsprozess ist eine *Kühlphase* mit normaler Außenluft notwendig. Durch schließen der Zu- bzw. Abluftkanäle sind auch kleinere Mengen zu trocknen. Die Trockner haben Leistungen von 1,5 – 5 t/h je nach Trocknergröße und Feuchteentzug.

Durchlauftrockner – Sie arbeiten kontinuierlich. Die Befüllung des Trockners erfolgt von oben über einen Vorbehälter, der die Trocknungszone nach Bedarf kontinuierlich mit Trocknungsgut versorgt. Entsprechend der Anfangsfeuchte und der gewünschten Endfeuchte fließt das Getreide gleichmäßig von oben nach unten durch die Trocknungs- und Kühlzone.

Die *Durchlaufzeit* wird über die Endfeuchte mittels einer Austragsvorrichtung gesteuert. Bei großer Feuchtedifferenz wird die Austragsgeschwindigkeit verringert oder umgekehrt vergrößert. Die Körner trocknen gleichmäßig, weil sie im Trockner immer in Bewegung sind. Diese Trockner haben Leistungen von 3 – 40 t/h je nach Trocknergröße und Feuchteentzug.

Umlauftrockner – Sie arbeiten wie ein Satztrockner und wie ein Durchlauftrockner kontinuierlich. Sie sind als Doppelschacht- oder Zentralrohrtrockner aufgebaut. Die Warmluft strömt von innen her durch das Trocknungsgut. Ein eingebautes Fördergerät sorgt während des Trocknungsprozesses dafür, dass das Gut unten entnommen und oben dem Trockner wieder zugeführt wird. Dadurch sind die Körner immer in Bewegung und werden gleichmäßig getrocknet. Für Mais ist dieses Prinzip gut geeignet.

Der Feuchteentzug wird über die Verweildauer und den Körnerumlauf geregelt. Nach dem Trocknungsvorgang wird noch gekühlt. Die Trockner haben Leistungen von 3 – 50 t/h je nach Trocknergröße und Feuchteentzug.

Schubwendetrockner oder Bandtrockner – Dies sind Flachtrockner, die auch Blattpflanzen, Gräser, trocknen können. Das Trocknungsgut wird von unten nach oben mit Trocknungsluft durchströmt. Der Trockner kann als Satztrockner für kleine Mengen eingesetzt werden. Dann bleibt das Gut auf dem Trocknerboden ohne Bewegung liegen. Als Durchlauftrockner eingesetzt, wird das Trocknungsgut mittels einer Schaufeltrommel bewegt und gewendet, bis es am anderen Ende des Trockners mit entsprechender Endfeuchte ankommt.

Einsatz – Durchlauf- und Umlauftrockner und Schubwendetrockner sind häufig als *fahrbare Trockner* ausgeführt. Damit ist ein mobiler Einsatz möglich. Bei der *Körnermaistrocknung* wird häufig im Freien getrocknet, da hier große Wassermengen verdunstet werden müssen, was sich nachteilig auf die Gebäude auswirken würde.

Das **Trocknergebläse** hat Luftmengen von 700 – 900 m^3/m^3 Trocknervolumen zu fördern. Die Anwärmung der Trocknungsluft

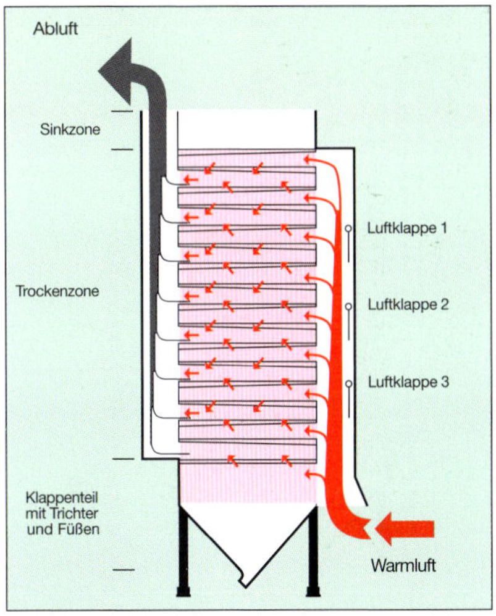

Abb. 148 Satztrockner als Kaskadentrockner (Schema).

Abb. 149 Luftführung im Kaskadentrockner: schwarz – warme Zuluft, gelb – feuchte Abluft.

Abb. 150 Durchlauftrockner als Schubwendetrockner (Flachbehälter, Schema).

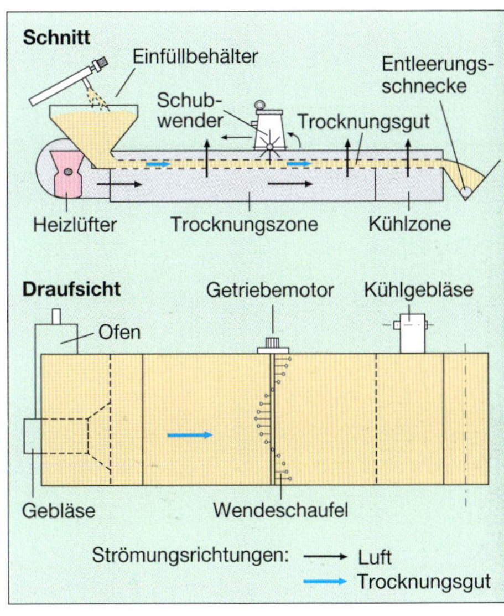

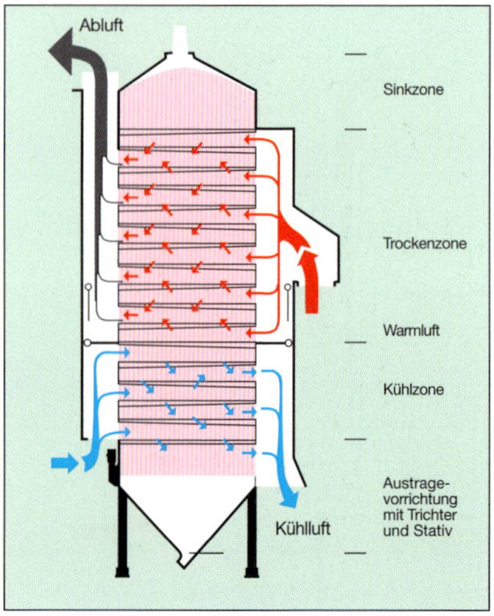

Abb. 151 Durchlauftrockner (Schema).

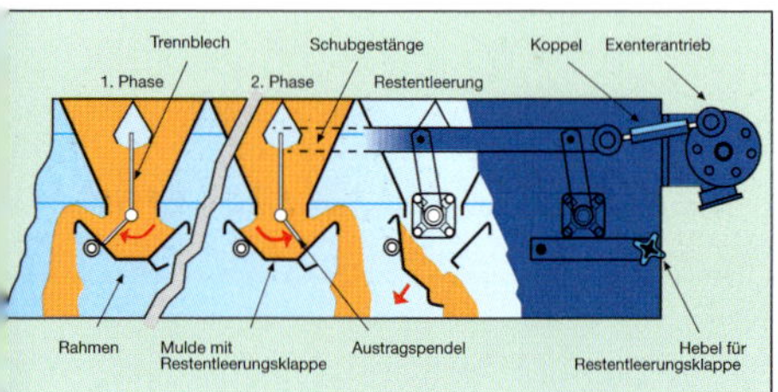

Abb. 152 Austragsvorrichtung eines Durchlauftrockners.

Abb. 153 Die Trockenmasse bleibt bei der Trocknung unverändert

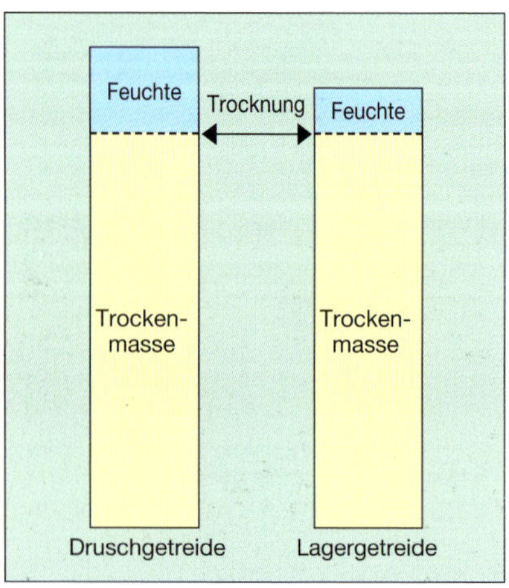

übernimmt ein *Warmlufterzeuger* mit Gas- oder Heizölbetrieb. Die *Wärmeleistung* des Erzeugers wird bestimmt von der Durchsatzleistung (t/h) und dem notwendigen Wasserentzug.

Der erforderliche **Wasserentzug** je dt Trocknungsgut hängt von der gegeben Anfangsfeuchte (U1) und der geforderten Endfeuchte (U2) ab. Die Wasserentzugsmenge wird berechnet:

$$\text{Wasserentzug in kg/dt} = \frac{100 \times (\text{U1} - \text{U2})}{100 - \text{U2}}$$

Beispiel: Getreide wird mit 17 % Feuchte geerntet und soll auf 15 % Endfeuchte getrocknet werden. Wie viel Wasser ist je dt zu entziehen ?

$$\text{Wasserentzug in kg/dt} = \frac{100 \times (17 - 15)}{100 - 15} = 2{,}35$$

Die Trocknungsluft darf maximal angewärmt werden bei:

Saatgetreide, Braugerste	auf 50 °C
Konsumgetreide	auf 60 °C
Futtergetreide	auf 120 °C

! Je höher die Anfangsfeuchte des Getreides ist, desto niedriger muss die Lufttemperatur beim Trocknen sein.

Trocknungsverluste – Beim Trocknen tritt ein *Masseverlust des Ernteguts* durch Wasserentzug ein. Die Trockenmasse bleibt jedoch erhalten. Bei der Berechnung des Masseverlustes ist es deswegen zweckmäßig, nicht den Prozentsatz Wasser (Kornfeuchte), sondern den Prozentsatz Trockenmasse zugrunde zu legen.
14 % Kornfeuchte ≙ 100 % – 14 % Trockenmasse = 0,86 T
0,86 soll **T-Faktor** genannt werden, Zeichen: q_T
Für die Berechnung gilt

$$\frac{\text{Trockenmasse}}{\text{vor der Bereinigung}} = \frac{\text{Trockenmasse}}{\text{nach der Bereinigung}}$$

$$\text{Erntemasse 1} \times \text{T-Faktor 1} = \text{Erntemasse 2} \times \text{T-Faktor 2}$$

$$m_1 \times q_{T1} = m_2 \times q_{T2}$$

Beispiel: Von einem Gerstenschlag werden 68 dt/ha geerntet. Der Wassergehalt beträgt 18 %. Wie hoch ist der auf eine Kornfeuchte von 14 % bereinigte Ertrag?

m_1 = 68 dt/ha; q_{T1} = 0,82; q_{T2} = 0,86

aus $m_1 \times q_{T1} = m_2 \times q_{T2}$ folgt

$$m_2 = \frac{m_1 \times q_{T1}}{q_{T2}} = \frac{68\ \text{dt/ha} \times 0{,}82}{0{,}86} = 64{,}83\ \text{dt/ha}$$

Der auf 14 % Kornfeuchte bereinigte Ertrag beträgt ca. 65 dt/ha.

Umrechnungsfaktor – Bei der Lohntrocknung und im Getreide- bzw. Rapshandel wird nicht durch den T-Faktor q_{T2} dividiert, sondern mit dessen Kehrwert multipliziert. Dieser Kehrwert wird im Handel *Umrechnungsfaktor* genannt und zum Ausgleich für zusätzlichen Schwund beim Trocknungsvorgang durch Sieb- und Windabgänge, von Abrieb und Staub sowie durch Veratmung aufgerundet (siehe dazu auch »Vermarktung«).

$$\text{Umrechnungsfaktor} = \frac{1}{q_{T2}}$$

Der **Gesamt-Gewichtsverlust** beim Trocknen in % ergibt sich nach der Formel

$$\text{Gewichtsverlust in \%} = (\text{Anfangsfeuchte} - \text{Endfeuchte}) \times \text{Umrechnungsfaktor}$$

Beispiel: Der Abrechnung für eine Partie Weizen ist u. a. zu entnehmen:

angelieferte Rohware (18 % Feuchte)	51 470 kg
netto, saubere Ware	48 910 kg
Abrechnungsgewicht, trocken (15 % Feuchte)	46 709 kg

Welchen Umrechnungsfaktor benutzte der Erfasser für die Ermittlung des Abrechnungsgewichtes, trocken?

$$\text{Gewichtsverlust in kg} \quad 48\,910\,\text{kg} - 46\,709\,\text{kg} = 2201\,\text{kg}$$

$$\text{in \%} \quad \frac{2201\,\text{kg} \times 100\,\%}{48\,910\,\text{kg}} = 4{,}5\,\%$$

$$\text{Umrechnungsfaktor} = \frac{\text{Gewichtsverlust in \%}}{\text{Anfangsfeuchte} - \text{Endfeuchte}}$$

$$= \frac{4{,}5\,\%}{18\,\% - 15\,\%} = 1{,}5$$

Der mathematisch bestimmte Umrechnungsfaktor bei einem Endfeuchtegehalt von 15 % wäre $\frac{1}{0{,}85} \approx 1{,}18$. Ein Umrechnungsfaktor von 1,2 wäre daher angemessen gewesen, ein solcher von 1,5 ist zu hoch.

Getreidekühlung – Wenn die Trocknerleistung begrenzt ist, kann man das feuchte Getreide durch Kühlung für *einige Wochen* verlustarm lagern. Eine Dauerlagerung von feuchtem Getreide für die innerbetriebliche Fütterung ist ebenso durch Kühlung möglich.

Niedrige Temperaturen hemmen die chemischen und biologischen Abbauvorgänge im Getreide. Zum Kühlen von Getreide wird das Gut in Behälter mit Belüftungssystem gelagert. Mit kalter Außenluft oder technisch abgekühlter Luft wird aus dem Getreide Wärme entzogen und die Temperatur im Stapel auf 8–12 °C gesenkt. Dann ist Getreide bis zu einer Feuchte von maximal 20 % lagerfähig. Steigt die Temperatur im Lager über 12 °C an, so ist eine Nachkühlung erforderlich.

Bei jedem Kühlvorgang erfolgt gleichzeitig ein Wasserentzug, so dass neben dem Kühleffekt auch ein geringer Trocknungseffekt gegeben ist. Zur technischen Abkühlung der Luft kommen Kühlaggregate mit Kälteleistungen von 10–100 kW zum Einsatz. Damit sind je nach Bedingungen Kühlleistungen von 30–500 t Getreide je Tag zu erreichen.

Abb. 154 Fahrbarer Umlauftrockner.

Abb. 155 Fahrbarer Schubwendetrockner.

Abb. 156 Kühlaggregat zur Erzeugung von Kaltluft.

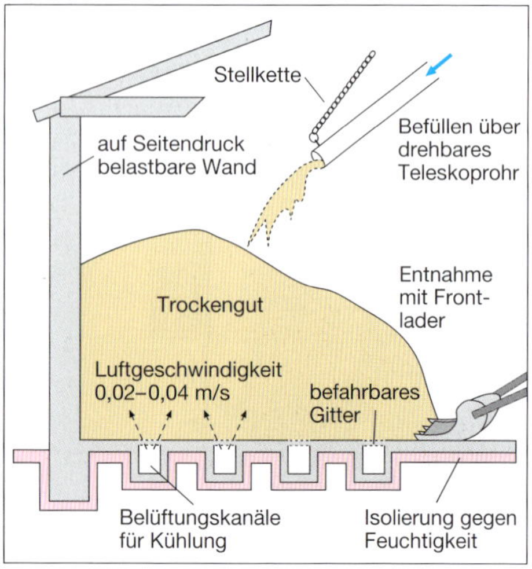

Abb. 157 Anforderungen für die erdlastige Lagerung trockener Körnerfrüchte.

Abb. 158 Viereck-Silobatterie mit Trichterauslauf.

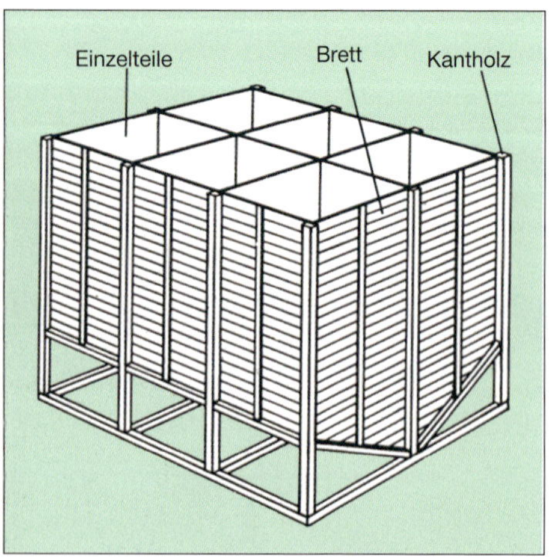

Ziel der Getreidekonsvervierung ist es, auch bei ungünstigen Witterungsverhältnissen möglichst verlustarm die Qualität des Erntegutes zu erhalten. Nur so können auch nach längerer Lagerzeit entsprechende Preise oder beim Verfüttern optimale Zuwachsraten erzielt werden.

Aufgaben:
Die folgenden Aufgaben werden gelöst, ohne einen geringen zusätzlichen Verlust durch Abrieb usw. zu berücksichtigen.

1. Wie lautet der T-Faktor bei folgenden Feuchtegehalten:
   a) 17 %; **b)** 31 %; **c)** 13 %; **d)** 9 %; **e)** 7,5 %?
2. Wie viele Kilogramm Trockensubstanz und wie viele Liter Wasser (1 t Wasser ≙ 1000 l) enthalten folgende Erntepartien:
   a) 30 t Raps mit 10 % Wasser;
   b) 800 dt Getreide mit 20 % Kornfeuchte;
   c) 90 t Körnermais mit 30 % Kornfeuchte;
   d) 240 dt Hafer mit 15 % Kornfeuchte;
   e) 185 t Körnermais mit 34,5 % Wasser;
   f) 420 dt Raps mit 7,8 % Wasser.
3. 120 dt Weizen sollen von 18 % Feuchtigkeit auf 15 % getrocknet werden. Wie viel Trockengutmasse bleibt übrig und wie viele Liter Wasser sind verdampft?
4. 80 t Mais mit 37 % Kornfeuchte werden auf 14 % getrocknet. Wie viel Trockengutmasse bleibt übrig und wie viele Liter Wasser sind verdampft?
5. Bereinigen Sie die folgenden Ernteerträge von Getreide auf 86 % Trockensubstanz:
   a) 76 dt/ha Weizen mit 19 % Kornfeuchte;
   b) 58 dt/ha Weizen mit 13 % Kornfeuchte;
   c) 97,4 dt/ha Körnermais mit 32 % Kornfeuchte.
6. Bestimmen Sie bei den folgenden Partien den Masseverlust durch die Trocknung:
   (1) bezogen auf das Feuchtgut;
   (2) bezogen auf das Trockengut.
   a) 200 dt Gerste von 17 % auf 15 % Kornfeuchte;
   b) 40 t Raps von 21 % auf 7,5 % Kornfeuchte;
   c) 125 t Mais von 33 % auf 14 % Kornfeuchte;
   d) 490 dt Weizen von 20 % auf 16 % Kornfeuchte.
7. Die folgenden Getreidepartien mit Unterfeuchte sollen zu 16 % Basisfeuchte vom Handel angenommen werden.
   (1) Auf wie viele Dezitonnen bzw. Tonnen müsste eigentlich das Verkaufsgewicht bereinigt werden?
   (2) Wie viele Liter Wasser wären zum Auffeuchten jeweils erforderlich? (Umrechnungsfaktor bezogen auf das Trockengut.)
   a) 515 dt Weizen mit 14 % Kornfeuchte;
   b) 72,8 t Gerste mit 13,5 % Kornfeuchte;
   c) 128 dt Hafer mit 14,5 % Kornfeuchte.

8. Wie viel Feuchtgutmasse wurde jeweils auf 15 % Feuchtegehalt getrocknet?
Folgende Trockengutmassen waren nach der Trocknung vorhanden:

	a)	b)	c)	d)
Trockengut	170 dt	89 dt	29,8 t	138,3 dt
Feuchtegehalt vor Trocknung	19 %	17,5 %	43 %	21 %

9. Der Feuchtegehalt einer Partie Raps beträgt 19 %. Nach der Trocknung auf 8 % bleiben 185 Dezitonnen übrig.

a) Wie viele Dezitonnen Feuchtgut wurden getrocknet?

b) Die Lohntrocknung kostet an Grundgebühr 1,10 €/dt Trockengut und außerdem 0,27 €/dt je 1 % Wasserentzug. Berechnen Sie die Trocknungskosten.

10. Bestimmen Sie den mathematisch exakten Umrechnungsfaktor für den Abzug von 1 % Überfeuchte der verkauften Ware.

	a)	b)	c)	d)	e)	f)
vertraglicher Basisfeuchtegehalt	15,0 %	15,5 %	16,0 %	8,0 %	8,5 %	9,0 %
Warenart	Getreide			Raps		

11. **(1)** Berechnen Sie, wie viel Prozent Gewichtsabzug vorgenommen wird.

(2) Wie viele Kilogramm wurden von 100 dt Feuchtgut zu viel abgezogen?

	a)	b)	c)
vertraglicher Basisfeuchtegehalt	15,5 %	16,0 %	8,5 %
Feuchtegehalt der Lieferung	11,3 %	19,7 %	20,0 %
Umrechnungsfaktor der Firma	1,6	1,9	1,4

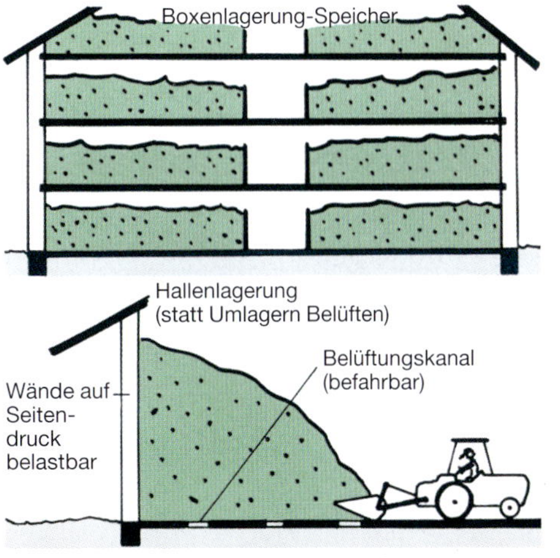

Abb. 159 Lagerungsmöglichkeiten von Getreide (Schema).

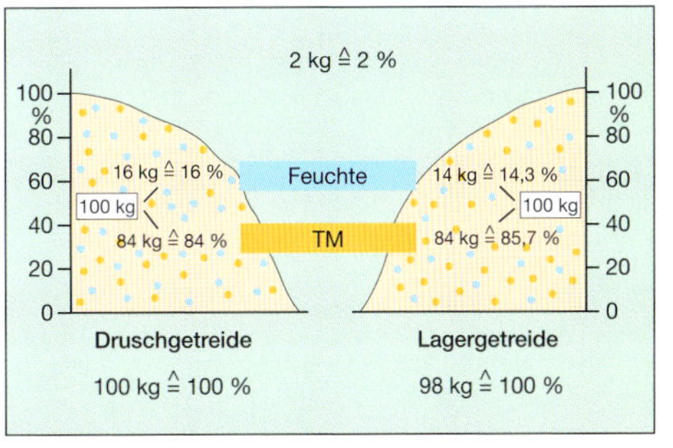

Abb. 160 Bei der Trocknung ändert sich die Trockenmasse (TM) nicht, aber ihr %-Anteil an der Gesamtmenge (TS).

2.5 Getreideaufbereitung

In vielen tierhaltenden Betrieben erfolgt die Herstellung der unterschiedlichen Futterrationen für Rinder und Schweine mit einer eigene **Futteraufbereitungsanlage.** Sie ist in die Förder- und Lagertechnik so integriert, dass die Befüllung und Entleerung über vorhandene Geräte möglich ist. Werden geringere Schrotmengen benötigt, so ist auch der Einsatz einer fahrbaren Mahl- und Mischanlage möglich.

2.5.1 Absätzige Futteraufbereitung

Bei einer **absätzigen Futteraufbereitung** mit Mahl- und Mischanlagen laufen die erforderlichen Arbeitsgänge zur Herstellung einer Futtermischung getrennt und nacheinander ab:

Abb. 161 Futteraufbereitungsanlagen arbeiten mit absätzigen oder kontinuierlichen Verfahren.

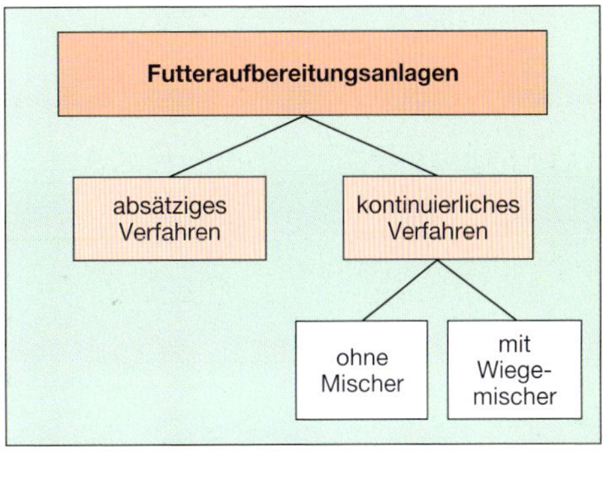

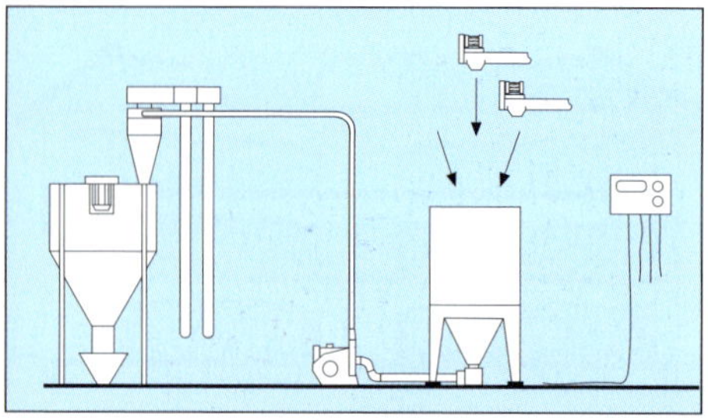

Abb. 162 Absätzig arbeitende Mahl- und Mischanlage in aufgelöster Bauweise.

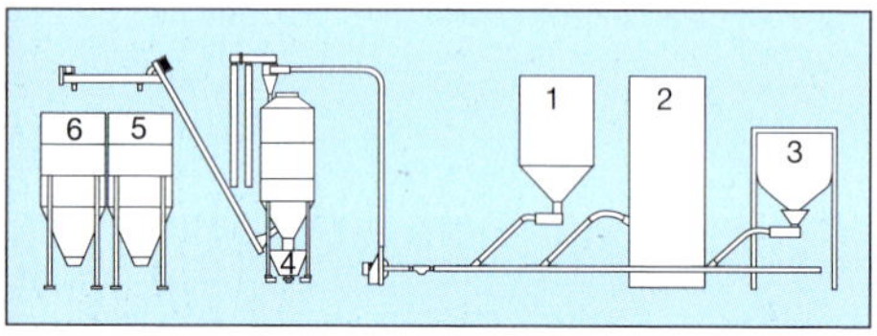

Abb. 163 Kontinuierlich arbeitende Mahl- und Mischanlage mit einem Wiegemischer.
1: }
2: } Lagerbehälter für Fütterkomponenten,
3: }
4: Mühle,
5: }
6: } Wiegemischer.

- *Einfüllen der einzelnen Komponenten* (Getreide) in den Vorbehälter: Je nach Anforderung und Gegebenheit wird eine Volumen- oder Gewichtsdosierung zur Mengenbestimmung angewandt.
- *Schroten bzw. Quetschen des Getreides:* Der Vorgang sollte automatisch ablaufen, da er bei größeren Mengen erheblich Zeit beansprucht.
- *Förderung des Schrotes zum Mischer:* Für kurze Förderweiten reichen Rohrschnecken aus. Dagegen wird bei weiteren Strecken ein Gebläse verwendet.
- *Befüllen des Mischers mit Zusatzkomponenten:* Die bereits zerkleinerten Futtermittel oder auch Öle werden in den Mischer dosiert.
- *Mischen aller Komponenten im Futtermischer:* Eine Mischdauer von 5 – 10 Minuten ist ausreichend.
- *Entleerung der Futterration in den Mischfutterbehälter:* Sein Fassungsvermögen soll größer als das des Mischers sein.

Bei den Mahl- und Mischanlagen wird unterschieden zwischen

- *Kompaktanlage:* Hier sind die Mühle, die Schrotförderung und der Mischer zu einem Gerät zusammengebaut. Sie wird meist zur Herstellung kleiner Rationen eingesetzt, da das Volumen des Mischers begrenzt ist.
- *Aufgelöste Anlage:* Die Schrotmühle und der Mischer sind getrennt angeordnet. Die Leistung der Mühle und das Volumen des Mischers, sowie die Anordnung zueinander können dabei den betrieblichen Verhältnissen besser angepasst werden.

2.5.2 Kontinuierliche Futteraufbereitung

Kontinuierlich arbeitende Mahl- und Mischanlagen *(Fließanlagen)* entnehmen und schroten gleichzeitig die Komponenten und arbeiten

- *ohne Mischer:* Die entsprechende Menge Getreide wird je nach Anteil in der Mischung aus dem Lagerbehälter in den Luftstrom dosiert und zur Mühle gefördert. Für jede Komponente ist ein Dosiergerät erforderlich. Die gewünschte Austragsmenge ist nach Volumen und/oder Zeit zu verändern. Da alle Bestandteile in einer Futtermischung gleichzeitig durch die Mühle laufen und dabei vermischt werden, erübrigt sich der Futtermischer. Das gemischte Futter gelangt in den Mischfutterbehälter.
- *mit Wiegemischer:* Die einzelnen Komponenten werden hintereinander von der Mühle aus den Lagerbehältern angesaugt, geschrotet und in den Wiegemischer gefördert. Ist das vorgewählte Gewicht der Komponente 1 im Wiegemischer erreicht, so wird selbsttätig auf die Komponente 2 geschaltet und solange geschrotet, bis im Wiegemischer auch diese Menge erreicht ist. Mit den weiteren Komponenten wird in gleicher Weise verfahren. Nachdem alle Bestandteile einschließlich Zusatzkomponenten im Futtermischer sind, erfolgt der Mischvorgang.

Kontinuierlich arbeitende Futteraufbereitungsanlagen werden elektronisch über einen Rechner gesteuert und überwacht. Das Zusammenstellen einer Futterration erfolgt am Rechner durch Eingeben der einzelnen Daten für die gewünschten Komponenten.

2.5.3 Bauarten und Bauteile von Futteraufbereitungsanlagen

Schrotmühlen – Bei den meisten Futteraufbereitungsanlagen finden **Hammermühlen** Verwendung. Das *Zertrümmern* der Körner erfolgt durch Schlagwerkzeuge und durch den Aufschlag der beschleunigten Körner bzw. Teilchen auf Prallleisten. Ein Sieb umschließt einen großen Teil des Mühleninnenraumes.
Der Zerkleinerungsvorgang dauert so lange, bis die Teilchen den gewählten Feinheitsgrad erreicht haben und durch das Sieb die Mahlkammer verlassen können. Mit dem Lochdurchmesser oder der Maschenweite des Siebes von 3–6 mm kann der Feinheitsgrad verändert werden.
Hammermühlen sind häufig mit einem *Gebläse* ausgestattet. Es ist in der Lage, das Getreide in die Mahlkammer zu saugen und anschließend den Schrot zum Mischer zu fördern.
Die **Dosierung** des Getreides in die Mühle erfolgt durch
- *Schieberregulierung:* Dabei bestimmt die Größe der Öffnung die Menge Getreide, die in die Mahlkammer fließt. Die Einstellung der Zuflussmenge und somit der Mühlenauslastung lässt sich am besten über die Stromaufnahme des Motors am Amperemeter ablesen.
- *Luftregulierung:* Dabei wird die angesaugte Getreidemenge über den Unterdruck der Luft in der Einlaufschleuse bestimmt. Wird die von außen kommende Zuluft gedrosselt, steigt der Unterdruck in der Schleuse und die Mühle saugt eine größere Menge Getreide an.
- *Elektronische Dosierung:* Sie erfolgt über die Stromaufnahme des E-Motors an der Schrotmühle.

Hammerschlagmühlen sind gegenüber *Fremdkörpern empfindlich.* Mithilfe von Magneten können Eisenmetalle aus dem Getreidestrom bei der Einschleusung in die Mühle entfernt werden. Zusätzlich ist ein Abscheiden der schweren Teile, wie Steine, aber auch Metallteile, durch Schwerkraft über eine Abscheidekammer zweckmäßig.
Der *Energiebedarf* einer Hammermühle liegt je nach Fruchtart, Feuchte und Feinheitsgrad des Schrotes zwischen 0,5–2 kWh/dt.
Getreidequetschen – Quetschgut wird von Rindern besser verdaut. Die Getreidequetsche arbeitet mit zwei gleich schnell laufenden Walzen, die an ihrer Oberfläche eine angeraute Struktur haben können. Die Körner werden zwischen den beiden Walzen durchgeschleust und dabei nur zerdrückt (gequetscht).
Die Einstellung für *grobes* oder *feines* Quetschgut erfolgt durch Verändern des Quetschspaltes zwischen den beiden Walzen. Die Regulierung der *Durchsatzmenge* geschieht mittels eines Dosierschiebers. Für die *Fremdkörperabscheidung* sind im Einlauf Magnete angeordnet.
Getreidequetschen haben einen *Energiebedarf* von 0,2–0,8 kWh je dt, abhängig von der Fruchtart, Feuchte und dem Feinheitsgrad des Gutes.
Futtermischer – Überwiegend wird zur Herstellung von Futtermischungen der **Zwangsmischer** eingesetzt. Die senkrecht (Vertikalmischer) oder schräg (Schrägmischer) im Mischer angeordnete *Mischschnecke* nimmt den Schrot am unteren Trichterende an,

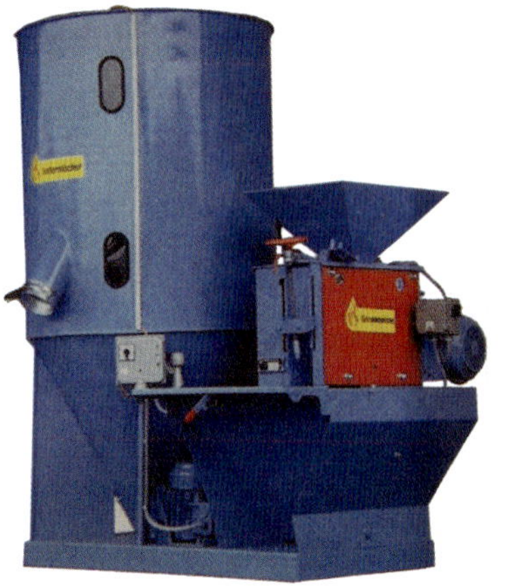

Abb. 164 Kompaktanlage mit Hammermühle und Vertikalmischer.

Abb. 165 Hammermühle mit Drahtsieb, Einspeisungsöffnung und Magnetabscheider (Pfeil).

Abb. 166 Hammermühle mit eingebautem Gebläse, es übernimmt das Ansaugen des Getreides und die Weiterförderung des Schrotes.

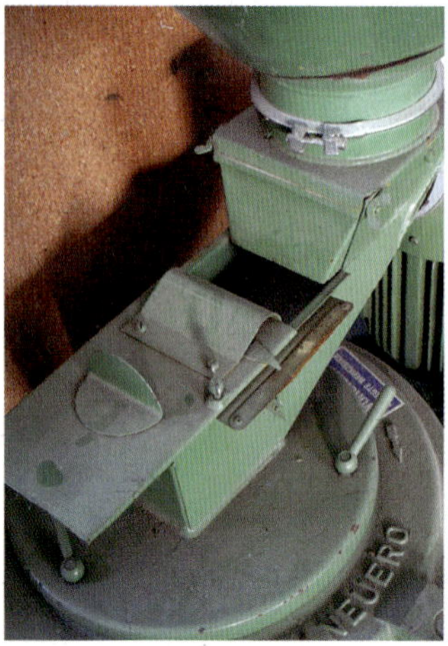

Abb. 167 Eine Einspeisung mit Luftregelung arbeitet verstopfungsfrei.

Abb. 168 Bei dieser Getreidequetsche laufen die beiden Quetschwalzen synchron. (Abb. ohne vorgeschriebene Schutzeinrichtung).

Abb. 169 Schrägmischer arbeiten meist als Freimischer.

fördert ihn nach oben und wirft ihn am oberen Schneckenende wieder in den Behälter zurück. Dadurch entsteht zwischen Schnecke und Mischbehälter ein Kreislauf und damit eine ausreichend gute Vermischung der verschiedenen Komponenten innerhalb kurzer Zeit.
Die Mischschnecke kann über den Behälter hinaus nach unten verlängert werden und endet in einem *Annahmetrichter,* über den die Befüllung mit Schrot und Zusatzkomponenten erfolgen kann.
Mischer, die von der Mühle aus durch ein Gebläse befüllt werden, benötigen einen *Zyklon-* und *Staubabscheider.* Dabei kann Luft nach außen entweichen, die mehligen Futterteile fallen in den Mischer. Das Fassungsvermögen der Mischer ist von 0,5 – 5 m^3.

Steuerung – Durch den Einbau entsprechender Schalteinrichtungen ist das Herstellen von Mischfutter zu automatisieren. Es werden folgende Lösungen angewandt:

- **Handbetrieb:** Das Ein- und Ausschalten von Mühle und Mischer wird entsprechend den Arbeitsgängen von Hand vorgenommen.
- **Teilautomatischer Betrieb:** Das Einschalten der Mühle erfolgt von Hand. Über die Messung der Stromaufnahme (Amperemeter) wird der Zulauf von Hand eingeregelt. Die Mühle schaltet durch einen Leermeldeschalter ab. Das Zu- und Abschalten des Mischers wird wieder manuell vorgenommen.
- **Vollautomatischer Betrieb:** Eine Zeitschaltuhr schaltet die Mühle ein. Die Mengenregulierung übernimmt eine Dosiereinrichtung, die über die Stromaufnahme gesteuert wird. Ein Leermeldeschalter schaltet die Mühle ab, dann schaltet der Mischer zu, der nach einer vorgegebenen Mischdauer wieder selbsttätig abschaltet.

Die meisten kontinuierlich arbeitenden Mahl- und Mischanlagen verfügen über eine automatische Steuerungs- und Regelanlage.
Zunehmende **Qualitätsansprüche** sowie das starke öffentliche Interesse an der Tierhaltung und Fütterung beeinflussen neben dem Marktgeschehen verstärkt die betriebswirtschaftlichen Überlegungen bei jeder Art von Tierproduktion. Wenn die geeignete Futterbasis verfügbar ist und weitere Rohkomponenten unter Berücksichtigung der Preisentwicklung günstig zu erhalten sind, gewinnt die Herstellung von hofeigenem Futter an Bedeutung.
Wesentliche Voraussetzung ist die **verfügbare Technik.**
Sie muss

- auf die jeweiligen betriebsspezifischen Erfordernisse abzustimmen sein,
- über einen bedarfsgerechten Automatisierungsgrad verfügen,
- einfach zu bedienen sein,
- absolut zuverlässig arbeiten.

Die Anordnung und der Einbau einer Mahl- und Mischanlage in ein vorhandenes Gebäude erfordert eine intensive Planung und Kenntnisse über die Möglichkeiten der Zueinanderordnung der verschiedenen Geräte und Steuerungseinrichtungen.
Daneben kommen aber auch mobile Mahl- und Mischanlagen zum Einsatz.

Anbau von Getreide

2

Der Anbau von Getreide umfasst mehr als nur Aussaat und Ernte der Getreidearten. Es gilt vielmehr, die jeweiligen ***art- und sortenspezifischen Gegebenheiten*** zu erfassen, sie zu analysieren und die betrieblichen, agrartechnischen und ***pflanzenbaulichen Maßnahmen*** darauf abzustimmen.
Dabei sind die regelmäßige ***Beobachtung der Bestände*** sowie die sach- und fachgerechte Verknüpfung dieser Ergebnisse mit dem fachlichen Wissen und Können unter Einbeziehung moderner ***Datenverarbeitungstechnik*** unabdingbare Voraussetzungen für das »Führen der Bestände«.

2 Anbau von Getreide

1 Anbau von Weizen *(Triticum aestivum)*

Abb. 170 Schossender Weizenbestand.

1.1 Bedeutung

In Deutschland wird hauptsächlich der **Gemeine Weizen** *(Triticum aestivum)* angebaut. Daneben gibt es den **Hartweizen** *(Triticum durum),* der vor allem zur Teigwarenherstellung benützt wird. In Deutschland wird er wegen seiner Kurztagsneigung hauptsächlich in Süddeutschland und in der Pfalz angebaut.
In letzter Zeit nahm auch der vertragsmäßige Anbau von **Dinkel** *(Triticum spelta)* zu. Er findet insbesondere in Naturkostläden und mehr und mehr auch in konventionellen Bäckereien Verwendung.
Die **Weizenfläche** macht nahezu 40 % der Getreideanbaufläche in Deutschland aus und erreichte im Jahr 2005 3,17 Mio. ha. Mehr als 98 % davon sind *Winterweizen.* Wegen der wesentlich geringeren Erträge ist *Sommerweizen* nur noch Lückenbüßer, wenn Winterweizen aus zeitlichen Gründen nicht mehr gesät werden konnte. Die Produktion wird zum größten Teil verfüttert.
Die **Durchschnittserträge** lagen im Jahr 2005 bei 74,7 dt/ha. Dabei sind sie im Norden wegen der günstigeren klimatischen Bedingungen höher als im Süden. Eine weitere Produktionssteigerung ist wegen der agrarpolitischen Lage der EU problematisch.

1.2 Produktionstechnik

1.2.1 Standortansprüche

Boden – Weizen bevorzugt tiefgründige, nährstoffreiche Böden mit hohem Nährstoff- und Wassernachlieferungsvermögen und neutraler Bodenreaktion. Deshalb sind leichte Böden mit häufigen Trockenheitsperioden im Frühsommer nur bei guter Niederschlagsverteilung und bei ausreichender Versorgung mit organischer Substanz und exakter Düngung geeignet.
Witterung – Weizen ist gegen lang andauernde Schneedecken und Winternässe empfindlich und hat unter den Getreidearten den höchsten Wärmebedarf. Er liebt einen trockenen Herbst und Vorwinter, verträgt allerdings die Saat in nassen Boden am besten. Für das Bestocken und Ausbilden der Ährenanlagen ist eine zeitige Erwärmung ebenso günstig wie feuchtes und sonnenscheinarmes Wetter im Frühjahr. Der größte Wasserbedarf besteht zur Zeit des Schossens und Ährenschiebens.

Abb. 171 Getreidefruchtfolge **(Beispiel)**.

Hafer	Winterroggen	Winterweizen	Wintergerste

1.2.2 Fruchtfolge, organische Düngung

Fruchtfolge – Die besten Vorfrüchte für Weizen sind alle Pflanzen, die den Boden im garen Zustand hinterlassen, also Blatt- und Hackfrüchte. In Norddeutschland wird Winterweizen in der Regel nach Zuckerrüben angebaut. Dabei ist es auf den oft von der Hackfruchternte stark in Mitleidenschaft gezogenen Feldern schwer, den Boden in einen annähernd garen Zustand zu bringen. In Getreidefruchtfolgen sollte, wegen der Übertragung von Fußkrankheiten, Gerste nicht als Vorfrucht dienen. Ist dies dennoch nötig, empfiehlt es sich, eine Gründüngungspflanze als Zwischenfrucht einzuschieben.

Organische Düngung – In viehlosen Betrieben stehen gehäckseltes Zuckerrübenblatt oder Stroh zur Verfügung. Auch Gülle wird zu Weizen vor der Saat angewendet. Ihr Düngewert muss bei der Nährstoffbilanz möglichst genau berücksichtigt werden.

Abb. 172 Blick in den Walzenboden einer Mühle.

1.2.3 Sortenwahl

Qualitätsmerkmale – Weizensorten werden nach ihrer Eignung zur Verarbeitung in **Mühle** und **Bäckerei** eingestuft. Dabei geht es Ersteren um eine problemlose Mahlfähigkeit und hohe Mehlausbeute, den anderen um eine ergiebige Backfähigkeit.

Weizen ist mit seinem *hohen Stärke-* und *geringen Rohfasergehalt* ein hochwertiges Kraftfutter für alle Tierarten. Für die **Fütterung** ist ein hoher *Proteingehalt* günstig. Durum-Weizen darf höchstens 5 % Bruchkörner und Besatz aufweisen. Der Schwarzbesatz (verfärbte Körner) muss unter 3 % liegen.

Als **Brauweizen** sind eine gute *Kornausbildung*, hohe *Keimfähigkeit* und *Enzymaktivität* (schonende Trocknung) wichtig. Im Gegensatz zu Back- und Futterweizen sollte jedoch hier der Proteingehalt unter 12 % liegen.

Abb. 173 Der Klebergehalt von Weizen wird durch die Kleberauswaschung im Labor festgestellt.

Mehlausbeute – Beim Mahlen wird der Mehlkörper von den Schalen, den Keimlingen und den Aleuronzellen getrennt. Aus technischen Gründen lässt sich der Mehlkörper nicht vollständig nutzen. Die Ausbeute an weißem Mehl hängt wesentlich vom erbmäßig bedingten Aschegehalt im gesamten Korn der Weizensorte ab. Dabei ist die Mehlausbeute umso höher, je niedriger der Aschegehalt ist. Beim Standard-Mehltyp 550 beträgt der Aschegehalt 0,55 %, die Mehlausbeute ca. 75 %. Der Rest ist Kleie.

Für eine gute Mahlfähigkeit soll Weizen eine gleichmäßige Kornform und -größe haben. Der Fremdgetreide- und Schmachtkornanteil sollte ebenso wie der Schwarzbesatz möglichst gering sein.

Abb. 174 Teigbeschaffenheit bei geringer (links) und guter Kleberqualität (rechts).

Backfähigkeit – Bäckereien und Brotfabriken wünschen Mehl, das sich *gut verarbeiten* lässt, *ergiebig* ist und möglichst *große* Gebäcke mit *feinen Poren* liefert. Besondere Bedeutung für diese Backqualität haben Menge und Güte der auswaschbaren kolloidalen Eiweißstoffe, die unter dem Begriff »Kleber« zusammengefasst werden.

Für die Beurteilung der Backqualität einer Weizensorte werden daher festgestellt:

- Der **Rohproteingehalt** (= N-Gehalt × 5,7); damit wird die *Klebermenge* erfasst. Mindestwerte für Backweizen 11,5 %, für Aufmischweizen 13,5 %.

Abb. 175 Backversuch mit geringer (links) und hoher Backfähigkeit (rechts).

Abb. 176 Der Sedimentationstest ist ein wichtiges Qualitätskriterium für Aufmischweizen.

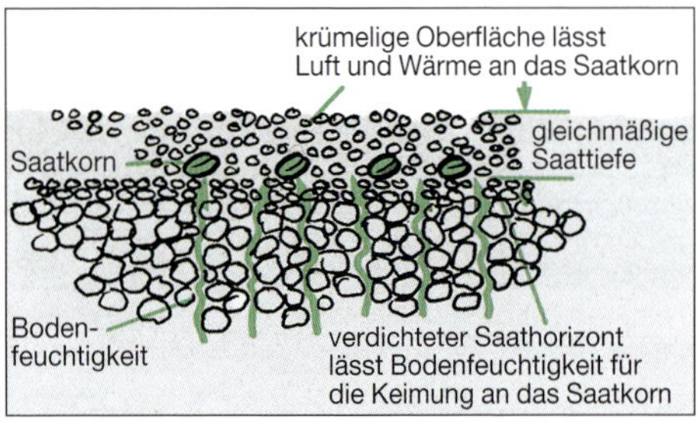

Abb. 177 Ideales Saatbett (Schema).

Abb. 178 Minimal-Bestelltechnik mit (oben) und ohne vorherige Pflugfurche (unten).

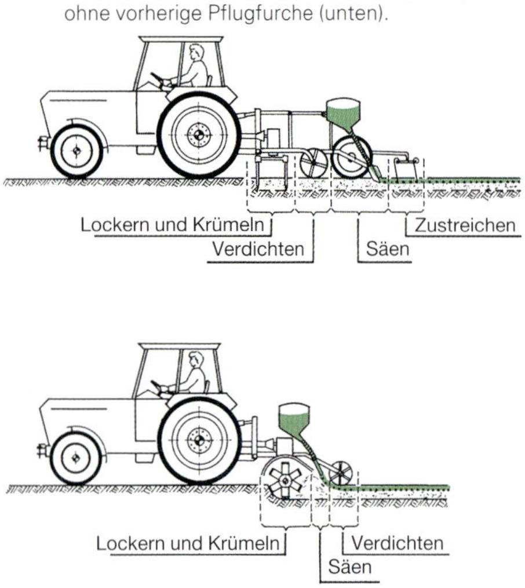

Die Klebermenge ist allerdings nur zu 25 % genetisch festgelegt, 75 % werden über die Wachstumsfaktoren, vor allem durch die N-Versorgung, bestimmt.

- Der **Sedimentationswert** gibt Auskunft über die *Klebergüte.* Als Maßstab dient die Quellung einer Mehl-Wasser-Aufschwemmung in einem Messzylinder. Mindestwerte sind für Backweizen 25 ml, für Aufmischweizen 40 ml. Aus Proteingehalt und Sedimentationswert lässt sich das zu erwartende *Gebäckvolumen* berechnen. Die Klebergüte ist zu 75 % genetisch bedingt.
- Die **Fallzahl** ist ein Maßstab für die *Qualität* der *Stärke.* Dazu wird die Einsinkzeit eines Rührwerkzeugs in den Mehl- oder Schrotkleister gemessen. Bei Backweizen soll dies 240–270 s dauern. Mehl aus auswuchsgeschädigtem Getreide gibt einen feucht-klebrigen, wenig ergiebigen Teig. Die Fallzahl liegt niedriger (60–70 s).
- Die **Backfähigkeit** mit Hilfe des *Rapid-Mix-Tests* (RMT) oder durch den Backversuch. Dabei werden schon bei der Teigbereitung negative Eigenschaften, wie mangelhafte Teigelastizität und schmierige Oberfläche, beurteilt und anschließend das Gebäckvolumen aus 100 g Mehl gemessen.
  Mehl aus Backweizen liefert dabei ca. 570–630 cm^3, Mehl aus Aufmischweizen mehr als 700 cm^3 Gebäckvolumen. Außerdem werden Porung, Bräunung, Kruste und Geschmack des Gebäcks beurteilt.

Mit der beschreibenden Sortenliste des Bundessortenamtes werden die Weizensorten entsprechend den im Backversuch nachgewiesenen Backeigenschaften in **5 Qualitätsgruppen** eingeteilt. Das Spektrum der Sorten reicht von Eliteweizen (E) mit sehr guten Qualitätseigenschaften bis zum Futterweizen (C) mit geringen Backeigenschaften, aber hohem Ertragsvolumen. Die Sortengruppe K kennzeichnet Weizensorten, die mit sehr hohen Fallzahlen sowie geringen Sedimentationswerten und Eiweißzahlen zur Keksherstellung besonders gut geeignet sind.

Tabelle 6: Qualitätsgruppen von Weizensorten

Qualitätsgruppe	Verwendung, Eigenschaften
E Eliteweizen	höchster Aufmischwert
A Qualitätsweizen	geringerer Aufmischwert
B Backweizen	Grundlage für Backmischungen, meist aufmischbedürftig
C Futterweizen	Einsatz in der Fütterung, keine Backfähigkeit
K Keks-Weizen	Rohstoff für die industrielle Keksherstellung

1.2.4 Aussaat

Stoppelbearbeitung – Nach Getreide oder anderen Körnerfrüchten ist es nötig, die Ernterückstände, organische und anorganische Dünger einzuarbeiten und gleichzeitig ein Keimbett für Unkräu-

ter, Ungräser und Ausfallkörner zu schaffen, die dann nach ihrem Auflaufen mechanisch vernichtet werden können.
Dabei wird auch die Wasserverdunstung durch Unterbrechen der Kapillarität vermindert, die folgende Saatfurche erleichtert und der Herbizidaufwand eingeschränkt. Als Geräte werden dazu Spatenrollegge, Scheibenegge, Schwergrubber, Fräse oder Zinkenrotor eingesetzt.
Saatfurche – Sie verbessert die Durchlüftung, Erwärmung und Wasserspeicherfähigkeit und schafft so gute Voraussetzungen für die Saat. Für Winterweizen und Roggen muss sie allerdings so zeitig erfolgen, dass sich der Boden noch genügend absetzen kann (14 Tage vor der Saat). Nach Zuckerrüben wird daher der Einsatz des Grubbers die Saatfurche ersetzen.
Saatbettbereitung – Sie soll einen möglichst flachen Saathorizont schaffen, damit die Saat gleichmäßig aufläuft. Außerdem soll in Saattiefe der Bodenschluss hergestellt werden, damit der kapillare Wasseraufstieg den Wasserbedarf des keimenden Samens decken kann. Schließlich muss die Bodenschicht über dem Saathorizont gelockert und gekrümelt werden, damit Wärme und Sauerstoff eindringen können.
In der Regel wird heute die Saatbettbereitung durch Gerätekopplung in einem Arbeitsgang vorgenommen.
Aussaatzeiten – Die günstigste Saatzeit für Winterweizen liegt für die meisten Standorte in Deutschland in der 2. Oktoberhälfte. Auf nassen, schweren Böden in schlechtem Zustand und in rauem Klima ist die 1. Oktoberhälfte günstiger. In milden Lagen von Rheinland-Pfalz, Baden-Württemberg und Nordrhein-Westfalen kann die Saat auch in der 1. Novemberhälfte bzw. sogar noch später erfolgen.
Sommerweizen muss so früh wie möglich gesät werden.
Saatstärke – Sie hängt ab von den Standortfaktoren, der Anbautechnik und der Sorte. Die Anbaubedingungen in Deutschland verlangen für eine Bestandsdichte von 450–600 Ähren tragenden Halmen/m^2 bei Winterweizen 350–450 und bei Sommerweizen 450–500 keimfähige Körner/m^2.
Saattechnik – Am günstigsten ist eine Saattiefe von 2–4 cm. Gleichmäßige Saattiefe bewirkt gleichmäßigen Feldaufgang. Verminderte Fahrgeschwindigkeit beim Säen verbessert die gleichmäßige Tiefenablage.
Bestandesführung und umweltfreundliche Produktionsverfahren setzen jederzeitige *Befahrbarkeit* des Bestandes voraus. Darum sind **Fahrgassen** unerlässlich. Vergleiche Kapitel 1 Getreidebau, Abschnitt 2 Agrartechnik. Voraussetzung ist, dass die Arbeitsbreiten von Düngerstreuer und Feldspritze ein ganzzahliges Vielfaches der Arbeitsbreite der Sämaschine haben.
Beispiel: Sämaschine 3 m, Düngerstreuer 12 m, Feldspritze 12 m.

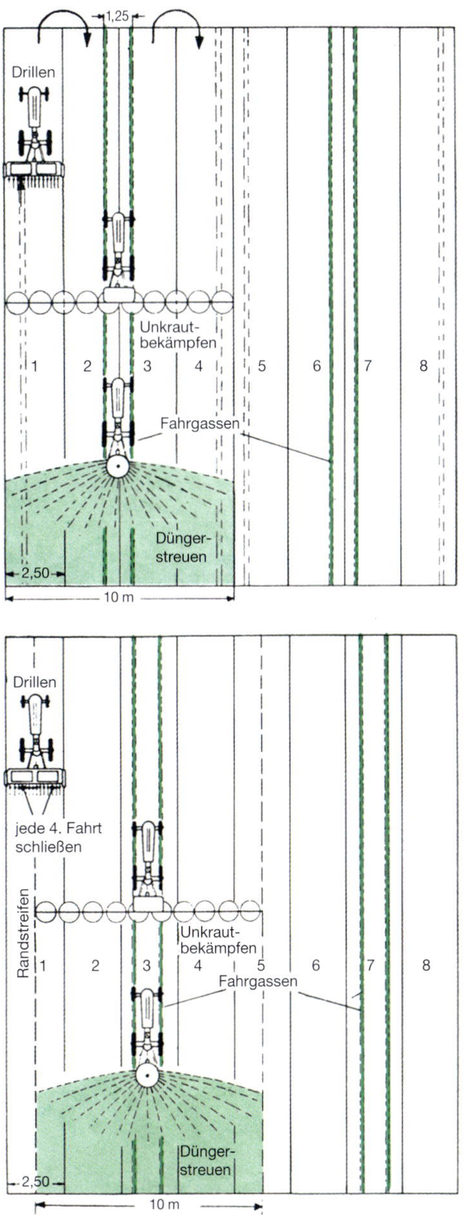

Abb. 179 Bei der Anlage von Fahrgassen muss die Arbeitsbreite der Geräte aufeinander abgestimmt werden: z. B. Sämaschine 2,5 m, Düngerstreuer und Unkrautspritze je 10 m.
Oben: Im Abstand der halben Spurweite des Traktors wird ständig ein Säschar geschlossen gehalten.
Unten: Nur bei jeder 4. Fahrt werden Fahrgassen durch Schließen der entsprechenden Säschare gebildet.

1.2.5 N-Düngung

Die Höhe der **N-Düngung** ist heute aus umwelt- und agrarpolitischen Gründen heftig umstritten. Aus betriebswirtschaftlicher Sicht kommt es aber immer noch darauf an, die Weizenerträge bei optimaler spezieller Intensität möglichst hoch zu gestalten.

Abb. 180 Die 2. Stickstoffgabe erfolgt zur Bestockung. Fahrgassen sind dabei von großem Nutzen, wie man sieht.

Abb. 181 Qualitätsdüngung bei Weizen. Auch hier erleichtern Fahrgassen das Arbeiten und helfen, Schäden durch Überdüngung zu vermeiden.

Abb. 182 Entwicklung der Weizenpflanze.

Für die Bemessung und Zuteilung des Stickstoffs haben sich verschiedene Verfahren entwickelt. Neben der N-Düngung nach eigenen Erfahrungswerten im Betrieb haben sich direkte (Exakt-) und indirekte (Schätz-)Verfahren bewährt.
Relativ weit verbreitet ist die N_{min}-Methode. Bei diesem **Exaktverfahren** wird der Gehalt an mineralisiertem Stickstoff bei Vegetationsbeginn im Boden gemessen. Die N-Nachlieferung während der Vegetationszeit, die von dem Witterungsverlauf, der Bodenstruktur sowie der Fruchtfolge und der Düngung der Vorfrucht abhängig ist, kann nur geschätzt werden.

Ausgehend von dem Bodenvorrat (N_{min}) und der geschätzten N-Nachlieferung während der Vegetationszeit hat sich eine dem Bedarf des Weizens während der verschiedenen Entwicklungsstadien angepasste N-Düngung in mehreren Gaben bewährt. Diese fördern, bis zum Ende der Bestockung ausgebracht, vorwiegend den Ertrag (ertragsbetont), während die Spätgaben vor oder kurz nach dem Ährenschieben vor allem die Kornzahl/Ähre, das TKG und den Proteingehalt fördern (qualitätsbetonte Gaben).

1.2.6 Bestandesführung

Die **Bestandesführung** besteht im Wesentlichen in der N-Düngung nach Maß, der Halmverkürzung und dem Überwachen bzw. Bekämpfen von Schadpflanzen, Krankheiten und Schädlingen. Dabei bestehen regionale Unterschiede.
Norddeutschland – Die milden Winter verkürzen oder heben die Vegetationsruhe auf. Damit verlängert sich die Vegetationszeit. Die hohe Luftfeuchtigkeit in Verbindung mit einer günstigen Verteilung der Niederschläge sichert eine gleichmäßige Wasserversorgung. Die eher kühle Witterung während der Ausbildung der Ertragsanlagen und die Langtagsverhältnisse (der Tag ist 1,5 Stunden länger als in Süddeutschland) schaffen günstige klimatische Bedingungen.
Weil sich in Norddeutschland die Böden im Frühjahr nur langsam erwärmen, setzt auch die Nitrifizierung des Bodenstickstoffs später ein. Deswegen sind Frühjahrsgaben von 80 – 120 kg N/ha nötig, um die Bestockung zu fördern und den Bestand auf 650 – 700 Ähren tragende Halme/m^2 zu bringen. Eventuell muss beim Schossen noch eine weitere Gabe in Höhe von 20 kg N/ha gegeben werden.
Die Stickstoff-Spätdüngung zur Qualitätssteigerung wird in 2 Teilen ausgebracht (je 30 – 40 kg N/ha). Die 1. Teilgabe wird eine Woche vor dem und die 2. zu Beginn des Ährenschiebens gegeben.
Damit beläuft sich der Gesamt-Stickstoffaufwand auf bis zu 300 kg/ha. Aufgabe der Bestandesführung ist es außerdem, mögliche Mängel an anderen Nährstoffen (auch Spurenelemente) rasch zu erkennen und eventuell durch eine Blattdüngung zu beheben.

Die Erträge liegen in Norddeutschland gebietsweise bei ca. 100 dt/ha.

West- und Südwestdeutschland – In den Zuckerrübenlagen des Rheinlandes mit den fruchtbaren Lössböden herrschen milde Winter vor. Sie bewirken nur eine kurze Pause in der Vegetationszeit. Da sich die Böden im Frühjahr rasch erwärmen, setzt auch ihre Aktivität früh ein und führt zu einem hohen Nährstoffangebot. Hier kann daher die Bestandesdichte weit niedriger (200 Pflanzen/m^2) sein, wenn dafür die N-Düngung die Kornzahl der Ähre erhöht.

Während die Frühjahrs-N-Gabe nur bei schwacher Bestockung nötig ist und sonst entfallen kann, muss die N-Gabe beim Schossen umso kräftiger ausfallen. Danach werden wiederholt kleine N-Mengen über eine Spätdüngung mit Harnstoff oder AHL (Ammoniumnitrat-Harnstoff-Lösung) als Blattdüngung ausgebracht. Die qualitätsfördernde N-Spätdüngung erfolgt zum Beginn des Ährenschiebens. Der Gesamt-Stickstoffaufwand richtet sich nach der Ertragserwartung.

Süddeutschland – In Bayern und höheren Lagen Baden-Württembergs variieren die Boden- und Klimabedingungen stark. Die Nachteile der kürzeren Vegetationszeit infolge schneereicher und längerer Winter überwiegen die Vorteile der größeren Sonnenscheindauer. Außerdem gefährdet häufige Vorsommertrockenheit die gleichmäßige Wasserversorgung und die trocken-heiße Witterung im Juli die Ausbildung des TKG (vorzeitige Reife).

Unter diesen Bedingungen werden ca. 300–350 Pflanzen/m^2 nach der Schneeschmelze angestrebt. Die 1. N-Gabe erfolgt in der Regel auf den noch gefrorenen Boden (20–30 kg/ha). Die weiteren N-Gaben düngen den Bestand bis zum Sollwert von 120 kg N auf, so dass mindestens 500 Ähren tragende Halme/m^2, in ungünstigen Lagen bis zu 750 Halme/m^2 erreicht werden.

Die stark wechselnden Verhältnisse erfordern das Beachten der regionalen Empfehlungen für die Bestandesführung der entsprechenden Sorten.

Halmverkürzung – Hohe N-Düngung ist nur möglich, wenn gleichzeitig mit Hilfe von Wachstumsregulatoren der Halm verkürzt und verstärkt wird.

Hierfür bieten sich Wirkstoffe mit unterschiedlichen Anwendungsbedingungen an. Beim Weizen richtet sich das Hauptaugenmerk auf die Verkürzung der unteren Internodien und die Verstärkung der Halmwand. Mit den vorhandenen Mitteln kann der Landwirt den Weizen sehr gut »führen«. Bei späteren Anwendungsterminen können auftretende Pilzerkrankungen durch Wirkstoffkombinationen mit Fungiziden mit erfasst werden.

Bekämpfung von Krankheiten – Intensiv geführte, dichte Weizenbestände fördern vor allem in Befallslagen das Auftreten von Pilzerkrankungen. Halmbruch, Mehltau und Rosterkrankungen, auftretende Blatt- und Spelzenbräune sowie DTR *(Drechslera tritici-repentis = Helminthosporium*-Blattdürre) können wirksam mit Fungiziden bekämpft werden. Neben der schlagspezifischen Beurteilung liefern amtliche Hinweise **(Monitoring)** Aufschluss über bekämpfungswürdige Befallssituationen. Bei späten Anwendungen (Ährenbehandlung) ist die Wartezeit zu berücksichtigen.

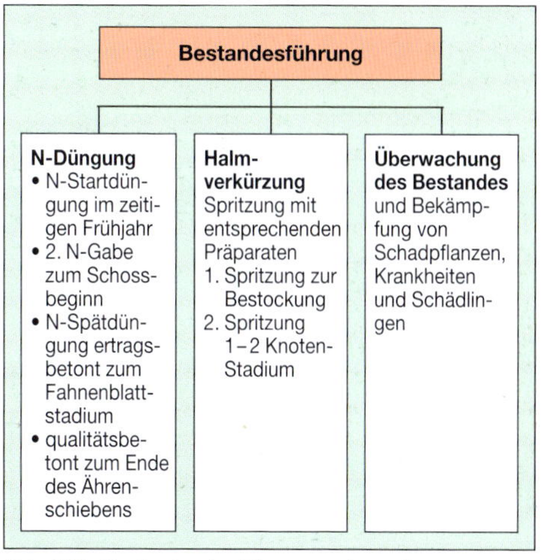

Abb. 183 Die Bestandesführung umfasst die N-Düngung, die Maßnahmen zur Halmverkürzung und zum Schutz vor schädlichen Einflüssen.

Abb. 184 Dieser Versuch mit CCC zur Halmverkürzung zeigt deutlich die verbesserte Standfestigkeit der behandelten Versuchsparzelle.

Abb. 185 Feststellen des Pilzbesatzes mit dem Diagnoserahmen.

Abb. 186 Chemische Behandlung eines Weizenbestandes.

Abb. 187 Reifender Weizenbestand.

1.2.7 Rentabilität

Die **Rentabilität des Getreidebaus** kann mit der Deckungsbeitrags-Berechnung bewertet werden. Dabei werden von der erbrachten Marktleistung die variablen Kosten abgezogen und die Flächenprämien dazu gerechnet. Weitere Faktorenansprüche (z. B. Flächenbdarf, Arbeitsbedarf) oder Faktorlieferungen (z. B. Stroh) gehen nicht in diese Berechnung ein, sind aber in der Gesamtbewertung zu berücksichtigen. Innerhalb der Getreidearten hat Winterweizen die größere Wettbewerbskraft.

Tabelle 7: Produktionsverfahren Winterweizen
(Deckungsbeitrag, Berechnungsbeispiele)

Ertrag	dt/ha	55	75	90
Preis	€/dt	11	11	11
Marktleistung	€/ha	605	825	990
Saatgut	€/ha	44	44	44
Düngung	€/ha	98	134	161
Pflanzenschutz	€/ha	134	161	161
variable Maschinenkosten	€/ha	75	75	75
Lohndrusch	€/ha	100	100	100
Versicherung	€/ha	8	11	14
Trocknung	€/ha	16	22	25
variable Kosten	**€/ha**	**475**	**547**	**580**
DB ohne Prämie	**€/ha**	**130**	**278**	**410**
DB mit Prämie	**€/ha**	**471**	**619**	**751**

Hinweise:
Zugrunde gelegte Ausgleichszahlung: 341 €/ha
Saatgut: Aussaatmenge: 170 kg/ha
davon 1/3 Zukauf (= 57 kg/ha; 37 €/dt) 21 €/ha
2/3 Eigenerzeugung (= 113 kg/ha; 15 €/dt) 17 €/ha
Nachbaugebühr bei 1/3 Saatgutwechsel: 6 €/ha
Düngemittel: Bedarf nach Entzug (N-Bedarfsfaktor 1,1); Stroheinarbeitung
N: 18 kg/10 dt Körner + 5 kg zugehöriges Stroh (50 % Rücklieferung)
P_2O_5: 8 kg/10 dt Körner, K_2O: 6 kg/10 dt Körner

Aufgaben:

1. Nach welchen Gesichtspunkten erfolgt die Sortenwahl bei Weizen?
2. Was versteht man unter »Backfähigkeit«?
3. Begründen Sie, weshalb die Bestandesführung beim Weizen je nach den klimatischen Bedingungen unterschiedlich ist.
4. Berechnen Sie die Saatstärke in kg/ha, wenn 450 keimfähige Körner/m² ausgebracht werden sollen und die Keimfähigkeit bei 97 % und das TKG bei 48 g liegen.
5. Beschreiben Sie die N-Düngung bei Weizen.
6. Ordnen Sie die in Ihrer Gegend angebauten Weizensorten den entsprechenden Backqualitätsgruppen zu.

2 Anbau von Gerste *(Hordeum vulgare)*

2.1 Bedeutung

Die Anbaufläche der Gerste ist in der Bundesrepublik Deutschland seit 30 Jahren ständig ausgedehnt worden. Die Schwerpunkte liegen in Niedersachsen, Bayern, Nordrhein-Westfalen und Schleswig-Holstein.

Wintergerste dient hauptsächlich als Schweinefutter. Der Grund für die zunehmende Anbaufläche liegt einerseits in den hohen Erträgen (2005: 59,7 dt/ha) mit hohem Futterwert, andererseits im frühen Erntetermin. Er ermöglicht einen Zwischenfruchtbau ebenso wie ein termingerechtes Ausbringen der Rapssaat. Außerdem wird die Getreideernte entzerrt und das Ausbringen von Mist und Gülle möglich.

Sommergerste wird vorwiegend als Braugerste und nur in geringem Umfang als Futtergerste verwendet. Ihre Anbaufläche geht wegen der geringeren Erträge und der ungünstigen Situation auf dem Braugerstenmarkt mehr und mehr zurück.

Abb. 188 Reifender Gerstenbestand.

2.2 Produktionstechnik

Abb. 189 Wintergerste reagiert auf Bodenverdichtung mit Verfärbung (mangelhafte N-Mineralisierung).

2.2.1 Standortansprüche

Boden – *Sommergerste* stellt wegen ihrer kurzen Vegetationszeit hohe Ansprüche an den Boden. Fortschritte in der Bodenkultur ermöglichen den Anbau aber heute auf fast allen Standorten. Unsicher sind nur die sauren, flachgründigen und trockenen Böden. *Wintergerste* stellt geringere Ansprüche an den Boden.

Witterung – Der *Wintergersten*-Anbau wird vielmehr durch ihre mäßige Frostresistenz (–15 °C) begrenzt, d. h. durch lange, harte Winter mit lang anhaltenden Schneedecken.

Milde Herbstwitterung wirkt sich günstig auf die Bestockung vor dem Winter aus. Sie ist Voraussetzung für geringe Auswinterungsschäden und hohe Erträge.

Feuchtkühle Frühjahrswitterung kräftigt die Pflanzen, begünstigt die weitere Bestockung und verhindert zu frühzeitiges Schossen. Übermäßige Niederschläge führen, vor allem in Verbindung mit einer zu üppigen N-Düngung, zu frühzeitigem Lager und erheblichen Ertragseinbußen.

Sommergerste stellt an die Witterung kaum besondere Ansprüche. Dies ist der Hauptgrund für ihre weite Verbreitung in Europa.

Abb. 190 Ähren der zweizeiligen (links) und mehrzeiligen (rechts) Gerste.

2.2.2 Fruchtfolge

Wintergerste stellt weit geringere Ansprüche an die Vorfrucht. Wichtig ist lediglich, dass diese das Feld frühzeitig räumt, damit termingemäßes Herrichten des Saatbetts und pünktliche Saat

Abb. 191 Körner von zweizeiliger (links) und mehrzeiliger (rechts) Gerste.

Abb. 192 Braugerste weist eine deutliche Kräuselung der feinen Spelzen auf.

Abb. 193 Oben: Ausstichgerste; unten: weniger gute Braugerste.

Abb. 194 Zu üppige Bestandesentwicklung fördert die Anfälligkeit für Krankheiten.

möglich sind. Die meisten Blattfrüchte scheiden daher ebenso wie der Mais als Vorfrucht aus.
Gerste steht meist nach Weizen in der Fruchtfolge.

Tabelle 8: Beispiele für die Fruchtfolge bei Wintergerste

leichtere Böden	schwerere Böden	Futterbaubetrieb
Raps/Silomais Winterrogen Wintergerste	Raps/Silomais/ Zuckerrüben Winterweizen Wintergerste	Silomais Winterweizen Silomais Winterweizen Wintergerste
Kartoffeln Winterweizen/ Winterrogen Wintergerste	Zuckerrüben Sommergerste Wintergerste	Kleegras/Luzerne Kleegras/Luzerne Winterweizen Wintergerste
Raps Wintergerste Sommergerste Wintergerste	Kartoffeln Winterweizen Wintergerste Zuckerrüben Winterweizen Wintergerste	Silomais Hafer Silomais Winterweizen Wintergerste

2.2.3 Erzeugungsrichtungen, Sortenwahl

Formen – Von den vielen Formen haben sich nur die lockerährigen zwei- und mehrzeiligen Typen durchgesetzt. Bei der Gerste sitzen auf jeder Spindelstufe 3 einblütige Ährchen mit je 2 sehr schmalen Hüllspelzen. Ist nur das mittlere Ährchen fruchtbar, spricht man von zweizeiligen Gersten, sind alle drei fruchtbar, handelt es sich um mehrzeilige. Diese bringen in der Regel größere Erträge.
Erzeugungsrichtungen – Der Gerste fehlt eine echte Backfähigkeit. Deswegen wird sie hauptsächlich zu Futter- und Brauzwecken angebaut.
Braugerste: Die Anforderungen sind in Anbau, Liefer- und Abnahmeverträgen festgelegt. Im Einzelnen sind dies

- Aufbau einer *empfohlenen Sorte,* um große, einheitliche Partien möglichst in Erzeugergemeinschaften zu erreichen;
- *Gesundheit* und *hohe Keimfähigkeit,* weil durch die Keimung und anschließende Trocknung das Malz gewonnen wird;
- *Wassergehalt* unter 15 %;
- *Eiweißgehalt* unter 11,5 %;
- *Vollgerstenanteil* (über 2,5-mm-Sieb) über 90 % bedeutet hohe Malzausbeute;
- *Ausputz* (unter 2,2 mm Sieb) unter 2 %.

Die Qualität steigt in der Reihenfolge der Einstufung als geringe Braugerste – durchschnittliche Braugerste – feine Braugerste – Ausstichgerste.
Futtergerste: Hier werden die Anforderungen, soweit es sich um Marktware handelt, weitgehend durch die EG-Marktordnungen bestimmt. Dies hat zur Folge, dass immer mehr vollkörnige Sorten mit Hektoliter-Gewichten über 67 kg, geringem Rohfasergehalt (entsprechend hohes TKG) und hohem Eiweißgehalt angebaut werden.

Sortenwahl – Die Sorten gliedern sich in *Brau-* und *Futtergersten* mit fließenden Übergängen. Dabei haben die Futtergersten die höheren Ertragserwartungen. Außerdem muss die Sortenwahl folgende sortenbedingte Eigenschaften berücksichtigen:

- ▶ Bestockungsfähigkeit,
- ▶ Lager-, Zwiewuchs- und Auswuchsneigung,
- ▶ Mehltau- und Rostresistenz.

2.2.4 Aussaat und Bestandesführung

Saatbett – Gerste verlangt ein abgesetztes Saatbett. Deswegen sollte die Saatfurche spätestens 14 Tage vor der Saat erfolgen. Bei einer Fruchtfolgestellung nach Getreide bleibt allerdings meist nur wenig Zeit für eine Stoppelbearbeitungsmaßnahme, die die Strohrotte fördert und das Ausfallgetreide zum Keimen bringt. Nur auf schweren Böden und bei unbeständiger, niederschlagsreicher Witterung kann es auch sinnvoll sein, unmittelbar nach der Pflugfurche zu säen. Dabei muss eine Packerkombination eingesetzt werden, um den Bodenschluss herzustellen.

Grunddüngung – Gerste besitzt nur ein geringes Nährstoffaneignungsvermögen und verlangt deswegen eine ausreichende Grunddüngung mit P_2O_5, K_2O und MgO. Der pH-Wert des Bodens sollte zwischen 6,6 und 7 liegen. Ausreichende Ca-Versorgung fördert die gewünschte feine Spelze bei Braugerste. Die Grunddüngung wird vor der Saatfurche ausgebracht.

Saatzeit – *Wintergerste* wird in der 2. Septemberhälfte, Sommergerste so früh als möglich (1. März – 10. April) gesät. Spätere Saatzeiten kommen im Herbst nur bei lang andauernder Vegetation mit der Gefahr zu üppiger Vorwinter-Entwicklung in Frage.

Saatstärke – Je günstiger die Standortbedingungen, desto geringer ist die Saatstärke zu bemessen. Dementsprechend groß ist der Unterschied in der Empfehlung. Er reicht von 280 bis 400 Körnern/m^2 bei Wintergerste und bei Sommergerste von 270 bis 450 Körner/m^2.

Bestandespflege – Organische Dünger verwertet die Gerste von allen Getreidearten am schlechtesten. Das Optimum der N-Düngung wird durch die *Standfestigkeit* der Sorte, den N_{min}-Gehalt des Bodens und das N-Nachlieferungsvermögen bestimmt. Im Herbst nimmt Wintergerste 40 – 50 kg N/ha auf.

Im Frühjahr erfolgt die N-Düngung bis zu einem Sollwert von 100 – 120 kg N/ha. Zum Schossen liegt der Sollwert für Stickstoff bei 30 kg N/ha. Die N-Spätdüngung als ertrags- und qualitätsbewusste Gabe wird zu den bei Winterweizen genannten Stadien verabreicht.

Die Stickstoffmenge zu Futtergerste sollte in 3 Gaben aufgeteilt werden: zur Saat, zum Bestockungsende und beim Ährenschieben. Bei Braugerste wird wegen des niedrig zu haltenden Eiweißgehaltes die Stickstoffmenge reduziert (ca. 60 kg/ha) und in der Regel in einer Gabe zur Saat verabreicht. Die Standfestigkeit wird durch Wachstumsregler im Stadium 37 – 49 verbessert.

Wegen des frühen Saattermins begünstigt Wintergerste das Auftreten im Herbst keimender Schadpflanzen (Vogelmiere, Kamille, Ehrenpreis, Klettenlabkraut, Windhalm, Ackerfuchsschwanz).

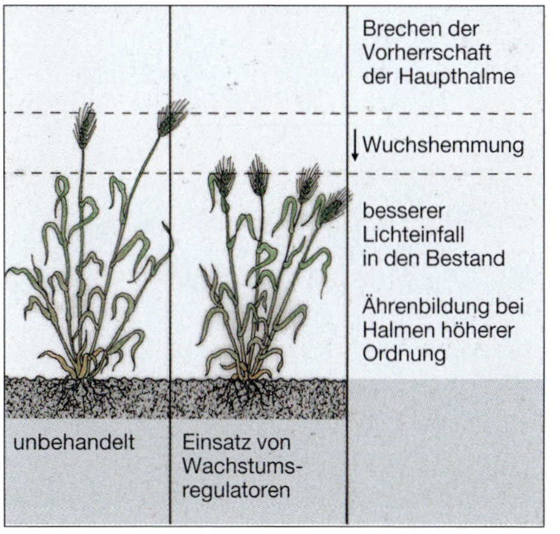

Abb. 195 Der Einsatz von Wachstumsregulatoren ist eine wichtige Maßnahme der Bestandesführung.

Abb. 196 Lange anhaltende Schneedecken können den Bestand schädigen.

Abb. 197 Ernte der Gerste.

Deswegen ist ein Bekämpfen im Vorauflauf mit Bodenherbiziden oder im Nachauflauf zwischen dem 3-Blatt-Stadium und dem Ende der Bestockung empfehlenswert.

2.2.5 Rentabilität

Die Berechnung des Deckungs-Beitrages gibt Aufschluss über die **Wirtschaftlichkeit des Produktionsverfahrens Wintergerste.** Wie bei allen Deckungsbeitrags-Berechnungen müssen von der erbrachten Marktleistung die variablen Kosten abgezogen und die gewährten Flächenprämien dazu addiert werden.
Der Deckungsbeitrag bei Wintergerste bleibt deutlich unter dem Niveau von Winterweizen. Das Beispiel macht deutlich, dass das ProduktionsverfahrenWintergerste nur lohnend ist, wenn relativ hohe Marktleistungen erzielt und die variablen Kosten so gering wie möglich gehalten werden können, z. B. in den typischen Gerstenlagen.

Tabelle 9: Produktionsverfahren Wintergerste
(Deckungsbeitrag, Berechnungsbeispiele)

Ertrag	dt/ha	50	65	80
Preis	€/dt	10	10	10
Marktleistung	€/ha	500	650	800
Saatgut	€/ha	45	45	45
Düngung	€/ha	86	112	138
Pflanzenschutz	€/ha	80	125	158
variable Maschinenkosten	€/ha	71	71	71
Lohndrusch	€/ha	100	100	100
Versicherung	€/ha	7	9	11
Trocknung	€/ha	15	19	23
variable Kosten	**€/ha**	**403**	**481**	**546**
DB ohne Prämie	**€/ha**	**97**	**169**	**253**
DB mit Prämie	**€/ha**	**438**	**510**	**595**

Hinweise:
Zugrunde gelegte Ausgleichszahlung: 341 €/ha
Saatgut: Aussaatmenge: 180 kg/ha
davon 1/3 Zukauf (= 60 kg/ha; 39 €/dt) 23 €/ha
2/3 Eigenerzeugung (= 120 kg/ha; 14 €/dt) 17 €/ha
Nachbaugebühr bei 1/3 Saatgutwechsel: 5 €/ha

Düngemittel: Bedarf nach Entzug (N-Bedarfsfaktor 1,1); Stroheinarbeitung
N: 17 kg/10 dt Körner + 5 kg zugehöriges Stroh (50 % Rücklieferung)
P_2O_5: 8 kg/10 dt Körner, K_2O: 6 kg/10 dt Körner

Abb. 198 Qualität und Quantität des Erntegutes – ein Ergebnis sachgerechter Bestandesführung.

Aufgaben:
1. Worin liegen die Unterschiede in den Qualitätsanforderungen für Brau- und Futtergerste?
2. Welche Vorteile bietet der Anbau von Wintergerste?

3 Anbau von Roggen
(Secale cereale)

3.1 Bedeutung

Marktwirtschaftliche Bedeutung – Die Anbauflächen in den neuen Bundesländern vergrößerten die Roggenproduktion in Deutschland sehr stark, so dass nur etwa die Hälfte der Erntemengen vermarktet werden konnten. Daher ging die Anbaufläche seit 1990 zurück.
Schwerpunkte der Produktion sind Brandenburg, Mecklenburg-Vorpommern, Niedersachsen und Sachsen-Anhalt. Bei weiter sinkenden Erzeugerpreisen dürfte sich der Roggenbau noch stärker auf ungünstigere Standorte zurückziehen.
Vorteile des Roggens – Roggen ist auf leichten Böden und in Lagen mit strengen Wintern und Vorsommertrockenheit wegen seiner Anspruchslosigkeit nicht zu ersetzen. Er ist wenig empfindlich gegen Fußkrankheiten und Getreide-Zystenälchen. Roggen unterdrückt Unkräuter und -gräser besser als andere Getreidearten und sein Produktionsaufwand hinsichtlich N-Düngung und Pflanzenschutz ist gering.
Qualitätsmerkmale – Für die Backeigenschaften des Roggens sind vor allem die Stärkequalität und die Menge der Quellstoffe maßgebend. Auswuchs zerstört die Backfähigkeit.

3.2 Produktionstechnik

Standortansprüche – Roggen ist die Getreideart mit den geringsten Wärmeansprüchen. Probleme bringen Nässe im Herbst, lange Schneedecken sowie Nässe und Frost zur Blütezeit (Fremdbefruchter!).
Fruchtfolge – Roggen gilt unter den Getreidearten als gute Vorfrucht, da er das Feld früh räumt und wenig Krankheiten, Schädlinge und Unkraut hinterlässt. Roggen ist mit sich selbst verträglich.
Sortenwahl – Die früher üblichen Populationssorten wurden fast völlig durch leistungsfähigere Hybridsorten verdrängt. Wegen des stärkeren Auftretens von Mutterkorn und eventueller Befruchtungsprobleme werden in der Praxis den Hybriden in geringem Anteil Populationssorten beigemischt.
Aussaat – Die Saat erfolgt ab der letzten Septemberwoche in ein abgesetztes Saatbett. Die Saatstärke beträgt 280–300 Körner/m^2. Roggen muss flach und gleichmäßig tief (2–3 cm) gesät werden, weil sonst die Bestockung leidet (»Roggen will den Himmel sehen«).

3.3 Bestandesführung

Düngung – Eine Roggenernte von 50 dt/ha entzieht dem Boden ca. 50 kg P_2O_5 und 130 kg K_2O. Die Grunddüngung ist danach je nach Versorgungsstufe des Bodens vor der Saat auszubringen.

Abb. 199 Roggenbestand in der Blüte.

Abb. 200 Nasskaltes Wetter zur Zeit der Blüte stört die Befruchtung des Roggens. Schartige Ähren sind die Folge.

Abb. 201 Lagerndes Getreide (Roggen) bringt Mindererträge.

Abb. 202 Reifender Roggenbestand.

Abb. 203 Gesundes Korn ist die Basis für hochwertige Produkte (**Beispiel** Roggen).

Stickstoff ist wegen der Lagergefahr auf mehrere Gaben zu verteilen: 1. Gabe 100 kg N – N_{min} auf noch gefrorenen Boden, 2. Gabe 20–50 kg N zu Beginn des Ährenschiebens.

Wachstumsregulatoren – Ihr Einsatz ist umso wichtiger, je günstiger die Standortbedingungen sind. Es können Mittel zu Beginn des Schossens oder vom Ende des Schossens bis zum Erscheinen der Grannen eingesetzt werden.

Ernte – Der Mähdrusch soll in der Vollreife erfolgen, um die Auswuchsgefahr zu vermindern und damit die Backqualität zu sichern. Nachtrocknen ist dann meist erforderlich. Bei kontrolliertem Anbau gelten die Anforderungen des Vertragspartners.

3.4 Rentabilität

Klarheit über den lohnenden Anbau von Kulturpflanzen erhält der Landwirt nur durch die Berechnung des Deckungsbeitrages. Wie bei jeder Getreideart müssen von der erbrachten Marktleistung die variablen Kosten abgesetzt und die Flächenprämien hinzugefügt werden.

Obwohl bei **Roggen** die Aufwändungen für den Pflanzenschutz und für die Düngung relativ gering sind, ergeben sich aufgrund vergleichsweise hoher Saatgutkosten auch verhältnismäßig hohe variable Kosten, die den Deckungsbeitrag schmälern. Wegen seiner pflanzenbaulichen Anspruchslosigkeit und der Bedeutung des Roggens im Nahrungsmittel- und Fütterungsbereich wird er zumindest regional immer eine Alternative im Getreidebau sein.

Tabelle 10: Produktionsverfahren Winterroggen (Hybridsorte)
(Deckungsbeitrag, Berechnungsbeispiele)

Ertrag	dt/ha	55	70	80
Preis	€/dt	10	10	10
Marktleistung	€/ha	550	700	800
Saatgut	€/ha	88	88	88
Düngung	€/ha	89	113	130
Pflanzenschutz	€/ha	88	134	134
variable Maschinenkosten	€/ha	68	68	68
Lohndrusch	€/ha	100	100	100
Versicherung	€/ha	7	10	11
Trocknung	€/ha	17	22	25
variable Kosten	**€/ha**	**457**	**535**	**556**
DB ohne Prämie	**€/ha**	**93**	**165**	**244**
DB mit Prämie	**€/ha**	**434**	**506**	**585**

Hinweise:
Zugrunde gelegte Ausgleichszahlung: 341 €/ha
Saatgut: Aussaatmenge: 80 kg/ha
100 % Saatgutzukauf (110 €/dt einschließlich Beizung) 88 €/ha

Düngemittel: Bedarf nach Entzug (N-Bedarfsfaktor 1,1); Stroheinarbeitung
N: 15 kg/10 dt Körner + 5 kg zugehöriges Stroh (50 % Rücklieferung)
P_2O_5: 8 kg/10 dt Körner, K_2O: 6 kg/10 dt Körner

4 Anbau von Triticale (× *Triticosecale*)

4.1 Bedeutung

Entstehung – Triticale ist eine Kreuzung von Weizen *(Triticum)* und Roggen *(Secale)* mit dem Ziel, die Leistungsfähigkeit, Standfestigkeit und Qualität des Weizens mit der Genügsamkeit und Gesundheit des Roggens zu verbinden.
Bedeutung – Aufgrund hoher Gehalte an Lysin und Rohfaser sowie an vergärbarer Stärke und Enzymen und dem ausgewogenen Eiweiß : Stärke-Verhältnis wächst die Bedeutung von Triticale als Futtermittel und als Rohstoff zur Alkoholgewinnung in landwirtschaftlichen Brennereien. Darüber hinaus regt der süßliche Geschmack zur Futteraufnahme an, wodurch sich günstige Tageszunahmen bei den Tieren ergeben.
Für die Mehlverarbeitung kommt Triticale wegen der erforderlichen technischen Umstellungen der Mühlen weniger in Frage. Die Brotherstellung ist jedoch möglich, derzeit fehlt aber die Nachfrage.

Abb. 204 Triticale als Bestand (links).
Abb. 205 Triticale-Ähre (rechts).

4.2 Produktionstechnik

Die **Saatzeit** liegt zwischen 25. September und 10. Oktober. Die **Saatstärke** beträgt 300 – 350 Körner/m^2 (TKG 35 – 42 g), die **Saattiefe** 2 – 3 cm. Das Saatbett sollte gut abgesetzt sein. Zugaben sind auf besonders rauen Lagen, auf sehr schweren Böden, nach ungünstiger Saatbettvorbereitung und verspäteter Saat sinnvoll. Auf leichteren Böden mit Gefahr der Frühsommertrockenheit kann die Saatstärke reduziert werden. Ein Nachbau von Saatgut dieses selbstbefruchtenden Weizen-Roggen-Bastards ist grundsätzlich möglich. Da aber bei wiederholtem Nachbau die Beständigkeit des Sortentyps vermindert wird, empfiehlt sich die Verwendung von Z-Saatgut.
Düngung – Die Grunddüngung erfolgt je nach Bodenvorrat aufgrund einer Bodenuntersuchung. Maßvolle Güllegaben von ca. 15 m^3/ha werden gut verwertet.
Kurze, standfeste **Typen** können wie Weizen gedüngt werden. Mehr roggenähnliche Typen erhalten eine reduzierte **N-Düngung** mit ca. 100 kg N – N_{min}, am besten in 3 Gaben zum Wachstumsbeginn, beim Schossen und beim Ährenschieben. Roggenähnliche Typen brauchen eine **Halmverkürzung.**
Pflanzenschutz – Die ursprüngliche Robustheit von Triticale ist mittlerweile nicht mehr so ausgeprägt. Krankheiten kommen vor, z. B. Halmbruch, Roste u. a. Eine konsequente Bestandsbeobachtung ist unbedingt erforderlich, da mittlerweile auch die Mehltauresistenz schon durchbrochen ist. Frühsaaten und Getreidevorfrucht sind für den Krankheitsbefall förderlich. Eine Unkrautbekämpfung mit zugelassenen Präparaten ist im Herbst und Frühjahr möglich.

Abb. 206 Hohe Lagergefahr bei roggenähnlichem Triticale.

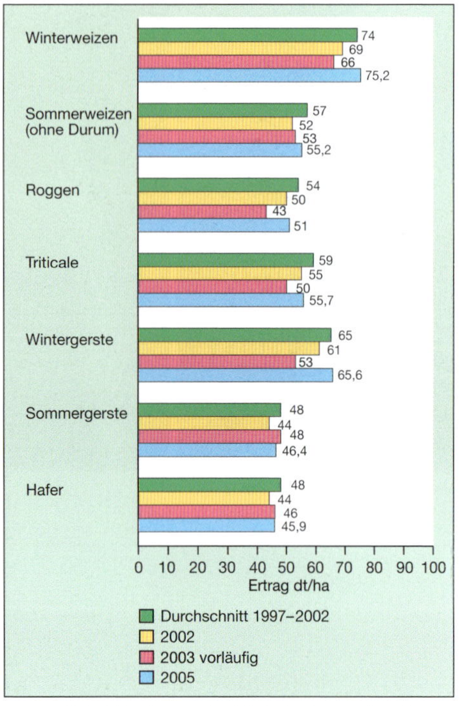

Abb. 207 Durchschnittliche Hektarerträge für Getreide (in dt/ha; DBV, 2006).

4.3 Rentabilität

Die Berechnung des Deckungsbeitrages informiert über die Wirtschaftlichkeit eines Produktionsverfahrens. Wie bei allen Berechnungen sind von der Marktleistung die variablen Kosten abzusetzen und die Beträge der Ausgleichszahlungen hinzuzufügen. Es zeigt sich, dass bei steigenden Absatzmöglichkeiten der Anbau von **Triticale** bei Gewährung von Ausgleichszahlungen durchaus lohnend sein kann.

Tabelle 11: Produktionsverfahren Triticale (Hybridsorte)
(Deckungsbeitrag, Berechnungsbeispiele)

Ertrag	dt/ha	52,2
Preis (einschließlich MwSt.)	€/dt	8,62
Marktleistung	€/ha	450
Saatgut	€/ha	57
Düngung	€/ha	117
Pflanzenschutz	€/ha	77
variable Maschinenkosten	€/ha	202
Versicherung	€/ha	7
Trocknung	€/ha	18
variable Kosten	**€/ha**	**478**
DB ohne Prämie	**€/ha**	**28**
DB mit Prämie	**€/ha**	**320**

Hinweise:
Zugrunde gelegte Ausgleichszahlung: 348 €/ha.
Zukaufsaatgut: 41 €/dt; Eigenerzeugung 30 %;
Düngung nach Entzug;
Preise: N: 0,65 €/kg,
P: 0,64 €/kg,
K: 0,32 €/kg.

5 Anbau von Hafer *(Avena sativa)*

Abb. 208 Oben: Hafersamen; unten: Flughafersamen.

5.1 Bedeutung

Die **Anbaufläche** nahm in der Bundesrepublik Deutschland seit 1950, wenn auch mit kurzfristigen Schwankungen, ständig ab und lag 2005 für ganz Deutschland bei 0,21 Mio. ha. Der **Durchschnittsertrag** je ha betrug im gleichen Jahr 45,9 dt. Mit steigendem Ertrag nehmen auch dessen jährliche Schwankungen infolge der Witterung zu.

Hafer wird zum überwiegenden Teil *verfüttert.* Dabei sind besonders die Gehalte an Rohprotein und Rohfett sowie an Thiamin (Vitamin B_1) wichtig. Hafer besitzt von allen Getreidearten das biologisch hochwertigste Eiweiß.

Auch für die menschliche Ernährung spielt Hafer eine zunehmende Rolle. In Deutschland muss er noch größtenteils eingeführt werden.

Der Grund dafür liegt im fehlenden Angebot großer, einheitlicher Partien mit der erforderlichen Qualität (hl-Gewicht über 54 kg, Spelzengehalt unter 26 %, TGK über 27 g, Fettgehalt über 6 %, Proteingehalt über 15 %, Fremdbesatz unter 3 %, helle Farbe, leichte Schälbarkeit).

Abb. 209 Hafer als Gesundungsfrucht reagiert empfindlich auf Fehler bei der Bodenbearbeitung.

5.2 Produktionstechnik

5.2.1 Standortansprüche, Fruchtfolge

Witterung, Boden – Hafer hat unter den Getreidearten den höchsten Wasserbedarf. Ansonsten sind seine Ansprüche denen von Sommergerste ähnlich. Er bevorzugt kühle Witterung mit gleichmäßiger Niederschlagsverteilung, die das Wachstum etwas verzögert und so die Anlage und das Ausbilden der Ertragsorgane begünstigt.

Die Bodenansprüche sind ebenfalls gering. Hafer ist auch gegenüber niedrigen pH-Werten des Bodens tolerant.

Fruchtfolge – Hafer ist resistent gegenüber Fußkrankheiten. Deswegen gilt er als *Gesundungsfrucht* in Getreidefruchtfolgen. Allerdings ist er gegenüber dem Getreide-Zystenälchen am anfälligsten und damit mit sich selbst unverträglich. Hafer sollte daher nur alle 4–5 Jahre auf das gleiche Feld kommen.

Abb. 210 Starker Fritfliegenbefall an Hafer.

5.2.2 Aussaat

Saatbettbereitung – Ziel der Bodenbearbeitung muss besonders beim Hafer die Begünstigung des Wasserhaushalts sein. Deswegen wird die Saatbettherrichtung im Frühjahr am besten in einem Arbeitsgang – eventuell mit gleichzeitiger Saat – erledigt. Die Furchenkämme sollen dabei jedoch soweit abgetrocknet sein, dass die Saat keinesfalls »eingeschmiert« wird.

Abb. 211 Reifer Haferbestand.

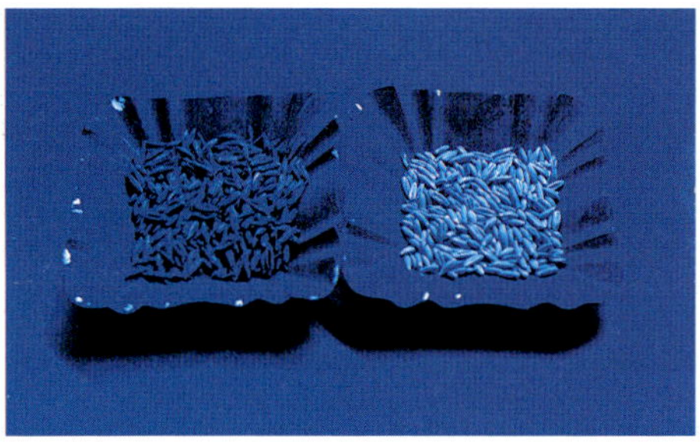

Abb. 212 Gelbhafer (linke Probe) und Weißhafer (rechte Probe) lassen sich nur unter UV-Licht unterscheiden.

Abb. 213 Weltmarkt-Nachfrage nach Getreide (in Mio. t).

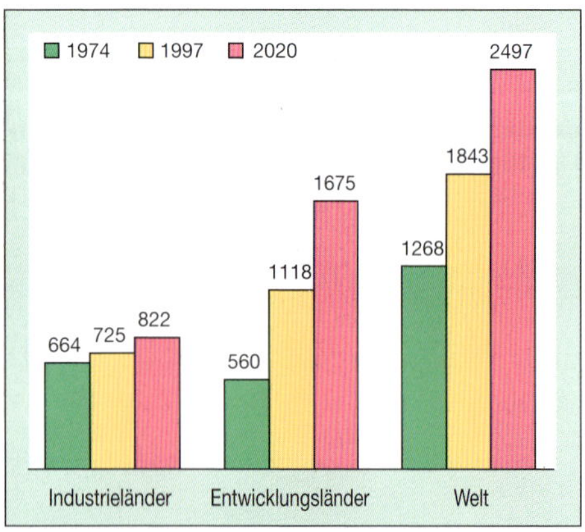

Saat – Sie sollte so früh wie möglich erfolgen, um die Bodenfeuchte genügend auszunützen. Die optimale Saattiefe beträgt 3–5 cm (hoher Keimwasserbedarf). Enge Drillreihen (bis zu 10 cm) führen zu schnellerem Jugendwachstum und früherer Bodenbedeckung (Wassereinsparung). Die Saatstärke beträgt 350–420 Körner/m^2.

5.2.3 Bestandesführung

Hafer besitzt ein großes Nährstoff-Aneignungsvermögen. Die **Düngung** mit *Phosphat-*, *Kalium-* und *Magnesium* erfolgt auch hier vor der Saat bzw. im Herbst auf die Stoppeln der Vorfrucht. Eine Ernte von 50 dt/ha entzieht dem Boden 55 kg P_2O_5, 130 kg K_2O und 20 kg MgO.
Hafer braucht relativ viel *Mangan* und *Kupfer.* Bei Mangan-Mangel tritt Dörrflecken-Krankheit, bei Kupfer-Mangel Spitzendürre auf. Die beiden Spurenelemente werden daher entweder auf Vorrat gedüngt oder bei akutem Mangel über eine Blattdüngung zugeführt.
Hafer verwertet *organische Dünger* gut, wenngleich der verfügbare Stickstoff schlecht abzuschätzen ist und bei der Bestandesführung besonderes Augenmerk verdient. Bewährt hat sich eine Kombination aus organischer und mineralischer Düngung.
Der *N-Bedarf* hängt wesentlich vom angestrebten Proteingehalt ab und liegt bei 140 kg/ha (wenn 12 % Rohprotein erreicht werden sollen) und bei 180 kg/ha, wenn 16 % Rohprotein angestrebt werden. Auch hier sollte der Stickstoff in mehreren Gaben verabreicht werden, falls die Gesamtmenge 60 kg/ha übersteigt.
Der Sollwert für die 1. Gabe liegt bei 90 kg N. Eine Schossergabe ist nur nötig, wenn die Bestandsdichte unter 370 Pflanzen/ha liegt. Eine N-Spätdüngung von 40 kg/ha erhöht den Ertrag um ca. 2 dt/ha und den Rohproteingehalt um 1–2 %. Sie sollte, um die Lagergefahr einzudämmen, nicht vor dem Stadium 59 erfolgen.
Neben der Beobachtung des Bestandes auf Anzeichen von Krankheiten und Mangelerscheinungen sind vor allem die Dosierung der N-Düngung und der Einsatz von Wachstumsregulatoren zur Halmfestigung zu nennen.
Halmverkürzer werden eingesetzt, wenn im April hohe Niederschlagsmengen fielen.

5.3 Rentabilität

Hinweise auf die **Wirtschaftlichkeit des Haferanbaues** erhält der Landwirt durch die Berechnung des Deckungsbeitrages. Von der Marktleistung sind die variablen Kosten abzusetzen und die gewährten Ausgleichszahlungen hinzuzufügen.
Zwar erreichen die Deckungsbeiträge im Haferanbau nicht die Höhe wie bei Weizen; unter Berücksichtigung seines Fruchtfolgewertes und seiner relativen pflanzenbaulichen Anspruchslosigkeit kann der Anbau von Hafer zumindest regional eine durchaus lohnende Alternative sein, vor allem im Hinblick auf seine Bedeutung als Futtermittel.

Tabelle 12: Produktionsverfahren Hafer (Hybridsorte)
(Deckungsbeitrag, Berechnungsbeispiel)

Ertrag	dt/ha	42,2
Preis (einschließlich MwSt.)	€/dt	8,98
Marktleistung	€/ha	379
Saatgut	€/ha	43
Düngung	€/ha	90
Pflanzenschutz	€/ha	33
variable Maschinenkosten	€/ha	190
Versicherung	€/ha	11
Trocknung	€/ha	8
variable Kosten	**€/ha**	**375**
DB ohne Prämie	**€/ha**	**4**
DB mit Prämie	**€/ha**	**352**

Hinweise:
Zugrunde gelegte Ausgleichszahlung: 348 €/ha.
Zukaufsaatgut: 43 €/dt; Eigenerzeugung 30 %;
Düngung nach Entzug;
Preise: N: 0,65 €/kg,
P: 0,64 €/kg,
K: 0,32 €/kg.

Aufgaben:

1. Welche Vorteile bringt Roggen für die Fruchtfolge?
2. Vergleichen Sie die Saattermine für Weizen, Gerste und Roggen.
3. Welche Bedeutung hat der Haferanbau?
4. Weshalb ist die möglichst frühe Saat bei Hafer besonders wichtig?
5. Welche Mangelerscheinungen treten bei Mangan- bzw. Kupfer-Mangel beim Hafer auf? Wie sind sie zu beheben?
6. Begründen Sie, weshalb Hafer eine »Gesundungsfrucht« innerhalb der Fruchtfolge genannt wird.
7. Für die Stickstoffdüngung zu Winterweizen sind insgesamt 145 kg N/ha vorgesehen. N_{min}-Ergebnis 50 kg/ha; 60 kg N sollen je ha als Spätdüngung verwendet werden. Berechnen Sie die jeweiligen Düngermassen an Kalkammonsalpeter mit 27 % N für 15,5 ha. Die vorhandene Masse an N_{min} ist abzuziehen.
8. Auf einen Sommergerstenschlag von 2,90 ha sollen 40 kg N in Form einer Ammoniumnitrat-Harnstoff-Lösung (28 % N) gedüngt werden. Die Dichte des Düngers beträgt 1,28 kg/l. Wie viel Liter Lösung sind für die Düngung erforderlich?
9. Ein Landwirt düngt im Frühjahr 30 m^3/ha Schweinegülle auf Winterweizen. Nährstoffgehalt 0,6 % N, davon die Hälfte für den Weizen verfügbar,

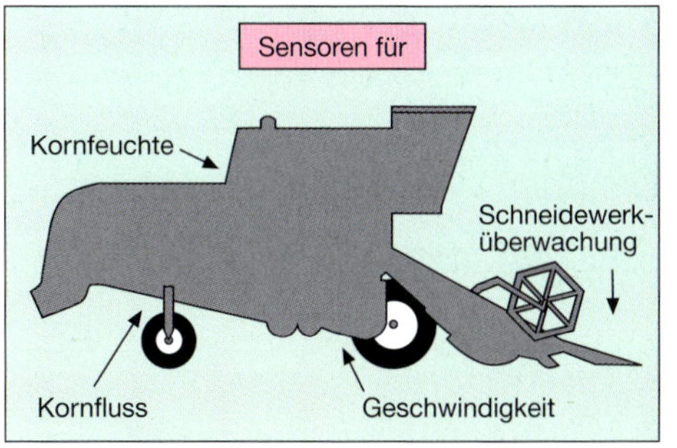

Abb. 214 Precision farming – Komponenten für die Ertragsmessung beim Mähdrusch.

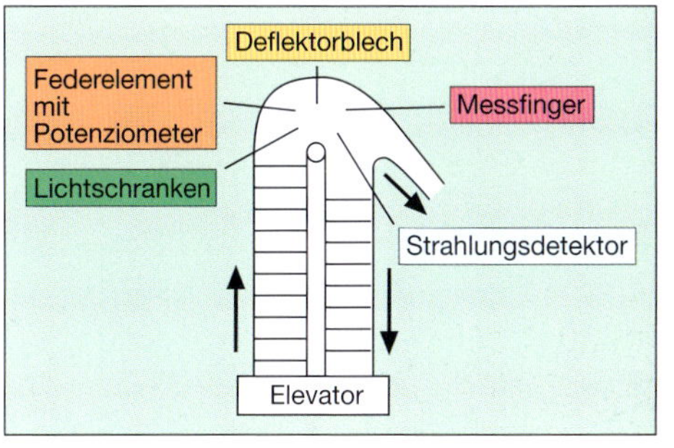

Abb. 215 Möglichkeiten zur Ertragsermittlung.

Abb. 216 Durchschnittliche Hektarerträge Getreide (ohne Körnermais, in dt/ha).

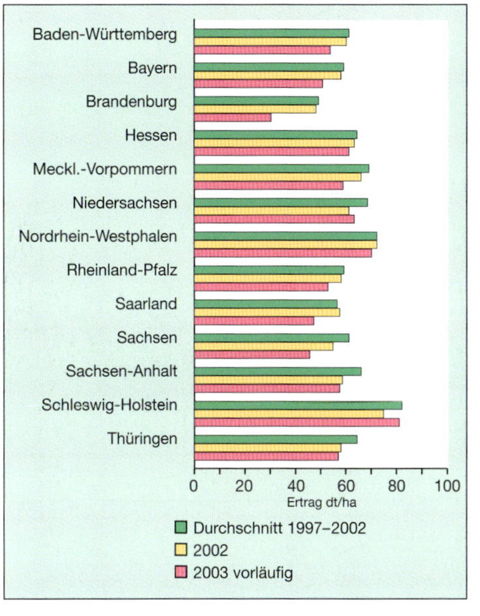

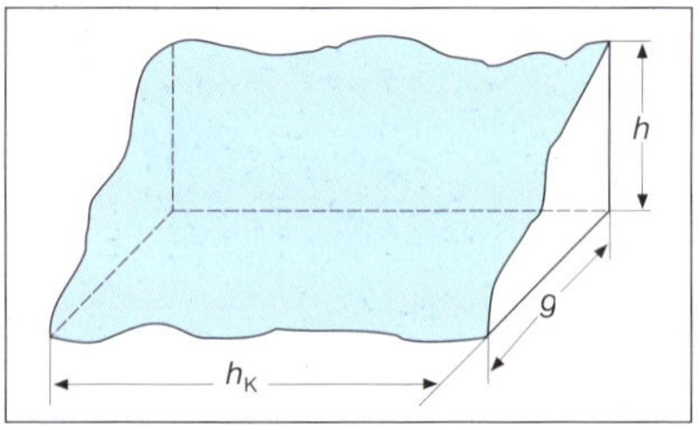

Abb. 217

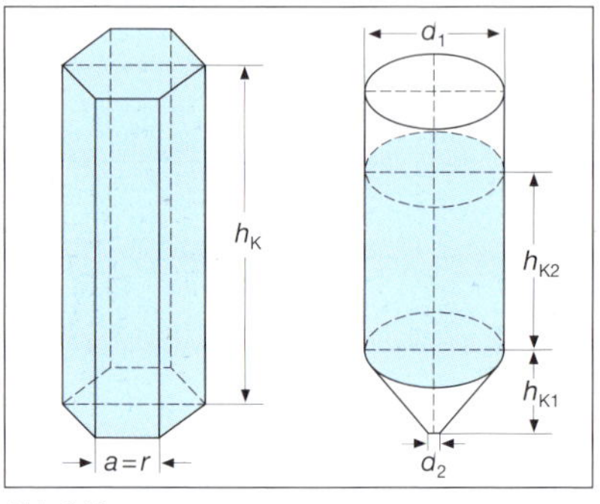

Abb. 218

Abb. 219

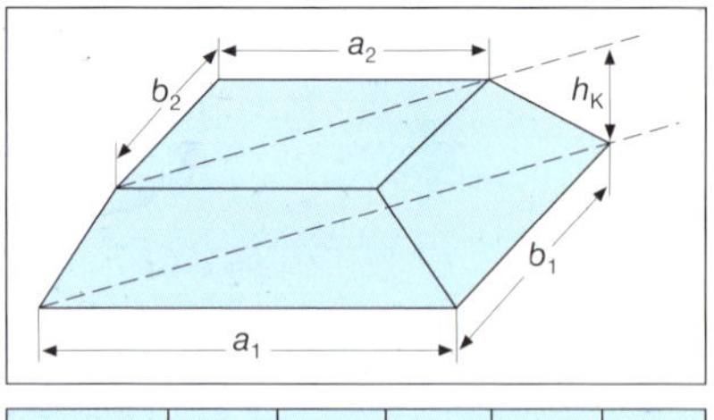

	a_1	a_2	b_1	b_2	h_K
1. Weizen	9,2 m	6,9 m	6,1 m	3,8 m	0,7 m
2. Gerste	6,3 m	3,2 m	5,0 m	1,9 m	1,2 m
3. Gerste	3,4 m	2,1 m	2,6 m	1,3 m	0,5 m

0,4 % P_2O_5 und 0,3 % K_2O. Wie viele kg/ha düngt er an wirksamem Gesamtstickstoff, P_2O_5 und K_2O?

10. Ein Getreidebestand wird gegen Unkraut mit einem Herbizid (5 l/ha) und gegen Mehltau mit einem Fungizid (0,45 kg/ha) gespritzt. Der Behälter der Spritze fasst 1500 l. Wie viele Liter bzw. Kilogramm Spritzmittel sind jeweils bei einer Ausbringmenge von 400 l/ha in einen vollen Behälter zu füllen?

11. Für die Lagerung von 20 ha Getreide soll eine Batterie von Behältern mit quadratischer Grundfläche gebaut werden. Es wird mit einer Lagerdichte von 640 kg/m³ gerechnet. Die Behälter sollen 5 m hoch werden (Ertrag 60 dt/ha).

a) Wie viele m² beträgt die Gesamtbodenfläche der Behälter einschließlich 10 % Befüllungszuschlag?

b) Der Einzelbehälter soll 200 dt fassen. Welche Abmessungen sind zu wählen?

12. In einem rechteckigen Behälter (Abb. 217) mit senkrechten Wänden ist Hafer schräg aufgeschüttet. An der Stirnwand beträgt die Höhe 2,70 m, der Abstand von der Vorderkante des Haufens bis zur Stirnwand 3,6 m und die Breite des Behälters 8,4 m. Wie viele t Hafer (5,3 dt/m³) lagern dort?

13. 120 dt Weizen sollen von 18 % Feuchtigkeit auf 15 % getrocknet werden. Wie viele dt getrocknete Ware bleiben übrig?

14. 200 t Gerste werden von 17 % auf 15 % Feuchtigkeit getrocknet. Wie viele t beträgt der Masseverlust, bezogen auf das Feuchtgut?

15. In einem Eimer von 12 Liter Fassungsvermögen wird Getreide gewogen.

a) 9,5 kg Weizen **b)** 7 kg Gerste **c)** 6,25 kg Hafer

Bestimmen Sie die Schüttdichte der Getreidearten in dt/m³.

16. In dem Hochbehälter (Abb. 218 links) sind 450 dt Weizen eingelagert worden. Die Seite a ist 2,3 m lang. Der gelagerte Weizen nimmt im Behälter 4,3 m Höhe ein. Berechnen Sie die Lagerdichte.

17. Die Maße des in Abb. 218 (rechts) gezeigten Behälters betragen

d_1 = 3,56 m d_2 = 0,3 m h_{K1} = 1,7 m h_{K2} = 7,5 m

In dem Behältern lagern 550 dt Gerste. Berechnen Sie die Lagerdichte.

18. Bestimmen Sie die Masse des aufgeschütteten Getreides (Abb. 219) in Dezitonnen. Die Schüttdichte beträgt bei 1. Weizen 790 g/l, 2. Gerste 706 g/l, 3. Gerste 679 g/l.

19. Bereinigen Sie folgende Ernteerträge von Getreide auf 86 % Trockensubstanz.

a) 76 dt/ha Weizen mit 19 % Kornfeuchte.

b) 58 dt/ha Weizen mit 13 % Kornfeuchte.

c) 97,4 dt/ha Körnermais mit 32 % Kornfeuchte.

Anbau anderer Mähdruschfrüchte

3

Viele Landwirte nutzen heutzutage Marktnischen, sie suchen also nach Möglichkeiten, die vorhandenen betrieblichen Ressourcen optimal zu nutzen.

Zur Beurteilung dieser Sachlage, aber auch grundsätzlich als Information für den Landwirt, wird im Folgenden der Anbau der drei weiteren Mähdruschfrüchte ***Raps, Sonnenblumen*** und ***Körnerleguminosen*** vorgestellt.

3 Anbau anderer Mähdruschfrüchte

1 Raps zur Körnernutzung *(Brassica napus)*

Abb. 220 Im Frühjahr zeigen die blühenden Rapsfelder die zunehmende Verbreitung des Anbaus an.

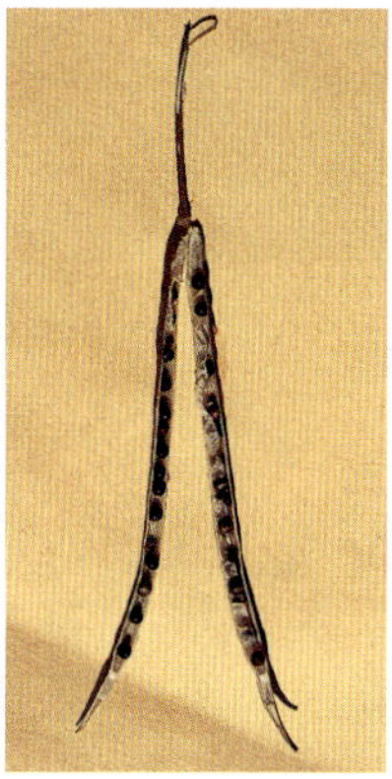

Abb. 221 Rapsschote.

Abb. 222 Entwicklung der Rapsanbaufläche in der Bundesrepublik Deutschland (seit 1991: einschließlich der neuen Bundesländer).

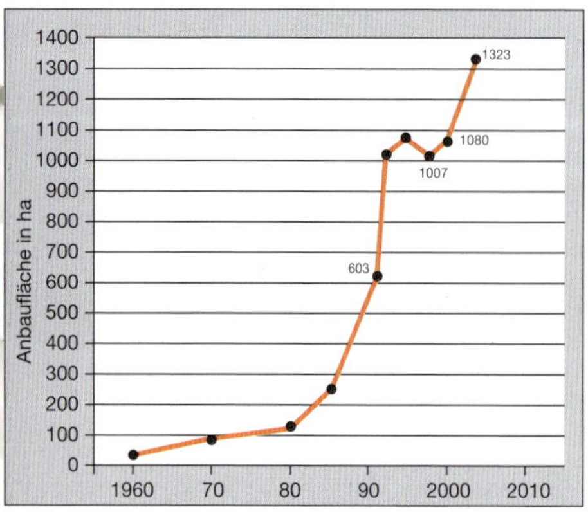

1.1 Bedeutung und Qualität

Bedeutung – Die Anbaufläche für Raps zur Körner- bzw. Ölgewinnung ist in Deutschland, besonders in den östlichen Bundesländern, in den letzten Jahren wegen des gesicherten Absatzes durch die *EG-Fettmarktordnung,* des sehr hohen *Vorfruchtwertes* und der *günstigen Mechanisierung und Arbeitsverteilung* stark gestiegen. Der Ertrag lag 2005 bei 37,8 dt/ha. Raps liefert unter den in Deutschland herrschenden Produktionsbedingungen die höchste Futtermenge je Flächeneinheit. Der Rückstand bei der Ölgewinnung wird zu *Rapsschrot* für die Fütterung verarbeitet.
Winterraps hat gegenüber der Sommerform oder Rübsen die weitaus größte Bedeutung für die Ölgewinnung.
Qualitätsmerkmale – Rapsöl wurde früher wegen des Gehaltes an *Erucasäure* und der dadurch verursachten gesundheitlichen Bedenken (Tierversuche ergaben z. T. Muskelgewebe- und Leberverfettung sowie Veränderungen im Herzmuskelgewebe) nicht für die Speiseöl- und -fettherstellung verwendet. Hier hat die Züchtung Fortschritte erzielt:

> ! Heute stehen mit den Qualitätsrapssorten (00-Sorten) erucasäurefreie und glucosinolatarme Sorten zur Verfügung, so dass der Absatz gesichert ist.

Rapsöl kann auch in geeigneten Motoren als Treibstoff verwendet werden (Ersatz von Dieselöl). 30 dt/ha Raps ergeben ca. 1100 kg Öl/ha und 1900 kg Ölkuchen mit 30 % Protein sowie 5 % Fett. Rapskuchen ist wegen seines hohen Eiweißgehaltes ein wertvolles Kraftfutter, insbesondere seit 00-Sorten zur Verfügung stehen. Für den **Zwischenfruchtbau** werden ebenfalls überwiegend 00-Sorten angebaut, weil der *Durchwuchs* von erucasäurehaltigen Sorten die Ölqualität des Körnerrapses erheblich vermindern würde. Weitere Ziele der Qualitätsverbesserung durch Züchtung sind

- Erhöhen des *Linolsäure-Gehaltes;* Linolsäure ist eine essenzielle Fettsäure;
- Verringern des *Linolensäure-Gehaltes;* Linolensäure ist für das Ranzigwerden des Fettes verantwortlich und deshalb aus technischen Gründen im Rapsöl unerwünscht.
- Vermindern des *Glucosinolat-Gehaltes;* Glucosinolate (Senföle) im Schrot schränken die Futteraufnahme ein, beeinflussen über die Verfütterung der grünen (blühenden) Pflanze den Geschmack der Milch.

Tabelle 13: Qualitätskriterien bei Körnerraps

Kriterium	Gehalts-Grenzwerte	Wirkung
Erucasäure	0 %	Verfetten des Herzmuskels
Glucosinolat	max. 20 Mikromol (seit 1991/92)	Wachstumsstörungen, gestörte Futteraufnahme wegen bitteren Geschmacks
Wassergehalt Besatz (fremde Samen) Ölgehalt	max. 9 % max. 2 % mind. 40 %	bei höherem Gehalt Preisabzüge bei niedrigerem Gehalt Preisabzüge

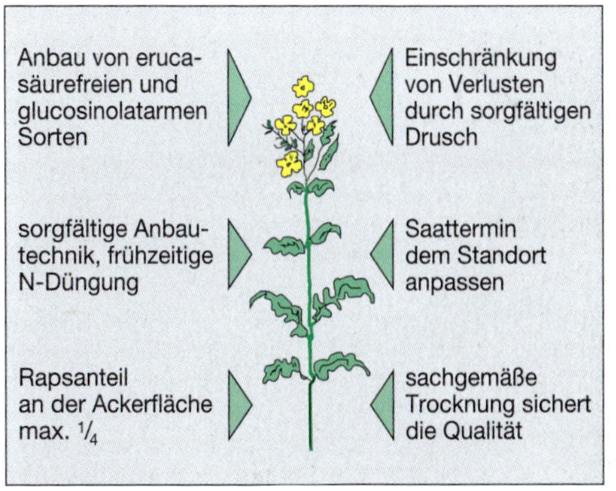

Abb. 223 Gesichtspunkte für den Erfolg beim Rapsanbau.

1.2 Produktionstechnik

1.2.1 Standortansprüche

Boden- und Klimaansprüche – Raps bildet eine *Pfahlwurzel.* Deswegen liebt er tiefgründige Böden. Die Bodenart spielt weniger eine Rolle, nur Standorte mit Staunässe oder sandige Böden mit mangelhafter Wasserversorgung scheiden aus. Außerdem sollte der pH-Wert bei 6,5 liegen.

Abb. 224 Klima- und Bodenansprüche von Raps (Schema).

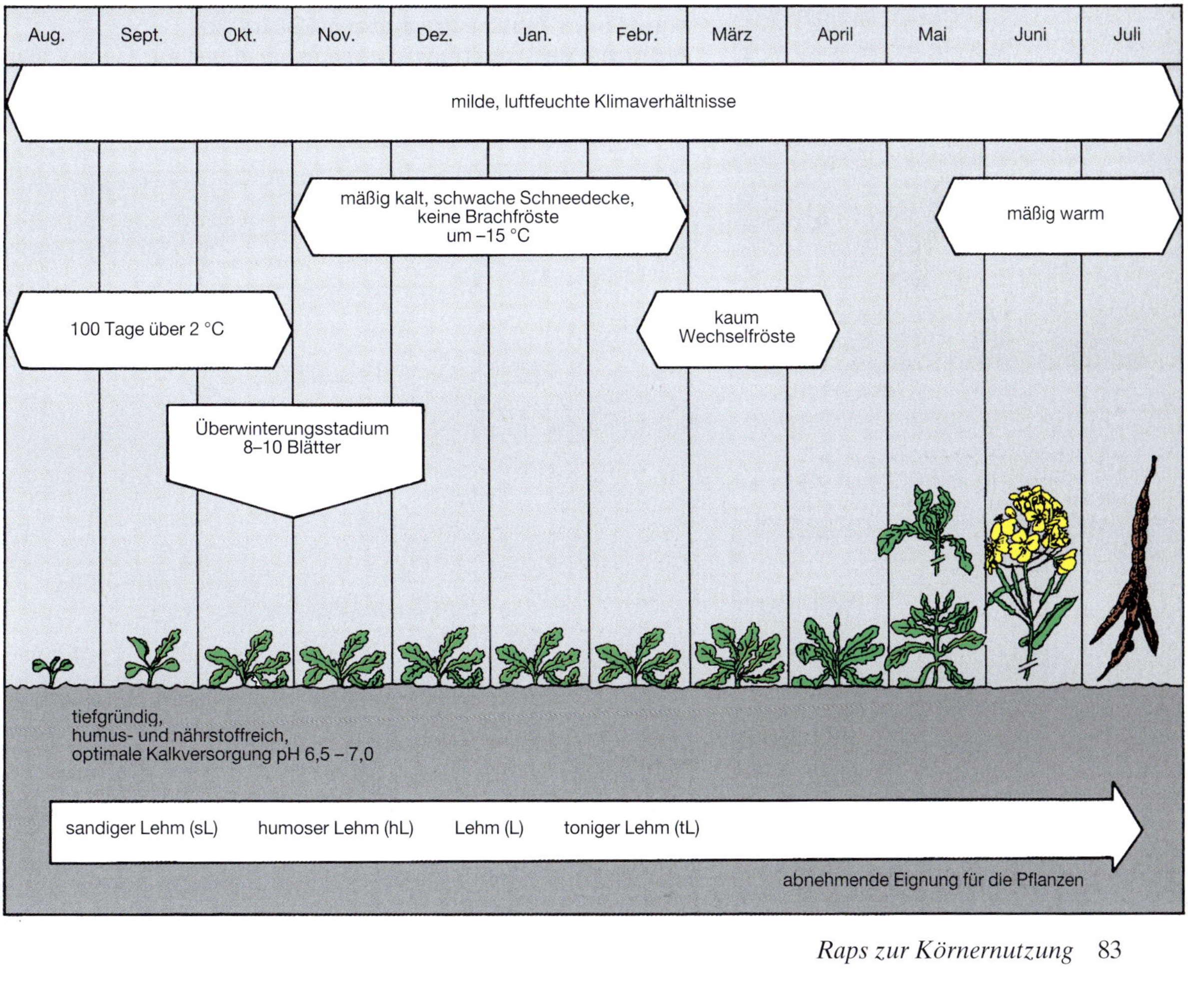

Abb. 225 Vor dem Winter sollten die Rapspflanzen 10–12 Blätter haben.

Abb. 226 Rapsbestand nach der Schneeschmelze.

Abb. 227 Zusammenhang zwischen der Bestandsdichte von Raps im Herbst und bei der Ernte.

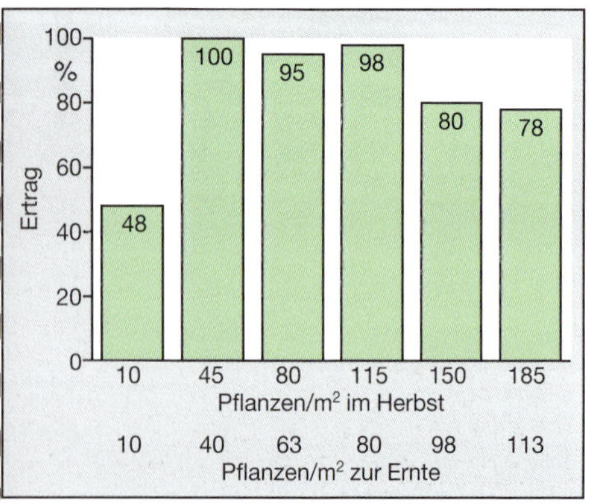

Weil zur Körnergewinnung hauptsächlich Winterraps angebaut wird, sind die Klimaverhältnisse im Herbst und Winter entscheidend für sichere Erträge. Früher Wintereintritt verhindert die Bildung eines kräftigen Rosettenstadiums (6–12 Blätter) vor dem Winter. Allerdings darf der Bestand im Herbst auch nicht zu üppig werden (Gefahr des Ausfaulens).

Lange und strenge Winter schaden dem Raps, weil seine Frosthärte nicht allzu groß ist (um –15 °C bei unbedecktem Boden). Im Frühjahr besteht auf spät abtrocknenden Böden die Gefahr von Wurzelschäden durch Auffrieren. Raps bildet große Blattmassen. Deswegen ist eine ausreichende Niederschlagsmenge im Frühsommer Voraussetzung für hohe Erträge.

1.2.2 Fruchtfolge

Raps lockert als Tiefwurzler den Boden, hinterlässt größere Mengen von organischer Masse und ist deswegen eine sehr gute Vorfrucht für alle Pflanzen hinsichtlich der Verbesserung der Bodenstruktur. Nur gegenüber seiner eigenen Familie, den *Kruziferen,* ist er wegen der gemeinsamen Anfälligkeit gegen *Nematoden* unverträglich. Zwischen Rüben, Raps und Rübsen auf der gleichen Fläche sollte deswegen eine *Anbaupause* von 3–4 Jahren liegen. Meist wird Getreide als Nachfrucht angebaut. Bei Winterweizen ist auch noch Zwischenfruchtbau möglich.

Vorfrüchte für Winterraps können in der Regel nur Gerste oder Winterroggen sein, weil sie so frühzeitig geerntet werden, dass man den Raps Ende August noch säen kann.

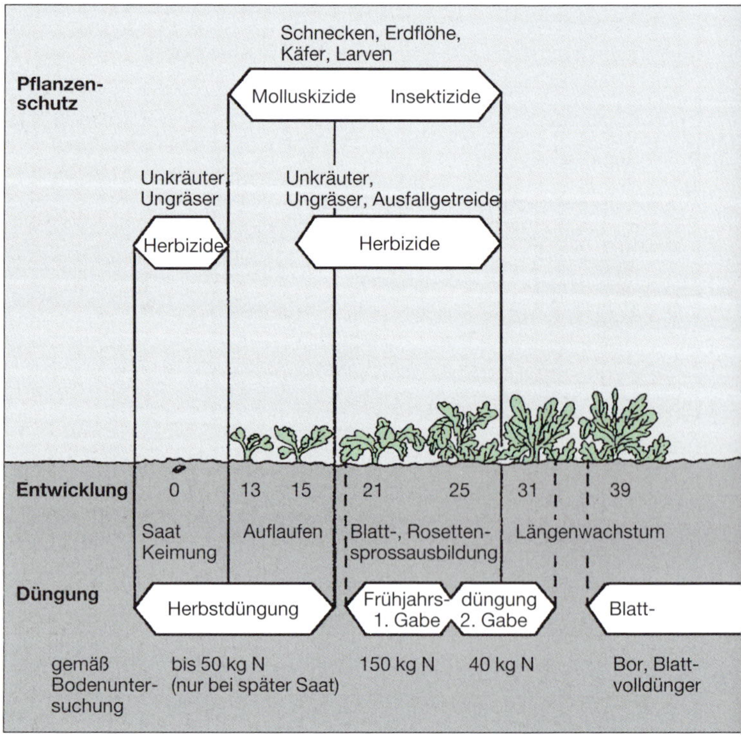

1.2.3 Aussaat

Saatbettbereitung – Der Boden muss tief gelockert werden, weil die Pfahlwurzel des Rapses zügig eindringen soll. Das Saatbett ist mit Hilfe von Zapfwellengetriebenen Eggen und mit Krümlern möglichst feinkrümelig herzurichten.

Saatzeit – Raps soll vor dem Winter eine kräftige Pflanze mit einer tief sitzenden Rosette aus 6 – 12 Laubblättern bilden. Der *Saattermin* liegt deswegen zwischen dem 20. und 25. August. Für Norddeutschland und Höhenlagen gilt mehr der erste Termin, für die wärmeren Lagen Süddeutschlands eher der 25. August.

Saatstärke – Um Qualitätsraps zu erzielen, ist es nötig, stets zertifiziertes Saatgut zu verwenden. Dabei ist auf die regionale Sortenempfehlung zu achten. Damit im Frühjahr ein Pflanzenbestand von ca. 70 Pflanzen/m^2 erreicht wird, hat sich eine Saatstärke von 75 Körnern/m^2 bei 90%iger Keimfähigkeit als Richtgröße herausgestellt (siehe Abb. 229).

Der Saatgutbedarf ergibt sich aus der Formel

$$\text{Saatgutbedarf in kg/ha} = \frac{\text{Kornzahl [je m}^2\text{]} \times \text{TKG [in g]}}{\text{erwarteter Feldaufgang [in \%]}}$$

Beispiel:	Kornzahl je m^2	75
	TKG	4,4 g
	erwarteter Feldaufgang	82 %

$$\text{Saatstärke [kg/ha]} = \frac{75 \times 4{,}4}{82} \triangleq 4{,}0 \text{ kg/ha}$$

Abb. 228 Einheitliches Abblühen ist bei Raps eine wichtige Sorteneigenschaft.

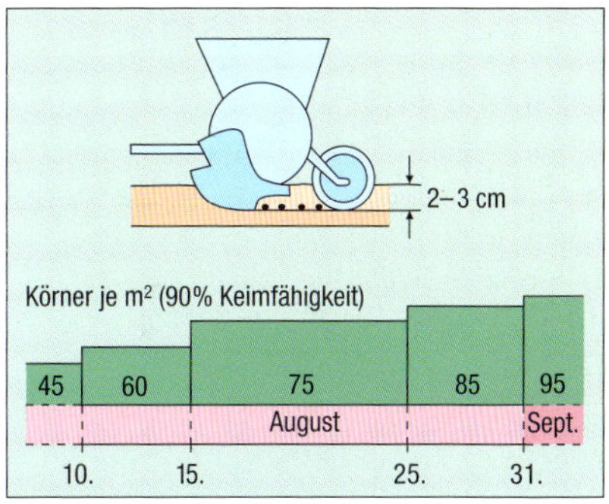

Abb. 229 Die Saatstärke muss bei Raps umso höher sein, je später der Saattermin liegt.

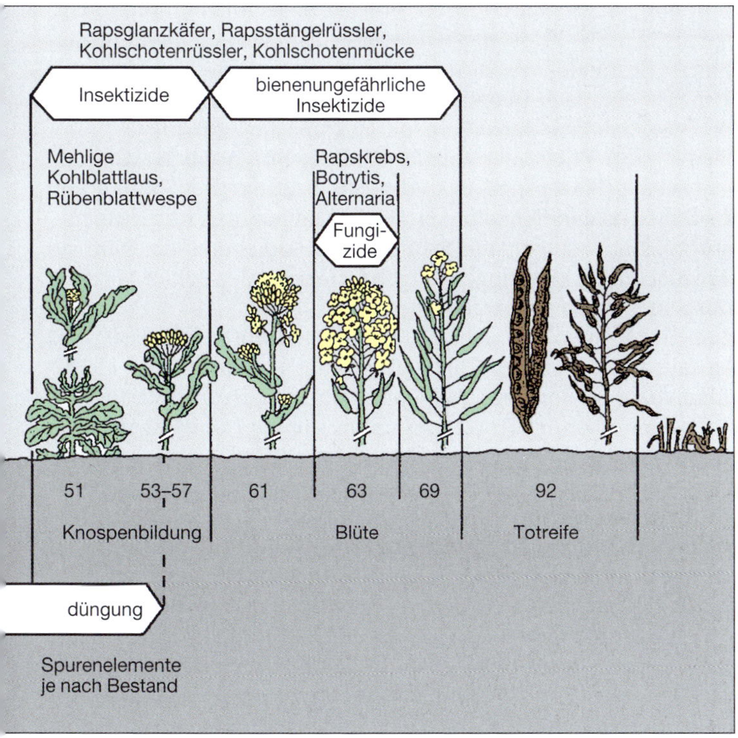

Abb. 230 Mitte: Entwicklungsstadien und Bestandesführung von Raps sowie Termine für Pflanzenschutz und Düngung (Schema).

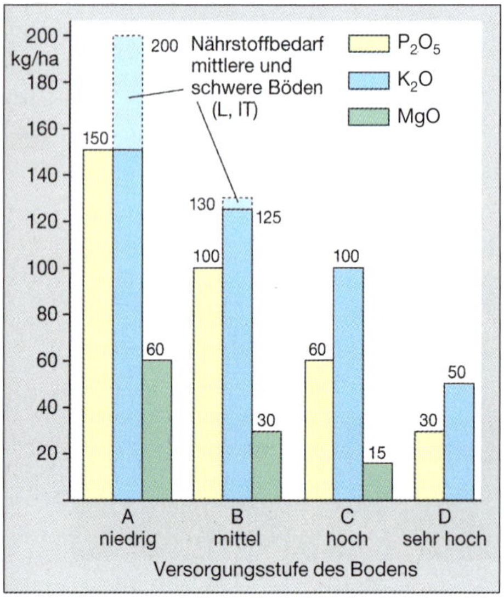

Abb. 231 Grunddüngung (in kg/ha) zu Winterraps (Ertragserwartung 35 dt Korn/ha).

Abb. 232 Stickstoffdüngung zu Raps.

Herbst bis spätestens Anfang Oktober	**bis 50 kg N** nur nötig, wenn • N-Verfügbarkeit im Boden gering (Stroheinarbeitung, geringe Niederschläge) • Saat verspätet
Frühjahr **1. Gabe** → sobald der Boden schneefrei und tragfähig ist; auf durchlässigen Böden Teilung: 2. Teilgabe 14 Tage nach der ersten	**150 kg N – N_{min}** + 20 kg, wenn Ertragsniveau über 30 dt/ha + 20 kg, wenn Bestandsentwicklung schwach – 30 kg, wenn Ertragsniveau unter 30 dt/ha – 20 kg bei N-Gabe im Herbst
2. Gabe → nach Beginn des Längenwachstums, aber vor Blühbeginn	**40 kg N** (eventuell in Form von Gülle) – 10 bis 20 kg auf humosen Böden

Saattechnik – Das kleine Rapskorn ist gegen tiefe Saat empfindlich. Die Samen sollten nicht tiefer als 2–3 cm abgelegt werden. Das lässt sich leichter mit einem Einzelkorn-Sägerät als mit der Drillmaschine erreichen. Die Reihenentfernung liegt zwischen 13 und 26 cm. Daraus ergibt sich der zu wählende Ablageabstand.
Beispiel: Reihenentfernung 13 cm ergibt eine Reihenlänge je m^2 von 769 cm; Ablageabstand bei 75 Körnern/m^2 = $\frac{769\,\text{cm}}{75} \approx 10\,\text{cm}$.

1.2.4 Bestandesführung

Düngung – Raps als Ölfrucht hat einen hohen Nährstoffbedarf. Eine Ernte von 35 dt Körnern entzieht dem Boden je Hektar ca. 155 kg N, 84 kg P_2O_5, 175 K_2O und 42 kg MgO.
Phosphat- und **Kalidünger** gibt man auf die Stoppeln der Vorfrucht. **Magnesium** kann mit magnesiumhaltigen Kalkdüngern ausgebracht werden. Bei pH-Werten unter 6,5 muss mit der Grunddüngung auch **Kalk** gedüngt werden.
Raps stellt an die Spurenelemente Schwefel und Bor besondere Ansprüche. Auf flachgründigen, leichten Böden beugt man einem drohenden **Schwefel-Mangel** (weißliche, blasse Blütenblätter) mit sulfathaltigen Düngern (siehe »Agrarwirtschaft«, Grundstufe Landwirt) vor.
Bor wird entweder in Form von Bor-Stickstoffdüngern oder von Bor-Spezialdüngern zugeführt. Letztere gibt man als Blattdünger kurz vor Bestandsschluss.
Die **Stickstoffdüngung** zu Körnerraps ist in Abb. 232 dargestellt.
Wirtschaftseigene Dünger werden zwar gut verwertet, die Anwendung hat jedoch Grenzen: Vor der Saat bringen höhere Gaben als 15 m^3/ha Flüssigmist meistens zu üppige und damit pilzanfällige Bestände. Nach dem Winter kann Flüssigmist, etwa 30 m^3/ha, erst nach Beendigung des Frostes ausgebracht werden. Hier sind Schäden durch Fahrspuren kaum zu vermeiden.
Pflege – Zur Pflege der Rapsbestände gehören das Bekämpfen von Schadpflanzen und die Vorbeuge bzw. das Bekämpfen von Krankheiten und Schädlingen. Beide Maßnahmen werden heute hauptsächlich mit chemischen Mitteln vorgenommen. Nur wo Oberflächenverkrustungen aufgebrochen werden sollen, wird die Maschinenhacke angewandt.
Zum Bekämpfen von Schadpflanzen (Unkräuter, Ungräser und Ausfallgetreide) stehen Kalkstickstoff und eine Reihe von Herbiziden für den Vorsaat- und Vorauflauf-Einsatz zur Verfügung. Aber auch noch im Rosettenstadium während der Vegetationsruhe kann gegen Ungräser vorgegangen werden.
Raps wird wegen der dichten, blattreichen Bestände vorwiegend von **Pilzkrankheiten** bedroht.
Eine **mechanische Unkrautregulierung** kann bei der üblichen Rapsbestellung mit einer vorsichtigen Anwendung des Hackstriegels erfolgen. Die Anwendung kommt ab dem 4–6-Blattstadium in Betracht und richtet sich nur gegen Unkraut in kleinen Wachstumsstadien. Ausfallgetreide und Ungräser können damit nicht erfasst werden. Die Maßnahme wird nur von einem dichten Rapsbestand vertragen.

Tabelle 14: Wichtige Krankheiten am Raps (Auswahl)

Krankheit	Schadbild	Bekämpfung
Rapskrebs, *Sclerotinia sclerotiorum*  Abb. 233	Vergilben der unteren Stängelteile, Welken und vorzeitiges Absterben der Pflanzen; weißes, watteartiges Pilzmyzel und schwarze Köpfchen (Sklerotiden = Dauerformen des Pilzes) im Innern der abgestorbenen Stängel	Beseitigen aller pilzfördernden Umstände wie Vermeiden von Staunässe; größere Reihenabstände, keine N-Überdüngung, Vernichten befallener Ernterückstände, weite Fruchtfolge; N-Düngung in Form von Kalkstickstoff
Wurzelhals- und Stängelfäule, *Phoma lingam*   Abb. 234	helle Infektionsstellen vom Wurzelhals bis zu den Schoten, im Gegensatz zum Rapskrebs schwarz umrandet; später schwarze, punktförmige Pilzsporenbehälter auf den Infektionsstellen; bei Frühinfektion infolge feuchtwarmer Witterung Notreife, bei Spätinfektion Absterben der befallenen oberen Pflanzenteile	kein direktes Bekämpfen möglich; Pilz wird mit Saatgut übertragen und überwintert im Boden; Züchtung widerstandsfähiger Sorten wird angestrebt
Rapsschwärze, *Alternaria brassicae*  Abb. 235	meist vor der Ernte auftretend; schwarze Punkte, Striche an Schoten und Stängeln, später schmutzige Verfärbung befallener Pflanzenteile	bei starkem Auftreten vorzeitige Ernte

Wichtige **Rapsschädlinge** zeigt die Tabelle 15. Ihre Bekämpfung erfolgt bei Überschreiten der Schadschwelle mit chemischen Mitteln.

Tabelle 15: Wichtige Rapsschädlinge und deren Bekämpfung

Schädling	Schadbild	Schadschwelle, Bekämpfung
Großer Rapsstängelrüssler, *Ceutorrhynchus napi* Abb. 236 	besonders in Anbaulagen mit Spätfrostgefahr oder durchlässigen, rasch austrocknenden Böden verbreitet; Lochfraß am Stängel, Aufreißen des Stängels an den Bohrlöchern nach Frost oder reichlichen Niederschlägen; Entstehen von Faulstellen und typischen Verkrümmungen; braunköpfige Larven fressen im Stängelmark; späte Ausbohrlöcher in den Blattachseln sind Infektionsstellen für Pilzkrankheiten	Auszählen über 3 Wochen ab Erstanflug im März/April in Gelbschalen; Schadschwelle etwa bei 10 Käfern/Falle in 3 Tagen; Bekämpfung mit Kontakt- und Fraßinsektiziden

Fortsetzung Tabelle 15

Schädling	Schadbild	Schadschwelle, Bekämpfung
Rapsglanzkäfer, *Meligethes aeneus* Abb. 237 	in allen Lagen und besonders bei Sommerraps auftretend, Schädigung vor allem bei anhaltender Trockenheit und Wachstumsstillstand; an- und ausgebissene Knospen unregelmäßig über alle Knospen verteilt, vertrocknete Knospen fallen ab; Erstanflug bei höheren Lufttemperaturen als 10 °C am Feldrand zu beobachten, höchste Aktivität bei nicht mehr umhüllten Knospenbeständen und schwüler Witterung, Jungkäfergeneration erscheint kurz vor der Ernte	Zählen durch Schüttelprobe am besten mittags (ein ganzer Knospenstand wird über einem Gefäß ausgeschüttelt); Schadschwelle bei Winterraps mehr als 5 Käfer/Knospenstand, bei Sommerraps 1–2 Käfer/Knospenstand; Bekämpfung durch Behandlung des Bestandes während des Knospenstadiums mit Kontakt- oder Fraßinsektiziden
Kohlschotenrüssler, *Ceutorrhynchus assimilis* Abb. 238 	keine äußerlichen Veränderungen an der Schote erkennbar; im Innern frisst eine braunköpfige Larve 3–5 Körner bis auf die Samenschale aus; Ausbohrloch der Larve in der Schotenwand dient der Folgegeneration der Kohlschotenmücke als Eiablageort bzw. als Eingang für *Phoma lingam* sowie für Regenwasser, das zum Keimen der Körner in der Schote führt; Höhepunkt des Befalls bei Blühbeginn	Anflugkontrolle mit Gelbschale. Befallskontrolle mit Schüttelprobe; Schadschwelle 1–2 Käfer/Pflanze, > 100 Käfer/Gelbschale in 6 Tagen; Bekämpfung erfolgt meist mit Behandlung gegen Rapsglanzkäfer, sonst ausschließlich mit bienenungefährlichen Insektiziden kurz vor oder in der Blüte
Kohlschotenmücke, *Dasyneura brassicae* Abb. 239 	Mücke bevorzugt Windschattenlagen (Waldrand), weil sie windanfällig und flugträge ist; Vergilben, Verkrümmen und Schrumpfen einzelner Schoten noch vor Blühende, zunächst am Haupttrieb, später auch noch an den Seitentrieben; an der inneren Schotenwand saugen zahlreiche weiße, kopflose Larven, die Schoten platzen auf und sind verloren; erster Anflug bei einsetzender Schotenausbildung; nicht bei Trockenheit; 2. Generation erscheint 2–3 Wochen später	Befallskontrolle durch Beobachten der Mücken bei der Eiablage am Mittag (Verwechslungsgefahr mit nützlicher Schlupfwespe!); Schadschwelle > 1–2 Mücken/Pflanze; Bekämpfung durch Behandeln des Feldrandes mit bienenungefährlichen Insektiziden gegen die 1. Generation
Erdflöhe, *Psylliodes affinis* Abb. 240 	Lochfraß an den Blättern entweder im Herbst bei trockenwarmem Wetter oder im Frühjahr nach dem Wiederergrünen durch Flöhe mit gelb gestreiften Flügeldecken; Fraßgänge in Stängeln und Blattstielen durch schwarzköpfige Larven, vermindern Winterhärte	Anflugkontrolle mit Gelbschalen; Schadschwelle > 1 Käfer/m², > 4 Larven/Pflanze; Bekämpfung: vorbeugende Saatgutinkrustierung (reicht meistens), bei starkem Befall Insektizide

Umbruch – Die optimale *Pflanzrate* beträgt 60–75 Pflanzen/m². Nach strengen Wintern sind die Rapsbestände aber oft stark ausgedünnt. Die Entscheidung, ob umgebrochen werden soll oder nicht, ist dann nicht immer leicht. Werden jedoch weniger als 16 Pflanzen/m² ungünstig verteilt gezählt, so ist es ratsam umzubrechen.

Reife, Ernte – Raps ist druschreif, wenn alle Körner dunkel und die Schoten eingetrocknet sind. Das Stroh darf dabei noch teilweise grün sein. Heute wird in den meisten Fällen mit dem Mähdrescher geerntet. Um möglichst geringe Verluste zu haben, ist das Schneidwerk durch ein Blech um ca. 60 cm zu verlängern und ein Seitenmesser anzubringen. Es kommt darauf an, die Pflanzen so wenig wie möglich zu schütteln (Platzen der Schoten, Kornverluste!). Der Dreschkorb muss weiter eingestellt werden und die Drehzahl der Trommel ist zu verringern.

Am besten fährt man in Richtung der Neigung des Bestandes. Wenn beim Drusch noch Tau auf den Pflanzen liegt, vermindert sich der Ausfall. Die Stoppeln sollten zur Verbesserung der äußeren Qualität des Erntegutes möglichst hoch gelassen werden.

Wenn Unkraut durchgewachsen ist, kann die Abtötung des Bestandes etwa 1 Woche vor dem beabsichtigten Drusch zweckmäßig sein.

Raps ist erst lagerfähig, wenn der Wassergehalt unter 9 % beträgt. Er muss deswegen nach der Ernte sofort getrocknet werden. Wegen des hohen Schwundes sollte er bald verkauft werden.

> ! Gegenwärtig gilt Raps mit 40 % Ölgehalt, 9 % Wassergehalt und 2 % Besatz als Standardqualität. Für Über- und Unterschreitungen dieser Werte gibt es Zu- oder Abschläge.

Abb. 241 Reifende Rapsbestände neigen sich leicht. Sie sollen oben dicht sein.

Abb. 242 Reifer Rapsbestand vor dem Drusch.

1.3 Rentabilität

Die **Rentabilität des Rapsanbaus** kann mit der Deckungsbeitrags-Berechnung bewertet werden. Dabei werden von der erbrachten Marktleistung die variablen Kosten abgezogen und die Flächenprämien dazu gerechnet. Weitere Faktoransprüche (z. B. Flächenbedarf, Arbeitsbedarf) gehen nicht in diese Berechnung ein, sind aber in der Gesamtbewertung zu berücksichtigen.

Im Vergleich zum Winterweizen hat Raps zwar eine etwas geringere Wettbewerbskraft, ist aber als auflockerndes Glied in der Fruchtfolge mit hohem Getreideanteil sehr wertvoll, er steigert die Bodenfruchbarkeit und trägt zu einer guten Verwertung der anfallenden Gülle bei.

Diese Vorfruchtwirkung zeigt sich darin, dass Winterweizen nach Raps ca. 10–20% Mehrertrag bringen kann gegenüber Winterweizen nach Getreide.

Besonders für Ackerbaubetriebe mit niedrigem AK-Besatz ist der Rapsanbau interessant, da er insgesamt geringe Arbeitsansprüche stellt und zum Abbau von Arbeitsspitzen beiträgt.

Abb. 243 Ernte eines Rapsbestandes.

Abb. 244 Rapsfelder prägen unsere Kulturlandschaft – ökologisch wichtig für Bienen und zur Ölgewinnung (ca. 1200 l/ha).

Tabelle 16: Produktionsverfahren Winterraps
(Deckungsbeitrag, Berechnungsbeispiele)

Ertrag	dt/ha	25	34	43
Preis	€/dt	17	17	17
Marktleistung	€/ha	425	578	731
Saatgut	€/ha	33	33	33
Düngung	€/ha	93	127	161
Pflanzenschutz	€/ha	131	131	131
variable Maschinenkosten	€/ha	71	71	71
Lohndrusch	€/ha	120	120	120
Versicherung	€/ha	12	16	20
Trocknung	€/ha	16	21	27
variable Kosten	€/ha	**476**	**519**	**563**
DB ohne Prämie	€/ha	**–51**	**59**	**168**
DB mit Prämie	€/ha	**290**	**400**	**509**

Hinweise:
Zugrunde gelegte Ausgleichszahlung: 341 €/ha.
Saatgut: Aussaatmenge: 3 kg/ha zu 11 €/kg; 33 €/ha
Düngemittel: Bedarf nach Entzug (N-Bedarfsfaktor 1,1); Stroheinarbeitung
N: 33 kg/10 dt Körner + 11 kg zugehöriges Stroh (50 % Rücklieferung)
P_2O_5: 18 kg/10 dt Körner, K_2O: 10 kg/10 dt Körner

Abb. 245 Rapskörner – einwandfreie Qualität für einwandfreie Produkte.

Aufgaben:

1. Berechnen Sie den Saatgutbedarf für 4,85 ha Körnerraps. Kornzahl je m² 75; Reihenabstand 15 cm, TKG 5 g, erwarteter Feldaufgang 85 %.
2. Auf welchen Ablageabstand ist das Sägerät für Aufgabe 1 einzustellen?
3. Auf einer Fläche von 6,42 ha werden 24 800 kg ungereinigter Raps geerntet. Die Verkaufsabrechnung enthält 1240 kg Abzug für die Vorreinigung und 2230 kg Abzug für die Trocknung. Berechnen Sie den Ertrag an gereinigter und getrockneter Ware in dt/ha.
4. Welche Qualitätskriterien gelten für Körnerraps?
5. Ermitteln Sie die Zahl der Rapspflanzen je Quadratmeter nach dem Auflaufen, vor dem Wintereinbruch und im Frühjahr.
6. Welche Krankheiten und Schädlinge bedrohen den Raps und wie sind sie zu bekämpfen?

2 Sonnenblumen (*Helianthus annuus*)

2.1 Botanische Merkmale, Bedeutung

Sonnenblumen gehören zur Familie der **Korbblütler** (Compositae). Sie bilden eine *Pfahlwurzel* (bis zu 3 m Tiefe) und ein Feinwurzelwerk an der Bodenoberfläche.
Sonnenblumenkerne enthalten ca. 91 % Öl in der Trockenmasse. Der große Anteil essenzieller Fettsäuren macht es zu einem beliebten *Speiseöl.* Die *Pressrückstände* (Extraktionsschrot) liefern Tierfutter. Bei der Vermarktung von Sonnenblumen ist das Weltmarkt-Preisniveau entscheidend.

Abb. 246 Sonnenblumen sind heute vielerorts in die Fruchtfolge integriert und liefern Öle als nachwachsenden Rohstoff.

2.2 Produktionstechnik

2.2.1 Standortansprüche, Fruchtfolge

Sonnenblumen verlangen eine Vegetationszeit von mindestens 150 frostfreien Tagen und eine Durchschnittstemperatur von April bis September von 14 °C. Während der Blütezeit (Mitte bis Ende Juli) muss die Wasserversorgung gesichert sein, während bei der Reife trockenes Wetter herrschen sollte. Beim Boden ist weniger die Bodenart als die gute Durchwurzelbarkeit entscheidend.
Fruchtfolge – Sonnenblumen sind gute Vorfrüchte. Sie dürfen aber wegen der Weißfäulegefahr nur alle 4 Jahre auf die gleiche Fläche. Dies gilt auch für den Abstand zu anderen weißfäule-gefährdeten Pflanzen, z. B. Raps. Ausfallende Körner erzeugen in Nachfolgekulturen störenden Durchwuchs.

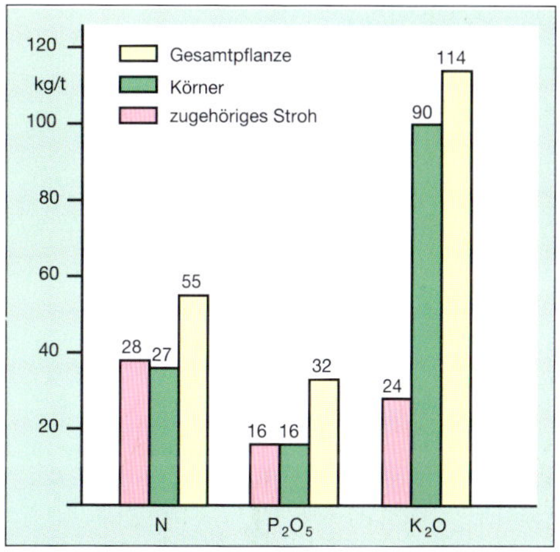

Abb. 247 Gehalt an Nährstoffen bei Sonnenblumen in kg/t Erntegut.

2.2.2 Aussaat

Saatbettvorbereitung, Düngung – Das **Saatbett** sollte zwar feinkrümelig sein, aber nicht zur Verschlämmung neigen.
Bei der **Düngung** ist die PK-Gründüngung nach der Nährstoffbilanz vorzunehmen. Der N-Sollwert beträgt 100 kg N/ha – N_{min}. Die gesamte *N-Gabe* darf aber 70 kg/ha nicht überschreiten, sonst drohen Spätreife und Krankheitsbefall. Daher wird die N-Gabe zur Saat oder geteilt ausgebracht, letzte Gabe bei 15 cm Pflanzenhöhe. *Gülle* scheidet wegen der nicht kalkulierbaren N-Nachlieferung aus.
Sorten, Saatgut – Früh reifende und krankheitsresistente Sorten sind zu bevorzugen. Alle Sorten sind Hybridsorten, die steten Saatgutzukauf voraussetzen. Sonnenblumensaatgut wird gebeizt in Einheiten (units) zu 85 000 Kernen angeboten.
Saatzeit, Saattechnik – Die Saat erfolgt Ende März bis Mitte April mit Einzelkorn-Sägeräten. Eine Saatguteinheit reicht für 1 ha. Das ergibt bei Reihenabständen zwischen 35 und 60 cm eine Bestandesdichte von 7 Pflanzen/m². Die Saattiefe beträgt zwischen 5 und 2 cm.

Abb. 248 Unkrautbekämpfung und Bodenlockerung bei Sonnenblumen.

Abb. 249 Ernte eines reifen Sonnenblumenbestandes mit einem speziellen Schneidwerk am Mähdrescher.

2.2.3 Bestandesführung

Bestandespflege – Die **Unkrautregulierung** erfolgt durch Hacken und/oder Herbizidanwendung. Ideal ist die Kombination von Bandspritze und Hacke. **Krankheiten** (Grauschimmel und Weißfäule) können nur indirekt durch lange Anbaupausen, Wahl widerstandsfähiger und früh reifer Sorten bekämpft werden.
Tierische Schädlinge (Fasane, Tauben, Hasen und Schnecken) können durch Ablenkungsfütterung, Schnecken bei Befallsbeginn mit Schneckenkorn in der Schadwirkung begrenzt werden.
Ernte, Lagerung – Sonnenblumen reifen Ende August bis Ende September (Laubblätter abgeworfen, Körnerschale fest). Die *Ernte* erfolgt mit am Schneidwerk umgerüsteten Mähdrescher. Die *Lagerung* des Erntegutes ist erst bei einem Feuchtigkeitsgehalt von 9 %, bei uns in der Regel erst nach Trocknung, möglich. Die Erträge lagen 2002 in Deutschland bei ca. 21,9 dt/ha.

2.3 Rentabilität

Die **Rentabilität des Sonnenblumenanbaus** kann mit der Deckungsbeitrags-Berechnung bewertet werden. Dabei werden von der erbrachten Marktleistung die variablen Kosten abgezogen und die Flächenprämien dazu gerechnet. Weitere Faktoransprüche (z. B. Flächenbedarf, Arbeitsbedarf) gehen nicht in diese Berechnung ein, sind aber in der Gesamtbewertung zu berücksichtigen. Der Anbau von Sonnenblumen ist nur unter Einbeziehung der Flächenprämie wirtschaftlich. Die Vorfruchtwirkung ist ähnlich gut wie beim Rapsanbau.

Abb. 250 Gut ausgebildete Sonnenblumenkörner belohnen die Bestandespflege.

Tabelle 17: Produktionsverfahren Sonnenblumen
(Deckungsbeitrag, Berechnungsbeispiele)

Ertrag	dt/ha	21	30	42
Preis	€/dt	24	24	24
Marktleistung	€/ha	504	720	1008
Saatgut	€/ha	113	113	113
Düngung	€/ha	63	90	125
Pflanzenschutz	€/ha	74	74	74
variable Maschinenkosten	€/ha	78	78	78
Lohnsaat, -drusch	€/ha	185	185	185
Versicherung	€/ha	12	17	24
Trocknung/Aufbereitung	€/ha	56	80	112
variable Kosten	**€/ha**	**581**	**637**	**711**
DB ohne Prämie	**€/ha**	**–77**	**83**	**297**
DB mit Prämie	**€/ha**	**264**	**424**	**638**

Hinweise:
Zugrunde gelegte Ausgleichszahlung: 341 €/ha.
Saatgut: Aussaatmenge: 70 000 – 75 000 Körner/ha (= 1 Einheit)
Preis: 113 €/Einheit; 113 €/ha
Düngung: Nährstoffbedarf nach Entzug (N-Bedarfsfaktor 1,0); Stroheinarbeitung
N: 28 kg/10 dt Körner, P_2O_5: 16 kg/10 dt Körner, K_2O: 24 kg/10 dt Körner

3 Anbau von Körnerleguminosen

Besonderheiten – Zu den Körnerleguminosen gehören Sojabohnen, Ackerbohnen, Erbsen, Linsen und Lupinen. Sie zählen innerhalb der Familie der Leguminosen zu der Unterfamilie der Schmetterlingsblütler (Papilionaceae) weil die Form ihrer Blüte einem Schmetterling ähnelt. Alle Schmetterlingsblütler haben gefingerte oder gefiederte Blätter und bilden eine starke Pfahlwurzel, die tief in den Boden eindringt. An den Wurzeln siedeln sich Knöllchenbakterien an, die Luftstickstoff binden und der Wirtspflanze verfügbar machen können.

Leguminosen bedürfen daher *keiner* N-Düngung, sie hinterlassen vielmehr 40–60 kg N/ha im Boden, der der Nachfrucht zugute kommt.

Bedeutung – In Deutschland werden vor allem Ackerbohnen *(Vicia faba)* und Erbsen *(Pisum sativum)* zur Körnergewinnung angebaut. Ihre Bedeutung liegt

- in der *verbesserten Fruchtfolge* durch die Förderung des Bodenlebens, der tiefen Durchwurzelung und der damit verbundenen besseren Gare und Nährstoffaufschließung,
- im *N-Bindungsvermögen* von insgesamt ca. 150–250 kg N/ha, wovon ca. 100 kg/ha auf 2 Jahre verteilt für die Nachfrucht übrig bleiben,
- im *hohen Eiweißgehalt* der Körner; bei Ackerbohnen ca. 30 %, bei Erbsen ca. 26 %, bezogen auf T,
- in der Ernte mit dem *Mähdrescher* ohne Zusatzeinrichtungen.

Körnerleguminosen können in der Milchviehfütterung bis zu 30 % des Kraftfutteranteils ausmachen und decken bei der Rindermast mit Silomais den zusätzlichen Eiweißbedarf. Die Durchschnittserträge lagen im Jahr 2005 bei Futtererbsen bei 31,4 dt/ha und bei Ackerbohnen bei 38,0 dt/ha, schwanken regional aber erheblich. Erträge von 60 dt/ha sind durchaus möglich.

In der Schweinemast lassen sich in der Anfangsphase Körnerleguminosen wegen des zu geringen Methionin-Gehaltes nur bis ⅔ der notwendigen Eiweißergänzung einsetzen. Bei der Endmast sind sie auch als alleiniger Eiweißträger zu verwenden.

Abb. 251 Samen der Gelben Lupine. Lupinen gehören zu den Körnerleguminosen, die sich zur Gründüngung eignen.

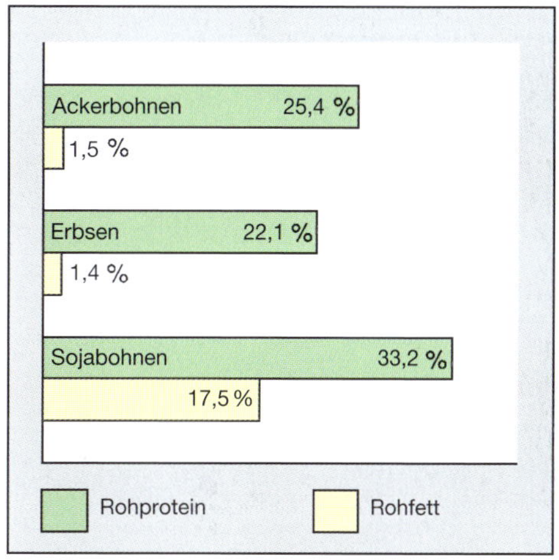

Abb. 252 Rohprotein- und Rohfettgehalt von Leguminosen.

Abb. 253 Gehalt an Rohprotein und einiger essenzieller Aminosäuren im Rohprotein.

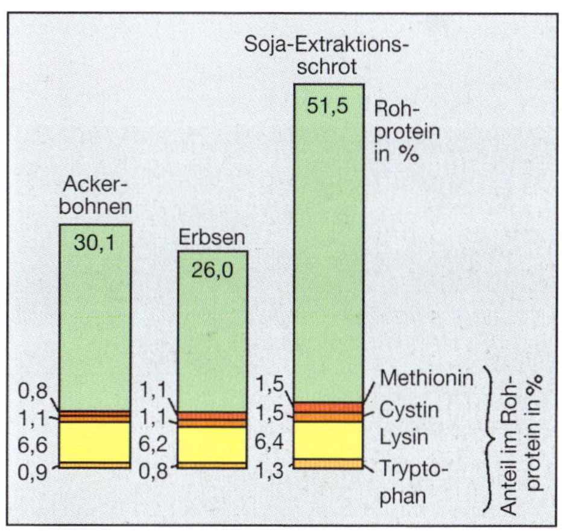

3.1 Ackerbohnen

3.1.1 Produktionstechnik

Standortansprüche – Ackerbohnen brauchen eine gleichmäßige Wasserversorgung, d.h., sie bringen nur auf Standorten mit gleichmäßig verteilten Niederschlägen oder mit gesicherter Kapillarität während Trockenperioden zufrieden stellende Erträge. Alle Gebiete, in denen das Getreide regelmäßig erst in der 2. Augusthälfte und später gedroschen wird, scheiden wegen ungenügender Ausreifemöglichkeiten aus. Der Boden sollte einen pH-Wert zwischen 6 und 7 aufweisen.

Abb. 254 Blühende Ackerbohne.

Abb. 255 Ackerbohnen als reifender Bestand.

Abb. 256 Schwarze Bohnenlaus.

Fruchtfolge – Wegen der bodenverbessernden Wirkung sind die Körnerleguminosen hervorragende *Vorfrüchte* und wichtige Fruchtfolgeglieder im ökologischen Landbau. Mit sich selbst und anderen Leguminosen sind sie jedoch *nicht verträglich,* weil sich bodenbürtige Schädlinge und Krankheitserreger stark vermehren. Deswegen sollte zwischen dem Anbau von Ackerbohnen auf einem Feld eine Anbaupause von mindestens 4 Jahren, bei Erbsen von mindestens 5 Jahren liegen.

Saatgut – Zertifiziertes Saatgut sichert gleichmäßigen Feldaufgang. Gegen Auflauf- und Fußkrankheiten ist eine Beizung mit zugelassenen Mitteln anzuraten. Wenn viele Jahre keine Körnerleguminosen auf einem Feld standen, ist ein Impfen des Saatgutes mit Knöllchenbakterien erforderlich.

Saatzeit – Ackerbohnen sind wenig frostempfindlich; die Keimtemperaturen liegen bei ca. 2–3 °C. Deswegen sollte man sie so früh wie möglich aussäen. Jeder Tag nach dem 15. März kostet ca. 40 kg/ha Körnerertrag.

Saatstärke – In der Praxis hat sich die Aussaat mit *Einzelkorn-Sägeräten* bewährt. Dabei werden 35 keimfähige Körner/m^2 ausgebracht, bei Drillsaat bis zu 40 Körner/m^2. Die Saatstärke kann nach der bekannten Formel (siehe Allgemeines zum Getreidebau) ermittelt werden.

Das Beimischen von Hafer brachte bisher keine messbaren Vorteile.

Reihenabstand, Saattiefe – Die Reihenentfernung beträgt 30 bis 50 cm. Die Saattiefe von 6–8 cm ist mit Einzelkorn-Sägeräten bei einer Fahrgeschwindigkeit von 3–4 km/h am besten einzuhalten. Man erreicht so einen gleichmäßigen Aufgang und damit günstige Auswirkungen auf Abreife und Ertrag.

Düngung – Organische Düngung unmittelbar zu Leguminosen ist nicht günstig. Eine Stickstoffdüngung erübrigt sich, so dass es genügt, eine Kali-Phosphatdüngung auszubringen. Ein Ertrag von 40 dt Körnern und Stroh entzieht dem Boden 60 kg P_2O_5 und 160 kg K_2O. Eine notwendige Kalkung führt man zu den Vorfrüchten oder nach der Ernte durch.

Bestandesführung – Für die Pflanzenentwicklung ist eher kühle Witterung günstig. Zur Bekämpfung von Unkräutern können Ackerbohnen bis wenige Tage vor dem Auflaufen gestriegelt und danach, solange es die Wuchshöhe der Pflanzen erlaubt, gehackt werden.

Chemische Mittel werden entweder im Vorauflauf oder im Nachauflauf eingesetzt, besonders gegen Flughafer und Hirse.

Krankheiten und Schädlinge – Ackerbohnen werden befallen von

- **Auflauf-** und **Fußkrankheiten:** Bekämpfung durch Beizen;
- **Schokoladenflecken-Krankheit:** Rotbraune, später schwarze Flecken auf den Blättern; dünnere Bestände werden weniger befallen;
- **Brennflecken-Krankheit:** Mehr oder weniger scharf umgrenzte, hellbraune, rötliche bis schwarzgraue Flecken, verbreitet mit heller Mitte auf Blättern, Stängeln, Hülsen und Samen; befallene Stellen auf Hülsen und Samen eingesunken; Schutz bietet die Verwendung von Zertifiziertem Saatgut (Sameninfektion!);
- **Virus-Krankheiten:** Sie werden von Blattläusen übertragen.

- ▶ **Schwarze Bohnenlaus:** bei starkem Befall sind spürbare Ertragsausfälle möglich; Bekämpfung mit Insektiziden, eventuell reicht schon eine Randspritzung;
- ▶ **Pferdebohnenkäfer:** kleine, rundliche Fraßhöhlen unter der Samenschale. Darin befinden sich Larven und Puppen des Käfers; ein Bekämpfen ist noch nicht möglich.

Abb. 257 Brennflecken-Krankheit an Bohnen.

3.1.2 Rentabilität

Die **Rentabilität des Körnerleguminosenanbaus** kann mit der Deckungsbeitrags-Berechnung am Beispiel Ackerbohnen bewertet werden. Dabei werden von der erbrachten Marktleistung die variablen Kosten abgezogen und die Flächenprämien dazu gerechnet. Weitere Faktoransprüche (z. B. Flächenbedarf, Arbeitsbedarf) gehen nicht in diese Berechnung ein, sind aber in der Gesamtbewertung zu berücksichtigen.
Die Tabelle zeigt, dass ein wirtschaftlicher Anbau von Ackerbohnen ohne EU-Flächenprämie nicht möglich ist. Allerdings ist der hohe Vorfruchtwert der Ackerbohnen daneben auch zu berücksichtigen.

Tabelle 18: Produktionsverfahren Ackerbohnen
(Deckungsbeitrag, Berechnungsbeispiele)

Ertrag	dt/ha	25	45	60
Preis	€/dt	11	11	11
Marktleistung	€/ha	275	495	660
Saatgut	€/ha	96	96	96
Düngung	€/ha	28	51	68
Pflanzenschutz	€/ha	94	94	94
variable Maschinenkosten	€/ha	73	73	73
Lohndrusch	€/ha	130	130	130
Versicherung	€/ha	9	15	20
Trocknung	€/ha	87	158	210
variable Kosten	**€/ha**	**517**	**617**	**691**
DB ohne Prämie	**€/ha**	**–242**	**–122**	**–31**
DB mit Prämie	**€/ha**	**156**	**276**	**367**

Hinweise:
Zugrunde gelegte Ausgleichszahlung: 398 €/ha.
Saatgut: Aussaatmenge: 180 kg/ha Preis: 0,53 €/kg (ungebeizt); 96 €/ha
Düngemittel: Nährstoffbedarf nach Entzug, Stroheinarbeitung
N: keine Stickstoffdüngung; P_2O_5: 12 kg/10 dt Körner, K_2O: 14 kg/10 dt Körner

Abb. 258 Die Erbsensaat erfolgt in ein sorgfältig vorbereitetes Saatbett.

3.2 Erbsen

3.2.1 Produktionstechnik

Standortansprüche – Erbsen liefern auf trockeneren und höher gelegenen Standorten (Mittelgebirgsränder) noch gute Erträge.
Formen – Bei Erbsen unterscheidet man nach der Nutzungsrichtung zwei Formen, die weiß blühenden Saat- oder Speiseerbsen

Abb. 259 Gleichmäßig entwickelter Erbsenbestand – gute Voraussetzung für eine gute Ernte.

Abb. 260 Züchtung von Felderbsen auf erwünschte Produktionseigenschaften (z. B. Standfestigkeit, Hülsenanordnung).

Abb. 261 Markerbsen enthalten als eine der wenigen Pflanzen die Stärke in Form von Amylose. Diese eignet sich z. B. zur Herstellung von umweltfreundlichem Kunststoff.

(Pisum sativum) und die rosa bis violett blühenden, zur Gründüngung angebauten Felderbsen *(Pisum arvense)*.
Hinsichtlich der Kornoberfläche unterteilt man die *Sativum*-Typen in Roll- und Markerbsen. Rollerbsen haben zwar einen höheren Stärkegehalt, dafür eignet sich aber die Stärke der Markerbsen besser für die technische Verwertung.
So arbeitet man gegenwärtig an einem Verfahren, dem Material für Kunststoff-Verpackungen pflanzliche Stärke beizumischen, wie sie auch aus der Markerbse gewonnen wird. Dadurch wird unter Lichteinfluss ein rascherer Zerfall dieses das Müllaufkommen besonders belastenden Kunststoff-Materials möglich.
Aussaat – Für das **Saatgut** gilt das Gleiche wie bei Ackerbohnen. Auch die **Saatzeit** sollte so früh wie möglich liegen, allerdings muss der Boden vorher gut abgetrocknet sein.
Als **Saatstärke** sät man bei Erbsen 80 keimfähige Körner/m^2, bei sehr kurzen Sorten bis zu 100 Körner/m^2. Längeren Sorten können 5 kg/ha Senf oder 30 kg/ha Hafer als Stützfrucht beigemischt werden.
Saattiefe, Reihenabstand – Erbsen können auch mit den üblichen **Drillmaschinen** gesät werden, wenn eine gleichmäßige Saattiefe von 4–6 cm gewährleistet ist. Die Reihenentfernung beträgt 12–26 cm, wobei die Wahl des engeren oder weiteren Abstandes keinen erkennbaren Einfluss auf den Ertrag hat.
Erbsen reagieren empfindlich auf verdichteten Boden. Deswegen ist eine sorgfältige Saatbettvorbereitung wichtig.
Düngung und Pflege – Für die Düngung der Erbsen gilt das bei Ackerbohnen Ausgeführte. Auf eine mineralische N-Düngung kann wegen der Bindung von Luftstickstoff durch die Knöllchenbakterien in der Regel verzichtet werden. Dagegen gewinnt die Schwefeldüngung an Bedeutung sowie die Mangan- und Molybdänversorgung. Das Bekämpfen von Unkräutern erfolgt mechanisch durch Striegeln bis zu einer Pflanzenhöhe von 10 cm. Zugelassene Herbizide können im Vor- und Nachauflauf eingesetzt werden.
Schädlinge – Je nach Witterung befallen Grüne Blattläuse Stängel und Blätter. Meist genügt eine Randspritzung.

3.2.2 Rentabilität

Die **Rentabilität des Körnerleguminosenanbaus** kann mit der Deckungsbeitrags-Berechnung bewertet werden. Dabei werden von der erbrachten Marktleistung die variablen Kosten abgezogen und die Flächenprämien dazu gerechnet. Weitere Faktoransprüche (z. B. Flächenbedarf, Arbeitsbedarf) gehen nicht in diese Berechnung ein, sind aber in der Gesamtbewertung zu berücksichtigen.
Die Tabelle zeigt, dass ein wirtschaftlicher Anbau von Futtererbsen ohne EU-Flächenprämie nicht möglich ist. Trotzdem hat der Anbau von Futtererbsen in den letzten Jahren erheblich zugenommen. Maßgeblich dafür sind die züchterisch verbesserte Standfestigkeit der Pflanzen, die kürzere Vegetationsdauer und der hohe pflanzenbauliche Vorfruchtwert sowie vor allem auch die universelle Verwendungsmöglichkeit der Erbse in der Fütte-

rung. Die Eiweißversorgung der Tiere mit hofeigenen Futtermitteln wirkt sich im Allgemeinen günstig auf das Betriebsergebnis aus.

Tabelle 19: Produktionsverfahren Futtererbsen
(Deckungsbeitrag, Berechnungsbeispiele)

Ertrag	dt/ha	25	45	60
Preis	€/dt	11	11	11
Marktleistung	€	275	495	660
Saatgut	€	131	131	131
Düngung	€	27	49	65
Pflanzenschutz	€	107	107	107
variable Maschinenkosten	€	71	71	71
Lohndrusch	€	130	130	130
Versicherung	€	7	13	17
Trocknung	€	75	135	180
variable Kosten	**€**	**548**	**636**	**701**
DB ohne Prämie	**€**	**–273**	**–141**	**–41**
DB mit Prämie	**€**	**125**	**257**	**357**

Hinweise:
Zugrunde gelegte Ausgleichszahlung: 398 €/ha.
Saatgut: Aussaatmenge: 210 kg/ha Preis: 0,62 €/kg (ungebeizt); 131 €/ha
Düngemittel: Nährstoffbedarf nach Entzug, Stroheinarbeitung
N: keine Stickstoffdüngung; P_2O_5: 11 kg/10 dt Körner, K_2O: 14 kg/10 dt Körner

Abb. 262 Erbsen.

3.3 Ernte der Körnerleguminosen

Drusch – Mit dem Anbau von Körnerleguminosen lassen sich Arbeitsspitzen bei der Ernte mit Mähdreschern meist vermeiden. Die Reife verzögert sich je nach Witterung bis in den Spätsommer (Ende August) bzw. den Frühherbst (Anfang September).
Ackerbohnen und Erbsen sind druschreif, wenn die Körner 17–20 % Wasser enthalten. In diesem Stadium wird das Erntegut am wenigsten verletzt und schmiert am geringsten.
Um zusätzlich Kornverletzungen zu vermeiden, muss die Drehzahl der Dreschtrommel am Mähdrescher auf 800–1000 Umdrehungen/min vermindert und der Dreschkorb entsprechend weit gestellt werden. Außerdem ist es zweckmäßig, das Gebläse stark einzustellen, den Überkehrelevator durch Entfernen der Bodenschale auszuschalten und die Schale unter der Schnecke zum Körnerelevator durch ein Sieb zu ersetzen. Natürlich dürfen die Ackerbohnen bzw. Erbsen nicht durch dieses Sieb fallen.
Die Aufnahme der lagernden Erbsenpflanzen durch den Mähdrescher kann mit Hilfe besonders konstruierter, am Boden gleitender Ährenheber erleichtert werden. Schon bei der Saat ist darauf zu achten, dass die Bodenoberfläche möglichst eben ist (Vermeiden von Radspuren, Anwalzen auf steinigen Böden).
Trocknung – Ackerbohnen und Erbsen lassen sich dauerhaft nur bei einem Feuchtigkeitsgehalt unter 14 % lagern. Aus diesem Grunde kann eine Trocknung nach der Ernte notwendig werden.

Abb. 263 Ernte eines Erbsenbestandes.

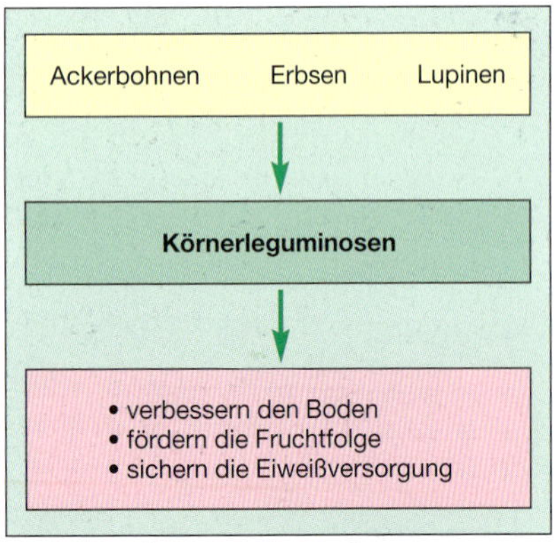

Abb. 264 Bedeutung der Körnerleguminosen im Ackerbau.

!

Körnerleguminosen sind sehr gute Vorfrüchte, weil ihre tief reichenden Wurzeln die Bodengare und damit die Bodenfruchtbarkeit fördern.
Sie können mit Hilfe der Knöllchenbakterien Luftstickstoff binden und so N-Dünger einsparen.
In ökologisch wirtschaftenden Betrieben sind Körnerleguminosen ein essenzieller Bestandteil in der Fruchtfolge.
Aufgrund ihres Eiweißgehaltes stellen sie ein betriebseigenes Eiweißfutter dar.
Als Marktfrüchte spielen sie bislang noch eine untergeordnete Rolle.
In Entwicklungsländern bilden Körnerleguminosen die Grundlage der Eiweißernährung der Menschen.

Aufgaben:

1. Vergleichen Sie den Gehalt an Rohprotein bei Sojabohnen, Ackerbohnen und Erbsen.
2. Welche Krankheiten und Schädlinge bedrohen die Körnerleguminosen?
3. Berechnen Sie den Saatgutbedarf in kg/ha:
   a) für Ackerbohnen: Reihenentfernung 40 cm, Ablageabstand in der Reihe 6,5 cm, TKG 380 g,
   b) für Erbsen: 75 Körner/m^2, TKG 220 g.
4. Berechnen Sie den Ablageabstand in der Reihe bei Ackerbohnen: Reihenweite 30 cm, 70 Körner/m^2.

Anbau von Mais
(Zea mays)

4

Pflanzenbauliche, produktionstechnische und betriebswirtschaftliche Gründe haben dazu geführt, den Anbau von Mais in den letzten 50 Jahren erheblich auszuweiten. Die heutige Bedeutung des Maisanbaus ist neben den züchterischen Verbesserungen der Maissorten vor allem auf die relativ problemlose Kulturführung und auf die Mechanisierung des Produktionsverfahrens zurückzuführen.

Das folgende Kapitel informiert sowohl über den Anbau von ***Körnermais*** als auch über den Anbau von ***Silomais.***

4 Anbau von Mais (*Zea mays*)

Abb. 265 Männliche Maisblüte (Fahne, Rispe).

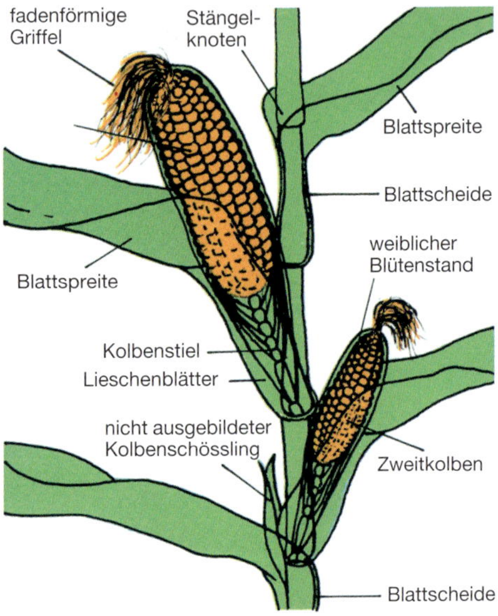

Abb. 266 Maispflanze mit Haupt- und Zweitkolben (Schema).

Abb. 267 Stützwurzeln an Maispflanzen.

1 Grundlagen

1.1 Bedeutung

Jährlich werden weltweit ca. 600 Mio. t Mais erzeugt. Damit gehört Mais zusammen mit Reis und Weizen zu den wichtigsten Nahrungspflanzen, die überwiegend über die Tierproduktion der menschlichen Ernährung dienen. Die Haupterzeugungsländer in der EU sind Frankreich, Deutschland und Italien, die nahezu eine 100%ige Selbstversorgung erzielen.

Die große Verbreitung des Maisanbaus in Deutschland hat folgende Gründe:

- Zahlreiche Einsatzmöglichkeiten sichern eine vielseitige Nutzung als Futtermittel und Verkaufsfrucht,
- gute Vorfruchtwirkung,
- Überlegenheit gegenüber Getreide im Nährstoffertrag,
- einfache Konservierung,
- Mechanisierbarkeit von Anbau, Pflege und Ernte,
- gute Gülleverwertung,
- hohe Selbstverträglichkeit.

1.2 Botanische Besonderheiten

Mais gehört wie das Getreide zur Familie der *Gräser.* Der Stängel ist durch *Knoten* unterteilt und mit *Mark* gefüllt, in das die *Gefäßbündel* eingelagert sind. Die bei uns angebauten Sorten haben ca. 8–16 Blätter. Je spätreifer eine Sorte ist, desto mehr Blätter bildet sie.

Der großen oberirdischen Masse entsprechend ist auch die Wurzelbildung stark. Zuerst wachsen 3–5 Keimwurzeln nach unten, später erscheinen aus dem unter der Bodenoberfläche liegenden Sprossteil die *Kronenwurzeln,* die in Krumentiefe am dichtesten sind (Wurzelbüschel), aber auch seitlich bis zu 1 m und mehr ausgreifen.

Die Wurzeln können bis zu 2,5 m tief in den Boden eindringen. Mais ist damit Tief- und Flachwurzler zugleich. An den untersten Nodien über dem Boden bilden sich die *Stützwurzeln* (Luftwurzeln).

Mais gehört zu den einhäusigen, getrenntgeschlechtigen Pflanzen, d. h., jede Pflanze hat einen männlichen und mehrere weibliche Blütenstände. Der männliche Blütenstand ist die *Rispe* (Fahne) an der Stängelspitze, die weiblichen Blütenstände bestehen aus *Kolbenschäften* und *Narbenfäden.* Sie sind von *Hüllblättern* (Lies-

chen) umgeben, sitzen auf kurzen Stielen und erscheinen in den Blattachseln.
Jeder Fruchtknoten bildet einen 40–50 cm langen Narbenfaden, der die Pollenkörner aufnimmt. An der Spitze des Kolbenschaftes dringen die Narbenfäden durch die Lieschenumhüllung und bilden eine Quaste.
Die Pollenkörner einer Pflanze reifen 2–4 Tage vor dem Erscheinen der eigenen Narbenfäden. Deswegen überträgt der Wind die Pollen in der Regel auf die Nachbarpflanzen (Fremdbestäubung).

Abb. 268 Wurzelsystem der Maispflanze.

! Gute Befruchtungsergebnisse werden bei feuchtwarmer Witterung während der Blüte erreicht. Anhaltender Regen zur Blütezeit verringert die Befruchtungsrate.

1.3 Nutzungsmöglichkeiten und -formen

- **Silomais:** Silage aus den gesamten oberirdischen Pflanzenteilen, vorwiegend zur Rinderfütterung.
- **Corn-Cob-Mix (CCM):** Gemisch aus Kolbenspindeln und Körnern, das als Silage vorwiegend zur Schweine(flüssig)fütterung eingesetzt wird.
- **Körnermais:** Getrocknete, feucht konservierte oder silierte Maiskörner, die als Kraftfutter oder Verkaufsfrucht dienen.
- **Lieschkolbenschrot (LKS):** Gemisch aus Maiskolben und Lieschen. Es wird siliert als Kraftfutter in der Rinderfütterung und abgesiebt in der Schweinefütterung eingesetzt.

Abb. 269 Verwertungsmöglichkeiten für siloreifen Mais.

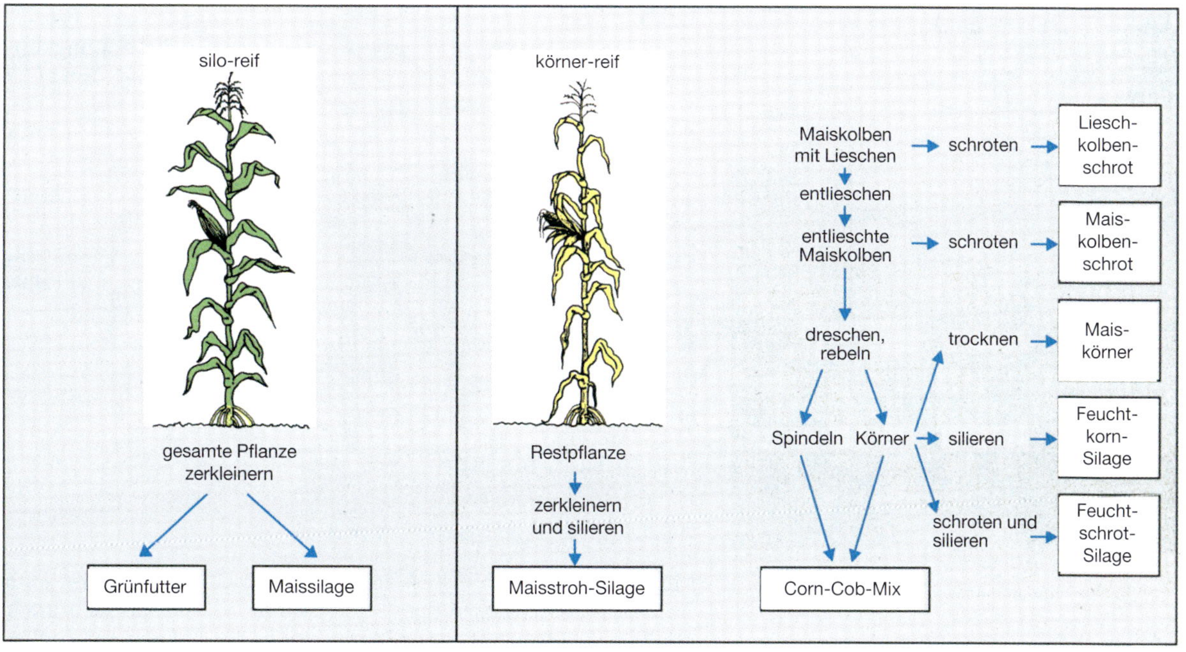

Abb. 270 Mais ist in seiner Jugendentwicklung windgefährdet.

2 Produktionstechnik

2.1 Standortansprüche

Boden – Mais stellt an die Bodenart keine besonderen Ansprüche. Er bevorzugt pH-Werte zwischen 5,5 und 7,5.

Witterung – An Klima und Witterung stellt Mais dagegen recht hohe Ansprüche. Dabei spielt nicht nur die Summe der Niederschläge während der Vegetationszeit, sondern auch ihre regelmäßige Verteilung eine Rolle. Die Durchschnittstemperatur zwischen 1. Mai und 30. September sollte 13,5 °C, die Sonnenscheindauer vom Anfang bis zur physiologischen Reife ca. 900 Stunden betragen (davon 360 Stunden August/September).

Mais verträgt nur kurzzeitig geringen *Frost* bis – 4 °C. Solange die Wachstumsspitze der Pflanze nicht geschädigt ist, regeneriert sich die Pflanze wieder. Im Herbst wird Mais bereits durch geringe Frühfröste von – 0,5 bis – 1 °C erheblich geschädigt.

Während der Jugendentwicklung, aber auch kurz vor der Ernte ist Mais ausgesprochen *windempfindlich*. Deswegen sind für windge-

Abb. 271 Klimaansprüche von Mais (Schema).

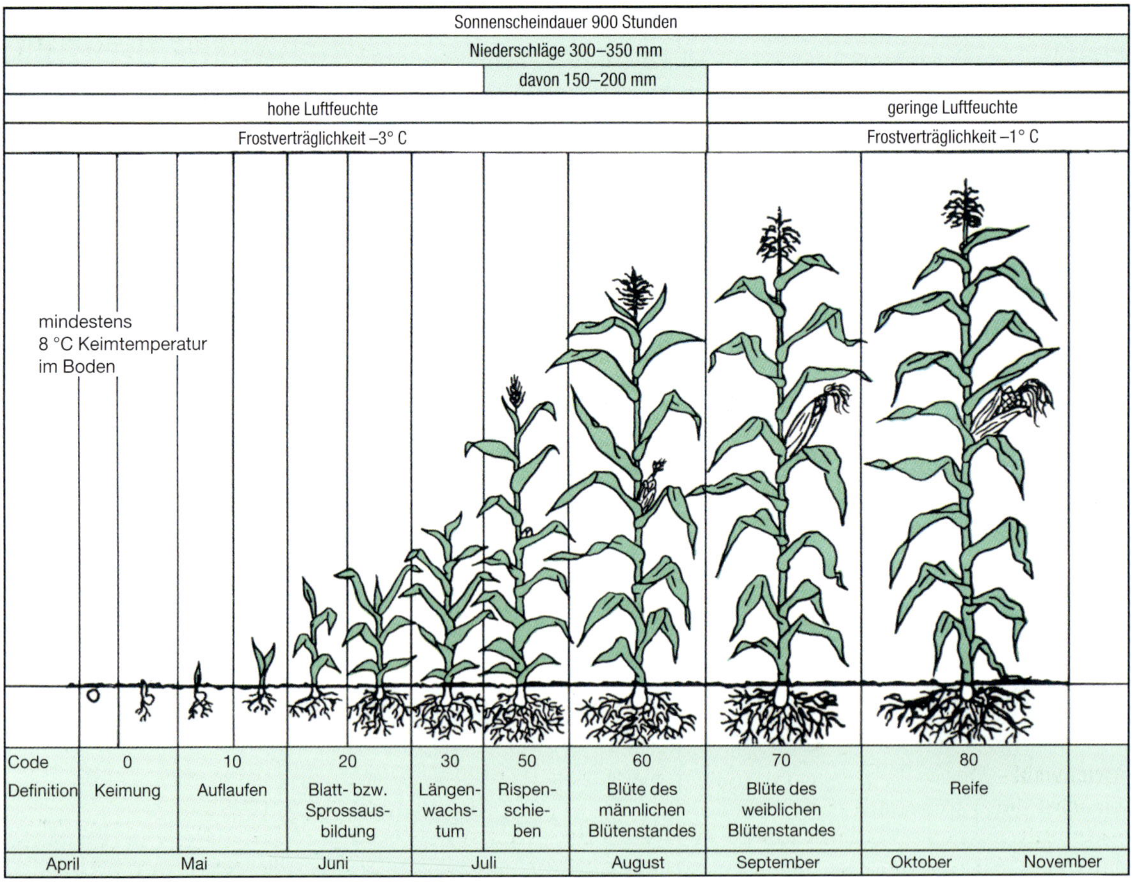

fährdete Lagen besonders *standfeste* Sorten zu wählen. Im Herbst begünstigt Wind allerdings das Abreifen.
Besonders wichtig sind die *Niederschläge* zu Beginn des Fahnenschiebens, also zur Zeit der Nährstoffeinlagerung. Im Juli/August sollte daher die Hälfte der insgesamt 300–350 mm Niederschlägen fallen. Auf durchlässigen Böden kann Beregnung sinnvoll sein.

Abb. 272 Frostschäden am Mais.

2.2 Sorten und Saatgut

Hybridformen – Heute werden bei Mais nur noch *Hybridsorten* angebaut. Sie sind aus der Kreuzung von zwei (Einfachhybride), drei (Dreiweghybride) oder vier Inzuchtlinien (Doppelhybride) entstanden. Dabei können durch den Heterosiseffekt die positiven Eigenschaften der jeweiligen Inzuchtlinie genutzt werden.
Ertragsleistung, Frühreife und Standfestigkeit hängen aber mehr von der **Sorte** als vom Hybridtyp ab.
Reifegruppen – Bis 1998 wurden alle Maissorten entsprechend dem Trockenmassegehalt des Kolbens in Reifegruppen eingeteilt. Durch die sog. *FAO-Zahl*[1]) wurde der Reifezeitpunkt einer Sorte ausgedrückt. Die FAO-Zahl lieferte jedoch bei Sorten mit extremem Reifetyp (stay-green-Typ, fast-die-Typ) keine brauchbare Basis für die Einstufung des Reifezeitpunktes.
Seit 1999 gilt ein **Reifezahlsystem**, das zur Beurteilung der **Siloreife** den *Trockensubstanzgehalt (T) der ganzen Pflanze*, zur Beurteilung der **Druschreife** aber nur den *Trockensubstanzgehalt (T) der Körner* bewertet. Deswegen gibt es für die meisten Sorten 2 Reifezahlen, eine **Siloreifezahl (S)** und eine **Körnerreifezahl (K).** Die neuen Reifezahlen entsprechen in der Dimension den alten FAO-Zahlen; eine Differenz von 10 Reifeeinheiten bedeutet ebenso wie früher eine Differenz von 1 % Trockensubstanz bei gleichzeitiger Ernte. Unsere klimatischen Verhältnisse erlauben lediglich den Anbau von Sorten der Reifezahl von 180 bis 300.

Reifezahl	Reifegruppe	Reifezahl	Reifegruppe
bis 220	früh	260–290	mittelspät
220–250	mittelfrüh	ab 300	spät

Abb. 273 Eine gesicherte Kornreife hat Vorrang vor einem risikoreichen Mehrertrag an Trockenmasse.

Tabelle 20: Vergleich von FAO-Zahl und Reifezahlen

Sorte (Beispiel)	FAO-Zahl	Siloreifezahl S	Körnerreifezahl K
Santiago	190	S 240	K 230
Mondeo	220	S 210	K 240
Helga	260	S 240	K 250
Boss	250	S 250	K 220

Sortenwahl – Der wichtigste Gesichtspunkt bei der Sortenwahl ist zunächst die Auswahl der passenden Reifegruppe. Je später eine Sorte reift, desto mehr Trockenmasse kann sie bilden. Dies verführt zum Anbau spät reifender Sorten. Gesicherte Silo- bzw.

[1]) FAO = **F**ood and **A**griculture **O**rganization (Organisation für Ernährung und Landwirtschaft der Vereinten Nationen, UNO).

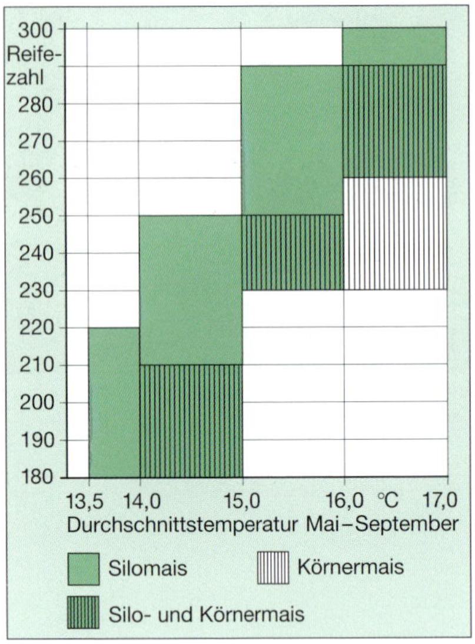

Abb. 274 Die Wahl der Reifegruppe für Maissaatgut sollte sich an der Durchschnittstemperatur des Standorts orientieren.

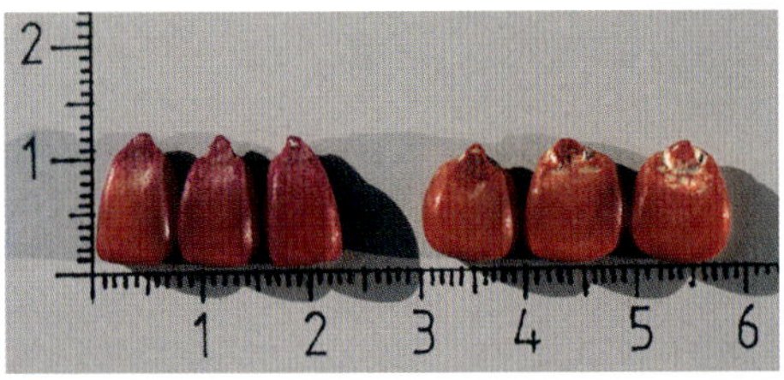

Abb. 275 Kalibrierung von Maissaatgut: schmal (links) und breit (rechts).

Abb. 276 Weniger standfeste Sorten müssen mit größerem Abstand in der Reihe gesät werden.

Kornreife ist jedoch entscheidender als der unsichere Mehrertrag einer zu spät reifenden Sorte. Der Grundsatz lautet:

> **!** Die gewählte Sorte sollte so früh als nötig, aber so spät als möglich reifen.

Anhaltswerte für die Wahl der Reifegruppe in Bezug auf die Nutzung gibt Abb. 274.

Neben der richtigen Reifegruppe sind für die **Körner-** und **Kolbennutzung** wichtig ein hoher Kornertrag, gleichmäßige Kolbenansatzhöhe, Standfestigkeit bei der Ernte, Dreschfähigkeit auch bei niedrigem T-Gehalt, niedriger Spindelanteil, Kältetoleranz und Resistenz gegen Stängelfäule.

Für die **Silomaisnutzung** sind der Ertrag an verdaulicher Energie in GJ ME bzw. GJ NEL (ersatzweise der T-Gehalt), die Energiekonzentration in GJ ME bzw. GJ NEL je kg T (ersatzweise der Kolbenanteil), der Trockenmassenanteil in der Gesamtpflanze, die Kältetoleranz und Standfestigkeit entscheidend. Außerdem sollte die Restpflanze möglichst lange grün bleiben und gut verdaulich sein.

Neben eigenen Erfahrungen bieten die Ergebnisse der regionalen Sortenversuche Hilfen bei der Sortenwahl.

Saatgutqualität – Der Anbau von Hybridsorten verlangt jedes Jahr den Zukauf von Zertifiziertem Saatgut (Z-Saatgut). Es kommt mit maximal 14 % Feuchtigkeit, mindestens 98 % Reinheit und mindestens 90 % Keimfähigkeit in den Handel. Um die Feldtüchtigkeit noch sicherer zu beurteilen, führen die Saatgutproduzenten den *Kalttest* durch.

Kalibrierung – Mit der Umstellung auf pneumatische Einzelkorn-Sägeräte wird Maissaatgut nur noch in 2 Kalibern angeboten: *Schmal* (S), b = 7 – 9 mm, und *Breit* (B), b = 9 – 11 mm. Die Korndicken sind auf 3,5 – 7,5 mm begrenzt.

Beizung – Z-Saatgut ist gegen pilzliche Erreger gebeizt. Eine eventuelle Inkrustierung gegen Fasanenfraß, Fritfliegen- und Drahtwurmbefall sollte erst vor der Saat vorgenommen werden.

Einheiten – Unterschiede im TKG zwischen den Kalibern und Sorten, aber auch innerhalb der Sorten von einem Jahr zum andern gleicht die Verpackung in Einheiten mit 50 000 Körnern aus. Dies erspart auch bei der Berechnung der Saatgutmenge die Umrechnung des Gewichtes über das TKG.

2.3 Anbau

2.3.1 Vorbereitungen zur Saat

Grundbodenbearbeitung – Mais ist Flach- und Tiefwurzler zugleich, deswegen ist eine Pflugfurche im Herbst die Regel. Leichte Böden können auch noch im Frühjahr gepflügt werden, wenn gleichzeitig der Packer eingesetzt wird. Mulchsaat verringert die zunehmenden Struktur- und Erosionsschäden.

Saatbett – Ziel ist es, mit möglichst wenigen Arbeitsgängen ein grobkrümeliges 4–5 cm tiefes Saatbett auf abgesetztem Saathorizont entstehen zu lassen. Dies spart Bodenwasser, garantiert gleichmäßige Ablage von Saatgut und Unterfußdüngung und fördert damit den Feldaufgang.

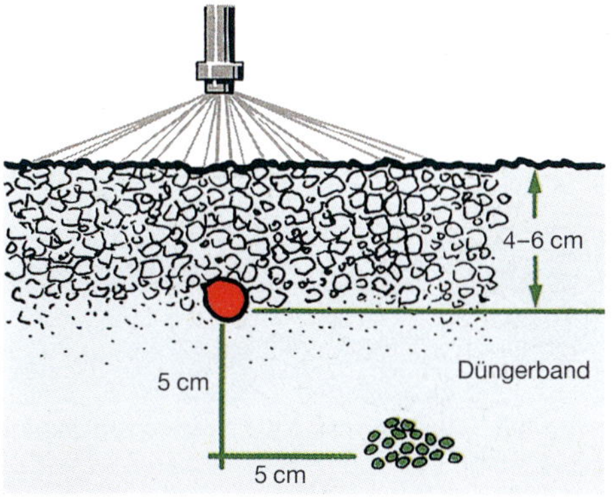

Abb. 277 Saattiefe und Lage der Unterfußdüngung bei Mais (Schema).

2.3.2 Aussaat

Saatzeit – Mais sollte gesät werden, sobald die Bodentemperatur anhaltend mindestens 8–10 °C beträgt und keine stärkeren Spätfröste mehr zu erwarten sind. Das ist in der Regel in der 2. Aprilhälfte der Fall (Zeit der Schlehenblüte).
Saattiefe – Sie sollte auf mittleren Böden 5 cm, auf leichten 6 cm und auf bindigen Böden 4 cm betragen. Bei Inkrustierung gegen Vogelfraß ist die flachere Saat vorteilhafter.
Scharfe Säschare sichern gleichmäßige Tiefenablage. Ausreichend schwere Druckrollen fördern den Bodenschluss und damit die Wasserversorgung des Samens.
Bestandesdichte – Nur gleichmäßige und lückenlose Bestände sichern optimale Erträge. Zu dichter Stand hindert die Kolbenentwicklung und Ausreife und verstärkt die Lagerneigung. Die Standweite muss umso größer sein, je höher und massenwüchsiger die Sorte ist.
Die anzustrebende Pflanzenzahl/ha richtet sich nach
- der Nutzungsrichtung,
- der Reifegruppe der Sorte,
- der Wasserversorgung auf dem Standort.

Tabelle 21: Anzustrebende Bestandesdichten bei Mais und die sich daraus ergebenden Saatstärken

Reifezahl	Körner- und Kolbennutzung			Silomais		
	angestrebte Pflanzenzahl/m²	auszusäende Körnerzahl/m²	Anzahl der Saatgut-Einheiten/ha	angestrebte Pflanzenzahl/m²	auszusäende Körnerzahl/m²	Anzahl der Saatgut-Einheiten/ha
bis 190	11–12	13,2–14,4	2,6–2,9	11–13	13,2–15,6	2,6–3,1
200–220	10–11	12,0–13,2	2,4–2,6	11–12	13,2–14,4	2,6–2,9
230–250	9–10	10,8–12,0	1,8–2,4	10–11	12,0–13,2	2,4–2,6
260–290	9–10	10,8–12,0	1,8–2,4	9–10	10,8–12,0	1,8–2,4

Abb. 278 Nachbau aus Hybridsaatgut bringt erhebliche Mindererträge.

Auf Standorten, die bis zur Blütezeit die notwendigen Niederschläge (ca. 150 mm) nicht erreichen, müssen die Bestandesdichten um 1–2 Pflanzen/m² erhöht werden.
Reihenabstände – Bei Mais bewährten sich Reihenabstände von 80–60 cm. Der Ablageabstand in der Reihe ergibt sich aus der Reihenlänge je m² und der auszusäenden Körnerzahl/m²:

$$\text{Ablageabstand} = \frac{\text{Reihenlänge je m}^2}{\text{Zahl der auszusäenden Körner je m}^2}$$

Beispiel:

Reihenabstand 70 cm $\triangleq \frac{1\,\text{m}^2}{0{,}7\,\text{m}} = 1{,}43\,\text{m} \triangleq 143\,\text{cm}$ Reihenlänge/m²

Abb. 279 Druckrollen fördern den Bodenschluss und damit den Feldaufgang.

Abb. 280 Mais-Sägerät mit Spezialausrüstung (Scheibenschare) für die Mulchsaat.

Abb. 281 Die Erosionsgefahr bei Mais ist groß. Mulchsaat ist eine Möglichkeit zur Verringerung der Erosion.

Abb. 282 6-reihiges Einzelkorn-Sägerät mit Reihendüngerstreuer und Mikro-Granulatstreuer.

Zahl der auszusäenden Körner/m^2 = 11

$$\text{Ablageabstand} = \frac{143\,\text{cm}}{11} = 13\,\text{cm}$$

Saatverfahren – Mais ist eine *lichtbedürftige* Pflanze, deswegen muss die optimale und sortentypische Bestandsdichte möglichst genau eingehalten werden. Heute verwendet man mechanisch oder pneumatisch arbeitende Einzelkorn-Sägeräte. Wichtig sind ihre exakte Einstellung, die Abdrehprobe vor der Saat und das Überprüfen der Ablegegenauigkeit auf dem Feld.
Ein gleichmäßiger Standraum je Pflanze wird mit der so genannten **Gleichsaattechnik** optimiert. Durch reihenunabhängige Häcksler kann dieses Verfahren auch beim Maisanbau angewandt werden.
Eine gleichmäßigere **Standraumverteilung** kann zu folgenden *Vorteilen* gegenüber der herkömmlichen Saat führen:

- schnellerer Reihenschluss,
- weniger Bodenerosion,
- weniger Wasserverdunstung,
- verbesserte Bodenstruktur,
- höhere Unkrautunterdrückung,
- weniger Konkurrenz der Pflanzen untereinander,
- höherer Trockenmasseertrag.

Die Bestandesdichte von 9–11 Pflanzen/m^2 ist auch bei der Anwendung des neuen Säverfahrens einzuhalten.

2.3.3 Erosionsschutz

Der relativ späte Saattermin, die langsame Jugendentwicklung und die großen Reihenabstände bewirken, dass die Bodenoberfläche des Maisfeldes lange ungeschützt der Einwirkung von Wind und Niederschlägen ausgesetzt ist.
In Hanglagen ist schon ab 2 % Hangneigung der **Bodenabtrag** besonders groß. Deswegen müssen Maßnahmen ergriffen werden, welche die Erosionsgefahr eindämmen. Bewährt hat sich hier die Mulchsaat mit und ohne vorherige Bodenbearbeitung in die abgestorbenen Reste einer Zwischenfrucht oder die Stoppeln der Vorfrucht. Voraussetzungen sind zusätzliche Vorrichtungen am Sägerät (z. B. Schneidschar, rotierende Zudeckscheiben).

2.4 Technik der Maisaussaat

Voraussetzung – Für eine exakte Einzelkornsaat sind eine sorgfältige *Saatbettvorbereitung* und die Verwendung von *kalibriertem Saatgut* wichtig. Die gewünschte Kornzahl je m^2 oder je ha wird durch den Reihenabstand und durch den Kornabstand bestimmt. Um einen optimalen *Feldaufgang* zu erreichen, ist die Saattiefe den Verhältnissen anzupassen und auf eine exakte Einbettung der Maiskörner zu achten. Mit einem am Einzelkorn-Sägerät angebrachten Reihendüngerstreuer und mit Bandspritzeinrichtungen lassen sich bei der Aussaat die *Unterfußdüngung* und die *Unkrautbekämpfung* in der Reihe gleichzeitig erledigen.

Sägeräte – Einzelkorn-Sägeräte zur Maissaat können 4-, 6-, 8- oder 12-reihig arbeiten. Die einzelnen Säaggregate sind an einer Geräteschiene befestigt. Über große Laufräder wird das Gerät geführt. Gleichzeitig übernehmen die Räder den Antrieb der einzelnen Aggregate (Zentralantrieb). Der Antrieb der Aggregate kann aber auch einzeln durch eine großdimensionierte Druckrolle erfolgen. Bei Geräten über 3 m Außenbreite werden die Aggregate für den Straßentransport eingeschwenkt oder mithilfe einer Teleskop-Geräteschiene hydraulisch zusammengeschoben.
Die Säaggregate sind auf der Geräteschiene zu verschieben. Damit kann der **Reihenabstand** eingestellt werden. Das Messen und die Einstellung des Reihenabstandes erfolgen von der Mitte der Geräteschiene aus. Das Messen des Reihenabstandes ist aus Gründen der Genauigkeit immer von Säschar zu Säschar vorzunehmen. Entsprechend ist auch die Spurweite der Laufräder und die Spurweite der Traktorräder einzustellen. Bei einem Reihenabstand von 0,75 m ist auf eine Weite von 1,5 m einzustellen.
Das an der Geräteschiene befestigte Aggregat ist über ein Parallelogramm angelenkt. Die *Tiefenführung* des Gerätes mit dem Säschar erfolgt über Stütz- oder Druckrollen.
Der aufgesetzte **Vorratsbehälter** ist mit dem Säorgan verbunden. Für eine ausreichende Saatgutmenge soll der Vorratsbehälter ein Volumen von über 25 Liter haben.

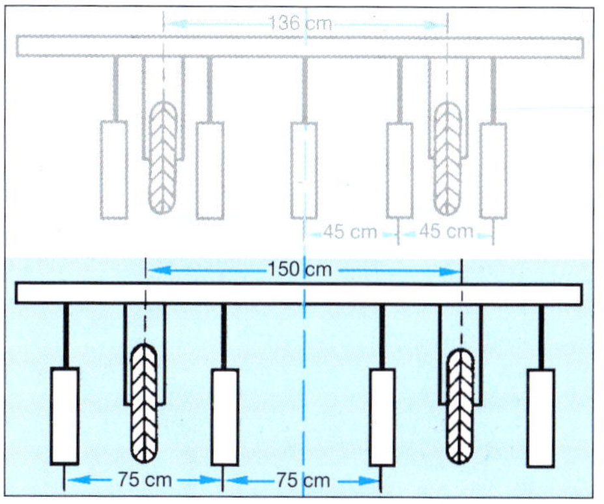

Abb. 283 Anordnung der Säaggregate an der Geräteschiene für einen Reihenabstand von 75 cm.

Abb. 284 Säaggregat für die Saat von z. B. Mais, Sonnenblumen.

2.4.1 Mechanische Säorgane

Mechanische Säorgane arbeiten mit
- *Lochscheiben* oder
- *Löffelscheiben.*

Lochscheiben – Sie sind waagrecht oder schräg eingebaut. Jede Zelle wird beim Durchlaufen des Schöpfraums mit einem Korn befüllt. Je nach Größe und Form des Kornes ist die Lochscheibe passend auszuwählen. Dabei ist der Durchmesser der Bohrung und die Dicke der Säscheibe von Bedeutung.
Werden die Lochscheiben der Kalibrierung des Saatgutes nicht exakt angepasst, kommt es bei der Saat zu Doppelbelegungen, Fehlstellen und z. T. zum Bruch der Körner. Für ein vollständiges Befüllen der Bohrungen in der Lochscheibe ist die Befüllstrecke im Schöpfraum und die Geschwindigkeit der Lochscheibe von Bedeutung. Höhere Fahrgeschwindigkeiten, besonders bei engem Kornabstand sind zu vermeiden.
Löffelscheiben – Nach 2 Seiten offene Löffel schöpfen aus dem Kornvorratsraum die Körner heraus. Je Löffel werden mehrere Körner geschöpft. Mit zunehmender Bewegung des gefüllten Löffels nach oben fallen die nicht exakt belegten Körner ab, bis nur 1 Korn im Löffel verbleibt. Dieses wird an oberster Stelle in ein Fächerrad abgegeben, das das Korn nach unten transportiert und mit geringer Fallhöhe in die Saatfurche ablegt.
Unterschiedliche Korngrößen und Kornformen können mit einer Löffelscheibe gesät werden. Lediglich bei großen Abweichungen in der Kalibrierung sind Scheiben mit großen bzw. kleinen Löffelformen zu verwenden. Bei höheren Fahrgeschwindigkeiten, besonders bei engem Kornabstand kommt es zu Doppelbelegungen.

Abb. 285 Mechanisches Sägerät mit Löffelscheibe.

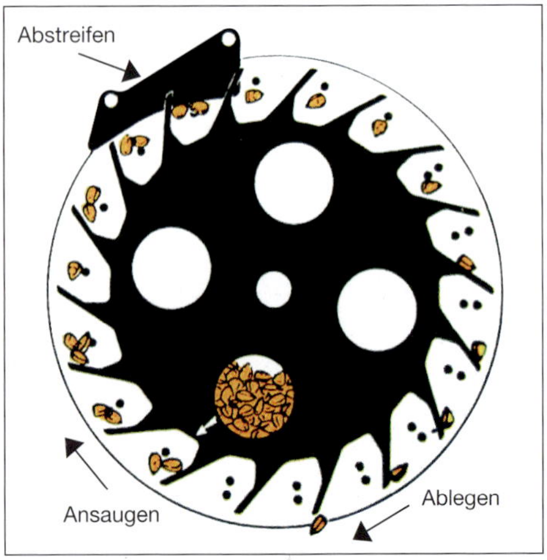

Abb. 286 Sägerät mit Unterdruck und festem Abstreifer.

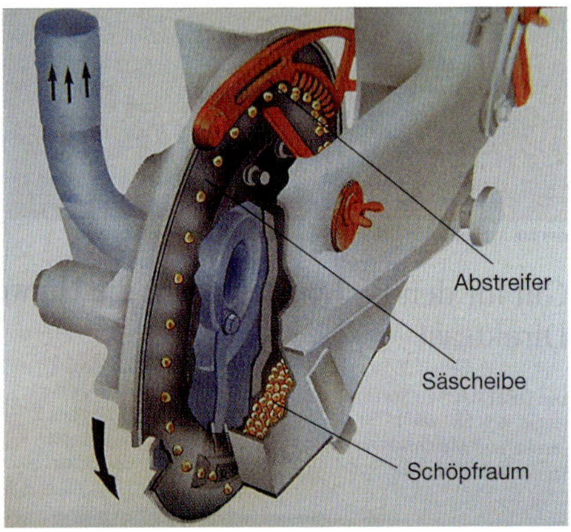

Abb. 287 Pneumatisches Sägerät nach dem Unterdrucksystem mit verstellbarem Abstreifer.

Abb. 288 Kontrollfenster (Pfeil) zur Überprüfung der Kornbelegung an der Säscheibe.

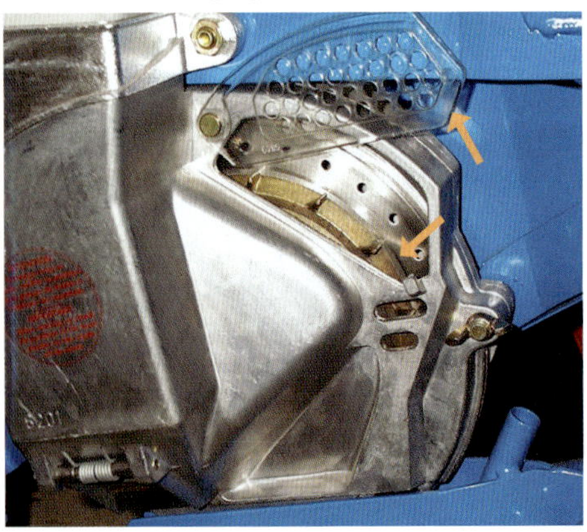

2.4.2 Pneumatische Sägeräte

Pneumatische arbeiten mit

- *Saugluft* oder
- *Druckluft.*

Pneumatische Geräte mit Saugluft – Ein Gebläse erzeugt *Unterdruck*, der die Körner aus dem Schöpfraum an die Bohrungen der senkrecht angeordneten Säscheibe ansaugt. Je nach Korngröße und Kornform saugen sich an die Bohrungen ein oder mehrere Körner an.

Befinden sich mehrere Körner an den Bohrungen der Säscheibe, muss eine Vereinzelung erfolgen, da es ansonsten zu Doppel- oder Mehrfachbelegung kommt.

Das **Vereinzeln** kann erfolgen durch das Einstellen

- *eines Abstreifers:* Er beseitigt beim Bewegen der Säscheibe nach oben die überschüssigen Körner, so dass nur noch ein Korn von der Saugluft an der Bohrung festgehalten wird. Beim Weiterdrehen der Säscheibe nach unten wird die Saugluft weggenommen und das vereinzelte Korn gelangt über ein Fächerrad zur Ablage in die Furche.
- *des Unterdruckes:* Durch die genaue Anpassung des Unterdruckes wird an jede Bohrung der Säscheibe nur 1 Korn angesaugt. Der Unterdruck wird nach dem Tausend-Korn-Gewicht des Saatgutes eingestellt und an einem Manometer abgelesen.
- *eines Abstreifers und des Unterdruckes:* Beide Einstellungen sind so zu wählen, dass selbst bei ungenauer Kalibrierung des Saatgutes und auch bei Sonnenblumen eine Einzelkornablage erfolgt.

Pneumatische Geräte mit Druckluft – Ein Druckluftgebläse mit vorgeschaltetem Zyklonabscheider drückt die Luft über eine speziell geformte Düse in die trichterförmigen Zellen des senkrecht angeordneten Zellenrades. Die Zellen werden vorab beim Durchziehen durch den Schöpfraum mit mehreren Körnern befüllt. Der in die Zellen gerichtete Luftstrom bläst alle Körner aus den Zellen heraus, bis auf das zu unterst liegende Korn. Je nach Tausendkorn-Gewicht ist der Druck des Luftstromes entsprechend zu verändern. Pneumatisch arbeitende Sägeräte können nach Einbau einer Rübenausstattung auch zur Aussaat von Rüben verwendet werden.

2.4.3 Einstellungen zur Saat

Kornabstand – Der Kornabstand oder Ablageabstand ist entsprechend der gewünschten Pflanzenzahl je m^2 oder ha zu wählen. Dabei ist die Ausführung (Anzahl der Bohrungen) der Löffel- oder Lochscheibe zu beachten. Über ein Ketten- oder ein Zahnrad-Wechselgetriebe ist eine feinstufige Einstellung möglich. Sie erfolgt bei Einzelantrieb für jedes Aggregat einzeln oder über ein zentrales Getriebe bei Geräten mit Zentralantrieb. Beim Einsatz ist die Genauigkeit der Saatgutablage zu überprüfen. Fehlstellen und Doppelbelegungen sollen so niedrig wie möglich sein.

Ablage – Die **Saattiefe** wird durch Verstellung der Druckrolle an jedem Aggregat einzeln verändert.

Das **Zudecken** des Saatgutes in der Saatfurche erfolgt mit Zustreicher und/oder mit konischen Metalldruckrollen oder Walkgrummiräder.

Spuranreißer – Die Einstellung der **Spuranreißer** ist abhängig von der Säbreite, dem Reihenabstand und der Spurweite des Traktors.

$$\text{Spuranreißermaß} = \frac{\text{Säbreite - Spurweite der Traktorvorderräder}}{2} + 1 \text{ Reihenabstand}$$

Beispiel: Bei einem 4-reihigen Einzelkorn-Sägerät für die Maissaat ist der Reihenabstand von 75 cm eingestellt. Damit beträgt die Säbreite 225 cm (= 3facher Reihenabstand). Die Spurweite des Traktors ist 150 cm. Auf welches Maß ist der Spuranreißer einzustellen?

$$\frac{225\text{ cm} - 150\text{ cm}}{2} + 75\text{ cm} = 112{,}5\text{ cm}$$

Das ermittelte Maß ist der Abstand vom äußeren Säschar bis zur Mitte des Spuranreißers.

Reihendüngerstreuer für die Unterfußdüngung – Der Düngerbehälter kann für jede Doppelreihe einzeln oder als Zentraltank für alle Reihen gemeinsam angeordnet sein. Die Behälter haben ein Volumen von 80 – 150 Liter/Reihe. Eine Rührwelle fördert den Dünger gleichmäßig den Dosierschecken, Schubrädern oder Zellenrädern zu. Sie werden wegabhängig von den Laufrädern angetrieben.

Mittels eines Kettenradgetriebes bzw. mit der Schubradverstellung kann die Ausbringmenge verändert werden. Die Platzierung des Düngers im Boden erfolgt etwa 5 cm unter und 5 cm neben der Saatreihe.

Vor dem Einsatz des Düngerstreuers ist die **Ausbringmenge** abzudrehen. Vorab wird die Ausbringmenge mittels Kettenradübersetzung bzw. Dosierschieber nach der Einstelltabelle eingestellt und eine Abdrehprobe durchgeführt.

Beispiel: Das Antriebsrad des Düngerstreuers ist so oft zu drehen, bis eine Fahrstrecke von 133 m erreicht ist. Dabei ist der Dünger aller Reihen aufzufangen. Für ein 4-reihiges Gerät mit 0,75 m Reihenabstand gilt:

$$\text{Abdrehfläche} = \text{Fahrstrecke} \times \text{Arbeitsbreite}$$

Abdrehfläche = 133 m × 3 m = 400 m^2

Abdrehfläche = $^1/_{25}$ ha

Bei der Abdrehprobe für $^1/_{25}$ ha und der Skaleneinstellung Nr. 34 am Dosierschieber wird eine Düngermenge von 6,5 kg gewogen. Diese Menge entspricht einer Ausbringmenge von 162,5 kg /ha.

Die gewünschte Ausbringmenge beträgt 200 kg/ha. Die Dosierschieberstellung 34 entspricht der Ausbringmenge von 162,5 kg/ha. Die Getriebeeinstellung x entspricht der Ausbringmenge von 200 kg/ha

$$\text{neue Getriebeeinstellung: } x = \frac{200 \times 34}{162{,}5} = 42$$

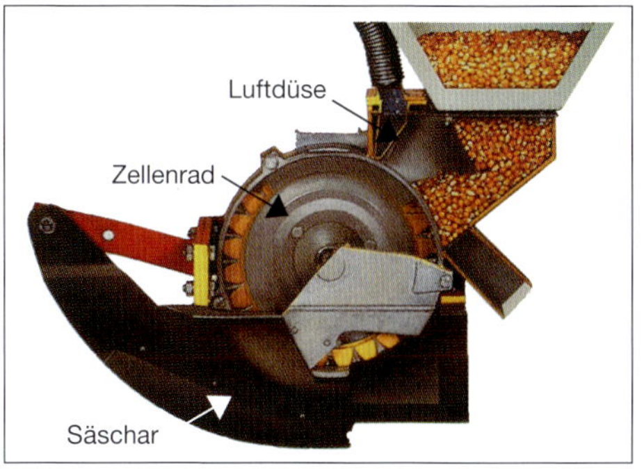

Abb. 289 Pneumatisches Sägerät mit Druckluft.

Abb. 290 Durch Umlegen der Kette auf ein anderes Kettenrad ist der Kornabstand zu verstellen.

Abb. 291 Kettenradgetriebe zur Verstellung der Düngermenge für die Reihendüngung.

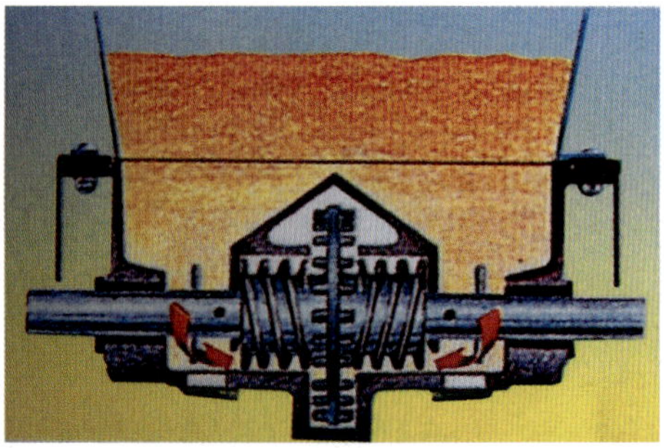

Abb. 292 Dosiereinrichtung für die Reihendüngung.

Abb. 293 Düngerablage mit einem Doppelscheibenschar.

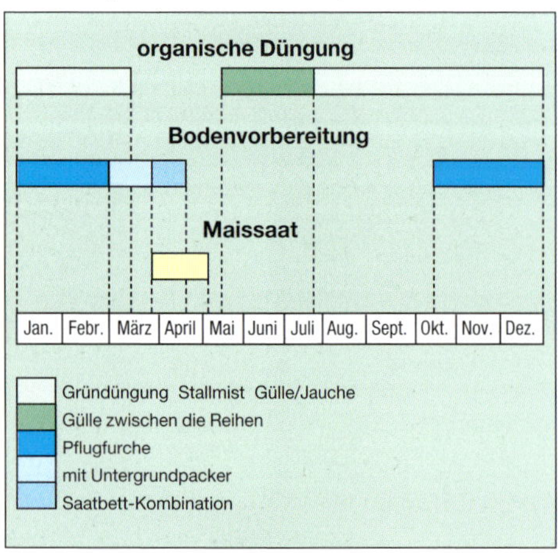

Abb. 294 Organische Düngung, Bodenbearbeitung und Aussaat bei Mais (Schema).

Mulch- oder Direktsaat – Dafür wird das einzelne Aggregat zusätzlich mit einer *Doppelschneidscheibe,* die vor dem Säschar arbeitet ausgestattet. Damit wird die Mulchschicht durchtrennt und ohne Verstopfung das Saatgut darunter abgelegt. V-förmig angeordnete *Druckrollen* drücken den Saatschlitz von der Seite her zu.

Einsatz und Pflege der Maschinen – Während des Einsatzes muss das Gerät stets auf einwandfreies und genaues Arbeiten kontrolliert werden.

Sorgfältige Pflege verlängert die Lebensdauer und begünstigt den fehlerfreien Einsatz.

- ▶ Vor dem Einsatz, in der Regel bei der Abdrehprobe, muss der Sämechanismus auf einwandfreie Funktion überprüft werden.
- ▶ Die Fahrgeschwindigkeit beim Säen ist bei der Abdrehprobe zu berücksichtigen.
- ▶ Ablagetiefe und Ablageabstand der Körner im Boden sowie die Abdeckung mit Erde müssen kontrolliert werden.
- ▶ Beim Einsatz sind täglich alle Lager zu schmieren.
- ▶ Antriebsketten müssen nachgespannt werden.
- ▶ Verschleißteile sind gegebenenfalls auszuwechseln (Säschare).
- ▶ Sorgfältiges Reinigen der Geräte nach Beendigung der Arbeit ist unerlässlich.

Aufgaben:
1. Welche Arbeitsweisen sind bei Einzelkorn-Sägeräten zu unterscheiden?
2. Wie wird der Ablageabstand eingestellt?

2.5 Düngung

Nährstoffentzug und -bedarf – Eine Ernte von 500 dt/ha Silomais bzw. 75 dt/ha Körnermais samt Stroh entzieht dem Boden etwa 190 kg N; 80 kg P_2O_5; 225 kg K_2O; 45 kg MgO und 75 kg CaO. Die Düngung erfolgt bei P_2O_5, K_2O und MgO nach der Versorgung des Bodens (Bodenuntersuchung).

Tabelle 22: Düngung muss die Nährstoffgehalte des Bodens berücksichtigen

	Gehaltsstufe des Bodens	Nährstoffmenge in kg/ha zur Düngung P_2O_5	K_2O	MgO
A	sehr niedrig	Entzug + 60	Entzug + 40–75	50–100
B	niedrig	Entzug + 60	Entzug + 40–75	50–100
C	anzustreben	Entzug	Entzug	Entzug
D	hoch	1/2 Entzug	1/2 Entzug	1/2 Entzug
E	sehr hoch	–	–	–

Bei Form und Auswahl der Dünger muss man berücksichtigen, dass Mais nur ein mäßiges Nährstoff-Aneignungsvermögen hat. Außerdem nimmt er fast 3/4 des gesamten Nährstoffbedarfs innerhalb von 5–6 Wochen – um die Zeit des Rispenschiebens – auf.

Organische Düngung – Weil die organischen Dünger die vom Mais gewünschte, stetig fließende Nährstoffquelle darstellen, verwertet er Gülle und Stallmist von allen Getreidearten am besten. Das Ausbringen erfolgt im zeitigen Frühjahr vor der Saat. Gülle kann auch in die jungen Bestände gegeben werden. Dazu ist allerdings ein exaktes Verteilen mit Schleppschläuchen oder das Einbringen mit Grubberzinken nötig.

Mineralische Dünger – Die organischen Dünger decken meist 90–100 % des Nährstoffbedarfs. Ein etwaiger Rest muss durch mineralische Dünger gedeckt werden. Dazu bringt man CaO, P_2O_5 und K_2O wie üblich auf die Vorfrucht-Stoppeln aus.

Die Stickstoffdüngung mit festen, flüssigen oder gasförmigen Düngemitteln erfolgt im Frühjahr in der Regel in 2 Gaben. Die erste gibt man vor der Saat, die andere 4–6 Wochen nachher. Für letztere sind Einrichtungen zur Reihendüngung am Düngerstreuer nötig, damit der Dünger nicht in die Blättertüten der jungen Maispflanzen fällt und dort die Triebknospen verätzt.

Eine **Unterfußdüngung** mit Ammonphosphat zur Saat stellt eine ausreichende N/P-Versorgung dar, die die Kältetoleranz fördert, die Kolbenreife beschleunigt und den Ertrag erhöht.

Abb. 295 Zur Reihendüngung von Mais lassen sich vielfach normale Schleuderstreuer umbauen.

2.6 Bestandespflege

Ziel – Im Jugendstadium unterliegt Mais im Konkurrenzkampf mit anderen Pflanzen. Das ist besonders dann der Fall, wenn die Begleitpflanzen früher oder gleichzeitig mit dem Mais auflaufen. Deswegen sollte Mais ab dem 4–6-Blatt-Stadium bis zum 8–10-Blatt-Stadium möglichst unkrautfrei sein.

Mechanische Unkrautregulierung – Sie verringert den Herbizidaufwand, dient dem Umweltschutz und stellt gleichzeitig eine wirksame Bodenpflege dar. Das Aufbrechen der verkrusteten Bodenoberfläche fördert den Gasaustausch. Allerdings dürfen die Maiswurzeln nicht beschädigt werden.

Eine Bearbeitung der *ganzen Fläche* mit Striegeln bis kurz vor dem Auflaufen oder mit Federzahn-Hackeggen bis zum 1–2-Blattstadium ist möglich, aber nur dann sinnvoll, wenn zwischen Maissaat und Auflaufen mehr als 2 Wochen liegen.

Die mechanische Unkrautregulierung beschränkt sich hauptsächlich auf eine Bearbeitung *zwischen den Reihen* mit Hackgeräten mit Gänsefußscharen und Schutzeinrichtungen (Bleche, Hohlscheiben) gegen Beschädigungen der Maispflanzen. Der Einsatz von Hackstriegeln, Rollhacken und Hackbürsten wird unterschiedlich bewertet. Bei der Unkrautregulierung kann es nach der Mulchsaat zu Problemen kommen.

Unkräuter können auch **thermisch** durch Abflammen reguliert werden. Das Verfahren ist jedoch teuer. In einem 1. Arbeitsgang bei einer Wuchshöhe des Maises von ca. 5 cm werden die Unkräuter zwischen den Reihen abgeflammt. Im 2. Arbeitsgang bei ca. 40 cm Wuchshöhe werden die Unkräuter am Maisfuß bekämpft.

Chemische Unkrautregulierung – Der Einsatz von Herbiziden lässt sich bei Mais kaum vermeiden. Allerdings sollten die chemischen

Abb. 296 Diese Vorrichtung schützt Maispflanzen bei Unterblattspritzung.

Abb. 297 Anwendungszeiten für Unkrautbekämpfungsverfahren im Mais (Schema).

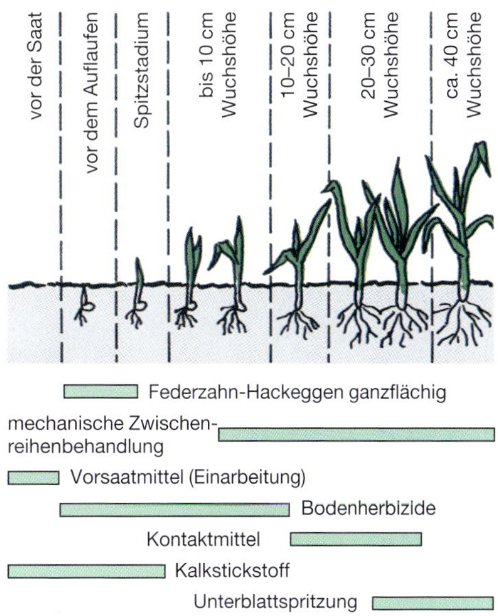

Abb. 298 Bandspritzung mit Hacken zwischen den Reihen.

Maßnahmen so schonend wie möglich durchgeführt werden. Das lässt sich erreichen über

- eine *Reduzierung des ausgebrachten Wirkstoffs:* Mittelauswahl nach den Leitunkräutern bzw. -gräsern anstelle von Breitbandmitteln, Anwendung zum optimalen Zeitpunkt, d. h. bei genügender Bodenfeuchtigkeit für Vorauflaufmittel, im Keimblattstadium der Unkräuter bei Nachauflaufmitteln, Beachtung der amtlichen Pflanzenschutzberatung,
- *Kombination der chemischen Maßnahmen* mit anderen Verfahren, z.B. Bandspritzung mit Hacke zwischen den Reihen,

Tabelle 23: Tierische Schädlinge an Mais und ihre Abwehr (Auswahl)

Schädling		Schadbild	Abwehr
Vögel Abb. 299		Fehlstellen	Ablenkungsfütterung mit Mais oder Nachgetreide vor dem Auflaufen auf Randstreifen; Kalkstickstoff beim Spritzen der Saat auf trockenen Boden streuen; Inkrustierung des Saatgutes
Fritfliege *Oscinella frit* Abb. 300		Larven bohren sich in die Keimpflanze ein und schädigen Haupttrieb; neugebildete Blätter sind zerschlitzt und durchlöchert	besonders in windgeschützten Lagen und bei starkem Maisanbau; Inkrustierung des Saatgutes oder vorbeugende Spritzung im 1- bis 2-Blatt-Stadium
Drahtwürmer *Agriotes lineatus* Abb. 301		vor allem auf Grünlandumbrüchen angefressene Saatkörner oder Keimlinge; welkende und absterbende, aufgelaufene Pflanzen	Befallfeststellung durch das Auslegen von Kartoffelscheiben 5–10 cm tief, im Verband 20 × 25 cm; Schadschwelle: nach 1 Woche 2 Drahtwürmer/m^2; Vorsaatspritzung; Randbehandlung reicht zur Saat meistens aus
Maiszünsler *Ostrinia nubilalis* Abb. 302		abgebrochene Rispen; unterhalb der Bruchstelle 2,5 cm lange und 3 mm dicke, schwarzköpfige Larven; Falter legt 25–50 Eier an der Blattunterseite, nahe der Mittelrippe ab	Maisstroh fein häckseln und tief unterpflügen (Vernichten der Winterlager in der Stängelbasis); biologische Bekämpfung mit Schlupfwespen; chemische Bekämpfung schwierig (Hubschraubereinsatz, Stelzentraktor); Einsatz genetisch resistenter Sorten

- *Beachtung des Gewässerschutzes* (W-Auflagen der Mittel),
- Einsatz von *Bodenherbiziden* auf schwierigen Standorten und Sonderbehandlung der Wurzelunkräuter mit Kontaktmitteln oder Unterblattspritzung.

Bekämpfung von Krankheiten – Sie beschränkt sich mit Hilfe der Saatgutbeizung auf das Vermeiden von Auflaufkrankheiten, die von verschiedenen Pilzen verursacht werden, außerdem auf die Vorbeuge gegen den Maisbeulenbrand sowie die Wurzel- und Stängelfäule durch eine reichliche Kalidüngung.

Abwehr tierischer Schädlinge – Die Tabelle 23 Seite 112 zeigt wichtige tierische Schädlinge und deren Abwehr.

Abb. 303 Ein beispielhaft gleichmäßiger Maisbestand.

2.7 Ernte, Verwertung

Entscheidend für den Erfolg im Maisanbau ist unter anderem auch die Wahl des richtigen Erntezeitpunktes.

Beim *Körnermais* muss das Korn bei der Ernte völlig ausgereift sein und soll ca. 30% Feuchte enthalten.

Beim *Silomais* erfolgt die Ernte grundsätzlich erst nach dem Abschluss der Stärkeeinlagerung, spätestens wenn der TM-Gehalt im Korn 55–60% beträgt.

Die Restpflanze sollte für das Silieren noch in einem »vitalen« Zustand sein, um eine optimale Konservierung zu erreichen.

Die **Verwertungsform** entscheidet über

- den geernteten Anteil an der Maispflanze,
- den Erntezeitpunkt,
- das Konservierungsverfahren.

Im Folgenden sind die wichtigsten Verwertungsformen dargestellt.

Abb. 304 Schadbild des Maisbeulenbrandes (die Blätter des oberen Kolben wurden zum Teil entfernt).

2.7.1 Silomais

Erntezeitpunkt – Er liegt bei einem T-Gehalt von 28–33 % in der Gesamtpflanze bzw. von rund 50 % im Korn (Teigreife). Mit dem Daumennagel eingedrückte Körner spritzen nicht mehr. Silomais ist *frühfrostgefährdet*. Pilze und Bakterien befallen die geschädigten Pflanzen schnell, die Blätter trocknen aus und der Bestand bricht zusammen.

Ernteverfahren – Ziel ist es, die ganze Pflanze möglichst verlustlos zu ernten und mit 6–8 mm Häcksellänge eine gute Struktur des Häckselgutes zu erreichen. Außerdem sollten die Körner zerkleinert oder zumindest gequetscht sein, um den Verdauungssäften den Zugang zum Korn zu ermöglichen und damit die Futterverwertung zu erhöhen.

Die Ernte erfolgt mit **Exakt-Feldhäckslern,** die angebaut oder gezogen werden oder als selbst fahrende Maschinen auf dem Markt sind. Laden und Transport des Häckselgutes erfolgt entweder auf nebenher fahrenden Wagen (Parallelbetrieb) oder auf von der Erntemaschine gezogenen Wagen. 1 m^3 Laderaum fasst 2,5 dt Silomais.

Verwertung – Maissilage wird vor allem in der Rinderfütterung (Grundfutterbasis für Milchkühe, Jungbullenmast) eingesetzt.

Abb. 305 Silomais muss gleichmäßig und sehr kurz gehäckselt werden, damit er sich im Behälter möglichst luftdicht pressen lässt.

Abb. 306 Reihenunabhängige Häcksler ermöglichen eine hohe Schlagkraft bei der Ernte.

Abb. 307 6-reihiger Maispflückvorsatz am Mähdrescher.

Abb. 308 Der Maiskolben wird durch die Pflückschienen (oben) abgerissen, der Stängel über die Pflückwalzen nach unten geschoben und zerkleinert.

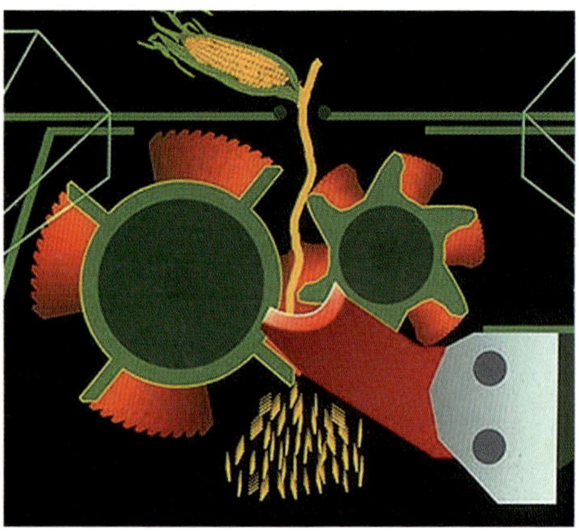

2.7.2 Corn-Cob-Mix (CCM)

Erntezeitpunkt – CCM ist das Gemisch aus Spindeln und Körnern. Es kann bereits bei einem T-Gehalt von 50 % im Korn (≙ 45 % T im CCM) geerntet werden. Der mit geerntete Spindelanteil (ca. 50 – 70 %) verbessert die Druscheigenschaften und erfasst auch die nicht voll ausgebildeten Körner an der Kolbenspitze.

Erntetechnik – Die Ernte von CCM erfolgt mit dem Mähdrescher. Da das Ernteprodukt aus Maiskörnern und einem gewissen Anteil an Spindelteilen ohne Lieschen bestehen soll, arbeitet der Mähdrescher mit einem Pflückvorsatz wie beim Körnermaisdrusch. Zwischen Dreschkorb (Maiskorb) und Dreschtrommel erfolgt

- die Trennung der Lieschen vom Maiskolben; die Lieschen gehen über die Schüttler weg. Die Dreschtrommel-Drehzahl liegt meist höher, der Korbabstand ist geringer als bei den Einstellungen für den Körnermaisdrusch. Je größer die Trommeldrehzahl und je geringer der Korbabstand, desto größer wird der Anteil der kleinen Spindelteile, die in das Erntegut gelangen.
- das Trennen der Körner von der Spindel; die kleineren Spindelteile und die Körner gelangen durch den Korb auf das Obersieb.

Die größeren Spindelteile gelangen über den Schüttler, ein kleiner Anteil kann durch die Öffnungen im Schüttler wieder auf das Obersieb kommen. Als Obersieb wird ein Lamellen- oder Nasensieb verwendet. Es wird soweit geöffnet, dass Körner und der gewünschte Spindelanteil den Weg zum Körnertank nehmen. Das Untersieb wird dabei entfernt und ohne Überkehr gearbeitet.

Der **Anteil der Spindelteile** ist zu verändern durch die:

- Dreschtrommel-Drehzahl,
- Korbeinstellung,
- Einstellung des Obersiebes.

Konservierung – Corn-Cob-Mix ist nach dem Drusch zu silieren. Dazu muss das Erntegut fütterungsgerecht zerkleinert werden. Die Zerkleinerung erfolgt mit leistungsfähigen Hammerschlagmühlen. Sie werden hauptsächlich wegen ihres hohen Leistungsbedarfes mit Traktoren betrieben.

Das Befüllen der Mühle erfolgt mit dem Frontlader, der Transport zum Silo meist mit Förderbändern. Nach der Einlagerung ist das Futter luftdicht abzuschließen.

Verwertung – CCM wird hauptsächlich bei der Flüssigfütterung der Mastschweine eingesetzt und sollte folgende Eigenschaften haben: 55 – 60 % T, Rohfasergehalt 7 %, gute Mischung von Körnern und Spindeln.

2.7.3 Körnermais

Erntezeitpunkt – Körnermais ist reif, wenn die Körner mit dem Fingernagel kaum noch einzudrücken sind (T-Gehalt im Korn 60 – 62 %, d. h. Gelbreife). Je länger der Mais auf dem Feld steht und Wasser abgeben kann, desto geringer sind die Konservierungskosten.

Die Ernte muss aber so rechtzeitig erfolgen, dass die Pflanzen nicht aufgrund von Stängelfäule und Herbststürmen umkippen.

Frost beeinflusst weder Ertrag noch Qualität des Körnermaises. Dadurch bilden trockene, kühle Spätherbsttage noch einen günstigen Erntezeitraum für den Maisdrusch.

Erntetechnik – Der Drusch von Körnermais erfolgt mit dem Mähdrescher und wird bei Kornfeuchten von 30–40 % je nach Reifegrad und Witterungsverhältnisse vorgenommen.

Der Mähdrescher ist zur Körnermaisernte auszustatten mit

- einem **Maispflückvorsatz:** Er arbeitet mit 4 bis zu 8 Reihen und trennt die Maiskolben von der Pflanze. Nachdem die stehende Maispflanze von der Pflückeinrichtung erfasst ist, ziehen 2 Pflückwalzen den Stängel nach unten. Dabei gleitet er zwischen 2 Reißschienen, die die Kolben von der Pflanze abstreifen. Sie gelangen über Förderketten, Einzugsschnecke und Schrägförderer zum Dreschwerk. Der Pflückschienenabstand ist der Größe der Maiskolben anzupassen.
  Die durch die Pflückwalzen grob zerkleinerten Pflanzen gelangen auf den Boden. In den Pflückwalzen integrierte Schneideinrichtungen oder Unterflurhäcksler, die horizontal oder vertikal arbeiten können, trennen die Maispflanze von der Wurzel und zerkleinern sie.
- einem **Dreschwerk:** Zum Drusch von Körnermais ist an Stelle des Getreidekorbes ein Dreschkorb für Mais einzubauen. Gleichzeitig sind die Zwischenräume zwischen den Schlagleisten zu verkleiden. Die Dreschtrommel-Drehzahl ist auf etwa die Hälfte gegenüber der Drehzahl bei Getreidedrusch zu reduzieren. Die Korbeinstellung ist relativ groß zu wählen.
- einer **Reinigung:** Häufig wird ohne Untersieb gearbeitet, dann ist der Überkehr-Rücklauf abzudecken.

Konservierung – Körnermais wird für die weitere Verwertung hauptsächlich getrocknet. Dazu sind Trocknungsanlagen mit hoher Leistung notwendig, da der Wasserentzug meist über 35 % liegt.

Erntefrischer Körnermais ist für die Fütterung auch zu silieren. Vorher ist er in einer Mühle zu zerkleinern und im Silobehälter luftdicht abzuschließen.

Zur **Zwischenlagerung** bis zur Trocknung bietet eine Kühlung mit trockener Luft für 10–14 Tage Schutz vor Verderb.

Abb. 309 Unterbauhäcksler mit horizontaler Messeranordnung.

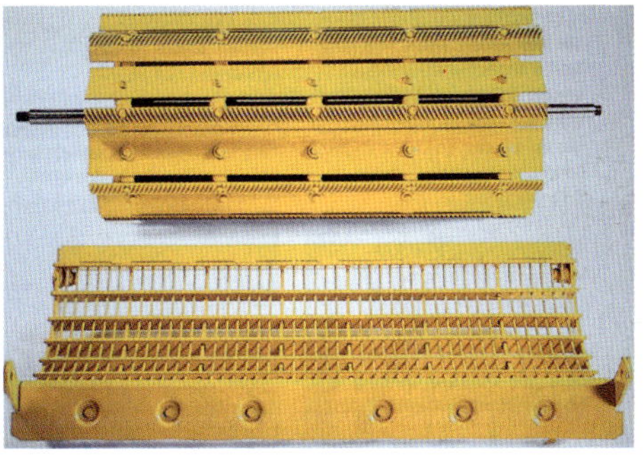

Abb. 310 Dreschtrommel und Dreschkorb für den Maisdrusch.

2.7.4 Lieschkolbenschrot (LKS)

Erntezeitpunkt, -verfahren – Lieschkolbenschrot kann bereits mit einem T-Gehalt im Korn von etwa 40 % geerntet werden. Es enthält neben allen Spindeln und Körnern 80 % der anfallenden Lieschen und bis zu 20 % Stängelanteile. Die Ernte erfolgt mit Lieschkolben-Pflückschrotern oder Maiskolben-Pflückschrotern.

Konservierung, Verwertung – Das Silieren erfolgt wie bei CCM. Der Raumbedarf ist jedoch wegen des Stängelanteils höher. Lieschenkolbenschrot wird als Kraftfutter in der Rinderfütterung und abgesiebt in der Schweinefütterung eingesetzt.

Abb. 311 Maiskolbenschroternte mit dem Feldhäcksler, anstelle des Maismähvorsatzes ist ein Maispflückvorsatz angebaut.

Abb. 312 Dieser Totalschaden eines Silomaisbestandes durch Hagelschlag beeinflusst die Wirtschaftlichkeit ebenso nachhaltig wie die Futterbasis des Betriebes.

Abb. 313 Körnermaisernte.

3 Rentabilität im Maisanbau

Eine sinnvolle Bewertung der **Wirtschaftlichkeit des Silomaisanbaus** ist nur möglich, wenn anstelle der Grünmasse-Erträge (dt/ha) die produzierten Energieeinheiten (GJ NEL/ha) berücksichtigt werden. Zur Berechnung zieht man die variablen Kosten heran und vergleicht die je erzeugter Einheit anfallenden variablen Kosten (Cent/10 MJ ME oder Cent/10 MJ NEL) mit anderen Produktionsverfahren des Futteranbaus.

Tabelle 24: Produktionsverfahren Silomais
(variable Kosten; Deckungsbeitrag, Berechnungsbeispiele)

		33 % Trockensubstanz wachsreif, mittlerer Körneranteil 214 MJ NEL/dt Frischmasse 355 MJ ME/dt Frischmasse		
Grünmasse	dt/ha	400	500	600
Trockenmasse (T)	dt/ha	132	165	198
Brutto	GJ NEL/ha	86	107	128
Brutto	GJ ME/ha	142	178	213
T-Verlust	%	15	15	15
T-Netto	dt/ha	112	140	168
MJ NEL/kg T		6,50	6,50	6,50
MJ ME/kg T		10,78	10,78	10,78
Netto-Energie	GJ NEL/ha	73	91	109
Netto-Energie	GJ ME/ha	121	151	181
Saatgut	€/ha	120	120	120
Düngemittel	€/ha	176	220	264
Pflanzenschutz	€/ha	60	60	60
Lohnhäckseln	€/ha	145	145	145
Hagelversicherung	€/ha	20	20	20
variable Maschinenkosten	€/ha	85	90	95
variable Kosten	€/ha	606	655	704
abzüglich Maisprämie	€/ha	142	192	241
Kosten	ct/10 MJ NEL	1,95	2,10	2,20
Kosten	ct/10 MJ ME	1,20	1,25	1,35

Zugrunde gelegte Ausgleichszahlung: 464 €/ha.

Die **Rentabilität des Körnermaisanbaus** kann mit der Deckungsbeitrags-Berechnung bewertet werden. Dabei werden von der erbrachten Marktleistung die variablen Kosten abgezogen und die Flächenprämien dazu gerechnet. Weitere Faktoransprüche (z.B. Flächenbedarf, Arbeitsbedarf) gehen nicht in diese Berechnung ein, sind aber in der Gesamtbewertung zu berücksichtigen.
Die Wirtschaftlichkeit des Körnermaisanbaus reicht an die des Weizenanbaus heran und wird stark von den Trocknungskosten beeinflusst. Im Falle einer Nutzung als CCM steigt der Deckungsbeitrag durch den Wegfall der Trocknungskosten erheblich an.

Tabelle 25: Produktionsverfahren Körnermais
(Deckungsbeitrag, Berechnungsbeispiele)

Ertrag	dt/ha	65	80	100
Preis	€/dt	11	11	11
Marktleistung	€/ha	715	880	1100
Saatgut	€/ha	110	110	110
Düngung	€/ha	135	166	208
Pflanzenschutz	€/ha	60	60	60
variable Maschinenkosten	€/ha	75	75	75
Lohndrusch	€/ha	125	125	125
Versicherung	€/ha	22	27	33
Trocknung	€/ha	195	240	300
variable Kosten	**€/ha**	**722**	**803**	**911**
DB ohne Prämie	**€/ha**	**–7**	**77**	**189**
DB mit Prämie	**€/ha**	**457**	**541**	**653**

Zugrunde gelegte Ausgleichszahlung: 464 €/ha.

Abb. 314 Auch die Körnerlagerung entscheidet über die Qualität.

Aufgaben:

1. Zählen Sie die wichtigsten Nutzungsformen von Mais auf.
2. Nennen Sie die Zuchtziele bei Mais.
3. Welche Gesichtspunkte spielen bei der Sortenwahl eine Rolle?
4. Beschreiben Sie das Saatbettprofil und begründen Sie es.
5. Berechnen Sie die Saatstärke in Einheiten (50 000 Körner/ha), wenn je ha 75 000 Pflanzen stehen sollen, die Keimfähigkeit 96 % beträgt und ein Sicherheitszuschlag von 5 % eingeplant werden muss.
6. Welche Maßnahmen können gegen die bei Mais besonders drohende Bodenerosion ergriffen werden?
7. Was ist der Erntezeitpunkt bei den verschiedenen Nutzungsformen?
8. 135 t Maiskörner sollen von 30 % Kornfeuchte auf 14 % getrocknet werden. Wie viele Tonnen getrocknete Ware bleiben übrig?
9. Ein 4-reihiger Pflücker für Maiskolben-Silage hat einen Durchsatz von 25 t/h. Die Reihenweite des Maisbestandes beträgt 78 cm. Man rechnet mit einem Ertrag von 100 dt/ha. Welche Höchstgeschwindigkeit ist möglich?
10. In einem Maisbestand soll eine Bandspritzung von 18 cm Breite je Reihe durchgeführt werden. Der Abstand der Maisreihen beträgt 70 cm. Bei einer Ganzflächenspritzung sind 4 kg/ha Mittelaufwand erforderlich. Die Ausbringmenge der Spritze beträgt 300 l/ha, der Tankinhalt 500 l.
    a) Wie viele kg Mittel sind für eine Tankfüllung erforderlich?
    b) Wie viel % werden an Mittelkosten eingespart?

Abb. 315 Bei der Körnermaisernte haben die Trocknungsanlagen Hochbetrieb.

Hackfruchtbau

5

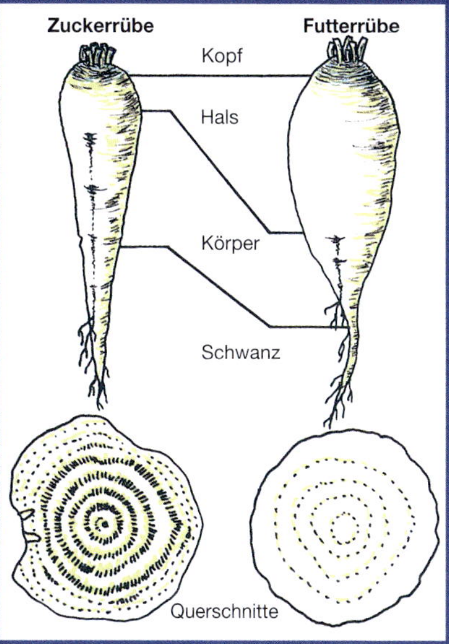

Vor allem in viehlosen oder ausschließlich Schweine haltenden Betrieben ist der Hackfruchtanbau in getreidereichen Fruchtfolgen aus pflanzenbaulichen Gründen vorteilhaft. Daneben sind aber auch die Mechanisierung der verschiedenen Produktionsverfahren und die Vermarktung bzw. die Verwendung der Hackfrüchte maßgebliche Kriterien für den Anbau.

Optimale, absatzfähige Qualitäten und höchstmögliche Quantitäten sind nur zu erzielen, wenn der Landwirt die allgemeinen und artspezifischen Produktionsgrundlagen beherrscht und mit den betriebswirtschaftlichen Gegebenheiten in Einklang bringen kann.

Im folgenden Kapitel werden die Produktionsgrundlagen und -verfahren für einen erfolgreichen Anbau von ***Zuckerrüben, Futterrüben*** und ***Kartoffeln*** dargelegt.

5 Hackfruchtbau

1 Grundlagen

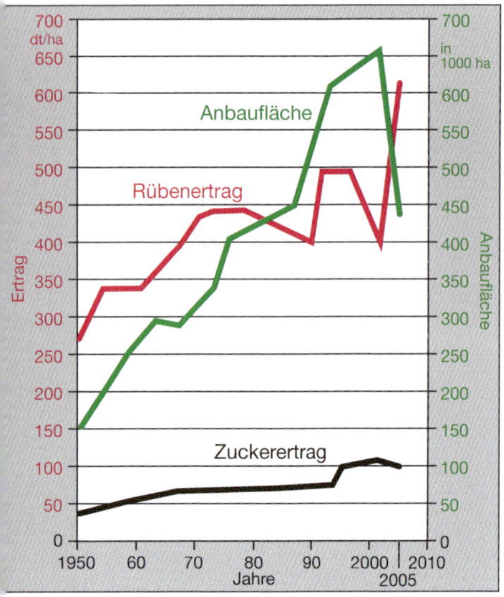

Abb. 316 Anbauflächen, Rüben- und Zuckererträge in der Bundesrepublik Deutschland (DBV, 2006).

Abb. 317 ACHARD übergibt dem preußischen König die Zuckerdenkschrift.

1.1 Bedeutung

Entwicklung – Vielen Völkern der Erde sind Körnerfrüchte bis heute noch unbekannt. In den warmen und tropischen Regionen unserer Erde gehören Wurzel- und Knollenfrüchte zu den bedeutsamsten Nahrungsmitteln der dort lebenden Bevölkerung.

Rüben mit süßem Geschmack bauten die Babylonier schon im 8. Jahrhundert v. Chr. an. Auch in den Küchenverzeichnissen KARLS DES GROSSEN (747–814) finden sich Angaben über süße Rüben, aber als Zuckerlieferant waren sie völlig unbekannt.

Zucker wurde damals nur aus Zuckerrohr gewonnen. Er kam aus den Mittelmeerländern nach Deutschland und war eine *Kostbarkeit,* die sich nur Könige und Fürsten leisten konnten. Später kamen von den Westindischen Inseln und aus Brasilien immer größere Mengen Rohrzucker nach Europa. Sein Preis war aber immer noch hoch.

Erst die Berliner Chemiker ANDREAS SIGISMUND MARGGRAF (1709–1782) und FRANZ CARL ACHARD (1753–1821) entdeckten den Zuckergehalt der Runkelrübe. 1801 gründete ACHARD die erste Zuckerfabrik in Cunern (Schlesien). Zuerst erntete er nur Spott und Anfeindung.

Als aber NAPOLEON I. durch seine Kontinentalsperre alle englischen Einfuhren, und damit auch den Rohrzucker, von den europäischen Märkten ausschloss, wurde die Bedeutung des Rübenzuckers erkannt. Heute wird ⅓ der Welt-Zuckerproduktion aus Rüben erzeugt.

Die **Kartoffel** hat ihren Ursprung in den Höhen der südamerikanischen Anden und hatte sich an karge Böden, niedrige Temperaturen, relativ trockenes Klima und kurze Tage gewöhnt. Mithilfe von Hügelbeeten konnte die Kartoffel auf fast allen Standorten angebaut werden.

Archäologische Funde belegen, dass dort bereits um 1100 v. Chr. eine sehr hoch entwickelte Kartoffelanbaukultur vorhanden war. Spanische Seefahrer waren die ersten, die über den Kartoffelanbau berichteten und schließlich die Kartoffel auch nach Europa brachten, nachdem sie bei der Eroberung von Peru und Chile (1525–1543) diese Knollenfrucht fanden. Andere Quellen berichten aber, dass die Engländer Sir WALTER RALEIGH (1552–1618) und Sir FRANCIS DRAKE (1540–1596) anlässlich ihrer abenteuerlichen Seefahrten und Seekriege gegen die Spanier vor der Küste Mittel- und Südamerikas die Kartoffel nach Europa gebracht haben.

Als eine unbekannte botanische Besonderheit verbreitete sich die Kartoffel in Europa zunächst nur in den Gärten der »höheren« Bevölkerungsschicht. Bis die Kartoffel schließlich als anerkanntes Volksnahrungsmittel geschätzt wurde und die Knollen in ei-

nen feldmäßigen Anbau produziert wurden, dauerte es in Europa noch fast 200 Jahre.
Grund dafür waren damalige Fruchtfolgeregelungen der Dreifelderwirtschaft. Dann hatten die Menschen Vorbehalte gegen die Pflanze, weil nach dem Genuss von »Kartoffeln« – wie behauptet wurde – Todesfälle auftraten. Tatsächlich aber beruhten diese Todesfälle darauf, dass nicht die Kartoffelknollen, sondern die oberirdischen grünen Beeren gegessen worden waren.
Maßgeblichen Anteil an der Verbreitung der Kartoffel hatte König FRIEDRICH II., der Große (1712–1786), volkstümlich auch der »Alte Fritz« genannt. Er setzte sich für die Anerkennung und Verbreitung der Kartoffel als Volksnahrungsmittel ein.
In den Industrieländern dient die Kartoffel heute auch als Futtermittel sowie zur Herstellung von Alkohol, Stärke und zunehmend von Veredelungsprodukten.

Abb. 318 Die Samenstände der Rüben werden als Schosser bezeichnet.

1.2 Botanik

Botanik – Zuckerrüben, Futterrüben und Rote Rüben gehören zur Art *Beta vulgaris*, deswegen nennt man diese Rüben auch **Beta-Rüben.** Es sind 2-jährige Pflanzen, weil sich im 1. Jahr nur der Rübenkörper und erst im 2. der Samenträger entwickelt.
Allerdings entwickeln sich immer wieder auch schon im 1. Vegetationsjahr Samenträger. Solche Rüben werden als *Schosser* bezeichnet. Sie besitzen nur einen geringen Zuckergehalt und erschweren Ernte und Verarbeitung. Die Züchtung versucht, diese Eigenschaft möglichst auszumerzen (Schosser-Resistenz).
Der Fruchtstand der Betarüben ist ein zusammengewachsenes Knäuel aus 2 – 4 Samenanlagen (polygerme Samen). Bei der Aussaat eines solchen Knäuels entstehen dann auch 2 – 4 Pflanzen. Heute hat man durch züchterische Maßnahmen erreicht, dass die Samenträger weitgehend nur 1 Samenanlage je Frucht besitzen (monogerme Samen). Dies ermöglicht einen vereinzelungslosen Anbau und spart dadurch etwa 100 AKh/ha.
Während bei der **Zuckerrübe** der Rübenkörper hauptsächlich von der *Wurzel* gebildet wird, ist es bei den **Futterrüben** der *Wurzelhals*, der sich entsprechend verdickt.
Zuckerrüben besitzen Wurzelrillen, bei Futterrüben findet man sie, zumindest bei Massenrüben, kaum. Das wichtigste *Unterscheidungsmerkmal* zwischen Zucker- und Futterrüben ist die Zahl der Gefäßbündelringe. Zuckerrüben haben mehr als 8, Futterrüben dagegen weniger als 6.
Die **Kartoffel** *(Solanum tuberosum)* gehört z. B. mit Tomaten, Paprika, Petunien und Engelstrompe zur Familie der Nachtschattengewächse. Bei der relativ anspruchslosen Pflanze ist die Knollenbildung von der Temperatur und der Tageslänge abhängig. Die ursprünglichen Pflanzen mussten sich erst an die »Langtagverhältnisse« in europäischen Regionen anpassen.
Die Knollen bilden sich am Ende von Stolonen auf der Grundlage von sekundärem Dickenwachstum. Alle Arten enthalten als Giftstoffe Alkaloide, z. B. das Solanin in den grünen Pflanzenteilen der Kartoffelpflanze.

Abb. 319 Kartoffelpflanze mit Knollen.

2 Zuckerrüben
(Beta vulgaris var. *altissima)*

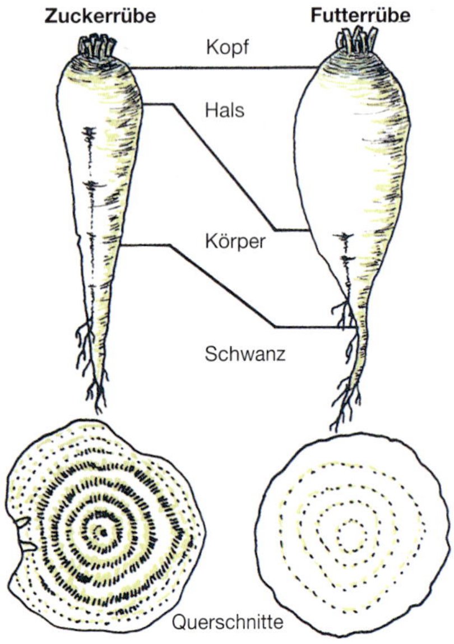

Abb. 320 Rübenkörper von Zucker- und Futterrüben im Vergleich.

Abb. 321 Vergleich von Zucker- und Futterrübe.

Abb. 322 Der Zuckergehalt (%) variiert im Rübenkörper.

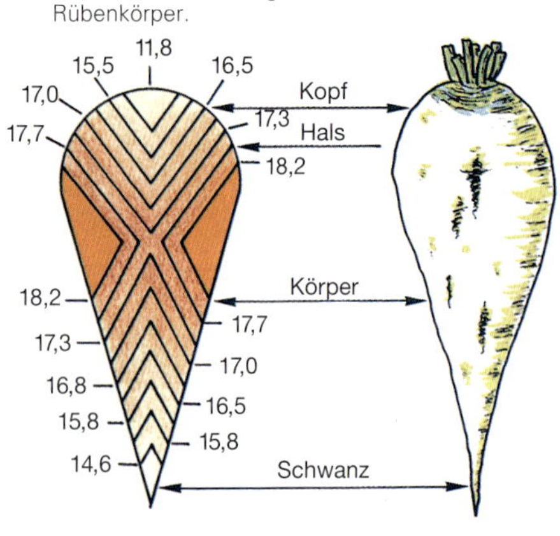

2.1 Bedeutung

In der Bundesrepublik Deutschland hat sich die Anbaufläche der Zuckerrüben von 1950 bis heute fast verdreifacht. Gleichzeitig stieg der Zuckerertrag durch Erhöhung der Flächenerträge (2005: 601,8 dt/ha) und des Zuckergehaltes (16–19 %) auf ca. 90 dt Zucker/ha.

Hohe Deckungsbeiträge, eine Absatzgarantie infolge der Kontingente und verringerter Arbeitsaufwand durch verbesserte Produktionstechnik machen die Zuckerrübe zur wichtigsten Hackfrucht bei uns.

2.2 Produktionstechnik

2.2.1 Standortansprüche

Boden – Für Zuckerrüben sind kalkhaltige, tiefgründige, humose Lössböden der ideale Standort. Aber auch anmoorige Böden, die genügend tiefgründig sind, oder sandige Böden, soweit sie im Sommer beregnet werden, sind als Standorte für Beta-Rüben geeignet. Der pH-Wert sollte zwischen 6,8 und 7,2 liegen.

Klima – Rüben brauchen mindestens 500 mm Niederschläge, davon ⅔ gleichmäßig verteilt während der Vegetationszeit. Zuckerrüben benötigen für die Verarbeitungsreife in der Zeit von Anfang April bis Ende September eine Temperatursumme (= Summe der Tagesmittelwerte) von 2500–2900 °C. Treten niedrige Temperaturen ab Ansatz des 1. Laubblattpaares auf, erhöht sich die Schosserneigung.

2.2.2 Fruchtfolge

Beta-Rüben sollten frühestens nach 4 Jahren wieder auf demselben Acker angebaut werden, sonst vermehren sich die **Rübennematoden** und andere Schädlinge so stark, dass die Erträge sinken. Das gilt auch für Spinat, Rote Rüben, Raps und Unkräuter aus der Familie der Kreuzblütler. Sie alle sind **Wirtspflanzen** für die Nematoden.

Dagegen sind Mais, Luzerne, Roggen und bestimmte Ölrettichsorten regelrechte **Feindpflanzen** für Nematoden. Sie helfen, verseuchte Flächen wieder rübenfähig zu machen. Aufgrund dieser Erkenntnisse ergeben sich Hinweise für die Stellung der Zuckerrüben in der Fruchtfolge.

Die besten Vorfrüchte für Rüben sind die Kartoffeln, weil sie den Acker in einem tief gelockerten, unkrautfreien und garen Zustand hinterlassen. Wegen des hohen Getreideanteils in der Fruchtfolge stehen jedoch nicht zwei Blattfrüchte hintereinander, so dass Rüben in der Regel Getreide als Vorfrucht haben.

2.2.3 Leistungsmerkmale

Leistungsmerkmale – Die wichtigsten Merkmale sind der Rübenertrag und der Zuckergehalt. Aus beiden ergibt sich der *Zuckerertrag.*

Der Anteil der Nicht-Zuckerstoffe (Kalium, Natrium, Aminostickstoff), welche die Weißzuckerausbeute in der Fabrik einschränken, sollte möglichst gering sein. Ihre Menge, aber auch das Verhältnis der einzelnen Nicht-Zuckerstoffe zueinander (= effektive Alkalität) bewirkt, dass ein Teil des in der Rübe eingelagerten Zuckers (ausbeutbarer Zucker) nicht als Weißzucker, sondern nur als Melassezucker gewonnen werden kann.

Zieht man diesen Standard-Melasseverlust (SMV) vom Gesamt-Zuckergehalt der Rübe ab, erhält man den »bereinigten Zuckergehalt (BZG)« und durch Multiplikation mit dem Rübenertrag den »bereinigten Zuckerertrag (BZE)«.

Abhängig von der Höhe des Standard-Melasseverlustes wird die Höhe von *Qualitätsprämien* festgelegt.

Weitere Leistungsmerkmale sind die *Schosserfestigkeit* und die geringe Neigung zum *Herauswachsen* der Rüben aus dem Boden (Ernteverluste!). Außerdem ist die *Resistenz* bzw. *Toleranz* gegenüber Viren, Bakterien, Pilzen und tierischen Schädigern eine wichtige Eigenschaft.

Sorten – Sie lassen sich 3 Grundtypen zuordnen:

- ▶ Ertragsbetonte Sorten = E-Typ
- ▶ zuckerbetonte Sorten = Z-Typ
- ▶ ausgewogene (normale) Sorten = N-Typ

Ein Teil der neuen Sorten lässt sich nicht mehr eindeutig diesen Typen zuordnen. Deswegen erfolgt ihre Einstufung nach dem *Zuckergehalt* (z. B. E/N oder N/Z).

Saatgut – Bei Betarüben unterscheidet man folgende Saatgutformen:

- ▶ **Normalsaatgut** (natürliches Saatgut), ursprüngliche Saatgutform, die aus 1 Samenknäuel mit 2–4 Keimanlagen besteht.
- ▶ **Präzisionssaatgut** (technisch monogermes Saatgut), hergestellt durch maschinelles Spalten der mehrkeimigen Samenknäuel, Mindestanforderungen 70 % Einkeimigkeit bei 73 % Keimfähigkeit und möglichst einheitlicher Größensortierung (Kalibrierung) von 3,50–4,75 mm. Aussaat mit Einzelkorn-Sägeräten ergibt einen aufgelockerten Rübenbestand, der mit einer Korrekturhacke auf den gewünschten Endabstand gebracht wird.
- ▶ **Präzisionssaatgut pilliert;** nach dem Spalten und Absieben werden die Knäuelteile mit einer Hüllmasse versehen, in die bereits Beizmittel gegen Pilzbefall und Schädlingsbekämpfungsmittel eingearbeitet sind. Einheitskaliber 3,50–4,75 mm. Außerdem verringert sich durch die Pillierung die Fehlbelegung der Säorgane, so dass Fehlstellen seltener werden.
- ▶ **Monogerm-Saatgut** (genetisch einkeimiges Saatgut); das auf züchterischem Wege einkeimig entwickelte Saatgut muss zu 80 % keimfähig und zu 90 % einkeimig sein (bezogen auf die gekeimten Pillen). Monogerm-Saatgut wird wegen seiner ursprünglich flachen Form immer pilliert und kalibriert verwendet.

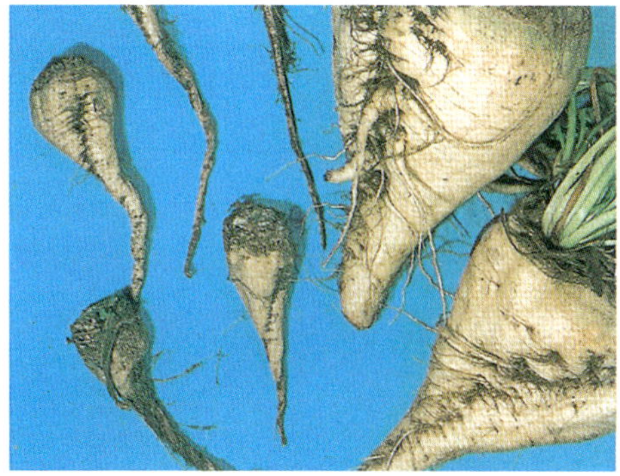

Abb. 323 Nematoden vermehren sich bei zu enger Stellung der Rüben in der Fruchtfolge.

Abb. 324 Verschiedene Arten von Rübensaatgut.

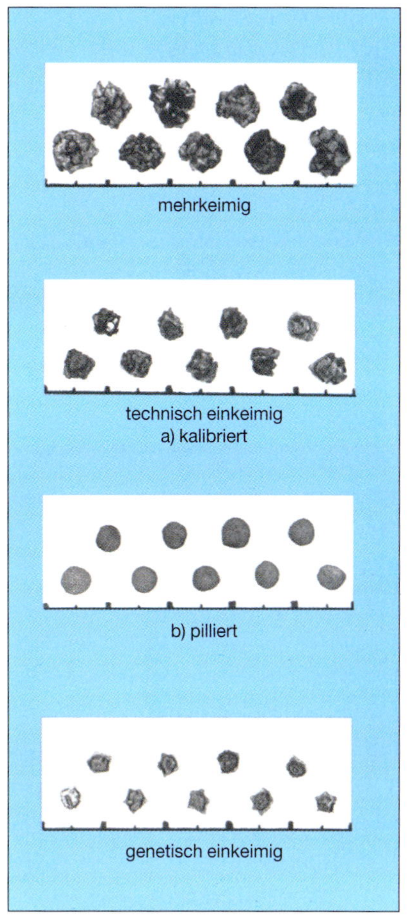

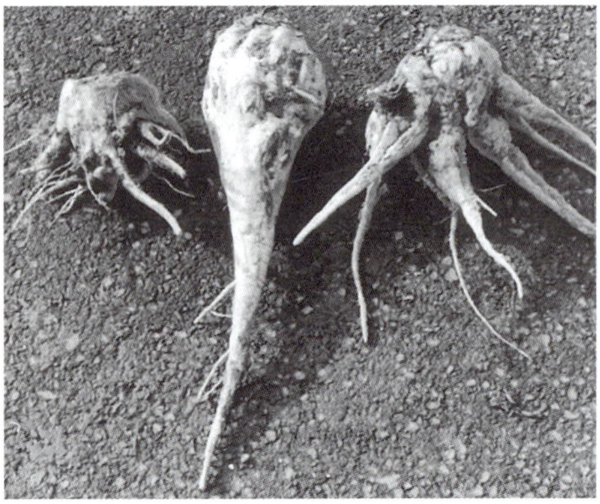

Abb. 325 Ungenügende Bodenvorbereitung führt zur »Beinigkeit« der Rüben. Die mittlere Rübe dient als Vergleich.

Abb. 326 Gitterräder vermeiden Bodenverdichtungen.

Abb. 327 Gleichmäßiger Feldaufgang.

Bei Zuckerrüben wird heute wegen des inzwischen überall praktizierten Anbaus auf Endabstand ausschließlich Monogerm-Saatgut verwendet.

2.2.4 Bodenbearbeitung und Saatbettbereitung

Alle Maßnahmen der Bodenbearbeitung und der Saatbettbereitung zielen darauf ab, dass die Rüben so vollständig und gleichmäßig wie möglich auflaufen. Ein Anbau ohne Saatbettbereitung (Direktsaat) brachte in mehrjährigen Versuchen stets verringerten Feldaufgang und Ertragseinbußen bis zu 40 %.
In der Praxis bedeutet dies:

- **Tiefe Bodenbearbeitung** schon im Herbst, um einerseits Bodenverdichtungen zu beseitigen und andererseits dem Boden genügend Zeit zum Absetzen zu geben, damit die Wasserversorgung des keimenden Samens durch die Kapillarität gesichert ist. Eventuell muss auf häufig mit Stroh gedüngten und deshalb puffigen Böden gleichzeitig mit dem Pflug der Packer eingesetzt werden. Nichtwendende Bodenbearbeitung findet zunehmend Eingang in die Praxis: Die Befahrbarkeit zur Ernte erhöht sich deutlich.
- **Saatbettbereitung im Frühjahr** bei abgetrocknetem Boden mit einer Egge-Krümler-Kombination, die einen ebenen Saathorizont über einem abgesetzten Boden und gleichzeitig eine nicht zu fein gekrümelte Deckschicht schafft. Damit sind die Wasserversorgung von unten sowie die Luft- und Wärmezufuhr von oben gesichert.
- **Bodenverdichtungen** sollten schon bei der Ernte der Vorkultur vermieden werden. Der Bodendruck kann durch Geräte mit breiten Reifen, niedrigem Reifendruck und großen Arbeitsbreiten vermindert werden.
- Vermeiden nachträglicher **Verschlämmung** der Oberfläche, deshalb keine zu feine Krümelung der Oberfläche, Einsatz von Fingerdruckrollen bei der Saat bzw. von Formwalzen 3–4 Tage nach der Saat, Branntkalkgabe (ca. 5 dt/ha) vor der Saat. Fahrgassen bzw. Beete haben sich bewährt.
- Verringerung der **Bodenerosion**, z. B. durch Mulchsaat oder Auftrag von Grünschnittkompost.

2.2.5 Aussaat

Eine universelle Aussaattechnik gibt es nicht. Sie ist immer standort- und terminabhängig.

Formen der Bestandsbildung – Versuche ergaben, dass ein Bestand von 80 000–90 000 Rübenpflanzen/ha die höchsten Rüben- und Zuckererträge liefert. Um dies zu erreichen, sind zwei Formen der Bestandsbildung möglich:

- **Anbau auf Endabstand:** Die Zahl der Pflanzen bei der Ernte ergibt sich aus dem gewählten Reihenabstand, dem Ablegeabstand in der Reihe und dem Feldaufgang.
- **Anbau mit Korrekturhacke:** Hier gelten die gleichen Merkmale; nur die Ablegeabstände sind kleiner, aufgelaufene Reservepflanzen werden anschließend mit der Hacke beseitigt.

Während man in beiden Fällen den *Ablegeabstand* und die *Reihenentfernung*, die entweder bei 45 oder 50 cm liegt, bei der Saat selbst bestimmen kann, muss der *Feldaufgang* jeweils vorausgeschätzt werden. Er wird sowohl von der Keimfähigkeit des Saatgutes als auch von den Sorteneigenschaften und den jeweiligen Standortbedingungen beeinflusst. Die hohe Keimfähigkeit (mind. 92 %) in Verbindung mit der exakten Sätechnik ließen den Feldaufgang ständig verbessern (60–70 %, bei günstigen Bedingungen auch bis zu 80 %).
Zur Feststellung des **Feldaufgangs** zählt man die Pflanzen in einer Reihe, die auf der 100fachen Länge des Ablageabstandes stehen. Beträgt also der Ablegeabstand 12 cm und stehen auf 12 m Reihenlänge 64 Pflanzen, so ist der Feldaufgang 64 %.
Saatgutbedarf – Rübensaatgut ist in Einheiten (U, von engl. unit) zu je 100 000 Samen im Handel. Die Reihenentfernung beträgt üblicherweise 45 oder 50 cm. Der Ablageabstand richtet sich nach den Erfahrungen aus dem standortbedingten Feldaufgang und der Wahl der Bestandsformung (mit Korrekturhacke oder Anbau auf Endabstand). Bei Anbau mit Korrekturhacke beträgt der Ablageabstand 9–12 cm, beim Anbau auf Endabstand 18–22 cm.

> ! Der Saatgutbedarf ergibt sich, indem man die Reihenlänge je Hektar durch die Ablageentfernung dividiert.

Beispiel:
Reihenabstand 50 cm entspricht einer Reihenlänge 20 000 m/ha, Ablageabstand 10 cm bei späterer Vereinzelung,

$$\text{Saatgutbedarf} = \frac{20\,000\text{ m}}{0{,}10\text{ m}} \triangleq 200\,000\text{ Samen/ha} \triangleq 2\text{ U/ha}$$

Reihenabstand 45 cm entspricht einer Reihenlänge 22 222 m/ha, Ablageabstand 19 cm (Endabstand),

$$\text{Saatgutbedarf} = \frac{22\,222\text{ m}}{0{,}19\text{ m}} \triangleq 116\,957\text{ Samen/ha} \triangleq 1{,}16\text{ U/ha}$$

Aussaat – Die **Saattiefe** soll 1–3 cm betragen und sehr gleichmäßig sein. Die Pillen sollen im festen Kontakt mit dem Boden und mit großer **Ablagegenauigkeit** (80 % der Samen ± 2,5 cm an der angestrebten Ablagestelle) ausgebracht werden. Deswegen benützt man **Einzelkorn-Sägeräte,** deren Lochscheiben oder Zellenräder eine präzise Ablage garantieren. Sie arbeiten mehrreihig und ermöglichen auch bei Doppelreihen-, Beet- oder Fahrgassenanbau eine optimale Standraumausnutzung durch die Pflanzen.
Die Saattiefe ergibt sich aus der Bedeckungshöhe mit lockerem Boden, den Zustreicher, Bodenquirle oder doppelkonisch geformte Druckrollen anhäufeln. Finger-, Nockenkranz- oder Wulstdruckrollen sollen das Verschieben der Samenpillen aus ihrer Position vermeiden. Wesentlich für das Einhalten der Ablagegenauigkeit ist die gewählte Fahrgeschwindigkeit (unter 5 km/h).

Abb. 328 Lückiger Aufgang wegen verkrusteter Bodenoberfläche.

Abb. 329 Mulchsaat hilft, Unkraut zu bekämpfen und Erosion zu verhindern.

Abb. 330 Mulchsaatgerät für Rüben.

Abb. 331 Entwicklungsstadien der Zuckerrübe (Schema).

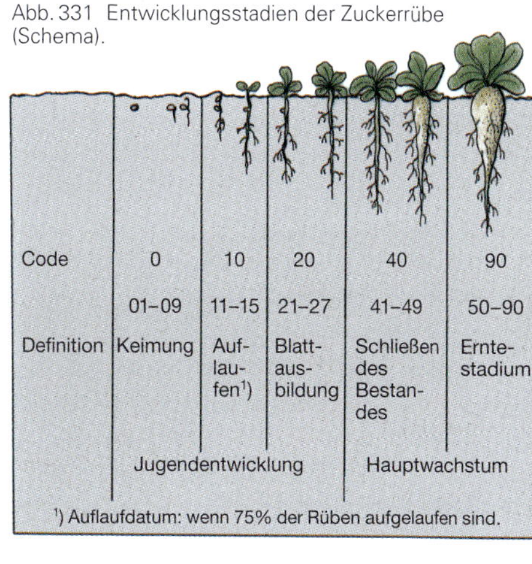

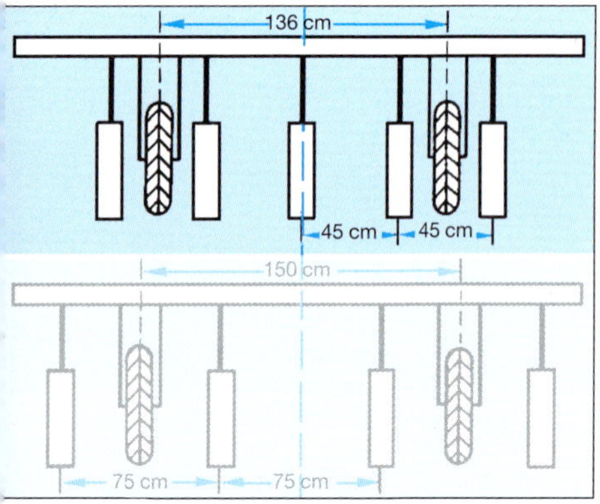

Abb. 332 Anordnung der Säaggregate an der Geräteschiene für einen Reihenabstand von 45 cm.

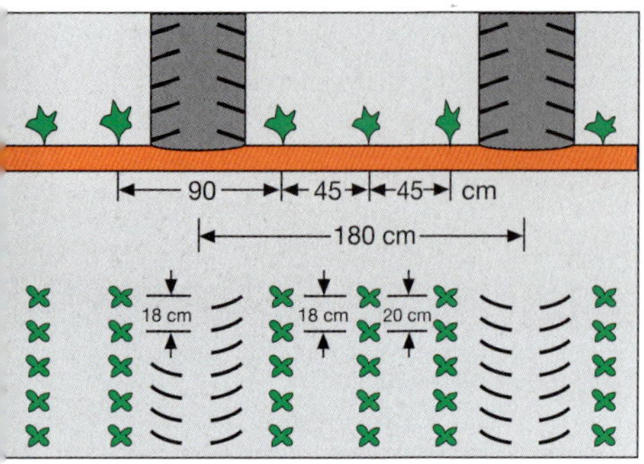

Abb. 333 Anordnung einer Fahrgasse bei der Rübensaat.

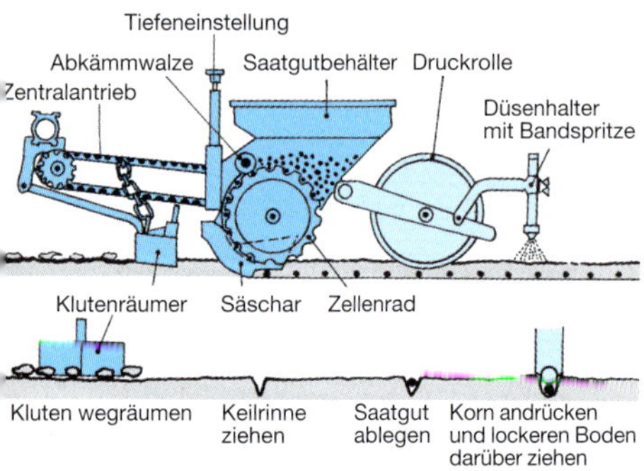

Abb. 334 Aufbau einer Einzelkorn-Sämaschine (Schema).

Abb. 335 Einstellung der Ablagetiefe; Einstellmarkierungen (Pfeil).

Saatzeit – Sie liegt zwischen Mitte März und Anfang Mai. Zu frühe Aussaat bringt wegen der meist noch sehr niedrigen Temperaturen schlechteren Feldaufgang und erhöht die Schosserneigung. Je später die Saat, desto größer sind die Ertragseinbußen, weil die Vegetationszeit verkürzt wird.
Der optimale Saattermin ist so früh als möglich anzusetzen, vorausgesetzt, der Boden ist bearbeitungsfähig abgetrocknet.

2.2.6 Technik der Rübensaat

Um gute Bedingungen für den Einsatz eines Einzelkorn-Sägerätes zu schaffen, ist das Saatbett flach, eben und feinkrümelig vorzubereiten. Die gewünschte Aussaatstärke in Pflanzen je m^2 oder ha ist vom Reihenabstand der Aggregate und dem Abstand der Samenkörner in der Reihe abhängig.
Einzelkorn-Sägeräte – Sie kommen mit 6, 12 oder 18 Reihen zum Einsatz. Die **Einzelaggregate** sind an einer *Geräteschiene* befestigt. Über große *Laufräder* wird der Geräterahmen am Boden geführt, sie übernehmen auch den Antrieb der einzelnen Aggregate (Zentralantrieb).
Bei Geräten mit über 3 m Außenbreite werden die Aggregate für den Straßentransport eingeklappt.
Säaggregate – Die Säaggregate sind auf der Geräteschiene zu verschieben. Damit kann der Reihenabstand von 45 oder 50 cm eingestellt werden. Zur Aussaat von Feldgemüse ist der Reihenabstand bis auf etwa 25 cm zu reduzieren. Das Messen und die Einstellung des Reihenabstandes erfolgen von der Mitte der Geräteschiene aus. Dementsprechend ist auch die Spurweite der Laufräder und die der Traktorräder einzustellen.
Das an der Geräteschiene befestigte Säaggregat ist über ein Parallelogramm angelenkt. Die **Tiefenführung** des Gerätes mit dem Säschar erfolgt über Stütz- oder Druckrollen. Vor der 1. Stützrolle arbeitet ein Klutenräumer. Er schafft gute Voraussetzungen für eine exakte Tiefenführung.
Der aufgesetzte **Vorratsbehälter** ist mit dem Säorgan verbunden. Für eine ausreichende Saatgutmenge soll der Vorratsbehälter ein Volumen von 10–20 Liter haben.
Säorgane – Die Säeinrichtungen arbeiten mechanisch mit *Zellenrädern* oder *Lochscheiben*.
Zellenräder gibt es mit *Außen-* oder *Innenbefüllung*.

- *Zellenräder mit Außenbefüllung:* Die Zellen des Särades werden von außen beim Durchstreifen durch den Saatgutbehälter gefüllt. Ein Abstreifer entfernt die überschüssigen Samenkörner aus dem Bereich der Zellen. In den Zellen eingebettet wird jedes Samenkorn nach unten transportiert und mittels eines Auswerfers aus der Zelle gedrückt und in die Saatfurche abgelegt. Die Fahrgeschwindigkeit ist bei diesem Befüllsystem begrenzt, da ansonsten Fehlstellen auftreten können.
- *Zellenräder mit Innenbefüllung:* Die pillierten Samen gelangen vom Saatgutbehälter von innen her in das Zellenrad und werden in die Zellen geschöpft. Bei der Rotation des Zellenrades erfolgt die Mitnahme der Samen zentrifugal nach oben. Dabei fallen überschüssige Pillen aus der Zelle bzw. der Schöpfrinne,

Abb. 336 Mitte: 12-reihiges Rübensägerät, für den Straßentransport sind jeweils 3 Aggregate an den Seiten einzuklappen.

bis das in der Zelle verbleibende Samenkorn in den Führungskanal gelangt. Darin wird es nach unten transportiert und mittels eines Auswerfers in die Saatfurche abgelegt.

Geräte dieser Bauart haben eine lange Befüllstrecke, wodurch eine sichere Belegung der Zellen erfolgt. Diese wird durch die Zentrifugalwirkung unterstützt.

Abb. 337 Zellenrad mit Außenbefüllung.

Lochscheibe – Sie ist im Aggregat schräg in Längsrichtung eingebaut. Das Befüllen der Zellen erfolgt vom Saatgutbehälter aus über einen separaten Schöpfraum. Überschüssige Körner streift ein Abstreifer ab. Die vereinzelten Samen gelangen in ein Fächerrad, das die Samen nach unten fördert und in die Saatfurche ablegt.

Zur Einzelkornsaat von Mais, Ackerbohnen, Raps und Feldgemüse können die Lochscheiben ausgetauscht werden.

Einstellungen zur Aussaat – Der **Kornabstand** oder Ablageabstand ist entsprechend der gewünschten Pflanzenzahl je m^2 oder ha zu wählen. Dabei ist die Ausführung (Anzahl der Bohrungen) des Zellenrades oder der Lochscheibe zu beachten. Über ein Ketten- oder Zahnrad-Wechselgetriebe ist ein feinstufiges Einstellen möglich und erfolgt bei Einzelantrieb für jedes Aggregat einzeln oder über ein zentrales Getriebe bei Geräten mit Zentralantrieb.

Beim Einsatz ist die Genauigkeit der Saatgutablage zu überprüfen. Fehlstellen und Doppelbelegungen sind zu minimieren.

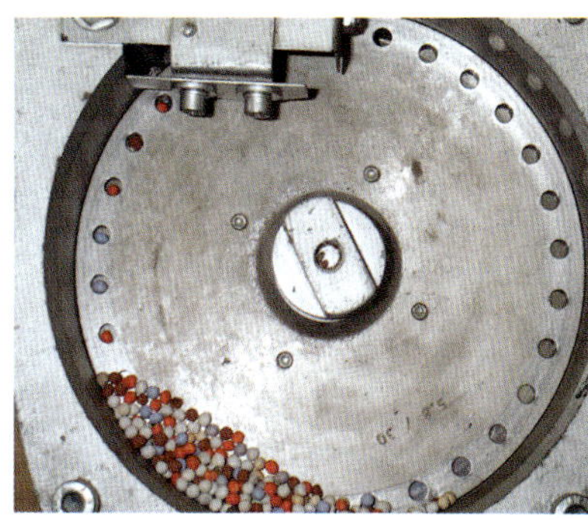

Abb. 338 Säaggregat mit Lochscheibe für die Rübensaat.

Die **Saattiefe** wird durch Verstellen der Druckrolle an jedem Aggregat einzeln verändert.

Das **Zudecken** des Saatgutes in der Saatfurche erfolgt je nach Ausführung mittels

- Nachlaufrolle mit Wulstring und Zustreicher,
- Nachlaufrolle mit Wulstring, Zustreicher und konischer Druckrolle,
- Zustreicher und Fingerdruckrolle.

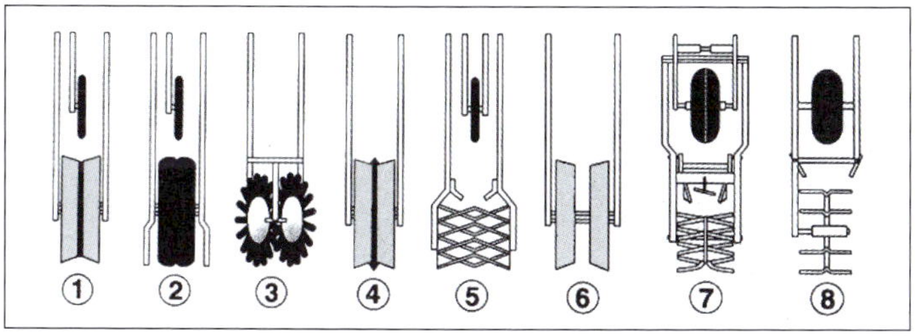

Abb. 339 Mitte: Die Säaggregate können mit verschiedenen Werkzeugen zum Andrücken und Zudecken des Saatgutes ausgestattet sein:
1 Kapillar-Druckrolle aus Gussscheibe mit Schlauchgummi, Konkav-Druckrolle mit Gummireifen,
2 wie 1, jedoch Konkav-Druckrolle mit Gummiwulstreifen,
3 Fingerdruckrolle mit Gummi- oder Stahlreifen,
4 Nockenkranz-Andruckrolle,
5 Kapillar-Druckrolle, Zustreicher, Quirl,
6 Scheibendruckrolle,
7 Formflexrolle, Zustreicher einstellbar, in der Tiefe geführt durch Quirl,
8 Vorlauf-Druckrolle mit Messerzustreicher und Verteiler.

Abb. 340 Fingerdruckrolle.

Bei Ausführungen zur Mulchsaat kommen statt der starren Zustreicher rotierende Zustreicher zur Anwendung.

Zusatzausstattung – Als Zusatzausstattung ist das Sägerät mit einem **Mikro-Granulatstreuer** auszurüsten. Damit können geringste Mengen von Granulaten in die Saatfurche dosiert werden. Der Granulatstreuer ist vor dem Einsatz abzudrehen.

Die Einstellung der **Spuranreißer** ist abhängig von der Säbreite, dem Reihenabstand der Einzelaggregate und der Spurweite des Traktors und wird wie bei der Aussaat von Mais vorgenommen.

Für die **Mulch-** oder **Direktsaat** wird das einzelne Aggregat zusätzlich mit einer *Doppelschneidscheibe* oder mit *Räumscheiben,* die vor dem Säschar arbeiten, ausgestattet. Damit wird die Mulchschicht durchtrennt bzw. weggeräumt *Rotierende Zustreicher* schließen die Saatfurche.

Pflege – Damit das Einzelkorn-Sägerät einwandfrei arbeitet, sind die Einstell- und Wartungsarbeiten wie bei den Maissägeräten regelmäßig durchzuführen.

2.3 Bestandesführung

2.3.1 Bestandespflege

Hacken – Die Korrekturhacke von Hand soll lediglich die Reservepflanzen beseitigen. Maschinenhacke wird eingesetzt, wenn es zu starker Verschlämmung und Krustenbildung gekommen ist. In der Kombination mit der Bandspritzung hilft die Hacke wesentlich, Mittel und Kosten zu sparen und die Bodenbelastung zu reduzieren.

Abb. 341 Pflegemaßnahmen bei Rüben (Schema).

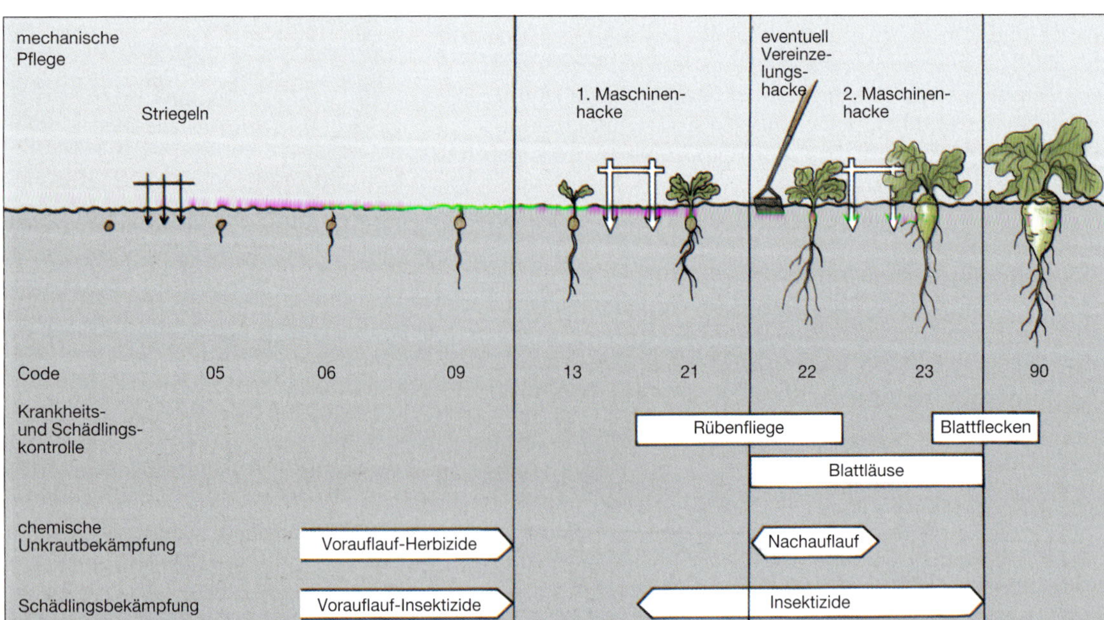

Ziel ist, den Bestand in erster Linie bis zum Reihenschluss, der ein weiteres Auflaufen von Unkräutern unterdrückt, weitgehend unkrautfrei zu halten. Neben Flächenspritzungen ist der Einsatz von Bandspritzeinrichtungen in Verbindung mit Sä- und Hackgeräten üblich.
Die große Herbizidauswahl an boden- und blattaktiven Wirkstoffen ermöglicht sehr flexible Bekämpfungsstrategien. Das Einarbeiten des Wirkstoffs vor der Saat (VSE), der Vorauflauf (VA) und der Nachauflauf (NA) können kombiniert oder als Einzelstrategie durchgeführt werden. Im reinen Nachauflaufverfahren werden feintropfige Düsen und geringe Wasseraufwandmengen (100–200 l/ha) ab dem Keimblattstadium der Unkräuter (NAK) eingesetzt. Der Umweltvorteil von Bandspritzverfahren durch Herbizideinsparung wird jedoch meist durch zusätzliche Hackmaßnahmen finanziell aufgezehrt.
Handarbeit zur Unkrautbekämpfung ist außer bei biologischem Anbau nur noch wenig gebräuchlich, weil eine Korrekturhacke zur Bestandsregulierung meist entfällt (siehe Hackgeräte im Band »Agrarwirtschaft, Grundstufe Landwirt«).
Krankheiten und Schädlinge – Auflaufende Rüben haben viele Feinde. Besonders bei der heute üblichen Saat auf Endabstand richten sie einen oft nicht wieder auszugleichenden Schaden an. Daher ist der Schutz vor Krankheiten und Schädlingen besonders wichtig.
Die Tabelle 26 (Seite 130) gibt eine Übersicht über die Bekämpfung der Krankheiten und Schädlinge bei Rüben.

Abb. 342 Räumscheiben arbeiten vor dem Einzelkorn-Sägerät bei der Mulchsaat.

Abb. 343 Wirkung der maschinellen Rübenhacke.

2.3.2 Düngung

Nährstoffentzug – Alle Betarüben haben einen großen Nährstoffbedarf. 100 dt/ha Zuckerrüben mit Blatt entziehen dem Boden die nachfolgend angegebenen Mengen an Nährstoffen:

45 kg N,
18 kg P_2O_5,
75 kg K_2O,
20 kg CaO,
15 kg MgO,
20 kg NaO.

Handelsdünger – Zuckerrüben brauchen im Jugendstadium bis kurz vor Bestandsschluss reichlich Stickstoff, damit sie rasch die für die Fotosynthese nötige große Blattmasse bilden können. Mit steigender N-Versorgung nimmt aber auch der Anteil unerwünschter Inhaltsstoffe (Alpha-Aminostickstoff, Kalium, Natrium) zu. Deswegen ist eine gezielte N-Düngung besonders wichtig. Der **Gesamt-Stickstoffbedarf** wird unter Berücksichtigung des Bodenvorrats (N_{min}-Untersuchung, EUF-Methode) festgestellt. Weil die Rüben im Keimpflanzenstadium empfindlich gegen hohe Salzkonzentrationen sind, gibt man den Stickstoff am besten in 2 Gaben. Die 1. so früh, dass sie mit dem letzten Arbeitsgang vor der Saat noch eingearbeitet werden kann, und die 2. spätestens im 4-Blatt-Stadium.

Abb. 344 Verlauf der N-Aufnahme bei Rüben, Entwicklung von Blatt, Wurzelgewicht und Zuckergehalt (Schema).

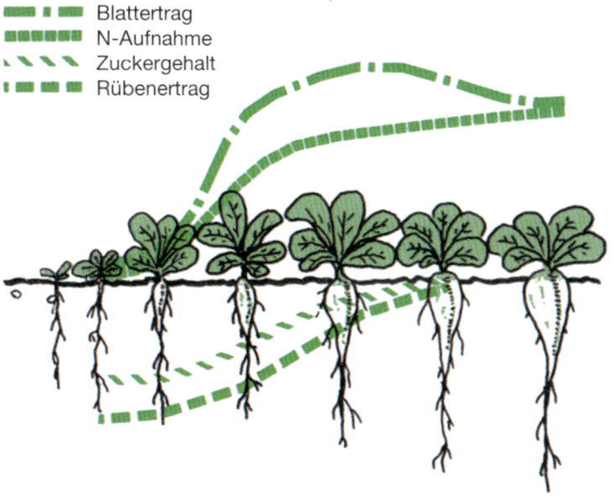

Tabelle 26: Krankheiten und Schädlinge bei Rüben

Krankheit, Schädling	Schadbild	Abwehr
Pilzkrankheiten Wurzelbrand *Pythium debaryanum* bodenbürtig, *Phoma betae* samenbürtig  Abb. 345	lückiges Auflaufen der Bestände, kümmernde Keimpflanzen, deren Wurzelhals verfärbt und eingeschnürt ist	bodenbürtige Pilze durch Schaffen optimaler Keimbedingungen für die Rüben, samenbürtige Pilze durch Saatgutbeizung
Blattflecken-Krankheit *Cercospora beticola,* *Ramularia beticola* Bild zeigt Mischinfektion von beiden Pilzen  Abb. 346	2–3 mm große, runde, oft rot umrandete, braune und später graue Flecken, Blätter sterben von außen nach innen ab, größter Krankheitsdruck im August bei starker Taubildung und Temperaturen zwischen 20 und 25 °C	weite Fruchtfolge, sauberes Einarbeiten der Rübenernterückstände, Fungizid-Einsatz nach Warndienst
Kräuselkrankheit	stark gekräuselte, kopfartig zusammengeschlossene Blätter	Übertragung durch Rübenblattwanze, deswegen richtet sich die Bekämpfung nach diesem Schädling
Rizomania Viröse Wurzelbärtigkeit *Polymyxa betae*  Abb. 347	helle, gelbfleckige Blätter, Wurzelbart ohne Zysten	Übertragung durch den bodenbürtigen Pilz Bekämpfung bisher nicht möglich; Anbau toleranter bzw. resistenter Sorten; weite Fruchtfolge
Viruskrankheiten Vergilbungskrankheit Viröse Vergilbung  Abb. 348	nesterweises Vergilben der Pflanzen	Übertragung erfolgt vorwiegend durch die Grüne Pfirsichblattlaus, bei starker Blattlausinvasion (Fallen!) Inkrustierung des Saatgutes, eventuell Spritzung
Rübenmosaik  Abb. 349	hell- und dunkelgrün gefleckte Blätter	wie Vergilbungskrankheit

Fortsetzung Tabelle 26

Krankheit, Schädling		Schadbild	Abwehr
Herz- und Trockenfäule Abb. 350		welkende und später absterbende Herzblätter	Mangelerscheinung durch Bormangel hervorgerufen; Düngung mit borhaltigen Düngern
Schädlinge Moosknopfkäfer *Atomaria linearis* Abb. 351		1–2 mm großer bräunlicher Käfer verursacht dunkle, stecknadelkopfgroße Fraßstellen vorwiegend im unterirdischen Teil der Keimpflanzen	Saatgutbeizung
Rübenfliege *Pegomya hyoscyami* Abb. 352		Eigelege auf der Blattunterseite, deutlich sichtbare Fraßgänge der Maden im Blattinnern	Saatgutbeizung; Anwendung von Insektiziden
Rübenaaskäfer *Aclypea opaca* Abb. 353		Fraßstellen an jungen Rüben	Anwendung von Insektiziden
Rübennematoden *Heterodera schachtii* Abb. 354		nesterweise kümmernde Pflanzen, Wurzelbärte mit hellgelben bis braunen Zysten (1 mm ∅)	weite Fruchtfolge, Wirtspflanzen sind Kreuzblütler (Raps!), Feindpflanzen sind z. B. Luzerne, Mais

Abb. 355 Gründüngung muss nicht eingearbeitet werden. Sie kann als Mulch dem Bodenschutz dienen. Das »Einarbeiten« besorgen die Bodenlebewesen.

Abb. 356 Wissenschaftliche Düngeversuche zeigen, dass auch Rüben deutlich auf eine geregelte PK-Düngung reagieren.

Abb. 357 Selbst fahrender-Köpf-Rode-Bunker im Einsatz.

Um eine gute Ausreifung der Rüben zu fördern und Zuckerverluste durch übermäßige Blattbildung zu vermeiden sollte die N-Nachlieferung nach dem Bestandesschluss deutlich zurückgehen. Daher wirkt sich eine spätere mineralische Düngung oder N-Nachlieferung aus Wirtschaftsdüngern nachteilig auf die Qualität und den Zuckerertrag der Rüben aus.

Phosphat fördert die Reife und steigert Zuckergehalt und Saftqualität. Auch höhere Phosphatgaben stören die Qualität nicht.

Steigende **Kaliumgaben** steigern zwar auch Rübenertrag und Zuckergehalt, eine Düngung über den optimalen Versorgungsgrad hinaus senkt jedoch den bereinigten Zuckergehalt.

Phosphat- und **Kalidünger** werden in der Regel im Herbst oder Winter ausgebracht.

Auf kalkreichen Böden tritt häufig in Trockenperioden Bor-Mangel auf, der zur Herz- und Trockenfäule der Rüben führt. Akuter Bor-Mangel kann mit einer entsprechenden Blattdüngung behoben werden.

Der pH-Wert darf für Zuckerrüben nicht unter 6 liegen. Eine notwendige **Kalkgabe** wird auf die Stoppeln der Vorfrucht ausgebracht. Auf zur Verschlämmung und Verkrustung neigenden Böden bringt eine Vorsaatkalkung mit 10–15 dt/ha Branntkalk größere Krümelstabilität.

Organische Dünger – Grundsätzlich verwerten Rüben wegen ihrer langen Vegetation organische Dünger gut. Sie stellen jedoch eine langsam fließende und kaum kalkulierbare N-Quelle dar und haben deshalb im Zuckerrübenanbau nur noch geringe Bedeutung.

2.4 Ernte

2.4.1 Allgemeines

Zeitpunkt – Der Erntebeginn liegt zwischen dem 20. September und dem 10. Oktober.

> **!** Je länger die Rüben im Boden bleiben können, desto höher ist der Ertrag. Jeder Tag im September bringt noch etwa 4–5 dt/ha Rübenertrag. Erst ab Mitte Oktober steigt der Zuckergehalt kaum noch an, weil die Atmung der Pflanze bei Tages-Durchschnittstemperaturen unter 6 °C mehr Zucker verbraucht, als durch die Fotosynthese erzeugt wird.

Gegen Mitte November sollte die Ernte abgeschlossen sein, weil sonst infolge der verschlechterten Witterung die Arbeit oft erschwert wird. Erhöhter Zugkraftbedarf beeinträchtigt die Bodenstruktur. Außerdem nehmen die Verluste bei der Ernte zu und die Voraussetzungen für die Aussaat der Folgefrucht verschlechtern sich.

Ernteverfahren – Die Ernte geschieht ein- oder mehrreihig. Dabei sind unterschiedliche Verfahren möglich. Beim *einphasigen Verfahren* werden die Teilarbeiten Köpfen, Roden, Laden, Transportieren in einem Vorgang im Köpf-Rode-Bunker zusammengefasst. Beim *mehrphasigen Verfahren* können die Teilarbeiten entweder getrennt ablaufen oder in beliebiger Weise kombiniert werden.

Ernteverluste entstehen vor allem durch falsches Köpfen, Abbrechen von Rübenteilen oder durch von den Rodeorganen nicht erfasste Rüben. Ideal wäre der Köpfschnitt unmittelbar unter dem Blattansatz. Ein um 1 cm zu tiefer Köpfschnitt bedeutet einen Erntemasseverlust von 7 – 9 %!

Zwischenlagerung – Vor dem Abtransport in die Zuckerfabrik müssen die Zuckerrüben mitunter zwischengelagert werden. Dabei sollte man die Verluste durch Atmung (besonders bei Temperaturen über 10 °C) und Frost möglichst gering halten. Gegen Atmungsverluste und Frost schützt das Abdecken mit Vliesplanen.

2.4.2 Technik der Zuckerrübenernte

Der Körper der Zuckerrübe ist fast ganz im Boden und sitzt sehr fest. Deswegen wird beim Roden zuerst das Blatt abgeköpft und anschließend der Rübenkörper gerodet. Je nach der Bauart der Erntemaschine können diese Arbeitsgänge unterschiedlich erfolgen.

Bei der **Zuckerrübenernte** wird deswegen unterschieden in das

- *1-phasige Ernteverfahren mit dem Köpf-Rode-Bunker:* Das Köpfen, Roden, Reinigen und Laden der Rüben erfolgt in einem Arbeitsgang. Die Ablage der Blätter wird in einem Längsschwad vorgenommen oder für das Einarbeiten in den Boden wird die Blattmasse breit verteilt.
- *2-phasige Ernteverfahren mit dem Köpfroder:* Köpfen und Roden erfolgen in einem gemeinsamen Arbeitsgang. Die Rüben aus mehreren Reihen werden in einem Längsschwad zusammengeführt. Das Laden der Rüben aus dem Längsschwad übernimmt anschließend ein Ladebunker oder ein Lader. Die Rübenblätter werden breit auf der Fläche verteilt.

Köpf-Rode-Bunker-Maschine (1-phasiges Verfahren) – Für die 1-phasige Ernte werden gezogene oder selbstfahrende Maschinen eingesetzt.

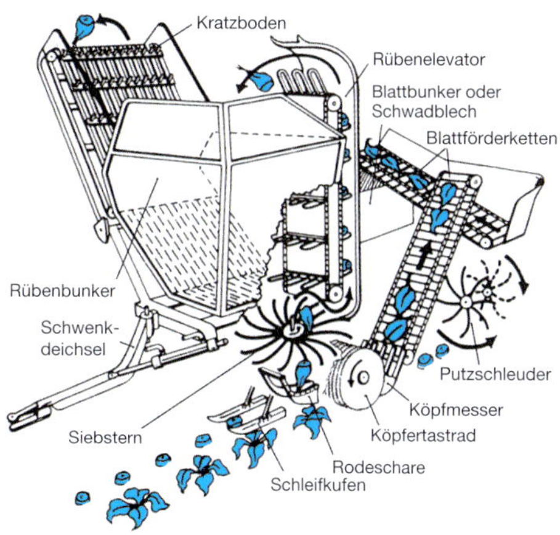

Abb. 358 Köpf- und Rodeeinrichtung (1-phasige Anordnung, Schema).

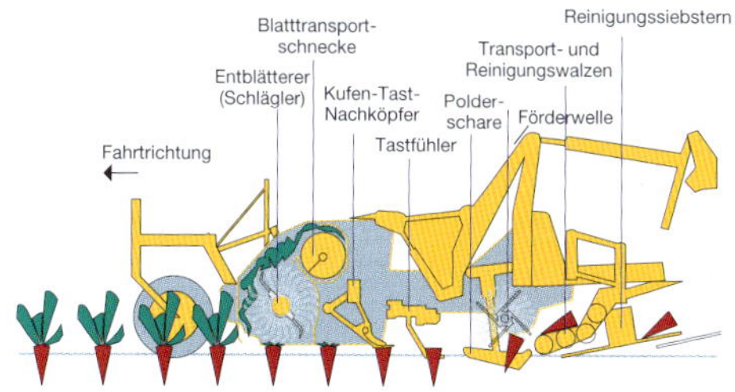

Abb. 359 Köpf- und Rodegruppe eines 6-reihigen SF-Rübenroders (Schema).

Abb. 360 Nachköpfer mit Schleiftaster und Köpfstärken-Automatik.

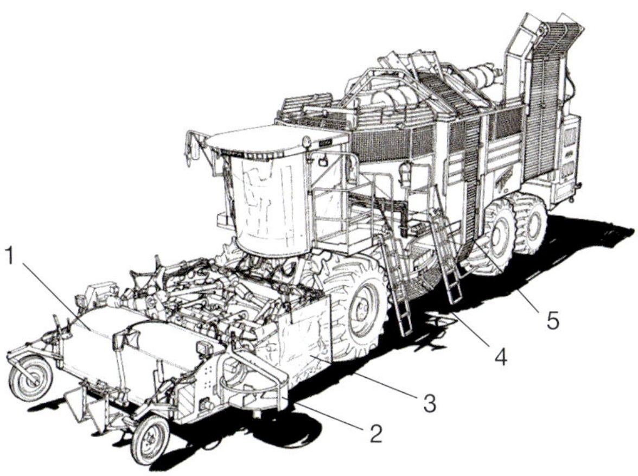

Abb. 361 Mitte: 6-reihiger Rübenroder in der Ausführung mir 3 Antriebsachsen.
1: Schlägelköpfer, Nachköpfer, Rodeorgan,
2: Blattverteiler,
3: Reinigungsschnecken,
4: Siebsterne, Reinigung,
5: Elevator zum Bunker.

Abb. 362 Verteilen der Rübenblätter.

Abb. 363 Nach dem Abschlägeln der Blätter schneidet das Köpfmesser den Rübenkopf ab.

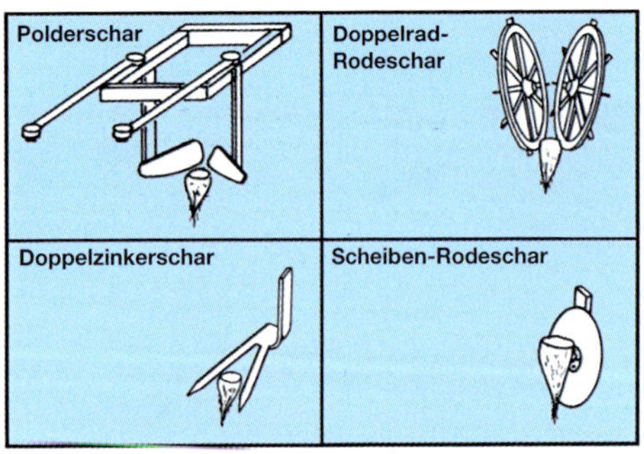

Abb. 364 Rodeorgane für die Zuckerrüben-Ernte.

Abb. 365 Die Hub-, Förder-Reinigungssterne aus Gummi heben die vom Polderschar gerodeten Rüben auf den Siebstern.

Die **gezogenen Köpf-Rode-Bunker** gibt es in 1-reihiger oder 2-reihiger Ausführung. Sie werden an die Ackerschiene oder an das Zugmaul des Traktors angehängt und über die Zapfwelle angetrieben. Der *Blattköpfer* und die *Rodeeinrichtung* können nebeneinander oder hintereinander angeordnet sein. Der *Rübenbunker* hat ein Fassungsvermögen von 2–3 t je Rübenreihe.

Selbstfahrende Köpf-Rode-Bunker arbeiten 6-reihig. Die *Köpfeinrichtung,* die *Rodegruppe* und die *Reinigungseinrichtung* sind nacheinander angeordnet.

Der **Antrieb** des Fahrzeuges erfolgt stufenlos hydrostatisch über 4 oder 6 großvolumige Reifen. Zur besseren Manövrierfähigkeit ist eine Allradlenkung und für die Bodenschonung eine Hundeganglenkung eingebaut. Die Arbeitsfunktionen wie Köpfen, Roden, Reinigen, Steuern sind vom Fahrer mittels eines Prozessrechners am Terminal in der Kabine einzustellen und zu überwachen.

Rübenköpfer – Bei den gezogenen Maschinen tastet ein *Radtaster* die Rübenköpfe in der Höhe ab. Das *Köpfmesser* wird in der Höhe mitgeführt und schneidet entsprechend der Einstellung der Köpfstärke den Rübenkopf mit den Blättern ab. Der Radtaster fördert die Blattmasse weiter über Förderbänder zur Längs- oder Querschwadablage oder direkt auf die Fläche zurück.

Die *Köpfgruppe* eines selbstfahrenden Roders besteht aus einem Schlägler, der die Blätter etwa 1–3 cm über dem Rübenkörper abschlägt, nach oben fördert und in eine Querschnecke ablegt. Sie fördert die Blattmasse (ohne Rübenköpfe) einem Verteilgerät zu, das die Blattverteilung über die gesamte Rodebreite vornimmt. Ist eine Blattbergung vorgesehen, so übernimmt ein Förderband anstelle des Blattverteilers die Blattförderung auf einen nebenherfahrenden Wagen.

Nach dem Blattschläger erfolgt das Köpfen der Rüben. Ein Schleif- oder Radtaster führt das *Köpfmesser.* Der Rübenkopf mit der restlichen Blattmasse wird exakt abgetrennt und auf dem Boden abgelegt. Die Einstellung der Köpfstärke ist dem Rübenbestand und der Wuchshöhe anzupassen.

Rodeeinrichtung – Mit dem Rodeorgan werden die Rüben aus dem Boden gehoben. Das soll möglichst schonend erfolgen, damit die Rübenwurzeln nicht abbrechen.

Bei den **Rodescharen** wird unterschieden:

- *Polderschar:* Es hebt die Rüben langsam aus dem Boden heraus und kann auf allen Bodenarten eingesetzt werden. Das Polderschar hat selbstführende Eigenschaften. Um tief- und festsitzende Rüben beim Roden zu lockern, kann das Polderschar angetrieben werden. Durch eine Hubbewegung der beiden Scharhälften wird eine rüttelnde Bewegung erreicht.
- *Doppelzinkenschar:* Die beiden spitzen, runden Zinken untergraben die Rübe und heben sie dabei heraus. Bei harten Böden haben sie den Vorteil, dass sie sich in den Boden einziehen.
- *Doppelrad-Rodeschar:* Diese angetriebenen Speichenräder heben durch die Rotation die Rübe schonend aus dem Boden.
- *Scheiben-Rodeschar:* 2 schräg zur Fahrtrichtung angeordnete Scheiben lockern den Boden und heben dabei die Rübe heraus.

Die **Tiefenführung** der Rodeschare erfolgt mit Schleifkufen, Stützrädern oder über eine elektrohydraulische Regelung. Das exakte Ansteuern der Reihe wird vielfach über einen Lenkautomat vorgenommen.

Rübenreinigung – Zur Reinigung der Rüben sind in der Maschine *Siebsterne* in Verbindung mit *Siebkörben*, sowie *Siebketten* oder *Reinigungswalzen* eingebaut. Die Reinigungswirkung ist über die Drehzahl der Sieborgane einzustellen. Dabei ist zu beachten, dass die Rübenbeschädigungen und die Wurzelverluste so gering wie möglich sind.

Rübenförderung und Vorratsbunker – Mit den Reinigungsorganen werden die Rüben nicht nur gereinigt, sondern auch zum *Elevator* gefördert. Er transportiert die Rüben in den *Bunker*.

Zur gleichmäßigen und vollständigen Befüllung des Rübenbunkers sind horizontal angeordnete Räumschnecken im Bunker angeordnet. Zum Entleeren des Bunkers kann dieser gekippt werden oder die Entleerung erfolgt mit einem Kratzboden in Verbindung mit einem Überladeband.

Die Rüben können direkt auf ein Transportfahrzeug geladen oder am Feldrand in eine Miete abgelegt werden.

Maschineneinstellungen – Sie erfolgen nach den Angaben in der Betriebsanleitung, die die erforderlichen Einstelldaten enthält. Im Einzelnen ist zu beachten:

- Bei mehrreihigen Erntemaschinen sind die Köpfer und Rodeschare auf den *Reihenabstand* anzupassen.
- Die *Köpfstärkeeinstellung* erfolgt durch das Verändern des Abstandes zwischen Köpfmesser und Tastrad bzw. Tastkufen. Das Tastrad eines Köpfers muss gegenüber der Fahrgeschwindigkeit eine kleine Voreilung haben.
- Die *Arbeitstiefe* der Rodeschare ist so flach wie möglich einzustellen. Tiefe Einstellung bringen viel Erde in den Roder und verschmutzen die Rüben zusätzlich. Auf Wurzelbrüche ist zu achten. Die Tiefeneinstellung ist an Stützelementen oder über die Tiefenautomatik möglich.
- Die Wirkung der *Rübenreinigung* ist durch die Drehzahl der Siebsterne und an den Siebrosten möglich. Einstellungen sind mechanisch über Getriebe oder hydraulisch möglich.

Wartungsarbeiten – Die Roder sind beim Einsatz starker Verschmutzung ausgesetzt. An verschiedenen Stellen sind deshalb anhaftender Boden und Pflanzenteile zu beseitigen.

- Alle Lager sind regelmäßig abzuschmieren. Selbstfahr-Roder sind mit automatisch arbeitenden Schmieranlagen ausgestattet. Sie versorgen die Lager kontinuierlich mit einer entsprechenden Menge Schmierfett.
- Die Schlägelmesser, Köpfmesser und Rodeschare auf Verschleiß prüfen; bei Bedarf sind sie nachzuschleifen bzw. zu erneuern.
- Verschleißteile müssen rechtzeitig ausgewechselt werden, um einem Maschinenstopp während der Kampagne vorzubeugen.

Lade- und Transportarbeiten – Vom Bunker des Rübenroders aus können die Transportfahrzeuge direkt befüllt werden. Sie übernehmen den Transport zur Zuckerfabrik. Werden dagegen bei der Ernte die Rüben in einer Feldrandmiete zwischengelagert, so ist das Laden auf das Transportfahrzeug möglich mit

- dem Frontlader oder Radlader,

Abb. 366 Die Siebsterne der Reinigungsgruppe sind in der Drehzahl stufenlos einstellbar.

Abb. 367 Bei großen Feldlängen ist ein ausreichendes Bunkerfassungsvermögen erforderlich.

Abb. 368 Die Überwachung der Einstellungen am Roder erfolgen über ein Terminal.

Abb. 369 Zur Bodenschonung wird mit den Rädern versetzt gefahren.

Abb. 370 Ausbunkern der Rüben auf eine Feldrandmiete.

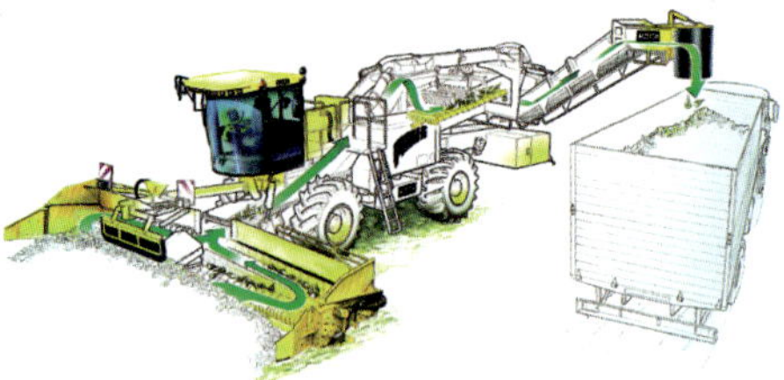

Abb. 371 Das Laden der Rüben aus der Feldrandmiete übernimmt ein SF-Lader (Lade-Maus).

Abb. 372 Beim Laden erfolgt ein weiterer Reinigungsvorgang.

Abb. 373 Entleeren des Rübenbunkers.

- einem Hydraulikbagger, ausgerüstet mit einer Rübenzange,
- einem Selbstfahr-Lader; dieser nimmt die Rüben selbsttätig über Walzen aus der Feldrandmiete auf und reinigt sie beim Fördervorgang zum Transportfahrzeug nochmals nach. Die Förderweiten dieser Ladegeräte sind so ausgelegt, dass das Transportfahrzeug auf befestigten Wegen verbleiben und beladen werden kann.

2.5 Produkte der Rüben

Zucker – Bei der **Zuckerherstellung** werden die Rüben zunächst gewaschen, zerkleinert und in die Extraktionsanlagen befördert. Dort bilden die *Schnitzel* eine Art Maische. Beim Erwärmen auf ca. 80 °C werden die Zellwände durchlässig und mithilfe von Wasser im Gegenstromprinzip ausgelaugt.

Dabei werden die Schnitzel in einem Turm von unten nach oben transportiert, während das Wasser von oben nach unten fließt. Die extrahierten Schnitzel werden gepresst und dienen als *Futtermittel*.

Die Reinigung des *Rohsaftes* erfolgt mithilfe von Kalkmilch und Kohlendioxid, das den überschüssigen Kalk bindet und in einer Filtration ausgeschieden wird. Dem entstandenen *Dünnsaft* wird anschließend Wasser entzogen.

Der Zucker kann kristallisieren. Es entsteht Sirup (Melasse). Durch Zentrifugieren trennen sich Zucker und Sirup. Durch nochmaliges Auskristallisieren entsteht brauner *Rohzucker*.

Dieser wird nochmals gereinigt und in weiteren Herstellungsprozessen zu den verschiedenen Verkaufsprodukten verarbeitet. Der Sirup wird entweder als Futter verwendet oder zur Herstellung anderer Produkte in der Lebens- und Arzneimittelindustrie verwendet.

Neben dem Zucker liefern die Zuckerrüben noch einige wesentliche **Nebenprodukte:**

- **Rübenblätter** mit Köpfen sind wertvolles Futter für Rinder. Sie werden frisch oder siliert verfüttert. Viehlos wirtschaftende Betriebe pflügen das Rübenblatt unter und führen so dessen Nährstoffe wieder dem Boden zu.
- **Rübenschnitzel** fallen bei der Zuckerproduktion an. Je nach Feuchtigkeitsgehalt unterscheidet man *Nassschnitzel* (8 – 10 % T), *Pressschnitzel* (über 20 % T), und *Trockenschnitzel* (über 88 % T). Werden die Trockenschnitzel mit Melasse benetzt, heißen sie *Melasseschnitzel*.
- **Melasse** ist der Restsirup, aus dem der Zucker nicht mehr herauskristallisiert werden kann. Mit 42 – 46 % Zucker und 8 – 10 % Mineralstoffen stellt die Melasse ein wertvolles Futtermittel dar.
- **Carbonationskalk** fällt bei der Reinigung des Rübensaftes an. Er besitzt ca. 30 % CaO, enthält auch andere Pflanzennährstoffe und ist ein guter Kalkdünger.
- **Ethanol** (Alkohol) kann aus Zucker gewonnen werden. 1 ha Zuckerrüben liefert etwa 4000 – 5000 l Ethanol. Seine Verwendung als Treibstoff und Rohstoff für die chemische Industrie bringt der Zuckerrübe den Rang eines nachwachsenden Rohstoffs ein.

2.6 Rentabilität

Die **Rentabilität des Zuckerrübenbaus** kann mit der Deckungsbeitrags-Berechnung bewertet werden. Zur Berechnung dieses Deckungsbeitrages werden dabei von der erbrachten Marktleistung die variablen Kosten abgezogen. Weitere Faktoransprüche (z.B. Flächenbedarf, Arbeitsbedarf) gehen nicht in diese Berechnung ein, sind aber in der Gesamtbewertung zu berücksichtigen. Mit Zuckerrüben sind sehr hohe Deckungsbeiträge zu erzielen. Voraussetzung sind allerdings Böden entsprechender Güte und das zugehörige Lieferrecht (Kontingent).
Bei der **Bewertung** des Produktionsverfahrens bleibt die »Entsorgung« des Rübenblattes außer Acht. Die Blattbergung wird – wenn auch nur noch vereinzelt – aus Gründen der Futtergewinnung für die Frischfütterung oder zur Silagebereitung durchgeführt.
Die ökologischen und bodenbiologischen Aspekte der Rübenblatteinarbeitung bleiben ebenfalls außer Betracht.

Tabelle 27: Produktionsverfahren Zuckerrüben
(ohne Blattbergung; Deckungsbeitrag; Berechnungsbeispiele)

Ertrag	dt/ha	450	550	650
Preis	€/dt	5,90	5,90	5,90
Marktleistung	€/dt	2655	3245	3835
Saatgut	€/ha	184	184	184
Düngung nach Entzug	€/ha	105	128	152
Pflanzenschutz	€/ha	251	251	251
Hagelversicherung	€/ha	34	41	48
variable Maschinenkosten	€/ha	200	200	200
Maschinenring (Roden)	€/ha	250	250	250
Summe variable Kosten	€/ha	1024	1054	1085
Deckungsbeitrag	€/ha	1631	2191	2750

Hinweise:
Saatgut: Ablage mit Endabstand, Reihenweite 50 cm, Saatgut mit Gaucho gebeizt, 1 U/ha, 184 €/U
Düngung: Blatt eingearbeitet, Nährstoffbedarf/100 dt Rüben: 34 kg N, 10 kg P, 25 kg K, 7 kg CaO

Abb. 374 Selbstfahrer-Lader im Einsatz.

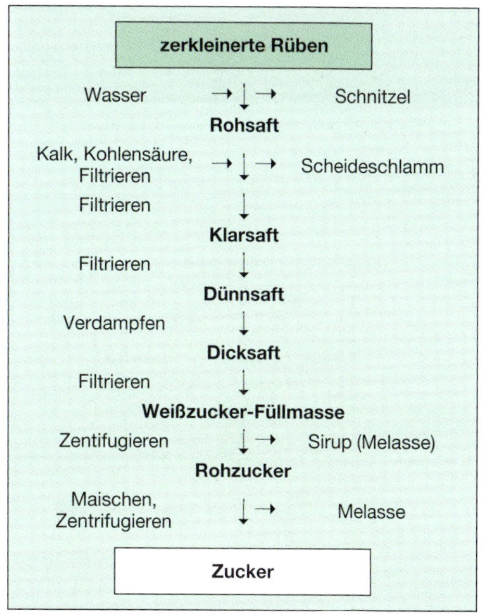

Abb. 375 Schema der Zuckerherstellung.

Abb. 376 Futterrübe.

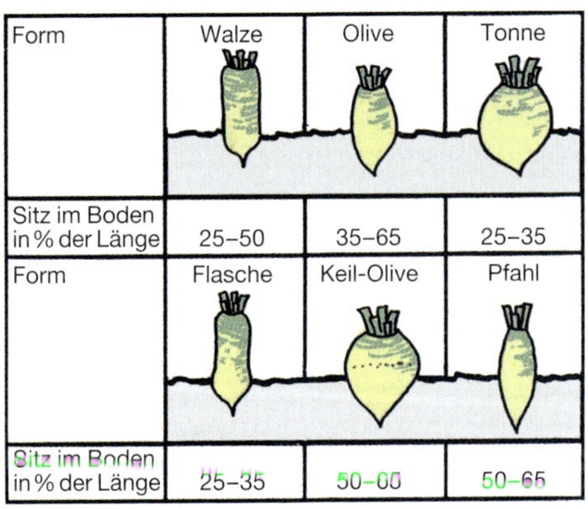

Abb. 377 Der Sitz der Futterrübe im Boden ist abhängig vom Rübentyp.

3 Futterrüben
(Beta vulgaris var. *crassa)*

3.1 Allgemeines

3.1.1 Bedeutung

Futterrüben sind die ertragreichsten und ertragsichersten Futterpflanzen für die Rindviehhaltung. Bei Rübenerträgen zwischen 800 und 1400 dt/ha liefern sie einen Futterwert von 137–171 GJ/ha. Rechnet man den Blattertrag hinzu, ergibt sich ein Futterwert der Ernte zwischen 171 und 205 GJ/ha.
Futterrüben stellen darüber hinaus ein *wiederkäuergerechtes* Futter dar, weil sie genügend Struktur und Rohfaser enthalten. Sie sind schmackhaft, werden gerne gefressen und passen in jede Futterration. Sie erhöhen die Grundfutteraufnahme und liefern daher einen entscheidenden Beitrag, das zur Verfügung stehende Milchkontingent mit preiswertem Grundfutter zu erzeugen.
Vereinzelungsloser Anbau durch Monogerm-Saatgut einerseits und Mechanisierung der Ernte- und Fütterungsarbeiten andererseits lassen den gefürchteten Arbeitsaufwand und damit die Kosten sinken.

3.1.2 Merkmalsunterschiede

Abstammung – Futterrüben haben die gleiche Ursprungsform *(Beta vulgaris* L. sp. *maritima)* wie die Zuckerrüben. Während sich deren Sorten äußerlich kaum voneinander unterscheiden, weichen die Futterrübenzüchtungen deutlich in Farbe und Form voneinander ab.
Farben, Formen – Neben Weiß, Gelb, Orange, Rosa und Rot kommen auch alle Farbübergänge in diesen Bereichen vor. Bei den Formen unterscheidet man zwischen Walzen, Tonnen, Kugeln, Flaschen, Oliven und Keilen.
Leistungsmerkmale – Futterrübenzüchtungen werden nach dem Gehalt an T eingeteilt in:

Massenrüben	bis 12,5 % T,
Mittelrüben	12,5–15,5 % T,
Gehaltsrüben	über 15,5 % T.

Massenrüben liefern die höchsten Frischmasse-Erträge, sind aber den Mittel- und Gehaltsrüben in der Trockenmasse unterlegen.
T-Gehalt und Form hängen weitgehend vom Anteil des Hypokotyls am Rübenkörper ab.

> **!** Je größer der Hypokotylanteil des Futterrübenkörpers, desto geringer ist der T-Gehalt bei gleichzeitigem Ansteigen des Massenertrages und desto flacher sitzen die Rüben im Boden.

Unterschiede bestehen außerdem hinsichtlich der Einkeimigkeit. Heute ist die Mehrzahl der Züchtungen bereits *monogerm*. Die Züchter versuchen vor allem, den Trockenmasse-Ertrag zu steigern, wobei gleichzeitig der Saccharoseanteil gering, der Eiweiß- und Mineralstoffanteil aber hoch sein sollte. Weil Futterrüben über mehrere Monate gelagert werden müssen, wird auf bessere Lagerfähigkeit besonderer Wert gelegt.

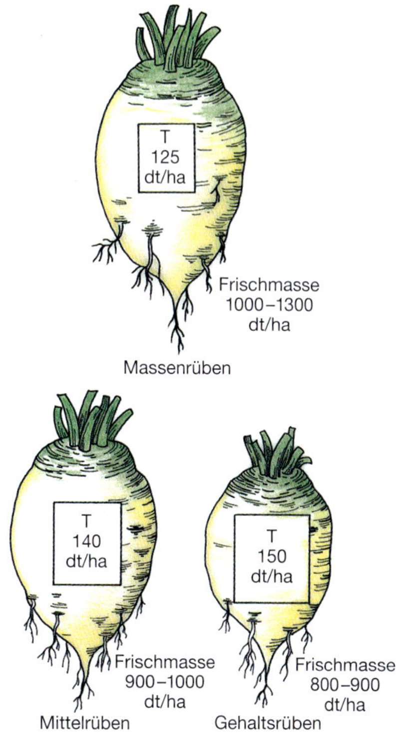

Abb. 378 Massenrüben sind zwar schmackhafter, bringen aber nur geringere Trockensubstanz-Erträge als Mittel- und Gehaltsrüben.

3.2 Produktionstechnik

3.2.1 Anbaumethoden und -maßnahmen

Anbaumethoden – Sie hängen von der verwendeten Saatgutform ab. Multigerm-Saatgut verlangt einen dichten Stand der Keimpflanzen (unter 8 cm) in der Reihe, damit beim Vereinzeln mit der langstieligen Hacke Doppelpflanzen ohne Bücken weggehackt werden können und Standweiten von 25–30 cm erreicht werden. Bei 50 cm Reihenabstand ergeben sich so ca. 70 000–80 000 Pflanzen/ha.

Bei Verwendung von pilliertem Präzisionssaatgut sollte der Saatkornabstand etwa 8 cm betragen. Wird Monogerm-Saatgut benutzt, beträgt der Ablegeabstand mit Korrekturhacke 10–12 cm, beim vereinzelungslosen Anbau 14–16 cm in günstigen und 16 bis 18 cm in ungünstigen Lagen.

Anbaumaßnahmen – Die Ansprüche an Boden und Klima sind nicht so hoch wie bei Zuckerrüben. Bodenbearbeitung, Saatbettbereitung, Aussaattechnik, Pflanzenschutz, Pflege und Unkrautbekämpfung entsprechen dem Anbau der Zuckerrüben. Auch hier kann die Mulchsaat die Erosion eindämmen.

Düngung – Grundlagen sind auch hier das Ergebnis der Bodenuntersuchung und der Entzug an Nährstoffen.

Tabelle 28: Düngung von Futterrüben

Nährstoffentzug bei 1000 dt Rüben + Blatt kg/ha	Nährstoffgabe bei mittlerer Versorgung des Bodens kg/ha	Düngerform, Verteilung, Besonderheiten
300 N 120 P_2O_5 750 K_2O 100 CaO 100 MgO	180–200 N 120 P_2O_5 400 K_2O – 80 MgO	120 kg vor der Saat, Rest zum Vereinzeln als borhaltiger Phosphatdünger, eventuell als magnesiumhaltiger Ca-Dünger

Im Unterschied zu den meisten anderen Kulturen hängt bei der Rübe die Höhe des Nährstoff-Entzuges nicht allein vom jeweiligen Rübenertrag sondern von der gebildeten Blattmasse ab. Die Blattbildung wird wesentlich vom Standraum einer Pflanze, der Witterung sowie von der N-Düngung beeinflusst.

Stallmist wird bei der Stoppelbearbeitung, Flüssigmist im zeitigen Frühjahr ausgebracht.

Abb. 379 Befüllen einer Miete mit Futterüben.

Abb. 380 1-reihiger Futterübenernter als Bunkermaschine

Abb. 381 Die Rüben werden am Blatt mit dem Ziehriemen aus dem Boden gezogen.

Abb. 382 Überladen der Rüben auf einen Anhänger

3.2.2 Technik der Futterrübenernte

Futterrübenernter – Sie arbeiten 1-reihig und werden vom Traktor gezogen. Zum Erntezeitpunkt müssen die Rüben noch eine kräftige Blattmasse haben. Im Gegensatz zur Zuckerübenernte wird bei der Ernte von Futterrüben (Gehalts-, Massen- und Stoppelrüben) die Rübe *am Blatt* aus dem Boden gezogen. Die Trennung des Rübenkörpers vom Blatt erfolgt nach der Aufnahme in der Maschine durch eine Trenn- oder Schneideinrichtung.

Zum **Ziehen der Rüben** müssen die Rübenblätter mit Blatthebern den Ziehriemen bzw. dem Ziehrad zugeführt werden. Sie erfassen die Blattmasse und führen bei der Bewegung nach hinten eine langsame Hubbewegung aus. Dadurch wird der Rübenkörper aus dem Boden gezogen. Bei tiefsitzenden Rüben unterstützt den Vorgang ein Lockerungsschar.

Die Höhe des Ziehriemens über dem Boden ist vom Bedienpersonal genau einzuhalten. Die Umfangsgeschwindigkeit der Ziehriemen ist an die Fahrgeschwindigkeit anzupassen. Das ermöglicht eine verlustarme Ernte.

Das **Köpfen der Rüben** erfolgt mit einem Blattschneidwerk. Um nur die Blätter von der Rübe zu trennen und nicht den Rübenkörper zu beschädigen, werden die Rüben an Führungsstangen ausgerichtet, am Ziehrad hängend dem Schneidwerk zugeführt. Messerklingen oder rotierende Schneidscheiben trennen die Blätter von der Rübe. Die Blätter werden mit den Riemen weitergefördert und durch eine Schwadvorrichtung im Längsschwad abgelegt oder frei auf die Fläche verteilt.

Die Rübenkörper fallen nach der Trennung vom Blatt auf einen Siebstern. Er übernimmt die **Reinigung der Rüben** und fördert sie weiter in den Elevator und anschließend in den Sammelbunker. Auch Futterrüben sollten schonend behandelt werden; Verletzungen erhöhen die Fäulnisgefahr.

Zum Roden der Futterrüben ist neben dem Traktorfahrer auch eine Person zur Bedienung der Lenkung und der Steuerung der Zieheinrichtung notwendig. Nur bei gutem, gleichmäßigen Rübenbestand ist eine 1-Mann-Arbeit möglich.

Lagerung, Mechanisierung der Fütterung – Für die **Lagerung** sind 2 Verfahren üblich:

- **Feldlagerung:** Futterrüben werden immer noch zu einem großen Teil in Feldmieten gelagert. Das ist zwar ohne Festkosten möglich, doch verursacht dies wegen fehlender Technisierungsmöglichkeiten für das Abdecken und die Entnahme einen hohen Arbeitsaufwand. Die technischen Größen und Anforderungen bei der Anlage zeigt Abb. 382.
- **Hoflagerung:** Sie erfordert zwar eine höhere Transportkapazität bei der Ernte, der Gesamt-Zeitaufwand ist jedoch gegenüber der Feldlagerung um ⅔ geringer. Hoflagerung kann in Hofmieten oder in Hochbehältern erfolgen. Die eleganteste, aber auch aufwändigste Lagermöglichkeit stellt die Scheunenlagerung dar.

Die optimale *Lagertemperatur* beträgt 2–4 °C. Deswegen müssen die Rüben vor dem Abdecken gut auskühlen. Bei sehr niedrigen Außentemperaturen (unter –15 °C) ist auf die Wärmedämmung des Lagers besonderer Wert zu legen. Durch zu hohe Temperaturen entstehen in der Regel größere Verluste als durch Frost. Hofmieten haben eine feste Bodenplatte (auch Verbundsteine). Die seitliche Begrenzung durch Strohballen, Erdwälle oder durch Anschluss an ein Fahrsilo ermöglicht größere Schütthöhen und spart Platz und Abdeckfläche. Um Verdichtungen und einen Wärmestau durch Erde und Blätter an den Abwurfstellen zu vermeiden, haben sich Querförderbänder mit Siebketten beim Abladen bewährt (Reinigungseffekt).

Rüben lassen sich am besten in geschnitzelter Form beim **Füttern** dosieren. Damit sind 4 Arbeitsgänge nötig:

- ▶ Entnehmen aus dem Lager,
- ▶ Reinigen,
- ▶ Schnitzeln,
- ▶ Dosieren.

Die Technik hält dafür Spezialgeräte für jeden einzelnen Arbeitsgang, aber auch Universalgeräte (z. B. zum Fräswagen umgerüstete Geräte zur Flachsilo-Entnahme) bereit.

Abb. 383 Futterrüben in der Miete.

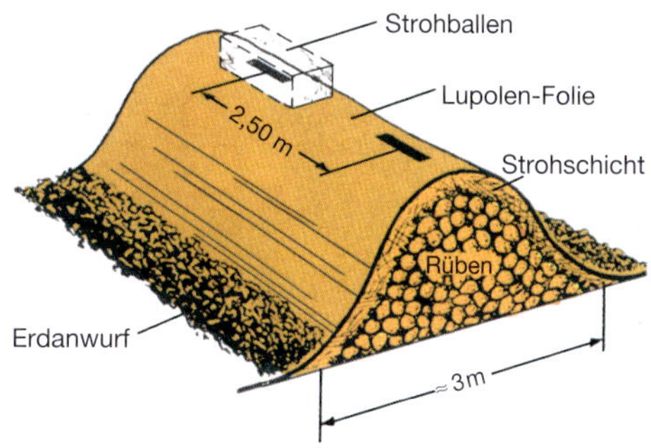

Abb. 384 Aufbau einer Rübenmiete (Schema).

3.3 Rentabilität

Zur **Bewertung der Wirtschaftlichkeit** des Futterrübenanbaus zieht man die Berechnung der variablen Kosten heran und vergleicht die je erzeugter Einheit anfallenden variablen Kosten (ct/10 MJ ME oder ct/10 MJ NEL) mit anderen Produktionsverfahren des Futterbaus.

Tabelle 29: Produktionsverfahren Futterrüben
(variable Kosten; Deckungsbeitrag, Berechnungsbeispiele)

		Gehaltsrüben	Massenrüben	
Frischmasse	dt/ha	800	1 000	1 200
Brutto-Energie 10 MJ NEL/ha		86 400	82 000	98 400
Brutto-Energie 10 MJ ME/ha		132 800	128 000	153 600
TM-Verluste	%	15	15	15
Energieverluste	%	15	15	15
Trockenmasse netto	dt/ha	99	94	112
MJ NEL/kg TM		6,3	6,3	6,3
MJ ME/kg TM		10	9,9	9,9
Netto-Energie MJ NEL/ha		62 546	58 905	70 686
Netto-Energie MJ ME/ha		99 280	92 565	111 078
Saatgut	€/ha	235	235	235
Düngemittel	€/ha	246	258	310
Pflanzenschutz	€/ha	223	223	223
variable Maschinenkosten	€/ha	309	309	309
variable Kosten	€/ha	1 013	1 025	1 077
Nährstoffkosten	€/10 MJ NEL	0,16	0,17	0,15
Nährstoffkosten	€/10 MJ ME	0,10	0,11	0,09

Abb. 385 Rübenschnitzler (geöffnete Maschine).

Abb. 386 Behelfsmäßiger Rübenblattsilo auf dem Feld.

Abb. 387 Rübenverteilwagen im Einsatz.

Aufgaben:

1. Berichten Sie über die Entwicklung der Zuckerrüben-Anbaufläche, den Zuckerertrag und den Zuckerverbrauch in Deutschland.
2. Worin besteht der Unterschied zwischen Präzisions- und Monogerm-Saatgut?
3. Beschreiben Sie die Bodenbearbeitung und Saatbettbereitung bei Rüben.
4. Bestimmen Sie die Saatstärke in Körnern/ha, wenn 76 000 Pflanzen/ha angestrebt werden und der Feldaufgang bei 68 % liegt.
5. Beschreiben Sie die Pflege des Feldbestandes.
6. Wie lassen sich bei und nach der Ernte Zucker- und Masseverluste vermeiden?
7. Welche Krankheiten an Rüben konnten Sie im Ausbildungsbetrieb feststellen? Wie wurden diese bekämpft?
8. Welche Bedeutung haben Futterrüben für die Winterfütterung der Rinder?
9. Weshalb ist bei Futterrüben nicht der Gesamtertrag, sondern der Trockenmasse-Ertrag entscheidend?
10. Wie viele Einheiten (U) Saatgut/ha werden benötigt bei:
    a) Reihenabstand 45 cm, Saatstärke 1,2 U/ha,
    b) Reihenabstand 50 cm, Saatstärke 1,45 U/ha.
11. Berechnen Sie den Ablageabstand in cm:
    a) Reihenabstand 45 cm, Saatstärke 1,2 U/ha,
    b) Reihenabstand 50 cm, Saatstärke 1,45 U/ha,
12. 2200 dt Rübenblatt sollen siliert werden. 30 % dieser Frischmasse gehen als Sickersaft verloren. Wie viele m^3 Siloraum sind einschließlich eines 10%igen Befüllungszuschlages bereitzustellen (Lagerdichte 9 dt/m^3)?
13. Berechnen Sie den Deckungsbeitrag für 1 ha Zuckerrüben aus folgenden Daten: Ertrag 550 dt Rüben (A-Quote), Erzeugerpreis 6,00 €/dt, Saatgut 1,85 U/ha, Preis 100 €/U, Handelsdüngeraufwand 209 €, Herbizide 160 €, Fungizide 41 €, Insektizide 8 €, variable Maschinenkosten 240 €, Maschinenringkosten 360 €, Hagelversicherung 49 €.

4 Kartoffeln
(Solanum tuberosum)

4.1 Allgemeines

4.1.1 Bedeutung

Der Kartoffelanbau ging in den letzten Jahren ständig zurück. Gründe dafür sind der rückläufige Speisekartoffelverbrauch, die Umstellung der Schweinemast von Kartoffeln auf Getreide und der verhältnismäßig hohe Arbeits- und Technisierungsaufwand bei Produktion, Lagerung und Vermarktung.

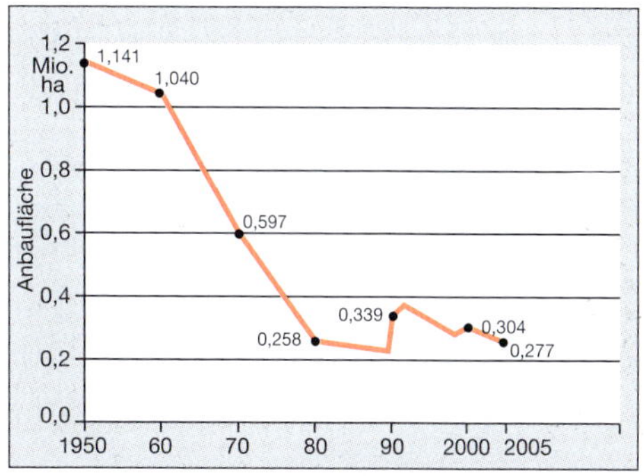

Abb. 388 Entwicklung der Kartoffelanbaufläche in der Bundesrepublik Deutschland (seit 1991: einschließlich der neuen Bundesländer).

4.1.2 Verwertungsgerechte Erzeugung

Schon bei der Anbauplanung muss das *Verwertungsziel* der Kartoffel bekannt sein, denn die Kartoffeln sind eine reine Marktfrucht geworden. Jeder Verwertungszweck stellt besondere Qualitätsanforderungen an Pflanzgut, Düngung oder Pflege. Außerdem muss der Markt mit entsprechend großen, einheitlichen Partien der gleichen Qualität bedient werden können. Der *Anbauvertrag* mindert daher heute das Risiko des Anbaus.

Speisekartoffeln – Die wesentlichen Qualitätsmerkmale werden durch die **Handelsklassen-Verordnung** festgelegt. Danach dürfen Speisekartoffeln nur in den Handelsklassen »Extra«, »I« und »Drillinge« angeboten werden. Neben dieser äußeren Qualität, die nur die Größensortierung betrifft, müssen Speisekartoffeln auch einem bestimmten Kochtyp entsprechen (innere Qualität):

- **Fest kochende** Speisekartoffeln: meist langovale Knollen, die beim Kochen nicht aufspringen, feucht und feinkörnig;
- **vorwiegend fest kochende** Speisekartoffeln: springen nur wenig beim Kochen auf, mäßig feucht und feinkrümelig;
- **mehlig kochende** Speisekartoffeln: springen beim Kochen auf, sind locker und trockener.

Alle Speisekartoffeltypen dürfen nach dem Kochen nicht nachdunkeln. Die Fleischfarbe kann weiß bis dunkelgelb sein.

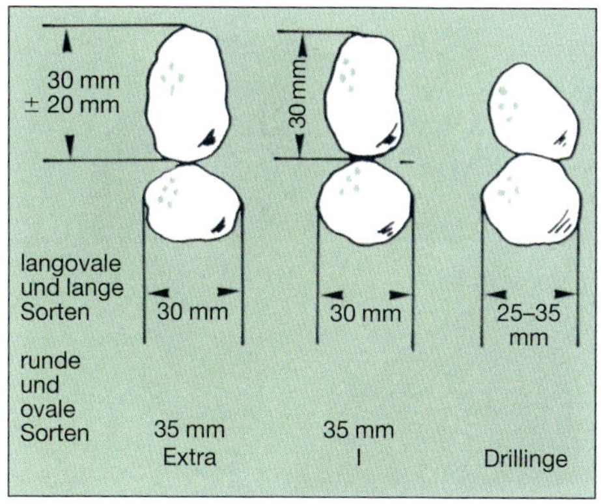

Abb. 389 Die Handelsklassen für Speisekartoffeln weisen zwischen der kleinsten und größten Knolle zulässige Bandbreiten auf (= Größenunterschiede).

Rohstoff für die Nahrungsmittelherstellung – Mehr als 25 % des gesamten Kartoffelverbrauchs gehen in die Herstellung von fertigen Kartoffelprodukten ein. Sie erfreuen sich großer Beliebtheit mit steigender Tendenz.

- *Trockenerzeugnisse:* Knödel- und Püreemehl, Trockenkartoffeln,
- *frittierte Erzeugnisse:* Pommes frites, Chips,
- *Nasserzeugnisse:* sterilisierte Erzeugnisse,
- *sonstige Erzeugnisse:* Reibekuchen, Bratkartoffeln, Rösti u. a.

Die **äußere Qualität** hängt hier neben der *Knollengröße* vor allem von deren *Form*, der *Schalenbeschaffenheit* (Schälverluste!) sowie von *Beschädigungen* und *Erkrankungen* ab.

Als **innere Qualität** wird von der Verarbeitungsindustrie vor allem ein hoher *T-Gehalt* von 21 – 25 % (Ausnahme sterilisierte Speisekartoffeln), ein *möglichst niedriger* Anteil an *reduzierenden*

Abb. 390 Bei der Veredelung von Kartoffeln zu Fertigprodukten erfolgt nach dem Schälen ein letztes Verlesen.

Kartoffeln als Rohstoff		
Stärke-Industrie	Spiritus-Industrie	Trocknungs-Industrie
Kartoffelmehl	pharmazeutische Erzeugnisse	Trockenspeisekartoffeln
Dextrine	Liköre	Kartoffel-Pressschrot
Sago	Essig	Walzmehl-Backhilfsmittel
Sirup	Kraftstoff	Kartoffelflocken und -schnitzel
Stärkezucker	kosmetische Erzeugnisse	Kartoffelkloßmehl
Puddingmehl	Brennspiritus	Püree-Pulver
Textil-Appreturen	Rohstoffe für die chemische Industrie	Chips
		Walzmehl für industrielle Zwecke
		Pommes frites

Abb. 391 Die Möglichkeiten der industriellen Kartoffelverarbeitung.

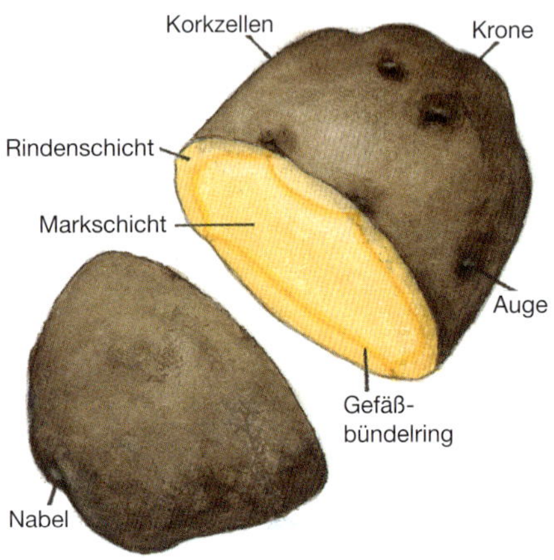

Abb. 392 Aufbau einer Kartoffelknolle (Schema).

Abb. 393 Die Verteilung der Inhaltsstoffe in einer Kartoffelknolle.

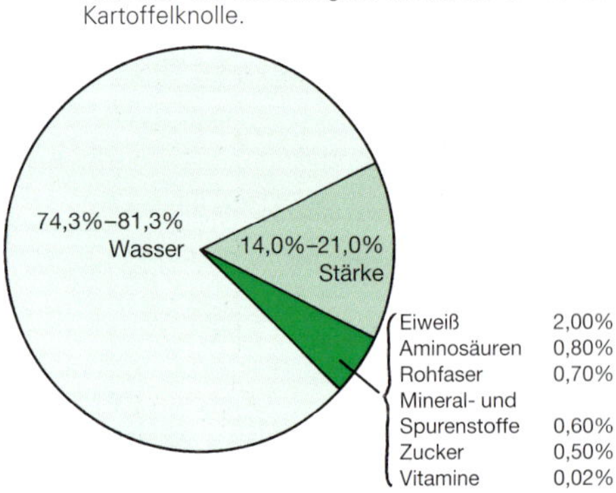

Zuckern (Glucose, Fructose; bis 0,25 %) und möglichst *keine Verfärbungen* (hoher Kaliumgehalt) gefordert.

Rohstoff für die Alkoholherstellung – Kartoffelstärke besitzt günstige Eigenschaften für die weitere Verarbeitung, deswegen wird sie vielfach angewendet. Kartoffeln zur Stärkeproduktion müssen einen hohen Stärkegehalt und große Form haben. Kleine und unreife Knollen liefern kleine Stärkekörner, die beim Produktionsprozess weggeschwemmt werden. Brennereikartoffeln brauchen ebenfalls hohe Stärkegehalte, um eine hohe Alkoholausbeute zu erzielen (1 t Kartoffeln entspricht ca. 1 hl Alkohol).

Pflanzkartoffeln – Die Qualitätsanforderungen sind in der **Pflanzkartoffel-Verordnung** enthalten. Danach unterscheidet man Basispflanzgut und Zertifiziertes Pflanzgut (Konsumpflanzgut). Die amtliche Kontrolle besteht in einer Prüfung auf Viruskrankheiten und auf Knollenkrankheiten (Feldbegehung, Augenstecklingstest) und einer Prüfung auf äußere Mängel. Zertifiziertes Pflanzgut kommt etikettiert und plombiert in den Handel.

Futterkartoffeln – Hier hängt die Qualität von hohen Stärke- und Eiweißgehalten ab. Ihre Bedeutung als Futtermittel geht jedoch wegen des notwendigen, energieaufwändigen Dämpfens (Aufschluss der Stärke) und des höheren Arbeitsaufwandes stark zurück.

Nachwachsender Rohstoff – Trotz des nachteiligen hohen Wassergehaltes liefern die Kartoffeln eine große *Energiemenge* pro Flächeneinheit. Allerdings ist die Netto-Energiemenge immer noch zu gering, um eine wirtschaftliche Verwendung, z. B. als Rohstoff für Treibstoffe, zu betreiben. Eher kommen Stärkeprodukte als Rohstoff für die chemische Großindustrie in Frage.

4.1.3 Botanik

Botanisches – Die Kartoffelknolle bildet sich an den Enden von unterirdischen Seitentrieben der Kartoffelpflanze, den sog. *Stolonen.* Diese verdicken sich infolge der Einlagerung von Reservestoffen. Die Schale besteht aus verkorkten Zellschichten; sie macht die Knolle lagerfähig.

Meist wird die Kartoffel *ungeschlechtlich* (vegetativ) vermehrt, indem man Knollen auspflanzt. Diese weisen »Augen« auf, aus denen die Sprosse herauswachsen. Reife Knollen befinden sich zunächst in einer *Keimruhe,* deren Dauer unterschiedlich ist. Während der Lagerung atmet die Knolle weiter.

Wenn eine neue Kartoffelsorte gezüchtet werden soll, muss die Kartoffel *geschlechtlich* (generativ) vermehrt werden.

Ertragsfaktoren – Bei Speisekartoffeln wird hauptsächlich ein hoher *Knollenertrag* angestrebt, bei Stärkekartoffeln ein hoher *Stärkeertrag,* bei Pflanzkartoffeln bzw. Verarbeitungskartoffeln ein hoher *Knollenanteil* in der jeweiligen Sortierungsgröße.

Der **Knollenertrag** hängt ab von der Anzahl der

- *Stauden/ha:* Konsumanbau 40 000 – 50 000, Pflanzkartoffeln 55 000 – 60 000;
- *Knollen/Stolone:* 2 – 5;
- *je Staude gebildeten Stängel:* 3 – 8;
- *dem durchschnittlichen Knollengewicht*/Staude.

4.1.4 Sorten

Der Sortenkatalog des Bundes-Sortenamts enthält jährlich etwa 160 anerkannte Sorten. Sie unterscheiden sich hinsichtlich

- **Reifezeit:** sehr frühe (90–110 Tage), frühe (110–120 Tage), mittelfrühe (120–140 Tage), mittelspäte (140–160 Tage) bis sehr späte Sorten;
- **Verwendungszweck:** *Speisesorten* (teilweise auch Verarbeitungssorten) und *Wirtschaftssorten* (Futter-, Stärke-, Brennereikartoffeln).

Die **Sortenwahl** erfolgt nach dem Verwendungszweck (Marktbedürfnisse), deren Standortansprüchen (Bundessortenblatt beachten!) und der Nematoden-Resistenz. Die Qualität wird hauptsächlich von der Sorte bestimmt.

Abb. 394 Der Züchter muss die Kartoffelblüte vor Fremdbestäubung schützen.

4.2 Produktionstechnik

4.2.1 Standortansprüche, Fruchtfolge

Boden – Die Kartoffel gedeiht auf fast allen Böden, wenn sie auch wegen des großen Luftanspruchs der Stolonen und Knollen die gut durchlüfteten, leichten Böden liebt. Für den Einsatz des Vollernters ist die *Siebfähigkeit* des Bodens entscheidend.
Klima – Wichtiger als die Bodenart sind seine frühzeitige Erwärmung und möglichst gleichmäßige Wasserversorgung. Der Wasserbedarf ist vom Auflaufen bis zur Blüte am größten. Zwischen Knollenansatz und Hauptblüte kann deswegen eine Beregnung entscheidend für den Erfolg sein.
Fruchtfolge – Die Kartoffel hinterlässt den Acker infolge des intensiven Bearbeitens locker und weitgehend unkrautfrei. Deswegen ist sie eine gute Vorfrucht. Die Anhäufung von Krankheiten und tierischen Schädlingen lässt die Erträge bei einem mehrjährigen Anbau auf dem gleichen Feld sinken (Abbau). Daher sollten Kartoffeln nur alle 3–4 Jahre in der Fruchtfolge vorkommen.

Abb. 395 Mineralstoffaufnahme (in %) einer Kartoffelpflanze im Vergleich zur gesamten Mineralstoffaufnahme.

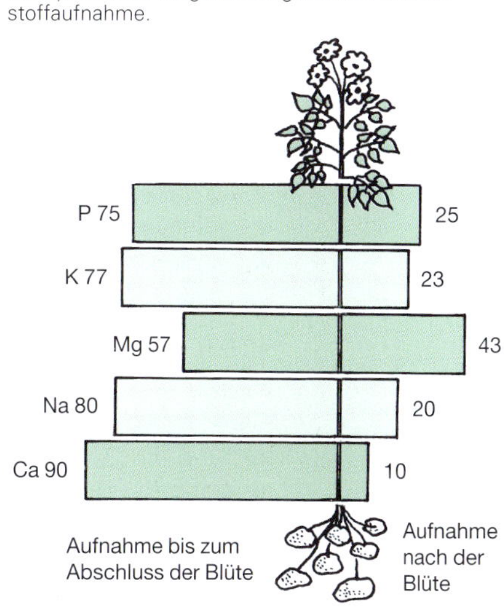

4.2.2 Nährstoffbedarf und Düngung

Nährstoffbedarf – Die gezielte Düngung aufgrund regelmäßiger Bodenuntersuchungen ist ein wesentlicher Faktor verwertungsgerechter Erzeugung. 100 dt/Kartoffeln entziehen dem Boden 14 kg P_2O_5, 60 kg K_2O und 4 kg MgO je Hektar.
Die **Bemessung der Düngergabe** bei P, K und Mg richtet sich nach dem Bodenvorrat und dem Entzug. Dabei ist immer die Nährstoffzufuhr über die organischen Dünger zu berücksichtigen. Der N-Bedarf richtet sich nach dem Stickstoffvorrat im Boden (N_{min}), dem N-Bedarf der Sorte (siehe Sortenblatt) und der Verwertungsart der Kartoffeln. Es hat sich bewährt, von einem Sollbedarf von 180 kg/ha N auszugehen und eventuell Zu- oder Abschläge zu berücksichtigen (siehe Abb. 396, Seite 146).

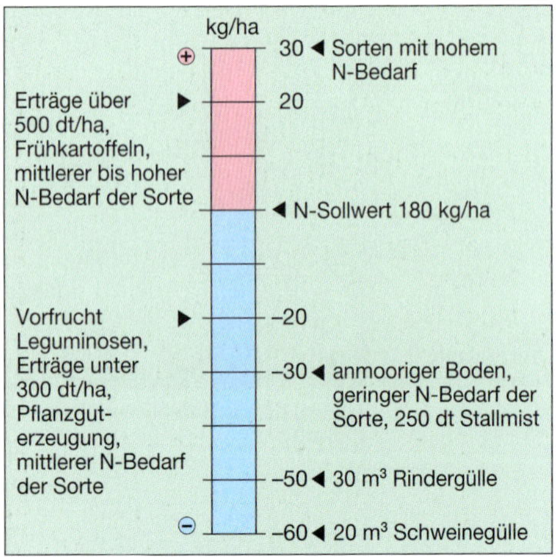

Abb. 396 Ermittlung des N-Bedarfs bei Kartoffeln, ausgehend von einem Sollwert von 180 kg N/ha.

Abb. 397 Vorkeimhaus mit Glaswänden für Kartoffeln.

Organische Dünger – Kartoffeln verwerten **Stallmist** gut. Er wird, gut verrottet, im Herbst in Mengen bis zu 300 dt/ha untergepflügt. Aus Gründen des Umweltschutzes darf **Gülle** nur im Frühjahr, entweder im Februar mit Nitrathemmer oder erst kurz vor dem Legen, ausgebracht werden.

Handelsdünger – Eine notwendige Ergänzung des Nährstoffbedarfs durch mineralische Dünger erfolgt im Falle von Phosphat, Kali und Magnesium in der Regel im Herbst.

Wird **Kali** erst im Frühjahr gegeben, muss die chloridfreie Form gewählt werden. Chlorid behindert die Ableitung der Assimilate aus den Blättern in die Knollen.

Eine notwendige **Kalkgabe** wird im Rahmen der gesamten Fruchtfolge oder als Kopfkalkung gegeben.

Eine **Magnesiumgabe** in Höhe von ca. 50 kg/ha verbessert Ertrag, Stärkegehalt und Sortierungsergebnis. Außerdem vermindert sich der Schorfbefall. Die Magnesiumdüngung erfolgt auf sauren Standorten in Form von Magnesiumkalk, sonst in Form von Kalimagnesia. Bereits bei ersten Anzeichen von Mangelerscheinungen muss mehrmals eine Blattdüngung mit Magnesiumsulfat (Bittersalz) erfolgen.

Die **Stickstoffdüngung** kann, soweit die Gesamtmenge an N 120 kg/ha nicht übersteigt, in einer Gabe kurz vor oder nach dem Legen ausgebracht werden. Bei höheren Mengen oder auf leichten Böden ist ⅓ der N-Menge vor dem Anhäufeln (Pflanzenhöhe 15 cm) zu geben.

4.2.3 Anbau

Bodenbearbeitung – Sie beginnt mit der Stoppelbearbeitung und mit eventuell gleichzeitigem Einbringen der organischen Dünger und der mineralischen Grunddüngung. Im Frühjahr muss der Boden ca. 15 cm tief gelockert werden, wobei es darauf ankommt, mit geeigneter Technik ein unverdichtetes und damit klutenfreies Pflanzbett zu schaffen. Kluten führen bei der Ernte zu Knollenbeschädigungen und einem höheren Reinigungsaufwand.

Pflanzgut – Gesundes Pflanzgut entscheidet über den Erfolg. Auf abbaugefährdeten Standorten kann eigenes, nachgebautes Pflanzgut im 1. Jahr schon Ertragsausfälle bis fast zur Hälfte bringen. Deswegen sollte nur Zertifiziertes Pflanzgut verwendet werden. Es bietet zudem Schutz vor der knollenbürtigen Bakterienringfäule, der Schleimkrankheit und vor vielen Virosen.

Kartoffeln keimen erst bei ca. 8 °C Bodentemperatur. Um die Vegetationszeit um 2–3 Wochen zu verlängern, sollten die Kartoffeln vorgekeimt werden. Die gleiche Wirkung hat auch das Einleiten der Keimstimmung. Auf diese Weise vorbereitete Kartoffeln können schon bei Bodentemperaturen von 4 °C ausgebracht werden.

Legen der Kartoffeln – Die optimale Bestandsdichte richtet sich nach dem Verwendungszweck. *Bei Pflanzkartoffelerzeugung* sind dies 60 000 Pflanzen/ha, im *Speisekartoffelbau* 40 000 – 45 000 Pflanzen/ha. Beim Erzeugen möglichst großknolliger Ware, z. B. für die Pommes-frites-Herstellung, kann bis auf 35 000 Pflanzen/ha zurückgegangen werden.

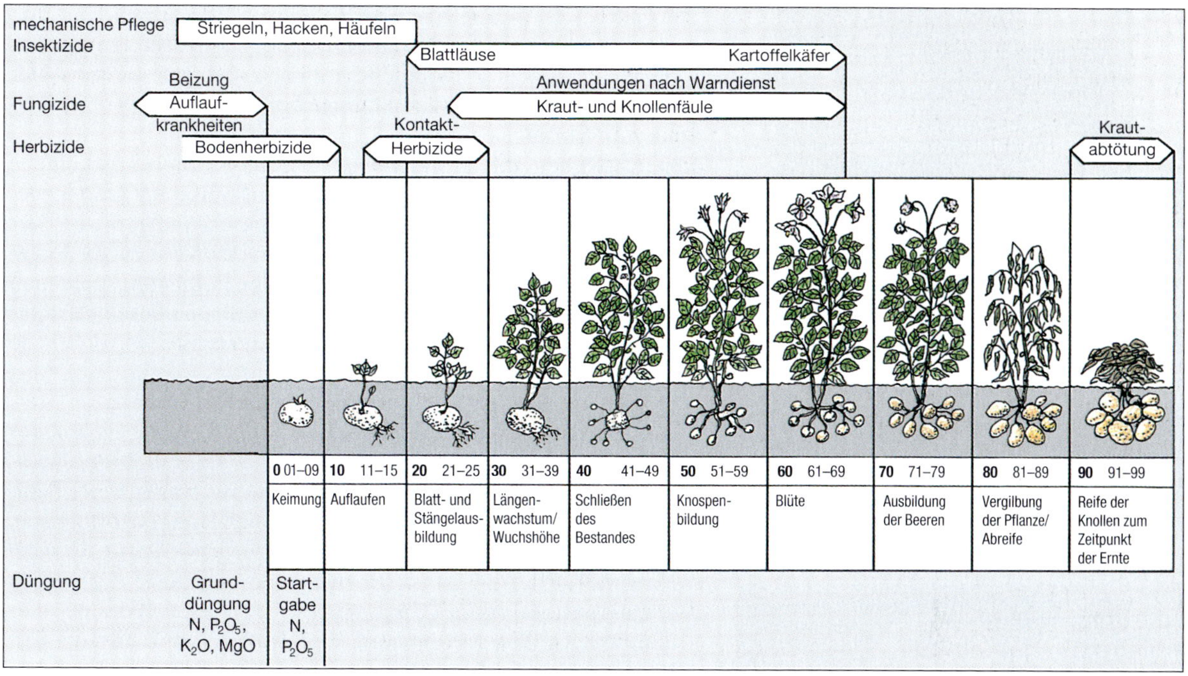

Abb. 398 Entwicklung, Pflege und Düngung bei Kartoffeln (Schema).

Der Einsatz großer und schwerer Maschinen macht breite Reifen erforderlich. Daher beträgt der Reihenabstand heute 75 cm, um eine Beschädigung der Dammflanken zu vermeiden. Der *Legeabstand* in der Reihe ergibt sich sinngemäß nach der Formel auf Seite 105.

Die Dämme sollten sorgfältig gezogen werden, da dies das notwendige wiederholte Befahren erleichtert und die Beschädigung der Kartoffelnester verringert. Hohe und breite Dämme (18–20 cm hoch) verhindern Wachstumsstörungen in Nässeperioden. Die Ablage der Kartoffeln in den Damm bringt den Vorteil, dass sich dort auch die Kartoffelnester bilden und später bei der Ernte weniger Boden bewegt werden muss. Auch die Ablage in Beeten wird durchgeführt.

4.2.4 Technik des Kartoffellegens

Pflanzkartoffeln müssen mit der **Legemaschine** möglichst schonend und exakt gelegt werden, insbesondere wenn sie vorgekeimt sind. Um die Knollen gleichmäßig tief ablegen und gleichmäßig zudecken zu können, ist die vorauslaufende Bodenbearbeitung sorgfältig vorzunehmen.

Im Einzelnen ist beim **Legen der Kartoffeln** zu beachten:

- Reihenabstände und Anschlussspuren einhalten,
- flache und gleichmäßige Legetiefe einstellen,
- den geforderten Knollenabstand in der Reihe einhalten,
- Doppelstellen und Fehlstellen auch bei unterschiedlicher Knollengröße und -form vermeiden,
- gleichmäßige und flache Bedeckung der Knollen vornehmen.

Abb. 399 Gleichmäßige Tiefenlage der Knollen ist für Ertrag und Rodung wichtig (Schema).

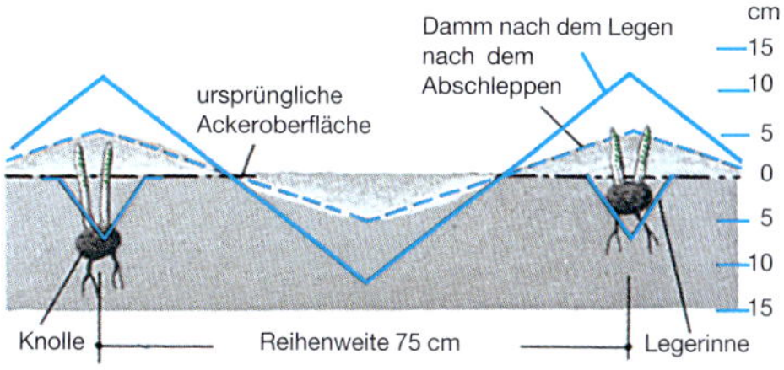

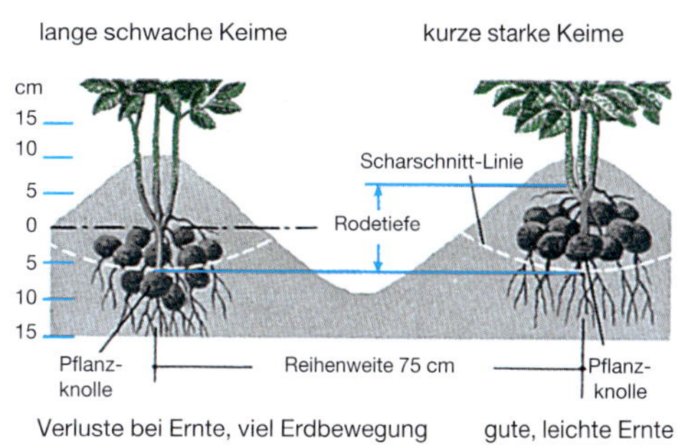

Abb. 400 Doppelbechergurt; ändert sich die Kartoffelsortierung, sind die Einsätze der Becher auszutauschen.

Abb. 401 Beim Schöpflöffel-System nimmt der Löffel immer mehrere Kartoffel auf; die überschüssigen Kartoffel fallen in den Schöpfraum zurück.

Abb. 402 Kippbunker haben ein großes Fassungsvermögen.

Die Fahrgeschwindigkeit ist den Bodenverhältnissen und der Maschinentechnik anzupassen. Die Legemaschinen arbeiten mit 2, 4, 6, 8 oder 12 Reihen. Zunehmend kommen gezogene Legemaschinen mit Ausstattungen zur Dammformung, Düngung und Beizung zum Einsatz.

Legemaschinen mit Handeinlage, besonders für vorgekeimtes Saatgut, erfordern zusätzlich zum Traktorfahrer für jede Legereihe eine Bedienungsperson. Die Fahrgeschwindigkeit ist hier auf 2–3 km/h begrenzt, da die Zuführung der Knollen zur Legemechanik durch die Leistungsfähigkeit der Bedienungspersonen bestimmt wird. Dagegen können **Legemaschinen mit selbsttätiger Einlage** mit höheren Fahrgeschwindigkeiten von 4–6 km/h, je nach Legeabstand, arbeiten.

Verschiedene **Schöpf- und Legesysteme** sind im Einsatz:

- *Einzelbecherkette mit mechanischem Fehlstellenausgleich:* Jeder Becher schöpft aus dem Schöpfraum eine oder mehrere Knollen. Fällt eine Knolle aus dem Becher heraus, was zu einer Fehlstelle führt, so legt der Fehlstellenausgleich eine Kartoffel nach.
- *Einzel- oder Doppelbechergurt mit Rütteleinrichtung:* Je nach Kartoffelsortierung ist die Bechergröße und -form der Knolle anzupassen. Aus dem Schöpfraum werden je Becher eine oder mehrere Knollen entnommen. Eine Rütteleinrichtung, die den Bechergurt in leichte Schwingungen versetzt, beseitigt auf den Bechern die überschüssigen Knollen. Sie fallen wieder in den Schöpfraum zurück.
- *Einzel- oder Doppelschöpflöffel:* Der Schöpflöffel nimmt beim Durchziehen durch den Schöpfraum mehrere Knollen auf. Verlässt der Schöpflöffel am oberen Ende die waagrechte Position, so fallen die zuviel geschöpften Knollen wieder zurück, nur eine Knolle verbleibt auf dem Schöpflöffel und wird anschließend im Boden abgelegt.

Der **Vorratsbehälter** kann als Einzelbehälter, als gemeinsamer Behälter für alle Legeaggregate oder als Kippbunker ausgelegt sein. Das Fassungsvolumen der Behälter beträgt bis zu 750 kg je Reihe. Der **Reihenabstand** ist durch Verschieben der Legeaggregate auf dem Grundrahmen von 70 bis maximal 90 cm einzustellen. Die **Legetiefe** wird durch ein höhenverstellbares Keilschar bestimmt. Zur genauen Tiefenführung ist für jedes Schar ein Tastrad angebracht. Die Ablage der Knolle in die Furche erfolgt unmittelbar im Bereich des Keilschares. Flaches und gleichmäßiges Legen der Kartoffel verbessert den Feldaufgang und erleichtert den Rodevorgang bei der Ernte. Mit jedem Zentimeter zu tief gelegte Kartoffel steigt beim Roden das aufzunehmende Bodenvolumen um 60–80 m^3/ha.

Der **Knollenabstand** in der Reihe lässt sich an einem Kettengetriebe oder mit einer elektronischen Steuerung einstellen. Durch Wechseln von Kettenrädern wird das Übersetzungsverhältnis der Antriebsräder zur Becherkette oder zu den Becherriemen geändert. Damit sind Knollenabstände von 15–60 cm feinstufig einstellbar.

Das **Zudecken** der Knollen erfolgt mit Zudeckscheiben. Durch entsprechende Einstellung ist die Dammbreite, die Dammflanke und die Dammhöhe den jeweiligen Verhältnissen anzupassen.

Das **Legen von vorgekeimten Kartoffeln** muss besonders schonend erfolgen. Dieses ist möglich, wenn der Schöpfraum nur mit wenigen Kartoffeln befüllt wird oder Schöpftrichtereinsätze bzw. Rollböden verwendet werden. Dann ist für eine sichere Belegung der Schöpfbecher entsprechend die Fahrgeschwindigkeit zu reduzieren.
Die Einstellung der **Spuranreißer** ist abhängig vom Abstand der jeweils äußeren Dämme, vom Reihenabstand und der Spurweite des Traktors und wird entsprechend den Angaben für die Maissaat berechnet und vorgenommen.
Beim **Geräteeinsatz** ist zu beachten:

- ▶ Den Reihenabstand der Aggregat am Furchenschar überprüfen,
- ▶ die Legetiefe an allen Scharen gleichmäßig einstellen,
- ▶ die Schöpfbecher entsprechend der Kartoffelsortierung auswählen, auf Unter- und Überbelegung achten,
- ▶ den Knollenabstand nach den geforderten pflanzenbaulichen Gegebenheiten einstellen,
- ▶ die Knollen so flach wie möglich zudecken,
- ▶ auf genaues Anschlussfahren achten.

Die **Wartungs- und Pflegearbeiten** beschränken sich auf das Abschmieren der Lagerstellen und Nachspannen von Ketten und Riemen. Nach dem Einsatz ist die Maschine zu reinigen, blanke Metallteile sind vor Rost zu schützen.

Abb. 403 Der Abstand der Knollen in der Reihe ist einzuhalten (links). Durch Wechseln der Kettenräder ist der Legeabstand einzustellen (rechts).

4.3 Bestandespflege

Mechanisch – Ziel ist es, mit möglichst wenigen Arbeitsgängen die Oberfläche der Dämme krümelig zu erhalten und das Unkraut zu vernichten, bis der Bestand schließt. Hierzu werden Häuflerkombinationen bzw. angetriebene Geräte für die Dammbearbeitung eingesetzt. Auf Wurzelbeschädigungen reagiert die Kartoffel empfindlich.
Chemische Unkrautbekämpfung – Sie muss das Unkraut besonders im Jugendstadium der Kartoffeln bekämpfen. Herbizide werden vor allem als Vorauflaufmittel eingesetzt.
Krankheiten und Schädlinge – Wichtige Krankheiten und Schädlinge der Kartoffel sind in Tabelle 30 (Seite 150) zusammengefasst.

Abb. 404 Mit Hohlscheiben werden die Kartoffeln zugedeckt und der Damm geformt.

4.4 Ernte

4.4.1 Erntebedingungen

Zeitpunkt – Nur *reife* Kartoffeln garantieren die gewünschten Qualitätsmerkmale. Deswegen spielt der Erntezeitpunkt eine große Rolle. Kartoffeln sind reif, wenn das Kraut abgestorben ist, die Knollen sich von den Stolonen gelöst haben, die Schale fest (Daumenprobe!) ist und die Knollen eine feste Schnittfläche zeigen.
Krautabtöten – Wenn Kartoffeln aus wirtschaftlichen oder arbeitswirtschaftlichen Gründen vor ihrer Reife geerntet werden müssen, ist das Kraut vorher abzutöten. Beim Pflanzkartoffelbau wer-

Abb. 405 Ein gleichmäßiger Kartoffelbestand ist eine gute Voraussetzung für eine verlustarme Ernte.

Tabelle 30: Bedeutsame Kartoffelkrankheiten und Schädlinge

Krankheit, Schädling	Schadbild	Bekämpfung
Pilz- und Bakterienkrankheiten		
Kraut- und Knollenfäule, *Phytophthora infestans*  Abb. 406	Pilz befällt Blätter und Knollen; auf Blattspitzen und Blatträndern dunkelbraune Flecken, auf der Unterseite mit weißem Pilzrasen umrandet; Befall greift bei feuchtwarmem Wetter rasch um sich, vorzeitiges Absterben der Bestände; Knollenfäule: leicht eingesunkene, bleigraue Flecken auf der Schale, bräunliche Verfärbung des Fleisches	Anbau widerstandsfähiger Sorten, Verwendung von Zertifiziertem Pflanzgut, rechtzeitiges Anwenden von Fungiziden: 1. Spritzung kurz vor Reihenschluss, 2.–3. Folgespritzungen je nach Witterung in 14-tägigem Abstand, Warndienst beachten!
Dürrfleckenkrankheit, *Alternaria solani*  Abb. 407	rundliche oder eckige braunschwarze Flecken mit konzentrischen Ringen auf den Blättern, eingesunkene Flecken auf den Knollen mit darunter liegendem schwarzbraunem Fleisch (Hartfäule)	das Bekämpfen der *Phytophtora* schützt auch vor dem Alternaria-Pilz
Weißhosigkeit, *Rhizoctonia solani*  Abb. 408	Frühbefall: Triebe auflaufender Kartoffeln sterben unter bräunlicher Verfärbung ab; Spätbefall: Wipfelrollen, vermorschter, weißer Stängelgrund (Pilzrasen)	hauptsächlich vorbeugend durch Beizen, Förderung des raschen Auflaufens (Vorkeimen, Keimstimmen), weite Fruchtfolge
Schwarzbeinigkeit, *Erwinia carotovora*, Bakteriose  Abb. 409	Blätter gelblich verfärbt, gefaltet und hochgestellt, Stängelgrund schwarzbraun verfault; Knollen breiig, übel riechend (Nassfäule); hohe Ansteckungsgefahr im Lager	kranke Stauden entfernen, Knollen sorgfältig auslesen und schonend behandeln; Wundverschluss eingelagerter Kartoffeln durch Belüftung bei 10–16 °C fördern
Schorf, *Streptomyces scabies*  Abb. 410	Knollenschale hat korkige, dunkle Unebenheiten; Strahlenpilze bevorzugen vor allem alkalische Böden	Vermindern des Befalls durch Beregnung während der Knollenbildung, Gründüngung, Einstellen des Boden-pH-Wertes auf 5 durch sauer wirkende Dünger; Anbau widerstandsfähiger Sorten

Fortsetzung Tabelle 30

Krankheit, Schädling		Schadbild	Bekämpfung
Viruskrankheiten Blattrollkrankheit	 Abb. 411	Überträger des Blattroll-Virus ist die Grüne Pfirsichblattlaus; Blätter sind von unten her eingerollt, spröde und rascheln bei Berührung; Staude ist heller als die gesunde Pflanze	Im Konsumkartoffelbau durch Verwendung von Zertifiziertem Pflanzgut, im Pflanzkartoffelbau durch Spritzen gegen Blattläuse, Bestandsbereinigung, frühzeitiges Krautabtöten (verhindert das Abwandern der Viren in die Knollen), Vermeiden von Beschädigungen der Pflanzen bei der Pflege
Strichelkrankheit	 Abb. 412	Verursacher Y-Virus, Überträger ist die Grüne Pfirsichblattlaus, aber auch die Kreuzdorn- und Gurkenlaus; Blätter gekräuselt und mosaikartig gefleckt; schwarze Strichel auf den Blattadern an der Blattunterseite	
Mosaikkrankheit	 Abb. 413	Verursacher A-, M-, X- und Y-Viren, Übertragung durch Kontakte oder Blattläuse; gekräuselte, gefaltete Blätter mit häufiger Hell-Dunkel-Scheckung (leichtes bis schweres Mosaik)	
Stängelbuntkrankheit	 Abb. 414	Verursacher Rattle-Virus, Übertragung durch Nematoden, Quellen: Melden, Vogelmiere-, Franzosenkrautwurzeln; meist nur ein Stängel mosaikartig gescheckt; Stippigkeit und Eisenfleckigkeit an der Knolle	
Schädlinge Kartoffelkäfer, *Leptinotarsa decemlineata*	 Abb. 415	den größten Fraßschaden verursachen die schmutzigroten Larven; Kahlfraß	Abschütteln/Absaugen im ökologischen Anbau, Spritzung von Insektiziden
Nematoden, *Globodera rostochiensis*, *Globodera pallida*	 Abb. 416	nesterweises vorzeitiges Absterben der Stauden im Bestand; winzige, mit Eiern gefüllte Zysten an den Wurzeln	Anbau resistenter Sorten, weite Fruchtfolge, Bodenentseuchung (teuer!)

Abb. 417 Mit dem Abschlagen des Krautes wird die Ernte wesentlich erleichtert und es wird Spritzmittel reduziert.

Abb. 418 Dieser 2-reihige Rode-Sammler erntet die Kartoffeln in einem Arbeitsgang.

Abb. 419 4-reihiger SF-Kartoffel Rode-Sammler mit Bunker.

Abb. 420 Der Schwadleger legt mehrere Reihen Kartoffeln in einem Schwaden ab.

den dadurch *Spätinfektionen* verhindert und die Sortierungsgrößen bevorteilt.
Das Krautabtöten kann sowohl mechanisch als auch chemisch oder als Kombination beider Verfahren durchgeführt werden. Der günstigste Termin für das chemische Abtöten wird amtlich bekannt gegeben (Pflanzenschutz-Warndienst). Für die mechanische Krautbeseitigung werden Krautrupfgeräte oder Krautschläger eingesetzt.
Ernteverfahren – Kartoffeln werden heute größtenteils mit *Sammelrodern* geerntet. Aber auch das *absätzige Verfahren,* bei dem die Kartoffeln von einem Roder auf Schwaden abgelegt und dann von einem Sammler aufgenommen und auf einen nebenherfahrenden Wagen geladen werden, wird noch angewandt.

4.4.2 Technik der Kartoffelernte

> ! Ziel ist es, die Knollen so wenig wie möglich zu verletzen. Deswegen muss der Boden gut siebfähig sein. Steine und Kluten erhöhen die Verletzungsgefahr.

Die Kartoffelknollen sind wegen ihres hohen Wassergehaltes gegen mechanische Beanspruchung besonders empfindlich. Dies gilt vor allem, wenn die Temperatur der Knolle unter 10 °C liegt. Um den Anteil der beschädigten Knollen möglichst gering zu halten und dadurch Qualitätseinbußen zu vermeiden, muss die Ernte und Weiterverarbeitung der Kartoffeln so schonend wie möglich erfolgen.
Deswegen sind in der Maschine hohe Fallstufen, hohe Band- und Walzengeschwindigkeiten, sowie Kanten und Stege die Beschädigungen hervorrufen können zu vermeiden. Gleichzeitig ist bei der Ernte ein sauberes Erntegut mit geringem Anteil an Fremdbeimengungen anzustreben.
Erntegeräte – Hauptsächlich erfolgt die Kartoffelernte mit gezogenen, 1- oder 2-reihigen *Sammelrodern* oder mit gezogenen 2-reihigen *Überladerodern.* Selbstfahrende 4-reihige Roder mit Bunker oder Überladeband haben noch eine geringe Verbreitung. Bei 1-reihigen Sammelrodern ist eine Rodeleistung von etwa 0,8 – 1,2 ha Tag je nach Rodebedingungen erreichbar.
Die Ernte der Kartoffeln erfolgt:

- **1-phasig** mit dem **Sammelroder** oder **Überladeroder:** In einem Arbeitsgang erfolgt das Roden und Ernten der Knollen. Die Kartoffeln werden direkt aus dem Boden gerodet, gebunkert oder übergeladen und dann zur Einlagerung gebracht.
- **2-phasig** mit einem **Schwadleger** und einem **Schwadsammler:** Mehrere Kartoffeldämme werden mit dem Schwadleger gleichzeitig gerodet und in einem Längsschwad abgelegt. Nach der Trocknungs- und Anwärmphase (1 – 4 Stunden) erfolgt die Schwadaufnahme mit dem herkömmlichen Sammelroder. Trockenes Erntegut, geringere Beschädigungsgefahr der Knollen, geringerer Infektionsdruck und hellere Schalenfarbe sind dabei die Vorteile.

Haben die angehängten Roder eine **mittige Dammaufnahme,** dann muss eine Traktorradseite zwischen 2 Dämmen fahren, was zu Druckverletzungen von Kartoffeln im Damm führen kann. Bei Rodern mit einer **Seitenaufnahme** kann der Traktor neben dem Damm fahren. Der Kartoffeldamm wird vom Rodeschar, das über eine Deichsellenkung seitlich zum Damm eingestellt wird, aufgenommen. Der Kartoffeldamm wird der Siebkette zugeführt, die das Absieben der Erdmasse übernimmt.
Danach erfolgt die Trennung von Kraut und Knollen. Das Kraut fällt auf den Boden.
Durch Förderelemente gelangen die Kartoffeln zu den mechanischen Trenneinrichtungen. Sie trennen die Knollen von den übrigen Fremdbeimengungen.
Auf dem nachgeschalteten Verlesetisch kann das Erntegut noch von Hand nachgelesen werden, bevor es in den Bunker gelangt. Meistens erfolgt das Sammeln der Kartoffeln in einem Bunker auf der Maschine. Sie haben ein Fassungsvermögen von 3–6 t.
Häufig werden die Aggregate des Roders hydraulisch verstellt und angetrieben, so dass die meisten Roder eine eigene Bordhydraulik haben. Die Bedienung der Hydraulik für die Steuer- und Regelfunktionen erfolgt elektrisch. Dann besteht die Möglichkeit der Verwendung einer Lenkautomatik und der Dammdruckregelung.
Dammaufnahme – Die Dammwalze führt das Rodeschar in der Tiefe. Sie soll möglichst flach sein und ist stufenlos einzustellen.
Das Rodeschar trennt den Damm vom Boden. Es kann in der Neigung den Bodenverhältnissen angepasst werden. Bei zum Schieben neigenden Böden ist es so flach wie möglich zu stellen.
Scheibenseche trennen den Damm an den Rändern, verhindern ein Ausbrechen des Dammes zur Seite und schneiden überhängendes Kraut ab.
Krauteinzugswalzen, die mit Federn auf die Siebkettengurte gedrückt werden, verbessern den Krauteinzug und reduzieren die Verstopfungsgefahr.
Absiebeinrichtung – Sie dient der Trennung der Erde von den Kartoffeln. Die umlaufende Siebkette besteht aus 2 Gurten, auf denen kunststoff- oder gummiüberzogene Stäbe befestigt sind. Die Umlaufgeschwindigkeit ist verstellbar. Mit Rüttelrädern oder Klopfern lässt sich die Absiebwirkung verstärken.
Siebroste und Siebtrommeln sind kaum noch im Einsatz.
Krauttrennvorrichtung – Die Krautkette trennt das Kartoffelkraut von den Kartoffeln. *Engmaschige* Ketten bewirken eine intensive Krautabtrennung, es besteht aber eine erhöhte Beschädigungsgefahr für die Knollen. Bei *weitmaschigen* Krautketten ist die Beschädigung geringer.
Die Trennwirkung beider Ketten lässt sich durch Verstellen der Neigung, der Rütteleinrichtung und der Abstreiffinger ändern.
Hubvorrichtung – Ein Hubrad oder ein Hubelevator transportiert die Kartoffeln zur Trenneinrichtung. Die Teile, mit denen die Kartoffeln in Berührung kommen, sind aus Kunststoff oder Gummi bzw. ummantelte Stahlteile.
Trenn- und Verleseeinrichtungen – Um den Verleseaufwand zu minimieren, sind mechanische Trenneinrichtungen vorgeschaltet.

Abb. 421 Bei der seitlichen Aufnahme fährt der Traktor nicht mehr zwischen den Dämmen.

Abb. 422 Das gleichmäßige Beschicken der Siebkette vermindert Beschädigungen der Kartoffelknollen.

Abb. 423 Krauttrenneinrichtungen.

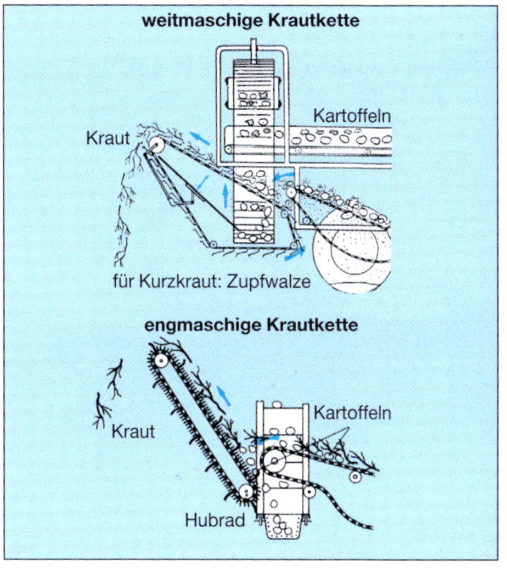

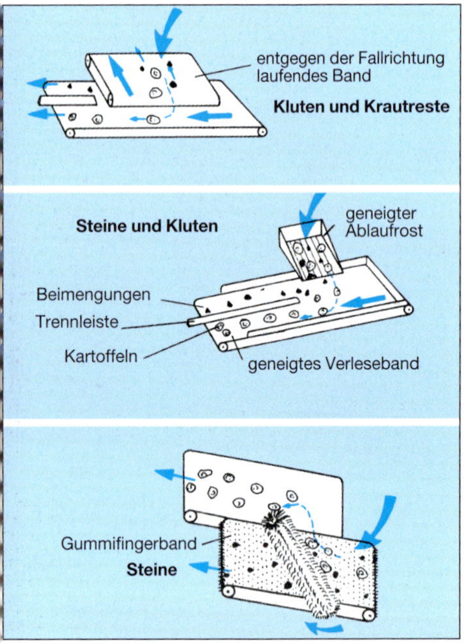

Abb. 424 Trenneinrichtungen für Beimengungen (Schema).

Abb. 425 Trennung der Kartoffeln von Fremdbeimengungen mit Gumminoppenband und Abstreif-Pendelkamm.

Diese nützen die unterschiedlichen physikalischen Eigenschaften von Kartoffeln, Kluten und Steinen aus. Die Auswahl der Trenngeräte richtet sich nach Sorte und Besatz mit Kluten oder Steinen.

- Mit dem *Gumminoppenband* wird das unterschiedliche Gewicht von Steinen und Kartoffeln ausgenützt. Die Beimengungen sinken aufgrund ihres Gewichts zwischen die Gumminoppen ein und gelangen über den Beimengenkanal auf das Feld zurück. Abstreifer leiten die Kartoffeln vom Gumminoppenband auf das Verleseband.
- *Bürstenwalzen* in Kombination mit einem *Gumminoppenband* eignen sich besonders bei hohem Steinbesatz. Die Steine drücken die Borsten zur Seite, das Noppenband fördert sie in einen Sammelbehälter oder direkt aufs Feld. Die Kartoffeln werden von der Bürstenwalze abgekämmt und rollen auf das Verleseband.
- Beim geneigten *gegenläufigen Band* wird das unterschiedliche Rollvermögen ausgenützt. Die »runden« Kartoffeln rollen über das Band. Kluten und Steine bleiben liegen und werden dadurch vom Band mitgenommen und aufs Feld zurückbefördert.

Der Antrieb dieser Trenneinrichtungen erfolgt meist hydraulisch. Ihre Neigung und die Arbeitsgeschwindigkeit lassen sich stufenlos auf jede Erntebedingung einstellen.

Die noch verbleibenden Beimengungen werden von auf dem Rode-Sammler mitfahrenden Personen ausgelesen. Die Kartoffeln fallen dann vom Verleseband in den Sammelbunker.

Sammeleinrichtung – Der Rollbodenbunker hat sich gegenüber dem Kippbunker durchgesetzt. Der große Vorteil des Rollbodenbunkers ist die veränderbare Abwurfhöhe und die große Zuladung, die bis zu 8,5 t betragen kann. Dadurch vermindert sich die Verletzungsgefahr der Kartoffeln.

Von Vorteil sind Fallsegel im Bunker. Damit werden die Fallhöhen reduziert und Beschädigungen der Knollen besonders beim leeren Bunker vermieden.

Beim **Geräteeinsatz** ist zu beachten:

- Rodetiefe so flach wie möglich einstellen
- Siebketten, Bänder und Walzen nicht zu schnell und steil einstellen
- Klopfeinrichtungen so schwach wie möglich einstellen, Knollen dürfen auf der Siebkette nicht springen
- Fallhöhe in den Bunker und Transportwagen so niedrig wie möglich halten, bei Bedarf Fallsegel benutzen.

Wartungs- und Pflegearbeiten – Beim Kartoffel-Sammelroder kommen alle Bauteile mit Erde in Berührung. Nur durch sorgfältige Wartung kann der Verschleiß an der Maschine gering gehalten werden:

- Lager täglich fetten,
- Getriebeöle regelmäßig kontrollieren und bei Bedarf ergänzen bzw. erneuern,
- Ölstand in der Hydraulikanlage prüfen,
- Transportbänder gleichmäßig spannen,
- Kunststoff- oder Gummiummantelungen der Siebketten, Förderleisten und Krautketten auf Beschädigung kontrollieren,
- alle Einstellvorrichtungen gängig halten.

Achtung: Hochgehobenen Sammelbunker vor Wartungs- oder Reparaturarbeiten aus Sicherheitsgründen immer mechanisch abstützen.

Aufgaben:
1. Worin liegen die Unterschiede zwischen der 1-phasigen und der 2-phasigen Ernte von Kartoffeln?
2. Aus welchen Bauteilen besteht die Dammaufnahme eines Kartoffel-Sammelroders?
3. Nach welchem Gesichtspunkt sind die Einstellungen an der Siebkette vorzunehmen? Die möglichen Einstellungen zur Veränderung der Siebwirkung sind zu nennen.
4. Welche Aufgabe soll eine mechanische Trennhilfe erfüllen? Die Arbeitsweise ist zu beschreiben.

Abb. 426 Ein Fallsegel im Bunkerauslauf reduziert die Kartoffelbeschädigungen beim Überladen erheblich.

Abb. 427 Annahme der Kartoffeln durch einen Schüttbunker.

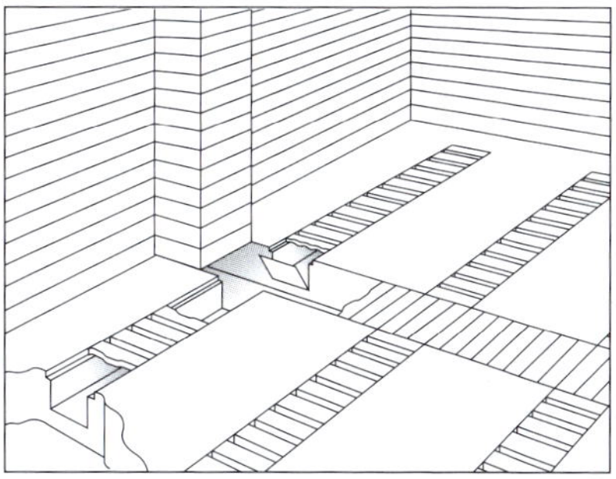

Abb. 428 Flächenlager mit unterirdischen Lüftungskanälen.

Abb. 429 Flächenlager mit Hürdenbelüftung.

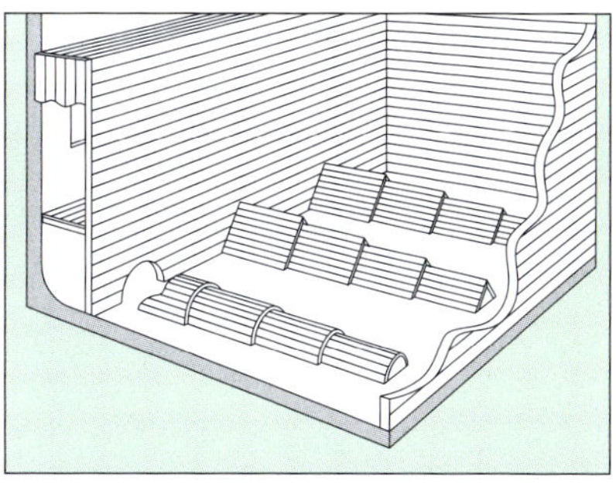

4.4.3 Einlagerungs-, Lagerungs- und Aufbereitungstechnik

Lagerung – Ziel ist das Erhalten der Qualität bei gleichzeitigem Einschränken der Verluste durch Atmung, Verdunstung, Fäulnis und Keimung.
Die Transport- und Einlagerungsleistungen sind der Ernteleistung anzupassen. Der Transportanhänger entleert die Kartoffeln durch Abkippen auf ein **Annahmeband** bzw. in einen **Annahmebunker**. Über Forderbänder und einen zwischengeschalteten stationären Fremdgutabscheider sowie eine Vorsortierung gelangen die Kartoffeln in das Lager. Bis 125 t/ha Durchsatz sichern eine hohe Schlagkraft bei der Einlagerung.
Um eine vollständige Durchlüftung des Kartoffelstapels zu gewährleisten, ist das Erntegut gleichmäßig und flächig im Lager zu verteilen. Mit leicht versetzbaren Einlagerungsgeräten kann das Einlagerungsgut schonend von den Förderbändern übernommen und bei geringsten Fallstufen optimal in den unterschiedlichsten Lagerzellen abgelegt werden.
Das Ausschieben des Teleskopbandes, das Anheben bzw. Absenken, Schwenken und Versetzen ist einfach zu steuern und erfolgt automatisch, um Druckstellen weitgehend zu vermeiden.
Bei der Kartoffellagerung wird erwartet, dass die Qualität der Kartoffeln möglichst verlustarm bis zur Verwertung erhalten bleibt. Je nach Lagerdauer und Verwertungsziel erfolgt die Lagerung in speziellen Lagerbereichen.
Die **Lagerung der Kartoffeln** erfolgt in einem
- **Flächenlager:** Sie eignen sich für einheitliche Partien bis zu 200 t. Die Belüftung erfolgt mit querverlaufenden Unterflurkanälen oder Hürdenbelüftung über einen begehbaren Hauptkanal. Je nach Kanalabstand ist auch eine Belüftung kleiner Partien möglich.
- **Boxenlager:** Die Belüftung der Boxen erfolgt meist über Unterflurkanäle. Mit der Boxengröße ist die Lagerkapazität für etwa 30–50 t festgelegt. Kurzboxenlager erfordern einen höheren Aufwand für das Befüllen und Entleeren.

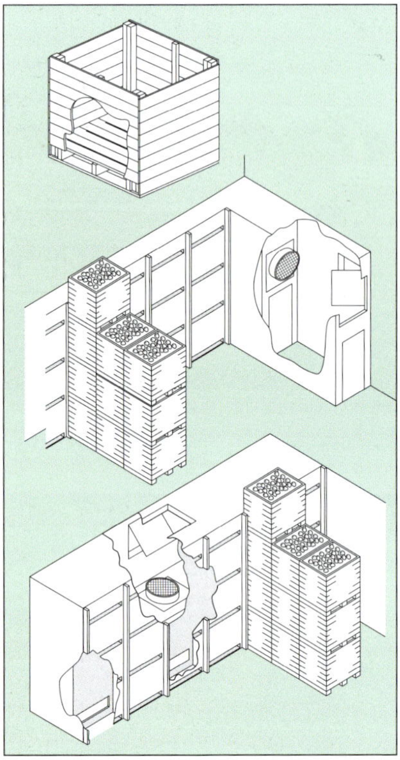

Abb. 430 Kistenlager mit Belüftungsanlage.

Abb. 431 Lüftungssteuerung mit Lüfter und Klappensteuerung.

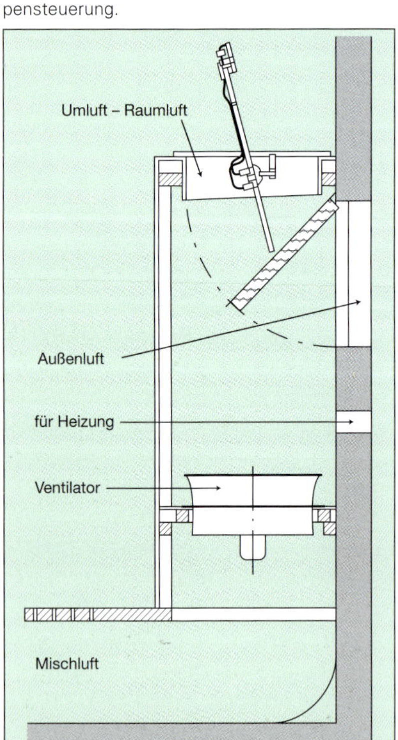

- **Kistenlager:** Die Lagerung in Kisten bzw. Großpaletten ist schonend und für die Aufbereitung vorteilhaft, da auch kleinere, unterschiedliche Partien in das Lager gebracht und entnommen werden können. Für den Transport eignet sich besonders der Gabelstapler, der allerdings im Lager eine entsprechend große Rangierfläche benötigt und z. T. hohe Hublasten und Hubhöhen zu bewältigen hat.
  Die Kisten haben ein Fassungsvermögen von 1 – 5 t. Das Befüllen der Kisten muss schonend erfolgen. Dafür kommen spezielle Kistenbefüllgeräte zum Einsatz.

Im Kartoffellager muss eine frostsichere Lagerung möglich sein. Deswegen sind die lagerumschließenden Bauteile des Gebäudes mit einer Wärmedämmung mit k-Werten unter 0,3 W/m^2 K zu versehen.

Nach der Einlagerung der Kartoffeln in das Lager ist zur Erhaltung der Qualität und zur Verlustminderung mit der **Lagerungsbelüftung** zu beginnen. Sie erfolgt in unterschiedlichen Phasen:

1. **Abtrocknen:** In spätestens 1 – 2 Tagen sollen die Kartoffel abgetrocknet sein. Dies geschieht mit einer Lufttemperatur, die etwa 2 °C niedriger ist als die Knollentemperatur. Die Luftmenge soll bei 150 m^3/h und t Kartoffel liegen.
2. **Wundheilung:** Nach dem Abtrocknen wird die Stapeltemperatur auf 12 – 15 °C eingestellt und solange gehalten (2 – 4 Wochen), bis die beschädigten Stellen an der Knolle verheilt sind.
3. **Abkühlung:** Für eine längerfristige Lagerung ist der Stapel Kartoffel nun langsam abzukühlen. Die Temperaturreduzierung soll dabei nicht größer sein als 0,5 – 0,8 °C/Tag. Dabei ist ein zu starkes Austrocknen der Knolle zu vermeiden. Es soll eine *Lagertemperatur* erreicht werden bei:

Saatkartoffeln:	3 – 5 °C
Speisekartoffeln:	6 – 8 °C
Industriekartoffeln:	8 – 10 °C
Stärkekartoffeln:	3 – 4 °C

4. **Lagerung:** Nachdem die entsprechende Lagertemperatur erreicht ist, beginnt die eigentliche *Lagerungsphase.* Dabei soll die Lagertemperatur keinesfalls mehr als 0,8 °C ansteigen und die rel. Luftfeuchte zwischen 90 und 95 % gehalten werden.

Vor dem Auslagern sind die Kartoffeln langsam auf eine Temperatur von etwa 15 °C anzuwärmen, dann sind sie ohne Beschädigungsgefahr weiterzuverarbeiten.

Die *Steuerung der Luftmengen* nach Außen- und Knollentemperatur und nach Luftfeuchtigkeit für eine verlustarme Lagerung lässt sich am besten mit einer Steuerungs- und Regelautomatik verwirklichen.

Das **Auslagern** der Kartoffeln aus dem Flachlager ist mit mobiler Fördertechnik möglich, ausgestattet mit einer speziellen Schaufel für eine schonende Kartoffelaufnahme. In größeren Lagern werden fahrbare Aufnahmegeräte zur Entnahme eingesetzt. Der Aufnahmeteil schiebt sich unter das Lagergut, nimmt es vorsichtig auf und übergibt es über ein Teleskopband zum nächsten Förderband, das die Sortieranlage beschickt, oder in eine Transportkiste bzw. ein Transportfahrzeug.

4.5 Rentabilität

Die **Rentabilität des Kartoffelanbaus** kann mit der Deckungsbeitrags-Berechnung bewertet werden. Zur Berechnung dieses Deckungsbeitrages werden dabei von der erbrachten Marktleistung die variablen Kosten abgezogen. Weitere Faktoransprüche (z.B. Flächenbedarf, Arbeitsbedarf) gehen nicht in diese Berechnung ein, sind aber in der Gesamtbewertung zu berücksichtigen, um feststellen zu können, welchen Anteil der Betriebszweig am Gesamteinkommen hat.
Die zu erzielenden Beträge liegen besonders bei den Brennereikartoffeln weit über denen beim Getreideanbau, sind aber dann an das Vorhandensein entsprechender Brennrechte gebunden. Bei Speisekartoffeln ist außerdem mit schwankenden Preisen zu rechnen. Bei Stärkekartoffeln gibt es Lieferrechte.

Abb. 432 Boxenfüller für das Einlagern von Kartoffeln.

Tabelle 31: Produktionsverfahren Speisekartoffeln
(Deckungsbeitrag, Berechnungsbeispiele)

Ertrag		dt/ha (netto)	250	325	400
davon 80 %	Speisekartoffeln	7,50 €/dt	200	260	320
20 %	Futterkartoffeln	1,50 €/dt	50	65	80
	Marktleistung	**€/ha**	**1575**	**2048**	**2520**
5 dt	Pflanzgutbedarf	37,50 €/dt	188	188	188
21 dt	Pflanzgutbedarf	7,50 €/dt	158	158	158
	Nachbaugebühr	€/ha	65	65	65
	Düngemittel	€/ha	171	222	274
	Pflanzenschutz	€/ha	236	362	362
	Sortierkosten	1 €/dt	250	325	400
	variable Maschinenkosten	€/ha	230	240	260
	variable Kosten	**€/ha**	**1298**	**1460**	**1607**
	DB Speisekartoffeln	**€/ha**	**277**	**588**	**913**

Abb. 433 Gleichmäßig befülltes Kartoffellager.

Tabelle 32: Produktionsverfahren Brennereikartoffeln
(Deckungsbeitrag, Berechnungsbeispiele)

Ertrag		dt/ha (netto)	250	325	400
Preis		€/dt	8	8	8
	Marktleistung	**€/ha**	**2000**	**2600**	**3200**
5 dt	Pflanzgutbedarf	30 €/dt	150	150	150
21 dt	Pflanzgutbedarf	9 €/dt	189	189	189
	Nachbaugebühr	€/ha	50	50	50
	Düngemittel	€/ha	171	222	273
	Pflanzenschutz	€/ha	191	219	219
	variable Maschinenkosten	€/ha	230	240	260
	variable Kosten	**€/ha**	**981**	**1070**	**1141**
	DB Brennereikartoffeln	**€/ha**	**1019**	**1530**	**2059**

Abb. 434 Automatischer Kistenfüller für die Kartoffellagerung.

Abb. 435 Kartoffelsortierung.

Abb. 436 Kartoffelscheunen bieten arbeitswirtschaftliche und technische Vorteile.

Abb. 437 Die Kartoffelgrößen werden mit dem Quadratmaß festgelegt.

Aufgaben:

1. Aus welchem Grund sollen die Kartoffeln im Lager gleichmäßig verteilt werden und wie ist das zu erreichen?
2. Welche Arbeitsgänge sind für eine verlustarme und qualitätssichernde Kartoffellagerung im Einzelnen durchzuführen?
3. Weshalb müssen Kartoffeln nach dem Einlagern **a)** getrocknet, **b)** abgekühlt werden?
4. Beschreiben Sie die Verwertung von Kartoffeln.
5. Ein Landwirt düngt seinen Kartoffelacker mit 300 dt/ha Stallmist (Nährstoffgehalt 0,5 % N, 0,25 % P_2O_5, 0,65 % K_2O). Die Hälfte des Nährstoffgehaltes wird für die Kartoffeln wirksam. Wie viele dt/ha Schwefelsaures Ammoniak (21 % N), Novaphos (23 % P_2O_5) und Kalimagnesia (30 % K_2O) sind noch auszubringen, wenn insgesamt 90 kg N, 130 kg P_2O_5 und 180 kg K_2O/ha erforderlich sind?
6. Tragen Sie in eine Skizze der Entwicklungsstadien der Kartoffel alle Pflegemaßnahmen ein, die Ihr Ausbildungsbetrieb durchführt.
7. Erklären Sie Ursache und Verbreitung der Virus-Krankheiten bei Kartoffeln.
8. Welche Klimatisierungsabschnitte unterscheidet man bei der Kartoffellagerung?
9. Pflanzkartoffeln sollen in 75 cm Reihenabstand gelegt werden. Man wünscht 36 000 Pflanzen/ha. Die mittlere Masse der Pflanzknollen beträgt 52 g.
   a) Welcher Legeabstand ist zu wählen?
   b) Wie viele Tonnen Pflanzgut benötigt man für 9 ha?
10. Bestimmen Sie den Pflanzabstand in cm und den Pflanzgutbedarf in dt/ha.
    a) Pflanzenzahl je ha 40 000, Masse je Knolle 53 g, Reihenabstand 68 cm.
    b) Pflanzenzahl je ha 45 000, Masse je Knolle 64 g, Reihenabstand 75 cm.
11. Auf einem Feld wurden 950 dt Kartoffeln geerntet, davon waren 675 dt Speiseware.
    a) Wie viel % der Ernte sind Speiseware?
    b) Wie viele Kubikmeter Lagerraum, einschließlich 10 % Befüllungszuschlag, sind für die Speisekartoffeln erforderlich? (Schüttdichte 6,5 dt/m^3)
12. Berechnen Sie den Deckungsbeitrag für ein Hektar Speisekartoffeln aus folgenden Daten:
    Ertrag 330 dt/ha, 10 % Verluste, 14 dt Pflanzgutentnahme (18 €/dt), 33 dt Futterkartoffeln (2,50 €/dt), der Rest Marktware (8 €/dt).
    Pflanzgutzukauf 14 dt (36,00 €/dt), Handelsdüngeraufwand 190 €/ha, Herbizide 78 €/ha, Fungizide 165 €/ha, Insektizide 45 €/ha; variable Maschinenkosten 240 €/ha.

Anbau von Futterpflanzen

6

Für die Rinder haltenden Betriebe ist die Gewinnung und Bereitstellung von hochwertigem wirtschaftseigenen Futter eine zentrale, das Betriebsergebnis maßgeblich bestimmende Aufgabe. In Ackerbaugebieten spielt deshalb der ***Ackerfutterbau*** eine wichtige Rolle.

Aus pflanzenbaulichen und ökologischen Gründen sind darüber hinaus in getreidereichen Fruchtfolgen der ***Zwischenfruchtanbau*** und die ***Begrünung stillgelegter Flächen*** von größter Bedeutung.

In Einzelfällen kann regional auch der Anbau von ***Lein, Hirse, Zichorie*** oder auch von ***Heil- und Gewürzpflanzen*** eine interessante Alternative sein.

Das folgende Kapitel vermittelt die Produktionsgrundlagen für den Anbau von Futterpflanzen und informiert grundsätzlich auch über den Anbau weiterer Nutzpflanzen.

Abb. 438 Der Feldfutterbau liefert Pflanzenmasse für das tägliche Grundfutter und für die Futterkonservierung.

6 Anbau von Futterpflanzen

1 Ackerfutterbau

Neben der Erzeugung von Futterpflanzen (Getreide, Mais, Futterrüben) versteht man unter **Feldfutterbau** im engeren Sinne den Anbau von kleeartigen Pflanzen, Luzerne, Gräsern und Leguminosen-Gräser-Mischungen, die mehrjährig, überjährig (Ansaatjahr und ein weiteres Nutzungsjahr) oder nur sommerjährig genutzt werden.

Der Feldfutterbau liefert im Jahresverlauf über einen längeren Zeitraum wirtschaftseigenes Futter mit annähernd gleich bleibender Qualität. Als Grünfutter verbessert es die Schmackhaftigkeit der Futterration und erhöht somit die Futteraufnahme. Ganzjahrige Silagefütterung führt jedoch zu einem Rückgang dieser traditionellen Futterpflanzen und zur Verarmung der Fruchtfolgen.

Die eiweißreichen Futterpflanzen sind – auch bei annähernd schmutzfreier Bergung – schwieriger zu silieren. Die Konservierung mithilfe von Trocknungsanlagen ist deshalb vorteilhaft, um den optimalsten Trockenmasse-Ertrag bei geringsten Bröckelverlusten zu erzielen.

Die wichtigste kleeartige Futterpflanze ist der **Rotklee,** dessen Kultivierung bereits auf die Römer zurückgeht. Seine Ausbreitung ist teilweise auch geschichtlich bedingt, da der Kleeanbau auf Brachflächen abgabefrei war.

Die älteste bekannte Futterpflanze ist aber die **Luzerne,** die bereits 470 v. Chr. von Asien nach Griechenland gebracht wurde. **Alexandriner Klee** und **Perser Klee** tauchten erst in den 50er- und 60er-Jahren des 20. Jahrhunderts in Deutschland auf.

Abb. 439 Klee-Untersaat in Getreide.

1.1 Kleeartige Futterpflanzen (*Trifolium* ssp.)

Botanik – Alle kleeartigen Pflanzen zählen zu den **Leguminosen.** Sie leben in Symbiose mit den Knöllchenbakterien an ihren Wurzeln, die den Luftstickstoff pflanzenverfügbar machen.

Tabelle 33 gibt einen Überblick über die botanischen Besonderheiten, die Anbau- und Verwendungsmöglichkeiten sowie die Ansprüche an Boden und Klima.

Fruchtfolge – Bestände mit kleeartigen Pflanzen haben einen hohen Fruchtfolgewert, sofern sie nicht lückig oder verunkrautet sind. Die große Wurzelmasse verbessert die Bodenstruktur und erleichtert den Nährstoffaufschluss. Die Weiterverbreitung von Fruchtfolgeschäden in getreidereichen Fruchtfolgen wird unterbrochen. Kleeartige Pflanzen zählen deshalb auch zu den **Gesundungsfrüchten.**

Die **Speicherung von Luftstickstoff** im Wurzelwerk muss bei der Düngebilanz der Folgefrucht mit bedacht werden. Die anspruchs-

Tabelle 33: Übersicht gebräuchlicher Futter-Leguminosen

Futterpflanze	botanische Merkmale	Anbau- und Verwendungsmöglichkeiten	Ansprüche an Boden	Ansprüche an Klima
Rotklee *Trifolium pratense*  Abb. 440	tief reichende Pfahlwurzel mit vielen Nebenwurzeln schon im 1. Jahr; Einziehen der Basalknospen im Herbst (→ Unempfindlichkeit gegen Tiefschnitt und Beweidung)	wichtigste Kleeart; Reinanbau oder im Gemisch; überjährige Nutzung	liebt mittlere bis schwere Böden; meidet sehr leichte, saure, humusarme Böden	rotkleesicher: kühle und feuchte Sommer; wintert in schneereichen Wintern leicht aus
Weißklee *Trifolium repens*  Abb. 441	stärker verzweigte, aber weniger tiefe Pfahlwurzel als Rotklee; oberirdische Kriechtriebe führen zu raschem Bestandsschluss; 2 Typen: Ladino-Typ, Morsö-Typ	beweidbar; Bestandteil von Weidemischungen; Reinsaat nur im Zwischenfruchtbau	für alle Böden	recht frostsicher; geringere Anforderungen an Niederschläge als Rotklee
Bastardklee (Schwedenklee) *Trifolium hybridum*  Abb. 442	Wurzeln wie Rotklee, aber weniger tief gehend; Blüte rosa	nur in Mischungen verwendbar	geeignet für alle Böden, außer sehr trockenen	verträgt mehr Kälte und Nässe als Rotklee
Inkarnatklee *Trifolium incarnatum*  Abb. 443	längliche, tiefrote Blütentraube; dicht behaarte Blätter; stark verzweigte Pfahlwurzel; rasche Frühjahrsentwicklung	nur für Winterzwischenfruchtbau	liebt mittlere bis leichte Böden	übersteht nur milde Winter
Alexandriner Klee *Trifolium alexandrinum*  Abb. 444	Blatt luzerneähnlich; Stängel dünner als Persischer Klee; Blütenfarbe: gelb bis weiß	Reinsaat und Gemische für sommerjährigen Feldfutterbau Trockenheit	liebt leichte bis mittlere, alkalische Böden	nicht winterhart; verlangt reichliche und regelmäßige Niederschläge; versagt bei
Persischer Klee *Trifolium resupinatum* 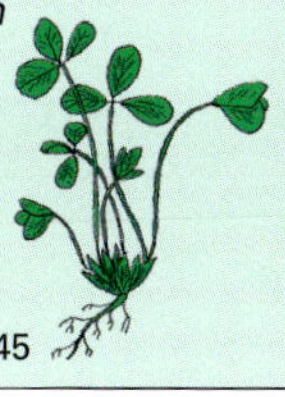 Abb. 445	Stängel dick und hohl; Blütenfarbe: rosa bis violett; verholzt weniger schnell als Alexandriner Klee	eventuell auch Zwischenfruchtbau möglich; wie Alexandriner Klee		

Abb. 446 Die Kleeseide ist ein Schmarotzer.

Abb. 447 Krankheiten an Kleepflanzen:
1 Kleekrebs (rechts Skerotien),
2 Kleestängelälchen.

vollen Getreidearten nutzen gerade bei intensivem Getreideanbau den hohen Fruchtfolgewert der kleeartigen Pflanzen besonders gut aus.

Die *Selbstverträglichkeit* der kleeartigen Pflanzen ist aufgrund der Vermehrung tierischer und pilzlicher Schädlinge relativ gering. Um einer Ertragsminderung durch **Kleemüdigkeit** vorzubeugen, dürfen sie erst nach 5 Jahren wieder auf dem gleichen Feld angebaut werden. Die Anbaupausen können bei Weißklee, Bastardklee, Persischem und Alexandriner Klee etwas kürzer sein (3–4 Jahre).

Düngung – Eine Startstickstoffgabe (30–40 kg N) sichert eine rasche Jugendentwicklung. Später übernehmen die Knöllchenbakterien weitgehend die N-Versorgung. Die Phosphat- und Kaliversorgung muss gesichert sein (120 kg P und 240 kg K). Bei der Düngung ist auch die Nährstoffversorgung einer eventuellen Deckfrucht zu berücksichtigen.

Zu beachten sind außerdem die unterschiedlichen Ansprüche der Pflanzen an den Kalkzustand des Bodens.

Bodenbearbeitung – Ziel für die relativ kleinen Kleesamen ist ein feines, abgesetztes Saatbeet.

Aussaat, -verfahren – Folgende **Verfahren** sind üblich:
- Untersaat, die Deckfrucht reift aus (Körnernutzung),
- Untersaat, die Deckfrucht wird grün abgemäht (Futternutzung),
- Blanksaat ohne Deckfrucht im Frühjahr,
- Blanksaat nach der Getreideernte.

In ökologisch wirtschaftenden Betrieben ist die *Untersaat* weit verbreitet. Die Aussaat erfolgt im zeitigen Frühjahr, um die Winterfeuchte noch stärker auszunutzen.

Grundsätzlich sollte die Deckfrucht nicht zu dick stehen (Saatstärke um ca. 30 % verringern) und nicht so intensiv geführt werden, da besonders Lichtkonkurrenz die Untersaat schädigt. Außerdem kann es zu Ernteerschwernissen kommen, wenn die Deckfrucht schlecht abtrocknet oder in Lager geht.

Blanksaaten im Frühjahr und Untersaaten mit Grünnutzung der Deckfrucht vermeiden diese Risiken und gelten als sehr sicher.

Alexandriner Klee und Perser Klee werden für die Nutzung als Hauptfrucht immer als Blanksaat im Frühjahr ausgesät.

Beim **Saatgutzukauf** muss besonders auf die Keimfähigkeit, die Sortenreinheit und Unkrautfreiheit geachtet werden. Außerdem muss das Saatgut frei von Kleeseide (Schmarotzer) sein (siehe Abb. 446).

Aussaattiefe – Die relativ kleinen Kleesamen sollten nicht unter 2 cm ausgesät werden.

Die Aussaatmenge richtet sich nach örtlichen Gegebenheiten, Saatverfahren und der Nutzungsrichtung (Tabelle 34).

Tabelle 34: Saatstärken (kg/ha) **für Kleearten**

Kleeart	Saatstärke	Kleeart	Saatstärke
Rotklee	18–20	Bastardklee	8–12
Inkarnatklee	15–25	Perser Klee	18–20
Weißklee	8–11	Alexandriner Klee	30–35

Tabelle 35: Wichtige Klee-Krankheiten und Schädlinge

Krankheit	Schadbild	Bekämpfung
Kleekrebs Pilz	nesterartige Fehlstellen im Frühjahr bei Rotklee und Inkarnatklee; Blätter zeigen bräunliche Flecken und sterben ab	weite Fruchtfolge, Rotklee kurz in den Winter bringen, Ersatz des Rotklees durch Kleegrasgemische, Alexandriner oder Persischer Klee
Stängelbrenner Pilz	längliche, hellbraune, dunkel umrandete Flecken an Stängeln und Blattstielen, besonders im 2. Aufwuchs	weit gestellte Fruchtfolge; Alexandriner Klee wird besonders befallen
Wurzelbräune Pilz	Pflanzen gestaucht, verdorrt, Pilzsporen färben die Wurzel braun	Entwässern staunasser Böden, weite Fruchtfolge
Stängelälchen tierischer Erreger, der im Boden jahrelang überdauern kann	kümmerliche Pflanzen mit starker Bestockung; Triebe sind am Grunde verdickt	Anbau von Alexandriner und Persischem Klee statt Rotklee oder Kleegrasgemischen

Bestandespflege – Sobald bei Blanksaaten der Bestand 15 cm hoch ist, sollte dieser abgemäht werden. So kann das Unkraut zurückgedrängt werden. Rotklee als Untersaat sollte im Herbst abgemäht oder abgeweidet werden. Rotklee darf nicht zu üppig in den Winter gehen. Im Frühjahr müssen aufgefrorene Bestände angewalzt werden.

Nutzung – Rotklee, Alexandriner Klee und Perser Klee ermöglichen im Hauptnutzungsjahr meist 3 Schnitte. Rotklee sollte beim 1. Schnitt knapp vor der Blüte, im 2. Schnitt in der Blüte und beim 3. Schnitt vor der Blüte genutzt werden. Alexandriner Klee muss vor der Blüte genutzt werden. Perser Klee erlaubt auch die Nutzung in der Blüte. Er dient besonders bei Stängelälchenbefall als Gesundungsfrucht.

1.2 Luzerne *(Medicago* spp.)

Luzerne gehört ebenfalls zu den Leguminosen, hat aber gegenüber dem Rotklee Triebe, die sich aus oberirdischen Knospen entwickeln. Deshalb ist Luzerne empfindlich gegenüber zu tiefem Schnitt, Beweidung und strenger, anhaltender Winterkälte. Luzerne liefert die höchsten Erträge als Feldfutterpflanze.

Klima- und Bodenansprüche – Luzerne verträgt trockenes Klima und benötigt tiefgründige, kalkhaltige Böden. Sie ist empfindlich gegenüber Staunässe und niedrigem pH-Wert.

Fruchtfolge – Auf dem gleichen Feld sollte sie erst wieder nach 6 Jahren stehen. Obwohl mehrjährige Nutzung möglich ist, wird Luzerne meist überjährig oder mit zwei Hauptnutzungsjahren genutzt. Ihr sehr guter Fruchtfolgewert gründet auf der sehr großen Wurzelmasse mit dem gespeicherten Stickstoff. Luzerne gilt als Feindpflanze für Rübennematoden.

Düngung – Besonders viel Wert muss auf den höheren pH-Wert gegenüber Rotklee gelegt werden. 180 kg P und bis zu 300 kg K sind bei Reinsaaten angebracht. Sie liegen damit etwa 1/3 höher als bei Rotklee.

Abb. 448 Luzerne (1); Hornschotenklee (2); Esparsette (3); Gelbklee (4).

Abb. 449 Luzerne erlaubt eine frühere Schnittnutzung als z. B. Rotklee.

Aussaat – Es gelten die gleichen Voraussetzung wie bei Rotklee. Die Deckfrucht sollte auf keinen Fall dick stehen, da Luzerne besonders unter Lichtmangel leidet: Die Aussaatmenge liegt bei 25–30 kg/ha.

Pflege und Nutzung – Die Pflege beschränkt sich, wenn überhaupt nötig, auf einen Herbizideinsatz zur Unkrautunterdrückung im Ansaatjahr. Tiefer Schnitt schädigt die Luzerne besonders. Luzerne liefert 3–4 Schnitte im Hauptnutzungsjahr, den ersten Schnitt etwa eine Woche früher als Rotklee. Luzerne sollte einmal im Jahr zur Blüte kommen und vor dem letzten Schnitt zur Kräftigung des Wurzelstockes eine Nutzungspause von 7–8 Wochen erhalten.

Als wichtigster **Luzerneschädling** gilt die Gallmücke. Sie befällt die Sprossspitzen oder die Blütenknospen. Im Inneren der Gallen erkennt man die gelben Larven der Gallmücke. Frühzeitiger Schnitt kann die Schäden eindämmen.

Als weitere **Luzernekrankheiten** gelten die Welkekrankheit und der Wurzeltöter. Beides sind Pilzkrankheiten. Während die Welkekrankheit durch die Wahl resistenter Sorten und durch Optimierung der Anbauansprüche eingedämmt werden kann, lässt sich die Wurzeltöter-Krankheit besonders durch eine weite Fruchtfolge vermeiden.

1.3 Klee-Gras-Gemische

Klee-Gras-Gemische nutzen die positiven Wachstums- und Futtereigenschaften von Klee und Gras. Dabei ergeben sich viele Vorteile:

- etwa 10 % höhere Erträge mit weiterem Energie: Eiweiß-Verhältnis als reine Kleeansaaten; deshalb auch bessere Siliereignung;
- höhere Ertragssicherheit als Reinsaaten,
- vielseitigere Verwendung,
- Je nach Gräseranteil ist sinnvoller Einsatz von Gülle möglich,
- liefern noch größere Wurzelmassen als Reinsaaten.

Ansaatmischungen – Je nach Verwendungszweck gibt es verbreitete und erprobte Mischungen (Tabelle 36 und 37). Die Ansaatmischungen sind im Landhandel erhältlich oder können selber gemischt werden.

Bei einer Eigen-Mischung ist zu beachten:

- Die Ansprüche der Mischungspartner an Boden und Klima sollten übereinstimmen.
- Je kürzer die Nutzungsdauer, desto höher der mögliche Kleeanteil.
- Je kürzer die Nutzungsdauer, desto weniger Mischungspartner.
- Weißklee, Gelbklee und Lieschgras haben ein geringes Verdrängungsvermögen, Rotklee, Luzerne und die Weidelgrasarten dagegen ein hohes Verdrängungsvermögen.

Ausschlaggebend sind bei allen Mischungen die natürlichen botanischen Gegebenheiten (z. B. Verträglichkeit) der Pflanzen und ihre Wachstumseigenschaften sowie ihre Inhaltsstoffe. Davon werden sowohl Aufwuchs wie Futterqualität und -konservierung bestimmt.

Abb. 450 Je kürzer die Nutzungsdauer eines Futterbestandes ist, desto geringer sollte die Zahl der Pflanzenarten in einer Futtermischung sein.

Tabelle 36: Saatgutmischungen für den Feldfutterbau – Grünfütterung (nach Angaben der Bayer. Landesanstalt für Landwirtschaft, Institut für Pflanzenbau und Pflanzenzüchtung)

Nutzungsart	bevorzugte Standorte bzw. Besonderheiten	Mischungspartner	Anteil kg	Anteil %
sommerjährig	Sommerkleegras für alle nicht zu trockenen Lagen	Perserklee	15,0	62,6
		Einjähriges Weidelgras diploid	4,5	18,7
		Welsches Weidelgras diploid	4,5	18,7
			24,0	100,0
überjährig = 1 Aussaatjahr + 1 Hauptnutzungsjahr	für alle Lagen	Rotklee	8,0	38,1
		Wiesenschwingel	9,0	42,9
		Lieschgras	4,0	19,0
			21,0	100,0
	für trockenere Lagen	Rotklee	10,0	41,7
		Luzerne	6,0	25,0
		Wiesenschwingel	5,0	20,8
		Lieschgras	3,0	12,5
			24,0	100,0
mehrjährig = Aussaatjahr + 2 bis 3 Hauptnutzungsjahre	Luzernegras für trockene Standorte	Luzerne	22,0	73,3
		Glatthafer	7,0	23,4
		Knaulgras	1,0	3,3
			30,0	100,0
	Luzernegras für mittlere Standorte	Luzerne	21,0	70,0
		Wiesenschwingel	6,0	20,0
		Lieschgras	3,0	10,0
			30,0	100,0
	mehrjähriges Kleegras für mittlere frische Standorte	Rotklee	6,0	22,2
		Weißklee	3,0	11,1
		Dt. Weidelgras	5,0	18,6
		Wiesenschwingel	9,0	33,3
		Lieschgras	4,0	14,8
			27,0	100,0
	mehrjähriges Kleegras für trockene Standorte	Rotklee	2,0	7,4
		Luzerne	3,0	11,1
		Weißklee	1,0	3,7
		Wiesenschwingel	11,0	40,8
		Glatthafer	4,0	14,8
		Lieschgras	6,0	22,2
			27,0	100,0

Düngung – Die Höhe der Stickstoffdüngung richtet sich nach dem Anteil der Gräser in der Mischung. Je mehr Leguminosen enthalten sind, desto sparsamer kann die N-Düngung sein. Die Phosphat- und Kaliumdüngung entspricht der Ausbringmenge in reinen Leguminosenansaaten.

Aussaat – Bei der Aussaat sollte eine mögliche Entmischung in der Drillmaschine vermieden werden. Für einen erfolgreichen Anbau und einen gleichmäßigen Aufgang benötigen die relativ kleinen Samen ein sehr sorgfältig vorbereitetes, feines, abgesetztes Saatbeet.

Abb. 451 Inkarnatklee.

Abb. 452 Hopfenklee.

Abb. 453 Klee-Untersaat.

Abb. 454 Klee-Gras-Gemische (links) bringen mehr Grünertrag als Klee in Reinsaat.

Abb. 455 FE 1 ist eine Saatgutmischung für einjährige Nutzung.

Abb. 456 FM 4 ist eine Saatgutmischung für mehrjährige Nutzung.

Tabelle 37: Saatgutmischungen für den Feldfutterbau – zur Konservierung und zur Gülledüngung (nach Angaben der Bayer. Landesanstalt für Landwirtschaft, Institut für Pflanzenbau und Pflanzenzüchtung)

Nutzungsart	bevorzugte Standorte bzw. Besonderheiten	Mischungspartner	Anteil kg	%
überjährig	überjähriges Rotkleegras für niederschlagsreiche Lagen	Rotklee	7,0	33,3
		Wiesenschwingel	10,0	47,6
		Lieschgras	4,0	19,1
			21,0	100,0
	überjähriges Rotklee-Luzerne-Gras für trockene Standorte	Rotklee	7,0	29,2
		Luzerne	4,0	16,7
		Wiesenschwingel	9,0	37,5
		Lieschgras	4,0	16,6
			24,0	100,0
	überjährige Gräser-Mischung	Welsch. Weidelgras	18,5	51,4
		Bastardweidelgras	16,5	45,8
		Rotklee	1,0	2,8
			36,0	100,0
mehrjährig	Kleegras für niederschlagsärmere Standorte	Rotklee	2,0	7,4
		Luzerne	3,0	11,1
		Weißklee	1,0	3,7
		Wiesenschwingel	12,0	44,5
		Glatthafer	3,0	11,1
		Lieschgras	6,0	22,2
			27,0	100,0
	Kleegras für niederschlagsreiche Standorte	Rotklee	3,0	11,1
		Weißklee	2,0	7,4
		Dt. Weidelgras	8,0	29,7
		Wiesenschwingel	10,0	37,0
		Lieschgras	4,0	14,8
			27,0	100,0

1.4 Rentabilität

Zur **Bewertung der Wirtschaftlichkeit** des Feldfutter- oder Zwischenfruchtanbaus zieht man die Berechnung der variablen Kosten heran und vergleicht die je erzeugter Einheit anfallenden variablen Kosten (Cent/10 MJ ME oder Cent/10 MJ NEL) mit anderen Produktionsverfahren des Futterbaus.

Bei dieser Berechnung ergibt sich eine scheinbar gute Wettbewerbskraft im Vergleich zum Silomais. Man darf aber nicht übersehen, dass die Nährstofferträge je Hektar besonders in guten Lagen beim Silomais wesentlich höher sind. Beim Zwischenfruchtanbau muss man außerdem mit stark schwankenden Erträgen rechnen.

Bei der fruchtartbezogenen Rentabilitätsberechnung werden ökologische Wirkungen der Pflanzen (Fruchtfolgewert, Erosionsschutz, Humusbildung) vernachlässigt. Das ist bei der Anbau-Entscheidung jedoch ein ebenso wichtiger Gesichtspunkt.

Tabelle 38: Produktionsverfahren Luzerne, 3 Schnitte (variable Kosten; Deckungsbeitrag, Berechnungsbeispiele)

		Nutzung: Cobs – 90 % T		
Grünmasse	dt/ha	500	600	700
T-Gehalt der Grünmasse	%	20	20	20
Trockenmasse brutto	dt/ha	100	120	140
Brutto-Energie MJ ME/ha		94 256	112 847	131 439
Brutto-Energie MJ NEL/ha		54 500	65 250	76 000
Trockenmasse-Verluste	%	10	10	10
Energieverluste	%	18	17	17
Trockenmasse netto	dt/ha	90,0	108,0	126,0
Energiekonzentration Netto-Energie MJ ME/kg T		8,63	8,63	8,63
Energiekonzentration Netto-Energie MJ NEL/kg T		4,99	4,99	4,99
Netto-Energie MJ ME/ha		77 670	93 204	108 738
Netto-Energie MJ NEL/ha		44 910	53 892	62 874
Saatgut	€/ha	60	60	60
Düngemittel	€/ha	196	235	274
Trocknungskosten	€/ha	416	500	583
variable Maschinenkosten	€/ha	165	165	165
Summe variable Kosten	**€/ha**	**837**	**960**	**1082**
Nährstoffkosten	**ct/10 MJ ME**	**10,77**	**10,30**	**9,95**
Nährstoffkosten	**ct/10 MJ NEL**	**18,64**	**17,81**	**17,21**

Tabelle 39: Produktionsverfahren Kleegras, 2-jährig, 3 Schnitte (variable Kosten; Deckungsbeitrag, Berechnungsbeispiele)

		Nutzung: Anwelksilage – 35 % T		
Grünmasse	dt/ha	500	600	700
T-Gehalt der Grünmasse	%	15	15	15
Trockenmasse brutto	dt/ha	75	90	105
Brutto-Energie MJ ME/ha		78 723	94 468	110 212
Brutto-Energie MJ NEL/ha		47 000	56 400	65 800
Trockenmasse-Verluste	%	13	13	13
Energieverluste	%	16	16	16
Trockenmasse netto	dt/ha	65,3	78,3	91,4
Energiekonzentration Netto-Energie MJ ME/kg T		10,10	10,10	10,10
Energiekonzentration Netto-Energie MJ NEL/kg T		6,03	6,03	6,03
Netto-Energie MJ ME/ha		65 903	79 083	92 264
Netto-Energie MJ NEL/ha		39 346	47 215	55 084
Saatgut	€/ha	28	28	28
Düngemittel	€/ha	202	242	281
Silierhilfsmittel und variable Silierkosten	€/ha	82	97	114
variable Maschinenkosten	€/ha	165	165	165
Summe variable Kosten	**€/ha**	**477**	**532**	**588**
Nährstoffkosten	**ct/10 MJ ME**	**7,24**	**6,73**	**6,37**
Nährstoffkosten	**ct/10 MJ NEL**	**12,12**	**11,27**	**10,67**

Abb. 457 Eine gut gelungene Zwischenfrucht durchwurzelt den Boden tief und kräftig.

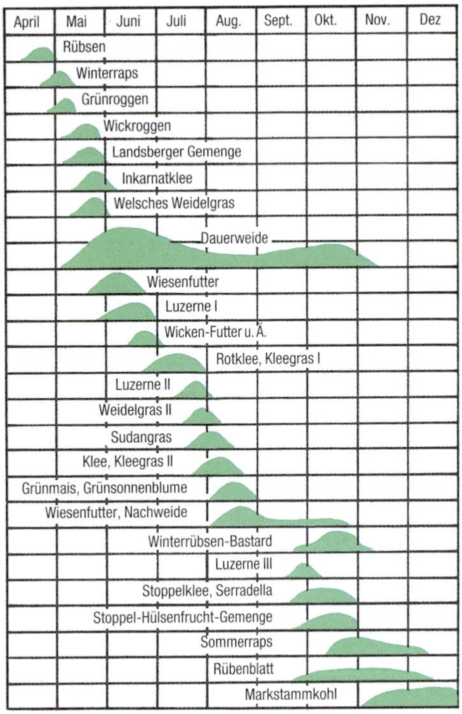

Abb. 458 Dieser Futterkalender zeigt, wie auf sinnvolle Weise durch den Anbau verschiedener Zwischenfrüchte die ganze Vegetationsperiode über Grünfutter vorliegen kann.

Abb. 459 Gut entwickelter Futterraps.

2 Zwischenfruchtbau

Als **Zwischenfruchtanbau** bezeichnet man den Anbau von Pflanzen zwischen zwei Hauptfrüchten, entweder als *Sommerzwischenfrucht* (Untersaat oder Stoppelsaat) oder als *überwinternde Zwischenfrucht* (fast ausschließlich als Stoppelsaat).

Vorteile des Zwischenfruchtbaues:

- ▶ Zusätzliches Futter,
- ▶ sehr gut verdauliches, eiweißreiches Futter,
- ▶ preiswertes Futter,
- ▶ verlängerte Grünfütterungszeiten, Herbst und eventuell im Frühjahr,
- ▶ Gare fördernd durch Schattengare,
- ▶ Humus fördernd durch Wurzelmasse oder Pflanzenrückstände,
- ▶ Erosion hemmend durch Bodenabdeckung und abfrierende Zwischenfrüchte als Mulchdecke für Nachfolgefrüchte,
- ▶ Stickstoffanreicherung bei Leguminosen,
- ▶ binden Nährstoffe, besonders den auswaschungsgefährdeten Nitratstickstoff.

Nachteile des Zwischenfruchtbaues:

- ▶ Untersaaten können Ernte erschweren und die Pflanzenschutzmittelauswahl einschränken,
- ▶ optimale Saatbeetbereitung unter Zeitdruck,
- ▶ hoher Wasserverbrauch bei Umbruch im Frühjahr und verspäteter Nachfolgefruchtanbau,
- ▶ leicht verdauliches Eiweiß und geringe Struktur bewirken oft Fütterungsschwierigkeiten.

Trotz der angegebenen Nachteile ist im Hinblick auf die günstigen Wirkungen für die Böden, besonders in viehlos wirtschaftenden Ackerbaubetrieben, der Zwischenfruchtanbau unverzichtbar.

Saatbettbereitung – Ein feines, abgesetztes Saatbett ist meist nur mit einer geringen Pflugtiefe und nachfolgendem Packer und Krümler erreichbar. Stroh muss kurz gehäckselt, breitflächig verteilt und gut gemischt in den Boden eingearbeitet werden. Strohmatten, aber auch nicht aufgebrochene Bodenverdichtungen behindern die Entwicklung der Zwischenfrucht enorm. Geeignet sind Grubber oder Scheibenegge mit entsprechenden Nachläufern. Kombinierte Geräte der Minimalbestelltechnik lassen sich ebenfalls sehr gut einsetzen.

> ! Es gilt: Ein Tag im Juli ist besser als eine Woche im August oder der ganze September.

Aussaat – Beim vereinfachten Verfahren mit dem Schleuderdüngerstreuer (halbe Arbeitsbreite beachten) muss die Saatmenge erhöht und anschließend die Saat eingeeggt werden. Ein ungleicher Bestand darf nicht stören. Drillmaschinen mit Säscharen, denen Strohreste keine Schwierigkeiten machen, eigenen sich besonders gut.

Die folgende Tabelle 40 gibt einen Überblick über Eignung und Saatmengen bei ausgewählten Zwischenfrüchten.

Tabelle 40: Eignung und Zweck von Zwischenfrüchten

Zwischenfrucht	Saatstärke ca. kg/ha	Zweck/Wirkung		
		Futter-gewinnung	Stickstoff-verwertung	Unkrautbe-kämpfung
Sommerraps	8–12	ja	ja	ja
Gelbsenf	15–20	nein	ja	ja
Phacelia	8–10	nein	ja	ja
Sonnenblumen	25–30	nein	ja	ja
Einj. Weidelgras	40–50	ja	ja	ja
Alexandrinerklee	ca. 30	ja	nein	nein
Winterraps	8–12	ja	ja	ja
Landsberger Gemenge	30–50	ja	nein	ja
Welsches Weidelgras	40–50	ja	ja	ja

Abb. 460 Nematoden-resistenter Senf.

Abb. 461 Nematoden-resistenter Ölrettich.

Abb. 462 Gut aufgelaufene Phacelia.

Düngung – Zwischenfrüchte müssen mit Stickstoff angedüngt werden, da die Bakterien, die das Stroh verarbeiten, ca. 40 kg N/ha binden. Besonders eignen sich organische Dünger wie Gülle oder auch Jauche. Mit diesen Düngern ist meist auch der Phosphat- und Kalibedarf der Zwischenfrucht abgedeckt. Darüber hinaus verwerten die meisten Zwischenfrüchte den Reststickstoff besonders gut.

Tabelle 41: Produktionsverfahren Einjähriges Weidelgras grün, Zwischenfrucht (variable Kosten; Deckungsbeitrag, Berechnungsbeispiele)

		Einjähriges Weidelgras grün 14 % T		
Grünmasse	dt/ha	200	250	300
T-Gehalt der Grünmasse	%	14	14	14
Trockenmasse brutto	dt/ha	25	35	42
Brutto-Energie MJ ME/ha		30 743	38 532	46 730
Brutto-Energie MJ NEL/ha		18 750	23 500	28 500
Trockenmasse-Verluste	%	10	10	10
Energieverluste	%	1810	11	12
Trockenmasse netto	dt/ha	25,2	31,5	37,8
Energiekonzentration Netto-Energie MJ ME/kg T		10,92	10,92	10,92
Energiekonzentration Netto-Energie MJ NEL/kg T		6,66	6,66	6,66
Netto-Energie MJ ME/ha		27 518	34 398	41 278
Netto-Energie MJ NEL/ha		16 783	20 979	25 175
Saatgut	€/ha	52	52	52
Düngemittel	€/ha	75	94	113
variable Maschinenkosten	€/ha	60	60	60
Summe variable Kosten	**€/ha**	**187**	**206**	**225**
Nährstoffkosten	**ct/10 MJ ME**	**6,80**	**5,99**	**5,45**
Nährstoffkosten	**ct/10 MJ NEL**	**11,14**	**9,82**	**8,94**

Abb. 463 Erbs-Wick-Bohnen-Gemisch.

3 Begrünung stillgelegter Flächen

Formen der Flächenstilllegung – Die Überproduktion von Nahrungsmitteln in der EU führt zu hohen Kosten für die Lagerhaltung und zum Verfall von Erzeugerpreisen. Mit staatlichen Programmen zur Stilllegung von Flächen (konjunkturelle Flächenstilllegung) will man die Produktion dem Bedarf anpassen.
Zur Zeit gibt es hierzu folgende **Möglichkeiten:**

- *Einjährige Brache:* Die Fläche wird 1 Jahr aus der Produktion genommen.
- *Dauerbrache:* Eine bestimmte Fläche wird über mehrere Jahre aus der Produktion genommen.

Notwendigkeit und Möglichkeiten der Begrünung – Stillgelegte Flächen müssen begrünt werden, um sie vor Erosion und Nährstoffauswaschung zu schützen. Möglichkeiten sind entweder die Selbstbegrünung oder die gezielte Ansaat.
Die **Selbstbegrünung** verursacht zunächst keine Kosten. Sie erfolgt vorwiegend durch Unkräuter. Damit diese nicht aussamen, muss der Aufwuchs vorher geschlägelt werden. Diese Arbeit ist jährlich mindestens zweimal nötig.
Die **gezielte Aussaat** schützt mit einer Flächendeckung schon im Herbst vor Erosion und der frühzeitige dichte Bewuchs vermindert die Nitratauswaschung. Voraussetzung dafür ist allerdings ein nicht zu hoher Kleeanteil, der die N-Auswaschung nur bis zum Umbruch verzögern würde.
Die **Pflanzenarten** für die Begrünung sind weitgehend vorgeschrieben (Gräser, Phazelia, Buchweizen und Kleegrasgemische). Für eine Ansaat im Frühjahr eignen sich besonders Winterraps oder Winterrübsen, weil diese dann nicht schossen, dichte Bestände bilden, somit das Unkraut hervorragend unterdrücken und auch nicht geschlägelt werden müssen. Auch Winterroggen und Deutsches Weidelgras zeigen diese Wirkung.
Nicht winterharte Pflanzen (z. B. Alexandriner Klee, Phazelia) vermeiden die Durchwuchsgefahr in der Folgefrucht.

Abb. 464 So sollten stillgelegte Flächen nicht aussehen.

Rentabilität – Je nach Zweck (z. B. Nematodenbekämpfung) und Art der Stilllegung (z. B. einfache Stilllegung oder Dauerbrache für zwei oder mehrere Jahre auf der gleichen Fläche) ergeben sich verschiedene Möglichkeiten, die stillgelegten Flächen einzusäen. Nur bei Gewährung von Ausgleichsbezahlungen kann die Flächenstilllegung lohnend sein.
Einfache Stilllegung auf jährlich wechselnden Flächen ist das häufigste Verfahren in der Praxis. Der Anbau von nachwachsenden Rohstoffen auf Stilllegungsflächen ist möglich.

Tabelle 42: Deckungsbeitrag für Flächenstilllegung
(Berechnungsbeispiel)

Saatgut	€/ha	17
variable Maschinenkosten	€/ha	59
variable Kosten	**€/ha**	**76**
DB ohne Prämie	**€/ha**	**–76**
DB mit Prämie	**€/ha**	**277**

4 Weitere Nutzpflanzen auf dem Acker

Zur Verbesserung der Fruchtfolge, als Einkommensalternativen und zur Produktion nachwachsender Rohstoffe werden heute auch weitere als die bisher besprochenen Nutzpflanzen auf dem Acker angebaut.

4.1 Lupinen *(Lupinus L.)*

Bedeutung – Die bitterstoffarme *Gelbe Lupine (Lupinus luteus)* und die *Weiße Lupine (Lupinus albus)* werden als Futterpflanzen zur Körnergewinnung angebaut. Die *Blaue Lupine (Lupinus angustifolius)* wird neben der Samengewinnung auch zur Gründüngung genutzt.

Als **Stickstoffsammler** stehen Lupinen oft nach Getreide in der Fruchtfolge. Sie brauchen zur Keimung und im Jugendstadium viel Wasser. Später liebt die Gelbe Lupine Trockenheit, die Blaue verträgt sie und der Weißen Lupine macht auch Nässe nichts aus.

Produktionstechnik – Die Saat zur Körnergewinnung soll so früh wie möglich in tiefgelockerten Boden erfolgen (Voraussetzung Bodentemperatur 5–6 °C). Die Saatzeit liegt zwischen Anfang März und Anfang April.

Samen sollten wegen der epigäischen Keimung nur in 2–3 cm Tiefe abgelegt werden. Saatstärke: 80–100 Körner/m^2 bei Gelber und Blauer Lupine (TKG 120–160 g) und Reihenweite von 20–30 cm. Bei Weißer Lupine beträgt die Saatstärke 40–70 Körner/m^2 (TKG 250–350 g) mit einer Reihenweite von 30–45 cm. Für Gründüngung muss spätestens am 25. Juli gesät sein.

Die **Bestandespflege** kann mechanisch (Striegeln, eventuell Hacken) und mit Herbiziden erfolgen. Lupinen reifen Mitte August (Gelbe) bis Mitte September (Weiße). Die Ernte wird mit dem Mähdrescher in der Totreife vorgenommen und wenn die Körner noch taufeucht sind. Die Erträge liegen bei 40 dt/ha. Weil Lupinen Stickstoffsammler sind, genügt eine Düngung mit Phosphat (180–220 kg P_2O_5/ha) und Kali (100–140 kg K_2O/ha).

Abb. 465 Gelbe Lupine.

Abb. 466 Weiße Lupine.

Abb. 467 Blaue Lupine.

4.2 Öllein *(Linum usitatissimum)*

Herkunft und Botanik – Der Lein stammt aus Südwestasien. Er ist großsamiger als Faserlein und besitzt Stängellängen von mindestens 75–100 cm.

Fruchtfolge – Lein steht nach Getreide. Anbaupausen von 5 bis 7 Jahren sind wegen der Leinmüdigkeit nötig. Lein braucht 500 bis 700 mm Niederschläge im Jahr, davon ca. 100 mm im Mai/Juni. Tiefgründige Sande und sandige Lehme bevorzugt er.

Düngung – Er neigt zum Lagern; deswegen sollten organische Dünger vermieden werden. Folgende Reinnährstoffmengen werden empfohlen: 60 kg/ha N, 80–120 kg P_2O_5/ha, 70–170 kg K_2O/ha

Abb. 468 Lein.

Abb. 469 Flachs (Faserlein).

und 40–70 kg MgO/ha. Wird die Kalidüngung im Frühjahr vorgenommen, sind chlorarme Formen zu verabreichen. Der pH-Wert des Bodens sollte um 6 liegen.

Anbau – Lein wird so früh wie möglich (Ende März/Anfang April) gesät. Bei einer angestrebten Bestandesdichte von 800 Pflanzen/m^2 ist eine Saatstärke von 80–100 kg/ha (Keimfähigkeit 80 %, TKG 8–10 g) erforderlich. Reihenentfernung und Saattiefe sind wie bei Getreide zu wählen.

Faserlein ist mit Öllein verwandt, aber kleinsamiger. Die Saatstärke beträgt 110–140 kg/ha, die Reihenentfernung 7–10 cm.

Pflanzenschutz – Pilzliche Schaderreger (Schwärze, Grauschimmel, Brennflecken-Krankheit, Stängeldürre) werden durch Beizen bekämpft. Gegen Erdflöhe setzt man Insektizide ein. Gegen Unkräuter können Herbizide vor der Saat eingearbeitet oder im Nachauflaufverfahren gespritzt werden.

Ernte und Verwertung – Nach einer Vegetationszeit von 150 bis 170 Tagen wird Lein Ende August bis Mitte September mit dem Mähdrescher geerntet. Anschließend wird das Erntegut auf 10 % Feuchtigkeit getrocknet. Die ölhaltigen *Samen* werden in der pharmazeutischen und in der chemischen Industrie verwendet. Faserlein wird 20–30 Tage nach der Blüte gerauft, bleibt 3–6 Wochen im Schwad liegen (1- bis 2-mal wenden) und wird später in Flachsschwingen zu Textilfasern verarbeitet. Wie bei allen »besonderen« Nutzpflanzen sollte der Absatz vertraglich gesichert sein.

4.3 Zuckerhirse *(Sorghum bicolor)*

Herkunft und Botanik – Zuckerhirse stammt aus Indien oder Afrika. Die Herkunft ist noch ungeklärt. Sie zählt zu den Gräsern. Obwohl sie ursprünglich eine Kurztagspflanze ist, blühen neue Sorten auch unter Langtag-Bedingungen.

Fruchtfolge – Wegen Durchwuchsgefahr sollte sie nicht vor und nach Mais angebaut werden. Sie ist selbstverträglich und liebt gemäßigtes Klima. Die Mindesttemperatur für das Wachstum liegt bei 12–15 °C, das Optimum bei 25–30 °C. 400–600 mm Niederschläge sind in der Vegetationszeit erforderlich.

Düngung – Folgende Reinnährstoffmengen werden empfohlen: 200 kg N/ha, 75–90 kg P_2O_5/ha, 300 kg K_2O/ha und 60–80 MgO/ha.

Anbau – Die Saatzeit liegt Anfang bis Mitte Mai, wenn der Boden die Keimtemperatur von 8–12 °C aufweist. Die Bestandesdichte sollte 130 000–140 000 Pflanzen/ha betragen. Die Saat erfolgt mit dem *Einzelkorn-Sagerät* (pilliertes Saatgut) mit einer Reihenentfernung von 45–50 cm und einer Saattiefe von 2 cm. Die Saatstärke schwankt zwischen 10 und 35 kg/ha.

Pflanzenschutz – Die Maßnahmen sind ähnlich durchzuführen wie beim Mais.

Ernte und Verwertung – Geerntet wird im Oktober, wenn der Zuckergehalt im Stängelsaft hoch ist. Die Pflanzen werden gehäckselt und abgepresst. Die Bagasse (der Pressrückstand) kann als Futter siliert werden. Der Zuckersaft wird zu Ethanol verarbeitet.

Abb. 470 Zuckerhirse.

4.4 Zichorie *(Cichorium intybus)*

Herkunft und Botanik – Zichorie kommt in allen Erdteilen vor. Sie ist 2-jährig. Im 1. Jahr bildet sie aber bereits den Wurzelkörper, der genutzt wird.

Fruchtfolge – Sie ist eine Neutralpflanze für Rübennematoden, liebt kontinentales Klima und Böden wie die Zuckerrübe.

Düngung – Bei pH-Werten unter 6 sollten vor der Winterfurche 10–15 dt/ha Branntkalk gegeben werden. Folgende Reinnährstoffmengen werden empfohlen: 100–130 kg N/ha, davon ein Drittel als Kopfdüngung, 60–130 kg P_2O_5/ha, 200–250 kg K_2O/ha, 40–60 kg MgO/ha. Wegen der Verätzungsgefahr der empfindlichen Keimwurzeln sollten Mineraldünger nie kurz vor der Aussaat ausgebracht werden.

Anbau – Zichorie ist frostempfindlich (Schosserbildung), deswegen erfolgt die Saat erst Ende April/Anfang Mai als *Einzelkornsaat* mit pilliertem Saatgut. Die Reihenentfernung beträgt 50 cm, die Saattiefe 0,5–1,5 cm, die Bestandesdichte 140 000–160 000 Pflanzen/ha.

Pflanzenschutz – Das Saatgut ist gegen Drahtwürmer und Engerlinge zu beizen. Herbizide dürfen nicht eingesetzt werden.

Ernte und Verwertung – Die Ernte erfolgt nach einer Vegetationszeit von 160–180 Tagen im Oktober mit dem Zuckerrüben-Vollernter. Der Inhaltsstoff Inulin wird zur Herstellung von Fruktosesirup und Ethanol verwendet.

Abb. 471 Zichorie.

Abb. 472 Thymian im Feldanbau.

4.5 Heil- und Gewürzpflanzen

Da über 90 % der **Heil- und Gewürzpflanzen** aus dem Ausland eingeführt werden, erscheint ein Anbau auch in Deutschland sinnvoll. Fehlende Erfahrungen und Anbau- und Lieferverträge mit engen Qualitätsanforderungen verhindern eine weitere Verbreitung. Dennoch sollten kleinere Flächen für diese Marktnische mit in Betracht gezogen werden. Besonders neue, auch dezentral einsetzbare Destillationsverfahren mit höheren Ausbeuten lassen den Anbau wieder interessant werden. Außerdem können die Produktionsverfahren gut mechanisiert werden.

Im Wesentlichen kommen folgende **Pflanzenarten** in Frage:

- Anis *(Pimpinella anisum)*
- Basilikum *(Ocimum basilicum)*
- Bohnenkraut *(Satureja hortensis)*
- Borretsch *(Borago officinalis)*
- Dill (Anethum graveolens)
- Kerbel *(Anthriscus cerefolium)*
- Majoran *(Origanum majorana)*
- Mariendistel *(Silybum marianum)*
- Zitronen-Melisse *(Melissa officinalis)*
- Pimpinelle *(Sanguisorba minor)*
- Kümmel *(Carum carvi)*
- Gewürz-Fenchel *(Foeniculum vulgare)*
- Koriander *(Coriandrum sativum)*

Abb. 473 Enzianfeld.

Abb. 474 Gewürz-Fenchel *(Foeniculum vulgare)*.

Abb. 475 Kamille.

Abb. 476 Salbei.

Abb. 477 Zitronen-Melisse.

Heil-, Arznei- und Gewürzpflanzen können im Wesentlichen auf allen landwirtschaftlich oder gärtnerisch genutzten **Böden** angebaut werden. Günstig sind nicht allzu schwere, aber humose, tiefgründige Böden ohne Staunässe. Magere Grenzertragsböden kommen im Hinblick auf die Qualität und die Quantität des Erntegutes nicht in Betracht.

Heil-, Arznei- und Gewürzpflanzen müssen gedüngt werden. Die **Düngermengen** werden bestimmt vom spezifischen Bedarf und vom festgestellten Bodenvorrat.

Der **Pflanzenschutz** ist schwierig durchzuführen, da es nur sehr wenige zugelassene Präparate für den Anbau dieser Kulturen gibt.

Für die **Saatgutlieferung** stehen einige Firmen in Deutschland zur Verfügung. Rechtzeitige Bestellung ist notwendig.

Da der Markt und die Verarbeitungsindustrie große, einheitliche Partien benötigen, kommt für den Feldanbau in der Regel nur die Gemeinschaftsproduktion in Frage.

Bei gesichertem Absatz können höhere Deckungsbeiträge/ha als bei Getreide erzielt werden. Wichtig ist dabei jedoch, ob das Erntegut grün oder getrocknet, ganz oder zerkleinert abgeliefert werden kann. Aufwändige Aufbereitungs- und Trocknungskosten minimieren die **Rentabilität** zum Teil erheblich.

Aufgaben:

1. Welche Rolle spielen die in diesem Kapitel beschriebenen Pflanzen für die Fruchtfolge?
2. Informieren Sie sich im Internet und in der Fachpresse über den Anbau von Heil- und Gewürzpflanzen.
3. Weshalb bringen die Gemische aus Gräsern und kleeartigen Futterpflanzen bzw. Luzerne bessere Erträge als Reinsaaten der Leguminosen?
4. Welche Bedeutung hat der Zwischenfruchtbau für die Erhaltung der Bodenfruchtbarkeit?
5. Eine Fläche von 3,81 ha soll mit einer Kleegrasmischung (30 kg/ha) bestellt werden aus 5 % Weißklee (4,90 €/kg), 23 % Deutsches Weidelgras (2,42 €/kg), 12 % Bastardweidelgras (2,40 €/kg), 20 % Wiesenschwingel (3,95 €/kg), 3 % Wiesenrispe (4,05 €/kg), 10 % Knaulgras (3,70 €/kg), 7 % Glatthafer (4,25 €/kg) und der Rest Lieschgras (2,40 €/kg).
   Berechnen Sie die erforderliche Saatgutmenge jedes Mischungspartners und den Saatgutpreis.

Sonderkulturen

7

Regional zunehmende Bedeutung in der Landwirtschaft hat der ***Feldgemüsebau.***

In diesem Kapitel sind die wichtigsten Grundlagen für einen erfolgreichen Anbau von ***Salat, Kopfkohl, Spargel, Möhren*** und ***Zwiebeln*** dargelegt. Neben den betrieblichen Voraussetzungen bestimmen die speziellen Fachkenntnisse des Landwirts maßgeblich die Qualität und die Quantität der erzeugten Marktfrüchte sowie deren Absatz.

Auch der ***Hopfenanbau*** hat in einzelnen Regionen prägende Bedeutung. Grundlegende Informationen sowie Spezialkenntnisse über den Anbau dieser Sonderkultur sind wichtige Voraussetzungen für eine erfolgreiche Produktion und Vermarktung.

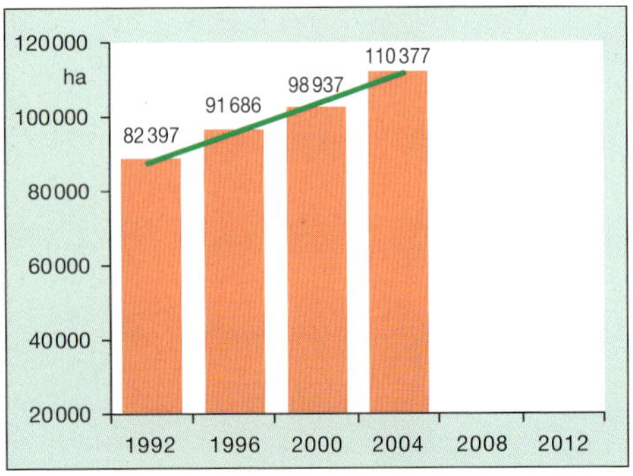

Abb. 478 Der deutsche Freiland-Gemüseanbau (Anbaufläche in ha).

Abb. 479 Die Bewässerung der Feldgemüse-Kulturen ist in der Regel notwendig.

Abb. 480 Der AK-Bedarf bei Feldgemüse ist hoch.

Abb. 481 Der Gemüsebau liefert ein vielfältiges Warenangebot.

7 Sonderkulturen

1 Feldgemüsebau

1.1 Allgemeines

In Deutschland gibt es ca. 107 000 ha Freiland-Gemüseanbau. Mit rund 33 % Selbstversorgungsgrad liegt der Anteil des im Lande erzeugten Gemüses jedoch viel niedriger als in anderen Bereichen der Ernährung.
Auf Grund des Trends zu einer verbesserten Fruchtfolge, zur Spezialisierung, zu mehr Mechanisierung ergeben sich für Ackerbaubetriebe gewisse Chancen, auch Freilandgemüse zu produzieren. Interessant ist in diesem Zusammenhang auch die Empfehlung weltweiter Ernährungsforscher, die u. a. mit der *Aktion »5 am Tag Obst & Gemüse«* für einen höheren Gemüseverzehr werben zur Förderung von Gesundheit und Fitness.
Landwirtschaftlich strukturierter Gemüseanbau kann sehr **unterschiedliche Formen** haben:
- ▶ *Verwendung:* Frischmarkt oder Verarbeitungs-Industrie,
- ▶ *Verkauf:* Selbstvermarktung oder genossenschaftlich,
- ▶ *Anbaumethode:* konventionell oder ökologisch,
- ▶ *Produkt:* Rohware oder Fertigware.

Zunehmend gibt es im Gemüseanbau Absprachen bzw. Verträge, die meist die anzuliefernden Mengen, die Qualität oder aber auch, wie es beim Anbau für die Verarbeitungs-Industrie üblich ist, den Preis festlegen.
Der **Anbau** selber wird je nach Gemüseart als *Direktsaatkultur* (z. B. Zwiebeln) oder mit *vorgezogenen Jungpflanzen* (z. B. Salat) durchgeführt. Um eine gezielte Marktversorgung mit täglich frisch geernteter Ware sicherzustellen, ist bei vielen Gemüsearten ein sog. *satzweiser Anbau* nötig.
Bewässerung ist in den meisten Fällen ein Muss. Die Erntearbeiten erfolgen je nach Gemüseart mit Vollerntern (z. B. Mohren) oder aber von Hand (z. B. Spargel).
Dementsprechend liegt auch der **AKh-Bedarf** je nach Gemüseart und Mechanisierungsgrad bei 20–2000 h/ha. Je nach vorgesehener Verwendung geht das geerntete Gemüse direkt in die Verarbeitungsindustrie, in die Endverpackung oder es wird noch aufbereitet.
In vielen Fällen, besonders bei empfindlichen Gemüsearten wie z. B. Salat ist eine **Kühlung** der Ware nach der Ernte bis zum Verbraucher sehr wichtig. Länger lagerfähige Gemüsearten wie z. B. Zwiebeln gehen teilweise nach der Ernte in Speziallager, um so über mehre Monate bzw. während des Winters den Markt beliefern zu können.
Die üblichen **Gemüseanbauflächen** in ackerbaulichen Betrieben liegen im Bereich von 10–200 ha. Baut man nur eine Gemüseart

für die Verarbeits-Industrie oder für eine Packstation an, so sind 5–25 ha übliche Einheiten.
Hat man sich auf eine Gemüseart mit eigener Aufbereitung spezialisiert, so sind 50–150 ha eine verbreitete Größe. Um eine nachhaltige Gemüsenutzung sicherzustellen, sollte mindestens doppelt so viel geeignetes Land zur Verfügung stehen, als Gemüse angebaut wird.
Lässt sich der vollmechanisierte Gemüseanbau (z. B. Zwiebeln) mit wenigen AK durchführen, so werden bei handgeernteten Gemüsearten (z. B. Spargel) sehr viele Arbeitskräfte benötigt. Betriebe mit über 100 Saison-AK sind deshalb nicht selten!

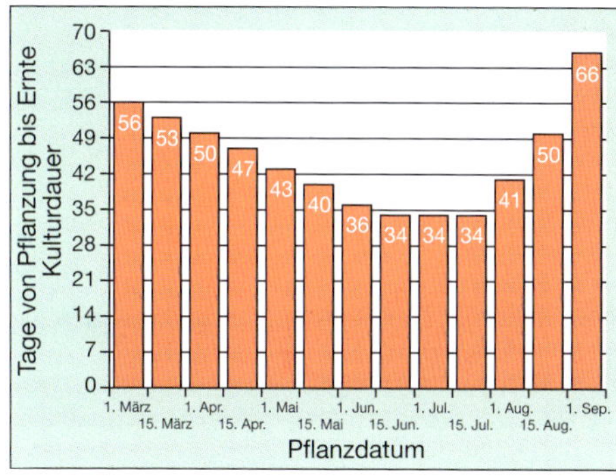

Abb. 482 Kopfsalat – kontinuierlicher Anbau.

1.2 Salate *(Lactuca sativa)*

Bedeutung – Mit über 8000 ha in Deutschland sind Eissalat, Kopfsalat und die Bunten Blattsalate sehr beliebte Frischmarkt-Gemüsearten. Der Markt kann mit einheimischer Produktion aus dem Freiland von Ende April bis Ende Oktober versorgt werden. Die Einfuhren betragen ca. 120 000 t und kommen vor allem von November bis Mai aus Holland, Belgien und Frankreich, im Winterhalbjahr besonders aus Spanien.
Die wichtigsten einheimischen Anbaugebiete liegen im Raum Hamburg, Ludwigshafen, Cloppenburg, Bonn und Straelen. Der moderne Verbraucher liebt die bunte Vielfalt der Salate, möchte jeden Tag erntenfrische Ware und greift zunehmend auch zu küchenfertig aufbereiteten bzw. essfertigen Produkten.
Anbau – Aus anbauhygienischen Gründen wandert der Salatanbau immer mehr in Ackerbaubetriebe. Vorteilhaft ist eine Fruchtfolge mit ca. 30 % Getreideanteil. Geeignet für den Anbau sind alle Böden, von sandigem Lehm bis Lehm und Löss, die von den Niederschlägen her möglichst alle 3 Tage eine Pflanzung erlauben.
Der Anbau erfolgt heute zu über 95 % mit Erdtopfpflanzen, die aus Spezialbetrieben zugekauft werden. Bei Kopf und Blattsalaten stehen ca. 100 000 Pflanzen und bei Eissalat ca. 60 000 Pflanzen je ha.
Die Pflanzzeit reicht von Anfang März bis Ende August. Bis zur Erntereife der Köpfe sind je nach Jahreszeit 5–10 Wochen nötig. Für einen erfolgreichen Anbau ist Beregnung zwingende Voraussetzung.
Marktansprüche – Zentrales Anliegen beim Salatanbau ist die kontinuierliche Marktbelieferung mit täglicher Ernte. Die Köpfe von Kopfsalat müssen fest, zart, hellgrün und ca. 300–500 g schwer sein.
Bei Eissalat sind gut »gewickelte« Köpfe von ca. 500–800 g gefragt, die ohne Umblatt, foliert, vermarktet werden können. Bei den Blattsalaten sind eine ansprechende, gelbgrüne bzw. rötliche Blattfarbe und Kopfgewichte von 300–600 g erwünscht. Um ein sauberes Produkt anbieten zu können, ist heute die sog. »Einzelkopfwäsche« bei Kopf- und Blattsalaten Standard.
Betriebswirtschaft – Salatanbau erfolgt vorwiegend in Handarbeit, wobei man jedoch auch Spezialmaschinen benutzt. Arbeitswirt-

Abb. 483 Hervorragender Eissalatbestand.

Abb. 484 Mit dem Eissalat-Erntewagen kann eine rasche und qualitätssichernde Ernte erfolgen.

Abb. 485 Am Erntewagen ist noch Handarbeit erforderlich.

Abb. 486 Standardverpackung von 12 Kopfsalat.

Abb. 487 Gut entwickelte Weißkohl-Pflanze.

Abb. 488 Kopfkohl-Arten: Weißkohl, Rotkohl, Wirsing (von links).

Abb. 489 Produktionsziel bei Kopfkohl: kurzer Innenstrunk.

schaftlich sind insbesondere die Pflanz- und Erntearbeiten aktuell. Je ha ist mit ca. 420 AKh zu kalkulieren. Eine Arbeitskraft kann pro Stunde etwa 250–300 Salatköpfe ernten. Der übliche Markterlös z. B. bei Kopfsalat von ca. 14 000 €/ha ergibt sich aus einem Ertrag von 70 000 Köpfen/ha sowie einem Stückpreis von ca. 0,20 €.

Um eine Chance am Markt zu haben, sollte man während der ganzen Saison täglich Spitzenqualität gekühlt anbieten. Für den Einsatz einer Erntemaschine mit entsprechender Auslastung benötigt man zwischen 40 und 60 ha Salatanbau, der in etwa 120 ha Pflanzenbau eingegliedert sein sollte. Einzelne Betriebe haben ein Mehrfaches der genannten Fläche.

Der einheimische Freiland-Kopfsalat- und Eissalatanbau ist gut wettbewerbsfähig, wenn er in optimaler Fruchtfolge, bei guter Erntemaschinenauslastung in Größenordnungen von 40–200 ha erfolgt und eine Ausbeute von 80 % oder mehr erreicht.

1.3 Kopfkohl *(Brassica oleracea* ssp.)

Bedeutung – Mit über 11 000 ha Anbau gehört der Kopfkohlanbau zu den großen Gemüsearten. Rund 2500 ha sind Rotkohl, etwa 7100 ha Weißkohl und etwa 1300 ha Wirsing.

Die Marktversorgung betrifft sowohl den Frischmarkt als auch den der Verarbeitungs-Industrie mit Vertragsanbau. Bei guter Anbauplanung und Lagerung lässt sich der Markt ganzjährig beliefern.

Der Anbau für die Verarbeits-Industrie betrifft meist Weißkohl und erfolgt unter Vertrag. Das Haupt-Fertigprodukt ist dabei das Sauerkraut. Frischmarkt-Kopfkohl produziert man z. T. als »kleinere« Kultur in Gemischtbetrieben, die übers ganze Land verteilt sind. Der Anbau für die Verarbeitungs-Industrie erfolgt dagegen in landwirtschaftlichen Betrieben.

Bekannte Anbaugebiete sind Dithmarschen und die Filder im Raum Stuttgart. Flächenmäßig ist jedoch Schleswig-Holstein mit über 2500 ha der absolute Marktführer. Danach folgt Nordrhein-Westfalen mit rund 1200 ha.

Anbau – Kohl liebt tiefgründige, etwas schwerere, kalkhaltige Böden. Hauptsächlich wegen der gefährlichen, bodenbürtigen Pilzkrankheit, **Kohlhernie** *(Plasmodiophora)* ist vorbeugend ein weiter Fruchtwechsel von 3 Jahren, besser 5 anzuraten. Zu meiden sind dabei alle Pflanzen aus der Familie der Kreuzblütler z. B. Raps.

Der Anbau erfolgt im Frischmarktbereich meist mit vorgezogenen Pflanzen in Erdpresstöpfen oder anderen Kleintopfsystemen und im Industriebereich auch mit Direktsaat. Je nach gewünschter Kopfgröße mit Gewichten von 1–8 kg wird eine entsprechende Sorte und ein passender Pflanzenabstand gewählt. Für den Frischmarkt sind meist Kopfgewichte von 1–2 kg gewünscht, wobei Pflanzabstände von z. B. 50 × 35 cm bis zu 65 × 50 cm gewählt werden.

Für die Sauerkrautherstellung sind riesige Kopfgewichte von 5–8 kg üblich, wobei man z. B. auf 75 × 50 cm setzt.

Gepflanzt wird meist von März bis Ende Mai. Von der Pflanzung bis zur Ernte benötigen die Frischmarktsorten rund 60–140 Tage und die Industriesorten meist 100–150 Tage. Die Frischmarkternte geht von Mitte Mai bis zum Frost, die Industrieernte liegt vorwiegend im Herbst. Im Winter lässt sich der Markt mit Lagerware versorgen.

Marktansprüche – Für die Frischmarktversorgung ist es wichtig, kleine Köpfe zu produzieren, die von der heutigen Kleinfamilie akzeptiert werden. Bei der Industrieware steht die rationelle Arbeit und damit der große Kohlkopf im Vordergrund.

Beide Gruppen wollen einen kleinen Innenstrunk (siehe Abb. 489). Bei der Sauerkrautherstellung ist das besonders wichtig, da dieser vor dem maschinellen Schnitt entfernt werden muss.

Betriebswirtschaft – Der Anbau von Kopfkohl erfolgt noch weitgehend von Hand. Für den Frischmarkt erntet man in Gemüsesteigen, für den Industrieanbau in Großkisten. Je nach Verfahren schwanken die Erträge von 250–1000 dt/ha. Beim Anbau für die direkte Frischmarkversorgung benötigt man an Arbeit pro ha rund 400 AKh. Der Markterlös von 5700 €/ha ergibt sich aus 35 000 kg zu je 0,16 €/kg.

1.4 Möhren, Karotten *(Daucus carota)*

Bedeutung – Möhren für den Frischmarkt mit oder ohne Laub sowie Möhren für die verarbeitende Industrie werden auf ca. 10 000 ha angebaut. Darin enthalten ist auch der Anbau für die Baby-Ernährung in den bekannten Gläschen. Der gesamte inländische Bedarf an Möhren wird etwa zu ¾ aus der einheimischen Produktion gedeckt, der Rest ist Importware.

Anbau – Die Produktion erfolgt immer mehr in spezialisierten Betrieben auf gut siebfähigen, tiefgründigen, leichten bis mittelschweren Böden mit moderner Einzelkorn-Sätechnik und Vollerntern.

Im Frischmarktbereich organisiert sich der Anbau meist um wenige große Wasch- und Packstationen im Lande sowie im Bereich der Verarbeitungs-Industrie mit Anbauverträgen mit einigen großen Fabriken, die jeweils die Erntemengen von mehreren hundert ha aufnehmen.

Ein besonderer Anbau ergibt sich bei der Bundmöhre, wobei man die Möhren von Hand z. B. mit Beet-Hebeschare mit Laub erntet, bündelt, durch eine Waschstraße laufen lässt und dann auf dem Frischmarkt anbietet.

Alle Möhren werden vorwiegend in der Zeit von März bis Juni gesät. Der Industrieanbau hat seine Hauptsaatzeit im März. Für den Frischmarkt wählt man eine gestaffelte Saat, um so laufend frische Ware zu haben. Je nach gewünschter Möhrengröße sind 80–200 Pflanzen/m^2 erwünscht.

Die sog. Waschmöhre ist die wichtigste Möhre. Etwa 90–125 Tage nach der Saat ist sie erntefertig.

Geerntet wird meist mit Raufriemenroder, wobei die Möhren reihenweise am Laub herausgezogen und anschließend sofort vom Laub getrennt werden. Die Rohware geht danach in die Waschan-

Abb. 490 Frischmarkt-Verpackung für Kopfkohl.

Abb. 491 Sauerkraut in Dosen **(Beispiele)**.

Abb. 492 Reihensaat bei Möhren.

Abb. 493 Möhren in Doppelreihe auf dem Damm.

Abb. 494 Möhren-Vollernter bei der Arbeit.

Abb. 495 Möhren für den Frischmarkt.

Abb. 496 Spargelpflug für das Aufdämmen.

Abb. 497 Folienbedeckung bei Spargel nützt entweder der Ernteverfrühung oder der Ernteverzögerung.

lage und wird nach Durchmesser und Länge sortiert, Hand verlesen und meist in Folienbeutel abgepackt.

Marktansprüche – Die **Waschmöhre** hat ein durchschnittliches Gewicht von etwa 70 g, sollte zylindrisch, glatt und gut orange gefärbt sein sowie keine grüne Schulter haben.

Bei der **Industriemöhre** für die Verarbeitung sind spitze oder zylindrische Rübenformen üblich. Um rationell arbeiten zu können, sind hier sehr große Einzelrüben mit einem hohen Karotingehalt gefragt. Im Bereich der Babynahrung geht es auch um niedrige Nitratgehalte.

Für die Verwendung als **Bundmöhre** sind feinzylindrische, bruchfeste Sorten mit süßlichem Geschmack und einem gesunden, starken Laub gefragt.

Betriebswirtschaft – Für den Anbau von **Waschmöhren** mit Vollerntereinsatz und Aufbereitung sind ungefähr 120 AKh/ha nötig. Bei einem vermarktungsfähigen Ertrag von 50 000 kg/ha und einem Preis von 0,18 €/kg lose in Kisten verpackter Ware ergibt sich dabei ein Markterlös von 9000 €/ha. Vielfach ist es üblich, dass der Anbau in landwirtschaftlichen Betrieben durchgeführt wird, die jedoch selbst keine Warenaufbereitung betreiben.

Wichtige Erfolgsfaktoren sind die weite Fruchtfolge, der gute Boden, ein möglichst langes Angebot an hervorragend aufbereiteter Ware sowie eine gute Auslastung der sehr kapitalintensiven Wasch- und Packstraßen. Die Anbauflächen pro Betrieb liegen heute bei 10–30 ha.

1.5 Spargel *(Asparagus officinalis)*

Bedeutung – Mit rund 17 000 ha Ertragsanlagen und beinahe 3000 ha Junganlagen ist der Spargelanbau wohl die intensivste Gemüsekultur überhaupt. Wegen der besonderen Tradition des Spargelessens hat gerade der Spargel, ähnlich wie der Weinbau, ein hohes Ansehen und sogar eine kulturelle Bedeutung in den alten Anbaugebieten. Neben dem bekannten *Bleichspargel* gibt es auch noch den *Grünspargel,* der allmählich an Bedeutung gewinnt.

Der einheimische Markt kann nur zu rund 70 % mit inländischem Spargel versorgt werden. Der Rest kommt durch Importe hauptsächlich aus Griechenland, aber auch aus Spanien, Holland und Frankreich. In Deutschland liegen die großen Anbaugebiete in Niedersachsen und Hessen. Der führende Erzeugergroßmarkt befindet sich in Bruchsal (Baden).

Anbau – Spargel ist eine Dauerkultur, die je nach Bodenvoraussetzungen und Gesundheitszustand durchaus 10–12 Jahre stehen kann. Geeignet sind steinfreie, tiefgründige Böden mit Sand-Löss- oder sandigem Lehmboden. Bodenverdichtungen und Wasserstau sind unerwünscht.

Gepflanzt wird im Frühjahr in Pflanzgräben auf z. B. 180 × 45 cm etwa 22 cm unterhalb des Feldniveaus, wobei sich rund 12 000 bis 13 000 Pflanzen/ha ergeben. Im Laufe des 1. Kulturjahres ebnet man den Pflanzgraben mehr und mehr ein. Ab dem 2. oder 3. Jahr kann die Ernte beginnen.

Um den gewünschten Bleichspargel zu erhalten, werden über die Pflanzreihen maschinell Dämme errichtet, die unten rund 100 cm und oben etwa 40 cm breit sind. Die Erdaufschüttung muss so hoch sein, dass die im Damminneren wachsenden Stangen rund 25–30 cm lang werden können. Moderne Anlagen sind meist mit einer einseitig weißen bzw. schwarzen Folie bedeckt. Zur Ernteverfrühung liegt die schwarze Seite oben, zur Wuchsbremsung bei Hitze liegt die weiße Seite oben. Für die tägliche Ernte nimmt man die Folie ab, sticht die ca. 25 cm langen Stangen und deckt den Damm wieder mit der Folie zu.

Moderne Anlagen werden bewässert und erreichen in der Hauptzeit Erträge von ca.6000 kg/ha. Durch die Folienbedeckung können die Spargelstangen aus dem Damm herauswachsen, ohne grün zu werden. Die Ernteleistung ist dadurch erheblich höher, als wenn die Stangen gestochen werden müssen, solange sie sich noch ausschließlich im Boden befinden.

Durch Bedeckung der Dämme mit schwarzer Folie sowie zusätzlicher Vliesbedeckung über mehrere Dämme, etwa Ende Februar, ergibt sich eine interessante **Ernteverfrühung.**

Etwa Mitte bis Ende Juni stoppt man das Stechen und lässt die Triebe voll auswachsen. Bis zum Herbst können dann die Pflanzen neue Reservestoffe ansammeln, um im nächsten Frühjahr wieder auszutreiben. Im Herbst wird das absterbende Kraut geschlägelt.

Marktansprüche – Für die Spargelvermarktung gibt es ausführliche und detaillierte Vorschriften. Die übliche und erwünschte Spargelstange ist gerade, weiß und 22 cm lang.

Betriebswirtschaft – Die Anlage eines Spargelfeldes kostet rund 10 000 €/ha. Für die Betreuung einer Ertragsanlage sind rund 2000 Stunden/ha nötig. Bei 6000 kg/ha und einem Markterlös von 3 €/kg ergibt sich ein Markterlös von 18 000 €/ha.

Abb. 498 Spargelstechen – aufwändige Handarbeit.

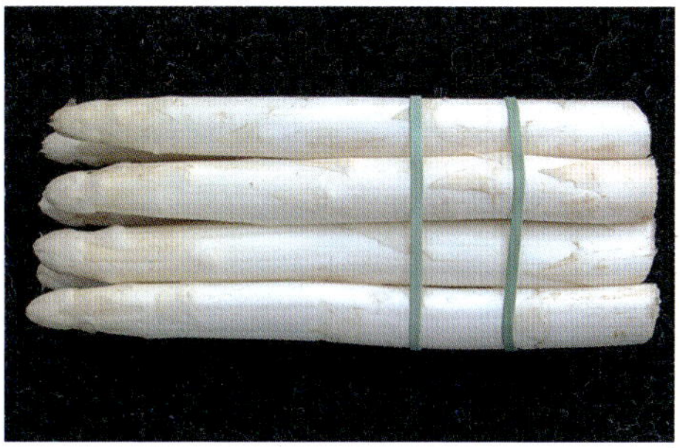

Abb. 499 Gebündelte Spargel-Frischware für den Markt.

Abb. 500 Das Spargelkraut wird abgeschlägelt.

1.6 Zwiebeln *(Allium cepa)*

Bedeutung – Mit rund 7000 ha hat die Zwiebel eine große Bedeutung. Den größten Anteil hat die Winter- und Sommerzwiebel. Einen geringen Umfang hat der Anbau von Schalotten und Steckzwiebel. Eine besondere Rolle spielt die Bundzwiebel, die grün mit Laub geerntet wird.

Der Trockenzwiebelmarkt wird mit über 50 % durch Importware gedeckt. Die einheimische Ware versorgt den Markt vorwiegend in der Zeit von Juli bis März. Wichtige Anbaugebiete sind die nördliche Vorderpfalz sowie das angrenzende Gebiet in Hessen.

Anbau – Üblicherweise erfolgt der Trockenzwiebelanbau in landwirtschaftlichen Betrieben. Durch die starke Konzentration des Anbaus in den großen Anbaugebieten ist die Fruchtfolge zum Teil nicht mehr ausreichend weit. Bevorzugt für den Anbau geeignet sind Regionen, in denen zur Erntezeit wenig Niederschläge fallen, so dass eine gute Abreife auf dem Feld möglich wird. Steinfreie, siebfähige mittelschwere Böden werden bevorzugt.

Über 90 % des Anbaus erfolgt als Direktsaat mit rund 5–6 kg/ha Saatgut. Die Winter-Trockenzwiebel wird im August gesät und im

Abb. 501 Junger, gut entwickelter Zwiebelbestand.

Abb. 502 Erntereifer Zwiebelbestand.

Abb. 503 Überreifer Zwiebelbestand.

Abb. 504 Abgepackte Zwiebeln für den Verkauf.

Abb. 505 Zwiebel-Abpackungen für Großabnehmer.

Folgejahr Mitte Juni bis Mitte Juli geerntet. Die Haltbarkeit dieser Zwiebeln ist nur kurz.

Anschließend kommen die Sommerzwiebeln auf den Markt. Sie werden im März gesät und stehen ab Mitte Juli bis Mitte September zur Ernte an.

Bei Trockenzwiebeln sollten je nach gewünschtem Kaliber rund 120 Pflanzen/m^2 stehen. Um einen gleichmäßiges Ernteprodukt zu erhalten, ist ein hervorragendes Saatbett und eine sorgfältige Aussaat gefragt. Bewässerung ist gerade in den trockeneren Hauptanbaugebieten dringend notwendig.

Nach Abreife der Bestände wird mit Beetrodern gerodet, so dass die Zwiebeln pro Traktorspur auf einem Schwad liegen. Nach dem Abtrocknen gehen sie von hier aus in eine Trocknung oder direkt ins Lager.

Marktansprüche – Oberstes Anliegen beim Anbau von Trockenzwiebeln ist es, eine schöne, ansprechende Zwiebel mit gut ausgebildeter Trockenschale zu erhalten (Abb. 504). Einfluss auf die hauptsächlich vom Markt verlangte Zwiebelgröße kann man durch die Bestandsdichte nehmen. Die Schalenfarbe ist sortenabhängig. Eine Besonderheit ist die rotschalige Zwiebel.

Betriebswirtschaft – Die Zwiebelproduktion erfolgt vorwiegend in landwirtschaftlichen Betrieben, die sich seit Jahren mit einem Betriebszweig auf den Anbau von Zwiebeln spezialisiert haben. Vielfach sind Naturlager mit Luftumwälzung vorhanden. Anbauflächen von 5 – 15 ha pro Betrieb sind üblich.

Pro ha sind rund 210 AKh nötig. Bei einem üblichen Ertrag von 400 dt/ha und einem Preis von 0,17 €/kg ergibt sich ein Markterlös von 6800 €/ha.

Erfolgsfaktoren sind vor allem die gute Fruchtfolge, der hohe Ertrag, die fachmännische Lagerung sowie eine gute Aufbereitung

Aufgaben:

1. Welche grundsätzlichen betrieblichen Voraussetzungen müssen erfüllt sein für den Feldgemüseanbau?
2. Salate sind eine beliebte Frischmarkt-Gemüseart. Welche betriebswirtschaftlichen und pflanzenbaulichen Überlegungen müssen bei der Einführung der Salatproduktion in einem landwirtschaftlichen Betrieb angestellt werden?
3. Berichten Sie über den Anbau von Zwiebeln und Spargel.

2 Hopfen *(Humulus lupulus)*

2.1 Bedeutung

Hopfen wird in Deutschland in 4 Anbaugebieten kultiviert, von denen die Hallertau in Bayern das größte ist. Von der deutschen Hopfenerzeugung werden ca. zwei Drittel exportiert. Nach Deutschland ist die USA das zweitgrößte Hopfenbauland.

Tabelle 43: Hopfenflächen und Ernte (Stand: 2005)

Anbaugebiet	Fläche ha	Ernte t
Hallertau	14 221	29 612
Spalt	395	600
Tettnang	1 200	1 703
Elbe-Saale	1 331	2 486
Sonstige	20	37
Deutschland	17 167	34 438
USA	11 880	26 172
Welt	50 506	92 028

Verwendung – Hopfen wird fast ausschließlich zur Bierherstellung verwendet, geringere Mengen auch in der Arzneimittelherstellung. Die Inhaltsstoffe des Hopfens haben für die Bierherstellung folgende Bedeutung:

- *Bitterstoffe* (bewertet in % **Alpha(α)-Säuren**): Bitterer Geschmack, Schaumbildung, Haltbarkeit,
- *Aroma* (verschiedene ätherische Öle): Geruch, Aroma und Geschmack,
- *Gerbstoffe:* Konservierung und Klärung.

Weltweit werden im Durchschnitt 60 g Hopfen/Hektoliter (hl) Bier eingesetzt (entspricht 5,5 g α-Säuren/hl). Die Höhe der Hopfengabe variiert je nach Biersorte.

Hopfensorten – Hier wird hauptsächlich unterschieden in:

- **Aromasorten** haben ein gutes bis sehr gutes Aroma und enthalten niedrige bis mittlere Bitterstoffgehalte von 3–7 % α-Säuren.
- **Bitterstoffsorten** haben 7–10 %, Hochalpha-Sorten 10–16 % α-Säuren. Bei diesen Sorten ist das Aroma weniger von Bedeutung.

Bei der **Züchtung** neuer Sorten ist neben dem Brauwert die Widerstandsfähigkeit gegen Krankheiten, der Ertrag und die Anbaueignung wichtig. In Deutschland erfolgt die Züchtung am Hopfenforschungszentrum in Hüll, Landkreis Pfaffenhofen/Hallertau.

Abb. 506 Hopfengärten in der Hallertau.

Abb. 507 Hopfenanbaugebiete in Deutschland.

Abb. 508 Reife Hopfendolden.

Abb. 509 Dolden der Sorte »Hallertauer Taurus«; unten: Schnitt durch eine Dolde, daneben Deckblätter und die Spindel.

Tabelle 44: Hopfensorten in Deutschland (Stand: 2005)

Sorte	Fläche ha	Ertrag kg/ha	Qualität Aroma	Qualität α-Säuren %	Widerstandsfähigkeit gegen Welke	Peronospora	Mehltau	Blattläuse
Aromasorten								
Hallertauer Mfr.	2018	1350	+++	4	---	---	+	-
Spalter	99	1200	+++	4	+	-	+	--
Tettnanger	765	1200	+++	4	+	-	+	--
Hersbrucker Spät	1050	1650	++	3	o	---	-	o
Perle	2938	1750	+++	7	++	++	-	-
Spalter Select	849	1850	+++	5	++	+	o	+
Hallertauer Tradition	2171	1850	+++	6	+	++	o	o
Saphir	188	2000	+++	3	++	+	+	o
Bitterstoffsorten								
Northern Brewer	612	1500	-	9	+++	-	--	-
Nugget	380	2100	--	11	-	---	--	-
Hallertauer Magnum	4525	1900	+	13	++	+	---	---
Hallertauer Taurus	1212	1850	+	14	+	+	--	-
Hallertauer Merkur	164	1900	+	12	++	+	+++	--

Abb. 510 Weibliche Hopfenblüten.

2.2 Botanische Besonderheiten

Hopfen ist eine ausdauernde Pflanze. Mehrjährig ist nur der Wurzelstock. Er ist der Reservespeicher, aus dem jährlich der Austrieb erfolgt. Die oberirdischen Pflanzenteile sind einjährig. Sie werden beim Kulturhopfen jedes Jahr abgeschnitten.
Hopfen ist *zweihäusig;* angebaut werden nur die weiblichen Pflanzen. Die aus *unbefruchteten* weiblichen Blüten entstandenen Dolden haben den höchsten Brauwert. Um eine Befruchtung zu verhindern, muss *männlicher Wildhopfen* in der Umgebung von Kulturhopfen gerodet werden.

Abb. 511 Gescheine des männlichen Hopfens.

2.3 Produktionstechnik

2.3.1 Neuanlage

Standortansprüche – Hopfen wurzelt 3–5 m tief, er verlangt einen gut durchwurzelbaren Boden ohne Staunässe.
Pflanzung – Virusfreie Schnittfechser oder Topfpflanzen aus dem Gewächshaus sind Voraussetzung für gesunde Bestände. Nach 12–15 Jahren soll der Bestand erneuert werden, weil mit dem Altern der Stöcke die Ertragsleistung abnimmt.
Der Reihenabstand beträgt 3,2 m, der Abstand in der Reihe 1,4–1,6 m, die Pflanztiefe 0,2 m.
Gerüstanlagen – Die 7 m hohen Gerüstanlagen müssen auch bei voll ausgewachsenem Hopfenbestand der Belastung durch Wind und Regen standhalten. Die Lebensdauer der Anlage aus imprägnierten Holzmasten und verzinkten Stahlseilen beträgt ca. 30 Jahre.

2.3.2 Bestandespflege

Das **Universalgerät** für die Bestandespflege und die Bearbeitung der Hopfenreihen ist rechts zwischen den Achsen am Traktor angebaut.
Am Grundgerät kann das Schneigerät, der Scheibenpflug zum Anhäufeln und Wegackern sowie der Kreisel mit rotierenden Messerzinken zum Entfernen von überzähligen Hopfentrieben (»Auskreiseln«) zwischen den Stöcken betrieben werden. Antrieb und Steuerung erfolgt hydraulisch.
Aufdecken und Schneiden: Im Frühjahr werden die Hopfenstöcke zurückgeschnitten. Durch das Wegschneiden der oberen Knospen werden auch vorhandene Krankheitserreger entfernt, wodurch sich der Infektionsdruck wesentlich verringern lässt.
Mit verschiedenen Schnittzeiten, je nach Sorte von Anfang März bis Mitte April, können die Austriebszeit des Hopfens in begrenztem Umfang gesteuert und Arbeitsspitzen vermindert werden.
Aufleitdrähte: Sie werden von 2–3 Arbeitskräften auf der Frontladerkanzel am Stacheldraht angebracht, es wird meist geölter Schwarzdraht mit einer Stärke von 1,3 mm verwendet.
Ausputzen und Anleiten: Aus dem geschnittenen Hopfenstock treiben im April 30–50 Triebe, von denen nur 4–6 benötigt werden. Diese werden »angeleitet«, d. h. um den Aufleitdraht gewickelt. Die übrigen Triebe werden abgeschnitten (»ausgeputzt«), diese Arbeit wird durch das vorhergehende »Auskreiseln« erleichtert.
Die angeleiteten Hopfentriebe winden anschließend selbstständig (rechtswindend) am Aufleitdraht nach oben. Durch Wind können einzelne Hopfentriebe den Kontakt zum Aufleitdraht verlieren, sie müssen »nachgeleitet« werden.
Hopfenputzen: Aus dem Stock nachwachsende Bodentriebe sowie die Seitentriebe und Blätter bis zu 1 m Höhe müssen immer wieder entfernt werden, da sie Brutstätten für Krankheiten und Schädlinge sind.
Dies kann in Handarbeit oder mit mechanischen Entlaubungsgeräten erfolgen.
Meist werden sie aber mit einer Stickstofflösung, z. B. Ammon-Nitrat-Harnstoff (AHL) in 20–30%iger Konzentration, zum Teil in Kombination mit speziellen Herbiziden, abgeätzt.
Damit wird gleichzeitig gedüngt, weil die ausgebrachte Stickstoffmenge voll wirksam ist.
Bodenbearbeitung: Der Hopfen wird Ende Mai und Mitte Juni angehäufelt, damit der Stock Sommerwurzeln bilden kann. Zwischen den Reihen wird anschließend gegrubbert.
Untersaat: Mitte Juni bis Anfang Juli wird eine Untersaat eingebracht, meist Winterraps oder Wintergetreide. Die Untersaat bedeckt den Boden, schützt ihn vor Erosion und fördert das Bodenleben.
Diese **Grüneinsaat** bleibt über den Winter stehen; sie entzieht dem Boden den Reststickstoff und reduziert somit die Nitratauswaschung. Ab April wird die Zwischenfrucht flach eingefräst.
Diese Gründüngung ist eine wichtige Maßnahme zur Förderung der Bodenfruchtbarkeit.

Abb. 512 Hopfenschneiden erfolgt mit einem Universalgerät.

Abb. 513 Hopfenanleiten mit Handarbeit durchgeführt.

Abb. 514 Hopfenbestand mit Rapsuntersaat gegen Erosion.

Abb. 515 *Peronospora*-kranke Hopfendolden.

Abb. 516 Echter Mehltau an Hopfendolden.

Abb. 517 Blattläuse auf der Blattunterseite.

Abb. 518 Verschiedene Stadien der Gemeinen Spinnmilbe.

Krankheiten und Schädlinge –
Peronospora, Falscher Mehltau *(Pseudoperonospora humuli)* kann im Stock überwintern, so dass bereits der Austrieb erkrankt sein kann (Primär-Infektion).
Von erkrankten Pflanzen werden Sporen abgegeben, die mit dem Wind verbreitet werden und andere Pflanzen infizieren können (Sekundär-Infektion).
Es können Triebe, Blätter, Blüten und Dolden erkranken.
Eine gezielte und effektive **Bekämpfung** erfolgt gemäß den Aufrufen des *Peronospora*-Warndienstes. Dazu werden in mehreren Hopfengärten die Anzahl der *Peronospora*-Sporen erfasst und der Infektionsdruck berechnet.
Die Hopfenpflanzer können das Ergebnis über Telefonansage oder Internet abrufen.
Echter Mehltau *(Sphaerotheca humuli)* ist eine Pilzkrankheit, die zunehmend auftritt und erhebliche Ertrags- und Qualitätsschäden verursacht. Nur mit mehrmaligen Behandlungen ab Juni kann der Hopfen gesund erhalten werden.
Die **Hopfenblattlaus** *(Phorodon humuli)* überwintert auf Steinobst und Schlehen; mit einer geflügelten Generation (Aphis-Fliegen) befällt sie von Mai bis Juli den Hopfen. Die Aphis-Fliegen gebären ungeflügelte Blattläuse, die sich sehr schnell weiter vermehren und erhebliche Saugschäden verursachen.
Blätter und Dolden werden von den Ausscheidungen der Blattläuse klebrig und glänzend (Honigtau). Rußpilze, die sich von Honigtau ernähren, verursachen die gefürchtete Schwärze der Dolden.
Die Bekämpfungsschwelle ist erreicht, wenn im Durchschnitt 50 Blattläuse/Blatt oder wenn 200 Läuse auf einzelnen Blätter vorhanden sind. Ab beginnender Ausdoldung soll der Hopfen vollständig Blattlaus-frei sein. Wöchentliche Bestandeskontrollen sind für eine erfolgreiche Bekämpfung Voraussetzung.
Die Gemeine Spinnmilbe *(Tetranychus urticae)* überwintert in Säulenritzen und auf Brennnesseln und wandert von dort ein. Bei Hitze und Trockenheit vermehren sich die Spinnmilben sehr schnell und es kann zu großen Schäden kommen, der Hopfen wird »rot«.
Der **Liebstöckelrüssler** *(Otiorrhynchus ligustici)* ist ein Käfer, der im Boden lebt. Er kommt im Frühjahr an die Oberfläche und frisst die Triebspitzen des austreibenden Hopfens ab. Die im Boden lebende Larve kann den Wurzelstock schädigen.
Pflanzenschutztechnik – Für den erfolgreichen Pflanzenschutz ist eine gute Spritztechnik notwendig. Es werden **Gebläsespritzen** mit einer Luftleistung von 90 000 m³/h eingesetzt. Bei voll ausgewachsenem Bestand ist ein Wasseraufwand von 2500 – 3000 l/ha und eine langsame Fahrgeschwindigkeit von 1,7 – 2,0 km/h erforderlich. Nur so können die Pflanzenschutzmittel gleichmäßig über die ganze Höhe von 7 m verteilt werden.
Mit **Injektordüsen** und *halbseitiger Gebläseabdeckung* bei der Randbehandlung wird die Abtrift gegenüber bisheriger Ausbringtechnik um 90 % verringert. Geräte mit dieser Ausstattung sind als »Verlust mindernde Geräte« anerkannt und aus ökologischen Gründen zu bevorzugen.

Düngung – Eine durchschnittliche Hopfenernte entzieht dem Boden pro ha 150 kg N, 46 kg P_2O_5, 160 kg K_2O, 40 kg MgO und 190 kg CaO.
Die Dosierung der Düngung richtet sich nach dem Nährstoffentzug und dem Ergebnis der Bodenuntersuchung. Bei Rücklieferung des Rebenhäcksels in die Hopfengärten ist beim Düngebedarf nur der Anteil des Entzuges durch die Dolden zu berücksichtigen. Auf mineralischen Stickstoff (N_{min}) erfolgt die Bodenuntersuchung jedes Jahr im März bis 90 cm Tiefe.
Auf der Basis dieses N_{min}-Gehaltes wird die Höhe der notwendigen Stickstoffdüngung berechnet. Sie wird in drei Gaben (Anfang April, Mitte Mai und Ende Juni) ausgebracht.

Abb. 519 Gebläsespritze mit Abdeckblech.

2.3.3 Ernte und Trocknung

Ernte – Die Sorten unterscheiden sich in ihrer **Reifezeit.** Durch geschickte Aufteilung in mehrere Sorten mit verschiedener Reifezeit kann die Erntezeit verlängert und damit die Erntetechnik wirtschaftlicher ausgelastet werden.
Zur Ernte werden die Hopfenreben mit dem **Abreißgerät** auf den Spezialanhänger geladen und zur stationären Pflückmaschine auf den Hof transportiert. Pro Hektar sind 30 – 35 Fahrten notwendig. Die Pflückmaschine pflückt die Reben ab und reinigt die Dolden von Blättern und Stängeln. Mehrmals pro Tag müssen die Pflücktrommeln sowie die Wind- und Bandreinigung kontrolliert, gereinigt und an die häufig wechselnden Bedingungen angepasst werden, um ein sauberes Ernteprodukt zu erzeugen.

Abb. 520 Die Hopfenernte erfolgt heute mit einem Abreißgerät und einem Spezialanhänger.

Trocknung – Hopfen hat bei der Pflücke 80 % Wassergehalt und muss sofort auf 9 – 10 % Wassergehalt getrocknet werden. Zur Sicherung der Qualität ist die Trocknung schonend bei max. 65 °C durchzuführen.
In der **Konditionierungskammer** wird im Anschluss an die Trocknung der Hopfen zum Ausgleich der Feuchtigkeitsunterschiede belüftet und anschließend in Rechteckballen zu je 60 kg **gepresst** (Pressdichte max. 150 kg/m³).

Abb. 521 Aufbau einer Hopfendarre (Schema).

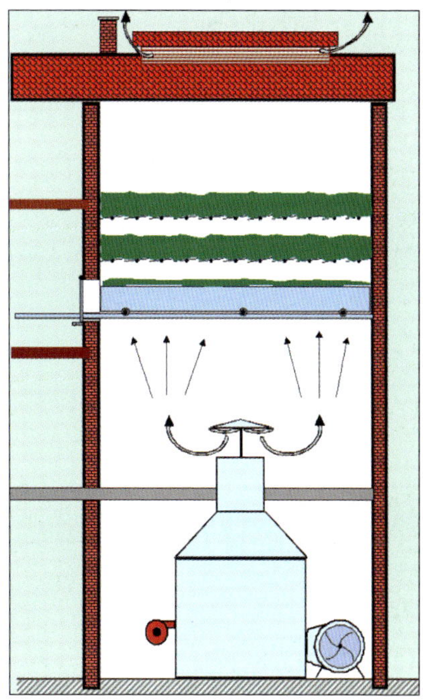

2.3.4 Zertifizierung und Qualitätsuntersuchung

Nach einer **EU-Verordnung** muss der Hopfen von amtlicher Stelle mit folgenden Angaben zertifiziert und bezeichnet werden:

Anbaugebiet
Sorte
Jahrgang
Ballennummer.

Bei der Zertifizierung werden aus den Rechteckballen Hopfenproben entnommen und von einer neutralen Stelle auf Wasser-, Blatt- und Stängelgehalt, Abfall, lose Doldenblätter, Befall mit Krankheiten und Schädlingen sowie sonstige Schädigungen untersucht.
Das Ergebnis dieser neutralen Qualitätsfeststellung wirkt sich mit Zu- oder Abschlägen auf den Hopfenauszahlungspreis aus.

2.3.5 Rentabilität

Bei der Bewertung der Rentabilität im Hopfenbau sind vor allem die Investitionskosten und der hohe Arbeitsaufwand bestimmende Kenngrößen. Bei der Berechnung des Deckungsbeitrages sind – wie bei allen anderen Kulturen – die variablen Kosten von der Marktleistung abzuziehen.

Investitionskosten: Hopfen ist sehr kapitalintensiv; der Investitionsbedarf bei Neuanschaffung aller Maschinen, Geräte und Anlagen beträgt bei einem Betrieb mit 25 ha Hopfen rund 900 000 €, das sind 36 000 €/ha.

Tabelle 45: Investitionsbedarf für 25 ha Hopfen

	Neuwert insgesamt €	Neuwert €/ha	AfA, Versicherung %	Festkosten (AfA+Versicherungen) €/ha und Jahr	Zinsansatz (3 %) €/ha und Jahr
Gerüstanlagen	275 000	11 000	3,5	385	330
Pflanzungen	76 000	3 040	10	304	91
Traktor	73 000	2 920	10	292	88
Geräte	32 900	1 316	8,5	112	39
Pflanzenschutzgeräte	18 500	740	10	74	22
Abreißgerät/Rebenladewagen	15 900	636	7	45	19
Pflückmaschine	150 000	6 000	4	240	180
Trocknung	119 500	4 780	4,5	215	143
Spezialgebäude	140 000	5 600	2,5	140	168
insgesamt	900 800	36 032		1 806	1081

Arbeitsaufwand: Hopfen ist sehr arbeitsaufwändig. Ein Betrieb benötigt zur Bewirtschaftung von 1 ha Hopfen 190 – 220 AKh, davon werden ca. 60 – 90 AKh durch betriebsfremde Saisonarbeitskräfte erbracht.

Die größten Arbeitsspitzen sind das Ausputzen und Anleiten Ende April bis Mitte Mai, und die Ernte Ende August bis Anfang September.

Tabelle 46: Arbeitszeit (AKh) **und Traktorstunden** (Sh) **pro ha Hopfen in einem gut organisierten Betrieb**

	AKh/ha	Sh/ha
Aufdecken	8	5
Draht aufhängen	31	3
Pflege	65	5
Bodenbearbeitung	10	10
Düngung	4	4
Pflanzenschutz	17	15
Ernte	50	14
Gerüstreparaturen und sonstige Arbeiten	5	2
Summe	190	58

Marktleistung: Ein Teil des Ertrages wird über Verträge im Voraus zu einem für mehrere Jahre festen Preis verkauft, der Rest wird auf den Freihopfenmarkt zu stark schwankenden Tagespreisen abgesetzt.
Bei einem Durchschnittspreis aus Vertrags- und Freihopfen von 3,45 €/kg (einschließlich MwSt.) und einem Ertrag von 1800 kg/ha wird einschließlich der EU-Flächenprämie von 299 €/ha eine Marktleistung von 6509 €/ha erzielt.
Die Marktleistung schwankt von Jahr zu Jahr und von Sorte zu Sorte sehr stark, bedingt durch große Ertrags- und Preisunterschiede. Die Vorverträge können diese Schwankungen nur zum Teil ausgleichen.
Der Hopfenbau unterliegt somit einem großen Produktions- und Preisrisiko.

Tabelle 47: Variable Kosten und Deckungsbeitrag (Beispiel)

	€/ha
Marktleistung	6 509
Gründüngungs-Saatgut	25
Düngemittel	155
Pflanzenschutzmittel	980
variable Gerüstkosten	120
Aufleitdraht	240
variable Maschinenkosten	800
Heizöl	450
Versicherungen	255
Löhne Saison-AK	720
Steuern, Beitrag, Gebühren	120
variable Kosten	3 865
Deckungsbeitrag	2 644

Abb. 522 Hopfenballen mit Zertifizierungsetikett:
D.S.H. = Deutscher Siegelhopfen,
N.A. = nicht aufbereitet,
2000 = Jahrgang,
H.PE = Hallertau, Perle,
10 D = Zertifizierungsstelle.

Aufgaben:

1. Berechnen Sie die Kosten des Hopfens pro Hektoliter Bier mit einer Hopfengabe von 5 g α-Säuren/hl an zwei Beispielen:
   a) Aromasorte mit 5 % α-Säuren, Preis 4 €/kg,
   b) Hochalphasorte mit 14 % α-Säuren, Preis 3,2 €/kg.
2. Berechnen Sie den Deckungsbeitrag pro Familien-AKh. Gesamt-Arbeitsaufwand 190 AKh/ha, davon 80 AKh betriebsfremde Saisonkräfte, Deckungsbeitrag 2644 €/ha.

Grünland

8

In vielen Regionen Deutschlands sind die Flächen aus klimatischen, geografischen oder pflanzenbaulichen Gründen landwirtschaftlich ausschließlich als Grünland zu nutzen. Diese Gebiete sind deshalb zwangsläufig die natürliche »Heimat« der Rinderhaltung.

Dieses Kapitel informiert über das Produktionsverfahren »Dauergrünland«, zeigt die Grundlagen und Möglichkeiten der Nutzung als ***Wiese*** oder als ***Weide*** auf und stellt die Produktionstechnik in der Grünlandwirtschaft dar.

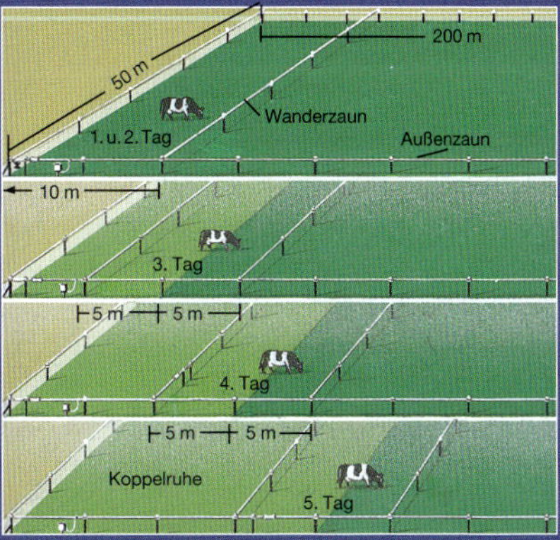

8 Grünland

1 Allgemeines

Mit Grünland im landwirtschaftlichen Sinn werden alle Flächen bezeichnet, die als Wiesen oder Weiden entweder dauernd oder vorübergehend genutzt werden.

Absolutes Grünland wird wegen hoher Jahresniederschläge und kurzer Vegetationsdauer, wegen Überflutungsgefahr oder Staunässe, aber auch wegen flachgründiger Krume oder starker Hangneigung nur als Grünland genutzt. Moore zählt man ebenfalls zum absoluten Grünland. Über 2000 – 2200 m über NN ist eine Grünlandnutzung nicht mehr möglich.

Fakultatives Grünland lässt eine Grünland- und Ackernutzung zu. Grünland war nicht die ursprüngliche Vegetationsform in Mitteleuropa, sondern Mischwald. Allein über der Baumgrenze in den Alpen, auf Sumpfflächen oder in den Überflutungsgebieten der Flussläufe fand man größere Grünlandflächen vor.

Die heutigen Grünlandflächen entstanden durch Rodung und Beweidung der Flächen. Die größeren Grünlandflächen an der Nordsee entwickelten sich auf Meeresablagerungen, die bereits vor Christi Geburt besiedelt wurden. Durch Eindeichung werden diese Flächen sicherer und langfristiger als Wiesen und besonders als Weiden genutzt.

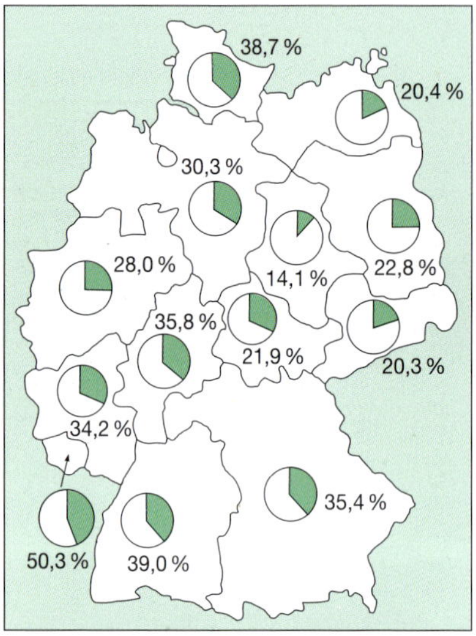

Abb. 523 Grünlandanteil an der LF in den Bundesländern (ohne Hamburg, Bremen, Berlin) Stat. Bundesamt 2001; (Durchschnitt Deutschland 29,4 %).

Abb. 524 Der Grünlandanteil an der LF hängt wesentlich von der Niederschlagsmenge ab (**Beispiel** Bayern).

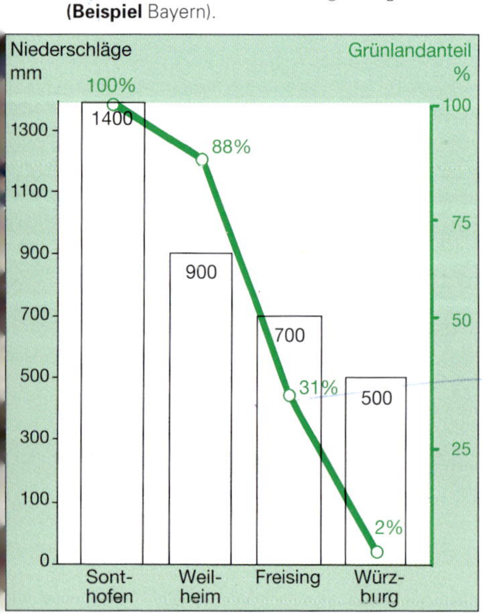

1.1 Bedeutung

Futtergrundlagen – Der Grünlandertrag lässt sich am besten als Futtergrundlage für die Rinderhaltung, besonders in der Milchviehhaltung verwerten. In Zeiten stagnierender und sogar sinkender Milchpreise muss der Grünlandbestand optimal genutzt werden, um die Grundfutterleistung zu erhöhen.

Wirtschaftsdünger – 95 % des Grünlandertrages gelangen über die Viehhaltung wieder in den Betriebs-Nährstoffkreislauf zurück. Der Rest verlässt den Betrieb durch die Milch- und Fleischleistung.

Extensive Nutzungsmöglichkeit – Durch Jungviehaufzucht, Schaf- und Damwildhaltung und andere Nutzungsmöglichkeiten kann Grünland extensiv genutzt werden. Völlig vernachlässigte Grünlandflächen können so entarten, dass eine Wiedereingliederung in die intensive Nutzung nicht mehr möglich ist (z. B. bei Verbuschung).

Ideeller Wert – Der Wechsel von Acker, Grünland, Wald und Biotopen prägt unsere Landschaft und schafft mit den flachen und hügeligen Geländeformen eine ideale Erholungslandschaft. Der Erhalt dieser Landschaft ist sowohl für den Bewohner, als auch für den Fremdenverkehr besonders wichtig.

1.2 Ökosystem Wiese

Natürliche Pflanzengesellschaften – Auf ungenutzten und bewirtschafteten Grünlandflächen stellen sich aufgrund der dort herrschenden Bedingungen bestimmte Pflanzengesellschaften ein. Die auftretenden Pflanzenarten stellen annähernd ähnliche Ansprüche an Boden und Klima, d. h. sie sind an die Gegebenheiten angepasst und »vertragen« sich untereinander.

Damit ist gemeint, dass ihre Ausscheidungen (z. B. Abgabe von Aromastoffen und Wurzelsäuren) sowie die Nährstoffaufnahme und die Wachstumseigenschaften die einzelnen »Mitglieder« der Pflanzengesellschaft nicht verdrängen, sondern eher begünstigen.

Zu den prägenden **Standortbedingungen** gehören

- die Wasserverhältnisse, z. B. Grundwasserstand, Staunässe, Niederschlagsmengen, Verteilung der Niederschläge,
- die Bodenart und die Nährstoffverfügbarkeit,
- die Klimaverhältnisse, z. B. mittlere Jahrestemperatur, Frostgefährdung, Höhenlage sowie
- die Standortbedingungen, z. B. Beweidung, Häufigkeit der Mahd.

In Mitteleuropa findet man auf **Dauergrünland** ca. 1600 verschiedene Pflanzenarten, weit weniger sind es auf typischen Standorten wie Trockenrasen oder auf staunassen, feuchten Flächen.

Für die Bestandsaufnahme einer Pflanzengesellschaft auf einer Wiese untersucht man eine Probefläche von ca. 1 – 4 m². Man stellt die Individuenzahl und Dichte des Bestandes fest. Die Häufigkeit des Auftretens bestimmter Pflanzen lässt Rückschlüsse auf die Standortbedingungen zu. Man spricht von sog. *Zeigerpflanzen,* die deutliche Hinweise auf den Biotopaufbau geben.

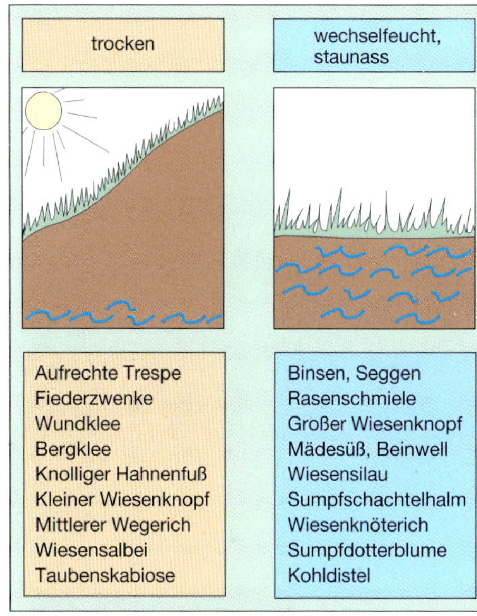

Abb. 525 Grünlandpflanzen, die den Wasserhaushalt ihres Standortes anzeigen.

Tabelle 48: Ausgewählte Beispiele von Zeigerpflanzen auf Grünlandflächen

Nährstoffarmut	Borstgras, Zittergras, Rotes Straußgras, Rotschwingel, Flaumhafer, Ruchgras, Kleiner Klappertopf, Wucherblume, Thymian, Augentrost, Haariges Habichtkraut
Jauche und Gülleflora	Bärenklau, Wiesenkerbel, Löwenzahn, Stumpfblättriger Ampfer, Krauser Ampfer

Abb. 526 Grünlandpflanzen als Zeiger der Nutzungshäufigkeit.

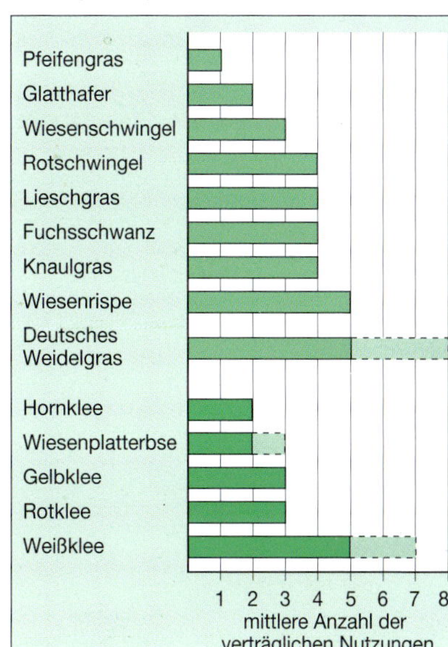

Artenreichtum und Nutzung – Nutzung und Düngung, aber auch Drainage oder Absenkung des Grundwasserspiegels verändern die natürlichen Pflanzengesellschaften des Standorts. Intensiv genutzte Grünlandflächen sind oft aus nur 10 – 15 verschiedenen Pflanzenarten zusammen gesetzt.

Tabelle 49: Zusammenhang Nutzung und Artenvielfalt

Nutzungshäufigkeit	Ertrag dt TM/ha	Artenvielfalt
1	< 30	> 60 sehr seltene Arten
2	30 – 50	45 – 60
2 – 3	50 – 70	30 – 45
3 – 4	70 – 90	15 – 30
> 4	> 90	< 15

Abb. 527 Stauende Nässe verändert den Pflanzenbestand einer Wiese.

Abb. 528 Doldenblütler sind große Platzräuber auf dem Grünland.

Abb. 529 Die Futterwertzahlen stellen eine Beurteilungsgrundlage für Grünlandpflanzen dar. Die Einstufung reicht von –1 (giftige Pflanzen) bis 8 (vollwertige Futterpflanzen).

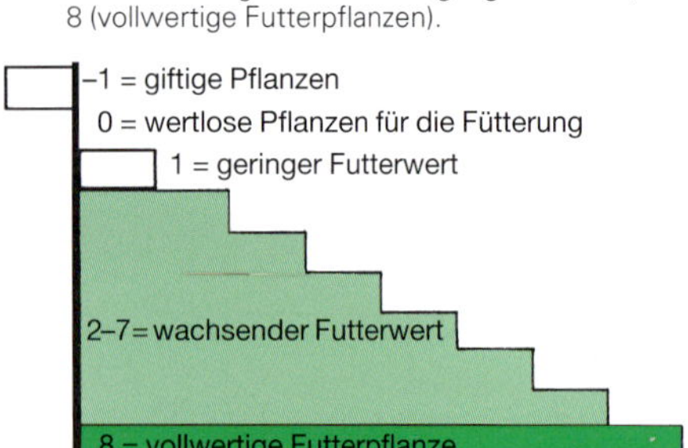

2 Pflanzen des Grünlandes

Für eine qualitativ und quantitativ erfolgreiche Gründlandbewirtschaftung sind vor allem die botanischen Eigenschaften der Pflanzen für den Aufwuchs maßgeblich. An den *Entwicklungsstufen* des Getreides kann z. B. das Wachstum der Süßgräser beobachtet werden. Raps zeigt z. B. das Wachstum der Kräuter aus der Familie der Kreuzblüter.

Einteilung – Grünlandpflanzen lassen sich aufgrund gemeinsamer Merkmale ordnen und zusammenfassen. Verbreitet und leicht nachvollziehbar ist die Einteilung in botanische Pflanzenfamilien.

Süßgräser, zu denen auch unsere Getreidearten gehören, sind meist mehrjährig, d. h. sie verbleiben auf dem Standort über viele Jahre und reagieren auf unterschiedliche Wachstumsbedingungen (Trockenheit, Nährstoffangebot, Temperaturen) durch Ertragsänderungen oder durch Ausbleiben. Teilweise haben sie eine hohe Konkurrenzkraft und schließen die entstandenen Lücken selbst.

Sauergräser erkennt man an ihrem dreikantigen Stängel. In nassen Wiesen und manchen Streuobstwiesen findet man Seggen, Wollgräser und Simsen. Binsen haben zwar ein grasähnliches Aussehen, sie gehören aber zu einer eigenen Pflanzenfamilie. Auf intensiven Grünlandstandorten haben Sauergräser keine Bedeutung.

Leguminosen zeigen auffallende Blatt- und Blütenmerkmale und können sehr leicht von den anderen Grünlandpflanzen unterschieden werden.

Kräuter sind den weiteren Pflanzenfamilien zuzuordnen. Sehr häufig gehören die Kräuter zu den Familien der Kreuzblütler, Korbblütler und Doldenblütler auf. Letztere überragen meist den Grünlandbestand und werden bei größerem Auftreten als Gülleunkräuter bezeichnet.

Die folgende Tabelle zeigt weitere Unterscheidungsmerkmale der Gräser auf. Zusätzlich findet man noch Einteilungen, wie die Pflanzen auf unterschiedliche ph-Werte und veränderte Wasserverfügbarkeit reagieren. Außerdem gibt es Skalen bzw. Wertzahlen, die die Reaktion der Pflanzen auf eine steigende Stickstoffdüngung angeben.

2.1 Bedeutung der Gräser

Gräser – Auf intensiv genutzten Wiesen und Weiden findet man fast ausschließlich Süßgräser. Sie bringen die Masse des Futterertrages, besonders hinsichtlich Energie und Eiweiß. Im Jahresverlauf ändern sich mit der Wachstumsintensität auch die wertbestimmenden Inhaltstoffe enorm. Bis zur Blüte sind sie sehr eiweißreich und haben eine hohe Energiekonzentration in der Trockenmasse (≥ 6,2 MJ NEL je kg T). Nach der Blüte verholzen sie sehr schnell, der Rohfasergehalt nimmt zu und die Verdaulichkeit sinkt. Mit der Wahl des Schnittzeitpunktes lässt sich die Zusammensetzung des Aufwuchses sehr gut steuern.

Tabelle 50 zeigt einige Merkmale zur botanischen Bestimmung der wichtigen Gräser, die in Tabelle 51 aufgeführt sind.

Tabelle 50: Einteilung der Gräser

Unterscheidungsmerkmal	Einteilung in	typische **Beispiele**
Wuchshöhe	**Obergräser** fallen durch ihre Wuchshöhe (80 – 120 cm) auf, bringen wegen des hohen Stängelanteils die Masse des Futters	Rohrglanzgras, Knaulgras, Wiesenschwingel, Wiesenlieschgras, Wiesenfuchsschwanz, Glatthafer, Goldhafer, Trespe
Wuchshöhe	**Untergräser** zeigen niedrigeren Wuchs, haben aber mehr Blätter, deswegen liefern sie mehr Eiweiß und machen den Bestand dicht	Deutsches Weidelgras, Rotschwingel, Weißes Straußgras, Fruchtbare Rispe
Wuchsform	**horstbildende Gräser** aus dem 1. Halmknoten (Bestockungsknoten) bilden sich weitere Triebe **ausläufertreibende Gräser** Ausläufer oberirdisch Ausläufer unterirdisch	Knaulgras, Wiesenlieschgras Weißes Straußgras Quecke
Blütezeit	**früh blühende** verholzen leicht, wenn der 1. Schnitt zu spät erfolgt **mittelfrüh blühende** **spät blühende** **sehr spät blühende**	Wiesenfuchsschwanz, Knaulgras, Glatthafer Wiesenrispe, Deutsches Weidelgras, Wiesenlieschgras, Wiesenschwingel, Goldhafer, Weißes Straußgras, Gemeine Rispe
Ausdauer	**ein-, zwei-** bzw. **dreijährige Gräser** ausdauernde Gräser Ausdauer hängt neben der biologischen Veranlagung der Pflanze auch von der Konkurrenz im Bestand ab	Welsches Weidelgras, Deutsches Weidelgras
Futterwert	Futterwertzahlen (WZ) geben an, wie gerne das betreffende Gras von den Tieren im grünen Zustand (nach dem Schossen) gefressen wird WZ –1 = giftige Pflanzen WZ 0 = wertlose Pflanzen für die Fütterung WZ 8 = hoher Futterwert	 Sumpfschachtelhalm, Scharfer Hahnenfuß Sumpfdistel, Heidekraut Wiesenschwingel, Wiesenlieschgras

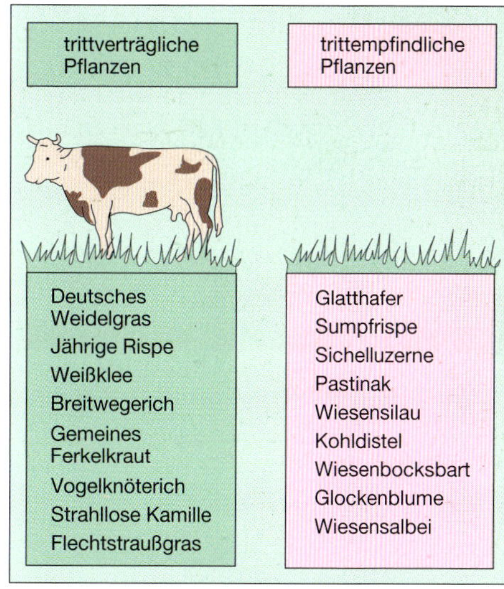

Abb. 530 Mittlere Verträglichkeit der Nutzungshäufigkeit bei wichtigen Gräsern und Kleearten.

Abb. 531 Zeigerpflanzen für die Bodenreaktion des Standorts.

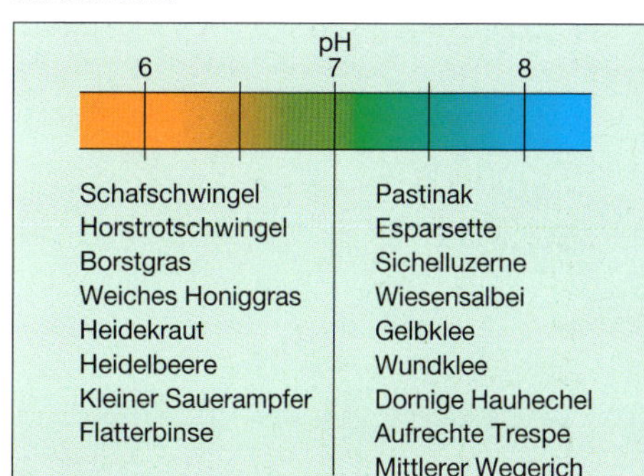

Abb. 532 Durch das Befahren bei Regen mit zu schwerem Gerät wurde diese Grünlandnarbe nachhaltig geschädigt. Die Selbstansiedlung unerwünschter Grünlandpflanzen ist in solchen Fällen meist die Folge.

Abb. 533 Auf Trockenstandorten entwickelt sich eine typische Grünlandflora (Trockenrasen).

Tabelle 51: Merkmale für die botanische Bestimmung von Gräsern

Merkmal	Eigenschaften
Blattlage im Trieb	gerollt gefaltet 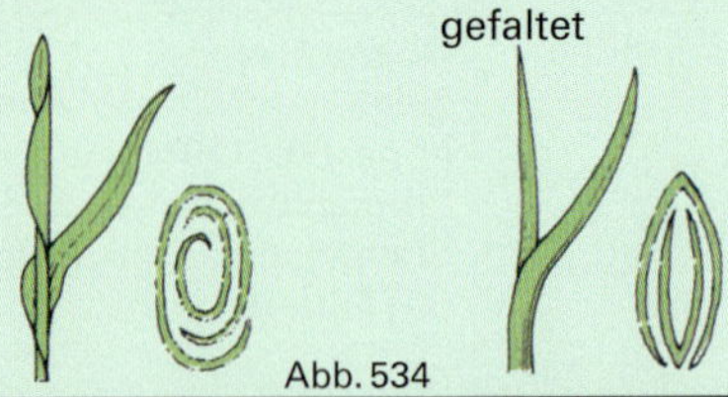 Abb. 534
Blattspreite	gerieft glatt Doppelrille 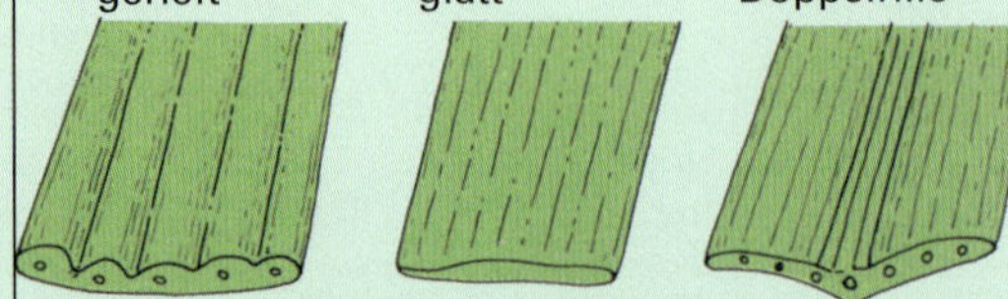 Abb. 535
Blatthäutchen	vorhanden fehlen 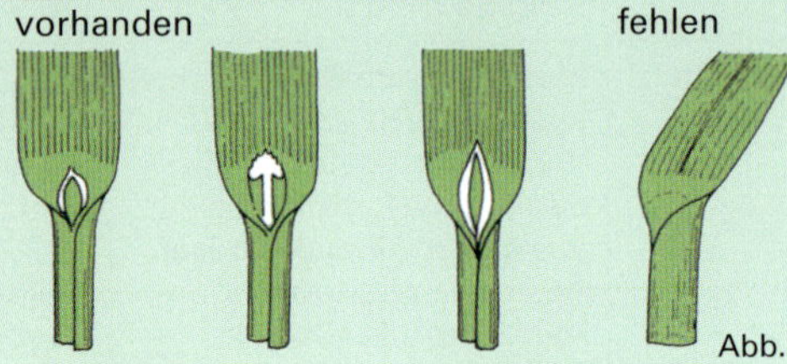 Abb. 536
Blattöhrchen	vorhanden fehlen 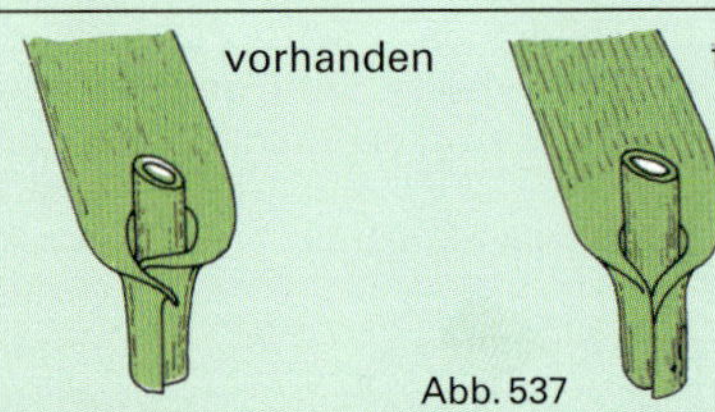 Abb. 537
Blütenstand	Ähre Rispe Traube  Abb. 538
Blütchen- bzw. Ährchenform	ohne Granne eine Granne mehrere Grannen 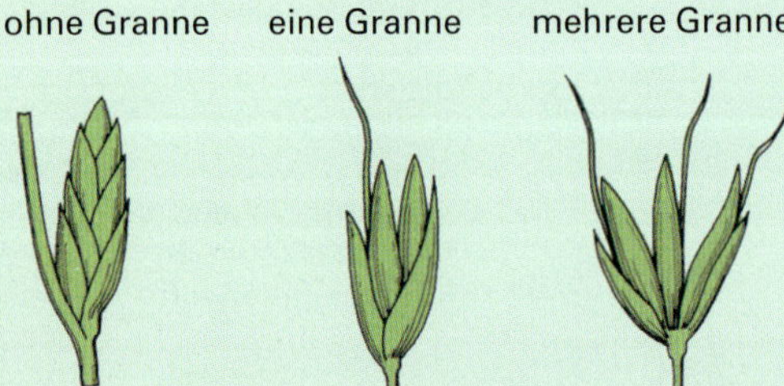 Abb. 539

Tabelle 52: Obergräser (Auswahl) (Abb. 540 mit 549)

Abb. 540

Rohrglanzgras,
Phalaris arundinacea
ertragreiches, brauchbares Gras, besonders auf Uferwiesen; WZ 5
Blattlage: gerollt
Blattspreite: glatt mit »Queradern«
Blatthäutchen: groß, Mitte hoch
Blattöhrchen: keine
Blütenstand: Rispe
Ährchen: unbegrannt
Wuchsform: Ausläufer treibend

Abb. 541

Knaulgras,
Dactylis glomerata
wertvolles, ertragreiches, aber leicht verholzendes Gras; WZ 7
Blattlage: gefaltet
Blattspreite: scharf gekielt
Blatthäutchen: lang, zugespitzt
Blattöhrchen: keine
Blütenstand: Rispe
Ährchen: begrannt
Wuchsform: Horste bildend

Abb. 542

Wiesenschwingel,
Festuca pratensis
wertvolles, sehr blattreiches Gras auf eher feuchten Wiesen; WZ 8
Blattlage: gerollt
Blattspreite: schwach gerieft
Blatthäutchen: sehr klein, grünlich
Blattöhrchen: vorhanden
Blütenstand: Traube (Scheinrispe)
Ährchen: unbegrannt
Wuchsform: Horste bildend, Triebgrund rot

Abb. 543

Goldhafer,
Trisetum flavescens
hochwertiges Gras, das auch Beweidung verträgt, in höheren und niederschlagsreichen Lagen anzutreffen; WZ 7
Blattlage: gerollt
Blattspreite: stark behaart
Blatthäutchen: kurz, fein gezahnt
Blattöhrchen: keine
Blütenstand: Rispe
Ährchen: lang, mit 2(–3) zarten Grannen
Wuchsform: unterirdische Ausläufer treibend

Abb. 544

Wiesenfuchsschwanz,
Alopecurus pratensis
wertvolles, sehr frühes Gras auf eher feuchten Wiesen; WZ 7
Blattlage: gerollt
Blattspreite: Ränder gerieft
Blatthäutchen: kurz, derb, grünlich
Blattöhrchen: keine
Blütenstand: Scheinähre
Ährchen: zarte Begrannung
Wuchsform: Ausläufer treibend

Abb. 545

Welsches Weidelgras,
Lolium multiflorum
ein- bis zweijähriges, nur für den Futterbau geeignetes Obergras; WZ 7
Blattlage: gerollt
Blattspreite: gerieft
Blatthäutchen: mittellang, dünn
Blattöhrchen: groß, Stängel umfassend
Blütenstand: Ährchen liegt mit Schmalseite an Spindel
Ährchen: begrannt
Wuchsform: hoher, blattreicher Horst

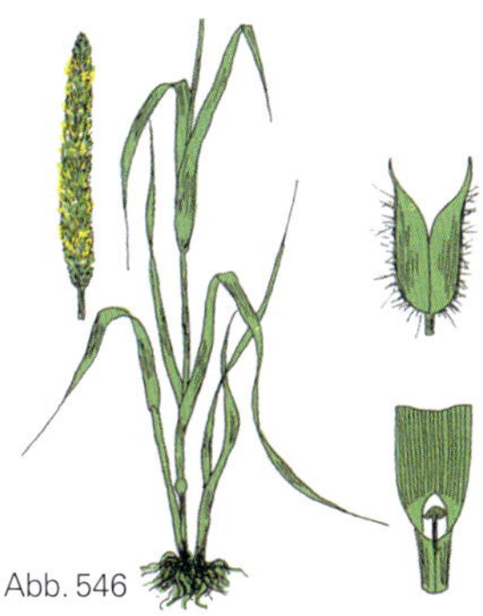

Abb. 546

Wiesenlieschgras,
Phleum pratense
sehr wertvolles, spät blühendes Gras, empfindlich gegen Trockenheit; WZ 8
Blattlage: gerollt
Blattspreite: glatt
Blatthäutchen: groß mit Eckzahn
Blattöhrchen: keine
Blütenstand: Scheinähre
Ährchen: stiefelknechtförmig, unbegrannt
Wuchsform: Horste, Triebgrund oft zwiebelförmig

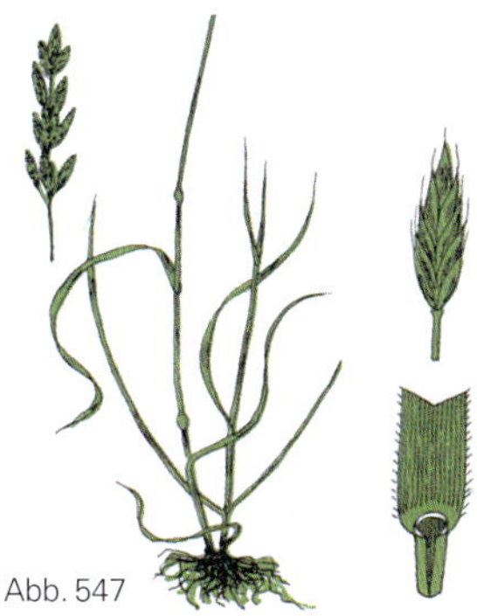

Abb. 547

Aufrechte Trespe,
Bromus erectus
Futterwert und Ertrag gering; WZ 5
Blattlage: gefaltet
Blattspreite: gekielt, kammförmig bewimpert
Blatthäutchen: kurz
Blattöhrchen: keine
Blütenstand: Traube
Ährchen: lang und begrannt
Wuchsform: Horste bildend

Fortsetzung Tabelle 52: Obergräser (Abb. 540–549)

 Abb. 548	**Glatthafer,** *Arrhenatherum elatius* wertvolles, blattarmes Gras auf trockeneren Wiesen; WZ 7 Blattlage: gerollt Blattspreite: gekielt, schwach behaart Blatthäutchen: groß, zerfranst Blattöhrchen: keine Blütenstand: Traube (Scheinrispe) Ährchen: lang Wuchsform: Horste bildend	 Abb. 549	**Quecke,** *Agropyron repens* Schadgras des Ackers, im Dauergrünland geduldet, solange es nicht bestandsbildend auftritt; geringer Futterwert; WZ 6 Blattlage: gerollt Blattspreite: leicht behaart Blatthäutchen: sehr kurz, gezackt Blattöhrchen: sehr schmal Blütenstand: unterbrochene Ähre, Ährchen quer zur Spindel Ährchen: meist unbegrannt Wuchsform: treibt Ausläufer

Tabelle 53: Untergräser (Auswahl) (Abb. 550 – 555)

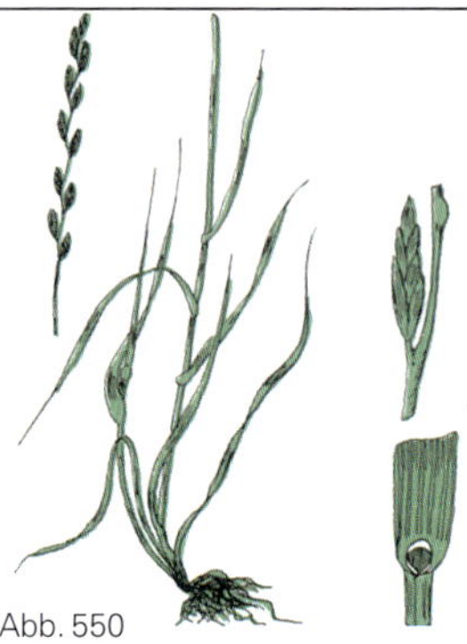 Abb. 550	**Deutsches Weidelgras,** *Lolium perenne* sehr wertvolles, bestandsbildendes Weidegras; WZ 8 Blattlage: gefaltet Blattspreite: gerieft, stark glänzend Blatthäutchen: kurz, grünlich Blattöhrchen: deutlich erkennbar Blütenstand: unterbrochene Ähre, liegt mit Schmalseite der Spindel an Ährchen: unbegrannt Wuchsform: Horste bildend	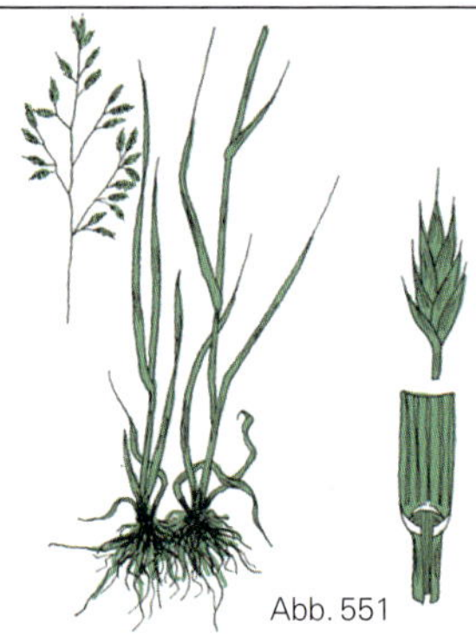 Abb. 551	**Rotschwingel,** *Festuca rubra* brauchbares Weidegras, unempfindlich gegen raues Klima; WZ 4/5 Blattlage: gefaltet Blattspreite: gerieft, borstig Blatthäutchen: sehr kurz Blattöhrchen: keine Blütenstand: Doppeltraube bis Rispe Ährchen: begrannt Wuchsform: entweder Horste bildend oder unterirdische Ausläufer treibend
 Abb. 552	**Wiesenrispe,** *Poa pratensis* sehr wertvolles Weide- und Mähweidegras, für mehr trockene Lagen; WZ 8 Blattlage: gefaltet Blattspreite: Schienenblatt Blatthäutchen: kurz Blattöhrchen: keine Blütenstand: Rispe Ährchen: unbegrannt Wuchsform: unterirdische Ausläufer, glatter Halm	 Abb. 553	**Weißes Straußgras,** *Agrostis alba* brauchbares, spätwüchsiges Wiesen- und Weidegras für nasse Standorte; WZ 7 Blattlage: gerollt Blattspreite: deutlich gerieft, kahl Blatthäutchen: dünnhäutig, weiß, lang, spitz Blattöhrchen: keine Blütenstand: Rispe Ährchen: unbegrannt, klein Wuchsform: meist unterirdische Ausläufer
 Abb. 554	**Gemeine Rispe,** *Poa trivialis* liebt feuchte und schwere Böden, weniger wertvoll; WZ 7 Blattlage: gefaltet Blattspreite: Schienenblatt, Unterseite stark glänzend Blatthäutchen: lang, spitz Blattöhrchen: keine Blütenstand: Rispe Ährchen: unbegrannt Wuchsform: oberirdische Ausläufer, rauer Halm	 Abb. 555	**Kammgras,** *Cynosurus cristatus* kühle, feuchte Weiden, für Herbstweide wertvoll; WZ 6 Blattlage: gefaltet Blattspreite: deutlich gerieft, unterseits matt Blatthäutchen: kurz, vorn 2 runde Lappen Blattöhrchen: undeutlich Blütenstand: Scheinähre Ährchen: darunter kammartiges Gebilde Wuchsform: kleiner, niedriger Horst

2.2 Bedeutung der Leguminosen

Leguminosen reichern das Futter durch ihren hohen Anteil an Eiweiß und Mineralstoffen an und machen es gleichzeitig schmackhafter. Sie vertragen Tritt und Biss der Tiere unterschiedlich gut und können mit Hilfe der Knöllchenbakterien Luftstickstoff pflanzenverfügbar machen. Ihr Blattreichtum verursacht bei der Heuwerbung erhebliche Bröckelverluste.
Tabelle 54 zeigt eine Auswahl von Leguminosen mit wichtigen Merkmalen.

Tabelle 54: Leguminosen (Auswahl)

Name	
Wiesenrotklee, *Trifolium pratense*	mehrjährig, besitzt keine Ausläufer, hat hohen Futterwert; bei Bodentrocknung oft hohe Bröckelverluste, verträgt keine Beweidung; WZ 7 (Abb. 551)
Weißklee, *Trifolium repens*	eine der wertvollsten Futterpflanzen, wichtigste Leguminose des Grünlandes; verträgt keine lang anhaltenden Kahlfröste, ist aber sonst gegenüber Klima und Boden recht genügsam; sein Stängel kriecht am Boden, deswegen ist Weißklee weidefest; in Wiesen geht er schnell zurück, weil ihm die Obergräser das Licht entziehen; WZ 8 (Abb. 552)
Schwedenklee, *Trifolium hybridum*	eher in Wiesen als in Weiden zu finden; seine Widerstandsfähigkeit gegen Kälte und längere Schneedecke ist größer als die von Rotklee; WZ 6 (Abb. 553)
Gelbklee, *Medicago lupulina*	liebt trockene und kalkhaltige Standorte, ist deswegen auch meist dort vertreten, wo Rotklee nicht mehr vorkommt; WZ 7 (Abb. 554)
Hornklee, *Lotus corniculatus*	findet sich hauptsächlich in Wiesen, auf kalkhaltigen, nährstoffreichen Böden in eher trockenen Lagen, Hornklee ist sehr ausdauernd; WZ 7 (Abb. 555)
Sumpfhornklee, *Lotus uliginosus*	findet sich besonders in nassen Wiesen, verträgt auch zeitweise Überschwemmung; wird gern gefressen; WZ 7 (Abb. 556)
Wundklee, *Anthyllis vulneraria*	sein Name weist auf die Verwendung als Heilpflanze hin; auf kalkhaltigen und trockenen Böden kommt er häufig vor; er ist gegen Dürre widerstandsfähig und enthält Bitterstoffe; deswegen wird er zwar von Schafen, nicht jedoch von Rindern gefressen; WZ 5 (Abb. 557)
Wiesenplatterbse, *Lathyrus pratensis*	ist in frischen bis feuchten Wiesen verbreitet, wird in grünem Zustand nicht gerne gefressen; WZ 7 (Abb. 558)
Zaunwicke, *Vicia sepium*	liebt die gleichen Standorte wie die Wiesenplatterbse, kommt mit ihr zusammen vor; ihre Blüten wachsen aus den Blattachseln heraus; WZ 6 (Abb. 559)
Vogelwicke, *Vicia cracca*	im Unterschied zur Zaunwicke wachsen ihre Blüten an langem Stiel aus den Blattachseln heraus; ist wie die Zaunwicke gegen häufigen Schnitt empfindlich; WZ 6 (Abb. 560)

Abb. 556

Abb. 557

Abb. 558

Abb. 559

Abb. 560

Abb. 561

Abb. 562

Abb. 563

Abb. 564

Abb. 565

2.3 Bedeutung der Kräuter

Unter der Bezeichnung »**Kräuter**« sind alle übrigen Pflanzenfamilien des Grünlandes zusammengefasst. Kräuter machen das Futter schmackhafter, bekömmlicher, sind meist sehr eiweißreich und haben einen hohen Gehalt an Mineralstoffen und Spurenelementen. Einige Kräuter wirken gesundheitsfördernd, andere enthalten Giftstoffe (siehe Tabelle 55).

Das verstärkte ökologische Bewusstsein der Bevölkerung fördert die artgerechte Haltung und Fütterung der Tiere. Im Hinblick auf die Verwendung von Kräutern als Heilpflanzen gewinnen sie auch in der Tiergesundheit wieder zunehmend an Bedeutung.

Entscheidend für den Wert der Kräuter in einem Bestand ist die Gesamtanzahl. Steigt der Anteil der Kräuter im Bestand auf über 15 %, sinkt der Massenertrag, weil Gräser und Leguminosen zurück gedrängt werden. Zugleich vermindert sich die Artenvielfalt der Kräuter im gesamten Aufwuchs.

Für viele Kräuter gibt es praxisrelevante Schadschwellen. So können von Wiesenkerbel und Bärenklau ca. 3–5 Pflanzen/m² geduldet werden. Dagegen ist der stumpfblättrige Ampfer bereits ab 0,5 Pflanzen/m² bekämpfungswürdig. Liefert der Löwenzahn mehr als 20 % des Ertrages, sollte er zurück gedrängt werden. Für giftige Kräuter sind die Schadschwellen ebenfalls sehr gering. (1–2 Pflanzen/m²).

Viele Kräuter belegen durch ihre ausgeprägte Blattrosette (z. B. Wegericharten, Hirtentäschel) sehr viel Platz und zehren so am Gesamtertrag. Außerdem treiben sie durch ihr tiefes Wurzelwerk sehr schnell wieder aus und unterdrücken wertvolle Gräser. Der Blattreichtum vieler Kräuter verursacht (ähnlich wie bei den Leguminosen) erhöhte Bröckelverluste bei der Heuwerbung und mindert den Ertrag.

Abb. 566 Wertvolle Futterkräuter des Dauergrünlandes:
1 Spitzwegerich,
2 Wiesenkerbel,
3 Bärenklau,
4 Löwenzahn.

Abb. 567 Die Herbstzeitlose ist zwar giftig, wenige Exemplare gefährden aber kaum. Im Interesse des Artenschutzes sollten sie geduldet werden.

Tabelle 55: Kräuter (Auswahl)

Futterwert	**Beispiele**
brauchbar	Löwenzahn, Gänsefingerkraut, Hornkraut, Schafgarbe, Vogelknöterich, Spitzwegerich, Wiesenmöhre, Kohldistel, Pastinak, Wiesenkümmel, Wiesenkerbel, Bärenklau
gering	Wiesenschaumkraut, Ampfer-Arten, Breitwegerich, Gänseblümchen, Wucherblumen
giftig	Herbstzeitlose, Wasserschierling, Hahnenfuß-Arten, Sumpfschachtelhalm, Sumpfdotterblume

Aufgaben:
1. Schlagen Sie in einem Pflanzenführer die genannten Kräuter nach.
2. Suchen Sie die Kräuter auf der Wiese und vergleichen Sie mit den Bildern.

3 Nutzung des Grünlandes

Die Bewirtschaftung des Grünlandes beeinflusst seine wertbestimmenden Merkmale. Vor allem hat die Zahl der Nutzungen einer Grünlandfläche während einer Vegetationsperiode großen Einfluss auf die *Zusammensetzung* des Pflanzenbestandes, die *Energiedichte* und den *Mineralstoffgehalt* des Futters.

Einfluss auf den Pflanzenbestand – Die ausdauernden Grünlandpflanzen sichern ihre Lebensvorgänge entweder über die *Assimilation,* wenn die Bedingungen dazu vorhanden sind, oder sie müssen die lebenswichtigen Stoffe aus ihren *Speicherorganen* mobilisieren. Das sind der *Stängelgrund* (bei Obergräsern), *Rhizome* (bei Rispen, Rotschwingel, Weißklee und Quecke) oder *Wurzeln* (Rotklee, Luzerne, alle Kräuter).

Der Zeitabstand zwischen 2 Nutzungen muss den Pflanzen Gelegenheit geben, ihre Reservespeicher wieder aufzufüllen. Dazu brauchen Obergräser länger als Untergräser und Leguminosen. Verletzungen der Narbe beeinträchtigen das Nachwachsen und verzögern den Aufwuchs.

! Tiefschnitt beim Mähen und falsche Geräteeinstellung zerstören viele Speicherorgane, Rest-Assimilationsflächen und verletzen die Grasnarbe. Dadurch sinken Nutzungshäufigkeit und Ertrag, die Verunkrautung nimmt zu.

Einfluss auf die Energiedichte – Die Energiedichte des Grünfutters sinkt im Verlauf des Wachstums der Pflanzen von 6,3–6,8 MJ NEL/kg T bei etwa 20 cm Wuchshöhe auf 4,8 MJ NEL/kg T bei der Samenreife ab. Mit zunehmender Nutzungshäufigkeit wird das Futter in einem immer jüngeren Stadium geerntet. In diesen Wachstumsabschnitten ist die Energiedichte sehr hoch. Bei gleicher Nutzungshäufigkeit haben leguminosen- und kräuterreiche Bestände immer eine größere Energiedichte als obergrasreiches Grünland.

Tabelle 56: Abhängigkeit der Qualität und des Ertrages vom Schnittzeitpunkt (5-jähriger Durchschnitt, intensives Dauergrünland)

Schnitt-zeitpunkt	Rohfaser %	Rohprotein %	MJ NEL/kg T	T dt/ha
30.04.	16,00	24,00	7,10	10,0
07.05.	19,00	21,00	6,60	20,5
14.05.	*22,00*	*18,00*	*6,25*	*31,0*
21.05.	*25,00*	*16,00*	*5,80*	*41,0*
28.05.	26,50	14,00	5,50	49,0
04.06.	27,75	12,50	5,30	56,0
11.06.	29,00	11,75	5,15	62,0
18.06.	30,00	11,00	5,00	66,0

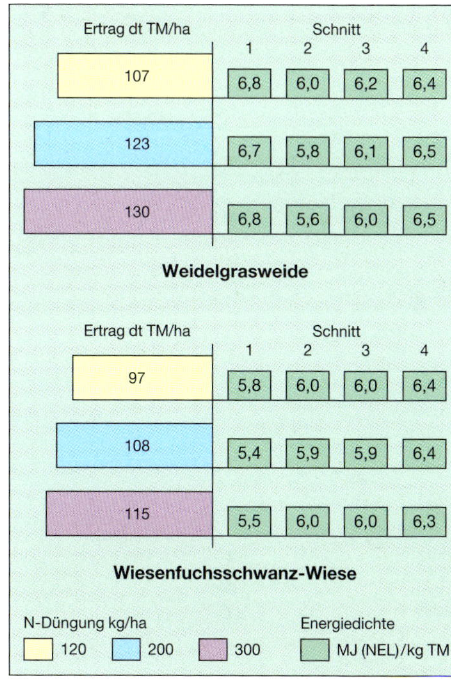

Abb. 568 N-Düngung, Ertrag und Energiedichte bei viermaliger Nutzung unterschiedlicher Grünlandtypen.

Abb. 569 Abhängigkeit der Qualität und des Ertrages vom Schnittzeitpunkt (5-jähriger Durchschnitt Intensives Dauergrünland).

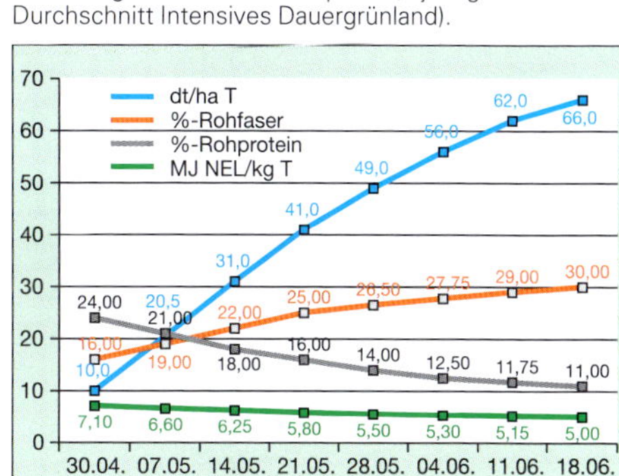

Abb. 570 Artenreiche Wirtschaftswiese.

Abb. 571 Mineralische Düngung fördert vor allem die Gräser, wie es bei dieser Fuchsschwanzwiese der Fall ist.

Abb. 572 Wiesenfuchsschwanz ist das am frühesten blühende Hauptgras des ersten Schnittes.

Einfluss auf den Mineralstoffgehalt – Je häufiger die Nutzung, d. h., je früher der Schnitt erfolgt, desto höher ist der P-Gehalt des Futters, während der Ca-Gehalt absinkt. Das *Ca : P-Verhältnis* verschiebt sich damit in die Nähe von 1 : 1. Neben der Nutzungshäufigkeit sind für den Mineralstoffgehalt allerdings auch die *Zusammensetzung* der Narbe und der Vegetationsfortschritt entscheidend. Leguminosen und Kräuter sind mineralstoffreicher als Gräser. Gegen Ende der Vegetationsperiode sinkt der K-Gehalt und der Ca-Gehalt steigt an.

3.1 Wiesennutzung

Obwohl mit einer Kombination aus Wiesen- und Weidenutzung die höchsten Erträge von der Grünlandfläche zu holen sind, überwiegt die Wiesennutzung aus folgenden Gründen:

- Zersplitterte Flur, lange Triebwege, zum Teil Triebwege auf öffentlichen Straßen,
- kurzzeitiger und andauernd hoher Grundwasserstand,
- Wiesennutzung ist oftmals vollständig mechanisiert,
- vorhandener Maschinenbestand.

3.1.1 Extensive Wiesen

Standorte – Sie liegen auf trockenen Standorten des Jura, in rauen Höhen mit kurzer Vegetationszeit und im Regenschatten der Mittelgebirge.
Pflanzenbestände – Die Hauptgräser sind Glatthafer, Lieschgras, Aufrechte Trespe und Knaulgras. Sie bestimmen den Ertrag. Die **Futterqualität** hängt vom Anteil an Leguminosen (Rotklee, Hornklee, Gelbklee) und Kräutern wie Salbei, Mittlerer Wegerich und Kartäuserlichtnelke ab.
Erträge, Qualität – In der Regel werden solche Wiesen *zweimal* jährlich gemäht, wobei der Pflanzenbestand sehr empfindlich gegen einen frühen 1. Schnitt ist. Die Erträge liegen in sehr weiten Grenzen (40 – 80 dt T/ha).
Düngung – Auf extensiven Wiesen wird der Ertrag durch eine alleinige PK-Düngung (60 – 80 kg P_2O_5 und 120 – 160 kg K_2O je ha) stark erhöht. Eine N-Düngung in der Größenordnung von 90 bis 120 kg/ha steigert den Ertrag weiter bis 70 dt T/ha, erfordert aber dann einen 3-maligen Schnitt. Die Futterqualität wird größtenteils durch den Anteil an Leguminosen und Kräutern festgelegt. Flüssige Wirtschaftsdünger verdrängen die Leguminosen mit Ausnahme des Weißklees. Eine Stallmistgabe von 150 – 200 dt/ha ist dagegen im 2-jährigen Abstand zu empfehlen.
Die **Nährstoffbilanz** zeigt Abb. 573.

3.1.2 Mittelintensive Wiesen

Standorte – Mittelintensive Wiesennutzung liegt bei jährlich *drei* Schnitten vor. Grundsätzlich können fast alle Grünlandstandorte in dieser Intensitätsstufe bewirtschaftet werden. Typisch sind jene, bei denen eine alleinige PK-Düngung zu einem nachhaltigen Ertrag von 70 dt T/ha führt.

Pflanzenbestände – Typisch sind

- ▶ **Wiesenfuchsschwanz-Wiesen** in Tallagen und niederschlagsreichen Hügelgebieten: Neben dem Wiesenfuchsschwanz finden sich der Wiesenschwingel, das Wollige Honiggras, die Wiesenrispe und die Gemeine Rispe. *Leguminosen* findet man kaum. Von den Kräutern sind hauptsächlich Kohldistel, Wiesenknopf, Wiesensilge und Scharfer Hahnenfuß vertreten.
- ▶ **Wiesenschwingel-Wiesen:** Neben dem *Hauptgras* findet man Lieschgras, Knaulgras, Wiesenrispe und Goldhafer. *Leguminosen* sind durch Rotklee, Wiesenplatterbse und Vogelwicke vertreten. An *Kräutern* sind vorwiegend Spitzwegerich, Frauenmantel, Löwenzahn, Bärenklau und Wiesenkerbel vorhanden. Der bestandsbildende Wiesenschwingel verschwindet aber bei höherer Nutzungsintensität, ohne dass andere hochwertige Gräser seinen Platz einnehmen. Die Narbe entartet, wenn nicht streng eine Dreischnittnutzung bei nur mäßiger N-Düngung eingehalten wird.
- ▶ **Goldhafer-Wiesen:** Sie kommen vor allem in den höheren Lagen des Voralpenlandes ab 500 – 600 m ü. NN und den Mittel- bis Hochlagen der Mittelgebirge vor. Neben dem Goldhafer treten der Rotschwingel, die Wiesenrispe, das Lieschgras als Hauptbestandsbildner auf. Der Wiesenschwingel ist meist Begleiter. Die *Leguminosen* sind durch Rotklee, Wiesenplatterbse und Weißklee vertreten, bei den *Kräutern* herrschen Löwenzahn und Frauenmantel vor.

Erträge, Futterqualität – Dreischnittige Wiesen erzielen ca. 90 dt T/ha (70 – 100 dt T/ha) in zwei Silage- und einem Heuschnitt. Dabei sind die Erträge in den frischfeuchten Lagen am höchsten und fallen zu den nassen und trockenen Standorten hin ab. Das Ca : P-Verhältnis liegt bei 1,5 : 1.

Düngung – Eine Steigerung der N-Düngung *vermindert* den Rohproteingehalt des Futters, weil die Leguminosen verdrängt werden und die hauptsächlichen Bestandsbildner früher reifen. Obwohl der Ertrag der Dreischnittwiesen nur um 30 % über dem der Zweischnittwiesen liegt, steigt der N-Entzug hier aber um 50 %. Die Nährstoffbilanz und Düngeempfehlung zeigt Abb. 574.

3.1.3 Intensive Wiesennutzung

Standorte – Ein *vier-* bis *fünfmaliger* Schnitt von Wiesen ist nur auf solchen Standorten möglich, die ausreichend Niederschläge erhalten. Intensive Wiesennutzung setzt voraus, dass

- ▶ der optimale Schnittzeitpunkt eingehalten wird,
- ▶ das Futter rasch konserviert werden kann (Warmlufttrocknung, Heißlufttrocknung – z. B. Cobs – möglich ist, Anwelksilage),
- ▶ bei Stallhaltung täglich Futter zu holen ist.

Pflanzenbestände – Die intensive Nutzung führt mit der zwangsläufig erhöhten N-Düngung zu einer *Verarmung* der Pflanzenarten. Stickstoffliebende Pflanzen verdrängen Leguminosen und wertvolle Kräuter. Tief wurzelnde, minderwertige Kräuter nehmen zu und senken Ertrag und die Futterqualität stark ab.

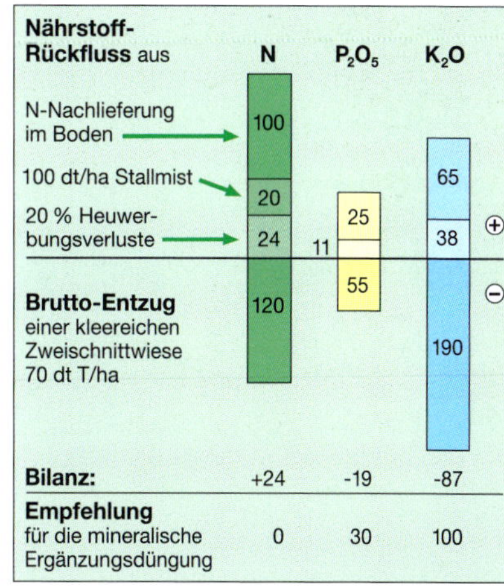

Abb. 573 Nährstoffbilanz und Düngeempfehlung (in kg/ha) für eine Zweischnittwiese **(Beispiel).**

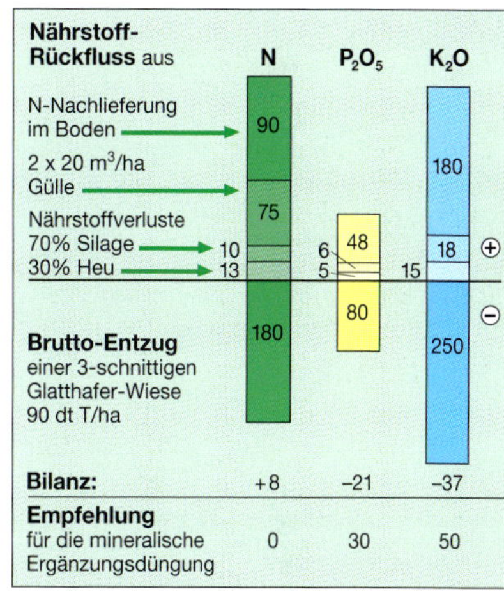

Abb. 574 Nährstoffbilanz und Düngeempfehlung (in kg/ha) einer typischen 3-Schnitt-Wiese **(Beispiel).**

Abb. 575 Nährstoffbilanz und Düngeempfehlung (in kg/ha) einer intensiv genutzten Wiese (2 Silage-, 2 Heuschnitte; 90 dt T/ha) **(Beispiel).**

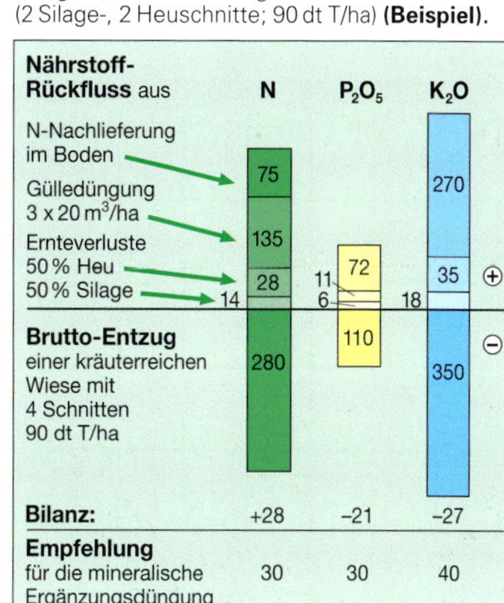

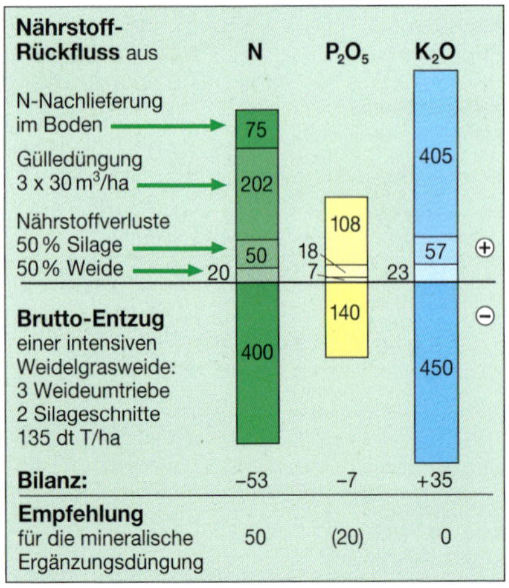

Abb. 576 Nährstoffbilanz und Düngeempfehlung (in kg/ha) einer intensiven Weidelgrasweide (5 Nutzungen); **(Beispiel).**

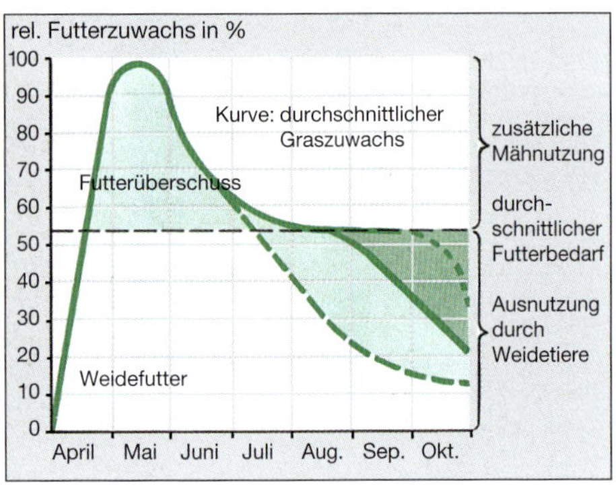

Abb. 577 Die Nutzung des Grünlandes muss dem Futterzuwachs angepasst sein.

Abb. 578 Zusammenhang zwischen Ertrag und Fresszeit bei einer Weidefläche.

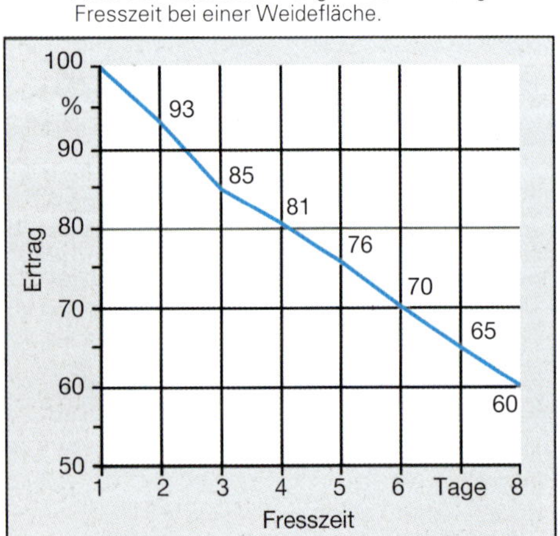

Erträge, Futterqualität – Intensivweiden bringen Erträge von 100–140 dt T/ha. Für eine hohe Futterqualität müssen der 1. und 2. Schnitt rechtzeitig, d. h. zwischen *Schossen* und *Ährenschieben* der Gräser, erfolgen. Beim 3. und 4. Schnitt hat der Schnittzeitpunkt keinen so großen Einfluss mehr auf die Futterqualität.
Der letzte Aufwuchs sollte dagegen so *spät* wie möglich gemäht werden, damit der Rohproteingehalt nicht mehr so hoch ist und gleichzeitig der Rohfasergehalt auf ca. 20 % ansteigt. Dies ist aus pansenphysiologischen Gründen wichtig.
Düngung – Dem erhöhten Nährstoffbedarf bei intensiver Nutzung muss die Düngung Rechnung tragen. So benötigt jeder Schnitt 50–60 kg N/ha neben einer ausreichenden PK-Gründüngung. Nährstoffbilanz und Düngeempfehlung zeigt Abb. 575, Seite 203.

3.2 Mähweide

Mähweide bedeutet, dass eine Grünlandfläche während einer Vegetationsperiode *abwechselnd* als Wiese und Weide genutzt wird. Die Vorteile sind:

- Entzerrung der Gär- und Raufutterernte,
- Staffelung des Aufwuchses, so dass immer junges, nährstoffreiches Futter zur Verfügung steht,
- Vermeiden von Verholzen und Absamen hartstängeliger Pflanzenarten,
- höherer Nährstoffertrag als bei reiner Wiesennutzung,
- bessere Verdaulichkeit der organischen Masse beim Weidegang nach einer Schnittnutzung,
- höhere Trockenmasse-Aufnahmemengen (um 2–3 kg T/Tier und Tag).

Weidetechnik – Der Auftrieb muss im Frühjahr *so bald wie möglich* erfolgen. Dazu werden die Koppeln großflächig überweidet. Die Zuteilung von Tagesrationen ist zu diesem Zeitpunkt noch nicht möglich, weil die Tiere ihren Futterbedarf noch nicht vollständig auf der Weide decken können und zugefüttert werden muss.
Diese Überweidung wird nur so lange fortgesetzt, bis der Bestand infolge der einsetzenden stärkeren Wachstumsperiode eine Wuchshöhe von 20–25 cm erreicht hat (Weidereife). Dann wird den Tieren die Weidefläche in *Tagesportionen* zugeteilt. Ein Überangebot an Futter wird konserviert.

! **Je älter das Futter, desto höher ist der Rohfasergehalt und desto geringer ist der Rohproteinanteil.**

Die *Größe* der täglich zugeteilten Weidefläche ergibt sich aus der Zahl der aufgetriebenen Tiere, der täglichen Trockenmasse-Aufnahme und dem entsprechenden Angebot im Futter.
Dabei kann von folgenden Daten ausgegangen werden: Eine Kuh braucht täglich rund 13,5 kg T; angeboten werden müssen jedoch 17 kg T, weil Verluste auf der Weide durch Zertreten und Ver-

schmutzen nie ganz zu vermeiden sind. Im Pflanzenbestand entspricht 1 cm Wuchshöhe ca. 1 dt T/ha, wobei eine Stoppelhöhe von 3 cm schon berücksichtigt ist.

Beispiel für die Berechnung der Portionsweidefläche:
Wuchshöhe des Bestandes 22 cm entspricht 22 dt T/ha,
täglicher Bedarf/Kuh 17 kg T.

$$\text{Tägliche Weidefläche/Kuh} = \frac{0{,}17\ \text{dt T}}{22\ \text{dt T/ha}} = 0{,}007\ \text{ha} \approx 80\ \text{m}^2$$

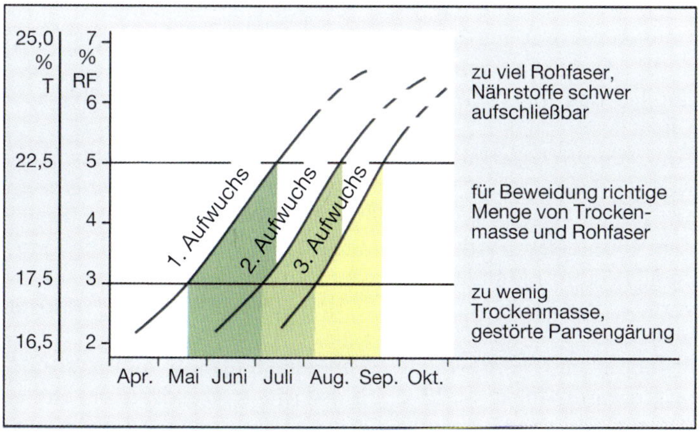

Liegt die Wuchshöhe unter 18 cm, reicht das T-Angebot in der Regel nicht zur Sättigung aus. Es muss im Stall *zugefüttert* werden.

> ! Der T-Anteil nimmt innerhalb der Wuchshöhe des Bestandes nach unten hin zu. Deswegen wird die Weideleistung durch Förderung der Untergräser erhöht und nicht über das Älterwerdenlassen des Bestandes!

Die **Weideverluste** schwanken in weiten Grenzen und hängen stark von der Weidetechnik ab. Je höher und älter der Aufwuchs, desto größer die Weidereste. Nach längeren Regenperioden steigen selbst bei guter Weideführung und Portionszuteilung die Verluste auf bis zu 80 %.

So kann eine optimale Weideführung in weniger günstiger Lage bei 70 dt T/ha Bruttoertrag und 80%iger Ausnutzung die gleiche Nettoleistung bringen wie eine Weide in bester Lage mit 140 dt T/ha Bruttoertrag, aber nur 40%iger Ausnutzung.

Nach jedem Beweiden braucht die Narbe eine **Ruhezeit,** um wieder nachzuwachsen. Ihre Länge ist vom Wachstum abhängig und beträgt im Mai und Juni 21 – 24 Tage, im Juli/August ca. 30 Tage und gegen Ende der Weideperiode 45 Tage.

> ! Die Fresszeiten auf der Weide sollen möglichst kurz, die Ruhezeiten genügend lang sein.

Abb. 579 Die Kurztagsweide gestattet das Zuteilen kleiner, optimaler Futterflächen.

Abb. 580 Mitte: Abhängigkeit der Beweidung vom richtigen Rohfasergehalt des Futters.

Abb. 581 Die Folgen von Unterbeweidung sind Futterverluste.

Abb. 582 Überweidung lässt nur noch Pflanzen übrig, die sich mit ihren Rosetten so an die Bodenoberfläche anschmiegen können, dass sie dem Biss der Tiere entgehen.

Abb. 583 In Norddeutschland wurde in den vergangenen Jahren die Standweide intensiviert.

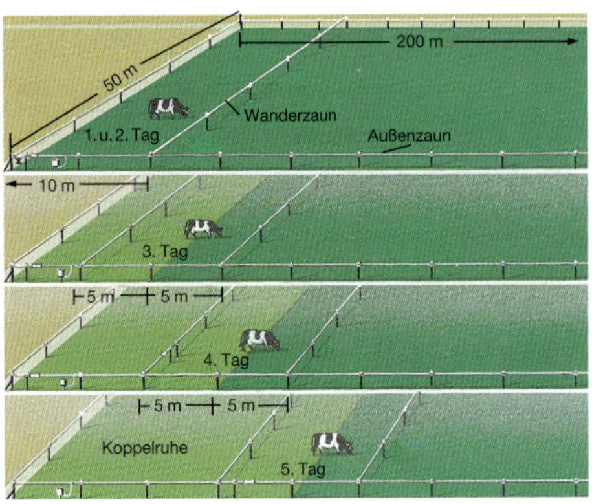

Abb. 584 Nutzung und Einteilung einer Weidekoppel als Portionsweide erfolgen vorteilhafterweise mit einem leicht versetzbaren Elektrozaun.

Abb. 585 Zusammenhang zwischen Fresszeit und Besatzstärke.

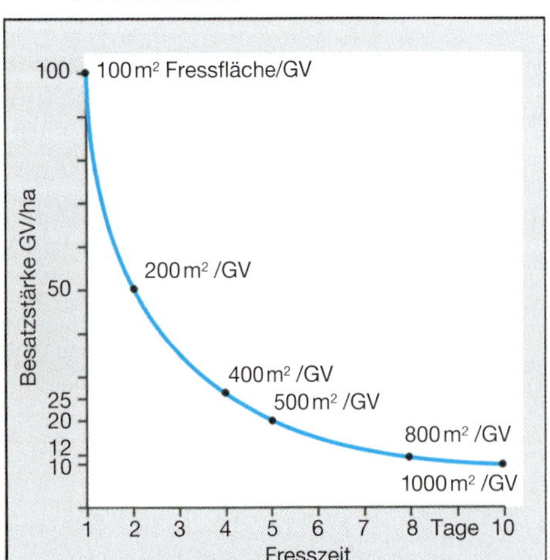

3.3 Weiden

Weiden sind Flächen, deren gesamter Pflanzenaufwuchs während einer Vegetationsperiode von Weidetieren genutzt wird.

Die den Tieren am meisten entsprechende Art der Haltung und Fütterung ist die **Weideführung**. Eine wirtschaftliche und erfolgreiche Weidehaltung der Tiere verlangt aber ein hohes Maß an Fachkenntnissen und eine äußerst sorgfältige Bewirtschaftung der Weideflächen, wenn stets wertvolles Futter zur Verfügung stehen soll und die Weideflächen dauerhaft leistungsfähig bleiben sollen.
Eine *Hauptschwierigkeit* besteht im Verteilen des ersten Aufwuchses. Dabei entsteht in der Regel ein *Frühjahrs-Futterberg.* Auf reinen Weiden können die **Futterüberschüsse** in der Regel nicht konserviert werden. Nur mit gezielter *Vorweide* und entsprechend dosierter Düngung kann der Futteraufwuchs so beeinflusst werden, dass keine quantitativen und qualitativen Futterverluste entstehen.
Weidereif sind die Bestände, wenn der TS-Gehalt von 18 % und ein Rohfasergehalt von 20–25 % erreicht ist. Dies ist in der Regel erreicht, wenn der Bestand ca. 20 cm hoch ist und der Löwenzahn blüht. Wird ein noch nicht weidereifer Aufwuchs beweidet, verzögert sich die Bestandesentwicklung. Dabei bestimmen der Zeitpunkt und die Dauer der Vorweide die Entwicklungsverzögerung.

3.3.1 Leistungsdaten der Weide

Die gesamte **Weideleistung** lässt sich meist nur indirekt über die Milch- und Fleischleistung der Tiere und über die Art und Menge des Beifutters berechnen.
Unter **Besatzstärke** versteht man den vollernährten Viehbestand in dt Lebendmasse/ha innerhalb einer Vegetationsperiode. Praxisübliche Besatzstärken sind:

bis 15 dt LM/ha	= ca. 3 GV/ha	→ niedrig
15–20 dt LM/ha	= 3–4 GV/ha	→ mittel
über 20 dt LM/ha	= über 4 GV/ha	→ hoch

Unter **Besatzdichte** versteht man den Viehbestand in dt LM/ha während einer Nutzung. Praxisübliche Besatzdichten sind:

50– 90 dt LM/ha	= 10–18 GV/ha	→ niedrig
90–130 dt LM/ha	= 18–26 GV/ha	→ mittel
über 130 dt LM/ha	= über 26 GV/ha	→ hoch

3.3.2 Nutzungsformen der Weide

Intensivweiden – Intensive Weidehaltung ist möglich auf *ebenen* bis *gering geneigten* Flächen mit *geregelten Grundwasserverhält-*

nissen, die eine *trittfeste* Narbe gewährleisten. Von April bis Ende September sollen ca. 400–500 mm Niederschläge fallen, und die Weiden müssen in Hofnähe liegen.
Intensivweiden sind in der Regel *Milchviehweiden.* Bei einer Nutzung als **Umtriebsweiden** (mit Koppeln) sind sie regelmäßig nachzumähen, um den Energiegehalt des Futters zu steigern und den Anteil nicht abgefressener Stellen gering zu halten. Die intensive **Standweide** ist auf arrondierten, ganzjährig trittfesten Flächen mit einheitlichem Pflanzenbestand (Weidegras) empfehlenswert. Die Weidetiere brauchen einen Sonnenschutz (Schattenbäume, Unterstand). Außerdem müssen Wasserversorgung und Beifütterung mit Kraftfutter gewährleistet sein.
Bei *Sommertrockenheit* sinkt der Weideertrag der Standweide um 10–15 % gegenüber der Umtriebsweide. Der Bewuchs sollte stets auf 8–10 cm Höhe gehalten werden. Nachmähen der *Geilstellen* ist spätestens ab Ende Juni nötig. Intensive Standweiden verringern aber den *AKh-Aufwand* gegenüber der Umtriebsweide etwa um die Hälfte.
Die Düngung weist hinsichtlich der PK-Düngung keine Besonderheiten auf. Der Unterschied liegt in der *Stickstoff-Düngung.* Im zeitigen Frühjahr erhalten die Flächen, deren erster Aufwuchs siliert wird, 80–100 kg N/ha, die anderen Weideflächen 50 kg N/ha. Ab Ende Mai bis Mitte September werden im Abstand von drei Wochen jeweils 20–40 kg N/ha gegeben (je Wachstumstag 1–2 kg N/ha). Der Dünger wird bei trockener Witterung ausgebracht, ohne dass die Weidetiere dazu abgetrieben werden müssen.
Extensivweiden – Dies sind *Hutungen* und *Standweiden* ohne geregelte Weidetechnik.
Kennzeichen sind:
- keine geregelte Schnittnutzung der Weideflächen,
- keine Unterteilung in Koppeln,
- Beweidung mit Jungvieh, Pferden oder Mutterschafen,
- keine regelmäßige Düngung, vor allem keine N-Düngung,
- der Viehbesatz ist meist nicht dem Futterzuwachs angepasst,
- artenreiche und sehr stabile Pflanzenbestände mit wenig Obergräsern.

Bei starker Überweidung nehmen die trittliebenden Arten wie Gemeine Rispe, Breitwegerich, Vogelknöterich und Kriechendes Fingerkraut zu. In der weiteren Folge entstehen Lücken.
Extenivweiden findet man auf *Grenzertragsböden* der Mittelgebirge und in den Alpen. Aber auch *stark geneigte Flächen* in den Grünlandgebieten werden heute aus arbeitswirtschaftlichen Gründen als Extensivweiden für Jungvieh genutzt.

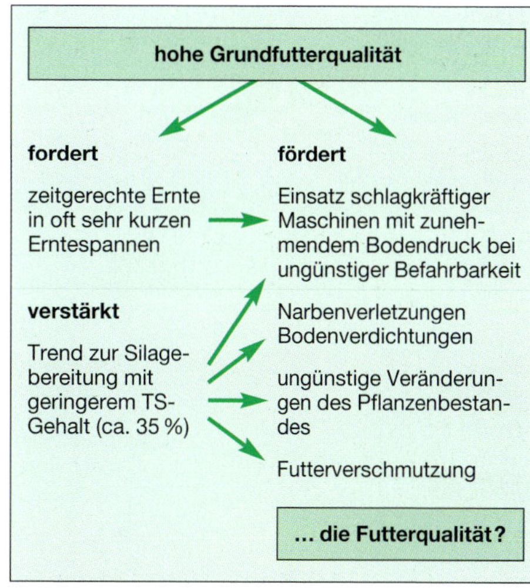

Abb. 586 Das Streben nach höchster Futterqualität stößt auch beim Grundfutter an Grenzen.

Futterertrag ca. 50 dt TM/ha wird erreicht am	**Vorweide** am
20.05.	keine
27.05.	19.04.
01.06.	26.04.
18.06.	03.05.
02.07.	10.05.

Abb. 587 Einfluss der Vorweide auf die Aufwuchs-Entwicklung

4 Produktionstechnik

4.1 Grundlagen der Düngung des Grünlandes

Bedeutung und Ziele – Die Düngung soll den Nährstoffbedarf der Grünlandpflanzen sicherstellen. Sie beeinflusst aber auch

- den *Nährstoff-, Mineralstoff-* und *Wirkstoffgehalt* des Futters: Harmonische Düngung erhöht die Werte, einseitige kann die Tiergesundheit gefährden. Die ist bei N-Überdüngung (Nitratanreicherung) oder Mg-Mangel (Weidetetanie) der Fall.
- den *Massen-* und *Nährstoffertrag* stärker als jede andere Maßnahme: Mehrfache Nutzungen entziehen auch mehr Nährstoffe.
- den *Pflanzenbestand:* So fördert N vor allem die Gräser auf Kosten der anderen Arten, P neben den Gräsern die wertvollen Leguminosen. Auf K reagieren besonders die Kräuter und Leguminosen mit verstärktem Wachstum.

Besonderheiten – Die Düngung des Grünlandes unterscheidet sich von der des Ackers, weil der Dünger nicht eingearbeitet werden kann. Die Umsetzung und die Aufnahme der Nährstoffe erfolgen in der obersten Bodenschicht. In viehstarken Betrieben besteht oft ein *geschlossener* Nährstoff-Kreislauf, der eine zusätzliche mineralische Düngung überflüssig macht. Außerdem ist zu berücksichtigen, dass Grünlandpflanzen eine schwach saure Reaktion lieben.

Die Schwefelversorgung darf auch bei der Grünlandnutzung nicht vernachlässigt werden. Schwefel hat zusammen mit Stickstoff einen Einfluss auf die Eiweißsynthese, besonders auf die schwefelhaltigen essenziellen Aminosäuren.

Nährstoffbilanz – Eine gezielte Düngung ist auch beim Grünland nur aufgrund einer Bodenuntersuchung möglich, die den Versorgungsgrad feststellt. Dann wird anhand von Faustzahlen der Nährstoffbedarf ermittelt. Davon sind jene Nährstoffmengen abzuziehen, die durch die Wirtschaftsdünger bzw. die Ausscheidungen der Weidetiere wieder auf die Grünlandfläche zurückfließen. Nur der Rest ist durch Handelsdünger zu ersetzen.

> ! Je höher der Viehbesatz, desto größer ist der Nährstoff-Rückfluss aus dem eigenen Betrieb.

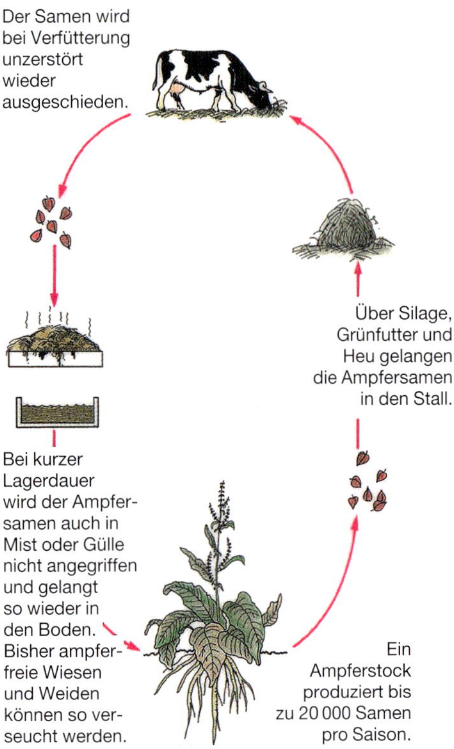

Abb. 588 Der Kreislauf der Ampfervermehrung auf Grünland (Schema).

Abb. 589 Wirkung von Güllestickstoff.

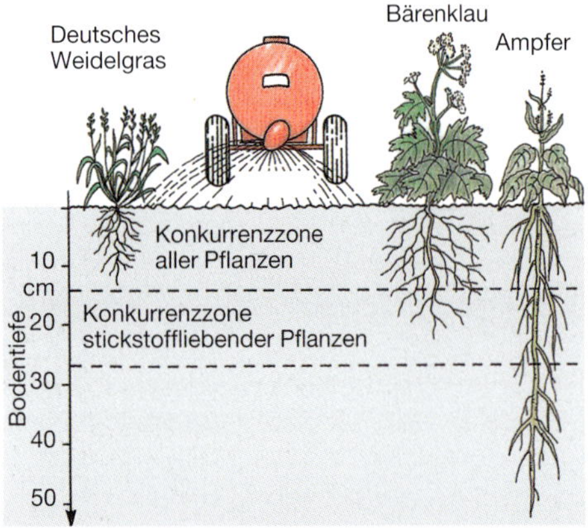

4.1.1 Organische Düngung

Dauergrünland besitzt durch die rege Tätigkeit der Bodenlebewesen stets einen höheren Humusgehalt als Acker unter gleichen Bedingungen. Das bedeutet, dass in Betrieben, die Acker- und Grünlandwirtschaft betreiben, zunächst die Ackerflächen mit organischen Düngern bedacht werden sollten.

Stallmist/Kompost – Es hat sich als vorteilhaft erwiesen, Stallmist und Kompost in nicht zu großen Gaben von 150–200 dt/ha auszu-

bringen. Wichtig ist, dass die Dünger gut verrottet sind und gleichmäßig verteilt werden.
Sie werden im Spätherbst oder Winter ausgebracht. Auch eine Frühjahrsanwendung ist möglich, wenn sie rechtzeitig vor der ersten Nutzung liegt, sonst fressen die Tiere das Futter ungern.
Bei trocken-windigem Wetter nach der Ausbringung sind die N-Verluste groß (bis zu 75 %; Denitrifikation).
Gülle – In reinen Grünlandbetrieben fehlt das Stroh. Diese Tatsache und die Umstellung auf arbeitssparende Aufstallungsformen trugen dazu bei, dass heute vermehrt Gülle anfällt. Darüber hinaus hat in manchen Betrieben die Aufstockung der Tierbestände zugenommen, so dass die anfallende Güllemenge über den Düngebedarf hinausgeht. Hier sind die Bestimmungen der Dünge-Verordnung (siehe Grundstufe) zu beachten, um das Grundwasser vor Nitratbelastungen und die Umgebung vor lästigen Geruchsemissionen zu schützen.
Wegen des hohen Anteils an leicht löslichen N-Verbindungen sollte Gülle nur kurz vor oder während der Vegetationszeit bei windstillem, trübem Wetter ausgebracht werden. Sehr vorteilhaft wirkt sich ein Niederschlag nach der Gülleausbringung aus. Bei entsprechender Verteilung und Aufbereitung läuft die Gülle von den Assimilationsflächen ab und gelangt in die obere Bodenschicht. Die N-Verluste werden so gesenkt. Verklebte Blätter und völlig abgedeckte Pflanzen sterben sonst ab und schaffen Lücken für Platzräuber (z. B. Löwenzahn) und Unkräuter (z. B. Vogelmiere) sowie minderwertige Gräser (z. B. Quecke).
Einseitige Gülledüngung fördert durch das Überangebot von N und K vor allem die Doldenblütler (z. B. Wiesenkerbel, Bärenklau) und Ampfer. Auf Weiden führt regelmäßige Gülledüngung zu verminderter Futteraufnahme. Wenn möglich, sollte die Güllegabe deshalb nicht vor einer Weidenutzung ausgebracht werden, sondern vor einer Silage- oder Heunutzung.

> ! Regelmäßige Boden- und Gülleuntersuchungen helfen, ökonomische und ökologische Fehler zu vermeiden.

4.1.2 Mineralische Düngung

PK-Düngung – Grünlandpflanzen sind ausdauernde Gewächse, sie können daher die gesamte Vegetationsperiode zur Nährstoffaufnahme nutzen. Die Grunddüngung kann, wenn in Güllebetrieben überhaupt nötig, in einer arbeitsextensiven Zeit ausgebracht werden. An Hängen oder in Überschwemmungsgebieten sollten Grünlandflächen im Frühjahr gedüngt werden.
Im Hinblick auf die Mineralstoffversorgung der Tiere sind eine K-Überversorgung (sie bewirkt eine Senkung des Na- und Mg-Gehaltes des Futters) und Cu-Unterversorgung zu vermeiden.
N-Düngung – Das Grünland reagiert sehr rasch auf eine N-Zufuhr. Wachstum und Bestockung der Gräser werden angeregt, der Eiweißgehalt der Pflanzen nimmt zu, die Nutzungszeit des Grünlandes wird verlängert, die Folgen von Trockenperioden gemildert.

Abb. 590 Eine gesteigerte Flüssigmist-Düngung fördert besonders die Kräuter (links).

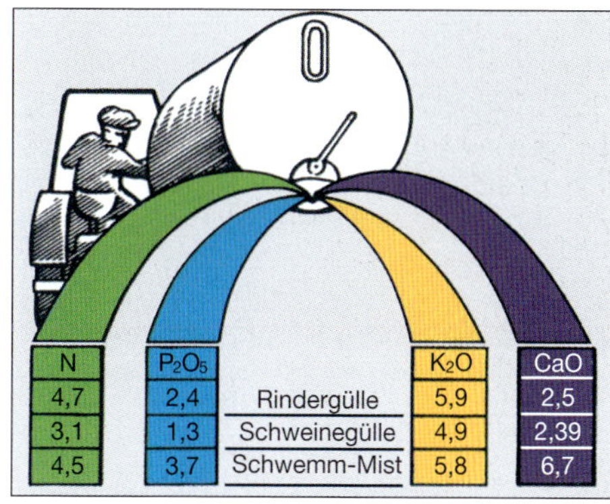

Abb. 591 Nährstoffgehalt (kg/m³) von Rinder- und Schweinegülle (10 % T) sowie von Schwemm-Mist (62 kg org. Substanz/m³).

Abb. 592 Der Bedarf an einer mineralischen Ergänzungsdüngung für Grünlandflächen lässt sich mit Hilfe von Faustzahlen bzw. Versuchs- und Laborergebnissen ermitteln.

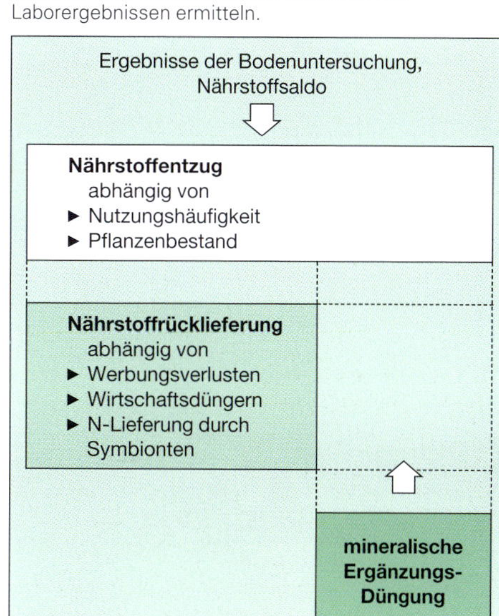

Abb. 593 Die Regulierung der Grundwasserverhältnisse ist eine wichtige Pflegemaßnahme bei Grünland.

Abb. 594 Wiesen-Ringschleppe im Einsatz.

Abb. 595 Für aufgefrorene Wiesenflächen ist die mit Wasser zu füllende Wiesenwalze im Frühjahr ein wichtiges Gerät. Vor allen Dingen im hängigen Gelände muss wegen der Unfallverhütung das Eigengewicht berücksichtigt werden.

Abb. 596 Weidemulchgeräte werden zunehmend für das Nachmähen eingesetzt.

N bewirkt aber auch eine Verarmung der Pflanzenarten, weil Kräuter und Leguminosen zurückgedrängt werden. Nutzungsform und Standort bestimmen die Höhe der N-Düngung im Rahmen der Vorschriften der Dünge-Verordnung.

4.2 Pflege des Grünlandes

Ziel – Die Zusammensetzung der Pflanzengesellschaften des Grünlandes wird von den natürlichen Standortbedingungen einerseits und der Nutzung (Schnitt- oder Weidennutzung, Anzahl der Nutzungen, Düngung, Schnitttiefe, Einstellung der Geräte und Fahrspuren) andererseits geprägt.
Ziel aller Pflegemaßnahmen auf dem Grünland muss es deshalb sein, einen möglichst artenreichen Bestand aus ertragreichen und schmackhaften Pflanzen zu erhalten sowie Giftpflanzen und Platzräuber einzudämmen.

4.2.1 Mechanische Pflegemaßnahmen

Kontrolle der Entwässerung – Einmal jährlich sollten vorhandene Entwässerungsanlagen überprüft werden. Vernässte Stellen zeigen verstopfte Leitungen an. Klappen an den Sammlermündungen sind gängig zu halten und Vorflutgräben zu reinigen.
Abschleppen – Maulwurfshaufen bedecken Teile der Narbe und bieten vor allem tief wurzelnden Platzräubern wie Ampfer und Löwenzahn ein ideales Keimbett. Außerdem wird das Futter enorm verschmutzt und die Mäharbeit erheblich behindert. Ähnliches gilt für die Schäden, die durch Wühlmäuse verursacht werden. Das Einebnen der Maulwurfshaufen im zeitigen Frühjahr beugt dieser Verschlechterung des Pflanzenbestandes vor.
Am besten eigenen sich dazu **Reifen-, Ketten-** oder **Stracheggen,** Wieseneggen verletzen die Narbe zu sehr. Maulwurfshaufen müssen vor dem Abschleppen genügend abgetrocknet sein, sonst wird die Grasnarbe unnötig verschmiert und am Wachstum gehindert. Gleichzeitig werden ausgebrachter organischer Dünger, Stallmist und Gülle in die Narbe eingerieben. Mit der Schleppe lassen sich auch die Fladen auf der Weide verteilen.
Walzen – Mit der Walze wird im Frühjahr der Bodenschluss wiederhergestellt und die Wasserführung verbessert. Der richtige Zeitpunkt hängt vom Feuchtigkeitszustand des Bodens ab und lässt sich mit der Trittprobe feststellen: Wird die Trittstelle bei wiederholtem Hineindrücken des Schuhabsatzes breiig, ist der Boden noch zu nass. Federt der Tritt zurück, so ist er schon zu trocken. Zum richtigen Zeitpunkt krümelt der Boden im Tritt.
Die Wirkung der Walze hängt wesentlich von deren *Gewicht* ab. Es soll 10–15 dt/m Arbeitsbreite betragen. Wiesenwalzen werden deswegen mit Wasser gefüllt. Auf hängigem Gelände und beim Bremsen muss der Traktorfahrer die hohe Schubkraft der angehängten Walze berücksichtigen, sonst sind Unfälle nicht zu vermeiden.
Durch *langsames Fahren* wird die Wirkung der Walze erhöht (Fahrgeschwindigkeit unter 1,8 km/h). Auf humusarmen Mineral-

böden hat das Walzen des Grünlandes kaum eine Wirkung; auf schweren Böden ist es wegen der ohnehin geringen Durchlüftung sogar schädlich.

Nachmähen – Kothaufen und -fladen der Weidetiere beeinträchtigen die Weidenarbe stark. Die zugedeckten Pflanzen sterben ab, während die an den Rändern von den Weidetieren verschmäht werden und infolge der massiven Nährstoffzufuhr stark wachsen. Es entstehen sog. **Geilstellen.** Ihre lückenhafte Mitte besiedeln schließlich unerwünschte Kräuter.

Deshalb ist ein Nachmähen auf jeden Fall nach dem ersten Weideaustrieb und später in größeren Zeitabständen notwendig. *Kreiselmäher* und besonders *Weidemulchgeräte* eigenen sich dazu sehr gut.

Abb. 597 Kuhfladen erzeugen Geilstellen.

4.2.2 Bekämpfung unerwünschter Pflanzen auf dem Grünland

Unerwünschte Pflanzen – Dies sind rosettenbildende Platzräuber, z. B. Löwenzahn und Ampfer, die wertvolle Pflanzen verdrängen und bei der Heuwerbung hohe Bröckelverluste bedingen sowie giftige Pflanzen, z. B. Scharfer Hahnenfuß, die den Futterwert erheblich beeinträchtigen.

Verfahren – Vor einem Herbizid-Einsatz, der keine übliche Pflegemaßnahme darstellt, müssen alle Nutzungs- und Bewirtschaftungsfehler abgestellt werden, sonst stellt sich bereits nach 3 bis 4 Jahren die bisherige, schlechte Grasnarbe wieder ein.

Der nächste Schritt ist die **Einzelpflanzen-Bekämpfung.** Auch sie muss durch entsprechende Güllegaben, gezielten Schnitt oder Beweidung und richtige Geräteeinstellung unterstützt werden. Eine rechtzeitige, d. h. frühzeitige Bekämpfung von Schadpflanzen verhindert deren Aussamen und damit eine weitere großflächige Verbreitung.

Abb. 598 Wirkung eines Grünland-Herbizides.

> ! Der Herbizid-Einsatz auf Grünland ist stets ein Ausnahmefall!

Abb. 599 Wiesenverkrautung mit Wiesenkerbel.

Die Einzelpflanzen-Bekämpfung kann mechanisch durch Ausstechen oder mit chemischen Mitteln erfolgen. Nur mit einer gezielten Auswahl der Mittel ist ein ausreichender Erfolg sicherzustellen; andernfalls kann sich sogar eine nachteilige Wirkung einstellen.

Zum Ausbringen flüssiger Mittel haben sich Dochtstreichgeräte oder der so genannte Ratowiper bewährt. Spritzverfahren sind witterungsabhängig.

Nachteilig ist die unselektive Wirkung, die Fehlstellen hinterlässt, die wiederum verunkrauten.

Weit wichtiger als die Präparat- und Wirkstoffnamen sind die Hinweise zur Anwendung und Wartezeit.

Flächenbehandlungen sind nur ratsam, wenn eine erhebliche Verunkrautung vorliegt. Die Flächenbehandlung belastet aber auch die wünschenswerten Pflanzen. Ausgleichsdüngungen und Nachsäen der freien Stellen ist deshalb unabdingbar.

Abb. 600 Feldmausbefall im Dauergrünland – soweit kann es bei rechtzeitiger Bekämpfung nicht kommen!

Abb. 601 Solche Aufsitzstangen werden von Greifvögeln gerne angenommen.

Abb. 602 Mangelhaftes Verteilen von Flüssigmist lässt die Grasnarbe ersticken.

4.2.3 Tierische Schädlinge

Schädlinge und Schadwirkung – Das Grünland als artenreiche Nutzungsform ist weit weniger von Schädlingen bedroht als die Monokulturen des Ackerlandes. Ernsthafte Schäden richten hier nur solche Schädlinge an, die wenig wählerisch sind und alle Pflanzen beeinträchtigen. Es sind dies vor allem Feldmäuse, Wühlmäuse, Maulwürfe und die Larven der Wiesenschnake (Tipula).

Feldmäuse können sich vor allem nach Trockenperioden in Grünlandflächen rasant vermehren und so erhebliche Fraßschäden anrichten. *Maulwürfe* und *Wühlmäuse* schaden vor allem durch ihre intensive Wühlarbeit, die aufgeworfenen Erdhaufen erschweren die Erntearbeiten und verschmutzen das Futter. *Wiesenschnakenlarven* (Tipula-Larben) fressen die Pflanzen dicht über der Bodenoberfläche ab und hinterlassen Kahlstellen.

Bekämpfung – Grundsätzlich gilt, dass zunächst die natürlichen Feinde der Schädlinge – das sind bei Feld- und Wühlmäusen vor allem die Greifvögel – gefördert werden müssen. Das kann z. B. durch Aufstellen von Aufsitzstangen erfolgen. Eine direkte Bekämpfung ist bei Feldmäusen mit Giftgetreide und bei Wühlmäusen mit Fallenfang möglich. Tipula-Laren können beim Auftreten der Schadnester mit chemischen Mitteln, z. B. Herbstspritzung mit Parathion, bekämpft werden (Bienenschutz-Verordnung beachten!)

Maulwürfe stehen unter Artenschutz und dürfen nur mit Zustimmung der Naturschutzbehörde bekämpft werden. Vielfach vertreibt eine vorübergehende Beweidung die Tiere und mindert so den Schaden.

4.3 Verbesserung von Grünlandnarben

4.3.1 Gründe für die Entartung von Grasnarben

Die Verschlechterung der Grasnarbe schreitet meist schleichend voran. Die Grasnarbe zeigt Lücken, die von Unkräutern besetzt werden. Die Untergräser verschwinden fast gänzlich, der Ertrag sinkt. Das Futter verholzt sehr schnell und wird nicht gerne gefressen.

Ursachen:

Veränderungen der natürlichen Bedingungen:

- Senken des Grundwasserspiegels oder Staunässe,
- Dürreschäden,
- Auswinterung,
- Befall mit Krankheiten (Schneeschimmel) oder Schädlingen,
- massenhaftes Auftreten von Wühlmäusen und Schädlingen.

Fehler in der Grünlandnutzung:

- Fahr- und Trittschäden,
- zu häufiger Schnitt, zu häufige Weidenutzung,
- nicht auf die Düngungsintensität abgestimmte Nutzung,
- zu tiefer Schnitt,
- hohe N-Düngung, einseitige Düngung,

- zu späte Nutzung,
- schlechte Verteilung organischer Dünger,
- organische Dünger zum falschen Zeitpunkt,
- größere Reste bei Nachmahd oder Futternutzung,
- kein rechtzeitiger Abtransport z. B. von Silageballen.

4.3.2 Verfahren zur Narbenverbesserung

Derzeit haben sich zwei Verfahren zur Verbesserung von Grünlandnarben durchgesetzt.

Nachsaat – Nach einem selektiven Herbizideinsatz gegen die vorherrschenden Unkräuter wird die lückige Narbe mit speziellen Geräten z. B. Schlitz- oder Scheibensämaschinen oder einfach mit z. B. dem Pendel-Düngerstreuer übersät und eventuell gewalzt. Dazu werden 2 oder 3 Arten rasch wachsender Grünlandpflanzen herangezogen (Wiesenschwingel, Knaulgras, Weißklee, Deutsches Weidelgras).

Beste Saatzeit ist im September. Die folgende Nutzung muss sehr früh erfolgen, damit die auflaufenden Gräser nicht unterdrückt werden. Eine Gülledüngung sollte erst im nächsten Jahr erfolgen.

Neuansaat – Die Erneuerung der gesamten Narbe ist notwendig, wenn die Entartung so stark ist, dass eine Nachsaat nicht mehr zum Ziel führt.

Eine Möglichkeit der Erneuerung besteht darin, die alte Narbe mit einer Fräse zu zerstören, die Fläche anschließend zu walzen und mit einer Drillmaschine mit engem Reihenabstand zu besäen. Die andere Möglichkeit verzichtet auf eine Zerstörung der Narbe. Nach der Abtötung des Bestandes mit einem Totalherbizid (z. B. Roundup) wird die Aussaat mit Spezial-Sägeräten durchgeführt.

Nachbehandlung – Sie ist entscheidend für den Erfolg jeder Narbenverbesserungsmaßnahme. Eine gute Nachbehandlung besteht vor allem im Beiseitigen aufgelaufener Unkräuter, einem Schröpfschnitt bei 10–15 cm Wuchshöhe der Neuansaat, die besonders die Bestockung anregt, und dem *Verzicht auf Gülledüngung im Ansaatjahr.*

Abb. 603 Abtötung der alten Narbe.

Abb. 604 Nachgesäter lückiger Grünlandbestand.

> **!** Narbenverbesserung und Narbenerneuerung sind tiefe Eingriffe in das Ökosystem Grünland. Um sie künftig zu vermeiden, sind die Ursachen für die Bestandsentartung zu ermitteln und die Bewirtschaftung entsprechend abzuändern.

Ansaatmischungen – Grundsätzlich gilt Folgendes:
- Für die *Wiesennutzung* sind Obergräser die wichtigsten Mischungspartner.
- Für die *Weidennutzung* hat das Deutsche Weidelgras den Hauptanteil in der Ansaatmischung.
- Auf leichten und trockenen Standorten mit intensiver Nutzung ist das Knaulgras zu bevorzugen.
- Goldhafer ist nur für Lagen über 500 m NN zu empfehlen.

Die Tabellen 57–58 und Abb. 606 (Seite 214) zeigen **Beispiele** für die wichtigsten Standorte und Nutzungsformen.

Abb. 605 Funktion einer speziellen Sämaschine zur Nachsaat lückiger Grünlandbestände ohne Umbruch (Schema).

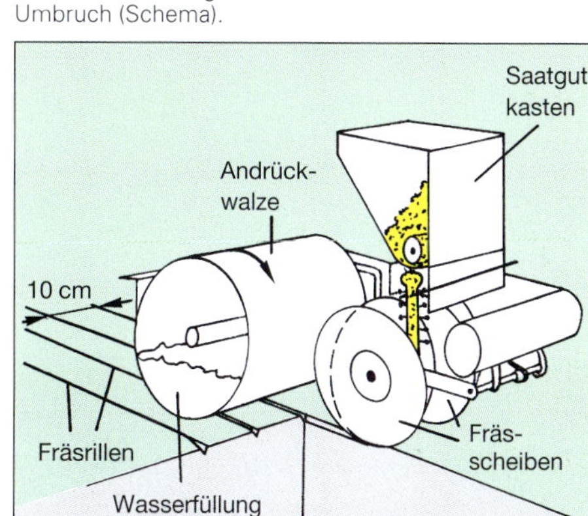

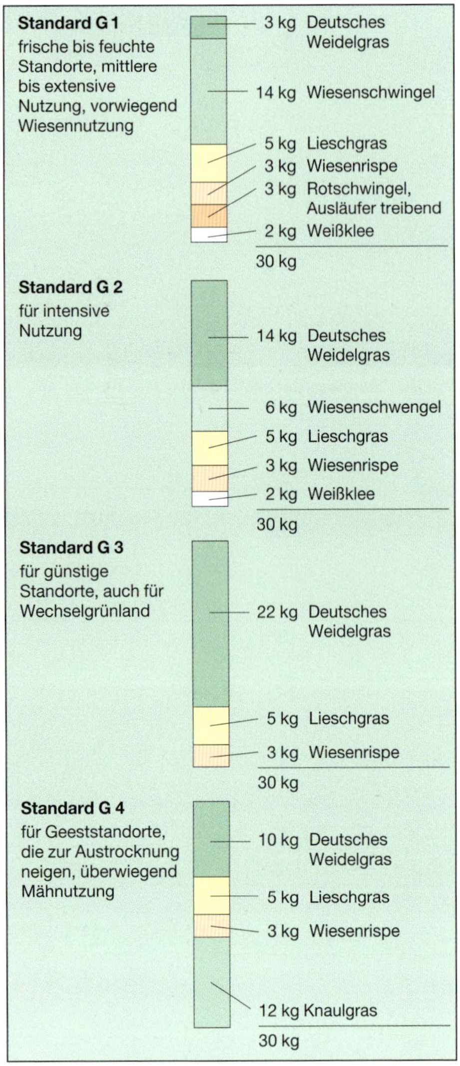

Abb. 606 Empfohlene Ansaatmischungen für Norddeutschland.

! Beim Zusammenstellen einer Ansaatmischung für Grünland sind Nutzungsrichtung, Intensität und die Ansprüche der ausgewählten Pflanzen zu berücksichtigen!

Tabelle 57: Mischungsbeispiele für Wiesen in Süddeutschland (kg/ha)

Pflanzenart	Standortverhältnisse		
	trockene Lagen	niederschlagsreiche Lagen	
	Böden flachgründig	Böden mittel bis schwer	Böden wechselfeucht
Wiesenschwingel	12,0	16,0	15,0
Glatthafer	5,0		
Lieschgras	5,4	6,0	8,0
Knaulgras, mittel	3,0		1,0
Knaulgras, früh			1,0
Wiesenfuchsschwanz			2,0
Wiesenrispe	4,0	4,0	4,0
Goldhafer	0,6		
Deutsches Weidelgras		4,0	
Rotschwingel	3,0	3,0	3,0
Weißklee 1,0	2,0	1,0	
Rotklee	1,0	1,0	1,0
Hornschotenklee	1,0		
insgesamt	36,0	36,0	36,0

Tabelle 58: Mischungsbeispiele für Weiden und Mähweiden in Süddeutschland (kg/ha)

Pflanzenart	intensive Nutzung	weidelgras-unsichere Lagen	wenig intensive Nutzung
Deutsches Weidelgras	24,0	9,0	6,0
Lieschgras	6,0	7,5	5,7
Knaulgras		3,0	
Wiesenschwingel		10,5	15,0
Goldhafer			0,3
Wiesenrispe	4,0	4,0	4,0
Rotschwingel			3,0
Weißklee	2,0	2,0	2,0
insgesamt	36,0	36,0	36,0

4.4 Rentabilität

Zur Bewertung der **Wirtschaftlichkeit des Produktionsverfahrens Grünland** zieht man die Berechnung der variablen Kosten heran und vergleicht die je erzeugter Einheit anfallenden variablen Kosten (ct/10 MJ ME oder ct/10 MJ NEL) mit anderen Produktionsverfahren des Futterbaus.
Hinsichtlich der Nährstofferträge je Hektar ist der Ackerfutterbau dem Grünland überlegen, ein Umbruch der Grünlandflächen

ist aber meist aus klimatischen Gründen oder weil die Flächen unter Schutzauflage stehen, nicht mehr möglich.

Tabelle 59: Einfluss des Schnittzeitpunkts auf die Grassilage (1. Schnitt; Grundfutterleistung, Kraftfutterverbrauch und Deckungsbeitrag)

	Schnittzeitpunkt Ähren-/Rispenschieben	Beginn/Blüte	Blüte Hauptbestandsbildner
MJ (NEL)/kg TM	6,4	6,4	5,8
MJ (NEL)/ha	22400	24000	25650
Grundfutteraufnahme kg TM/Kuh und Tag	13,0	12,0	11,0
Grundfutterleistung kg TM/Kuh und Tag	14,3	11,3	8,5
Milch aus Grundfutter/ Winter kg	3003	2373	1785
Kraftfutterverbrauch dt/Kuh und Jahr	8	11	15
Futterkosten (relativ) %	100	119	138
Deckungsbeitrag pro kg Milch (relativ) %	100	83	63

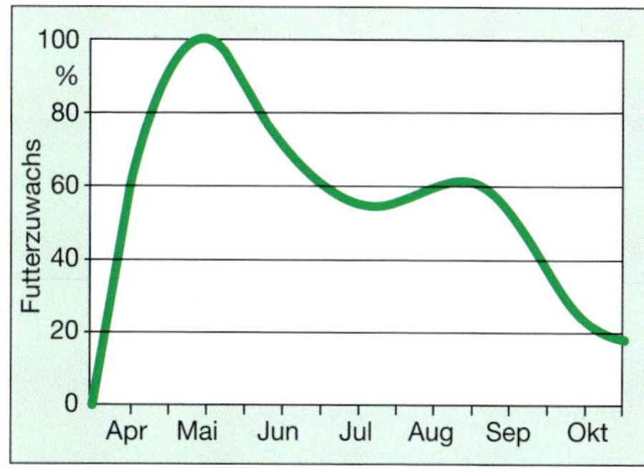

Abb. 607 Futterzuwachs im Verlauf der Vegetationsperiode: Im Abstimmen dieses ungleichmäßigen Futterangebotes und des Futterbedarfs besteht die Kunst der erfolgreichen Grünlandbewirtschaftung.

Tabelle 60: Produktionsverfahren Grünland (variable Kosten; Berechnungsbeispiele)

	Wiese – grün 18 % T			Wiese-Heu – Bodentrocknung, 86 % T			Grascobs, 89 % T		
Nutzungshäufigkeit	2	3	4	2	3	4	2	3	4
Grünmasse dt/ha	400	500	600	400	500	600	400	500	600
T-Gehalt der Grünmasse %	18	18	18	18	18	18	18	18	18
Trockenmasse brutto dt/ha	72	90	108	72	90	108	72	90	108
Brutto-Ertrag MJ ME/ha	73771	97315	117240	75276	98802	119023	74396	94818	113358
Brutto-Ertrag MJ NEL/ha	44000	58500	70500	44000	58500	70500	44000	56500	67500
Trockenmasse-Verluste %	10	10	10	20	20	20	10	10	10
Energie-Verluste %	11	12	13	30	30	30	17	17	17
Trockenmasse netto dt/ha	64,8	81,0	97,2	57,6	72,0	86,4	64,8	81,0	97,2
Energiekonzentration Netto-Energie MJ ME/kg T	10,11	10,53	10,51	9,17	9,61	9,64	9,57	9,70	9,69
Energiekonzentration Netto-Energie MJ NEL/kg T	6,03	6,33	6,32	5,36	5,69	5,71	5,66	5,78	5,77
Netto-Ertrag MJ ME/ha	65513	85293	102157	52819	69192	83290	62014	78570	94187
Netto-Ertrag MJ NEL/ha	39074	51273	61430	30874	40968	49334	36677	46818	56084
Saatgut €/ha	–	–	20	–	–	20	–	–	20
Düngung €/ha	99	196	231	99	196	231	99	196	231
Pflanzenschutz €/ha	–	–	11	–	–	11	–	–	11
Trocknungskosten €/ha	–	–	–	–	–	–	334	417	500
variable Maschinenkosten €/ha	110	135	155	105	155	195	165	210	250
Summe variable Kosten €/ha	**209**	**331**	**417**	**204**	**351**	**457**	**598**	**823**	**1012**
Nährstoffkosten ct/10 MJ ME	**3,19**	**3,92**	**4,12**	**3,90**	**5,07**	**5,49**	**9,64**	**10,47**	**10,74**
Nährstoffkosten ct/10 MJ NEL	**5,35**	**6,46**	**6,79**	**6,61**	**8,57**	**9,26**	**16,30**	**17,58**	**18,04**

- Voraussetzung: Kenntnis von Standort und Pflanzenbestand,
- Schnitthäufigkeit an Pflanzenbestand und Standort anpassen,
- angepasste (N)-Düngung:
  - Nährstoffbilanzierung
  - dünne Gülle, optimale Ausbringung,
- Intensivierung nur bei:
  - genügender Wasserversorgung,
  - geeigneter Bestandeszusammensetzung,

Vermeiden von:
- Tiefschnitt,
- Narbenverletzung,
- Schadverdichtung

- Erhalt einer dichten, leistungsfähigen Grasnarbe,
- bei Lücken und zur Bestandesverbesserung Übersaat oder Nachsaat

Abb. 608 Grünlandverbesserung mit pflanzenbaulichen Maßnahmen.

Aufgaben:

1. Erklären Sie den Begriff »Absolutes Grünland«.

2. Der Aufwuchs hat eine Energiedichte von 6,3 MJ NEL/kg T.

a) Wie viele Liter Milch (4 % Fett) lassen sich aus 1 kg T erzeugen?

b) Eine Kuh nimmt 12,5 kg T täglich auf. Die Energiedichte eines später gemähten Futters beträgt nur 5,5 MJ NEL/kg T.

Vergleichen Sie die möglichen Grundfutterleistungen beider Futtermittel.

3. Erläutern Sie Gründe für eine Entartung des Pflanzenbestandes.

4. Geben Sie die Möglichkeiten einer Grünlanderneuerung an.

5. Welche Saatgutmengen sind vorzubereiten? Schlaggröße 2,7 ha, Nachsaatmischung 24 kg/ha Wiesenschwingel : Knaulgras : Weißklee im Verhältnis 6 : 3 : 3.

6. Welche Möglichkeiten haben Sie, sich über Ansaat- oder Nachsaatmischungen für Ihren Standort zu informieren?

Futterernte und Futterkonservierung

9

Wirtschaftseigenes Futter in gleichbleibend hoher Qualität bildet die Grundlage der landwirtschaftlichen Tierhaltung. Nur mit einer sorgfältigen Futterwerbung und -konservierung lässt sich diese Grundfutterversorgung sichern.

In diesem Kapitel werden die fachgerechte ***Gärfutterbereitung*** und die schonende ***Heuwerbung*** sowie die ensprechende Agrartechnik und ihr Einsatz behandelt.

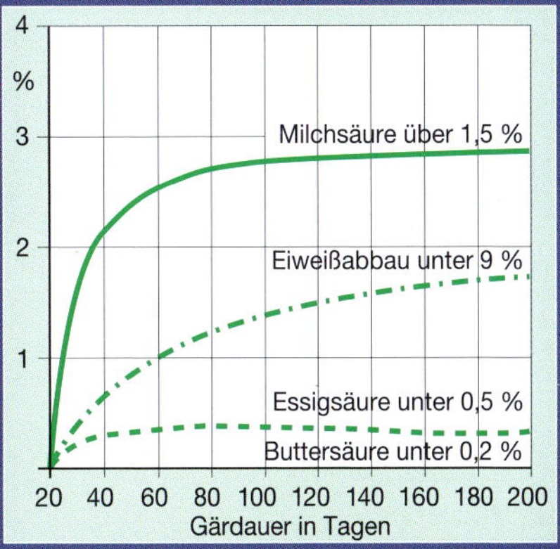

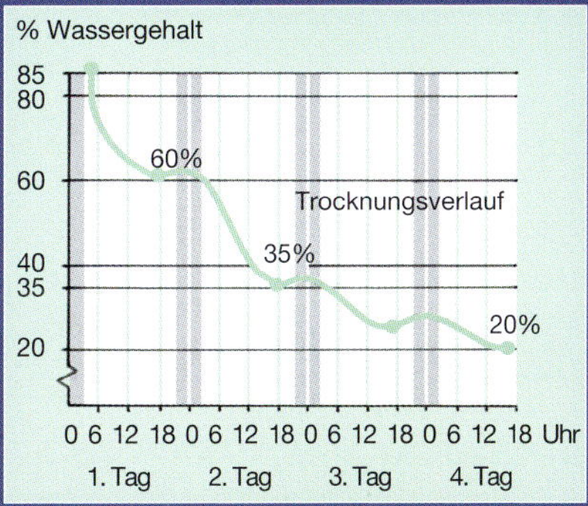

9 Futterernte und Futterkonservierung

1 Allgemeines

Ziel – Oberstes **Ziel der Futterernte** ist die Gewinnung und Bereitstellung eines schmackhaften und nährstoffreichen Grundfutters für die Winterfütterung oder für die ganzjährige Stallfütterung. Mängel im Grundfutter, die nur bedingt mit Kraftfuttergaben auszugleichen sind, wirken sich unmittelbar auf die Rentabilität des Produktionsbereiches Viehhaltung aus.

Die Futterernte ist mit größter Sorgfalt und qualitätsorientiert durchzuführen. Ständige *Qualitätskontrollen* helfen, negative biologische Einflüsse auf das Futter zu erkennen und zu vermeiden. Entscheidend sind die Nährstoffbilanz (Hof-Feld-Bilanz) und die Nährstoffgehalte der Futtermittel.

Um bei der Ernte das Wetterrisiko zu verringern, ist eine hohe Schlagkraft erforderlich. In den vergangenen Jahren hat sich der Trend zum überbetrieblichen Einsatz von Großmaschinen weiter verstärkt, um hohe Flächenleistungen und einen raschen, zügigen Arbeitsablauf zu erzielen.

Konservierungsverfahren – Die Auswahl richtet sich nach den gegebenen wirtschaftlichen, fütterungstechnischen und klimatischen Voraussetzungen. Daneben bestimmt aber auch die Milchverwertung das Konservierungsverfahren, denn in der Hartkäseerzeugung kommen wegen des *Verbotes von Silageverfütterung* anstelle der Gärfutterbereitung nur Trocknungsverfahren in Frage.

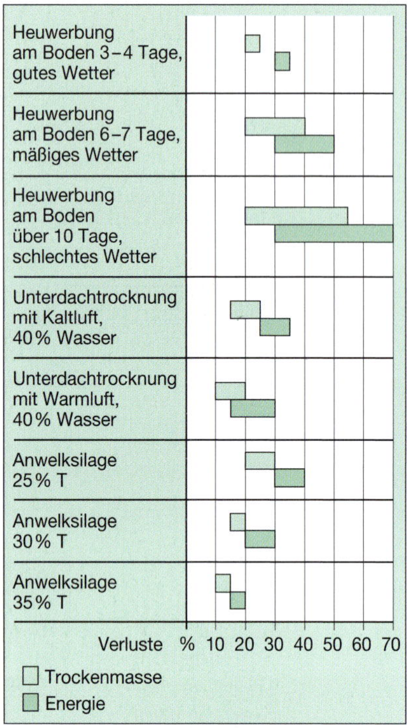

Abb. 609 Verluste an Trockenmasse und Energie bei verschiedenen Verfahren der Futterkonservierung (nach KTBL-Taschenbuch 94/95).

Abb. 610 **Beispiele** für den Nährstoffentzug bei unterschiedlichen Pflanzengesellschaften und Nutzungen (Werbungsverluste und Leguminosen-Stickstoff bereits abgezogen).

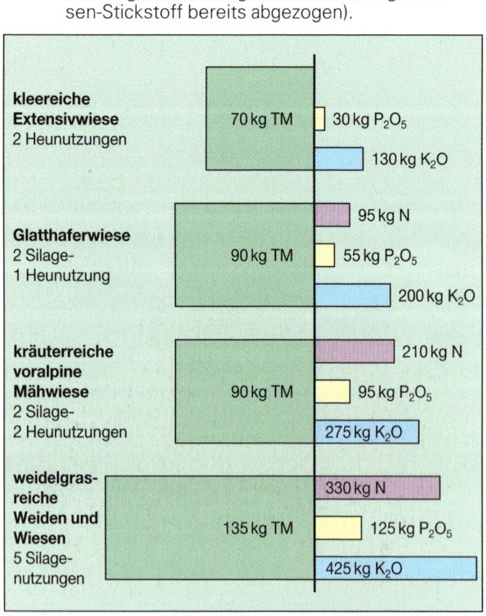

Tabelle 61: Möglichkeiten der Futterkonservierung

Konservierungsverfahren	Konservierung des Futters durch	bevorzugte Futterart	Verluste
Gärfutterbereitung	natürliche Säurebildung (Gärung)	Gras, Klee, Mais, Hackfrüchte, Feuchtgetreide, Körnermais	5–30 %, je nach T-Gehalt, Qualität und Siliertechnik
chemische Konservierung	Zusatz von Konservierungsstoffen	Feuchtgetreide, Körnermais	2–7 %, je nach T-Gehalt und Lagerungsdauer
Heuwerbung	Wasserentzug durch Sonne oder Belüftung mit Warm- oder Kaltluft	Gras, Klee, Luzerne	20–50 %, je nach Witterung und Erntetechnik
Heißlufttrocknung	Wasserentzug durch Heißluft in Trocknungsanlagen	Gras, Klee, Luzerne, Hackfrüchte, Feuchtgetreide, Körnermais	5–10 %

2 Gärfutterbereitung

Bei der **Gärfutterbereitung** konservieren organische Säuren, vorwiegend *Milchsäure,* das Futter. Sie verleiht dem Futter einen angenehmen Geschmack und Geruch. Durch die Absenkung des pH-Wertes können andere Mikroorganismen das Futter nicht verderben.

Vorteile der Gärfutterbereitung sind die

- ▶ Verminderung des Wetterrisikos,
- ▶ geringere Nährstoffverluste gegenüber der Heuwerbung,
- ▶ Konservierung leicht verderblicher Pflanzen oder Pflanzenteile (z. B. Rübenblätter, Mais),
- ▶ vollständige Mechanisierbarkeit der Arbeitsabläufe bis zur Futtervorlage,
- ▶ überbetrieblicher Maschineneinsatz möglich und sinnvoll,
- ▶ hohe Schlagkraft,
- ▶ Rundballen oder Großpacken können leichter gehandelt und transportiert werden.

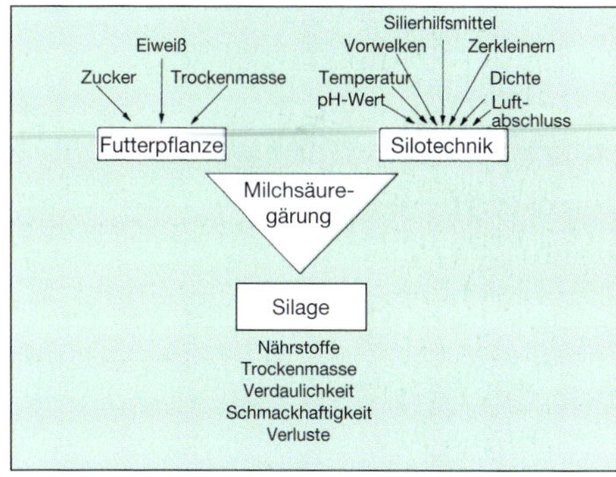

Abb. 611 Die wichtigsten Einflussfaktoren auf die Gewinnung einer guten Silage.

2.1 Gärprozess

Milchsäuregärung – Erwünscht ist die *Milchsäuregärung,* ausgelöst von Milchsäure-Bakterien. Die entstehende Milchsäure wird im Tiermagen als organische Säure weiter verwertet. Die Bakterien gelangen mit dem Futter in den Behälter und vermehren sich dort, wenn kein Sauerstoff vorhanden ist bei Temperaturen um 25 °C, und wenn genügend freier Pflanzenzucker zur Verfügung steht.

Unter Luftabschluss vergären sie den Pflanzenzucker schon in den ersten 3 Tagen nach der Befüllung weitgehend. Dadurch sinkt der pH-Wert im Futterstock rasch unter pH 5,0 ab und hemmt unerwünschte Konkurrenzorganismen durch Entzug ihrer Lebensgrundlagen. Wenn die Gärung weiter fortschreitet, sterben auch die Milchsäure-Bakterien ab und das Futter ist konserviert.

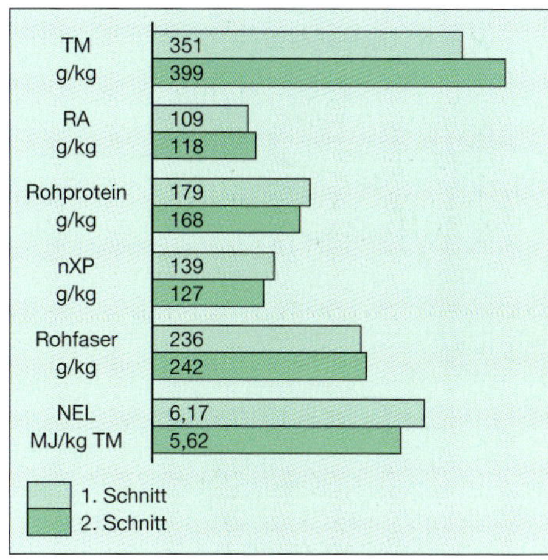

Abb. 612 Durchschnittliche Qualität von Grassilagen in Hochleistungsbetrieben.

Tabelle 62: Lebensbedingungen verschiedener Mikroorganismen

Mikroorganismen	optimaler pH-Wert	Temperatur-optimum	Sauerstoff
Milchsäure-Bakterien Buttersäure-Bakterien Essigsäure-Bakterien	4,5 6,5 6,5	25 °C 35 °C 35 °C	nein nein nein/ja
Hefen	3,0 – 6,0	20 – 50 °C	nein/ja
Schimmelpilze	4,5 – 6,5	>10 °C	ja
Fäulnis-Bakterien	> 7,0	10-50 °C	ja

Abb. 613 Misslungene Silage (links) erkennt man nicht nur am unangenehmen Geruch.

Fehlgärungen, Nachgärungen – Fehlgärungen entstehen, wenn Lebensbedingungen vorherrschen, die eine Vermehrung von schädlichen Mikroorganismen zulassen. Für die Qualität der Silage und besonders für die Futteraufnahme ist der Gehalt an Buttersäure

Abb. 614 Das gleichmäßige und rasche Verdichten ist für die Silierung äußerst wichtig.

(< 0,3 % in der Trockensubstanz) entscheidend. Da *Buttersäure-Bakterien* ebenfalls anaerob leben, aber einen höheren pH-Wert bevorzugen, muss für eine rasche Senkung des pH-Wertes gesorgt werden.
Der Einfluss der *Essigsäure-Bakterien* ist weniger bedeutsam. Sie gelangen mit Schmutz in den Behälter und geben bei mehr als 3 % Essigsäure (optimal 2 – 3 % in der Trockensubstanz) dem Futter einen stechenden, unangenehmen Geruch.
Essigsäure hat einen positiven Einfluss auf das Vermeiden von Nachgärungen durch *Hefen* und *Schimmelpilze.* Futterverschmutzung begünstigt die Vermehrung von Coli-Bakterien, Clostridien und weiteren Fäulniserregern. Durch den Abbau von Eiweißverbindungen entsteht ein fauliger Geruch.
Hefen und Schimmelpilze leben aerob. Sie bereiten besonders dann Schwierigkeiten, wenn das Futter nicht ausreichend gleichmäßig verdichtet und alsbald nach der Füllung luftdicht verschlossen wird. Das Futter wird schimmelig und enthält Pilzgifte. Daneben kann auch *alkoholische Gärung* entstehen.

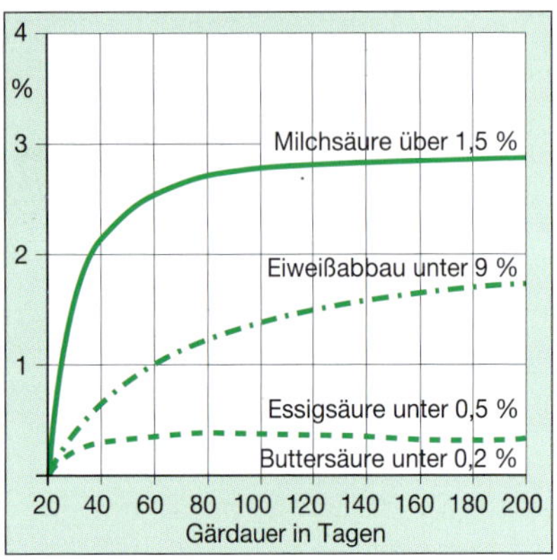

Abb. 615 Idealer Gärverlauf und Zielwerte für eine gute Gärfutterqualität.

! Alle Maßnahmen bei der Gärfutterbereitung zielen darauf ab, die Milchsäure-Bakterien zu fördern und Fehlgärungen zu vermeiden.

Tabelle 63: Die natürliche Siliereignung ausgewählter Futterpflanzen

leicht vergärbar	mittel vergärbar
Silomais (teigreif)	Wiesengras
Rübenblatt	Kleegras
Feuchtgetreide	Mähweidegras
Sonnenblumen	Grünmais
Kartoffeln (gedämpft)	Kartoffel (roh)
Sonnenblumen	Leguminosen
Markstammkohl	Raps, Ölrettich

Abb. 616 Entwicklung des Nährstoffertrags und der Silierreife (Schema).

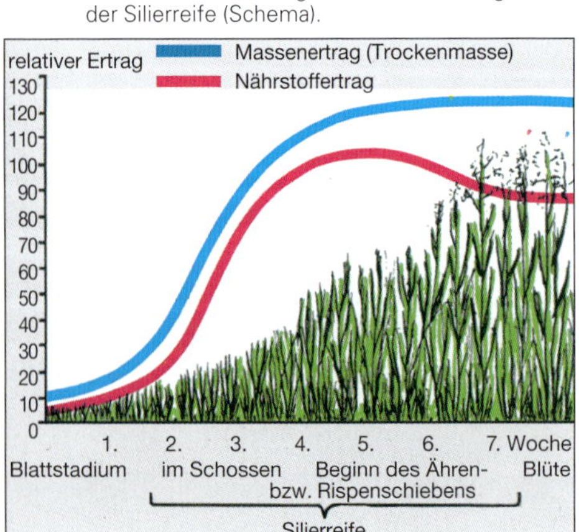

2.2 Gärfutterbeurteilung

Der **Futterwert** von Gärfutter wird zunächst vom Nährstoffgehalt und der Verdaulichkeit bestimmt. Diese Merkmale kann der Landwirt durch die Produktionstechnik beeinflussen. Die tägliche Aufnahme von Gärfutter durch die Tiere wird aber nicht allein vom Nährstoffgehalt und der Verdaulichkeit bestimmt, sondern auch von der Gärqualität, d. h vom Gehalt an Buttersäure, Essigsäure, vom Faul- und Ammoniakgeruch sowie von Schimmelpilzen beeinflusst.
Die Bestimmung der genannten **Qualitätsmerkmale** erfolgt durch *Laboruntersuchungen,* die den Nährstoffgehalt sehr genau feststellen lassen. Daneben ist aber die *Sinnenprüfung* zur Beurteilung des Gärfutters nach Geruch, Gefüge und Farbe immer noch ein wichtiges Hilfsmittel.

Tabelle 64: Gärfutter-Bewertungsschlüssel für die Sinnenbeurteilung

1. Geruch	Punkte	2. Gefüge	Punkte
aromatisch, angenehm säuerlich, fruchtartig	14	Gefüge der Blätter und Stängel erhalten	4
Buttersäure nur durch Fingerprobe feststellbar *oder* stark sauer, stechend, wenig aromatisch *oder* schwacher Röstgeruch bei Anwelksilagen	10	Gefüge der Blätter angegriffen	2
Buttersäure schon direkt wahrnehmbar *oder* starker Röstgeruch *oder* muffig	4	Gefüge der Blätter und Stängel stark angegriffen, schmierig, schleimig *oder* leichte Schimmelbildung *oder* leichte Verschmutzung	1
Buttersäure schon von weitem wahrnehmbar *oder* Ammoniakgeruch *oder* fade, nur sehr schwacher Säuregeruch	2	Blätter und Stängel verrottet *oder* stark verschimmelt *oder* stark verschmutzt	0
Fäkalgeruch, faulig *oder* starker Schimmelgeruch *oder* kompostähnlicher Geruch	0	**3. Farbe**	**Punkte**
		dem Ausgangsmaterial entsprechende Gärfutterfarbe	2
		leichte Veränderungen: gelb bis grau, dunkelgrün, braun durch Erhitzen	1
		stark verändert, giftig grün *oder* hellgelb *oder* starke Schimmelbildung	0

Beurteilung	
20 – 16 Punkte	= 1 sehr gut
15 – 10 Punkte	= 2 befriedigend
9 – 5 Punkte	= 3 mäßig bis schlecht
4 – 0 Punkte	= 4 verdorben

2.3 Produktionstechnik

Silieren von Grünfutter und Silomais – Je höher der freie, verfügbare Zuckergehalt (mindestens 2–3 % in der Frischmasse) und je niedriger der Proteingehalt ist, desto leichter ist das Futter vergärbar, weil die Milchsäure-Bakterien ideale Lebensbedingungen vorfinden. Proteine dagegen puffern die Gärsäuren ab und verhindern eine rasche pH-Wert-Senkung. Das Zucker : Rohprotein-Verhältnis sollte unter 1 : 0,8 liegen.

Der **Schnittzeitpunkt** beeinflusst die Nährstoffzusammensetzung am stärksten.

Wiesen erreichen während des Rispen- bzw. Ährenschiebens der Hauptbestandsbildner den optimalen Schnittzeitpunkt, ebenso bei Kleegras oder Klee.

Silomais siliert in der Teigreife optimal. Die neuen Maissorten erlauben einen weiteren optimalen Schnittzeitpunkt (Sortenunterschiede beachten).

Das **Anwelken** erhöht den T-Gehalt und die Zuckerkonzentration. Außerdem liegt der optimale pH-Wert nicht so tief. Das Futter lässt sich leichter verdichten und es tritt weniger bis kein Sickersaft auf. Bei zu hohen T-Werten lässt sich das Futter nicht mehr ordnungsgemäß verdichten. Fehlgärungen und erhöhte Nachgärgefahr sind die Folge.

Das **Aufbereiten** (Quetschen, Knicken, Streifen) des Wiesenschnittes beschleunigt das Anwelken und erhöht den Anteil an freien Zuckern. Das Maiskorn muss auf jeden Fall angeschlagen

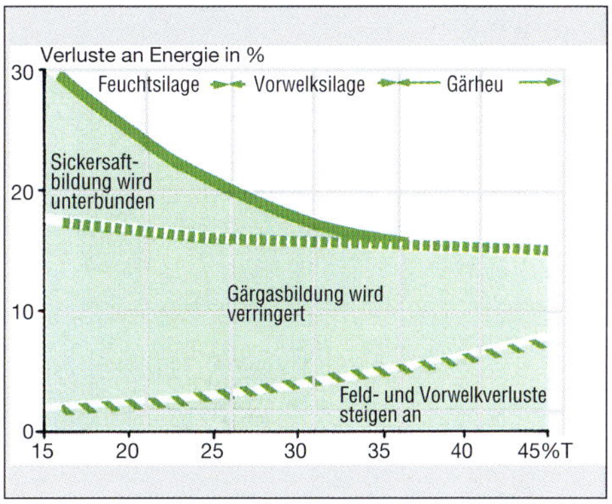

Abb. 617 Vorwelken mindert die Verluste und verbessert die Qualität der Silage.

Abb. 618 Anzustrebende pH-Werte in Grassilagen.

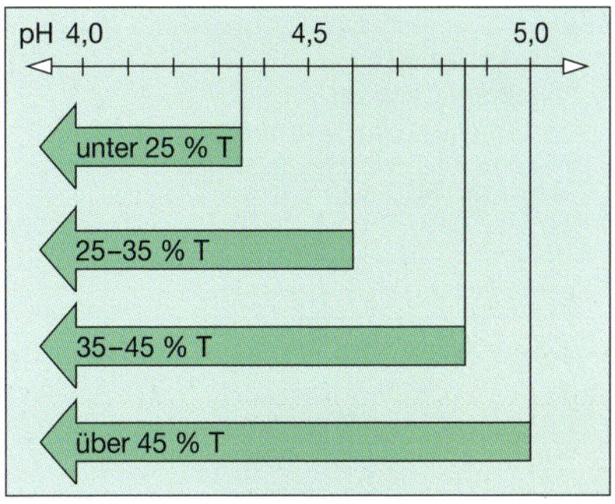

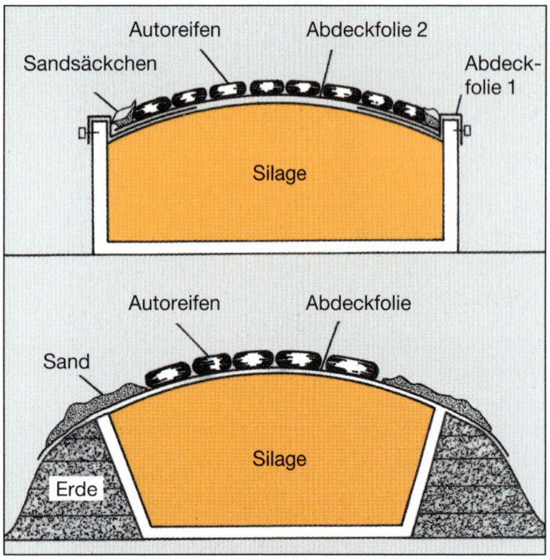

Abb. 619 Die Abdeckfolie 1 wird bei senkrechten Silowänden beim Befüllen nach außen und nach Beendigung nach innen geschlagen. Bei schrägen Silowänden muss die Abdeckfolie mindestens 50 cm über die Silowand hinausragen, um das Eindringen von Regenwasser zu verhindern.

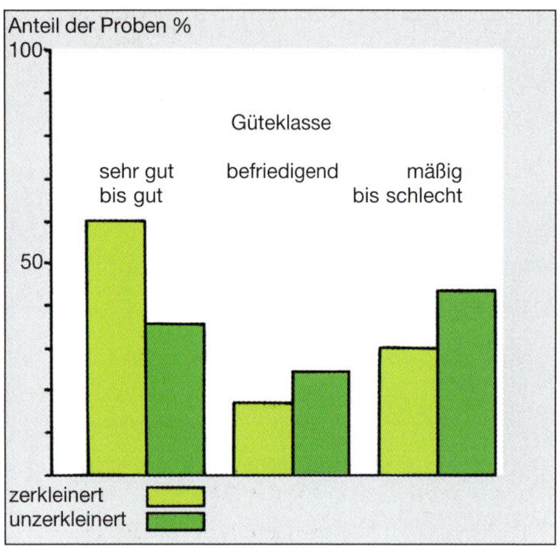

Abb. 620 Einfluss des Zerkleinerns von Grünfutter auf die Silagequalität.

oder zerrieben sein. Reibplatten und Riffelwalzen helfen bei der Aufbereitung von Silomais. Zu bedenken ist, dass die Aufbereitungseinrichtungen meist nur bei entsprechend starkem Siliergutstrom optimal arbeiten.

Die Schnittlänge bei Gras- und Maissilage sollte aber die Struktur nicht übermäßig zerstören. Die optimale Häcksellänge hängt von der Pflanzenart, dem T-Gehalt und von der Entnahmeart ab.

Die **Technik** der Silagegewinnung sollte ein weitgehend schmutzfreie Bergung des Siliergut ermöglichen. Schnitttiefe, Einstellung von Kreiselzettwender, Schwader und Aufnahmetrommel müssen optimiert werden, um die Hefen- und Clostridien-Konzentration zu senken.

Der **Silagebehälter** sollte zügig befüllt werden. Wichtig ist ein gleichmäßiges, ausreichendes Verdichten. Vorher muss das Futter gleichmäßig verteilt werden. Aufbringlagen von mehr als 40 cm können nur unzureichend verdichtet werden. Die letzte Schicht sollte etwa 0,5 – 1 h angewalzt werden. Gerade beim Einsatz eines Häckslers müssen die Schwader- und Transport-, Verteil- und Walzkapazitäten aufeinander abgestimmt werden.

Anschließend ist der Futterstock zügig luftdicht zu verschließen. Die Verwendung von DLG-geprüften Folien gibt Sicherheit. Zu beachten ist besonders die Randabdeckung.

Durch Beschweren der Folien mit Reifen u. ä. werden Pumpbewegungen der im Wind flatternder Folie vermieden und dadurch Lufteintritt und größere Randverluste reduziert.

Des weiteren ist ein eventuell notwendiger Regenwasserablauf sicher zu stellen.

Siliermittel sichern den Gärverlauf besonders bei weniger gut silierbaren Pflanzen ab und erhöhen damit die Futterqualität. Teilweise unterdrücken sie direkt oder indirekt lästige Nachgärungen. Die Zugabe von Milchsäure-Bakterienkulturen in den laufenden Siliergutstrom hat sich als besonders vorteilhaft erwiesen, da der pH-Wert schnell abgesenkt wird und so die Verluste im Silo minimiert werden.

Silieren von Ganzpflanzen – Die Bedeutung der Ganzpflanzen-Silage (GPS) aus Getreide hat in Grenzlagen des Maisanbaus eine Bedeutung. Allerdings schwanken die Nährstofferträge stark (30 – 70 GJ/ha).

Tabelle 65: Übersicht über Siliermittel

Wirkungsrichtung	Stoffgruppe	Anwendungsbereich
Verbesserung des Gärverlaufs bei Anwelksilage Nasssilage oder schwer vergärbarem Futter	Silage von 20 – 30 % T zuckerhaltige Mittel und Impfkulturen Säuren bzw. deren Salze	Anwelksilage von 30 – 50 % T
Verminderung des Lufteinflusses	organische Säuren, insbesondere Propionsäure; spezielle Salze	Anwelksilagen über 30 % T, Silomais, Körnermais
Verringerung von Gärsaft	Trockenschnitzel, Pressschnitzel	Silagen unter 28 % T
Futteraufwertung	Trockenfuttermittel, Harnstoff, Melasse	Nass- und Anwelksilagen bis 35 % T, Futter aus späten Schnitten, Silomais

Winterweizen und Wintergerste eigenen sich besonders gut. Der Kornanteil sollte aber nicht über 50 % liegen. Durch die schnelle Abreife ist der optimale Schnittzeitpunkt relativ eng bemessen. Die Siliergrundsätze gelten wie bei Gras- oder Maissilage.
Aufgrund der Pflanzenzusammensetzung muss besonders auf die Verdichtung des Siliergutes größter Wert gelegt werden.

Corn-Cob-Mix (CCM) und Feuchtgetreide – Getreide lässt sich bei Wassergehalten um 14 % leicht und fast verlustfrei lagern. Die gestiegenen Energiepreise bei einer eventuell notwendigen Trocknung lassen aber andere Konservierungsverfahren wirtschaftlich sinnvoll erscheinen.

Körnerkühlung: Die Temperatur im Getreidelager wird mit Hilfe von Kühlaggregaten auf ca. 8–10 °C abgesenkt. Dadurch ist den meisten schädigenden Mikroorganismen die Lebensgrundlage entzogen.
Die Temperatur muss ständig überprüft werden, da aufgrund des Wassergehaltes bei steigenden Temperaturen die Zersetzung durch Mikroorganismen wieder beginnt. Oftmals werden Kühlanlagen zur Lagerkapazitätserweiterung eingesetzt.

Gasdichte Lagerung im Hochsilo: Ungeschrotetes Getreide lässt sich sehr gut in gasdichten Hochsilos aus Kunststoff oder Metall konservieren. Die Mikroorganismen verbrauchen den Restsauerstoff im Futterstock relativ schnell. Im CO_2-Milieu können sich nun keine schädigenden Mikroorganismen entwickeln. Ab ca. 20 % Kornfeuchte unterstützen Milch- und Essigsäure-Bakterien die Konservierung.
Bei der Entnahme darf kein Sauerstoff eindringen, sonst entstehen Nachgärungen.

Gasdichte Lagerung im Flachsilo: Geschrotetes Feuchtgetreide mit mehr als 16 % Wasser, Körnermais bis 45 % Wassergehalt, CCM und Lieschkolbenschrot-Silage (LKS) lassen sich sehr gut in gasdichten Flachsilos lagern. Auf eine gasdichte Abdeckung ist besonders zu achten (teilweise doppelte Wand- und Deckenfolien) Das Siliergut wird durch Milchsäuregärung haltbar gemacht.

Chemische Konservierung: Durch die Zugabe von *granuliertem Harnstoff* (2–3 % der Siliergutmenge) bildet sich unter starkem Temperaturanstieg (ca. 70 °C) Ammoniak. Der pH-Wert steigt bis pH 8–9. Damit ist das Getreide konserviert. Eine Abdeckfolie verhindert Ammoniakverluste. Die Folie muss später wegen Schwitzwasserbildung wieder entfernt werden.
Die Konservierung durch *Propionsäure* erfolgt durch pH-Wert-Absenkung. Dabei sind die Anwendungsvorschriften (Dosierung und Gefahren) besonders zu beachten. Durch den niedrigen pH-Wert besteht erhöhte Korrosionsgefahr.

Gärfutterbehälter – Es finden sich sehr verschiedene **Silobauformen.** Gärfutterbehälter, (Silo = spanisch Behälter) gibt es in verschiedenen Bauformen. Neben den *festen Behältern* – Hochsilo, Flachsilo (oft auch unter dem Begriff Fahrsilo) – finden sich auch *nicht standortgebundene* Siloformen. (Folienschlauch, Pressballensilage) oder Bauformen mit variablen Seitenwänden, auch Behelfssilo genannt. Letztere werden oft für Restmengen oder Übermengen herangezogen. **Gewickelte Rund-** und **Quaderballen** können sehr gut gehandelt werden.

Abb. 621 Maiskörner-Silage (links) und Corn-Cob-Mix (rechts).

Abb. 622 Lieschkolbenschrot-Silage (LKS).

Abb. 623 Silageentnahme **(Beispiele)**.

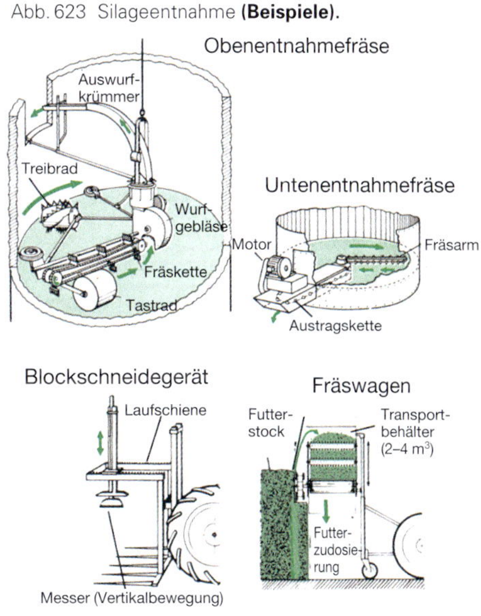

Gärfutterbehälter	Vorteile	Nachteile
Hochsilo 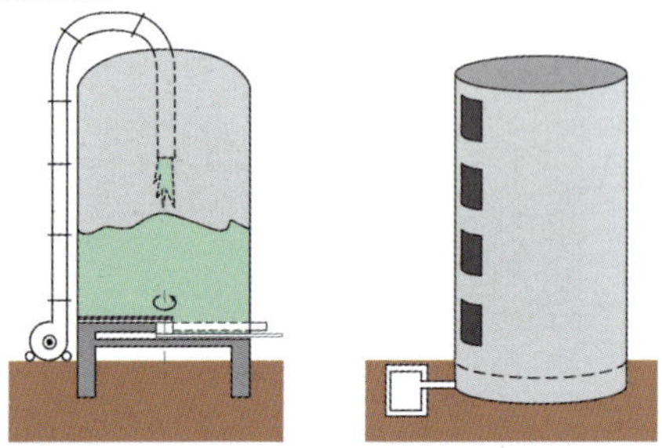 geschlossenes Hochsilo offenes Hochsilo	hoher Eigendruck sichert optimalen Gärverlauf; kleine Abdeckflächen	größerer Kapitalaufwand beim Bau; Befüllung und Entnahme erfordern höheren technischen und finanziellen Aufwand (Gebläse, Greifer, Entnahmefräsen)
Flachsilo mit und ohne Rampe 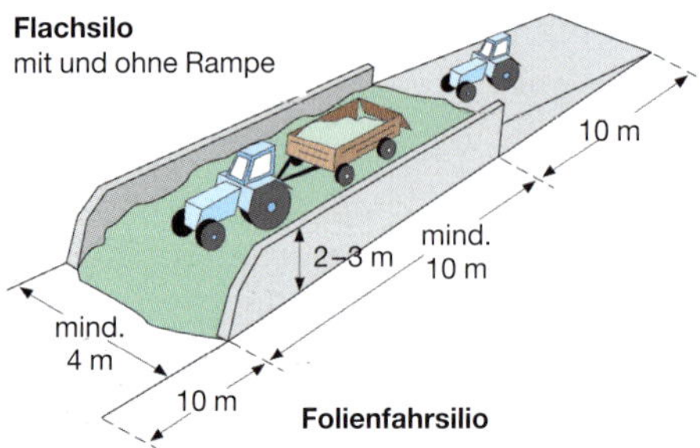	Befüllen und Entnehmen einfach, geringer Kapitalaufwand, hohe Einlagerungsleistung	großer Platzbedarf, große Abdeckfläche, beim Befüllen zusätzlicher AK-Bedarf zum Verteilen und Festwalzen nötig, hoher Zugkraftbedarf für Transport und Einlagerung, erhöhte Randverluste
Folienflachsilo 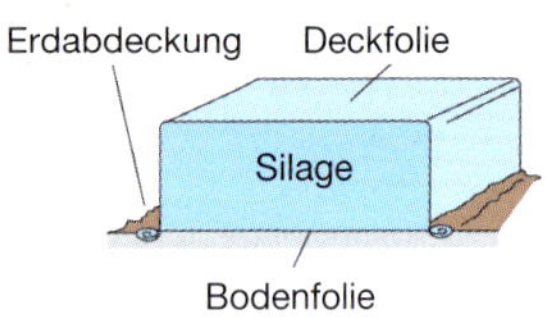	kein Bauaufwand, Ergänzung schon vorhandenen Siloraums, Bedarf an Lagerfläche	größeres Gärrisiko, höhere Kosten für Silierverfahren (Folien), erhöhte Randverluste
Pressballensilo 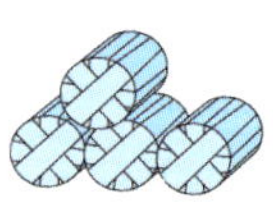	geringe Investitionskosten, handelbares Gut, voll mechanisierbar meist mit vorhandener Technik, besonders geeignet für Rest- und Übermengen	hohe Verfahrenskosten, große Abfallmengen (Silofolie)

Abb. 624 Formen von Gärfutterbehältern.

Wichtig ist bei allen Silobauformen, dass eine einwandfreie Milchsäuregärung gewährleistet ist. Beim betrieblichen Einsatz sollten arbeitswirtschaftliche, ökonomische und umweltbelastende Aspekte mit in die Überlegung einbezogen werden.

Bei der **Vorbereitung der Silobehälter** müssen zuerst alle Futterreste entfernt werden. Lose Schutzanstriche sind abzulösen und neue Anstriche anzubringen. Der Standplatz für Behelfssilos sollte überlegt gewählt werden (z.B. Stallnähe, Neigung, Sickersaftablauf, Überschwemmungsgefahr). Siloabwässer riechen sehr unangenehm und sind in Gewässern als giftig einzustufen.

Als sehr langlebig, frost- und säurebeständig haben sich Bodenplatten aus einem Bitumen-Gemisch bewährt. Sie tragen zur Befestigung der Anlage bei und ermöglichen eine sorgfältige Futterentnahme. Der Einbau sollte einer Fachfirma übertragen werden.

2.4 Umwelt- und Unfallschutz

Gärsaft – Gärsaft tritt besonders bei Siliergut unter 30 % T auf. Außerdem kann sich beim Flachsilo Gärsaft durch Regenwasser während der Entnahme bilden. Seine Zusammensetzung aus organischen Säuren und leicht löslichen Nährstoffen macht ihn besonders für Oberflächengewässer gefährlich. Beim Abbau der Nährstoffe wird vorhandener Sauerstoff im Wasser gebunden. Zudem bewirkt die saure Reaktion eine rasante Absenkung des pH-Wertes. Ein Fischsterben ist die Folge, das Gewässer kann umkippen. Im Grundwasser erhöht sich der Nitratgehalt.
Besonders unangenehm ist der stechende, faulige Geruch.
Der Landwirt muss durch bauliche Anlagen eine Eintragung von Gärsaft in Gewässer und Grundwasser sicher verhindern (Verursacher-Prinzip). Gärsaft kann als organischer Dünger breitwürfig auf Felder ausgebracht werden.

Unfallschutz – Durch die Gärung bildet sich *farbloses, geruchloses CO_2-Gas,* das schwerer ist als Luft. Beim Betreten des Silos besteht deshalb **Erstickungsgefahr.** Beachten Sie diesbezüglich alle Anforderungen der Berufsgenossenschaft.
Gleiches gilt für Fallstellen, Geländer, Aufstiege und Luken. Zu bedenken ist, dass oft auch betriebsfremde Personen solche baulichen Anlagen betreten. Bei der Anwendung von lösungsmittelhaltigen Anstrichen ist für eine andauernde Belüftung zu sorgen.
Sehr viele Unfälle ereignen sich bei der Einlagerung des Siliergutes. Deshalb ist besonders auch auf die Kippgefahr der Transportfahrzeuge und des Walztraktors zu achten. Personen dürfen sich im Gefahrenbereich nicht aufhalten.
Ebenso gefährlich einzustufen ist die Entnahmearbeit. Auch hier besteht beim Einsteigen in einen Hochsilo größte Erstickungsgefahr. Daneben bilden bei den Entnahmemaschinen die umlaufenden Ketten, die hydraulisch angetriebenen Messer und die schnell umlaufenden Fräswerkzeuge ein hohes Gefahrenpotential. Heraus geschleuderte Steine, die durch unsachgemäße Einstellung der Futteraufnahmeorgane beim Beladen der Erntewägen mit in den Silo gebracht wurden, verursachen Sachschäden und können die arbeitenden Personen schwer verletzen.
Es ist dafür zu sorgen, dass sich Kinder und Nichtbeschäftigte keinesfalls im Gefahrenbereich der Siloanlage aufhalten.

Abb. 625 Vorschriftsmäßige Befestigung eines Geländers an einer Fahrsiloanlage.

Abb. 626 Verstellbare Absturzsicherung bei stehenden Fahrsilowänden.

Tabelle 66: Haltbarkeit von Betonschutzmaßnahmen im Boden- bzw. Wandbereich von Gärfutter-Fahrsilos

Betonschutz aus	**Haltbarkeit (Jahre) bei einem Fahrsilo** ohne Dach		**Haltbarkeit (Jahre) bei einem Fahrsilo** mit Dach	
	Boden	Wand	Boden	Wand
Bitumen	1	1–2	1–2	2
Kunststoffdisperson	1–2	3	2	3–4
Polyurethan (PUR)	3–4	5	5	6
Epoxid	4	5	5	6
Asphaltbeton	20		20	

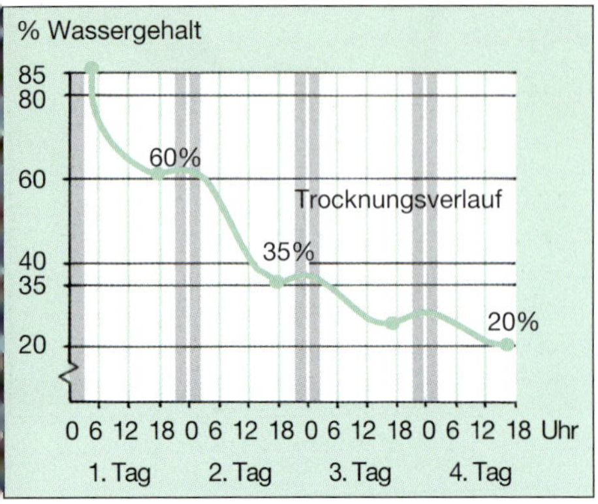

Abb. 627 Selbst bei gutem Erntewetter ist der Trocknungsverlauf nicht gleichmäßig.

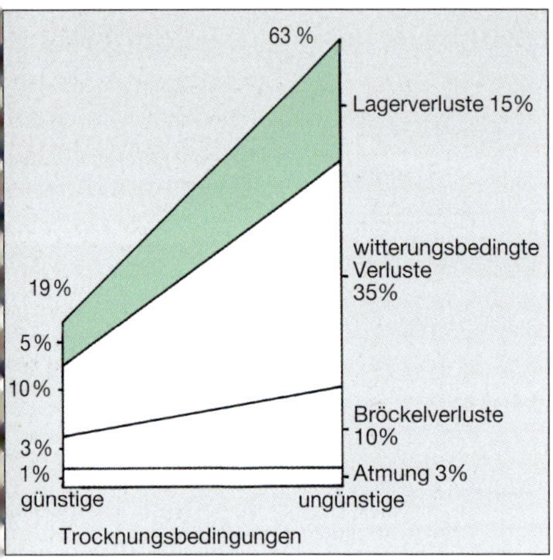

Abb. 628 Nährstoffverlust bei der Heuwerbung (Bodentrocknung).

Abb. 629 Bei konventioneller Bodentrocknung empfiehlt sich das Anlegen von Abendschwaden, um das Heu möglichst trocken zu halten.

3 Heuwerbung

Bedeutung – Heu ist ein hervorragendes Futter für Wiederkäuer. Durch den Gehalt an strukturierter Rohfaser fördert es den Speichelfluss, regt die Wiederkautätigkeit an und fördert die Bakterienaktivität im Pansen. Gerade in Rationen für Hochleistungstiere hat Heu eine pansenstabilisierende Wirkung. Energieleistungen von 5,5 MJ NEL/kg TS sind bei entsprechendem Ausgangsmaterial möglich.

Trocknungsvorgang – Der **Schnittzeitpunkt** richtet sich natürlich auch nach dem Wetter, sollte aber nicht zu spät gewählt werden (Klasse statt Masse).

Bei der Heuwerbung wird dem Futter (Frischmasse enthält ca. 80 % Wasser) auf der Wiese oder unter dem Dach Wasser entzogen. Heu ist lagerfähig, wenn es weniger als 20 % Wasser enthält. Höhere **Wassergehalte** lassen das Futter verderben und es besteht erhebliche Gefahr der **Selbstentzündung.** Geringere Wassergehalte steigern die **Bröckelverluste,** besonders bei den wertvollen Pflanzenteilen. Durch die langen Trocknungsphasen bei der Bodentrocknung ist das Wetterrisiko besonders hoch.

Auch unter günstigen Bedingungen erreicht das Grünfutter erst am 3. Tag nach dem Schnitt den erforderlichen Wassergehalt.

Jede **Unterbrechung der Heuwerbung** erhöht das Risiko und bringt Verluste durch

- ▶ *Atmung* der Pflanzen nach dem Schnitt bis zum Austrocknen,
- ▶ *Abbröckeln* von besonders nährstoffreichen Pflanzenteilen (Blättern),
- ▶ *Regen;* nach längeren Regenperioden wird das Futter im Schwad faulig, die Grasnarbe kann absterben und das Futter kann völlig unbrauchbar sein.
- ▶ *Fermentation* durch Bakterien, Hefen und Schimmelpilze.

3.1 Produktionsverfahren

Bodentrocknung – Dieses kostengünstigste Verfahren birgt gleichzeitig die Gefahr der höchsten Konservierungsverluste. Je schneller der erforderliche Wassergehalt erreicht wird, desto geringer sind die natürlichen Verluste durch Atmung, Fermentation und Abbröckelung.

Das Futter wird gemäht, im Schwad oder breitflächig abgelegt. Nach einer kurzen Abtrocknungsphase zettet man das Grüngut, damit eine breitflächige Wasserabgabe möglich ist. Unter Umständen können *Nachtschwaden* am zweiten Trocknungstag die Wasseraufnahme über Nacht verringern. Jede mechanische Bearbeitung erhöht die Bröckelverluste an wertvollen Pflanzenteilen. Je trockener das Futter, desto schonender muss die Bearbeitung sein.

Die **Trocknungszeit** kann durch *Mähaufbereiter,* die das Futter quetschen, knicken oder die Wachsschicht der Gräser zerstören, stark verkürzt werden. Die Wasserabgabe wird dadurch erleichtert.

Die **Bergung** erfolgt über eine Langgut- oder Ballenkette. Die Ballenkette mit Rundballen oder Großpacken hat sich in vielen Betrieben durchgesetzt (Bergekapazität, Ein- und Auslagerung, Handelsgut).

Unterdachtrocknung – Um das Wetterrisiko noch weiter zu verringern, wird das Heu mit ca. 30–35 % Wasser, meist am zweiten Trocknungstag, eingelagert, bei geringen Wassergehalten mit *Kaltluft* belüftet oder bei höheren Wassergehalten mit *vorgewärmter Luft* getrocknet.

Schütthöhe und Ventilatorleistung müssen der Trockengutmenge angepasst sein.

Eine *Vorerwärmung* der Trocknungsluft steigert nach den physikalischen Gegebenheiten das Wasseraufnahmevermögen der Luft enorm. Die vollständige, durchgehende Trocknung ist auf jeden Fall sicherzustellen und fortwährend zu überwachen.

Heißlufttrocknung – Bei der Heißlufttrocknung wird dem Grünfutter in stationären Anlagen sehr schnell durch erhitzte Luft Wasser bis auf ca. 15 % Wassergehalt entzogen. Dadurch entstehen nur geringe Nährstoffverluste und der Karotin-Gehalt der Futters bleibt weitgehend erhalten.

Durch Pressung zu Pellets (Cobs) erhält man ein konzentriertes Futter als handelbares Schüttgut. Über die Qualität entscheiden die Pflanzenzusammensetzung und vor allem der Schnittzeitpunkt. Mit Heißlufttrocknung lassen sich auch sehr gut Restflächen und Restschnitte konservieren. Nachteilig ist allein der hohe Energieeinsatz.

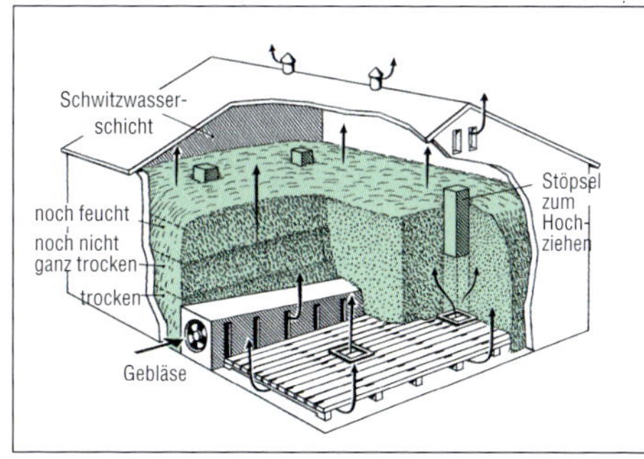

Abb. 630 Unterdachtrocknung von Heu (Schema).

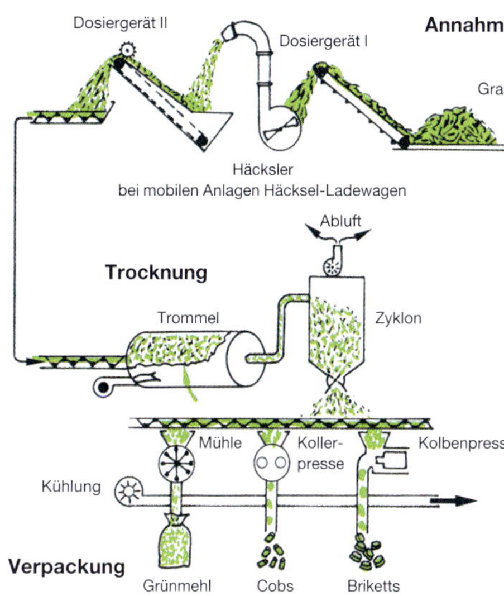

Abb. 631 Heißluft-Trocknungsanlage (Schema).

3.2 Heubeurteilung

Die Beschaffenheit von Heu steht in der Milchviehfütterung in unmittelbarem Zusammenhang mit der Milchleistung sowie mit dem Fett- und Eiweißgehalt der Milch. Bei Pferden besteht ein unmittelbarer Zusammenhang mit der Tiergesundheit.

Bakterien, Schimmelpilze, Hefen und tierische Schädlinge beeinflussen die Qualität, die deshalb maßgeblich vom Schnittzeitpunkt, von der Feuchtigkeit und von Nässeperioden bei der Ernte, von der Erntetechnik, vom Konservierungsverfahren und von der -dauer sowie der Hygiene allgemein bestimmt wird.

Die *Sinnenprüfung* des Heus mit Hilfe des **DLG-Schlüssels** beurteilt wie bei Silage die Qualität. Daraus lässt sich mit Hilfe von **Futterwerttabellen** der *Futterwert* abschätzen. Exakte Werte liefern natürlich nur Futterwertbestimmungen im Labor.

Aufgaben:

1. Eine Grünlandfläche mit 9,76 ha wird neben Weidenutzung auch gemäht. Die Ernte wird zu 2/3 siliert (Anwelksilage) und zu 1/3 geheut (Unterdachtrocknung). Die Vorwelksilage hat 35 % T und das Heu 86 % T. Insgesamt werden 75 dt T/ha geerntet.
   a) Wie viele dt Silage und wie viele dt Heu wurden geerntet?

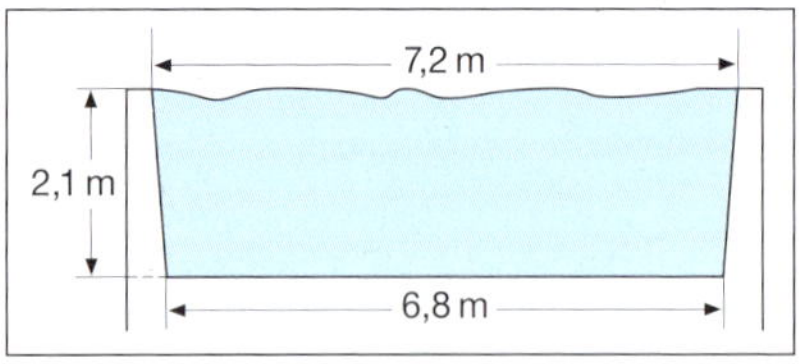

Abb. 632

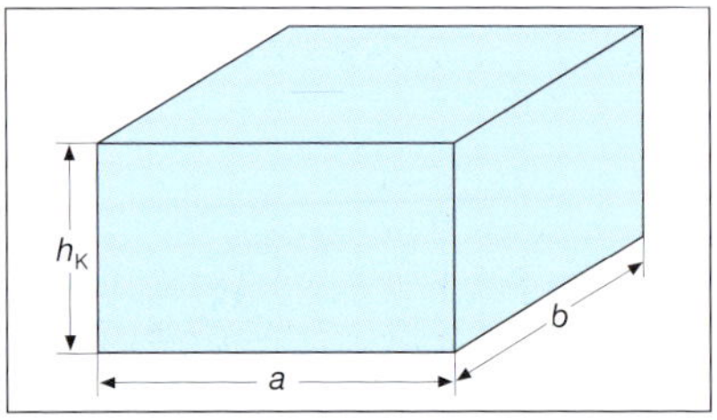

Abb. 633

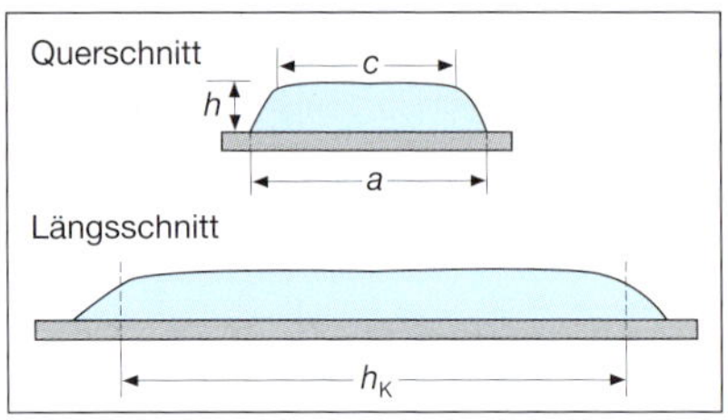

Abb. 634

b) Wie viel Bergeraum für die Silage einschließlich Befüllungszuschlag von 10% sind zu rechnen, wenn die Lagerdichte im Flachsilo 6,5 dt/m³ beträgt?

c) Die Trockenmasse des Futters enthält 6,2 MJ NEL/kg und 18% Rohprotein. Wie viel sind in 1 kg Silage enthalten?

2. Wie viel m³ Maissilage lagern in dem Silo, dessen Querschnitt in Abb. 632 dargestellt ist und dessen Länge 20 m beträgt?

3. Die Lagerdichte des in Abb. 633 gezeigten Heustapels mit $a = 7{,}5$ m, $b = 13$ m und $h_K = 4{,}5$ m betrage 0,9 dt/m³. Wie viele dt Heu lagern in dem Stapel?

4. Berechnen Sie das Volumen der gelagerten Maissilage in m³ (Abb. 634) mit $a = 8$ m, $c = 6$ m, $h = 2{,}1$ m und $h_K = 23$ m.

5. Welche Vorteile bietet die Gärfutterbereitung gegenüber der Futterkonservierung durch Trocknung?

6. Wie lässt sich die Vermehrung und Tätigkeit der Milchsäure-Bakterien und damit der Gärvorgang fördern?

7. Warum darf Silosickersaft weder ins Grundwasser noch in oberirdische Gewässer dringen?

8. Welche Rolle spielt der Schnittzeitpunkt bei der Heuwerbung?

9. Wie lassen sich Nährstoffverluste bei der Heuwerbung vermindern?

10. Welche Folgen hat das Einbringen von zu nassem Heu?

4 Agrartechnik

Neben den pflanzenbaulichen Maßnahmen und dem optimalen Erntezeitpunkt ist zur Gewinnung von hochwertigem Grundfutter der fachgerechte Einsatz der Maschinen zum Mähen, Aufbereiten, Werben, Bergen und Einlagern Voraussetzung.

Abb. 635 Hohe Mähleistungen sind zur Futterernte notwendig.

4.1 Mähtechnik

4.1.1 Mähwerke

Mit dem **Mähwerk** soll ein exakter Schnitt erfolgen. Dabei soll die Grasnarbe geschont werden, die Futterverschmutzung gering sein und das Mähen möglichst störungsfrei ablaufen. Die Mähwerke müssen auch mit dichten Pflanzenbeständen und unebenen Bodenoberflächen gut zurecht kommen.
Aufgrund ihrer Arbeitsweise werden Mähwerke in verschiedene Bauarten, wie in Tabelle 67 dargestellt, eingeteilt.
Balkenmähwerke arbeiten nach dem *»Scherenschnitt-Prinzip«*. Sie werden als Seiten-, Heck-, oder Frontmähwerke verwendet. Je nach Bauweise wird zwischen Fingerbalken-Mähwerk und Doppelmesser-Mähwerk unterschieden.

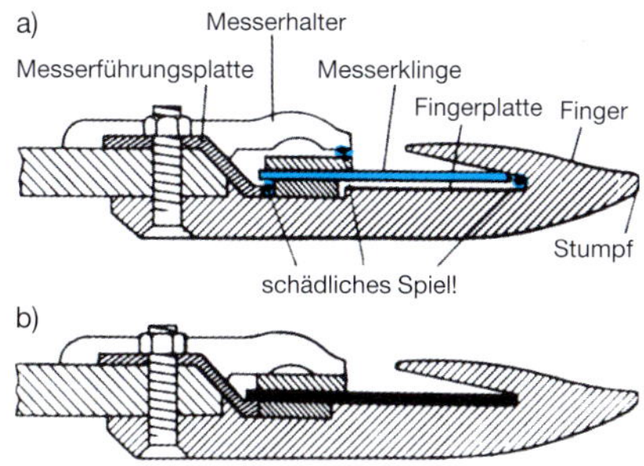

Abb. 636 Parallelführung mit
a) zu großem Spiel
b) guter Einstellung

Tabelle 67: Mähsysteme

Aussehen	Mähsystem, Funktion	Vorteile	Nachteile
 Abb. 637	**Fingerschneidwerk** hin- und hergleitendes (oszillierendes) Messer schneidet mit Hilfe der Gegenschneide am Finger das Mähgut ab	technisch einfach, gute Übersicht bei Seitenanbau, geringer Kraftbedarf	Verstopfungsgefahr, geringere Flächenleistung
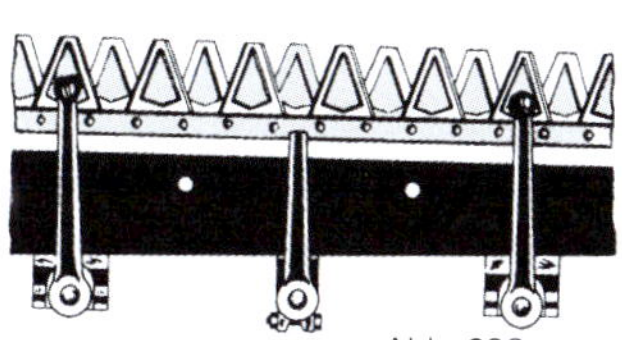 Abb. 638	**Doppelmesser-Schneidwerk** fingerloser Mähbalken; 2 aufeinander liegende, gegenläufig oszillierende Messer schneiden das Mähgut ab	geringe Verstopfungsgefahr, höhere Flächenleistung, hohe Mähleistung, gute Übersicht bei Seitenanbau, kein Nachstellen der Messerführung, geringer Kraftbedarf	höherer Pflegeaufwand
 Abb. 639	**Kreiselmähwerk** horizontal rotierende Klingen ohne Gegenschneide schlagen das Mähgut im freien Schnitt ab	keine Verstopfungsgefahr, hohe Flächenleistung, kein Messerschleifen	hoher Kraftbedarf, Futterverschmutzung und -verluste möglich, höhere Unfallgefahr
 Abb. 640	**Schlägelmähwerk** vertikal rotierende Schlagwerkzeuge schlagen das Mähgut ab und werfen es gleichzeitig zum Weitertransport nach oben	schnelleres Trocknen durch geknickte Halme	hoher Kraftbedarf, Futterverschmutzung möglich, ungleiche Stoppellänge, Futterstruktur wird geschädigt

Abb. 641 Nachstellen einer Auflaufführung am Mähbalken.

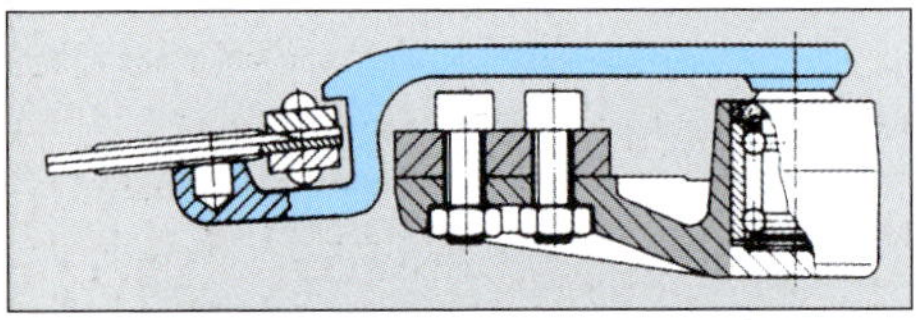

Abb. 642 Führung des Untermessers (siehe auch Abb. 638).

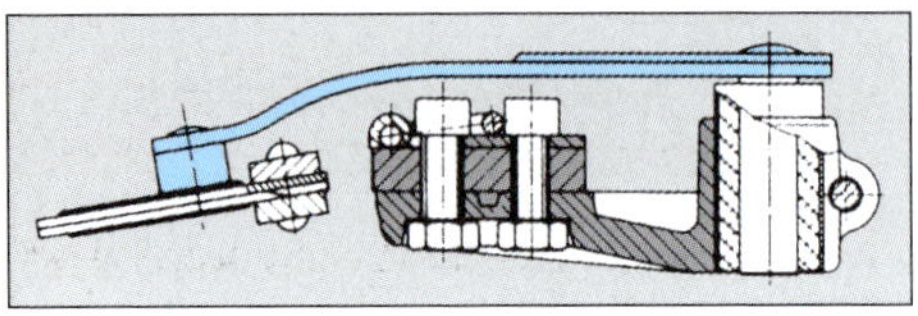

Abb. 643 Führung des Obermessers (siehe auch Abb. 638).

Abb. 644 Hydraulischer Antrieb eines Doppelmesser-Mähwerks.

Abb. 645 Mähwerke sollen eine gute Bodenanpassung haben.

Fingerbalken-Mähwerk – Es besteht aus den Bauteilen

- Fingerbalken,
- Kurbelantrieb,
- Anbaurahmen.

Am **Fingerbalken** aus Federstahl sind die Mähfinger mit den Messerführungen, sowie der Innen- und Außenschuh befestigt. Das Mähmesser gleitet in den Führungen über die Finger. Ein einwandfreier Schnitt ist nur dann möglich, wenn die Klingen und die Gegenschneiden auf den Fingern scharf sind und die Messerführungen genau eingestellt sind.

Der Antrieb des Mähmessers ist mechanisch oder hydraulisch über einen **Kurbeltrieb** möglich. Die Einstellung der Schnitthöhe geschieht durch Verstellen der Gleitkufen an Innen- und Außenschuh sowie durch die Neigung des Mähbalkens.

Doppelmesser-Mähwerk – Es arbeitet mit 2 gegenläufigen Mähmessern, deren Antrieb mechanisch oder hydraulisch möglich ist. Am Messerbalken sind die Führungen für das Ober- und Untermesser und die Innen- und Außenschuhe befestigt. Das *Untermesser* wird mit Hebeln, die fest am Balken montiert sind, geführt. Die Führungshebel des *Obermessers* sind federbelastet und drücken dieses mit etwa 120 N auf das Untermesser.

Zum Ausbau der Messer lassen sich die Obermesser-Führungshebel nach oben abheben. Die Messerklingen der Ober- und Untermesser sind rechtzeitig zu schleifen. Dabei ist der Schleifwinkel mit 40° genau einzuhalten und die Schneiden müssen geradlinig sein.

Kreiselmähwerke – Die **Messerklingen** trennen das Mähgut ohne Gegenschneide im freien Schnitt ab. Die Umfangsgeschwindigkeit der Mähklingen beträgt 60–80 m/s.

Kreiselmähwerke können als Front-, Heckmähwerk oder in Schmetterlingsbauweise eingesetzt werden. Gezogene Kreiselmähwerke mit eigenem Fahrwerk kommen hauptsächlich für Arbeitsbreiten über 3 m in Frage. Mähwerke mit Arbeitsbreiten bis zu 9 m sind an Traktoren angebaut. Bei der kompakten Bauweise werden drei Mähwerke gekoppelt, in der Heckhydraulik angehängt und mit der Rückfahreinrichtung gefahren.

Bei den Kreiselmähwerken ist zu unterscheiden zwischen

- Trommelmähwerk,
- Scheibenmähwerk.

Trommelmähwerke haben 2–4 senkrecht angeordnete, rotierende Trommeln. Der **Antrieb** der Trommeln erfolgt von oben über ein Winkelgetriebe. Über die Drehzahl und den Durchmesser der Trommeln wird die entsprechende Messergeschwindigkeit erreicht. Frei drehende Gleitteller führen das Mähwerk am Boden. Die Mähtrommeln übernehmen gleichzeitig die Bildung des Mähschwades.

Wegen des hohen Eigengewichtes ist das Mähwerk zur besseren **Bodenanpassung** zu entlasten. Die *Gewichtsentlastung* ist durch Entlastungsfedern oder auch hydraulisch möglich. Die Anpassung des Mähwerkes an Bodenunebenheiten ist durch den eingebauten *Pendelausgleich* möglich.

Im Heck angebaute Mähwerke sind mit einer *Anfahrschutzsicherung* ausgestattet. Das Abscheren einer Schraube oder das Lösen eines federbelasteten Riegels ermöglicht bei größerem Widerstand das Wegschwenken des Mähwerks nach hinten.

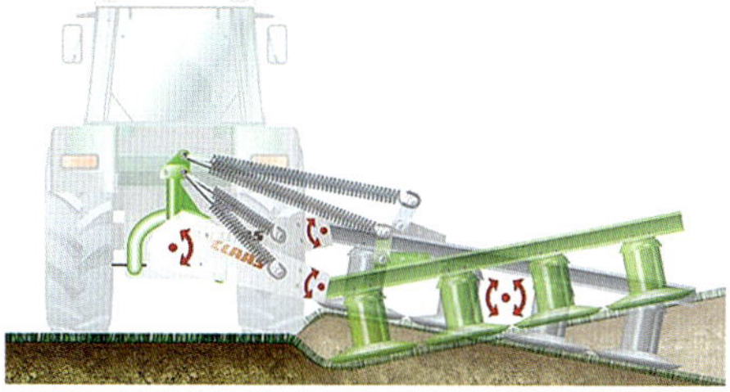

Abb. 646 Die mittige Mähwerkanlenkung ermöglicht eine gute Bodenanpassung.

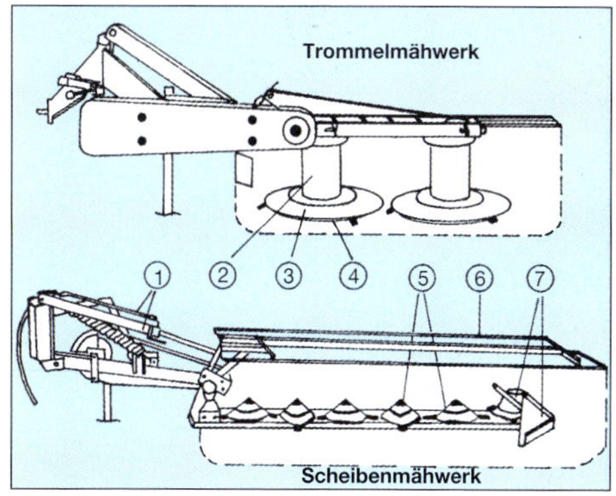

Abb. 647 Bauteile des Kreiselmähwerks:
1 hydraulische Aushebung,
2 Mähtrommel,
3 Mähscheibe (mit Klingen),
4 Gleitteller,
5 Mähscheibe (mit Klingen),
6 Rahmen für Schutzverkleidung,
7 Außenteiler.

Scheibenmähwerke sind je nach Arbeitsbreite mit 4–8 rotierenden Scheiben, die paarweise zusammenlaufen, ausgestattet. An jeder Scheibe sind 2 Messerklingen angebracht. Der Antrieb der Scheiben erfolgt durch ein Getriebe, das sich unter den Scheiben befindet. Gleitkufen stützten das Mähwerk auf dem Boden ab. Beim Mähen entstehen mehrere flache Schwaden, die mittels Schwadformer zusammengeführt werden können.

Einsatz und Pflege – Der Wartungsaufwand ist für Kreiselmähwerke im Vergleich zu den Balkenmähwerken geringer. In regelmäßigen Zeitabständen sind alle Lager zu schmieren.

Beim Wechseln der Klingen ist darauf zu achten, dass

- nur Originalklingen gleicher Größen zur Anwendung kommen;
- alle Klingen einer Trommel bzw. Scheibe gleichzeitig zu wechseln sind. Vorsicht, sonst können Unwuchten auftreten;
- nach dem Einbau die Mähklingen einwandfrei sitzen, die Klingen frei pendeln können.

Schlägelmäher – Die Messer der **Schlägelmäher** arbeiten *vertikal* auf einer Achse mit einer Umfangsgeschwindigkeit von 25–30 m/s und schlagen die Pflanzen ab. Durch die Mähschlägel wird das Mähgut nach oben gefördert und über die Abdeckhaube nach hinten ausgeblasen.

Bei diesem Vorgang kommt es zu einer erheblichen Zerkleinerung des Gutes. Deshalb kommen Schlägelmäher hauptsächlich für Mulcharbeiten, weniger zur Futtergewinnung zum Einsatz. Zum Mulchen in unterschiedlichen Beständen und Verhältnissen ist die Verwendung verschiedener Mulchmesser möglich. Mit der Rotordrehzahl und der Fahrgeschwindigkeit ist die Intensität der Pflanzenzerkleinerung zu verändern.

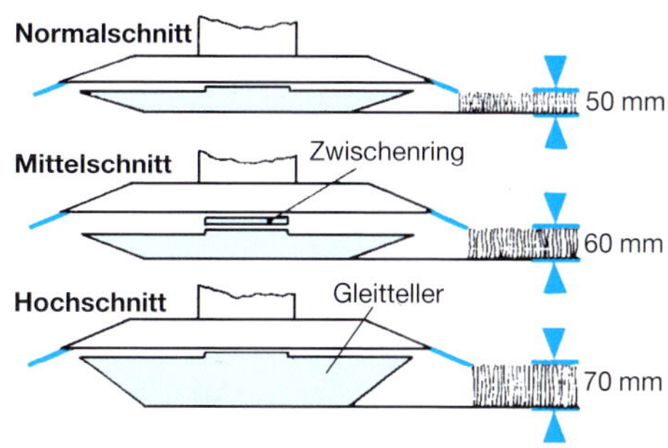

Abb. 648 Verstellen der Schnitthöhe durch Zwischenringe bzw. verschiedene Gleitteller.

!

Die hohe Umlaufgeschwindigkeit der Mähwerkzeuge bringt eine größere Unfallgefahr durch Wegschleudern von mitgerissenen Steinen mit sich. Aus diesem Grund sind die **Schutztücher** am Mähwerk ordnungsgemäß anzubringen. Bei den Mäharbeiten ist darauf zu achten, dass sich keine Personen im näheren Arbeitsbereich aufhalten.

Um Unfälle mit Wild zu vermeiden, wird ein **Wildretter** empfohlen.

Bei Arbeiten an einem Mähwerk ist stets der **Antrieb auszuschalten** und das vollständige Auslaufen der Mähtrommeln abzuwarten. Die Klingenhalter sind regelmäßig auf Verschleiß zu prüfen.

Abb. 649 Wechsel der Messerklinge am Trommelmähwerk (Schnellverschluss).

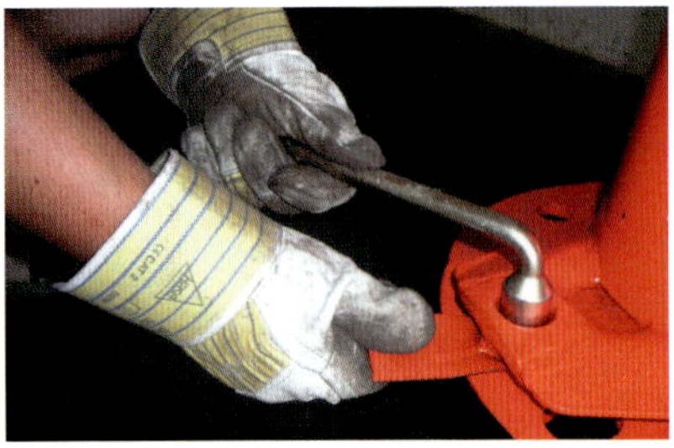

Abb. 650 Befestigung der Messerklinge an der Mähscheibe mittels einer Schraube.

Abb. 651 Scheibenmähwerk mit Trommelaufbereiter.

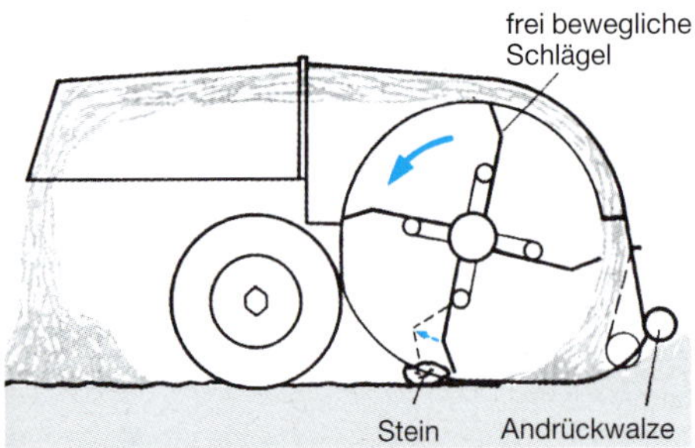

Abb. 652 Arbeitsweise des Schlägelmähers.

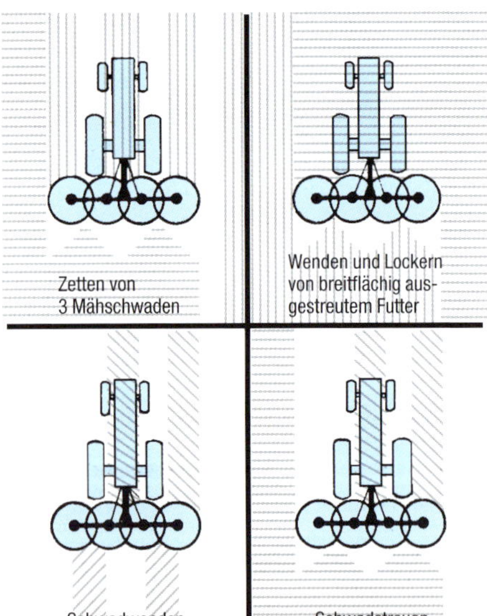

Abb. 653 Kreiselzettwender (Arbeitsstellungen, Schema).

Abb. 654 Mitte: Das Grüngut muss sauber vom Boden aufgenommen und schleierförmig verteilt werden.

4.1.2 Geräte zur Futteraufbereitung

Mähaufbereiter – Um den Trocknungsprozess der Pflanzen zu beschleunigen und damit die Trocknungszeit zu verkürzen, kommen in Verbindung mit dem Mähwerk **Aufbereiter** zum Einsatz. Sie sind im Mähwerk integriert und nehmen das Mähgut direkt von den Mähtrommeln oder -scheiben ab. Es gelangt dann ohne Bodenberührung in den Aufbereiter.

Bei den **Trommelaufbereitern** (Knickzetter) ist die Intensität der Aufbereitung einstellbar durch

- ▶ Verändern der Rotordrehzahl
- ▶ Verändern des Abstandes zwischen dem Rotor und der Prallleiste bzw. dem Prallkamm,
- ▶ Verwendung verschiedener Werkzeuge am Rotor.

An **Walzenaufbereitern** (Quetschzetter) ist die Aufbereitungsintensität zu verändern durch

- ▶ die Größe des Anpressdruckes der beiden Walzen zueinander.

Ebenso wird die Aufbereitungswirkung durch die Fahrgeschwindigkeit und der Menge des zugeführten Gutes bestimmt.

Um Bröckelverluste und Futterverschmutzung gering zu halten, ist der Mähaufbereiter in seiner Wirkung den Verhältnissen entsprechend einzustellen.

Bei Mähkombinationen bzw. Selbstfahrmähern mit Arbeitsbreiten bis ca. 10 m stehen meist auch Schwadzusammenführungen zur Verfügung. Dabei handelt es sich um Förderbänder oder Gummischnecken, die das Mähgut ohne Bodenberührung vom Aufbereiter übernehmen. Das Mähgut wird bereits vom Mähgerät zu einem Ladeschwad zusammengeführt.

Der Vorteil dieser Technik liegt darin, dass das Futter bis zum Ladeschwad den Boden nicht berührt und damit die Futterverschmutzung minimiert wird.

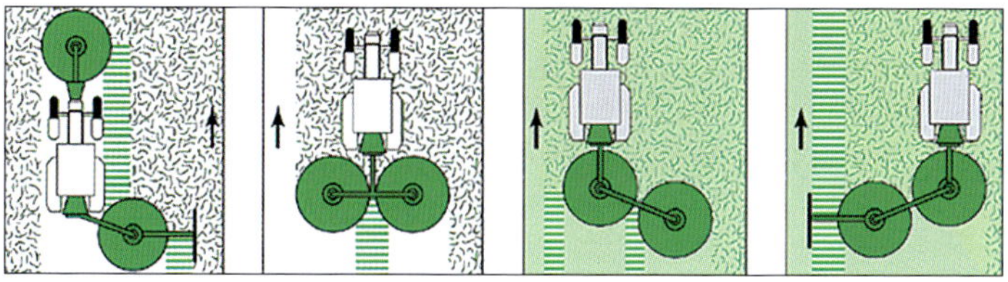

Abb. 655 Mitte: Verschiedene Kreiselschwader
Von links: – Front- und Heckseitenschwader
– Mittelschwader
– Seitenschwader für Doppelreihen
– Seitenschwader

4.2 Maschinen zur Futterwerbung

Bei der Werbung des Grundfutters ist ein gleichmäßiges und schnelles Abtrocknen bei möglichst geringen Verlusten und geringer Futterverschmutzung anzustreben. Dies ist mit dem entsprechenden Maschineneinsatz möglich, wenn die Einstellungen dem Zustand des Futters angepasst und schonend gearbeitet wird.
Hauptsächlich kommen für die Futterwerbung *Spezialmaschinen*, vereinzelt *Universalmaschinen* zum Einsatz.

Spezialmaschine zum Zetten, Wenden, Schwadstreuen – Der **Kreiselzettwender** wird ausschließlich für diese Arbeitsgänge eingesetzt. Die *Arbeitsbreiten* liegen zwischen 4 und 24 m, wobei mit 4–20 Kreiseln gearbeitet wird.
Um eine gute Zettwirkung des Mähschwades zu erreichen, ist der Kreiseldurchmesser entsprechend der Arbeitsbreite des Mähwerkes auszuwählen. Zu große Kreiseldurchmesser ergeben kein gleichmäßiges Streubild. Jeweils 1 Mähschwad soll von 2 Kreiselelementen bearbeitet und es soll nicht mit den Traktorrädern auf dem Mähschwad gefahren werden.
Jeder Kreisel wird durch ein Bodenrad abgestützt. Die gelenkige Anordnung eines jeden einzelnen Kreisels sorgt für eine gute Bodenanpassung, selbst bei unebener Oberfläche. Dadurch werden Futterverschmutzungen und Grasnarbenbeschädigungen vermieden.
Die Zinkenarme der Kreisel greifen mit den Zinken ineinander und erreichen dadurch ein gleichmäßiges Streubild. Mit der Grenzstreueinrichtung kann von Zäunen, Gräben oder Wegen weggearbeitet werden. Mit der Einstellung der Kreiseldrehzahl, des Zinkenwinkel und Streuwinkel sind die Kreiselzettwender den unterschiedlichsten Futterbeständen anzupassen.
Vorteilhaft ist eine *Zinkenverlustsicherung.*
Die Kreiselzettwender können als Anbaugeräte oder als Anhängegeräte ausgeführt sein. Angebaute Maschinen haben für die Kurvenfahrt einen Drehbock, der sich selbsttätig beim Aushub der Maschine verriegelt. Für den Straßentransport werden die Kreisel nach oben oder nach hinten geklappt. Hier ist besonders auf die Hubkraft der Hydraulik und die maximal zulässige Vorderachsentlastung des Traktors zu achten.

Spezialmaschine zum Schwaden – Die **Kreiselschwader** werden in verschiedenen Ausführungen gebaut:
- Einkreiselschwader mit Seitenschwadablage,
- Doppelkreiselschwader mit Seitenschwadablage,
- Doppelkreiselschwader mit Seitenschwad- oder Zweischwadablage,
- Doppelkreiselschwader mit Mittelschwadablage,

Abb. 656 Grenzstreuen.

Abb. 657 Streuwinkelverstellung.

Abb. 658 Einstellen der Kurvenbahnsteuerung.

Abb. 659 Die Tandemachse sorgt beim Kreiselschwader für besonders gute Bodenanpassung und ruhigen Lauf.

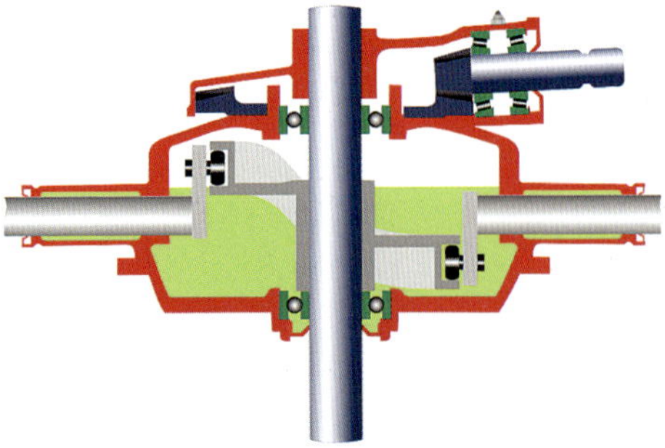

Abb. 660 Winkelgetriebe und Kurvenbahnsteuerung an einem Kreiselschwader.

Abb. 661 Doppelkreiselschwader in Seitenschwadausführung.

Abb. 662 Für den Straßentransport ist eine Beleuchtung und Absicherung der Maschine notwendig.

- Vierkreiselschwader mit Mittelschwadablage.

Die *Arbeitsbreiten* der Kreiselschwader sind von 3,5–15 m. Die Kreisel haben zwischen 6 und 13 Zinkenträger. Daran sind je Träger 3–6 Doppelzinken als Nachlaufzinken befestigt. Über eine zentral in der Mitte angeordnete *Kurvenbahn* wird mithilfe der Zinkenarme die Steuerung der Zinken vorgenommen, um eine optimale Behandlung des Erntegutes zu erreichen.

Die Kurvenbahn ist verstellbar, so dass die Zinken in verschiedenen Positionen zum Boden arbeiten können. Damit ist eine Anpassung an unterschiedliche Futterverhältnisse möglich und es wird ein gleichmäßiger, gut geformter, luftiger Schwad gebildet.

Über das Fahrwerk des Schwaders ist die Arbeitshöhe der Zinken einstellbar. Sie ist so zu wählen, dass bei sauberer Recharbeit eine möglichst geringe Futterverschmutzung verursacht wird. Zur besseren Bodenanpassung und für eine gute Laufruhe der Kreisel sind großvolumige Reifen, ein Tandemfahrwerk oder eine kardanische Kreiselaufhängung von Vorteil. Mit der Einstellung der Schwadtücher ist ein für das nachfolgende Ladegerät geeigneter Schwad zu formen.

Kreiselschwader können

- im Dreipunkt an der Heck- oder Fronthydraulik angebaut,
- an der Ackerschiene angehängt,
- an den Unterlenkern und über ein eigenes Fahrwerk aufgesattelt sein.

Für die Kurvenfahrt und bessere Bodenanpassung haben angebaute Schwader einen Drehbock, der in Arbeitsstellung frei schwenken, in Transportstellung fest verriegeln kann. Um für den Straßentransport eine Breite von unter 3 m zu erreichen, müssen z. T. Zinken entfernt werden oder die Kreisel sind senkrecht zu stellen.

Universalmaschinen zum Zetten, Wenden, Schwaden – Mit dem **Kreiselrechwender** können alle Arbeiten zur Futterwerbung durchgeführt werden.

Für die Arbeitsgänge *Zetten* und *Wenden* sind die Kreiselzinken starr zu stellen. Das Gerät arbeitet dann wie ein Kreiselzettwender. Für den Arbeitsgang *Schwaden* werden die Zinkenträger in eine Kurvenbahn geschwenkt. Dadurch erfolgt eine Steuerung der Zinken wie beim Kreiselschwader und ermöglicht somit eine saubere Schwadbildung.

Wegen der geringen Arbeitsbreiten dieser Maschinen kommen sie nur begrenzt zum Einsatz.

> ! Bei Straßenfahrt sind die Schutz- und Beleuchtungseinrichtungen immer anzubringen.

Abb. 663 Mitte: Mit der kardanischen Aufhängung des Schwaderkreisels ist eine vom Maschinenrahmen unabhängige Bodenanpassung möglich.

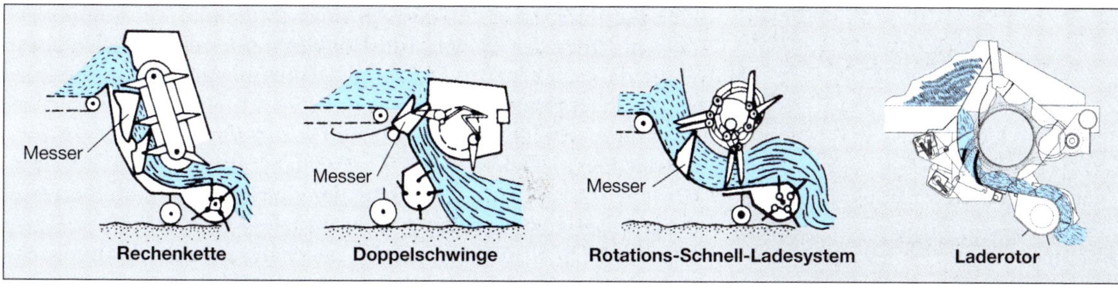

Abb. 664 Förderorgane am Ladewagen.

Bei **Reinigungs-** und **Reparaturarbeiten** an den Heubearbeitungsgeräten ist stets der Traktor abzustellen. Im Dreh- und Wurfbereich der Maschinen besteht höchste Verletzungsgefahr durch schleudernde Bodenbestandteile.

4.3 Bergetechnik

Je nach Konservierungsverfahren, Futterart und innerbetrieblichen Lagerungsmöglichkeiten können verschiedene **Bergetechniken** eingesetzt werden:

- ▶ Gärfutter ist als Schnitt-, Kurz- oder Pressgut
- ▶ Trockenfutter ist als Schnitt- oder Pressgut zu ernten.

Für die Bergung von Schnittgut werden der *Ladewagen,* für Kurzgut der *Feldhäcksler* und für Pressgut unterschiedliche Ausführungen von *Pressen* verwendet. Hohe Bergeleistungen der Maschinen verringern das Wetterrisiko und die Kosten.

4.3.1 Ladewagen

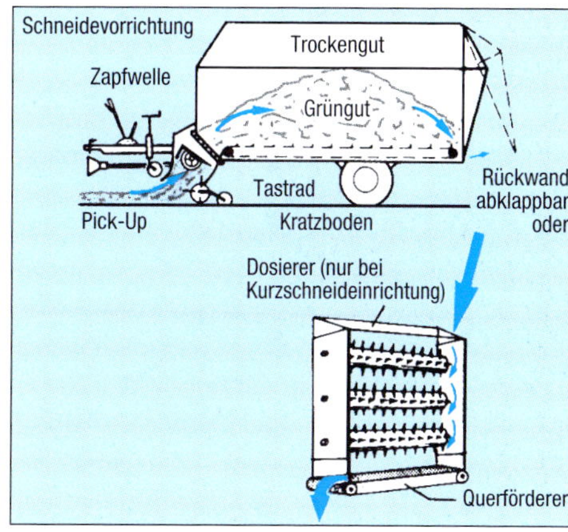

Abb. 665 Bauteile eines Ladewagens (umrüstbar zum Futterverteilen).

Zapfwellengetriebene **Ladewagen** können vielseitig für das tägliche Einbringen des Grünfutters, zum Bergen von Heu und Stroh sowie mit Silierschneidausrüstung auch für die Silagebereitung verwendet werden. Unter der Vorderseite des Einachsanhängers befindet sich die *Aufsammelvorrichtung* (Pick-Up), die das Ladegut aufnimmt und einem *Förderorgan* zuführt. Das Futter wird mehr oder weniger schonend und vorgepresst in den *Laderaum* befördert.

Im Laderaum kann mithilfe eines *Kratzbodens* das Ladegut weiter verdichtet werden. *Eingebaute Messer* im Förderkanal können das Erntegut bei Bedarf zerkleinern. Nach dem Öffnen der *Rückwand* wird der Ladewagen durch den Kratzboden entleert. Bei Ausrüstung mit *Dosierwalzen* entfällt dabei jegliche Handarbeit.

Eine den betrieblichen Erfordernissen angepasste Ausstattung ermöglicht die betriebsspezifischen Einsätze. Man unterscheidet Hoch- oder Tieflader, Silierwagen und Universal-Ladewagen mit jeweils verschiedenen Anhängevorrichtungen und Fahrwerken.

Anhängevorrichtungen – Die *starre Deichsel* muss höhenverstellbar sein.

Mit der *Knickdeichsel* kann eine Bodenfreiheit der Pick-Up bis zu 65 cm erreicht werden.

Abb. 666 Die Pick-Up-Trommel kann gezogen oder geschoben werden.

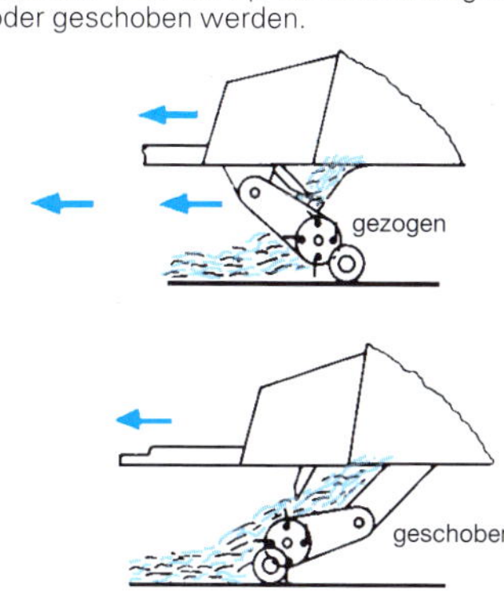

Abb. 667 Mit der Knickdeichsel wird eine große Bodenfreiheit der Pick-Up erreicht.

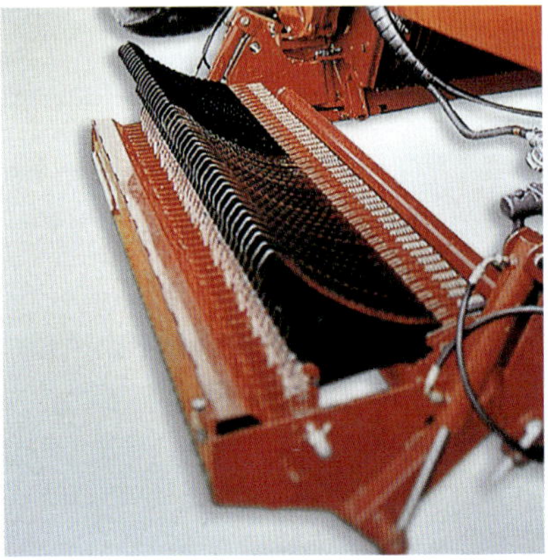

Abb. 668 Das Silierschneidwerk lässt sich hydraulisch ein- und ausschwenken.

Abb. 669 Durch Drehen der Welle lässt sich eine unterschiedliche Messerzahl einschwenken und damit die Schnittlänge verändern.

Pick-Up – Höhenverstellbare *Tasträder* führen die Aufsammelvorrichtung über den Boden. Ein *Prallblech* über der Pick-Up sorgt dafür, dass auch kurzes Erntegut gleichmäßig und zügig zum Förderorgan transportiert wird.

Man unterscheidet *geschobene* und *gezogene Aufsammelvorrichtungen.* Die geschobene Pick-Up ist am häufigsten verbreitet. Ihre Vorteile sind die gute Übersicht, der gleichmäßige Ladefluss und die große Bodenfreiheit.

Die *Pick-Up-Bedienung* erfolgt mechanisch oder hydraulisch. Beim vollständigen Ausheben werden die Förderorgane automatisch abgeschaltet.

Förderorgane – Sie transportieren das Erntegut in den Laderaum.

Der *Rechenkettenförderer* arbeitet mit den an 2 umlaufenden Ketten befestigten 3–6 Förderrechen sehr futterschonend. Die Kombination mit einer Fördertrommel gewährleistet einen kontinuierlichen Ladefluss.

Die *Förderschwinge* kann lenker- oder kurvenbahngesteuert sein. Diese einfache und wenig störanfällige Konstruktion wird heute am häufigsten eingebaut. Sie kann bis zu 6-mal unterteilt sein. Dadurch wird ein gleichmäßiger Ladefluss erreicht. Diese Bauweise heißt auch *Rotations-Ladesystem.*

Der *Laderotor* zeichnet sich durch eine hohe Durchsatzleistung aus und wird überwiegend zum Laden von Silage eingesetzt.

Die Förderorgane haben *Schneidwerke* mit bis zu 40 Messern auf 1–2 Ebenen. Mit diesen Schneidwerken lässt sich eine Schnittlänge von 35–50 mm erreichen. Jedes Messer ist einzeln ausbaubar und durch einen Fremdkörperschutz vor Bruch gesichert.

Treten Verstopfungen im Förderkanal auf, sind die Schneidwerke aus dem Kanal hydraulisch auszuschwenken.

Laderaum – Je nach Größe des Ladewagens sind Ladevolumen von 10–44 m^3 nach DIN möglich. Das Ladevolumen lässt sich für Dürrgut mit einem klappbarem *Dürrgutaufbau* vergrößern. Bei Silierwagen ist die feste Seitenwand in voller Höhe ausgeführt.

Die Geschwindigkeit des *Kratzbodens* ist stufenlos einstellbar. Der Antrieb erfolgt mechanisch mit einem Klinkenantrieb oder hydraulisch durch einen Ölmotor. Vorteilhaft ist ein Kratzbodenantrieb, der auch vorwärts zu schalten ist. Am Ende des Laderaumes eingebaute *Schaltklappen* verhindern das zu starke Pressen des Ladegutes gegen die Rückwand bzw. Dosierwalzen.

Fahrwerk – Ladewagen sind mit *Einachs-* oder *Tandemfahrwerk* ausgestattet. Durch das hohe Ladegewicht ist eine möglichst große *Bereifung* erforderlich. Damit wird der Bodendruck reduziert und das Befahren des Flachsilos ist leichter möglich.

Bei sehr großen Ladewagen wird auch ein Tridem- oder sogar ein Achtrad-Fahrwerte verwendet.

4.3.2 Sammelpressen

Sammelpressen setzt man zur Heu- und Strohbergung sowie zur Silagebereitung ein. Sie nehmen das lose Erntegut auf, pressen und binden es in verschiedenen Formen. Dadurch wird das Gut besser stapelbar, benötigt weniger Lade- und Lagerraum, erleich-

Tabelle 68: Einteilung von Pressen nach der Form der Ballen

Presse / Ballen	Hochdruckballen	Rundballen	Großpacken
Form	rechteckig	rund	rechteckig
Pressdichte in kg/m³	120–180	100–150	130–250
Querschnitt Durchmesser Länge Breite in cm	30–36 × 40–50 40–140	 120–280 120	70–90 × 80–120 100–270
Transport	von Hand möglich	nur mit Ladegerät möglich	

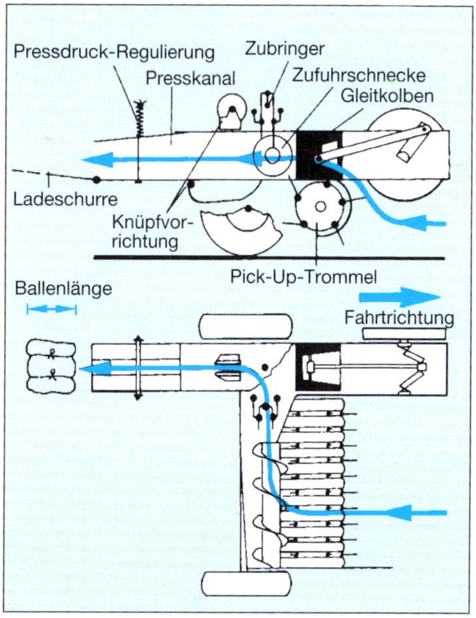

Abb. 670 Arbeitsweise einer Hochdruck-Presse (Schema).

ter das weitere innerbetriebliche »Handling«, und die Erntemenge lässt sich leichter berechnen.

Hochdruck-Pressen – Sie nehmen das Erntegut mit einer *Pick-Up* aus dem Schwaden auf. Kurbelzubringer oder eine Schnecke fördern das Ladegut in den *Presskanal.* Ein *Messer* am *Presskolben* trennt das Gut an der Kanalöffnung ab.

Der Kolben verdichtet es und formt rechteckige Ballen. Die *Pressdichte* ist stufenlos einstellbar. Die im Presskanal angebrachten Schienen drücken 2 Rillen in den Ballen. Dadurch kann die vom *Knüpfapparat* verknotete Schnur nicht abrutschen.

Die *Ballenablage* erfolgt entweder auf dem Boden oder über eine Ladeschurre auf einem angehängten Wagen. Eine Person stapelt die Ballen auf dem Anhänger.

Ist die Presse mit einer *Ballenschleuder* ausgerüstet, entfällt das Stapeln auf dem Anhänger, der aber mit einem Gitteraufbau auszustatten ist. Mithilfe der hydraulischen Schwenkvorrichtung und der Veränderung der Wurfweite kann der Anhänger voll ausgeladen werden.

Großpacken-Pressen – Sie formen rechteckige Packen für die Ernte von Heu, Stroh und für Grassilage. Bei der Ernte von Heu lässt sich eine *Pressdichte* von etwa 250 kg/m³ erreichen. Durch die hohe Pressdichte und gleichmäßige Ballenform wird Transport- und Lagerraum gespart.

Besonders beim Verkauf von Heu und Stroh (Pressdichte etwa 150 kg/m³) ist das vollständige Ausnutzen des Transportraumes wichtig. Die hochverdichteten Ballen eignen sich auch zur *Ballensilage.*

Abb. 671 Die Einstellung der Ballenlänge ist am Messrad (blauer Pfeil) möglich, die Ballendichte wird über die Ballenbremsen am Kanalausgang (rote Pfeile) verändert.

Abb. 672 Funktion einer Großpacken-Presse:
Links = Pressbeginn im Hauptkanal – Vorpressen im Förderkanal,
Mitte = Pressende im Hauptkanal – Vorpressen im Förderkanal,
Rechts = vorgepresstes Gut wird in den Hauptpresskanal geschoben.

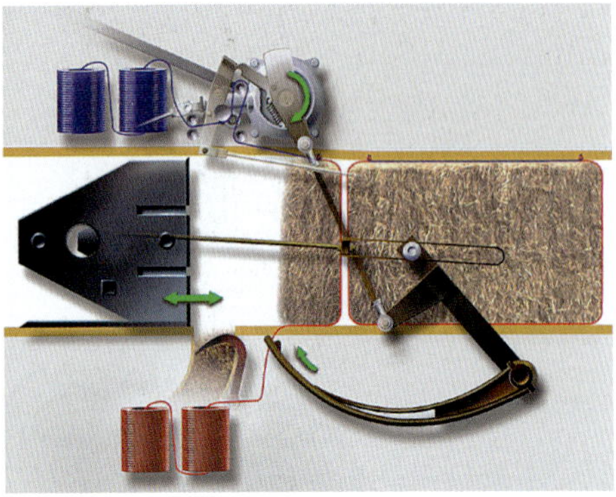

Abb. 673 Garnbindung an einer Großpacken-Presse.

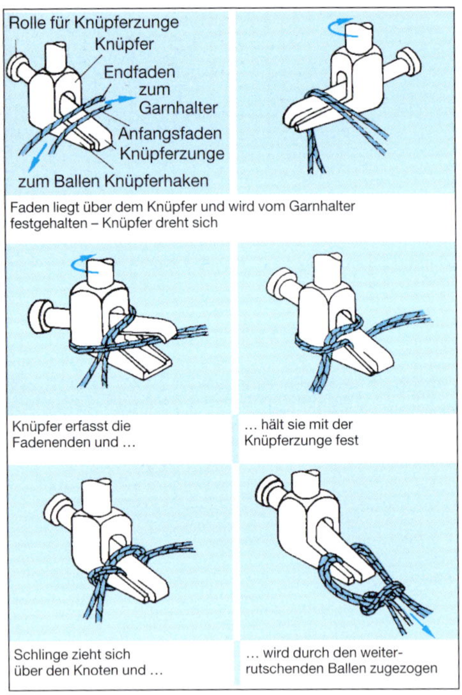

Abb. 674 Ablauf des Knüpfvorganges nach dem Cormick-System (Schema).

Bei den Großpacken-Pressen wird das Erntegut ebenfalls von einer *Pick-Up* aufgenommen. Danach folgt ein rotierendes *Schneidwerk,* das das Ladegut in kleine Portionen schneidet. Dadurch können höhere Pressdichten erreicht werden und das Auflösen des Ballens wird erleichtert.

Im *Förderkanal* wird das Gut von *Rafferzinken* mehrfach vorverdichtet. Beim Rückwärtshub des Presskolbens schieben dann die Rafferzinken das vorverdichtete Gut in die Presskammer. Der *Presskolben* verdichtet anschießend das Erntegut im Presskanal. Die gewünschte Pressdichte ist hydraulisch einstellbar und wird beim Pressvorgang laufend überwacht.

Ist die eingestellte *Ballenlänge* erreicht, wird der Ballen 4- bis 6-mal mit Kunststoffgarn gebunden und dann auf dem Feld abgelegt. Wird Grassilage in Grosspacken geerntet, sind diese mit einer Stretchfolie zu umwickeln.

Multibale – Der Vorteil der Hochdruckballen ist die einfache manuelle Handhabbarkeit. Der Vorteil der Großpacken ist die gute Auslastung von Transport- und Ladevolumen. Diese beiden Vorteile werden von einer Großpackenpresse vereint, die mehrere kleine Ballen, die mit jeweils zwei Garnen gebunden sind, in einen Großpacken presst, der wiederum mit vier Garnen gebunden ist.

Knüpfapparat – Hochdruck- und Großpackenpressen benötigen zum Verknoten der Garne **Knüpfapparate.** Den inneren Anfang der Garnrolle fädelt man durch die *Führungen* und die *Nadel* und bindet dann das freie Ende fest. Durch eine Leerbindung kommt der Faden zum *Garnhalter* und wird dort festgehalten. Schiebt der Kolben das Erntegut in den Presskanal, umschlingt das Garn allmählich den Ballen.

Beim Erreichen der *eingestellten Größe* wird der **Knüpfvorgang** ausgelöst. Die *Nadel* führt das Garn zum *Knüpfer* und legt es über den *Knüpferschnabel.* Beim Drehen formt er eine Schlinge. Die sich öffnende *Knüpferzunge* erfasst die beiden Enden des Garns. Beim Weiterrutschen des Ballens zieht sich der Knoten zu. Ein *Messer* trennt die Garnenden ab und der Knoten wird frei.

Knüpfer nach dem *Cormick-System* besitzen einen konischen Garnhalter, bei Knüpfern nach dem *Deering-System* wird der Faden durch drehbare Garnscheiben festgehalten.

Rundballenpresse – Bei ihr wird das Pressgut von einer *Pick-Up* aus einem Schwaden aufgesammelt, bei Bedarf mit einem Rotor-

Abb. 675 Rundballen-Presse mit konstanter Presskammer.

Abb. 676 Rundballen-Presse mit variabler Presskammer: Wickelbeginn – kleiner Ballen (links), Wickelende – großer Ballen (rechts).

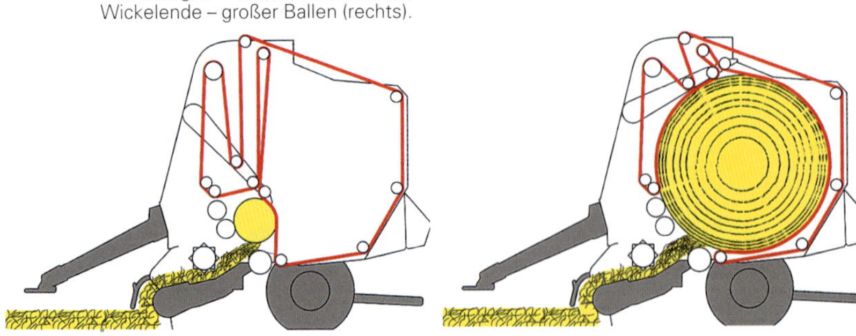

schneidwerk zerkleinert und dem *Roll-Press-Raum* zugeführt, wo die Rundballen geformt werden. Ist ein bestimmter Pressdruck oder Ballendurchmesser erreicht, wird die Zufuhr des Erntegutes durch Anhalten unterbrochen und der Rundballen durch wendelförmiges Umwickeln mit Bindegarn oder einem Netzgewebe gebunden. Die Netzbindung verkürzt den Bindevorgang.
Bei den Rundballen-Pressen wird unterschieden zwischen Pressen mit *gleich bleibender Presskammer* und solchen mit einer *variablen Presskammer.*
Pressen mit **fester Presskammer** wickeln das Erntegut mit Stahlrollen oder Gummigurten auf. Diese Rundballen haben einen weichen Kern und werden nach außen immer fester.
Pressen mit **variabler Kammer** wickeln das Erntegut mit einer federbelasteten Rollkette oder mit federbelasteten Gurten auf. Dadurch werden die Rundballen von Anfang an verdichtet.
Bei Pressen mit variabler Presskammer können der Durchmesser des Ballens und die Pressdichte verändert werden. Bei konstanter Presskammer kann nur die Pressdichte verändert werden.
Zur Gewinnung von **Pressballen-Silage** ist der Rundballen luftdicht in eine Stretchfolie einzuwickeln. Dazu nehmen **Ballenwickelmaschinen** den Pressballen vom Boden auf, legen ihn auf den drehbaren und kreisenden Wickeltisch und umwickeln ihn dann mit der Folie. Der Siloballen wird auf dem Boden abgelegt und anschließend mit einer speziellen Ballenzange am Frontlader geladen. Das Stapeln der Siloballen am Lagerplatz muss sorgfältig geschehen.
Rundballen-Pressen mit *aufgebauter Ballenwickelmaschine* erlauben das Pressen des Ballens und das Wickeln der Folie in einem Arbeitsgang. Dadurch werden Arbeitskräfte eingespart.
Einsatz und Pflege – Ein störungsfreier Betrieb setzt eine ordnungsgemäße Wartung voraus:
- ▶ Lager nach den Angaben im Schmierplan abschmieren.
- ▶ Getriebeölstand prüfen bzw. wenn nötig, das Öl wechseln.
- ▶ Kolbenführungen regelmäßig auf Verschleiß überprüfen und wenn nötig nachstellen oder erneuern.
- ▶ Der Abstand zwischen Kolbenmesser und Gegenschneide darf nicht größer als 0,5 mm sein. Bei Bedarf nachstellen.
- ▶ Rechtzeitiges Schleifen der Messer sichert einen einwandfreien Schnitt des Erntegutes. Phasenwinkel einhalten.

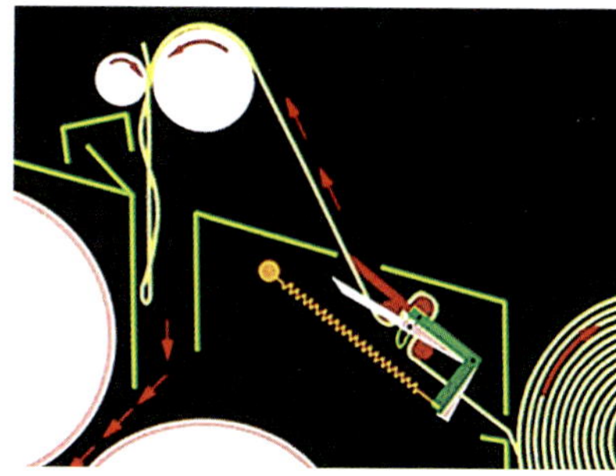
Abb. 677 Zuführung des Wickelnetzes an einer Rundballen-Presse.

Abb. 678 Rundballen mit Garnwicklung (links), mit Netzwicklung (rechts).

Abb. 679 Einwickeln eines Silageballen mit einer Stretch-Folie **(Beispiel).**

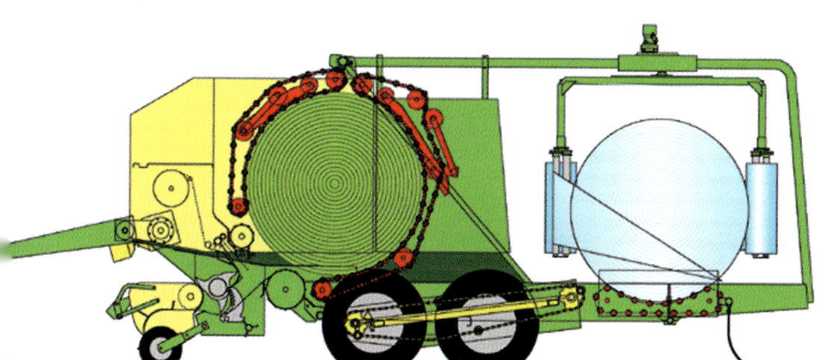
Abb. 680 Mitte: Rundballen-Presse mit integriertem Folienwickler. In der Presse wird gerade ein neuer Ballen geformt, der Folienwickler beendet das Wickeln der Folie.

Abb. 681 Silomaisernte mit einem 2-reihigen Anbauhäcksler.

Abb. 682 Geschobener Häcksler mit Pick-Up zur Silagebergung.

Abb. 683 SF-Häcksler mit reihenunabhängigem Maisschneidvorsatz.

> **!** Um Unfälle beim Umgang mit den Pressen zu verhindern, sind folgende Hinweise zu beachten:
> Bei Wartungsarbeiten stets Zapfwelle ausschalten, Traktor abstellen und Presse blockieren!
> Presse nie ohne Schutzvorrichtungen in Betrieb setzen.
> Verstopfungen oder Störungen nie bei laufender Maschine beseitigen.

4.3.3 Feldhäcksler

Feldhäcksler kommen hauptsächlich bei der Silagegewinnung zum Einsatz. Sie erzeugen gleichmäßiges, kurzes Häckselgut, das sich bei der Silagebereitung gut verdichten lässt und somit hochwertiges Futter ergibt.

Je nach Verwendung kommen Feldhäcksler in unterschiedlichen **Ausführungen** zum Einsatz:

- Anbauhäcksler im Seitenanbau mit Pick-Up oder 1- bzw. 2-reihigen Aufnahmevorrichtungen für Mais.
- Anbauhäcksler im Heckanbau in geschobener Ausführung (Traktor mit Rückfahreinrichtung ist Voraussetzung) mit Pick-Up oder 2- bis 4-reihigen Aufnahmevorrichtungen für Mais.
- Selbstfahrende Häcksler mit Pick-Up oder 4- bis 12-reihigen Aufnahmevorrichtungen für Mais.

Bauteile – Als **Aufnahmevorrichtung** für *Grassilage* aus dem Schwad wird der Feldhäcksler mit einer Pick-Up ausgestattet.

Zur *Silomaisernte* ist ein Mähvorsatz notwendig, der die Maispflanzen in der Reihe abmäht und gleichmäßig der Maschine zuführt. Heute werden vor allem reihenunabhängige Maiseinzüge verwendet. Dabei wird der Mais durch Greifer erfasst, die an rotierenden Trommeln oder umlaufenden Ketten befestigt sind. Der Mais wird abgeschnitten und dem Häcksler gleichmäßig zugeführt. Bei schwierigen Verhältnissen wie z. B. Lagermais soll eine verlustarme und saubere Aufnahme ohne Störungen möglich sein. Bei mehrreihigen, selbst fahrenden Feldhäckslern verbessert eine automatische Lenkung die Arbeit.

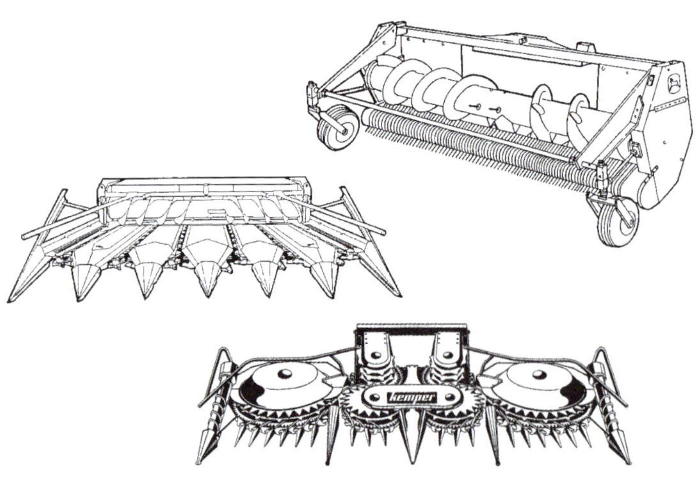

Abb. 684 Mitte: Aufnahmevorrichtung für SF-Häcksler Pick-Up (oben rechts), reihenabhängiger Maisschneidvorsatz (Mitte), reihenunabhängiger Maisschneidvorsatz (unten).

Weiter kann der Feldhäcksler ausgestattet werden mit einem

- *Futterschneidwerk* für das direkte Mähen und Häckseln der Pflanzen,
- *Kreiselmähervorsatz* zur GPS-Ernte (vor allem für Biogas),
- *Mähdrescher-Schneidwerk* für die Ganzpflanzensilage,
- *Maispflückvorsatz* für die Ernte von Maiskolbenschrot.

Nach der Aufnahme wird das Gut den **Einzugs-** und **Presswalzen** zugeführt. 4 oder 6 Walzen übernehmen das Gut und leiten es mit hohem Druck verdichtet und kompakt dem Häckselaggregat zu. Mit der Drehzahlverstellung der Einzugs- und Presswalzen kann je nach Anforderungen die *Häcksellänge* verändert werden. Sie ist bei Verwendung aller Häckselmesser verstellbar im Bereich von etwa 4–20 mm. Längeres Häckselgut lässt sich weiter durch den Ausbau entsprechender Messer aus dem Häckselaggregat erzeugen.

Als *Häckselaggregat* kommen Scheibenräder oder Trommeln zum Einsatz.

Scheibenradhäcksler – Bei ihnen sind an der *Messerscheibe* 6–12 Messer angeschraubt, die in Verbindung mit einer Gegenschneide das Häckselgut von den Presswalzen kommend exakt schneiden (häckseln). Die Einzugsgeschwindigkeit des Gutes, die Messerzahl und die Scheibenraddrehzahl bestimmen die Häcksellänge.

Die am Umfang des Scheibenrades angebrachten *Wurfschaufeln* übernehmen das gehäckselte Gut, beschleunigen es und fördern es über den Auswurfkrümmer auf das Transportfahrzeug.

Trommelhäcksler – Sie haben 12–56 Messer am Umfang der *Trommel* angeordnet. Das Häckselgut wird von den Presswalzen über die waagrecht eingebaute Gegenschneide geführt und von den Messern exakt geschnitten. Die Einzugsgeschwindigkeit des Gutes, die Messerzahl und die Trommeldrehzahl bestimmen die Häcksellänge.

Die *Weiterförderung* des gehäckselten Gutes erfolgt direkt durch die Messer. Für hohe Wurfweiten und Wurfleistungen sind nach der Häckseltrommel zusätzliche Wurfgebläse bzw. Beschleuniger eingebaut.

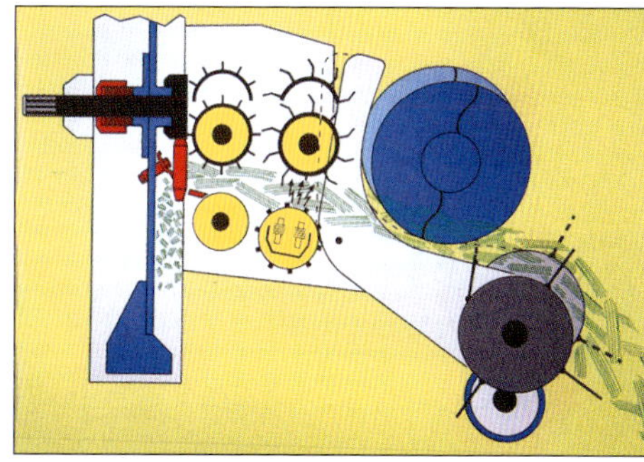

Abb. 685 Scheibenradhäcksler mit Pick-Up, Einzugs- und Presswalzen.

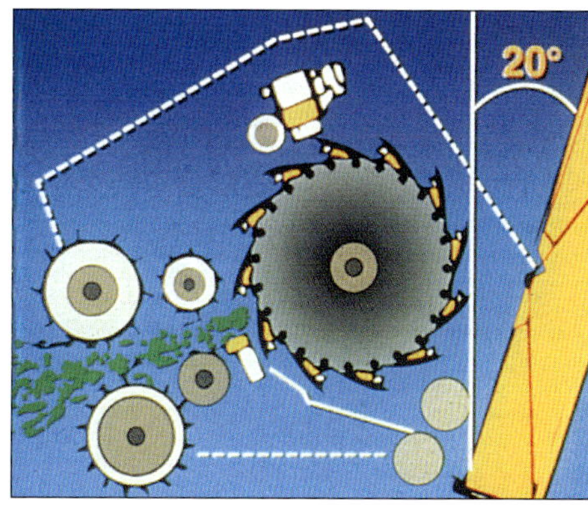

Abb. 686 Häckseltrommel mit Einzugs- und Presswalzen.

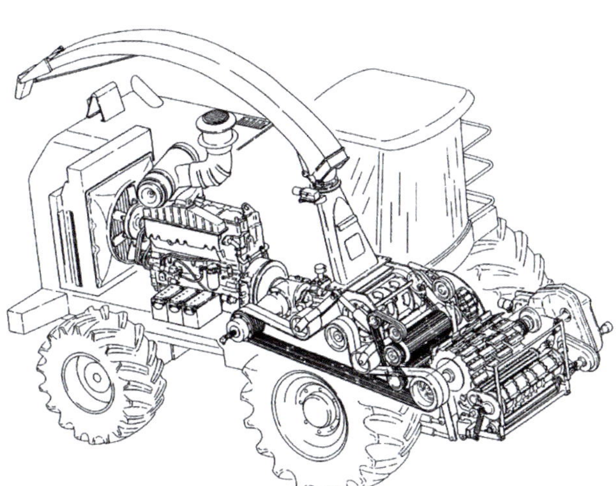

Abb. 687 Mitte: SF-Häcksler mit Trommelhäckselaggregat im Schnitt.

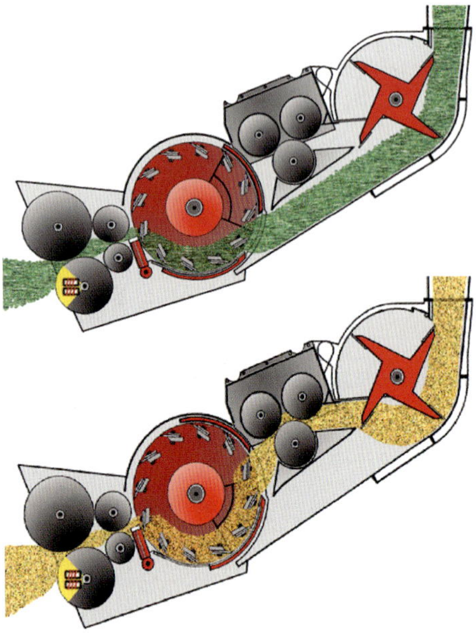

Abb. 688 Schema oben: Häckseln von Gras; das gehäckselte Gut gelangt von der Häckseltrommel direkt in den Beschleuniger
Schema unten: Häckseln von Silomais; das Häckselgut gelangt zwischen die Zerkleinerungswalzen und von dort zum Beschleuniger.

Abb. 689 Der Schneidspalt zwischen Gegenschneide und Trommelmesser ist exakt einzustellen.

Silomaisernte – Hier hat die **Körnerzerkleinerung** im Feldhäcksler wegen der besseren Futterverwertung eine große Bedeutung. In einem 2. Arbeitsgang werden die Körner nach dem Häckselvorgang zerkleinert. Dafür werden im Gutstrom angeordnet:

- *Reibplatten* und *Schlagleisten;* der Grad der Zerkleinerung ist durch die Anzahl der Reib- und Schlagelemente zu verändern. Die Schlagleisten sind zum Teil am Umfang des Scheibenrades anstelle der Wurfschaufeln eingebaut. Die Reibplatten befinden sich im Wurfgehäuse und können bei Bedarf ausgebaut werden.
- *Zerkleinerungswalzen* mit Sägezahnprofil; der Grad der Zerkleinerung ist durch den Abstand der beiden Walzen zueinander zu verändern. Die Wirkung der Aufbereitungsorgane wird durch den Gutstrom stark beeinflußt.

Einstellung, Wartung, Pflege – Exakt gehäckseltes Gut ist nur mit scharfen Messern, intakten Gegenschneiden und genauer **Einstellung** der Gegenschneide zur Messerschneide zu erreichen. Mit *Schleifvorrichtungen* können die Messer in kurzer Zeit im eingebautem Zustand geschliffen werden.

Ebenso ist das *Spaltmaß* von 0,3 – 0,8 mm zwischen der Gegenschneide und der Messerschneide exakt einzuhalten. Diese Einstellung erfolgt bei

- Scheibenradhäckslern durch axiales Verschieben des Scheibenrades auf der Antriebswelle,
- Trommelhäckslern durch paralleles Verschieben der Gegenschneide.

Bei stärkerer Abnutzung der Häckselmesser und der Gegenschneide sind diese zu erneuern. Verschlissene Werkzeuge erhöhen den Kraftbedarf der Maschine und Verschlechtern die Arbeitsqualität.

> **!** Eine fachgerechte Wartung und Einstellung des Häckselaggregates erzeugt bestes Häckselgut, reduziert den Kraftbedarf und steigert die Maschinenleistung. **Achtung:** Wartung und Störungsbeseitigung erst, nachdem die Häckseltrommel vollkommen zum Stillstand gekommen ist!

Die **Wartung** und **Pflege** eines Feldhäckslers ist vor dem Einsatz fachgerecht vorzunehmen:

- Maschine *grob reinigen,* mit Futterteilen umwickelte Wellen säubern,
- *Ketten* und *Keilriemen* auf Spannung prüfen,
- *Ölstand* in den Getrieben und in der Hydraulikanlage kontrollieren, bei Bedarf das Öl wechseln und Öl nachfüllen.
- *Häckselmesser* nachschleifen,
- *Schneidspalt* exakt einstellen,
- Maschine *abschmieren,*
- an SF-Maschinen ist die *Motor-* und *Hydraulikwartung* vorzunehmen,
- *Probelauf* vornehmen, bei unruhigem Lauf sind die Unwuchten zu beseitigen.

Wird nach der Ernte die Maschine eingewintert, so sind nach der gründlichen Reinigung alle blanken Maschinenteile mit einem *Korrosionsschutzöl* gegen Rost zu schützen.
Bei Straßenfahrt sind die Bestimmungen der Straßenverkehrordnung einzuhalten. Es darf nur mit den vorgeschriebenen Schutz- und Beleuchtungseinrichtungen gefahren werden.

4.4 Transport und Einlagerung von Grundfutter

Transport – Die **Bergung** von *Gärfutter* und *Trockenfutter* (Heu und Stroh) erfolgt als

- ► *Schnittgut mit dem Ladewagen.* Den Transport übernimmt der Ladewagen. Je nach Feldentfernung sind mehr oder weniger hohe Bergeleistungen zu erzielen
- ► *Kurzgut mit Transportfahrzeugen.* Für den Transport kommen Transportfahrzeuge zum Einsatz, die dichte Bordwände bzw. Häckselaufbauten haben. Bei zunehmender Feldentfernung müssen mehr Transportfahrzeuge eingesetzt werden.
- ► *Pressgut mit Transportfahrzeugen.* Der Ballentransport wird mit Plattformwagen oder Lkw vorgenommen, die eine möglichst große Ladefläche haben sollen.

Einlagerung von Gärfutter (Schnitt-, Kurz- und Pressgut) – Sie erfolgt

- ► in **Hochsilobehälter:** Zur Befüllung der meist zylindrischen Behälter sind Fördergeräte mit hohen Leistungen erforderlich. Mechanische Schrägfördergeräte wie das *Förderband* oder der *Kettenförderer* erzielen gute Förderleistungen bei geringem Kraftbedarf. Der Anstellwinkel soll 40° nicht überschreiten, da die Förderleistung dann abfällt. Diese Fördergeräte lassen sich wegen ihrer Größe schwer umstellen.
  Bei den *Fördergebläsen* ist die Abladeleistung abhängig vom Fördergut, der Zuteilung und der Förderhöhe. Sie benötigen hohe Antriebsleistungen über E-Motore oder über die Traktorzapfwelle. Die Dosierung vom Transportfahrzeug zum Gebläse soll gleichmäßig ohne großen Handarbeitsaufwand möglich sein.
- ► in **Flachsilobehälter:** Wird mit dem *Ladewagen* geerntet, so erfolgt die Beschickung des Flachsilos haufenförmig über den Kratzboden oder schleierförmig durch die Dosierwalzen. Beim haufenförmigen Abladen muss der *Walztraktor* zusätzlich die gleichmäßige Verteilung mit der Ladergabel oder einem Verteilergerät übernehmen.
  Die Transportfahrzeuge in der *Häckslerkette* entladen das Futter durch
  - Abladen über Dosierwalzen,
  - Abkippen auf einen Haufen,
  - Abschieben mit dem Kratzbodenwagen,
  - Abschieben mit dem Abschiebewagen.

  Eine gleichmäßige Verteilung und ein ausreichendes Walzen im Fahrsilo sind Voraussetzungen für eine hochwertige Qualität der Silage. Deswegen ist die Leistung des Walztraktors der Bergeleistung anzupassen.

Abb. 690 Befüllen der Hochsilos mit einem Wurfgebläse.

Abb. 691 Vor dem Walzen ist der große Futterhaufen gleichmäßig zu verteilen.

Abb. 692 Gleichmäßiges Entladen mit Dosierwalzen in einem Flachsilo.

Abb. 693 Exakt gestapelte Siloballen.

Abb. 694 Sicheres Stapeln der Rundballen mit einer Ballenzange.

- auf einem **Lagerplatz:** Die mit einer Stretchfolie gewickelten Ballen sind mit der Ballenzange am Ladegerät auf der Lagerfläche zu stapeln. Beim Lagern der Rundballen ist auf eine ebene Ablage zu achten, da sich die Ballen verformen und Undichtigkeiten an der Folienüberlappung auftreten können. Gewickelte Quaderballen sind mehrfach übereinander gut zu stapeln. Sie können auch ohne Folieneinwicklung als Stapelsilage aufgebracht werden. Dabei ist beim Stapeln auf möglichst geringe Hohlräume zu achten und der Stapel ist durch doppelte Folienabdeckung luftdicht abzuschließen.

Einlagerung von Trockengut (Schnitt-und Pressgut) – Sie erfolgt:

- *Deckenlagernd:* Als Fördergeräte kommen bei Schnittgut meist das Gebläse oder der Greifer in Frage. Für die Förderung von Hochdruckballen bei deckenlastiger Lagerung können Förderbänder oder Kettenförderer eingesetzt werden. Großballen sind deckenlastig nur bedingt zu lagern. Dazu sind Ladegeräte mit Hubgerüsten oder Teleskoplader notwendig.
- *Flachlagernd:* Hier ist die Einlagerung von Ballen mit z. B. dem Traktorfrontlader, Hoftrac, vorzunehmen. Ausreichend große Rangierflächen sind dazu notwendig. Um Heu in Großballen im Lager noch nachbelüften zu lassen, ist die Lagerung auf Holzpaletten vorzunehmen.
- In *Belüftungsanlagen* durch Gebläse, Greifer oder Kettenförderer. Das Futter ist gleichmäßig und locker ohne Verdichtungszonen im Heustock zu verteilen. Verdichtete Stellen können nicht belüftet werden, es kommt zu Überhitzungen und zur Brandgefahr.

Aufgaben:

1. Welche Vor- und Nachteile haben Kreiselmähwerke gegenüber Balkenmähwerken?
2. Wie kann beim Trommelmähwerk die Schnitthöhe verändert werden?
3. Welche Arbeitsgänge können bei der Heuwerbung mit Universalmaschinen durchgeführt werden?
4. Mit welchen Einrichtungen kann bei Kreiselschwadern die Bodenanpassung des Schwadkreisels verbessert werden?
5. Wie wirken sich die verschiedenen Förderorgane beim Ladewagen auf das Futter und auf die Ladeleistung aus?
6. Welche Ausführungen von Knüpfapparaten sind bei HD-Pressen im Einsatz?
7. Welche Ausführungen von Rundballenpressen gibt es? Welche Vor- und Nachteile haben Sie beim Pressen von Heu und von Silage?
8. Welche Möglichkeiten der Veränderung der Häcksellängen sind beim Feldhäcksler möglich?
9. Wie erfolgt die Einstellung des Schneidspaltes beim Scheibenradhäcksler und beim Trommelhäcksler?

Waldwirtschaft

10

Der bäuerliche Wald galt ursprünglich als die »Sparkasse« eines landwirtschaftlichen Betriebes. In unseren Tagen haben das Waldsterben und seine Ursachen, Sturmschäden und menschliche Einflüsse sowie die Entwicklungen auf dem internationalen Holzmarkt den materiellen Wert des bäuerlichen Waldes erheblich reduziert.

Aus ökologischen und ökonomischen Gründen bedarf der Wald aber der besonderen Fürsorge des Landwirts. Erfolgreiche Waldwirtschaft setzt umfassende Fachkenntnisse voraus.

In diesem Kapitel sind deshalb die pflanzenbaulichen und produktionstechnischen ***Grundlagen der Bewirtschaftung des bäuerlichen Waldes*** unter Berücksichtigung der ökologischen Zusammenhänge aufgezeigt.

Abb. 695
Zusammensetzung des Waldes um 1300 n. Chr.

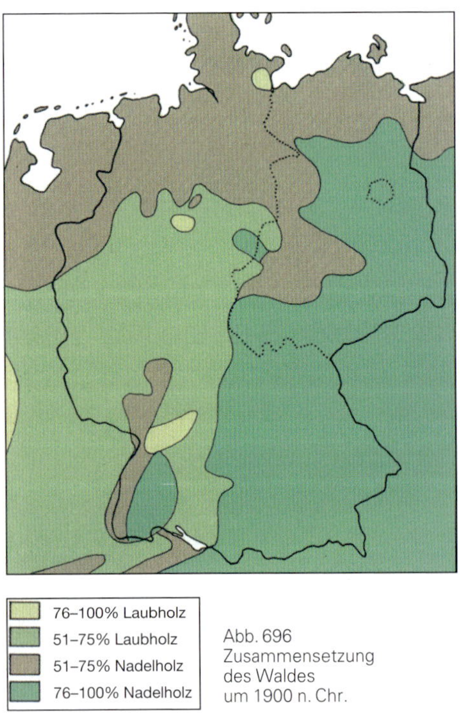

Abb. 696
Zusammensetzung des Waldes um 1900 n. Chr.

10 Waldwirtschaft

1 Die Funktionen des Waldes

1.1 Allgemeines

Entstehung – Biologisch ist der **Wald** das natürliche Ökosystem in Mitteleuropa. Er besteht aus einer Lebensgemeinschaft von Pflanzen, Tieren und Mikroorganismen. Wald kommt je nach Standort als vielstufiger, artenreicher Mischwald bis zu nahezu einheitlichen Baumbeständen vor.
Nach dem Bundes-Waldgesetz wird als Wald »jede mit Forstpflanzen bestockte Grundfläche« bezeichnet. »Als Wald gelten auch kahl geschlagene oder verlichtete Grundflächen, Waldwege, Waldeinteilungs- und Sicherungsstreifen, Waldblößen und Lichtungen, Waldwiesen, Holzlagerplätze sowie weitere mit dem Wald verbundene und ihm dienende Flächen.«
Entwicklung – Seit der letzten Eiszeit wandelten sich die ursprünglichen Birken-Kiefern-Wälder Mitteleuropas unter dem Einfluss von Klimaänderungen über Eichen-Mischwälder zu Buchen-Mischwäldern. Der heutige Wald stellt aber längst keinen Urwald mehr dar, sondern ist das *Ergebnis menschlicher Eingriffe* in diese Vegetationsform.
Dabei verlief die Entwicklung des Waldzustandes über die Rodung und Ausplünderung des Waldbestandes durch Übernutzung, Weide- und Streunutzung bis hin zu ersten Nutzungsregelungen in der Mitte des 19. Jahrhunderts. So entstanden die heute sichtbare Verteilung der Baumarten, die Aufforstung der zahlreichen Kahlflächen und der Anstieg des durchschnittlichen Holzvorrats je Hektar.
Besitzverhältnisse – Knapp ein Drittel der Gesamtfläche Deutschlands ist heute mit Wald bedeckt. Etwa 50 % aller landwirtschaftlichen Betriebe besitzen auch eine Waldfläche (ab 1 ha). Der überwiegende Anteil an der Gesamt-Waldfläche ist jedoch in Körperschafts- oder Staatsbesitz (ca. 53 %).

1.2 Bedeutung des Waldes

In der Geschichte der Menschheit standen unterschiedliche Funktionen des Waldes im Vordergrund. Für die Sammler und Jäger in der Steinzeit war der Wald Nahrungsquelle. Später diente er den Siedlern und Bauern als Weide für ihre Schweine und Rinder. Zu allen Zeiten lieferte der Wald Bau- und Brennholz. Nach wie vor trägt der Wald mit seinen günstigen Auswirkungen auf den Wasserhaushalt, die Luftqualität und das Klima zur Verbesserung der Lebensbedingungen der Menschen bei.

So lassen sich die Funktionen des Waldes in Nutz-, Schutz- und Sozialfunktionen einteilen. Diese unterschiedlichen Funktionen werden heute mehr denn je von der Bevölkerung geschätzt und dringen auch der Öffentlichkeit ins Bewusstsein.

1.2.1 Nutzfunktion

Rohstoffquelle – Der Wald liefert den Rohstoff Holz, der z.B. im landwirtschaftlichen Betrieb als Bau- und Brennmaterial, als Stangen, Weidepfähle u. Ä. benötigt wird. In Deutschland kann der Holzbedarf nur zu ca. 50 % aus eigener Erzeugung gedeckt werden. Der Rest muss überwiegend in Form von Fertigwaren (Möbel, Papier) und Halbfertigwaren (Schnittholz, Zellstoff, Platten) importiert werden.
Die verschiedenen Baumarten liefern Rohstoffe für die unterschiedlichste Verwendung. Das zeigt ein Blick in unsere tägliche Umgebung. Wichtig ist die Tatsache, dass der Wald *erneuerbare Rohstoffe* liefert, deren Produktion die Umwelt nicht belastet.
Arbeitsplätze und Arbeitsausgleich – Die Arbeitsauslastung im landwirtschaftlichen Betrieb ist nicht immer gleichmäßig. Das trifft besonders auf Grünlandbetriebe zu. Ein Waldanteil bringt hier einen Ausgleich, weil viele der dort anfallenden Arbeiten in arbeitsruhige Phasen fallen. Die deutsche Forstwirtschaft bietet rund 90 000 Vollarbeitsplätze. Dazu kommen noch ca. 500 000 Beschäftigte in der Holzbe- und -verarbeitung.
Einkommensquelle – In vielen landwirtschaftlichen Betrieben liefert der Wald einen wesentlichen Beitrag zum Betriebseinkommen. Er stellt einen Vermögenswert dar, der sich bei besonderem Bedarf nutzen lässt. Deswegen wird der Wald auch als »Sparkasse des Bauern« bezeichnet.
Allein in Deutschland beträgt der Wert der Holzproduktion ca. 2,0 Mrd. € im Jahr.

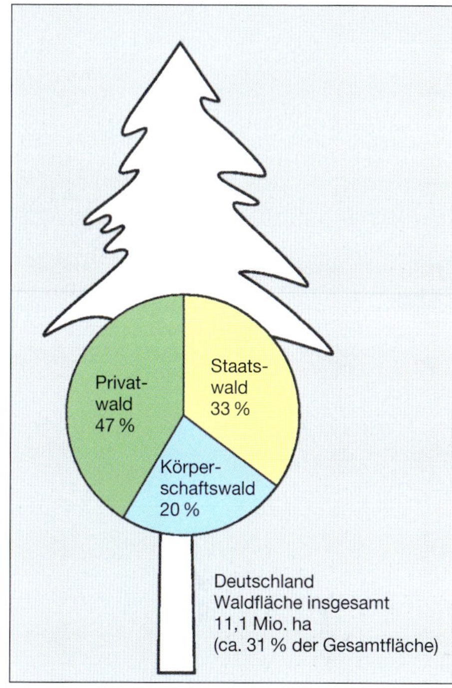

Abb. 697 Besitzverhältnisse an der Waldfläche in Deutschland; insgesamt nimmt die forstwirtschaftliche Nutzfläche 31 % der Fläche Deutschlands ein (Agrarbericht 2006).

Abb. 698 Wo der Wald geschädigt ist, lässt die Erosion meist nicht lange auf sich warten. Hanganrisse wie dieser sind aber nur noch mit größtem Aufwand wieder zu stabilisieren.

1.2.2 Schutzfunktion

Wasserspeicher und Klimaregler – Die Kronen der Waldbäume und der Waldboden filtern das Niederschlagswasser. Ausgiebige Niederschläge werden aufgrund der langsameren Verdunstung im Waldboden gespeichert. Im Schatten des Waldes verzögert sich auch die Schneeschmelze, damit verringert sich die Hochwassergefahr und reguliert sich das Wasserangebot an Bäche und Flüsse. Das im Wald enthaltene Moos kann wie ein Schwamm ein Vielfaches seines eigenen Gewichts an Wasser aufsaugen und gibt es dann langsam als gleichmäßig fließendes Wasserreservoir an den Boden weiter. Wegen des damit verbundenen gleichmäßigen Bedarfs an Verdunstungswärme ist das Klima in waldreichen Gegenden ausgeglichen.
Immissionsschutz – Die riesigen Blatt- und Nadelmassen des Waldes absorbieren bei ihrer Atmung die Luftverunreinigungen (Immissionen) und wirken deshalb wie ein Luftfilter. Außerdem schützen Waldflächen auch gegen Lärm.
Ökologischer Schutz – In Steillagen schützt der Wald den Boden vor Erosion und vermindert die Gefahren durch Lawinen und

Abb. 699 Der Wald bietet seinen Besuchern Entspannung, Ruhe und Erholung; er ermöglicht vielfältige Naturerlebnisse.

Steinschlag. Für viele von Menschen besiedelte Gebiete ist er daher lebensnotwendig.
Der Wald beherbergt eine Vielzahl von Lebewesen, die für die übrige Landschaft große Bedeutung haben (z.B. schädlingsvernichtende Vögel). Ohne Wald wären sie nicht lebensfähig.

1.2.3 Erholungsfunktion

Erholungsraum – Die schall- und lichtdämpfende Wirkung der Bäume schafft Ruhe und Schatten. Das ausgeglichene Waldklima stellt eine gute Voraussetzung für die Erholung des Menschen dar. Außerdem bietet der Wald jedermann die Möglichkeit der ungehinderten Bewegung und des Naturerlebnisses.
Nebennutzungen – Neben der Erholung bietet der Wald vielseitige Nebennutzungen, z. B. Beeren, Pilze und Heilkräuter. Nicht zuletzt ist der Wald wichtiger Bestandteil des Jagdreviers.

1.3 Waldgesetze

Ökosystem Wald – Obwohl beim Wald die Bäume die auffallendsten Erscheinungen sind, gehören auch Bodenpflanzen, Insekten, Säugetiere und Lebewesen der Wurzelzone des Waldbodens dazu. Sie bilden miteinander eine Lebensgemeinschaft (Biozönose) und sind aufeinander angewiesen.
Gerade die Wasser- und Nährstoffaufnahme vieler Bäume ist auf das Funktionieren der Symbiose zwischen Wurzeln und Pilzgeflechten abhängig. Das Pilzmyzel trägt zur Vergrößerung der Oberfläche der Wurzeln bei, wodurch die Stoffaufnahme verbessert wird. Der Baum dagegen versorgt mit seinen Assimilaten den Pilz.
Zusammen mit den vielen Wechselbeziehungen zum Lebensraum (Biotop) entsteht das *Ökosystem.* Wird dessen Gleichgewicht durch Eingriffe des Menschen gestört, kann der Wald seine beschriebenen Schutzfunktionen nicht mehr erfüllen.
Waldgesetze – Umwelt- und Forstpolitik müssen die Rahmenbedingungen schaffen, um die Leistungsfähigkeit und Gesundheit des Waldes zu sichern. Das Gesetz zur Erhaltung des Waldes und zur Förderung der Forstwirtschaft (Bundes-Waldgesetz) sichert in § 1 die in Abschnitt 1.1 genannten Funktionen.
Nach dem **Bundes-Waldgesetz** dürfen Waldflächen nur mit Genehmigung der nach Landesrecht zuständigen Behörden gerodet und in andere Formen der Bodennutzung umgewandelt werden. Einer Genehmigung bedarf auch die Erstaufforstung.
Die **Waldgesetze der Länder** verbieten jegliche *Waldzerstörung.* Waldrodungen und Kahlhiebe im Schutzwald müssen *genehmigt* werden. Kahlflächen sind innerhalb von 3 Jahren aufzuforsten, unvollständige Verjüngung (auch Naturverjüngung) innerhalb von 5 Jahren nach der Räumung zu ergänzen.
Die Waldgesetze verpflichten jeden, Schäden vom Wild abzuwehren, sowie die Besitzer, ihren Wald sachgemäß zu bewirtschaften. Der Staat unterstützt die Waldbesitzer durch kostenlose Beratung und finanzielle Unterstützung.

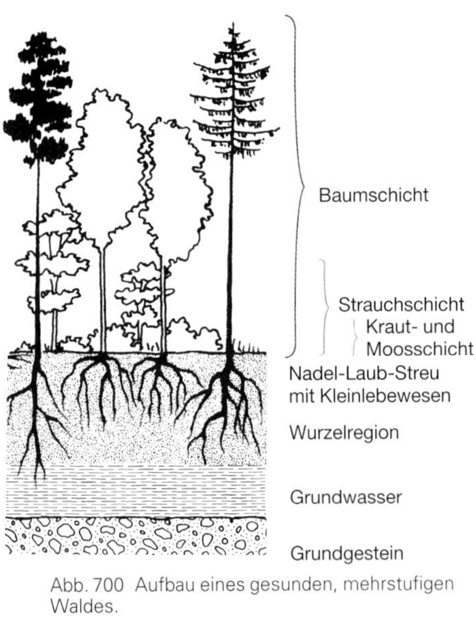

Abb. 700 Aufbau eines gesunden, mehrstufigen Waldes.

2 Sachgemäße Waldbewirtschaftung

2.1 Wichtige Baumarten

Die Wahl der Baumart ist eine der verantwortungsvollsten Tätigkeiten des Waldbesitzers. Sie hängt ab von

- den Standortfaktoren,
- den Eigenschaften der Waldbäume, z.B. Wurzelsysteme, Verträglichkeit gegenüber Mischbaumarten,
- den Ansprüchen an Nährstoffversorgung und Bodenfeuchte,
- dem Verhalten gegenüber Licht (man unterscheidet Licht-, Halbschatt- und Schattbaumarten),
- der Spätfrosttoleranz,
- dem Nutzungsziel: Soll in kürzeren Umtrieben Massenware (Bauholz) oder in langen Zeiträumen Wertholz (Furnierholz) erzeugt werden?

Man unterscheidet Nadel- und Laubbäume. Alle Nadelbäume außer der Lärche sind ganzjährig grün und können bei günstigen Bedingungen assimilieren. Gesunde Bäume tragen mehrere Nadeljahrgänge, d. h. die Nadeln verbleiben mehrere Jahre an den Zweigen bevor sie abfallen. Die Fichte behält ihre Nadeln ca. 7 Jahre, die Kiefer nur ca. 4 Jahre.

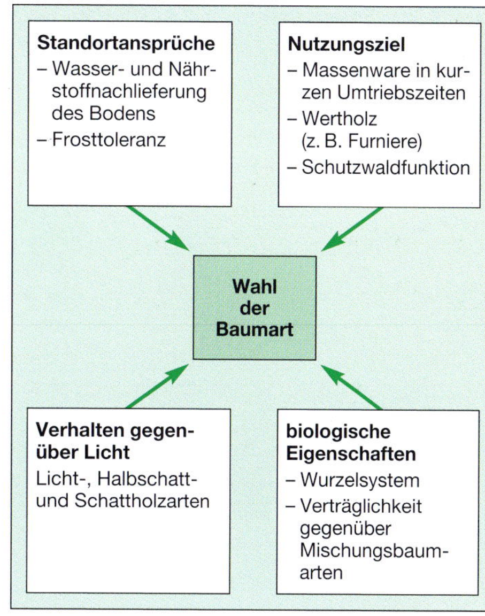

Abb. 701 Die Auswahl der Baumart bei der Begründung oder Ergänzung eines Waldbestandes hängt von vielen Faktoren ab.

Abb. 702 Zusammenfassung der Standortansprüche wichtiger Baumarten.

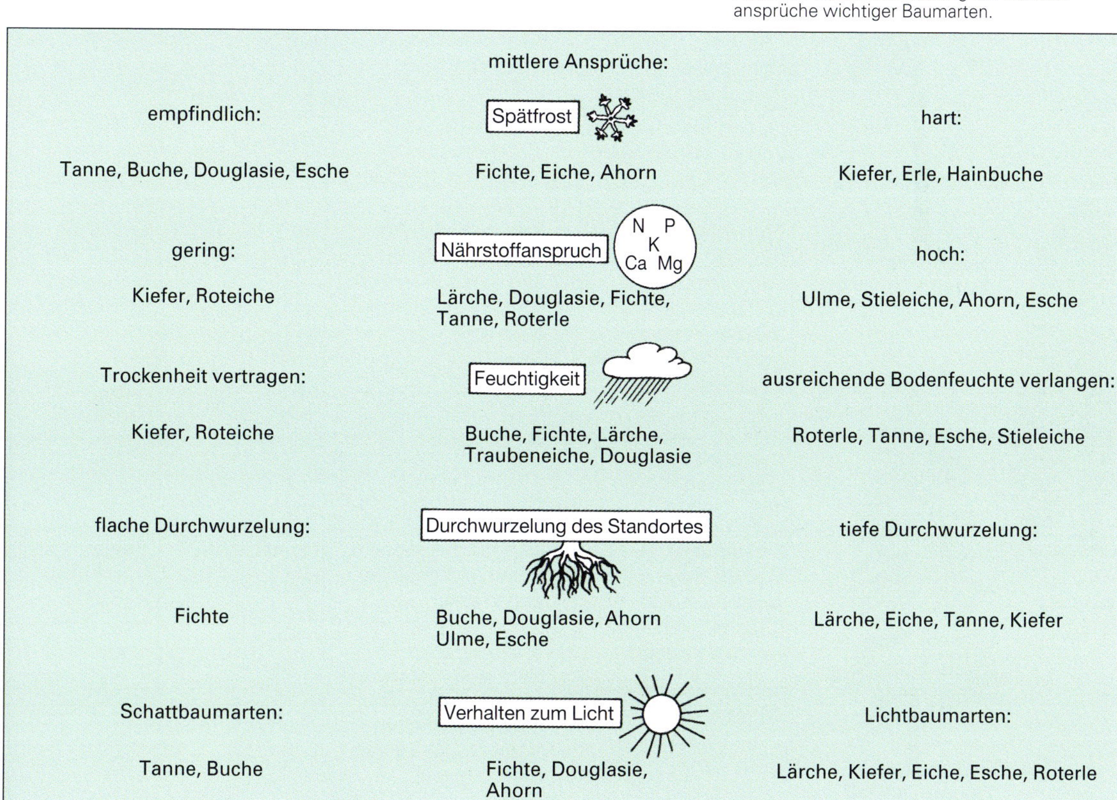

Tabelle 69: Eigenschaften und Ansprüche wichtiger Baumarten

Nadelbaumarten

Abb. 703 Fichte (Fi)

Abb. 704 Tanne (Ta)

Abb. 705 Kiefer (Kie)

Abb. 706 Europäische Lärche (Eu Lä)

Abb. 707 Douglasie (Dgl)

Baumart waldbauliche Eigenschaften	Standortansprüche	Umtriebsalter, Holzverwertung	bevorzugte Mischbaumarten
Fichte (Fi) (»Rottanne«) *Picea abies* Flachwurzler auf schweren, Herzwurzler auf leichten Böden Halbschattbaumart, Lichtbedürfnis nimmt mit abnehmender Standortgüte zu windwurfgefährdet	gleich bleibende Bodenfeuchte, bevorzugt kühle Nord- und Osthänge, empfindlich gegen Rauch und trockene, arme Sandböden	70–120 Jahre Bau- und Faserholz, Grubenholz, Zaunpfähle, Stangen	Tanne, Buche, Bergahorn, Roterle
Tanne (Ta) *Abies alba* Herzwurzler, auf tiefgründigen Standorten Pfahlwurzler typische Schattbaumart	liebt tiefgründige, nährstoffreiche Böden sturmfester als Fichte, aber frostempfindlich	100–120 Jahre Verwendung wie Fichte, doch eher schwarzastig	Buche, Fichte
Kiefer (Kie) (Föhre) *Pinus sylvestris* tief reichende Wurzeln Lichtbaumart zahlreiche Arten, wächst bis zum Alter von 40 Jahren rasch	anspruchslos an den Boden hitze- und kälteunempfindlich	100–120 Jahre Bauholz, 120–160 Jahre Wertholz Bau- und Industrieholz, neigt zur Astigkeit	Laubbäume, Fichte
Europäische Lärche (Eu Lä) *Larix decidua* starke Herzwurzeln, die den Bodenraum gut ausnützen, liebt Wipfelfreiheit extreme Lichtbaumart rasches Jugendwachstum	liebt lockere, nährstoffreiche Böden und windige Höhenstandorte (Gebirgsbaum)	100–140 Jahre Fenster, Türen, Täfelungen, Möbelholz	Buche als Mittel- und Unterstand
Douglasie (Dgl) *Pseudotsuga taxifolia viridis* anpassungsfähiges Herzwurzelsystem verträgt in der Jugend Schatten	liebt humusreiche Böden mit gesichertem Wasserhaushalt, stellt mittlere Ansprüche an die Nährstoffversorgung, empfindlich gegen kalkreiche Böden, gegen Frost und Verbiss	50–80 Jahre Bauholz, bestens geeignet für den Wasserbau	Beimischung zu Kiefer oder Buche

Fortsetzung Tabelle 69

Baumart waldbauliche Eigenschaften		Standortansprüche	Umtriebsalter, Holzverwertung	bevorzugte Mischbaumarten
Laubbaumarten				
 Abb. 708 Stieleiche (StEi)	Eichen (Ei) Pfahlwurzler, Lichtbaumarten Traubeneiche (TrEi) *Quercus petraea* Baum des Hügel- und Berglandes Stieleiche (StEi) *Quercus robur* Baum des Auenwaldes und der Niederungen	frostgefährdet, sturmfest geringe Bodenansprüche liebt nährstoffreiche Böden	120–140 Jahre Bau- und Möbelholz 240–300 Jahre Furnierholz	Unterstand aus Buche, Hainbuche ist wegen der Neigung der Eichen zur Astigkeit empfehlenswert
 Abb. 709 Buche (Bu)	Buche (Bu) (Rotbuche) *Fagus sylvatica* Herzwurzel mit gutem Nährstoffaneignungsvermögen »Nährmutter des Waldes« als typische Schattbaumart für den Unterbau geeignet	liebt nährstoffreiche, humose, ständig mäßig-feuchte Böden mit guter Kalkversorgung, spätfrostgefährdet	100–140 Jahre Industrie- und Möbelholz, Spielzeug, Brennholz	Eiche, Esche, Bergahorn, Kiefer, Lärche, Fichte, Tanne
 Abb. 710 Schwarzerle (SErl)	Schwarzerle (SErl) *Alnus glutinosa* freier Stand wird bevorzugt dennoch verträgt sie Beimischung unter Pappeln und Fichten N-Sammler	verlangt tiefgründige, nährstoffreiche Böden und hohe Luftfeuchtigkeit gedeiht auch auf vernässten Böden	60–80 Jahre Wasserbauten, Holzwaren, Bleistifte	Esche, Bergulme, Pappelhybriden, auch Fichte
 Abb. 711 Esche (Es)	Esche (Es) *Fraxinus excelsior* intensive Durchwurzelung des Bodens verträgt nur in der frühen Jugend Beschirmung	nährstoffreiche, lockere Böden mit guter Wasserführung ohne Staunässe werden bevorzugt (Auenwald) spätfrostgefährdet	80–130 Jahre Arbeits- und Sportgeräte, Möbelfurniere	Buche, Edellaubbaummischungen (Bergulme, Bergahorn)

Fortsetzung Tabelle 69

Baumart waldbauliche Eigenschaften	Standortansprüche	Umtriebsalter, Holzverwertung	bevorzugte Mischbaumarten
 Abb. 712 Spitzahorn (SAh)	Bergahorn (BAh) *Acer pseudoplatanus* Spitzahorn (SAh) *Acer platanoides* Licht- bis Halbschattbaumart mit stark verzweigter Herzwurzel	bevorzugt tiefgründige, lockere Böden liebt mit steigender Höhenlage Südhänge Bergahorn frostgefährdet Spitzahorn dagegen frosthart und anpassungsfähiger	Holzwaren, Möbel
 Abb. 713 Feldulme (FUl)	Ulme = Rüster Feldulme (FUl) *Ulmus carpinifolia* Bergulme (BUl) *Ulmus glabra* Halbschattbaumarten mit tiefreichenden Wurzeln	anspruchsvolle Baumart des Auwaldes bis in mittlere Höhenlagen verbreitet	Möbel- und Furnierholz

Abb. 714 Naturverjüngung durch Samenanflug.

Abb. 715 Samenbäume sind Voraussetzung für Naturverjüngung.

2.2 Bestandesbegründung

Die Verjüngung bzw. Begründung eines Bestandes ist eine Entscheidung über die Waldwirtschaft der nächsten 100 Jahre und mehr. Sie bedarf deswegen *sorgfältiger Planung.* Die Bestandesbegründung kann durch *Saat* oder *Pflanzung* (künstliche Verjüngung) erfolgen. Altbestände können auch *natürlich verjüngt* werden.

2.2.1 Naturverjüngung

Voraussetzungen – Naturverjüngung entsteht durch Samen, die zu Boden fallen bzw. von Wind und Tieren verbreitet werden. Deswegen müssen zunächst **Samenbäume** vorhanden sein. Außerdem müssen die Beschaffenheit der Bodenoberfläche und die Witterung ein Keimen der Samen zulassen. Je nach Baumart muss auch die zur Verfügung stehende Lichtmenge ausreichen und schließlich dürfen die jungen Baumpflanzen nicht durch Wild erheblich beschädigt werden.
Selbstverständlich kann der Waldbesitzer durch behutsame Lichtsteuerung, indem er die Samenbäume unter Berücksichtigung der Samenjahre rechtzeitig frei stellt, die Naturverjüngung wesentlich unterstützen.
Vor- und Nachteile – Die alten Samenbäume liefern in der Regel standortgerechte Nachwuchspflanzen. Eine gelungene Naturverjüngung spart Zeit und Geld. Während der junge Bestand im Schutze des Alten heranwächst, erzeugt das Altholz noch erhebli-

che Mengen an Zuwachs und schützt den Boden vor Verunkrautung, Austrocknung und Erosion.
Pflege und Vervollständigung von Naturverjüngungen setzen allerdings viel fachliches Können voraus und sind ziemlich arbeitsaufwändig.

2.2.2 Künstliche Verjüngung

Künstliche Verjüngung gibt die Möglichkeit standortgerechter Baumartenwahl und passender Baumartenmischungen. Dadurch wird das Risiko gering gehalten und die Auswahl von Pflanzen mit hochwertigen Erbeigenschaften möglich.
Die Verfahren der künstlichen Verjüngung sind
- hauptsächlich die **Pflanzung,**
- aber auch die **Saat** (z. B. Eichen).

2.2.3 Pflanzung

Die Pflanzung ist das häufigste Verfahren zur Bestandsbegründung. Gegenüber der Saat erzielt man einen Produktionsvorsprung (Altersvorsprung). Bei sachkundiger Behandlung und Pflanzung werden die Jugendgefahren besser überwunden.
Pflanzenbeschaffung – In der Regel werden die Forstpflanzen von Baumschulen bezogen. Dort werden sie in einem über mehrere Jahre dauernden Verfahren aus ausgewähltem Vermehrungsgut und unter z. T. mehrmaligem Verschulen (Umpflanzen zur stärkeren Wurzelbildung) gewonnen.
Die Entnahme aus dem Verschulbeet in der Baumschule und der Transport zur Pflanzstelle bedeuten für die Pflanzen einen wesentlichen Eingriff. Lieferer und Empfänger müssen daher versuchen, ihn so gering wie möglich zu halten.
Da Liefertermin und Pflanztermin selten unmittelbar zeitlich aufeinander folgen, sollten die Empfänger einige Regeln beachten:
- Pflanzenbündel beim Erhalt *sofort öffnen,* Menge, Größe und Güte (Stichproben) der Pflanzen dabei *prüfen* (eventuell Reklamation),
- Pflanzen für ein erforderliches *Zwischenlager* möglichst nahe der Pflanzstelle einschlagen, Schutz vor Sonne und Wildverbiss ist nötig,
- Pflanzen nicht mit Wasser begießen, weil sonst die Erde von den Wurzeln gespült wird,
- beschädigte, faule, kranke und lange Wurzeln (Wurzelfahnen) vor oder nach dem Einschlag beschneiden (beachte: das Pflanzverfahren muss der Wurzelgröße angepasst werden!),
- während der Pflanzarbeit Pflanzen nicht wurzelnackt herumtragen (Abdeckung mit Moos oder Sackrupfen).

Vorbereitung der Kulturfläche – Nach dem Abräumen des Altbestandes und dem Entfernen der Stämme stellt sich die Frage, ob der Schlagabraum (Äste, Kronenteile) auf der Kulturfläche belassen oder verbrannt werden soll. Obwohl Letzteres meist ein sauberes Arbeiten bei der Pflanzung ermöglicht, belastet es die Umwelt, erhöht die Waldbrandgefahr und beeinflusst das Bodenleben negativ.

Abb. 716 Sämlingspflanze (links), verschulte Pflanze (rechts).

Abb. 717 Die Pflanzlade ist ein praktisches Gerät, das die Pflanzarbeit erleichtert.

Abb. 718 Rechts: Rhodener Pflanzverfahren:
1. Die Hacke wird beidhändig geführt, beim Auftreffen auf den Boden wird der Griff gelockert.
2. Anhebeln der Hacke nach vorne.
3. Herunterdrücken des Stiels bis auf die Erde – Pflanzspalt öffnet sich.
4. Einschieben der Pflanze.
5. Anheben des Blattes und Nachschieben der Pflanze.
6. Schließen des Pflanzspaltes.

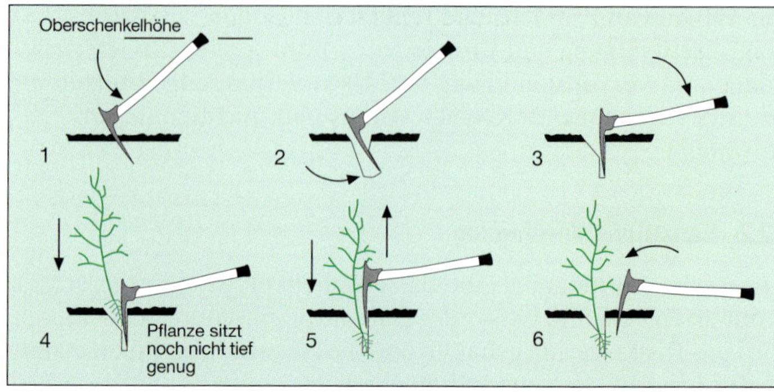

Abb. 719 Buchenbühler Schrägpflanzverfahren.

Pflanzverbände – Die Pflanzabstände für die wichtigsten Baumarten sind in der folgenden Tabelle zusammengestellt. Übliche Pflanzzeit ist das Frühjahr. Durch lange Pflanzzeiten im Frühjahr (März–Mai) und Herbst (September–November) lassen sich Arbeitsspitzen im landwirtschaftlichen Betrieb vermeiden.

Tabelle 70: Pflanzverbände bei einigen Baumarten

Baumart	Pflanzverband	Pflanzenqualität	Pflanzen/ha
Fichte	2,0 × 1,5 m	2/2 30– 60[1])	3300
Lärche	3,0 × 2,0 m	1/1 30– 60	1700
Buche	2,0 × 0,6 m	1/2 30– 50	8300
Roterle	2,0 × 2,0 m	1/1 60–100	2500

[1]) 2/2 30–60 bedeutet: 2-jährige Sämlinge wurden verschult und standen 2 Jahre im Verschulbeet; Pflanzengröße 30–60 cm.

Pflanzverfahren – In der Praxis wird meist die **Winkelpflanzung** angewendet. Alle bindigen, nicht zu steinigen Böden und Pflanzengrößen von 25 bis höchstens 60 cm sind dafür geeignet. Nicht bei Pfahlwurzlern anwenden. Die dafür nötigen Werkzeuge sind die Wiedehopfhaue und die Pflanzlade.

Auf lockeren Böden und mit kleinen Pflanzen ist die **Schrägpflanzung** günstiger. Als Geräte dienen neben der Doppeltragetasche die Schrägpflanzhaue. Für größere Pflanzen (Sprosslänge bis 120 cm), auch auf steinigen und tonigen Böden, hat sich das **Rhodener Pflanzverfahren** bewährt. Sehr steinige Böden oder solche mit dichtem Graswurzelfilz zwingen zur **Lochpflanzung.** Zunächst wird mit der Wiedehopfhaue der Grasfilz abgeplaggt, dann erfolgt die Pflanzung mit dem Spaten.

Abb. 720 Verfahren der Winkelpflanzung.

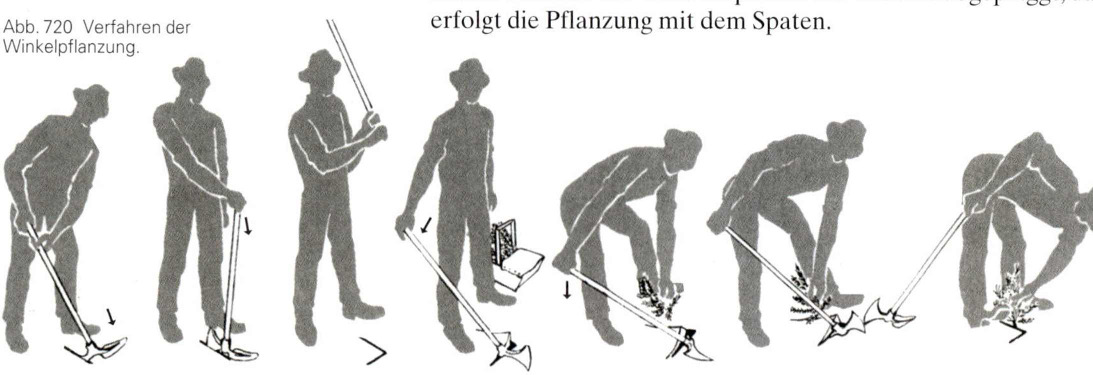

Die Pflanzung in die **Stockachseln** bietet den Pflanzen Schutz und Nahrung (Humifizierung und Mineralisierung der alten Wurzelmasse).

> **!** Bei allen Verfahren ist es wichtig, die Wurzeln nach dem Pflanzen ausreichend fest anzudrücken.

Abb. 721 Vor dem Pflanzen sind die langen Wurzeln einzukürzen.

2.2.4 Saat

Vorteile – Saat ist billiger als Pflanzung und führt zu einer sofortigen Anpassung der Wurzeln an den Standort. Allerdings ist die Saatgutqualität unsicherer als die Pflanzenqualität bei der Pflanzung.
Technik – Für die Saat eignen sich besonders Eiche, Buche und Roteiche. Die Vorbereitung des Saatbettes beschränkt sich in den meisten Fällen auf das Abziehen der Plaggendecke. Die günstigste Saatzeit ist Ende April bis Mai. Der Samen sollte anschließend so hoch mit Erde bedeckt werden, wie er selbst dick ist. Die Saatstärke/ha beträgt bei

Eiche	400 – 500 kg/ha,
Roteiche	300 kg/ha,
Buche	100 – 200 kg/ha.

Abb. 722 Stockachselpflanzung.

2.3 Bestandespflege

Die Pflege des Bestandes soll Arbeit und Kosten der Begründung sichern, die Zuwachsleistung und Holzqualität erhöhen sowie die Gefahren durch Windbruch oder Schneedruck vermindern.
Von der Anlage einer Fichtenkultur mit 3300 Pflanzen/ha bleiben am Ende noch etwa 300 – 400 hiebreife Bäume übrig. Sie sollen durch die Pflegemaßnahmen gefördert werden. Nebenbei liefert fast jede Pflegemaßnahme schon eine laufende Vornutzung des Bestandes.

2.3.1 Kultur- und Jungwuchspflege

Jungwuchsphase – Sie reicht von der Bestandesbegründung bis zu dem Zeitpunkt, an dem sich die Pflanzen dicht berühren.
Freischneiden – Die Baumpflanzen müssen vom Konkurrenzdruck der Kräuter, Weichhölzer, besonders der Stockausschläge befreit werden. Dies geschieht durch *Aussicheln, Ausmähen* oder *Umtreten* der bedrängenden Pflanzen.
Dabei sollte jedoch überlegt werden, ob nicht einige der zwischen den Pflanzreihen stehenden Sämlinge als Füllhölzer stehen gelassen werden sollten. Einerseits lässt sich so eine billige Mischung der Holzarten erreichen, andererseits fördern die geschonten Pflanzen die Windruhe in der Kultur oder schützen als Schirm vor *Spätfrösten.*

Abb. 723 Freischneiden ist notwendig, damit die Kulturen bessere Chancen haben.

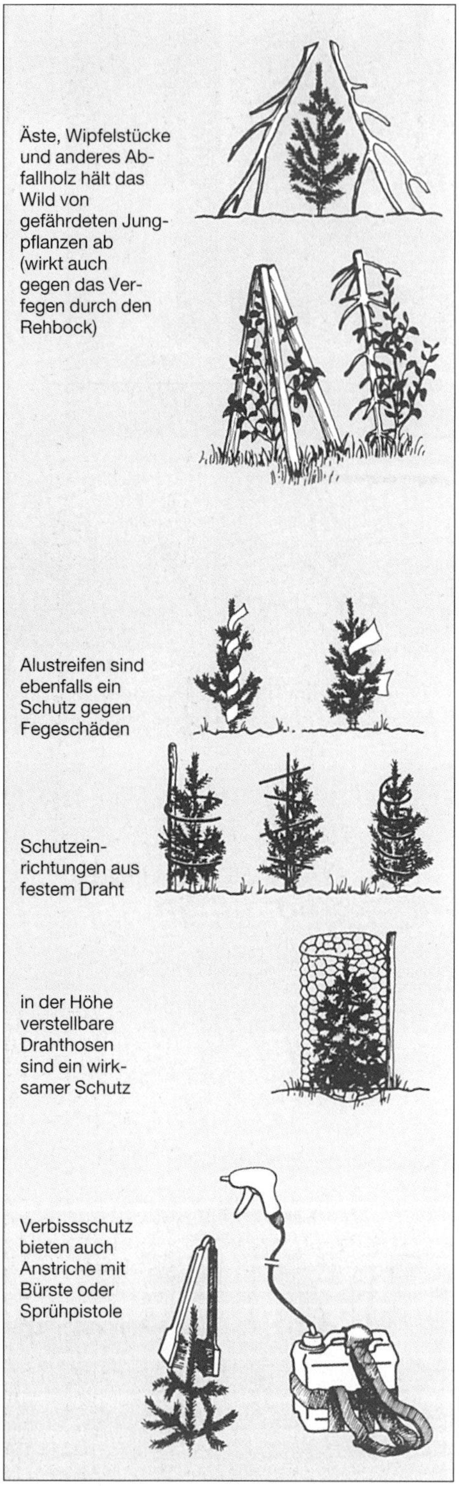

Abb. 724 Verbiss- und Fegeschäden können auf unterschiedliche Weise verhindert werden **(Beispiele)**.

Das Ausbringen von Herbiziden ist zwar meist einfacher, sollte aber erst angewendet werden, wenn die mechanischen Maßnahmen nicht den gewünschten Erfolg bringen.

Nachbesserungen – Hier geht es vor allem um das Nachpflanzen auf größeren Lücken. Nachbesserungen sind so früh wie möglich durchzuführen. Nach einer Anpflanzung erfolgt die Nachbesserung, also das Nachpflanzen im nächsten Frühjahr.

Düngung – Sie wird immer dann notwendig, wenn das Wachstum trotz ausreichender Wasserversorgung hinter den Erwartungen zurückbleibt.

Ausdünnen zu dichter Naturverjüngungen – Dabei geht es vor allem darum, kranke, krumme oder verdämmende Weichhölzer zu entfernen.

Schutz gegen Wild – Baumpflanzen werden durch Verbiss und durch Verfegen erheblich geschädigt. Einzelpflanzen können durch Äste, Wipfelstücke, Drahthosen und Ähnliches geschützt werden.

In der Gegend seltene Mischbaumarten sind in der Regel nur durch einen Zaun wirksam zu schützen. Kulturzäune werden als Pfostenzaun oder Stützenzaun mit Drahtgeflechten erstellt. Zur sicheren Wildabwehr sind Zäune regelmäßig zu kontrollieren.

Die Regulierung der Wilddichte wäre der wirksamste Schutz für die Kultur.

2.3.2 Dickungspflege

Dickungsphase – In diesem Entwicklungsstadium sind die Bäumchen mehr als mannshoch (ab 2 m) und bilden ein immer undurchdringlicheres Dickicht.

Ziel – Bei der Dickungspflege, die auch Läuterung genannt wird, werden alle überflüssigen, schädlichen, schlecht geformten und kranken Bestandsglieder entfernt.

Entnahme unerwünschter Bestandsglieder – Alle *grobastigen, zwieseligen* (erblich bedingte Teilung eines Stammes in 2 schwächere Stämme) oder *krummen* Waldbäume, die später nur minderwertiges Holz liefern, unterdrücken meist ihre Nachbarn und müssen daher entfernt werden.

Schnellwachsende Weichhölzer wie Birke, Weide oder Erle sind als Frostschutz, Humusmehrer und Bereicherung der Wildäsung erwünscht, müssen aber entfernt werden, wenn sie die Wirtschaftsbaumarten behindern (Peitscher), Stockausschläge sind abzuschneiden.

Mischwuchsregulierung – Das unterschiedliche Wuchsverhalten der Baumarten, durch den Standort zusätzlich beeinflusst, führt oft zur Unterdrückung langsamwüchsiger Baumarten. Hier müssen die Bedränger zurückgenommen werden.

Allerdings sollte die Dickung nach der Läuterung noch eine Dickung bleiben, d. h., unter- und zwischenständige Bäumchen dürfen *nicht gänzlich ausgeräumt* werden. Sie verbessern in der Baum- und Altholzphase das Bestandsklima, tragen zur natürlichen *Astreinigung* der Zukunftsbäume bei und können in Bestandslücken hineinwachsen, die z. B. durch Schneebruch verursacht wurden. Die Förderung der Artenvielfalt ist aus ökologischen Gründen dringend notwendig. Sie fördert die Waldgesundheit und schmälert deswegen nur scheinbar den Nutzen.

2.3.3 Durchforstung

Ziele – Der Konkurrenzkampf um die Wachstumsfaktoren lässt nach der Dickungsphase allmählich viele Bäumchen absterben. Nur die Stärkeren, inzwischen von der Größe von Gerüststangen, setzen sich durch. In diesem Entwicklungsabschnitt (Stangenholzphase) setzt die **Durchforstung** ein.
Dabei steht die Auswahl der **Zukunftsstämme,** der sog. Z-Stämme, im Vordergrund. Dies sind gut geformte Bäume mit gleichmäßiger Krone. Sie versprechen wegen ihrer Lebenskraft die besten Erträge in Masse und Holzqualität. Dabei achtet man auch auf eine gleichmäßige, dem Endabstand entsprechende Standraumverteilung dieser Z-Stämme. Das Verringern des Bestandes lässt die übrigen Bäume schneller wachsen, macht sie standfester und erhöht ihre Qualität.
Vorgehen – Bei der Durchforstung sollte nicht sofort mit Axt und Säge begonnen, sondern zunächst der Bestand **durchgemustert** werden. Dabei kennzeichnet man alle zu entnehmenden Stämme mit Hilfe von Farbtupfern, Spray oder Reißern. Farbsprays sollten keine umweltschädlichen Treibgase enthalten. Es ist auch zweckmäßig, die Z-Stämme vorher getrennt besonders zu kennzeichnen.
Erhalten bleiben müssen alle wertvollen, gesunden Stämme, aber auch seltene Mischbaumarten, lebensfähige Bäume des Zwischen- und Unterstandes für die Bodenbedeckung und zur Erhaltung der Luftruhe im Bestand. Auch stark beastete Randbäume, die zwar keine gute Holzqualität darstellen, müssen erhalten bleiben.
Herausgenommen werden müssen alle kranken, abgestorbenen, eingeklemmten, einseitig bekronten und schlecht geformten Bäume. Außerdem entfernt man Zwiesel, Peitscher und Vorwüchse.
Beim **Auszeichnen** muss jedoch bei jeder Entscheidung überlegt werden, wie den Z-Stämmen zu helfen ist. Man geht folgendermaßen vor:

- ▶ Wo steht der beste Z-Stamm?
- ▶ Wo befindet sich der Nachbar-Z-Stamm?
- ▶ Welche Bäume schaden der Entwicklung und müssen entnommen werden?

Das Erhalten der Artenvielfalt erhöht die Waldgesundheit. Nebenständige Baumarten sind darüber hinaus für die natürliche Astreinigung des Hauptbestandes nötig.
Verfahren – Mit der Entfernung sollte man so früh wie möglich beginnen, um starke und plötzliche Eingriffe in den Bestand zu vermeiden, weil dadurch die Widerstandskraft gegen Schnee und Sturm am besten gewährleistet ist. In jüngeren Beständen werden in kürzeren, in älteren Beständen in längeren Zeitabständen Durchforstungseingriffe durchgeführt.
Zwischen den einzelnen Maßnahmen der Durchforstung liegen dann etwa 6–10 Jahre.

Abb. 725 Zukunfts (Z-)stämme sollen für höchsten Zuwachs gut geformt sein.

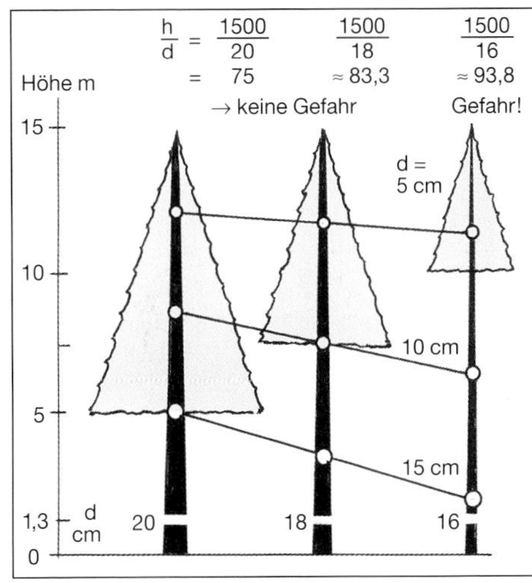

Abb. 726 Bei einem Verhältnis Baumhöhe h (in cm) zu Stammdurchmesser in Brusthöhe d (in cm) über 90 besteht Gefahr (Wind, Schnee).

Abb. 727 Waldnutzung: Der Nachhaltebetrieb erntet in kürzeren Abständen kleine Flächen, der aussetzende Betrieb in größeren Abständen größere Teile.

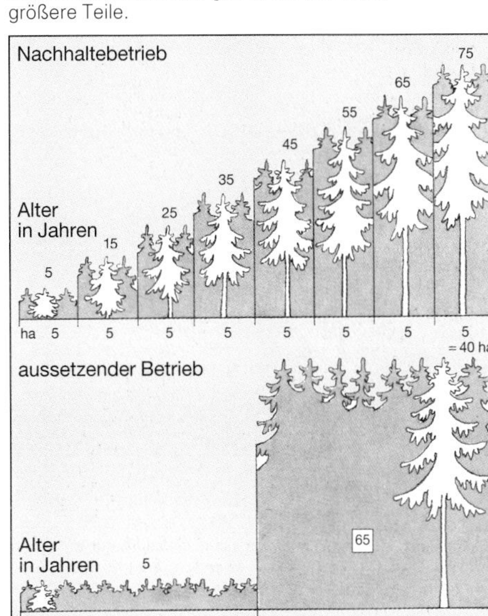

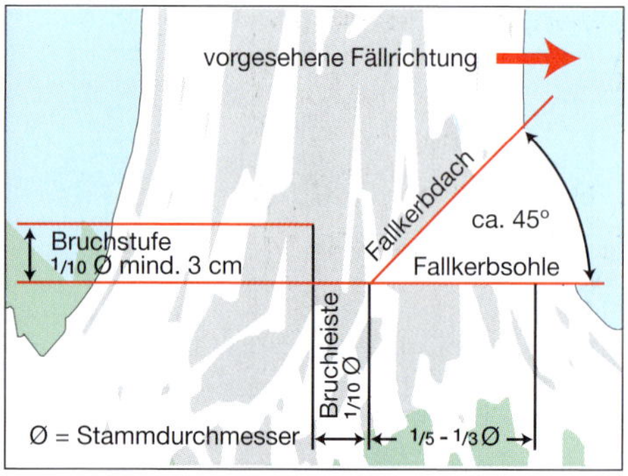

Abb. 728 Anlegen von Fallkerb und Fällschnitt (Schema). Die Fallkerbsohle so tief wie möglich anlegen.

Abb. 729 An der Einmündung von Rückeschneisen in Holzabfuhrwege sorgen »Piloten« für die Verminderung von Rückeschäden.

Abb. 730 Sauberes Aufarbeiten der Verkaufspartien (Ausformung) ist eine Voraussetzung für eine optimale Vermarktung des Holzes.

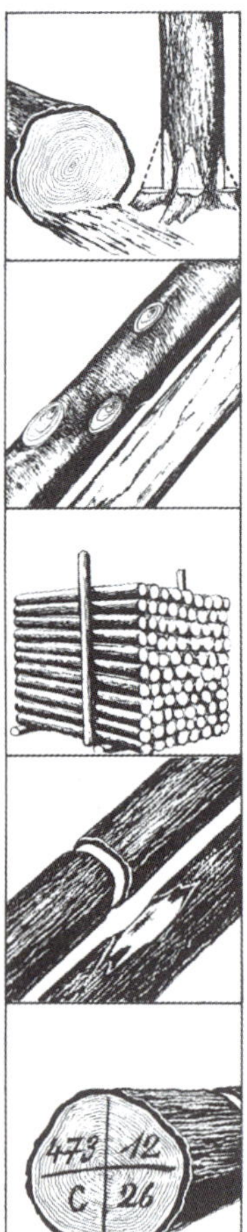

»Waldbärte« und Wurzelanläufe sind abzusägen bzw. beizuschneiden.

Äste müssen dicht am Stamm abgeschnitten werden. Die Stämme sind allseitig zu entasten.

Schichtholz muss gestapelt werden.

Messringe sind (außer bei Buchen) bastfrei zu erstellen. Fehler (überwallte Äste und Ähnliches) sind offen zu legen.

Kennzeichnung (dauerhaft) an der Schnittfläche:
Links oben: Nummer,
rechts oben: Länge,
links unten: Güteklasse,
rechts unten: Mittendurchmesser.

2.4 Fachgerechte Holzernte

! Fachmännisch aufgearbeitetes, sauber gestapeltes und zu jeder Zeit abfuhrbereites Holz ist das Ziel der Holzernte und bringt optimale Erlöse.

2.4.1 Vermeiden von Holzverlusten

Bei der **Holzernte** und beim Aufarbeiten des Holzes sind folgende Regeln zu beachten:

- Das Fallkerbmaul muss so hoch wie tief angelegt werden;
- der Fällschnitt wird 3–4 cm über der Fallkerbsohle geführt, damit beim Bruch die Fasern nicht aus dem Stamm, sondern aus dem im Boden verbleibenden Stock gerissen werden;
- waagerechter Fällschnitt bedeutet mehr Nutzholz;
- je tiefer der Stamm abgesägt wird, desto mehr wertvolle Holzmasse lässt sich gewinnen;
- Waldbärte (aus dem Stock gerissenes Holz) und Wurzelanläufe sind zu entfernen;
- Äste sind möglichst dicht am Stamm abzusägen bzw. abzuhauen;
- die Stämme sind ausreichend und allseitig zu entasten;
- das aufgearbeitete Holz ist leserlich und dauerhaft zu kennzeichnen.

Meist wird der Waldbesitzer das Holz an feste Wege oder auf Holzlagerplätze rücken. Um Schäden dabei zu vermeiden, ist ein Netz von Rückegassen im Bestand schon frühzeitig anzulegen. An der Einmündung von Rückegassen in die Abfuhrwege sind die Stammfüße der dort stehenden Bäume durch sog. »Piloten« vor Verletzungen durch schleifende Bäume oder Seile zu schützen.

2.4.2 Unfallverhütung

Neben Ausbildung und Leistungsfähigkeit ist bei der Waldarbeit besonders genaues Beachten der Unfallverhütungs-Vorschriften (UVV) Voraussetzung für die **Arbeitssicherheit.**

Arbeitskleidung – Sie soll strapazierfähig, aber leicht und wasserdicht sein. Signalstreifen oder Signalfarben machen den Arbeiter besser sichtbar.

Beim Arbeiten mit der Motorsäge ist eine vorschriftsmäßige **Schutzkleidung** (PSA = Persönliche Schutzausrüstung) zu tragen. Dazu zählen:

- Bund- oder Latzhose mit Schnittschutzeinlagen auf der Vorder- und Rückseite. Derzeitige Mindestanforderung ist die Schnittschutzklasse »class 1«.
- Arbeitsjacke mit Warnflächen, um besser gesehen zu werden.
- Schutzhandschuhe.
- Arbeitsstiefel oder -schuhe mit Stahlkappe, Stahlzwischensohle, Profilsohle und Schnittschutzeinlagen.

Hose und Jacke sollen aus atmungsaktiven und hautverträglichen Materialien gefertigt sowie schmutz- und nässeabweisend sein.

Zur **Schutzausrüstung** gehören Kopfschutz, Gesichtsschutz und Gehörschutz.

Werkzeug – Mit dem Einsatz von Motor-Arbeitsgeräten steigt das Unfallrisiko, die Belastungen durch Abgas, Vibration und Lärm nehmen zu. Beim Einkauf von Forstwerkzeugen und -arbeitsgeräten ist stets darauf zu achten, dass sie das *Sicherheitszeichen* nach

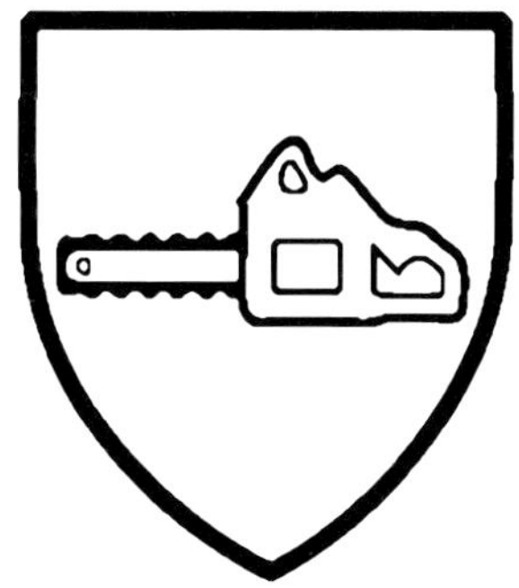

Abb. 731 Das Motorsägen-Piktogramm muss sichtbar auf Schnittschutzhosen und Schutzschuhen angebracht sein.

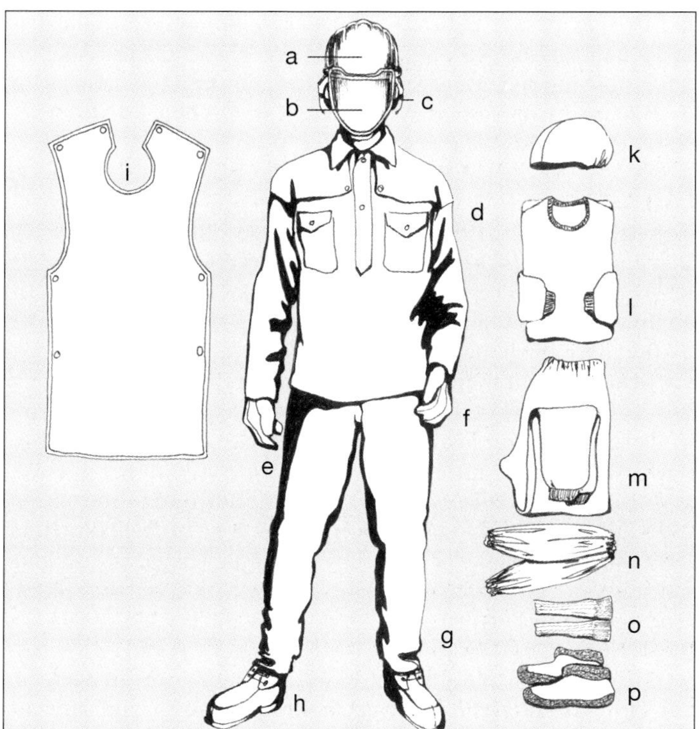

Abb. 732 Mitte: Zweckmäßige Waldarbeitskleidung:
a) Kunststoffhelm mit Regenrinne und Ventilationslöchern
b) Augenschutz gegen Spänespritzer
c) Gehörschutz: Ohrenklappen geben den besten Schutz und halten im Winter auch warm
d) Bluse in guter Passform, mit kombiniertem Regenschutz; im Winter mit doppeltem Rückenteil mit isolierender Luftschicht
e) Der Fäustling soll mit »Zeigefinger« versehen sein für perfekten, sicheren Griff um den Gashebel
f) Der linke Fäustling, an der Oberseite mit einer Schutzschicht aus Nylonkord oder ähnlichem Material versehen, im Winter gestrickter Innenhandschuh
g) Die Hosen sollen unten schmäler sein und nicht zu eng sitzen, so dass man sich leicht bücken kann; im Winter laminiert und mit Schnellverschluss (Klettverschlüsse). Bei Arbeiten mit der Motorsäge ist eine Schutzhose mit Schnittschutzeinlage erforderlich.
h) Die Stiefel sollen eine kräftig profilierte Sohle haben. Mit Zehenkappe aus Stahl und Schnittschutz in der Zunge
i) Regenschutz zur Bluse, leicht zu befestigen, mit Regenrinne
k) Eine weiche warme Helmhaube, laminiert
l) und m) Unterwäsche aus Fiberpelz für extrem kalte Tage
n) Ärmelüberzieher für feuchtes Wetter
o) Handgelenkschutz vermindert die Gefahr für Kälteschäden
p) Socken aus Fiberpelz

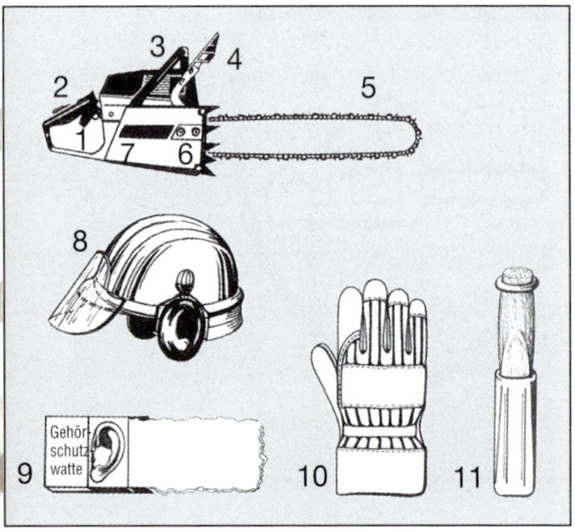

Abb. 733 Motorsäge und Zubehör:
1 Handschutz, Antivibrationsgriff
2 Gashebelsperre
3 heizbarer Antivibrationsgriff
4 Handschutz und Auslösehebel für Kettenbremse
5 Sicherheitskette
6 Kettenfangbolzen } verdeckt
7 Kettenbremse
8 Schutzhelm für Fällen und Entasten mit Gesichts- und Gehörschutz
9 Gehörschutzwatte
10 Schutzhandschuhe aus Leder gegen Verbrennungen am Auspuff, Verletzungen an der Kette und zur Minderung der Vibrationsübertragung
11 Alu-, Kunststoff- oder Holzkeile

Abb. 734 Im mittelstarken Holz (20–35 cm BHD) wird eine mittelstarke Motorsäge mit etwa 3–4 kW und einer Schwertlänge von 40 cm eingesetzt ①. Am Werkzeuggurt hängen Kluppe ② (40 cm), Rollmaßband ③ (15 – 20 m) und Signierkreide. Packzangen können je nach Sortiment sinnvoll sein. In jedem Fall müssen mindestens zwei Keile ④ und eine Spaltaxt ⑤ zur Fällung mitgeführt werden. Der »große Fällheber« mit 130 cm Länge ⑥ wird lediglich zum Wenden der »leichteren« Hölzer mitgeführt. Ein Wendehaken ⑦ mit einem 2 m Holzriegel dient zum Wenden und vor allem zum Abdrehen von »Aufhängern«.

dem Gerätesicherheits-Gesetz tragen und entsprechend gesundheits- und umweltfreundlich betrieben werden können, z. B. Ausstattung mit Abgaskatalysator, Verwendung biologisch verträglicher Kettenöle auf Pflanzenöl-Basis und schadstoffarme Kraftstoffe.
Absoluten Schutz vor Verletzungen kann keine Sicherheitsausrüstung bieten. Es ist deswegen beim Einsatz auf eine sichere Bedienung der Geräte und Werkzeuge, auf eine überlegte Arbeitstechnik und auf die Funktionsfähigkeit der Sicherheitseinrichtungen zu achten.

! **Die Teilnahme an einem Kurs für den Umgang mit forstwirtschaftlichen Geräten ist unabdingbare Arbeitsvoraussetzung und hilft, Unfälle zu vermeiden.**

2.4.3 Waldtechnik

Motorsäge – In der Forstarbeit werden Motorsägen in verschiedenen Größen und Ausführungen für folgende Arbeitsvorgänge verwendet:
- Fällarbeit,
- Entasten der Stämme,
- Ablängen in Teilstücke.

Motorsägen sind mit Zwei-Taktmotoren ausgestattet. Deswegen ist als **Kraftstoff** ein Benzin-Öl-Gemisch erforderlich. Dabei ist ein Mischungsverhältnis von 50 bis 80 : 1 einzuhalten.
Es ist bleifreies Benzin zu verwenden. Schadstoffarme Benzine und Fertiggemische haben bei der Verbrennung einen reduzierten Schadstoffausstoß und sind deswegen vorteilhaft. Als *Mischungsöl* sind hochwertige Qualitätsöle notwendig; damit wird die Rauchbildung und die Ablagerung von Ölkohle im Motor reduziert. Das Kraftstoffgemisch in der Motorsäge oder im Lagerbehälter ist vor dem Einsatz nach längerer Stillstandzeit kräftig durchzuschütteln.
Sägkettenöle haben Haftzusätze und gewährleisten auch in Grenzfällen eine sichere Schmierung der Kette. Die Ölmenge ist den Verhältnissen beim Schneiden anzupassen und beim Einsatz laufend zu überprüfen. Grundsätzlich sind beim Auftanken der Öl- und der Benzintank voll zu füllen.
Zur **Schneidgarnitur** einer Motorsäge gehören:
Das **Antriebsritzel** ist über eine Fliehkraftkupplung mit dem Motor verbunden und als Stern- oder Ringkettenrad ausgeführt. Stark abgenutzte Antriebsritzel sind rechtzeitig auszutauschen, da sonst erhöhter Verschleiß der Sägekette auftreten kann.
Die **Sägekette** besteht aus den Kettengliedern, Treibgliedern und den Schneidezähnen. Die Glieder haben eine festgelegte Teilung und müssen den Maßen des Antriebsritzels und der Führungsschiene entsprechen.
Die **Treibglieder** greifen in das Antriebsritzel ein und sichern einerseits den Antrieb der Kette, anderseits führen sie die Kette im Nut der Führungsschiene. Je nach Einsatzbereich und Holzart sind die **Schneidezähne** einer Sägekette unterschiedlich ausge-

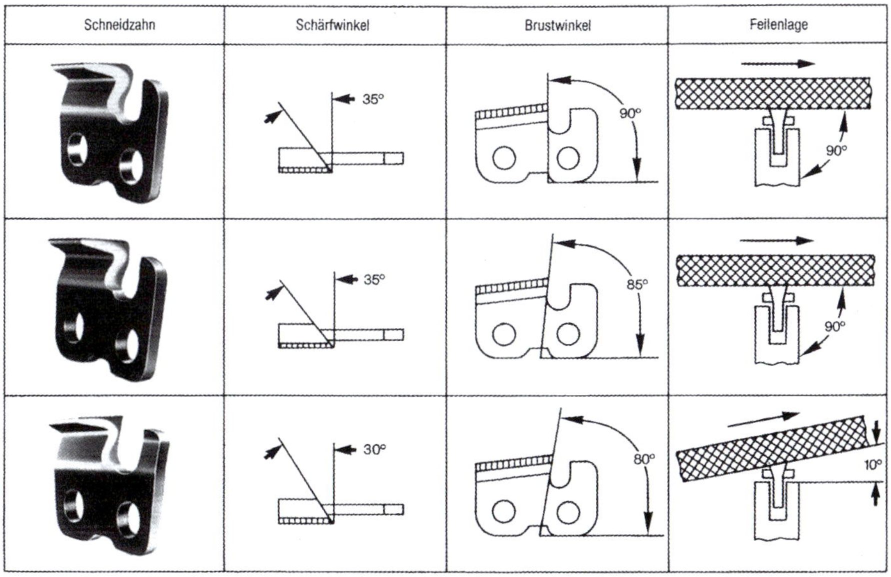

Abb. 735 Schneidewinkel der verschiedenen Schneidezahntypen: Oben – Schneidezahn mit runder Zahnschaufel (Rundzahn), Mitte – Schneidezahn mit abgeflachter Zahnschaufel (Halbmeißelzahn), unten – Schneidezahn mit scharfkantiger Zahnschaufel (Vollmeißelzahn).

führt. Die Schneidezähne können eine runde, abgeflachte oder scharfkantige Zahnschaufel haben. Je nach Form der Zahnschaufel muss beim Schärfen der Kette mit unterschiedlichen Einstellungen gearbeitet werden.

Die Sägekette soll *bei Verschleiß* frühzeitig nachgeschärft werden. Dabei ist zu berücksichtigen, dass alle Schneidezähne gleich lang bleiben und das Maß zwischen Tiefenbegrenzer und Schneide eingehalten wird.

Die Führungsschienen gibt es in unterschiedlichen Längen. Die Treibglieder der Sägekette laufen in der Nut, die Verbindungsglieder auf der Führungsschiene. Ein Umlenkstern an der Spitze der Schiene vermindert großen Verschleiß.

Die zwischen der Kette und der Führungsschiene auftretende Reibung muss durch eine ausreichende Ölversorgung auf ein Minimum gehalten werden. Dieses wird durch eine automatische Kettenschmierung sichergestellt.

Vor dem Einsatz der Motorsäge ist die **Funktions- und Betriebssicherheit** zu prüfen:

- ▶ Richtige Montage der Führungsschiene,
- ▶ fachgerecht geschärfte Sägekette,
- ▶ optimale Spannung der Sägkette,
- ▶ funktionsfähige Kettenbremse,
- ▶ intakte Schalterfunktionen für die Zünd- und Kraftstoffanlage,
- ▶ saubere Luft- und Kraftstofffilter,
- ▶ ausreichende Kettenschmierung,
- ▶ gut verschlossene und dichte Vorratsbehälter für Benzin und Öl,
- ▶ trockene und saubere Handgriffe zur sicheren Führung der Motorsäge.

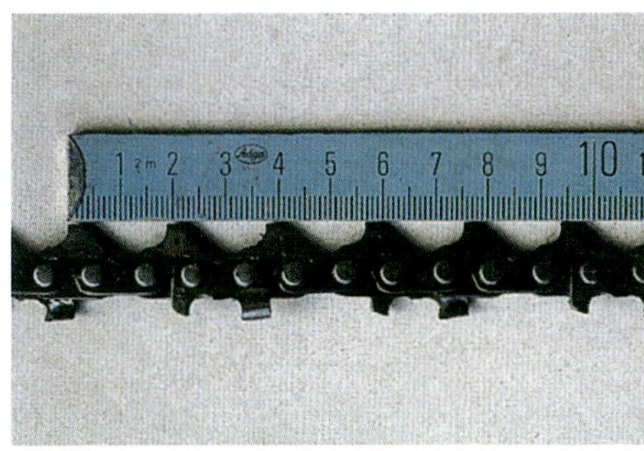

Abb. 736 Teilung der Sägekette (Hier 9,32 mm = $^3/_8$ Zoll).

Abb. 737 Nach mehrmaligem Schärfen ist der Tiefenbegrenzer am Schneidezahn auf das vorgeschriebene Maß einzustellen.

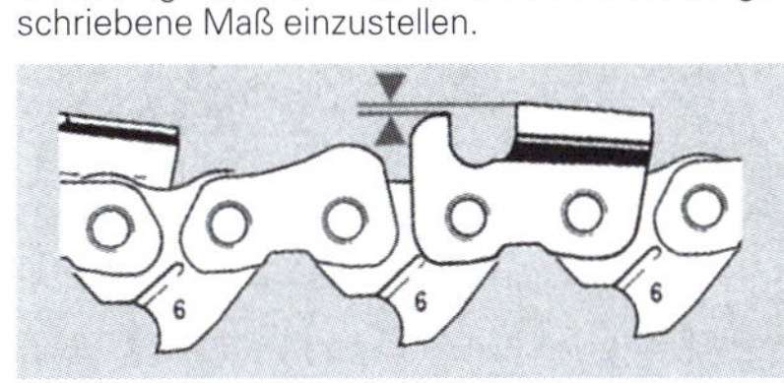

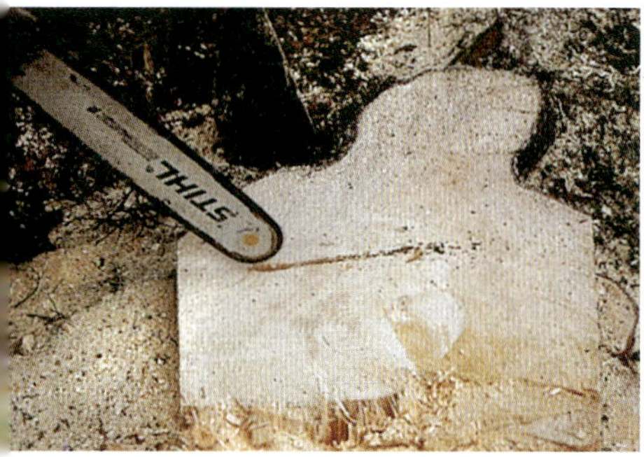

Abb. 738 Überprüfung der Kettenschmierung.

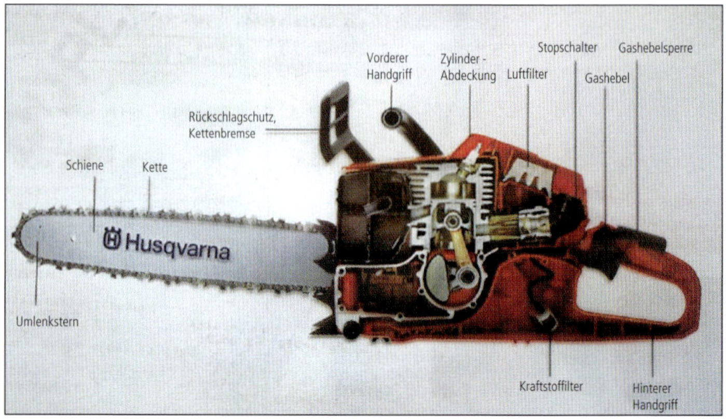

Abb. 739 Bauteile einer Motorsäge.

Abb. 740 Treibstoff und Kettenöl sind gleichzeitig zu befüllen.

Abb. 741 Beim Einsatz eines Freischneidegerätes ist für die Bedienungsperson eine Schutzausrüstung erforderlich.

Zum **Starten der Motorsäge** ist sie sicher auf einer ebenen Fläche abzustellen. Mit einer Hand wird die Säge am Bügelgriff, mit der Fußspitze über die Griffstütze am Boden festgehalten. Beim Starten wird der Startergriff langsam bis zum Greifen der Kupplung angezogen und anschließend mit einem kräftigen Ruck gestartet. Um bei *kaltem Motor* sicher zu starten, ist die Starterklappe (Choke) zu schließen. Startet der Motor, ist die Starterklappe sofort zu öffnen, der Motor wird durch Gasgeben auf Touren gehalten, bis er warm gelaufen ist.

Beim Starten eines *warmen Motors* wird die Starterklappe nicht geschlossen, er lässt sich in Halbgasstellung leicht starten.

Beim **Arbeiten mit der Motorsäge** ist auf eine sichere Handhabung zu achten.

Vor dem Ansetzen der Motorsäge ist die Schneidstelle (Stamm) von Schmutz und Fremdkörpern zu reinigen. Die Säge wird zum Schnitt mit dem Krallenanschlag am Holz angesetzt und mit einer Schwenkbewegung das Schneidschwert geführt.

Das *Schneiden mit der Schwertspitze* kann zu einem gefährlichen Rückschlag (Kick back) der Säge führen, besonders dann, wenn mit dem oberen Viertel der Schienenspitze gearbeitet wird.

> ! Für den Fällschnitt, Fächerschnitt, Herzschnitt und zum Entasten ist die Motorsäge fachgerecht einzusetzen. Dafür ist eine entsprechende Ausbildung erforderlich und die notwendigen Sicherheitsbestimmungen sind einzuhalten.

Die notwendigen **Wartungsarbeiten** am Motor und an der Schneidgarnitur einer Motorsäge sind sorgfältig vorzunehmen.

Freischneidegeräte und Motorsensen – Für die Landschafts- und für die Kulturpflege im Wald kommen Motorsensen oder Freischneidegeräte zum Einsatz. Die Auswahl der Geräte wird von den zu verrichtenden Arbeiten bestimmt. Zum Mähen von Gras kommt eine **Motorsense** zur Anwendung. Dagegen ist für umfangreiche Mäh- und Pflegearbeiten, bei stark verbuschten Flächen das leistungsfähigere **Freischneidegerät** universell einzusetzen.

Der Einsatz der Geräte erfordert aus Sicherheitsgründen entsprechende Arbeitskleidung und eine persönliche **Schutzausrüstung.** Dazu gehören *Sicherheitsschuhe, Arbeitshandschuhe, Gesichtsschutz* und ein *Gehörschutz*. Bei Arbeiten in Jungbeständen ist zusätzlich ein *Schutzhelm* erforderlich.
Um ein zügiges und kräfteschonendes Arbeiten zu ermöglichen, ist das Gerät mit einem dem Körper angepasstem **Tragegurt** zu führen. Dieser ist so einzustellen, dass der Karabinerhaken zum Einhängen des Gerätes sich eine Handbreit unterhalb der rechten Hüfte befindet.
Die Handgriffe zur Führung und Bedienung des Freischneiders sind zum Körper hin auszurichten. Durch Verschieben der Trageöse auf dem Geräteschaft ist die Balance des Gerätes so einzustellen, dass das Schneidwerkzeug leicht über dem Boden schwebt. Bei dieser Anordnung ergibt sich automatisch der passende Schneidwinkel des Arbeitswerkzeuges zum Boden.
Der Antrieb des Arbeitswerkzeuges erfolgt mittels einer Antriebswelle durch einen **Zwei-Takt-Ottomotor.** Die beiden Bauteile werden durch eine Fliehkraftkupplung verbunden oder bei niedriger Motordrehzahl getrennt. Sowohl für das Starten, die Bedienung beim Mähen und für die Wartung des Motors gelten die gleichen Arbeitsgänge wie bei einer Motorsäge.
Die **Arbeits- und Schneidetechnik** mit dem Freischneider richtet sich nach den zu erledigenden Arbeiten, der Grasdichte und dem Arbeitswerkzeug. Im Einzelnen ist eine Motorsense bzw. der Freischneider zu verwenden zum:

- ▶ Mähen von Gras, Gestrüpp und Sträuchern,
- ▶ Ausmähen bei Kulturpflanzen (Auskesseln),
- ▶ Fällen von Bäumen bis zu 12 cm Stammdurchmesser.

Der **Mähkopf** kann mit unterschiedlichen **Schneidwerkzeugen** ausgestattet werden. Jedes Werkzeug ist auf bestimmte Einsatzbereiche zugeschnitten.
Je nach Dichte des Mähgutes kann mit einem Kunststoffmähkopf (mit Schneidfaden oder Kunststoffmessern), Grasschneideblatt oder dem Dickichtmesser gearbeitet werden. Beim Arbeiten in freien Flächen wird in Bahnen von etwa 1 – 1,5 m Breite gemäht.
Zum Mähen von verbuschten Flächen wird das Grasschneideblatt oder ein Dickichtmesser verwendet. Zum Entfernen von holzigem Buschwerk und dünnen Baumstämmen kommen Kreissägeblätter (Spitzzahn oder Meißelzahn) zur Anwendung.
Beim Einsatz eines Kreissägeblattes ist wegen der Rückschlaggefahr zu beachten, dass im Blattsektor von »12 bis 15 Uhr« das Blatt nicht an den Stamm geführt werden darf. Zudem ist der Kontakt mit dem Boden, Steinen und anderen festen Gegenständen zu vermeiden.
Für die verschiedenen Einsatzbereiche ist das passende Gerät mit entsprechender Motorleistung und Arbeitswerkzeug auszuwählen.

> **!** Bei der Arbeit sind die Sicherheitsbestimmungen einzuhalten. Es ist auf einen Sicherheitsabstand von ca. 15 m zu anderen Personen zu achten.

Abb. 742 Mähkopf mit Schneidfaden: Mähen an Hindernissen.

Abb. 743 Mähkopf mit Kunststoffmessern: Flächenmähen und Ausputzarbeiten.

Abb. 744 Grasschneideblatt (4 Schneidkanten): Mähen von dichten Grasbeständen.

Abb. 745 Dickichtmesser: Auslichten von Schilf und Gestrüpp.

Abb. 746 Kreissägeblatt: Schneiden von Büschen und dünnen Bäumen.

Abb. 747 Rechts: Zur Vermarktung gehört auch das saubere Stapeln des Holzes an Abfuhrstellen.

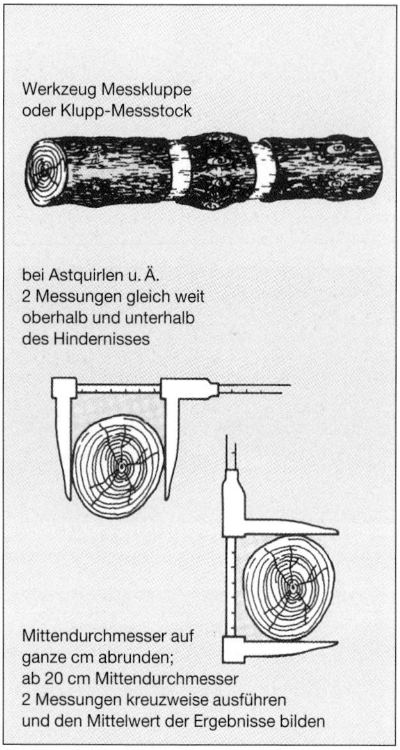

Abb. 748 Messen des Mittendurchmessers.

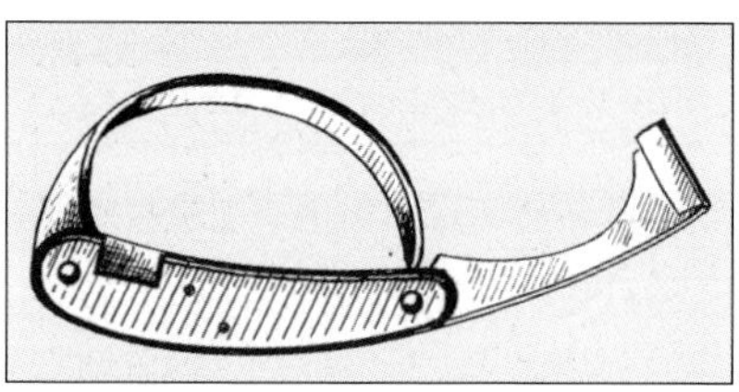

Abb. 749 Reißhacken.

2.5 Holzverkauf

2.5.1 Ausformung

Holz ist Handelsware, deswegen müssen für den Verkauf die preisbestimmenden Merkmale Qualität, Abfuhrlage und der optische Eindruck der Verkaufspartie günstig gestaltet werden. Dies wird als *Ausformung* des Holzes bezeichnet.

Weil jeder Mensch mit dem Auge kauft, muss Holz sauber entastet und krankes Holz, so weit wie erforderlich, gesund geschnitten werden. Fällungsbärte sind zu entfernen und die ganze Partie sollte sachgemäß sortiert, gekennzeichnet und gestapelt werden.

2.5.2 Vermessen

Einheiten – Hölzer werden entweder nach dem Volumen oder nach dem Gewicht (bei Industrieholz) gemessen. Seit 1978 gilt als Einheit der Volumenmessung der Kubikmeter (m^3). Traditionell misst man noch manchmal das Volumen von Stämmen in Festmeter (fm) und das Volumen von geschichtetem Holz in Raummetern (rm).

Abb. 750 Messwerkzeuge für das Messen der Länge und des Durchmessers
a Reißmeter,
b Messkluppe,
c Maßband.

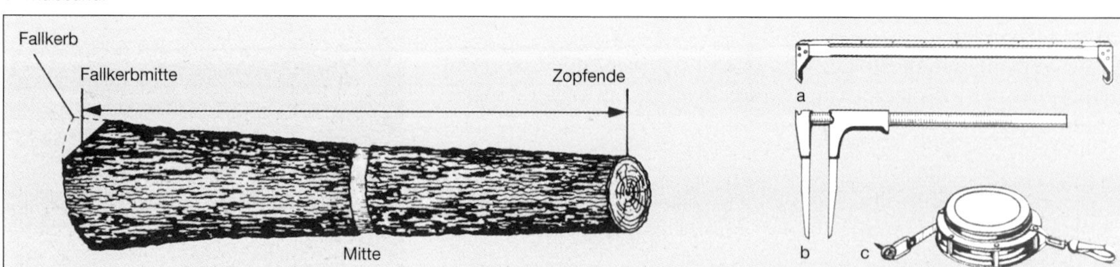

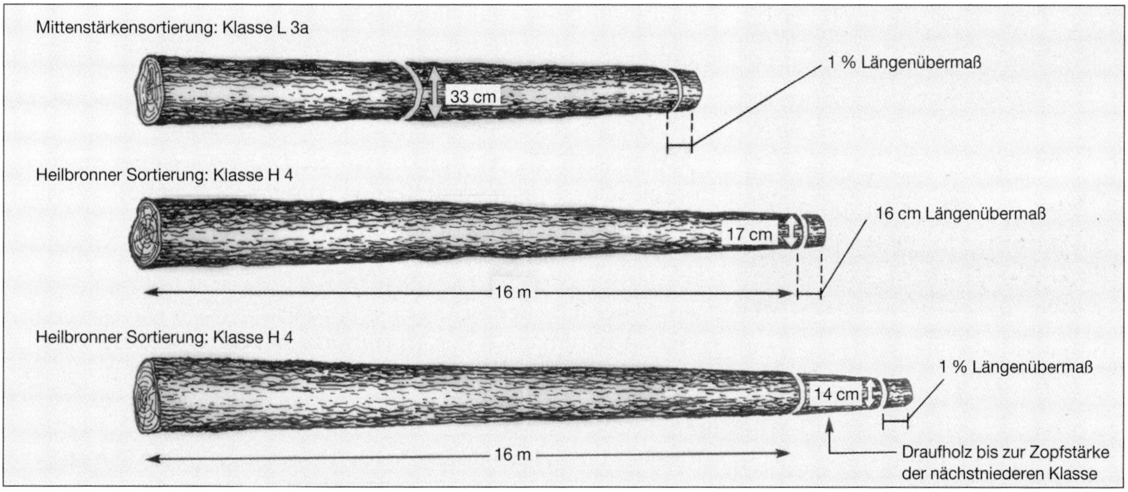

Abb. 751 **Beispiel** für die Sortierung nach Stärke und nach der Heilbronner Sortierung.

Volumenberechnung – Bei Stämmen verwendet man die Formel:

$$\text{Volumen} = \frac{\text{Mittendurchmesser}^2 \times \pi \times \text{Länge}}{4}$$

$$V = \frac{d^2 \times \pi \times l}{4}$$

Meist ermittelt man nur den Mittendurchmesser (d) und die Länge (l) und liest aus Tabellen das zugehörige Volumen (V) ab.
Der *Mittendurchmesser* ist ohne Rinde mit einer Messkluppe zu messen. Bei Stämmen bis 19 cm Durchmesser genügt einmaliges Kluppen, wie der Stamm liegt. Das Ergebnis wird auf ganze Zentimeter *ab*gerundet. Bei dickeren Stämmen (ab 20 cm Durchmesser) sind 2 Messungen in zueinander senkrecht stehenden Richtungen nötig.
Beispiel: Erste Messung 34 cm (abgerundet); zweite Messung 29 cm (abgerundet);

$$\frac{34\,\text{cm} + 29\,\text{cm}}{2} = 31{,}5\,\text{cm} \triangleq 31\,\text{cm}.$$

Bei Fichte, Tanne, Douglasie, Buche und Esche kann auf den Mittenring verzichtet werden. Allerdings ist rechnerisch ein Rindenabzug vorzunehmen.
Die *Längenmessung* erfolgt in der Regel mit dem Reißmeter bzw. dem Maßband. Auch hier rundet man auf ganze Zentimeter. Bei Stämmen mit Fallkerb beginnt die Längenmessung in der Fallkerbmitte. Für die Sortierung ist ein Übermaß von 1 % vorgeschrieben. Dies bleibt jedoch bei der Ermittlung der Stammmitte unberücksichtigt.
Zopfdurchmesser – Das dünne Ende des Stammes heißt Zopf. Sein Durchmesser wird ebenfalls ohne Rinde durch einmaliges Kluppen ermittelt.
Raummaß – Beim Aufsetzen von Schichtholz mit oder ohne Rinde müssen die Holzstöße in der Höhe ein Übermaß von 4 % haben.

Abb. 752 Vermeiden von Fehlern beim Fällen.

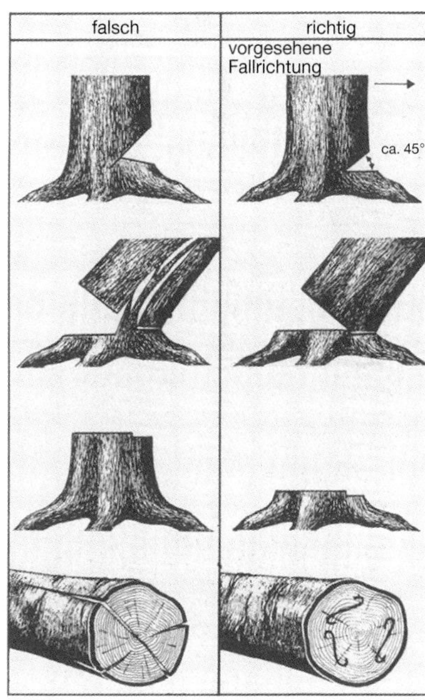

Abb. 753 Für die Einteilung in die Güteklasse sind Gesundheit und Durchmesser der Äste wichtige Merkmale.

2.5.3 Sortierung nach Handelsklassen

Das Sortieren nach Handelsklassen ist nicht zwingend vorgeschrieben, ist aber zu empfehlen, weil nur so marktübliche Preise zu erzielen sind.

Stärkesortierung – Als Stärke wird der *Durchmesser* des Stammes bezeichnet. Je nach Sorte werden Durchmesser an unterschiedlichen Stellen des Stammes gemessen:

- In der Mitte,
- am schwächeren Ende (Zopf),
- 1 Meter über dem schwächeren Ende.

Die Sortierung nach der *Mittenstärke* hat die größte Bedeutung. Holzsorten nach Mittenstärkensortierung werden mit »L« gekennzeichnet. Dabei unterscheidet man mehrere Klassen.

Tabelle 71: Klasseneinteilung bei der Holzsortierung nach Mittenstärke

Klasse	Mittendurchmesser ohne Rinde cm	Messzahl[1] €/m³
L 0	unter 10	25
L 1a	10–14	25
L 1b	15–19	28
L 2a	20–24	34
L 2b	25–29	40
L 3a	30–34	47
L 3b	35–39	55
L 4	40–49	65
L 5	50–59	75
L 6	60 und mehr	85

[1]) Messzahlen für Kiefer, Lärche und Strobe. Die Messzahl ist ein bundeseinheitlich festgesetzter Grundpreis, der bei der Preisermittlung mit dem aktuellen Prozentsatz multipliziert wird.

Abb. 754 **Beispiel** für die Gütebewertung an einem Stamm.

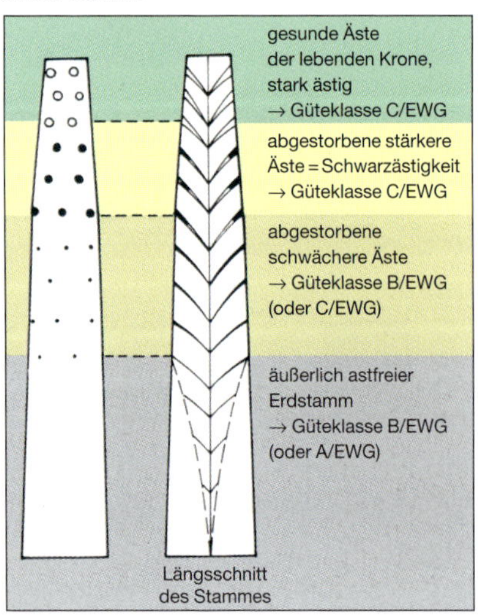

Heilbronner Sortierung – Stämme von Fichte, Tanne und Douglasie werden nur noch selten nach der Heilbronner Sortierung klassifiziert. Kennzeichen dieser Sortierung sind »H« (für Heilbronner Langholz) und »HL« (für Heilbronner Abschnitte). Maßgebend sind jeweils *Zopfdurchmesser* und *Länge* des Stammstückes! Dabei gelten für die einzelnen Klassen Mindestmaße.

Tabelle 72: Klasseneinteilung bei der Heilbronner Sortierung

Klasse	Mindestlänge	Mindest-Zopfdurchmesser		Messzahl
		ohne Rinde cm (o. R.)	mit Rinde cm (m. R.)	€/m³
H 1	8	10	11	29
H 2	10	12	13	32
H 3	14	14	15	36
H 4	16	17	18	40
H 5	18	22	24	46
H 6	18	30	32	50

Unterschreitet ein Stammstück eines der beiden Mindestmaße, fällt es in die nächstniedrigere Klasse.

Beispiel: 16 m Länge, 16 cm Zopfdurchmesser o. R. bedeutet Klasse H 3.

Die Sortierung wird in der Praxis vom *Mindest-Zopfdurchmesser* begrenzt. Deswegen wäre es falsch, einen Stamm bei 16 m abzuschneiden, wenn er dort noch 20 cm Zopfdurchmesser aufweist; denn in der Klasse H 4 darf er noch 17 cm Zopfdurchmesser haben. Man wird den Stamm deswegen länger lassen (aushalten) und bei 17 cm abzopfen. Die über die Mindest-Zopfstärke einer Klasse hinausgehende Stammlänge wird **Draufholz** genannt und zum gleichen (höheren) Preis verkauft.

Bei der Heilbronner Sortierung wird *nicht* nach Güteklassen sortiert, soweit die untere Stammhälfte Güteklasse B nicht unterschreitet (begrenzte Astigkeit).

Stämme unter 18 m Länge, die einen um mindestens 6 cm stärkeren Zopf haben, als ihre Länge in Metern beträgt, bezeichnet man als Heilbronner Abschnitte (Kennzeichen »HL«). Hier gelten die gleichen Klassen wie bei der Mittenstärkensortierung. Ein Stammstück mit 16 m Länge, 22 cm Zopfdurchmesser und einem Mittendurchmesser von 31 cm käme demnach in Klasse HL 3a.

Schichtholz wird nach dem Durchmesser mit Rinde am schwächeren Ende sortiert. Man unterscheidet für solche Rundlinge mehrere Klassen.

Tabelle 73: Klasseneinteilung für Schichtholz

Klasse	Durchmesser mit Rinde cm
S 1	3– 6
S 2	7–13
S 3	14 und mehr

Grundsätzlich gilt, so viel Holz wie möglich nach Stärke zu sortieren, weil Schichtholz mehr Arbeit verursacht und geringere Preise erzielt.

Gütesortierung – Holzfehler beeinträchtigen die Verwendungsmöglichkeiten des Holzes. Deswegen wird neben den genannten Sortierungen auch die Güte des Holzes in 4 *Güteklassen* erfasst:

- **Güteklasse A/EWG:** Gesundes Holz mit ausgezeichneten Arteigenschaften, fehlerfrei oder nur unbedeutende Fehler, die seine Verwendung nicht beeinträchtigen.
- **Güteklasse B/EWG:** Holz normaler Qualität mit einem oder mehreren der folgend aufgeführten Fehler: schwache Krümmung oder schwacher Drehwuchs, geringe Abholzigkeit, einige gesunde Äste von kleinem oder mittlerem Durchmesser, jedoch nicht grobastig, eine geringe Anzahl kranker Äste von geringem Durchmesser, leicht exzentrischer Kern, einige Unregelmäßigkeiten des Umrisses oder einige andere vereinzelte durch eine gute allgemeine Qualität ausgeglichene Fehler.
- **Güteklasse C/EWG:** Gewerblich verwendbares Holz, stark astig, stark abholzig oder stark drehwüchsig sowie abholzige oder astige Zopfstücke und kranke Stücke mit tief gehenden

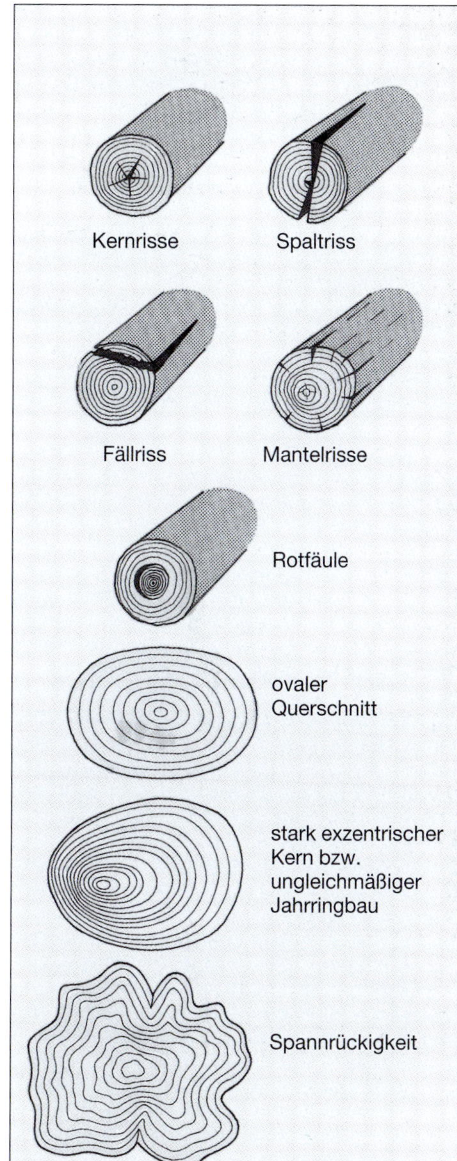

Abb. 755 **Beispiele** für Holzfehler, die bei der Gütesortierung berücksichtigt werden.

Abb. 756 **Beispiel** für die Sortierung nach dem besonderen Verwendungszweck: Klasse SW 3 (Bahnschwellen).

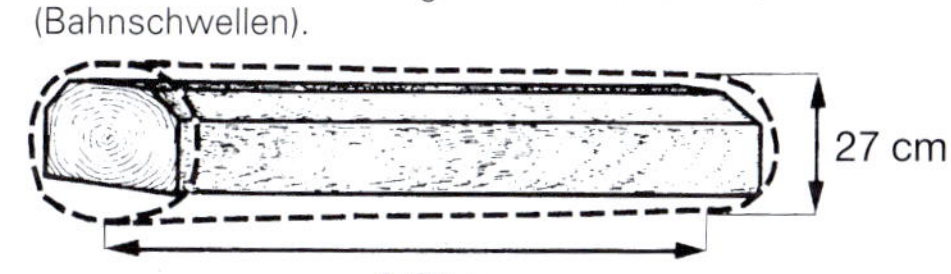

Stammholz:	m³ ≙ fm = Festmeter (1 m³ feste Holzmasse)
Schichtholz:	m³ ≙ rm = Raummeter
Industrieholz (lang):	tA = Tonne atro (absolut trocken)
Parkettholz:	tL = Tonne lutro (lufttrocken)
Schmuckreisig:	dt = Dezitonne
Weihnachtsbäume:	St = Stück
m. R./o. R.	mit Rinde/ohne Rinde

Umrechnungsfaktoren (rm in m³):

Länge	rm m. R → m³ o. R.	rm o. R. → m³ o. R.
1 m	0,7	0,8
2 m	0,65	0,75
3 m	0,6	0,7

Abb. 757 Wichtige Maßeinheiten und Begriffe beim Holzkauf.

faulen Ästen, Rot- und Weißfäule oder sonstigen wesentlichen Pilz- oder Insektenzerstörungen, außerdem Stücke mit weitgehender Ringschäle.

- **Güteklasse D:** Holz, das zumindest zu 40 % gewerblich nutzbar ist, aber wegen seiner Fehler nicht in die anderen Güteklassen eingereiht werden kann.

Sortierung nach besonderem Verwendungszweck – Handelsklassen für besondere Zwecke bestehen für Schwellenholz und Industrieholz. **Schwellenholz** ist gesundes, auch ästiges Buchen- oder Eichenholz. Es werden 4 Handelsklassen (SW 1 bis SW 4) nach Länge und Zopfstärke unterschieden.

Industrieholz ist eine Sammelbezeichnung für schwächere Hölzer, die u. a. zur Herstellung von Zellulose, zum Holzschliff oder für Spanplatten dienen. Industrieholz kann nach Güte und Länge sortiert werden.

Kennzeichnung – Langholz der Güteklassen A/EWG, C/EWG und D ist mit dem zutreffenden Buchstaben dauerhaft zu kennzeichnen. Eine Kennzeichnung der Güteklasse B/EWG ist nicht vorgeschrieben. Das *Nummerieren* der Einzelstücke einer Partie erleichtert das Auffinden und Aufnehmen der Verkaufspartie.

Tabelle 74: Beispiel für eine Holzliste

Nr.	Holzart		Gesamtlänge	Mittendurchmesser	Zopfd. o. R.	Güteklasse	Stärkeklasse							
	Kie	Fi					1/100 m³							
	Stück		m		cm		L 2b	L 3a	L 1b	L 2a	L 2b	H 3	H 4	H 5
1	1		9	28		B	55							
2	1		4	33		B		34						
3	1		10	26		B	53							
4	1		7	20		C				22				
5	1		10	27		C					57			
6	1		15	25		C					74			
7	1		7	18		C			18					
8		1	16	24	16							72		
9		1	16	22	14							61		
10[1])		1	16	20	12							50		
11		1	19	32	22									153
12		1	20	31	22									151
13		1	17	25	17								83	
14														
15														
zusammen:							108	34	18	22	131	183	83	304

[1]) Mit Draufholz nur auf Käuferwunsch (im Beispiel beträgt die Abholzigkeit 1 cm/m).

2.5.4 Preisermittlung

Messzahl und Preis – Der Verkaufspreis des Holzes ergibt sich als Produkt aus der *Holzmenge* und dem *Sortenpreis*. Letzterer ist wiederum das Produkt aus einer bundeseinheitlich festgesetzten gleich bleibenden *Messzahl* (MZ) als Grundpreis für die Sorte und einem den Marktverhältnissen entsprechenden *Prozentsatz* (aus Marktberichten zu entnehmen).

Beispiel: Menge 1 m^3 Fichtenholz, Handelsklasse H 2, Messzahl 32 €/m^3, Prozentsatz = 210 %.

$$\begin{aligned}\text{Verkaufspreis} &= \text{Holzmenge} \times \text{Messzahl} \times \text{Prozentsatz}\\ &= 1\,m^3 \times 32\,€/m^3 \times 2{,}10\\ &= 67{,}20\,€/m^3\end{aligned}$$

Abb. 758 Kennzeichnung von Stammholz.

Tabelle 75: Beispiel einer Preisberechnung mit einer Holzliste

Sorte		Messzahl ×	Prozentsatz ×	Holzmenge =	Verkaufspreis
		€/m³	%	m³	€
Kie B	L 2b	40	150	1,08	64,80
	L 3a	47	150	0,34	23,97
Kie C	L 1b	28	125	0,18	6,30
	L 2a	34	125	0,22	9,35
	L 2b	40	125	1,31	65,50
Fi	H 3	36	170	1,83	112,00
	H 4	40	170	0,83	56,44
	H 5	46	170	3,04	237,73
Kaufpreis:					576,09
+ 5,5 % MwSt (pauschalisierender Betrieb, Stand 2007)					31,68
– 0,5 % Holzabsatzfondsabgabe (von 576,09)					2,88
Rechnungsbetrag					604,89

Abb. 759 Sturmschaden (Windwurf).

Holzliste – Es ist üblich, die zu verkaufende Holzmenge auf einer Holzliste sortenweise darzustellen. Aus dieser Liste (Muster siehe Tabelle 74) errechnet sich dann der Preis wie in Tabelle 75 gezeigt.

Abb. 760 Schneebruch.

Grundsätze einer ökonomischen und ökologischen Waldbewirtschaftung sind die

- Nachhaltigkeit, d. h. das Bestreben nach stetiger und optimaler Bereitstellung *aller* Waldleistungen, und die
- naturnahe Bewirtschaftung, d. h. Auswahl der Baumarten nach den natürlichen Standorten, Verzicht auf Kahlschläge, dafür gezielte Einzelstammnutzung.

Bei Beachtung der Grundsätze schafft man einen Wald, der nachhaltig die Nutz-, Schutz- und Erholungsfunktionen erfüllen kann und nicht anfällig ist gegen extreme Witterungsbedingungen. Diese Bewirtschaftungsform ist auch wirtschaftlich am günstigsten.

Tabelle 76: Rundholz-Kubiktabelle für Durchmesser ohne Rinde (o. R.)
Beispiel: Ein Fichtenstamm von 18 m Länge und einem Mittendurchmesser von 32 cm hat ein Volumen von 1,45 Festmeter (fm ≙ m³)

Länge	Mittendurchmesser (cm)																										
m	13	14	15	16	17	18	19	20	21	22	23	24	25	26	27	28	29	30	31	***32***	33	34	35	36	37	38	39	40
2	0,03	0,03	0,04	0,04	0,05	0,05	0,05	0,05	0,07	0,08	0,08	0,09	0,10	0,11	0,11	0,12	0,13	0,14	0,15	***0,16***	0,17	0,18	0,19	0,20	0,22	0,23	0,24	0,25
3	0,04	0,05	0,05	0,06	0,07	0,08	0,09	0,09	0,10	0,11	0,12	0,14	0,15	0,16	0,17	0,18	0,20	0,21	0,23	***0,24***	0,26	0,27	0,29	0,31	0,32	0,34	0,36	0,38
4	0,05	0,06	0,07	0,08	0,09	0,10	0,11	0,13	0,14	0,15	0,17	0,18	0,20	0,21	0,23	0,25	0,26	0,28	0,30	***0,32***	0,35	0,36	0,38	0,41	0,43	0,45	0,48	0,50
4,5	0,06	0,07	0,08	0,09	0,10	0,11	0,13	0,14	0,16	0,17	0,19	0,20	0,22	0,24	0,26	0,28	0,30	0,32	0,34	***0,36***	0,38	0,41	0,43	0,46	0,48	0,51	0,54	0,57
5	0,07	0,08	0,09	0,10	0,11	0,13	0,14	0,16	0,17	0,19	0,21	0,23	0,25	0,27	0,29	0,31	0,33	0,35	0,38	***0,40***	0,43	0,45	0,48	0,51	0,54	0,57	0,60	0,63
6	0,08	0,09	0,11	0,12	0,14	0,15	0,17	0,19	0,21	0,23	0,25	0,27	0,29	0,32	0,34	0,37	0,40	0,42	0,45	***0,48***	0,51	0,54	0,58	0,61	0,65	0,68	0,72	0,75
7	0,09	0,11	0,12	0,14	0,16	0,18	0,20	0,22	0,24	0,27	0,29	0,32	0,34	0,37	0,40	0,43	0,46	0,49	0,53	***0,56***	0,60	0,64	0,67	0,71	0,75	0,79	0,84	0,88
8	0,11	0,12	0,14	0,16	0,18	0,20	0,23	0,25	0,28	0,30	0,33	0,36	0,39	0,42	0,46	0,49	0,53	0,57	0,60	***0,64***	0,68	0,73	0,77	0,81	0,86	0,91	0,96	1,01
9	0,12	0,14	0,16	0,18	0,20	0,23	0,26	0,28	0,31	0,34	0,37	0,41	0,44	0,48	0,52	0,55	0,59	0,64	0,68	***0,72***	0,77	0,82	0,87	0,92	0,97	1,02	1,08	1,13
10	0,13	0,15	0,18	0,20	0,23	0,25	0,28	0,31	0,35	0,38	0,42	0,45	0,49	0,53	0,57	0,62	0,65	0,71	0,75	***0,80***	0,86	0,91	0,96	1,02	1,08	1,13	1,19	1,26
11	0,15	0,17	0,19	0,22	0,25	0,28	0,31	0,35	0,38	0,42	0,46	0,50	0,54	0,58	0,63	0,68	0,73	0,78	0,83	***0,88***	0,94	1,00	1,06	1,12	1,18	1,25	1,31	1,38
12	0,16	0,18	0,21	0,24	0,27	0,31	0,34	0,38	0,42	0,46	0,50	0,54	0,59	0,64	0,69	0,74	0,79	0,85	0,91	***0,97***	1,03	1,09	1,15	1,22	1,29	1,36	1,43	1,51
13	0,17	0,20	0,23	0,26	0,30	0,33	0,37	0,41	0,45	0,49	0,54	0,59	0,64	0,69	0,74	0,80	0,86	0,92	0,98	***1,05***	1,11	1,18	1,25	1,32	1,40	1,47	1,55	1,63
14	0,19	0,22	0,25	0,28	0,32	0,36	0,40	0,44	0,48	0,53	0,58	0,63	0,69	0,74	0,80	0,86	0,92	0,99	1,06	***1,13***	1,20	1,27	1,35	1,43	1,51	1,59	1,67	1,76
15	0,20	0,23	0,27	0,30	0,34	0,38	0,43	0,47	0,52	0,57	0,62	0,68	0,74	0,80	0,86	0,92	0,99	1,06	1,13	***1,21***	1,28	1,36	1,44	1,53	1,61	1,70	1,79	1,88
16	0,21	0,25	0,28	0,32	0,36	0,41	0,45	0,50	0,55	0,61	0,66	0,72	0,79	0,85	0,92	0,99	1,06	1,13	1,21	***1,29***	1,37	1,45	1,54	1,63	1,72	1,81	1,91	2,01
17	0,23	0,26	0,30	0,34	0,39	0,43	0,48	0,53	0,59	0,65	0,71	0,77	0,83	0,90	0,97	1,05	1,12	1,20	1,28	***1,37***	1,45	1,54	1,64	1,73	1,83	1,93	1,03	2,14
18	***0,24***	***0,28***	***0,32***	***0,36***	***0,41***	***0,46***	***0,51***	***0,57***	***0,62***	***0,68***	***0,75***	***0,81***	***0,88***	***0,96***	***1,03***	***1,11***	***1,19***	***1,27***	***1,36***	***1,45***	1,54	1,63	1,73	1,83	1,94	2,04	2,15	2,26
19	0,25	0,29	0,34	0,38	0,43	0,48	0,54	0,60	0,66	0,72	0,79	0,86	0,93	1,01	1,09	1,17	1,25	1,34	1,43	1,53	1,63	1,73	1,83	1,93	2,04	2,15	2,27	2,39
20	0,27	0,31	0,35	0,40	0,45	0,51	0,57	0,63	0,69	0,76	0,83	0,90	0,98	1,06	1,15	1,23	1,32	1,41	1,51	1,61	1,71	1,82	1,92	2,04	2,15	2,27	2,39	2,51
21	0,28	0,32	0,37	0,42	0,48	0,53	0,60	0,66	0,73	0,80	0,87	0,95	1,03	1,11	1,20	1,29	1,39	1,48	1,59	1,69	1,80	1,91	2,02	2,14	2,26	2,38	2,51	2,64
22	0,29	0,34	0,39	0,44	0,50	0,56	0,62	0,69	0,76	0,84	0,91	1,00	1,08	1,17	1,26	1,35	1,45	1,56	1,66	1,77	1,88	2,00	2,12	2,24	2,37	2,50	2,63	2,76
23	0,31	0,35	0,41	0,46	0,52	0,59	0,65	0,72	0,80	0,87	0,96	1,04	1,13	1,22	1,32	1,42	1,52	1,63	1,74	1,85	1,97	2,09	2,21	2,34	2,47	2,61	2,75	2,89
24	0,32	0,37	0,42	0,48	0,54	0,61	0,68	0,75	0,83	0,91	1,00	1,09	1,18	1,27	1,37	1,48	1,59	1,70	1,81	1,93	2,05	2,18	2,31	2,44	2,58	2,72	2,87	3,02
25	0,33	0,38	0,44	0,50	0,57	0,64	0,71	0,79	0,87	0,95	1,04	1,13	1,23	1,33	1,43	1,54	1,65	1,77	1,89	2,01	2,14	2,27	2,41	2,54	2,69	2,84	2,99	3,14

2.6 Rentabilität und Waldbewirtschaftung

Wie in den Produktionsverfahren der Landwirtschaft, ist es auch im Betriebszweig Wald möglich, mit Hilfe der Deckungsbeitragsrechnung Kosten und Nutzen zu vergleichen. Im Gegensatz zu landwirtschaftlichen Produktionsverfahren ist es jedoch für den meist kleinen bäuerlichen Waldbesitz zweckmäßiger, die Berechnung nicht auf ein Jahr abzustellen, sondern einen längeren überschaubaren Zeitraum, z. B. 10 Jahre, für die Kalkulation zu benutzen.
Dies schützt vor der *Unterbewertung* des Waldes, wenn in Jahren ohne wesentliche Einnahmen, aber hohen Aufwendungen der Deckungsbeitrag negativ ist, genauso wie vor *Überbewertung*, wenn in einem Jahr mit reichlichem Holzverkauf den hohen Marktleistungen nur geringe variable Kosten gegenüberstehen. Durch Vorauskalkulation können zudem Fehler in der Waldbewirtschaftung erkannt und rechtzeitig korrigiert werden.

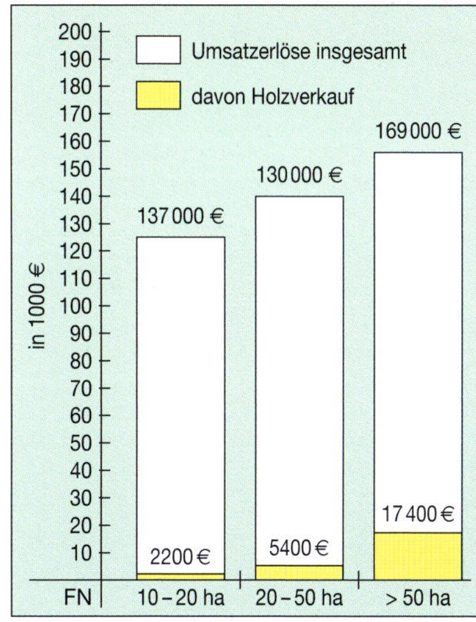

Abb. 761 Anteil des Holzverkaufes an den Umsatzerlösen in landwirtschaftlichen Haupterwerbsbetrieben mit Wald (Anhaltswerte, Agrarbericht 2006).

Tabelle 77: Deckungsbeitrag (Berechnungsbeispiel)

Marktleistung		
Verkauf von 60 fm Stangenholz aus der Durchforstung 42 €/fm		2 520 €
Verkauf von 100 fm Altholz aus Verjüngungshieb 70 €/fm		7 000 €
Summe		9 520 €
variable Kosten		
Aufforstung 1 ha, 5000 Pflanzen, 300 €/1000 Stück		1 500 €
Wildschutzzaun 450 m je 1 €/m		450 €
Kosten für Geräte und Motorsäge bei Jungwuchs- oder Dickungspflege, 1 ha		60 €
Durchforstung 2 ha		420 €
Verjüngungshieb 1 ha		90 €
variable Kosten für Traktor zu 26 Stunden Waldfahrten		130 €
Summe		2 650 €
Deckungsbeitrag [1]) je Hektar und Jahr		
Marktleistung	9 520 €	
– variable Kosten	2 650 €	
	6 870 € : 10 Jahre = 687 €/Jahr : 5 ha = **137,40 €/ha und Jahr**	
Deckungsbeitrag [1]) je fm		
Stangenholz	60 fm	
Altholz	100 fm	
	160 fm	6 870 € : 160 fm = **42,94 €/fm**

[1]) Die Werte stellen keine gültigen Durchschnittswerte dar, sondern sind kalkulatorische Werte, die so in einem landwirtschaftlichen Betrieb vorkommen könnten.

Abb. 762 Auch in der Waldbewirtschaftung gibt es die Marktleistung nicht umsonst.

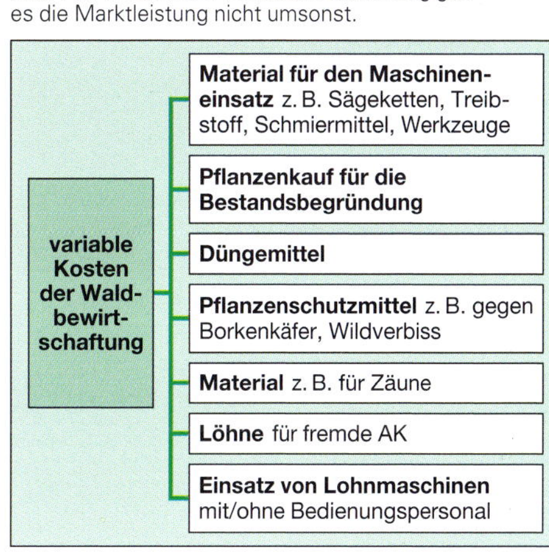

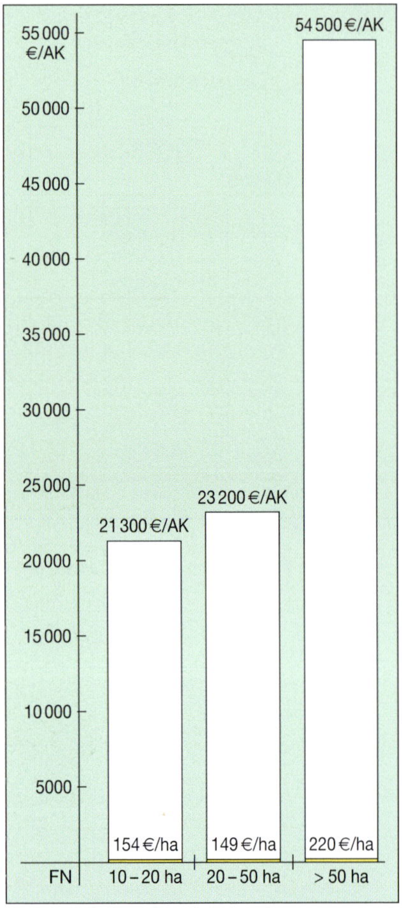

Abb. 763 Anteil des Roheinkommens (€/AK) für die Forstwirtschaft in landwirtschaftlichen Haupterwerbsbetrieben mit Wald (Anhaltswerte, Agrarbericht 2006).

Abb. 764 Mechanisierte Holzernte mit einem Harvester.

Marktleistung – Sie wird in erster Linie durch den Verkauf von Holz, aber auch durch den Verkauf von Schmuckreisig, Christbäumen oder über Jagdpachteinnahmen erbracht. Dabei ist zu berücksichtigen, dass bei gleicher Holzmenge deren Güte und Sortierung und das Verkaufsgeschick erhebliche Unterschiede im Preis bewirken können.

Variable Kosten – Dies sind im Wesentlichen die Kosten für Material, Werkzeug und Geräte zu Verjüngung, Wildschutz, Jungbestandspflege, Durchforstung und Verjüngungshieb. Dazu kommen die variablen Kosten des Traktors beim Rücken sowie An- und Abfahrten zu den Waldarbeiten.

Tabelle 77 Seite 271 zeigt die Deckungsbeitrags-Rechnung für eine 5 ha große Waldfläche eines landwirtschaftlichen Betriebes über die Dauer von 10 Jahren.

Bei einem Einschlag von 160 fm in 10 Jahren ergeben sich in einem Jahr 16 fm für 5 ha. Auf 1 ha Waldfläche kommen im Schnitt 3,2 fm/Jahr. Bei einem durchschnittlichen Zuwachs von 6 fm/ha (abhängig von den Wuchsbedingungen und der Baumart) könnte durchaus mehr genutzt werden, ohne das Prinzip der Nachhaltigkeit zu beeinträchtigen. Im Kleinprivatwald wird derzeit lt. Bundeswaldinventur nur etwa die Hälfte des jährlichen Zuwachses genutzt. Durch eine regelmäßige Nutzung können Durchforstungsreserven abgebaut werden. Dies dient nicht nur der nachhaltigen Pflege, sondern auch dem Erhalt des bäuerlichen Waldes.

Durch die Spezialisierung der Sägeindustrie muss sich der Waldbesitzer vor jeder Maßnahme entscheiden, welche Sortimente (Stammholz, Fixlängen, Profilzerspaner) er aus seinem Bestand bereitstellen kann. Für jedes Sortiment sind Mindestmengen von 25–35 fm erforderlich, da verschiedene Firmen die Sortimente aufkaufen. Die Holzbewirtschaftung verlangt vom Waldbesitzer forstliches Marketing (anfallende Holzmenge schätzen, Holzmessung, Holzsortierung, Lagerung, Vermarktung). Dies optimal zu erfüllen wird für einzelne Waldbesitzer immer schwieriger. Die Sägeindustrie will das ganze Jahr über gleichmäßig mit Holz beliefert werden. Ihre Holzeinkäufer richten ihre Aktivitäten nicht mehr auf das Einzelgeschäft, sondern auf den Aufbau zuverlässiger und regelmäßiger Lieferungen. Der Landwirt hat aus arbeitswirtschaftlichen Gründen hauptsächlich im Winter Zeit zur Holzernte. Eine Lösung bieten zahlreiche Organisationen wie Waldbesitzervereinigungen, die den Waldbesitzer beraten und in seinen Entscheidungen unterstützen. Sie bieten als Service die gesamte Vermarktung des Holzes an.

3 Gefahren für den Wald

Nicht nur jungen Forstkulturen, sondern auch älteren Waldbeständen drohen ständige Gefahren durch vielfältige Einflüsse. Seit Jahren zeigen immer mehr Waldbäume Schäden. Hier können nur einige Ursachen und Gefährdungen aufgezeigt werden.

3.1 Klima- und Wettereinflüsse

Wind und Sturm – Gefährdet sind hauptsächlich Bestände mit offenem Bestandsmantel und Fichtenmonokulturen auf falschen Standorten. Wurf und Bruch der Bäume führen zu Holzentwertung, Zuwachseinbußen und Schädlingsgefahr. Bei Kahlschlägen ist deswegen besonders auf die mögliche Gefährdung benachbarter Bestände zu achten.

Schnee und Frost – Besonders gefährdet sind Kiefern und Fichten in Nassschneezonen. In diesen Gebieten zwischen 400 und 700 m über NN ist deswegen die Bestandespflege besonders sorgfältig durchzuführen. Gleichmäßig ausgebildete Kronen vermindern das Risiko.

Frostrisse und Frosttrockenschäden treten im Wesentlichen an Südhängen auf. Gefährlicher wirken sich Spätfrostschäden aus. Vorbeugend wirkt hier das Verhindern eines Kaltluftstaus, z. B. durch geeignete Hiebführung (Gassen), Schaffen oder Erhalten eines Schutzschirms durch Vorwaldbaumarten.

Besonders frostempfindlich sind Tanne, Eiche und Douglasie.

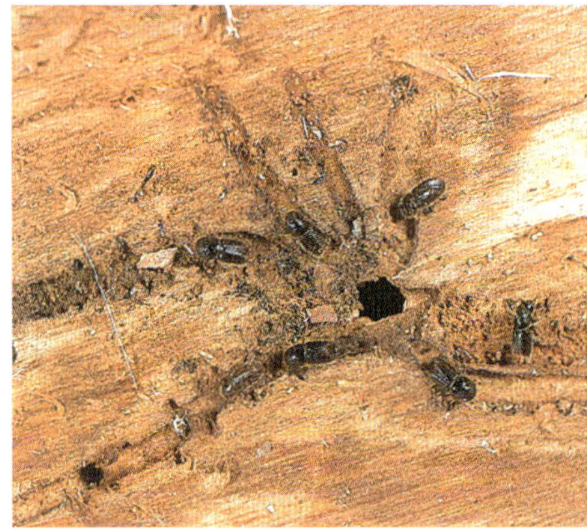

Abb. 765 Borkenkäfer in den Gängen.

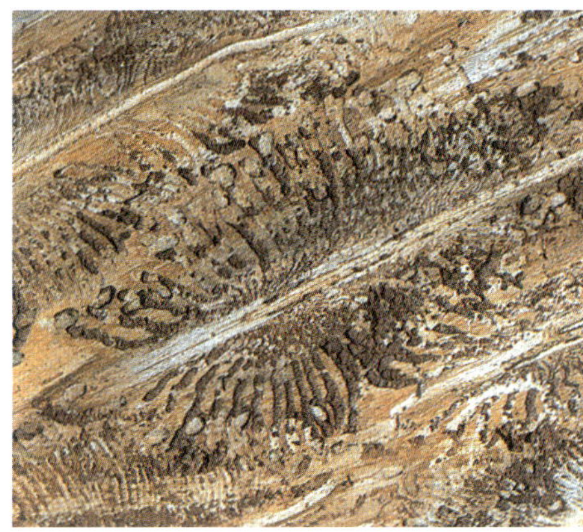

Abb. 766 Schadbild des Borkenkäfers (Buchdrucker).

3.2 Ungleichgewicht im Ökosystem Wald

Überhöhte Wildbestände – Neben dem Verbiss (Reh, Gams, Hirsch) an Knospen und Trieben schädigen Rotwild und Damwild vor allem durch Fegen und Schälen der Rinde. In der Folge treten Entmischung, Zuwachs- und Wertverluste, erhöhte Sturm- und Schneebruchgefahr und erhöhter Schädlingsbefall an den beschädigten Bäumen auf. Abhilfe schafft nur eine Regulierung des Wildbestandes.

Überhöhter Bestand an Nagetieren – Erd- und Rötelmaus fressen die Rinde junger Pflanzen, Schermäuse die Wurzeln, die Gelbhals- und Waldmaus die ausgesäten Samen. Wichtig ist hier die Hilfe für natürliche Feinde (Fuchs, Bussard, Wiesel).

Waldschädliche Insekten – Beim Zusammentreffen günstiger Bedingungen für die Massenvermehrung eines Schadinsekts, z. B. durch günstige Temperaturbedingungen während der wichtigen Entwicklungsstadien, günstiges Nahrungsangebot durch reine Nadel- oder Laubwaldbestände und hohen Weibchenanteil, kann der Waldbestand ernsthaft gefährdet werden.

Unter den vielen Insekten, die hierbei zu nennen sind, ragen der Große braune Rüsselkäfer, die Borkenkäfer an der Fichte, der Nutzholzborkenkäfer, der Kiefernspanner, die Kieferneule, die Nonne und der Eichenwickler heraus.

Abb. 767 Der Rotfäule-Pilz zerstört und entwertet das Holz von innen.

Abb. 768 Ist das die Zukunft unseres Waldes?

Abb. 769 Überhöhte Rot- und Damwildbestände führen leicht zu solchen Schälschäden.

Abb. 770 Vergilbte Nadeln sind ein weithin sichtbares Zeichen von Waldschäden (hier: Magnesium-Mangel).

Die Bekämpfung erfolgt mit Ausnahme des Borken- und Rüsselkäfers in der Regel von der Luft aus. Ihre Durchführung wird von den Forstbehörden geregelt.

Waldschädliche Pilze – Die Infektion erfolgt fast ausschließlich über Wunden und Verletzungen, die beim Fällen und Rücken der Bäume bzw. durch Wild entstanden sind.

An Blättern und Nadeln schädigt der Mehltau (Eiche) oder die Schütte (Kiefer). An Wurzeln und Stämmen zerstören die Rotfäule und die Weißfäule (Hallimasch) das Holz.

3.3 Waldsterben

Seit Beginn der 70er-Jahre sind Walderkrankungen festzustellen, deren Ausmaß inzwischen so bedrohlich ist, dass die Bevölkerung allgemein vom »Waldsterben« spricht. Der Waldschadensbericht der Bundesregierung weist 2005 71 % des gesamten Waldbestandes als von dieser Erscheinung betroffen aus.

Symptome – Dies sind *Verfärben* und *Verlust* der *Nadeln*, was zur *Auflösung* der Altholzbestände führt. Im Einzelnen zeigen sich folgende **Erscheinungen** bei den am meisten betroffenen Baumarten *Tanne, Fichte, Kiefer, Eiche* und *Buche:*

- *Tannen:* Kronenverlichtung durch Nadelverluste, verfrühte und verstärkte Ausbildung einer Storchennestkrone, krankhafte Nasskerne, hoher Anteil von Totästen.
- *Fichten:* Verlichtung der Kronen, Nadelverfärbungen, Bildung von sog. Angsttrieben (zusätzliche Triebe an der Astoberseite), größerer Anteil an Totwurzeln.
- *Kiefern:* Sie reagieren mit Nadelverfärbungen, Vergilben der Nadeln, weniger Nadeljahrgängen, Nadel- und Triebverkürzungen.
- *Eichen:* Sie galten lange Zeit als widerstandsfähig, was sich allerdings seit Beginn der 90er-Jahre drastisch änderte. Zur Zeit ist die Eiche die am meisten geschädigte Baumart in Deutschland. Die Schadbilder ähneln denen der Buche.
- *Buchen:* Verfrühter Laubfall, vorzeitiges Vergilben, Blattrollen, Kronenverlichtung, Kleinblättrigkeit, Bildung von Kurztrieben (büscheliger Kronenwuchs), dürre Äste.

Ursachen und Folgen – Alle bisherigen Befunde zeigen, dass es sich beim Waldsterben um ein sehr *komplexes* (vielschichtiges und verwickeltes) Geschehen handelt, das in ganz Mitteleuropa gleichzeitig und unabhängig von Standortbedingungen auftritt. Vieles spricht dafür, dass es sich wie bei einer Vergiftung um eine Erkrankung des gesamten Ökosystems Wald handelt.

Obwohl niemand daran zweifelt, dass die *Verunreinigung der Luft* mit Schadstoffen die wichtigste Ursache des Waldsterbens ist, lassen sich die Erscheinungen nicht allein als »Rauchschäden« erklären, die im Wesentlichen durch eine zu hohe SO_2-Konzentration entstehen. Man muss vielmehr davon ausgehen, dass das Ökosystem Wald insgesamt durch viele Faktoren an die Grenze seiner Belastbarkeit gelangt ist, wobei jeder zusätzliche Faktor schließlich den Tod des ganzen Waldes auslöst.

Die ökologischen Folgen reichen von der Gefährdung unserer Wasserversorgung (Wald als Wasserspeicher) über die Verschlechterung der Luftqualität (Wald als Luftfilter und »grüne Lunge«) bis zur Zunahme von Hochwasserkatastrophen, der Bodenerosion und der Lawinen- und Steinschlaggefahr im Gebirge (Schutzwald).

Ausblick – Zur Eindämmung des Waldsterbens müssen die Schadfaktoren sofort und wirksam eingedämmt und bekämpft werden. Vor allem muss der Ausstoß von Stickoxiden (NO_x) und Ammoniak (NH_3) sowie von Schwefeldioxid (SO_2) und Ozon (O_3) weiter drastisch gesenkt werden. Dies kann durch Verringerung der Abgasgrenzwerte in der Industrie und bei Kfz, durch den Einsatz alternativer Energien bzw. Technologien und mit entschiedenem Energiesparen erreicht werden.

Abb. 771 Typische Storchennestbildung an mittelstark geschädigten Tannen.

3.4 Waldbrand

Die meisten Waldbrände entstehen durch leichtsinniges Hantieren mit Feuer bzw. durch Rauchen im Wald. Die höchste Gefährdung ist im März bis Mai gegeben, weil die bodenbedeckende Pflanzenschicht noch ausgetrocknet ist. Großbrände treten vor allem im Hochsommer (Juni/Juli) auf. Deshalb besteht vom 1. März bis 31. Oktober Rauchverbot im Wald (Bundes-Waldgesetz). Häufige Kontrollen sind in Trockenzeiten nötig. Entstandene Waldbrände sind sofort der Polizei oder der zuständigen Forstbehörde zu melden, weil die Erfahrung zeigt, dass Selbsthilfe nur beim unmittelbaren Entstehen eines Brandes Erfolg hat. Jährlich werden in Deutschland ca. 400 ha Wald (mehrjähriger Durchschnitt) durch Brand vernichtet.

Abb. 772 Storchennestkrone an Jungtanne.

Aufgaben:
1. Wie stellen sich die Besitzverhältnisse für die Waldfläche Deutschlands dar?
2. Welche Bedeutung hat der Wald für den Menschen?
3. Welche Baumarten gehören zu den Lichtholzarten, welche zu den Schattholzarten?
4. Welche Vorteile und welche Nachteile hat die Pflanzung als Bestandsbegründung?
5. Beschreiben Sie das Verfahren der Winkelpflanzung.
6. Wodurch unterscheiden sich Dickungspflege und Durchforstung?
7. Wie lassen sich Holzverluste bei der Holzernte vermeiden?
8. Beschreiben Sie die zweckmäßige Bekleidung für den Waldarbeiter.
9. Sortieren Sie folgende Kiefern-Stämme nach Mittenstärke und ermitteln Sie den Preis, wenn 135 % der Messzahl bezahlt werden:
   Nr. 1: Mittendurchmesser 27 cm, Länge 8 m,
   Nr. 2: Mittendurchmesser 36 cm, Länge 6 m,
   Nr. 3: Mittendurchmesser 18 cm, Länge 12 m.

Abb. 773 Anordnung der Nadeljahrgänge.

Abb. 774 Waldbrände zerstören in kurzer Zeit die Arbeit von Generationen.

10. Berechnen Sie jeweils den Preis für folgende Stämme:

a) Fichte (Blochholz), 13,5 m Länge, 24/26 cm Mittendurchmesser, Sortierung L 2b, Messzahl 40, Vereinbarung 190 %;

b) Eiche, 18 m Länge, 53/54 cm Mittendurchmesser, Sortierung L 5, Messzahl 180, Vereinbarung 110 %;

c) Buche, 20 m Länge, 43/44 cm Mittendurchmesser, Sortierung L 4, Messzahl 50, Vereinbarung 175 %;

d) Ahorn, 16 m Länge, 16/18 cm Mittendurchmesser, Sortierung L 1b, Messzahl 35, Vereinbarung 110 %.

Die Mittendurchmesser sind als Mittelwert in ganzen Zentimetern (forstüblich gerundet) und die Volumenergebnisse auf 2 Dezimalstellen gerundet zu ermitteln. Die Preise sind ohne Mehrwertsteuer zu berechnen.

Tierische Produktion

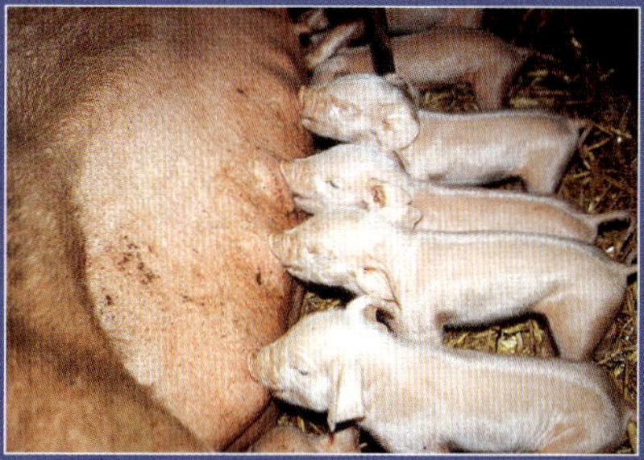

Die heimische Landwirtschaft sichert vor allem mit der tierischen Produktion – insbesondere auch im Zeitalter der Globalisierung – die Grundversorgung der Bevölkerung mit qualitativ hochwertigen Nahrungsmitteln. Darüber hinaus liefert die tierische Erzeugung wichtige Rohstoffe für zahlreiche Gebrauchs- und Verbrauchsgüter des Alltags.

Die landwirtschaftliche Tierhaltung fördert außerdem maßgeblich die Landschaftspflege und steigert den Freizeit- und Erholungswert des ländlichen Raums. Besonders im Umgang mit Tieren wächst bei vielen Menschen das Bewußtsein für die Vorgänge und die Kreisläufe in der Natur.

Aufgrund dieser vielfältigen Bedeutung für die menschliche Existenz stellt die Tierhaltung in der Landwirtschaft einen wichtigen Betriebszweig dar und bildet so häufig das Fundament des Betriebseinkommens.

Allgemeine und spezifische Kenntnisse über die Tierhaltung im landwirtschaftlichen Betrieb gehören somit zum Standardwissen eines jeden Landwirts. Es bildet auch die Basis für eine in jeder Hinsicht artgerechte Tierhaltung, welche die Kompetenz, die ethisch-moralische Haltung und Verantwortung des Betriebsleiters reflektiert.

11 Rinderhaltung

Obwohl die Anzahl der Rinder haltenden Betriebe und die Rinderbestände in der Bundesrepublik derzeit rückläufige Tendenzen zeigen, bilden die Verkaufserlöse aus der Rinderhaltung insgesamt eine wesentliche Einkommensgrundlage für viele Betriebe.

Nach der BSE-Krise ist das Einkommen aus der Rindfleischproduktion wieder gestiegen. Der weitaus größte Einkommensanteil entfällt auf die Milchproduktion. Vor allem durch neue Aufstallungsarten und automatisierte Melksysteme wachsen die Möglichkeiten für Bestandsvergrößerungen in Einzelbetrieben, Betriebsgemeinschaften oder in Betriebskooperationen. Aus Gründen der Tiergesundheit muss dabei allerdings verstärkt auf die Stall- und Betriebshygiene bei der Milchproduktion geachtet werden. Darüber hinaus ist auch das »Gülle-Problem« in den Großbetrieben zu bewältigen.

Die angehenden Rinderhalter müssen sich sehr intensiv mit den Möglichkeiten einer artgerechten und wirtschaftlichen Rinderhaltung befassen, um in diesem arbeitsintensiven Betriebszweig nachhaltig erfolgreich wirtschaften zu können.

11 Rinderhaltung

1 Bedeutung der Rinderhaltung

1.1 Wirtschaftlicher Stellenwert

Wirtschaftliche Bedeutung – Ein Vergleich der Verkaufserlöse zeigt die Bedeutung der Rinderhaltung innerhalb der tierischen Erzeugung und der gesamten Landwirtschaft. Im Wirtschaftsjahr 2004 lag ihr Anteil an den Verkaufserlösen der gesamten Landwirtschaft bei 28,9 %. An den Verkaufserlösen der tierischen Erzeugung ist die Rinderproduktion mit 58,8 % beteiligt.
Innerhalb der Rinderhaltung hat die *Milcherzeugung* mit 74,6 % den größten Anteil vor der *Rind-* und *Kalbfleischerzeugung* mit 25,3 %. In den letzten Jahren hat hier eine starke Verschiebung zugunsten der Milcherzeugung stattgefunden.
Aus Abb. 776 ist zu ersehen, dass die Fleischerzeugung rückläufig ist. Ursache ist der gesunkene Pro-Kopf-Verbrauch. Die Milcherzeugung wurde in den 80er-Jahren durch die Milchmengen-Regelung reduziert. Nach einem kurzen Anstieg von 1994 – 1996 ist seit 1997 wieder ein Rückgang zu beobachten.
Die Rinderhaltung ist unter den landwirtschaftlichen Tierhaltungsformen am stärksten bodenabhängig, weil sie große Grundfuttermengen benötigt. Zudem erfordert sie einen hohen Arbeitskräfteeinsatz und führt so zu hohen Personalkosten. Dennoch lassen sich vergleichsweise sehr hohe Familieneinkommen/Flächeneinheit erzielen. Für kleine bis mittlere Familienbetriebe, vor allem in den Grünlandgebieten, stellt die Rinderhaltung die wichtigste Einnahmequelle dar.

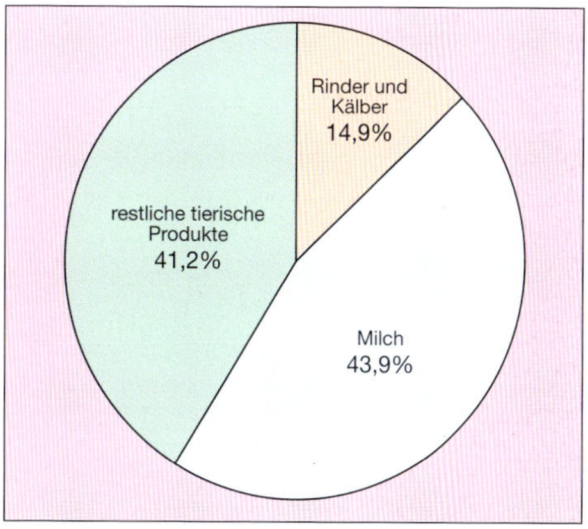

Abb. 775 Anteil und Verteilung der Verkaufserlöse aus der Rinderproduktion innerhalb der tierischen Erzeugung (2004).

> **!** Aufgrund der vorwiegend mittelbäuerlichen Betriebsstruktur und des hohen Grünlandanteils ist die Rinderhaltung in Deutschland und auch in der Europäischen Gemeinschaft der wichtigste Betriebszweig der Landwirtschaft.

Der hohe Produktionswert und die Sicherung eines angemessenen Einkommens sind nicht allein Maßstab für die wirtschaftliche Bedeutung der Rinderhaltung. In erster Linie versorgt die Rinderproduktion die Bevölkerung mit qualitativ hochwertigen Nahrungsmitteln.
Das Rind ist in der Lage, aus pflanzlichen Substanzen, die für die menschliche Ernährung völlig ungeeignet sind, hochwertige Nahrungsmittel zu erzeugen. Dies trifft in besonderem Maße für Eiweiß zu. Die Rindfleischerzeugung ist in Deutschland fast ausschließlich mit der Milchviehhaltung verbunden.

Abb. 776 Entwicklung der Rindfleisch- und Milchproduktion in Deutschland (in % gegenüber 1991).

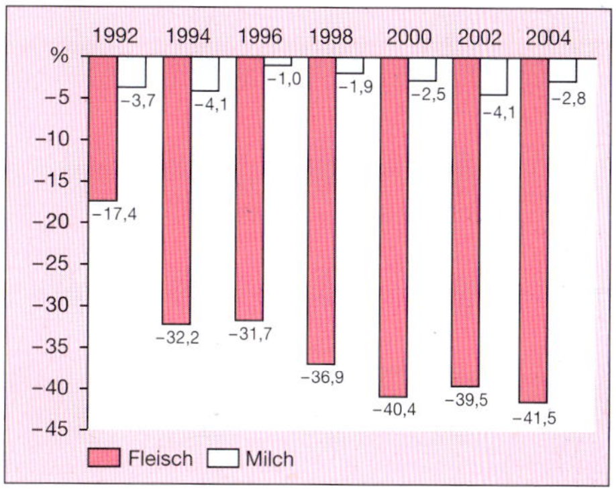

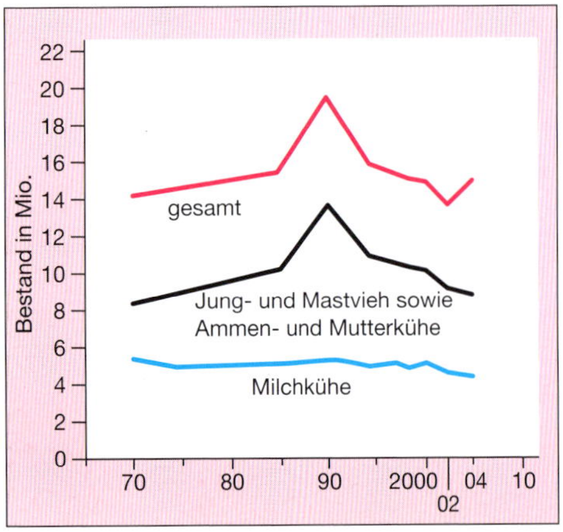

Abb. 777 Entwicklung der Rinderbestände in Deutschland (2004, in Mio. Stück; seit 1990 Gesamtdeutschland).

> **!** Milch und Rindfleisch sind die wichtigsten tierischen Eiweißquellen für die Ernährung der Bevölkerung in den Industrieländern.

Milch und *Rindfleisch* kommen den Ansprüchen eines körperlich leicht und geistig schwer arbeitenden Menschen nach nicht zu energiereicher, aber dennoch nährstoffbedarfsdeckender Nahrung sehr entgegen. Während der Pro-Kopf-Verbrauch an Milch und Milcherzeugnissen in den letzten Jahren leicht ansteigt, ist er bei Rind- und Kalbfleisch rückläufig. 1990 wurden pro Kopf 22,1 kg, 2004 nur noch 12,8 kg Rind- und Kalbfleisch verzehrt.

> **!** Die Rinderhaltung leistet in manchen Gebieten auch einen wertvollen Beitrag zur Erhaltung der Kulturlandschaft.

In manchen Grenzertrags-Standorten wie Alpenraum und Mittelgebirge ist aufgrund der Höhenlage, der Bodenverhältnisse, des Klimas und der kürzeren Vegetationsperiode vorwiegend Grünlandnutzung und damit Rinderhaltung möglich. Bei Aufgabe der Rinderhaltung würden diese Gebiete verwalden. Die Rinderhaltung trägt somit zur *Erhaltung dieser landschaftlich reizvollen Erholungsgebiete* bei.

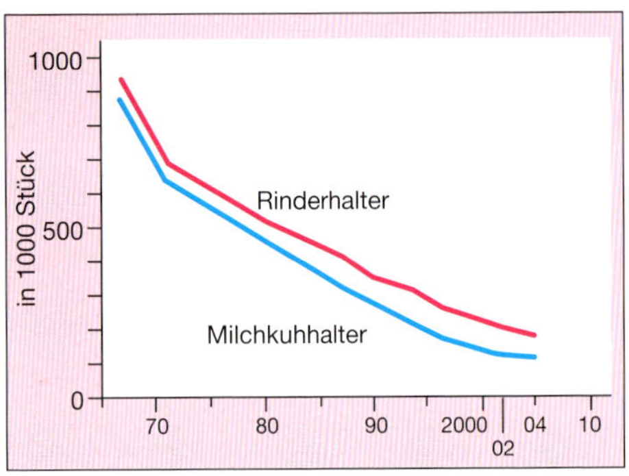

Abb. 778 Rinder- und Milchkuhhalter in Deutschland (2004, in 1000 Stück; seit 1992 Gesamtdeutschland).

Abb. 779 Mittlere Größe der Rinderbestände in Deutschland (2004, in Stück; seit 1991 Gesamtdeutschland).

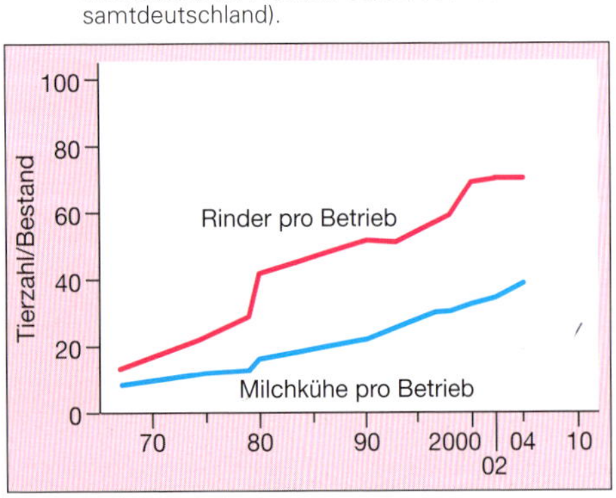

1.2 Rinderbestände und Formen der Haltung

Rinderbestände und deren Veränderung – Ein Vergleich der letzten zwei Jahrzehnte zeigt, dass trotz der Wiedervereinigung von Ost- und Westdeutschland der **Rinderbestand** stark abgenommen hat, was vor allem auf den raschen Abbau des Tierbestandes in den neuen Bundesländern zurückzuführen ist.

Noch viel stärker ging aber die Zahl der *Rinder* und *Milchkühe haltenden Betriebe* zurück. Das führte zu durchschnittlich größeren *Tierbeständen/Betrieb.* Dabei bestehen vor allem in der Milchviehhaltung große Unterschiede innerhalb Deutschlands. So wurden in geprüften Betrieben 2004 im Nordwesten 51,2 Kühe/Betrieb, im Süden 31,5 Kühe/Betrieb und im Osten 205,5 Kühe/Betrieb gehalten. Mit Nordwest und Süd sind dabei die alten (Westdeutschland) und mit Ost die neuen Bundesländer (Ostdeutschland) gemeint.

In Abb. 780 ist die **Strukturveränderung der Milchviehhaltung** in der Bundesrepublik Deutschland im Ost-West-Vergleich dargestellt. Obwohl in Westdeutschland die Tendenz zu größeren Bestandsgrößen deutlich erkennbar ist, sind die Unterschiede diesbezüglich zu Ostdeutschland immer noch sehr groß.

Für Westdeutschland ist zu berücksichtigen, dass es zwischen den nordwestlichen und den südlichen Bundesländern ein starkes Gefälle gibt. So ist in Bayern und Baden-Württemberg die Verteilung der Betriebe auf die Bestandesgrößen von 1–19, 20–39,

40–59 und 60–79 Kühe/Betrieb mit 29 %, 44 %, 19 % und 6 % weit hinter der Verteilung, wie sie im Nordwesten vorliegt, wo nämlich in den gleichen Bestandesgrößen 15 %, 27 %, 25 % und 18 % der Betriebe anzutreffen sind.

Formen der Rinderhaltung – In der Rinderhaltung gibt es viele Betriebsformen, welche sich nach dem Grad der Spezialisierung unterscheiden. Unter den nachfolgend genannten sind Übergangsformen oder weitere Kombinationen möglich.

Der **Zuchtbetrieb** (Herdbuchbetrieb)ist bestrebt, durch eine strenge *Auswahl* (Selektion) unter seiner weiblichen Nachzucht den Zuchtwert der Folgegeneration zu verbessern. Da aus seinen *Bullenmüttern* die nächste Jungbullengeneration hervorgeht, ist er somit wesentlich für den Fortschritt in der Rinderzucht verantwortlich. Er gehört einer anerkannten *Züchtervereinigung* an.

Sehr hohes fachliches Wissen und Können sowie großes Interesse an der Zucht sind wichtige Voraussetzungen eines Betriebsleiters.

Im **Milchvieh-Ergänzungsbetrieb** werden nur so viele weibliche Kälber aufgezogen, wie für die Bestandsergänzung notwendig sind, alle anderen Kälber werden verkauft.

Diese Form ist vor allem in Grünlandgebieten weit verbreitet.

Im **Milchvieh-Ergänzungs-** und **Rinder-Mastbetrieb** werden weibliche Kälber nur in solcher Zahl aufgezogen, wie sie für die Bestandsergänzung benötigt werden. Alle Bullenkälber werden im eigenen Betrieb gemästet. Für diese Mast werden manchmal sogar noch Bullenkälber zugekauft. Diese Betriebsform ist häufig in Silomais-Anbaugebieten anzutreffen.

Der **Färsen-Aufzuchtbetrieb** kauft weibliche Kälber bzw. Jungrinder, zieht sie auf, lässt sie decken und verkauft sie wieder als hochträchtige Färsen bzw. als Jungkühe.

Der **Fresser-Erzeugerbetrieb** kauft Bullenkälber, übernimmt die Aufzucht und verkauft sie mit 150–200 kg Lebendmasse als so genannte Fresser an den Bullenmastbetrieb. Er braucht wenig, dafür aber nährstoffreiches Grundfutter (Silomais). Der Arbeitsaufwand ist hoch, daher sind es oft kleinere Familienbetriebe, die diese Produktionsform wählen.

Der **Bullen-Mastbetrieb** kauft entweder Bullenkälber oder Fresser auf und mästet die Tiere. Erfolgreiche Bullenmast ist sehr stark von einem ertragreichen Silomaisanbau abhängig. Der Arbeitsaufwand ist gering, daher betreiben oft größere Betriebe mit geringem Arbeitskräftebesatz Bullenmast.

Der **Färsen-Mastbetrieb** mästet nicht zur Zucht geeignete weibliche Kälber bis zu einem Endgewicht von 500–600 kg Lebendmasse.

Der **Ochsen-Mastbetrieb** spielt in Deutschland nur eine untergeordnete Rolle.

Der **Kälber-Mastbetrieb** mästet vorwiegend weibliche Kälber bis zu 150 kg oder auch 200 kg Lebendmasse.

Mutterkuh- bzw. **Ammenkuhhaltung** dienen der *Fleischerzeugung*, denn die Kühe werden nicht gemolken, sondern säugen ihre Kälber. Ammenkühen unterstellt man zusätzlich zu ihrem eigenen Kalb noch weitere Kälber. Besonders Fleisch- und Zweinutzungsrassen werden hierfür verwendet. Der Arbeitsaufwand bei dieser Art der Rinderhaltung ist gering (extensive Haltung).

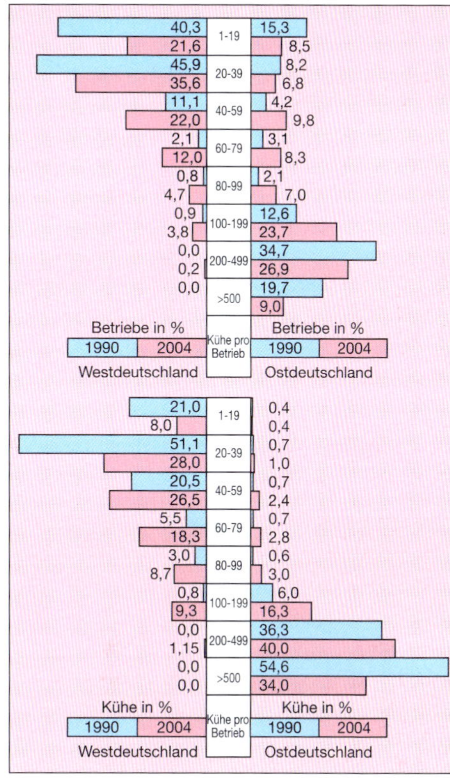

Abb. 780 Strukturveränderung der Milchviehhaltung (MLP-Betriebe) in Ost- und Westdeutschland
a) Verteilung der Betriebe nach Bestandesgrößen (in %)
b) Verteilung der Kühe nach Bestandesgrößen (in %).

Abb. 781 Bullen-Mastbetrieb.

Abb. 782 Für die Mutterkuhhaltung ist auch das hornlose Fleckvieh als Zweitnutzungsrasse bestens geeignet.

Abb. 783 In der Milchviehhaltung werden heute ausschließlich Laufställe gebaut. Dafür eignen sich selbst in Alpenregionen Kaltställe.

Abb. 784 Liegeboxenställe als Kaltställe (Außenklimaställe) tragen zur notwendigen Kostensenkung je Kuhplatz in der Milchviehhaltung bei.

Aufgaben:

1. Nennen Sie die zwei wesentlichen Gründe, weshalb die Rinderhaltung nicht nur in Deutschland, sondern auch in der EU der wichtigste Betriebszweig ist.
2. Welche Bedeutung kommt der Rinderproduktion im Hinblick auf die Versorgung der Bevölkerung mit qualitativ hochwertigen Nahrungsmitteln zu?
3. Beschreiben und begründen Sie, welche wertvolle Aufgabe neben der Nahrungsmittelversorgung die Rinterhaltung vor allem in Grenzertragsstandorten wie Alpenraum und Mittelgebirge übernimmt.
4. Beschreiben Sie ohne Angabe von Zahlen, welche Entwicklungen und Veränderungen Sie in der Rinderhaltung bezüglich des gesamten Rinder- und Milchkuhbestandes, der Zahl der Rinder- und Milchkuhhalter sowie der durchschnittlichen Bestandesgröße beobachten können.
5. Zählen Sie mindestens sechs verschiedene spezialisierte Betriebsformen der Rinderhalung mit ihren wesentlichen Merkmalen auf.

2 Rinderzucht

Die Rinderzucht will durch gezielte *Auswahl* und *Paarung* von Rindern die vorhandenen Erbanlagen für bestimmte Leistungen verbessern, um das Einkommen eines Betriebes zu sichern. Dabei müssen sich die geforderten Leistungen jeweils an den *Wünschen des Marktes* orientieren, damit die Rinderhaltung lohnend bleibt. In Zeiten, in denen auf den Märkten eine Überversorgung für Milch und Fleisch besteht, wird es sehr schwierig, marktpolitische und einzelbetriebliche Ziele in Einklang zu bringen.
Erfolgreiche Rinderzucht ist durch folgende **züchterische Maßnahmen** gekennzeichnet:

- Festlegen eines *Zuchtzieles,*
- Durchführen von *Leistungsprüfungen,* die vergleichbare Ergebnisse liefern,
- *Zuchtwertschätzungen* für Zuchttiere,
- *Auswahl* (Selektion),
- *gezielte Paarungen* mit den besten Tieren.

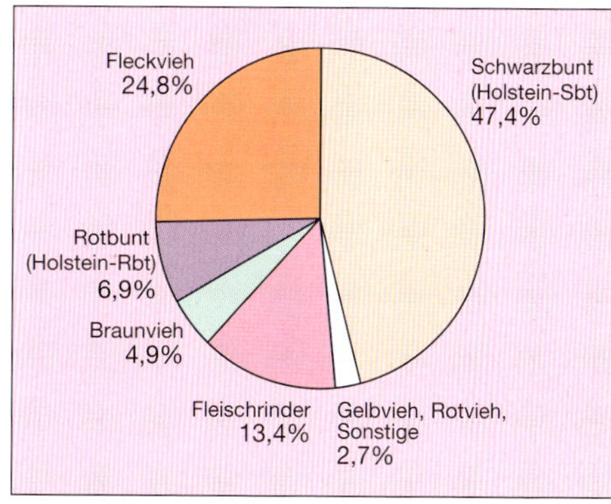

Abb. 785 Verteilung der Rinderrassen (in %) in Deutschland (2004).

2.1 Rinderrassen

Entwicklung – Die älteste Abbildung einer Milchkuh stammt aus dem 7. Jahrtausend v. Chr. Heute wird allgemein der *Ur* oder *Auerochs* als Vorfahre unserer europäischen Hausrinderrassen angenommen. Er verbreitete sich aus dem indischen Raum über Kleinasien in Afrika und ganz Europa, wo sich unterschiedliche *Landrassen* entwickelten. Während der Völkerwanderung fand unter diesen Landrassen eine weitere Vermischung und Verbreitung statt.
Erst mit Beginn der Industrialisierung und der damit verbundenen Nachfrage nach Rindertalg, Fleisch und Butter begann eine verstärkte *Rassenbildung* durch eine systematische Auswahl der Tiere nach Form und – soweit es der damalige Stand der Erkenntnisse und Möglichkeiten zuließ – auch nach Leistung.
Reinzucht innerhalb leistungsfähigerer Rassen und nachfolgende **Verdrängungskreuzungen** in anderen Rassen führten im Laufe der letzten 100 Jahre von einer Rassenvielfalt (allein in Bayern gab es damals 26 Landrassen) zu einer Konzentration auf einige wenige bedeutende Rassen, wie *Schwarzbunte, Rotbunte, Fleckvieh* und *Braunvieh.* Seit den 60er-Jahren des 20. Jahrhunderts prägen **Einkreuzungen** mit Holstein Friesian bei den Schwarzbunten und mit Brown Swiss beim Braunvieh den heutigen Typ dieser Rassen und führen vor allem zu einer deutlichen Steigerung der Milchmengenleistung.
Einkreuzungen von Red Holstein aus demselben Grund werden innerhalb der deutschen Rotbuntzucht seit Beginn der 70er-Jahre verstärkt nur in Baden-Württemberg durchgeführt und spielen in der Fleckviehzucht zahlenmäßig eine untergeordnete Rolle. Diese nordamerikanischen Rassen stammen von unseren europäischen Schwarzbunt-, Rotbunt- und Braunvieh-Rindern ab,

Abb. 786 Flächenmäßige Verteilung der Rinderrassen in Deutschland.

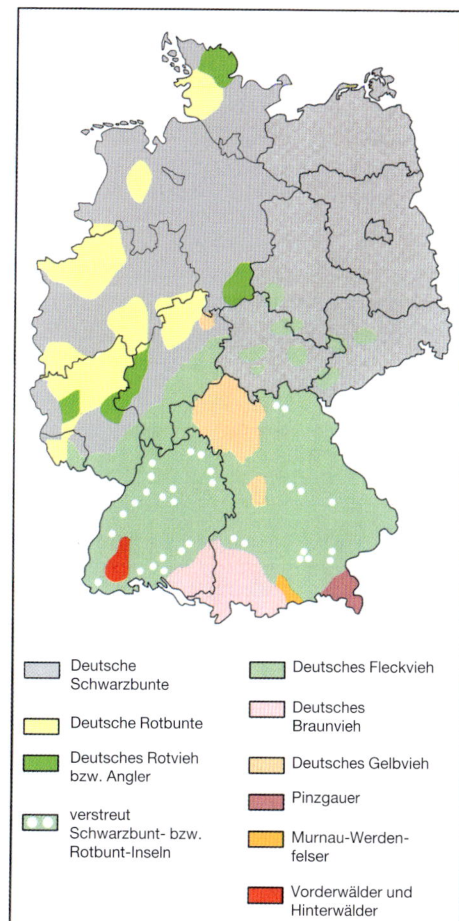

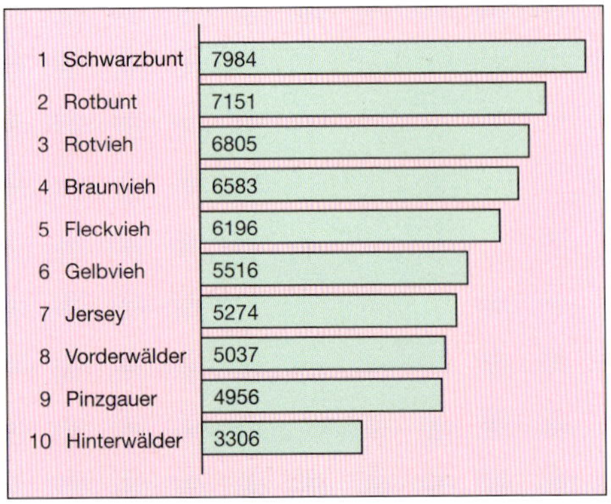

Abb. 787 Rangfolge der Rinderrassen nach Milchmenge (305-Tage-Leistung aller MLP-Kühe, 2004).

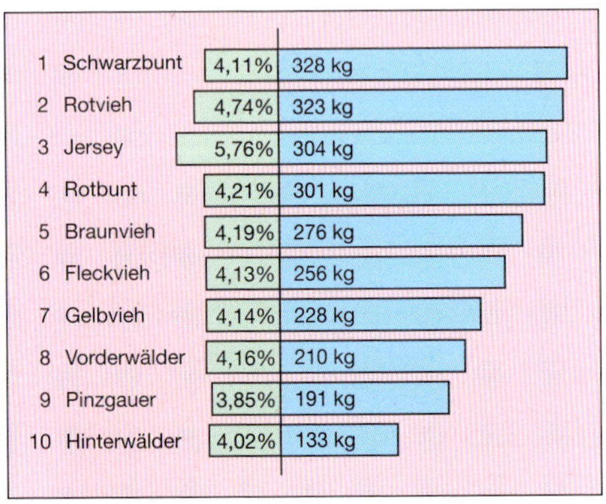

Abb. 788 Gehalt (in %) und Menge (in kg) an Milchfett bei den verschiedenen Rassen (305-Tage-Leistung aller MLP-Kühe, 2004).

Abb. 789 Gehalt (in %) und Menge (in kg) an Milcheiweiß bei den verschiedenen Rassen (305-Tage-Leistung aller MLP-Kühe, 2004).

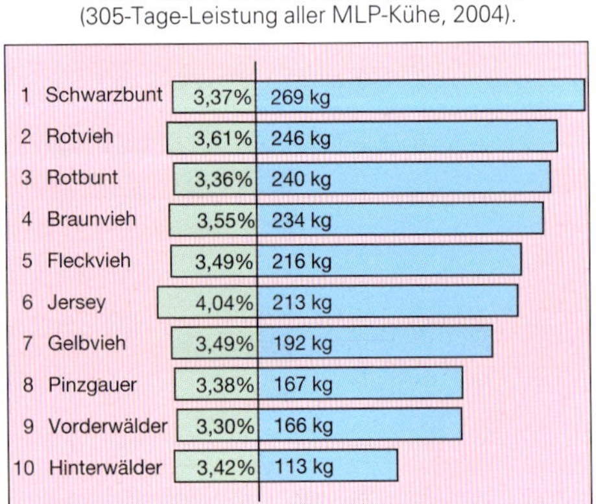

Tabelle 78: Überblick über Rinderrassen Deutschlands

Rasse äußere Merkmale	Nutzungsrichtung Milch – Fleisch	Lebendmasse (Kuh) kg	Widerristhöhe (Kuh) cm
Deutsche Schwarzbunte (Holstein-Sbt) schwarz-weiß gefleckt	sehr milchbetontes Zweinutzungsrind	650–750	über 145–150
Deutsches Fleckvieh gelbrot-weiß gefleckt weißer Kopf	Zweinutzungsrind mit gleicher Betonung von Milch und Fleisch	ca. 750	138–142
Deutsche Rotbunte (Holstein-Rbt) rot-weiß gefleckt	milchbetontes Zweinutzungsrind	650–750	145–150
Deutsches Braunvieh grau bis grau-braun	milchbetontes Zweinutzungsrind	über 600	138–152
Deutsches Gelbvieh einfarbig gelb	fleischbetontes Zweinutzungsrind	700–800	138–142
Deutsches Rotvieh 75 % des Bestandes sind	milchbetontes Zweinutzungsrind	650	140
Angler einfarbig rot	milchbetontes Zweinutzungsrind (hoher Milch-/Fettgehalt)	650	140
Vorderwälder und **Hinterwälder** gelb/rot-weiß gefleckt	Zweinutzungsrind Zweinutzungsrind	ca. 600 400–450	134 118–120
Pinzgauer dunkelbraun mit weißer Rücken- und Bauchblässe	Zweinutzungsrind mit gleicher Betonung von Milch und Fleisch	600–700	130–135
Deutsche Jersey einfarbig gelbbraun bis hellrot	Milchrind (sehr hoher Fett- und Eiweißgehalt)	mehr als 400	125 und mehr
Deutsche Angus hornlos, schwarz bis dunkelbraun sowie rot bis gelbgrau, gelegentlich weiße Flecken	Fleischrind	520–620	125
Deutsche Charolais weiß bis weiß-gelb	Fleischrind	800–950	137–147

Abb. 790 Schwarzbunte (Holstein-Sbt).

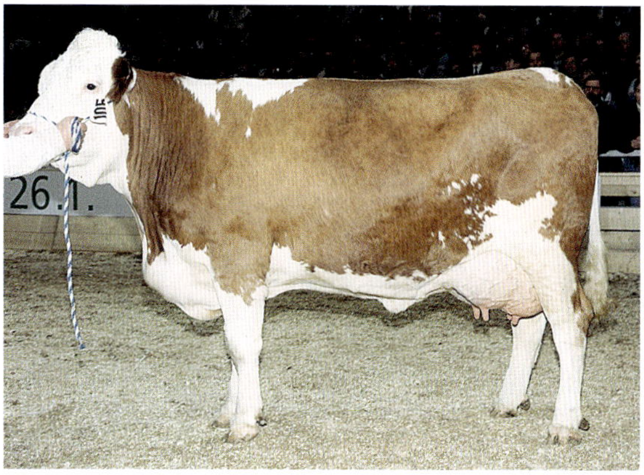

Abb. 791 Fleckvieh.

Abb. 792 Rotbunte (Holstein-Rbt).

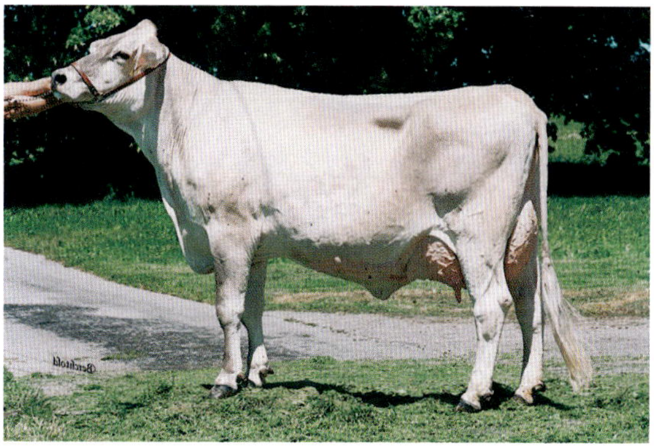

Abb. 793 Braunvieh.

Abb. 794 Gelbvieh.

Abb. 795 Angler.

Abb. 796 Jersey.

Abb. 797 Deutsche Angus.

Abb. 798 Bulle der Rasse Charolais.

Abb. 799 Murnau-Werdenfelser Kuh.

Abb. 800 Hinterwälder Kuh.

Abb. 801 Pinzgauer Kuh.

haben sich aber in den USA durch einseitige Züchtung auf Milch zu reinen Milchrassen mit hervorragender Milchleistung entwickelt.

Die Rasse Deutsche Angus ist ein Beispiel dafür, wie durch **Kombinationskreuzung** von mindestens 2 Rassen ein völlig neuer Typ gezüchtet werden kann. Als Ausgangsrassen dienten in den 60er-Jahren Aberdeen Angus und deutsche Zweinutzungsrassen, vornehmlich Schwarzbunte, Gelb- und Fleckvieh.

Obwohl die genaue Definition des Begriffes Rasse schwierig ist, könnte man an folgender Begriffserklärung festhalten:

> ! **Bei einer Rasse handelt es sich um eine Gruppe von Tieren derselben Art, die sich durch bestimmte Merkmale von anderen Tieren unterscheidet und diese Merkmale auch weitervererbt.**

Zuchtziel – Das Zuchtziel wird von den jeweiligen *Zuchtverbänden* festgelegt. Es muss sich am Leistungsstand der Zuchttiere, an betriebs- und marktwirtschaftlichen Erfordernissen orientieren, wobei auf dem Markt nicht die derzeitigen Verhältnisse maßgebend sind, sondern die mögliche Entwicklung vorausgeschätzt und berücksichtigt werden soll.

Da *wirtschaftliche Leistungsmerkmale,* wie Milch und Fleisch, verstärkt in den Vordergrund gestellt werden, *äußere Unterscheidungsmerkmale,* wie Form und Farbe, dagegen heute fast bedeutungslos geworden sind, kamen sich die Zuchtziele der verschiedenen Rassen immer näher.

Dennoch wird bei einer Rasse mehr die Milchleistung, bei einer anderen mehr die Fleischleistung betont, wonach sich hinsichtlich der **Nutzungsrichtung** eine grobe Unterteilung in *Milchrassen, Fleischrassen* und *Zweinutzungsrassen* ergibt. Im Wesentlichen beschreibt das Zuchtziel:

- Nutzungsrichtung, d. h.:
  - Milchrind,
  - Fleischrind,
  - Zweinutzungsrind, wobei zwischen milchbetont, fleischbetont bzw. gleichgewichteter Betonung von Milch und Fleisch unterschieden wird,
- anzustrebende Milchleistung; Fett- und Eiweißgehalt,
- anzustrebende Fleischleistung, ausgedrückt in den täglichen Zunahmen von Jungbullen,
- Widerristhöhe und Lebendmasse der Kühe und Bullen,
- Sitz und Form sowie Melkbarkeit des Euters,
- Fundament, Widerstandskraft, Nutzungsdauer; Anpassungsfähigkeit,
- Fruchtbarkeit, Leichtkalbigkeit,
- Futterverwertung, Grundfutteraufnahme.

Wichtige Rinderrassen – In Tabelle 78 (Seite 284) werden wichtige deutsche Rinderrassen nach äußeren Merkmalen, Nutzungsrichtung, Masse und Widerristhöhe vorgestellt. *Deutsche Schwarzbunte* und *Deutsche Rotbunte* werden seit einigen Jahren als Deutsche Holsteins der Farbrichtung Schwarzbunt und Rotbunt nach gleichen Zuchtzielen gezüchtet, nämlich hohe Milchleistung und gute Zuwachsleistung, aber in den Statistiken getrennt ausgewiesen. Zusammen mit der Rasse *Jersey,* welche einseitig auf Milch und hohe Milchinhaltsstoffe gezüchtet wird, zählen sie wegen ihrer hohen Milchleistung zu den so genannten **Milchrassen.**

Unter den **Zweinutzungsrassen** ist das *Deutsche Fleckvieh* zahlenmäßig am stärksten vertreten. Vor allem in Bayern ist es mit einem Anteil von über 80 % die bedeutendste Rasse. Obwohl typisches Zweinutzungsrind, ist Fleckvieh auch als Fleischrind bundesweit in der Mutterkuhhaltung sehr gefragt. Bei einer Teilpopulation des Fleckviehs konnte züchterisch ohne Einkreuzung hornloser Rassen Hornlosigkeit erzielt werden.

Der zweitwichtigste Vertreter dieser Nutzungsrichtung ist das *Deutsche Braunvieh,* welches im Süden von Bayern und Baden Württemberg gehalten wird.

Alle anderen Zweinutzungsrassen spielen zahlenmäßig nur eine untergeordnete Rolle und kommen nur in bestimmten Gebieten Deutschlands vor, wie z. B. das *Gelbvieh* in Nordbayern (Franken) oder die *Vorderwälder* im Schwarzwald.

Bei den **Fleischrassen** kann man zwischen *intensiven* (z. B. Fleckvieh, Charolais, Angus, Limousin) und *extensiven* Rassen (Galloway, Highland) unterscheiden, welche in der Mutterkuhhaltung sowohl in Reinzucht als auch in Gebrauchskreuzungen eingesetzt werden.

Die Verbreitung der Rassen in Deutschland zeigt Abb. 786 (Seite 283). Die Daten ermittelt die Arbeitsgemeinschaft Deutscher Rinderzüchter (ADR) anhand der Viehzählung sowie des über die Milchleistungsprüfung (MLP) und die Künstliche Besamung (KB) erfassten Milchkuhbestandes. Es sind somit gute Schätzwerte für die Rassenanteile des gesamten Rinderbestandes.

Nachdem viele Jahre Schwarzbunte und Fleckvieh etwa gleich stark mit insgesamt 75 % eine Vormachtstellung einnahmen, sind nach der Wiedervereinigung die Schwarzbunten durch Einbeziehen des Bestandes der Schwarzbunten Milchrinder (SMR) mit 47,4 % am stärksten verbreitet, gefolgt von Fleckvieh, Rotbunten und Braunvieh.

In den letzten Jahren nahm die Zahl der Fleischrinder stark zu. Sie besitzen jetzt einen Anteil von 13,4 %.

Unter »Sonstige« sind alle übrigen Rassen zusammengefasst, welche zum Teil bereits vom Aussterben bedroht sind, wie z. B. Murnau-Werdenfelser, Hinterwälder oder Pinzgauer. Damit nicht wertvolle Erbanlagen verloren gehen, die in Zukunft nützlich sein könnten, haben mehrere Bundesländer Programme zur »Erhaltung gefährdeter Rassen« gestartet. Hierin ist das Gewähren von Prämien für die Haltung und das Anlegen von Genreserven dieser Rassen vorgesehen.

2.2 Leistungsprüfungen

Die Zuchtwertschätzungen werden auf der Grundlage von Ergebnissen der **Leistungsprüfung** vorgenommen. Objektive Leistungsprüfungen sind daher Voraussetzung für die Zuchtwahl

Abb. 802 Genetisch hornloser Bulle der Rasse Fleckvieh.

Abb. 803 Galloway-Bulle.

Abb. 804 Highland-Bulle.

Abb. 805 Limousin-Bulle.

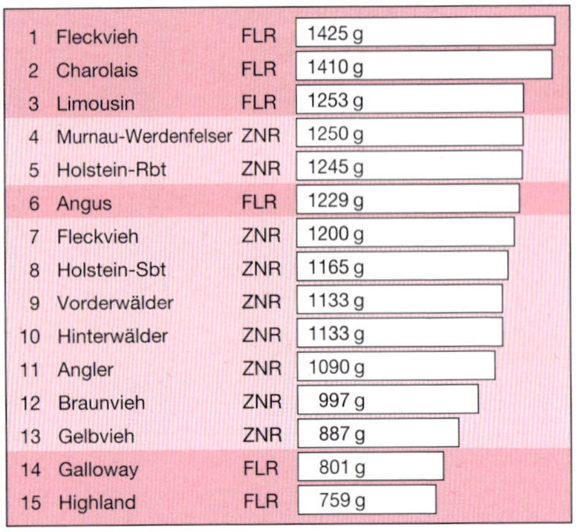

Abb. 806 Rangfolge der Rinderrassen (FLR = Fleischrasse; ZNR = Zweinutzungsrasse) nach den täglichen Zunahmen der Bullen aus der Eigenleistungs-Feldprüfung (2004).

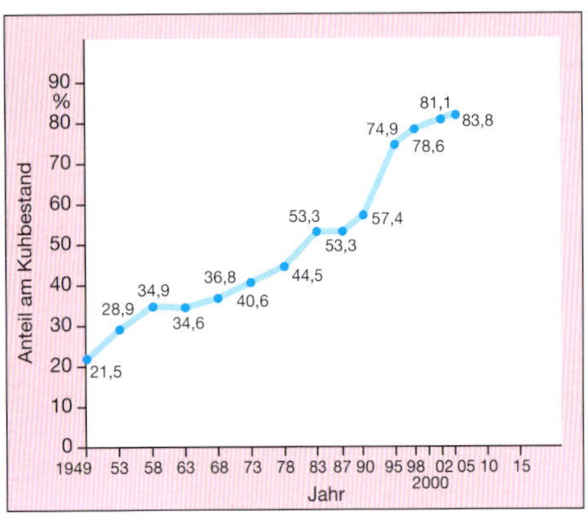

Abb. 807 Die Milchleistungsprüfung erfasst immer mehr Kühe (seit 1991 Gesamtdeutschland).

Abb. 808 Die Höhe der 305-Tage-Laktationsleistung ist von der Kalbesaison abhängig.

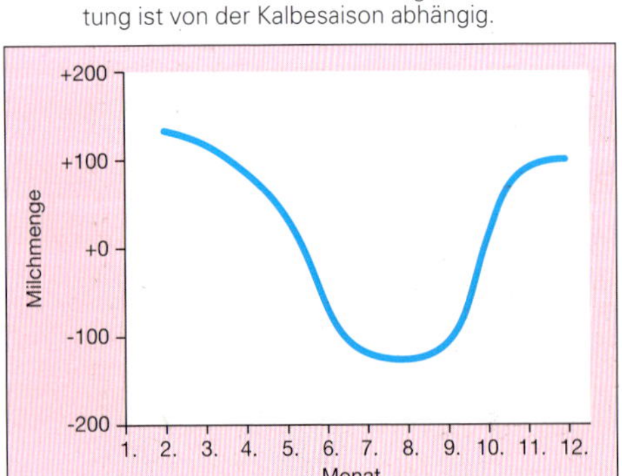

(Selektion). Die Rinderzucht unterscheidet zwischen *direkten Leistungen,* wie z. B. Milchleistung oder Fleischleistung, und *indirekten Leistungen,* wie z. B. Gesundheit oder Fruchtbarkeit.
Beide Leistungsbereiche sind zum Teil sehr eng miteinander verknüpft und stehen zudem auch in Beziehung zu den Körperformen. Neben den *Leistungsprüfungen* ist daher auch die *Tierbeurteilung* in der Rinderzucht von großer Bedeutung.

2.2.1 Milchleistung und Fleischleistung

Milchleistungsprüfung (MLP) – Sie ist nur für *Herdbuchbetriebe Pflicht,* für alle anderen freiwillig. Neben ihrer Bedeutung für die Zuchtprogramme bringt sie auch für den einzelnen Tierhalter *betriebswirtschaftliche Vorteile.* Eine genaue Kenntnis des Leistungsstandes der Kühe ermöglicht eine *leistungsgerechte Fütterung* und erleichtert die *Zuchtauswahl* im Betrieb.
Monatliche Zwischenberichte mit der Auflistung der Leistungsdaten aller Kühe, der *Jahresbericht,* der neben verschiedenen Leistungsangaben auch die Zuchtwertschätzergebnisse aller Kühe der Herde mitteilt, sowie der *horizontale Betriebsvergleich,* bei dem alle wichtigen Kenndaten des Betriebes mit dem Gemeinde-, Landkreis- und Bundesdurchschnitt verglichen werden, liefern zudem wertvolle Angaben über die Produktivität jeder einzelnen Kuh sowie der ganzen Herde.
Die Zahl der Betriebe, welche diese Vorteile nutzen, hat in den letzten Jahren ständig zugenommen. Im Jahre 2004 waren 64,3 % der Milchviehbetriebe und damit 83,8 % aller Milchkühe der MLP angeschlossen. Sie wird bundesweit nach einheitlichen **Richtlinien** unter Aufsicht der Obersten Landesbehörden von den Landeskontrollverbänden (LKV) durchgeführt. Hierzu gibt es verschiedene anerkannte Methoden.
Bei der so genannten *Besitzerkontrolle,* welche vor allem in Schleswig-Holstein angewandt wird, übernimmt der Besitzer selbst die Kontrolle. Überwiegend findet aber in Deutschland die *Fremdkontrolle* durch ausgebildete Leistungsprüfer statt, welche zudem sämtliche Bestandsdaten (z.B. Kalbung) und Leistungsdaten erfassen und in den Stallbüchern registrieren. Ihnen stehen angelernte Probenehmer zur Seite.
Beim monatlichen *Probemelken* wird die Milchmenge mit speziellen »Milchmengen-Messgeräten« (Tru-Tester oder Lactocorder bei Rohrmelkanlage; Recorder im Melkstand) gemessen. Zur Feststellung der Milchinhaltsstoffe (Fett, Eiweiß) wird eine anteilmäßige Probe entnommen und zur Untersuchung an die Labors der Milchprüfringe geschickt. Bei zweimaligem Melken pro Tag wird normalerweise das Abend- und Morgengemelk erfasst. Aus Kostengründen wird von verschiedenen Kontrollverbänden manchmal das Probemelken auch nur bei einer Melkzeit durchgeführt und dann anhand bestimmter Kenndaten auf die Tagesleistung hochgerechnet.
Als **Leistungsmaßstäbe** werden ermittelt:

- **100-Tage-Leistung:** Sie ist die Leistung der ersten 100 Tage und errechnet sich aus den ersten 3 Probemelkungen (entspricht in etwa früherer Einsatzleistung);

- **305-Tage-Laktationsleistung:** Sie ist die Leistung im Zeitraum von 305 Tagen nach dem Kalben und wird zur Zuchtwertschätzung von Kühen und Bullen (305-Tage-Laktation der Töchter) herangezogen;
- **Laktationsleistung:** Milchmenge vom Kalben bis zum Trockenstellen;
- **Jahresleistung:** Leistung innerhalb 1 Kontrolljahres (1. Oktober – 30. September); Maßstab für Wirtschaftlichkeit;
- **Höchstleistung:** höchste Jahresleistung im Leben einer Kuh;
- **Lebensleistung:** Summe aller Laktationsleistungen;
- **Durchschnittliche Lebensleistung:** Lebensleistung geteilt durch Leistungsjahre;
- **Herdendurchschnitt:** durchschnittliche Jahresleistung einer Herde im Kontrolljahr;

Melkbarkeitsprüfung – Für die Beurteilung sind wichtig:

- **Milchfluss:** Milchmenge in kg, geteilt durch die Melkdauer in min, ergibt das durchschnittliche Minutengemelk;
- **Hälftenverteilung:** prozentualer Anteil der Milchmenge aus den Vordervierteln am Gesamtgemelk;
- **Nachgemelk:** restliche Milchmenge in cm^3, welche nach Absetzen der Melkmaschine ein Nachmelken von Hand erfordert. (Das Handnachmelken entfällt bei der Prüfung, wenn es im Betrieb bereits nicht mehr durchgeführt wird, weil die Kühe an ein vollständiges Ausmelken mit der Maschine gewöhnt wurden. Das Euter wird aber auf vollständige Entleerung überprüft.)

Melkbarkeitsprüfungen können als *Einfach-* (Milchfluss, Nachgemelk) und als *Vollprüfung* (Milchfluss, Hälftenverteilung, Nachgemelk) erfolgen. Mit Hilfe des Lactocorders ist bei der Leistungsprüfung das automatische Erfassen des Milchflusses möglich. Neben dem durchschnittlichen Minutengemelk können damit auch Aussagen über die individuelle Milchflusskurve einer Kuh gewonnen werden.

Da das Erfassen der Hälftenverteilung Zusatzgeräte erfordert, ist die Vollprüfung aufwändiger und teurer. Daher werden neuerdings sowohl bei *Bullenmüttern* (früher Vollprüfung) als auch bei *Prüfbullentöchtern* (im Rahmen der Nachkommenprüfung) Einfachprüfungen durchgeführt.

Fleischleistungsprüfung – Sie benutzt die Mast- und Schlachtleistung als Maßstab für die Fleischleistung. Diese wird durch *Eigenleistungs-* (ELP) und *Nachkommenprüfungen* in Anstalten *(Stationsprüfung)* oder Betrieben bzw. auf Auktionen *(Feldprüfung)* festgestellt.

- **Eigenleistungsprüfung auf Station:** Es werden fast nur Bullenkälber aus gezielten Paarungen angekauft und unter möglichst *einheitlichen* Fütterungs- und Haltungsbedingungen aufgezogen und gemästet. Hinsichtlich Prüfungszeiträumen, Fütterungs- und Haltungssystemen bestehen zwischen den Bundesländern Unterschiede. Darunter leidet die Vergleichbarkeit der Ergebnisse sehr stark.

  Als Prüfungsergebnisse werden die *durchschnittlichen täglichen Zunahmen* errechnet, *Widerristhöhe, Kreuzbeinhöhe, Brustumfang* und *Mittelhandlänge* festgehalten sowie zur Abschätzung der Körper- und Muskelfülle *Keulen-* und *Spiralmaß* gemessen.

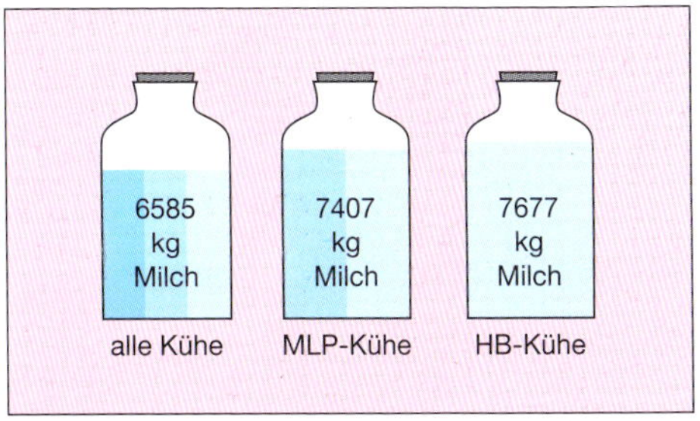

Abb. 809 Ein Vergleich der Milchleistung zeigt die Bedeutung oder Milchleistungsprüfung und einer strengen Zuchtauswahl (2004).

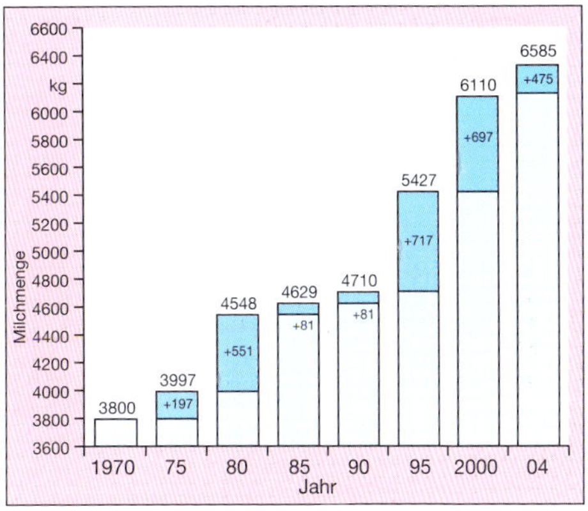

Abb. 810 Die Entwicklung der Milchleistung je Kuh (seit 1990 Gesamtdeutschland).

Abb. 811 Der Lactocorder misst elektronisch Milchmenge, Melkzeit, Melkbarkeit, Leitfähigkeit sowie den Milchfluss und speichert diese Daten. Zudem ist er für die Probenahme geeignet.

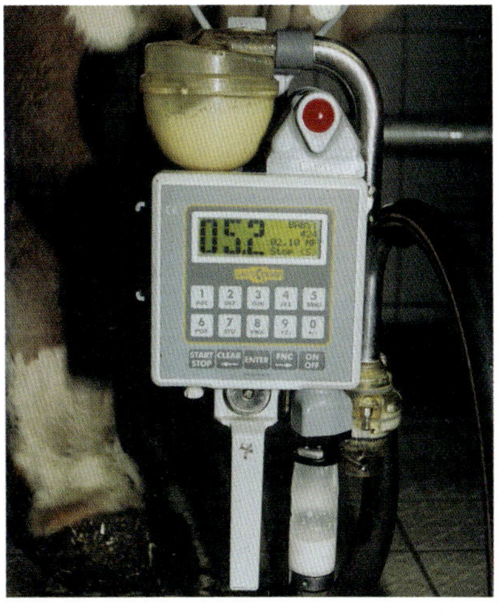

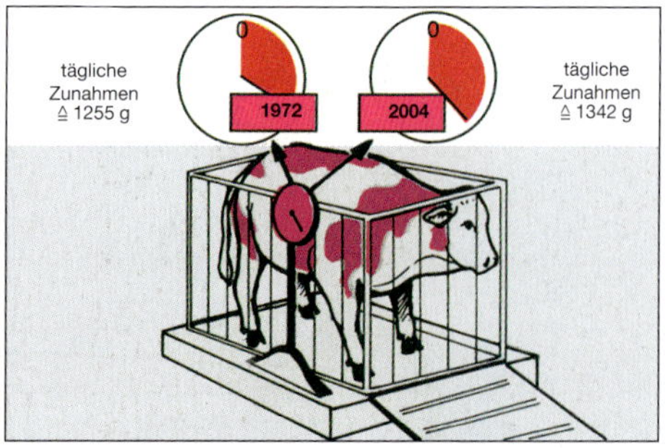

Abb. 812 Züchterische Verbesserung der Gewichtsentwicklung durch Selektion (1972 und 2004) am **Beispiel** von Fleckviehbullen (ELP auf Station in Bayern).

Abb. 813 Die Nachkommenprüfung auf Fleischleistung erfasst auch die Mastleistung der Prüfbullen-Söhne. Hier eine ausgeglichene Gruppe.

- **Eigenleistungsprüfung im Feld:** Die in Betrieben aufgezogenen Jungbullen werden am Kör-Tag gewogen. Nach Abzug des Geburtsgewichtes (je nach Rasse werden 25–44 kg angenommen) werden die *durchschnittlichen täglichen Zunahmen* seit Geburt errechnet, Maße für *Widerristhöhe, Kreuzbeinhöhe* und *Brustumfang* erfasst sowie *Bemuskelung* und *äußere Erscheinung* bewertet.
- **Nachkommenprüfung auf Station:** Von Prüfbullen mit zu erwartendem positiven Zuchtwert-Schätzergebnis für Milchleistung werden Söhne nach zufälliger Wahl auf einer Station zusammengezogen. Aufzucht und Mast erfolgen unter einheitlichen Bedingungen.
  Zwischen den Bundesländern bestehen auch hier Unterschiede in der Mast- und Prüfungsmethode. In Bayern werden z. B. 8 Söhne nach einem Prüfungszeitraum vom 112.–450. Tag geschlachtet.
  Die *Mast-* und *Schlachtleistung* werden nach den in Tabelle 79 angeführten Kenngrößen beurteilt und geben damit Auskunft über die Fleischleistung eines Tieres. Obwohl die Nachkommenprüfung auf Station eine aufwändige züchterische Maßnahme ist, sind die Kosten wegen der möglichen Selektion und ihrer Bedeutung für die ganze Zucht gerechtfertigt.
- **Ungelenkte Nachkommenprüfung im Feld:** Diese Form der Fleischleistungsprüfung verbreitet sich zunehmend. Die Kälber der Prüfbullen können anhand ihrer Lebensohrmarken ihren Vätern zugeordnet werden. Neben der Netto-Zunahme (Schlachtgewicht geteilt durch Alter in Tagen) wird auch die Handelsklasse ermittelt und für die Zuchwertschätzung »Fleisch« verwendet.
- **Gelenkte Nachkommenprüfung im Feld (Vertragsbetriebe):** Um Umwelteinflüsse auszuschalten, werden je Prüfbulle etwa 20 Söhne auf spezialisierte Bullen-Mastbetriebe und auch innerhalb dieser Betriebe auf verschiedene Mastbuchten möglichst gleichmäßig nach Vätern verteilt. Der organisatorische und finanzielle Aufwand ist bei dieser Fleischleistungsprüfung sehr groß.

Tabelle 79: Leistungsprüfungen in der Rinderzucht

Art der Prüfung		zu prüfendes Tier	Ort der Prüfung	Leistungsmaßstäbe
Milchleistungsprüfung	Eigenleistungsprüfung	Kuh	Betrieb	Milchmenge, Fettgehalt, Eiweißgehalt
	Nachkommenprüfung an Töchtergruppe	Bulle	Betrieb	Milchmenge, Fettgehalt, Eiweißgehalt
Melkbarkeitsprüfung	Eigenleistungsprüfung	Kuh (Bullenmutter)	Betrieb	Milchfluss, Nachgemelk (Einfachprüfung)
	Nachkommenprüfung an Töchtergruppe	Bulle	Betrieb	Milchfluss, Nachgemelk (Einfachprüfung)
Fleischleistungsprüfung	Eigenleistungsprüfung	Jungbulle Jungbulle	Station Betrieb	Mastleistung Mastleistung
	Nachkommenprüfung an Söhnegruppe	Bulle Bulle	Station Betrieb	Mast- und Schlachtleistung Mast- und z. T. auch Schlachtleistung

2.2.2 Gesundheit und Fruchtbarkeit

Indirekte Leistungen – Eine Steigerung der Milch- und Fleischleistung kann negative Auswirkungen auf Gesundheit, Fruchtbarkeit und Abkalbevorgang haben. Hohes Futteraufnahmevermögen und gute Futterverwertung werden ebenfalls immer wichtiger. Eine stärkere Beachtung dieser **indirekten Leistungen** trägt zur Kostensenkung und damit zur Verbesserung der Wirtschaftlichkeit eines Betriebes bei.

- **Konstitution und Gesundheit:** Hohe Dauerleistungen und bestimmte Aufstallungsformen stellen sehr hohe Anforderungen an Konstitution und Gesundheit, die sich in *Langlebigkeit* ausdrücken. Ein Maß für Langlebigkeit oder auch Nutzungsdauer ist die *Verbleiberate.*
- **Fruchtbarkeit:** Die Wirtschaftlichkeit der Milchvieh- und Mutterkuhhaltung ist sehr stark davon abhängig, ob eine Kuh regelmäßig jedes Jahr ein gesundes Kalb zur Welt bringt.
  Als **Maßstäbe** zur Beurteilung der Fruchtbarkeit einer **Kuh** dienen der *Besamungsindex*, die *Zwischenkalbezeit*, die *Nutzungsdauer* sowie die *Zahl geborener Kälber/Jahr in Prozent der vorhandenen Kühe.* Für den **Bullen** wird die *»Non-return-Rate«* (NRR) herangezogen. Dabei drückt die NRR des Bullen die Befruchtungsfähigkeit des Samens und die NRR seiner Töchter die Vererbung der Fruchtbarkeit aus.
- **Abkalbeverhalten:** Kühe sollten ohne größere Schwierigkeiten und möglichst ohne menschliche Hilfe abkalben können. Neben *Rasse, Erstkalbealter* und *Geschlecht* des Kalbes haben vor allem auch *körperliche Entwicklung der Kuh* (Größe und Form des Beckens) und *Entwicklung des Kalbes* (Größe und Breite) auf den Abkalbevorgang einen großen Einfluss. Diese beiden letzten Faktoren werden sehr stark durch den Bullen beeinflusst und als *maternales Kalbeverhalten* (Vater der Kuh) bzw. als *paternales Kalbeverhalten* (Vater des Kalbes) bezeichnet.
- **Futteraufnahme und Futterverwertung:** Kostengünstige Milch- und Fleischproduktion ist nur mit Tieren möglich, welche eine hohe Futteraufnahme und eine günstige Futterverwertung aufweisen. Auf ausreichenden Rahmen der Kühe sollte daher bei der Zuchtauswahl geachtet werden.

Leistungsprüfungen in der Mutterkuhhaltung – Leistungsprüfungen in der Mutterkuhhaltung konzentrieren sich auf die Merkmale *Fruchtbarkeit* und *Entwicklung des Kalbes (Aufzucht/Mast).* Sie werden überwiegend als *Feldprüfung* und nur selten als *Stationsprüfung* durchgeführt.

Abb. 814 Bei der Nachkommenprüfung auf Fleischleistung wird auch die Schlachtleistung der Söhne eines Prüfbullen ermittelt.

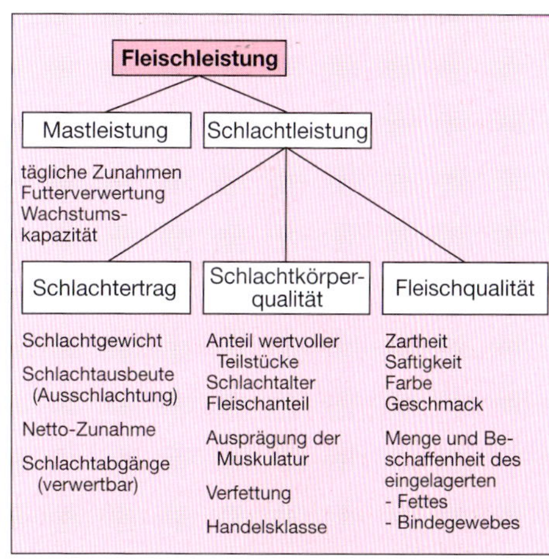

Abb. 815 Kenngrößen der Fleischleistung.

2.3 Rinderbeurteilung

Trotz umfangreicher Leistungsprüfungen kann auf eine Beurteilung der *äußeren Erscheinung (Exterieur)* eines Tieres nicht verzichtet werden. Hierfür gibt es mehrere Gründe. So können z. B. gut ausgebildete, maschinengerechte Euter die Melkarbeit erheblich erleichtern; der Einsatz von Melkrobotern erfordert derzeit zwingend bestimmte Euterformen, Euterhöhen, Zitzenformen und Strichlängen.

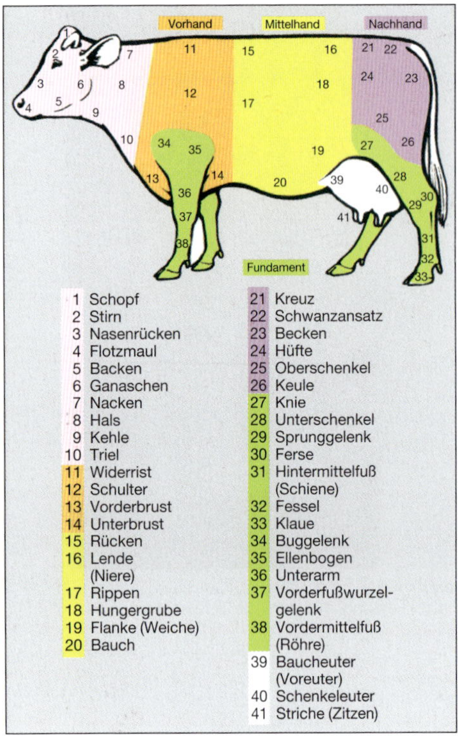

Abb. 816 Körperteile des Rindes (Schema).

Abb. 817 Bei Holsteins wird zur Bewertung des Hauptmerkmals »Milchtyp« neben der Harmonie des Körperbaus auch der Milchcharakter (Schärfe im Widerrist, Kopfform. Halslänge) mit einbezogen.

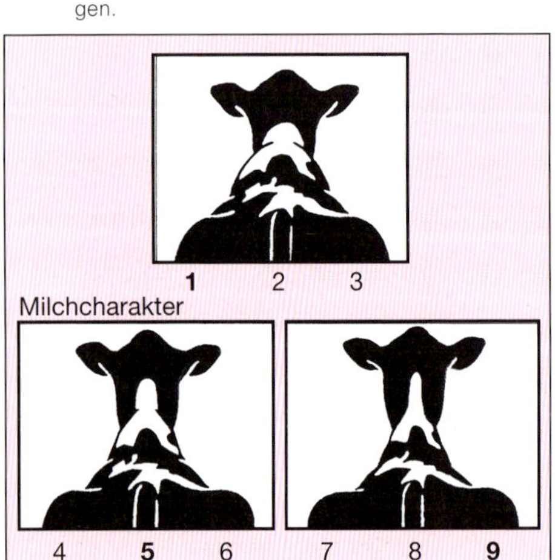

Da sich aus der äußeren Erscheinung konkrete Hinweise auf die Langlebigkeit und somit auf die Wirtschaftlichkeit der Tiere ableiten lassen, gewinnt die Rinderbeurteilung wieder zunehmend an Bedeutung.

Mithilfe der **linearen Beschreibung** ist eine umfassende, objektive und vergleichbare Bewertung von Exterieurmerkmalen möglich. Sie wird daher vor allem bei der *Bewertung von Bullenmüttern* und bei der *Nachzuchtbewertung eines Prüfbullen* angewendet. Dabei werden die Ausprägungen vieler *Einzelmerkmale* einheitlich und verbindlich innerhalb einer Rasse mit den *Ziffern* 1–9 beschrieben.

Während 1 bzw. 9 die Extreme nach beiden Seiten darstellen, kennzeichnet die Ziffer 5 eine im biologischen Sinne am häufigsten vorkommende Ausprägung. Nur wenige Merkmale können exakt mit Hilfe von Messgeräten ermittelt werden. Bei den meisten müssen das Augenmaß und die Erfahrung des Beurteilers entscheiden. Die Beobachtungen und Feststellungen der Einzelmerkmale erfolgen anhand eines Leitfadens.

Mehrere Einzelmerkmale sind jeweils zu *Hauptmerkmalen* zusammengefasst. Die Festsetzung der Hauptmerkmale ist von Rasse zu Rasse verschieden.

Bei der Rasse **Holsteins (Schwarz-** und **Rotbunte)** werden die Hauptmerkmale *Milchtyp* (15 %), *Körper* (20 %), *Fundament* (25 %) und *Euter* (40 %) nach den in Klammern angeführten Gewichtungen zu einer Gesamtnote zusammengefasst. Die **Braunviehzucht** verwendet die Hauptmerkmale *Rahmen, Form* und *Euter.* Bei beiden Rassen erfolgt die Bewertung der Hauptmerkmale nach einem 100-Punkte-System.

Die **Fleckvieh-** und die **Gelbviehzucht,** deren Tierbeurteilung stellvertretend näher beschrieben wird, haben sich auf die Hauptmerkmale *Rahmen, Bemuskelung, Fundament* und *Euter* festgelegt. Mit Ausnahme der Bemuskelung, welche als Beschreibungsziffer stehen bleibt, muss der Beurteiler diese Hauptmerkmale anhand der Beschreibungsergebnisse der Einzelmerkmale mit *Noten* von 1–9 bewerten.

Beschreibung und Bewertung des Rahmens – Als Rahmenmerkmale werden *Kreuzhöhe, Beckenlänge, Hüftbreite* und *Rumpftiefe* gemessen. Bei der Berechnung der Rahmennote wird die Kreuzhöhe dreifach gewichtet.

Beschreibung der Bemuskelung – Weil der Zustand der Bemuskelung nicht konstant ist, sind Bullenmütter und Prüfbullentöchter daher im vergleichbaren Laktationsstadium zu beschreiben. Es wird nur die Nachhand beschrieben, da sie ein gutes Bild der Gesamtbemuskelung liefert. Dabei kann das EUROP-System, welches zur Feststellung der Muskelfülle am Schlachtrind dient, auf das lebende Tier nach einer Zuordnung angewandt werden (Tabelle 80, Seite 295).

Beschreibung der Beckenneigung – Auch sie wird nicht in die Bewertung der Hauptmerkmale einbezogen, sondern bleibt als *Ziffer* bestehen. Liegen bei durchschnittlicher Beckenlänge die Sitzbeinhöcker 4–5 cm tiefer als die Hüfthöcker, wird die Beckenneigung als leicht geneigt mit der Ziffer 5 beschrieben. Abgedachte und verjüngte Becken gelten als Mängel.

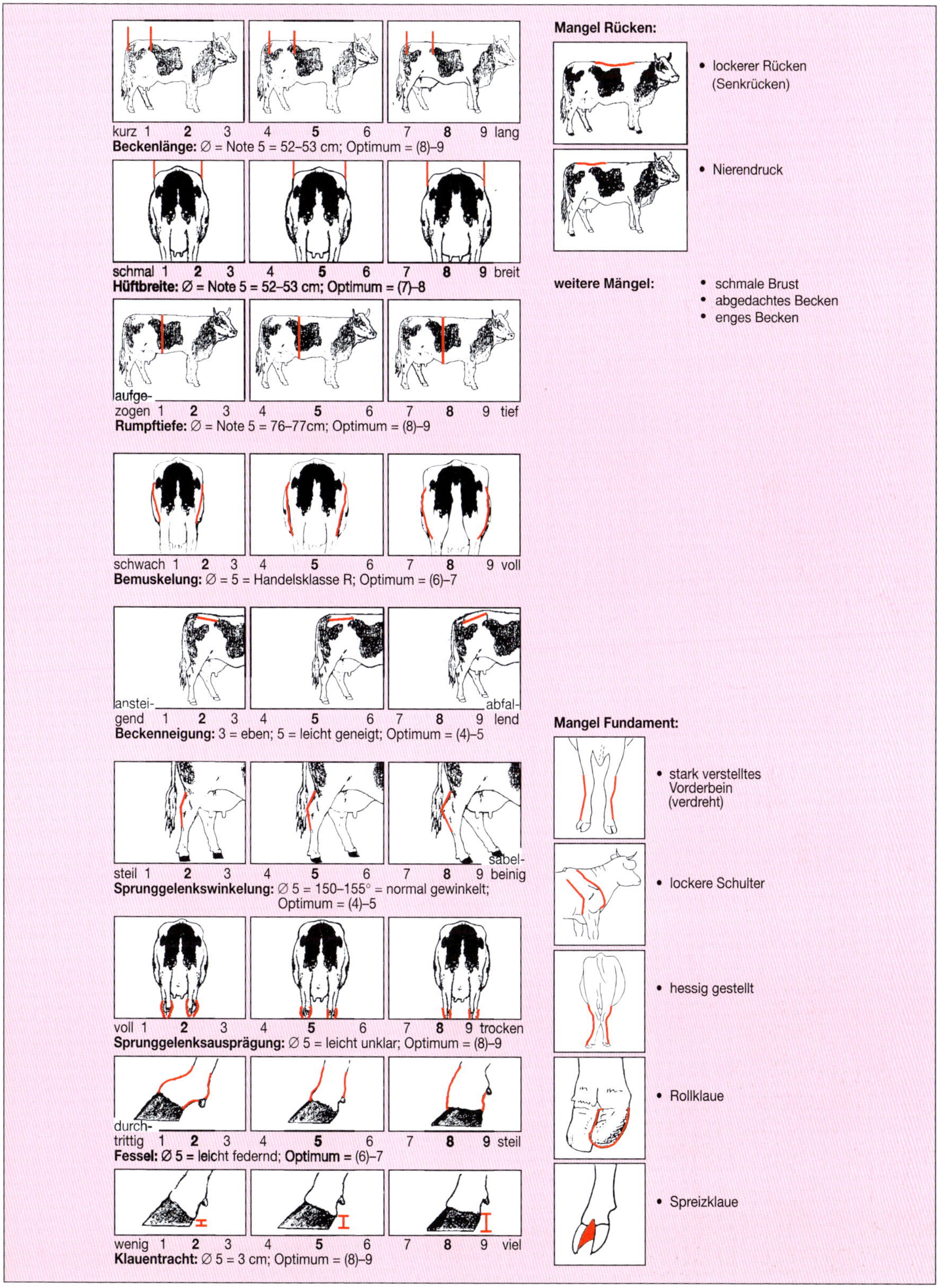

Abb. 818 Beschreibung der Merkmale für Rahmen, Bemuskelung, Beckenneigung und Fundament sowie einiger Mängel beim Fleckvieh.

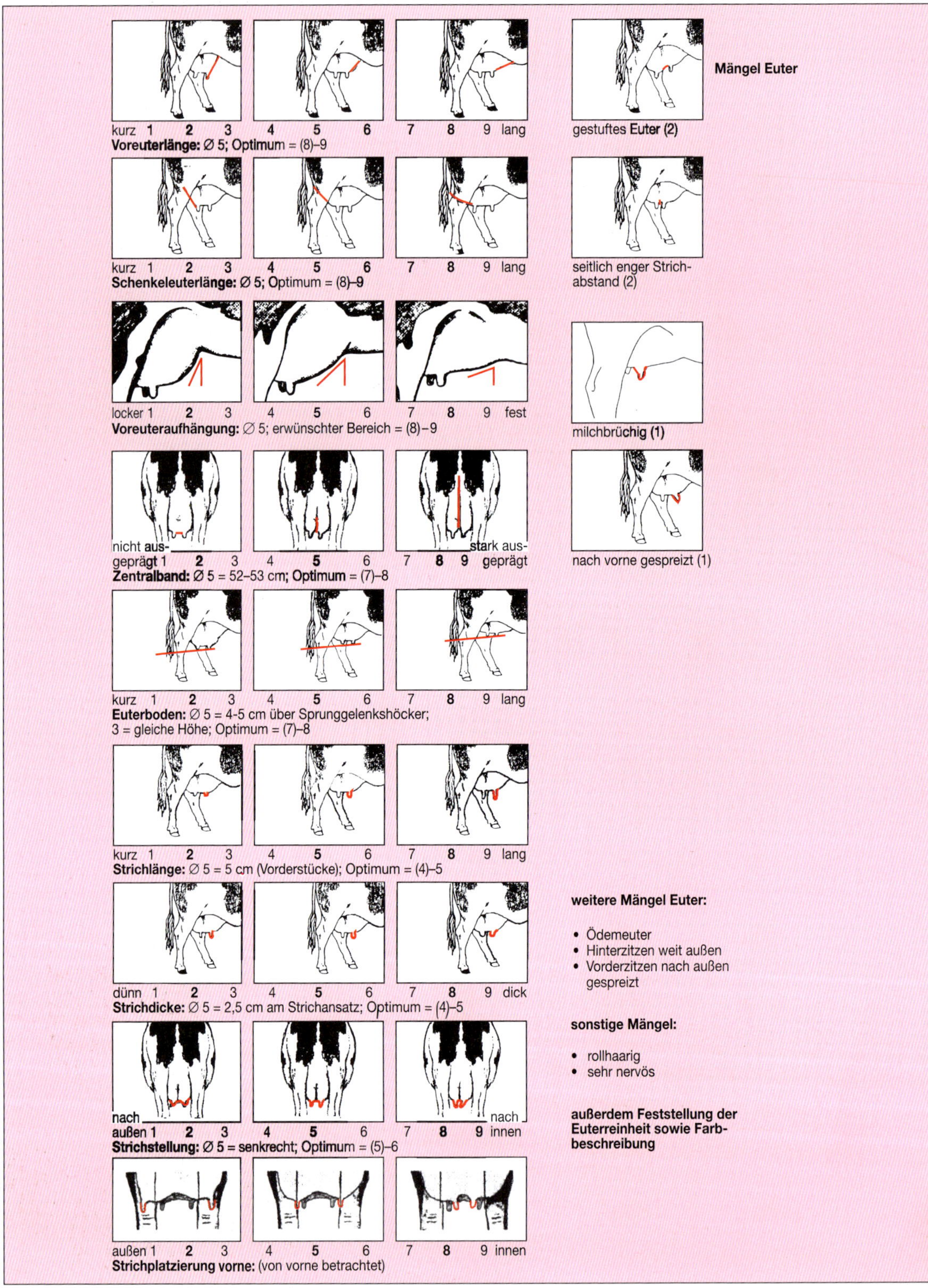

Abb. 819 Beschreibung der Eutermerkmale sowie Eutermängel beim Fleckvieh.

Tabelle 80: Das EUROP-System der Handelsklassen

Handelsklasse	Ziffer	Keule/Profil
E	9	stark ausgeprägt/sehr konvex
U+/U	8/7	ausgeprägt/konvex
R+/RØ/R–	6/5/4	gut entwickelt/geradlinig
O/O–	3/2	mittelmäßig entwickelt/konkav
P	1	schwach entwickelt/sehr konkav

Beschreibung und Bewertung des Fundaments – Als Fundamentmerkmale sind *Sprunggelenkswinkelung, Sprunggelenksausprägung* und *Fessel* zu beschreiben. Die *Klauentracht* kann, muss aber nicht beschrieben werden. Mängel im Fundament (siehe Abb. 818, Seite 293) werden zwar nicht linear beschrieben, aber zur Bewertung durch eine Fundamentnote herangezogen. Die Note 9 erhalten Kühe, welche in allen Merkmalen dem Zuchtziel entsprechen und keine Mängel aufweisen. Ein gutes Fundament ist vor allem für die Laufstallhaltung sehr wichtig.

Beschreibung und Bewertung des Euters – Obwohl für die Leistungsfähigkeit des Euters objektive Messwerte zur Verfügung stehen, verdient die äußere Beschaffenheit des Euters größte Aufmerksamkeit, da einige Merkmale stark erblich bedingt sind. Fehler in Form und Sitz des Euters und bei Zitzen können leicht zu Verletzungen und Erkrankungen sowie bei hoher Milchleistung zu einem völligen Zusammenbruch der Euteranlage führen. Gute Noten erhalten Kühe, deren Eutermerkmale die im Zuchtziel angestrebten Ausprägungen vorweisen und auch sonst keine Fehler haben. Solche typischen Euterfehler sind in Abb. 819 dargestellt. *Nebenstriche* beeinflussen die Euternote nicht. Sie werden aber mit Kennzahlen bezeichnet, welche die *Euterreinheit* beschreiben. Dabei nimmt die negative Wichtung von 1 bis 9 ab.

Mängel werden nicht linear beschrieben. Sollten allerdings welche vorhanden sein, werden sie im *Bewertungsbogen* mit *1 = vorhanden* bzw. *2 = stark ausgeprägt* vermerkt und bei der Gesamtnote berücksichtigt.

Fleischrassen – Auch bei ihnen werden die Merkmale *Typ, Bemuskelung, Skelett* und *Rahmen* sowie *Gliedmaßen* und *Klauen* einer Bewertung unterzogen (keine lineare Beschreibung) und je nach Zuchtziel der Rassen unterschiedlich gewichtet. Die Typnote beschreibt den Gesamteindruck des Tieres, gemessen am Zuchtziel. Mit der Bemuskelungsnote will man bereits am lebenden Tier den zu erwartenden Fleischansatz abschätzen. Daneben sind Skelett und Rahmen, Gliedmaßen und Klauen für die Nutzungsdauer und Leistungsfähigkeit und somit für die Wirtschaftlichkeit der Fleischrinderrassen von großer Bedeutung.

Die Daten der linearen Beschreibung werden zur **Zuchtwertschätzung beim Exterieur** herangezogen.

2.4 Zuchtwertschätzung

Die **Zuchtwertschätzung** bildet die Voraussetzung für eine *Auswahl* (Selektion) von Tieren, welche für den Aufbau der Nach-

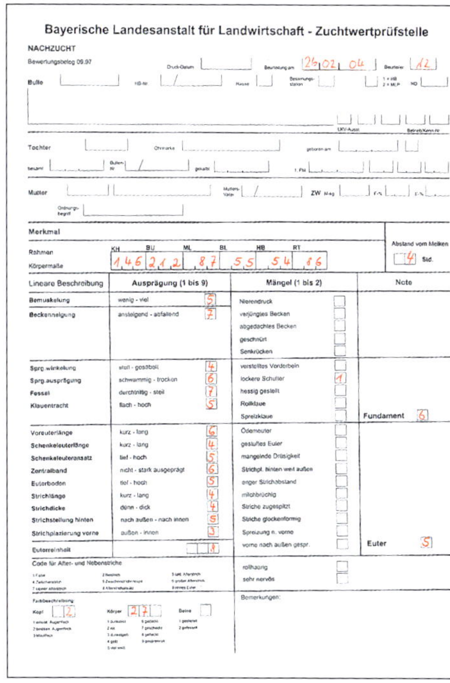

Abb. 820 Muster eines Bewertungsbogens zur Rinderbeurteilung.

Abb. 821 Bei Holsteins wird auch die Beckenlage zur Bewertung des Hauptmerkmals »Körper« herangezogen.

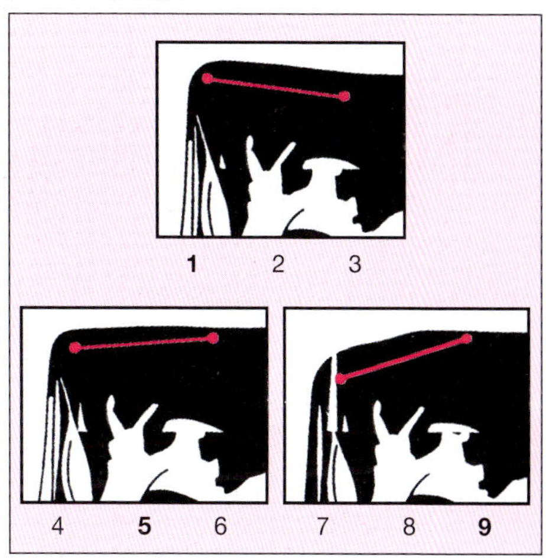

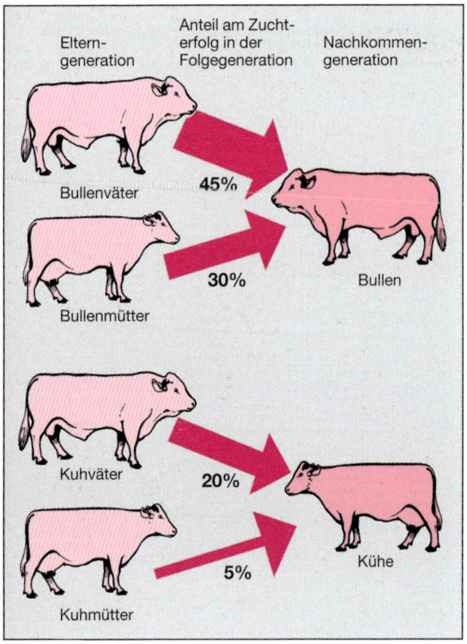

Abb. 822 Von einem Bullen sind sehr viele Nachkommen möglich. Daher ist sein Anteil am Zuchterfolg größer (Schema).

Leistungsmerkmal	Erblichkeitsgrad in %
Milch	
1. Laktation (305 Tage)	30
1. Jahresleistung	25
Durchschnitt aus 3 Jahresleistungen	30
Fettgehalt (%)	40
Eiweißgehalt (%)	50
Mittleres Minutengemelk	30
Fleisch	
tägl. Zunahme von Jungbullen	
in Betrieben	20
in Prüfstation	40
Bemuskelung	40
Fett:Fleisch-Verhältnis	60
Fruchtbarkeit	
Zwischenkalbezeit	5
Besamungen je Trächtigkeit	5
Eierstockzysten	20
Mehrlingsgeburten	10
Nachgeburtsverhalten	15

Abb. 823 Erblichkeitsgrade einiger Leistungsmerkmale beim Rind.

folgegeneration den größtmöglichen Zuchtfortschritt erhoffen lassen.

Als *Informationsquellen* können die Vorfahrenleistung, die Geschwisterleistung, die Eigenleistung sowie die Nachkommenleistung dienen.

Zum grundsätzlichen Verständnis der Zuchtwertschätzung gehört, dass **Leistungen** *nicht nur erblich* bedingt sind, sondern auch von *Umwelteinflüssen* abhängen. Um den Zuchtwert (erbliche Veranlagung) eines Tieres schätzen zu können, müssen diese Umwelteinflüsse berücksichtigt werden. Wichtig ist vor allem das Ausschalten derjenigen Umwelteinflüsse, welche sich auf die Leistung der Tiere in gleicher Weise fördernd oder mindernd auswirken.

Es dürfen daher nur Tiere miteinander verglichen werden, die ihre Leistungen unter gleichen oder zumindest ähnlichen Umweltbedingungen erbracht haben. Die so ermittelte *Leistungsdifferenz* eines Tieres zur Vergleichsgruppe gibt Aufschluss über den erblich bedingten Leistungsanteil und wird als **Abweichung** bezeichnet.

Bei der **Zuchtwertschätzung eines Bullen** auf Milch werden z.B. die Leistungen seiner Töchter an der durchschnittlichen Leistung der Töchter anderer Bullen (Vergleichsgruppe) gemessen und die jeweilige *Abweichung* errechnet. Ihr Durchschnittswert wird multipliziert mit einem *genetischen Wichtungsfaktor,* in dem der *Erblichkeitsanteil* des Leistungsmerkmals, der *Verwandtschaftsgrad* und die *Zahl der Einzelleistungen* berücksichtigt sind. Das Produkt stellt den geschätzten **Zuchtwert** dar.

Nach diesem Prinzip werden die Zuchtwerte für die verschiedenen Leistungsmerkmale berechnet.

! Je höher der Erblichkeitsgrad eines Merkmals ist, je mehr Einzelleistungen herangezogen und je sicherer die Umwelteinflüsse ausgeschaltet werden können, desto genauer entspricht der »geschätzte« dem wahren Zuchtwert.

Zuchtwert Milchleistung – Die Zuchtwertschätzung für die Milchleistungsmerkmale erfolgt nach dem so genannten **Testtagsmodell (TTM)**. Der Name besagt, dass die Leistung an einem Kontrolltag *direkt* in das Zuchtwert-Schätzmodell eingeht. Es werden alle Kontrolltagsleistungen überwiegend aus den ersten 3 Laktationen, aber auch aus höheren Laktationen einbezogen.

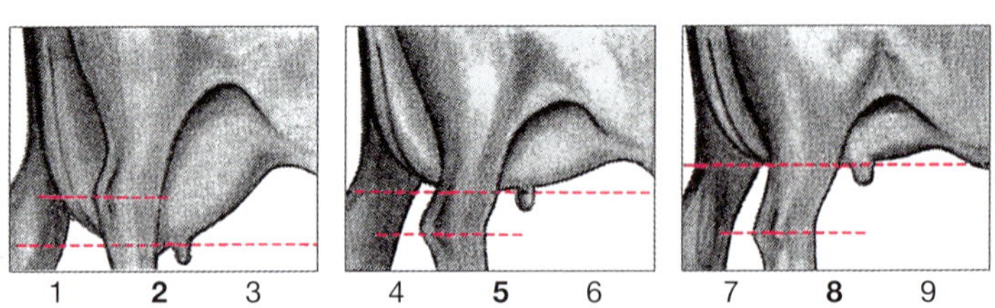

Abb. 824 Messung der Eutertiefe bei Braunvieh (5 entspricht tiefstem Punkt 12 cm über Sprunggelenk).

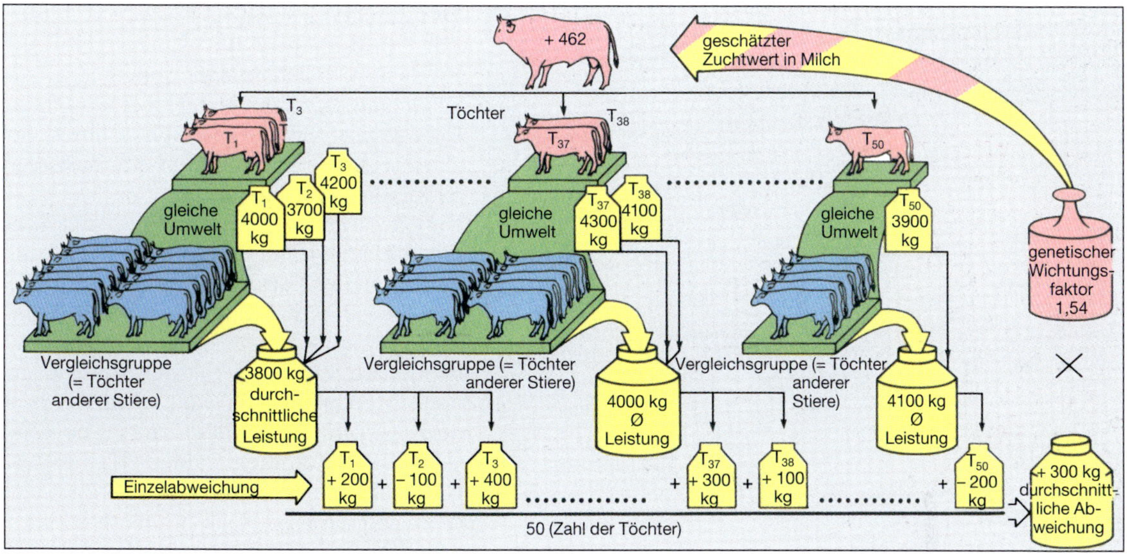

Abb. 825 Grundschema der Zuchtwertschätzung eines Bullen für das Merkmal Milchleistung anhand der Nachkommen.

Für jedes Leistungsmerkmal werden 3 *Einzel-Laktationszuchtwerte* ermittelt, und zwar einer für die 1. Laktation, einer für die 2. Laktation und einer für die 3. und höhere Laktation. Diese Einzel-Laktationszuchtwerte werden jeweils mit dem Faktor 1/3 gewichtet und zu einem Zuchtwert für jedes Merkmal zusammengefasst. Trotz dieser scheinbaren Gleichgewichtung haben die Einzel-Laktationszuchtwerte der 2. und 3. Laktation tatsächlich einen stärkeren Einfluss.

Da das neue Testtagsmodell auch ein Tiermodell ist, werden neben der eventuell vorhandenen Eigenleistung auch die Leistungen aller bekannten Verwandten herangezogen. Die Tabelle 81 zeigt, dass mit zunehmender Zahl und Aussagekraft der Informationen die Sicherheit der Zuchtwertschätzung zunimmt. Sie wird bei der Veröffentlichung der Ergebnisse sowie auch im Abstammungs- und Leistungsnachweis angegeben.

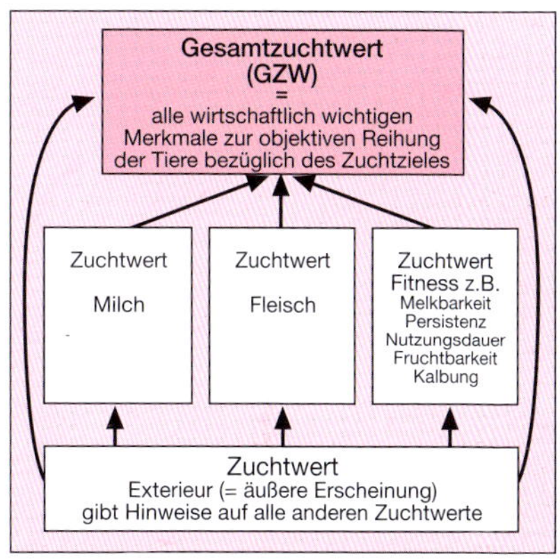

Abb. 826 Der Gesamtzuchtwert – Maßstab für die »Verkörperung« des Zuchtzieles.

Tabelle 81: Sicherheit bei der Zuchtwertschätzung bei unterschiedlichen Leistungsinformationen

Tier	berücksichtigte Information	Sicherheit[1])
Prüfbulle, Färse	nur Vorfahrenleistungen	0,35
Kuh mit abgeschlossener 1. Laktation	Vorfahrenleistungen und Eigenleistung	0,50
ältere Kuh	Vorfahrenleistungen Eigenleistungen Töchterleistungen	0,64
geprüfter Bulle (100 Töchter/1. Laktation)	Vorfahrenleistungen Nachkommenleistungen (1. Laktation)	0,77
geprüfter Bulle (1000 Töchter)	Vorfahrenleistungen Nachkommenleistungen (1./2./3. Laktation)	0,99

[1]) Maximal 1,00.

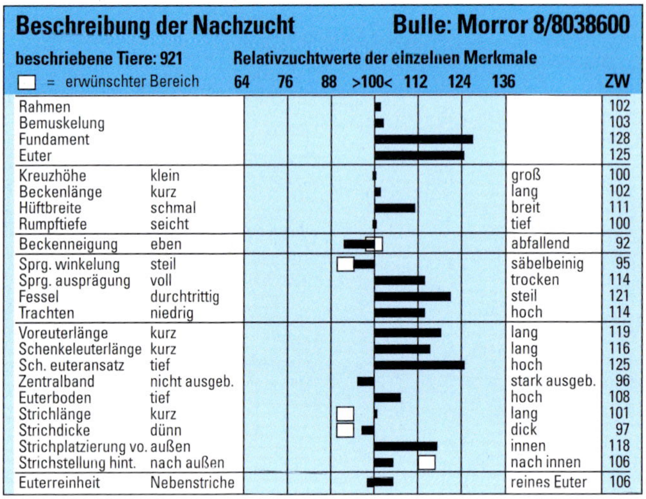

Abb. 827 Zuchtwertschätzung – Beschreibung der Nachzucht und Feststellung der Relativzuchtwerte für die einzelnen Merkmale (**Beispiel** Fleckvieh).

Abb. 828 Informationen für die Zuchtwertschätzung der Milchleistungsmerkmale unter Verwendung der Verwandten-Informationen

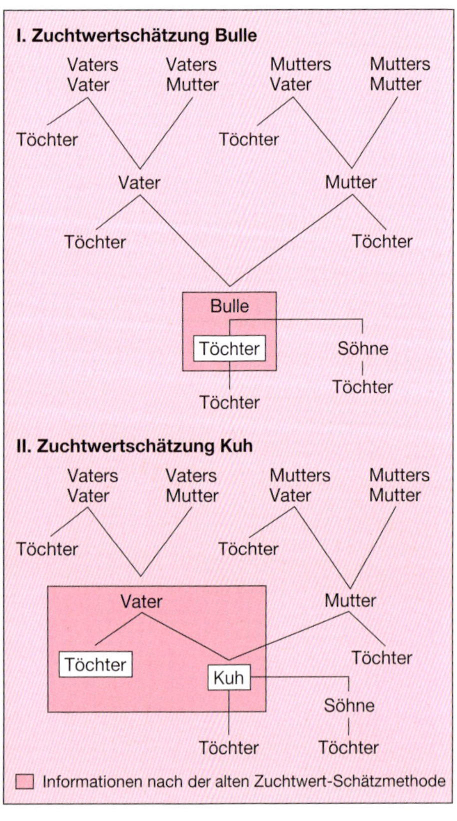

Die Zuchtwertschätzung wird nach der »**BLUP-Methode**« (**B**est **L**inear **U**nbiased **P**rediction = beste lineare und unverzerrte Schätzung) durchgeführt. Dabei erfolgt die Korrektur der **Umwelteinflüsse** direkt im Zuchtwert-Schätzsystem auf der Basis der einzelnen Kontrolltage.

Neben *herdenspezifischen Umwelteinflüssen,* wie Stallklima und -hygiene, Schwankungen in der Futterqualität, Änderungen im Management, Methoden der Milchleistungsprüfung oder der Melkfrequenz, Probleme und Störungen mit der Melkanlage oder Melkerwechsel, sind auch *herdenübergreifende Umwelteinflüsse* zu berücksichtigen. Hierunter zählen Kalbealter, Kalbejahr, Kalbesaison, Trächtigkeit, Laktationsnummer und Laktationsstadium.

Um dem Züchter eine Maßzahl über den *aktuellen Zuchtwert* in Milch, Fett und Eiweiß anbieten zu können, wurde der **Milchwert** (MW) eingeführt. Er wird als Relativzahl für die Merkmale Fett- und Eiweißmenge ausgedrückt. In Anpassung an die Marktanforderungen und die wirtschaftlichen Gegebenheiten erfolgt eine viermal so starke Gewichtung der Eiweißmenge. Der Milchwert ermöglicht somit eine Reihung der Bullen in genetisch-wirtschaftlicher Hinsicht bezüglich der Milchproduktion, wobei der Durchschnitt der Relativzahlen der jüngsten Bullenjahrgänge 100 Punkte beträgt. Beim Milchwert handelt es sich stets um einen aktuellen Wert, der sich vierteljährlich ändert. Tabelle 82 zeigt ein **Beispiel** zur Berechnung des Milchwertes eines Bullen.

Der Milchwert ermöglicht die Auswahl derjenigen Bullen, die eine Verbesserung der Milchleistung der gegenwärtigen Population erwarten lassen. Er erleichtert damit dem Züchter die Auswahl der Bullen nach dem zu erwartenden Gesamtnutzen in der Milchleistung. Da er auch den Gesamtzuchtwert stark beeinflusst, ist er ein wesentliches Kriterium für die Erteilung der Besamungserlaubnis.

Zuchtwert Fleischleistung – Für die Fleischleistung wird bei Zweinutzungsrassen ebenfalls eine Zuchtwertschätzung durchgeführt. Aus den einzelnen Zuchtwerten für Nettozunahme, Fleischanteil und Handelsklasse wird der **Fleischwert** (FW) in ähnlicher Weise wie der Milchwert berechnet.

Zuchtwert Zuchtleistung – Sie geht in die Zuchtwertschätzung von Besamungsbullen ein, indem für die Merkmale *Fruchtbarkeit, Kalbeverhalten* und *Nutzungsdauer* Zuchtwerte berechnet werden.

Als Maßstab für die **Fruchtbarkeit** dient die NRR 90 (Non-return-Rate nach 90 Tagen). Es wird die *männliche* (paternale) und die *weibliche* (maternale) *Fruchtbarkeit* seiner Töchter berechnet.

Das **Kalbeverhalten** findet mit den Merkmalen *Geburtsverlauf* und *Totgeburtenrate* Eingang in die Zuchtwertschätzung. Dabei werden die diesbezüglichen Eigenschaften von beiden Elterntieren erfasst und jeweils paternale und maternale Zuchtwerte erstellt.

Tabelle 82: Berechnung des Milchwertes eines Bullen der Rasse Fleckvieh (Bayern)

Zuchtwertdaten des Bullen:
+ 945 kg Milch, + 31 kg Fett, + 28 kg Eiweiß

Berechnungsformel:

$$\text{Milchwert (MW)} = 100 + \left(\begin{array}{l}0{,}141 \times \text{Zuchtwert Fett-kg} + \\ 0{,}564 \times \text{Zuchtwert Eiweiß-kg}\end{array}\right)$$

Berechnungsbeispiel:

$$\begin{aligned} MW &= 100 + (0{,}141 \times 31 + 0{,}564 \times 28) \\ MW &= 100 + (\;4{,}4 + 15{,}8\;) \\ MW &= 100 + 20{,}2 \\ MW &= 120 \end{aligned}$$

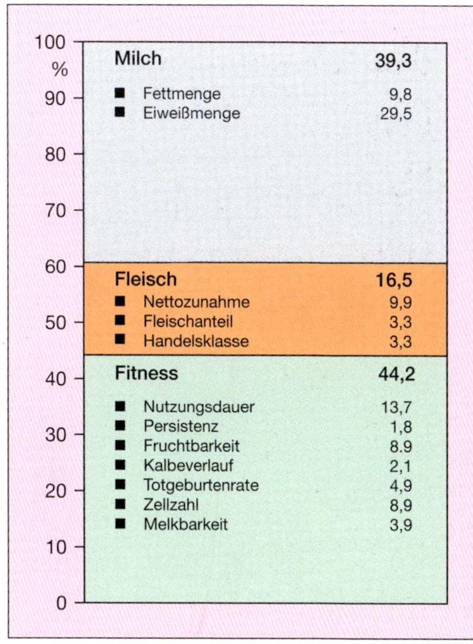

Abb. 829 Wirtschaftliche Gewichtung der Teilzuchtwerte im Gesamt-Zuchtwert am **Beispiel** Fleckvieh.

Die **Nutzungsdauer** wird mithilfe der *Verbleiberate* gemessen, welche von verschiedenen Abgangsursachen abhängig ist. Werden diese Einflüsse auf die Verbleiberate entsprechend korrigiert, spricht man von einer Zuchtwertschätzung auf »funktionaler Nutzungsdauer«, wie sie derzeit bereits in der Holsteinzucht Anwendung findet. Die *Eutergesundheit* wird mit einer Zuchwertschätzung auf **Zellzahl** berücksichtigt.

Zuchtwert Exterieur – Für das **äußere Erscheinungsbild** (Exterieur) wird ein Zuchtwert anhand der Noten aus der linearen Beschreibung von Kühen in der 1. Laktation berechnet. Bei der Nachzuchtbewertung müssen dabei mindestens 30 Töchter eines Prüfbullen erfasst werden. Die durchschnittliche Vererbungsleistung ist mit dem **Relativzuchtwert 100** gekennzeichnet, eine Standardabweichung mit 12 definiert.

Die Relativzuchtwerte (RZ) werden als *Balkendiagramme* dargestellt. Aus der Länge der Balken ist ersichtlich, wie weit die Relativzuchtwerte des Stiers in den Einzelmerkmalen und in den Hauptmerkmalen unter oder über dem Durchschnitt liegen.

Abweichungen in den Einzelmerkmalen lassen keine Rückschlüsse auf positive bzw. negative Vererbung zu. Die benoteten Hauptmerkmale enthalten jedoch eine Wertung, die sich am Zuchtziel orientiert. Richtung und Länge ihrer als Balken dargestellten Relativzuchtwerte zeigen daher, wie gut oder wie schlecht ein Bulle im jeweiligen Hauptmerkmal vererbt.

Die **Holsteinzucht** (Schwarzbunt - Sbt - und Rotbunt - Rbt -) stellt nur die Relativzuchtwerte der Einzelmerkmale als Balkendiagramm dar. Die Relativzuchtwerte der Hauptmerkmale (Milchtyp, Körper, Fundament, Euter) werden als Zahlenwerte angegeben und zusätzlich zu einem ebenfalls als Zahl erscheinenden **Relativzuchtwert Exterieur** (RZE) zusammengefasst, der die Erstellung einer Rangfolge zulässt.

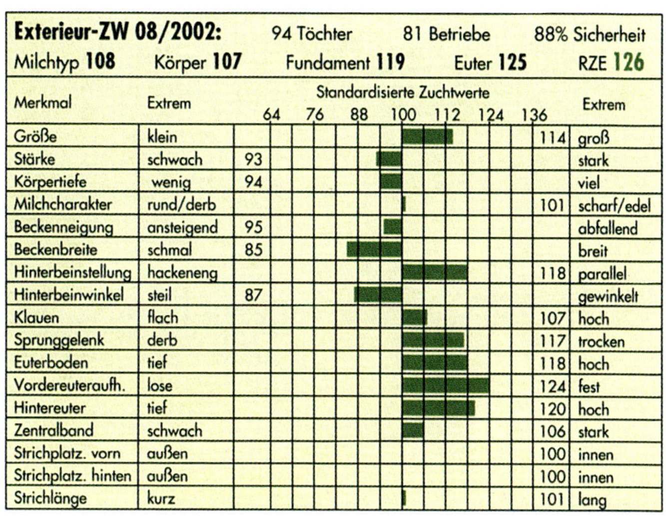

Exterieur-ZW 08/2002: 94 Töchter 81 Betriebe 88% Sicherheit
Milchtyp **108** Körper **107** Fundament **119** Euter **125** RZE **126**

Merkmal	Extrem	Standardisierte Zuchtwerte 64 76 88 (unter 100)	Standardisierte Zuchtwerte 100 112 124 136 (über 100)	Extrem
Größe	klein		114	groß
Stärke	schwach	93		stark
Körpertiefe	wenig	94		viel
Milchcharakter	rund/derb		101	scharf/edel
Beckenneigung	ansteigend	95		abfallend
Beckenbreite	schmal	85		breit
Hinterbeinstellung	hackeneng		118	parallel
Hinterbeinwinkel	steil	87		gewinkelt
Klauen	flach		107	hoch
Sprunggelenk	derb		117	trocken
Euterboden	tief		118	hoch
Vordereuteraufh.	lose		124	fest
Hintereuter	tief		120	hoch
Zentralband	schwach		106	stark
Strichplatz. vorn	außen		100	innen
Strichplatz. hinten	außen		100	innen
Strichlänge	kurz		101	lang

Abb. 830 Schätzung der Vererbungsleistung für das Exterieur bei der Rasse Schwarzbunt (**Beipiel** Ramos).

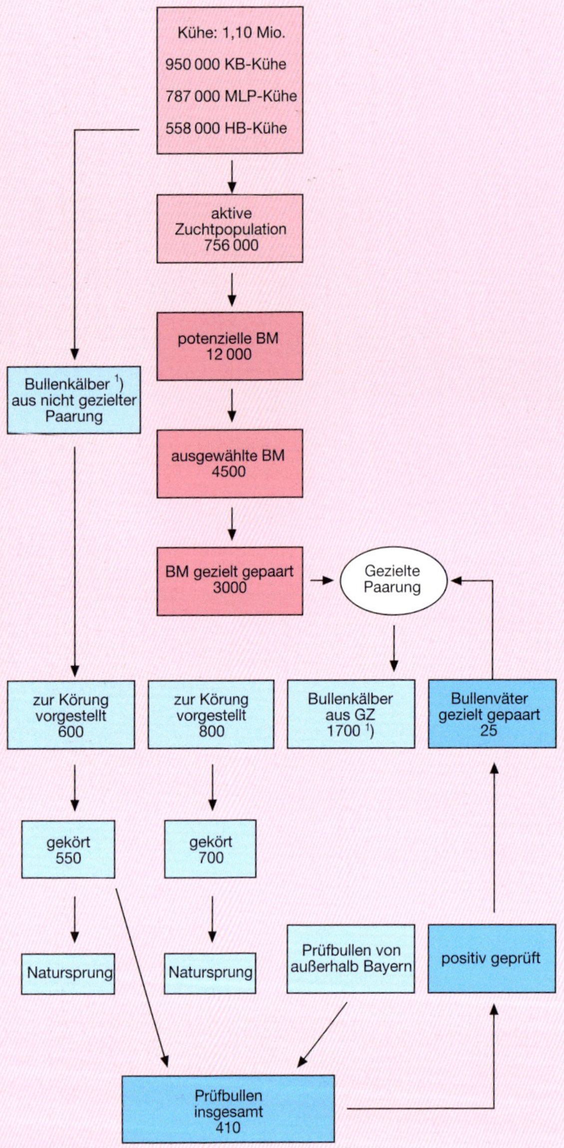

KB = künstliche Besamung
MLP = Milchleistungsprüfung
HB = Herdbuch
BM = Bullenmutter
GP = Gezielte Paarung
[1]) Inklusive Bullenkälber aus GZ mit Jungrind, Jungkuh.

Abb. 831 Übersicht über das bayerische Zuchtprogramm für Fleckvieh.

Gesamtzuchtwerte – Um eine nachhaltige und wirtschaftliche Rinderzucht betreiben zu können, müssen bei der Selektion aber möglichst alle Merkmale berücksichtigt werden. Daher werden alle Teilzuchtwerte zu einem **Gesamtzuchtwert (GZW)** zusammengefasst und entsprechend ihrer wirtschaftlichen Bedeutung für die jeweilige Rasse gewichtet. Er ist das Entscheidungskriterium für die Zuchtzulassung bzw. für die Erteilung der Besamungserlaubnis.
Er ermöglicht auch dem Züchter, mit einer einzigen Maßzahl einen insgesamt positiven Bullen auswählen zu können. Für Gezielte Paarungen zur Beseitigung von Mängeln bzw. zur Ausnutzung bestimmter Vorzüge ist er weniger geeignet. Solche *Paarungsempfehlungen* sollen aufgrund von Einzelzuchtwerten erfolgen, vorausgesetzt, dass auch der Gesamtzuchtwert die geforderte Schwelle überschreitet.
Ein **ökologischer Gesamtzuchtwert (ÖZW)** berücksichtigt vorrangig *Fruchtbarkeit, Abkalbung, Exterieur* und *Langlebigkeit.* Während in der herkömmlichen Rinderzucht im Hinblick auf die schwerpunktmäßig ökonomisch ausgerichtete Rinderhaltung alle relevanten Zuchtmerkmale erfasst werden, züchtet man in ökologisch geführten Rinderhaltungsbetrieben hauptsächlich in den 3 Bereichen

- Lebensleistung und Nutzungsdauer (Persistenz),
- ausgewogene Mast- und Schlachtleistung sowie
- ausreichende Melkbarkeit.

Dabei genießt die **Tiergesundheit** höchste Priorität, wie die folgende Auswahl der Anforderungen an eine Milchkuh im ökologisch geführten Betrieb verdeutlicht:

- gesunde Klauen und gutes Fundament,
- gesundes Euter,
- ideale Beckenneigung und Leichtkalbigkeit,
- gute Fruchtbarkeit (1 Kalb/Jahr),
- hohe Raufutteraufnahme,
- der Fütterung und dem Standort entsprechende Milchleistung,
- Stoffwechsel-Elastizität und -Flexibilität.

2.5 Zuchtprogramme

Die von den Zuchtverbänden entwickelten **Zuchtprogramme** für die einzelnen Rassen lassen sich in folgende Abschnitte einteilen:

- Leistungsprüfung und Zuchwertschätzung der Bullen und Kühe,
- Auswahl der Bullenmütter und Bullenväter,
- Gezielte Paarung,
- Auswahl und Aufzucht der Bullenkälber aus Gezielter Paarung,

- ▶ Auswahl der Prüfbullen,
- ▶ Nachkommenprüfung der Prüfbullen,
- ▶ Auswahl der Bullen anhand der Ergebnisse der Nachkommenprüfung und Einsatz der positiv geprüften Bullen in der künstlichen Besamung (KB).

Für die Verwendung des Bullen nach dem Prüfeinsatz gibt es zwei Möglichkeiten. Bei der *Wartebullenhaltung* wird der Bulle bis zum Vorliegen des Nachkommenergebnisses auf einer Wartestation gehalten und bei einem positiven Ergebnis wieder in der KB eingesetzt.

Bei der *Sperma-Langzeitlagerung* wird ein ausreichendes Samendepot angelegt und danach der Bulle geschlachtet. Das Nachkommenergebnis entscheidet über die weitere Verwendung der Samenportionen.

Der *Zuchterfolg* hängt im Wesentlichen vom Generationsintervall, von der Selektionsintensität und von der Genauigkeit der Zuchtwertschätzung ab. Aus diesem Grund haben Bullenväter den größten Anteil am Zuchterfolg in der Folgegeneration (siehe Abb. 822, Seite 296).

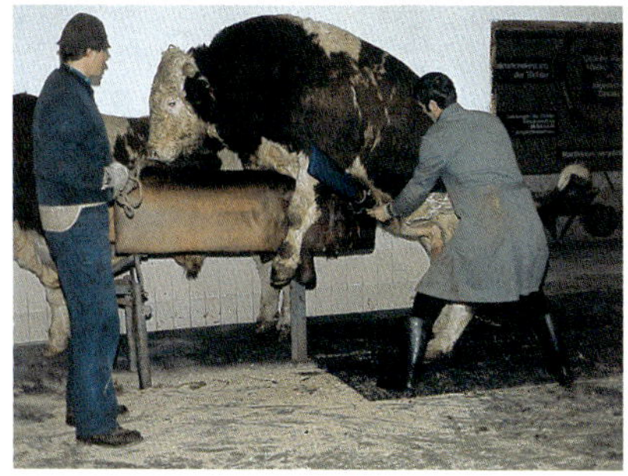

Abb. 832 Samengewinnung bei einem KB-Bullen. Bullen haben wegen der größeren Töchterzahl einen deutlichen Einfluss auf die Nachkommenleistungen.

2.6 Künstliche Besamung (KB)

Entwicklung der KB – Die ersten Versuche der künstlichen Besamung fanden um die Wende zum 20. Jahrhundert statt. Doch erst zu Beginn der 40er-Jahre wurden in Deutschland die ersten *Besamungsorganisationen* gegründet. Die KB galt zunächst nur als die sicherste Methode, die Übertragung von *Deckseuchen* (z. B. Brucellose) zu verhindern. Als es gelang, Bullensamen durch Tiefgefrieren nahezu unbegrenzt haltbar zu machen, und außerdem bessere Methoden zur Zuchtwertschätzung entwickelt wurden, rückte die künstliche Besamung in den *Mittelpunkt der Zuchtprogramme.*

Die wichtigsten **Vorteile** der künstlichen Besamung sind:

- ▶ Ausschalten gemeinsamer *Umwelteinflüsse* durch ein großes Einsatzgebiet des Bullen; → höhere Genauigkeit der Zuchtwertschätzung →
- ▶ sehr *viele Nachkommen* von einem Bullen (10–500 Samenportionen aus 1 Ejakulat) innerhalb kurzer Zeit; → Möglichkeit der schärferen Auswahl → (↗ höhere Genauigkeit der Zuchtwertschätzung; ↘ kürzerer Abstand zwischen Geburt der Eltern und der Nachkommen für die Weiterzucht)
- ▶ kein Übertragen von *Deckseuchen;*
- ▶ Auswahl der Bullen nach ihrer *Verwendbarkeit.*

kürzerer Abstand zwischen Geburt der Eltern und der Nachkommen für die Weiterzucht →

→ schnellerer Zuchterfolg (= Fortschritt)

Die Entwicklung der KB ist in Abb. 834 (Seite 302) dargestellt. Der Grund für den Rückgang nach 1991 liegt vor allem in den stark rückläufigen Bestandszahlen in den neuen Bundesländern.

Abb. 833 Der Besamungserfolg wird erheblich durch den Besamungsvorgang beeinflusst. Oben: Kontrolle der Brunstmerkmale (Schleim), Mitte: richtige Samenentnahme, unten: Fixieren des Gebärmutterhalses vom Mastdarm aus für die Besamung.

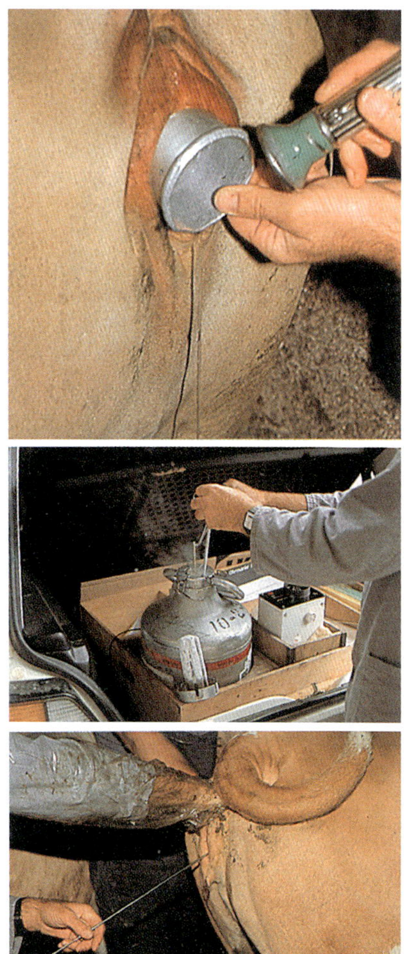

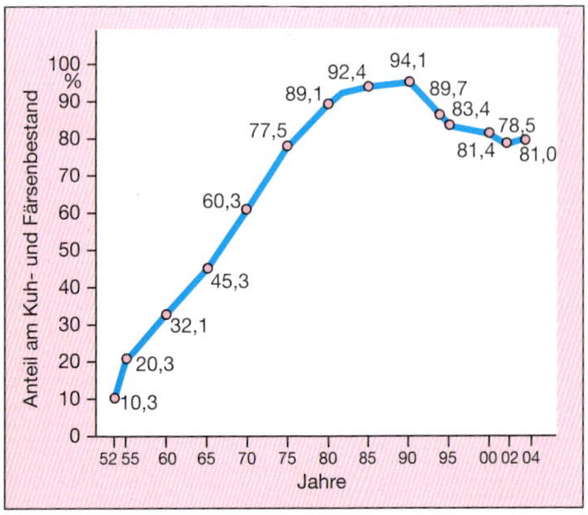

Abb. 834 Entwicklung der künstlichen Besamung (KB) in Deutschland (seit 1995 Gesamtdeutschland).

	Bundesland bzw. Zuchtgebiet	Non-return-Ergebnis (60.–90. Tag) in %
1	Nordrhein-Westfalen, Rheinland-Pfalz, Saarland	73,9
2	Baden-Württemberg	70,8
3	Hannover	69,3
4	Weser-Ema	66,6
5	Bayern	63,5
6	Hessen	63,2
7	Schleswig-Holstein u. Hamburg	58,8
8	Brandenburg und Berlin	57,6
9	Mecklenburg-Vorpommern	55,5
10	Sachsen-Anhalt	55,3
11	Thüringen	54,0
12	Sachsen	42,2

Abb. 835 Rangfolge der Bundesländer bzw. Zuchtgebiete nach Besamungsergebnissen in der Rinderhaltung (2002).

Mindestens 25 % aller Erstbesamungen sollen mit *Prüfbullen* erfolgen. Prüfbullen sind Jungbullen, die für Testbesamungen während 3 Monaten im Rahmen der Nachkommenprüfung ausgewählt wurden.

Für die Zuchtwertschätzung ist dabei wichtig, dass diese Prüfbullen bei leistungsmäßig guten, mittleren und schwächeren Kühen eingesetzt werden, um eine Anpaarung an den Durchschnitt der Population zu gewährleisten. Für den Tierhalter ist das Risiko, geringere Leistungen vererbt zu bekommen, weil der Zuchtwert des Prüfbullen noch nicht bekannt ist, bedeutungslos. Denn Prüfbullen stammen selbst von Spitzenvererbern ab und unter ihnen befinden sich auch die Spitzenbullen künftiger Jahre.

Organisation – Die Organisation der KB ist im *Tierzucht-Gesetz* festgehalten. Die *Samengewinnung* erfolgt mit einer künstlichen Scheide. Nach eingehenden *Qualitätsuntersuchungen* wird die Samenflüssigkeit verdünnt (Zufuhr von Nähr- und Schutzstoffen) und anschließend meist in Kunststoffröhrchen mit flüssigem Stickstoff (–196 °C) tiefgefroren.

Tierärzte oder *Besamungstechniker* nehmen die Besamung vor. Für den Besamungserfolg sind das sichere Erkennen der *Brunst* durch den Tierhalter und das termingerechte Anfordern des Besamers von großer Bedeutung. Der Besamungserfolg wird am »Non-return-Ergebnis« gemessen. Das ist der Prozentsatz all jener Kühe, die aufgrund der 1. Besamung trächtig wurden und nicht mehr nachbesamt werden mussten. Dieses »Non-return-Ergebnis« ist bei einem Vergleich der Bundesländer und Zuchtgebiete sehr unterschiedlich und liegt 2002 im Schnitt bei 61,0 % (60.–90. Tag).

2.7 Embryotransfer (ET)

Um Zuchtfortschritte erzielen zu können, sollten nur Tiere mit den besten Erbanlagen zur Vermehrung ausgewählt werden. Mithilfe der künstlichen Besamung war eine scharfe Auswahl der besten männlichen Vererber leicht möglich, da von einem Bullen Tausende von Nachkommen möglich sind. Von einer Kuh sind dagegen nur durchschnittlich 3–4 Kälber zu erwarten, obwohl viele tausend Eizellen im Eierstock ruhen. Der Embryotransfer macht es möglich, diese wertvollen Erbanlagen von Hochleistungskühen besser zu nutzen.

> ! Embryo-Transfer bedeutet Gewinnung mehrerer befruchteter Eizellen (Embryonen) aus der Gebärmutter einer Elitekuh (Spender) und Übertragung (Transfer) in die Gebärmutter weniger wertvoller Kühe (Empfänger) zur Austragung.

Bei der praktischen **Durchführung** des Embryotransfers wird das *Spendertier* hormonell behandelt, damit möglichst viele Eizellen im Eierstock heranreifen und zum gleichen Zeitpunkt abgestoßen werden (Superovulation). Voraussetzung einer erfolgreichen Über-

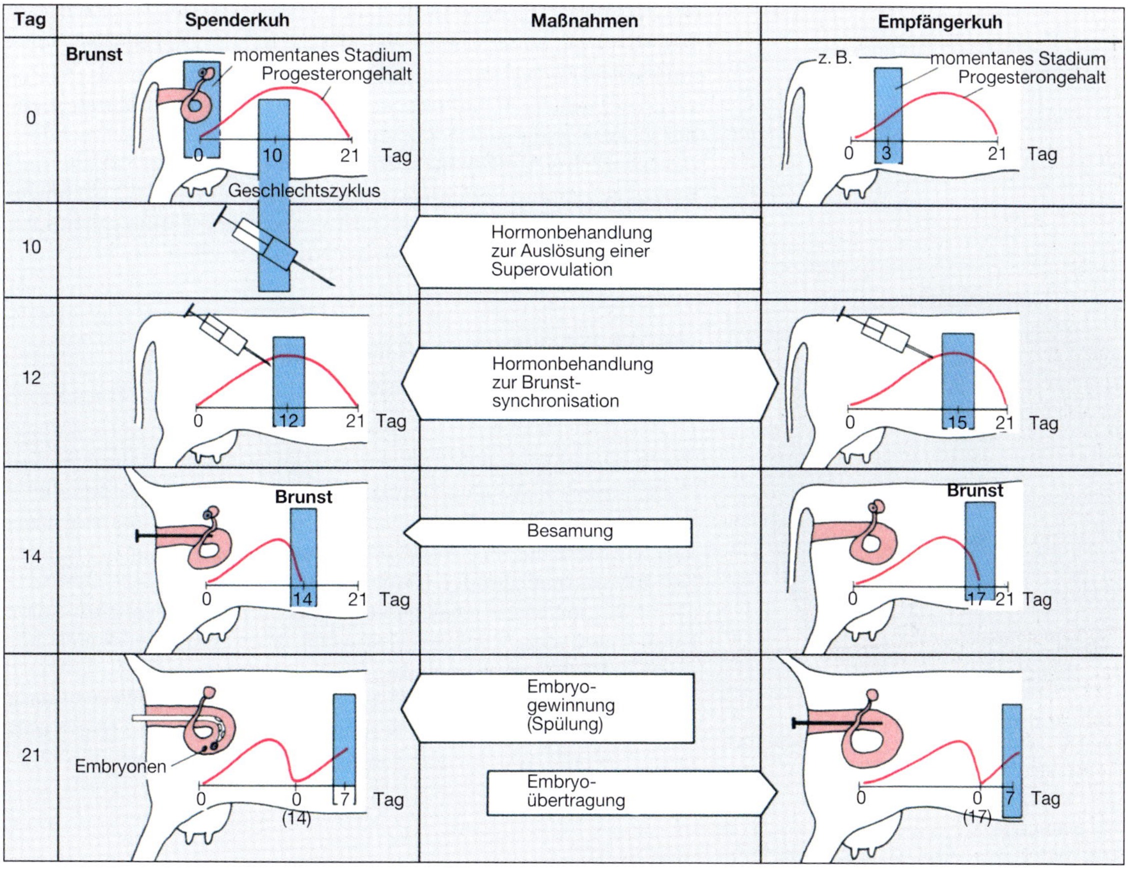

Abb. 836 Ablauf des Embryotransfers (Schema).

tragung ist das gleiche Zyklusstadium von Spender- und *Empfängerkuh.*

Aus diesem Grunde werden beide Tiere mit entsprechenden Hormonen behandelt, so dass sie zur gleichen Zeit in Brunst kommen (Brunstsynchronisation). Während dieser Zeit wird die Spenderkuh sicherheitshalber 3-mal im Abstand von 12 Stunden besamt.

Die Embryonen werden 7–8 Tage nach der synchronisierten Brunst mithilfe besonderer Geräte durch *Spülung* aus der Gebärmutter der Spenderkuh gewonnen. Anschließend werden die Embryonen aus der Spüllösung isoliert, begutachtet und entweder sofort auf die Empfängerkuh übertragen (Transfer) oder vorübergehend tiefgefroren. Die Übertragung ähnelt sehr dem Vorgang bei der künstlichen Besamung.

Die **züchterische Bedeutung** des Embryotransfers besteht darin, die Zahl der Nachkommen wertvoller Muttertiere zu vergrößern, die Zuchtwertschätzung von Bullen durch das Vorhandensein von Vollgeschwistergruppen zu erleichtern, den Austausch von Zuchtmaterial mit anderen Ländern zu vereinfachen und *Erbkrankheiten* schneller erkennen zu können. Wenn nämlich die Spenderkuh eine bestimmte Erbkrankheit homozygot (reinerbig) vererbt, reichen bereits 8 gesunde Nachkommen für

Abb. 837 ET-Spenderkuh mit ihren von anderen Kühen ausgetragenen Empfänger-Kälbern.

den Nachweis, dass der Bulle kein heterozygoter Anlageträger ist. Des Weiteren bietet sich an, Tiere mit seltenen, aber besonders *erwünschten Eigenschaften* (z. B. Hornlosigkeit) zu vermehren oder Genreserven zur Erhaltung wertvollen Erbmaterials aussterbender Rassen anzulegen. Nicht zuletzt ermöglicht die *Geschlechtsbestimmung* bei Embryonen eine Kombination von Milch- und Fleischerzeugung, indem der einen Hälfte der Herde weibliche Embryonen einer Milchrasse und der anderen Hälfte männliche Embryonen einer Fleischrasse übertragen werden.

Abb. 838 Die seit Januar 1996 verliehene Plakette für eine Lebensleistung von 60 000 kg Milch.

2.8 Abstammungs- und Leistungsnachweis (Versteigerungskatalog)

Zuchtwertschätzungen sind nur bei *einwandfreier Kennzeichnung* der Tiere möglich. Nach Deutschland hat auch die EU gesetzliche Vorschriften für die Kennzeichnung und Registrierung von Rindern erlassen, um ihre *Herkunft* lückenlos nachweisen zu können. Die EU-Mitgliedstaaten sind seit dem 31. Dezember 1999 verpflichtet, eine *elektronische Datenbank* mit dem Verzeichnis aller Rinder und der Rückverfolgbarkeit aller Standorte eines bestimmten Rindes zu errichten.

Alle geborenen Rinder müssen jetzt in beiden Ohren je eine **Ohrmarke** mit identischen Nummern tragen. Zucht-, Nutz- und Schlachtrinder, die vor der Kennzeichnungspflicht geboren wur-

Abb. 839 Abstammungs- und Leistungsnachweis eines Bullen und einer Färse (Kalbin) (**Beispiele** aus einem Versteigerungskatalog; Erklärung folgende Seite).

```
             -----------------------------------------------------------------------------
5 BULLE      Zü.:
             Bes.:

             I SPORT     15/00043550 PB 06          I STRESS     03/00033559 PB 09
031745362    I 50T 100 108 106 105 (111)  135 197   I 131  99%  +743+0.16 +40+0.10 +32
                     102T  5534 4.17 231  3.47 192  I FW 116 96%  +61   0.23 +1.5
GEB: 02.K.   I 131   90%    +984+0.02 +42  -0.03 +32 I -----------------------------
16.01.98     I M 62T 1.82 (-0.02)                   I WABI     09.10564535 EY   LL
             I FW    95 66%  +19 -0.35   -2.9       I     5/  6.7  9517  4.10 390  3.62  345
+1001  +62   I K  97/  121    T  95/111    99%/  63% I   137 74% +1168 - 0.17  +37+0.00  +41
       +32   I ------------------------------------------------------------
MW:    136   I WOLLE    09.12230763                 I STREUF       16/00053031 PB 17
             I 9 7 8 9 LB 141 218      BM           I 117    97%    +559 - 0.24    +9+0.06  +23
HB.Abt.:A    I M  1/  2.2     0.00     ZKZ    1 /342  (0) I FW 141 89% +106  +0.93  +5.4
             I    2/01/280  8812  5.14  453  3.46  305 I -----------------------------
             I 140 63%     +1019+0.65  +82 - 0.03  +33 I WONNE     09.11897550       LL
------------------------------------------------------------------------------------------
             I    HL:98/     10207  5.12  522  3.47  354 I          8/  6.7  8077  4.36  352  3.43  277
             I 13  273  139  104  306               I    115  70%       +485+0.30  +37 - 0.06  +14

             -----------------------------------------------------------------------------
9 KALBIN     Zü.:
             Bes.:

             I RAD      09/00049618  PB  05 RH  12%  I RADI        11/00006814 PB 16 RH  25%
012360848    I     5772T    5313 3.99  212  3.48  185 I 114  99%  +495-0.03  +19+0.00  +17
Geb.:        I 121  99%    +644-0.23  +13+0.07  +27  I
03.02.97     I M54T  1.66  (+0.00)                   I SANDRA    09.24953463 EY
Bel.1/       I FW 101  99%          +11  +0.22  +5.0 I    + 6/  6.7    7107  4.34  309  3.74  266
14.07.98     I ----------------------------         I -----------------------------
16/00053267  I FABIOLA09.12125481        Z  1/426(0) I BALDUR       09/000500016  PB  05
STREIB       I   2/01/305     6188 3.64 225 3.63 225 I 109  88%    +134+0.11  +11+0.15  +13
sK: 26.04.99 I 111  58%        +284-0.01  +11+0.10  +15 I FRIDA       09.11975893
HB.Abt.:A    I                                      I    + 5/  4.5  6046  4.18  253  3.64  220
```

Erklärung aller Zeichen, welche in einem Abstammungsnachweis vorkommen können (siehe auch Abb. 839).

1 Angaben bei den zum Verkauf angebotenen Tieren

1.1 Allgemeine Angaben

DE 09 16675266
Lebensohrmarke gemäß VVVO (Vieh-Verkehrs-Verordnung)

HB A (bzw. HB B, VB C oder VB D)
Zuchtbucheinteilung (Herdbuch: HB A = 2 Generationen HB-Abstammung, HB B = 1 Generation HB-Abstammung; Vorbuch: VB C = nicht vollständige HB-Abstammung, VB D = nicht HB-Abstammung)

12 %
Blutanteil Fremdrasse

GEB. m/w ET/3.K 04.02.01
Zwilling: männlich/weiblich, aus Embryotransfer, 3. Kalb, Geburtsdatum

1.2 Weitere Angaben bei Jungbullen

G 120
Der vorgeschätzte Gesamtzuchwert des Jungbullen beträgt 120 (Ergebnis aus 1/2 G Vater + 1/2 G Mutter)

MW 128
Der vorgeschätzte **M**ilch**w**ert (relativer Zuchtwert auf gleitender Basis) des Jungbullen beträgt 128.

+ 450 + 18 + 15
Der vorgeschätzte Zuchtwert des Jungbullen beträgt in Milch-kg +450, in Fett-kg +18 und in Eiweiß-kg +15.

1.3 Weitere Angaben bei weiblichen Tieren (Kalbinnen/Färsen, Jungkühe, Kühe)

Bel. 1/05.05.02
belegt einmal, Datum

11/00007830 Horbahn
Herdbuchnummer und Name des Belegbullen

sk:15.02.03
soll kalben, Datum

K:02/10.12.02
Kalbedatum zur 2. Kalbung

2. Angaben bei den Eltern und Großeltern der zum Verkauf angebotenen Tiere

2.1 Angaben bei Vätern

Renom 10/00169055
Name des Bullen, Zuchtverbandsziffer/Herdbuch-Nummer,

PB 05 12 %
Prüf**b**ulle, Kenn-Nummer der Besamungsstation, Blutanteil Fremdrasse

G 126 90 % DE 09 12345678
Der **G**esamtzuchtwert (Milch, Fleisch und funktionale Merkmale) beträgt 126 mit einer Sicherheit von 90 %; Lebensohrmarke nach VVVO

MW 125 89 % + 500 + 0,11 + 20 + 0,02 + 12
Der Milchwert (relativer Zuchtwert auf gleitender Basis) beträgt 125 bei einer Sicherheit von 89 %, die Zuchtwerte nach dem Testtagsmodell betragen + 500 kg Milch, + 0,11 % Fett, + 20 kg Fett, + 0,02 % Eiweiß und + 12 kg Eiweiß.

100 25T 2200 4.09 90 3.11 68
25 Töchter erbrachten im Durchschnitt eine 100-Tage-Leistung von 2200 kg Milch, 4,09 % Fett, 90 kg Fett, 3,11 % Eiweiß, 68 kg Eiweiß.

102T 5534 4.17 231 3.47 192
102 **T**öchter erbrachten eine durchschnittliche Erstlaktationsleistung (305 Tage) von 5534 kg Milch mit 4,17 % Fett, 231 kg Fett sowie 3,47 % Eiweiß und 192 kg Eiweiß.

ZZ 103 87% M 106 88% P 113 93%
Der Relativzuchtwert für die **Z**ell**z**ahl beträgt 103 Punkte mit einer Sicherheit von 87 %. Der Relativzuchtwert für die **M**elkbarkeit beträgt 106 mit einer Sicherheit von 88 %. Der Relativzuchtwert für die **P**ersistenz beträgt 113 bei einer Sicherheit von 93 %.

FW 130 70% 89 94 87
Der **F**leisch**w**ert (relativer Zuchtwert auf gleitender Basis) beträgt 130 mit einer Sicherheit von 70 %. Der Fleischwert beinhaltet eine wirtschaftliche Gewichtung der Relativzuchtwerte für Nettozunahme (89), für Fleischanteil (94) und Handelsklasse (87).

ND 102 74%
Der Relativzuchtwert für die **N**utzungs**d**auer beträgt 102 mit einer Sicherheit von 74 %.

K 97/121 T 95/111 99 %/63 %
Das **K**albeverhalten wird durch den paternalen (=Bulle ist Vater des Kalbes) und den maternalen (= Bulle ist Vater der Kuh) Zuchtwert erfasst (K 97 bzw. 121). Die Totgeburten (inklusive der bis 48 Stunden verendeten Kälber) werden als paternaler (95) und maternaler (111) Zuchtwert angegeben. Für die paternalen Zuchtwerte beträgt die Sicherheit 99 %, während die Sicherheit der maternalen Zuchtwerte bei 63 % liegt.

50T 126 109 120 121 (111) KH: 140
50 Töchter wurden als Jungkühe bewertet. Der Zuchtwert beträgt im Rahmen 126, in der Bemuskelung 109, im Fundament 120 und im Euter 121. Der Zuchtwert für Euterreinheit berägt 111(Zahl in Klammern). Die durchschnittliche **K**reuz**h**öhe dieser Töchter betrug 140 cm.

2.2 Angaben bei Müttern

Alma DE 09 12345678
Name der Kuh, Lebensohrmarke gemäß VVVO,

ET 12%
aus **E**mbryo**t**ransfer, Fremdrassen-Anteil 12 %

G 120 69%
Der Gesamtzuchtwert der Kuh beträgt 120 bei 69 % Sicherheit.

EY
Die Kuh ist als Spenderkuh beim **E**mbryo**t**ransfer genutzt.

RLS
Die Kuh ist im **R**indersternbuch eingetragen.

LL
Die Kuh ist im **L**ebens**l**eistungsbuch eingetragen.

P
Die Kuh wurde auf einer Ausstellung **p**rämiert.

BM
Die Kuh ist als **B**ullen**m**utter anerkannt.

MW 140 63 % +1019 + 0.65 + 82 – 0.03 + 33
Der Milchwert der Kuh beträgt 140 bei einer Sicherheit von 63 %. Die Zuchtwerte betragen + 1019 kg Milch, + 0,65 % Fett, + 82 kg Fett, - 0,03 % Eiweiß und + 33 kg Eiweiß.

+6/6.7 7107 4.34 309 3.74 266
Das Zeichen »+« bedeutet, dass die Leistung abgeschlossen ist. Die Kuh hat sechsmal normal gekalbt (Trächtigkeitsdauer mindestens 7 Monate) und erbrachte im 6,7-jährigen Durchschnitt 7107 kg Milch, 4,34 % Fett, 309 kg Fett, 3,74 % Eiweiß und 266 kg Eiweiß.

2/1/298 8812 5.14 453 3.46 305
Die Kuh hat zweimal normal gekalbt und erbrachte eine Erstlaktationsleistung (298 Melktage) von 8812 kg Milch, 5,14 % Fett, 453 kg Fett, 3,46 % Eiweiß und 305 kg Eiweiß.

HL: 01/10207 5.12 522 3.47 354
Die **h**öchste Jahres**l**eistung wurde im Jahr 2001 erbracht. Angabe der Leistung in Milch-kg, Fett-%, Fett-kg, Eiweiß-% und Eiweiß-kg.

ZZ 103 87 % M 106 88 % P 113 93 %
Der Zuchtwert für die Zellzahl beträgt 103 mit 87 % Sicherheit. Der Zuchtwert für die Melkbarkeit beträgt 106 mit 88 % Sicherheit. Der Zuchtwert für die Persistenz beträgt 113 mit 93 % Sicherheit.

M 1 (LC) 2,3
Das durchschnittliche **M**inutenhauptgemelk wurde mittels **L**acto**c**order in der 1. Laktation ermittelt und beträgt 2,3 kg/Minute.

M 3/2,9
Die **M**elkbarkeitsprüfung wurde in der 3. Laktation durchgeführt. Das durchschnittliche Minutengemelk beträgt 2,9 kg.

ZKZ 2/370 (1)
Die durchschnittliche Zwischenkalbezeit von 2 Zwischenkalbezeiten beträgt 370 Tage. Eine weitere Zwischenkalbezeit lag über 500 Tage und ist in der Durchschnittsberechnung nicht enthalten.
(0) würde bedeuten, keine **Z**wischen**k**albe**z**eit über 500 Tage.

02/ 8 7 8 8 142 225
Die Kuh wurde in der 2. Laktation bewertet mit Note 8 im Rahmen, 7 in der Bemuskelung, 8 im Fundament und 8 im Euter. Die Kreuzhöhe betrug 142 cm, der Brustumfang 225cm.

13 273 139 104 306
Ordnungsbegriff der Kuh in Schlüsselzahlen: Verwaltungsstelle des LKV, Landkreis, Gemeinde, Betrieb, Kenn-Nr. der Kuh.

Abb. 840 Ohrmarken für die Rinder (Muster).

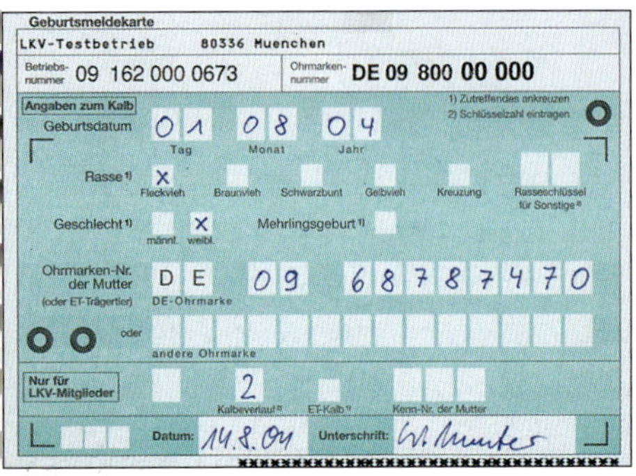

Geburtsmeldekarte
LKV-Testbetrieb 80336 Muenchen
Betriebs-nummer 09 162 000 0673
Ohrmarken-nummer DE 09 800 00 000
Angaben zum Kalb
1) Zutreffendes ankreuzen
2) Schlüsselzahl eintragen
Geburtsdatum 0 1 0 8 0 4
Tag Monat Jahr
Rasse X Fleckvieh Braunvieh Schwarzbunt Gelbvieh Kreuzung Rasseschlüssel für Sonstige
Geschlecht X männl. weibl. Mehrlingsgeburt
Ohrmarken-Nr. der Mutter (oder ET-Trägertier) D E 0 9 6 8 7 8 7 4 7 0
DE-Ohrmarke
oder andere Ohrmarke
Nur für LKV-Mitglieder 2
Kalbeverlauf ET-Kalb Kenn-Nr. der Mutter
Datum: 14.8.04 Unterschrift: W. Muster

Abb. 841 Muster einer ausgefüllten Geburtsmeldekarte.

den, sind zu kennzeichnen, wenn sie innergemeinschaftlich gehandelt werden. Im Inland geborene Rinder sind spätestens 20 Tage nach der Geburt, aus einem Nicht-EU-Land eingeführte Rinder spätestens innerhalb von 14 Tagen zu kennzeichnen. Verantwortlich hierfür ist der Tierhalter.

Die Ohrmarken gibt die zuständige Behörde aus, die auch den das Tier stets begleitenden *Rinderpass* ausstellt, nachdem der Tierhalter sofort nach der Kennzeichnung die notwendigen Daten auf einer Geburtsmeldekarte mitgeteilt hat. Nach dem Tod des Tieres erhält die Behörde den Pass zurück; beim Export in ein Nicht-EU-Land wird der Pass der für den Ausfuhrort zuständigen Behörde zugeleitet. Verantwortlich für den Rinderpass und die Führung eines Bestandsverzeichnisses ist der Tierhalter.

Verstöße gegen die Kennzeichnungspflicht und Registrierung werden entsprechend geahndet. Unter Umständen kann über den gesamten Bestand eine Zu- und Abgangssperre verhängt werden.

Der **schriftliche Abstammungsnachweis,** der beim Kauf ausgehändigt wird, gibt Auskunft über Züchter, Besitzer, Abstammung und Leistung des Tieres oder seiner Vorfahren. Blutgruppenbestimmungen ermöglichen ein Nachprüfen der Richtigkeit. Im *Versteigerungskatalog* erscheinen diese Angaben in zweckmäßig gekürzter Form und erlauben den Käufern eine erste Vorauswahl. An einem **Beispiel** (Abb. 839, Seite 304) werden die verwendeten Abkürzungen und Zahlen erläutert. Die Markt- und Gewährschaftsbestimmungen sollten Beachtung finden.

2.9 Zuchtdurchführung in der Praxis

2.9.1 Zulassung zur Zucht

Erstzulassung – Die ersten Brunsterscheinungen bei weiblichen Jungrindern (im Alter von 6–12 Monaten) sind ein Zeichen der *Geschlechtsreife.* In diesem Alter sind aber die Tiere körperlich noch nicht so entwickelt, dass sie zur Zucht verwendet werden könnten. Die *Zuchtreife* ist weniger alters- als vielmehr masseabhängig. In

Abb. 842 Brunstdauer, Brunstmerkmale sowie günstigster Deck- bzw. Besamungs-Zeitpunkt (Schema).

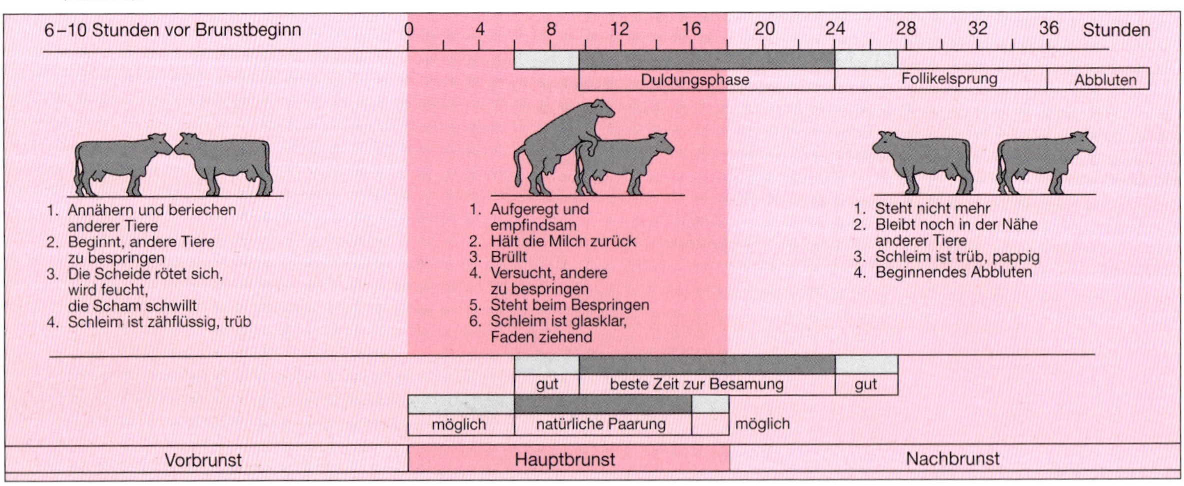

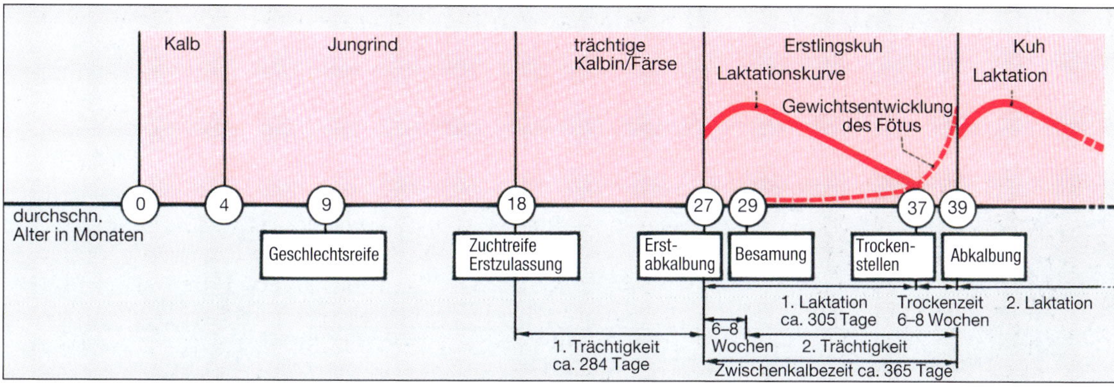

Abb. 843 Kenntnis und Einhaltung der Stationen dieses »Zuchtplanes« sind eine wichtige Voraussetzung für die Wirtschaftlichkeit der Milchviehhaltung.

der Praxis werden daher die Färsen zum ersten Male zugelassen, wenn sie ca. 2/3 der Masse der ausgewachsenen Kuh erreicht haben. Je nach Rasse haben die Tiere dann ungefähr 350–400 kg Lebendmasse, welche sie bei normaler Fütterung mit ca. 18 Monaten (15–20 Monate) erlangen.

Damit ist ein durchschnittliches *Erstkalbealter* von 27 Monaten möglich. Durch intensive Ernährung kann zwar die Geschlechtsreife und damit auch die erste Zuchtbenutzung vorverlegt werden, dabei muss aber mit einer herabgesetzten Fruchtbarkeit gerechnet werden.

Richtiger Belegzeitpunkt – Die **Brunst** ist das äußere Kennzeichen, dass die Tiere paarungsbereit sind. Liegt keine Trächtigkeit vor, werden weibliche Rinder im Abstand von 21 (18–24) Tagen brünstig. Was während dieses sog. *Geschlechtszyklus* im Eierstock und in der Gebärmutter vorgeht, wird durch Hormone gesteuert und ist in Abb. 846 (Seite 308) vereinfacht dargestellt.

Die Brunst wird von Follikelhormonen (Östrogenen) ausgelöst und dauert ca. 15–30 Stunden. Sie ist an bestimmten *Brunstmerkmalen* (siehe Abb. 842, 844, 845, 847–849) erkennbar, die umso ausgeprägter sind, je natürlicher die Haltung der Tiere ist, z. B. auf der Weide oder im Laufstall.

Der **Follikelsprung** erfolgt erst 8–14 Stunden nach Ablauf der äußeren Brunsterscheinungen, also in der Nachbrunst. Findet keine *Befruchtung* (Vereinigung von Ei- und Samenzelle) statt, stirbt das Ei bereits 6–10 Stunden später wieder ab. Voraussetzung für einen Befruchtungserfolg ist daher, dass zum Zeitpunkt des Follikelsprungs bereits genügend *befruchtungsfähige Samen* (Spermien) im Eileiter vorhanden sind.

Samenzellen sind nicht sofort nach der Besamung befruchtungstauglich. Erst nach einer Reifephase von ungefähr 5–6 Stunden im weiblichen Geschlechtsapparat erlangen sie ihre Befruchtungsfähigkeit, welche dann aber durchschnittlich 20–24 Stunden anhält.

Aus diesen Gründen liegt der **optimale Deck-** bzw. **Besamungszeitpunkt,** bei welchem die größten Aussichten auf einen Befruchtungserfolg bestehen, in der 2. Hälfte der Hauptbrunst. Frei bewegliche Kühe dulden zu diesem Zeitpunkt das Aufspringen anderer Rinder (Duldungsphase), angebundene Kühe heben beim Berühren der Lende den Schwanz.

Abb. 844 Brünstige Kuh (links) sucht in der Vorbrunst Kontakt zu einer anderen Kuh.

Abb. 845 Anschließend versucht sie aufzuspringen.

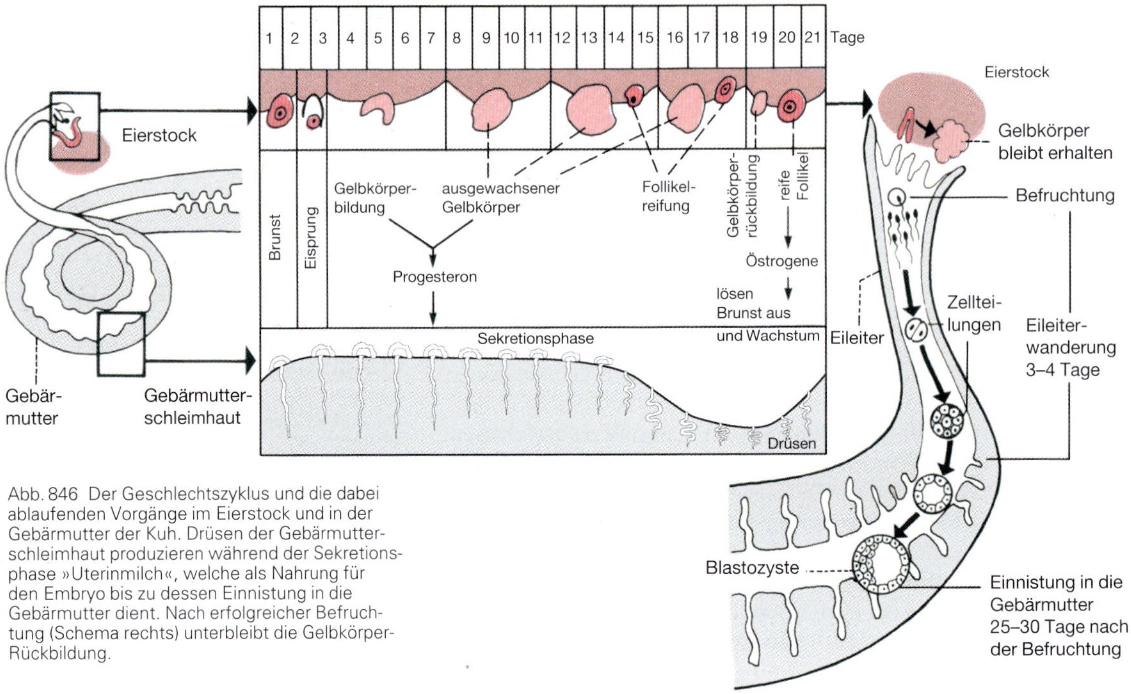

Abb. 846 Der Geschlechtszyklus und die dabei ablaufenden Vorgänge im Eierstock und in der Gebärmutter der Kuh. Drüsen der Gebärmutterschleimhaut produzieren während der Sekretionsphase »Uterinmilch«, welche als Nahrung für den Embryo bis zu dessen Einnistung in die Gebärmutter dient. Nach erfolgreicher Befruchtung (Schema rechts) unterbleibt die Gelbkörper-Rückbildung.

Abb. 847 Das Erkennen der Brunstmerkmale ist die wichtigste Voraussetzung für eine gute Fruchtbarkeit im Stall.

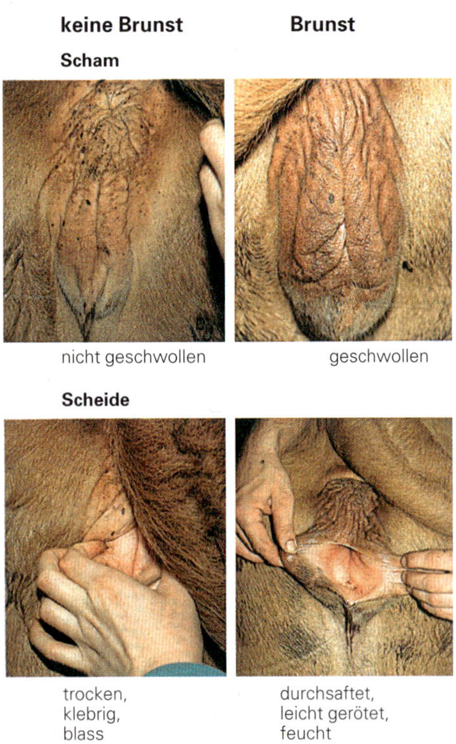

! Für die Besamungspraxis hat sich die so genannte »Morgen-Nachmittag-Regel« bewährt: Deutliche Brunstmerkmale am Morgen, Besamung am Nachmittag des selben Tages. Deutliche Brunstmerkmale am Nachmittag, Besamung am Morgen des nächsten Tages.

Obwohl bereits 2–3 Wochen nach dem Kalben Kühe wieder rindern können, meist mit kaum feststellbaren äußeren Brunstzeichen, sollte zu diesem Zeitpunkt noch nicht besamt werden. Die Gebärmutter ist erst um die 4. Woche und die Gebärmutterschleimhaut erst um die 6. Woche voll zurückgebildet und für ein Ei wieder aufnahmefähig.

! Kühe werden daher erst 6–8 Wochen nach dem Kalben wieder gedeckt bzw. besamt.

2.9.2 Trächtigkeit und Trockenstellen

Trächtigkeit – Findet im Eileiter eine **Befruchtung** statt, so bleibt der *Gelbkörper*, welcher sich nach dem Eisprung in der Follikelhöhle gebildet hat, erhalten. Das *Gelbkörperhormon* (Progesteron) macht die Gebärmutterschleimhaut für das Ei aufnahmefähig, verhindert das Heranreifen weiterer Follikel und ist für die Aufrechterhaltung der Trächtigkeit verantwortlich.

Während der Eileiterwanderung des Eies, die 3–4 Tage dauert, entwickelt sich bereits durch ständige Zellteilung das neue Lebewesen. 25–30 Tage nach der Befruchtung beginnt erst die Einnistung in die Gebärmutterwand. Dabei bilden sich die *Eihäute*, welche 2 mit Flüssigkeit gefüllte Blasen (Fruchtblasen) umhüllen. Die äußere *Wasserblase* umgibt die *Schleimblase*, in der die Frucht schwimmt, geschützt vor Austrocknung und mechanischen Schäden.

An mehreren Stellen vereinigt sich die äußere Eihaut mit der Gebärmutterschleimhaut zu den sog. *Plazentomen* (Mutterkuchen), durch welche die Ernährung und Sauerstoffversorgung des Embryos über das Muttertier erfolgen. In der weiteren Entwicklung geht dann der gesamte Stoffwechsel über die *Nabelschnur* als verlängerte Verbindung zwischen Plazenta und *Fötus* (Gliedmaßenentwicklung abgeschlossen, Organentwicklung beginnt).

Die durchschnittliche **Trächtigkeitsdauer** der verschiedenen Rinderrassen beträgt ca. 286 Tage. Stierkälber werden 1–2 Tage länger als Kuhkälber getragen, Zwillinge 4–6 Tage früher als Einzelkälber geboren.

Erst im letzten Drittel der Trächtigkeit nimmt der Fötus sehr stark an Gewicht zu. In diesem Stadium der Hochträchtigkeit können Stöße, Rangeleien und Hetze der Kuh zum Verwerfen führen. Darauf muss vor allem beim Aus- und Eintreiben geachtet werden.

! In den beiden letzten Trächtigkeitsmonaten verdoppelt der Fötus sein Gewicht. Wegen des dadurch erhöhten Nährstoff-, Mineralstoff- und Vitaminbedarfs bei verringertem Futteraufnahmevermögen muss die Kuh 6–8 Wochen vor dem Abkalben trockengestellt werden.

Außerdem soll sich die Kuh von der Laktation erholen und Reserven für die hohe Milchleistung nach dem Abkalben anlegen können.

Trockenstellen – Dies bedeutet, dass nicht mehr gemolken wird. Der durch das unterbleibende Melken entstehende Druckanstieg im Euter behindert die Durchblutung und die Milchbildung hört auf. Die noch im Euter vorhandene Milch wird zurückgebildet und gelangt wieder in den Blutkreislauf. Kühe können *»abrupt«* oder *»allmählich«* trockengestellt werden. Bei der zweitgenannten Methode wird an 3 aufeinander folgenden Tagen nur noch einmal gemolken und dazwischen jeweils eine Melkzeit übersprungen.

Für beide Methoden gilt, dass die Euter nach dem letzten maschinellen Milchentzug nochmals gründlich von Hand ausgemolken, die Zitzenkuppen gesäubert und desinfiziert werden. Die Kraftfuttergaben werden bereits einige Tage zuvor verringert oder ganz abgesetzt. Während der Trockenzeit darf die Kuh nicht mehr gemolken werden, auch wenn sich das Euter wieder mit Milch füllen sollte.

Auf diese Weise dürfen allerdings nur *gesunde Euter* trockengestellt werden. *Kranke Euter* sind unter Anleitung des Tierarztes

Abb. 848 Hinweise auf eine Brunst sind am Schleim im Bereich der Scham und des Beckens erkennbar.

Abb. 849 Aufspringen auf andere Tiere bzw. die Duldung des Aufspringens sind Brunstanzeichen.

Abb. 850 Der Fötus wächst geschützt in den Fruchtblasen heran.

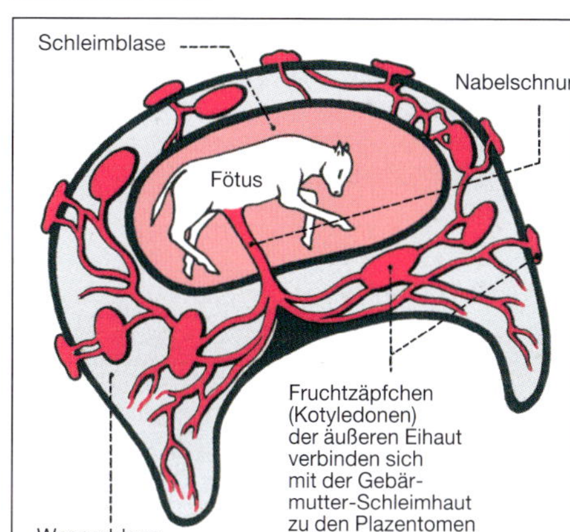

mit Medikamenten zu behandeln. Während der gesamten Trockenzeit ist eine ständige Kontrolle des Euters auf krankhafte Veränderungen unerlässlich. Unbehandelte Euterentzündungen in dieser Zeit können zu einer Verödung des Euterviertels oder zu einer schweren Allgemeinerkrankung mit entsprechendem Leistungsabfall des Tieres führen.

Schwarzbunte	281 Tage
Rotbunte	282 Tage
Gelbvieh	285 Tage
Fleckvieh	288 Tage
Braunvieh	291 Tage

Abb. 851 Trächtigkeitsdauer bei Rinderrassen.

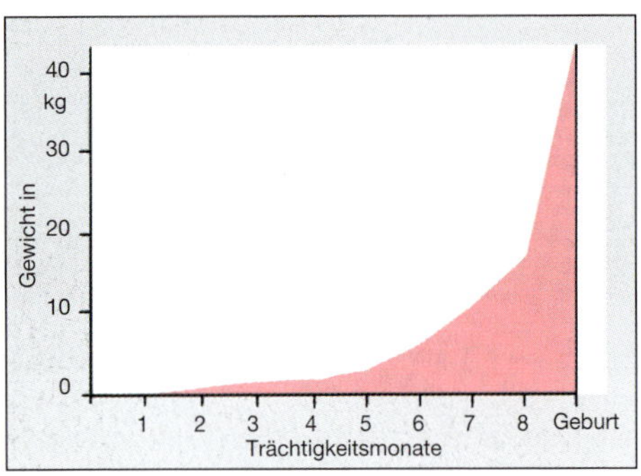

Abb. 852 Gewichtsentwicklung des Fötus.

Abb. 853 Die Dauer der Trockenzeit beeinflusst die folgende Laktationsleistung.

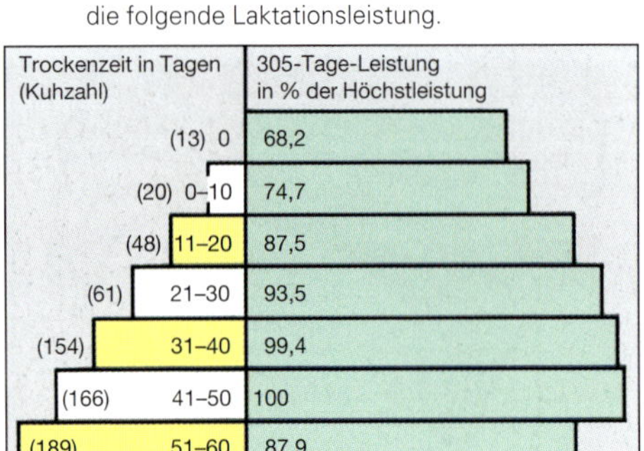

2.9.3 Geburt

Zeitpunkt der Geburt – Er wird von Hormonen des Fötus bestimmt. Durch diese werden Prostaglandine der Plazenta wirksam, welche die Progesteronwirkung (»Trächtigkeitsschutzhormon«, Gelbkörperhormon) im Körper des Muttertieres aufheben.

Äußerliche **Kennzeichen** der herannahenden Geburt sind:

- Schwellung der Scham,
- Ausfluss von zähflüssigem Schleim aus der Scheide (1–2 Tage vor der Geburt),
- Einfallen der breiten Beckenbänder (12–18 Stunden vor der Geburt),
- Einschießen der Milch
- unruhiges Verhalten unmittelbar vor der Geburt mit häufigem Absetzen von Kot und Harn.

Vorbereitungen für die Geburt sind: Der *Abkalbeplatz* sollte sauber, trocken und reichlich eingestreut sein. Am besten wären Abkalbeboxen mit ca. 12 m^2 oder zumindest ein geräumiger Abkalbestand im Rinderstall, denn die Tiere sollen Kontakt zur Herde behalten. Dorthin sind sie einige Tage vor dem Abkalben umzustallen, damit sie sich an die neue Umgebung gewöhnen können. Auch die *Kälberbox* muss gereinigt, desinfiziert und eingestreut bereitgestellt werden. Das *Hinterteil der Kuh* ist vor, aber auch während der Geburt gründlich zu säubern und womöglich mit einer Desinfektionslösung abzuwaschen. Nicht zuletzt müssen für eine *Geburtshilfe* die notwendigen Geräte bereitliegen. Dazu gehören mehrere Eimer mit kaltem und warmem Wasser; Seife, Handtuch, Desinfektionsmittel, Gleitmittel, Jodtinktur; saubere, vorher ausgekochte Geburtsstricke (meist aus Nylon oder Perlon) oder Geburtsketten sowie Zughölzer.

Geburtsablauf – Er teilt sich in drei Zeitabschnitte, die *Eröffnungsperiode*, die *Austreibungsperiode* und die *Nachgeburtsperiode*.

Das unruhige Verhalten der Kuh während der **Eröffnungsperiode** ist ein Zeichen, dass die *Eröffnungswehen* einsetzen. Diese Kontraktionen der Gebärmuttermuskulatur werden von dem Hormon Ocytocin ausgelöst. Sie drängen die Fruchtblasen (Wasserblase, Schleimblase) durch die Geburtswege, welche dadurch schonend erweitert werden (Dauer 6–16 Stunden).

Zuerst erscheint die Wasserblase mit einem harnähnlichen Inhalt, danach folgt die Fuß- oder Schleimblase, deren dickflüssiger, schleimiger Inhalt die Geburtswege zusätzlich schlüpfrig macht. Auf keinen Fall dürfen die Blasen vorzeitig geöffnet werden. Sie platzen normalerweise von selbst, wenn Kopf und Vorderbeine sich wie ein Keil durch den Muttermund in den Scheidenraum vorschieben. Mit dem »Blasensprung« ist die Eröffnungsperiode beendet; die Tiere legen sich nun in der Regel hin.

Nun folgt die **Austreibungsperiode** mit den *Press-* bzw. *Austreibungswehen,* welche sich ziemlich heftig in immer kürzeren Zeitabständen wiederholen. Hierbei wird die Gebärmuttermuskulatur von den Rücken- und Bauchmuskeln unterstützt.

Bei normaler Vorderendlage erscheinen dabei kurz nach dem Blasensprung die Klauenspitzen der Vorderbeine mit *nach unten* gerichteten Sohlenflächen in der Schamspalte und nur höchstens 15 Minuten später die Zungen- oder Nasenspitze des Kalbes. Mit jeder weiteren Presswehe werden nun allmählich Beine und Kopf immer nur wenige Millimeter weiter herausgedrückt. Schaut schließlich der Kopf ganz heraus, ist die sog. *Ausweitungsphase* während der Austreibung beendet.

Da hier der gesamte Geburtsweg gedehnt werden muss, dauert dieser Geburtsabschnitt naturgemäß sehr lange (bei Kühen bis zu 3 Stunden, bei Färsen bis zu 6 Stunden) und erfordert vom Tierhalter viel Geduld. Auf keinen Fall darf ohne erkennbaren Grund bereits mit der Zughilfe begonnen werden. Frühes Ziehen hat häufig Verletzungen der Geburtswege zur Folge, was durch nachfolgende Infektionen zu Fruchtbarkeitsstörungen führen kann.

Jeder Zug am Kalb erhöht außerdem die Geburtsschmerzen des Muttertieres. Infolge von Stressreaktionen kann es dadurch zu einem Aussetzen der Wehentätigkeit und somit zur Unterbrechung des Geburtsablaufes kommen. Schlimmstenfalls können Kalb und Kuh sogar sterben.

In der so genannten *Endaustreibung* wird das Kalb innerhalb von 5–10 Minuten mit einigen Presswehen und Bauchpressenstößen ganz herausgedrückt, wobei es in Richtung Euter kippt. Durch diesen *Kippvorgang* und der damit verbundenen Streckung der Gelenke wird die geburtshindernde Lage der Kniegelenke des Kalbes vor dem Beckeneingang auf natürliche Weise beseitigt.

In der **Nachgeburtsperiode** werden durch die *Nachwehen* die Eihäute (Nachgeburt) gewöhnlich 1,5–3 Stunden nach der Geburt ausgestoßen. Ist die Nachgeburt bis zur 12. Stunde immer noch nicht abgegangen, muss man den Tierarzt holen. Erst bei Eintreten dieser Situation spricht man in der Praxis von *Nachgeburtsverhaltung.* Dabei ist bereits jede zeitliche Verzögerung des Nachgeburtabganges über 3 Stunden hinaus ein Hinweis auf eine Störung dieses Vorganges infolge von Stressreaktionen während der Geburt. Der Durchschnittswert einer Herde für den Abgang der Nachgeburt sollte nicht über 6 Stunden liegen.

Durch das *Nachgeburtsverhalten* werden Infektionen begünstigt, die zu Gebärmutterentzündung führen. Gebärmutter und Geburtswege sind während der Zeit ihrer Rückbildung sehr infektionsanfällig. Größte Sauberkeit ist daher auch in dieser Phase der Geburt unbedingt erforderlich.

Geburtshilfe – Sie wird notwendig, wenn die Geburt wegen zu schwacher Wehen nur schleppend verläuft oder ganz zum Stillstand kommt. Mit der Entscheidung zur Geburtshilfe übernimmt der Geburtshelfer ein hohes Maß an Eigenverantwortung im Hinblick auf die Fruchtbarkeitslage und die Wirtschaftlichkeit des Betriebes. Der Geburtshelfer sollte sich dabei bewusst sein, dass er den Geburtsvorgang durch Übereifer oder gar Gewalt erheblich stören und Schwergeburten verursachen kann.

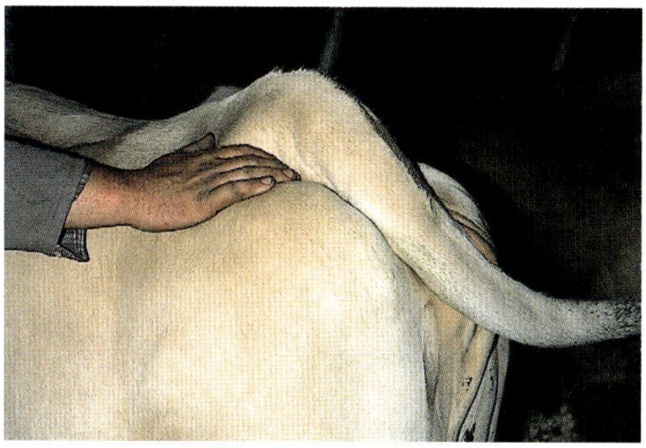

Abb. 854 12–18 Stunden vor der Geburt fallen die breiten Beckenbänder ein.

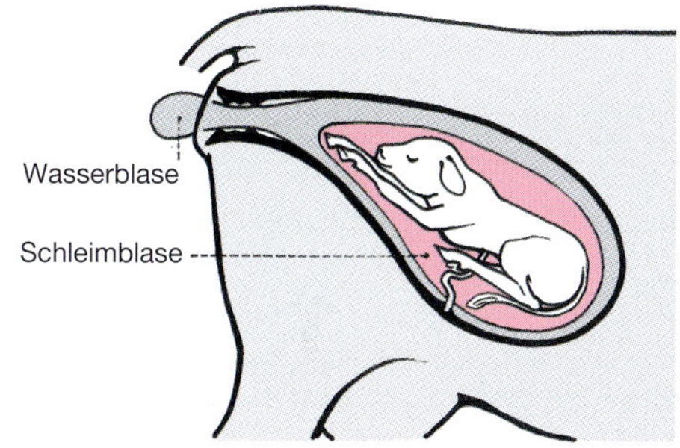

Abb. 855 Kalb in normaler Vorderendlage. Die Fruchtblasen (Wasserblase, Schleimblase) dienen der schonenden Erweiterung der Geburtswege.

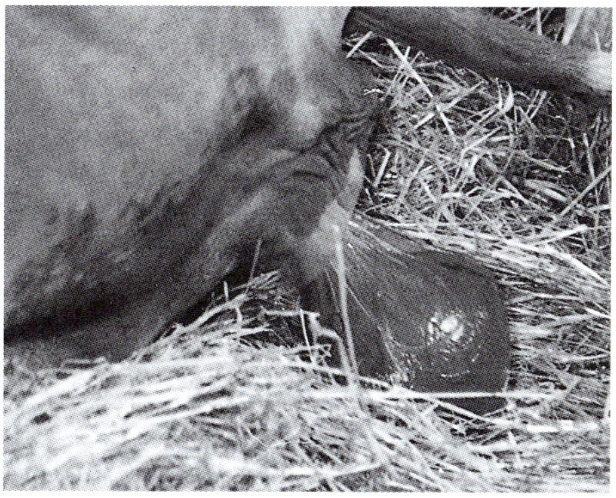

Abb. 856 Die Wasserblase erscheint bei den Eröffnungswehen.

Abb. 857 Die Klauenspitzen der Vorderbeine erscheinen gleichzeitig.

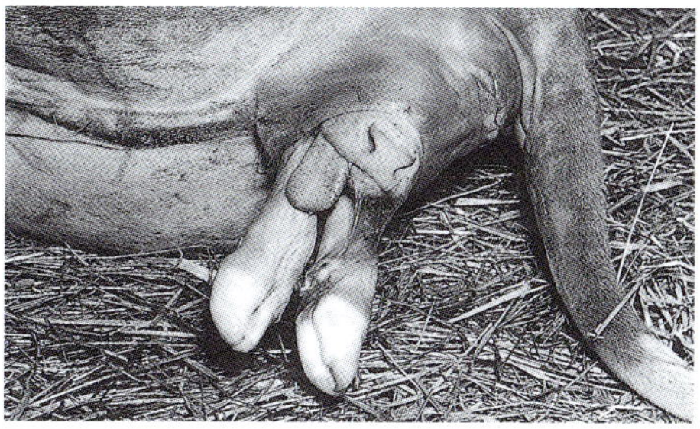

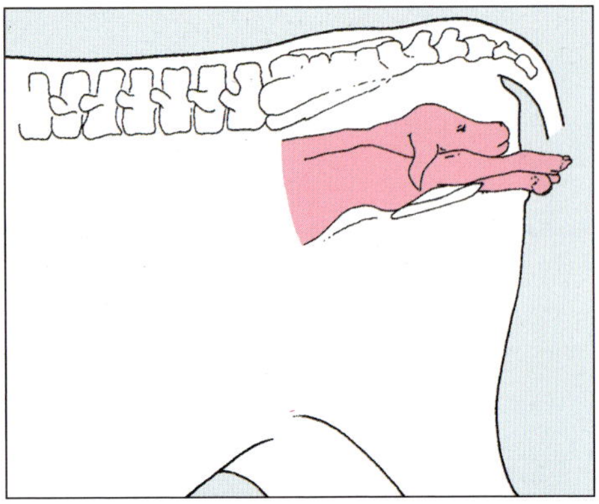

Abb. 858 Kopf und beide Mittelfußgelenke haben im mütterlichen Becken ausreichend Platz.

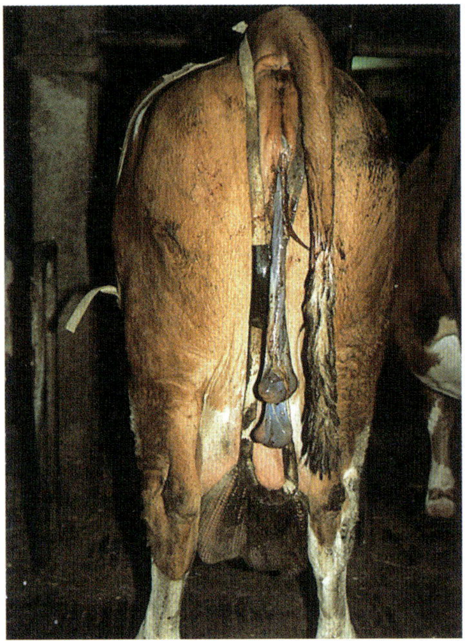

Abb. 859 Die Nachgeburt muss rechtzeitig abgehen.

Abb. 860 Sachgemäße Geburtshilfe bedeutet: Stricke hinter den Fesseln anlegen und gleichzeitig an beiden Beinen ziehen.

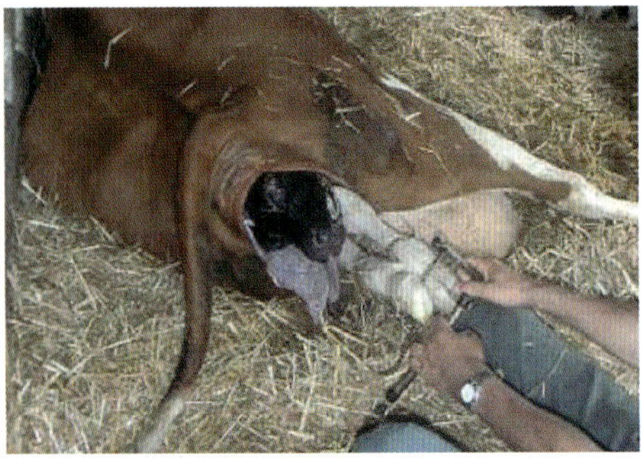

Eine zu frühe Untersuchung des Scheidenraumes ist für das Tier äußerst unangenehm und führt zu einer stressbedingten Wehenschwäche. Sie sollte daher nicht vor 2 Stunden nach dem Blasensprung, bei unklarer Situation frühestens 1 Stunde nach dem Blasensprung vorgenommen werden. Erst nachdem er die Scham gereinigt und desinfiziert sowie die Fingernägel geschnitten, Hände und Arme gründlich gewaschen und desinfiziert hat, darf er seine Hand vorsichtig in die Scheide einführen, um die Lage des Kalbes festzustellen.

! Um also mögliche Gefahren für Kuh und Kalb weitestgehend zu vermeiden, gelten *Geduld,* größte *Sorgfalt* und *Sauberkeit* als oberste Gebote.

Bei **normaler Vorderendlage** ist Zughilfe frühestens 2, spätestens 4 Stunden nach dem Blasensprung angebracht. Um jeden der beiden Vorderfüße wird oberhalb des Fesselgelenkes ein Geburtsstrick geschlungen. Während der Presswehen soll an beiden Beinen gleichzeitig gezogen werden, da nur so das Kalb die optimale Keilform mit gestreckten Ellenbogengelenken unter dem Hals beibehält. Dabei darf an jedem Bein höchstens eine Person ziehen. Mechanische Geburtshelfer sind aus diesem Grund nur im Notfall und mit größter Vorsicht einzusetzen.

Während einer *Wehenpause* darf niemals gezogen werden, da sonst der Blutaustausch zwischen Kalb und Muttertier unterbunden wird, was zur Lebensschwäche des Kalbes führt. Beim Ziehen sollte das gebärende Tier liegen, weil dann der an sich kleine Beckenraum etwas vergrößert ist. Dammrisse (Einreißen der Gewebebrücke zwischen After und Scheide) sind vermeidbar, indem man den Damm mit den Handballen kräftig auf das Kalb drückt. Auch warme Duschen des Damms sind hilfreich.

Um das gefürchtete »Hängenbleiben« zu verhindern, muss eine Zughilfe während des Kippvorganges unterbleiben. Während anfangs grundsätzlich in Verlängerung des Kuhrückens gezogen wird, ist nun nach Austritt der Brustpartie des Kalbes in Richtung Euter zu ziehen.

Die **normale Hinterendlage** (Steißlage) ist daran zu erkennen, dass zuerst die Klauenspitzen der Hinterbeine mit *nach oben* zeigenden Sohlenflächen erscheinen. Die Zugrichtung verläuft parallel zur Wirbelsäule der Kuh und ändert sich während des Auszugs nicht.

Sobald die Beckenpartie des Kalbes ausgetreten ist, muss es so schnell als möglich herausgezogen werden, weil jetzt durch das Reißen der Nabelschnur die Blutzufuhr und damit die Sauerstoffversorgung über die Mutter unterbrochen werden. Das Kalb beginnt zu atmen. Ohne rasche Zughilfe bekäme das Kalb in dieser Steißlage Fruchtwasser sowie Schleim in die Lungen und würde ersticken. Soll das Kalb lebend zur Welt kommen, muss es daher zu diesem Zeitpunkt der Geburt innerhalb von 30–40 Sekunden herausgezogen werden.

Bei **abnormalen Lagen** (Querlage, Senkrechtlage, Schräglage), bei *ungestreckten Beinen* oder *abgewinkeltem Kopf* des Kalbes sowie bei *Gebärmutterverdrehung* ist sofort der Tierarzt zu holen.

Gebärmutterverdrehung ist zu befürchten, wenn trotz lang dauernder Eröffnungswehen keine Fruchtblasen erscheinen, die Kuh sehr unruhig ist und mit den Hinterfüßen gegen den Bauch schlägt. Bei einer Scheidenuntersuchung stellt man eine zum Gebärmuttermund hin zunehmende Einschnürung der Scheide fest.

Macht die Austreibung des Kalbes trotz Normallage keine Fortschritte und reicht auch die Zugkraft zweier Personen nicht aus, ist im Verhältnis zu seiner Mutter das **Kalb zu groß.** Das Zurückbleiben eines Vorderbeines ist hierfür häufig ein Hinweis.

Jede weitere Gewaltanwendung hätte für Kuh und Kalb schlimme Folgen. Auch in diesen Fällen muss unbedingt der Tierarzt zu Rate gezogen werden, welcher notfalls einen Kaiserschnitt oder, um wenigstens die Kuh zu retten, eine Zerstückelung des Kalbes innerhalb der Kuh vornehmen kann.

Zur **Behandlung des Kalbes nach der Geburt** gehört, dass dem Neugeborenen sofort nach der Geburt aus Nase und Mund der Schleim zu entfernen ist, um die Atmung nicht zu behindern. Zur Unterstützung von Atmung und Kreislauf reibt man das Kalb mit sauberem Stroh in Richtung des Haares trocken oder lässt es von der Kuh ablecken.

Notfalls kann ein Kaltwasserguss die Atmung in Gang setzen. Als letzte Möglichkeit sollte man beim völligen Versagen der Atmung durch Strecken und Andrücken der Vorderbeine an den Brustkorb des Kalbes eine mechanische Beatmung versuchen.

Sollte der Nabel nicht von selbst gerissen sein, muss ihn der Geburtshelfer dicht unter dem Bauch (10–12 cm) abreißen; nicht mit einer Schere abschneiden. Der Nabelstumpf wird mit Jodtinktur desinfiziert. Bevor man das Kalb in die vorbereitete Kälberbox bringt, soll es etwa 30 Minuten der Mutter zur Kontaktaufnahme vorgelegt werden. Dies verstärkt die Nachwehen des Muttertieres und fördert damit das Abgehen der Nachgeburt.

Die **Behandlung der Kuh nach der Geburt** ist im Hinblick auf eine gute Fruchtbarkeit ebenfalls von großer Bedeutung. Die Kuh sollte man nicht auftreiben, ohne ihr die zur Erholung notwendige Verschnaufpause zu gewähren. Sie ist auf mögliche Verletzungen, z. B. Dammrisse, zu untersuchen und bei Bedarf tierärztlich zu versorgen.

Besteht Verdacht auf Gebärmuttervorfall, ist vorbeugend eine Vorfallbandage anzulegen. Größte Sauberkeit und äußerste Sorgfalt sind bei allen Arbeiten im Bereich der Kuh geboten, da sie während der Nachgeburtsperiode sehr infektionsanfällig ist.

2.10 Fruchtbarkeitsstörungen

Als **Maßstäbe** für die Fruchtbarkeit einer Herde dienen die *Trächtigkeitsrate,* der *Besamungsindex* und die *Zwischenkalbezeit.*

Während die Trächtigkeitsrate nach der Erstbesamung mindestens 60 % betragen, der Besamungsindex (Anzahl der Besamungen/Trächtigkeit) nicht über 1,5 liegen soll, wäre eine Zwischen-

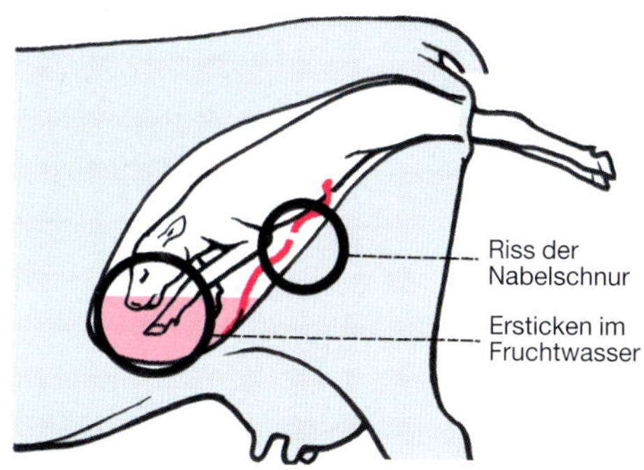

Abb. 861 Bei normaler Hinterendlage besteht Erstickungsgefahr (Schema).

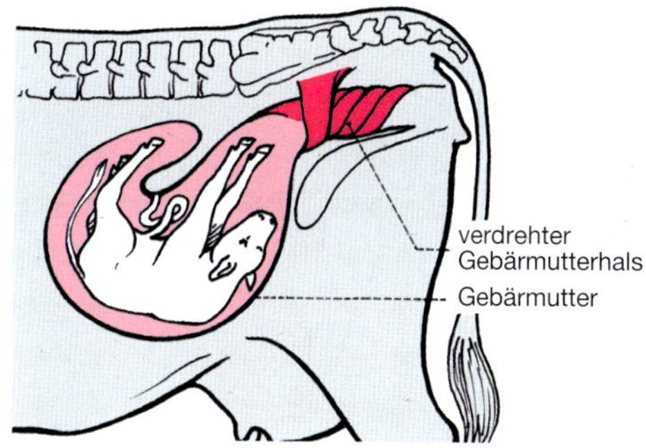

Abb. 862 Gebärmutterverdrehung (Schema).

Abb. 863 »Endaustreibung« des Kalbes: Geburtshindernde Lage der Kniegelenke des Kalbes vor dem Beckeneingang (a). Natürliche Beseitigung des Geburtshindernisses (b) durch zunehmendes Kippen des Kalbes und damit verbundener Streckung der Gelenke (c). Ist Zughilfe erforderlich, muss daher der Geburtshelfer zum richtigen Zeitpunkt die Zugrichtung ändern.

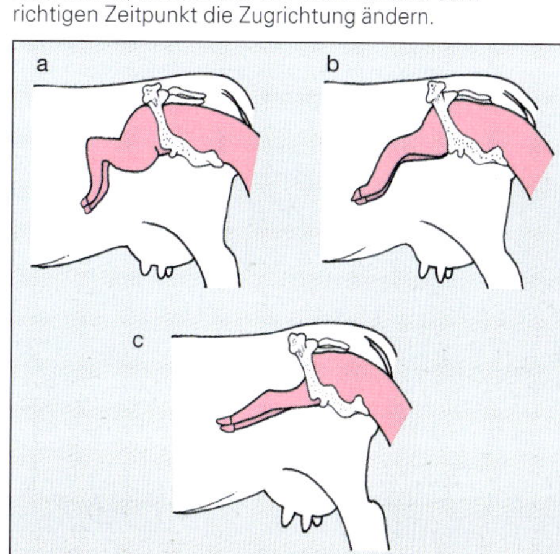

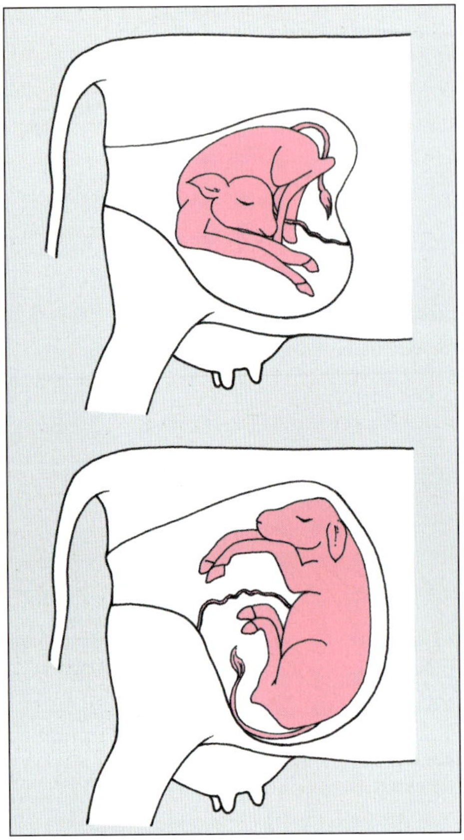

Abb. 864 Abnormale Lagen: Querlage (oben), Senkrechtlage (unten). Sofort Tierarzt holen!

Abb. 865 Kuh mit Kaiserschnitt (rechts: Abnahme des Verbandes).

Abb. 866 Verteilung der Zwischenkalbezeiten (ZKZ) bei den geprüften Kühen im Durchschnitt unserer Rassen (2004).

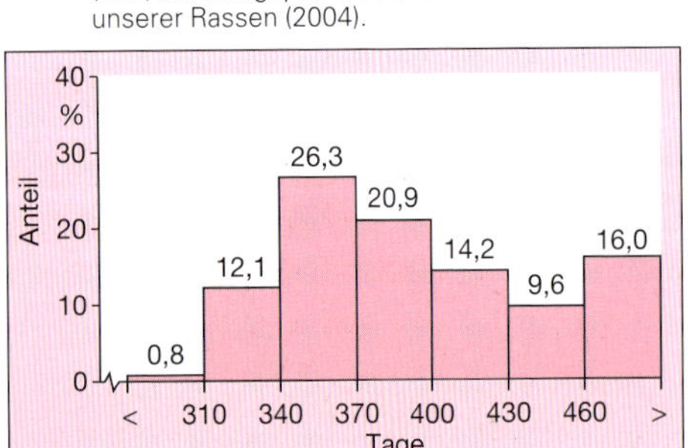

kalbezeit (ZKZ = Zeitraum zwischen 2 Abkalbungen) von 365 Tagen im Idealfall anzustreben, entsprechend der alten Forderung, pro Kuh und Jahr ein Kalb. Aber nicht einmal die Hälfte aller Kühe bringen jedes Jahr ein Kalb zur Welt. So ist es nicht verwunderlich, dass unter den Abgangsursachen die Unfruchtbarkeit an der Spitze liegt.

Fruchtbarkeitsstörungen – Sie sind weniger erblich bedingt, sondern vielmehr auf Mängel in der Haltung und Fütterung sowie im Fruchtbarkeitsmanagement (Betreuung der Tiere bei der Geburt und während der Zwischentragezeit) zurückzuführen. Viele Ursachen von Fruchtbarkeitsstörungen sind daher betriebsbedingt bzw. vom Tierhalter abhängig.

Wegen der großen Bedeutung der Fruchtbarkeit für die Wirtschaftlichkeit der Milchkuh- und Mutterkuhhaltung sind daher beim Tierhalter gründliche Kenntnisse des Fruchtbarkeitsgeschehens erforderlich.

Eine der wichtigsten Voraussetzungen für eine ungestörte Fruchtbarkeit ist das **Wohlbefinden** der Tiere. In diesen Zustand der vollkommenen Ausgeglichenheit des Organismus mit seiner Umgebung (biologisches Gleichgewicht) fühlt sich das Tier aber nur dann versetzt, wenn es *gesund* ist und seine *Umwelt als angenehm* empfindet.

Letzteres ist der Fall, wenn ein ungestörter, artgemäßer sowie verhaltensgerechter Ablauf der Lebensvorgänge möglich ist. Mit Hilfe des Nervensystems und des hormonellen Systems kann das Tier auf günstige wie ungünstige Reize aus dem Köperinnern und aus der Umwelt reagieren und sich den veränderten Verhältnissen anpassen. Diese Anpassungsfähigkeit ist eine der wichtigsten Eigenschaften des Lebens. Sie ist die Grundlage zur Aufrechterhaltung bzw. zur Wiederherstellung des biologischen Gleichgewichts.

Wenn nun **ungünstige Reize** bestimmte Schwellenwerte überschreiten, kommt es im Tier zu Anpassungsreaktionen, welche der Herstellung des biologischen Gleichgewichts dienen. Die ungünstigen Reize können wir auch als *Belastungen* bzw. *Stressoren* und die Anpassungsreaktionen als *Stress* bezeichnen.

Auch ohne äußere Störungen stellen allein schon die Veränderungen im Körperinneren während und nach der Geburt sowie bei einsetzender Laktation vor allem im Stoffwechsel hohe Anforderungen an das Anpassungsvermögen des Tieres. Vor allem Kühe mit hoher Milchleistung sind hier besonders betroffen und deshalb bei zusätzlichen Belastungen sehr anfällig. Diese zusätzlichen, häufig unnötigen Belastungen muss ein Tierhalter erkennen. Denn die durch sie ausgelösten Stressreaktionen sind die Hauptursache für Fruchtbarkeitsstörungen.

Besondere Beachtung als **mögliche Störungsquellen** verdienen die *Fütterung*, die *Haltung*, sowie die *Betreuung der Tiere* zum Zeitpunkt der Geburt und der Besamung *(Fruchtbarkeitsmanagement)*.

So liegt z. B. die Problematik der **Fütterung** von Hochleistungskühen darin, dass solche Kühe kaum leistungs- und zugleich wiederkäuergerecht gefüttert werden können, so dass es sehr leicht zu Fehlern in der Futterversorgung kommen kann. Energiemangel zu Beginn und Eiweißüberschuss während der gesamten Lak-

tation, vor allem in der Sommerfütterung und beim Einsatz von Herbstzwischenfrüchten, sowie eine zu hohe Nährstoffversorgung im letzten Drittel der Laktation wären hier zu erwähnen.
Häufig werden auch Jungrinder und hochtragende Kalbinnen zu intensiv gefüttert. Solche Fütterungsfehler führen aber zu Stoffwechselstörungen und zu Leberschäden, welche als innere Stressoren die Fruchtbarkeit negativ beeinflussen.
In der **Haltung** gelten im *Anbindestall* zu geringe Bewegungsfreiheit, ein ranghohes Nachbartier, eine zu straffe Anbindung, ein zu niedriger Kuhtrainer, eine zu harte Liegefläche oder Euter- und Beinschäden als mögliche Stressoren.
Im *Laufstall* wären zu geringe Ausweichmöglichkeiten, rutschige Laufflächen oder Klauenschäden zu nennen.

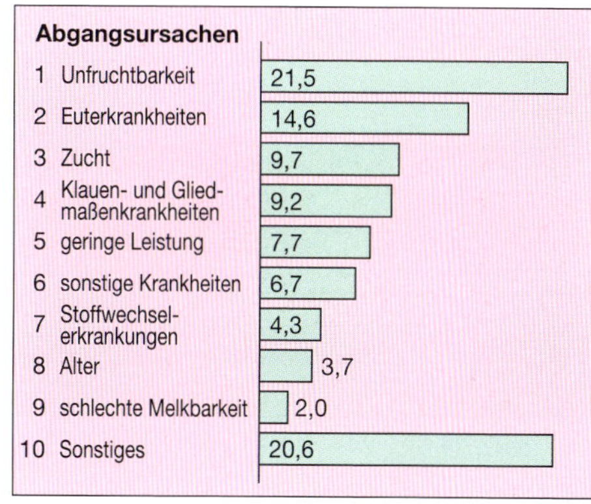

Abb. 867 Sehr viele Kühe scheiden wegen Unfruchtbarkeit vorzeitig aus (in %, 2004).

Infolge der durch diese Belastungen erzeugten Stressreaktionen kann es zur *Brunstlosigkeit* (Ausbleiben der Brunst), *Stillbrunst* (schwache Brunstsymptome) oder *Langbrunst* (verzögerter Eisprung) sowie zur *Hemmung der Gebärmutterkontraktionen* kommen.

Brunstlosigkeit bedeutet, dass die Eierstocksfunktion gestört ist, weil infolge Hormonmangels sich *kein Follikel* (Eiblase) bildet oder weil eine *Eierstockszyste* den Zyklus blockiert. Bei Zysten handelt es sich um Follikel, welche nicht platzen und in denen die Eizelle bereits abgestorben ist.
Eine weitere Ursache für Brunstlosigkeit ist, wenn sich der *Gelbkörper nicht zurückbildet,* obwohl keine Trächtigkeit vorliegt. Er verhindert damit das Heranreifen einer neuen Eizelle; die Brunst bleibt aus. Dasselbe geschieht bei *unterentwickelten, funktionslosen Eierstöcken.*
Bei der **Stillbrunst** sind die *Eierstöcke zwar funktionsfähig,* aber es fehlen die äußeren *Brunstmerkmale* ganz oder sind nur sehr schwach. Meist gibt nur das Abbluten einen nachträglichen Hinweis, dass die Brunst vor etwa 2 Tagen stattgefunden hat. Solche Tiere verlangen eine äußerst sorgfältige Brunstkontrolle und eine gute Kenntnis der Brunstmerkmale seitens des Tierhalters, um sie zum richtigen Zeitpunkt besamen zu können.
Platzt der Follikel später, spricht man wegen der länger andauernden Brunsterscheinungen von einer **Langbrunst.** In diesem Fall ist der richtige Besamungszeitpunkt sehr schwer zu finden, so dass meistens Samen- und Eizelle nicht zeitgerecht zusammentreffen und eine Befruchtung ausbleibt.
Eine **Hemmung der Gebärmutterkontraktionen** bei der **Besamung** behindert den Spermatransport, so dass es zu keiner Befruchtung kommen kann. Neben den oben erwähnten belastenden Ursachen können auch bei der Besamung selbst Fehler gemacht werden, welche die gleiche Auswirkung haben und den Besamungserfolg gefährden. So sind Angst und Schmerz durch unnötigen Lärm bzw. durch unsachgemäße und zu langdauernde Besamung möglichst zu vermeiden.
Tritt die Hemmung der Gebärmutterkontraktionen **während der Geburt** auf, spricht man von einer stressbedingten *Wehenschwäche.*

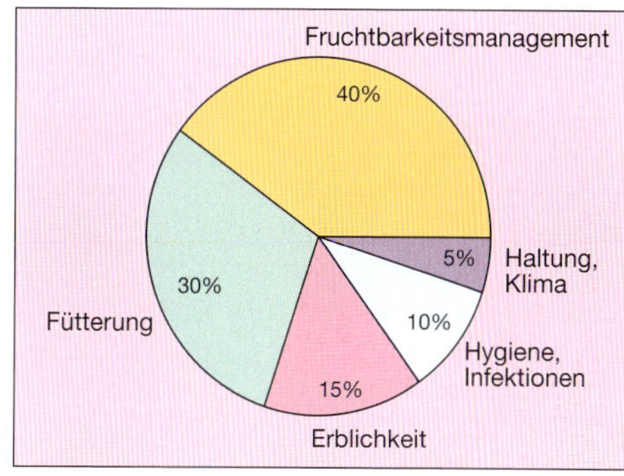

Abb. 868 Prozentuale Anteile verschiedener Einflussfaktoren auf die Fruchtbarkeit von Milchkühen.

Abb. 869 Ursache für das Abbluten ist eine starke Durchblutung der Gebärmutter während der Brunst, wodurch einzelne kleine Gefäße aufplatzen. Somit fließt Blut, das sich mit Schleim vermischt und ein Hinweis auf den bereits erfolgten Follikelsprung ist, oft nicht erkennbar aus der Scheidenöffnung.

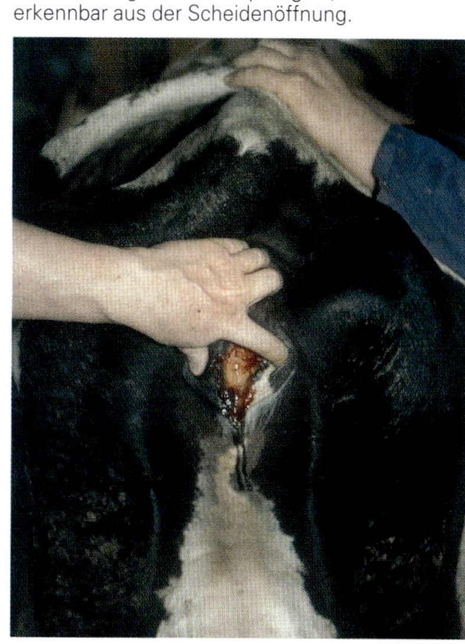

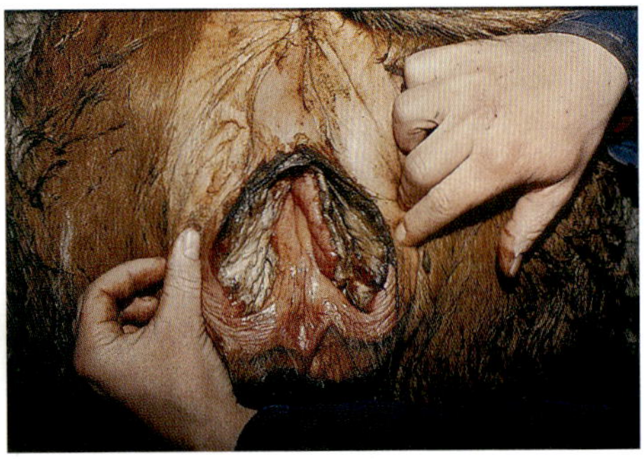

Abb. 870 Scheidenriss; bei Verletzungen während der Geburt kann es zu folgenschweren Entzündungen kommen.

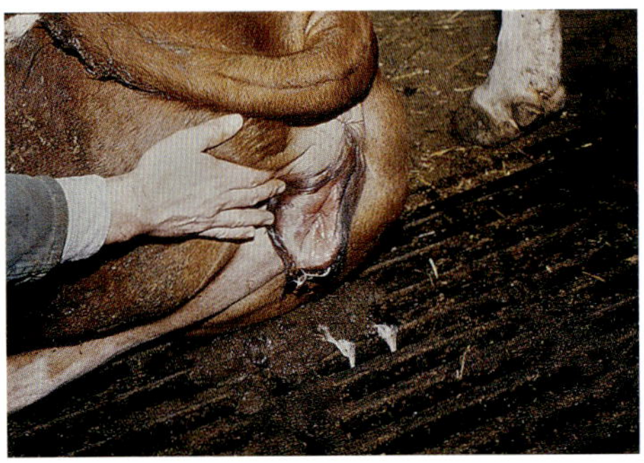

Abb. 871 Eitriger Scheidenausfluss ist ein Hinweis auf eine Gebärmutterentzündung.

Abb. 872 Hohe Milchleistung und Fruchtbarkeit schließen einander jedoch nicht aus, wenn bei entsprechendem Können des Betriebsleiters auch Fütterung und Haltung stimmen.

Herdenklassen kg Milch	durchschnittliche Zwischenkalbezeit Tage
bis 3999	414
4000–4499	400
4500–4999	394
5000–5499	390
5500–5999	386
6000–6499	384
6500–6999	382
7000–7499	381
7500–7999	380
über 7999	380

Ein gewaltsamer Auszug kann bei solchen Geburtsstörungen Schwergeburten verursachen, welche in der Regel Verletzungen der Geburtswege nach sich ziehen. Auf diese Weise kommt es infolge von Infektionen mit Krankheitserregern (Keime) zu *Entzündungen der Scheide* und der *Gebärmutter.* Eine Erschlaffung der Gebärmuttermuskulatur erhöht das Risiko des Gebärmuttervorfalls und der Nachgeburtsverhaltung.

> ! Je stärker der Stress bei der Geburt, desto schwächer sind die Nachwehen.

Die festhängenden Eihäute und die sich anstauende Flüssigkeitsansammlung aus Fruchtwasser- und Blutresten (Lochialflüssigkeit) bilden einen idealen Nährboden für eingedrungene Keime, was zu hartnäckigen **Gebärmutterentzündungen** führt. Diese bewirken, dass die Rückbildung der Gebärmutter wesentlich langsamer verläuft. Die 1. Brunst nach dem Abkalben trifft daher später als erwartet ein. Findet keine Selbstheilung oder Behandlung statt, werden die Tiere unfruchtbar.

Während eine *akute* Gebärmutterentzündung in der Regel zu einer ernsthaften Erkrankung des Muttertieres führt, sind bei *chronischen* Gebärmutterentzündungen selten Störungen des Allgemeinbefindens feststellbar. Umso mehr ist eine aufmerksame Beobachtung der Tiere notwendig.

Deutliches **Kennzeichen** einer Gebärmutterentzündung ist ein trüber, flockiger oder eitriger Scheidenausfluss, der entweder zwischen den Schamlippen oder als Sekretkruste am Schwanz, den Sitzbeinhöckern und den Oberschenkeln sichtbar wird. Voraussetzung für Gebärmutterentzündungen ist allerdings das Eindringen von Krankheitserregern in die Gebärmutterhöhle.

Diese Gefahr besteht immer, wenn der Geburtshelfer zum Zweck der Untersuchung oder der Hilfeleistung mit der Hand in die Gebärmutter eindringt. Da die Scheidenschleimhaut immer mit Keimen besiedelt ist, werden diese dabei unweigerlich mit dem Arm eingeschleppt. Gebärmutterentzündungen entwickeln sich daher häufiger nach geburtshilflichen Eingriffen als bei Normalgeburten ohne Geburtshilfemaßnahmen.

Erkrankungen wie Scheiden- oder Gebärmutterentzündungen und die damit verbundenen Schmerzen lösen als Stressoren entsprechende Stressreaktionen im Körper aus, so dass das Fortpflanzungsgeschehen empfindlich gestört ist und eine erneute Trächtigkeit ausbleibt.

Ursachen für Wehenschwäche mit allen nachteiligen Folgen sind nicht nur Fehler bei der Geburtshilfe, sondern alle Einflüsse, welche als Fütterungs- oder Haltungsmängel schon während der Trockenzeit das Wohlbefinden der Tiere belasten, aber erst bei der Geburt als Störung sichtbar werden, wenn über die Stressreaktion die Wehen mehr oder weniger unterdrückt sind.

Zu nennen wären hier vor allem Euter- und Klauenentzündungen, eiternde Wunden oder Durchfälle. Ein radikaler Futterentzug beim Trockenstellen oder verdorbenes Futter haben

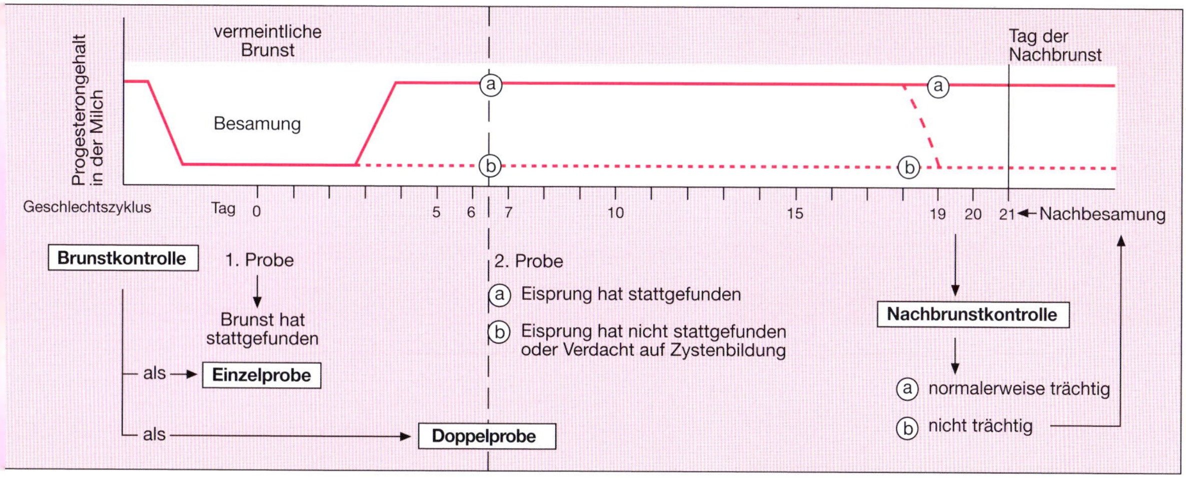

Abb. 873 Der Progesterongehalt in der Milch gibt Auskunft über den tatsächlichen Verlauf des Geschlechtszyklus. Mithilfe des Milch-Progesteron-Tests (MPT) lässt sich die Fruchtbarkeit unserer Kühe verbessern.

schwere Leberschäden zur Folge. Diese belasten die Tiere ebenso stark wie eine zu hohe Nährstoffversorgung, bei welcher sie verfetten.

Nicht zuletzt gelten auch ungünstige Umweltverhältnisse, wie schlechtes Stallklima oder starke Sonneneinstrahlung als Stressoren, welche das Risiko von Geburtsstörungen, Nachgeburtsverhaltungen und Gebärmutterentzündungen erhöhen und somit die Fruchtbarkeit gefährden.

Maßnahmen zur Verbesserung der Fruchtbarkeit – Durch Beachten folgender Punkte kann der Tierhalter dazu beitragen:

- Qualitative, leistungsbezogene und wiederkäuergerechte **Fütterung** mit ausreichender Mineralstoff- und Vitaminversorgung.
- **Haltungsformen** mit Bewegungsfreiheit und Auslauf fördern das Wohlbefinden der Tiere und damit die hormonelle Steuerung des Fortpflanzungsgeschehens. Bei optimaler Gestaltung solcher Laufställe wird die Brunsterkennung wesentlich erleichtert, weil die Tiere die sichtbaren, aktiven Brunstmerkmale viel deutlicher zeigen als im Anbindestall, wo manchmal z. B. durch zu straffe Anbindung und zu niedrig eingestellte Kuhtrainer das Brunstverhalten sehr stark gestört ist.
- Gewissenhafte **Brunstbeobachtungen** sind die erste Voraussetzung für ein gutes Befruchtungsergebnis. Unabhängig von der Stallform sollte mindestens dreimal am Tag für jeweils 20 Minuten eine *Brunstkontrolle* durchgeführt werden. Am besten eignen sich die Ruhepausen frühmorgens, mittags und spätabends. Während der Kontrollen sollten keine anderen Arbeiten verrichtet werden. Hinzu kommen müssen genaue, übersichtliche *Aufzeichnungen* aller wichtigen Daten des Fruchtbarkeitsgeschehens, z. B. in einem Brunstkalender und auf der Stalltafel.
- Mit Hilfe des **Milch-Progesteron-Testes** (MPT) ist eine exakte *Brunstkontrolle* möglich. Das Nachgemelk wird auf den Progesterongehalt (Gelbkörperhormon) untersucht, der während der Brunst niedrig, ansonsten hoch ist. Am Tage der vermuteten Brunst bzw. Besamung kann in einer einzlnen Milchprobe **(Einzelprobe)** festgestellt werden, ob tatsächlich eine Brunst statt-

Abb. 874 Eine Trächtigkeitsdiagnose ist heute über die Milch relativ früh möglich.

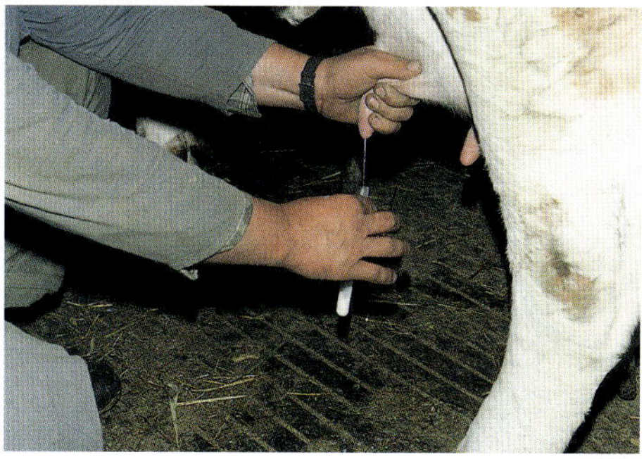

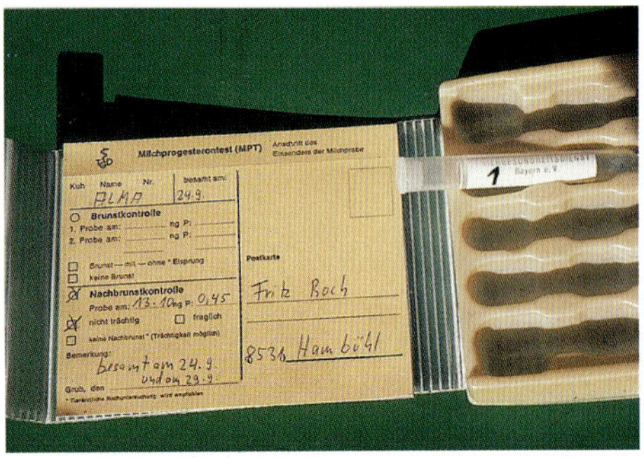

Abb. 875 Probepackung für den Milch-Progesteron-Test.

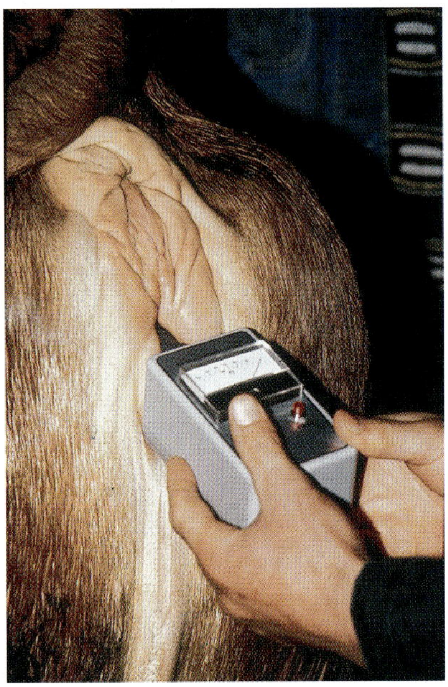

Abb. 876 Mit dem Brunstmessgerät kann die elektrische Leitfähigkeit des Scheidenschleims geprüft werden. Diese ist nämlich während der Hauptbrunst hoch, davor und danach niedrig.

Abb. 877 Im Anbindestall bietet die Stalltafel Platz für wichtige Informationen zur Herdenführung.

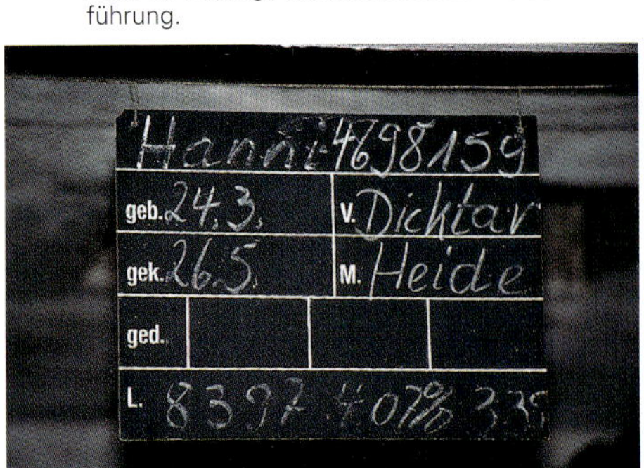

fand. Für *Problemkühe* eignet sich die **Doppelprobe** besser. Eine 2. Probe 6–7 Tage nach der Besamung (1. Probe) gibt nämlich Auskunft darüber, ob ein Eisprung rechtzeitig erfolgte oder nicht, bzw. ob es möglicherweise zu einer Befruchtung kam oder ob Brunstlosigkeit mit Verdacht auf Zystenbildung vorliegt. Mithilfe der **Nachbrunstkontrolle** kann mit endgültiger Sicherheit nur eine Nichtträchtigkeit mit voraussichtlichem Umrindern, nicht aber eine Trächtigkeit festgestellt werden. Um herauszufinden, ob es sich bei Kühen *ohne sichtbare Brunst* um Stillbrunst oder um Brunstlosigkeit handelt, bieten sich MPT-Tests mit **2 Milchprobenahmen im Abstand von 10 Tagen** an, welche im jeweiligen Fall die in Tabelle 83 gezeigten Aussagen zulassen.

Tabelle 83: Progesteron-Test

Fall	Probe	Progesteronwert	Aussage
I	1	niedrig	Stillbrunst bei funktionsfähigem Eierstock Brunsttermin ca. bei 1. Probenahme
	2	hoch	
II	1	hoch	Stillbrunst bei funktionsfähigem Eierstock Brunsttermin ca. bei 2. Probenahme
	2	niedrig	
III	1	niedrig	Brunstlosigkeit bei gestörter Eierstockfunktion, u. a. Verdacht auf Zysten
	2	niedrig	

Progesteron-Tests können als so genannte *Schnell-* oder *Stalltests* vom Tierhalter selbst durchgeführt werden. Damit liegt das Ergebnis früher vor als beim Einsenden von Proben zur Untersuchung in Labors. Dafür sind Labortests zuverlässiger.

▶ Weitere **Hilfsmittel zur Brunsterkennung:** *Scheidenspekulum* und *Brunstmessgerät* dienen zur Beobachtung der Schleimbeschaffenheit. *Bewegungsmesser* am Vorderbein der Kuh registrieren die höhere Bewegungsaktivität brünstiger Tiere. *Farbkennzeichnungen* auf dem Rücken zeigen an, dass die Kuh besprungen wurde. Eine *Temperaturmessung* der Milch bei modernen Melksystemen kann die Brunsterkennung unterstützen.

▶ **Frühe Trächtigkeitsfeststellung:** Ein positives Ergebnis im Milch-Progesteron-Test 19–20 Tage und das Ausbleiben der Brunst 21 Tage nach der Besamung sind erste, aber noch nicht absolut sichere Trächtigkeitsnachweise, da der Embryo danach noch absterben könnte.

Ab der 6. Trächtigkeitswoche kann vom *Tierarzt* oder *Besamungstechniker* aufgrund einer Gebärmutteruntersuchung mit der Hand vom Mastdarm aus eine relativ sichere, ab der 9. Woche eine sichere Trächtigkeitsdiagnose gestellt werden. Diese Frühdiagnosen zählen zu den wichtigsten Vorbeugemaßnahmen gegen schlechte Fruchtbarkeit im Kuhstall.

▶ **Bei der Geburt** ist auf erforderliche Geduld, sachgemäße Hilfeleistung, notwendige Hygiene, rechtzeitiges Abgehen der Nachgeburt sowie richtige Behandlung von Kuh und Kalb zu achten.

Aufgaben:

1. Welches sind die 4 zahlenmäßig bedeutendsten Rinderrassen Deutschlands? Unterscheiden Sie diese nach ihrer Nutzungsrichtung.
2. Welche Vorteile bringt die Teilnahme an der Milchleistungsprüfung (MLP)?
3. Welche Merkmale dienen zur Beurteilung der Melkbarkeit? Bei welchen Tieren wird die Melkbarkeitsprüfung durchgeführt?
4. Wie lassen sich im Rahmen der Fleischleistungsprüfung Erkenntnisse (Aussagen/Daten/Informationen) über die Fleischleistung zur Zuchtwertschätzung eines Bullen gewinnen?
5. Weshalb kann trotz umfangreicher Leistungsprüfungen auf die Beurteilung des äußeren Erscheinungsbildes eines Tieres nicht verzichtet werden?
6. Nennen Sie die Hauptmerkmale, die zur Exterieur-Beurteilung eines Tieres herangezogen werden.
7. Welche Bedeutung hat der Gesamtzuchtwert in der Rinderzucht?
8. Warum müssen bei der Zuchtwertschätzung die Umwelteinflüsse ausgeschaltet werden und wie lässt sich das durchführen?
9. Beschreiben Sie den Ablauf eines Zuchtprogrammes!
10. Nennen Sie die wichtigsten Vorteile der künstlichen Besamung (KB).
11. Wann sind Jungrinder zuchtreif und dürfen folglich zugelassen werden? Welches Erstkalbealter ergibt sich somit?
12. Wann dürfen Kühe nach dem Kalben wieder gedeckt bzw. besamt werden? Begründen Sie Ihre Entscheidung.
13. Ermitteln Sie aus den betrieblichen Aufzeichnungen (Besamungstermin) das Abkalbedatum für die Kühe.
14. Beschreiben Sie den Geburtsverlauf, indem Sie die wesentlichen Merkmale, deren Aufgabe und Bedeutung sowie die durchschnittliche Dauer der 3 Geburtsperioden herausstellen.
15. Nennen Sie die wichtigsten Regeln, die bei einer sachgemäßen Geburtshilfe zu beachten sind.
16. Nennen Sie häufig vorkommende Fruchtbarkeitsstörungen und beschreiben Sie, wie es dazu kommt.

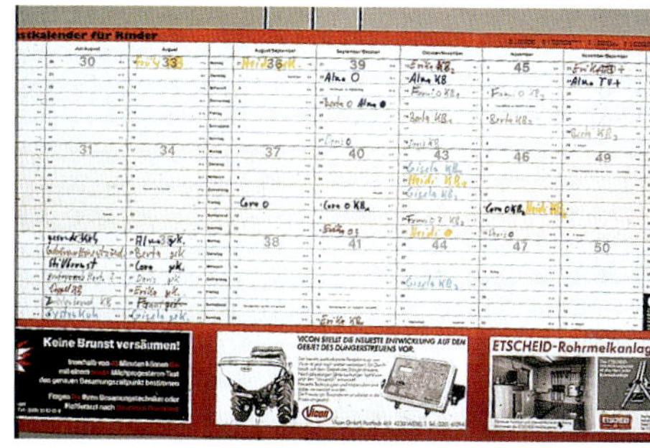

Abb. 878 Aufzeichnungen über die Fruchtbarkeit in Brunstkalendern, wie dem Wandkalender (oben) und dem »Rundkalender« (unten), tragen zur Verbesserung der Herdenfruchtbarkeit bei.

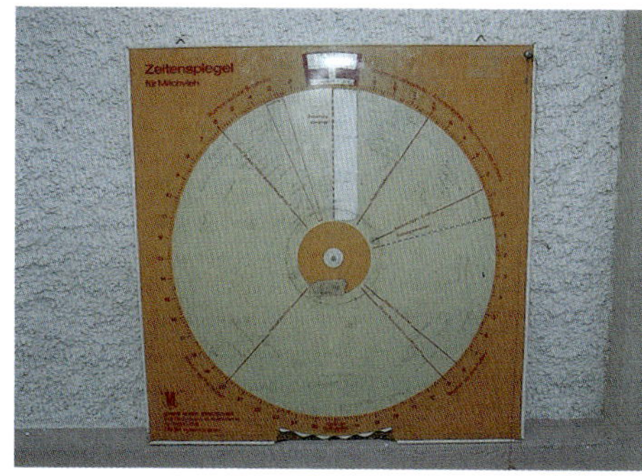

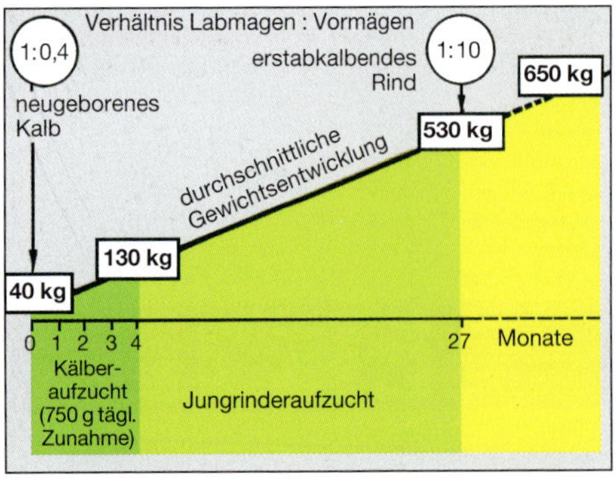

Abb. 879 Entwicklung des Kalbes: Besonders der Pansen wächst enorm.

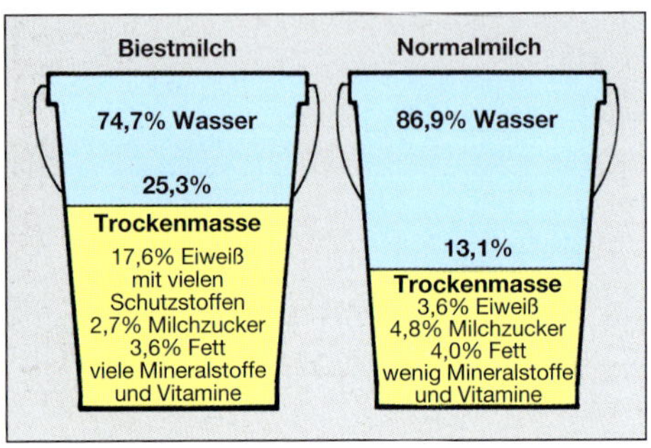

Abb. 880 Zusammensetzung von Biest- und Normalmilch.

Abb. 881 Nur eine frühzeitige Biestmilchgabe gibt dem Kalb Schutz vor Infektionen.

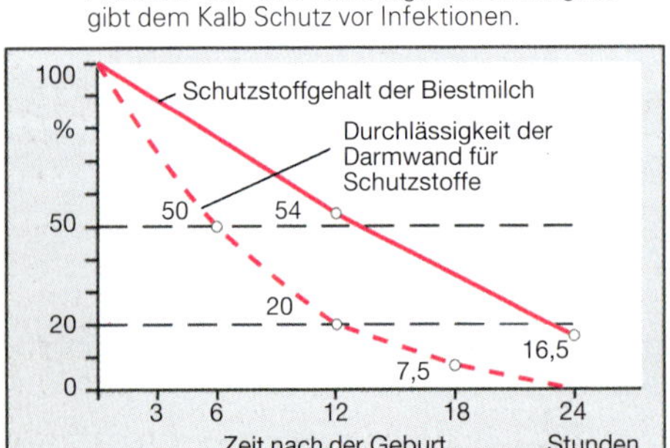

3 Kälberaufzucht

3.1 Allgemeine Grundlagen

Weibliche Kälber werden im Allgemeinen zum Zwecke der späteren Zuchtnutzung und männliche Kälber hauptsächlich für die anschließende Bullenmast, zum Teil natürlich auch für die Zucht aufgezogen.

> **!** Die Bedeutung der Kälberaufzucht liegt darin, dass die Weichen für eine wirtschaftlich Erfolg versprechende Milch- bzw. Fleischleistung bereits in den ersten Lebensmonaten gestellt werden.

Nur solche Kälber sind für die Aufzucht geeignet, die eine gute Abstammung hinsichtlich Milch- und Fleischleistung aufweisen sowie normal entwickelt, gesund und lebenskräftig sind. Hinzu kommen müssen eine vollwertige Ernährung und eine sorgfältige Haltung und Pflege.
Das richtige Fütterungsniveau ergibt sich aus der angestrebten Gewichtsentwicklung.

> **!** Die Kälber sollen am Ende der 4 Monate dauernden Aufzucht für den eigenen Bestand bei den meisten Rassen etwa 130 – 150 kg schwer sein. Bei Abzug eines nach Rasse und Geschlecht durchschnittlichen Geburtsgewichtes von etwa 40 kg (z.B. Fleckvieh ♂ 43 kg und Holsteins ♂ 38 kg) bedeutet dies ca. 750 bis 900 g mittlere Tageszunahmen.

3.2 Biestmilch-Periode

Während der 1. Lebenswoche muss das Kalb die **Biestmilch** (Kolostralmilch) bekommen. Dafür gibt es mehrere Gründe. Die Vormägen, insbesondere der Pansen, eines neugeborenen Kalbes sind noch klein und nicht funktionsfähig, so dass die Nahrung vorwiegend enzymatisch im Labmagen und Dünndarm abgebaut wird. Das Kalb ist also zunächst noch kein Wiederkäuer und kann daher nicht wie ein ausgewachsenes Rind feste Nahrung verdauen, sondern ist auf flüssige Nahrung angewiesen.
Flüssige Nahrung gelangt mit Hilfe des Schlundrinnenreflexes sofort in den Labmagen. Als Schlundrinne bezeichnet man eine offene Muskelrinne, welche von der Speisenröhrenmündung durch Pansen, Haube und Blättermagen bis zum Labmagen reicht. Beim Saugen des Kalbes ziehen sich über dieser Rinne Hautfalten reflexartig zusammen, so dass eine geschlossene Röhre entsteht. Der Schlundrinnenreflex ist beim ausgewachsenen Rind nicht mehr vorhanden. Im Labmagen können während

der ersten Wochen im Wesentlichen nur Nährstoffe der Milch optimal verdaut werden.
Die Biestmilch ist hinsichtlich des *Nährstoffgehalts* ideal auf die Bedürfnisse des neugeborenen Kalbes abgestimmt. Sie enthält gegenüber Normalmilch mehr Trockenmasse, die sich vor allem durch den hohen Eiweißgehalt mit den *lebenswichtigen Schutzstoffen* (Immunglobuline) und durch höhere Gehalte an Mineralstoffen und Vitaminen auszeichnet.
Auch in ihrem Aussehen unterscheidet sie sich von der Normalmilch. Sie ist dickflüssiger, schleimig, klebrig, hat eine kakaoähnliche, rötlich-braune Farbe und einen salzigen Geschmack.
Während der ersten Lebenswoche vollzieht sich nach Zusammensetzung und Aussehen der Übergang zur Normalmilch. Vor allem die Schutzstoffe in der Biestmilch werden rasch weniger; sie können nur in den ersten Stunden unverdaut durch die Darmwand in den Blutkreislauf des Kalbes gelangen.
Ebenso rasch nimmt der Gehalt an Mineralstoffen und Vitaminen ab. Dabei wird vor allem dem Vitamin A eine vorbeugende Wirkung gegen Durchfälle zugeschrieben. Auch die erhöhte Kälbersterblichkeit bei Abkalbungen in der zweiten Winterhälfte und im zeitigen Frühjahr kann mit dem fütterungsbedingt niedrigen Vitamin-A-Gehalt der Biestmilch während dieser Monate in Verbindung gebracht werden. Vorsorglich sollten daher die Kälber innerhalb der 1. Lebensstunde einen »Vitamin-A-Stoß« verabreicht bekommen.

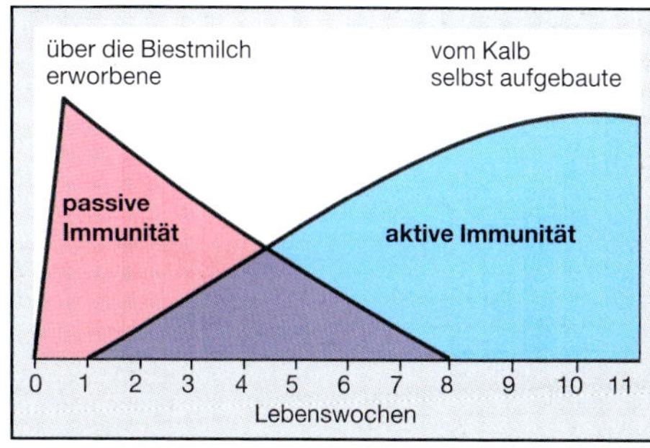

Abb. 882 Aufbau der Infektionsabwehr (Immunität) beim Kalb (Schema).

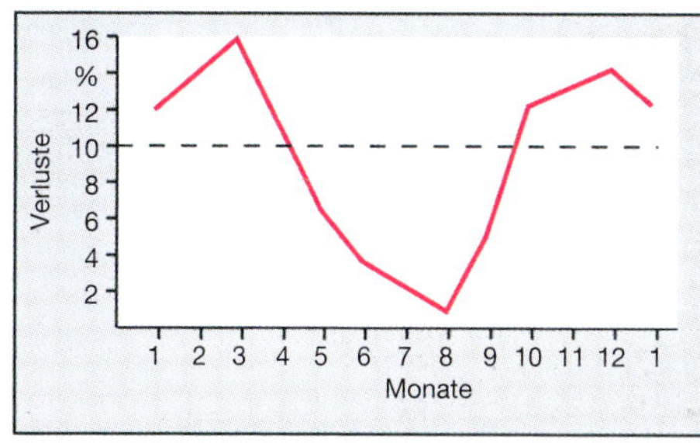

Abb. 883 Kälberverluste im Jahresablauf.

! **Da das Kalb ohne Schutzstoffe zur Welt kommt und selbst noch keine eigenen Abwehrstoffe gegen Krankheiten bilden kann, muss es bereits innerhalb der ersten 3–4 Lebensstunden so viel Biestmilch erhalten, wie es freiwillig säuft, mindestens jedoch 2 l.**

Die Biestmilch hilft auch, das *Darmpech* auszuscheiden, welches sich während der Entwicklungszeit im Darm des Kalbes gebildet hat.
Es hat sich als sehr vorteilhaft herausgestellt, für Notfälle überschüssige Biestmilch vor allem älterer Kühe als kleine Portionen von 1–1,5 l in Plastikbeuteln tiefgefroren etwa 4–6 Wochen aufzubewahren. Danach sollten sie durch neue ersetzt werden. Erstlingskühe und hochträchtige Zukaufstiere weisen in ihrer Biestmilch noch zu wenig stallspezifische Schutzstoffe auf. Mit Hilfe der **Biestmilchreserven,** welche im Wasserbad bei 40 °C aufzutauen sind, kann auch deren Kälbern trotzdem ein ausreichender Krankheitsschutz mitgegeben werden.
Die verabreichten **Biestmilchmengen** sind dem Fassungsvermögen des Labmagens anzupassen. Ein Übersaufen kann zu Blähungen und Durchfall führen. Deshalb sollten anfangs mehrmals am Tag nur kleinere Mengen gefüttert werden.
Diesem Prinzip entsprechen zwei **Tränkemethoden.** Der Fütterungsplan für die so genannte *rationierte Warmtränke* ist in Abb. 884 dargestellt. Die andere Tränkemethode besteht darin, dass dem Kalb die Biestmilch warm bis stalltemperiert (nicht unter

Abb. 884 Fütterungsplan für die Biestmilchperiode, mit rationierter Warmtränke.

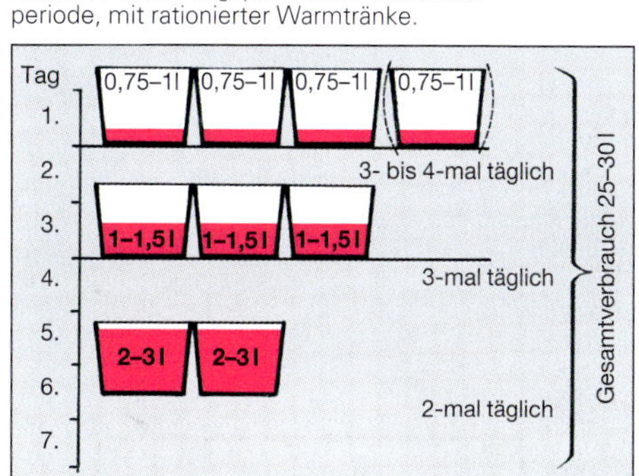

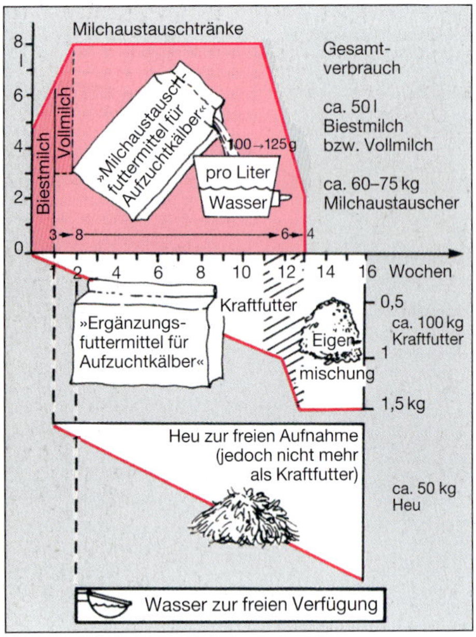

Abb. 885 Fütterungsplan zur Normalentwöhnung mit Milchaustauscher (Schema).

Abb. 886 Fütterungsplan zur Normalentwöhnung mit Magermilch (Schema).

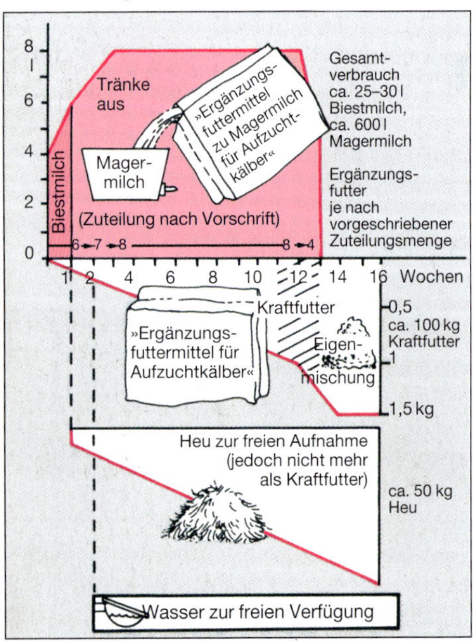

15 °C) zweimal täglich im Tränkeeimer mit Saugstutzen *zur freien Aufnahme* vorgesetzt wird. So kann es ständig kleinere Mengen aufnehmen, was sich in einer insgesamt höheren Biestmilchaufnahme und einer Verminderung von Verdauungsstörungen vorteilhaft auswirkt.

3.3 Fütterungsmethoden

Nach der Biestmilchperiode muss die weitere Fütterung so abgestimmt werden, dass sich das Kalb möglichst rasch zum *Wiederkäuer* entwickelt. Diese Entwicklung ist gleichlaufend mit der Entwicklung des Pansens, welche durch ein *frühzeitiges Beifüttern* von Kraftfutter und Heu beschleunigt werden kann. Kraftfutter begünstigt durch die chemische Reizwirkung seiner Abbauprodukte das Wachstum der Pansenzotten, wogegen Heu durch mechanische Reize mehr die Vergrößerung des Pansens bewirkt.

Von der Aufnahme dieser beiden Futtermittel ist ferner auch das Vorhandensein der Pansenmikroorganismen (Bakterien, Protozoen) abhängig. Am besten ist daher eine *gemischte Futterration* aus wenig Milch, jedoch Kraftfutter und Heu zur freien Aufnahme.

! Die Aufzuchtmethoden unterscheiden sich hauptsächlich nach Art und Dauer der Tränke. Man kennt die »Normalentwöhnung« und die »Frühentwöhnung« mit Warm- und Kalttränke (Sauertränke). Bei allen Verfahren wird jedoch während der ersten Lebenswoche die Biestmilch verfüttert.

Normalentwöhnung (Tränkedauer bis 13. Lebenswoche) – Dieses Verfahren eignet sich vor allem für kleine bis mittlere Milchviehbetriebe, welche die Kälber in Einzelhaltung aufziehen. Die Tränke besteht aus Milchaustauschfuttermitteln oder Magermilch.

Tränke aus **Milchaustauschfuttermitteln:** In den meisten Milchviehbetrieben erhalten die Kälber nach der Biestmilchperiode eine Tränke aus *»Milchaustauschfuttermittel für Aufzuchtkälber«*. Je nach Vorschrift werden davon 100 – 125 g/l in warmem Wasser (50 – 60 °C) mit einem Schneebesen klumpenfrei angerührt. Die Tränkemenge wird auf 8 l/Tag gesteigert und auf 2 Mahlzeiten verteilt.

Während der Umstellungsphase in der 2. Woche wird manchmal noch zusätzlich Vollmilch verabreicht. Da aber Vollmilch für das Verfüttern an das Kalb im Normalfall zu teuer kommt, ist sie möglichst bald wegzulassen. Dagegen werden Kraftfutter und Heu bereits ab der 2. Woche, Wasser ab der 3. Woche zur freien Aufnahme angeboten.

Sollten die Kälber im Alter von 5 – 7 Wochen auf dem Markt an Rindermäster verkauft werden, wird die Aufzucht etwas intensiver durchgeführt, weil gut entwickelte Tiere einen besseren Preis erzielen. Die Milchaustauschertränke wird auf 8–10 l gesteigert. Dadurch erreichen die Tiere ca. 1000 g tägliche Zunahmen und gewöhnen sich dennoch an die Aufnahme von Kraftfutter und Heu, was die Umstellung im Zukaufsbetrieb wesentlich erleichtert.

Tränke aus **Magermilch:** Manchen Betrieben steht Magermilch als Rücklieferungsmilch zur Verfügung. Der Magermilch sind das Milchfett und damit die fettlöslichen Vitamine entzogen, sonst aber enthält sie alle Nähr- und Wirkstoffe der Vollmilch. Fett ist als Energielieferant für die Aufzucht nicht so wichtig. Es müssen aber die fettlöslichen Vitamine über ein *»Ergänzungsfuttermittel zu Magermilch für Aufzuchtkälber«* zugefüttert werden. Die Vorschriften des Herstellers sind genau einzuhalten.

Magermilch darf nur frisch oder dicksauer verfüttert werden. Eine kontrollierte Säuerung mit Säurewecker oder Zitronensäurepulver ist unbedingt zu empfehlen, da ansaure Milch Durchfall verursacht.

Neuerdings wird nach der Biestmilchperiode meist keine weitere Vollmilch mehr eingesetzt, sondern sofort auf Magermilch umgestellt.

Bezüglich Kraftfutter, Heu und Wasserversorgung gilt das Gleiche wie bei Normalentwöhnung mit Milchaustauschtränke.

Frühentwöhnung (Tränkedauer bis 7. Lebenswoche) – Bei dieser Aufzuchtmethode wird die tägliche Tränke mengen- und nährstoffmäßig begrenzt, so dass die Kälber aus Hunger frühzeitiger Kraftfutter und Heu aufnehmen. Die Tränke darf aber erst dann abgesetzt werden, wenn jedes Kalb ca. 1 kg Kraftfutter/Tag frisst. Bei *Gruppenhaltung,* bei der die Kälber durch Nachahmungstrieb und Futterneid rascher lernen, ist dies meist im Alter von 7–8 Wochen der Fall.

Für die *Einzelhaltung* eignet sich dieses Aufzuchtverfahren nicht so gut, da das Kalb häufig zu spät mit der Kraftfutteraufnahme beginnt. Aus diesem Grund trifft man es vorwiegend in größeren Milchvieh-, spezialisierten Bullenmast- und Färsenaufzuchtbetrieben an, wo es sich bestens bewährt hat.

> **!** Vorteile der Frühentwöhnung sind:
> - Weniger Arbeit je Kalb,
> - geringere Futterkosten,
> - gute Gesundheit der Kälber.

Die Frühentwöhnung kann entweder mit einer *Warmtränke* oder einer *sauren Kalttränke* durchgeführt werden. Unabhängig davon müssen die Kälber bereits ab der 2. Lebenswoche Kraftfutter und Heu zur freien Aufnahme erhalten sowie stets frisches Wasser ungehindert saufen können. Die Tageszunahmen sind zwar in den ersten 7–8 Wochen geringer, dafür aber im 3. und 4. Lebensmonat höher als bei der Normalentwöhnung, so dass am Ende der Aufzucht kaum Gewichtsunterschiede bestehen.

Warmtränke (40 °C): Die Kälber erhalten zweimal täglich je 3 l *Milchaustauschtränke* mit 100 g »Milchaustauschfutter für Aufzuchtkälber« pro Liter. Fällt in einem Betrieb aufgrund der Quo-

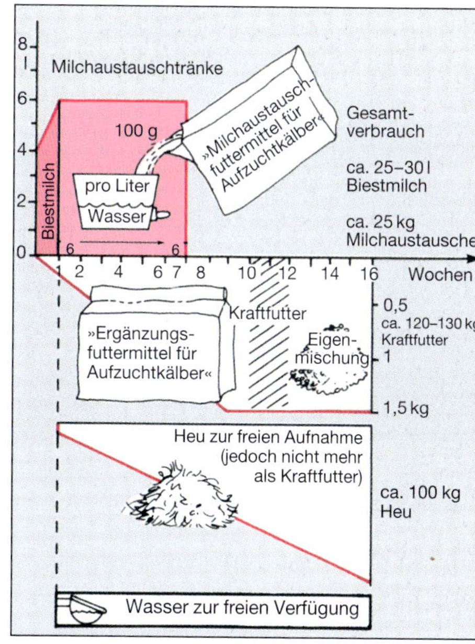

Abb. 887 Fütterungsplan zur Frühentwöhnung (Schema).

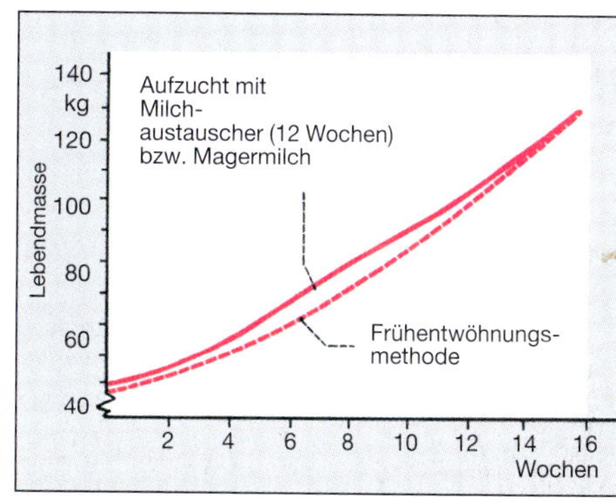

Abb. 888 Vergleich der durchschnittlichen Gewichtsentwicklung von Kälbern bei unterschiedlichen Aufzuchtmethoden.

Abb. 889 Saure Kalttränke zur freien Aufnahme aus Vorratsbehältern erleichtert die Arbeit wesentlich.

Abb. 890 Das Tränken aus Eimern mit Saugstutzen verhindert ein zu schnelles Trinken, was zu Verdauungsstörungen führen könnte.

tenregelung »Überschussmilch« an, so kann diese *Vollmilch* anstelle der Milchaustauschtränke verfüttert werden.

Kalttränke (Sauertränke mit 15 °C): Das Prinzip der Kalttränke beruht darauf, dass die zur Tränke verwendete Milch durch einen Säurezusatz (Ameisensäure) auf einen pH-Wert von ca. 4,5 gebracht wird. So wird sie erstens *haltbar* und zweitens gewissermaßen schon *»vorverdaut«*, da die kaseinhaltigen Eiweißstoffe gerinnen und ähnlich wie im Labmagen teilweise aufgeschlossen werden.

Den Kälbern kann somit die Tränke in einfachen *Vorratsbehältern* für 3 Tage im Voraus angerührt und über mit Schläuchen verbundenen Saugern (1 Sauger für 3 Kälber) zur *freien Aufnahme* angeboten werden. Zur besseren Beobachtung soll die Gruppengröße max. 10 Tiere betragen. Nach der 7. Lebenswoche erfolgt das Absetzen übergangslos.

Die Tränke wird überwiegend aus 100 g *Milchaustauschfutter*/1 Wasser hergestellt. Sowohl sog. Nullaustauscher (mit »null Prozent« Magermilchpulver, dafür 70 – 80 % Molkepulver) als auch herkömmliche Milchaustauscher mit 60 % Magermilchpulver finden Verwendung. Obwohl bei Letzteren ein Vorratsbehälter mit Rührwerk notwendig ist, sind sie dennoch den »Nullaustauschern« vorzuziehen, da diese wegen meist unzureichender Qualität zu einer schlechteren Futterverwertung führen.

Anstelle einer Milchaustauschtränke kann auch eine mit »Ergänzungsfuttermittel« aufgewertete *Magermilch* aus Vorratsbehältern mit Rührwerk eingesetzt werden.

!

Die wesentlichen Vorteile der Kalttränke sind:

- Geringster Arbeitsaufwand,
- geringere Kälberaufzuchtverluste (weniger Verdauungsstörungen),
- kein gegenseitiges Besaugen der Kälber.

Abb. 891 Milchaustauschfutter für Aufzuchtkälber nach »Normtyp«.

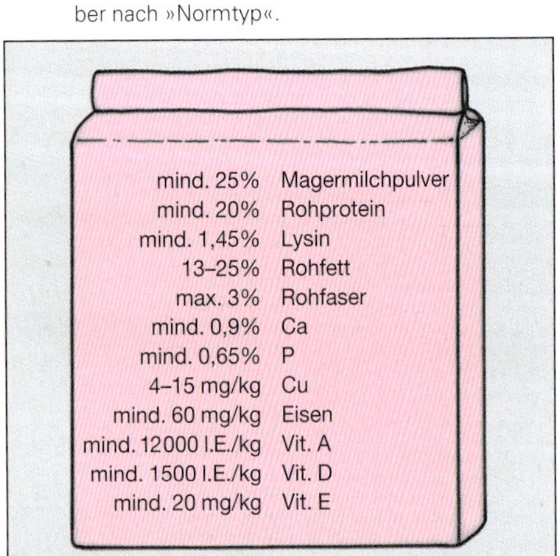

3.4 Aufzucht von Zukaufkälbern

Zugekaufte Kälber sind durch die Transportbelastung sehr geschwächt und müssen vorsichtig angefüttert werden. Am **Ankunftstag** erhalten sie zuerst nur 2 l warmes Wasser oder Tee mit einem vom Tierarzt verordneten Vitamin-Antibiotikastoß. Ab der 2. Mahlzeit beginnt die Angewöhnung an die Milchaustauschtränke mit 80 g Milchaustauschfutter in 1 l Wasser. Innerhalb der nächsten 2 – 3 Tage steigert man die Milchaustauschtränke auf die normale Menge und Dosierung.

Während in Süddeutschland die Kälber für die Bullenmäster vorwiegend mit 80 – 100 kg im Alter von 5 – 7 Wochen angeboten werden, gelangen in Nord- und Westdeutschland ca. 2 Wochen alte Kälber mit 40 – 50 kg zum Verkauf. Für beide Alters- bzw. Gewichtsgruppen empfiehlt sich die *Frühentwöhnungsmethode mit Warmtränke*.

Auch die **älteren Zukaufkälber** sollten mindestens 5 – 6 Wochen getränkt und erst dann abgesetzt werden, wenn sie etwa 1,2 kg

eines *energiereichen Ergänzungsfutters zur Kälberaufzucht* mit 18 % Rohprotein aufnehmen. Die tägliche Kraftfuttermenge darf bis maximal 2,5 kg/Tier erhöht werden.
Zur Arbeitszeiteinsparung hat sich bei diesen schweren Kälbern auch die sog. *Frühentwöhnung mit täglich einmaligem Tränken* recht gut bewährt. Die Kälber erhalten nur einmal am Tag 3 l Tränke mit 400 g Milchaustauschfutter. Ansonsten gelten die gleichen Fütterungsgrundsätze wie bei der normalen Frühentwöhnung, nur dass die Wasserversorgung wegen der stark reduzierten Milchtränke noch wichtiger ist.
Obwohl die Umgewöhnung schwierig ist, kann sogar bei sorgfältiger Anfütterung und Tränketechnik sowie aufmerksamer Tierbeobachtung die *Kalttränkemethode* angewandt werden. Während die Aufzucht der Zukaufkälber beim Bullenmäster mit 130 kg Lebendmasse beendet ist, wird sie bei sog. Fressererzeugern bis 150 – 200 kg Lebendmasse fortgesetzt. Erst dann werden die Tiere als »*Fresser*« an den spezialisierten Bullenmäster verkauft.
Zuchtbullenkälber werden genauso aufgezogen wie Kuhkälber. Nur das Kraftfutter wird erst ab einem Tagesverzehr von 2 kg begrenzt.

Abb. 892 Mangelnde Sauberkeit und mangelnde Sorgfalt sind die häufigsten Ursachen für ernährungsbedingten Durchfall.

3.5 Fütterungstechnik

Für eine störungsfreie und erfolgreiche Kälberaufzucht sind folgende Punkte sehr wichtig:

- Das **Tränken** der Kälber erfolgt von Geburt an am besten aus einem Eimer mit Saugstutzen.
- Die **Tränketemperatur** muss bei der Warmtränke ca. 40 °C betragen, damit die Milch im Labmagen schnell gerinnt. Kalte Milch gelangt zum Teil ungeronnen in den Dünndarm und verursacht Durchfall. Für dicksaure, bereits geronnene Magermilch reichen 25 °C aus.
  Bei der *Kalttränke* ist eine Temperatur von 15 °C optimal. Sinkt die Temperatur unter 12 °C, saugen die Kälber zu wenig, beträgt sie mehr als 18 °C, saufen sie zu viel und fressen zu wenig Kraftfutter und Heu.
- **Saubere Fütterungsgefäße** und **-geräte,** richtige **Tränkekonzentrationen** und **-mengen** sowie regelmäßige Fütterungszeiten sind Voraussetzung, um Verdauungsstörungen zu vermeiden.
- **Futterreste** von Kraftfutter, Heu und Silagen müssen immer aus dem Trog entfernt werden,
- Bei **Durchfall** sollte für 1 – 2 Mahlzeiten die Milchtränke weggelassen und dafür Tee (Kamille, Fenchel) mit verordnetem Medikament verabreicht werden. Leinsamenschleim oder pulverisierte Holzkohle helfen ebenfalls. Bei starkem, anhaltendem Durchfall ist der Tierarzt hinzuzuziehen.
- **Milchaustauschfutter** nach »Normtyp« entsprechen in jeder Hinsicht den Verdauungsansprüchen des Kalbes. Sie sollten kühl und trocken, aber nicht sehr lange gelagert werden.
- Als **Kraftfutter** ist für die ersten 8 – 10 Wochen ein pelletiertes »Ergänzungsfuttermittel für Aufzuchtkälber« mit mindestens 18 % Rohprotein zu verwenden, weil dadurch eine vollwertige

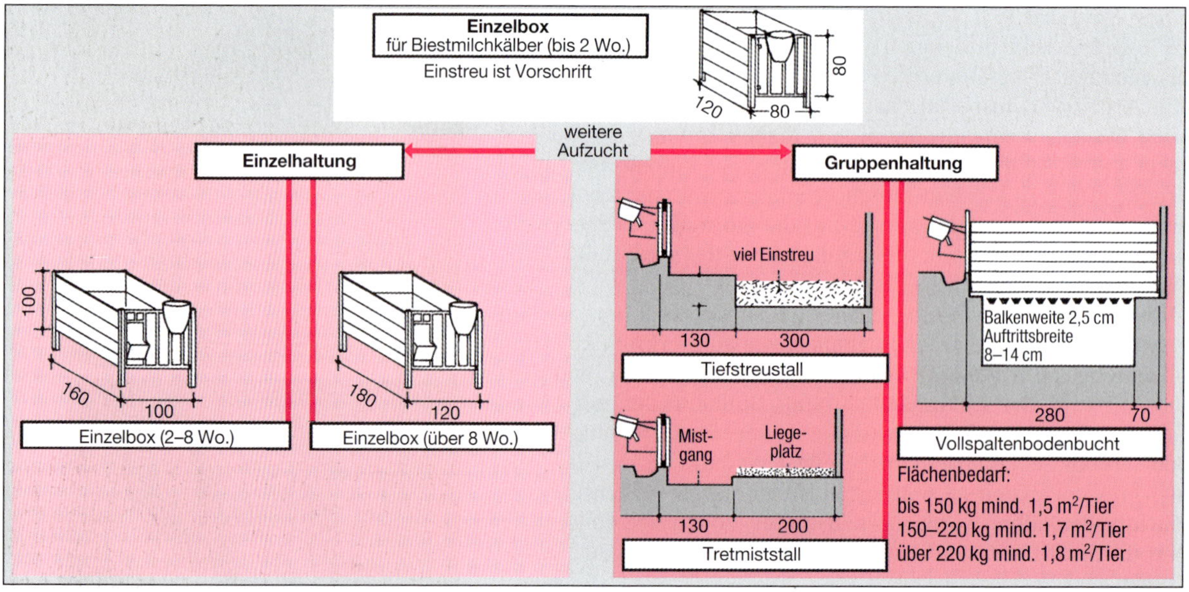

Abb. 893 Haltungsformen der Kälberaufzucht. Die Boxenwände müssen nach der EU-Richtlinie durchbrochen sein, um Kontakt zwischen den Tieren zu ermöglichen (Maße in cm).

Versorgung mit Nähr- und Wirkstoffen sichergestellt wird. Danach kann es durch eine hofeigene Kraftfuttermischung ersetzt werden, z. B.: 45 % Hafer- und Gerstenschrot, 25 % Maisschrot, 28 % Soja- und Lein-Extraktionsschrot und 2 % vitaminiertes Mineralfutter.

Kraftfutter muss immer trocken und in kleinen Mengen verabreicht werden. Mehr als 1,5 – 2,0 kg sollten die Kälber nicht bekommen. Zum rascheren Angewöhnen an Trockenfutter schiebt man dem Kalb sofort nach der Tränke eine Handvoll Kraftfutter ins Maul. Dadurch verlieren sie auch rascher den Saugdrang und unterlassen das gegenseitige Besaugen.

- ▶ **Kälberheu** soll blattreich, zart und vom 1. Schnitt sein. Grummet (2. Schnitt) eignet sich nicht (Durchfallgefahr).
- ▶ Körnerreiche **Maissilage** und angewelkte **Grassilage** können ab dem 3. Lebensmonat, bei Frühentwöhnung bereits ab Mitte des 2. Lebensmonats eingesetzt werden. Rübenblattsilage jedoch und sehr nasse Grassilagen haben im Kälberstall nichts zu suchen.

Abb. 894 Einzelboxen für Aufzuchtkälber.

3.6 Kälberhaltung

Allgemeine Anforderungen – Die deutsche Kälberhaltungs-Verordnung von 1993 wurde in Anpassung an EU-rechtliche Vorschriften zum 1. Januar 1998 geändert. Sie schreibt für bis zu 6 Monate alte Kälber u. a. *Haltungsform, Buchtengröße, Spaltenbodenbeschaffenheit* und *Stallklima* vor.

> **!** Die Beschaffenheit des Kälberstalls darf zu keinen vermeidbaren Gesundheitsschäden und Verhaltensstörungen führen. Kälber müssen ungehindert liegen, aufstehen,sich hinlegen, sich putzen und Futter und Wasser aufnehmen können.

Aus diesem Grund sind die Mindestmaße für **Haltungsformen** in Abb. 893 einzuhalten. Bis zum Alter von 2 Wochen müssen Kälber auf Einstreu gehalten werden. Seit 1. Januar 1999 gilt ein allgemeines *Anbindeverbot* für Kälber. Grundsätzlich dürfen über 8 Wochen alte Kälber nur in Gruppen gehalten werden. Wenn allerdings in einem Betrieb nicht mehr als 5 gleich alte bzw. gleich schwere Kälber vorhanden sind, können ausnahmsweise größere Einzelboxen (Abb. 894) Verwendung finden.

Bezüglich des **Stallklimas** sind ebenfalls Sollwerte für Temperatur und Luftfeuchte vorgeschrieben. In geschlossenen Ställen darf die *Lufttemperatur* im Liegebereich während der ersten 10 Tage nach der Geburt nicht unter 10 °C, später nicht unter 5 °C liegen und 25 °C nicht überschreiten. 60 – 80 % *relative Luftfeuchte* sind optimal.

Einzelhaltung – Für Kälber bis mindestens zur 2. Lebenswoche ist die Haltung in **Einzelboxen** üblich. Die Seiten- und Rückwände solcher Boxen müssen den Sichtkontakt unter den Kälbern ermöglichen. An der Stirnwand sind eine Halterung für Tränkeimer, eine Öffnung für Kraftfutter- und Wasservorgabe sowie eine Heuraufe zweckmäßig.

Ein *Lattenrost* mit dickem *Strohlager* hält den Boxenboden, der mindestens 25 cm über dem Stallboden liegen muss, trocken und warm. Vor jeder Neubelegung sind die Boxen gründlich zu reinigen. *Zerlegbare Kälberboxen* lassen sich leichter sauber halten und desinfizieren.

Für die Einzelhaltung der Kälber im Freien haben sich **Kälberhütten** oder **-iglus** bewährt. Durch die Unterbrechung der Infektionskette im Stall verringert sich die Ansteckungsgefahr mit Krankheiten. Der entscheidende Vorteil dieser Haltung ist daher eine bessere Gesundheit der Kälber.

Voraussetzung ist allerdings ein geeigneter Standort. Kälberhütten müssen an einem geschützten, trockenen und zugfreien Platz aufgestellt werden. Dann lassen sich Kälber auch im Winter sogar mit Auslauf dort ohne Probleme halten, weil die Hütte ein eigenes Kleinklima bietet. *Kälberiglus* gibt es als Kunststoff-Fertigprodukte, *Kälberhütten* können günstig selber gebaut werden.

Gruppenhaltung – Sie ist vor allem für größere Milchkuhbestände und Rindermastbetriebe mit Kälberzukauf vorteilhaft, für alle über 8 Wochen alte Kälber sogar vorgeschrieben. Gruppengrößen von 4 – 10 Tieren sind üblich.

Die Kälber haben mehr Bewegungsfreiheit und halten sich sauberer. Futterneid und Nachahmungstrieb fördern die frühzeitigere Heu- und Kraftfutteraufnahme. Neben hochklappbaren Eimerhalterungen mit Kopfblende und verschließbaren Fressgittern ist für jede Bucht ein leicht bedienbares Tränkebecken vorzusehen.

Abb. 895 Tieflaufstall mit Gruppenhaltung für Zuchtkälber.

Abb. 896 Aufzuchtkälber im Tretmiststall.

Abb. 897 Kälberhütten (Iglus) erlauben eine rationelle, gesunde Kälberaufzucht.

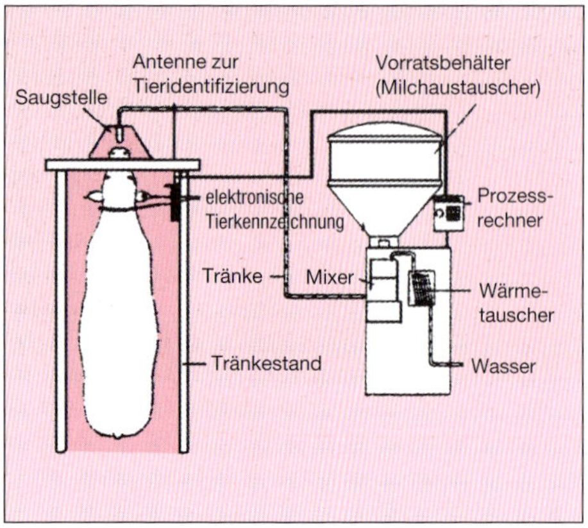

Abb. 898 Schematischer Aufbau eines Tränke-Abrufautomaten.

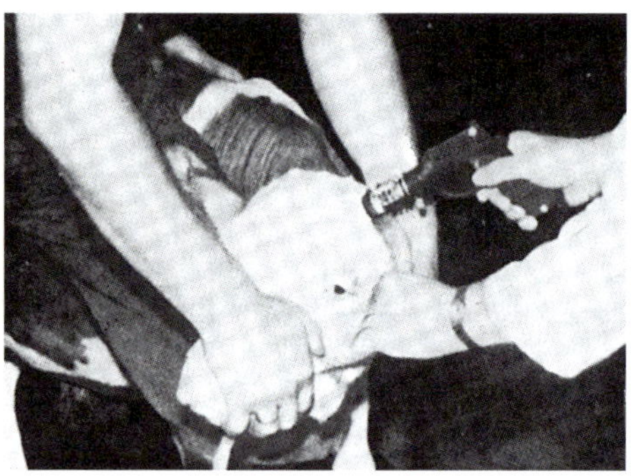

Abb. 899 Enthornen eines Kalbes mit dem elektrischen Brenneisen.

In größeren Beständen werden *Tränkeautomaten* verwendet, die eine mehrmalige Zuteilung kleinerer Tränkemengen gestatten und so ein »Übersaufen« der Kälber verhindern.

In **eingestreuten Gruppenbuchten** können auch sehr junge Kälber problemlos gehalten werden. Bei **Tiefstreuställen** wird nur die tiefer gelegene *Liegefläche* eingestreut. Der anwachsende Miststapel wird erst am Ende der Aufzuchtperiode mit dem Frontlader beseitigt. Diese Aufstallungsform ist also nur für die periodische Aufzucht von Zukaufkälbern im Rein-Raus-Verfahren geeignet.

Ein planbefestigter *Fressplatz* muss von Hand entmistet werden. Spaltenboden erspart zwar Arbeit, erfordert aber eine Abtrennung mit einem kleinen Durchlass zum Liegeplatz, damit nicht zu viel Einstreu in die Spalten gelangt.

Tretmistställe haben einen höher liegenden, eingestreuten Liegeplatz mit leichtem Gefälle, auf dem nur nachgestreut wird. Harn fließt von selbst ab; den Mist treten die Kälber auf den tiefer gelegenen, betonierten Mistgang, welcher mindestens einmal täglich von Hand gereinigt werden muss. Flachschieber sind hier zu gefährlich, weil die Kälber oft zu spät ausweichen und verletzt werden können.

Strohlose Vollspalten-Bodenbuchten sind vor allem für *Zukaufkälber* im Rindermastbetrieb geeignet, da die Tiere mindestens 60 kg Gewicht (ab 4. Lebenswoche) aufweisen sollten. Im Winter ist allerdings eine Stallheizung notwendig.

Pflege – Das **Enthornen** der Kälber ist besonders bei zukünftiger Laufstallhaltung zwingend notwendig, um die Verletzungsgefahr für Mensch und Tier zu verringern.

Laut Tierschutz-Gesetz darf das Enthornen oder das Verhindern des Hornwachstums ohne Betäubung nur bei unter 6 Wochen alten Rindern erfolgen. Zweinutzungskälber müssen vor dem Verkauf (80–100 kg LM) enthornt sein. Beim Enthornen sind die Tiere unbedingt gut zu fixieren, um Verletzung zu vermeiden. Für die **Ätzmethode** mit dem *Ätzstift* oder mit *säurehaltigen Flüssigkeiten* und *Pasten* ist das Alter von 1–2 Wochen am günstigsten. Nachdem zunächst die Haare um den Hornansatz entfernt sind, wird dieser leicht angefeuchtet. Danach erfolgt die Behandlung der Hornanlage und der unmittelbaren Umgebung mit den erwähnten Mitteln, bis sich nach ca. 1–1,5 Minuten die Haut leicht rötet und rau wird. Säugende Kälber, welche mit ihren Müttern mitlaufen, sollten zum Schutz des Euters der Kühe nicht mit dieser Methode enthornt werden.

Die **Brennmethode** wird am besten im Alter von 3–6 Wochen angewandt. Dabei wird das *elektrische Brenneisen* auf die Hornanlage gesetzt und ca. 10–15 Sekunden hin und her gedreht. Die Wunde ist anschließend mit Wundspray zu behandeln.

Eine **Fliegenbekämpfung** soll verhindern, dass die Tiere allzu sehr belästigt und beunruhigt werden. Man sollte damit bereits im Frühjahr beginnen und die Maßnahmen entsprechend wiederholen.

Neben Spritz- und Sprühverfahren gibt es auch insektizidhaltige Anstrich- und Streumittel. Ein umweltfreundliches Verfahren ist der Einsatz von Schlupfwespen zur Fliegenbekämpfung. Sauberkeit im Stall ist eine der wichtigsten Vorbeugemaßnahmen.

Aufgaben:

1. Warum ist Biestmilch für das Kalb in der 1. Lebenswoche die einzige, aber auch beste Nahrung?
2. Warum bietet man den Kälbern gleich nach der Biestmilchperiode zur Tränke auch noch Kraftfutter und Heu zur freien Aufnahme an?
3. Worin besteht der wesentliche Unterschied zwischen Normalentwöhnung und Frühentwöhnung? Für welche Betriebe scheinen Ihnen diese beiden Aufzuchtmethoden jeweils geeignet? Begründen Sie Ihre Entscheidung?
4. Wovon hängt der Zeitpunkt des Tränkeabsetzens ab? Wann ist das bei den verschiedenen Aufzuchtmethoden der Fall?
5. Erklären Sie, warum und wie man Zukaufkälber vorsichtig anfüttern muss. Welche Aufzuchtmethoden finden hier Verwendung?
6. Welche allgemeinen Aufforderungen sind bei der Kälberhaltung zu beachten?
7. Beschreiben Sie mögliche Formen der Einzel- und Gruppenhaltung von Kälbern.
8. Bis zu welchem Alter dürfen Rinder ohne Betäubung enthornt werden?

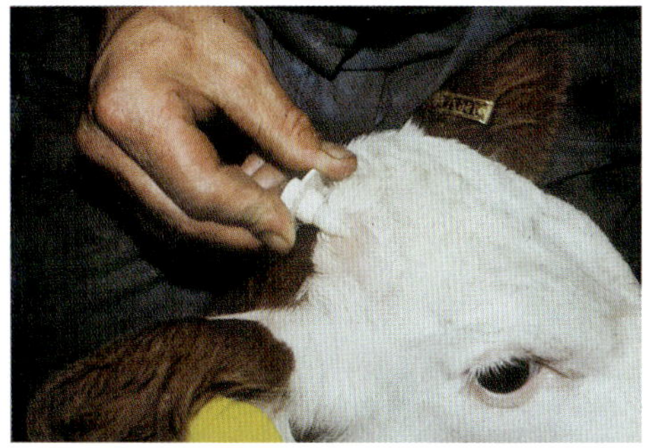
Abb. 900 Enthornen eines Kalbes mit dem Ätzstift.

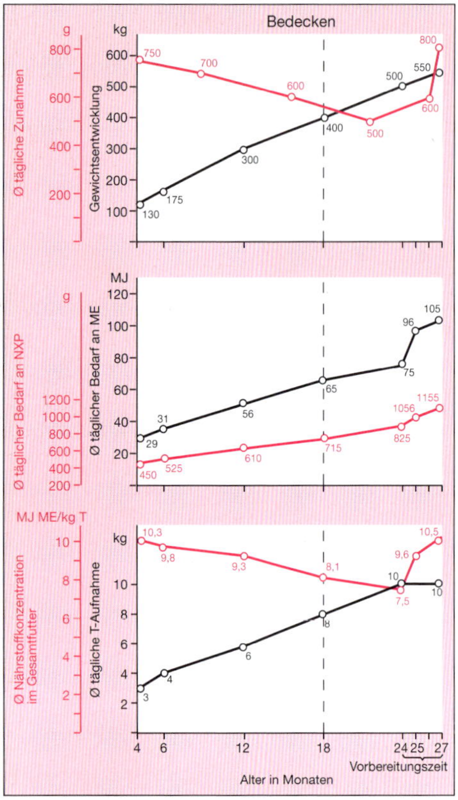

Abb. 901 Zusammenhang zwischen Alter, Gewichtsentwicklung und Wachstum der Jungrinder sowie die sich daraus ergebenden Bedarfsangaben für die Fütterung (**Beispiel** Fleckvieh).

4 Jungrinderaufzucht

4.1 Aufzuchtziele

Aufzuchtdauer und Beginn der ersten Milchnutzung sind von der *Zuchtreife* bzw. der *Erstzulassung* abhängig. Diese lässt sich durch reichliche *Fütterung* beschleunigen. Bei zu mastiger Aufzucht treten aber vermehrt *Eierstockzysten* auf (Fruchtbarkeitsstörungen) und das Euter neigt bei verringertem Drüsengewebe zur *Verfettung*. Eine sehr knappe Fütterung dagegen verlängert nicht nur die Aufzucht, sondern wirkt sich ebenfalls negativ auf die Fruchtbarkeit aus.
Die wichtigsten Richtwerte für eine bedarfsgerechte Fütterung der Jungrinder fasst Abb. 901 am **Beispiel** Fleckvieh zusammen.

> ! Das Wachstum der Jungrinder soll gleichmäßig, aber im Vergleich zur Mast wesentlich langsamer verlaufen.

Einjährige weibliche Jungrinder sollen demnach ca. 300 kg wiegen. Im 1. Jahr sind daher etwa 700 g tägliche Zunahmen erforderlich. Im 2. Jahr verlangsamt sich das Wachstum und die Zunahmen können bei 500 – 600 g liegen. Bei der Erstbedeckung sollen Jungrinder je nach Rasse ⅔ ihres Endgewichts erreicht haben.
Während des Wachstums steigt der Energiebedarf nur geringfügig an. Da aber die Tiere mit zunehmendem Alter mehr Futter verzehren, kann die *Nährstoffkonzentration* bzw. die Verdaulichkeit der Gesamt-Futterration abnehmen. Hochträchtige Jungrinder stellen höhere Ansprüche an Nährstoffbedarf und Verdaulichkeit (siehe »Vorbereitungsfütterung«).

Abb. 902 Fütterungshinweise und Rationsbeispiele zur Jungrinderaufzucht.

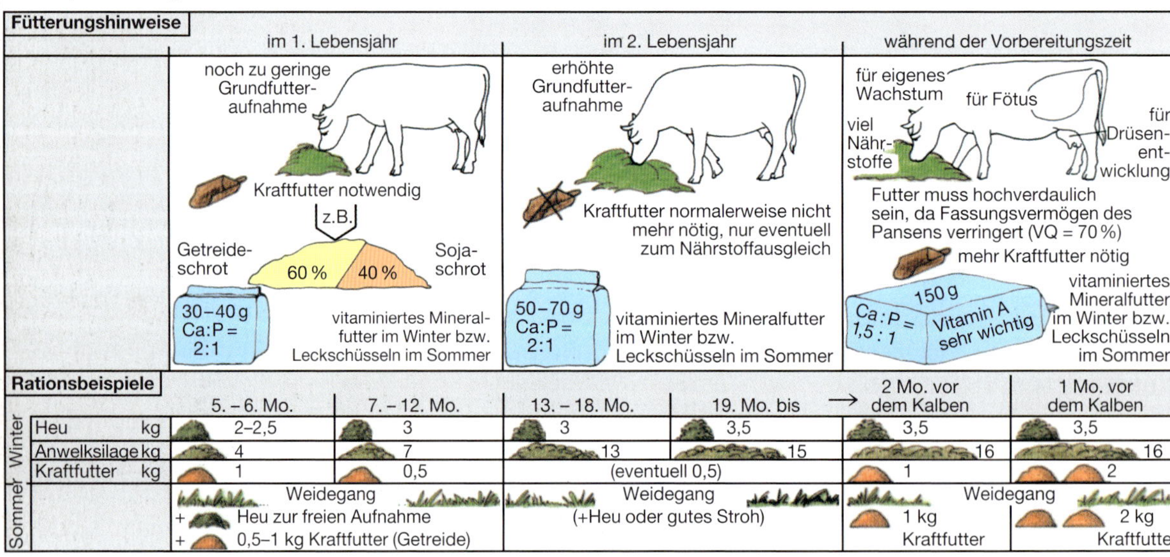

Rationsbeispiele

		5. – 6. Mo.	7. – 12. Mo.	13. – 18. Mo.	19. Mo. bis →	2 Mo. vor dem Kalben	1 Mo. vor dem Kalben
Winter	Heu kg	2–2,5	3	3	3,5	3,5	3,5
Winter	Anwelksilage kg	4	7	13	15	16	16
Winter	Kraftfutter kg	1	0,5	(eventuell 0,5)		1	2
Sommer		Weidegang + Heu zur freien Aufnahme + 0,5–1 kg Kraftfutter (Getreide)		Weidegang (+Heu oder gutes Stroh)		Weidegang 1 kg Kraftfutter	2 kg Kraftfutter

4.2 Fütterungshinweise zu den verschiedenen Aufzuchtphasen

Fütterung im 1. Lebensjahr – Die Tiere können noch nicht genug Grundfutter aufnehmen, um damit den Nährstoffbedarf für ein zügiges, ungestörtes Wachstum zu decken. Daher ist die Nährstoffkonzentration in der Gesamtration zu erhöhen.

> ! Im 1. Jahr müssen Jungrinder zusätzlich Kraftfutter bekommen.

Eigenmischungen aus Getreide und Soja-Extraktionsschrot bzw. »Eiweißreichem Ergänzungsfutter für Milchkühe« lassen am besten eine nährstoffmäßige Anpassung an das Grundfutter zu.
Für die *Winterfütterung* sind neben bestem Heu noch körnerreiche Maissilage, gute Anwelksilage und gehaltvolle Futterrüben geeignet, auch frisches Rübenblatt und Rübenblattsilage, aber erst im 2. Halbjahr.
Im *Sommer* liefert die Weide das beste Futter. Bedarfsdeckende Mengen fressen die Tiere frühestens im Alter von 9–12 Monaten. Kraftfutter und Heu sind daher zusätzlich notwendig.
Fütterung im 2. Lebensjahr – Die Jungrinder können nun ihren Nährstoffbedarf allein aus dem Grundfutter decken, da das Fassungsvermögen der Vormägen größer geworden ist und die Nährstoffkonzentration im Futter daher geringer sein darf.

> ! Kraftfutter ist im 2. Jahr normalerweise nicht nötig; wenn, dann nur zum Nährstoffausgleich.

In der *Winterfütterung* können die gleichen Futtermittel wie im 1. Lebensjahr vorgelegt werden. Bei freier Vorlage (ad libitum) von Maissilage werden die Tiere meist *überfüttert*. Rübenblatt-Silage ist mit genügend Raufutter (3–4 kg) zu ergänzen.
Im *Sommer* reicht die Weide als Nährstofflieferant voll aus.
Vorbereitungsfütterung – In den letzten 6–8 Trächtigkeitswochen haben die Jungrinder einen erhöhten Nährstoffbedarf, da der Fötus nun sehr rasch wächst, im Euter sich vermehrt Drüsengewebe entwickelt und das Tier selber noch nicht ausgewachsen ist. Weil sich aber wegen des wachsenden Fötus das Fassungsvermögen des Pansens vermindert, muss die Nährstoffkonzentration im Futter ansteigen, damit die Ration den Nährstoffbedarf deckt.

> ! In den ersten 8–4 Wochen vor dem Abkalben sind daher neben dem Grundfutter 1 kg Kraftfutter und ab der 4. Woche bis zum Abkalbetermin 2 kg Kraftfutter notwendig.

Getreide oder »Energiereiches Ergänzungsfutter für Milchkühe« sind geeignet. Diese intensive Vorbereitungsfütterung wirkt sich sehr günstig auf die *Einsatzleistung* aus. Die Tiere gewöhnen sich an die kraftfutterreiche Leistungsfütterung nach dem Kalben.

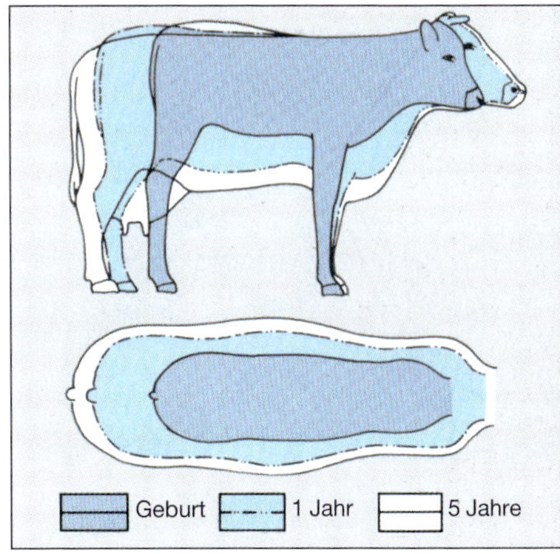

Abb. 903 Veränderungen der Körperproportionen des Rindes mit zunehmendem Alter (nach HUTH, 1968).

Abb. 904 Entwicklungsstufen beim Rind (**Beispiel** Fleckvieh).

	Kuh	Jungrind	Jungrind	Kalb
Alter	5 Jahre	25 Mo.	15 Mo.	1 Wo.
Gewicht	650 kg	500 kg	350 kg	45 kg

Abb. 905 Auslauf bekommt Jungrindern im Sommer (oben) wie im Winter (unten).

Abb. 906 Spaltenrost (Maße in cm)

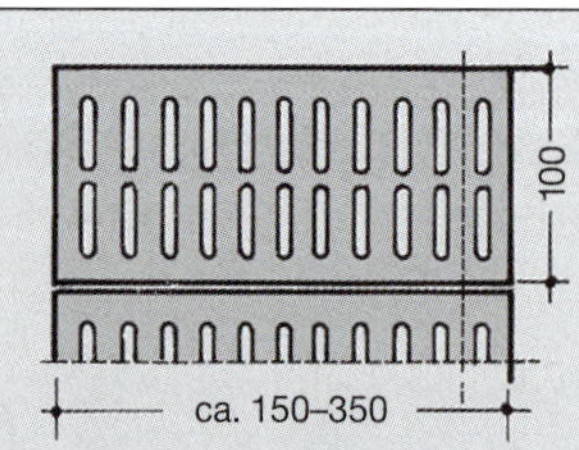

Auftrittsbreite	7–9 cm	Beurteilung:
Spaltenweite	2,5–3 cm	gute Standsicherheit,
Spaltenlänge	50 cm	nur mit Kran verlegbar,
		ebene, griffige Oberfläche

Eine ausreichende **Mineralstoff-** und **Vitaminversorgung** ist gerade für das wachsende Rind sehr wichtig. Im Winter muss daher vitaminiertes Mineralfutter vorgelegt werden. Auf der Weide haben sich Leckschüsseln sehr gut bewährt. Das Ca : P-Verhältnis des Mineralfutters soll in der Regel bei 2 : 1 liegen, während der Vorbereitungsfütterung aber bei 1,5 : 1.

4.3 Haltung

Grundsätzlich sind in der Jungrinderaufzucht *Einzelhaltung* in Anbindeställen und *Gruppenhaltung* in Laufställen möglich. Laufstallhaltung im Winter und Weidegang von Mai bis Oktober ermöglichen den Jungrindern *viel Bewegung* und fördern eine gesunde körperliche Entwicklung, die sich auch günstig auf die spätere Leistungsfähigkeit der Tiere auswirkt. Zudem sind sie arbeits- und kostensparender als die Anbindehaltung.

Auf der Weide müssen für die Tiere Wasser, Lecksteine zum *Mineralstoffausgleich* und ein *Unterstand* vorhanden sein. Des Weiteren ist an eine *Parasitenbekämpfung* zu denken. Bei der Haltung auf Jungvieh-Dauerweiden sind die Tiere stets zu beobachten.

Anbindeställe – In kleineren Milchviehbetrieben werden neben den Kühen die Jungrinder ebenfalls angebunden. Damit die wachsenden Tiere nicht zu stark verschmutzen, sollten sie auf verschieden lange Standplätze umgehängt oder die Standplätze der jeweiligen Körpergröße angepasst werden können. **Einstreulose Kurzstände** mit Gitterrost im Kotbereich haben sich durchgesetzt. Darunter sind das *Fließmist-* oder das *Staumistverfahren* möglich. Um Haltungsschäden zu vermeiden, gelten in Bezug auf Anbindevorrichtung und Krippenzuordnung die gleichen Grundsätze wie beim Milchviehkurzstand.

Eingestreute Laufställe – Mit geringem finanziellem Aufwand können in Altgebäuden und Scheunen *Tiefstreuställe* oder *Tretmistställe* eingebaut werden, wobei Erstere einen sehr hohen Einstreubedarf haben. Der anwachsende Miststapel im Tiefstreustall wird in größeren Zeitabständen mit einem Front- oder Hecklader entmistet.

Im Tretmiststall (siehe Kälberstall) lässt sich auf dem Fress- und Mistgang ein Flachschieber einsetzen. Beide Ställe eignen sich sehr gut als Umbaulösung.

Liegeboxen-Laufställe – Werden auf einem Betrieb die Kühe in einem Liegeboxen-Laufstall gehalten, kann es von Vorteil sein, wenn sie als Jungvieh bereits an dieses Stallsystem gewöhnt wurden.

Vollspaltenboden-Stall – Neu gebaute Milchviehställe sehen für das Jungvieh ebenfalls überwiegend Vollspaltenboden-Buchten vor. Trächtige Jungrinder sollten ungefähr 3 Monate vor ihrem ersten Abkalben aus diesen Ställen herausgenommen werden.

Diese Haltungsform ist sehr arbeitssparend und beansprucht den geringsten Flächenbedarf/Tier. Es ist aber darauf zu achten, dass jedes Tier genügend Bewegungsfreiheit und ausreichend Platz zum Liegen, Fressen und Trinken hat. Ansonsten sind Verhaltensänderungen und häufigere Erkrankungen und Verletzungen die Folge.

Verzichtet man auf das Umtreiben in verschieden große Buchten, so sind 2,5 m^2 Buchtenfläche und 70 cm Fressplatzbreite für ein 500 kg schweres Jungrind notwendig. Diese dichte Belegung dient der *Sauberhaltung* der Bucht, weil dann der Kot von den Tieren hinreichend durch den Spaltenboden getreten wird.
Gruppengrößen von 8–12 Tieren haben sich am besten bewährt. Die Tiere müssen enthornt frühzeitig aneinander gewöhnt werden und im Wachstum ausgeglichen entwickelt sein. Das Fressplatz : Tier-Verhältnis soll 1 : 1 betragen.
Zwischen den rückwärtigen Buchtenabtrennungen und der Stallwand ist ein 80 cm breiter *Treibgang* eingeplant. Als *Abtrennung* zum befahrbaren Futtertisch sind *verschließbare Fressgitter* zu empfehlen.
Je nach Gruppengröße sind 1–2 leicht gängige *Tränkebecken* (mindestens 10 l Wassernachlauf/min) so anzubringen, dass sie von außen leicht gereinigt werden können. Damit die Tiere problemlos in einem nicht beheizbaren Vollspaltenboden-Stall gehalten werden können, sollten sie mindestens 130 kg wiegen.
Unter dem **Spaltenrost** aus Beton sind folgende **Entmistungsverfahren** möglich:
- ▶ Fließmistverfahren (am häufigsten anzutreffen),
- ▶ Speicherverfahren (bei engen Hoflagen),
- ▶ Flachschieber (mechanische Unterflurentmistung), wenn der Untergrund keine tieferen Kanäle zulässt.

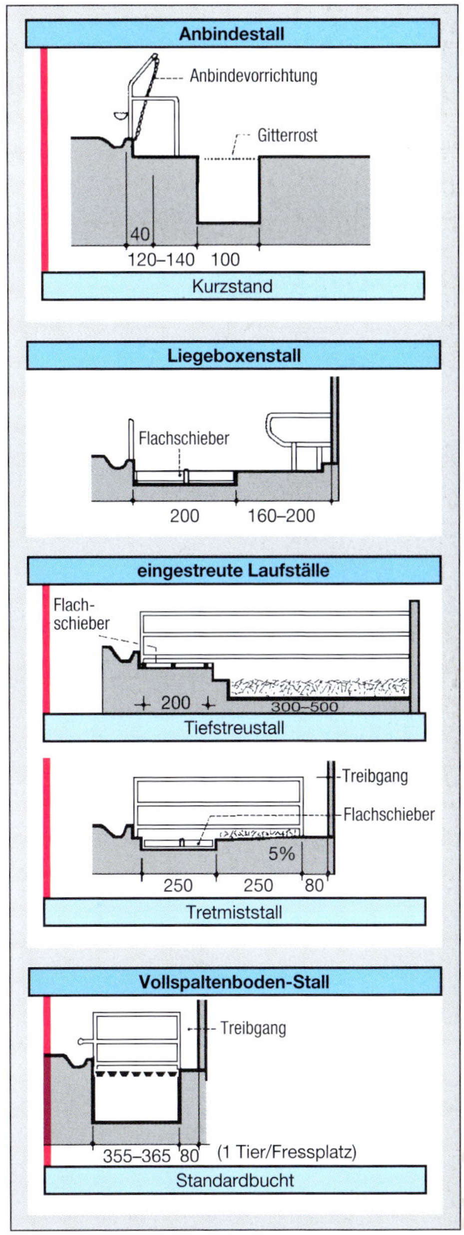

Abb. 907 Haltungsformen für weibliches Jungvieh (Schema, Maße in cm).

Aufgaben:
1. Betrachten Sie die Verlaufskurven in Abb. 901, Seite 330 und versuchen Sie dann zu erklären, weshalb die Nährstoffkonzentration bzw. die Verdaulichkeit der Gesamt-Futterration während der Jungrinderaufzucht zunächst ständig abnimmt und erst in der Vorbereitungszeit wieder ansteigen muss.
2. Zählen Sie stichpunktartig die wesentlichen Unterscheidungsmerkmale der Fütterung von Jungrindern im 1. und 2. Lebensjahr auf. Was verspricht man sich von einer intensiven Vorbereitungsfütterung?
3. Futterrationen für Jungrinder können wie folgt zusammengesetzt sein:

LM	Futterration
250 kg	8 kg Maissilage, 30 % T, mittlerer Kornanteil 3 kg Wiesenheu, 1. Schnitt, in der Blüte, etwas rau 1 kg Gerstenstroh
350 kg	3 kg Wiesenheu, 2. Schnitt, in der Blüte, überwiegend Gräser 10 kg Grassilage, 50 % T, 2. Schnitt
500 kg	3 kg Wiesenheu, 1. Schnitt, im Schossen 20 kg Grassilage, 1. Schnitt, 30 % T.

   a) Berechnen Sie den T-Gehalt der Rationen.
   b) Berechnen Sie den Gehalt der Rationen an nXP, ME, Ca und P.

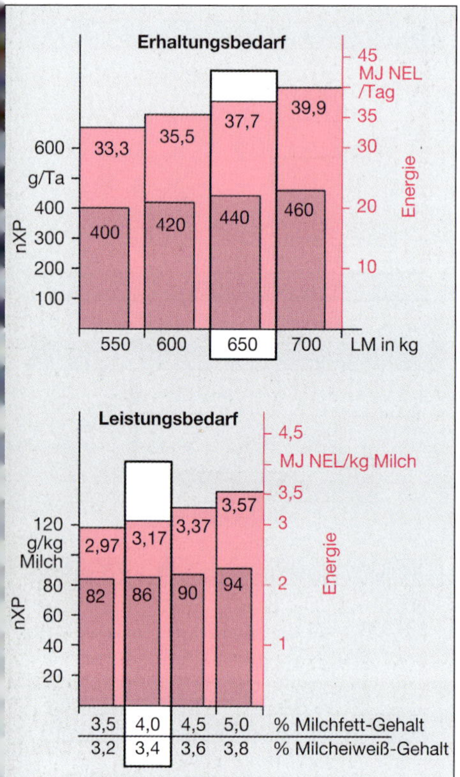

Abb. 908 Bedarfsnormen für Erhaltung und Leistung (hervorgehoben ist der Bedarf eines Rindes mit 650 kg LM bei 4,0 % Milchfett).

Abb. 909 Zuerst muss der Erhaltungsbedarf durch die Fütterung gesichert sein. Danach erst werden die Nährstoffansprüche verschiedener Leistungsmerkmale abgedeckt (nach GÜNTHER).

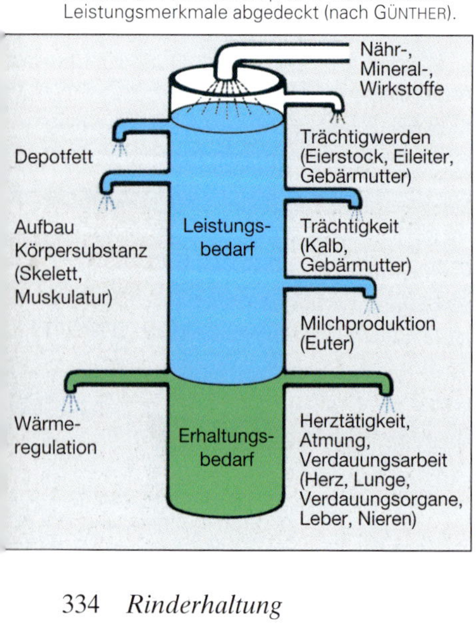

5 Milchviehhaltung

5.1 Milchviehfütterung

5.1.1 Allgemeine Fütterungsgrundsätze

Nährstoffbedarf – Voraussetzung für hohe Milchleistung und gute Fruchtbarkeit der Milchkühe ist neben einer gezielten Zuchtauswahl vor allem eine nährstoffbedarfsdeckende und wiederkäuergerechte Fütterung.

Der gesamte Nährstoffbedarf setzt sich aus dem Bedarf an *Energie* und *Eiweiß* für *Erhaltung* und *Leistung* zusammen. Aufgrund der Eiweißverdauung des Wiederkäuers ist für eine bedarfsgerechte Versorgung diejenige Proteinmenge entscheidend, die am Dünndarm zur Verfügung steht.

Dieses sog. *nutzbare Protein (nXP)* setzt sich aus dem im Pansen gebildeten *Mikrobenprotein* und dem im Pansen *unabgebauten Protein (UDP)* zusammen. Der Anteil an unabgebautem Protein bzw. die Abbaubarkeit des Futterproteins ist bei den Futtermitteln sehr unterschiedlich. Dies ist vor allem bei Rationen für höhere Milchleistungen zu berücksichtigen. Mit zunehmender Milchleistung soll sich der Anteil an unabgebautem Protein in der Gesamtration erhöhen.

Für eine bedarfsgerechte Proteinversorgung ist ferner die *ruminale Stickstoff-Bilanz (RNB)* zu berücksichtigen, um sicherzustellen, dass für die Bildung von Mikrobenprotein genügend Stickstoff im Pansen mit der Ration zur Verfügung gestellt wird. Der RNB-Wert der Gesamtration sollte im positiven Bereich liegen. Negative RNB-Werte sind nur bei geringeren Milchleistungen tolerierbar, dagegen werden Werte von + 50 g RNB problemlos von Kühen vertragen. Grundsätzlich können auch RNB-Werte zwischen + 50 g und + 100 g hingenommen werden, wenn zugleich der

Tabelle 84: Wichtige Kenngrößen einiger Futtermittel für die Proteinbewertung

Futtermittel	UDP[1]) %	nXP[2]) g/kg T	RNB[3]) g N/kg T
Grassilage	15	137	+ 5
Heu	20	121	± 0
Maissilage	25	130	− 7
Weide	10	148	+ 8
Futterrüben	20	146	−11
Hafer	15	140	− 3
Gerste	25	164	− 6
Weizen	20	172	− 5
Mais	50	164	− 9
Raps-Extraktionsschrot	25	219	+29
Soja-Extraktionsschrot	35	308	+32
Fischmehl, Typ 60	60	506	+29

[1]) UDP = unabgebautes Futterprotein. [2]) nXP = nutzbares Rohprotein.
[3]) RNB = ruminale Stichstoff-Bilanz.

Milchharnstoff-Gehalt, ein zusätzlicher Maßstab einer bedarfsgerechten Fütterung, noch unterhalb 30 mg/100 ml liegt (siehe Tabelle 84).
Der **Erhaltungsbedarf** hängt vom Gewicht der Tiere ab. Er ändert sich je 50 kg LM (Lebendmasse) um 20 g nXP und 2,2 MJ NEL.
Der **Leistungsbedarf** richtet sich nach der Verwertung der gefütterten Nährstoffe sowie dem Energie- und Eiweißgehalt der Milch. Der Energiegehalt wird im Wesentlichen vom Milchfett bestimmt. Zur Erzeugung von 1 kg Milch mit 4 % Fett sind 3,17 MJ NEL notwendig. Bei einem Milcheiweißgehalt von 3,4 % ergibt sich ein Bedarf von 86 g nXP/kg Milch.
Diese Bedarfsangaben sind Richtzahlen und enthalten alle einen Sicherheitszuschlag. Der Energiebedarf ändert sich um 0,2 MJ NEL je 0,5 % Fett und der nXP-Bedarf um 2 g nXP je 0,1 % Milcheiweiß.
Aus diesen Bedarfsnormen für Erhaltung und Leistung errechnet sich für jede Kuh je nach *Lebendmasse, Milchmenge* und *Milchfettgehalt* ein **individueller Bedarf an Gesamtnährstoffen.** Mit einer steigenden Milchleistung wird der Gesamt-Nährstoffbedarf/kg Milch geringer.
Grundfutteraufnahme – Eine hohe Grundfutteraufnahme ist Voraussetzung für eine wirtschaftliche und wiederkäuergerechte Milchviehfütterung. Der Futterverzehr ist abhängig einmal vom Tier selbst (Lebendmasse, Trächtigkeits- und Laktationsstadium), ferner vom Futter (Verdaulichkeit, Schmackhaftigkeit, Rationszusammensetzung) und von der Fütterungstechnik (siehe auch Abb. 923, Seite 340).

> ! Maßstab für die Futteraufnahme ist die verzehrte Futter-Trockenmasse (T).

Eine 650 kg schwere Kuh kann täglich aus dem Grundfutter 11 bis 14,5 kg Trockenmasse (ca. 2 kg T/100 kg LM), aus Grund- und Kraftfutter zusammen 20–22 kg Trockenmasse (ca. 3 kg T/100 kg LM) aufnehmen.
Nährstoffkonzentration – Die Nährstoffkonzentration (Verdaulichkeit) der Futterration muss mit steigender Milchleistung höher werden, da das Futteraufnahmevermögen begrenzt ist. Aus dem Grundfutter allein sind in der Winterfütterung ca. 10–14 kg Milch, bei der Sommerstallfütterung ca. 14 kg Milch und beim Weidegang ca. 16 kg Milch erzielbar.
Höhere Milchleistungen sind nur möglich, wenn hochverdauliche Kraftfuttermittel das Grundfutter ergänzen und somit das Nährstoffangebot der Gesamtration verbessern. *Je höher die Milchleistung, desto mehr Kraftfutter ist notwendig.* Zu hohe Kraftfuttergaben führen aber zu einem Rückgang der Grundfutteraufnahme.
Rohfaser – Eine wiederkäuergerechte Futterration muss *ausreichend Rohfaser* und *genügend Struktur* enthalten, damit die Pansenverdauung funktioniert. Rohfaserreiche Futtermittel (Heu, Stroh, Anwelksilage, Maissilage, älteres Gras oder Klee) sind in der Regel auch gut strukturiert. Sie lockern den Futterbrei im

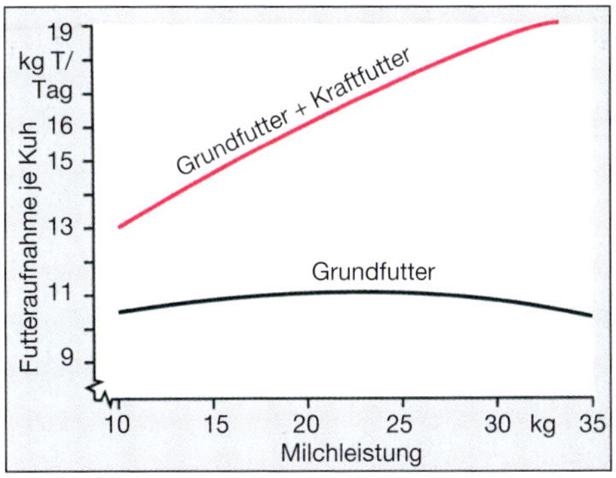

Abb. 910 Je nach Größe und Leistung müssen Milchkühe täglich ca. 14–22 kg Futter-Trockenmasse aufnehmen.

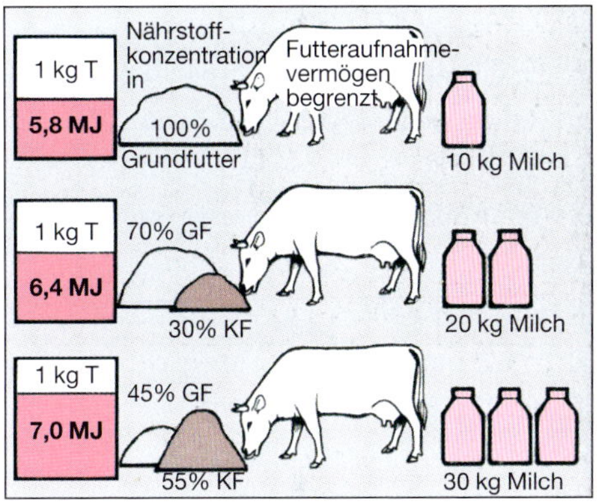

Abb. 911 Höhere Milchleistungen erfordern neben dem Grundfutter (GF) auch steigende Kraftfuttermengen (KF), um die Nährstoffkonzentration der Gesamtration zu verbessern.

Abb. 912 Wirkung eines zu geringen Rohfaser-Anteils im Futter (Schema).

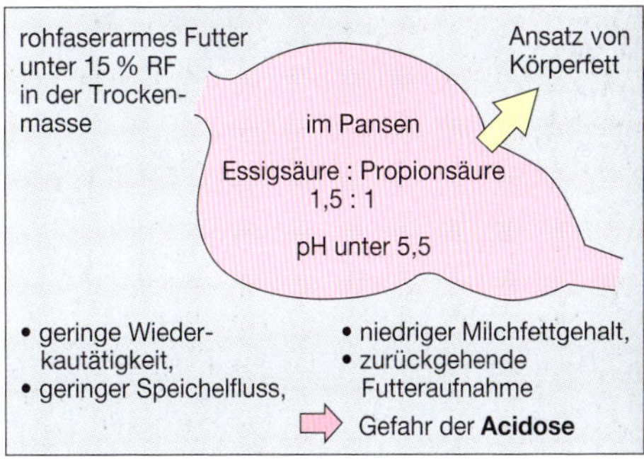

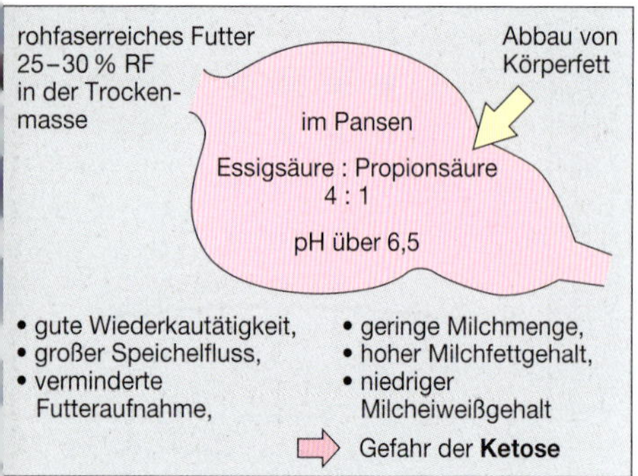

Abb. 913 Wirkung eines zu hohen Rohfasergehaltes im Futter (Schema).

Abb. 914 Der Mineralstoffbedarf (in g/Tag) einer Kuh (600 kg LM) steigt mit zunehmender Milchleistung.

Milchmenge kg/Tag	Calcium		Phosphor	
	g/Tag	g/kg T	g/Tag	g/kg T
10[1])	49	4,1	31	2,6
15[2])	66	4,7	41	2,9
20	82	5,2	51	3,3
25	98	5,6	61	3,5
30	114	5,9	71	3,6
35	130	6,2	80	3,8
40	144	6,5	89	4,0

[1]) Entspricht 1. Abschnitt der Trockenzeit.
[2]) Entspricht 2. Abschnitt der Trockenzeit.

Abb. 915 Es gibt viele Ursachen, die eine genügend hohe Futteraufnahme behindern.

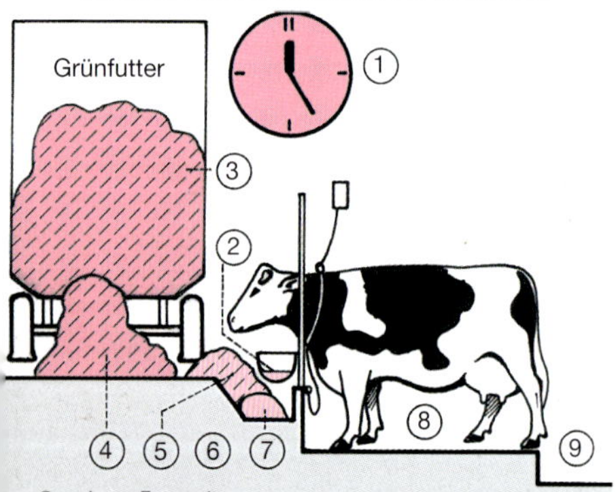

① zu kurze Fresszeiten
② zu wenig Tränkwasser
③ zu wenig Strukturfutter
④ plötzliche Futterumstellung
⑤ verschimmeltes, angefaultes oder verschmutztes Futter
⑥ Nasssilagen unter 20% TS
⑦ einseitig hohe Kraftfuttergaben
⑧ schlechter Liegeplatz
⑨ Klauenschmerzen

Pansen, regen das Wiederkauen an und vermehren den Speichelfluss. Speichel neutralisiert die im Pansen entstehenden Säuren, so dass sich ein für die Pansenverdauung günstiger pH-Wert von 6–6,5 einstellt. Gemahlene, rohfaser- oder strukturarme Futtermittel (Rüben, Rübenblätter, Futterraps, Markstammkohl) regen die Pansentätigkeit zu wenig an.
Rohfaser wird im Pansen vorwiegend zu Essigsäure abgebaut, welche für die *Milchfettbildung* notwendig ist. Bei einem zu niedrigen Rohfaseranteil in der Ration fällt der Milchfettgehalt ab, und es kann neben Durchfall zu leistungsmindernden Stoffwechselstörungen (Pansenübersäuerung) kommen. Ein **zu hoher Rohfasergehalt** vermindert die Verdauungsgeschwindigkeit und damit die Futteraufnahme: Die Milchleistung geht zurück.

> ! **Der optimale Rohfasergehalt einer Futterration für die Milchkuh soll 16–20 % der Trockenmasse (T) der Gesamtration betragen, wobei 2/3 aus »Strukturfutter« kommen müssen.**

Mineralstoffversorgung – Sie richtet sich nach der Futteraufnahme, der Milchleistung und der Energiekonzentration des Futters. Die Bedarfszahlen sind Abb. 914 zu entnehmen. Zur Umrechnung auf andere Körpermassen werden je 50 kg Lebendmasse 0,6 g Ca und 0,4 g P pro Tier und Tag abgezogen bzw. dazugerechnet. Mit zunehmendem Energiegehalt des Grundfutters steigt sein erforderlicher Mineralstoffgehalt.
Der Bedarf für trockenstehende Kühe liegt bei 4,5 g Ca und 2,8 g P pro kg T. Milchfiebergefährdete Kühe sollten nicht mehr als 4 g Ca/kg T mit dem Grundfutter erhalten. Ist zum Grundfutterausgleich keine Ca- und P-Ergänzung notwendig, muss mit dem Mineralfuttermittel vorwiegend der Spurenelement- und Vitaminbedarf abgesichert werden. Grundsätzlich sollten laktierende und trockenstehende Kühe pro Tag 60–80 g vitaminiertes Mineralfutter und 30 g Viehsalz zum Grundfutter erhalten.
Für Milchleistungen *über* dem Grundfutterniveau wird der zusätzliche Mineralstoffbedarf mit dem »Leistungsfutter« abgedeckt. Fertigfuttermittel enthalten bereits diesen Leistungszuschlag. Auch hofeigene Kraftfuttermischungen aus Getreide und Milchleistungsfutter III oder IV benötigen kein zusätzliches Mineralfutter. Enthält die Grundfutterration überwiegend Luzerne, Klee, Kleegras oder Raps, sollte das Mineralfutter ein Ca : P-Verhältnis von 0,6–0,8 : 1, bei Maissilage von 1–1,5 : 1 aufweisen.
Zur Rübenblattfütterung gibt es ein besonderes Mineralfutter, welches durchfallhemmend wirkt.
Mit Ausnahme von Zuckerrübenblatt wird insgesamt im Futter zu wenig Natrium angeboten. Daher gibt man zusätzlich zur Mineralstoffergänzung den Kühen 25–50 g *Viehsalz/Tag*.
Ein Mineralfutter mit 10 % Magnesium ist für Tiere auf der Weide in tetaniegefährdeten Gebieten notwendig.
Der **Spurenelementbedarf** wird mit den handelsüblichen Mineralfuttermitteln abgedeckt.

Um die Versorgung mit den **Vitaminen** A, D und E zu sichern, reicht es aus, wenn man in der Winterfütterung ein vitaminiertes Mineralfutter verwendet.

Wasserbedarf – Der tägliche Wasserbedarf einer Kuh ist von der Milchleistung, von den in der Futterration enthaltenen Futtermitteln und von den klimatischen Verhältnissen am Tierhaltungsort abhängig. Er schwankt zwischen 50 und 100 l. Wassermangel verschlechtert die Futteraufnahme, führt zu Stoffwechselstörungen und zu einem Rückgang der Leistung. Die Tiere müssen daher aus *Selbsttränken* laufend und ungehindert sauberes Wasser trinken können.

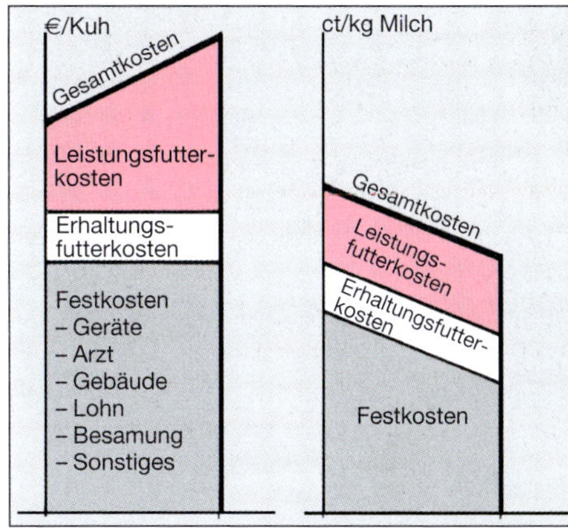

Abb. 916 Mit steigender Milchleistung werden zwar die Gesamtkosten/Kuh größer, die Produktionskosten/kg Milch sinken aber.

5.1.2 Leistungsbezogene Milchviehfütterung

Mit steigender Milchleistung wachsen zwar auch die Gesamtkosten (= Festkosten + Kosten für Erhaltungs- und Leistungsfutter), aber die Festkosten und die Erhaltungsfutterkosten je Kuh bleiben gleich, so dass die Produktionskosten je Liter Milch sinken! Das erbliche Milchleistungsvermögen der Kühe ist daher unbedingt durch eine leistungsbezogene Fütterung auszuschöpfen.

Über die monatliche Milchleistungskontrolle erfährt man den Verlauf der Laktationskurve. Daraus lässt sich der gesamte Nährstoffbedarf berechnen, der über das Futter abzudecken ist, und zwar unter Berücksichtigung des Grundsatzes:

! So viel Grundfutter wie möglich, so viel Kraftfutter wie nötig.

Nur durch Wiegen des zugeteilten Futters und durch *Zurückwiegen* des Futterrestes ist es möglich, den **tatsächlichen Grundfutterverzehr** festzustellen. Mit Hilfe der Futterwerttabelle werden der Nährstoffgehalt (nXP und NEL), der RNB-Wert sowie der Trockenmasse- und Rohfasergehalt der Grundfutterration ermittelt.

Tabellenwerte sind nur Mittelwerte, die im Einzelfall von den tatsächlichen Gehalten abweichen können. Auch die Qualität des Grundfutters ist von Jahr zu Jahr und sogar innerhalb eines Jahres nicht gleich bleibend. Der *tatsächliche Futterwert* als Voraussetzung zur Rationsberechnung ist nur durch eine »Futtermittelanalyse« exakt bestimmbar, welche man von einer Untersuchungsanstalt rechtzeitig durchführen lassen sollte, so dass die Ergebnisse bis zu Beginn der Winterfütterung vorliegen.

Obwohl heute Rationsberechnungen in der Regel mit Computern und entsprechenden Programmen durchgeführt werden, sollte man die wichtigsten Grundlagen verstehen. Die *Grundfutterration* ist durch eine gezielte Kombination der Grundfuttermittel in Nährstoffversorgung und N-Bilanz möglichst ausgeglichen zu gestalten. Zur Überprüfung werden die *Milcherzeugungswerte (MEW)* aus NEL und aus nXP sowie die RNB-Werte berechnet. Unausgeglichene Grundfutterrationen werden mit einem energiereichen (Getreideschrot, Trockenschnitzel) bzw. eiweißreichen (Soja-Extraktionsschrot, eiweißreiches »Milchleistungsfutter«) **Ausgleichskraftfutter** zu einer *Basisration* ergänzt.

Abb. 917 **Beispiel** für den Anteil des Leistungskraftfutters in einer Futterration.

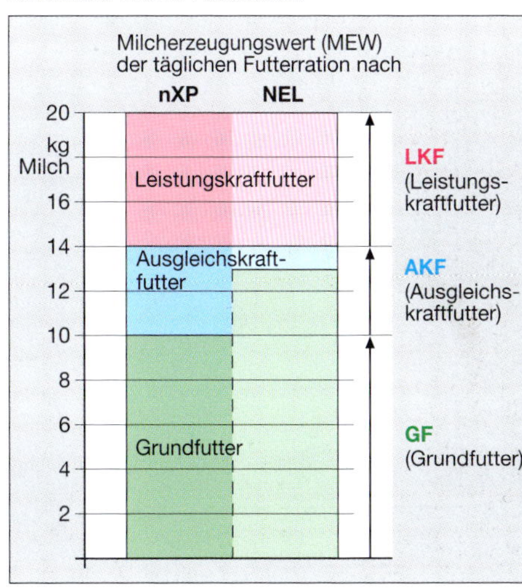

Abb. 918 Kraftfutter sichert die Leistung und gleicht Nährstoffschwankungen des Grundfutters aus.

Abb. 919 Mit zunehmender Milchleistung wird der Kraftfutterbedarf größer. Eine steigende Kraftfutteraufnahme hat aber eine abnehmende Grundfutteraufnahme zur Folge. Dies bezeichnet man als Grundfutterverdrängung durch Kraftfutter.

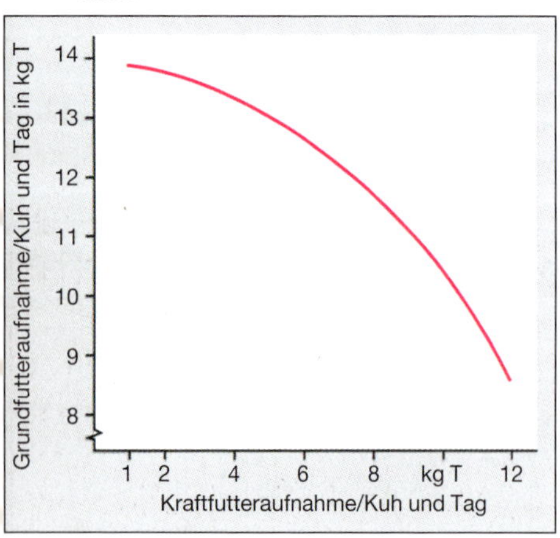

Beispiel: Gegeben:

- ▶ Lebendmasse 650 kg, Milchfettgehalt 4 %, Eiweißgehalt 3,4 %
- ▶ Grundfutterration:
  27 kg Grassilage, grasreich, 1. Schnitt, Ährenschieben, 40 % T
  (in 1 kg T: 5,9 MJ NEL, 134 g nXP, + 5 g RNB, 247 g RF)
  2 kg Wiesenheu, 1. Schnitt, Beginn der Blüte, 86 % T
  (in 1 kg T: 4,9 MJ NEL, 115 g nXP, – 3 g RNB, 324 g RF)

① **Milcherzeugungswert des Grundfutters (MEW GF)**

	kg T	MJ NEL	g nXP	g RNB	g RF
27 kg Grassilage	10,8	63,7	1447	+ 54	2667
2 kg Wiesenheu	1,7	8,3	195	– 5	550
Grundfutter	12,5	72,0	1642	+ 49	3217
– Erhaltungsbedarf		37,7	440		
Leistungsanteil Grundfutter		34,3	1202		
MEW Grundfutter		10,8 kg	14 kg		

② **Berechnung einer Basisration (BR) für 12 kg Milch**

a) Berechnung des Bedarfs

	kg T	MJ NEL	g nXP	g RNB	g RF
Leistungsanteil Grundfutter		34,3	1202		
Leistungsbedarf für 12 kg		38,0	1032		
Fehlbedarf		3,7	170		

b) Berechnung der Masse an Gerste zum Energieausgleich

	kg T	MJ NEL	g nXP	g RNB	g RF
Gerste (88 % T), in 1 kg T	1	8,2	165	– 7	52

$$\frac{\text{Energie-Fehlbedarf}}{\text{Energiegehalt in 1 kg T Gerste}} = \frac{3{,}7}{8{,}2} = 0{,}45 \text{ kg T} \triangleq 0{,}5 \text{ kg Gerste}$$

c) Überprüfung der Basisration

	kg T	MJ NEL	g nXP	g RNB	g RF
Grundfutter	12,5	34,3	1202	+ 49	3217
0,5 kg Gerste	0,45	3,7	74	– 3	23
Basisration	12,95	75,7	1716	+ 46	3240
– Erhaltungsbedarf		37,7	440		
Leistungsanteil Basisration		38,0	1276		
MEW Basisration		12 kg	14,8 kg		

③ **Berechnung des Gesamtausgleichs**

a) Differenz Milchererzeugungswert (MEW) der Basisration (BR)

$$\Delta \text{MEW (BR)} = 14{,}8 - 12 = 2{,}8 \text{ kg}$$

b) MEW-Differenz des Ausgleichskraftfutters (AKF)

Gerste $\quad \text{MEW NEL} = 8{,}2 : 3{,}17 = 2{,}58$

$\quad \text{MEW nXP} = 165 : 86 = 1{,}91$

$$\Delta \text{MEW (AKF)} = 2{,}58 - 1{,}91 = 0{,}67$$

c) Ermittlung der Masse (m) des Ausgleichskraftfutters (AKF)

$$\text{m AKF} = \frac{\Delta \text{MEW (BR)}}{\Delta \text{MEW (AKF)}} = \frac{2{,}8}{0{,}67} = 4{,}17$$

Es sind also 4,2 kg T AKF bzw. 4,8 kg Gerste notwendig.

	kg T	MJ NEL	g nXP	g RNB	g RF
Basisration	12,95	75,7	1716	+ 46	3240
4,8 kg Gerste	4,2	34,4	693	– 29	218
Ausgleichsration (AR)	17,15	110,1	2409	+ 17	3458
– Erhaltungsbedarf		37,7	440		
Leistungsanteil AR		72,4	1969		
MEW Ausgleichsration		22,8 kg	22,8 kg		

Rohfasergehalt der AR: 3,458 kg RF : 17,15 kg T = 0,20 kg bzw. 20%

Im vorgestellten **Beispiel** sollte die *Basisration* für 12 kg Milch reichen. Je nach Herdenniveau sind auch andere Milchleistungen als Maßstab für den Grundfutterausgleich einsetzbar.
Eiweißüberschüsse und positive RNB-Werte aus dem Grundfutter wie im Beispiel sind für Grünlandgebiete typisch. Hier ist die Energiezufuhr wichtig. In Ackerbaugebieten mit Maissilage als Hauptbestandteil der Grundfutterration wird eine negative N-Bilanz zum leistungsbegrenzenden Faktor.
Für den im Beispiel erforderlichen Energieausgleich wird Gerste eingesetzt. Bei 12 kg Milch sind hierzu 0,5 kg Gerste notwendig. Je nach Milchleistung wird die Zufuhr von Gerste, und zwar 0,44 kg Gerste/kg Milch, beibehalten, bis die Ration im gesamten Nährstoffbedarf ausgeglichen ist.
Nach der im Beispiel angewandten Rechenmethode sind für den Gesamtausgleich zur Basisration nochmals 4,8 kg Gerste notwendig. Diese nährstoffmäßig ausgeglichene Ration reicht für 22,8 kg Milch. Sie hat eine positive N-Bilanz und einen Rohfasergehalt von 20 %.
Darüber hinausgehende Milchleistungen erfordern ein **Leistungskraftfutter.** 1 kg Leistungskraftfutter soll für 2 kg Milch ausreichen und bei einem Milchfettgehalt von 4 % 170–180 g nXP und 6,4 MJ NEL enthalten. Hierzu eignen sich neben dem »Milchleistungsfutter II« mit der Energiestufe 2 oder 3 auch hofeigene Mischungen.
Da das Leistungskraftfutter von der Nährstoffzusammensetzung des Grundfutters unabhängig ist, eignet es sich das ganze Jahr über und muss nur jeder Kuh nach dem jeweiligen Laktationsstand in leistungsspezifischen Mengen zugeteilt werden.
Zu Beginn der Laktation richtet sich die Kraftfuttergabe nach der zu erwartenden *Einsatzleistung.* Während der nächsten Wochen, in denen die Milchleistung noch ansteigt, ist mit der Kraftfuttergabe für ca. 2 kg Milch »vorzuhalten«, d. h., es sind die Leistungsreserven für die Mehrproduktion von ca. 2 kg Milch mit Kraftfutter abzusichern.
Danach bestimmt das Ergebnis der monatlichen Milchleistungskontrollen die Kraftfuttermenge. Für die Beurteilung der Preiswürdigkeit von Leistungskraftfutter legt man die Kosten für die damit erzeugte Milch zugrunde.

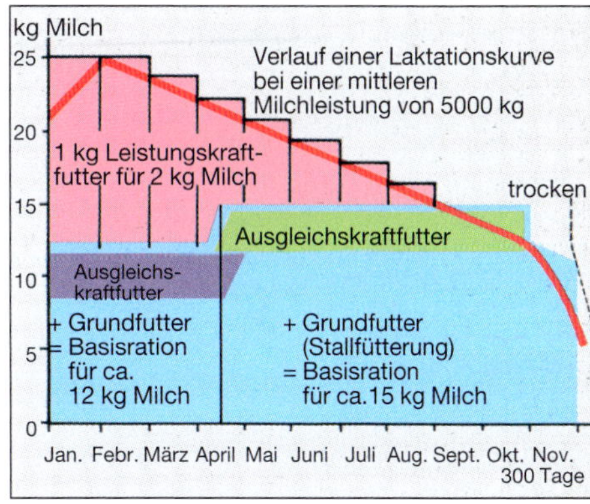

Abb. 920 Leistungsbezogene Fütterung einer Milchkuh.

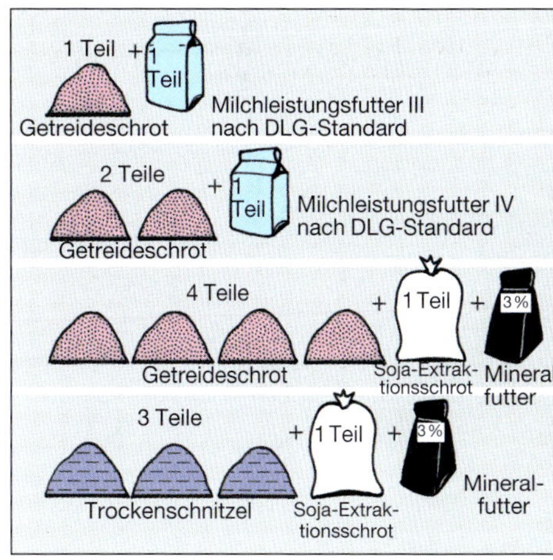

Abb. 921 Leistungskraftfutter kann selber gemischt werden.

5.1.3 Richtige Fütterungstechnik

Grundfuttervorlage – Sie ist im Wesentlichen abhängig von der Rinderrasse und dem betriebsspezifischen Aufzuchtverfahren, von den innerbetrieblichen technischen Möglichkeiten sowie von den zur Verfügung stehenden Futtermitteln des Betriebes.
Weniger beachtet, aber nicht minder wichtig sind die Erkenntnisse aus Entwicklungen und Untersuchungen, die sowohl die Fütterungstechnik als auch die Futteraufnahme und -verwertung betreffen und damit die Leistung und Gesundheit der Tiere beeinflussen.
Grundsätzlich ist zu beachten:
▶ Im Anbinde- und Fangboxenstall sollen die Kühe zweimal am Tag, immer zur gleichen Zeit und möglichst lang, Futter aufneh-

Abb. 922 Mögliche Kombination von Grundfuttermitteln.

Hauptkomponente	ergänzt mit
junges Wiesengras	Maissilage, Grassilage, Heu
älteres Wiesengras	Maissilage
Zwischenfrüchte	
frisch	Heu, Stroh, Maissilage
siliert	Grassilage, Maissilage, Heu
Grassilage	Heu, Maissilage, Futterrüben
Heu	Cobs, Futterrüben
Maissilage	Grassilage, Heu, Cobs

Abb. 923 Fütterungsfehler und ihre Auswirkungen.

Abb. 924 Umsetzung des Rohproteins im Pansen (Schema).

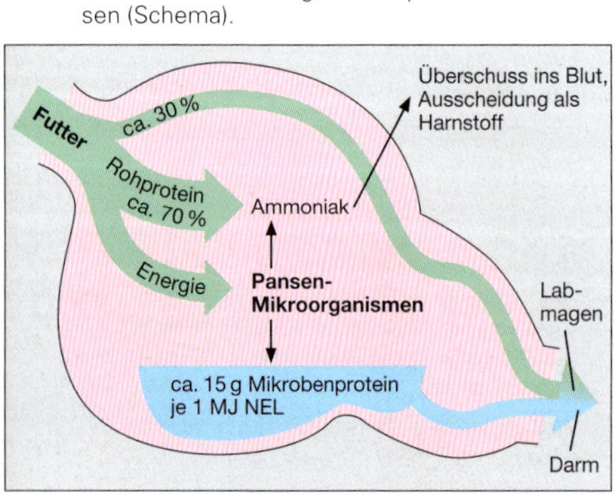

men können. Mehrmaliges Füttern scheidet aus arbeitswirtschaftlichen Gründen aus.

- ▶ Auch im Laufstall ist für jedes Tier möglichst ein eigener Fressplatz vorzusehen (Tier : Fressplatz-Verhältnis von 1 : 1).
- ▶ Das gleichzeitige Verabreichen mehrerer Grundfutterarten erhöht den Grundfutterverzehr. In größeren Tierbeständen haben sich hierfür Futtermischwagen bestens bewährt.
- ▶ Saftfutter sollte in keiner Ration fehlen.
- ▶ Rüben oder Rübenblattsilage dürfen nie allein vorgelegt werden, sondern müssen bei jeder Futterzeit mit Heu oder Anwelksilage ergänzt werden.
- ▶ Grünfutter erwärmt sich in großen Schwaden rasch und sollte deshalb mindestens zweimal am Tag vorgelegt werden.

Kraftfutterzuteilung – Grundsätzlich wird zu jeder Fütterung, also zweimal am Tag, Leistungskraftfutter verabreicht. Eine Kuh frisst dabei höchstens 3 – 4 kg Kraftfutter auf einmal. Liegt der tägliche Kraftfutterbedarf aufgrund der Leistung über 6 – 8 kg, ist es vorteilhafter, die gesamte Kraftfuttermenge auf mehrere Tagesgaben zu verteilen.

Im Anbindestall fallen dabei kaum Mehrarbeiten an, wenn vor und nach den jeweiligen Fütterungszeiten Kraftfutter vorgelegt wird. Bei Laufstallhaltung ermöglichen automatische Dosieranlagen eine optimale Leistungsfütterung des Einzeltieres mit Kraftfutter.

Allgemein – Jeder Milchviehhalter sollte folgende Punkte beachten:

- ▶ Nur Futtermittel einwandfreier Qualität vorlegen,
- ▶ Futterumstellungen langsam vornehmen,
- ▶ Fütterungsregeln zur Verhütung von Geschmacks- und Geruchsfehlern sowie eines zu hohen Keimgehaltes der Milch beachten.
- ▶ Wasser müssen die Kühe immer trinken können, d. h. auch während der Fütterung.

5.1.4 Erkennen von Fütterungsfehlern

Um Fütterungsfehler, die häufig *Ursache* von *Fruchtbarkeitsstörungen, schlechtem Gesundheitszustand* und *Leistungsabfall* sind, zu vermeiden, muss der Landwirt seine Kühe ihrem Nährstoffbedarf entsprechend füttern. Die Deckung des Proteinbedarfs hängt dabei nicht nur von der bedarfsgerechten Versorgung mit Rohprotein, sondern vor allem auch von der bedarfsgerechten Energieversorgung ab. Bei der Eiweißverdauung des Wiederkäuers wird nämlich ein Großteil der Futterproteine bereits im Pansen von den Mikroorganismen überwiegend zu Ammoniak abgebaut und zu körpereigenem, hochwertigem Mikrobenprotein wieder aufgebaut.

Für diese Eiweißbildung benötigen die Pansenmikroorganismen Energie. Energiemangel kann also trotz ausreichender Versorgung der Kuh mit Futterproteinen zu einem Protein-Mangel und einem Ammoniak-Überschuss führen. Dieses überschüssige Ammoniak wird als Harnstoff ausgeschieden.

Der Landwirt sollte daher neben einer *»Futtermittelanalyse«* vor allem auch einer *Beurteilung der »Milchinhaltsstoffe«* und gegebenenfalls sogar einer *»Bluntuntersuchung«* mehr Beachtung schenken. Die Tabelle 85 zeigt beispielhaft ausgewählte Gehalte der Milchinhaltsstoffe, die Auskunft über Fehlernährung geben können.

Tabelle 85: Eiweiß- und Harnstoffgehalte der Milch und ihre Hinweise auf den Fütterungszustand

Eiweiß %	Harnstoff mg/100 ml	Beurteilung
niedrig	unter 15	Energie-Mangel und Rohprotein-Mangel
unter 3,20	15–30	Energie-Mangel
	über 30	Energie-Mangel und Rohprotein-Überschuss
mittel	unter 15	Rohprotein-Mangel
3,30–3,60	15–30	ausgeglichene Fütterung
	über 30	Rohprotein-Überschuss
hoch	unter 15	Energie-Überschuss und Rohprotein-Mangel
über 3,60	15–30	Energie-Überschuss
	über 30	Energie-Überschuss und Rohprotein-Überschuss

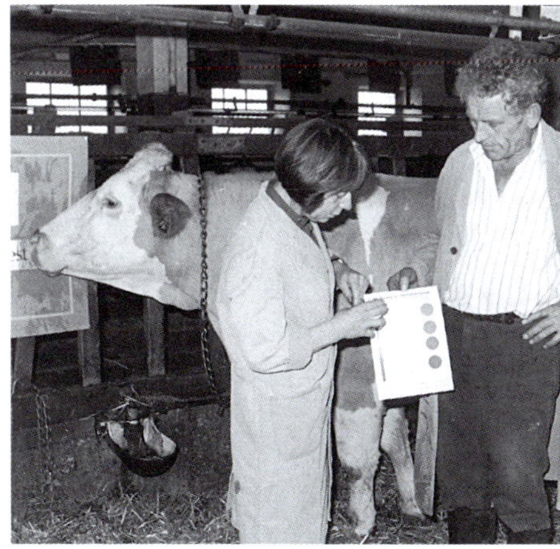

Abb. 925 Der Harnstofftest gibt auf dem Weg über die Milch Auskunft, ob die Fütterung stimmt.

Besteht in größeren Beständen bei Herdenproblemen Verdacht auf Fütterungsfehler, ist eine »Blutuntersuchung« an einer Stichprobe der gesamten Herde zu empfehlen. Dabei können mit Hilfe bestimmter »Blutinhaltsstoffe« die Eiweiß- und Energieversorgung, die Stoffwechselbelastung, die Funktion einzelner Organe (z. B. Leber) sowie der Versorgungsgrad mit Phosphor, Magnesium und Spurenelementen beurteilen und die überwiegende Zahl der heutigen Fütterungsfehler erfasst werden.

5.1.5 Fütterung trockenstehender Kühe (Vorbereitungsfütterung)

Die letzten 6–8 Wochen vor dem Abkalben, in denen der Fötus sehr stark an Gewicht zunimmt, wird die laktierende Kuh trockengestellt. Der Nährstoffbedarf einer trockenstehenden Kuh ergibt sich neben dem Erhaltungsbedarf aus dem Bedarf für Fötus, Gebärmutter, Eihäute und Milchdrüse.

Die Kuh kann und soll ferner in dieser Zeit gewisse Reserven für die kommende Laktation anlegen. Dies ist gerade für Hochleistungskühe von Bedeutung, die nach dem Kalben kaum nährstoffbedarfsdeckend zu füttern sind und daher aus ihren Körperreserven zulegen müssen.

Auf keinen Fall aber darf man die Kühe »mästen«. Verfettete Kühe haben bei der Geburt Schwierigkeiten, zeigen mit beginnender Laktation eine verringerte Fressbereitschaft und sind anfällig für Stoffwechselstörungen. Verminderte Fruchtbarkeit ist die Folge. Damit die Vorbereitungsfütterung den steigenden Nährstoffansprüchen gerecht werden kann, teilt man sie in zwei zeitgleiche Abschnitte.

Das Fassungsvermögen der Verdauungsorgane wird aufgrund der räumlichen Ausdehnung des heranwachsenden Fötus immer geringer, so dass die Futterration eine Verdaulichkeit von 70 % aufweisen muss. In der **Sommerfütterung** reichen Weide und junges

Abb. 926 Der Nährstoffbedarf einer trockenstehenden Kuh (650 kg LM).

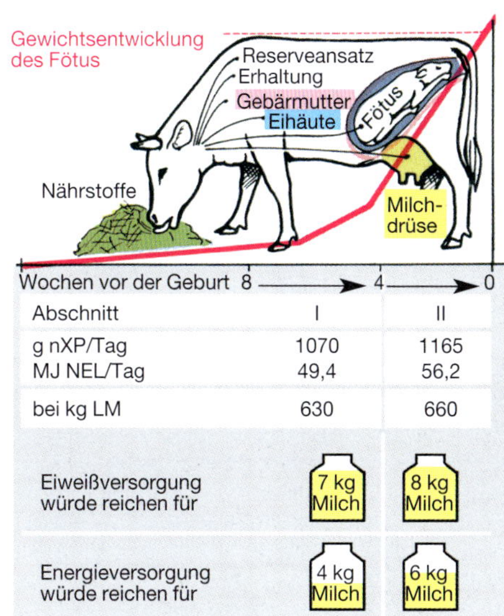

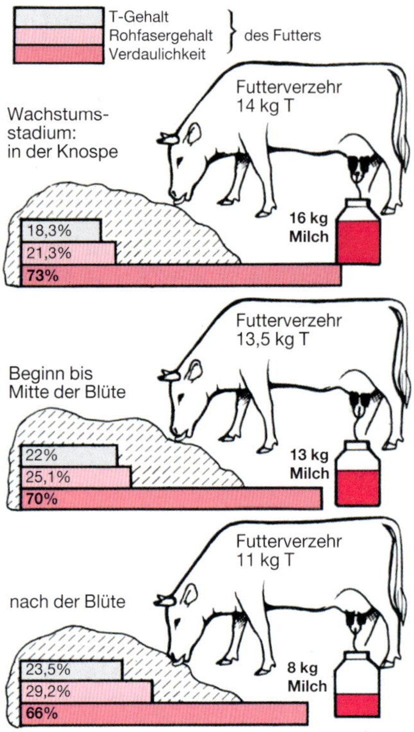

Abb. 927 Das **Beispiel** von Kleegras zeigt, dass sich in Abhängigkeit vom Wachstumsstadium der Rohfasergehalt und die Verdaulichkeit des Futters sowie infolgedessen der Futterverzehr und die Milchleistung der Kuh ändern.

Abb. 928 Nährstoffverluste bei verschiedenen Konservierungsverfahren.

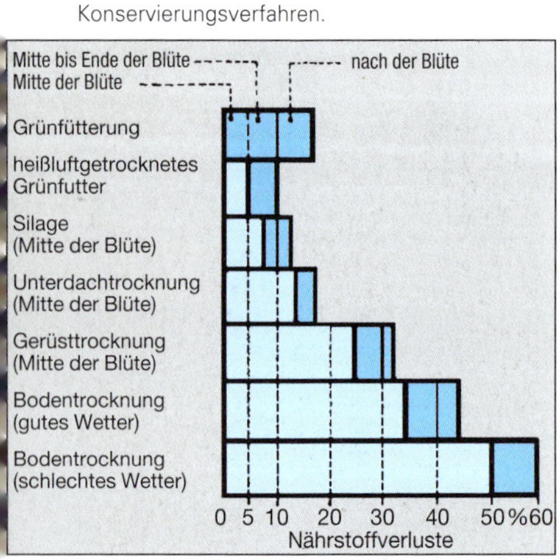

Grünfutter bei entsprechendem Nährstoff- und Rohfaserausgleich mit etwa 3–4 kg Heu oder 10 kg Maissilage zur Nährstoff-Bedarfsdeckung aus, so dass in der Regel kein Kraftfutter notwendig ist.

Kommen in der **Winterfütterung** Heu, Rüben und Silagen zum Einsatz, können für den 1. Abschnitt der Trockenperiode die Ansprüche an Nährstoffbedarf und Verdaulichkeit erfüllt werden. Im 2. Abschnitt muss allerdings die Nährstoffkonzentration im Futter erhöht werden durch Zufüttern von 1–2 kg Kraftfutter mit einem NEL : RP-Verhältnis von 1 : 3,6 bis 3,8 bzw. einem Quotienten Rohprotein : NEL von 13. Hochleistungskühe sollten gleichmäßig ansteigend bis zu 3 kg Kraftfutter erhalten.

Die Kraftfuttergabe muss aber den Körperzustand der Tiere berücksichtigen. Stark abgemolkene Kühe erhalten mehr, gut genährte Kühe dagegen etwas weniger Kraftfutter als angegeben. Verfetten die Kühe auch ohne Kraftfutter, ist die Grundfutterration zu ändern. Dabei ist die energiereichste Grundfutterkomponente wegzulassen.

Der *Mineralstoff-* und *Vitaminbedarf* der trockenstehenden Kuh erfordert besondere Beachtung. Zur Vorbeuge gegen Milchfieber sollte das Futter mehr Phosphor als Calcium enthalten.

> ! Das Grundfutter muss von einwandfreier Qualität sein. Gefrorenes, verschimmeltes oder erhitztes Futter kann z.B. Verkalben verursachen.

5.1.6 Winterfütterung

Die Winterfutterzeit dauert zumindest in Süddeutschland durchschnittlich 200 Tage und ist damit erheblich länger als die Sommerfutterzeit. Durch Konservierung und Lagerung haben die Futtermittel Nährstoffe verloren. Folglich ist ihre Verdaulichkeit geringer; die Kühe können nicht so viel verzehren wie von Grünfutter.

Aus dem **Grundfutter** allein sind daher in der Winterfütterung *ca. 10–14 kg Milch* zu erzielen.

Gras- und **Kleegras-Silagen** müssen rechtzeitig geschnitten und auf 30 % T-Gehalt angewelkt werden. Anwelksilage hat im Vergleich zu Nassilage mehr Nährstoffe und eine günstigere Struktur. Die Kuh kann davon mehr T aufnehmen und eine höhere »Grundfutterleistung« erzielen.

Maissilage gewinnt auch in der Milchviehfütterung immer mehr an Bedeutung. Teigreifer Silomais (26–32 % T) ist ein sehr energiereiches Futter mit niedrigem Rohproteingehalt. Bei unbegrenzter Fütterung, vor allem im letzten Drittel der Laktation, führt es zum Verfetten der Kühe mit allen nachteiligen Folgen vor allem für die Fruchtbarkeit und die Futteraufnahme.

> ! Mehr als 20–25 kg Silomais täglich sollten die Kühe nicht erhalten.

Anwelksilage oder Raufutter eigenen sich gut zur Futterkombination. Das *Mineralfutter* sollte viel Ca, Na und Vitamin A enthalten.

Tabelle 86: Rationsbeispiele für die Winterfütterung, welche im Energiegehalt für 12 kg und im nXP-Gehalt für 14–15 kg Milch ausreichen; die N-Bilanz ist positiv

Futtermittel	Ration (Futtermengen in kg/Tag)						
	I	II	III	IV	V	VI	VII
Wiesengras-Silage	25	12	10	12	12		
Maissilage		21		21	18	17	23
Zuckerrübenblatt-Silage						24	
Futterrüben, gehaltvoll			27				10
Wiesenheu	3		5		3		
Luzerneheu						3	5

Zuckerrübenblatt-Silage hat wenig Struktur, einen geringen Rohfaser- und einen hohen Zuckergehalt. Heu oder Anwelksilage gehören daher unbedingt zur Ration. Unter den häufig zu hohen Schmutzanteilen leidet die Silagequalität. Die Tagesgabe sollte sich auf 40–50 kg beschränken.

Ganzpflanzen-Silagen aus Winterweizen, Wintergerste und Ackerbohnen sind aufgrund ihrer unausgeglichenen Nährstoffverhältnisse bei Milchkühen nicht als einziges Grundfutter geeignet und erfordern relativ viel Kraftfutter zum Ausgleich.

Futterrüben sind sehr hoch verdaulich und werden gerne gefressen. Sie erhöhen den Grundfutterverzehr und »sparen« Kraftfutter, da die Kühe über die Sättigung mit Silage und Heu hinaus noch zusätzlich 10–15 kg Rüben aufnehmen. Gehaltsrüben sind nährstoffreicher als Massenrüben.

Eine Tagesration kann bis zu 40 kg Rüben enthalten. Sie werden am besten zerkleinert und damit weitgehend schmutzfrei den Kühen vorgelegt. Für einen entsprechenden *Rohfaser-* und *Eiweißausgleich* ist zu sorgen.

Schlempen fallen in einer Brennerei an, wenn aus Kartoffeln oder Getreide Alkohol gewonnen wird. Sie sind *wasser-* und *eiweißreich*, aber *rohfaserarm* und zählen zu den Eiweißfuttermitteln. Da sie leicht verderben, müssen sie möglichst frisch und heiß aus sauberen Behältern verfüttert werden, um Gesundheitsstörungen zu vermeiden. Die Tageshöchstmengen liegen für Kartoffelschlempe bei 40 kg und für Getreideschlempe bei 50 kg.

Treber bleiben als eiweiß- und wasserreiches Futtermittel beim Bierbrauen übrig und gelten ebenfalls als Eiweißfuttermittel. Der Rohfasergehalt ist verhältnismäßig hoch, die Verdaulichkeit gering.

Nasse Biertreber sind nicht länger als 1 Tag haltbar und sollten daher besser mit Hilfe von Silierzusätzen einsiliert werden. 15 bis 20 kg frische oder silierte Biertreber können einer Kuh täglich verabreicht werden.

Heu als einziges Grundfutter erhöht die Futterkosten. Mindestens 3–5 kg Heu sollten aber zum Rohfaserausgleich und zur

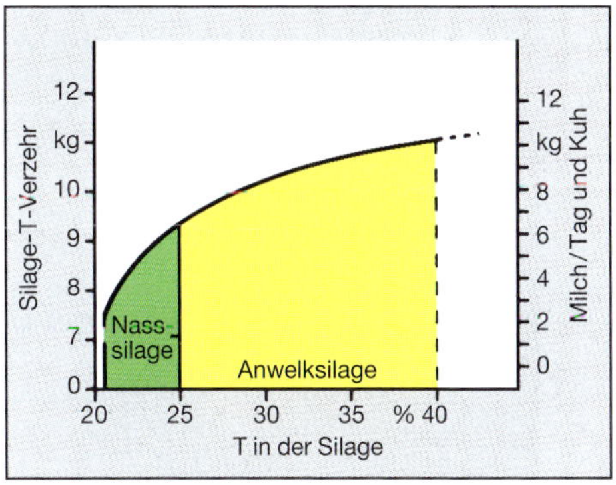

Abb. 929 Mit zunehmendem »Anwelkgrad« der Silage steigt der Trockenmasseverzehr und damit die Milchleistung aus dem Grundfutter.

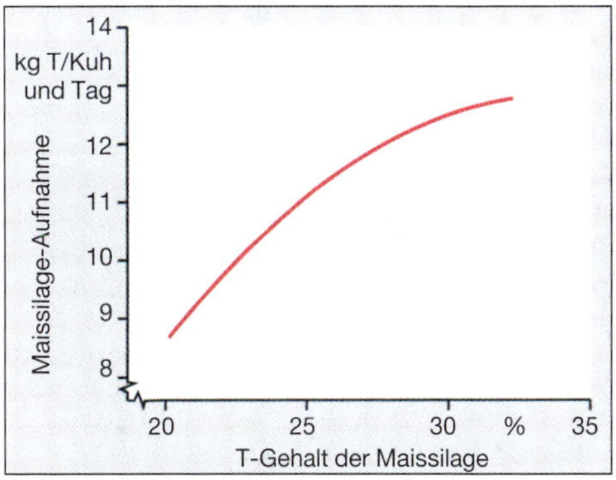

Abb. 930 Sorgfältige Sortenwahl und richtiger Erntezeitpunkt sind Voraussetzungen für hohe T-Gehalte der Maissilage. Dadurch wird die Silageaufnahme und somit die Grundfutterleistung verbessert.

Abb. 931 Getreide-Ganzpflanzen-Silage enthält zwar ähnlich viel Energie wie gute Grassilage, aber weniger Rohprotein.

Abb. 932 Volumenvergleich: 1 kg Heu und 1 kg Kraftfutter.

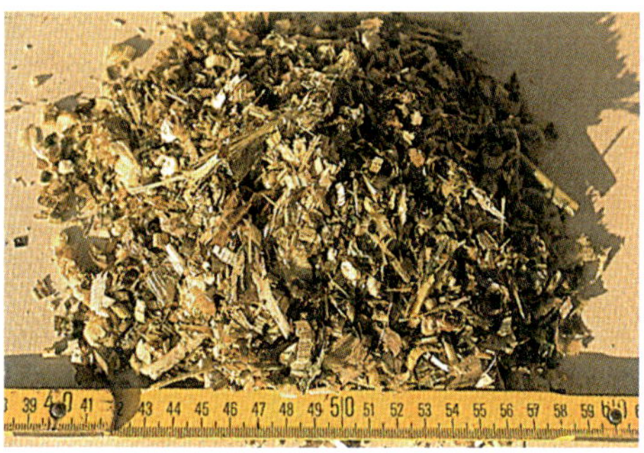

Abb. 933 Maissilage ist aus der Winterfütterung nicht mehr wegzudenken.

Abb. 934 Heißluftgetrocknetes Grünfutter in Form von Briketts (links) und Cobs (rechts) hilft, zeitweiligen Futterüberschuss günstig zu konservieren, und steigert gleichzeitig die Leistung des Grundfutters erheblich.

Strukturverbesserung in jeder Ration enthalten sein, um eine optimale Pansenverdauung zu sichern. Ein rechtzeitiger Schnitt und eine Trocknung mit wenig Nährstoffverlusten sind die wichtigsten Voraussetzungen für einen guten Futterwert.

Heißluftgetrocknetes Grünfutter kommt im Nährstoffgehalt fast dem Grünfutter gleich. Das Futter kann nämlich witterungsunabhängig zum optimalen Schnittzeitpunkt geerntet werden. Nach dem Herstellungsverfahren kann man zwischen Grünmehl, Pellets, Cobs und Briketts unterscheiden.

Grünmehl und *Pellets* führen bei größeren Tagesgaben wegen ihrer geringen Struktur zu Verdauungsstörungen. Da bei *Cobs* und *Briketts* unvermahlenes Grüngut gepresst ist, bleibt die Struktur gut erhalten. Mit ihnen kann die Grundfutterleistung deutlich gesteigert werden. Milchmengenleistungen von 18 – 20 kg sind möglich. Um einen Abfall des Milchfettgehaltes zu vermeiden, sollte sicherheitshalber die Gesamt-Trockenmasse der Ration dennoch aus 1/3 Heu oder Silage und maximal 2/3 Cobs oder Briketts bestehen. Wenn die Milchleistung in der 2. Laktationshälfte nachlässt, dürfen nicht mehr so viele Cobs oder Briketts verfüttert werden.

Stroh ist zwar rohfaserreich, aber nährstoffarm und nur gering verdaulich. Es sollte nur eingesetzt werden, wenn andere »Strukturfuttermittel« fehlen. Bei Grundfuttermangel kann man notfalls den Futterwert von Stroh durch chemische Aufschlussverfahren (Natronlauge bzw. Ammoniakgas) dem eines »mittleren« Wiesenheus angleichen. Stroh wird entweder in Raufen (Laufstall) oder kurz gehäckselt bzw. aufgeschlissen angeboten.

Dadurch wird die Verdaulichkeit deutlich verbessert. Die Pansenbakterien können die Zell-Strukturen leichter und rascher aufschließen und ermöglichen den Enzymen eine unmittelbare Wirkung.

5.1.7 Übergangsfütterung

Im *Frühjahr* und im *Herbst* drohen *plötzliche Futterwechsel.* Sie sind zu vermeiden. Die Pansenbakterien müssen sich langsam auf das neue Nährstoffangebot umstellen können. Die Übergangsfütterung im **Frühjahr** dauert etwa 2 – 3 Wochen.

In der Winterration ist der Silageanteil zu erhöhen. Die Grünfuttergaben nur langsam steigern und anfangs mehr, später allmählich weniger heu dazugeben. Im Weidebetrieb wird zunächst nur stundenweise überweidet und erst nach 1 Woche zur Ganztagsweide übergegangen. man sollte ein Mg- und Na-reiches sowie vitaminiertes Mineralfutter verwenden.

Im **Herbst** sollten bereits 4 Wochen vor Beginn der Winterfütterung Silage und Heu in langsam steigender Menge angeboten werden.

! Eine sorgfältig durchgeführte Übergangsfütterung verhindert Milchrückgang und Durchfall, beugt im Frühjahr zudem einem Milchfett-Abfall und der Weidetetanie vor.

5.1.8 Sommerfütterung

Sommerfutter ist grundsätzlich ein kostengünstigerer Nährstofflieferant als Winterfutter. Mit fortschreitendem Wachstum des Futters in der Vegetationsperiode sowie aufgrund der Düngung ändern sich aber die Qualität und die Quantität des Futters insgesamt und der Futterinhaltsstoffe sowie die Futteraufnahme und die sich daraus ergebende Grundfutterleistung.
Eine leistungs- und wiederkäuergerechte Fütterung zu gestalten ist daher sehr schwierig. Deshalb wird oft die ganzjährige Stallhaltung mit Silagefütterung bevorzugt gegenüber der für die Tiere gesünderen Weidehaltung.
Weidegang – Weide soll durch eine geschickte Weideführung immer junges, nährstoffreiches Gras liefern. Dieses 20–25 cm hohe Weidegras ist *sehr wasserreich,* hat ein sehr weites NEL : RP-Verhältnis und einen *geringen Rohfasergehalt.* Durch eine entsprechende *Weidebeifütterung* ist also für den notwendigen Energie- und Rohfaserausgleich zu sorgen.
Sehr gut eigenen sich dazu Maissilage, Anwelksilage, Halmfrucht-Silage und Heu. Trockenschnitzel oder Getreideschrot ergänzen zwar die fehlende Energie, reichen aber im Rohfasergehalt als einziges Beifutter nicht aus.
Zum Mineralfutter, welches bei Weidebeginn zur Vorbeuge gegen Tetanie höhere Magnesiumgehalte aufweisen sollte, muss zusätzlich noch Viehsalz zur Deckung des Na-Bedarfs angeboten werden. Bei guter Weideführung lassen sich aus ausgeglichenen Basisrationen (= Grundfutter + Ausgleichskraftfutter) ca. 20 kg Milch erzielen. Darüber liegende Milchleistungen erfordern ein Leistungskraftfutter.

Tabelle 87: Beispiele einer energie- und rohfaserreichen Weidebeifütterung. Sie reichen im Energiegehalt für 16 kg und im nXP-Gehalt für 18 kg Milch; die N-Bilanz ist stark positiv

Futtermittel		Ration (Futtermengen in kg/Tag)					
		I	II	III	IV	V	VI
Weidegras		61	60	64	61	61	61
Beifütterung	Wiesenheu	3,5				1	2,7
	Maissilage		10			7	
	Grassilage			7	6		
	Trockenschnitzel				1		1

Diese Zuteilungsgrenze für Leistungskraftfutter verschiebt sich gegen Ende der Weideperiode nach unten, da die Weideleistung (= Grundfutterleistung der Weide) im Herbst abnimmt.
Besonders zu beachten ist bei der Weideführung, dass die *Witterung* den Futterverzehr sehr stark beeinflussen kann. Sowohl bei nasskaltem als auch sehr heißem Wetter fressen die Kühe weniger, so dass oft Nährstoffe für 3–5 kg Milch fehlen können. In einfachen *Schutzhütten* sollten daher die Tiere vor extremen Witterungseinflüssen Unterschlupf finden. So lassen sich Leistungsverluste minimieren.

Abb. 935 Unerwünschter Ampferbestand vermindert den Futterwert der Weide.

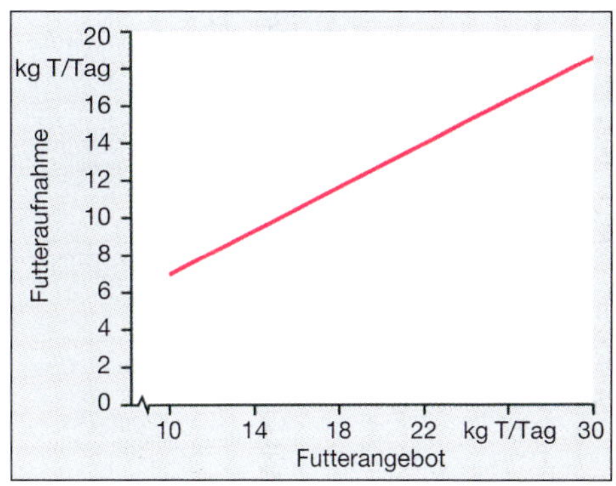

Abb. 936 Die tägliche Futteraufnahme weidender Milchkühe wird im Wesentlichen durch das Futterangebot bestimmt.

Abb. 937 Das Bereitstellen von ausreichendem Tränkwasser ist auch auf der Weide unerlässlich.

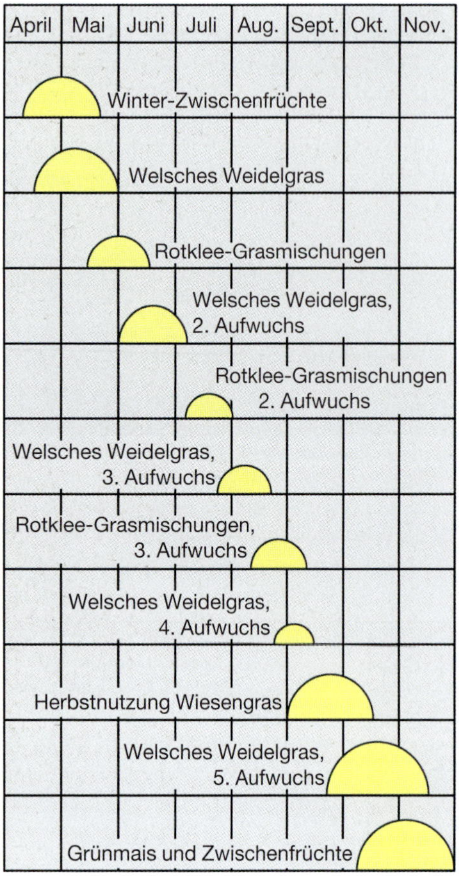

Abb. 938 Mit Hilfe des Grünfutterkalenders lässt sich die Futterwirtschaft so organisieren, dass während der Grünfutterperiode ständig ausreichend Futter von guter Qualität vorhanden ist.

Abb. 939 Gute Mechanisierung und befahrbare Futtertische machen das tägliche Futterholen zur Ein-Mann-Arbeit.

Weidekühe müssen außerdem ständig Zugang zu *frischem Wasser* haben, da eine Kuh je nach Milchleistung bis zu 70 l Wasser täglich benötigt.

Tabelle 88: Mögliche Milchleistung bei Weidegang und Stallfütterung

		Weidegang	Stallfütterung
T-Verzehr	kg	14	12,5
Verdaulichkeit	%	76	72
MJ NEL/kg T		6,31	5,96
NEL-Aufnahme	MJ	88,34	74,0
Erhaltungsbedarf bei 650 kg LM	MJ	37,7	37,7
zusätzlicher Energiebedarf bei Weidegang	MJ	ca. 6	–
verfügbare NEL	MJ	44,64	36,3
Milch mit 4 % Fett	kg	14,0	11,5

Stallfütterung – Sie trifft man neuerdings nicht mehr nur in Ackerbaugebieten, sondern auch in Weidegebieten an. Ställe mit befahrbarem Futtertisch sowie gute Mechanisierung des Futterholens veranlassen Landwirte, bei weit verstreuten Weiden in verkehrsreichen Gegenden die Weideführung aufzugeben, obwohl sich dadurch die Winterfutterperiode um ca. 3 Wochen verlängert. Die wichtigen **Grünfutterarten** sind in Tabelle 89 zusammengefasst.

Tabelle 89: Wichtige Grünfutterarten für die Stallfütterung

im Frühjahr	im Sommer	im Herbst
Winterraps Winterrübsen Futterroggen Landsberger Gemenge	Luzerne Rotklee Kleegras Wiesengras	frisches Rübenblatt Leguminosen-Untersaaten Sommerraps Senf Stoppelrüben Grünmais Markstammkohl

Junges Grünfutter ist wie junges Weidegras zu beurteilen und unterliegt mit zunehmendem Wachstumsstadium denselben Veränderungen. Im Gegensatz zur Weideführung ist es bei Stallfütterung viel schwieriger, ständig junges Grünfutter von etwa gleich bleibender Qualität vorlegen zu können.

Um also nicht zu junges oder zu altes Grünfutter verfüttern zu müssen, ist ein ausgeklügeltes Feldfutter-Anbausystem bzw. eine gekonnte Wiesennutzung erforderlich. So sind z. B. verschiedene Futterpflanzen und Gemische statt Reinsaaten anzubauen sowie die Futterflächen für das Winterfutter in die Grünfütterungsperiode mit einzubeziehen.

Grünfutter muss täglich frisch geholt und auf dem Futtertisch ausgebreitet werden. In großen Haufen erwärmt es sich sehr rasch. Nährstoffverluste im Futter und Blähungen der Tiere sind die Folgen.

Tabelle 90: Rationsbeispiele für die Sommerfütterung im Stall, welche im Energiegehalt für 12 kg Milch und im nXP-Gehalt für 14 kg Milch ausreichen. Alle Rationen (bis auf Ration II) haben eine sehr stark positive N-Bilanz. Leistungen über 12 kg Milch erfordern also zunächst ein energiereiches Ausgleichskraftfutter

Futtermittel	Ration (Futtermengen in kg/Tag)					
	I	II	III	IV	V	VI
Landsberger Gemenge	45					
Luzerne		40				
Rotklee			54		20	
Wiesengras				55		
Sommerraps					30	
Zuckerrübenblatt						50
Wiesenheu	2		4	1	2,3	5
Maissilage	10	8				
Trockenschnitzel		2,6		1	3,6	

! Die Grundfutterleistung bei Grünfütterung im Stall ist geringer als bei Weidegang.

Bei **Kleearten** und **Kleegrasmischungen** muss der Eiweißüberschuss mit Trockenschnitzel oder Getreide ausgeglichen werden. In sehr jungem Stadium ist auch ihr Rohfasergehalt zu gering.
Im Frühjahr und Herbst bieten sich **Zwischenfrüchte** an. Sie sind meist sehr blatt- und eiweißreich, aber arm an T und Rohfaser. Deswegen ist unbedingt für *Rohfaser-* und *Energieausgleich* zu sorgen. Zwischenfrüchte müssen zum Beginn der Blüte verfüttert sein, da sie danach rasch verholzen und an Futterwert verlieren.
In *Kreuzblütlern* (Raps, Rüben, Senf, Stoppelrüben, Markstammkohl) nimmt ab Blühbeginn der Gehalt an *Senfölen* schnell zu, welche der Milch einen »rettichartigen« Geschmack verleihen.
Herbst-Zwischenfrüchte weisen häufig wegen der hohen N-Düngegabe *zu viel Nitrat* auf. Werden nun übergangslos und ohne Raufutterergänzung große Zwischenfruchtmengen verfüttert, kann es zu *Vergiftungserscheinungen* kommen. Häckseln und Lagern dieser Futtermittel erhöht noch die Vergiftungsgefahr.
Frisches **Rübenblatt** ist hoch verdaulich, aber sehr rohfaser- und strukturarm sowie häufig zu stark verschmutzt. Wenn nicht Heu, Anwelksilage oder notfalls auch Stroh beigefüttert werden, führt es zu Verdauungsstörungen und Durchfall.
Rübenblätter dürfen also nie einziger Bestandteil der Grundfutterration sein.

! Von Zwischenfrüchten dürfen höchstens 40 kg und von Rübenblatt höchstens 50 kg/Tier und Tag verfüttert werden.

Abb. 940 Bei der Grünfütterung im Stall sollen die Kühe »grasen« können.

Abb. 941 Zwischenfrüchte, wie z. B. Raps, bieten sich für die Frühjahrs- und Herbstfütterung an.

Abb. 942 Das Nährstoffangebot ist bei Intensivweide besser als bei Stallfütterung.

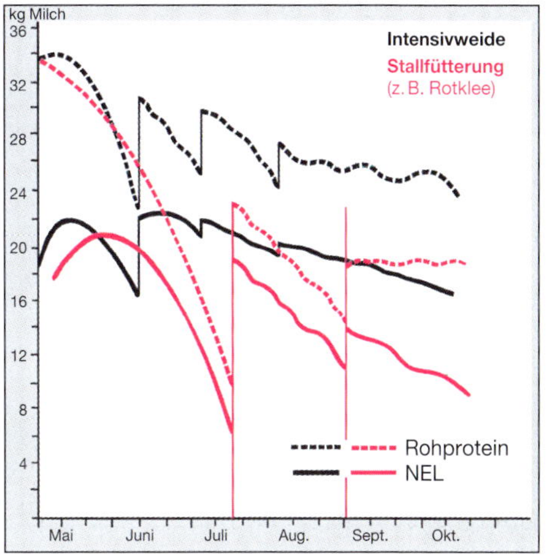

5.1.9 Kraftfuttermittel

Abb. 943 Ackerbohnen sind ein sehr eiweißreiches Futtermittel.

Um das volle Milchleistungsvermögen der Kühe ausschöpfen zu können, ist Kraftfutter notwendig, das eine höhere Nährstoffkonzentration aufweist als Grundfutter. Wir unterscheiden

- *Ausgleichskraftfutter* und
- *Leistungskraftfutter.*

Fehlendes Eiweiß und Energiemangel in der Grundfutterration können durch eiweißreiche und durch stärkereiche, d. h. energiereiche Einzelfuttermittel oder auch mit entsprechendem Mischfutter ausgeglichen werden.

Leistungskraftfutter müssen im Nährstoff-, Mineralstoff- und Vitamingehalt auf den Bedarf für die Milchbildung abgestimmt sein. Diesen Anforderungen entspricht das Milchleistungsfutter nach DLG-Standard II. Aber auch Mischungen von Einzelfuttermitteln oder von Milchleistungsfutter – DLG III und IV mit stärkehaltigen Futtermitteln, z. B. Getreide oder Trockenschnitzel – ergeben ein Leistungskraftfutter. Ist Milchleistungsfutter in der Mischung enthalten, ist zugleich der leistungsbezogene Mineralstoffbedarf gedeckt. Mischungen aus Einzelfuttermittel müssen dagegen unbedingt mit 1 – 2 % Mineralfutter ergänzt werden.

Alle **Getreidearten** sind stärkereich, hoch verdaulich, schmackhaft und außer Hafer rohfaserarm. Gerade aber Hafer begünstigt die Verdauung und fördert die Gesundheit. Getreide darf nur geschrotet oder gequetscht verfüttert werden.

Die **Trockenschnitzel** fallen bei der Verarbeitung der Zuckerrüben an und werden melassiert und pelletiert verfüttert. Mit ihrem engen NEL : RP-Verhältnis gelten sie als ideales Ergänzungsfuttermittel zu jungem Grünfutter. Trotz ihres relativ hohen Rohfasergehaltes sind sie kein »Strukturfutter« und daher höchstens bis zu 4 kg täglich einsetzbar.

Unter den **Mühlen-Nachprodukten** unterscheiden wir mit zunehmendem Ausmahlungsgrad *Nachmehle, Futtermehle, Grießkleie* und *Kleie.* Wegen des höheren Rohfasergehaltes sind Kleien wiederkäuergerechter als Nachmehle und Futtermehle, welche mehr Stärke enthalten. Sie verbessern die Gesamtwirkung der Kraftfuttermischung.

1 Teil **Kartoffelflocken** (stärkereich, rohfaserarm) und 2 Teile eiweißreiches Milchleistungsfutter (DLG IV) ergeben ein energiereiches Leistungskraftfutter.

Als eiweißreiche Futtermittel stehen **Ackerbohnen** und verschiedene Nachprodukte der Ölgewinnung zur Verfügung.

Wird Ölfrüchten wie Sojabohnen, Erdnüssen, Raps und Lein das Fett auf chemischem Weg entzogen (extrahiert), bleiben als Rückstände die sog. **Extraktionsschrote,** welche eiweißreich und hoch verdaulich sind.

Die **Ölkuchen** bleiben beim mechanischen Auspressen der Ölfrüchte übrig. Sie enthalten noch mehr Fett als Extraktionsschrote und sind daher energiereicher.

Kokos-, Palmkern- und **Babassukuchen** können bei Gaben von etwa 1,5 kg/Kuh und Tag den Fettgehalt der Milch steigern, wenn die übrige Rationszusammensetzung nicht bereits darauf abgestimmt ist.

Abb. 944 **Beispiele** für Ausgleichskraftfutter (Einzelfuttermittel zum Nährstoffausgleich des Grundfutters). Mit ihnen lässt sich auch ein Leistungskraftfutter zusammenmischen.

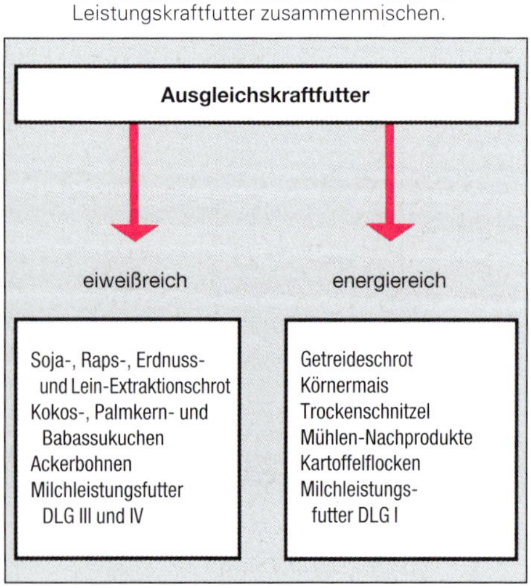

Mehr als 3 kg täglich sollten aber in der Ration nicht enthalten sein, da sonst die Gefahr einer Stoffwechselerkrankung (Ketose) besteht. Mehr als 800 g Fett darf die gesamte Futterration einer Milchkuh nicht enthalten.

Die **Mischfutter** für Milchkühe sind industriell hergestellte *Ergänzungsfuttermittel* zum Grundfutter.

»Normtyp-Mischfutter« entsprechen hinsichtlich ihrer Inhaltsstoffe den geforderten Werten der Futtermittel-Verordnung, Gehaltsabweichungen sind nur nach der wertverbessernden Seite erlaubt.

Von den angegebenen Inhaltsstoffen sind für den Landwirt vor allem der Rohprotein-, der Rohfaser- und der Mineralstoffgehalt zur Qualitätsbeurteilung und zur Auswahl wichtig.

Die Angabe von Zusatzstoffen (Vitamine und gegebenenfalls Konservierungsstoffe) und deren Mindesthaltbarkeit bedeutet für den Landwirt mehr Sicherheit. Außerdem sind noch entsprechende Fütterungshinweise vorgeschrieben.

Die Einhaltung dieser futtermittelrechtlichen Vorschriften wird regelmäßig durch amtliche Kontrollen überwacht. Darüber hinaus gibt es auch herstellerinterne Kontrollen sowie den mit staatlicher Unterstützung arbeitenden »Verein Futtermitteltest«. Auch das DLG-Gütezeichen bescheinigt, dass die vorgeschriebenen Qualitätsanforderungen erfüllt sind.

Für die Praxis stehen die in Abb. 945 aufgeführten Milchleistungsfutter-Typen zur Verfügung, welche nach dem Einsatzzweck in Ausgleichs- und Leistungskraftfutter eingeteilt werden können. Neben dem Energiegehalt unterscheiden sie sich vor allem im nXP-Gehalt, wobei die fettgedruckten nXP-Werte am häufigsten vorkommen dürften.

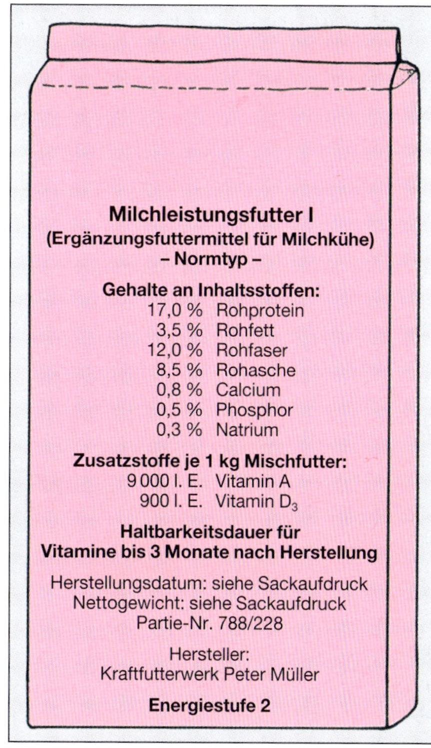

Abb. 945 **Beispiel** einer Mischfutter-Deklaration.

Abb. 946 Grundlagen der Futterplanung.

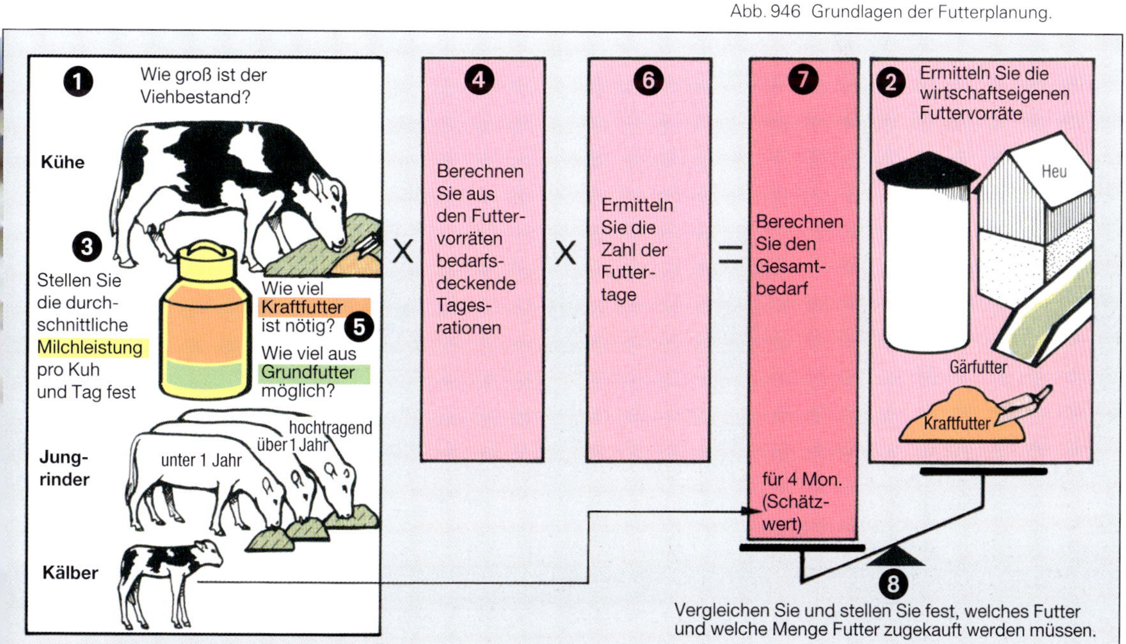

Einsatzzweck	NEL MJ/kg	nXP g/kg	RNB g N/kg
Ausgleich RNB			
bei Protein-Mangel	6,2	200/**210**/220	+ 20 bis + 25
bei Protein-Überschuss	6,7	130/**140**/150	– 5 bis – 8
Leistungsfutter			
Energiestufe 2	6,2	140/**150**/160	0 bis + 4
Energiestufe 3	6,7	150/**160**/170/180	0 bis + 4
Energiestufe > 3	7,2	160/**170**/180	0 bis + 4

Abb. 947 Milchleistungsfutter-Typen.

Wenn möglich, sollten 2 Milchleistungsfutter-Typen je Betrieb eingesetzt werden, um den Ansprüchen der Kühe besser zu entsprechen. Dies gilt vor allem bei Hochleistungstieren oder wenn Grassilage Hauptbestandteil der Futterration ist.

5.1.10 Futterplanung

Die Leistungsveranlagungen der Tiere lassen sich nur durch *bedarfsgerechte* Fütterung in Gewinn umsetzen. Eine ausreichende Futterversorgung ist sicherzustellen. Sie erfordert neben dem Erfassen betrieblicher Daten und der Quantität (Menge) der Futtervorräte vorrangig das Feststellen der Futterinhaltsstoffe (Qualität) der hofeigenen Futtermittel.

> ! Ohne Futtervoranschlag besteht gerade während der Winterfütterung die Gefahr, dass das Grundfutter vorzeitig ausgeht. Ein wirtschaftlicher Verlust ist nicht zu verhindern, da entweder die Milchleistung stark absinkt oder vermehrt Futtermittel zugekauft bzw. Tiere verkauft werden müssen.

In Abb. 946 (Seite 349) sind die einzelnen grundlegenden Schritte aufgezeigt. Das **Rechenbeispiel** (Seite 350 in Abb. 948) soll dies noch verdeutlichen. Dabei wird von folgenden Voraussetzungen ausgegangen:

- ▶ Viehbestand eines Ergänzungsbetriebes mit 3-jährigem Umtrieb.
- ▶ Die Zahl der Futtertage ergibt sich aus der Annahme, dass z. B. im Herbst frisches Rübenblatt und im Frühjahr Winterraps verfügbar sind.
- ▶ Durchschnittliche Milchleistung von 17 kg/Kuh und Tag.
- ▶ Das Grundfutter reicht für 12 kg Milch.

Abb. 948 Vereinfachtes **Rechenbeispiel** für die Futterplanung (Futtervoranschlag).

Futterplan
(Futtervoranschlag)

vom 1. Dez. bis 15. April

167 • Tage

Name Vorname Gemeinde

Kr. Gem. Betr.

Futtergabe je Tier und Tag in kg

Tierart	Tierzahl	Futtertage je Tier	Gesamtfuttertage	Rauhfutter: Wiesen Heu	Rauhfutter: Heu	Saftfutter: Anwelk Silage	Saftfutter: Mais Silage	Saftfutter	Saftfutter: Rüben	Saftfutter	Getreide: Schrot	Getreide	Getreide	Trockenschnitzel	Sojaextraktionsschrot	Mineralfutter
1	2	3	4	5	6	7	8	9	10	11	12	13	14	15	16	17
															Vorrat	
Milchkühe vom 1.12. bis 15.4.	20	167		3		12	18				2				0,5	0,150
Milchkühe vom ___ bis ___																
Jungvieh hochtragend	3	60	180	2		20					0,8				0,2	0,100
Jungvieh über 1 Jahr	7	167	1169	3		18										0,070
Jungvieh unter 1 Jahr	7	167	1169	1,5		9					0,9				0,6	0,040
Kälber	10	120														
Mastrinder																
Schweine (bis zur Ernte)																

Vorrat bzw. Bedarf für den Fütterungsabschnitt in dt

Tierart	Rauhfutter: Wiesen Heu	Rauhfutter: Heu	Saftfutter: Anwelk Silage	Saftfutter: Mais Silage	Saftfutter	Saftfutter: Rüben	Saftfutter	Getreide: Schrot	Getreide	Getreide	Trockenschnitzel	Sojaextraktionsschrot	Mineralfutter
1	5a	6a	7a	8a	9a	10a	11a	12a	13a	14a	15a	16a	17a
Milchkühe vom 1.12. bis 15.4.	100,2		400,8	601,2				66,8				16,7	5,0
Milchkühe vom ___ bis ___													
Jungvieh hochtragend	3,8		36,0					1,4				0,4	0,2
Jungvieh über 1 Jahr	35,0		210,4										0,8
Jungvieh unter 1 Jahr	17,5		105,2					10,5				7,0	0,5
Kälber	10,0							9,1				3,6	0,3
Mastrinder													
Schweine (bis zur Ernte)													
Gesamtbedarf	166,5		752,4	601,2				87,8				27,7	6,8
Futterreserve/Zukaufsbedarf													

- 2,5 kg Leistungskraftfutter (4 Teile Getreide + 1 Teil Sojaschrot + 2 % vitaminiertes Mineralfutter) pro Kuh und Tag.
- Kälberaufzucht nach der »Frühentwöhnungsmethode«.

Aufgaben:

1. Wie viele kg Milch sind aus dem Grundfutter allein in der Winterfütterung, bei der Sommerstallfütterung und bei Weidegang ungefähr erzielbar?
2. Eine wiederkäuergerechte Futterration muss ausreichend Rohfaser und genügend Struktur enthalten.
   a) Beschreiben Sie die Wirkung rohfaserreicher Futtermittel auf die Pansenverdauung.
   b) Wie viel Prozent der Trockenmasse der Gesamtration soll der optimale Rohfasergehalt einer Futterration für die Milchkuh betragen?
   c) Nennen Sie jeweils die Folgen eines zu niedrigen und eines zu hohen Rohfasergehaltes der Futterration.
3. Gegeben ist die folgende Futterration für Milchkühe (600 kg LM, Fettgehalt der Milch 4,0 %):
   5 kg Heu (2. Schnitt, grasreich),
   27 kg Futterrüben (gehaltvoll)
   10 kg Grassilage (40 % T, Ährenschieben, grasreich)
   5 kg Getreidemischung aus je einem Drittel Gerste, Weizen, Hafer.
   Berechnen Sie:
   a) den Gehalt der Ration an T, Rohfasermasse, NEL, nXP und RNB,
   b) den Milcherzeugungswert (MEW),
   c) das Verhältnis von Rohfaser : Trockenmasse in Prozent.
4. Gegeben ist die Futterration für Milchkühe (650 kg LM, Fettgehalt der Milch 3,5 %):
   60 kg Weidegras (4 Nutzungen, grasreich, 1. Aufwuchs, jung),
   10 kg Maissilage (35 % T, mittlerer Kolbenanteil, Ende Teigreife)
   6 kg Milchleistungsfutter (170 g nXP; 6,7 MJ NEL; 0 g RNB; 12 % RF).
   Berechnen Sie die gleichen Kenngrößen der Ration wie bei Aufgabe 3.
5. Gegeben ist folgende Grundfutterration für eine Milchkuh (600 kg LM, Fettgehalt der Milch 4,5 %):
   25 kg Grassilage (2–3 Nutzungen, klee- und kräuterreich, 1. Aufwuchs, volles Ährenschieben),
   8 kg Maissilage (mittlerer Kolbenanteil, Ende Teigreife)
   a) Berechnen Sie eine Basisration, die im Energiegehalt für 15 kg Milch reicht. Verwenden Sie als Ausgleichskraftfutter eine Getreidemischung aus je einem Drittel Gerste, Weizen und Hafer.

Futtermittel		Gewicht in dt/m^3
Futterrüben		7,0
Gerste		6,1
Weizen		7,6
Hafer		4,5
Trockenschnitzel		3,2
Heu, lang		1,0
Heu, gehäckselt		1,2
Heu (2.–3. Schnitt)		1,3
Heu, Hochdruckballen		1,7
Heu, Niederdruckballen		1,0
Grassilage	25–35% T	7,0
Grassilage	über 35% T	5,0–6,0
Rapssilage	12% T	10,0
Rübenblatt-Silage		9,0
Pressschnitzel-Silage	20% T	9,5
Maissilage (Fahrsilo)	30% T	6,5

Abb. 949 Zur Ermittlung der wirtschaftseigenen Futtervorräte benötigt man die Raumgewichte der Futtermittel.

Abb. 950 Praktische Messhilfen bei der Grundfutterwiegung.

Messhilfen	Futtermittel	durchschnittliches Gewicht
Schubkarre 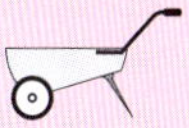	Maissilage Grassilage Blattsilage Gras Biertreber Rüben ganz	45 kg (35–60, je nach T) 40 kg (25–65, je nach T) 100 kg 65 kg 45 kg 60 kg (60–70)
Getreideschaufel bzw. Aluminiumschaufel 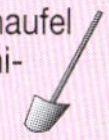	Maissilage Biertreber	4–5 kg (je nach T) 5 kg
Futtergabel 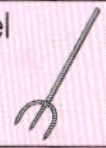	Heu, fest gedrückt Stroh, locker Heu, locker	5 kg 1,5–2 kg 3 kg
Hochdruckballen 	Heu Stroh	15 kg (12–25, je nach Pressung) 11 kg (6–13, je nach Pressung)
Niederdruckballen 	Heu Stroh	9 kg (5–15, je nach Pressung) 7 kg (4–12, je nach Pressung)
Quaderballen 	Heu Stroh	2–2,3 dt/m^3 1,5–1,7 dt/m^3
Rundballen 	Heu Silage (35 % T)	1,7–1,9 dt/m^3 5,2–5,4 dt/m^3
Blockschneider 	Maissilage (ca. 30 % T) Grassilage (ca. 35 % T)	ca. 6,5 dt/m^3 ca. 6 dt/m^3
Kraftfutter zuteilen: 1 Handschaufel 	hofeigene Mischung pelletiertes Mischfutter Getreideschrot	700–1000 g ca. 1000 g 700–900 g
20-l-Eimer 	Getreideschrot pelletiertes Mischfutter melassierte Schnitzel, Peletts hofeigene Mischung Biertreber, frisch	14 kg 15 kg 15 kg 14 kg 10–14 kg (je nach T)

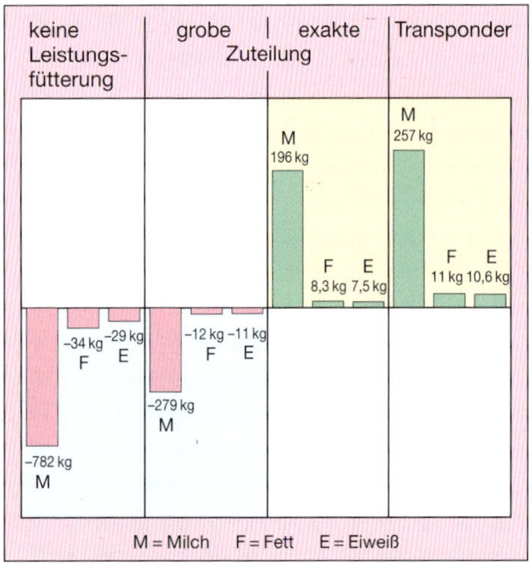

Abb. 951 Eine möglichst genaue Leistungsfütterung zahlt sich aus.

Abb. 952 Die beiden ersten Monate der Laktation und die letzten Wochen vor dem Trockenstellen sind die kritischen Phasen einer leistungsgerechten Milchviehfütterung.

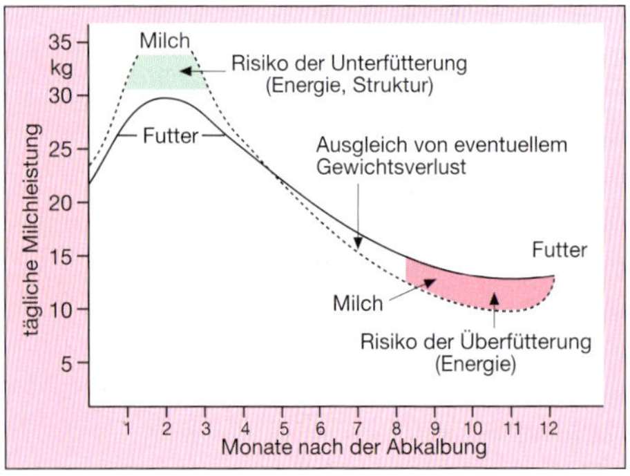

b) Berechnen Sie die zusätzliche Kraftfuttermenge für den Gesamtausgleich sowie den Milcherzeugungswert, den RNB-Wert und den Rohfasergehalt der Gesamtration.

6. Die Grundfutterration einer Milchkuh (650 kg LM, 4 % Milchfett) besteht aus:
40 kg Luzerne (1. Aufwuchs, in der Knospe)
8 kg Maissilage (Ende Teigreife, mittlerer Kolbenanteil)
a) Berechnen Sie eine Basisration, die im Energiegehalt für 12 kg Milch reicht. Verwenden Sie Trockenschnitzel zum Ausgleich.
b) Siehe 5. b.

7. In der Sommerfütterung sind Weidegang oder Stallfütterung möglich.
Nennen Sie stichpunktartig die wichtigsten Argumente, die für oder gegen das eine oder andere Verfahren sprechen.

8. Nennen Sie jeweils 4 eiweiß- und energiereiche Kraftfuttermittel für den Nährstoffausgleich des Grundfutters.

9. Erläutern Sie kurz die einzelnen grundlegenden Schritte zur Futterplanung, um Verdauungsstörungen bei den Tieren zu vermeiden.

10. Fruchtbarkeitsstörungen, schlechter Gesundheitszustand und Leistungsabfall sind häufig die Folgen von Fütterungsfehlern. So kann es vorkommen, dass Kühe trotz ausreichender Rohproteinversorgung an Proteinmangel leiden.
Wie können Sie sich diesen Zusammenhang erklären?

11. Nennen Sie mindestens 5 Futtermittel, die häufig in Futterrationen zur Winterfütterung vorkommen, und beschreiben Sie kurz deren wesentliche Merkmale.

12. Beschreiben Sie, wie man im Frühjahr und im Herbst die Übergangsfütterung sorgfältig durchführt.

5.2 Pflege der Tiere

Aussehen, Verhalten, Gesundheitszustand und *Leistungsverlauf* der Tiere sind ständig zu überwachen und bei Abweichungen sofort die Ursachen zu suchen, die das Wohlbefinden der Tiere stören.

! Tiere können nur dann hohe Leistungen bringen, wenn sie sich wohlfühlen.

Neben einem sauberen, tiergerechten *Stall,* einem gesunden *Klima,* einer sachgerechten *Fütterungs-* und *Melktechnik* sind auch das *Viehputzen* und die *Klauenpflege* von größter Bedeutung. Dies ist besonders dann wichtig, wenn die Tiere die meiste Zeit über im Stall gehalten werden und dabei keine Gelegenheit erhalten, Klauen abzunutzen oder sich zu scheuern. Ferner müssen die *Stallarbeiten* pünktlich und regelmäßig verrichtet werden, damit die Tiere möglichst lange ungestörte Ruhezeiten für das Wiederkauen und die Verdauung haben.

5.2.1 Viehputzen

Das Viehputzen ist von großer Bedeutung für das Wohlbefinden und die davon beeinflusste Leistungsfähigkeit der Tiere, besonders der Milchkühe. Geputzt wird mit *Striegel* und *Bürste,* die wie ein Handstaubsauger wirken.
Mit dem Striegel beseitigt man gröberen Schmutz und Krusten aus den Haaren. Einfacher und schonender für die Tiere ist in solchen Fällen jedoch die Dusche oder das Abwaschen mit körperwarmem Wasser. Das kräftige Bürsten fördert die Durchblutung und die Atmung der Haut, was sich auf die Verdauung günstig auswirkt. Neuerdings gibt es auch elektrische Putzgeräte.
Durch Insektizide werden die Tiere von Ungeziefer (Läuse, Milben) befreit, das besonders Milchvieh so stark belästigen kann, dass die Leistung empfindlich absinkt.
In Anbindeställen sollten die Tiere *wöchentlich einmal* geputzt werden. In Laufställen und Ausläufen können *Scheuervorrichtungen* wie z.B. Spezialbürsten oder halbierte Autoreifen an leicht zugänglichen Stellen angebracht werden, damit sich die Tiere selbst reinigen können.

5.2.2 Klauenpflege

Notwendigkeit der Klauenpflege – Klauen- und Gliedmaßenerkrankungen zählen zu den häufigsten Abgangsursachen in der Rinderhaltung. Eine sachgerechte **Klauenpflege** ist daher von großer wirtschaftlicher Bedeutung. Sie beginnt schon beim Jungrind, erstmals zwischen 6. und 9. Lebensmonat. *Im Anbindestall* und in *eingestreuten Tieflaufställen* nützen sich die Klauen nicht auf natürliche Weise ab und müssen daher *zweimal im Jahr* geschnitten werden. Bei *Weidehaltung* ist sie 4–6 Wochen vor dem Frühjahrsaustrieb und am Ende der Weideperiode nötig.
Auch im *Laufstall* sind Klauenkorrekturen notwendig. Der hintere Klauenrand nutzt sich zwar ab, aber der vordere Tragwandteil der Klaue kann zu lang werden. Nasse Laufflächen machen zudem die Klauen weich und anfälliger. Ein **Klauenbad** in einer 10%igen Kupfersulfatlösung unterstützt die Pflegemaßnahmen und beugt Klauenerkrankungen vor.
Ungepflegte Klauen wachsen sich z.B. zu sog. Scherenklauen oder Pantoffelklauen aus, welche die Tiere zu einer *unnatürlichen Belastung* der Klauen zwingen. Dadurch werden Gelenke, Bänder und Sehnen übermäßig beansprucht. Die Tiere haben beim Stehen und Laufen Schmerzen; sie rutschen leicht aus, bleiben lange liegen und fressen daher weniger. Ein Rückgang der Milchleistung ist die Folge.

Abb. 953 An solchen (selbst gebauten) Pflegebürsten scheuern sich Rinder sehr gerne.

Abb. 954 Ein Klauenbad, alle 2 Wochen, beugt Klauenerkrankungen vor.

Abb. 955 Kenntnisse und Fertigkeiten einer sachgerechten Klauenpflege kann man sich in Kursen aneignen.

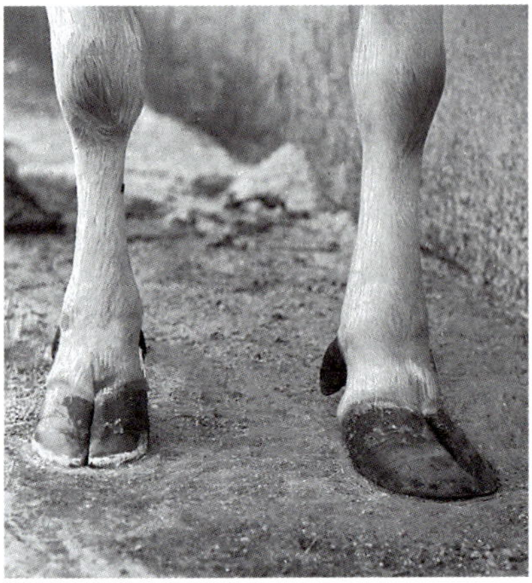

Abb. 956 Beschnittene und unbeschnittene Klaue.

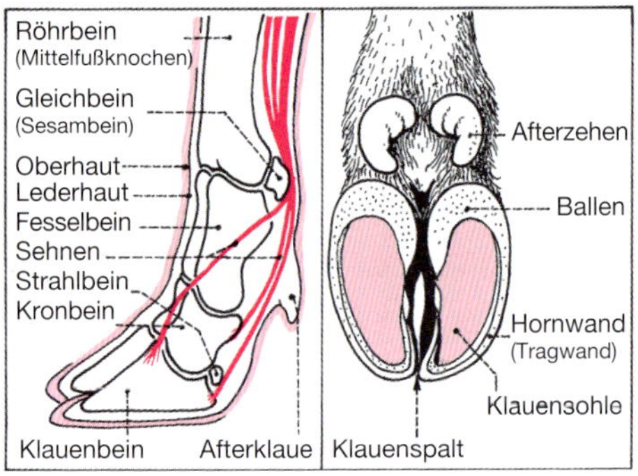

Abb. 957 Aufbau einer Rinderklaue.

Abb. 958 Die Funktionelle Klauenpflege stellt Höhe, Dicke und Länge an der Klaue richtig ein.

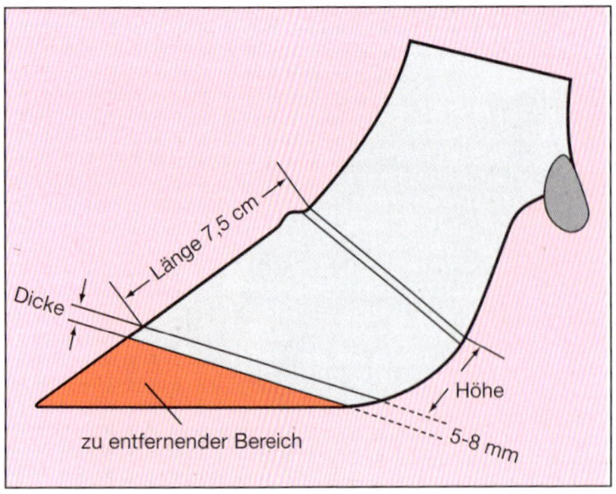

Aber auch **Mängel in der Aufstallung** verursachen Klauenschäden und -erkrankungen. Zu erwähnen wären z.B. im *Laufstall* zu große Spaltenbreite und zu geringe Balkenbreite bei Spaltenböden und im *Anbindestall* zu kurze Standflächen, so dass die Tiere ständig auf den Gitterroststäben stehen müssen, welche möglicherweise auch noch scharfkantig, rau oder zu schmal sind.

Einige Klauenleiden verlaufen chronisch und erzeugen erst in ihrer Endphase deutliche Lahmheit. Auf jeden Fall *ist* das Wohlbefinden dieser Tiere gestört, was zu *verminderter Fruchtbarkeit* und *kürzerer Nutzungsdauer* führen kann.

Durchführen der Klauenpflege – Die Klauenpflege sollte von einem erfahrenen Klauenpfleger durchgeführt werden. Nach eingehender Unterweisung oder Besuch eines Kurses kann man es auch selber versuchen. Grundlegende Kenntnisse über den Bau einer Klaue sind Voraussetzung.

Seit 1996 gilt die sog. **Funktionelle Klauenpflege** als offizielle Lehrmethode aller Klauenpflegeschulen. Schon rein aus Sicherheitsgründen sollte sie nur in *Klauenpflegeständen* durchgeführt werden. Hierbei eignen sich *Durchtreibestände* besser als *Kippstände,* da sie den Blick über die angehobene Klaue von hinten und von oben leicht ermöglichen. Im Kippstand können lediglich Profis korrekt arbeiten.

Zur **Grundausstattung der Klauenpflege** zählen folgende *Werkzeuge:* Klauenzange, rechte und linke Klauenmesser sowie vor allem für harte Klauen der Winkelschleifer (die Flex). Grobe Schnitte kann man auch mit einer Klauenschere ausführen. Das Stoßmesser erfordert große Geschicklichkeit. Beim Arbeiten mit dem Winkelschleifer sind Schutzbrille und Handschuhe notwendig.

Die Funktionelle Klauenpflege wird in folgenden **Schritten** durchgeführt:

- Betrachten des Tieres in der Bewegung und in der Ruhe, um Belastungs- oder Überlastungsverhältnisse feststellen zu können.
- Beginnen mit der Pflege der weniger belasteten Klauen, welche an den Hintergliedmaßen innen und an den Vordergliedmaßen außen sind, wobei Länge der Klaue (7,5 cm), Dicke der Sohle (5–8 mm) und Höhe der Klaue richtig einzustellen sind.
- Angleichen der stärker belasteten Klauen (hinten außen und vorne innen) nach dem gleichen Muster.
- Anlegen einer Kehlung im hinteren Bereich der Sohle.
- Entfernen von losem Horn.
- Kürzen zu langer Afterklauen, so dass sie in Länge und Breite gleich sind; aber nur mit der Zange, nicht mit der Flex.
- Kontrolle von Farbabweichungen und Rissen im Horn, um Schädigungen frühzeitig zu erkennen und zu beheben.
- Kontrolle des Zwischklauenspaltes und der Fesselbeuge auf mögliche Erkrankungen.

Erkrankte oder defekte Klauen sind zu entlasten. Dies geschieht, indem man an der *gesunden* Klaue einen Holzklotz oder einen Klauenschuh aus Gummi bzw. Kunststoff anbringt. Bei tiefer gehenden Erkrankungen oder Verletzungen ist zum besseren Schutz zusätzlich ein fachgerecht angelegter Klauenverband notwendig nachdem die Klaue gründlich gereinigt und desinfiziert wurde.

Eine regelmäßig und sorgfältig durchgeführte Klauenpflege ist die beste Vorbeugung gegen Klauenkrankheiten wie Klauenlederhaut-Entzündung (Steingalle), Klauenfäule, Ballenhornfäule, Zehenhaut-Entzündung, Klauensohlen-Geschwür, Klauenrehe, Zwischenklauen-Phlegmone und Zwischenklauenwulst (Limax).

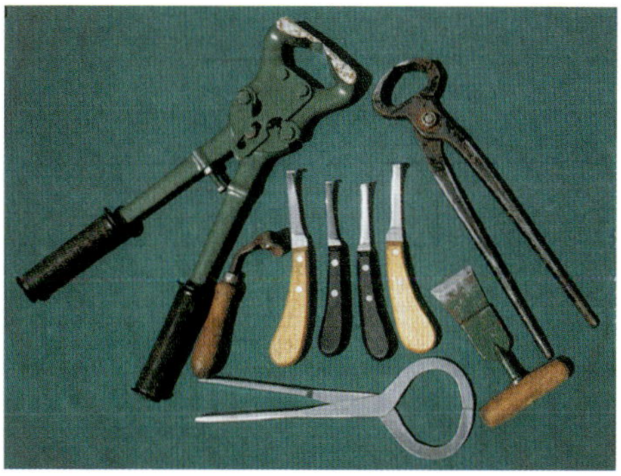

Abb. 959 Werkzeuge zur Funktionellen Klauenpflege. Von links nach rechts: Klauenzange mit Übersetzung, linke und rechte Klauenmesser, Stoßmesser, gerade Klauenzange. Unten so genannte Hufzange.

5.2.3 Fliegenbekämpfung

Die **Fliegenbekämpfung** im Stall ist aus Gründen der Hygiene sowie zum Erhalt der Leistungsfähigkeit der Tiere zwingend notwendig. Vorbeugend helfen regelmäßige Stallreinigungen und Desinfektionsmaßnahmen vor Massenentwicklungen der Fliegen, ihrer Larven und Puppen. Darüber hinaus sind aber auch gezielte Bekämpfungsmaßnahmen unumgänglich. Beim Einsatz von Mitteln mit Sofort- und Langzeitwirkung dürfen die Tiere nicht mit den Mitteln in Kontakt kommen.

Aufgaben:
1. **Weshalb ist das Viehputzen so wichtig?**
2. **Begründen Sie die Notwendigkeit der Klauenpflege, indem Sie auch auf die Folgen fehlerhafter Klauenformen eingehen.**

5.3 Der Milchviehstall

Abb. 960 Voraussetzung für erfolgreiche Milchproduktion ist ein entsprechend ausgerüsteter Milchviehstall.

Um Gewinn bringend wirtschaften zu können, soll der Milchviehstall *tiergerecht, arbeitssparend, kostengünstig* und *umweltverträglich* sein. Diese Forderungen an Stallklima, Aufstallungsform, Mechanisierung und Kosten widersprechen sich teilweise und zwingen daher zu Kompromissen.

5.3.1 Stallklima

Temperatur, Luftfeuchtigkeit, Schadgase, Luftbewegung und *Licht* beeinflussen das Stallklima. In Tabelle 91 (Seite 356) sind die Optimalbereiche bzw. Maximalwerte der einzelnen Klimafaktoren zusammengefasst.

Temperatur – Zu niedrige Temperaturen wirken sich bei Milchkühen auf die Leistung nicht so ungünstig aus wie zu hohe. Bei Temperaturen über 25 °C wird der Blutkreislauf sehr belastet, die Futteraufnahme vermindert und die Milchleistung folglich geringer.

Abb. 961 Einfluss der Stalltemperatur auf die Milchleistung.

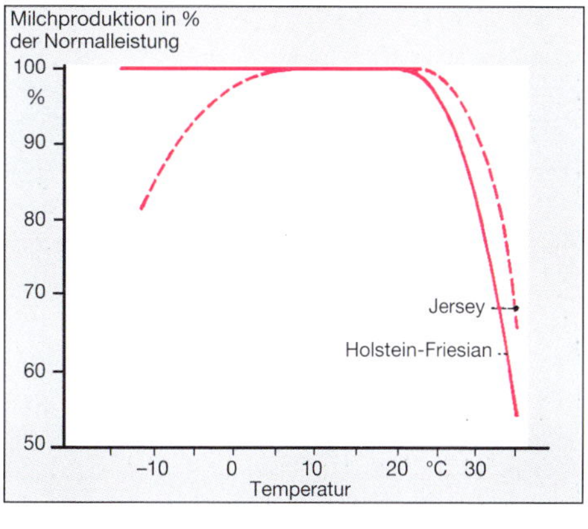

Luftfeuchtigkeit – Weicht bei normaler Stalltemperatur die relative Luftfeuchtigkeit vom Optimalbereich (60–80 %) ab, so werden Erkrankungen der *Atemwege* begünstigt. Bei zu hoher Stallluftfeuchte bildet sich das gefürchtete Tauwasser (Kondensat) vor allem an Außenwänden und Stalldecken. Bauschäden sind oft die Folgen.

Schadgase – *Kohlendioxid* (CO_2), *Ammoniak* (NH_3) und *Schwefelwasserstoff* (H_2S) gefährden bei Überschreiten der Maximalwerte (Tabelle 91) die Gesundheit von Mensch und Tier. Beim

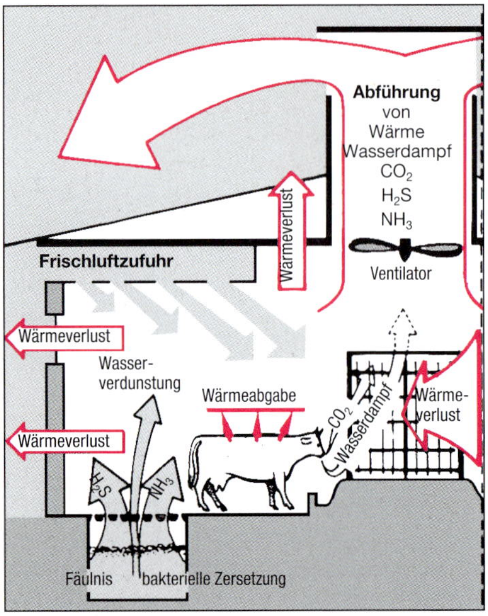

Abb. 962 Die Lüftung muss den Wärmehaushalt der Tiere und des Stalles, besonders im Winter, berücksichtigen.

Tabelle 91: Optimale Klimafaktoren im Milchviehstall
(nach DIN 18910)

Klimafaktor	Optimalbereiche bzw. Maximalwerte
Temperatur	0–20 °C
rel. Luftfeuchtigkeit	60–80 %
Schadgas-Konzentration Kohlendioxid (CO_2) Ammoniak (NH_3) Schwefelwasserstoff (H_2S)	 max. 3,0 l/m^3 max. 0,02 l/m^3 max. 0,005 l/m^3
Luftbewegung in Tierkörpernähe bei optimaler Stalltemperatur von 0–20 °C	max. 0,2 m/s
Licht Tageslicht Kunstlicht AS: • Melkzone • übriger Raum LS: • Melkstand • übriger Raum	 Fensterfläche 5–20 % der Bodenfläche Beleuchtungsstärke: 100 Lux 50 Lux 200 Lux 100 Lux

AS: Anbindestall, LS: Laufstall.

Aufrühren von Flüssigmist, der unter dem Stall gelagert wird, tritt Schwefelwasserstoff in so hochgiftigen Konzentrationen auf, dass sogar *Lebensgefahr* besteht. Daher beim Aufrühren stets für ausreichende Belüftung sorgen!

Luftbewegung – Sie sollte in Tierkörpernähe 0,2 m/s nicht überschreiten. Bei Temperaturen über 20 °C können jedoch Luftgeschwindigkeiten bis zu 0,6 m/s vertretbar sein. Die Gesundheitsgefährdung bei *Zugluft* liegt darin, dass Kaltluftstrahlen nur Körperteile abkühlen, und deshalb der Wärmeregulationsmechanismus des Tierkörpers nicht schützend ausgelöst wird.

Licht – Genügend Licht erleichtert ein sorgfältiges Arbeiten, verbessert die Stallhygiene und fördert die Fruchtbarkeit der Kühe (Lichtmangel begünstigt die »stille« Brunst).

Abb. 963 Formen der Milchviehaufstallung.

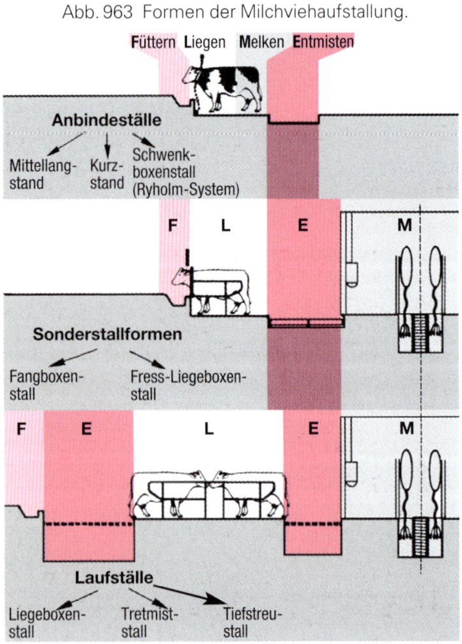

5.3.2 Stalllüftung

Für ein optimales Stallklima sind im Sommer hohe **Luftmengen** (Maximal-Luftrate) und im Winter geringe Luftmengen (Minimal-Luftrate) erforderlich, da in der kalten Jahreszeit eine ausgeglichene *Wärmebilanz* (d. h., die Wärmeverluste sind nicht größer als die Wärmeabgabe der Tiere) im Stall zu berücksichtigen ist.

Die zugeführte **Frischluft** soll sich *gleichmäßig* im Stall verteilen. Dadurch wird der gesamte Stallraum besser »durchspült« und Kaltluft bereits über den Tierkörpern auf Raumlufttemperatur angewärmt. Zulufteinrichtungen müssen daher eine gezielte, zugfreie und wegen der unterschiedlichen Sommer- und Winterluftraten mengendosierbare Frischlufteinführung ermöglichen.

Beim Einbau von **Lüftungsanlagen** sind *Stallgröße, Stalllage, Wärmedämmung* der Bauteile, *Tierbestand* und andere Faktoren zur Berechnung der notwendigen Zu- und Abluftöffnungen zu beachten. Diese Fachkenntnisse erfordern die Erfahrung eines Spezialisten.

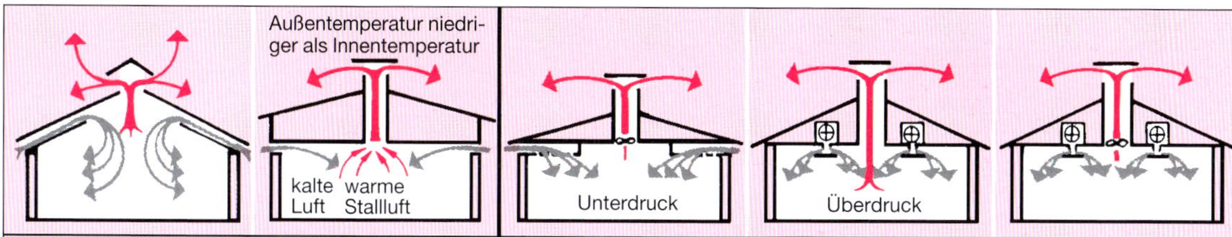

Trauf-First-Lüftung	Schachtlüftung	Unterdrucklüftung	Überdrucklüftung	Gleichdrucklüftung
Schwerkraftlüftungen		**Zwangslüftungen**		
Kennzeichen keine Ventilatoren; Luftförderung beruht auf dem Temperaturunterschied zwischen Außen- und Stallluft Dachdeckenkonstruktion	mind. 5 m hoher Abluftschacht	Ventilatoren für die Abluft	Ventilatoren für die Zuluft	getrennte Ventilatoren für Zu- und Abluft
Vorteile einfache und billige Anlage		einfache Anlage, gezielte Abluft (umweltfreundlich)	einfache Anlage; gute Frischluftverteilung, gut kombinierbar mit Stallheizung	sicher funktionierende Anlage; beste Frischluftverteilung
Nachteile nur funktionssicher, wenn Stallluft wärmer als Außenluft, d. h. im Winter Windeinfluss nicht berechenbar		bei undichten Ställen keine gezielte Luftführung (Falschluft, Zugluft)	feuchte Stallluft mit Schadgasen wird in Nebenräume und andere Bauteile gedrückt (Verschlechterung des Futters, Bauschäden)	hohe Einrichtungs- und Betriebskosten
Eignung für Kaltställe, bei Winterstallhaltung und bei entsprechender Regulierbarkeit der Zuluftöffnungen auch für Warmställe zufrieden stellend		in Rinderställen am häufigsten anzutreffen	für Ställe, die eine Heizung benötigen (z. B. Kälbermast)	für Ställe, bei denen wegen ungünstiger Gebäudeverhältnisse die anderen Systeme nicht ausreichen

Abb. 964 Lüftungssysteme im Vergleich.

Je nach Einrichtung der Zu- und Abluftführung unterscheidet man verschiedene **Lüftungssysteme.** In Abb. 964 sind ihre typischen Kennzeichen sowie Vor- und Nachteile zusammengefasst. Für Zwangslüftungen gibt es zur Regelung der notwendigen Luftraten verschiedene Einrichtungen. Beim *Stufentransformator* kann die gewünschte Drehzahl des Ventilators von Hand eingestellt werden. *Regelsteuergeräte* passen dagegen automatisch entweder über die Temperatur (mit Thermostat) oder über die Luftfeuchte (mit Hygrometer) die Ventilatorendrehzahl den unterschiedlichen Stallklimabedingungen an.

! Die Aufgaben der Stalllüftung sind das Zuführen von Frischluft und das Abführen von Wasserdampf, Schadgasen und im Sommer vor allem von Wärme.

5.3.3 Aufstallungsformen

Je nach Bewegungsfreiheit der Tiere und der sich daraus ergebenden Vereinigung oder Trennung der Funktionsbereiche »Füttern«, »Liegen«, »Melken« und »Entmisten« kann man *Anbinde-*

Abb. 965 Für geschlossene Liegeboxenställe haben sich bei Kaltställen freie Lüftungssysteme (Schwerkraftlüftung) mit Firsthaube oder Sheddach bewährt.

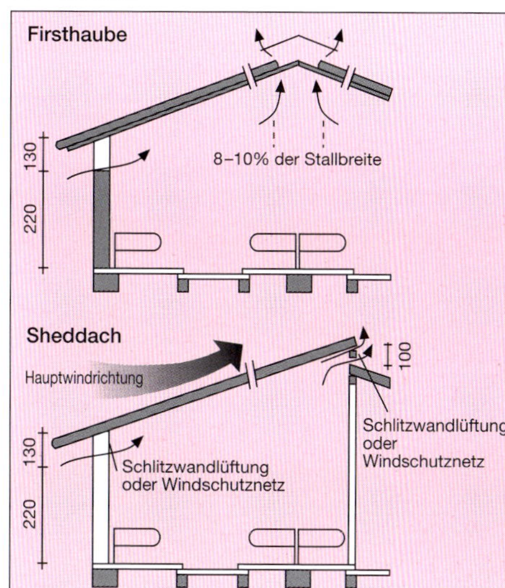

Abb. 966 Mitte: Grundform eines Anbindestalles.

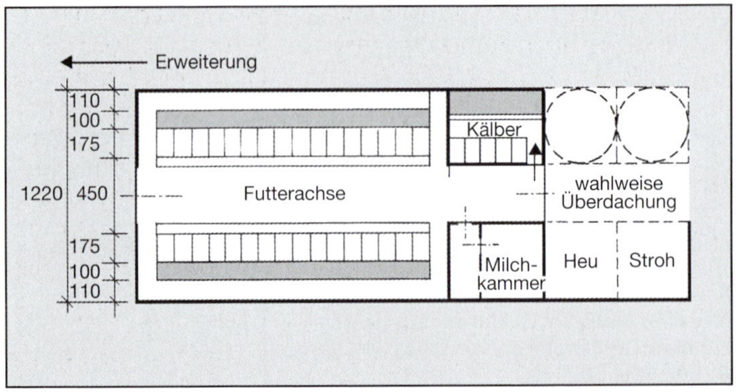

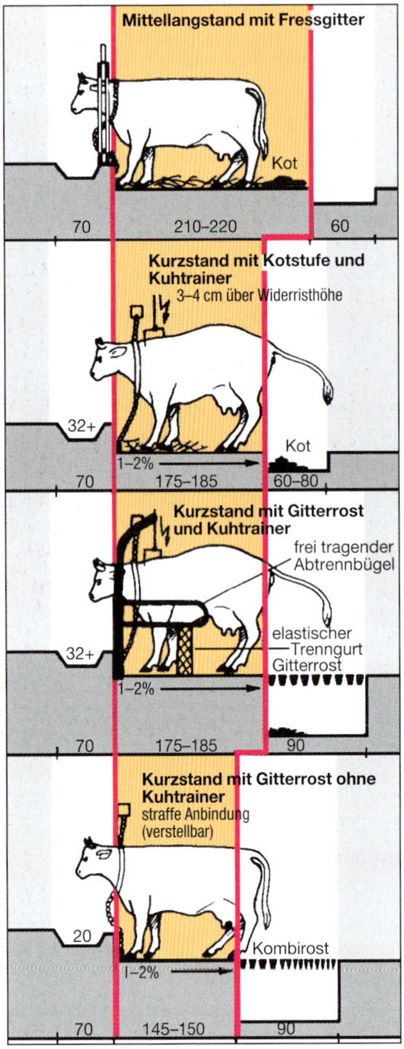

Abb. 967 Der Anbindestall ermöglicht verschiedene Standformen, die alle tiergemäß gestaltet sein müssen, was zunehmend problematisch wird.

Abb. 968 Kurzstand mit Gitterrost, Kuhtrainer und Senkrechtanbindung.

ställe, Laufställe und *Sonderstallformen* unterscheiden. Die Anbindehaltung ist derzeit noch sehr weit verbreitet, da erst ab 40 – 50 Kühen das Melken im Melkstand arbeitswirtschaftliche Vorteile bringt und Laufställe oder Sonderstallformen notwendig werden, die beträchtliche Investitionen erfordern.

Anbindeställe – Hierzu zählen der *Mittellangstand,* der *Kurzstand* und der *Schwenkboxenstall.*

Im **Mittellangstand** trennt ein verschließbares Fressgitter Fress- und Liegebereich. Die Standlänge beträgt 220 cm, so dass die Kühe während des Fressens auf die Liegefläche koten. Es ist also ziemlich viel Einstreu notwendig (5 kg/Tier und Tag). Wegen des hohen Arbeits- und Kapitalaufwandes wird er kaum noch gebaut.

Im **Kurzstand** versucht man, durch enge Anpassung der Standlänge an die Tierlänge, die *Liegefläche* mit möglichst wenig Einstreu (3 kg/Tier und Tag) oder sogar völlig einstreulos *sauber* zu halten. Das Fressgitter ist weggelassen. Der zusätzliche Bewegungsfreiraum über der Futterkrippe ist in die Berechnung des Tierplatzbedarfes bereits mit einbezogen.

Die Kühe haben daher trotz verkürzter Standlänge die gleiche Bewegungsfreiheit wie im Mittellangstand und zudem ständig Zugang zum Futter.

Einstreulose Haltung und *Flüssigmistverfahren* ermöglicht der **Kurzstand mit Gitterrost.** Er ist zur Standardlösung geworden. Zur Sauberhaltung des Liegeplatzes wird die Standlänge auf 145 – 150 cm verkürzt oder bei tiergemäßen 175 – 185 cm ein *Kuhtrainer* angebracht. Dieser an einen Stromimpulsgeber angeschlossene Elektrodraht veranlasst die Kuh zurückzutreten, um beim Koten und Harnen in typischer Art den Rücken krümmen zu können.

Die *mögliche Einstreu* macht den **Kurzstand mit Kotstufe** zur tierfreundlicheren, aber arbeitsaufwändigeren Lösung. Standlängen von 175 – 185 cm bedeuten Mehrarbeit, um den Liegeplatz sauber zu halten. Ein *Kuhtrainer* bringt auch hier eine wesentliche Erleichterung.

Haltungsbedingte Euter- und Beinschäden sowie unnatürliche Verhaltensformen sind bei Kühen in Kurzständen häufiger zu beobachten als in anderen Stallsystemen. Fehlerquellen können die Anbindevorrichtung sowie die Fress- und Liegeplatzgestaltung sein.

Die **Anbindung** darf nicht zu straff sein, damit die Kuh beim Fressen, Hinlegen und Aufstehen sowie zur eigenen Körperpflege nicht behindert ist. Bei der Auswahl muss daran gedacht werden, ob *ganzjährige Stallhaltung* oder *Weideführung* betrieben wird. Für Stallhaltung ist die *Senkrechtanbindung* nach Grabner-Art als Kette oder Nylonband eine funktionssichere und billige Lösung. Weidegang dagegen erfordert gruppenweises Ab- und Anhängen. Hierzu eignen sich *Gelenkhalsrahmen.* Mit *Selbstfang-Gelenkhalsrahmen* können sich die einzelnen Kühe sogar selber einfangen.

Die **Futterkrippe** muss vor allem ein natürliches Fressverhalten ermöglichen, darf aber zugleich die Tiere beim Hinlegen, Liegen und Aufstehen nicht hindern. Der Krippenboden soll daher 12 bis 15 cm über dem Niveau der Standfläche liegen und die 25 cm hohe *Krippenrückwand* aus einem elastischen Material (Gummiplatte) bestehen. Ist wegen bestimmter Futtermittel, z. B. Schlempe, aber eine massive Krippenwand notwendig, darf sie von der Standfläche weg nicht höher als 30 cm und nicht breiter als 12 cm sein.

Der **Liegeplatz** soll trittsicher, elastisch, nässefrei und wärmegedämmt sein. Bei Verwendung von *Einstreu* sind Hartbrandziegel, Spezialestriche oder Stallbodenplatten als Bodenbelag üblich. Für die einstreulose Haltung eignen sich am besten *Gummimatten* mit Oberflächenprofil als Einstreuersatz.

Alle Tiere sollten ausreichend Platz zum entspannten Liegen finden. Bei einer Standbreite von 110–120 cm sind daher *seitliche Standbegrenzungen* erforderlich, die verhindern, dass sich manche Kühe schräg legen und ihre Nachbartiere zum Stehen zwingen. Um Verletzungen zu vermeiden, sind dafür frei tragende Abtrennbügel mit elastischem Trenngurt vorzusehen.

Der **Schwenkboxenstall** (Ryholm-System) gleicht im Prinzip dem Kurzstand mit Gitterrost, jedoch ohne Anbindung. Die Kühe werden durch Schulterstützen, seitliche Trennbügel und hintere Absperrseile auf ihrem Standplatz festgehalten. Um die *Melkarbeit* zu erleichtern, können die Seitenabtrennungen geschwenkt und die Kühe wie im Fischgrätenmelkstall schräggestellt werden. Eine mögliche Weiterentwicklung durch den absenkbaren, gemeinsamen Mistgang zum »beweglichen Melkstand« soll die Vorteile des Anbindestalles mit denen des Laufstalles verbinden helfen.

Sonderstallformen – *Fangboxen-* und *Fress-Liegeboxenställe* haben nur noch geringe Bedeutung.

Fangboxen und **Fress-Liegeboxen** ohne Anbindung ermöglichen nur eine begrenzte Einzeltierbetreuung und erfordern eine Milchgewinnung im Melkstand. Wegen der Bewegungsfreiheit der Tiere ist deren Enthornung notwendig. Die verschiedenen Ausführungen (Fress-Liegeboxen mit Tragrost oder Kotstufe oder Liegemulde) bestimmen die Einstreuart und -menge sowie das Entmistungssystem (Flachschieber-Entmistung, Gummimatten als Spaltenboden mit Fließentmistung oder Zirkulationsverfahren der Gülle).

Laufställe – Diese Haltungsform gewinnt aus Gründen der Tiergerechtheit und Arbeitswirtschaft in spezialisierten Milchviehbetrieben vor allem bei Neuinvestitionen an Bedeutung. Die Bewegungsfreiheit fördert die Gesundheit und Fruchtbarkeit der Tiere,

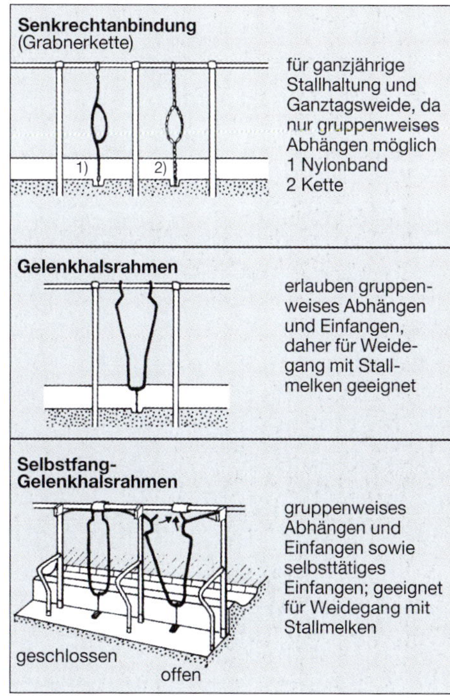

Abb. 969 Wichtige Anbindevorrichtungen und ihre Eignung.

Abb. 970 Eingestreute Fress-Liegeboxen.

Abb. 971 Geschlossener Liegeboxenstall.

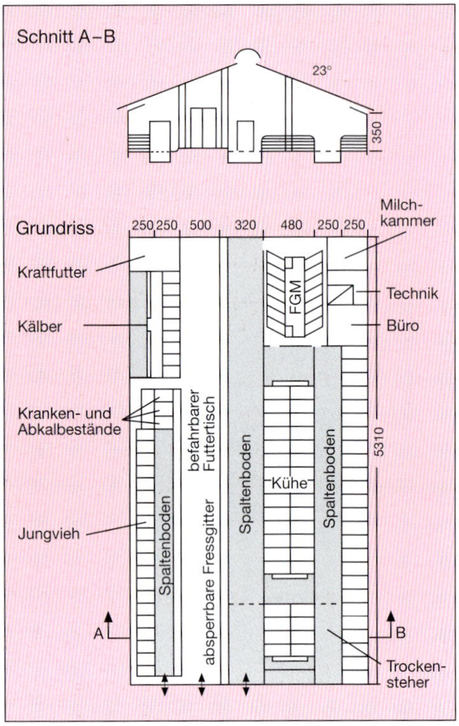

Abb. 972 Grundrissform eines geschlossenen 3-reihigen Liegeboxen-Laufstalles (Maße in cm, nach RITTEL und PIRKELMANN).

Abb. 973 »Spaltenroste« machen klauenangepasste Spaltenböden für Kühe möglich (Maße in cm).

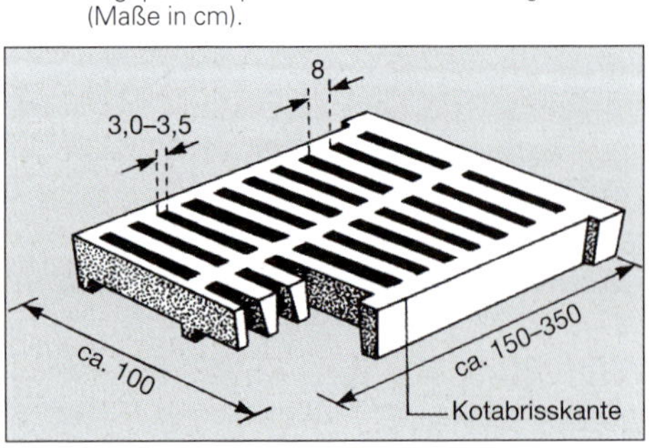

ermöglicht eine Trennung der Funktionsbereiche, wodurch sich die Anforderungen an Tier und Mensch optimaler gestalten lassen, erschwert aber die Einzeltierbetreuung. Zur Minderung der Verletzungsgefahr müssen die Tiere ebenfalls enthornt sein.

Beim **Tiefstreu-** bzw. **Tretmiststall** steht den Tieren neben einem Lauf- bzw. Fressbereich eine großflächig eingestreute Liegefläche zur Verfügung. Diese ist beim Tiefstreustall etwa 80–100 cm unter dem Laufgangniveau, so dass durch ständiges Einstreuen die Mistmatratze langsam anwächst. Beim Tretmiststall ist sie um 10 % zur Lauffläche hin geneigt und nur im oberen Drittel eingestreut. Die Gefahr der Euterverschmutzung und der Keimbelastung ist sehr hoch. Beide Haltungsformen sind für die Milchviehhaltung nicht so gut geeignet. Sie kommen nur für Betriebe mit ausreichendem Strohanfall und in Verbindung mit einem Offenfrontstall in Betracht.

Der **Liegeboxen-Laufstall** hat sich für Bestandsgrößen von 40 Kühen aufwärts aus Gründen der Arbeitsersparnis und -erleichterung durchgesetzt.

Da das *Wohlbefinden* der Tiere eine wichtige Vorauusetzung für hohe Leistung und gute Fruchtbarkeit ist, muss die Gestaltung der entsprechenden **Funktionsbereiche** den Ansprüchen eines gewissen »Kuhkomforts« genügen.

Ein optimaler, tiergerechter **Fressplatz** muss den Rindern eine artgemäße Futteraufnahme ermöglichen, aber zugleich verhindern, dass beim Fressen zu viel Futter vergeudet wird. Als Fressplatzbegrenzung zum befahrbaren Futtertisch genügen *Palisaden-Fressgitter,* welche Futtervergeudung und gegenseitiges Verdrängen weitgehend unterbinden. Zur Kraftfuttervorlage oder zu Behandlungszwecken eignen sich besser *verschließbare Fressgitter* (auch als Selbstfang-Fressgitter). Ein vorteilhaftes Fressplatz : Tier-Verhältnis von 1:1 bedeutet eine Krippenlänge von 70 bis 75 cm/Tier.

Die **Lauf-** und **Mistgänge** sollen im Fressplatzbereich mindestens 330 cm und zwischen 2 Liegeboxenreihen mindestens 250 cm breit sein. Als rissefreie und wasserundurchlässige *Betonflächen* mit *Flachschieber-Entmistung* ermöglichen sie reichlich Einstreu in den Liegeboxen. Vorwiegend sind aber *Spaltenböden* mit *Fließmist-Verfahren* oder *Zirkulationsverfahren* der Gülle eingebaut.

Der sachgemäßen Ausführung der **Spaltenböden** kommt im Hinblick auf die Tiergesundheit besondere Bedeutung zu. Schlechte Böden (nicht tiergemäße Abmessungen der Auftrittsbreite und Schlitzweite; Ausbrüche, scharfe Kanten und Grate) führen vor allem zu Klauenverletzungen. Spaltenböden müssen Kot und Harn rasch durchlassen, damit die Laufflächen nicht zu stark verschmutzen, sondern möglichst trocken und trittsicher bleiben.

Aus diesem Grund muss der *Schlitzflächenanteil* möglichst hoch sein. Da breite Schlitze wegen der Gefahr des Abrutschens und Abkippens für die Tiere ausscheiden, muss folglich die *Auftrittsbreite* auf das betontechnische Mindestmaß von 8 cm verringert und die Anzahl der Schlitze mit einer *Schlitzweite* von 3–3,5 cm erhöht werden. Diese Forderungen lassen sich nur noch mit *Spaltenrosten* und nicht mit Einzelbalken erfüllen. Als weiterer Vorteil kommt hinzu, dass die *Bodenoberfläche* bei Verlegung solcher

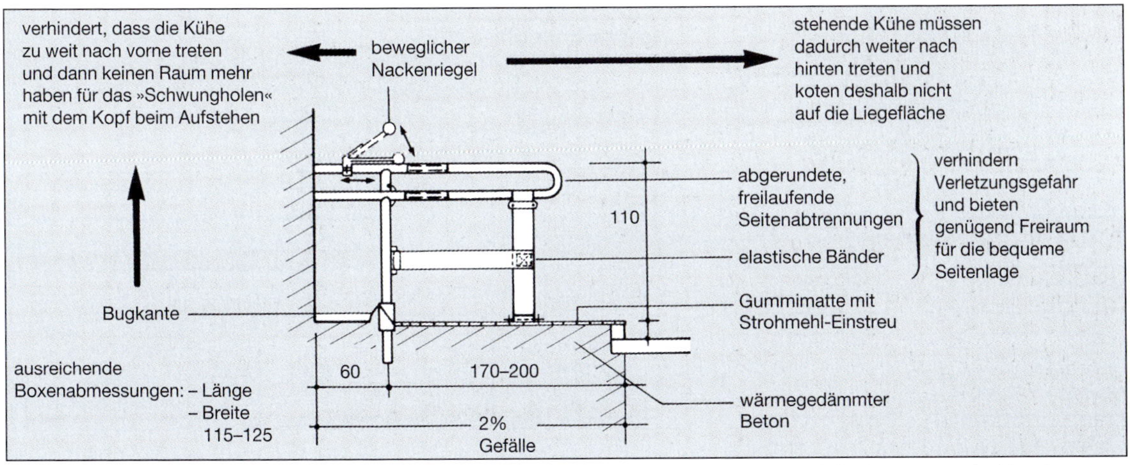

Abb. 974 Anforderungen an eine Liegebox am **Beispiel** einer »Hochboxe« an der Wand (Maße in cm).

Spaltenbodenelemente ebener wird als bei Einzelbalken und die Tiere bequemer liegen können.

Liegeboxen müssen bequem, schützend und sauber sein. Welche Ausführungen diese Ansprüche erfüllen, kann aus den nebenstehenden Abb. entnommen werden.

Neben der hier dargestellten *Hochboxe,* welche weniger Platz und Pflege, dafür aber mehr Kapital beansprucht, werden in der Praxis immer häufiger *Tiefboxen* angetroffen. Hier liegen die Kühe auf einer Einstreu aus Häckselstroh und Sand. Als Abgrenzung zur Lauffläche hin ist eine 20–25 cm hohe Streuschwelle angebracht. Solche weiche Liegemulden werden von den Tieren bevorzugt angenommen. Tiefboxen sind im Vergleich zu Hochboxen zwar billiger, dafür aber pflegeaufwändiger.

Folgende **Liegeboxen-Laufstall-Systeme** lassen sich unterscheiden:

- ▶ Geschlossener Liegeboxenstall,
- ▶ Liegeboxenstall mit Außenfressplätzen,
- ▶ Liegeboxenstall mit Laufhof,
- ▶ Offenfrontstall.

Beim *geschlossenen Liegeboxenstall* sind Liege- und Fressbereich ohne Trennwände unter einem Dach vereint. Der *Liegeboxenstall mit Außenfressplatz* bietet den Tieren in der Liegehalle einen guten Witterungsschutz und am überdachten Fressplatz den wohltuenden Kontakt zum Außenklima. Die Durchgänge in den jeweils anderen Stallbereich sind mit PVC-Folienstreifen verhangen.

Ein *Liegeboxenstall* mit *Laufhof* sieht zwischen Liegehalle und Fresshalle einen mind. 5 m breiten Laufhof vor, der zum Großteil überdacht ist, aber das natürliche Bedürfnis der Rinder nach Außenklimakontakt befriedigt. Während dieser sog. *funktionale* Laufhof hier fest zum Stallsystem gehört, kann er als *optionaler* Laufhof den Tieren bei geschlossenen Liegeboxenställen zur wahlweisen Nutzung angeboten werden.

Der *Offenfrontstall* ist ein typischer Außenklimastall. Er ist nur an drei Seiten geschlossen. Die witterungsgeschützte vierte Seite ist zwar überdacht, bleibt aber offen. Hier erfolgt die Fütterung an einem allerdings nur einseitig nutzbaren Futtertisch.

Abb. 975 Offenfront-Liegeboxen-Laufstall (Maße in cm, nach RITTEL).

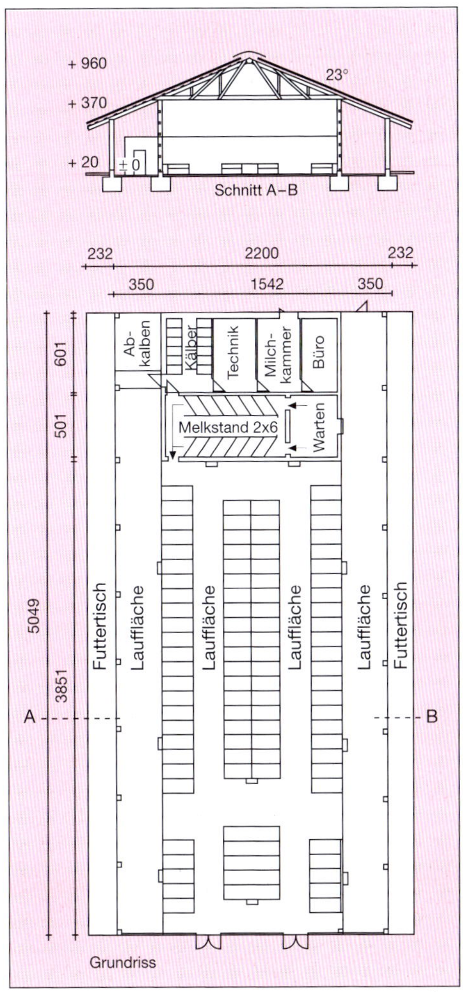

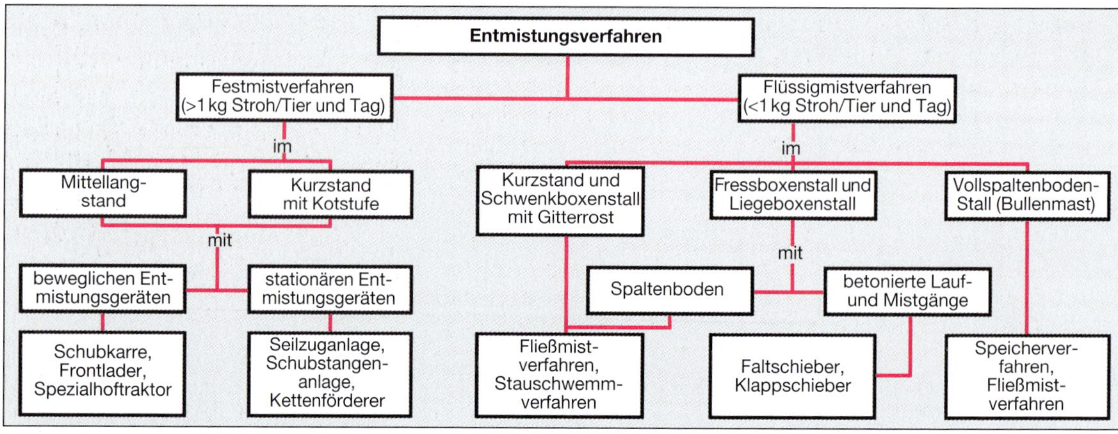

Abb. 976 Die wichtigsten Entmistungsverfahren im Rinderstall als Übersicht.

5.3.4 Entmistungsverfahren

Abb. 977 Spezial-Hoftraktoren können bei der Entmistung sehr behilflich sein, da sie besonders wendig sind.

Das *Festmistverfahren* finden wir im Mittellangstand und im Kurzstand mit Kotstufe. Bei allen anderen Aufstallungsformen hat sich fast ausschließlich das *Flüssigmistverfahren* durchgesetzt. Es ist betriebswirtschaftlich am günstigsten und ökologisch wesentlich verträglicher geworden. Man sollte auf jeden Fall vermeiden, dass in einem Betrieb beide Entmistungsverfahren nebeneinander vorkommen, da unterschiedliche Dunglagerstätten und Ausbringgeräte erforderlich sind.

! **Werden im Stall täglich mehr als 1 kg Stroh/Tier eingestreut, spricht man vom Festmistverfahren, bei geringerer Einstreumenge oder bei strohloser Haltung der Tiere vom Flüssigmistverfahren. Bei Strohhäcksel oder Strohmehl kann sogar bis zu 1,5 kg Einstreu/Tier und Tag noch Flüssigmist erzeugt werden.**

Abb. 978 Das Speicherverfahren (oben Grundriss, unten Aufriss) (Schema, Maße in cm).

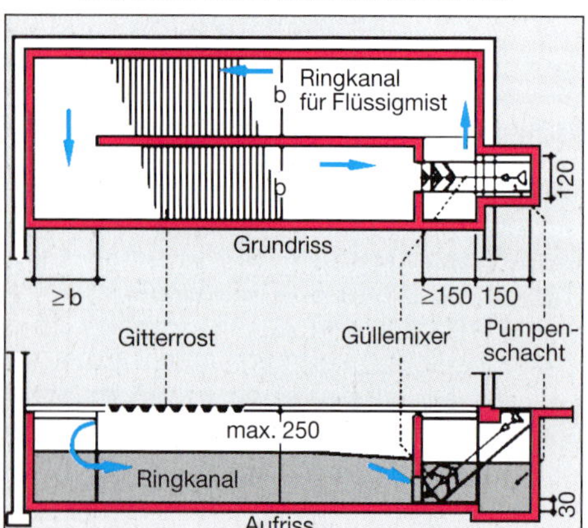

Festmistverfahren – Hierfür bieten sich mehrere Mechanisierungsstufen an. In Altgebäuden und kleineren Kuhbeständen wird noch die **Schubkarre** benutzt. Für mittlere und größere Bestände ist die *Mechanisierung* des Ausmistens zur Arbeitserleichterung und zur Arbeitszeiteinsparung unbedingt nötig.

Wo die Dungstätte nicht unmittelbar am Stall liegt, ist der **Frontlader** eine gute Lösung. Er kann in mehreren Ställen und zu vielen anderen Arbeiten verwendet werden. Diese Vielseitigkeit macht ihn besonders kostengünstig. Mistgänge und Türen müssen allerdings entsprechende *Abmessungen* aufweisen. Daher kann er in älteren Ställen meistens nicht eingesetzt werden. Hier sind die kleineren und wendigeren **Spezial-Hoftraktoren** besser geeignet, die aber verhältnismäßig teuer sind.

Neben diesen beweglichen Entmistungsgeräten gibt es auch sog. *stationäre Entmistungsanlagen.* Sie sind an feste Mistachsen gebunden, in deren Verlängerung die Dungstätte liegen soll. Häufig sind sie sehr störanfällig.

Seilzuganlagen (Mistschieber, Schrapper) mit automatischem Rücklauf können den Mist auch stapeln.
Schubstangenanlagen benötigen zum Dungstapeln eine zusätzliche Höhenförderung. An einer sich abwechselnd 2 m vor- und zurückbewegenden Schiene sind im Abstand von ca. 80 cm *bewegliche Schubklappen* befestigt, welche im Leerhub an- und im Förderhub um 90° abgewinkelt sind.
Druckentmistungsanlagen, z. B. Presskolben- oder Presskanalentmistung, haben gegenüber Schrägförder-Anlagen (Schubstangen-, Kettenförderer) den Vorteil, dass sie keine Zugluft in den Stall lassen, frostsicher (zumindest die Presskolbenanlagen) sind und meist geringere Wartung brauchen.
Kettenförderer mit *starren Schubklappen* befördern den Dung in eine Richtung. Sie können um Ecken gelenkt werden und eignen sich auch zum Dungstapeln.
Flüssigmistverfahren – Dazu zählen das *Staumist-*, *Fließmist-* und *Speicherverfahren* sowie die *Flachschieberanlagen.*
Beim **Staumistverfahren** wird der Flüssigmist unter Gitterrosten oder (seltener) Spaltenböden in rechteckigen Kanälen, welche ein Gefälle von 0,5 % haben, durch einen *Schieber vor der Grube* angestaut. Je nach Fassungsvermögen der Kanäle wird etwa alle 10–14 Tage die Gülle in die Grube abgelassen. Der Schieber ist dabei möglichst schnell zu ziehen. Zur völligen Entleerung muss mit Wasser (10 l/GV und Tag) nachgespült werden.
Weiter verbreitet ist das **Fließmistverfahren.** Der Kanal hat kein Gefälle. Am Kanalende ist eine 10–15 cm hohe *Stauschwelle.* Dadurch bleibt immer eine Flüssigkeitsschicht erhalten, auf welcher der Dung ständig abfließt. Die Reibungskräfte werden durch den schrägen Dunganstau überwunden. Damit dieses Verfahren funktioniert, müssen Tiefe und Länge des Kanals aufeinander abgestimmt werden. Mit zunehmender Länge sind tiefere Kanäle notwendig. Ein *Geruchsverschluss* am Zulauf zur Grube verhindert, dass Schadgase und Zugluft einströmen.
In Mastställen mit Rein-Raus-Verfahren ist unter Spaltenböden auch das **Speicherverfahren** möglich, wobei zwischen *Güllekeller* (Kammersystem) und *Zirkulationsverfahren* unterschieden wird. Die Kanäle sind in diesem Falle so zu bemessen, dass sie den Flüssigmist für mindestens 4, besser 6 Monate fassen können, um die Zeit des Ausbringverbotes zu überbrücken.

! Vorsicht! Beim Aufrühren der Gülle entstehen lebensgefährlich giftige Gase. Unbedingt Tiere aus den Stall bringen oder für ausreichende Frischluftzufuhr sorgen.

Betonierte Lauf- und Mistgänge werden mit **Flachschiebern** entmistet. Mit 3–5 m/min werden diese mehrmals täglich von Stahlseilen, Ketten oder Zugstangen über die Lauffläche gezogen. Die Tiere können ungehindert darüber steigen. Der *Faltschieber* passt sich durch eine veränderliche Winkelstellung von allein der Breite des Kotganges an. Beim *Klappschieber* kippt das Schiebeschild zum Reinigen nach unten.

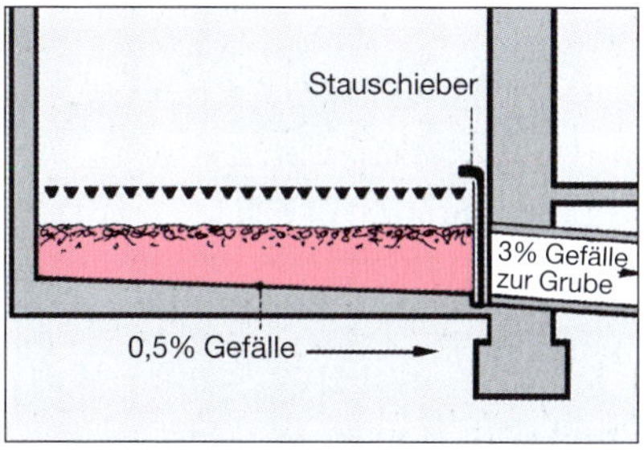

Abb. 979 Das Staumistverfahren (Schema).

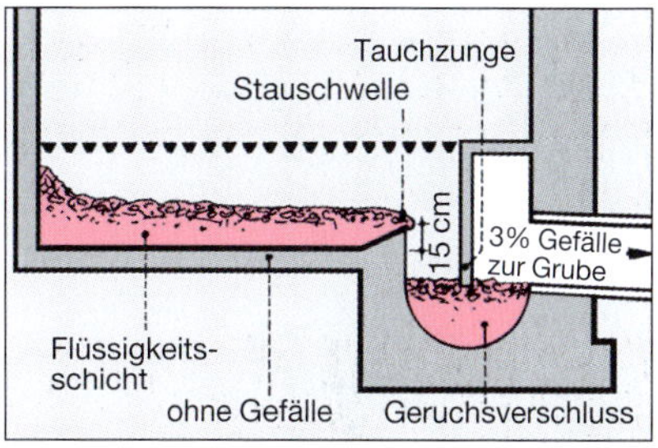

Abb. 980 Das Fließmistverfahren (Schema).

Abb. 981 Flachschieber für planbefestigte Laufflächen (Maße in cm).

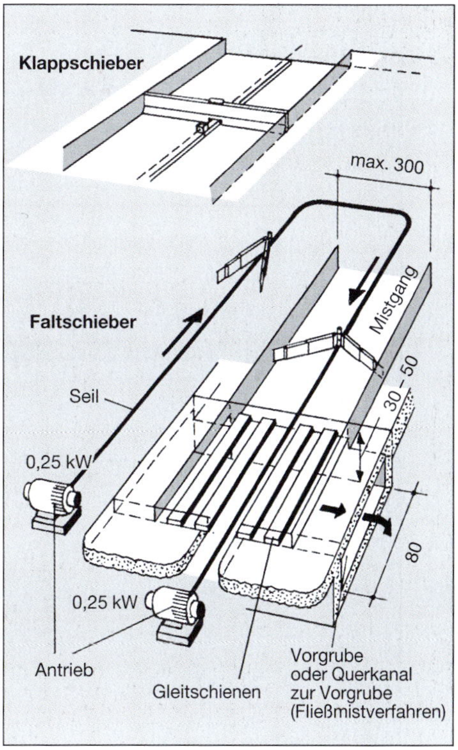

Abb. 982 Der V-förmige Faltschieber in Arbeitsstellung.

Flachschieber eignen sich auch zum Entmisten der **Laufhöfe** ebenso wie Traktoren mit Frontlader oder Heckschild und Hoftraktoren.

5.3.5 Fütterungsverfahren

Während man *Grundfutter* zur freien Aufnahme vorlegen kann, muss *Kraftfutter* leistungsbezogen zugeteilt werden.

Grundfuttervorlage – Sind die Tiere wie im **Anbindestall** am Fressplatz festgehalten, ist *Einzelfütterung* möglich. Das Grundfutter erhalten die Tiere dabei in der Regel zweimal täglich in halben Tagesrationen. Alle Tiere fressen folglich gemeinsam zu bestimmten Tageszeiten.

Im **Laufstall** dagegen können die Tiere, sofern keine Fangfressgitter vorhanden sind, ihren Fressplatz beliebig wechseln. Bei dieser sog. *Gruppenfütterung* muss das Grundfutter der gesamten Herde auf *Vorrat* angeboten werden, damit Futterkämpfe unterbleiben und rangniedere Tiere auch genügend lang fressen können. Bei dieser Fütterungsform zeigt sich, dass die Tiere einem natürlichen Fressrhythmus folgend den ganzen Tag über Futter aufnehmen und nicht nur zu bestimmten Fresszeiten.

Abb. 983 Die wichtigsten Verfahren der Grundfuttervorlage im Rinderstall.

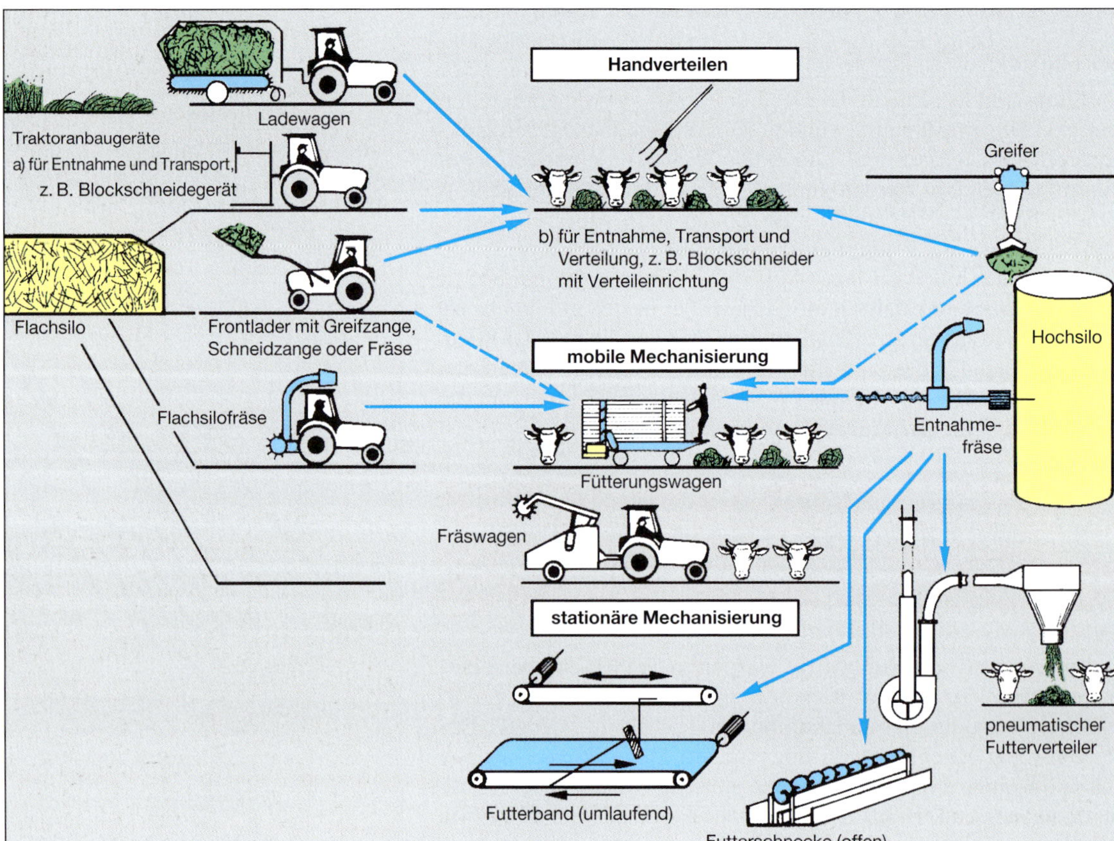

Es fressen also nie alle Tiere zur gleichen Zeit, so dass das *Fressplatz : Tier-Verhältnis* sogar bis auf 1:3 eingeschränkt werden kann. Dies setzt allerdings eine gleichmäßig gute Grundfutterqualität voraus, weil sonst für die rangniederen Tiere immer nur die weniger wertvollen Futterbestandteile übrig bleiben.

Die *Fressgitter* müssen so gestaltet sein, dass vor allem Fressplatzwechsel und Futterverluste eingeschränkt werden. Fangfressgitter im Laufstall würden zwar die Rangordnungsrivalität beim Fressen unterbinden und die Futteraufnahme erhöhen, werden aber in der Praxis selten eingesetzt, weil das Einfangen und die Befreiungsversuche der Tiere Probleme bereiten.

Die **Mechanisierung der Grundfuttervorlage** soll die schwere Fütterungsarbeit erleichtern, soll Zeit sparen helfen und kostengünstig sein.

Der *befahrbare Futtertisch* ist bei allen Um- oder Neubauten zur Standardeinrichtung geworden. Bei *Sommer-Stallfütterung* erlaubt er die Grundfuttervorlage mit dem Ladewagen.

Zur *Winterfütterung* können je nach Silobauart verschiedene **mobile Fütterungsgeräte** eingesetzt werden.

Futterentnahme aus Hochsilos: Die Entnahme des Futters aus Hochsilos kann mit *Untenentnahmefräsen,* mit *Obenentnahmefräsen* oder mit *Greiferanlagen* erfolgen.

Für den Einsatz von **Untenentnahmefräsen** muss die Silage kurz und exakt gehäckselt sein. Bei der Entnahme rutscht der Futterstock im Behälter nach unten, so dass jederzeit nachsiliert werden kann.

Bei der **Obenentnahme** wird die Fräse mittels einer motorbetriebenen Seilwinde auf den Futterstock gesetzt. Der Fräsarm als Frässchnecke oder Fräskette ausgebildet, arbeitet im Uhrzeigersinn und fräst dabei eine dünne Schicht Futter ab. Dieses wird zur Mitte transportiert und einem Fördergebläse zudosiert. Mit Wurf- oder Sauggebläse erfolgt der Transport in den Fütterungswagen.

Für die Entnahme von Futter mit **Greiferanlagen** müssen die Hochsilos mit einer Tragekonstruktion für den Greifer überbaut sein. Außerdem kann der Greifer auch zur Befüllung verwendet werden.

Wegen der geringer werdenden Bedeutung von Hochsiloanlagen haben diese Entnahmegeräte keine weitere technische Entwicklung genommen.

Futterentnahme und -verteilung bei Flachsilos: Bei der Futterentnahme sollen Fehlgärungen am Futterstock vermieden werden. Deshalb soll die Entnahme möglichst über die ganze Anstichfläche verteilt sein; bei der Entnahme ist eine starke Lockerung des Futterstockes zu verhindern.

Folgende Geräte kommen in Frage:

- Hydraulische Ladewerkzeuge am Frontlader,
- Siloblockschneider im Heck- oder Frontanbau,
- Entnahme- und Verteilgeräte,
- Futtermisch- und Verteilgeräte,
- Fräsmischwagen.

Hydraulische Ladewerkzeuge am Frontlader kommen bei großen Entnahmemengen als *Silagezangen* zur Anwendung. Die Boden-

Abb. 984 In Verbindung mit Flachsilos erleichtert das Blockschneidegerät die Futtervorlage.

Abb. 985 Im Hochsilo ist die Oben-Entnahmefräse oft Anfang der mechanisierten Futtervorlage.

Abb. 986 Traktorgezogener Fütterungswagen.

Abb. 987 Silageblockschneider mit Doppel-Schneidmesser.

Abb. 988 Entnahmegerät mit Reißkamm (oben) und Koppbehälter bei der Futtervorlage (unten).

zinken werden waagrecht in den Futterstock geschoben, die hydraulisch betätigten Greifzinken trennen die Futterportion vom Futterstock.

Bei der *Silageschneidzange* trennt an Stelle der Greifzinken eine Schneidzange das Futter vom Stock. Dadurch wird eine saubere Anschnittfläche hinterlassen. Auch bei Grassilage ist eine gute Entnahme möglich.

Das entnommene Futter wird direkt in den Stall transportiert oder in ein Verteilgerät gefüllt. Die Silagezangen haben ein Fassungsvermögen von 0,8 – 2,5 m^3 und Arbeitsbreiten bis zu 2 m. Für diese Geräte sind Frontlader mit entsprechenden Hubleistungen und Hubhöhen erforderlich.

Silageblockschneider sind an der Dreipunkthydraulik des Traktors oder auch am Frontlader angebaut. Mit den Bodenzinken wird das Gerät waagrecht in den Futterstock geschoben. Anschließend setzt sich das Schneidwerk in Bewegung und trennt einen Futterblock aus dem Futterstock.

Mit dem Blockschneider erfolgt der Transport des Futters direkt auf den Futtertisch.

Als Schneidwerkzeuge arbeiten:

- *Spatenmesser,* sie werden senkrecht von oben nach unten in den Futterstock gedrückt. Nach jedem Schnitt wird das Messer weitergeführt bis der ganze Block getrennt ist.
- *Doppelmesser,* es ist senkrecht nach unten angeordnet. Es bewegt sich am Schneidrahmen von einer Seite zur anderen und schneidet den Block an 3 Seiten aus dem Futterstock heraus.
- *U-Schneidrahmen,* er bewegt sich beim Schneiden von oben nach unten und trennt gleichzeitig an den 3 Seiten den Block vom Futterstock.

Entnahme- und **Verteilgeräte** können das Futter aus dem Futterstock entnehmen, zum Stall transportieren und gleichmäßig in den Futtertrog verteilen. Die Entnahme bei diesen Geräten ist möglich durch

- einen *Reißkamm:* Der hydraulisch zu bedienende Reißkamm wird in den Futterstock geführt, durch eine Druck- und Zugbewegung wird das Futter getrennt und in den Behälter geschoben.
- ein *Schneidschild:* Es wird ebenfalls hydraulisch von oben nach unten im Futterstock geführt und dabei trennen die Schneiden das Futter, es wird anschließend in den Behälter geschoben.
- eine *Fräse:* Sie schneidet das Futter aus dem Stock und fördert es in den Verteilwagen.

Sowohl der Reißkamm wie auch das Schneidschild müssen bei der Entnahme von der Bedienungsperson genau gesteuert werden. Sie bestimmt im Wesentlichen durch eine geschickte Bedienung und Handhabung die Entnahmeleistung.

Die Behälter dieser Geräte verfügen über Volumen von 1,2 bis 2,5 m^3. Der Futteraustrag erfolgt über Dosierwalzen und Kratzboden.

Futtermisch- und **Verteilgeräte** müssen mit der Silagezange oder anders befüllt werden. Neben der Silage sind auch noch Heu oder Stroh einzufüllen. Für eine Total-Mischration (TMR) kann auch noch Kraftfutter beigegeben werden.

Um eine genaue Futtermischung zu erhalten, ist der Mischbehälter auf einer Wiegeeinrichtung angeordnet. Über eine großzeilige, digitale Anzeige kann beim Befüllen das Gewicht der jeweiligen Komponenten festgestellt werden. Beim Einfüllen ist zu beachten, dass die leichteren Komponenten zuerst in den Mischer kommen.

Die Mischer können waagrecht (Horizontalmischer) oder senkrecht (Vertikalmischer) angeordnete Mischschnecken oder Rührwellen haben. Die Mischwerkzeuge sind z. T. mit Messern besetzt und zerkleinern und vermischen dadurch auch längeres Futter.

Der Futteraustrag erfolgt mit Bändern, Förderketten oder Dosierwalzen. Die Austragsmenge ist mit einem Dosierschieber zu regeln. Das Volumen der Mischbehälter liegt zwischen 5–25 m^3. Für deren Betrieb sind Traktoren mit einer Leistung von 40 bis 80 kW erforderlich.

Fräsmischwagen entnehmen das Futter aus dem Silo, mischen es und verteilen es in den Futtertrog. Für die Entnahme wird hauptsächlich eine Fräse eingesetzt, die mit Messern bestückt ist und somit auch mit längerem Futter zurecht kommt. Beim Abfräsen des Futterstapels fördert die Fräse das Futter gleichzeitig in den Mischbehälter und befüllt ihn von vorne nach hinten.

Je nach vorgegebener Ration erfolgt das Befüllen mit verschiedenen Grundfutterarten. Für die TMR-Fütterung kann auch entsprechend Kraftfutter zugegeben werden. Das Eindosieren ist exakt über die Wiegeeinrichtung möglich.

Fräsmischwagen mischen mit waagrecht eingebauten Schnecken oder Rührwellen. Der Futterauswurf in den Trog ist mit Bändern oder Förderketten möglich. Die Austragsmenge lässt sich über einen Dosierschieber einstellen.

Der Leistungsbedarf zum Antrieb des Fräsmischwagens liegt zwischen 60 und 100 kW, je nach Größe und Ausführung. Selbstfahrende Fräsmischwagen kommen in Großbetrieben oder überbetrieblich zum Einsatz.

Stationäre Fütterungsgeräte, z.B. Futterschnecke, Futterband oder Kratzkette, ermöglichen in Verbindung mit Hochsilos und Entnahmefräsen eine *volle Mechanisierung* der Fütterung. Sie ist jedoch nur sinnvoll bei größeren Herden zur Gebäudekosteneinsparung oder als Behelfslösung in Altgebäuden mit schmalen, nicht befahrbaren Futtertischen.

Beim Liegeboxen-Laufstall mit Laufhof bietet sich die **Selbstfütterung** der Tiere am Flachsilo oder an Vorratsraufen und Raufenwagen an. Dieses Verfahren ist sehr kostengünstig und vor allem arbeitssparend, da tägliche Entnahme-, Transport- und Verteilarbeiten für das Füttern entfallen.

Kraftfuttervorlage – Sie gestaltet sich weitaus schwieriger als die Grundfuttervorlage. Je nach Laktationsverlauf muss Kraftfutter jedem einzelnen Tier möglichst genau nach seiner Leistung zugeteilt werden. Hohe Milchleistungen machen ein Aufteilen der Kraftfuttergabe und mehrmalige tägliche Vorlage erforderlich, um eine Pansenübersäuerung zu vermeiden.

Im *Anbindestall* wird vor allem bei kleineren Tierbeständen Kraftfutter überwiegend mehrmals täglich von Hand zugeteilt. In

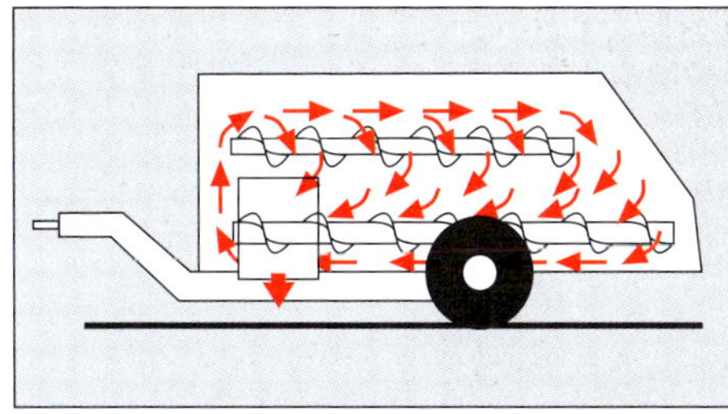

Abb. 989 Futtermisch- und Verteilwagen mit horizontal angeordneten Mischschnecken (oben) und mit vertikal angeordneter Mischschnecke (unten).

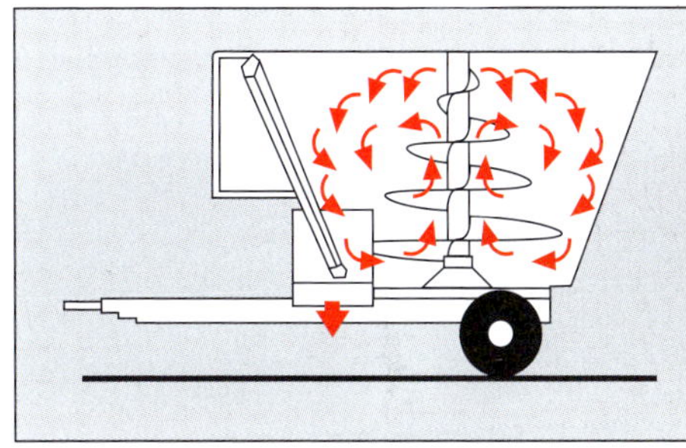

Abb. 990 Futterentnahme- und Verteilgerät mit Schneidschild.

Abb. 991 SF-Fräsmischwagen mt einem Vertikalmischer.

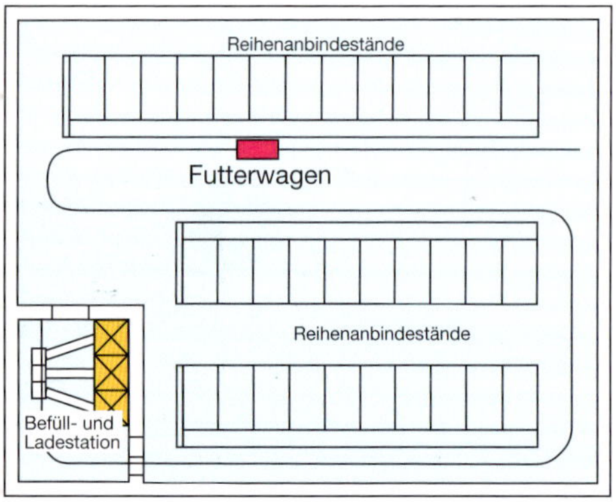

Abb. 992 Schienenverlauf des Futterwagens in einem Anbindestall.

Abb. 993 Der schienengebundene Dosierwagen hält vor jedem Tier und portioniert das Kraftfutter in den Trog.

Abb. 994 Kraftfutterautomat (Funktionsschema).

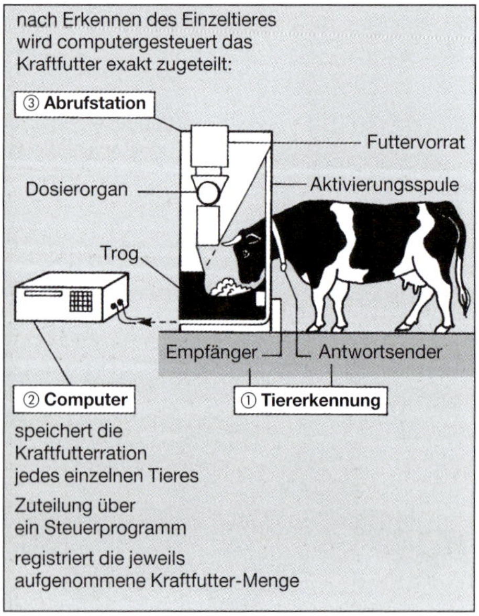

größeren Beständen bzw. bei Hochleistungsherden wird zur Leistungsfütterung der Dosierwagen eingesetzt.

Der **mobile Dosierwagen** wird von Hand geschoben. Im Vorratsbehälter können bis zu 2 Kraftfutterrationen mitgeführt werden. Die Dosierung für jedes Tier einzeln erfolgt mittels Volumen- oder Zeitdosierung. Die Betätigung der Dosiereinrichtung ist von Hand oder elektrisch möglich.

Der **schienengebundene Dosierwagen** läuft automatisch von Tier zu Tier den Futtertrog entlang. Durch die Vorgabe der Anzahl der Läufe sind innerhalb von 24 h bis zu 10 Kraftfuttergaben in kleinen Mengen möglich. Der Dosierwagen hängt an der Leitschiene, wird elektrisch angetrieben und elektronisch gesteuert.

Hier wird unterschieden zwischen

- *Platzerkennung:* Der Wagen stoppt vor jedem Tierplatz und dosiert das Kraftfutter in den Trog; für eine Leistungsfütterung muss sich jedes Tier immer am gleichen Platz befinden.
- *Tiererkennung:* Sie erfolgt mittels eines Transponders am Tier; hier können die Tiere den Platz wechseln.

Nach dem Erkennen erfolgt das Dosieren des Kraftfutters nach Volumen und/oder Zeit für jedes einzelne Tier. Die Kraftfuttermischung ist für

- alle Tiere gleich, wenn der Dosierwagen nur einen Vorratsbehälter hat;
- jedes Tier unterschiedlich zu dosieren, wenn der Dosierwagen mehrere unterschiedliche Komponenten mitführen kann.

Durch entsprechenden Schienenverlauf kann der Dosierwagen auch mehrere Ställe in verschiedenen Gebäuden bedienen. Hat der Futterwagen eine Runde abgearbeitet, so dockt er an die Befüllstation an und wird für die nächste Fütterung wieder mit Futter versorgt. Eingebaute Rechner ermitteln alle fütterungstechnischen und betriebswirtschaftlichen Daten.

Im **Laufstall** ist für eine arbeitssparende, leistungsbezogene und wiederkäuergerechte Kraftfuttervorlage meist ein höherer technischer Aufwand erforderlich. *Fangfressgitter* und Zuteilung von Hand oder mit einem Dosierwagen sind zwar eine einfache und billige Lösung, können aber nicht ganz befriedigen.

Eine Kraftfutterzuteilung *im Melkstand* ist mit halb- oder vollmechanischen **Dosieranlagen** möglich, bringt aber einige Probleme mit sich.

Wird Kraftfutter *nur im Melkstand* verabreicht, deckt es wegen begrenzter Aufnahmezeit (max. 2,5 – 3 kg Kraftfutter pro Melkzeit sind 5 – 6 kg Kraftfutter täglich) in der Winterfütterung (10 kg Milch aus dem Grundfutter) nur den Leistungsbedarf für höchstens 22 kg Milch.

Diese und auch ernährungsphysiologische Gründe sprechen bei hohen Stalldurchschnitten für eine Kraftfuttergabe *im Stall und im Melkstand.* Das Grundfutter wird dabei mit Kraftfutter zu einem Milcherzeugungswert von 15 – 17 kg Milch aufgewertet. Der restliche Kraftfutterbedarf wird nach Leistung im Melkstand vorgelegt. Für dieses Verfahren sind **Futtermischwagen** erforderlich.

Abrufautomaten stellen derzeit die optimale Lösung zur Kraftfutterzuteilung im Laufstall dar. Mit ihrer Hilfe kann die gesamte

Kraftfuttergabe *außerhalb des Melkstandes* im Stall erfolgen. Ein Signalgeber am Tierhalsband steuert die Zuteilung elektronisch. Die Kühe können sich so ihre leistungsbezogenen Kraftfutterrationen den ganzen Tag über in kleineren Mengen selbst holen. Während bei den bisherigen Abrufsystemen der Landwirt selbst die jeweiligen Kraftfuttermengen ausrechnen und im Computer speichern muss, sind bereits Steuerprogramme auf dem Markt, die bei automatischer Milchmengenerfassung die Kraftfutterration für jedes Tier einzeln berechnen und zuteilen.
Wird für einen Milcherzeugungswert von 15–17 kg Milch das Kraftfutter bereits dem Grundfutter zugemischt, also eine Total-Mischration mit entsprechender Kraftfuttermenge hergestellt, so wird die restliche Kraftfuttermenge je nach Tierleistung ausschließlich im Melkstand gegeben. Die Abruffütterungsstation ist dann nicht mehr erforderlich.

Abb. 995 Kraftfutterfütterung im Laufstall mit Abrufautomaten.

5.3.6 Melkverfahren

Das Melken nimmt 40–50 % der gesamten Stallarbeit in Anspruch. Deshalb ist eine der Bestandesgröße angepasste Mechanisierung des Melkens von vorrangiger Bedeutung.
Anbindestall – Hier muss der Melker *lange Wege* und eine *ungünstige Arbeitshaltung* auf sich nehmen. In kleineren Beständen findet sich noch die **Eimermelkanlage.** Eine Arbeitskraft kann hier mit 2 Melkzeugen ca. 10 Kühe/Stunde melken.
Für Bestände ab 12–25 Kühe empfiehlt sich die **Rohrmelkanlage.** Da der schwere Kannentransport entfällt, ist es einer Arbeitskraft möglich, mit 3 Melkzeugen ca. 18 Kühe/Stunde zu melken. *Milchflussanzeiger* vermindern die Gefahr des Blindmelkens, vermeiden unnötige Kontrollwege und machen sogar den Einsatz eines 4. Melkzeuges möglich. Bei Herden von 25–40 Kühe erleichtern *Abschaltautomaten* die Arbeit. Diese verhindern das schädliche Blindmelken und ersparen Kontrollwege. Dadurch kann eine Arbeitskraft mit 4 Melkzeugen 24–28 Kühe/Stunde melken.
Laufstall – Im *Melkstand* sind die Arbeitswege kürzer und ist die Arbeitshaltung bequemer als im Anbindestall. Um diese Vorteile

Abb. 996 Melkverfahren im Vergleich (Schema).

Melkverfahren	Rohmelkanlage	2 x 2 Reihenmelkstand	2 x 4 Auto-Tandem-Melkstand	2 x 6 Side-by-Side	2 x 8 Fischgräten-Melkstand	36er-Rotations-Melkstand
	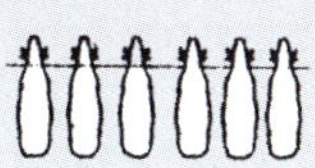	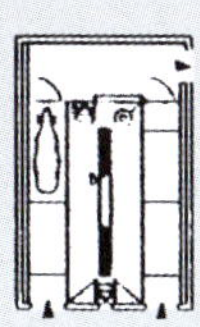		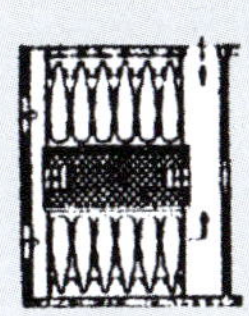		
Melkzeuge pro AK	3 4	4	8	12	12	12–18
gemolkene Kühe/AKh	15–20 24–28	20–25	40–60	60–70	55–65	80–100
Herdengröße	12–25 25–40	bis 30	ab 80	ab 70	ab 70	ab 400

Abb. 997 Der Fischgräten-Melkstand (FGM) ist heute sehr weit verbreitet.

aber auch voll zur Steigerung der Melkleistung ausnutzen zu können, sollten für Herden mit über 40 Kühen 2×6 **Fischgräten-Melkstände** mit 12 teilautomatisierten Melkzeugen eingeplant werden. Damit sind einer Bestandserweiterung keine engen Grenzen gesetzt, weil von einer Arbeitskraft bis zu 65 Kühe/Stunde gemolken werden können.

Der Fischgräten-Melkstand ist für Laufställe zur Standardlösung geworden. Eine abgeänderte Form stellt der *Side-by-Side-Melkstand* dar. *Durchtreibe-* und *Tandem-Melkstände* erleichtern zwar die Arbeit, bringen aber im Vergleich zum Anbindestall mit Rohrmelkanlage keine Steigerung der Melkleistung. Man findet sie daher nur in kleineren Laufställen. *Melkkarusselle* (36er oder 42er) eignen sich für Großherden ab 400 Kühen.

Künftig dürfte bei Neuplanungen der Einsatz *automatischer Melksysteme* (AMS) mehr Beachtung finden. Entlastet von der anstrengenden und zeitgebundenen Melkarbeit, kann sich der Tierhalter verstärkt der Herdenbetreuung zuwenden.

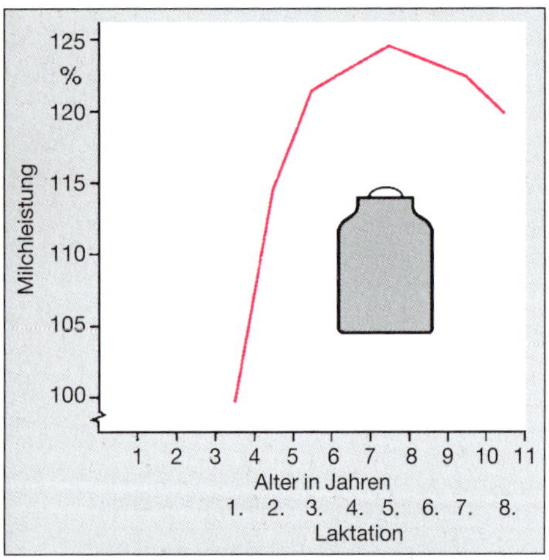

Abb. 998 Die optimale Nutzungsdauer unserer Milchkühe liegt bei ca. 4–7 Laktationen. Das Abgangsalter der Milchkühe beträgt etwa 5,6 Jahre, so dass sie durchschnittlich nicht einmal 3 Laktationen im Stall stehen.

Aufgaben:

1. Welche Faktoren beeinflussen das Stallklima? Nennen Sie zu jedem Faktor mindestens 1 Folgeerscheinung, wenn Abweichungen von entsprechenden Optimalbereichen bzw. Maximalwerten auftreten.
2. Nennen Sie die 3 grundsätzlichen Aufstallungsformen für Milchvieh und ihre wesentlichen Unterscheidungsmerkmale.
3. Liegeboxen müssen bequem, schützend und sauber sein. Skizzieren, beschreiben und begründen Sie, wie eine Liegeboxe aussehen soll, damit sie diesen Ansprüchen genügt.
4. Nennen Sie 3 Möglichkeiten, um im Laufstall eine arbeitssparende, leistungsbezogene und wiederkäuergerechte Kraftfutterzuteilung zu gewährleisten.
5. Bei den Anbindeställen ging die Entwicklung vom Mittellangstand zum Kurzstand. Welches grundsätzliche Problem sollte damit gelöst werden und wie sehen die verschiedenen Lösungsansätze aus?
6. In Kurzständen sind haltungsbedingte Euter- und Beinschäden häufiger zu beobachten als in anderen Stallsystemen. Wie lassen sich die Fehlerquellen vermeiden?

5.4 Die Milch und ihre Gewinnung

5.4.1 Bestandteile und Eigenschaften der Milch

Milch ist nicht nur ein unentbehrliches *Futtermittel* junger Säugetiere, sondern auch für den Menschen ein hochwertiges *Nahrungsmittel*, weil sie alle wichtigen Nährstoffe in einer besonders bekömmlichen Zusammensetzung enthält.

Das **Fett** ist in der Milch in Form von kleinen Tröpfchen verteilt. Der *Fettgehalt* schwankt zwischen den Rassen und auch innerhalb der Rassen ziemlich stark. Sehr wichtig für die Milchfettbildung ist ein Rohfasergehalt von 20 % T in der Futterration.
Zusammensetzung und Eigenschaften des Milchfettes und damit der *Butter* hängen von der Art der Futtermittel ab. So ergeben z. B. Raufutter, Rüben und Getreideschrote eine harte und blasse Butter, Grünfutter und Maisprodukte dagegen eine weiche, gelbe, wohlschmeckende Butter.
Das **Eiweiß** der Milch besteht hauptsächlich aus *Kasein* (Käsestoff), wenig *Albumin* und sehr wenig *Globulin.* Das Kasein gerinnt beim Sauerwerden der Milch oder beim Zusatz von Lab und bildet den Grundstoff des Käses. Weil das Albumin beim Säuern nicht ausfällt, verbleibt es in der Molke. Es gerinnt erst beim Kochen (Milchhaut).
Voraussetzung für einen hohen *Eiweiß-Gehalt* der Milch ist neben einer ausreichenden Eiweißversorgung vor allem eine bedarfsdeckende Energieversorgung mit dem Futter.
Der **Milchzucker** ist in der Milch gelöst. Milchsäurebakterien bilden aus ihm Milchsäure. Sie macht die Milch sauer und bringt das Kasein zum Gerinnen. Die Milch wird umso schneller dick (dicksauer), je wärmer sie ist.
Zwar sind fast alle wichtigen **Mineralstoffe** und **Vitamine** in der Milch vorhanden, aber ihr mengenmäßiger Anteil ist nur gering.
Die **Biest-** oder **Kolostralmilch** unterscheidet sich von der Normalmilch in Zusammensetzung und Aussehen. Sie ist schleimig, klebrig, rötlich und für Molkerei und Käserei ungeeignet. Frühestens am 6. Tag nach dem Abkalben darf daher Milch wieder geliefert werden. Bei Vorzugsmilch sind 14 Tage abzuwarten.

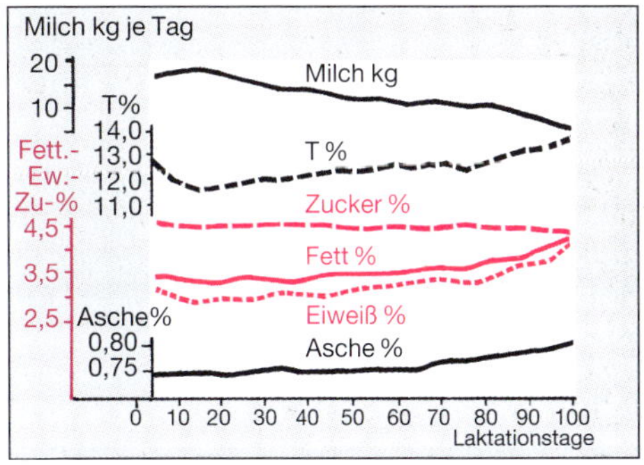

Abb. 999 Die Zusammensetzung der Milch ändert sich während der Laktation.

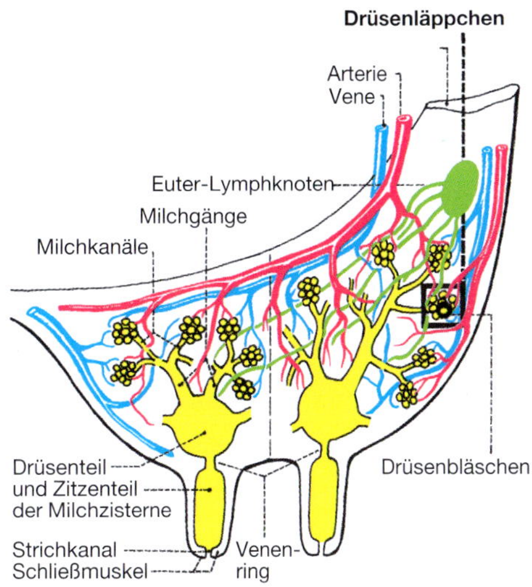

Abb. 1000 Aufbau des Euters (Längsschnitt).

5.4.2 Euter

Das **Euter** ist eine *Drüse,* welche durch eine Bindegewebs-Scheidewand der Länge nach in eine *linke* und *rechte Euterhälfte* getrennt ist. Diese Bindegewebsschicht ist auch das Aufhängeband (sog. Zentralband) des Euters. Jede Euterhälfte ist in *2 Viertel* geteilt, obwohl keine sichtbare Trennwand vorhanden ist. Diese Euterviertel bestehen aus dem *Drüsengewebe,* vielen *Milchkanälen* und *-gängen,* der *Milchzisterne* und der *Zitze,* welche ein *Ringmuskel* (Schließmuskel) verschließt.
Beide Euterhälften besitzen ein ausgeprägtes System von *Blutgefäßen,* da für die Erzeugung von 1 l Milch ca. 300 – 500 l Blut durch das Euter fließen müssen. Die Blutzufuhr erfolgt über die *Arterien.* Die außen sichtbaren Blutgefäße, die »Milchadern«, sind die Venen, welche das Blut zum Herzen zurückführen. Große, dicke Bauchvenen gelten als »Milchzeichen«, weil sie auf eine gute Blutversorgung des Euters schließen lassen.
In jeder Euterhälfte befindet sich ein *Lymphknoten,* der Abbaustoffe und Krankheitserreger bekämpft. Ein breit gefächertes *Nervennetz* sorgt für die Weiterleitung verschiedener Reize.
Ein ausgewachsenes Euter sollte 10 – 20 kg Milch, bei einer Hochleistungskuh sogar mehr als 20 kg Milch fassen können, wobei sich 40 – 45 % davon in den Vordervierteln befinden.

Abb. 1001 Drüsenläppchen mit den Drüsenbläschen und den Milchbildungszellen (Schema).

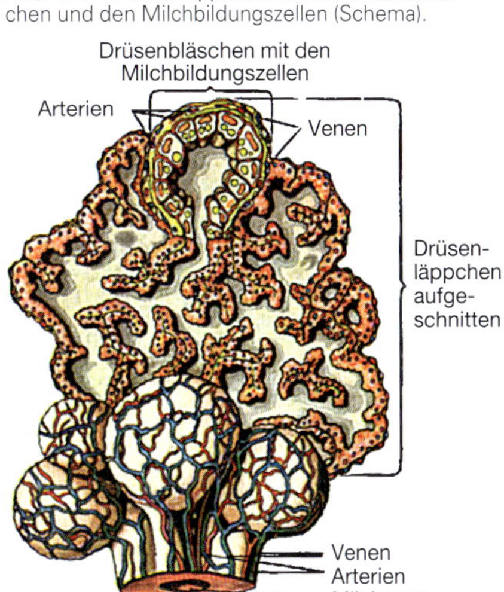

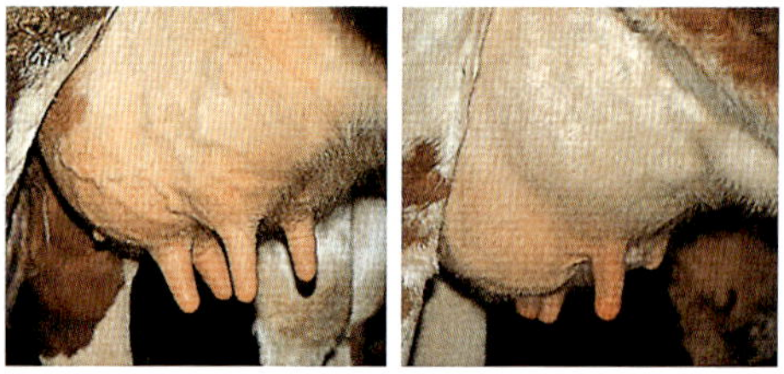

Abb. 1002 Erwünschte (links) und unerwünschte (rechts) Euterform (hier Stufeneuter).

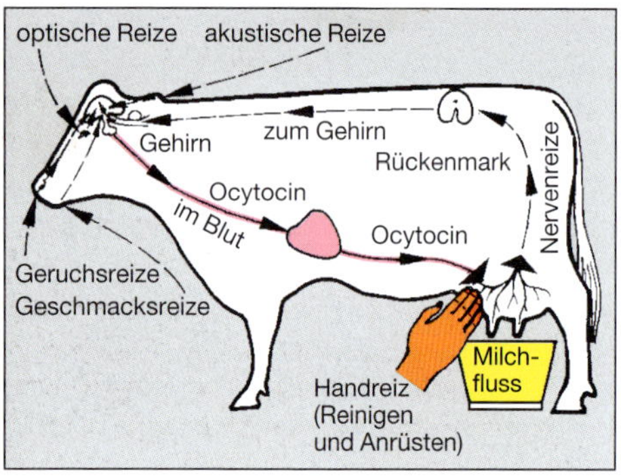

Abb. 1003 Verschiedene Reize, z.B. das Anrüsten, bewirken über das Milchentleerungshormon (Oxytocin) das »Einschießen« der Milch.

Abb. 1004 Der Vergleich der Laktationskurven von 3 Kühen zeigt, dass für die Gesamt-Milchmenge pro Jahr eine möglichst gleich bleibende Dauerleistung entscheidender ist als eine hohe Einsatzleistung.

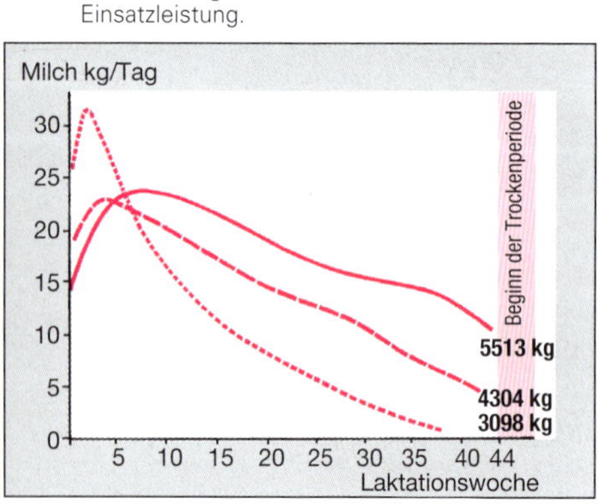

> **!** Beim Euter ist nicht allein die Größe, sondern die reiche Ausbildung der Drüsenmasse wichtig. *Drüseneuter* erschlaffen im Gegensatz zu Fett- oder Fleischeutern nach dem Melken deutlich sichtbar.

Zu den wichtigsten **fehlerhaften Euterformen** zählen das *Hängeeuter* mit lockerem Sitz, das *Stufeneuter*, bei dem die Vorderviertel schwächer entwickelt sind, das *dreistrichige* und das *ungleichmäßige Euter. Nebenstriche* sind ebenfalls unerwünscht. Sie können beim Melken hinderlich sein oder auch Ausgangspunkt einer Infektion werden.

5.4.3 Milchbildung und Laktationskurve

Milchbildung – Sie wird durch das *Milchbildungshormon* (Prolaktin) ausgelöst, das von der Hirnanhangsdrüse gebildet wird. Dieses Hormon kann erst wirksam werden, wenn das Trächtigkeits-Schutzhormon (Progesteron) nicht mehr vom Gelbkörper im Eierstock ausgeschieden wird. Für die Rückbildung des Gelbkörpers und der damit verbundenen Drosselung der Progesteronausschüttung ist wiederum ein sog. Gewebshormon, nämlich Prostaglandin, verantwortlich.

Die Milch entsteht in den *Milchbildungszellen* der Drüsenbläschen während der Zwischenmelkzeit. Sie sammelt sich zunächst in den Hohlräumen der Drüsenbläschen. Von dort aus wird sie über feine *Milchkanäle,* welche sich allmählich zu größeren *Milchgängen* vereinigen, in die *Milchzisterne* weitergeleitet.

Vor dem Melken sind alle Milchhöhlen und Milchleitungen mit Milch gefüllt. Der damit verbundene Druckanstieg im Euter verhindert eine weitere Milchbildung.

Durch 3- oder sogar 4-maliges Melken am Tage ließe sich die Milchleistung zwar geringfügig steigern. Die dabei entstehenden Mehrkosten lassen aber keinen zusätzlichen finanziellen Gewinn erwarten, so dass das 2-malige Melken am wirtschaftlichsten ist. Wird nicht gemolken, ist damit nicht nur die Milchbildung unterbrochen, sondern es setzt auch nach ca. 48 Stunden eine Rückbildung der Milch ein (Vorgang beim Trockenstellen).

Äußere Reize regen die Hirnanhangsdrüse zur Abgabe des Milchentleerungshormons *Ocytocin* an. Unter seinem Einfluss wird die Milch aus den Milchhöhlen und -leitungen nach außen gedrückt: die Milch »schießt ein«. Diese *Ocytocin-Wirkung* hält aber nur ca. 7 Minuten an. Dies bedeutet, dass nach dem Anrüsten sofort mit dem Melken begonnen werden muss.

Aufregung, grobe Behandlung und Schmerzen regen die Bildung des Stresshormons *Adrenalin* an, welches die Ocytocin-Ausschüttung hemmt: Die Kuh »zieht die Milch auf«.

Laktationskurve – Wildtiere geben Milch, solange das Junge regelmäßig saugt (Prolaktinabgabe) und so das Euter zur Milchbildung anregt. Der Bedarf des Kalbes bestimmte also ursprünglich den Verlauf der Laktationskurve. In den ersten 3–6 Wochen steigt die Milchleistung an. Unter dem Hormoneinfluss der neuen Trächtigkeit geht sie erst allmählich, dann stärker zurück.

Das *Trächtigkeits-Schutzhormon* (Progesteron) verhindert mit zunehmender Trächtigkeitsdauer die Prolaktinabgabe. Im 3. Trächtigkeitsmonat beginnt sich die Milchmenge zu verringern und fällt dann nach dem 5. Monat sehr stark ab. Je flacher die Laktationskurve verläuft, desto leichter ist die Kuh zu füttern.
Bis zur 4. – 5. Laktation steigt die Milchleistung noch an und bleibt dann in etwa gleich oder geht sogar wieder leicht zurück.

> ! Die Milch bildet sich während der Zwischenmelkzeiten in den Milchbildungszellen der Drüsenbläschen. Äußere Reize lösen Hormone aus, die das »Einschießen« der Milch bewirken.

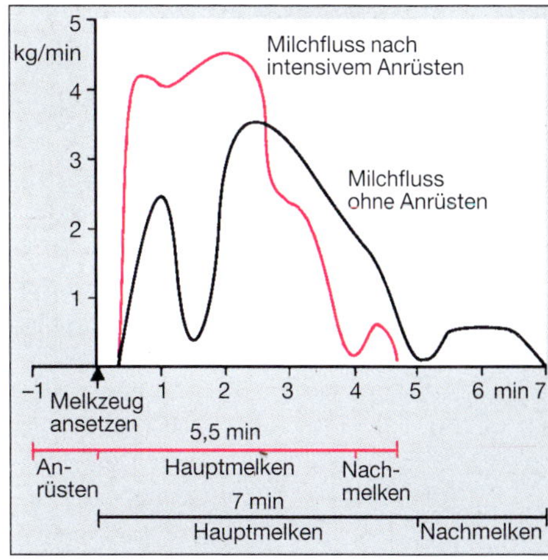

Abb. 1005 Die Bedeutung des Anrüstens für den Milchfluss, die Melkzeit und das Nachmelken (Schema).

5.4.4 Milchgewinnung

Das **Melken** hat auf die *Milchleistung*, die *Milchqualität* und die *Eutergesundheit* einen sehr großen Einfluss. Weil aber davon wesentlich der wirtschaftliche Erfolg der Milchviehhaltung abhängt, muss die Milchgewinnung besonders beachtet werden. Man kann den Melkvorgang in drei Abschnitte (Vorbereitungen, Melken, Ausmelken) teilen.

Melk-Vorbereitungen – Dazu zählen:

- Der erste Milchstrahl jeder Zitze muss in einen *Vormelkbecher* gemolken werden, weil diese Milch verunreinigt oder infiziert sein könnte.
- Die Milch eines jeden Striches ist auf Farbe, Flocken, Gerinnsel und Veränderungen zu überprüfen, um beginnende Eutererkrankungen (Mastitis!) frühzeitig zu erkennen. Dazu gibt es schwarz gefärbte *Prüfplatten.* Kranke oder veränderte Milch darf wegen der Ansteckungsgefahr für gesunde Euterviertel nie in die Streu gemolken und auf keinen Fall der gesunden Milch beigemengt werden.
- Das Euter muss mit einem Lappen oder besser mit einem Einweg-Papier-Eutertuch *gereinigt* werden. Dies kann man gleich mit dem *Anrüsten* des Euters verbinden, wobei durch leichtes Massieren das Euter melkbereit gemacht wird.

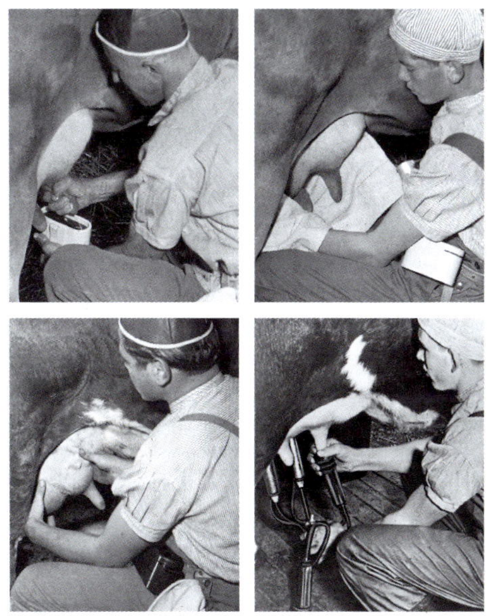

Abb. 1006 Vor dem Melken sind das Prüfen der Milch, das Reinigen und Anrüsten des Euters unerlässliche Melkvorbereitungen.

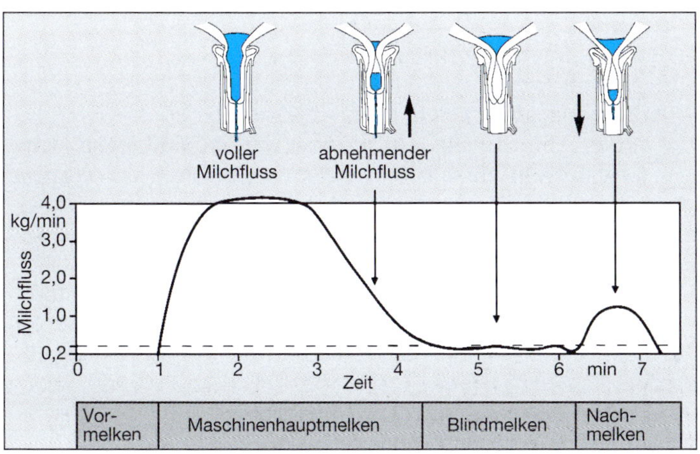

Abb. 1007 Links: Die verschiedenen Phasen der Milchabgabe beim Maschinenmelken (nach RABOLD).

Abb. 1008 Falls noch Eimermelkanlagen verwendet werden, muss die Milch durch einen Filter in das Vorratsgefäß gegossen werden. Dieser Wattefilter ist nach jedem Melken zu erneuern.

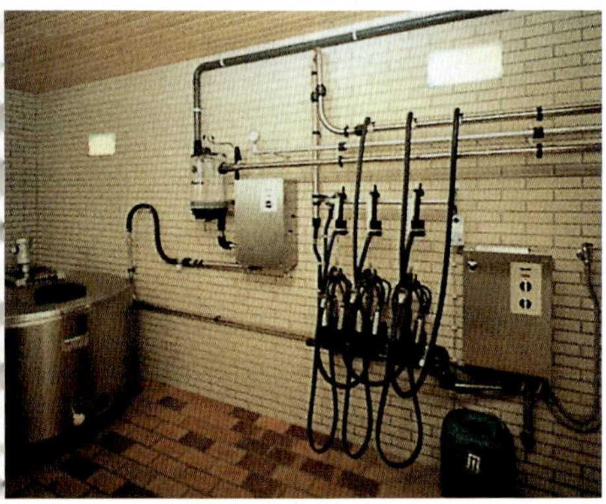

Abb. 1009 Vorbildliche Reinigungsanlage mit Spülautomaten für Rohrmelkanlagen.

Abb. 1010 Desinfizieren der Striche (Dippen) trägt zur Gesunderhaltung der Euter bei.

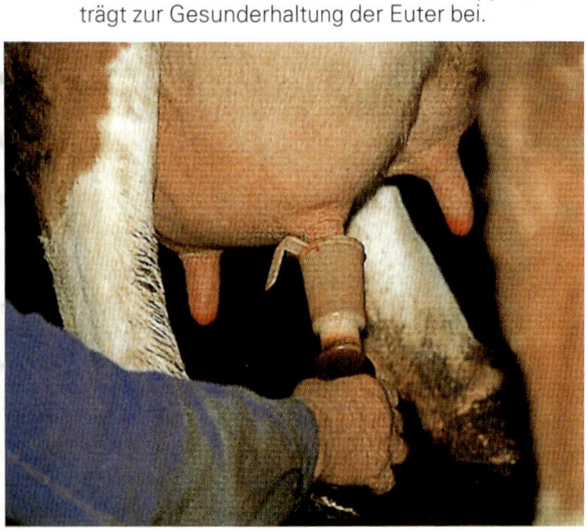

Melken – Der eigentliche Melkvorgang (Hauptmelken) muss während der *Oxytocinwirkung* (ca. 7 min) erfolgen.

Handmelken ist kaum noch üblich und wird, wenn nötig, nach der *Allgäuer Melkmethode* durchgeführt. Dabei umschließt die Hand die straff gefüllte Zitze so, dass der kleine Finger auf den Schließmuskel drücken kann. Beim Melken schließen zuerst Daumen und Zeigefinger die Zitzen oben ab, und die übrigen *Finger drücken rasch* nacheinander folgend die *Milch heraus.* Die Vorderviertel werden vor den Hintervierteln ausgemolken.

Beim **Maschinenmelken** wird im Gegensatz zum Handmelken die *Milch abgesaugt.*

Der Innenraum des doppelwandigen Zitzenbechers (Zitzenbecherhülse mit Zitzengummi) ist einem ständigen Unterdruck (Saugwirkung) von 0,4 – 0,5 bar ausgesetzt. In dem von Zitzenbecherhülse und Zitzengummi gebildeten Zwischenraum herrscht während der *Saugphase* Unterdruck und während der *Entlastungsphase* normaler Druck. Diesen Druckwechsel, der den Milchfluss unterbricht, steuert ein *Pulsator.*

Ausmelken – Es muss gründlich geschehen, damit sich die fettreichen Milchtröpfchen aus den Höhlungen und Gängen des Euters lösen. Zugleich ist es eine Vorbeugemaßnahme gegen Euterentzündungen. Beim Maschinenmelken lässt man das Melkzeug am Euter, drückt mit einer Hand das Sammelstück leicht nach unten und streift mit der anderen Hand die einzelnen Euterviertel zu den Zitzenbechern hin aus.

Werden die Kühe von Anfang an an das maschinelle Ausmelken gewöhnt, erübrigt sich ein *Nachmelken* nach dem Absetzen des Melkzeugs.

5.4.5 Milchqualität

Das wichtigste Ziel der Milchgewinnung muss die Erzeugung von *Qualitätsmilch* sein. Nach folgenden **Eigenschaften** wird die Qualität der Milch beurteilt:

- Nährstoffgehalt (Fett, Eiweiß, Zucker),
- Reinheit (frei von Schmutz),
- Geruch, Geschmack und Aussehen,
- Keimgehalt,
- Zellgehalt,
- Hemmstoffgehalt (z.B. Penicillin),
- Fremdwassergehalt,
- Verarbeitungsfähigkeit (z.B. in der Käserei).

Um diesen Anforderungen gerecht zu werden, sind einige wichtige **Grundregeln** einzuhalten, die in erster Linie die *Hygiene* (Stall, Tier, Melkarbeit, Melkgerät, Milchkammer), die *Eutergesundheit,* die *Kühlung* der Milch und nicht zuletzt die *Fütterungstechnik* betreffen.

Sauberkeit und Eutergesundheit – Der **Stall** muss hell, gut gelüftet, staub- und geruchsfrei sein. Die untere Wandhälfte sollte abwaschbar sein und die obere mindestens einmal jährlich gekalkt werden.

Die **Tiere** sollten ein *sauberes Euter* haben, was durch das Abscheren der Haare erleichtert wird.

Die **Melkarbeit** muss gewissenhaft und sachgerecht durchgeführt werden. Die *Melkvorbereitungen* auf keinen Fall vernachlässigen! Beim *Ansetzen* und *Abnehmen der Melkzeuge* ist darauf zu achten, dass kein Schmutz und keine Einstreu angesaugt werden. Jedes Gemelk ist sofort aus dem Stall zu bringen und zu *filtern.*

Milchgeschirr und **Melkmaschine** sind gründlich zu *reinigen* und zu *desinfizieren.* Alle Milch führenden Teile werden nach dem Melken zuerst kalt gespült, dann in einer 40 – 50 °C warmen Reinigungs- und Desinfektionslösung gesäubert und nochmals kalt nachgespült. Ein Wechsel zwischen sauren und alkalischen *Reinigungs-* und *Desinfektionsmitteln* hat sich bewährt.

Mit sauren Mitteln können vor allem Kalkablagerungen und »Milchstein« entfernt werden. Auf keinen Fall dürfen saure und alkalische Mittel vermischt werden. Am besten wechselt man von Melkzeit zu Melkzeit.

Für Rohrmelkanlagen sollten grundsätzlich *Spülautomaten* verwendet werden; auch für Eimermelkanlagen wären sie empfehlenswert. Wöchentlich einmal ist eine vollständige Reinigung durchzuführen. Dabei sind die einzelnen Melkgeräte zu zerlegen und schadhafte Teile, z. B. poröse Zitzengummi, auszuwechseln.

Die **Milchkammer** muss einwandfrei sauber, luftig und kühl sein. Sie darf keinen direkten Zugang zum Stall haben. Boden und Wände müssen abwaschbar sein. Es darf nichts aufbewahrt werden, was den Milchgeruch beeinflussen könnte.

Nur ein **gesundes Euter** kann Qualitätsmilch liefern. Durch *sorgfältige Melkvorbereitungen* (siehe oben) kann man Eutererkrankungen vorbeugen. *Blindmelken* schadet der Eutergesundheit sehr. Nach dem Melken sollten zumindest bei gefährdeten Kühen die *Striche desinfiziert* werden (Dippen). Beim *Trockenstellen* verwendet man am besten ein Langzeit-Antibiotikum. Die Melkanlage muss regelmäßig vom *Kundendienst* überprüft werden.

Kühlung – Die Kühlung der Milch ist besonders wichtig, da sich sonst die *Keime* in der Milch sehr stark vermehren. Es ist nämlich trotz größter Sauberkeit und Sorgfalt nicht möglich, eine völlig keimfreie Milch zu gewinnen. Die Milch muss innerhalb von 2 Stunden nach Melkbeginn auf + 4 °C (besonders bei nicht täglicher Abholung) heruntergekühlt werden.

Einfache Kühlungen mit Leitungswasser können diese Forderung kaum erfüllen. Bei den elektrischen *Kühlanlagen* unterscheidet man indirekte und direkte Kühlung.

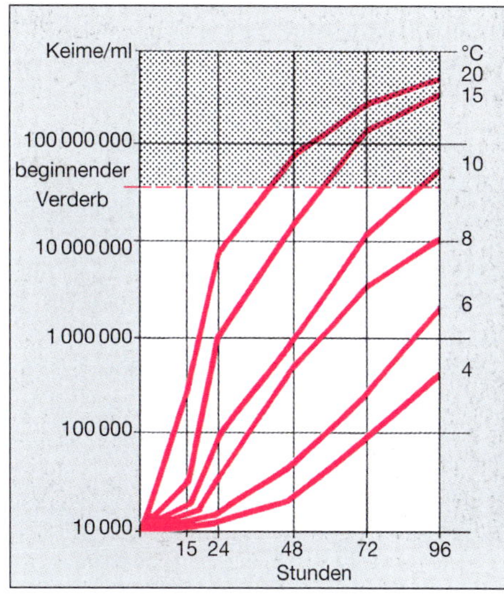

Abb. 1011 Keimvermehrung in der Milch bei unterschiedlichen Temperaturen der Milch.

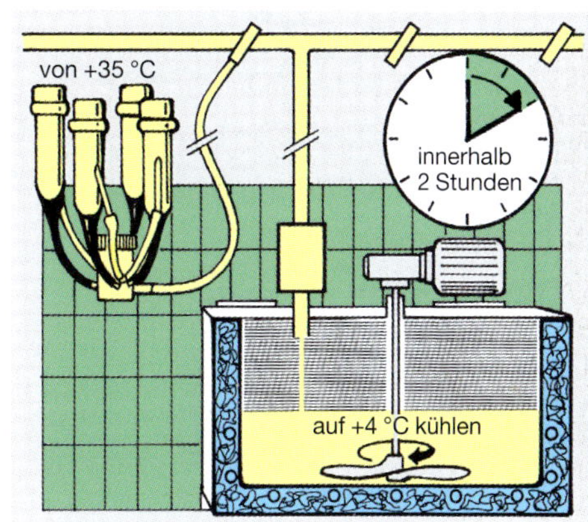

Abb. 1012 Innerhalb von 2 Stunden muss die Milch auf + 4 °C abgekühlt werden.

Abb. 1013 Fahrbare Melkstände erleichtern die Melkarbeit auf der Weide.

Tabelle 92: Vergleich verschiedener Kühlverfahren

Lagerbehälter	Kühlverfahren direkt	Kühlverfahren indirekt	Zuordnung
Hofbehälter mit Tauchkühler	x		bis 600 l Milch ausreichend
Kühlwanne	x	x	ausreichend für (250) bis 3000 l Milch
Kühltank	x	x	ab (500) bis 20 000 l Milch zu empfehlen

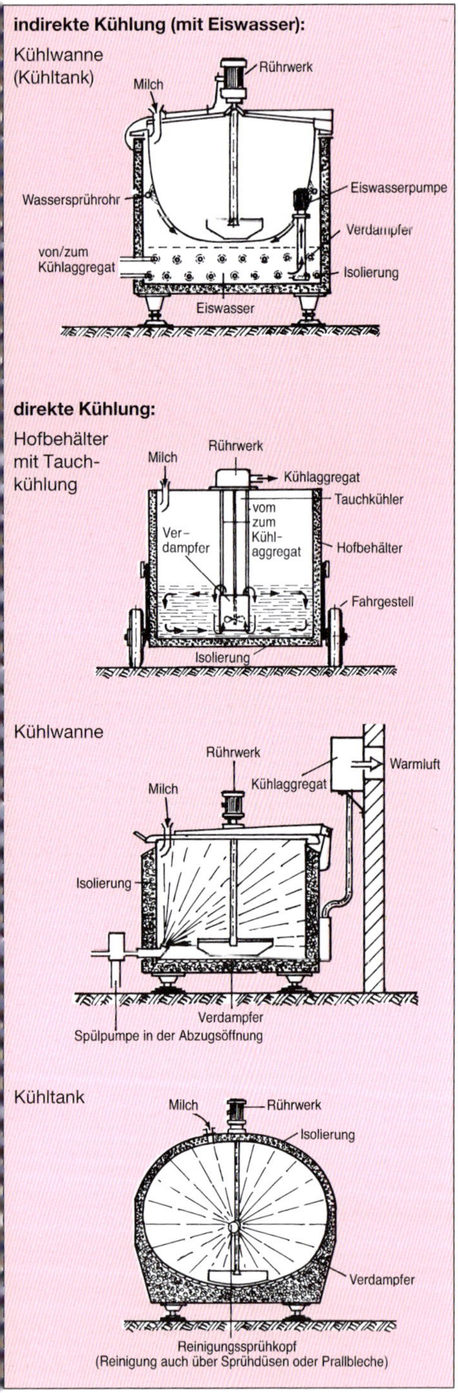

Abb. 1014 Anlagen zur Milchkühlung und -lagerung.

Direktkühlanlagen bringen Verdampfer und Milch unmittelbar zusammen. Ein Rührwerk sorgt für gleichmäßige Abkühlung.

Indirekte Kühlanlagen arbeiten mit *Eiswasser.* Zwischen den Melkzeiten bildet sich Eis, welches beim Kühlvorgang schmilzt und als Eiswasser die Wände des Milchbehälters kühlt.

Muss auf der **Weide** gemolken werden, muss die Milch möglichst schnell zum Hof transportiert und innerhalb kürzester Zeit unter +12 °C gekühlt werden.

Wie und wann die Milch abgeholt wird, bestimmt die Molkerei. Bei der **Auswahl des Kühlsystems** muss daher berücksichtigt werden, ob die Milch direkt vom Milchlagerraum oder von einer Sammelstelle abgeholt wird und ob das Fassungsvermögen der Behälter bei dem jeweiligen *Abholrhythmus* der Molkerei ausreicht. Dabei sollte man mit mindestens 30 l/Kuh und Tag rechnen bzw. mit doppelter Menge, wenn die Milch nur alle 2 Tage abgeholt wird.

In Betrieben ohne Hofabholung sind *fahrbare Hofbehälter mit Tauchkühler* üblich oder je nach Milchmenge *Kühlwannen* oder *Kühltanks.*

Mit Hilfe von **Wärme-Rückgewinnungsanlagen** kann die bei der Milchkühlung frei werdende Wärmemenge zur *Warmwasserbereitung* genutzt werden. Aus 1 l Milch lassen sich 0,5 l Warmwasser mit 50–60 °C erzeugen. Dieses kann für die umfangreichen Reinigungsarbeiten, zur Zubereitung der Kälbertränke und sogar im Haushalt Verwendung finden. Solche Anlagen lohnen sich ab 30 Kühen auf jeden Fall.

Fütterungstechnik – Auch das **Futter** kann die Milchqualität beeinträchtigen. Die Milch nimmt *milchfremde Geruchs-* und *Geschmacksstoffe* direkt aus der Stallluft oder indirekt über den Blutkreislauf an. In das Blut gelangen sie entweder über die eingeatmete Luft oder über die Verdauung.

Folgende **Hinweise zur Fütterungstechnik** sind zu beachten:

- *Stark riechende Futtermittel,* vor allem Silage, niemals im Stall lagern und erst nach dem Melken füttern.
- *Raps, Rübsen, Senf, Stoppelrüben* oder *Markstammkohl* dürfen höchstens bis zu 40 kg/Kuh und Tag und keinesfalls nach der Blüte verfüttert werden, weil sonst die Milch einen stechenden Geruch und rettichartigen Geschmack bekommt.
- Im Herstellungsgebiet für Emmentalerkäse darf *keine Silage* verfüttert werden, weil ein zu hoher Buttersäuregehalt der Milch zu Fehlgärungen in der Käseherstellung führen kann.
- *Fütterungsfehler,* die Durchfall verursachen, wie plötzlicher Futterwechsel, zu wenig Strukturfutter, zu hohe Mengen an Rübenblatt, Zwischenfrüchten oder Schlempe sowie verschmutztes, verdorbenes oder gefrorenes Futter, erhöhen den Keimgehalt der Milch.

! Nur Qualitätsmilch bringt gleichmäßig hohe Milchgeldeinnahmen. Die Milchqualität hängt von der Sauberkeit im Stall, gesunden Eutern, sachgemäßer Fütterung und richtiger Behandlung der Milch, vor allem Kühlung, ab.

5.4.6 Milchauszahlungspreis

Die **Milchgüte-Verordnung** des Bundes regelt die *Bewertung* und *Bezahlung* der Anlieferungsmilch. Diese wird von *neutralen* Organisationen (Kontrollverbände, Milchprüfringe) anhand einer festgelegten Mindestzahl von unangekündigten Proben je Monat auf folgende **Gütemerkmale** untersucht:

- ▶ Fettgehalt,
- ▶ Eiweißgehalt,
- ▶ Keimgehalt (Bakterien),
- ▶ Zellgehalt (körpereigene Zellen),
- ▶ Hemmstoffgehalt,
- ▶ Fremdwassergehalt.

Fett- und *Eiweißgehalt* werden als Durchschnittswerte (arithmetische Mittel) aus mindestens 4 Proben/Monat in Prozent berechnet (Genauigkeit: 1/100 Prozent).

Zur Feststellung des *Keimgehaltes* sind mindestens 2 Untersuchungen vorgeschrieben. Aus den Ergebnissen der letzten beiden Monate wird das geometrische Mittel (n-te Wurzel aus dem Produkt der n Werte) gebildet. Nach diesem Wert wird die Milch in **Güteklassen** eingestuft.

Tabelle 93: Einstufung der Milch nach Keimzahlen/ml in Güteklassen anhand des errechneten geometrischen Mittelwertes

Güteklasse	seit 01.01.98
S	bis 50 000
I	bis 100 000
II	über 100 000

Der *Zellgehalt* wird aus mindestens 1 Untersuchung (in Bayern 2) im Monat berechnet. Dabei wird das geometrische Mittel der Ergebnisse aus den letzten 3 Monaten gebildet. Es sollte nicht über 400 000 Zellen/ml liegen. Diese körpereigenen (somatischen) Zellen stammen aus den Geweben des Euters und den Gewebeflüssigkeiten. Somit ist ihr Vorhandensein bis zu gewissen Mengen ganz normal.

Niedrige Zellgehaltswerte sind bei Einhaltung aller gebotenen Regeln der Melkarbeit problemlos zu erreichen. Höhere Werte weisen auf Eutererkrankungen (Mastitis) hin.

Der *Hemmstoffgehalt* wird monatlich 2-mal (in Bayern 4-mal) festgestellt. Milch mit Hemmstoffen darf nicht in den Verkehr gebracht werden. Untersucht werden neben Penicillin auch andere Antibiotika. Der Milcherzeuger muss nach einer entsprechenden Behandlung die Wartezeiten gewissenhaft einhalten, bevor die Milch wieder geliefert werden darf.

Mit Hilfe des Gefrierpunktes, der monatlich mindestens einmal (in Bayern 2-mal) ermittelt wird, kann der *Fremdwassergehalt* in der Milch nachgewiesen werden. Das arithmetische Mittel aus den Ergebnissen von 2 Monaten darf –0,515 °C nicht übersteigen. Wird der Milch Wasser zugesetzt, steigt ihr Gefrierpunkt und rückt in die Nähe von 0 °C. Solche Milch wird nicht angenommen, eine Stallkontrolle wird angeordnet.

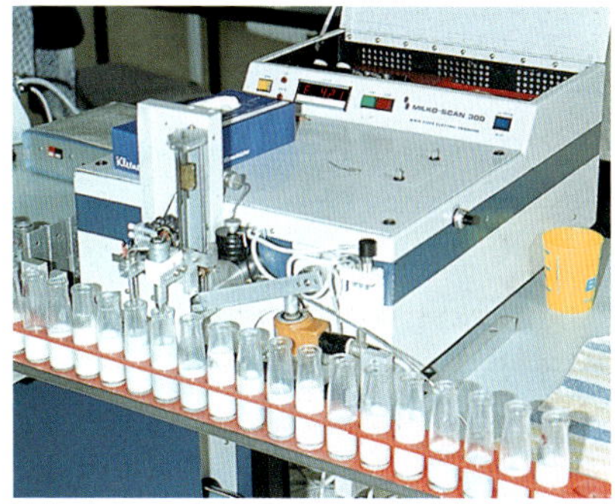

Abb. 1015 Die Proben für die Qualitätskontrollen (z. B. Milchfett-Gehalt) werden automatisch bestimmt.

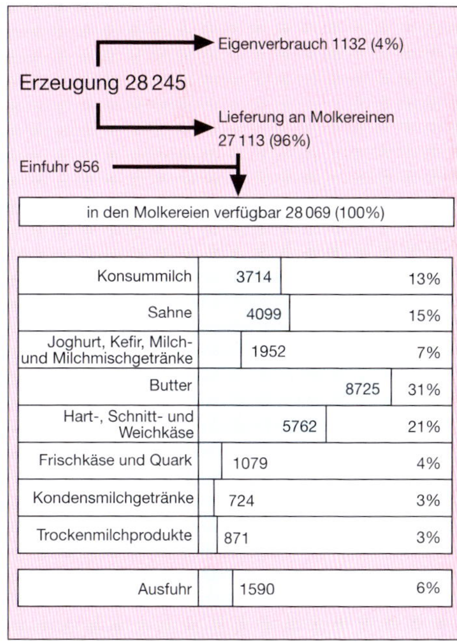

Abb. 1016 Verwendung der Vollmilch (2004, in 1000 t).

Abb. 1017 Zellgehalt und Eutergesundheit.

Durchschnitts-zellgehalt/ml	Eutergesundheit im Bestand
unter 125 000	sehr gut
bis 250 000	gut
bis 350 000	befriedigend
bis 500 000	gefährdet
bis 750 000	Sanierung erforderlich
über 750 000	Sanierung dringend erforderl.

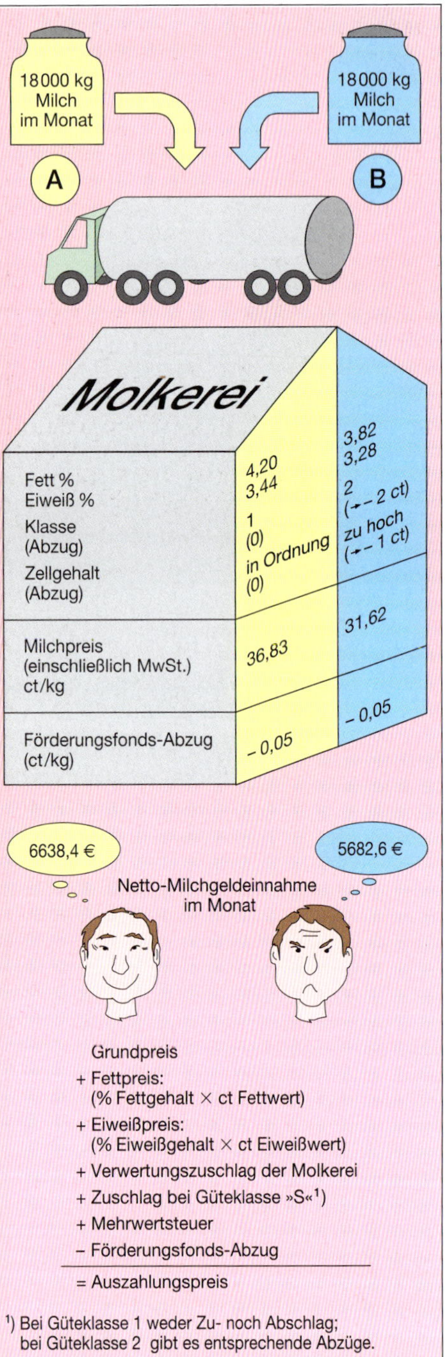

Abb. 1018 Milchpreis-Aufbau (Schema) sowie Vergleichsrechnung **(Beispiel)** monatlicher Milchgeldeinnahmen bei gleicher Milchmenge, aber unterschiedlicher Qualität (1 l entspricht 1,02 kg).

In der **Milchgeldabrechnung** erscheint der *Orientierungs-Preis* für 1 kg Milch mit einem Fettgehalt von 3,7 % und einem Eiweißgehalt von 3,4 %. Wie sich der *tatsächliche Milchauszahlungspreis* berechnet, ist schematisch im unteren Abschnitt der Abb. 1015 auf Seite 377 dargestellt.

In der **Beispielsrechnung** ist ein Grundpreis von 3,35 ct/kg und ein Verwertungszuschlag von 4,31 ct/kg vorgesehen. Der Preis für 1 % Fett beträgt 3,07 ct und für 1 % Eiweiß 3,85 ct. Zu diesem Netto-Milchpreis kommen noch 9 % Mehrwertsteuer hinzu. Die Brutto-Milchgeldeinnahme in € für Milch der Güteklasse I errechnet sich nach Abzug eines Förderungsfonds von 0,05 ct/kg.

Folgende **Zuschläge/Abschläge** sind vorgesehen: Für Milch der *Güteklasse II* sind 2 ct/kg Mindestabzug festgelegt. Enthält die Milch mehr als 400 000 Zellen/ml, ist ebenfalls mindestens 1 ct/kg abzuziehen. Werden Hemmstoffe nachgewiesen, ist der Preis im Monat der Feststellung um 5 ct/kg je positives Ergebnis zu kürzen. Bei 2 positiven Ergebnissen würden also 10 ct/kg im Monat weniger bezahlt.

Ist die Qualität wesentlich besser als Güteklasse I (Keimzahl/ml bis 50 000; Zellzahl/ml bis 300 000; kein Hemmstoff), können die Molkereien eine *Güteklasse »S«* einrichten und Zuschläge von 0,25 – 1 ct/kg bezahlen.

Die Anlieferungsmilch kann zu **Konsummilch (K-Qualität)** verarbeitet oder exportiert werden, wenn folgende Anforderungen erfüllt sind:

- ▶ Einstufung in Güteklasse I,
- ▶ Zellgehalt unter 400 000 je ml,
- ▶ Gefrierpunkt unter – 0,515 °C,
- ▶ Hemmstoff nicht nachweisbar,
- ▶ Tbc- und Bang-Freiheit des Bestandes,
- ▶ Stallkontrolle ohne Beanstandung.

! Der Milchauszahlungspreis richtet sich nach dem Fett- und Eiweißgehalt, dem Keim-, Zell- und Hemmstoffgehalt.

Aufgaben:

1. Beschreiben Sie ohne Angabe von Zahlen, wie sich Biestmilch in Zusammensetzung und Aussehen von Normalmilch unterscheidet.
2. Ein sehr wichtiger Abschnitt des Melkens sind die Melkvorbereitungen, die häufig stark vernachlässigt werden. Beschreiben Sie, wie vorschriftsmäßig vorzugehen ist.
3. Nach welchen Eigenschaften wird die Qualität der Milch beurteilt?
4. Nur ein gesundes Euter liefert Qualitätsmilch. Durch welche Maßnahmen können Sie Eutererkrankungen vorbeugen?
5. Beschreiben bzw. skizzieren und begründen Sie den typischen Verlauf einer Laktationskurve.

6 Rindermast

Mit der steigenden Nachfrage nach jungem, fettarmem Rindfleisch gewann die Jungrindermast immer mehr an Bedeutung, wobei vor allem die Bullenmast einen starken Aufschwung erlebte. Färsen und Ochsen haben zwar zarteres und saftigeres Fleisch als gleichaltrige Jungbullen, sind aber dafür in Zuwachs, Futterverwertung und erreichbarem Mastendgewicht den Bullen unterlegen. Außerdem verfetten sie früher und stärker.

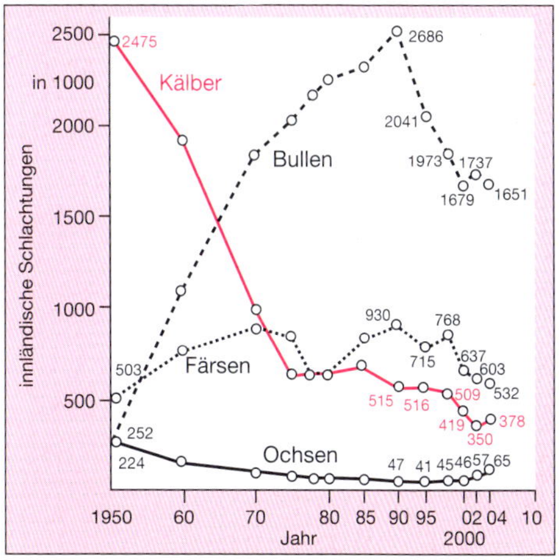

Abb. 1019 Entwicklung der Rinderschlachtungen in der Bundesrepublik Deutschland (seit 1994 Gesamtdeutschland).

6.1 Kälbermast

Als flächenunabhängiger Betriebszweig wird die **Kälbermast** fast ausschließlich in Spezialbetrieben und nur noch ganz selten in Milchviehbetrieben angetroffen.

Ziel – Bei der Kälbermast sind voll ausgemästete Kälber bester Handelsklasse erwünscht, die eine gleichmäßige Oberflächenfettabdeckung des Schlachtkörpers und eine helle (rosige) Fleischfarbe aufweisen.

Obwohl keine direkten Beziehungen zwischen *Helligkeit der Fleischfarbe* und den so sehr geschätzten Kalbfleischeigenschaften (fettarm, zart und saftig) bestehen, hält sie der Verbraucher für das wichtigste »Qualitätsmerkmal«. Die helle Fleischfarbe ist für ihn das einzige Erkennungszeichen, dass es sich um Kalbfleisch und nicht etwa um Bullen- oder Kuhfleisch handelt, welches rot ist.

Die rote Fleischfarbe ist vom Eisengehalt des Muskelgewebes abhängig. *Grund- und Kraftfutter dürfen daher nicht verfüttert werden,* weil sie sehr viel Eisen enthalten und zudem die Pansenentwicklung fördern. Gerade aber diese damit einhergehende Entwicklung zum Wiederkäuer soll sich beim Mastkalb im Gegensatz zum Aufzuchtkalb verzögern.

Die Kälber erhalten deshalb *nur* Milchtränke, welche aber trotzdem eine bestimmte Mindestmenge Eisen enthalten muss. Denn Eisen ist ein wichtiger Bestandteil der roten Blutkörperchen. Ein Mangel hemmt die Blutbildung (Anämie), was sich wiederum störend auf Gesundheit und Gewichtszunahme auswirkt. Als Transportmittel für Sauerstoff sorgen die roten Blutkörperchen für einen raschen Gasaustausch in den Zellen der Organe, wodurch die Leistungsfähigkeit steigt und die Mast begünstigt und unterstützt wird.

Es werden *vorwiegend weibliche Kälber* gemästet, obwohl ihr Wachstumsvermögen geringer ist als das männlicher Kälber. Die meisten Bullenkälber wandern jedoch in die Bullenmast.

Alle deutschen *Zweinutzungsrassen* sind gleichermaßen gut für die Kälbermast geeignet.

Kälbermast ist eine Intensivmast, d. h., die Tiere sollen viel Futter aufnehmen, hohe tägliche Zunahmen aufweisen und die Ställe müssen eine hohe Belegdichte aufweisen. Besonders aus dem zuletzt genannten Grund und wegen der verschiedenartigen Herkünfte der Kälber ergeben sich oft Probleme.

Abb. 1020 Helles Kalbfleisch (oben) und dunkles Rindfleisch (unten).

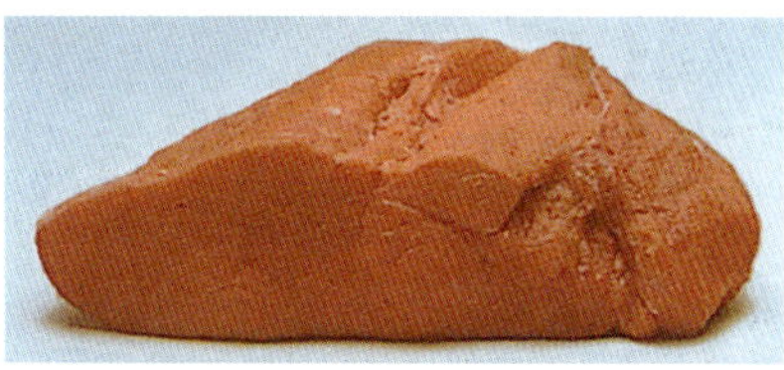

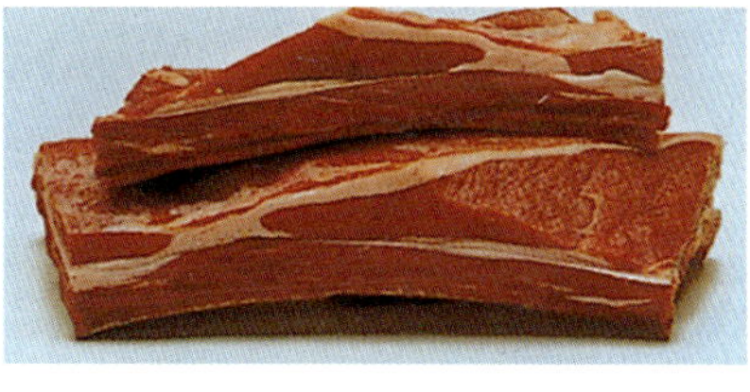

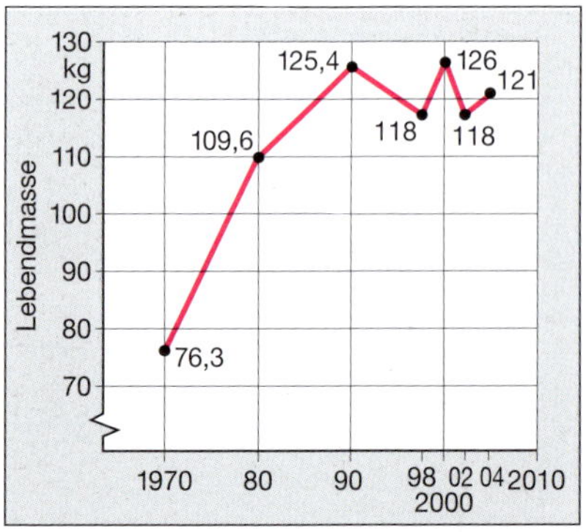

Abb. 1021 Entwicklung der Schlachtgewichte von Kälbern in der Bundesrepublik Deutschland.

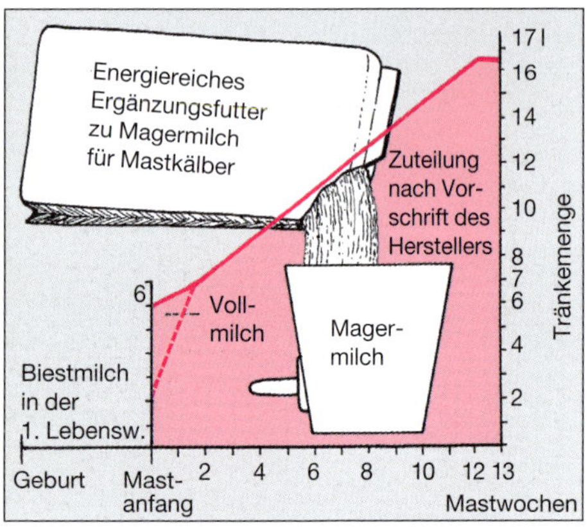

Abb. 1022 Tränkeplan für die Kälbermast mit Magermilch (Schema).

Abb. 1023 Vergleich von zwei Milchaustausch-Futtermittel für die Kälbermast.

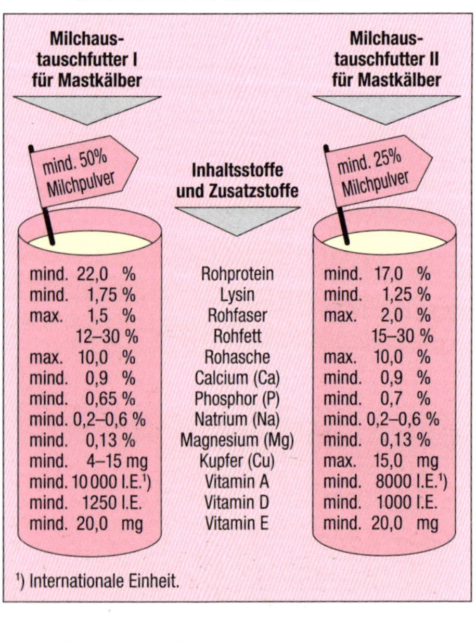

> **!** Damit Kälbermast wirtschaftlich lohnend und Kalbfleisch zart und saftig bleibt, sind hohe Mastendgewichte von 160 kg und mehr innerhalb einer kurzen Mastdauer anzustreben, wozu hohe Tageszunahmen erforderlich sind.

Mastmethoden – Während der 1. Lebenswoche erhalten alle Kälber die Biestmilch.

Reine **Vollmilchmast** ist zu teuer und daher unrentabel. Die Futterkosten für 1 kg Zuwachs sind nämlich höher als der Verkaufserlös für 1 kg Lebendmasse. Außerdem ist mit Vollmilch allein eine leistungsgerechte Nährstoffversorgung des Kalbes nur bis zu 125 kg Lebendmasse möglich. Dies gilt es zu bedenken, wenn infolge der Milchkontingentierung *Überschussmilch* in der Kälbermast verwertet werden soll. Eine Ergänzung mit *energiereichem und proteinarmem Milchaustauschfutter* wird empfohlen.

Die **Mast mit Magermilch** ist nur noch *selten* anzutreffen. Schwankende Qualität, mögliche Unverträglichkeit (Durchfall) und unsicherer Bezug der Frischmagermilch sowie erhöhter Arbeitsaufwand haben diese Methode immer mehr verdrängt. Weil der Magermilch das Fett als Energieträger und damit auch die fettlöslichen Vitamine entzogen wurden, muss zur *Energie- und Wirkstoffaufwertung* ein »Energiereiches Ergänzungsfutter zu Magermilch für Mastkälber« nach Vorschrift des Herstellers zugesetzt werden (je nach Fettgehalt des Ergänzungsfutters 60 – 120 g/l Magermilch).

Bereits während der 2. Lebenswoche sollte von Vollmilch auf Magermilch umgestellt und weiter nach Tränkeplan bei zweimaligem Tränken/Tag gefüttert werden. Nach 13 Wochen erreichen die Kälber bei durchschnittlichen Tageszunahmen von 1250 g ein Mastendgewicht von ca. 160 kg.

Die **Mast mit Milchaustausch-Futtermittel** ist am *weitesten verbreitet.* Aufgrund der sich ändernden Nährstoffansprüche des Kalbes setzt man in den ersten 4 Mastwochen ein »Milchaustauschfutter I für Mastkälber« und danach ab ca. 90 kg LM ein »Milchaustauschfutter II für Mastkälber« ein. Tränkemenge und Tränkekonzentrationen sind dem Tränkeplan (siehe Abb. 1022) zu entnehmen.

Nach der Biestmilchperiode müssen bei dieser Mastmethode die Kälber zunächst eine Woche lang sorgfältig *angefüttert* werden.

Zugekaufte Kälber sind mit besonderer Sorgfalt zu behandeln. Als erste Mahlzeit nach dem Transport gibt man nur 1 – 2 l warmen Tee, dem ein Vitamin-Antibiotika-Präparat beigemischt wird. Die zweite Mahlzeit besteht dann aus 1,5 – 2 l Tränke mit 80 g »Milchaustauschfutter I« je l Wasser. Während der nächsten Tage dieser Woche wird die Tränke langsam auf 6 l/Tag und die Tränkekonzentration von 120 auf 150 g »Milchaustauschfutter I« je l Wasser gesteigert.

Dieser Anfütterungswoche folgt nun die eigentliche Mastperiode. Von 60 kg zu Mastbeginn werden die Kälber innerhalb 11 Wochen bei 1350 g durchschnittlichen Tageszunahmen auf ca. 160 kg gemästet. Wüchsige männliche Kälber erreichen dasselbe Mastendgewicht bereits nach 10 Wochen, da sie bei etwas intensiverer Fütterung 1400 g/Tag im Durchschnitt zunehmen können.

Sollte die Mast bis zu einem *Endgewicht von 170–200 kg verlängert* werden, so sind unter Beibehaltung der in der 11. Mastwoche vorgesehenen Tränkekonzentration lediglich die Tränkemengen zu erhöhen.

Die Fleischfarbe dieser Kälber ist kaum verändert. Sie erreichen beste Schlachtqualität. Wird dagegen bei dieser **verlängerten Kälbermast** zur Einsparung von Futterkosten neben Tränke auch Kraftfutter eingesetzt, so kann die Qualität dieses Kalbfleisches den Ansprüchen nicht mehr genügen.

Fütterungstechnik – In der Regel wird aus einem *Spezialeimer mit Nuckel* getränkt. Die Tränke wird mit Schneebesen oder arbeitssparender mit einem Mixer unter Beachtung der Herstellerangaben (Anrührtemperatur) angerührt. In kleineren Beständen werden die Tränkeeimer von Hand oder mit einem Wagen transportiert. Ab 100 Kälber ist eine Verschlauchung mit *Dosierpistole* oder eine *Ringleitung* mit Zuteilungsventilen empfehlenswert. *Tränketemperatur* von 37–40 °C und *Tränkezeiten* sind bei zweimaliger Fütterung am Tag unbedingt einzuhalten.

Eine große *Arbeitserleichterung* bringen **Tränkeautomaten.** Sie rühren bei gleich bleibender Tränketemperatur die Tränke in kleinen Mengen nach Bedarf frisch an. Da die Kälber ständig saufen können, ist die Zuwachsleistung oft höher als bei der Eimertränke.

Die Automatentränke ist an *Gruppenhaltung* gebunden, wobei bis zu 50 Kälber von einem Gerät versorgt werden können. Damit die Tiere nicht zu stark auseinander wachsen, sollen die Kälber einer Gruppe möglichst gleichmäßig entwickelt sein.

Wenn die Tiere etwas *Einstreu* fressen, beeinträchtigt dies Fleischfarbe und Fleischqualität *nicht* und verbessert sogar die Mastleistung. Die Raufutteraufnahme sollte aber das von der Kälberhaltungs-Verordnung festgelegte Mindestangebot nicht wesentlich überschreiten (ab der 2. Lebenswoche mind. 100 g/Tag; ab der 8. Lebenswoche mind. 200 g/Tag).

Die **Mineralstoff-** und **Vitaminversorgung** ist durch den Einsatz industriell hergestellter Mischfuttermittel abgesichert.

! Die Fütterungstechnik ist neben der Mastmethode entscheidend für den Masterfolg.

Haltung – Abgesehen von einer zwar zunehmenden »biologischen« Haltungs-umd Mastform betreiben ausschließlich spezialisierte Betriebe mit großen Beständen die Kälbermast. Wegen der arbeitssparenden Eigenschaften werden *Vollspaltenbuchten* mit Automatentränken bevorzugt und das Rein-Raus-Verfahren wird angewendet, weil dann Reinigung und Desinfektion leichter und damit die hygienischen Verhältnisse günstiger sind. Im Übrigen gelten auch hier alle Grundsätze, die für Kälberställe genannt wurden. Ein Masterfolg ist nur bei einwandfreier Stallausführung und optimalem Stallklima sicher.

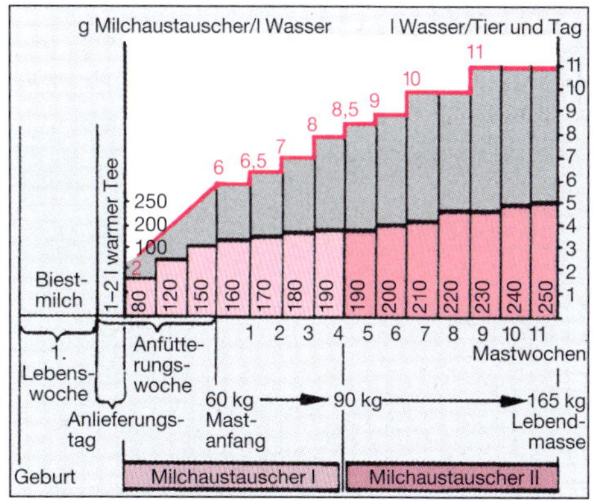

Abb. 1024 Tränkeplan für die Kälbermast mit Milchaustauschfutter (Schema).

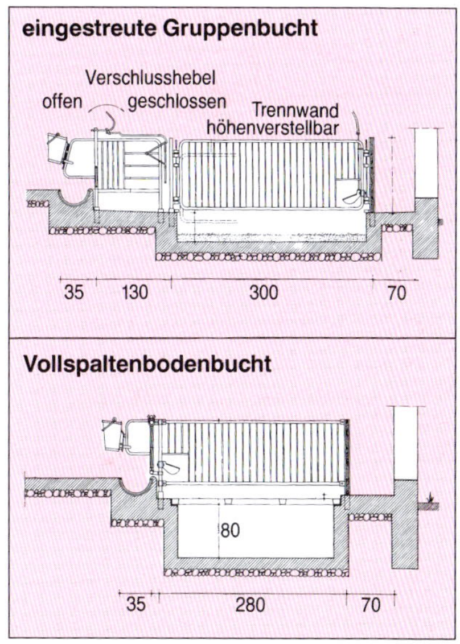

Abb. 1025 Verfahren der Gruppenhaltung von Kälbern (Maße in cm).

Abb. 1026 Eingestreute Gruppenbuchten mit je einem Tränkeautomaten ermöglichen die Haltung der Kälber in Kaltställen.

Abb. 1027 Bullenmast vereinfacht besonders in Kombination mit Maissilage die Betriebsstruktur.

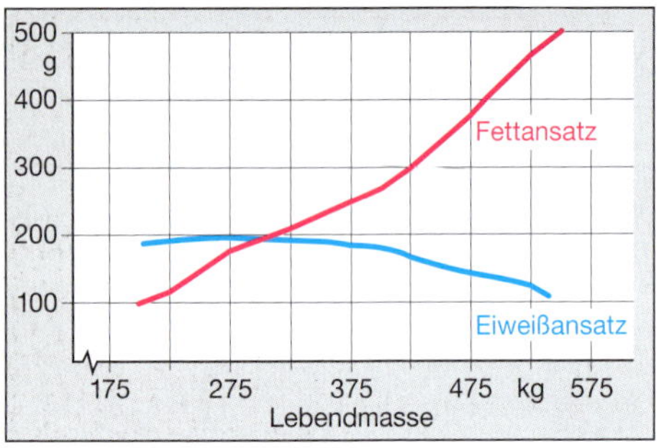

Abb. 1028 Fett- und Eiweißansatz schwarzbunter Bullen bei Intensivmast.

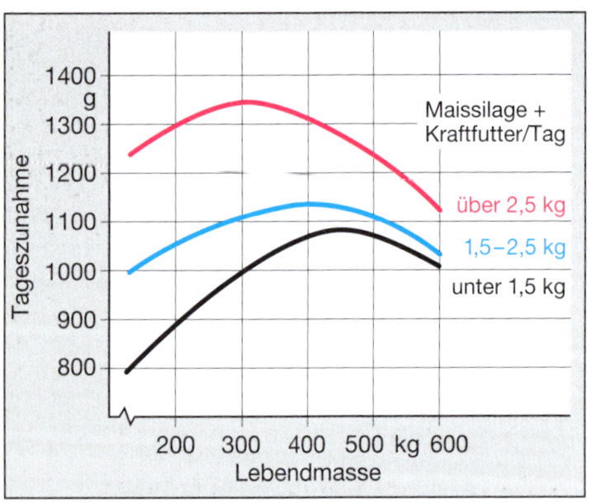

Abb. 1029 Fütterungsintensität und Wachstumsverlauf (Schema).

Abb. 1030 Gruppe von »Fressern«.

6.2 Bullenmast

6.2.1 Grundlagen der Bullenmast

Hohe Verkaufserlöse und möglichst geringe Produktionskosten sind das Ziel einer wirtschaftlichen Bullenmast. Hohe Verkaufserlöse erzielen aber nur Bullen der besten Handelsklasse.

Tierauswahl – Die Wahl des richtigen Tiermaterials ist dafür eine wesentliche Voraussetzung. Von den *Zweinutzungsrassen* eignen sich Fleckvieh und Gelbvieh besser als Schwarzbunte, Rotbunte und Braunvieh. Fleckvieh und Schwarzbunte sind dabei mit je einem Drittel Anteil zahlenmäßig am stärksten vertreten.

In den letzten Jahren werden auch mehr und mehr *Fleischrassen* (Deutsche Angus, Charolais) und Kreuzungstiere in den Betrieben eingestellt. Da aber auch innerhalb einer Rasse große Unterschiede in der Masteignung auftreten können, ist eine **sorgfältige Kälberauswahl** sehr wichtig.

Kälber sollen *gesund, frohwüchsig* und *großrahmig* sein, mit guter *erblicher Veranlagung* zum *Muskelansatz* (Abstammung). Sie werden in Süddeutschland vorwiegend im Alter von 6–8 Wochen mit ca. 70–100 kg LM, in Norddeutschland im Alter von ca. 2 Wochen mit ca. 40–50 kg LM zugekauft und nach der »Frühentwöhnungsmethode« aufgezogen.

Anstelle dieser »Nutzkälber« kann der Bullenmäster auf dem Kälbermarkt aber auch sog. Fresser mit 150–200 kg LM erwerben und die risikoreiche Aufzuchtperiode spezialisierten Betrieben überlassen.

Die Entscheidung für die eine oder andere Zukaufsmöglichkeit ist nicht leicht, zumal sie für den wirtschaftlichen Erfolg der Mast eine wichtige Rolle spielt. Für den Kauf von Kälbern sprechen vor allem die niedrigeren Beschaffungskosten und der damit normalerweise zu erwartende höhere Gewinn.

Dennoch steigt die Nachfrage nach **Fressern.** Die wichtigsten Gründe hierfür sind:

- ▶ Vermeiden des Risikos von Kälberverlusten während der Aufzucht, welche die Erzeugungskosten sehr stark beeinflussen.
- ▶ Besseres Erkennen der Masteignung bedeutet weniger Fehleinkäufe.
- ▶ Arbeitseinsparung.

Mastbetriebe, denen also die entsprechenden baulichen und personellen Voraussetzungen für eine verlustarme Kälberaufzucht fehlen, ist daher eher zum Kauf von Fressern zu raten. Sind dagegen diese Voraussetzungen erfüllt, ist Bullenmast mit Kälberzukauf wirtschaftlich erfolgreicher.

Fütterungsintensität und Wachstum – Fütterungsintensität und Mastendgewicht haben neben den erblichen Veranlagungen einen entscheidenden Einfluss auf die gewünschte Schlachtkörper-Zusammensetzung.

Mastbullen haben wie andere Tierarten auch im jungen Alter ein hohes Fleischbildungsvermögen. Mit zunehmendem Alter verlangsamt sich das Wachstum, der Eiweiß- bzw. Fleischansatz geht zurück und die Verfettung nimmt verstärkt zu. Hinzu kommt der höhere *Erhaltungsbedarf* älterer Tiere, so dass sich die *Futterver-*

wertung gegen Ende der Mast laufend verschlechtert, d. h., der Nährstoffbedarf/kg Zuwachs wird größer.

Die *Fütterungsintensität* muss sich diesen Wachstumsgesetzen anpassen. Über die Höhe der täglichen Zunahmen werden somit direkt sowohl das Mastendgewicht als auch die Mastdauer beeinflusst. Das günstigste Mastendgewicht liegt je nach Rasse bei 550 kg (Schwarzbunte, Rotbunte, Braunvieh) bzw. 600 kg (Fleckvieh, Gelbvieh).

Die **Intensivmast** will durch eine sehr nährstoffreiche Fütterung das hohe Wachstumsvermögen der Jungbullen zwischen 250 und 400 kg LM voll ausschöpfen. Altersbedingt ist aber das Fassungsvermögen der Mägen noch relativ gering.

Die Futterration muss daher eine hohe Nährstoffkonzentration aufweisen, was meist nur mit relativ hohen Kraftfutteranteilen möglich ist.

Die **Wirtschaftsmast** strebt die hohen Tageszunahmen zu einem späteren Mastabschnitt an, damit der Nährstoffbedarf wegen des nun größeren Futteraufnahmevermögens mit viel wirtschaftseigenem, hochverdaulichem Grundfutter und nur geringer Kraftfutterergänzung gedeckt werden kann.

In der sog. *Vormast* werden aufgrund des noch begrenzten Fassungsvermögens der Mägen mit vorwiegend wirtschaftseigenen Grundfuttermitteln nur geringe Tageszunahmen erzielt. Das Wachstumsvermögen ist dadurch nicht voll ausgeschöpft und die Tiere haben im 2. Abschnitt, in der sog. *Endmast,* einen entsprechenden Nachholbedarf (kompensatorisches Wachstum).

Wie aus Abb. 1031 ersichtlich, sind die Tageszunahmen dann sogar höher als in der Intensivmast. Sobald sie sich wieder denen der Intensivmast angleichen, ist das optimale Mastendgewicht in der Wirtschaftsmast erreicht. Dieser Zeitpunkt liegt aber im Vergleich zur Intensivmast meist später, d. h., man muss bei der Wirtschaftsmast mit einer etwas längeren Mastdauer rechnen.

Fütterungsgrundlagen – Hohe tägliche Zunahmen und günstige Futterverwertung sind nur über wiederkäuergerechte und leistungsbezogene Fütterung möglich. Der **Gesamt-Nährstoffbedarf** ergibt sich auch bei der Mast von Rindern aus dem Bedarf für Erhaltung und Leistung. Seine Höhe hängt vom Geschlecht (Bullen, Färsen, Ochsen), von der Rasse, der Körpermasse und den angestrebten Tageszunahmen ab. Die Richtzahlen für die tägliche *Energie-* und *Rohprotein-Versorgung* sind Tabelle 94 (Seite 384) zu entnehmen.

Wegen der Pansenmikroorganismen besteht beim Wiederkäuer ein enger Zusammenhang zwischen optimaler Eiweiß- und Energie-Versorgung. So ist auch bei Einhalt der Richtwerte für Rohprotein die Eiweiß-Versorgung nur dann in Ordnung, wenn zugleich die Ansprüche an den hohen Energiebedarf in der Ration erfüllt sind und die Abbaubarkeit des Futterproteins der Gesamtration nicht unter 75 % liegt.

Obwohl die Versuchsdaten nur bei Fleckvieh und Schwarzbunten gewonnen wurden, dürfen aufgrund von Erfahrungswerten Gelbvieh und Gebrauchskreuzungen (z. B. Charolais × Schwarzbunte) dem Fleckvieh und Braunvieh den Schwarzbunten zugeordnet werden. Richtwerte für Rotbunte liegen dazwischen.

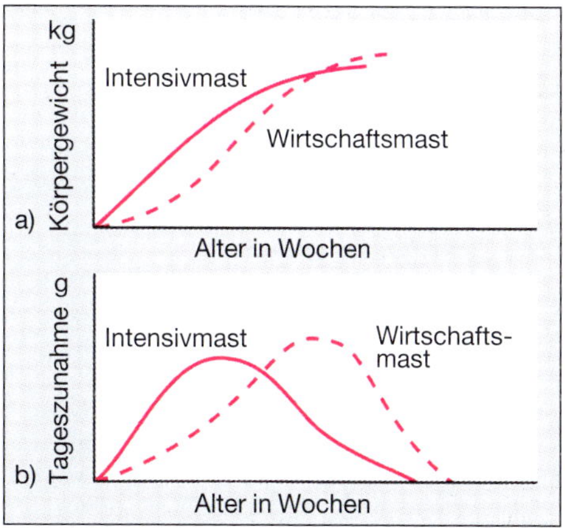

Abb. 1031 Gewichtsentwicklung (a) und Tageszunahme (b) bei Intensiv- und Wirtschaftsmast.

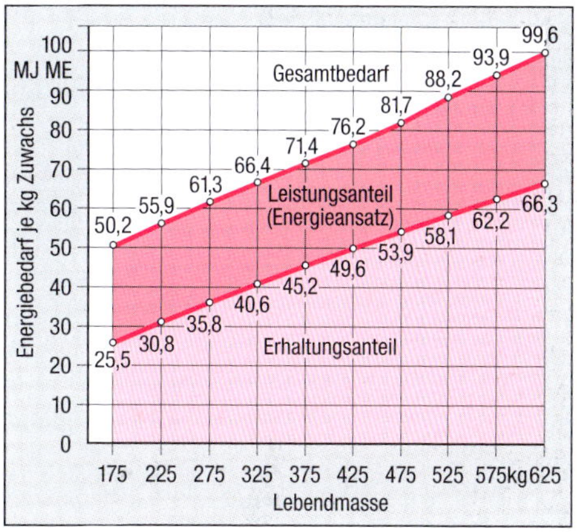

Abb. 1032 Die Zunahme des Energiebedarfs je kg Zuwachs verschlechtert die Futterverwertung.

Abb. 1033 Anzustrebende Tageszunahmen von Bullen bei der Intensivmast. Die Zuordnung der Rassen im Kurvenband entspricht dem unterschiedlichen Wachstumsvermögen.

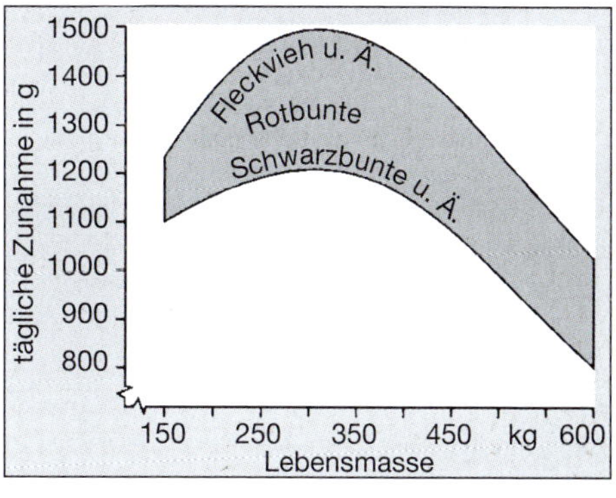

Tabelle 94: Gesamt-Energiebedarf und Empfehlungen zur Rohprotein-Versorgung von Mastrindern
(Energie- und Nährstoffbedarf landwirtschaftlicher Nutztiere, Nr. 6, DLG Verlag, Frankfurt/Main)

Lebend-masse	täglich T-Auf-nahme	tägliche Lebendmassenzunahme in g											
		600		800		1000		1200		1400		1600	
		ME	RP	ME	RP	ME	RP	ME	RP	ME	RP	ME	RP
kg	kg	MJ	g	MJ	g	MJ	g	MJ	g	MJ	g	MJ	g
Bullen Schwarzbunt													
175	3–4	35,1	470	39,4	520	44,4	590						
225	3,5–5	41,4	530	46,0	590	51,2	650	57,1	730				
275	4–6	46,6	580	52,7	650	58,6	720	65,2	800	72,8	900		
325	5–7	53,7	640	59,6	710	66,4	790	74,2	880	83,1	980		
375	6–7,5	59,8	680	66,6	760	74,5	850	83,8	960	94,7	1080		
425	7–8,5	65,9	730	73,7	810	83,1	920	94,4	1040				
475	7,5–9	72,0	770	81,1	860	92,4	980	106,1	1130				
525	8–10	78,2	790	88,9	900	102,5	1040						
Bullen Fleckvieh													
175	3–4			45,7	660	50,2	730	55,5	800				
225	3,5–5					55,9	780	61,3	850	64,5	900		
275	4–6					61,3	820	66,8	900	70,3	940	75,3	1010
325	5–7					66,4	860	72,1	930	75,9	980	80,9	1050
375	6–7,5					71,4	890	77,2	960	81,2	1010	86,2	1080
425	7–8,5					76,2	910	82,1	980	86,3	1030	91,3	1110
475	7,5–9					81,7	930	87,5	1000	91,4	1050		
525	8–10			82,1	900	88,2	960	94,2	1030	96,3	1080		
575	8,5–10			87,5	940	93,9	990	100,1	1070				
625	9–10,5			93,0	990	99,6	1020	106,1	1110				
Färsen Fleckvieh[1]													
175		38,5		45,6									
225				52,5		59,3							
275				59,0		65,8		70,7					
325				65,3		72,1		77,8					
375		64,3		71,5		78,2							
425		70,2		77,4		84,1							
475		76,0		83,3		89,9							
525		81,7		89,0		95,6							
Ochsen Fleckvieh[1]													
175				41,2		44,9							
225				49,2		53,7							
275				56,9		62,0		67,4					
325				64,4		70,2		76,3					
375				71,7		78,3		85,0					
425		71,7		78,9		86,1							
475		78,1		85,8		93,7							
525		84,3		90,0		97,9							
575		90,4		94,1		102,0							

[1]) Für Ochsen und Färsen fehlen bisher noch Bedarfswerte für die Rohprotein-Versorgung.

Werden bei der Fütterung diese Bedarfsnormen eingehalten, so ist in der *Intensivmast* ein Verlauf der täglichen Zunahme, wie in Abb. 1031 dargestellt, zu erwarten.

Diese **hohen Tageszunahmen** erfordern vor allem ein *energiereiches, hoch verdauliches Futter.* Aufgrund des zunehmenden Fassungsvermögens des Pansens können die Ansprüche an die Verdaulichkeit gegen Ende der Mast zwar etwas zurückgehen, liegen aber dennoch im Mittel bei 70 %. In der Futterration muss daher

unbedingt Kraftfutter enthalten sein, dessen Menge von Art und Qualität des Grundfutters abhängt.
Die *Eiweißversorgung* bereitet in der Praxis normalerweise kaum Schwierigkeiten, da die vorgegebenen Bedarfsnormen einen ausreichenden Sicherheitszuschlag enthalten.

> ! Der Schlüssel zum Erfolg in der Bullenmast liegt somit in einer bedarfsgerechten Energie-Versorgung, und zwar vorrangig über das Grundfutter. Auf das Erzeugen bester Grundfutterqualität und auf eine hohe Grundfutteraufnahme ist daher besonderer Wert zu legen.

Zu Beginn der Mast kann ein Bulle etwa 3 kg und gegen Ende der Mast gut 10 kg *Futter-Trockenmasse* (T) täglich verzehren.
Dem *Rohfasergehalt* wird in den Futterrationen der Bullenmast keine so große Bedeutung beigemessen wie in der Milchviehfütterung. Damit aber dennoch die Verdauungsvorgänge im Pansen störungsfrei aufrechterhalten werden und auch das Wiederkauen funktioniert, sind ca. 12–15 % Rohfaser in der Trockenmasse der Gesamtration erforderlich.
Wenigstens die Hälfte davon soll aus strukturreichem Futter stammen. Man muss daher bei Verwendung von sehr strukturarmen Futtermitteln, z. B. Rübenblatt-Silage, aufpassen und für einen entsprechenden Ausgleich sorgen.
Der Einsatz eines industriell hergestellten »Rindermastfutters« sichert zugleich den *Mineralstoff-* und *Vitaminbedarf* ab. Andernfalls sollte ein zum Grundfutter passendes vitaminiertes Mineralfutter beigefüttert werden.

Abb. 1034 Das Befüllen von Flachsilos muss gut organisiert sein. Für das Festwalzen muss genug Zeit eingeplant werden, damit später die Silagequalität stimmt.

Abb. 1035 Täglicher Bedarf (in g) an Mengenelementen in Abhängigkeit von Lebendmasse und täglicher Zunahme in der Rindermast.

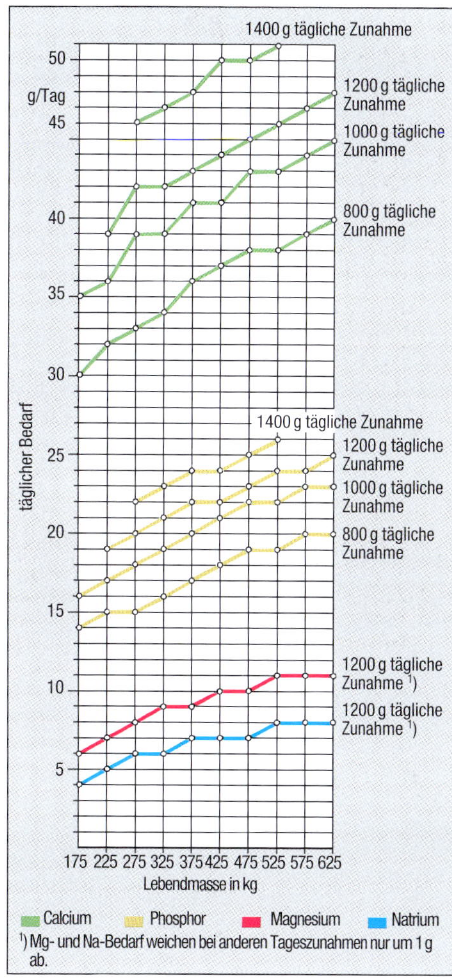

6.2.2 Grundsätze für Haltung und Fütterungstechnik

Ein gewissenhafter Mäster
- arbeitet nach der Rein-Raus-Methode und hält äußerste Sauberkeit im Kälberstall,
- kauft nur enthornte Tiere,
- stellt Gruppen von 6–10 gleichmäßig entwickelten Tieren zusammen,
- beobachtet und wiegt die Tiere regelmäßig,
- sorgt für ein günstiges Stallklima,
- verfüttert keine verdorbenen Futtermittel,
- vermeidet möglichst Futterwechsel und
- ermöglicht lange Fresszeiten (Vorratsfütterung).

> ! Richtige Tierauswahl, optimales Mastendgewicht, wiederkäuergerechte und leistungsbezogene Fütterung sowie gewissenhafte Haltung und Fütterungstechnik sind die Grundvoraussetzungen für eine erfolgreiche Bullenmast. Bei Intensivmast fleischbetonter Rassen liegt das zweckmäßige Endgewicht zwischen 620 und 640 kg Lebendmasse.

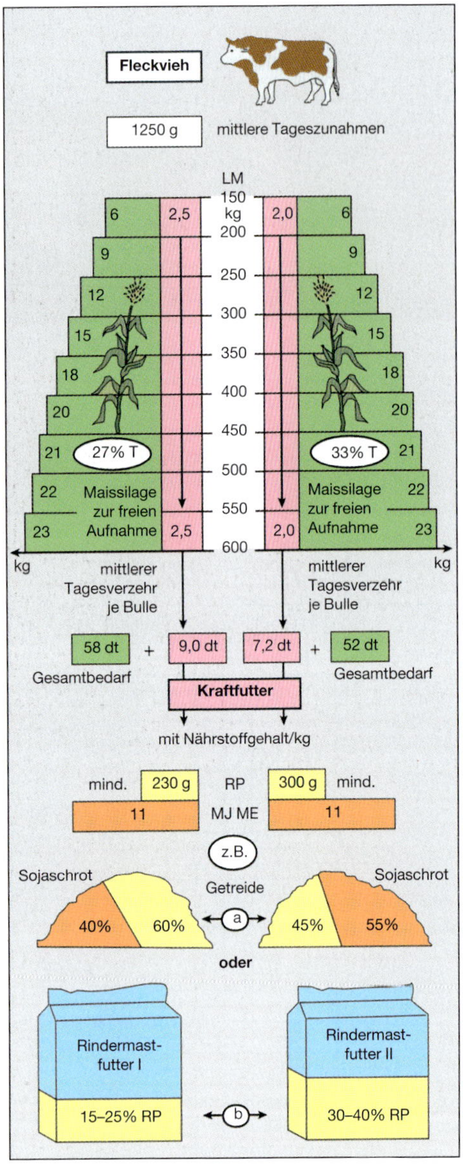

Abb. 1036 Fütterung bei Maissilagemast. Höhere Trockenmasse-Gehalte der Maissilage helfen, Futter und damit Kosten zu sparen. Die angegebenen Futterwerte beziehen sich auf 1 kg T.

6.2.3 Mastmethoden

Das vorhandene *wirtschaftseigene Grundfutter* bestimmt in erster Linie die **Mastmethode.**
Folgende Zuordnung der Betriebe ist möglich:

Intensivmast — sicherer Maisanbau; Zuckerrübenanbau
Wirtschaftsmast — Zuckerrübenanbau; Kartoffelanbau für Brennerei; bestimmter Grünlandanteil
Weidemast — vorherrschendes Grünland

Intensivmast – Die **Intensivmast mit Maissilage** ist in spezialisierten Bullenmastbetrieben am weitesten verbreitet. Unter Berücksichtigung des unterschiedlichen Wachstumsvermögens unserer Zweinutzungsrassen sind die in Tabelle 95 genannten Daten dafür kennzeichnend.

Tabelle 95: Beispiele für Tageszunahmen und Mastdauer bei Mast mit Maissilage

Rinderrassen	Lebendmasse	mittlere Tageszunahmen	Mastdauer
Fleckvieh	150 – 600 kg	1250 g	ca. 12 Monate
Schwarzbunte	150 – 550 kg	1050 g	ca. 12 1/2 Monate

Körnerreicher, teigreifer (27 – 33 % T) Silomais ist hinsichtlich Nährstoffkonzentration und Futterverzehr das ideale Grundfutter für Mastbullen, wenn alle Regeln zur Gewinnung einer einwandfreien Silagequalität befolgt werden. Damit auch die Maiskörner verdaut werden können, ist auf ihre vollständige Zerkleinerung bei der Ernte zu achten.
Die täglich verzehrte Menge an Maissilage (27 % T) steigt von 6 – 7 kg zu Beginn der Mast auf 23 – 25 kg gegen Ende der Mast an. Aufgrund dieses Verbrauches kann der Ertrag von *1 ha Maisanbaufläche* zur Mast für *6 Bullen* veranschlagt werden.
Neben Maissilage zur freien Aufnahme erhalten die Bullen zur Deckung des fehlenden Nährstoffbedarfs noch Kraftfutter, dessen Zusammensetzung sich nach dem T-Gehalt der Maissilage richten muss.
Da Maissilage sehr energiereich und eiweißarm ist, muss mit dem Beifutter vor allem eine bedarfsgerechte *Eiweißergänzung* der täglichen Ration erfolgen. Der Handel bietet 2 Fertigfuttermittel an, und zwar »Rindermastfutter I« mit 15 – 25 % Rohprotein und »Rindermastfutter II« mit 30 – 40 % Rohprotein.
Für *Eigenmischungen* eignen sich als Energielieferant in erster Linie Getreide und Trockenschnitzel sowie folgende Futtermittel zum Eiweißausgleich:

- Soja-Extraktionsschrot,
- Raps-Extraktionsschrot,
- Ackerbohnen oder Erbsen,
- frische oder silierte Biertreber,

▸ Futterharnstoff kann bereits bei der Silobefüllung (5 kg/1000 kg Frischmasse mit mindestens 25 % T) oder erst bei der Fütterung (150 g/kg T und Tag) der Maissilage zugemischt werden.

Enthält die Ration kein industriell hergestelltes »Rindermastfutter«, so sind täglich 80–130 g eines vitaminierten, Ca-reichen *Mineralfutters* (Ca : P = 4 : 1) je Tier vorzulegen, da Maissilage wenig Mineralstoffe, besonders Ca, aufweist.

In Abb. 1037 sind Futterpläne für die Intensivmast von Fleckviehbullen mit durchschnittlichen Tageszunahmen von 1250 g in Abhängigkeit vom Trockenmassegehalt der Maissilage dargestellt. Für schwarzbunte Bullen mit nur 1050 g mittleren täglichen Zunahmen kann man jeweils mit 0,5 kg weniger Kraftfutter auskommen. Man sieht, wie sehr auch in der Bullenmast die *Wirtschaftlichkeit* von einer hohen *Grundfutterleistung* abhängt.

! Hohe Trockenmassegehalte der Maissilage bedeuten Einsparung an Futter, vor allem an teurem Kraftfutter, und helfen somit die Produktionskosten senken.

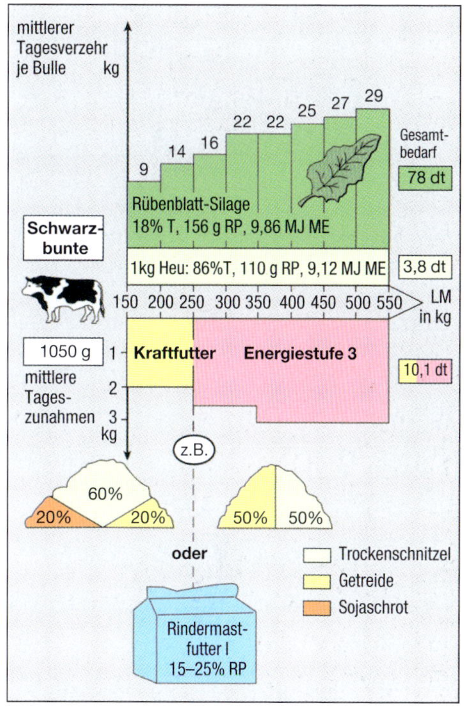

Abb. 1037 Futterplan für die Intensivmast schwarzbunter Bullen mit Zuckerrübenblatt-Silage. Fleckvieh-Bullen mit 1250 g mittleren Tageszunahmen können mit je 0,5 kg mehr Kraftfutter bis zu 600 kg LM gemästet werden.

Die **Intensivmast mit Zuckerrübenblatt-Silage** kann unter bestimmten Voraussetzungen durchaus wirtschaftlich erfolgreich sein, obwohl der Nährstoffgehalt im Vergleich zur Maissilage geringer ist und deshalb mehr Kraftfutter erforderlich wird. Sauber gewonnene Rübenblatt-Silage ist nämlich unter allen Grundfuttermitteln der *billigste Nährstofflieferant* und wird von den Tieren sehr gerne gefressen.

Bei der Bergung und beim Einsilieren ist daher auf eine möglichst geringe Verschmutzung der Silage zu achten. *Heu* darf in keiner Ration fehlen, da Rübenblätter die Ansprüche des Wiederkäuers an Rohfaser und Struktur nicht erfüllen.

Im Gegensatz zur Maissilage weist Rübenblatt-Silage sehr hohe Ca-Gehalte und ein sehr weites Ca : P-Verhältnis von 5–8 : 1 auf. Aus diesem Grund müssen täglich 50 g eines Ca-armen und P-reichen *Mineralfutters* vorgelegt werden, das zudem den Vitaminbedarf abdeckt.

! Ältere Tiere können nach vorausgegangener Weidevormast in einer Stallendmast noch mehr von diesem billigen Futteraufnehmen. In Zuckerrübenanbau-Betrieben finden wir daher häufig die Form der Wirtschaftsmast.

Eine **Intensivmast mit Pressschnitzel-Silage** kann für Betriebe in der Nähe von Zuckerfabriken interessant sein. Pressschnitzel (Nassschnitzel) sind extrahierte Zuckerrübenschnitzel mit einem T-Gehalt von ca. 20 %. Sie müssen sofort fabrikwarm unter besonderer Sorgfalt einsiliert werden, geben dann aber ein *energiereiches* und *gern gefressenes Rindermastfutter* ab. Pressschnitzel-Silage kann in Kombination mit Maissilage oder als alleiniges Futtermittel mit entsprechender Raufutterergänzung (z. B. 1 kg Heu) eingesetzt werden.

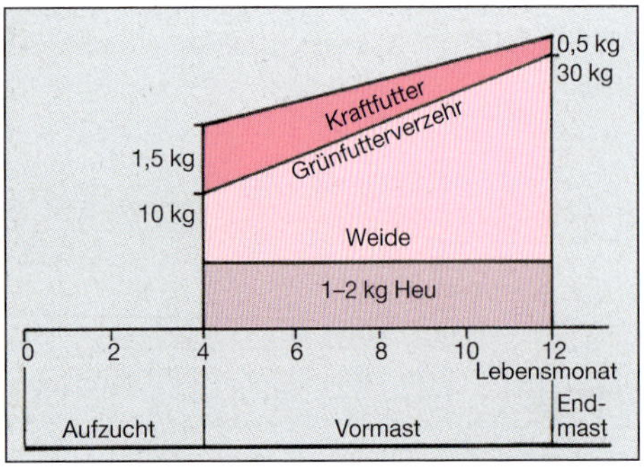

Abb. 1038 Fütterung in der Vormast bei Wirtschaftsmast.

Die **Intensivmast mit Kraftfutter** ist nur bei entsprechend *niedrigen Kraftfutterpreisen* wirtschaftlich sinnvoll. Wegen der hohen Nährstoffkonzentration des Futters liegt das optimale Mastendgewicht bereits bei 350–420 kg. Ab 150 kg LM wird das Kälberaufzuchtfutter durch das Mastkraftfutter ersetzt. Zur Vorbeuge gegen Pansenstörungen müssen täglich 0,5–1 kg Heu und 1–2 % Natrium-Bikarbonat, welches eine zu starke Pansenübersäuerung verhindert, in der Ration enthalten sein.

Interessanter und vor allem wiederkäuergerechter ist allerdings eine Fütterungsmethode, bei der zu einer *Kraftfuttergabe* von 3 bis 6 kg/Tier und Tag *Maissilage* zur freien Aufnahme vorgelegt wird.

Wirtschaftsmast – Sie ist in *Vormast* und *Endmast* geteilt. Die wichtigsten fütterungstechnischen Daten sowie die gebräuchlichsten Verfahren sind der Tabelle 96 zu entnehmen.

Die Jungbullen sollen am Ende der Vormast einen großen und breiten Rahmen aufweisen und viel Grundfutter aufnehmen können. Abb. 1038 zeigt einen Fütterungsvorschlag.

Bei der **Stallendmast mit Zuckerrübenblatt-Silage** sind 1–2 kg Heu und hohe Kraftfuttermengen in der Tagesration notwendig, wenn die gewünschten Tageszunahmen erreicht werden sollen. Die Rübenblätter müssen unbedingt schmutzfrei geerntet und rasch siliert werden. Von 1 ha Rüben lassen sich 4–5 Bullen mästen.

Als *Kraftfutter* eignen sich:

- Rindermastfutter, Energiestufe 2,
- Eigenmischung aus 50 % Trockenschnitzel,
  50 % Getreideschrot.

Abb. 1039 Futterpläne für die Stallendmast (ca. 300–600 kg) mit Zuckerrübenblatt-Silage oder Grassilage. Die angegebenen Futterwerte beziehen sich auf 1 kg T.

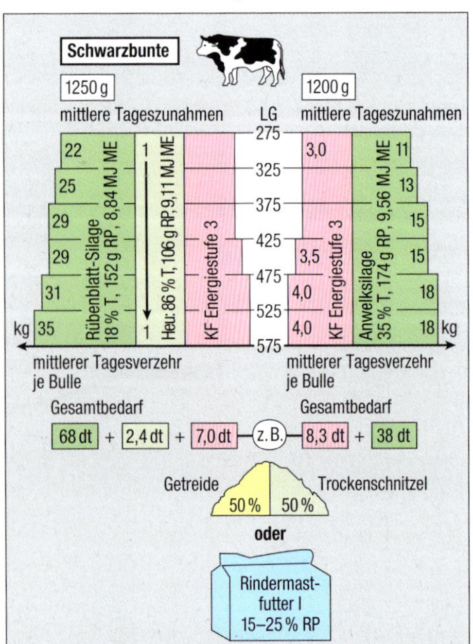

Tabelle 96: Wichtige Zusammenhänge der Wirtschaftsmast

Betriebsform	Vormast	Endmast
	von 130–300 kg LM mit 800–1000 g Tageszunahmen ⇩ langsames Wachstum bei verhaltener Fütterung	von 300 bis 500–650 kg LM mit 1200–1400 g Tageszunahmen ⇩ schnelles Wachstum bei intensiver Fütterung
Ackerbaubetrieb mit Grünlandanteil und Zukauf von Herbstkälbern; Zukauf von Sommerkälbern	Weide oder *Grünfütterung*; *Winter*: Grassilage, Heu; *Sommer*: Weide, Grünfütterung	im Stall mit Rübenblatt-Silage, Rübenblatt- und Maissilage, Grassilage, Gras- und Maissilage, Schlempe und Maissilage
reiner Ackerbaubetrieb und Zukauf von Magervieh (300 kg)	(im Grünlandbetrieb)	

Eine Kombination von Rübenblatt-Silage und ca. 10 kg Maissilage (anstatt Heu) erspart die Hälfte der sonst erforderlichen Kraftfuttermenge.
Das *Mineralfutter* muss P-reich und außerdem vitaminiert sein.
Im Brennereibetrieb wird die **Stallendmast mit Schlempe** durchgeführt. Eine Tageshöchstmenge von 10 l/100 kg LM reicht zur Nährstoffbedarfsdeckung nicht aus. Als *Grundfutterergänzung* legt man am besten körnerreiche Maissilage zur freien Aufnahme vor. Das *Kraftfutter* besteht aus 1 kg Getreideschrot und 0,5 kg Soja-Extraktionsschrot.
Der Brennereibetrieb *muss* die Schlempe verfüttern. Dauert die Brennkampagne ca. 8 Monate, kann je 6 hl Brennrecht 1 Mastbulle aufgestellt werden.
Eine **Stallendmast mit Grassilage** ist noch eher vertretbar als eine Intensivmast, welche in keiner Weise mit der Maissilagemast konkurrieren könnte. Das Gras muss aber unbedingt vor der Blüte geschnitten und auf 30–35 % Trockenmasse angewelkt werden. Trotz des höheren Silageverzehrs in der Endmast sind auch hier noch *hohe Kraftfuttergaben* (4 kg/Tier und Tag) notwendig, um auf 1200 g mittlere Tageszunahmen zu kommen.
Der *Mineralstoffbedarf* ist bei dieser Futterration ziemlich abgedeckt. Aus Gründen der Krankheitsprävention und im Hinblick auf einen stabilen Körperbau sowie eines funktionierenden Stoffwechsels mit guter Futterverwertung sollen 50 g eines hochvitaminierten Mineralfutters mit einem ausgeglichenen Ca : P-Verhältnis jedem Tier täglich vorgelegt werden.

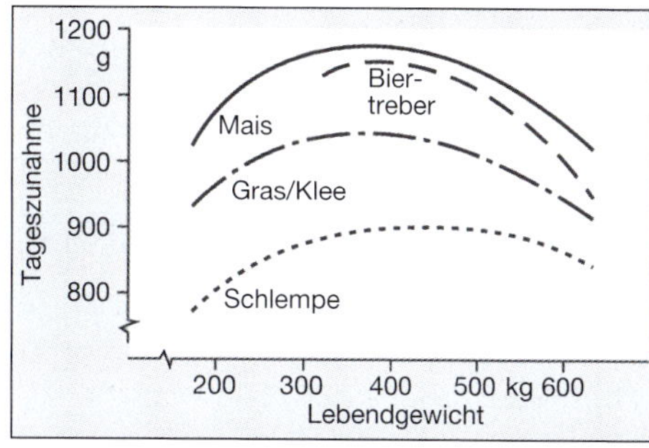

Abb. 1040 Mittlere Tageszunahme von Bullen bei verschiedenen Mastmethoden.

Weidemast – *Ziel* der Weidemast ist es, den Gewichtszuwachs der Bullen vorwiegend über die Verwertung des billigen Weidefutters zu erreichen. Geringere Zunahmen während der Stallperiode sollen durch höhere Tageszunahmen in der Weidezeit (kompensatorisches Wachstum) ausgeglichen werden. Weide liefert zwar das billigste Grundfutter, aber im Vergleich zu anderen Mastverfahren ist die Weidemast schwieriger in den Griff zu bekommen.
Ihr wirtschaftlicher Erfolg hängt vor allem vom Beachten folgender **Grundregeln** ab:

- Durchführen einer intensiven *Umtriebsweide mit Mähweidenutzung:*
  - Die Bullen können dann ständig hoch verdauliches, nährstoffreiches Gras (Aufwuchshöhe 20 cm) aufnehmen.
  - Der gegensätzliche Verlauf von Futteraufwuchs auf Weide und Nährstoffbedarf der Bullen lässt sich dadurch besser angleichen. Der Futterüberschuss zu Beginn der Weideperiode wird für die Winterfütterung konserviert.
- *Sorgfältige Übergangsfütterung,* um Gewichtsverluste zu vermeiden.
- Berücksichtigen der *Anforderungen an die Haltungsform:*
  - Die Bullen müssen enthornt sein.
  - Die Tiere müssen sich vor dem Weideaustrieb im Laufstall aneinander gewöhnen können.
  - Die Weidezäune müssen stabil und ausbruchssicher sein.
  - Zum Schutz gegen Witterungseinflüsse sind Weidehütten erforderlich.
  - Für einwandfreie Weidetränkeanlagen ist zu sorgen.

Abb. 1041 Nährstoffangebot der Weide und Nährstoffbedarf der Bullen müssen bei der Weidemast einander angeglichen werden.

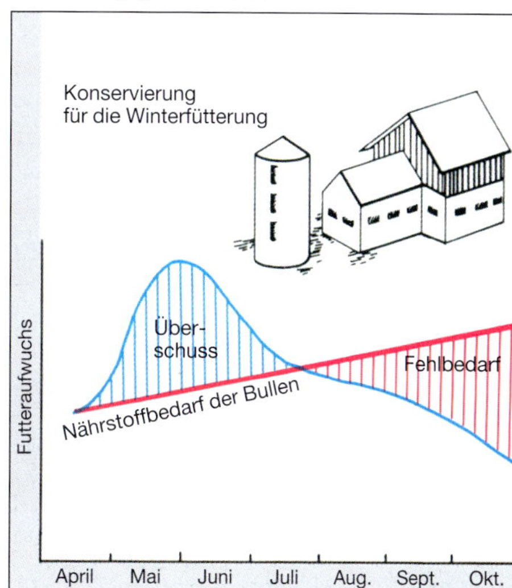

Abb. 1042 Spaltenfressgitter verhindern, dass Futter auf die Lauffläche gezogen wird.

- Durchführen von *Vorbeuge-* und *Bekämpfungsmaßnahmen gegen Weideparasiten*, z. B. Dasselfliege, Leberegel, Lungen-, Magen- und Darmwürmer.

Der *Geburtszeitraum* der Kälber bestimmt den zeitlichen Ablauf der Weidemast. In Abb. 1043 sind die beiden gebräuchlichsten **Weidemastverfahren** dargestellt. Bei der *Mast mit Herbstkälbern* kann es erforderlich sein, dass die Bullen zum Erreichen der Schlachtreife gegen Ende der 2. Weideperiode zusätzlich Kraftfutter erhalten oder im Stall ausgemästet werden müssen. Dagegen erreichen die Bullen aus der *Mast mit Frühjahrskälbern* meistens eine gute Schlachtkörperqualität. Diese Mast dauert aber ca. 5 1/2 Monate länger.

6.2.4 Haltung

Mastbullen werden in ähnlichen Stallungen **gehalten wie Jungrinder.** Weitere Einzelheiten zu den jeweiligen Stallformen können daher unter *Haltung von Jungrindern* nachgelesen werden.

Die **Anbindung** von Mastbullen ist nur sinnvoll, wenn z. B. im Milchviehbetrieb zusätzlich einige Bullen gemästet werden oder wenn Magervieh (250–400 kg) unterschiedlicher Größe zugekauft wird, weil sich diese Tiere in einer Gruppe kaum noch aneinander gewöhnen würden. In solchen Fällen haben sich **einstreulose Kurzstände** durchgesetzt. Wegen der Harnableitung

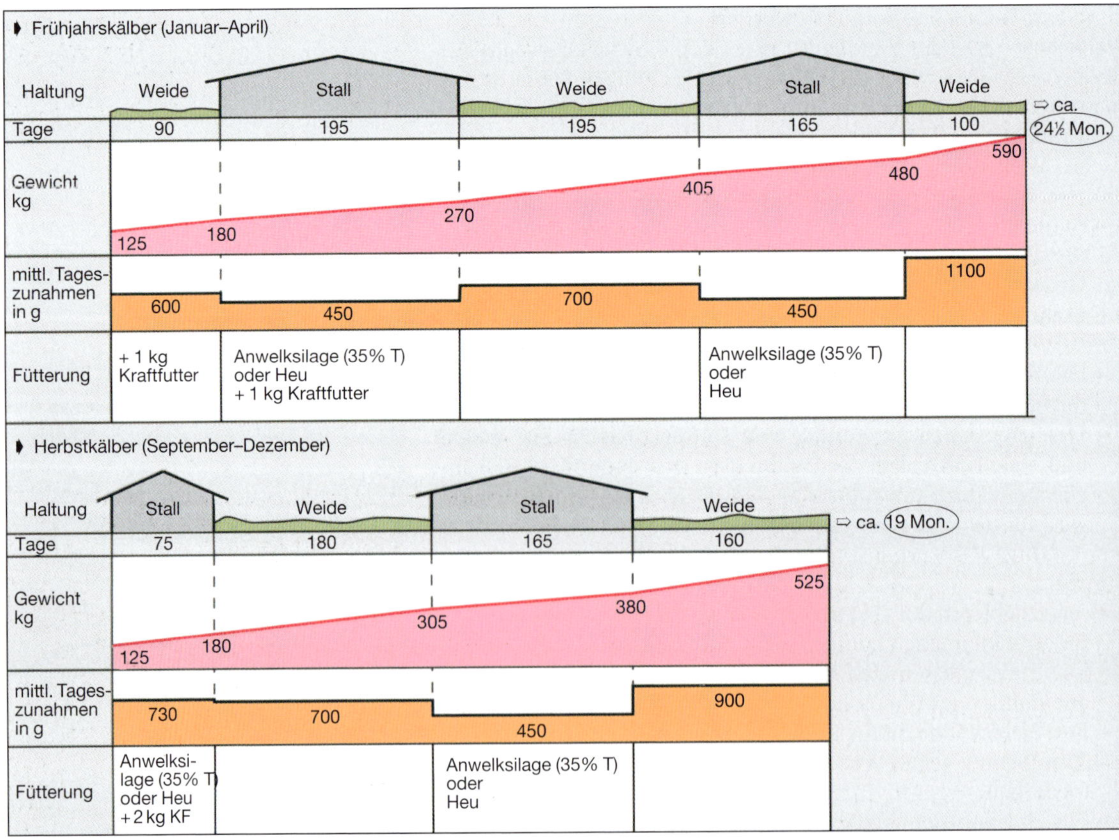

Abb. 1043 Bei der Weidemast hat der Geburtstermin der Kälber einen deutlichen Einfluss auf den Ablauf der Mast.

werden im Liegebereich Spaltenbodenbalken verlegt, an die sich ein Gitterrost im Kotbereich anschließt. Darunter sind das *Fließmist-* oder das *Staumistverfahren* möglich. Um Haltungsschäden zu vermeiden, gelten in Bezug auf Anbindevorrichtung und Krippenzuordnung die gleichen Grundsätze wie beim Milchviehkurzstand.

Unter den **eingestreuten Laufställen** kommt für Mastbullen der *Tieflaufstall* nur bei vorübergehender Unterbringung in Frage. Der Tretmiststall dagegen kann eine kostengünstige Umbaulösung sein. **Liegeboxen-Laufställe** sind für *Mastbullen* ungeeignet.

Der **Vollspaltenboden-Stall** ist im Bullenmastbetrieb zur Standardlösung geworden. Diese Haltungsform ist sehr arbeitssparend und beansprucht den geringsten Flächenbedarf/Tier. Es ist aber darauf zu achten, dass jedes Tier genügend Bewegungsfreiheit und ausreichend Platz zum Liegen, Fressen und Trinken hat. Ansonsten sind Verhaltensänderungen, geringere Mastleistungen, häufigere Erkrankungen und Verletzungen die Folge.

Verzichtet man auf das Umtreiben in verschieden große Buchten, so sind 2,6 m^2 Buchtenfläche und 70 cm Fressplatzbreite für einen 580 kg schweren Bullen notwendig. Diese dichte Belegung dient der *Sauberhaltung* der Bucht, weil dann der Kot von den Tieren hinreichend durch den Spaltenboden getreten wird.

Gruppengrößen von 8–15 Tieren haben sich am besten bewährt. Die Tiere sollten enthornt frühzeitig aneinander gewöhnt werden und im Wachstum ausgeglichen entwickelt sein.

In Betrieben mit mehr als 200 Mastbullen können sog. **Tiefbuchten,** in denen 6–10 Tiere eine Gruppe bilden, den Stallflächenbedarf verringern. Da hier das Fressplatz:Tier-Verhältnis auf 1:2 bis 1:3 eingeschränkt wird, ist Vorratsfütterung unter Einsatz eines Futtermischwagens erforderlich.

Trotz der deutlichen Kapitaleinsparung dürfen die *Nachteile* dieser Buchtenform nicht übersehen werden. Diese wären vor allem: erschwerte Tierbeobachtung, vermehrte Unruhe durch kürzere Liegedauer, häufigeres Verdrängen an der Futterkrippe und häufigeres Aufspringen. Fachleute fordern daher das Einhalten eines Fressplatz:Tier-Verhältnisses von 1:1.

Zwischen den rückwärtigen Buchtenabtrennungen und der Stallwand ist ein 80 cm breiter *Treibgang* eingeplant. Als *Abtrennung* zum befahrbaren Futtertisch genügen im Mastbullenstall bei kurzgehäckseltem Futter (Mais) *Nackenholme,* bei Langgut sind *Palisaden-* oder *Spaltfressgitter* besser. Je nach Gruppengröße sind 1–2 leicht gängige *Tränkebecken* (mindestens 10 l Wassernachlauf/min) so anzubringen, dass sie von außen leicht gereinigt werden können. An Beißtränken können die Tiere nicht artgemäß saufen und ihren Wasserbedarf nicht decken. Als Folge wurde z. B. vermehrtes Harnsaufen beobachtet.

Damit die Tiere problemlos in einem nicht beheizbaren Vollspaltenboden-Stall gehalten werden können, sollten sie mindestens 130 kg wiegen. Ferner ist wegen der dichten Stallbelegung im Bullenmaststall für ein gutes *Stallklima* zu sorgen. In Neubauten hat sich die *Trauf-First-Lüftung* bewährt.

Der **Spaltenboden** aus Beton muss besonderen Anforderungen genügen, die nur Spaltenroste erfüllen können.

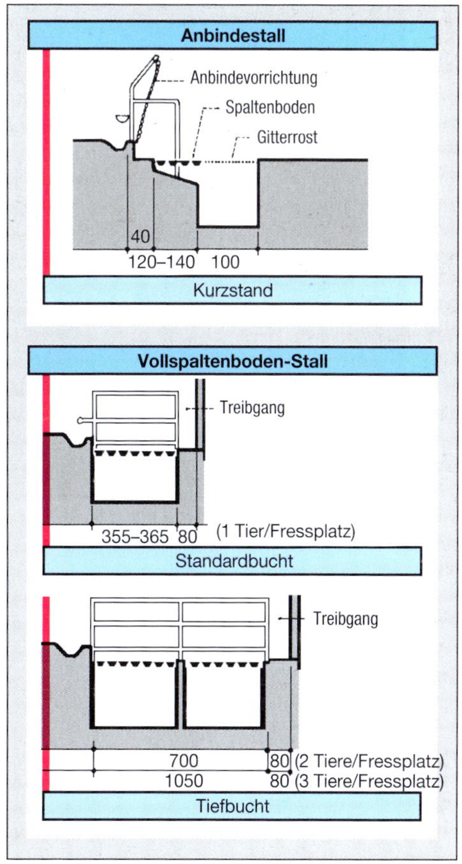

Abb. 1044 Haltungsformen für Mastbullen (Schema, Maße in cm).

Abb. 1045 Bei kurzgehäckseltem Futter (Maissilage) genügen Nackenholme als Abtrennung.

6.3 Mast weiblicher Jungrinder

Abb. 1046 Bei der Färsenmast müssen oftmals auch Behelfsställe ausgenutzt werden, um die Rentabilität zu sichern.

Masteignung – Weibliche Jungrinder eignen sich wesentlich schlechter zur Mast als Jungbullen. Geringeres Wachstum, früheres Verfetten und schlechtere Futterverwertung lassen eine Mast nur bei knappem Rindfleischangebot wirtschaftlich sinnvoll erscheinen.

Färsenmast – Sie wird meist in Milchviehbetrieben mit Kuhkälbern durchgeführt, die für die Bestandsergänzung nicht gebraucht werden. Das optimale Mastendgewicht ist vom Verfettungsgrad der Tiere abhängig und schwankt je nach Rasse zwischen 400 und 500 kg LM. Damit die Tiere nicht zu rasch verfetten, dürfen sie nicht zu intensiv gefüttert werden.

Daher bietet sich vor allem die **Weidemast** an. Allerdings erreichen nur *Herbstkälber* bei guter Weideführung ohne wesentliche Beifütterung mit ca. 20–22 Monaten die gewünschte Schlachtreife nach der 2. Weideperiode.

Frühjahrskälber müssen meist nach dem Weidebetrieb im 2. Jahr noch im Stall ausgemästet werden. Dieses Verfahren ist aber nur rentabel, wenn billiges »Nebenfutter« des Ackerbaus, z. B. Rübenblatt- oder Pressschnitzel-Silage, zur Verfügung steht.

Färsenmast mit Vornutzung – Sie dient der Rindfleischerzeugung und der Kälberbeschaffung, da die Färsen vor ihrer Schlachtung noch ein Kalb bringen. Die Tiere werden mit 13–15 Monaten besamt, damit sie spätestens mit 2 Jahren abkalben. Zu diesem frühen Belegungszeitpunkt sollten die Färsen bereits 320–350 kg wiegen. Daher müssen während der 1. Weideperiode bis zu 2 kg Kraftfutter/Tier und Tag zugefüttert werden.

Die *Auswahl der Vatertiere* erfolgt vor allem auf nachgeprüfte *Leichtkalbigkeit.* Die Abkalbung sollte in die Weidezeit fallen, da dann eine Ausmast der Jungkuh ohne Beifütterung auf der Weide bis 400–450 kg erfolgen kann. Je nach betrieblicher Gegebenheit werden die Kälber entweder sofort oder nach einer 3-monatigen Säugezeit abgesetzt und meist weitergemästet.

Abb. 1047 Weidemast von Färsen (Herbstkälbern).

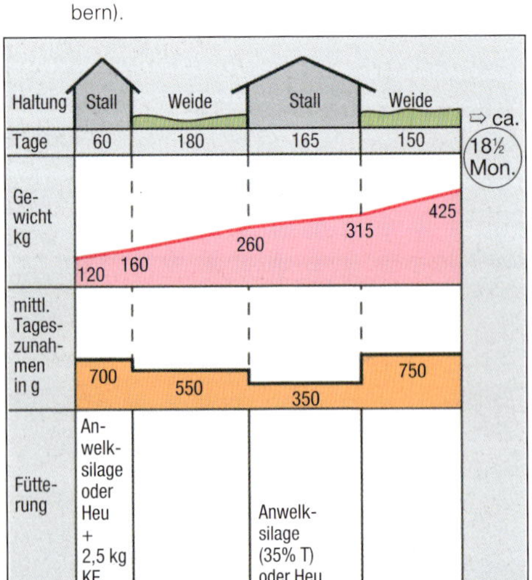

6.4 Ochsenmast

Die **Mast junger Ochsen** spielt in Deutschland zahlenmäßig nur eine untergeordnete Rolle. Man trifft sie hauptsächlich noch in den norddeutschen Grünlandgebieten an. Sie ist zur Bullenmast nur konkurrenzfähig, wenn es um die Nutzung »schlechteren« Weidelandes geht. Dann besteht nämlich kaum noch ein Unterschied in den Tageszunahmen.

Die Ochsen haben allerdings den Vorteil, dass sie unter diesen Umständen trotzdem ohne Beifütterung die gewünschte Schlachtreife auf der Weide erreichen. Bessere Qualitätseigenschaften des Ochsenfleisches lassen zudem höhere Erlöse erwarten. Dies wird vor allem durch freiwillige Zusammenschlüsse von Landwirten zum Zwecke der Erzeugung von Qualitätsfleisch unterstützt. Der Markt sollte bereits vor der Mast organisiert werden. Wegen des fehlenden Geschlechtstriebes ist die Weidehaltung von Ochsen wesentlich problemloser als bei Bullen.

In Anlehnung an das »Weidemastverfahren mit Bullen aus der Frühjahrskalbung« erreichen die Ochsen am Ende der 3. Weideperiode mit 32 Monaten ein Endgewicht von 550–580 kg.

6.5 Mutterkuhhaltung

Die **Mutterkuhhaltung** kann man der Rindermast zuordnen. Sie dient nämlich mit der Erzeugung sog. Halbmastviehs (Fresser, Baby-Beef) *ausschließlich der Rindfleischproduktion.* Da die Kühe nicht gemolken werden, sondern ihre Kälber säugen, wird der Milchmarkt nicht belastet.
Eine besondere Form der Mutterkuhhaltung ist die *Ammenkuhhaltung.* Hierbei zieht die Kuh mit ihrem eigenen Kalb auch noch 1–2 fremde Kälber auf.
Auch die **Ansprüche an das Futter** sind gering. So soll der Nährstoffbedarf der Kühe vorwiegend über die Weide und billiges wirtschaftseigenes »Nebenfutter« des Ackerbaus gedeckt werden. Die Kälber erhalten im Stall zur Muttermilch noch Kraftfutter (bis 1,5 kg) und Heu, um die Entwicklung der Vormägen zu fördern. Auf der Weide entfällt diese Beifütterung.
Zur Mutterkuhhaltung **geeignete Rassen** sind sowohl Fleisch- als auch Zweinutzungsrassen. Ein sehr gutes Mastendprodukt wird mit Gebrauchskreuzungen erzielt.
Um einheitliche Verkaufsgewichte der Kälber beim Absetzen zu erhalten, sollten die Mutterkühe einer Herde möglichst alle innerhalb von 3 Monaten abkalben. Man kann 2 **Kalbezeiträume** in der Praxis unterscheiden. Bei der *Winterkalbung* (Dezember–Februar) erreichen die Kälber wegen des höheren Gewichts (300 bis 350 kg LM) zum Weideabtrieb auch höhere Verkaufserlöse. Die *Frühsommerkalbung* (Mai–Juni) liefert dagegen Fresser (150 bis 200 kg LM) für die Weitermast.

Tabelle 97: Verwendungsmöglichkeiten für Kälber aus der Mutterkuhhaltung nach dem Absetzen

Verwendung	Absetzkälber	
	weiblich ♀	männlich ♂
Verkauf	Schlachtung als Baby-Beef (Winterkalbung)	
	als Zuchttiere – ungedeckt – kurz angedeckt – hochträchtig	als Fresser (Frühsommerkalbung) an Bullenmastbetriebe
im eigenen Betrieb	zur weiteren Färsenmast	zur weiteren Bullenmast
	als Zuchttiere zur Bestandsergänzung	

Um diese Kalbezeiträume einhalten zu können, muss der Bulle zum richtigen Zeitpunkt zur Herde gelassen werden.
Kälber aus der Winterkalbung können wegen der intensiven Fütterung bereits im Alter von 6–8 Monaten auf der Weide ge-

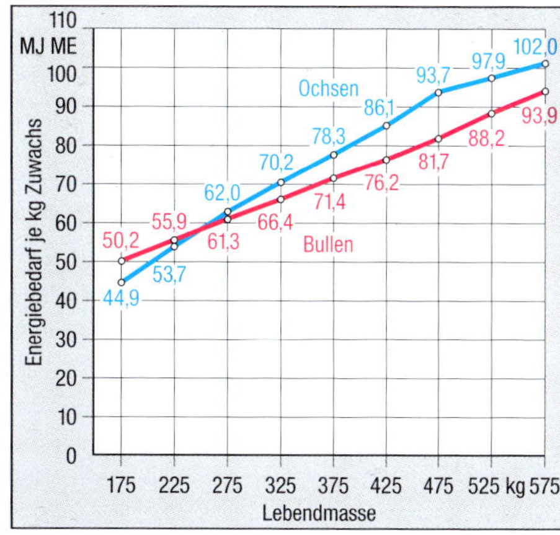

Abb. 1048 Der Energiebedarf (je kg Zuwachs) ist bei Ochsen höher als bei Bullen (Fleckvieh). Ihre Futterverwertung ist also schlechter.

Abb. 1049 Schema der Mutterkuhhaltung.

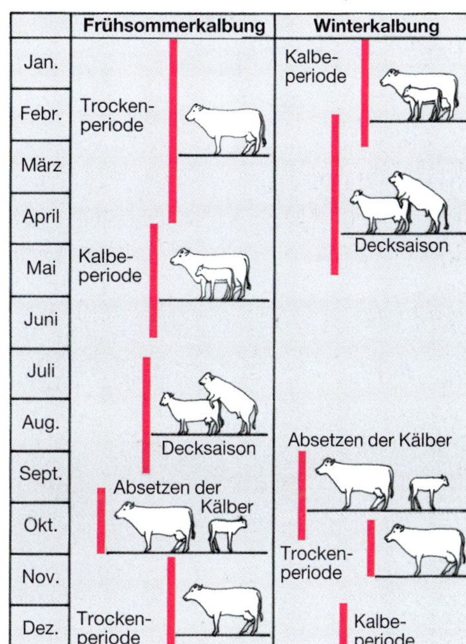

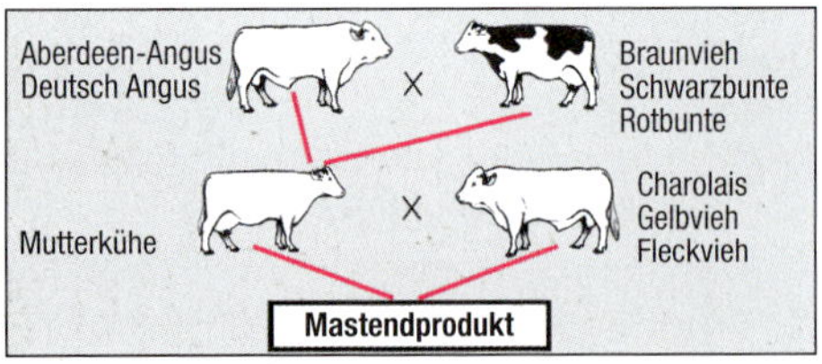

Abb. 1050 Mit Hilfe von Gebrauchskreuzungen (hier Schema einer 3-Rassen-Kreuzung) lassen sich Masttiere mit hoher Mast-Schlachtleistung erzeugen.

schlechtsreif werden. Aus diesem Grund müssen Mutterkühe mit Stierkälbern von denen mit Kuhkälbern getrennt werden.

Die Mutterkuhhaltung ist in Deutschland zahlenmäßig nur von geringer Bedeutung. Die meisten Mutter- und Ammenkühe werden in Niedersachsen und Nordrhein-Westfalen gehalten. Als extensive Form der Rinderhaltung kommt die Mutterkuhhaltung mit einem geringen Aufwand an Arbeit und Kapital aus. Es sind vor allem Großbetriebe, die damit Altgebäude, Restgrünland und Nebenfutter aus dem Ackerbau nutzen. Sie kommt aber auch für Nebenerwerbsbetriebe in Betracht.

! Nicht zuletzt leistet die Mutterkuhhaltung einen Beitrag zum Abbau des Milchüberschusses und durch die Nutzung von Grenzertragsflächen auch zur Erhaltung der Kulturlandschaft.

Abb. 1051 Diese Mutterkuh (Highländer-Kuh mit Kalb) sucht bei hohen Temperaturen gerne Schatten auf.

Aufgaben:

1. Welche Gründe beeinflussen die Entscheidung eines Bullenmästers zum Zukauf von
   a) Nutzkälbern,
   b) Fressern?

2. In einem Mastbetrieb erhalten Bullen (Rasse Schwarzbunt, Lebendmasse 250 – 300 kg) folgende Tagesration je Tier:

10 kg	Maissilage (300 g T/kg; je kg T: 190 g RF; 81 g RP; 11,32 MJ ME; 2,5 g Ca; 2,5 g P).
5 kg	Gehaltsrüben (146 g T/kg; je kg T: 66 g RF; 85 g RP; 12,34 MJ ME; 2,7 g Ca; 2,4 g P).
1 kg	Sojaschrot (870 g T/kg; 86 g RF; 510 g RP; 12,97 MJ ME; 3,6 g Ca; 7,4 g P).
0,5 kg	Hafer (870 g T/kg; je kg T: 113 g RF; 123 g RP; 11,90 MJ ME; 1,2 g Ca; 3,5 g P).
200 g	Mineralfutter (920 g T/kg; je kg T: 130,40 g Ca; 87,00 g P).

   a) Berechnen Sie den Gehalt der Ration an T, RP, ME, Ca und P.
   b) Welche Tageszunahmen sind zu erwarten?

3. 15 Mastbullen hatten zusammen bei Mastbeginn 1900 kg Lebendmasse. Nach 378 Tagen brachten sie 8580 kg auf die Waage. Während dieser Zeit verbrauchten sie 1070 dt Maissilage (30 % T, 11,32 MJ ME/kg T), 65 dt Sojaschrot (87 % T, 12,97 MJ ME/kg T), 13 dt Gerste (87 % T, 14,10 MJ ME/kg T). Berechnen Sie
   a) den Zuwachs an Lebendmasse je Tier und Tag in Gramm;
   b) den mittleren Verzehr an Silage und Kraftfutter je Tier und Tag;
   c) den Energieverbrauch je Kilogramm Zuwachs.

Abb. 1052 Angus-Mutterkühe mit ihren Kälbern.

4. Im Bullenmastbetrieb ist der Vollspaltenboden-Stall zur Standardlösung geworden.
   a) Was ist Ihrer Meinung nach dafür ausschlaggebend?
   b) Welche Gruppengrößen haben sich am besten bewährt?
   c) Nennen Sie ohne Angabe von Maßen die wichtigsten Anforderungen an den Spaltenboden aus Beton.
5. Die Verbraucher wünschen helles Kalbfleisch. Welche Probleme ergeben sich dadurch für die Fütterung und Haltung von Mastkälbern?

Abb. 1053 Bei dieser Mutterkuh-Herde läuft der Bulle in der Herde mit.

Abb. 1054 Begleitpapiere für Rinder (Rinderpass). Mithilfe eines Scanners können die Daten bei der Auftriebserfassung am Schlachthof übernommen werden.

Abb. 1055 Rindfleisch-Etikettierung: Alle auf das Fleisch bezogene Angaben – auch die über die Pflichtangaben hinausgehenden – unterliegen einem strengen Genehmigungsverfahren.

7 Vermarktung von Schlachtrindern

7.1 Kaufrecht

Seit dem 1. Januar 2002 gilt ein **geändertes Kaufrecht.** Die bisherigen Vorschriften über den Viehkauf im *bürgerlichen Gesetzbuch (BGB)* und die *kaiserliche Viehmängel-Verordnung* von 1899 wurden damit außer Kraft gesetzt. Das *Verbrauchsgüter-Kaufrecht* regelt Käufe eines privaten Verbrauchers von einem gewerblichen Unternehmer.

Für **Tiere** werden nach § 90a BGB die *für Sachen geltenden Vorschriften* angewendet. Nach § 433 BGB hat der Verkäufer dem Käufer die Sache zu übergeben sowie ihm das Eigentum an der Sache frei von Sach- und Rechtsmängeln zu verschaffen. Der Käufer ist verpflichtet, die »Sache« abzunehmen und zu bezahlen.

Das **Freisein von Sachmängeln** bedeutet, dass die Sache bei Besitzübergabe die *vereinbarte Beschaffenheit* hat. Wenn nichts vereinbart wurde, muss sich die Sache für die nach dem Vertrag vorausgesetzte *Verwendung* eignen. Ist auch die Verwendung nicht vertraglich festgehalten, so muss sie sich für die *gewöhnliche Verwendung* eignen und so beschaffen sein, wie es bei Sachen der gleichen Art *üblich* ist und die der Käufer nach Art der Sache erwarten kann.

Bei **Mängeln** muss der Käufer zuerst *Nacherfüllung* verlangen, d.h., die Beseitigung des Mangels oder eine Ersatzlieferung. Erst wenn dies nicht möglich ist, kann er vom Vertrag *zurücktreten,* den Kaufpreis *mindern, Schadensersatz* oder *Ersatz vergeblicher Aufwendungen* verlangen.

Die Mängelansprüche *verjähren in 2 Jahren.* Tiere werden in der Regel als »gebrauchte Sachen« betrachtet. Somit kann die Verjährungsfrist auf 1 Jahr verkürzt werden.

Tritt bei einer Sache, die der Endverbraucher von einem gewerblichen Verkäufer erworben hat, innerhalb von *6 Monaten* ein Mangel auf, so geht man davon aus, dass die Sache bereits beim Kauf mangelhaft war (hier empfiehlt sich eine tierärztliche Ankaufsuntersuchung mit umfassender Dokumentation aller Befunde), es sei denn, diese Vermutung wäre mit der Art der Sache oder des Mangels unvereinbar.

Der Verkäufer muss also beweisen, dass der Fehler zum Zeitpunkt der Übergabe noch nicht vorhanden war, oder dass kein vertragsgemäßer Gebrauch vorlag *(Beweislastumkehr).* Mängel, die dem Käufer zum Zeitpunkt des Verkaufs bekannt sind, können später nicht mehr geltend gemacht werden.

Für den **Verkauf von Tieren unter Landwirten** oder zwischen Händlern und Landwirten gilt das Verkaufsgüter-Kaufrecht nicht. Die Vertragspartner können gesetzliche Regelungen, sofern sie nicht zwingend sind, abändern und eigene vertragliche Vereinbarungen treffen. Dabei sind die Allgemeinen Geschäftsbedingungen für das Gestalten von Verträgen zu beachten (§§ 305 ff. BGB).

7.2 Vermarktungswege und Transport

Vermarktungswege – Die *Direktvermarktung* z. B. durch Hausschlachtungen hat nur einen geringen Marktanteil. Die *Indirektvermarktung* durch Erzeugergemeinschaften, Privathandel oder Genossenschaften (Viehmärkte, Schlachthöfe, Schlachtereien) überwiegt.

Vermarktungsformen: Die *Geschlachtet-Vermarktung* (Tot- bzw. Fleischvermarktung) gewinnt zunehmend an Bedeutung wegen des einfacheren Fleischtransports sowie der gerechteren Qualitätsbeurteilung und -bezahlung. Notierungen für Lebendvermarktung werden immer seltener, ersatzweise ist ein Umrechnungsschlüssel von Schlacht- in Lebendmassepreise notwendig.

Mit dem verpflichtend eingeführten Kennzeichnungs- und Registrierungs-System für Rinder (Etikettierung des Rindfleisches) lassen sich die Identität des Tieres und die Herkunft des Fleisches von der Geburt des Tieres bis zum Fleischverkauf nachweisen.

Transport – Beim Transport der Tiere sind die erlassenen **Vorschriften** zu beachten, die das *Transportfahrzeug*, das *Treiben*, das *Verladen* und *Entladen*, den *Mindest-Platzbedarf* usw. betreffen. Die Tiere müssen schonend behandelt und dürfen keinesfalls gequält werden *(Tierschutz-Gesetz)*.

Gewichtsverluste (Transportverluste) sind allerdings nicht zu vermeiden. Rinder verlieren ca. 6 – 10 % an Gewicht, wenn der Transport bis zu 24 Stunden dauert. Allgemein gilt, dass Schlachtvieh 12 Stunden vor Marktbeginn bis Marktabschluss (Verkauf) nicht mehr gefüttert und getränkt werden darf.

Beträgt der Transportweg nur bis zu 50 km, müssen sogar 17 Stunden *Nüchterungszeit* eingehalten werden. Bei Zuwiderhandlung ist der Käufer berechtigt, bis zu 5 % von der Lebendmasse (LM) abzuziehen.

> **!** Transportverluste wirken sich besonders stark auf den Erlös aus, weil sie am Ende des gesamten Futter- und Arbeitsaufwandes stehen. Deswegen sollten sie von allen Beteiligten so gering wie möglich gehalten werden.

Berechnung des Umrechnungsfaktors:

$$\frac{\text{Lebendmasse}}{\text{Zweihälftengewicht}} = \text{Umrechnungsfaktor}$$

oder

$$\frac{100}{\text{Zweihälftenausbeute (\%)}} = \text{Umrechnungsfaktor}$$

Beispiel:
600 kg Lebendmasse, 330 kg Zweihälftengewicht

$$\frac{600\text{ kg}}{330\text{ kg}} = 1{,}82 \quad \textit{oder} \quad \frac{100\%}{55\%} = 1{,}82$$

Errechnen des Preises für die Gewichtseinheit:

Lebendpreis × Umrechnungsfaktor = €/kg Schlachtgewicht

Beispiel:
1,36 € × 1,82 = 2,47 €/kg Schlachtgewicht (ohne Mehrwertsteuer)

oder

Schlachtgewichtspreis : Umrechnungsfaktor = €/kg Lebendmasse

Beispiel:
2,47 € : 1,82 = 1,36 €/kg **Lebendmasse**
(ohne Mehrwertsteuer)

Abb. 1056 Umrechnung von Schlacht- in Lebendmassepreise.

Abb. 1057 Gut eingestreute und belüftete Transportwagen sind Voraussetzung des Tierschutzes.

7.3 Lebendvermarktung

Handelsklassen-Einteilung – Alle Rinder werden nach *Geschlecht* und *Alter* (bzw. Reifegrad) vorsortiert und aufgrund ihres zu erwartenden Schlachtwertes in *Handelsklassen* eingereiht. Diese **Klassifizierung** nimmt geheim und vor Marktbeginn eine *neutrale Kommission* vor, welche sich aus Vertretern der Landwirtschaft, des Handels, der Genossenschaften und des Fleischerhandwerks und der Großschlächter oder der Fleischwaren-Industrie zusammensetzt.

Eine **Beurteilungshilfe** sind die sog. *Fleischer-* oder *Metzgergriffe*, wobei man zwischen *Fleisch-* und *Fettgriffen* unterscheidet:

- Lendengriff: wichtigster Fleischgriff, mit dem der Fleischansatz am Roastbeef festgestellt wird.

Abb. 1058 Die sog. Fleischer- oder Metzgergriffe beim Rind.

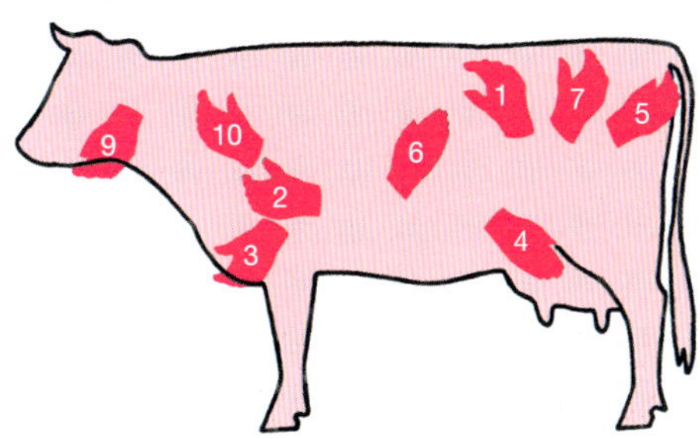

1 Lendengriff
2 Buggriff
3 Brustgriff
4 Kniefaltengriff (Schliemengriff)
5 Schwanzgriff
6 Rippengriff
7 Hüftgriff
8 Voreutergriff
9 Kehlgriff
10 Kummetgriff

Schlachtviehmarkt München

Preismeldung in € je 100 kg Lebendgewicht ohne MwSt.

Handelsklasse	03.01.07 Stück	von	bis	Ø	Vorwoche Stück	von	bis	Ø
Kühe	Auftrieb: 20		Marktverlauf: flott					
A	1	145	145	**145**				
B	6	120	125	**121**				
C	10	90	115	**106**				
D	3	55	62	**60**				
Färsen	Auftrieb: 2		Marktverlauf: flott					
A	2	160	160	**160**				
B	0	0	0					
C	0	0	0					

(Quelle: Münchner Schlachthof Betriebs GmbH)

Schlachtviehpreise in Österreich

Preise in €/kg SG der meldepflichtigen Schlachthöfe (gemäß §3 (3) VWG) ohne MwSt., Quelle: AMA

25.12.06 – 31.12.06	Steiermark	Niederösterreich	Oberösterreich	Österreich aktuell	Gesamt Vorwoche
Schweine (Warmgewicht)					
S (>60%)	1,35	1,37	1,39	**1,36**	1,43
E (55<60%)	1,26	1,28	1,31	**1,28**	1,35
U (50>55%)	1,07	1,05	1,12	**1,08**	1,15

Abb. 1059 **Beispiel** einer amtlichen Notierung bei der Lebendvermarktung (Nettopreise in €/100 kg LM ohne MwSt.).

- Buggriff: Hinweis auf Fleischdicke und Fettansatz.
- Brustgriff: Volle, feste Brust bedeutet guten Fleischansatz im Vorderviertel, schwammige Brust dagegen starke Verfettung.
- Kniefaltengriff: Hinweis auf starken Fettansatz und gute Fleischausbeute, wenn Kniefalte weich und ausgeprägt.
- Schwanzgriff: reiner Fettgriff.
- Rippengriff: Rückschluss auf Fett- und Fleischverteilung der Querrippe.
- Hüftgriff: Fettabdeckung feststellbar.
- Voreuter- bzw. Sackgriff: Fettgriffe.
- Kehlgriff (Kummetgriff): zur Vervollständigung des Urteils.

Auf diese Weise versucht der Fachmann, sich ein Bild über Fleischansatz und Fettbildung zu machen. Dabei berücksichtigt er das Alter und den Gesamteindruck des Tieres.

Amtliche Notierung – Sie wird zur Information der Landwirte und des Fleischergewerbes in Rundfunk und Presse veröffentlicht und enthält folgende **Angaben:**

- Marktauftrieb und -überstand,
- Spitzenpreis der Handelsklasse A bei Rindern und Kälbern,
- Schwerpunkt der Preisbildung; Preisspanne in €/kg LM in den jeweiligen Handelsklassen, wobei die 10–15 % des jeweilig niedrigsten und höchsten Preises unberücksichtigt bleiben.
- Marktverlauf (Tendenz) in Stichworten, z. B. flott, rege, mittel, ruhig, langsam, schleppend.

! Die Preisnotierungen gelten als *Richtsatz* für Schlachtviehverkäufe auf kleineren Märkten oder Ab-Hof-Verkauf. Unterschiede zwischen Markt- und Ab-Hof-Preis, die größer als 10 % sind, ergeben sich wegen größerer Transportkosten, höherer Verluste und unterschiedlicher Nüchterung.

Tabelle 98: Handelsklassen für die Lebendvermarktung von Rindern

Rinderart	Handelsklasse				
	Sonderklasse	A	B	C	D
Ochsen		jüngere, vollfleischige, ausgemästete, höchsten Schlachtwertes	sonstige vollfleischige und ältere oder ausgemästete	fleischige	gering genährte
Bullen		jüngere, vollfleischige, höchsten Schlachtwertes	sonstige vollfleischige oder ausgemästete	fleischige	gering genährte
Kühe		jüngere, vollfleischige, höchsten Schlachtwertes	sonstige vollfleischige oder ausgemästete	fleischige	gering genährte
Färsen		vollfleischige, ausgemästete, höchsten Schlachtwertes	vollfleischige	fleischige	gering genährte
Fresser					
Kälber	Doppellender bester Mast	beste Mast- und Saugkälber	mittlere Mast- und Saugkälber	geringe Saugkälber	geringe (»nüchterne«) Kälber

7.4 Geschlachtet-Vermarktung

Handelsklassen-Einteilung – Seit dem 1. Januar 1983 gilt für alle Mitgliedstaaten der EU ein einheitliches »Handelsklassenschema für Schlachtkörper ausgewachsener Rinder«, das eine Einteilung nach **Kategorien** und **Handelsklassen** vorsieht.
Rindfleisch wird in 7 Kategorien unterteilt, die sich durch *Geschlecht, Reifegrad* und *Gewicht* unterscheiden. Bei allen Kategorien sind die Ausbildung der *wertbestimmenden Körperteile* Keule, Rücken, Schulter (Fleischigkeitsklasse) und der *Verfettungsgrad* (Fettgewebeklasse) für die Einteilung in die Handelsklasse maßgebend.
Der Verfettungsgrad ergibt sich aus dem Fettansatz (Ablagerung von Fettgewebe) und der Fettabdeckung (Auflagefett). Mit zunehmender Verfettung geht der Anteil von Keule und Schulter zurück. Andererseits wird aber erst mit stärker werdender Fettabdeckung auch vermehrt intramuskuläres Fett (Marmorierung) gebildet, das für Zartheit und Aroma des Fleisches ausschlaggebend ist. Handelsklassen geben also sowohl über die quantitative Zusammensetzung als auch über qualitative Eigenschaften des Schlachtkörpers Auskunft.

Tabelle 99: Kategorien für Rinder

Kategorie	Bezeichnung	Beschreibung
Kalbfleisch	**KA**	Fleisch von Tieren mit einem Zweihälftengewicht[1]) bis zu 150 kg mit Kalbfleischeigenschaften
Jungrindfleisch	**JR**	Fleisch von anderen, nicht ausgewachsenen männlichen und weiblichen Tieren
Jungbullenfleisch	**A**	Fleisch von ausgewachsenen[2]) jungen männlichen, nicht kastrierten Tieren[3]) unter 2 Jahren
Bullenfleisch	**B**	Fleisch von anderen ausgewachsenen männlichen, nicht kastrierten Tieren
Ochsenfleisch	**C**	Fleisch von ausgewachsenen männlichen kastrierten Tieren
Kuhfleisch	**D**	Fleisch von ausgewachsenen weiblichen Tieren, die bereits gekalbt haben
Färsenfleisch	**E**	Fleisch von anderen ausgewachsenen weiblichen Tieren

[1]) Zweihälftengewicht ist das Gewicht des längsgeteilten oder ungeteilten ausgeweideten Schlachttierkörpers ausschließlich der Haut des zwischen Hinterhauptbein und erstem Halswirbel abgetrennten Kopfes, der im Karpal- und Tarsalgelenk abgetrennten Gliedmaßen sowie der Organe in Brust- und Bauchhöhle, jedoch einschließlich der Nieren und des Nierenfettgewebes.
[2]) Ausgewachsene Rinder: Rinder mit einer Lebendmasse von mehr als 300 kg.
[3]) Die Schlachtkörper junger männlicher, nicht kastrierter Tiere unterscheiden sich von den Schlachtkörpern anderer männlicher, nicht kastrierter Tiere durch den Grad der Verknöcherung der Dornfortsatzkappen. Die knorpeligen Enden der Dornfortsätze der 4 vorderen Brustwirbel dürfen bei jungen männlichen, nicht kastrierten Tieren von weniger als 2 Jahren nicht mehr als Anzeichen einer Verknöcherung, die Dornfortsätze des 5.–9. Brustwirbels noch keine wesentlichen Verknöcherungen aufweisen.

Abb. 1060 Schlachthälften von Jungbullen der Handelklasse O (links) und U (rechts).

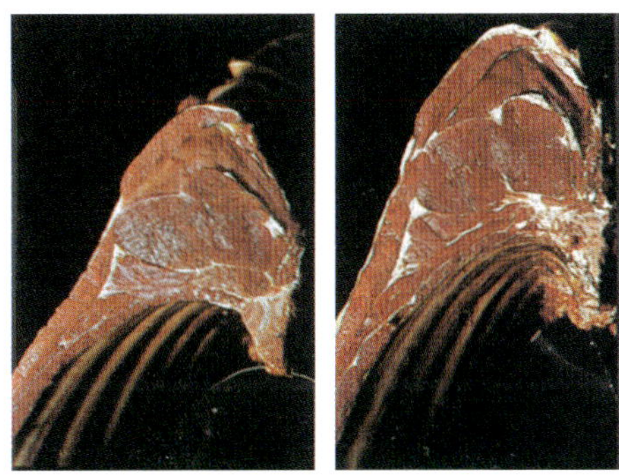

Abb. 1061 Hochrippenanschnitte von Jungbullen der Handelsklassen O (links) und E (rechts).

Abb. 1062 Kennzeichnung des Schlachtkörpers mit Kategorie (A), Fleischigkeitsklasse (U bzw. R) und Fettgewebeklasse (3 bzw. 4).

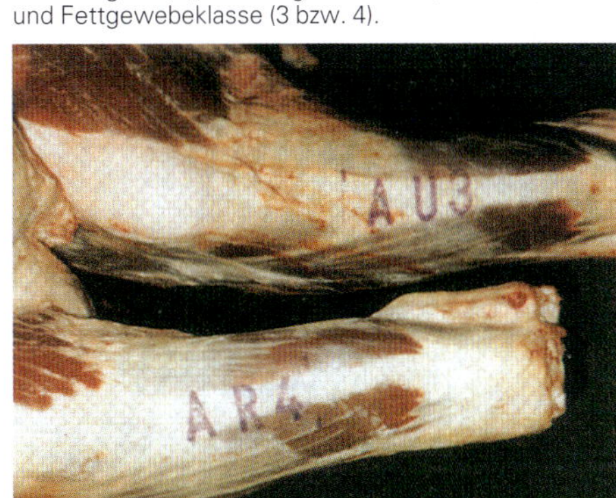

Tabelle 100: Handelsklassen und deren Merkmale für Rindfleisch

1. Fleischigkeit: Entwicklung der Profile der Schlachtkörper und insbesondere ihre wesentlichen Teile			
Fleischigkeitsklasse	Beschreibung	ergänzende Bestimmungen	
E vorzüglich	alle Profile konvex bis superkonvex; außergewöhnliche Muskelfülle	Keule: stark ausgeprägt Rücken: breit und sehr gewölbt bis in Schulterhöhe Schulter: stark ausgeprägt	Oberschale tritt stark über die Beckenfuge *(Symphysis pelvis)* hinaus. Hüfte stark ausgeprägt
U sehr gut	Profile insgesamt konvex, sehr gute Muskelfülle	Keule: ausgeprägt Rücken: breit und gewölbt bis in Schulterhöhe Schulter: ausgeprägt	Oberschale tritt über die Beckenfuge *(Symphysis pelvis)* hinaus; Hüfte ausgeprägt
R gut	Profile insgesamt geradlinig, gute Muskelfülle	Keule: gut entwickelt Rücken: noch gewölbt, aber weniger breit in Schulterhöhe Schulter: ziemlich gut entwickelt	Oberschale und Hüfte sind leicht ausgeprägt
O mittel	Profile geradlinig bis konkav; durchschnittliche Muskelfülle	Keule: mittelmäßig entwickelt Rücken: mittelmäßig entwickelt Schulter: mittelmäßig entwickelt bis fast flach	Hüfte geradlinig
P gering	alle Profile konkav bis sehr konkav; geringe Muskelfülle	Keule: schwach entwickelt Rücken: schmal mit hervortretenden Knochen Schulter: flach mit hervortretenden Knochen	

2. Fettgewebe: Dicke der Fettschicht auf der Außenseite des Schlachtkörpers und auf der Innenseite der Brusthöhle		
Fettgewebeklasse	Beschreibung	Ergänzende Bestimmungen
1 sehr gering	keine bis sehr geringe Fettabdeckung	kein Fettansatz in der Brusthöhle
2 gering	leichte Fettabdeckung; Muskulatur fast überall sichtbar	in der Brusthöhle ist die Muskulatur zwischen den Rippen deutlich sichtbar
3 mittel	Muskulatur mit Ausnahme von Keule und Schulter fast überall mit Fett abgedeckt; leichte Fettansätze in der Brusthöhle	in der Brusthöhle ist die Muskulatur zwischen den Rippen noch sichtbar
4 stark	Muskulatur mit Fett abgedeckt, an Keule und Schulter jedoch noch teilweise sichtbar; einige deutliche Fettansätze in der Brusthöhle	Fettstränge der Keule hervortretend; in der Brusthöhle kann die Muskulatur zwischen den Rippen von Fett durchzogen sein
5 sehr stark	Schlachtkörper ganz mit Fett abgedeckt; starke Fettansätze in der Brusthöhle	die Keule ist fast vollständig mit einer dicken Fettschicht überzogen, so dass die Fettstränge nicht mehr sichtbar sind; in der Brusthöhle ist die Muskulatur zwischen den Rippen von Fett durchzogen

Die **Klassifizierung** erfolgt unmittelbar nach dem Schlachten von der zuständigen Landesbehörde oder einem von ihr dazu bestimmten Sachverständigen. Anschließend sind alle Viertel des Schlachtkörpers durch unverwischbare und kochechte Farbe mit Kategorie, Fleischigkeits- und Fettgewebeklasse zu kennzeichnen (z. B. A U 3, siehe Abb. 1062, Seite 399).

Amtliche Preisnotierung – Inhaber von Betrieben auf Fleischgroßmärkten, die wöchentlich mehr als 30 Rinder oder Kälber schlachten und das Fleisch dieser Tiere verkaufen oder verarbeiten, müssen ihre umgesetzten Mengen und die von den Marktpartnern ausgehandelten Fleischpreise an die Behörde melden. Diese erstellt daraus die amtliche Preisnotierung, welche dann unter Hinweis auf den jeweiligen Fleischmarkt und die Hauptverkaufstage mit folgenden **Angaben** veröffentlicht wird:

- Umsatzmengen in den einzelnen Handelsklassen und Fleischkategorien;
- im Durchschnitt erzielte Höchst- und Niedrigstpreise/kg Fleisch ohne Mehrwertsteuer;
- Marktverlauf in Stichpunkten.

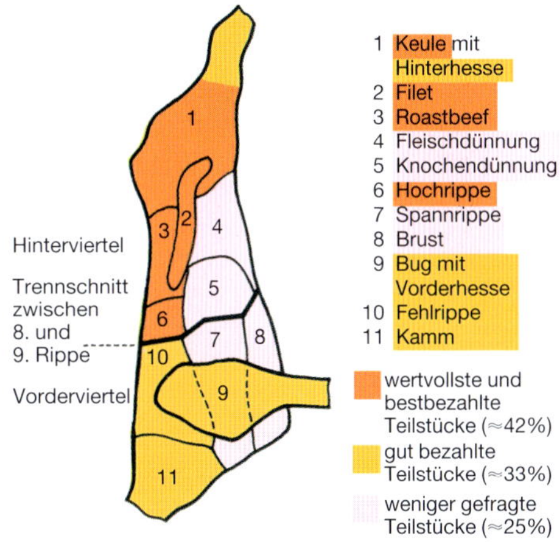

Abb. 1063 Teilstücke des Rinderschlachtkörpers.

Aufgaben:

1. Welche Vermarktungswege gibt es?
2. In welche Handelsklassen können Rinder bei der Lebendvermarktung eingereiht werden?
3. Das »Handelsklassenschema für Schlachtkörper ausgewachsener Rinder« sieht eine Einteilung nach Kategorien und Handelsklassen vor.
   a) In welche 7 Kategorien wird hier Rindfleisch unterteilt?
   b) Was ist bei allen Kategorien für die Einteilung in die Handelsklasse maßgebend?
   c) Mit welchen Großbuchstaben werden die Handelsklassen in der richtigen Wertungsfolge bezeichnet?
   d) Wer nimmt die Klassifizierung vor?
4. Was bedeutet z. B. der Stempel A U 3 auf einem Rinderschlachtkörper?

Abb. 1064 **Beispiel** einer amtlichen Preisnotierung bei der Geschlachtet-Vermarktung.

Preise für geschlachtete Rinder

Amtliche Preisfeststellung Bayern in €/kg Schlachtgewicht ohne MwSt., gewogene Auszahlungspreise einschließlich Zu- und Abschläge. (Quelle: LfL)
(Herkunfts- und Qualitätsprogramme) 25.12.06 – 31.12.06

HKL	Stück	ØSG (kg)	von	bis	Ø	Vorw.
Jungbullenfleisch						
E2	69	443,8	3,05	3,30	**3,16**	3,16
E3	221	460,6	3,07	3,23	**3,15**	3,13
U2	862	414,5	3,06	3,14	**3,12**	3,09
U3	1267	424,5	3,04	3,13	**3,10**	3,06
U4	45	441,0	2,97	3,11	**3,04**	3,01
R2	482	370,1	3,00	3,12	**3,07**	3,03
R3	330	383,2	2,97	3,11	**3,05**	3,00
O2	102	319,1	2,50	2,72	**2,64**	2,63
O3	75	366,1	2,68	2,82	**2,77**	2,70
P2	17	303,2	2,12	2,62	**2,53**	2,29
E-P gesamt	**3522**	**407,7**			**3,08**	**3,04**
pauschal	**73**	**406,8**	**3,07**	**3,10**	**3,08**	**3,05**
Bullenfleisch						
U2	8	439,0	2,65	3,00	**2,77**	2,72
U3	15	462,5	2,65	3,05	**2,91**	2,66
R2	9	429,9	2,55	2,90	**2,72**	2,63
R3	4	429,0	n. not.			2,73
O2	2	318,0	n. not.			2,35
O3	4	394,3	n. not.			2,56
E-P gesamt	**48**	**430,3**			**2,73**	**2,54**
pauschal	**5**	**456,8**			**2,71**	**2,68**
Färsenfleisch						
E3	9	358,0	2,85	3,10	**3,03**	2,95
E4	3	399,3	n. not.			
U2	5	316,4	2,88	3,10	**3,00**	2,93
U3	180	346,6	2,76	2,97	**2,88**	2,85
U4	74	372,3	2,66	2,93	**2,83**	2,74
R2	44	274,5	2,56	3,00	**2,78**	2,78
R3	217	307,8	2,73	2,92	**2,83**	2,79
R4	32	335,1			**2,82**	2,70
O2	30	239,2	2,02	2,53	**2,19**	2,25
O3	36	273,6	2,05	2,44	**2,26**	2,31
P2	10	229,7	1,28	1,87	**1,73**	1,63
E-P gesamt	**686**	**319,1**			**2,75**	**2,67**
pauschal	**87**	**341,5**			**2,73**	**2,73**
Kuhfleisch						
E3	14	466,9	2,57	2,62	**2,60**	2,55
E4	20	479,1	2,56	2,69	**2,61**	2,57
U3	310	412,8	2,49	2,63	**2,55**	2,51
U4	104	431,2	2,50	2,66	**2,59**	2,53
R2	217	336,6	2,24	2,43	**2,35**	2,32
R3	460	356,1	2,36	2,45	**2,41**	2,37
R4	52	376,3	2,38	2,52	**2,47**	2,40
O1	176	281,8	1,77	1,96	**1,87**	1,86
O2	236	292,0	2,04	2,20	**2,12**	2,10
O3	225	319,8	2,11	2,26	**2,19**	2,18
P1	296	224,1	1,22	1,51	**1,28**	1,32
P2	132	248,0	1,42	1,60	**1,52**	1,57
E-P gesamt	**2401**	**327,9**			**2,22**	**2,19**
pauschal	**422**	**354,9**			**2,39**	**2,22**
Kalbfleisch						
U2	16	123,1			**5,78**	5,71
U3	1	159,0	n. not.			
R2	34	121,7	4,11	5,96	**5,69**	5,34
R3	4	133,8	n. not.			5,40
O2	5	100,0	n. not.			4,79
O3	2	141,5	n. not.			
P1	2	43,0	n. not.			2,69
E-P gesamt	**69**	**117,1**			**5,48**	**5,23**
pauschal						

Fleischigkeitsklasse: Ausbildung in Keule, Rücken, Schulter:
E = vorzüglich, U = sehr gut, R = gut, O = mittel, P = gering
Fettgewebsklassen: Fettansatz und Abdeckung: 1 = sehr gering, 2 = gering, 3 = mittel, 4 = stark, 5 = sehr stark

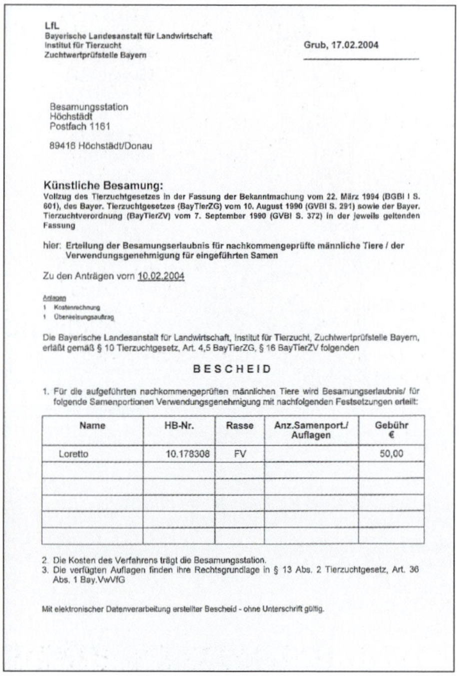

LfL
Bayerische Landesanstalt für Landwirtschaft
Institut für Tierzucht
Zuchtwertprüfstelle Bayern

Grub, 17.02.2004

Besamungsstation
Höchstädt
Postfach 1161

89416 Höchstädt/Donau

Künstliche Besamung:
Vollzug des Tierzuchtgesetzes in der Fassung der Bekanntmachung vom 22. März 1994 (BGBl I S. 601), des Bayer. Tierzuchtgesetzes (BayTierZG) vom 10. August 1990 (GVBl S. 291) sowie der Bayer. Tierzuchtverordnung (BayTierZV) vom 7. September 1990 (GVBl S. 372) in der jeweils geltenden Fassung

hier: **Erteilung der Besamungserlaubnis für nachkommengeprüfte männliche Tiere / der Verwendungsgenehmigung für eingeführten Samen**

Zu den Anträgen vom 10.02.2004

Anlagen
1 Kostenrechnung
1 Überweisungsauftrag

Die Bayerische Landesanstalt für Landwirtschaft, Institut für Tierzucht, Zuchtwertprüfstelle Bayern, erläßt gemäß § 10 Tierzuchtgesetz, Art. 4,5 BayTierZG, § 16 BayTierZV folgenden

BESCHEID

1. Für die aufgeführten nachkommengeprüften männlichen Tiere wird Besamungserlaubnis/ für folgende Samenportionen Verwendungsgenehmigung mit nachfolgenden Festsetzungen erteilt:

Name	HB-Nr.	Rasse	Anz.Samenport./ Auflagen	Gebühr €
Loretto	10.178308	FV		50,00

2. Die Kosten des Verfahrens trägt die Besamungsstation.
3. Die verfügten Auflagen finden ihre Rechtsgrundlage in § 13 Abs. 2 Tierzuchtgesetz, Art. 36 Abs. 1 Bay.VwVfG

Mit elektronischer Datenverarbeitung erstellter Bescheid - ohne Unterschrift gültig.

Abb. 1065 Mitteilung über die Besamungserlaubnis **(Beispiel)**.

8 Förderung der Rinderzucht und -haltung

Neben den spezifischen, direkten staatlichen und privaten Förderungsmaßnahmen tragen Forschungsergebnisse, Gentechnik und Ausbildung indirekt zur Föderung der Rinderzucht bei.

8.1 Gesetzliche Regelungen

Das **Tierzucht-Gesetz** hat zum Ziel, die tierische Erzeugung durch züchterische Mittel zu fördern. In Anpassung an die EU-Richtlinien ist zwar die *Körung* nicht mehr als Voraussetzung für die Verwendung männlicher Zuchttiere vorgeschrieben, doch gelten folgende Bedingungen:

- Dauerhafte *Kennzeichnung* der Tiere zur Feststellung der Identität,
- Vorliegen einer *Zucht-* oder *Herkunftsbescheinigung.*

Die Bezeichnung *Zuchttier* ist dann erlaubt, wenn das Tier

- in einem *Zuchtbuch* und einem *Zuchtregister* eingetragen und
- *reinrassig* ist, d.h. seine Eltern und Großeltern im Zuchtbuch derselben Rasse eingetragen sind.

Die **Verordnung über die Leistungsprüfungen und Zuchtwertfeststellungen** bestimmt, welche Zuchtwertteile, z. B. Milch-, Fleisch-, Zuchtleistung, zu erstellen und wie Leistungsprüfungen und Zuchtwertfeststellung durchzuführen sind.

Mit der **Verordnung über die Beteiligung der Besamungsstationen an Zuchtprogrammen** soll sichergestellt werden, dass diese gemeinsam von Zuchtorganisationen *und* Besamungsstationen durchgeführt werden.

Die **Verordnung über Zuchtorganisationen** unterscheidet zwischen *Züchtervereinigungen* und *Zuchtunternehmen* und legt die jeweiligen Anforderungen fest. Im Besamungswesen regelt das Tierzucht-Gesetz die Erteilung der *Besamungserlaubnis,* lcgt dic Anforderungen zum Betrieb einer *Besamungsstation* fest und bestimmt, dass nur Tierärzte, Besamungsbeauftragte sowie Tierhalter, die einen entsprechenden Kurs erfolgreich absolviert haben, besamen dürfen.

Zum **Embryotransfer** (ET) hält das Tierzucht-Gesetz fest, wie Eizellen und Embryonen gewonnen, behandelt, übertragen und abgegeben werden müssen und wer dazu berechtigt ist.

Das **Milch- und Fettgesetz** sowie die **Milchgüte-Verordnung** enthalten die wichtigsten Bestimmungen zur *Gewinnung, Behandlung* und *Bezahlung* der Milch.

Mit dem **Futtermittel-Gesetz** sollen die Leistungsfähigkeit der Tiere und die Qualität tierischer Produkte gefördert, die Gesundheit der Tiere geschützt sowie der Verkehr mit Futtermitteln geregelt werden.

Das **Vieh- und Fleisch-Gesetz** soll die Marktübersicht auf den Vieh- und Fleischmärkten verbessern, indem für den Einzelnen die erzielten Preise vergleichbar und die anfallenden Vermarktungskosten durchschaubar gemacht werden.

Abb. 1066 Für die Milchleistungsprüfung sind die Landes-Kontrollverbände zuständig. Beim monatlichen Probemelken wird die Milchmenge gemessen (oben) und eine anteilsmäßige Probe für die Feststellung der Milchinhaltsstoffe genommen (unten).

Im **Handelsklassen-Gesetz** ist ein für alle Mitgliedstaaten der EU einheitliches Handelsklassenschema festgelegt, so dass nach dem tatsächlichen Schlachtwert bezahlt werden kann und der Erzeuger gezwungen wird, die momentanen Marktansprüche zu erfüllen.
In Bayern wird laut **Gesetz zur Förderung der Landwirtschaft** vom Staat ein Großteil der Personal- und Geschäftsunkosten von Milch- und Fleischerzeugerringen übernommen.
Das **Viehseuchen-Gesetz** und das **Tierschutz-Gesetz** enthalten u. auch Bestimmungen für die Tiergesundheit und für die artgerechte Haltung.
Kälberhaltungs- und **Schweinehaltungs-Verordnung** enthalten auch Bestimmungen über die Stallhaltung dieser Tiere mit dem Ziel, Gesundheitsschäden bei den Tieren zu vermeiden.

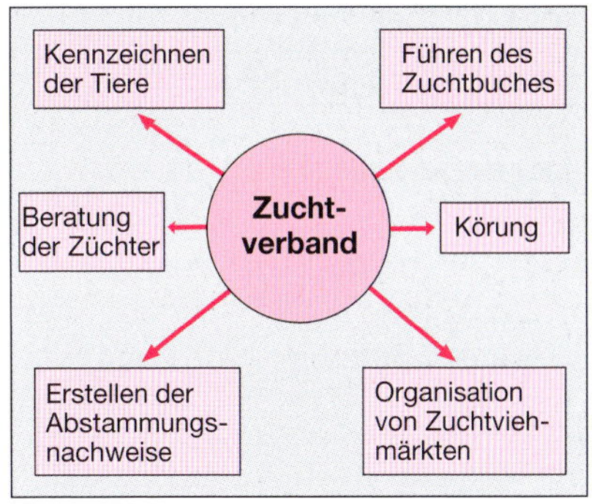

Abb. 1067 Wesentliche Aufgaben eines Zuchtverbandes.

8.2 Staatliche Einrichtungen

Die **oberste Behörde** der Tierzuchtverwaltung ist zwar das *Bundesministerium für Verbraucherschutz Ernährung und Landwirtschaft* (BMVEL), die wesentlichen Zuständigkeiten liegen aber bei den entsprechenden Ministerien der Länder bzw. den Landwirtschaftskammern.
Die **Landwirtschaftsämter** sind nachgeordnete Dienststellen. Zu den Aufgaben der *Abteilung Tierzucht* zählen:
- ▶ Körungen,
- ▶ Organisation und Überwachung der Leistungsprüfungen,
- ▶ Mitentscheidung bei der Auswahl von Prüfbullen, Auswahl der Bullenmütter, Empfehlungen für Gezielte Paarung (GP),
- ▶ Beratung (Zucht, Fütterung, Stallbau),
- ▶ Versammlungen, Lehrgänge, Lehrfahrten,
- ▶ Durchführung von Tierschauen und Kursen (z. B. Klauenpflegekurse),
- ▶ Mitwirkung in der Berufsaus- und -fortbildung.

Der **Tiergesundheitsdienst** (TGD) übernimmt im Teilbereich Rinder-Gesundheitsdienst (RGD) folgende Aufgaben:
- ▶ Überwachung und Förderung der Fruchtbarkeit,
- ▶ Verhütung und Bekämpfung von Kälber- und Stoffwechselkrankheiten sowie parasitären Erkrankungen,
- ▶ Förderung der Eutergesundheit und Milchhygiene,
- ▶ Überprüfung der Zuchttauglichkeit.

In Bayern ist der TGD eine bäuerliche Selbsthilfeeinrichtung.
Die **Milchprüfstellen** (Milchprüfringe) prüfen und bewerten als neutrale Stelle die Anlieferungsmilch sowie die Proben aus der Milchleistungsprüfung.
Versuchs- und Forschungsanstalten des Bundes und der Länder sowie Universitätsinstitute arbeiten für den Fortschritt in der Rinderzucht und -haltung.

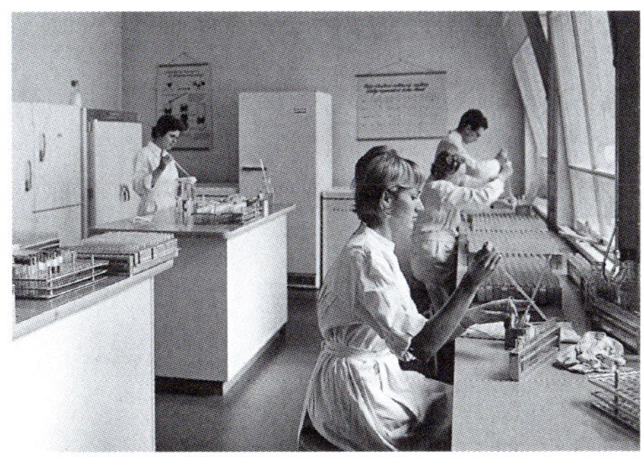
Abb. 1068 Laboratorium in einem Tierzuchtinstitut.

Abb. 1069 Die Arbeitsgemeinschaft Deutscher Rinderzüchter (ADR) ist der Dachverband aller Rinderzüchter aller Rassen in Deutschland.

ADR
Zucht
Besamung
Leistungsprüfung

8.3 Selbsthilfeeinrichtungen der Landwirte

Züchtervereinigungen sind freiwillige Zusammenschlüsse von Züchtern mit dem Ziel, die erblichen Leistungsanlagen der Rin-

Tabelle 101: Maßnahmen zur Förderung der Rinderzucht und -haltung

staatliche Maßnahmen	private Maßnahmen bzw. Selbsthilfeeinrichtungen der Landwirte
gesetzliche Regelungen, z. B. – Tierzucht-Gesetz mit Verordnungen, – Besamungs-Gesetz – Milch- und Fett-Gesetz, – Viehseuchen-Gesetz – Tierschutz-Gesetz, – Kälber- und Schweinehaltungs-Verordnung, – Futtermittel-Gesetz, – Vieh- und Fleisch-Gesetz, – Handelsklassen-Gesetz	**Arbeitsgemeinschaft Deutscher Rinderzüchter e.V.** (ADR) – Züchtervereinigungen, – Besamungsorganisationen, – Landes-Kontrollverbände, – Zuchtwert-Schätzstellen, (in süddeutschen Ländern als staatliche Einrichtungen), – Erzeugergemeinschaften, – Erzeugerringe
staatliche Einrichtungen – Tierzuchtämter, – Tiergesundheitsdienste, – Milchprüfstellen, – Versuchs- und Forschungsanstalten, – Universitätsinstitute	**Deutsche Landwirtschaftsgesellschaft e.V.** (DLG)

der zu verbessern sowie wertvolle Zuchttiere für die breite Landes-Tierzucht (Reinzucht) bereitzustellen. Ihre Aufgaben zeigt Abb. 1067, Seite 403.

Zuchtunternehmen können Kreuzungszuchtprogramme durchführen, ein Zuchtregister führen und Herkunftsbescheinigungen ausstellen.

Besamungsorganisationen, meist in der rechtlichen Form von Genossenschaften, Vereinen oder Gesellschaften, sind wesentlich an Zuchtplanung und -fortschritt beteiligt. Ihre *Hauptaufgaben* sind:

- ▶ Betrieb von Besamungsstationen (Bullenhaltung, Samengewinnung, Samenaufbewahrung, Besamung),
- ▶ Bullenprüfung, um sichere Leistungsvererber zu erkennen,
- ▶ Spermaexport und Embryotransfer,
- ▶ Anlage von Genreserven.

Die **Zuchtwert-Schätzstellen** (in süddeutschen Ländern meist staatlich) werten die Leistungsergebnisse mit elektronischen Rechenanlagen für die Zuchtwertschätzung aus.

Das Ziel von **Erzeugergemeinschaften,** z. B. für Milch, Zuchtvieh, Schlachtvieh und Kälber, ist die Anpassung der Erzeugung und des Absatzes an die Erfordernisse des Marktes mit dem Ziel, für die Mitglieder höhere Erzeugerpreise zu erzielen.

Ferner gibt es in einigen Bundesländern spezialisierte **Beratungsringe** für Milchviehhalter und Bullenmäster, um die Wirtschaftlichkeit und die Produktionstechnik durch Erfahrungsaustausch zu verbessern. In Bayern sind nach diesem Prinzip sog. *Arbeitskreise* für Milchviehhaltung, Rindermast und Mutterkuhhaltung entstanden.

Die **Landes-Kontrollverbände** (LKV) sind als Dachorganisation der *Milch-* und *Fleischerzeugerringe* für die Milchleistungsprüfung und Mastkontrolle zuständig. Erzeugerringe wollen die Produktion und die Wirtschaftlichkeit verbessern.

Die **Deutsche Landwirtschaftsgesellschaft e.V.** (DLG) ist ebenfalls eine Vereinigung von Landwirten. Sie wurde 1885 von MAX

Abb. 1070 Mastkontrolle eines Bullen durch den Mitarbeiter eines Fleischerzeugerringes.

EYTH gegründet. Im Fachbereich *Tierische Produktion* übernimmt sie folgende Aufgaben:

- Aufstellen von Grundregeln für die Tierzucht (z.B. für die Milchleistungsprüfung, Zuchtwahl, Herdbuchführung),
- Qualitätsprüfungen z. B. von Geräten, Futtermitteln, Milch und Milchprodukten, Fleisch und Fleischwaren mit Verleihung eines DLG-Gütezeichens,
- Durchführen von Tierschauen bei DLG-Ausstellungen.

Aufgaben:

1. Nennen Sie mindestens 6 gesetzliche Regelungen sowie mindestens 3 staatliche Einrichtungen, die man als staatliche Maßnahmen zur Förderung der Rinderzucht und -haltung versteht.
2. Zu welchen Förderungsmaßnahmen der Rinderzucht und -haltung zählen Züchtervereinigungen und Besamungsorganisationen?

Abb. 1071 Das DLG-Zeichen »SignumTest« ersetzt seit 2001 das frühere »DLG-anerkannt«. Dieses Schutzzeichen ist für den Endverbraucher abgesichert durch Prüfstand- und Praxistest, Dauerprüfung und neutrale Prüfkommision.

Abb. 1072 Für das DLG-Zeichen »FokusTest« werden nur bestimmte Teilaspekte geprüft, z. B. die Haltbarkeit eines Gerätes.

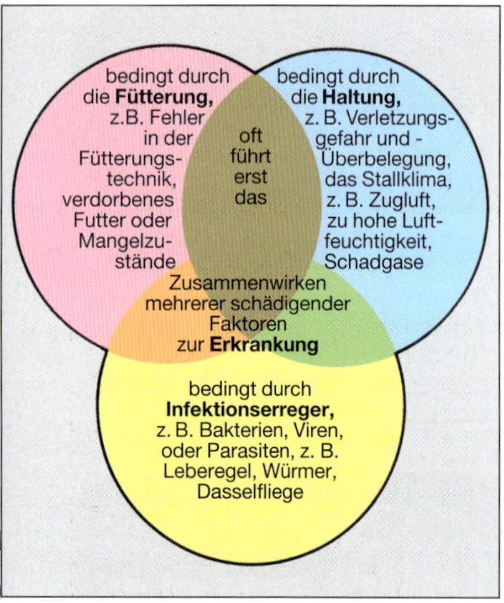

Abb. 1073 Ursachenbereiche für Krankheiten.

Abb. 1074 Not-Maßnahme beim Aufblähen: Einführen eines Schlundrohres; Tier vorne hochstellen.

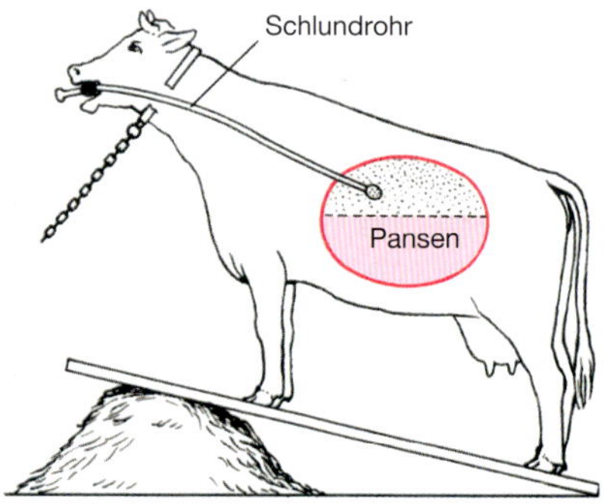

9 Wichtige Rinderkrankheiten

9.1 Äußere Erkrankungen

Bei äußeren Erkrankungen (Wunden, Lahmheit) muss als Erstes das Tier ruhig gestellt werden. Lahmheiten haben ihre Ursache oft in entzündlichen Vorgängen im Bereich der Klauen und Gelenke. Sie können aber auch andere Ursachen haben, z. B. Verstauchung, Verrenkung, Zerrung, Knochenbruch, Nervenschädigung, Verletzungen.
Frische Wunden sollte man möglichst weder berühren noch auswaschen. Grobe Verschmutzungen, Haare usw. müssen jedoch vorsichtig entfernt und die Wunden mit einem sauberen Tuch (gebügelte Handtücher o. Ä.) abgedeckt werden. Blutet die Wunde sehr stark, ist sofort der Tierarzt zu rufen, damit er die Blutung stillt und die Wunde näht.

! Je kürzer die Zeitspanne zwischen Verletzung und Wundversorgung bzw. -behandlung (z. B. Naht) ist, desto besser verläuft die Heilung.

9.2 Innere Erkrankungen

9.2.1 Erkrankung des Verdauungsapparates

Hierbei handelt es sich hauptsächlich um *Schlundverstopfungen, Blähungen* und *Störungen der Pansenverdauung.*

Tabelle 102: Häufige Erkrankungen des Verdauungsapparates

Krankheit und Krankheitsbild	Ursache	Bekämpfung
Schlundverstopfung steife Körperhaltung mit gestrecktem Hals, Würgebewegungen, starke Speichelbildung, Schmerzlaute; Aufblähen, da Pansengase nicht entweichen können	bei hastigem Fressen schlucken die Tiere zu große Futterbestandteile (Rübenköpfe, Kartoffeln) ab, die dann im Schlund stecken bleiben	Verstopfungsursache muss vom Tierarzt beseitigt werden
Verletzungen im Verdauungstrakt aufgekrümmter Rücken, Stöhnen; Futteraufnahme und Wiederkäuen vermindert, leichtes Aufblähen, nachlassende Milchleistung, erhöhte Körpertemperatur	abgeschluckte Fremdkörper (Drahtstücke, Nägel, Schrauben u. Ä.), die in die Vormägen gelangt sind, die Magenwand verletzt oder durchstoßen haben und dabei auch andere innere Organe verletzen können (Herzbeutel!)	Tierarzt rufen: Entfernen des Fremdkörpers duch Operation oder Käfigmagnet, eventuell auch Maßnahmen zur Abkapselung des Fremdkörpers (Tier vorn 2 Wochen hochstellen und Entzündungsvorbeuge)

Fortsetzung Tabelle 102

Krankheit und Krankheitsbild	Ursache	Bekämpfung
Aufblähen (Tympanie) *plötzliches* Aufblähen der linken Bauchwand	Hemmung des Rülpsens – durch Überflutung des Mageneingangs mit flüssigem Panseninhalt nach zu hastigem Fressen oder Saufen – durch schmerzhafte Zustände in der Bauchhöhle – durch Verstopfung der Speiseröhre	Tiere vorne hochstellen, Pansen massieren, tierärztliche Maßnahmen: Gase über Schlundrohr oder Sonde ablassen (Abb. 1074), Behandlung von Erkrankungen, die zum Aufblähen geführt haben; nur im äußersten Notfall Pansenstich anwenden (Infektions- und Schockrisiko)
schaumige Gärung	Tiere haben zu viel rohfaserarmes Futter mit hohem Gehalt an leicht verdaulichen Kohlehydraten und Eiweiß gefressen (junger Klee, Gras, Rübenblatt o.Ä.) oder wasserreiche (Tau, Regen), angefrorene, angewelkte oder selbsterhitzte Futtermittel aufgenommen. Es kommt zu starker Gärung, der Panseninhalt wird zähflüssig und schaumig.	Schaum zersetzende Medikamente oder (falls nicht vorhanden) 1 l Speiseöl vorsichtig (das Tier muss schlucken können) eingeben. Schlundrohr und Pansenstich sind hier wirkungslos! Rechtzeitig den Tierarzt rufen, der notfalls den Pansen operativ eröffnet und ausräumt.
wiederholtes langsames Aufblähen	Vormagenstörungen verschiedener Ursachen	Behandlung durch den Tierarzt nach gründlicher Untersuchung
Pansenübersäuerung (Pansenacidose) in *leichteren* Fällen geringere Futteraufnahme, geringere Leistung bei *mittleren* Fällen hört die Nahrungsaufnahme auf, versiegt die Milch, und es treten schwere Verdauungsstörungen (Koliken und Durchfall) auf sowie Teilnahmslosigkeit, Schwanken, reheartige Lahmheit. In *schweren* Fällen liegen die Tiere fest und verenden, wenn sie nicht behandelt werden.	Pansenübersäuerung (pH-Wert unter 5,5) durch übermäßige oder ungewohnte Aufnahme von Futter mit hohem Stärke- oder Zuckeranteil oder durch zu niedrigen Rohfaseranteil im Futter	Absetzen des kohlenhydratreichen Futters, stattdessen Heu und Stroh anbieten vor allem bei mittleren und schweren Fällen den Tierarzt hinzuziehen
Pansenalkalose verminderter Appetit, wiederkehrendes Aufblähen, Durchfall, Schwanken, häufiges Liegen; beschleunigte Atmung, Krampf- und Erregungszustände	Pansensaft alkalisch (pH-Wert 7,2–8 und höher), übermäßiger Eiweißgehalt der Futterration	Eiweißgehalt der Ration korrigieren und Rohfasergehalt erhöhen; Ansäuern des Panseninhalts (z. B. 1–2 l Haushaltsessig 2,5 %), Behandlung durch den Tierarzt
Pansenfäule schwere Störung des Allgemeinbefindens, Durchfall, wiederkehrendes Aufblähen, Muskelschwäche, Krampfzustände	verdorbenes oder verschmutztes Futter führt zu starker Vermehrung von Fäulnisbakterien im Pansen	Behandlung durch den Tierarzt

9.2.2 Stoffwechsel- und Mangelkrankheiten

Tabelle 103: Auswahl wichtiger Stoffwechsel- und Mangelkrankheiten

Krankheit, Krankheitsbild und Ursache	Abhilfe
Milch- oder **Kalbefieber** (Gebärlähmung, Gebärparese), Abb. 1075 Unruhe, Unsicherheit, Fressunlust, Festliegen kurz vor, während, meist aber erst 6–72 Stunden nach der Kalbung von vorwiegend älteren Hochleistungstieren; starker Abfall des Blut-Ca-Gehalts mit Einsetzen der Laktation durch ungenügende Ca-Mobilisierbarkeit aus den Knochen	sofort Tierarzt holen; Vorbeuge: Ca : P = 1 : 1 gegen Ende der Trächtigkeit, keine Überfütterung, 1 Woche vor dem Kalben Vitamin D geben; Berechnung und Korrektur der Kationen-Anionen-Bilanz im Futter (DCAB)
Rachitis (Jungtiere) und **Knochenweiche – Osteomalazie** (ältere Rinder), Abb. 1076 Kälber liegen viel, stehen unwillig auf, bewegen sich unsicher; Verdickung an den Gelenken (= Auftreibungen an den Wachstumszonen der Röhrenknochen); struppiges Fell, Anfälligkeit gegen Infektionen; bei Milchkühen: Lecksucht, Lahmheit, Neigung zu Knochenbrüchen; *Ursache:* Vitamin-D-Mangel bei Aufenthalt in dunklen Ställen, Ungleichgewicht im Ca : P-Verhältnis des Futters (meist P-Mangel)	*Sofortmaßnahmen:* Verabreichung von Vitamin-D-Präparaten und Mineralstofflösungen; *Vorbeuge:* ausreichende und ausgewogene Mineralstoffbeifütterung (Ca : P-Verhältnis = 2 : 1)
Weidetetanie, Abb. 1077 beginnend mit Fressunlust und Milchrückgang, verschlechtert sich der Zustand über Unruhe, Schreckhaftigkeit bis zu Krämpfen und Festliegen; *Ursache:* Mg-Mangel bei jungem, eiweißreichem und gleichzeitig Mg-armem Futter (Weide)	sofortige tierärztliche Behandlung; *Vorgeuge:* langsame Übergangsfütterung in den ersten 14 Tagen der Weideperiode, Gaben von täglich 50–70 g MgO/Kuh einige Wochen vor und nach dem Austrieb; verstärkte Mg-Düngung der Weiden
Ketose (Acetonämie, Acetonurie), Abb. 1078 2–6 Wochen nach der Geburt Fressunlust, Verstopfung (geballter, trockener, dunkler Kot), später Durchfall, vermindertes Wiederkauen, Leisungsabfall, Abmagerung, aber auch Teilnahmslosigkeit, vermehrtes Liegen, Erregung, Lecksucht, leeres Kauen, Bewegungsstörungen; besonders gefährdet sind Hochleistungskühe; Atemluft, Haut, Milch und Harn riechen nach faulem Obst (Aceton, Nagellackentferner); *Ursache:* Störung des Kohlehydrat- und Fettstoffwechsels durch Energie- oder Rohfasermangel; zu hohe Anteile von Kokos-, Palmkern- und Babassukuchen; plötzliche Futterumstellungen; infolge anderer Erkrankungen	tierärztliche Behandlung; Vorbeuge: Rohfaseranteil an Futtertrockenmasse über 20 %, leistungsgerechte Fütterung, Bewegungsmöglichkeit (Laufstall, Weide)

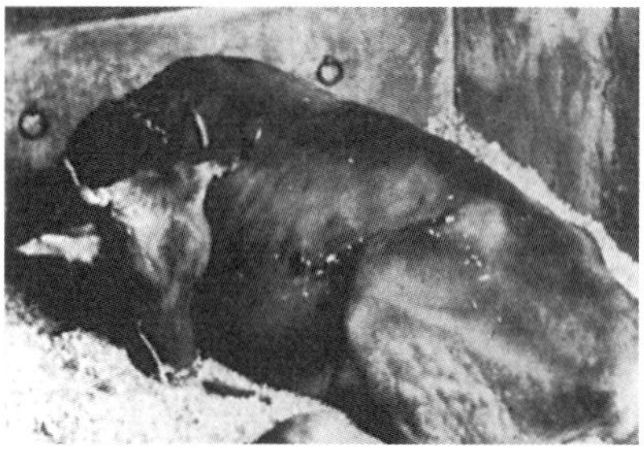

Abb. 1075 Typische Kopfhaltung einer Kuh mit Milchfieber (Kalbefieber).

Abb. 1076 Kühe, die an Knochenweiche leiden, haben starke Knochenschmerzen.

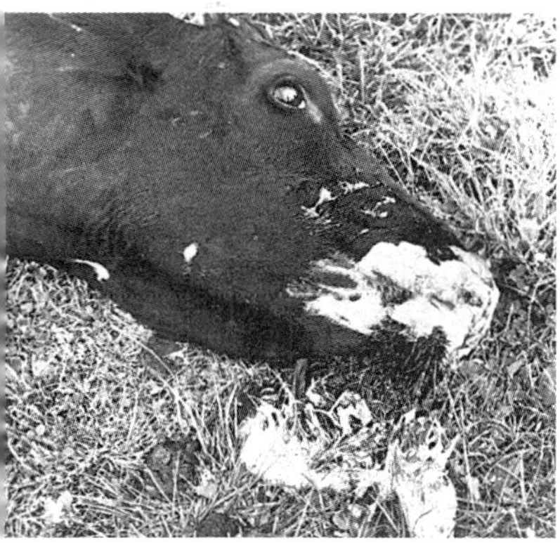

Abb. 1077 Weidetetanie.

Abb. 1078 Nervöse Form der Ketose (Acetonämie).

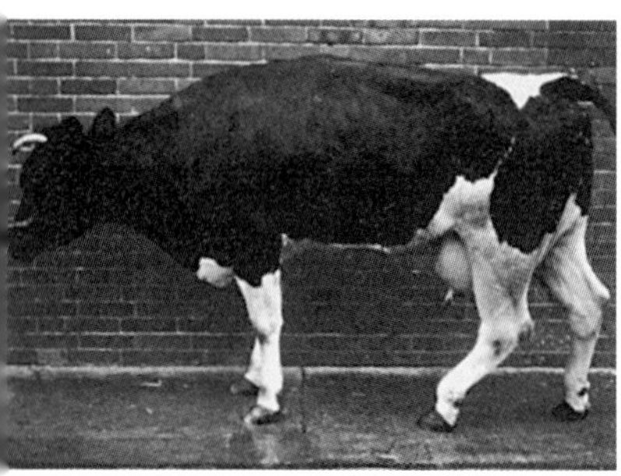

9.2.3 Infektionskrankheiten

Tabelle 104: Auswahl wichtiger Infektionskrankheiten

Krankheit, Krankheitsbild und Ursache	Abhilfe
Mastitis (Euterentzündung), Abb. 1079 subklinische Form: Zellgehalt der Milch erhöht, keine Entzündungsmerkmale äußerlich feststellbar; chronische From: Schwund und Verhärtung der Drüsenmasse führen zu Leistungsabfall; Milch enthält Eiterflocken, erhöhter Zellgehalt; akute Form: betroffenes Euterviertel geschwollen, gerötet, schmerzhaft; Milch flockig, wässrig, eitrig, erhöhter Zellgehalt; *Ursache:* Folgeinfektion nach Verletzungen und unsachgemäßer Melkarbeit (Blindmelken, falscher Druck in der Vakuumleitung, mangelhafte Hygiene, Zitzen vor dem Anlegen des Melkzeugs nicht sorgfältig abgetrocknet), verstärkte Anfälligkeit bei sehr hoher Leistung	Behandlung mit Antibiotika nach Anweisung des Tierarztes, eventuell Anwendung von Eutersalbe, häufiges sorgfältiges Ausmelken, erkrankte Tiere isolieren und zuletzt melken, Reinigen und Desinfizieren von Stall und Geräten *Vorbeuge:* Hygiene im Stall und beim Melken (Dippen der Zitzen); vielseitige Futterration, optimales Stallklima, ausreichende Standlänge und -breite
Rindergrippe, Abb. 1080 Fieber, Husten, Augen- und Nasenausfluss, starke Atemnot, Lungenentzündung; seuchenhaftes Auftreten vorwiegend im Frühjahr und Herbst, bei plötzlichem Klimawechsel oder beim Einstallen von Jungtieren aus verschiedenen Beständen; *Ursache:* Mischinfektion mit verschiedenen Viren, Pasteurellen, Mykoplasmen und anderen Bakterien; ausgelöst durch Stressfaktoren wie Zugluft, hohe Schadgas-Konzentration, zu hohe Luftfeuchtigkeit und Stalltemperatur, zu hoher Tierbesatz, Transporte, Futterumstellungen. (Faktoren-Krankheit)	tierärztliche Behandlung so früh wie möglich *Vorbeuge:* tierärztliche Einstallungsuntersuchung, Quarantäne für zugekaufte Tiere von 2–3 Wochen mit täglichem Fiebermessen, tiergemäße Haltung, Trennen von Aufzucht- und Mastkälbern, Rein-Raus-Verfahren, Schutzimpfungen, Paramunisierung (Steigerung der unspezifischen Abwehr)
Kälberruhr (Koli-Ruhr, Rota-Corona-Coli-Infektion, Neugeborenen-Durchfall), Abb. 1081 Durchfall in den ersten 2–3 Lebenswochen mit Fieber, Appetitlosigkeit, Mattigkeit, Austrocknung (hochgezogene Hautfalte bleibt stehen), Tod nach 3–6 Tagen; auch leichterer Verlauf möglich, gelegentlich Lungen- und Gelenkentzündung; bei überstürztem Verlauf völlige Teilnahmslosigkeit, Krämpfe, Zwangsbewegungen und Tod innerhalb 24 Stunden; *Erreger:* Rota- und Corona-Viren, Toxin-(Gift-)-bildende Coli-Bakterien, Kryptosporidien (einzellige Darmparasiten) *Ursachen:* mangelnde Hygiene, ungenügende oder zu späte Biestmilchaufnahme, Mangel an Vitamin A, mangelhaftes Stallklima	frühzeitige tierärztliche Behandlung; Milchtränke beibehalten und zwischendurch zusätzlich Elektrolyttränke (2 Stunden Abstand zur Milch) je 3 x täglich; Wärmelampe bei Untertemperatur; *Vorbeuge:* Geburts- und Stallhygiene, optimales Stallklima, sofortige und ausreichende Biestmilchgaben; Schutzimpfung hochtragender Kühe und Muttermilch mindestens 10–14 Tage geben; Schluckimpfung neugeborener Kälber

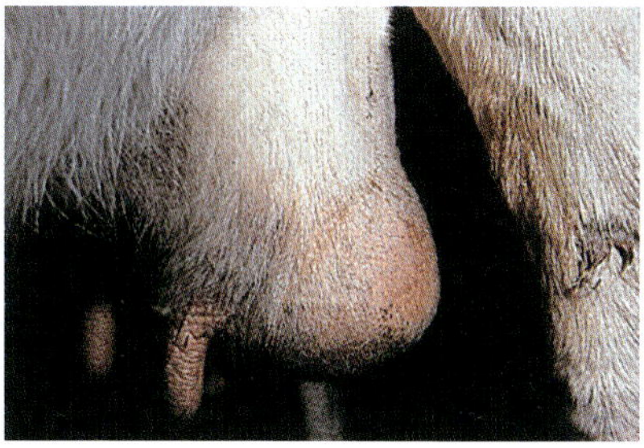

Abb. 1079 Akute Eutererkrankung: ausgeprägte Schwellung eines hinteren Viertels.

Abb. 1080 Rindergrippe.

Abb. 1081 Chronische Form der Kälberruhr.

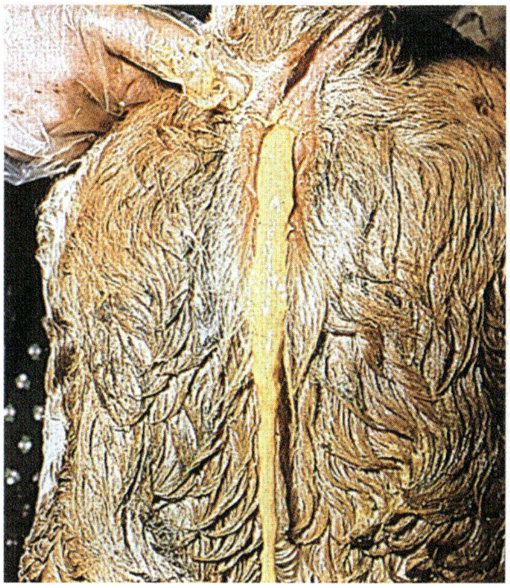

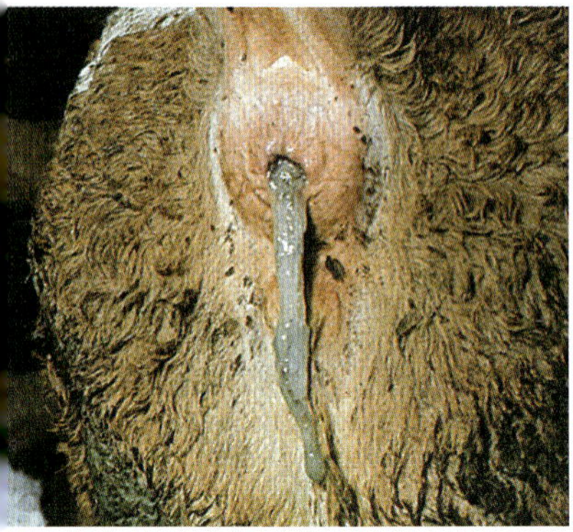

Abb. 1082 Salmonellose.

Abb. 1083 BVD-Durchfall.

Abb. 1084 Maul- und Klauenseuche: Bläschen im Klauenspalt (links) und an der Zitze (rechts).

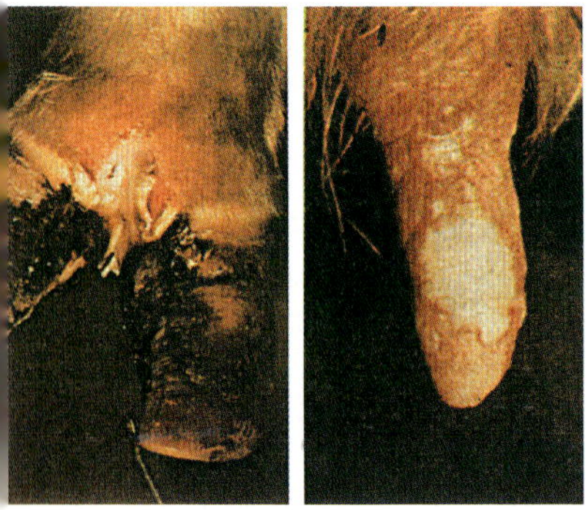

Fortsetzung Tabelle 104

Krankheit, Krankheitsbild und Ursache	Abhilfe
Salmonellose, Abb. 1082 seuchenhaft auftretender Durchfall bei Kälbern im Alter von 2–6 Wochen; bei erwachsenen Tieren meist Einzelerkrankungen; Fieber, Appetitlosigkeit, Hinfälligkeit, auch Gelenks- und Lungenentzündung, Aborte, Mastitis; in seltenen Fällen überstürzter Verlauf mit plötzlichem Tod innerhalb von 1–2 Tagen; Tiere können zu dauernden oder zeitweiligen Ausscheidern werden; *Ursache:* Infektion mit Salmonellen (Bakterien) über verseuchte Eiweißfuttermittel (z. B. Fisch- und Fleischmehl), Gewässer oder Ausscheider; begünstigend wirken Stressfaktoren; Übertragung auf Menschen durch verseuchte Lebensmittel möglich → fieberhafter Brechdurchfall	**Anzeigepflicht** für Tierärzte; Behandlung und Absonderung erkrankter Tiere sowie Kontrolluntersuchungen, eventuell auch behördlich angeordnete Tötung von erkrankten oder verdächtigen Tieren; Sperrmaßnahmen. Vorbeuge: allgemeine Stall- und Fütterungshygiene, Rein-Raus-Verfahren mit Reinigung und Desinfektion, zugekaufte Tiere in Quarantäne, Schutzimpfung
Bovine Virusdiarrhoe (BVD), Abb. 1083 **Mucosal-Disease** (MD) BVD: gutartiger Verlauf mit Fieber, Durchfall, Nasenausfluss, Husten, Fehlgeburt; Jungtiere durchseuchen in infizierten Beständen ohne sichtbare Erkrankung; MD: bei Infektion während der ersten 4 Trächtigkeitsmonate Absterben der Frucht oder Geburt von Kälbern, die keine Antikörper gegen BVD-Viren bilden können; sie sind Kümmerer oder klinisch normal Erscheindende, die fortlaufend Erreger ausscheiden; bei erneutem Erregerkontakt erkranken Sie an der tödlich verlaufenden MD mit unstillbarem, blutigen Durchfall und Wunden in der Maulhöhle und an der Haut im Klauenbereich. *Erreger:* BVD-Virus (BVDV)	**Anzeigepflicht** Bestimmung des Herdenstatus über Bestandsmilchproben und »Jungtierfenster« (serologische Untersuchung einiger Jungtiere), Ausmerzen der Ausscheider und regelmäßige Schutzimpfungen der BVDV-unverdächtigen und -freien Bestände; wenn der Status »BVDV-frei« erhalten bleiben soll, darf nicht geimpft werden
Maul- und **Klauenseuche** (MKS), Abb. 1084 Fieber, Appetitlosigkeit, Blasenbildung an Zunge, Flotzmaul, Zitzen und Klauen; nach dem Aufplatzen (1–2 Tage) entstehen schmerzhafte Wundflächen, die wieder heilen, starker Speichelfluss; Komplikationen: eitrige Entzündungen, Ablösen des Klauenhorns (Ausschuhen), Erkrankung der Herz- und Skelettmuskulatur → plötzlicher Tod; *Ursache:* Infektion mit MKS-Viren verschiedener Typen (A, O, C, SAT_{1-3}, $Asia_1$) Inkubationszeit: 2–12 Tage, hochansteckend; Einschleppung vor allem durch zugekaufte infizierte Schweine, die schon vor dem Auftreten von Krankheitsanzeichen massenhaft Viren ausscheiden; durch Personen- und Fahrzeugverkehr und andere Zwischenträger	**Anzeigepflicht** schon beim Verdacht; Tötung des gesamten Bestandes, Betriebssperre, Sperr- und Beobachtungsbezirke, Begrenzung des Tierhandels, Transportverbote, eventuell Notimpfung. Reinigung und Desinfektion von Stiefeln, Gerätschaften und Fahrzeugen; betriebseigene Schutzkleidung

Fortsetzung Tabelle 104

Krankheit, Krankheitsbild und Ursache	Abhilfe
Tuberkulose (Tbc), Abb. 1085 in Deutschland getilgt, Krankheitsbild beim Befall der Lunge: Husten, Abmagerung, Atembeschwerden; des Darms: unheilbarer Durchfall; des Euters: Verhärtung der Drüsenmasse; der Gebärmutter: Fruchtbarkeitsstörungen; *Ursache:* Infektion durch Tbc-Bakterien, Ansteckung durch Säugetiere, Vögel, Menschen und umgekehrt möglich	**Anzeigepflicht**
Brucellose (Seuchenhaftes Verkalben, Abortus Bang), Abb. 1086 Kühe verkalben im 5.–7. Trächtigkeitsmonat, Nachgeburtsverhalten, Nachgeburt sulzig und mit schmierigem Belag, Gebärmutterentzündung; Bullen leiden an Entzündungen der Geschlechtsorgane (Schwellungen, Verhärtungen); Gelenks-, Sehnenscheiden- und Schleimbeutelentzündungen bei Kühen und Bullen; *Ursache:* Infektion mit Brucellose-Bakterien über Nachgeburt, Gebärmutterausfluss, Milch oder beim Deckakt	**Anzeigepflicht,** in Deutschland ist die Krankheit getilgt; Maßnahmen zur Erhaltung der Brucellose-Freiheit (Milch- oder Blutuntersuchungen)
Leukose, Abb. 1087 Lymphknoten-Geschwülste, unter der Haut deutlich sichtbar; langsamer Verlauf über Jahre; rascher Tod nach Tumorstadium; *Ursache:* Infektion mit Leukose-Virus bei Kälbern während der Trächtigkeit oder mit der Biestmilch, sonst durch Kontakt von Tier zu Tier, durch blutsaugende Insekten	**Anzeigepflicht,** Sperrmaßnahmen, Tötung befallener Tiere, Einforderung von Gesundheitsgarantien beim Kauf von Tieren; Erhaltung der Leukose-Freiheit (Milch- und Blutuntersuchungen)
Tollwut, Abb. 1088 anfangs leichte Unruhe mit Verdauungsstörungen oder Teilnahmslosigkeit; gesteigerte Neugierde bis zu Aggressivität und Tobsucht mit anhaltendem Brüllen; im weiteren Verlauf Lähmungen (schwankender Gang), verkrampfte Kopf-Hals-Haltung, Schluckstörungen, vermehrter Speichelfluss, Niederstürzen, Festliegen, Tod innerhalb von 3–6 Tagen; *Ursache:* Infektion mit Tollwut-Virus durch Biss infizierter Tiere (Fuchs) oder Wundkontakt mit virushaltigem Speichel; Inkubationszeit 2 Wochen bis 3 Monate oder noch länger; Übertragung auf Menschen möglich	**Anzeigepflicht,** vorbeugende Schutzimpfung der Rinder; Schluckimpfung der Füchse als den Hauptüberträgern

Abb. 1085 Tuberkel-(Tbc-)Knoten an einer befallenen Rinderleber.

Abb. 1086 Seuchenhaftes Verkalben infolge einer Brucellose-Infektion.

Abb. 1087 Deutlich vergrößerter Euterlymphknoten bei Rinderleukose.

Abb. 1088 Typische, »gespannte« Haltung bei Tollwuterkrankung.

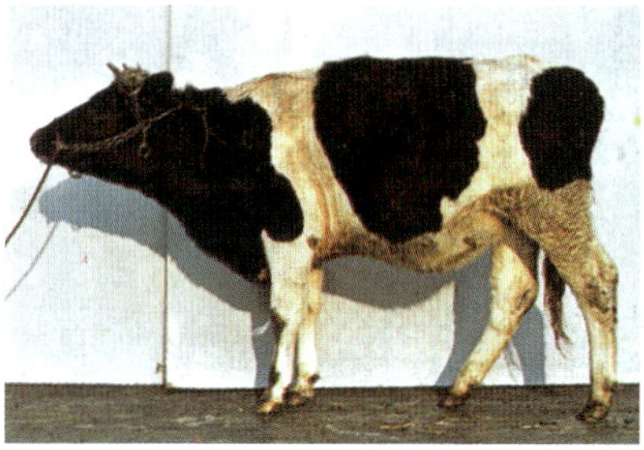

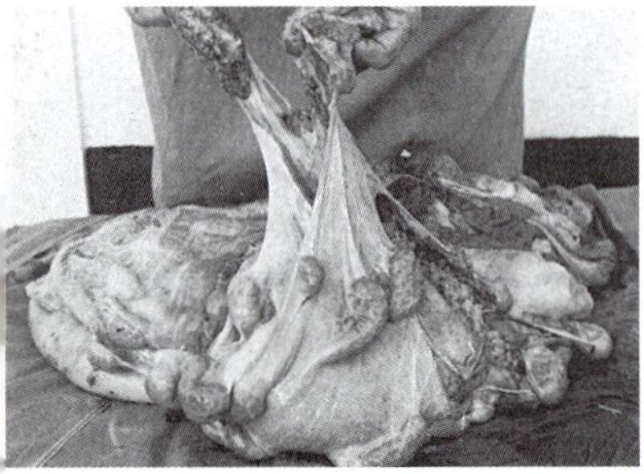

Abb. 1089 Vibrionen-Seuche.

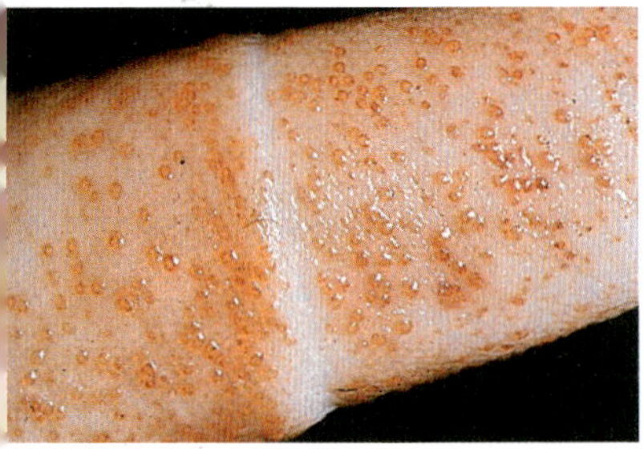

Abb. 1090 IPV: Bläschenausschlag am Penis.

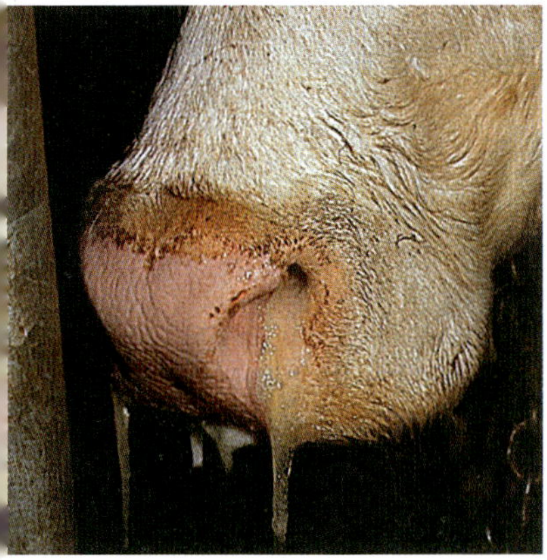

Abb. 1091 IBR-Infektion.

Abb. 1092 Aujeszky'sche Krankheit. Starker Juckreiz.

Fortsetzung Tabelle 104

Krankheit, Krankheitsbild und Ursache	Abhilfe
Vibrionen-Seuche (Campylobacteriosis genitalis), Abb. 1089 Umrindern, verlängerte Geschlechtszyklen, embryonaler Frühtod oder Verkalben im 4.–6. Trächtigkeitsmonat; bei Bullen keine Anzeichen; *Ursache:* Infektion mit Bakterien (Campylobacter fetus) beim Deckakt	**Anzeigepflicht,** behördliche Maßnahmen, tierärztliche Behandlung
Trichomonaden-Seuche schleimig-eitriger Ausfluss und Entzündung der Scheiden- und Gebärmutterschleimhaut, mehrmaliges Umrindern; Frühabgang (6.–20. Woche) oder Absterben und Zersetzen der Fucht in der Gebärmutter; bei Bullen meist keine Anzeichen; *Ursache:* Infektion der Geschlechtsorgane mit Trichomonaden	**Anzeigepflicht,** behördliche Maßnahmen, tierärztliche Behandlung
IPV (Ansteckender Bläschenausschlag), Abb. 1090 Entzündung der Schleimhäute von Scheide, Scheidenvorhof und/oder Gebärmutter sowie Penis; linsengroße, trübe Bläschen platzen auf und hinterlassen flache Geschwüre, Heilung nach 2–3 Wochen; bei Bullen länger dauernd, häufig Verwachsung von Rute und Schlauch **IBR** (Ansteckende Nasen-Luftröhren-Entzündung), Abb. 1091 Rötung der Nasenschleimhaut und z.T. des Flotzmauls, Bindehautentzündung, wässrig-schleimiger Nasenausfluss, Husten, beschleunigte und erschwerte Atmung, eventuell Lungenentzündung, Lungenblähung (Emphysem) und Flüssigkeitsaustritt in die Lungenbläschen (Lungenödem), eventuell Tod; bei Kälbern gelegentlich Gehirnhautentzündung; bei Kühen Verwerfen zwischen 5. und 8. Trächtigkeitsmonat; *Ursache:* Infektion der Nasen- oder Geschlechts-Schleimhäute mit BHV1-Virus	**Anzeigepflicht** BHV1-Pflicht-Sanierungsprogramm: regelmäßige Untersuchungen aller über 9 Monate alten Rinder (Ausnahme: regelmäßig geimpfte Mastbullen); Entfernen der Reagenten → Status: *BHV1-frei,* wenn alle Tiere serologisch frei sind. oder: Schutzimpfungen eines Bestandes mit Marker-Impfstoffen, ab 3. Impfung → Status: *Impfbetrieb;* Serologisch freie Tiere aus Impfbetrieb werden als BHV1-freie Tiere anerkannt; *Vorbeuge:* nur BHV1-freie Zukaufstiere einstellen
Aujeszky'sche Krankheit, Abb. 1092 Unruhe, Fieber, Atembeschwerden, Lähmungen, krampfartiges Zucken einzelner Muskelgruppen, Zähneknirschen, Speicheln, kolikartige Erscheinungen sowie unstillbarer Juckreiz an den verschiedensten Stellen; Tod nach 24–48 Stunden; *Ursache:* Infektion der Schleimhäute oder von Hautverletzungen mit Virus, dessen Hauptwirt das Schwein ist	**Anzeigepflicht,** behördliche Maßnahmen; Tötung erkrankter Tiere; *Vorbeuge:* räumliche Trennung von Rindern und Schweinen

Fortsetzung Tabelle 104

Krankheit, Krankheitsbild und Ursache	Abhilfe
Bovine spongiforme Enzephalopathie (BSE), »Rinderwahnsinn« Gehirn schwammartig durchlöchert; erste Fälle und rasche Verbreitung 1986 in England nach Verfüttern von nicht ausreichend erhitztem und bearbeitetem Tierkörpermehl, in das sowohl Material von Scrapie-(Traber-Krankheit) infizierten Schafen als auch bereits erkrankten Rindern gelangte; sehr lange Zeitdauer zwischen Ansteckung und Ausbruch der Krankheit (mehrere Jahre); Anzeichen: *Überempfindlichkeit* (gegen Berührung an Kopf und Hals, gegen Geräusche und Licht), *Verhaltensänderungen* (Absondern von der Herde, Ängstlichkeit, Ausschlagen) *Bewegungsstörungen* (steifer Gang, Schwanken), Zähneknirschen, Zittern, Abmagerung bei erhaltener Fresslust, Rückgang der Milchleistung, Festliegen und Verenden. Krankheitsdauer: Wochen bis Monate *Erreger:* infektiöses Prion-Protein	**Anzeigepflicht,** Tötung der Geburts- und Fütterungskohorte (Tiere, die 12 Monate vor und nach der Geburt des erkrankten Tieres im gleichen Stall geboren und gefüttert wurden); BSE-Schnelltests bei allen Schlachtrindern und verendeten Tieren über 24 Monaten; Verbot der Verfütterung von Tierkörper- und Knochenmehl; Verbot von tierischen Fetten in Milchaustauschern.

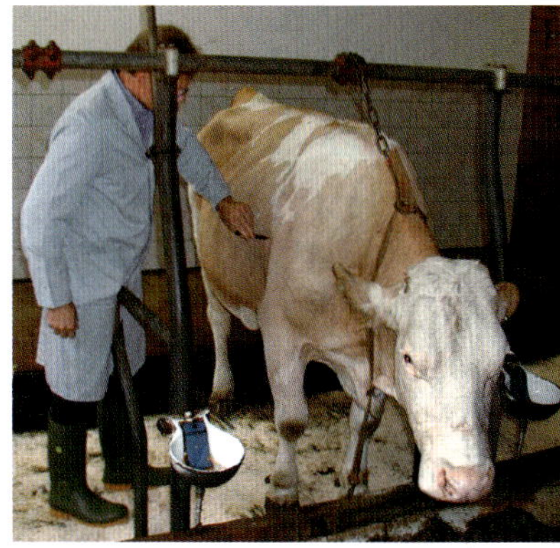

Abb. 1093 BSE-Test mit einem Kugelschreiber: erkrankte Tiere erschrecken ungewohnt heftig.

Jahr	Anzahl der Untersuchungen	Anzahl der positiven Befunde
2001	2 869 176 ≙ 100 %	125 ≙ 0,004 %
2002	3 030 848 ≙ 100 %	106 ≙ 0,003 %
2003	2 588 643 ≙ 100 %	54 ≙ 0,002 %
2004	2 532 504 ≙ 100 %	65 ≙ 0,002 %
2005	2 075 284 ≙ 100 %	32 ≙ 0,001 %
2006	≙ 100 %	

Abb. 1094 Übersicht über die BSE-Tests in Deutschland (BMELV).

9.3 Parasitäre Erkrankungen

9.3.1 Endoparasiten

Unter **Parasiten** versteht man Lebewesen, die auf Kosten eines Wirts leben. Im Gegensatz zur symbiotischen Lebensweise schädigen die Parasiten (Schmarotzer) ihren Wirt und schwächen ihn durch Nahrungsentzug und Abgabe von Stoffwechselprodukten, die als Körpergift wirken.
Parasiten leben entweder im Organismus ihres Wirts (Endoparasiten) oder auf ihrem Wirt (Ektoparasiten).

Tabelle 105: Wichtige Endoparasiten der Rinder

Wurm, klinisches Bild	Aufnahme, Wanderung und Sitz des Wurms	Präpatenz-Zeit (Entwicklungszeit im Endwirt bis zur Eiablage)	Abhilfe
Zwergfadenwurm *(Strongyloides papillosus)* 3,5–6 mm lang; Erkrankung der Saugkälber, wechselnder Appetit, Abmagerung, Durchfall, struppiges Fell	Aufnahme der Larven über die *Milch* → Dünndarm; über die *Haut* → Lymphe, Blut → Herz → Lunge → Luftröhre → Rachen → Magen → **Dünndarm**	6 Tage 9–14 Tage	Behandlung der Kälber 6 Tage nach der Geburt und Wiederholungen im Abstand von 6 Tagen; Ställe vor Belegen reinigen und desinfizieren; Ställe trocken halten, häufig Einstreu wechseln

Fortsetzung Tabelle 105

Wurm, klinisches Bild	Aufnahme, Wanderung und Sitz des Wurms	Präpatenz-Zeit (Entwicklungszeit im Endwirt bis zur Eiablage)	Abhilfe
Magen-Darm-Strongyliden *(Trichostrongylus ostertagia* u.a.) Infektion von Jungtieren vor allem in erster Weideperiode; Krankheitserscheinungen beginnen ca. 4 Wochen nach Weideaustrieb: Durchfall, verminderter Appetit, Abmagerung	Aufnahme der infektiösen Larven mit dem Weidegras → **Labmagen** oder → **Dünndarm**	2–4 Wochen	Behandlung erkrankter Tiere Mitte Juli und am Ende der Weidesaison oder Eingabe eines Bolus; – Weidewechsel der Jungtiere alle 3 Wochen, – keine überhöhte Besatzdichte, – später Weideaustrieb, – Weidevornutzung oder vorher Beweiden mit anderen Tierarten, – Zufüttern von Kraftfutter im 1. Weidejahr, – Jungtiere nicht zusammen mit älteren Tieren weiden lassen
Großer Lungenwurm *(Dictiocaulus viviparus)* 3–8 cm lang vor allem Jungtiere der ersten Weideperiode betroffen, aber auch ältere Tiere, da Immunität nur 1 Jahr anhält; Husten, Atemnot, Nasenausfluss, Abmagerung	Aufnahme der Larven mit dem Weidegras → Darm → Lymphe, Blut → Lunge → **Bronchien**	21–25 Tage	bei Erkrankung einzelner Tiere die ganze Gruppe behandeln und eventuell aufstallen; tägliche Kontrolle der Tiere in der 1. Weideperiode; zweimalige Schluckimpfung der Kälber vor dem Weideaustrieb; weidetechnische Maßnahmen s.o.
Großer Leberegel *(Fasciola hepatica)* 2–5 cm × 0,4–1,3 cm, blattförmig Appetitmangel, Abmagerung, Leistungsminderung, Blutarmut, Ödeme (Wassereinlagerungen) an Kehlgang, Triel und Unterbrust	Zwischenwirt ist die Zwergschlammschnecke; Aufnahme der infektiösen Larven mit dem Gras → Dünndarm → Bauchhöhle → Leber → **Gallengangsystem** der **Leber**	2–3 Monate	Behandlung der Kälber 8 Wochen und der Rinder 10 Wochen nach Weideaustrieb und nach Aufstallen im Herbst; Trockenlegen feuchter Weiden, Auszäunen von Gewässern; Heu von verseuchten Flächen vor dem Verfüttern 6 Monate lagern ; befallene Zukaufstiere behandeln und 4 Wochen in Quarantänestall; auch Pferde und Esel können befallen sein
Kleiner Leberegel *(Dicrocoelium dendriticum)* 1 cm × 0,2 cm verminderte Gewichtszunahme	Zwischenwirte: Landschnecken → Ameisen Aufnahme der im Gras verbissenen Ameisen → Dünndarm → Gallengang → **Gallengangsystem** der **Leber**	7 Wochen	Behandlung Ende Juni und bei Aufstallung im Herbst

9.3.2 Ektoparasiten

Vor allem die tierischen Schmarotzer wählen ihre »Opfer« sehr gezielt aus und bevorzugen in der Regel nur gesunde Lebewesen. Meist handelt es sich um Protozoen (Einzeller), Würmer und Gliederfüßler oder Schmarotzer aus dem Pflanzenreich, die eine Vielfalt von Infektionskrankheiten hervorrufen können.

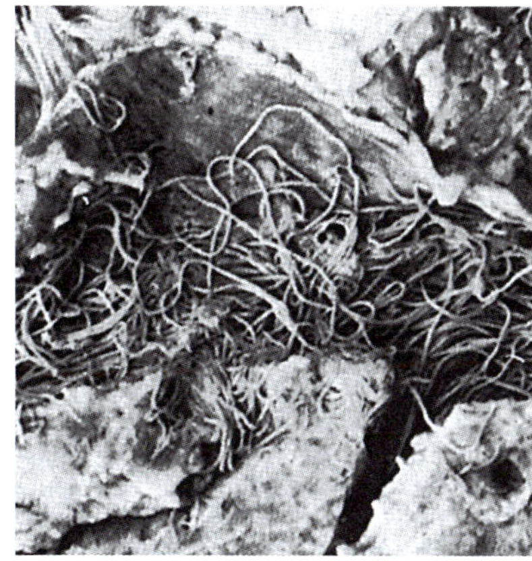

Abb. 1095 Starker Lungenwurmbefall beim Rind.

Tabelle 106: Wichtige Ektoparasiten des Rindes

Parasit, Krankheitsbild		Abhilfe
Sarcoptes-Räude Milben von 0,2–0,5 mm Länge; beginnt am Kopf und breitet sich über Körper aus **Psoroptes-Räude** 0,5–0,8 mm Länge, an Rücken, seitlichem Hals und Brustwand, Schenkelinnenflächen **Chorioptes-Räude** 0,3–0,6 mm Länge, an Schwanz, Kronsaum, Euterspiegel, Bauch	vor allem bei Tieren, die geschwächt sind (z.B. Wurmbefall); Juckreiz, Haarausfall, Krusten, Borken, Hautverdickung und Faltenbildung; Gewichtsabnahme, verminderte Leistung, Lederschäden	2–3 äußerliche Behandlungen in wöchentlichen Abständen oder Endektozide (z.B. Ivermectin, erfasst sowohl äußere als auch innere Parasiten); auch Stall und Geräte reinigen und behandeln
Haarlinge *(Bovicola bovis)* 1,2–1,5 mm lang, leben auf der Haut, Eier werden an Haare geklebt; Massenvermehrung nur bei geschwächten Tieren; stärkstes Auftreten von Januar bis März; Juckreiz, Beunruhigung, Haarausfall		äußere Behandlung mit Wiederholung nach 1 Woche; Behandlung des Stalles und der Putzgeräte
Läuse *(Hämatopinus eurysternus)* häufig gemeinsam mit Haarlingen; Eier werden an Haare geklebt (Nissen); Blutsauger; starker Juckreiz, Beunruhigung, Ekzeme, Blutarmut		
Große Dasselfliege *(Hypoderma bovis)* 13–15 mm; von Mai bis September Eiablage im Flug auf die Rinder; die geschlüpften Larven bohren sich durch die Haut und wandern zum Wirbelkanal (dort sind sie von Anfang Dezember bis Anfang März); anschließend bohren sie ein Atemloch in die Rückenhaut und machen sich schlupffertig; Erscheinen der walnussgroßen Dasselbeulen von Mitte Januar bis Ende Juni; (Abb. 1097, Seite 416); Rückgang der Milchleistung, verminderte Gewichtszunahme; Lederschäden, Fleischverluste bei der Schlachtung; panische Fluchtreaktion der Rinder beim Anfliegen der Dasselfliegen (Biesen)		Herbstbehandlung aller Tiere bis Ende November; *nie* von Anfang Dezember bis Anfang März behandeln, Lähmungsgefahr! Nachkontrolle im Frühjahr, Tiere mit Dasselbeulen örtlich behandeln

Abb. 1096 Bis zum infektiösen Leberegel vollzieht sich mit dem Generationswechsel auch ein Wirtswechsel.

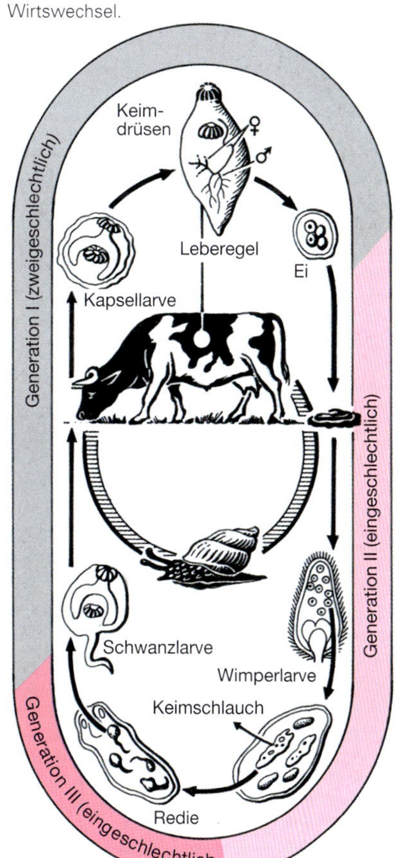

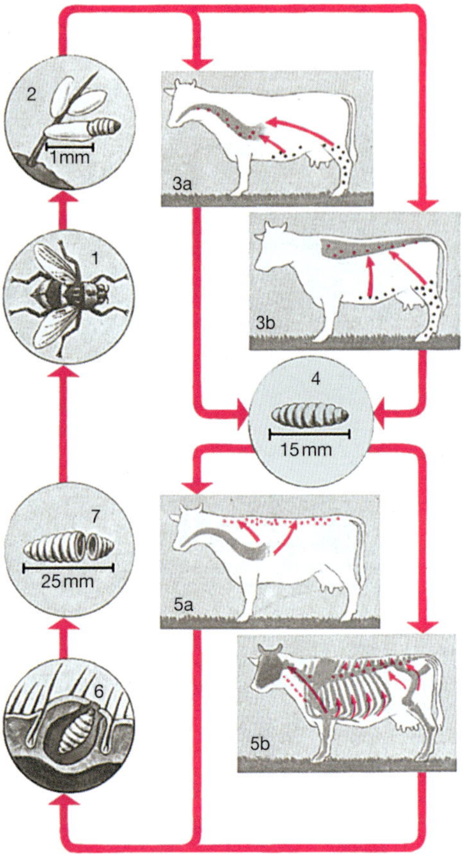

Abb. 1097 Entwicklungskreislauf der Dasselfliege: Weibchen (1) legen Eier an Haaren (2) von Unterbauch und Bein ab. Die geschlüpften Larven der Kleinen Dasselfliege wandern zum Schlund (3 a), die der häufigeren Großen Dasselfliege wandern entlang den Nerven in den Wirbelkanal (3 b), von dort unter die Rückenhaut (5 a und b). 6–8 Wochen später durchbohren sie die Haut, um sich auf der Weide zu verpuppen. 3–6 Wochen später schlüpfen die Fliegen (6 und 7), der Kreislauf beginnt von vorne.

Die Behandlung vor allem der endoparasitären Erkrankungen ist oft sehr langwierig und schwierig. Vorbeugend muss häufig der gesamte Tierbestand behandelt werden. Auf einwandfreie Stallhygiene ist größter Wert zu legen.

Aufgaben:

1. Welche Auffälligkeiten deuten bei Rindern auf eine Krankheit hin?
2. Welche Krankheiten werden durch Parasiten hervorgerufen?
3. Welche Krankheiten haben Verdauungsstörungen als Ursache?
4. Beschreiben Sie das Krankheitsbild, die Ursache und die Bekämpfung einer Rinderkrankheit, die in Ihrem Ausbildungsbetrieb auftrat.
5. Nennen Sie die wichtigsten Infektionskrankheiten bei Rindern!

9.4 Seuchenbekämpfung

Tierseuchen werden durch staatliche Maßnahmen bekämpft, welche im **Tierseuchen-Gesetz** festgelegt sind.
Die wichtigsten **Bestimmungen** sind:

- Abwehr der Einschleppung von Seuchen aus dem Ausland,
- Bekämpfen der Tierseuchen im Inland,
- Schutzmaßnahmen gegen die ständige Seuchengefahr (z. B. Gesundheitszeugnisse, amtstierärztliche Untersuchung),
- Schutzmaßnahmen bei Seuchenausbruch,
- Entschädigung für Viehverluste
- Strafvorschriften, z. B. bei Zuwiderhandlung gegen die *Anzeigepflicht.* Diese besteht für alle Tierhalter, für alle mit der Aufsicht oder Pflege der Tiere betrauten Personen (z. B. Melker, Schäfer, Transportbegleiter) sowie für Personen mit besonderen beruflichen Fachkenntnissen (z. B. Tierarzt, Fleischbeschauer, Metzger, Besamungstechniker).

10 Rentabilität

Die **Rentabilität der Rinderhaltung** kann mit der Deckungsbeitrags-Berechnung bewertet werden. Zur Berechnung des Deckungsbeitrages (DB) werden dabei von der erbrachten Marktleistung die variablen Kosten abgezogen. Weitere Faktoransprüche (z. B. Flächenbedarf, Milchquote, Arbeitsbedarf) oder Tierprämien gehen nicht in diese Berechnung ein, sind aber in der Gesamtbewertung zu berücksichtigen.

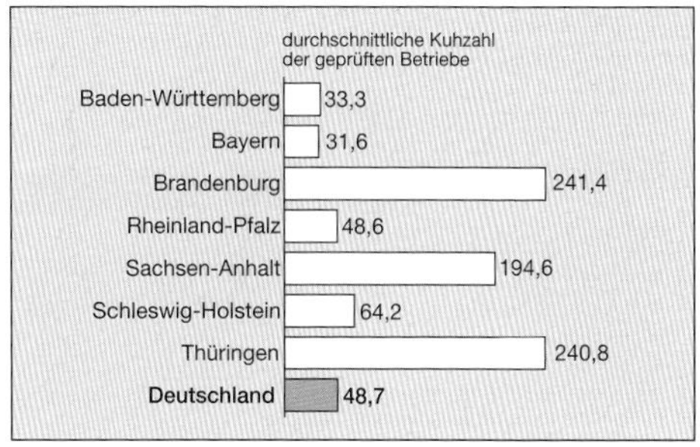

Abb. 1098 Die durchschnittlichen Bestandsgrößen in der Milchviehhaltung einiger Bundesländer zeigen deutliche Unterschiede zwischen Süd-, Nordwest- und Ostdeutschland (2005).

10.1 Produktionsverfahren Milchkuh

Tabelle 107: Deckungsbeitrag (Beispiel Fleckvieh, Preise einschließlich MwSt.; Beispiel)

Milchleistung (MLP)		**kg/Jahr**	**5000**	**6500**	**8000**
verkaufte Milch von der LKV-Menge		95 %	4750	6175	7600
Milcherlös	ct/kg	32,0	1520	1976	2432
Altkuh-Erlös (bei 600 kg LG)	€	625	178	178	178
	Nutzungsdauer	Jahre	3,5	3,5	3,5
Kälberverkauf	kg	90	315	345	375
Marktleistung:			**2013**	**2499**	**2985**
Färse je Einheit		€	1100	1250	1400
Bestandsergänzung			314	357	400
Milchaustauscher bis 90 kg	120 €/dt	0,60 dt	72	72	72
Kraftfutter Kälber	22 €/dt	0,40 dt	9	9	9
eigenes Kraftfutter Kühe	12 €/dt	10,00 dt	120	120	120
Milchleistungsfutter	17 €/dt		62	167	274
Kraftfutter gesamt		dt/Kuh	13,6	19,9	26,1
Grundfutterleistung »2«	1,8	Milch/kg KF	2300	2600	2900
Mineralfutter 0,5–0,7 dt	55 €/dt		25	35	45
Besamung/ET/Trächtigkeitsuntersuchung		€	25	35	45
Tierarzt, Medikamente		€	60	65	70
Versicherung, Beiträge, MLP		€	35	35	35
variable Maschinenkosten (einschließlich Gülleausbringung)		€	75	80	85
Strom, Wasser, Klauenpflege		€	50	55	60
Verlustausgleich: 2 % der Marktleistung		€	40	50	60
Summe variable Kosten		**€**	**887**	**1080**	**1275**
variable Kosten je kg verkaufte Milch		ct	18,7	17,5	16,8
DB I in € bei einem Milchpreis von		**32 ct**	**1126**	**1419**	**1710**
DB I je kg verkaufter Milch		ct	23,7	23,0	22,5
DB I bei einem Milchpreis von		**34 ct**	**1221**	**1524**	**1844**
		31 ct	**1078**	**1348**	**1643**
		29 ct	**984**	**1234**	**1509**
DB I einschließlich Güllewert 22 m³, 4 €/m³		**bei 32 ct/kg**	**1214**	**1507**	**1798**
Grundfutterkosten		€	250	250	250
DB II mit Grundfutterkosten		**€**	**964**	**1257**	**1548**
		DB ct/kg	20,3	20,4	20,4

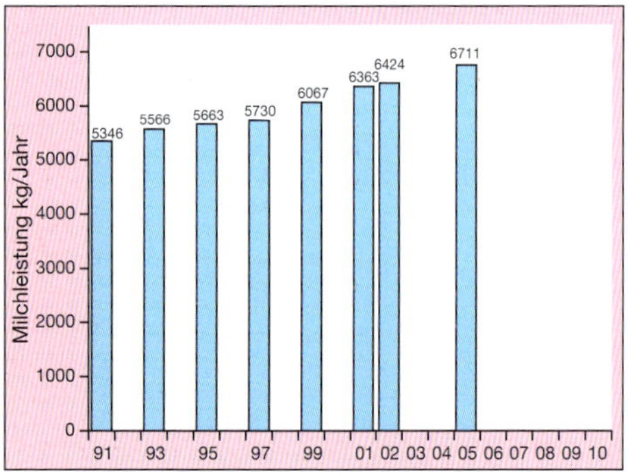

Abb. 1099 Entwicklung der Milchleistung in Bayern (LKV Bayern).

Die Tabelle 107 (Seite 417) zeigt die zu erzielenden Deckungsbeiträge beim **Produktionsverfahren Milchkuh** bei unterschiedlicher Milchleistung ohne und mit Einbeziehung der Grundfutterkosten. Um die Auswirkungen einer Leistungssteigerung richtig beurteilen zu können, müssen auch Gemeinkosten (z.B. Strom), Festkosten (z.B. Abschreibung der Gebäude) und Finanzierungskosten in die Überlegungen einbezogen werden.

10.2 Produktionsverfahren Bullenmast (Maissilage)

Für das **Produktionsverfahren Bullenmast** ergibt sich nach Tabelle 108 (Deckungsbeitrag I vor Grundfutter) scheinbar ein Nachteil bei höheren täglichen Zunahmen.

Tabelle 108: Deckungsbeitrag I vor Grundfutter (Beispiel)

Mastbeginn Kälberpreis netto			90 kg LG 4,58 €/kg	€/Kalb brutto 450 €	
Mastende Nettopreis			660 kg LG 2,67 €/kg SG	€/Bulle brutto 1086 € [4]	
Ausschlachtung:			57 %		
tägliche Zunahme in g			**1 000**	**1 200**	**1 400**
Nährstoffbedarf		gesamt	53 632	44 440	39 246
Grundfutter		MJ ME[1]	40 012	28 669	22 651
Kraftfutter		MJ ME[2]	13 619	15 771	16 596
Mastdauer		Tage	570	475	407
			2,65 €/kg SG netto		
Marktleistung		**€ (brutto)**[3]	**1 086**	**1 103**	**1 115**
Kälberkosten		€	450	450	450
Milchaustauscher	120 €/dt	0,40 dt	48	48	48
Kälberkorn	24 €/dt	0,60 dt	14	14	14
Starter eigen	19 €/dt	0,60 dt	12	12	12
<u>Kraftfutter zur Weitermast</u>					
Sojaschrot in dt			4,56	5,70	6,11
Sojaschrot €/dt		24 €	109	137	147
Getreide in dt			5,70	6,41	6,72
Getreidepreis €/dt		13 €	74	83	87
Tierarzt, Medikamente		€	27	27	27
Vermarktungskosten		€	25	25	25
Mineralfutter €/dt		33 €	18	16	13
Vermarktung 2 % der Marktleistung		€	22	22	22
Strom, Wasser, Klauenpflege		€	18	15	13
Verlustausgleich 3 % der Marktleistung		€	33	33	34
variable Kosten gesamt in €			**850**	**882**	**893**
pro kg Zuwachs in €			1,49	1,55	1,57
DB I je Einheit in €			**236**	**221**	**222**

[1]) Grundfutter MJ ME aus Maissilage mit 33 % T, mittlerer Kornanteil plus 0,3 bis max. 1,0 kg T Heu.
[2]) Kraftfutter MJ ME aus eigenem Getreide plus Soja abgestimmt auf die Tageszunahmen.
[3]) Preisstaffelung bei der Marktleistung von je + 3 ct/100 g Zunahmesteigerung.

Beim Deckungsbeitrag II nach Grundfutter (Tabelle 109) ist das dagegen genau umgekehrt, weil hier die variablen Kosten des Grundfutters (abhängig von der Mastdauer) einbezogen wurden. Würde man die Kosten des Stallplatzes und der Arbeitskraft noch mitrechnen, wäre der Vorteil höherer Zunahmen noch viel deutlicher.

Beim Produktionsverfahren Bullenmast wird zunächst der DB I ermittelt, das heißt Abzug der variablen Kosten von der Marktleistung ohne Berücksichtigung des Grundfutters, da der Betriebszweig Futterbau als eigenes Produktionsverfahren gilt.

Beim DB II ist dieser Betriebszweig der Bullenmast zugeordnet. Die Ermittlung des DB II je Masttag ermöglicht den Vergleich verschiedener Mastverfahren.

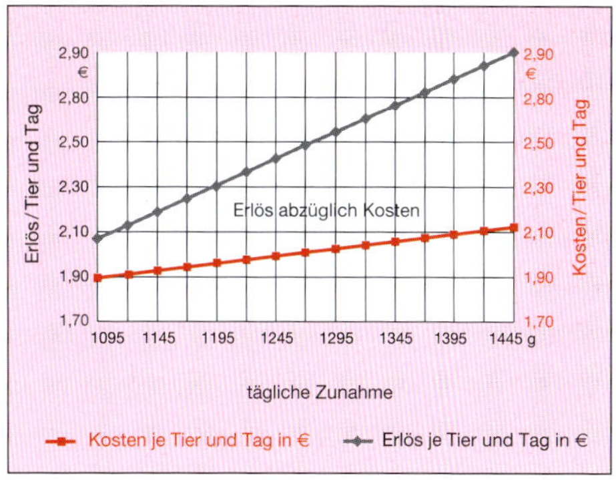

Abb. 1100 Einfluss der täglichen Zunahme auf die Kosten und den Erlös in der Rindermast.

Tabelle 109: Deckungsbeitrag II nach Grundfutter (Beispiel)

Mastbeginn		90 kg LG			€/Kalb brutto		
Kälberpreis netto		4,58 €/kg			450 €		
Mastende		660 kg LG			€/Bulle brutto		
Nettopreis		2,67 €/kg SG			1086 € [4]		
Ausschlachtung:		57 %					
tägliche Zunahme in g		**1 000**		**1 200**		**1 400**	
Nährstoffbedarf	gesamt	53 632		44 440		39 246	
Grundfutter	MJ ME[1]	40 012		28 669		22 651	
Kraftfutter	MJ ME[2]	13 619		15 771		16 596	
Mastdauer	Tage	570		475		407	
Marktleistung	**€ (brutto)**[3]	**1 086**		**1 103**		**1 115**	
variable Kosten							
vor Grundfutter (siehe DB I)	€	850		882		893	
variable Kosten Grundfutter	€	161		111		88	
variable Kosten gesamt	€	1 011		993		971	
DB II je Einheit in €/erzeugte Einheit		**75**		**110**		**144**	
Futterbedarf		**Futterverbrauch Maissilage und Heu je Einheit**					
		dt		dt		dt	
Maissilage €/ha[1])[2])	662	114,0	96,9	83,9	74,1	65,8	59,0
Heu €/ha[3])	290	9,5	6,8	5,2	2,9	2,2	2,0
Ertrag/ha		**notwendige Futterfläche in ha**					
in dt	**500**	**0,23**	**0,19**	**0,17**	**0,15**	**0,13**	**0,12**
in dt	**61**	**0,16**	**0,11**	**0,08**	**0,05**	**0,04**	**0,03**

[1]) Maisertrag 139,9 GJ ME/ha netto: bei 10,78 MJ ME/kg T.
[2]) Nutzungskosten Ackerfläche und Flächenprämie Mais wurden nicht kalkuliert.
[3]) Heuertrag 48,2 GJ ME/ha netto: bei 9,42 MJ ME/kg T.
[4]) Bullenprämien sind je nach Betriebsituation betriebsspezifisch zu berechnen.

Schweinehaltung

12

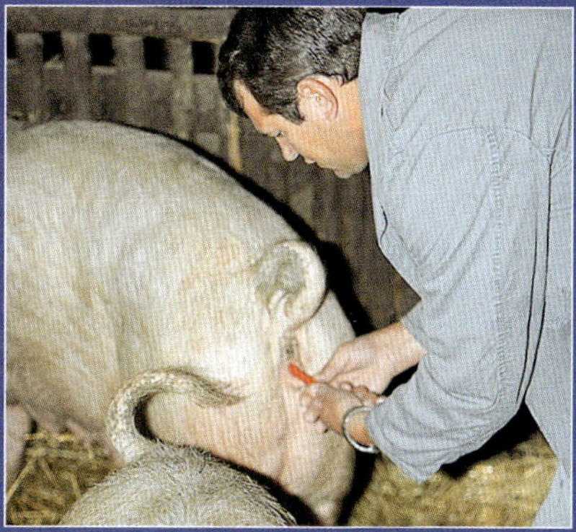

Statistiken der EU zeigen, dass zwar die Zahl der Schweine haltenden Betriebe rückläufig ist, die Bestandesgrößen jedoch stark zunehmen. Diese Tendenz wird durch vielfältige Möglichkeiten der Automatisierung und Technisierung bei der Schweinehaltung begünstigt. Wachsende Tierbestände und die damit zusammenhängenden ökologischen Auswirkungen haben den Gesetzgeber veranlasst, mit entsprechenden Verordnungen die Schweinehaltung zu regeln.

Alle Formen der Schweinehaltung sind trotz der Mechanisierbarkeit relativ arbeitsintensiv und bedürfen einer fachkundigen, umsichtigen und sensiblen Führung durch den Betriebsleiter. Diese Befähigung setzt ein Höchstmaß an fachwissenschaftlichem Hintergrundwissen und fachspezifischem Können voraus. Darüber hinaus erfordert eine erfolgreiche Schweinehaltung eine sorgfältige Beobachtung und EDV-gestützte Führung der Bestände auf höchstem hygienischen Niveau.

12 Schweinehaltung

1 Bedeutung und Formen der Schweinehaltung

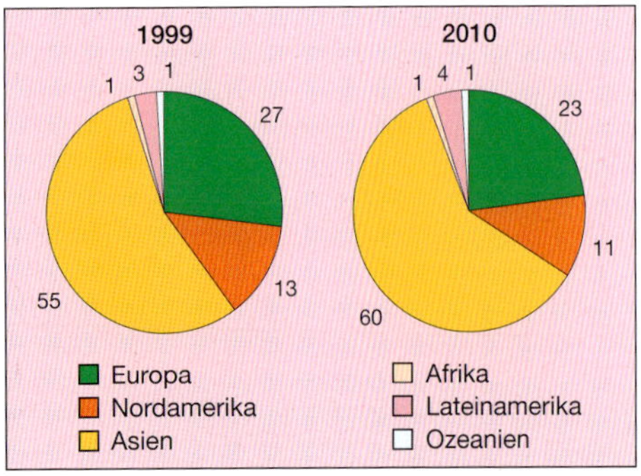

Abb. 1101 Die weltweite Schweinefleischproduktion (in %, FAO).

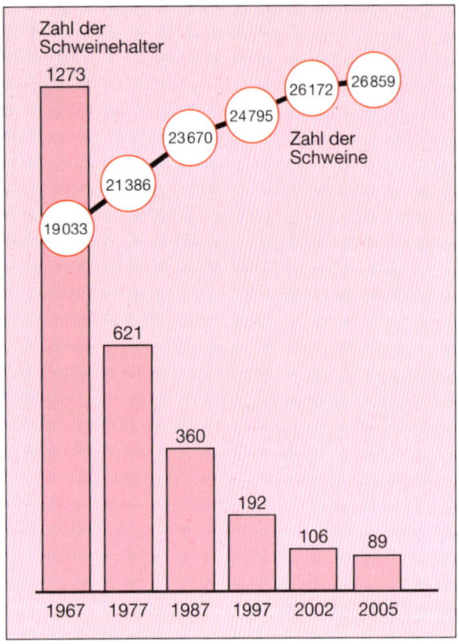

Abb. 1102 Die Zahl der Schweinehalter und Schweine in Deutschland (in 1000, jeweils zum Jahresende).

Abb. 1103 Die Zahl der Schweine je Betrieb stieg in Deutschland in den letzten Jahren deutlich (DBV, 2006).

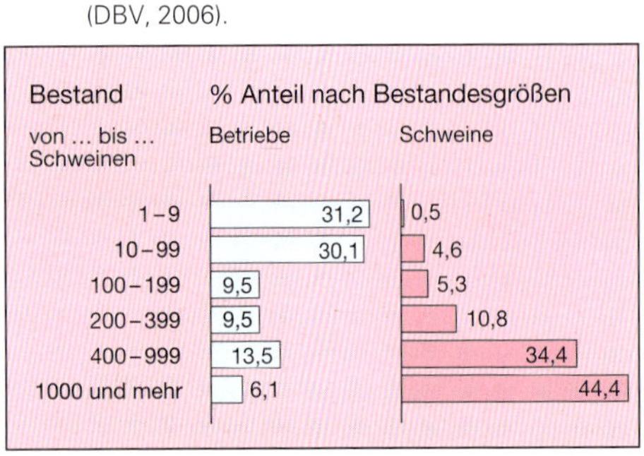

Umfang – Die weltweit bedeutendsten Produzenten von Schweinefleisch sind die **Volksrepublik China** mit fast 47,5 Mio. t, die **Europäische Union** (EU) mit rund 21,1 Mio. t und die **Vereinigten Staaten von Amerika (USA)** mit 9,5 Mio. t jährlich. Diese Staaten erzeugen rund drei Viertel der Weltproduktion.

Den größten *Importbedarf* an Schweinefleisch hat Japan. Wichtige Einfuhrländer sind außerdem noch Russland und Mexiko.

Derzeit hat die EU einen **Selbstversorgungsgrad** von knapp 108 %, Deutschland einen von 92 %. Nach den Ergebnissen der Viehzählung 2005 befinden sich in deutschen Schweineställen knapp 26,9 Mio. Schweine.

Der europäische **Pro-Kopf-Verbrauch** an Schweinefleisch beträgt knapp 43 kg, während er in Deutschland unter 40 kg liegt.

Struktur – Nach den Ergebnissen der Viehzählung 2003 befinden sich in deutschen Schweineställen 26,6 Mio. Schweine. Nach der Milcherzeugung ist damit die Schweinehaltung mit ca. 6 Mrd. € der zweitwichtigste Betriebszweig. Innerhalb der EU macht der deutsche **Schweinebestand** gut 20 % aus. Die Länder Niedersachsen und Nordrhein-Westfalen halten zusammen fast die Hälfte aller deutschen Schweine.

Die **Zahl der Schweinehalter** verringerte sich stetig, so dass sich die Bestände je Halter vergrößerten. Die durchschnittliche Bestandsgröße lag 2002 bei 247 Tieren, gut 106 000 Betriebe halten zurzeit Schweine. Dabei sind in den nördlichen Bundesländern größere Bestände als im Süden anzutreffen. Deutschland liegt mit seinen Bestandsgrößen innerhalb der EU nur im Mittelfeld. Bestandserweiterungen wurden und werden vor allem in Spanien und Portugal vorgenommen.

In Deutschland ist nicht mit stärkeren Bestandsvergrößerungen zu rechnen. Hier bildet überwiegend das wirtschaftseigene Futter die Grundlage der Mast. Wegen der Erfüllung entsprechender Umweltschutzauflagen ist eher von zunehmender »Bio-Schweinehaltung« auszugehen.

Der **Schweinemarkt** in Deutschland ist derzeit gekennzeichnet von einer relativ schwachen Nachfrage nach Schweinefleisch. Auch wegen des derzeitigen Preisniveaus ist keine gravierende Zunahme der Bestandsgrößen zu erwarten, trotz der rascheren Anpassungsmöglichkeiten der Schweinehaltung an die jeweilige Marktlage als bei der Rinderhaltung.

Organisationsformen – In den vergangenen Jahrzehnten führten die **strukturellen Veränderungen** in der Landwirtschaft zwangsläufig auch zu einer **Spezialisierung** in der Schweinehaltung. Zunehmend beschränken sich die Betriebe auf nur eine der möglichen Haltungsformen Zucht, Sauenvermehrung, Ferkelerzeugung oder Mast.

Zucht: Zuchtbetriebe liefern Jungeber, Zucht- und Jungsauen. Diese Produktionsform ist an keinen bestimmten Standort und keine bestimmte Betriebsgröße gebunden. Sie stellt aber höchste Anforderungen an die fachliche Kompetenz des Betriebsleiters und verursacht einen relativ hohen Arbeitsaufwand.

Sauenvermehrung: Diese Produktionsform ist durch die Einführung von Kreuzungszucht-Programmen und den Bedarf an stressstabilen Reinzucht-Sauen entstanden. Die Betriebe halten in der Regel mehr als 50 Sauen und beliefern die Ferkelerzeuger mit Kreuzungs-Sauen und Reinzucht-Sauen.

Ferkelerzeugung: Diese Form der Schweinehaltung bevorzugen vornehmlich Familienbetriebe, die über AK-Reserven verfügen. Arbeitssparende Haltungsverfahren verstärken den Trend zu größeren Sauenzahlen/Betrieb.

Das Marktrisiko lässt sich durch den Beitritt zu *Ferkelerzeugergemeinschaften* abmildern. Ferkelerzeuger sind auf den Zukauf von Ebern und daneben auch auf den Zukauf von Jungsauen aus Herdbuchbetrieben angewiesen, wenn sie am Zuchtfortschritt teilhaben wollen.

Der wirtschaftliche Erfolg hängt besonders von der Aufzuchtleistung der Zuchtsauen ab, d.h. von der Zahl der je Sau und je Jahr aufgezogenen Ferkel.

Mast: Betriebe mit dieser Organisationsform müssen ihre Ferkel zukaufen. Dazu sichern sie sich meist durch Verträge mit Erzeugergemeinschaften die Aufstallung von Qualitätsferkeln.

In der Praxis findet man neben reinen Mastbetrieben auch solche, die ihre eigenen Ferkel mästen (geschlossenes System). Letztere haben meist weniger Probleme mit der Hygiene und meist auch Kostenvorteile.

Im Zusammenhang mit der Ausbreitung der Kreuzungs- und vor allem der Hybridzucht entstehen **neue Organisationsformen.** Weil hier im Gegensatz zur Reinzucht der Ferkelerzeuger nicht mehr seine eigenen Jungsauen zur Nachzucht verwenden kann, übernehmen eigene *Jungsauenvermehrer* diese Aufgabe.

Der Erfolg der Schweinemast wird durch die Mastleistung, d.h. durch die täglichen Zunahmen und die Futterverwertung, aber auch durch die Einstufung der Schlachtkörper in gut bezahlte Handelsklassen bestimmt. Letzteres hängt weitgehend von der Rasse bzw. Kreuzung und dem Mastendgewicht ab.

Aufgaben:
1. Welche Bedeutung hat die Schweinehaltung in Deutschland?
2. Erkundigen Sie sich, welche Organisationsformen der Schweinehaltung in Ihrem Heimatkreis vorherrschen.
3. Welchen Hauptgrund hat in Deutschland der hohe Anteil des Schweinefleisches am gesamten Fleischverzehr?

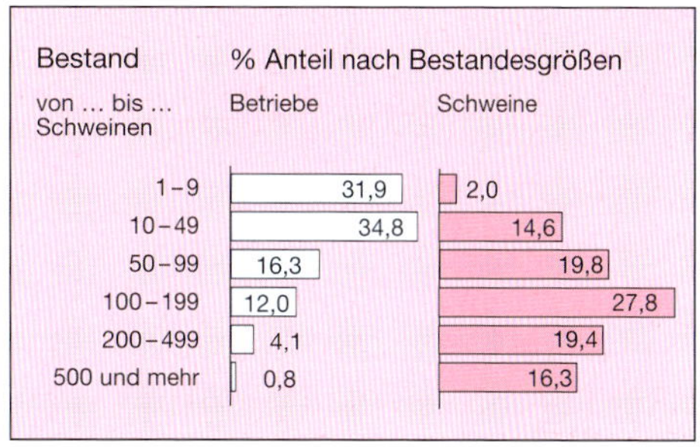

Abb. 1104 Agrarstruktur in der Schweineproduktion (DBV, 2006).

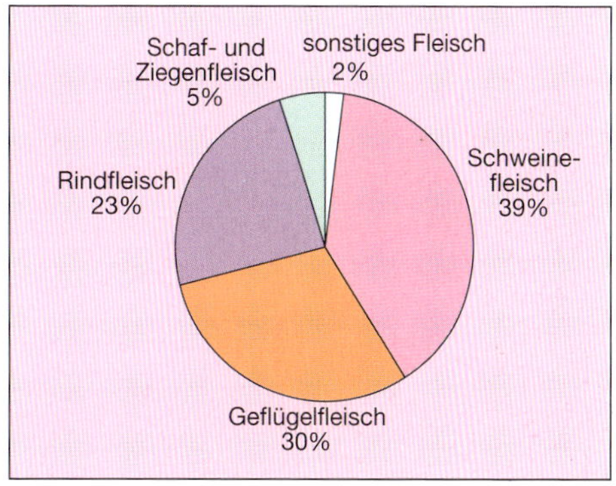

Abb. 1105 Weltfleischerzeugung 2004.

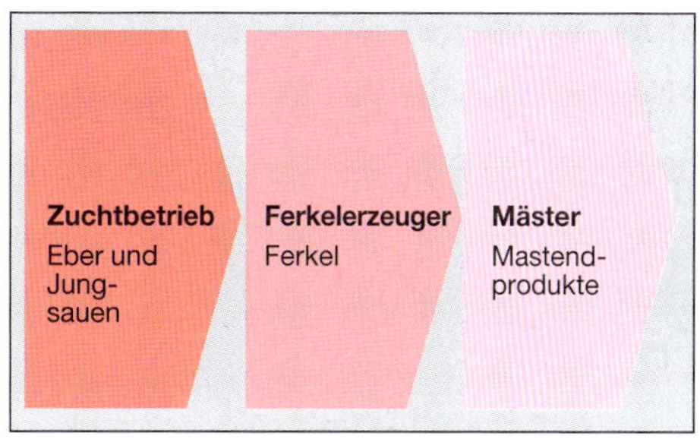

Abb. 1106 Arbeitsteilung der heutigen Schweineproduktion.

Abb. 1107 Die Zucht liefert heute Schweine mit großem Fleischbildungsvermögen, das die Mast ausnutzen muss.

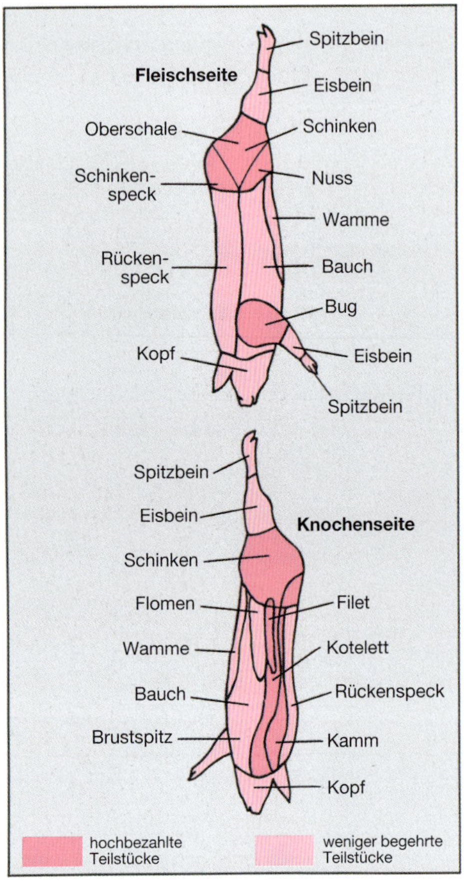

Abb. 1108 Zerlegung des Schweines.

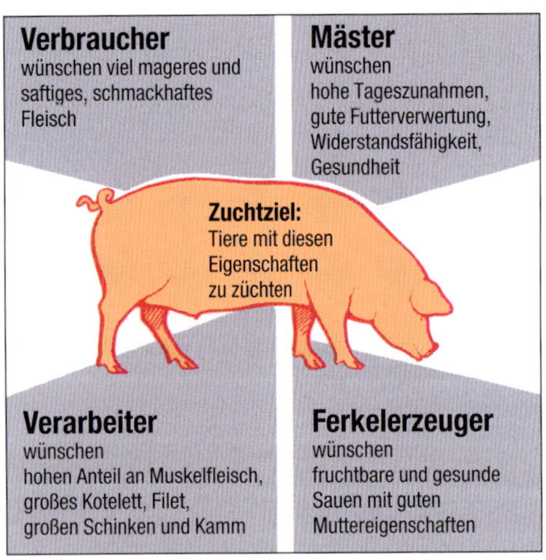

Abb. 1109 Das Zuchtziel muss die sich oft widersprechenden Wünsche von Verbrauchern, Mästern, Ferkelerzeugern und Verarbeitern berücksichtigen.

2 Schweinezucht

2.1 Aufgaben

Zuchtziel – Ziel der Schweineproduktion ist die wirtschaftliche Erzeugung von hochwertigem Fleisch. Der *Verbraucher* verlangt ein möglichst mageres, wohlschmeckendes und zartes Fleisch, das sich schnell zubereiten lässt. Deswegen werden auch jene Teile des Schlachtkörpers am höchsten bezahlt, die diese Eigenschaften im besonderen Maße besitzen: Filet, Kotelett, Schinken, Kamm und Bug.

Die *Verarbeiter von Fleisch* sind an einem großen Anteil an Muskelfleisch am Schlachtkörper und einer starken Ausprägung der wertvollen Fleischteile interessiert. Daneben soll das Fleisch den Saft halten, noch zusätzlich Wasser bei der Verarbeitung zu Wurst aufnehmen und haltbar sein.

Schließlich wünschen die *Ferkelerzeuger* Sauen mit hohen Aufzuchtleistungen und die *Mäster* Tiere mit hoher Futterverwertung und Gesundheit.

Zuchtauswahl – Die Auswahl der Zuchttiere erfolgt aufgrund objektiv festgestellter Leistungen in Prüfstationen und Zuchtbetrieben. Leistungsprüfungen liefern auch die Grundlagen für eine Zuchtwertschätzung bei Ebern und Sauen.

Zuchtarbeit – Die deutschen Schweinezüchter haben unsere Rassen zu hohen Leistungen befähigt. Inzwischen konzentriert sich die Zuchtarbeit auf die Kreuzungszucht. Dabei sollen die *Vatertierrassen* extreme Fleischfülle in Schinken, Kotelett, Filet und Kamm aufweisen, während die für *Sauenlinien* benutzten Rassen in erster Linie auf Fruchtbarkeit, Aufzuchtleistung, Mastleistung, Widerstandsfähigkeit und Fleischqualität gezüchtet werden.

2.2 Schweinerassen

Unsere **Schweinerassen** sind durch *Kreuzung* aus dem *europäischen Wildschwein* und dem *asiatischen Bindenschwein* entstanden. In den letzten 30 Jahren vollzog sich – bedingt durch die Änderung der Verbraucherwünsche – ein Wandel der Rassen hin zum *fleischreichen* und *fettarmen* Fleischschwein.

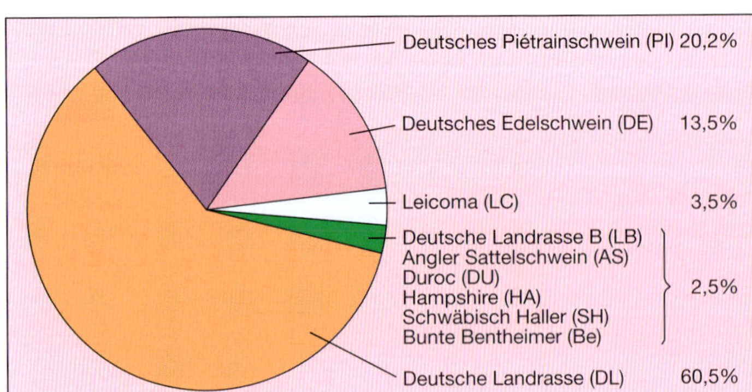

Abb. 1110 Mitte: Anteil der Schweinerassen am Schweinebestand in Deutschland.

Tabelle 110: **Wichtige Schweinerassen in Deutschland**

Rasse	Aussehen	Zuchtziel und Eigenschaften
Deutsche Landrasse (DL) Abb. 1111		schnellwüchsig, fruchtbar, hohe Aufzuchtleistung, gute Mast- und Fleischleistung, Schlachtreife bei 110 kg LM; Typ DLS zusätzlich Stress-Stabilität und gute Fleischqualität; als fruchtbares, fleischreiches Universalschwein eine der wichtigsten Muttertierrassen in verschiedenen Kreuzungszuchtprogrammen Typ DLS für Mutterlinie zu Gebrauchskreuzungen
Deutsches Piétrainschwein (PI) Abb. 1112		hervorragende Fleischleistung, beste Schinken, Mastleistung mittel, Schlachtreife bei 95 kg LM; als Vatertiere große Bedeutung in der Mastschweineproduktion; gegen Stress-Anfälligkeit und mangelhafte Fleischbeschaffenheit wird erfolgreich selektiert
Deutsche Landrasse B (LB) Abb. 1113		große Fleischfülle, vollbemuskelte Schinken, gute Mastleistung, Schlachtreife bei 90–100 kg LM; aus Belgien eingeführt, stressanfällig, weniger fruchtbar; in Deutschland nur für Gebrauchskreuzungen und als Eberlinie bei Mehrrassen-Kreuzungen zur Zucht benutzt
Deutsches Edelschwein (DE) Abb. 1114		hervorragende Fruchtbarkeit, beste Mastleistung und Fleischqualität, Fleischleistung mittel; Schlachtreife mit 100–110 kg LM; sowohl zur Reinzucht als auch zur Erzeugung Sauen durch Kreuzung mit DL geeignet
Duroc (DU) Abb. 1115		großrahmige Tiere, robust, hohe Tageszunahmen, sehr gute Fleischqualität; flachere Schinkenbemuskelung als bei deutschen Rassen; in den USA und Kanada gezüchtet, in Deutschland zur Erzeugung von Kreuzungssauen eingesetzt

Fortsetzung Tabelle 110

Rasse	Aussehen	Zuchtziel und Eigenschaften
Angler Sattel-schwein (AS) Abb. 1116		große Fruchtbarkeit, gute Widerstandsfähigkeit, gute Mast- und mittlere Fleischleistung; nur noch in wenigen Betrieben im Norden von Schleswig-Holstein gehalten; als Muttertierrasse verwendet
Leicoma (LC) Abb. 1117		hohe Fruchtbarkeit, großrahmig, gute Zunahmen, sehr stress-stabil, wenig Muskelfleischanteil; in den Zuchtgebieten **Lei**pzig, **Co**ttbus und **Ma**gdeburg aus Duroc, Landrasse, Sattelschwein und Estnischer Baconrasse zur eigenständigen Rasse entwickelt; als Sauenlinie verwendet
Schwerfurter Fleischrasse (SF) Abb. 1118		sehr gute Fleischqualität, schnellwüchsig, widerstandsfähig; Muskelfleischanteil geringer als bei Piétrain und Landrasse B
Hampshire (HA) Abb. 1119		gute Tageszunahmen und Fleischqualität, stabiles Fundament; Verwendung besonders als Vatertierrasse in Mehrrassen-Kreuzungsprogrammen
Schwäbisch-Hallisches Schwein (SH) Abb. 1120	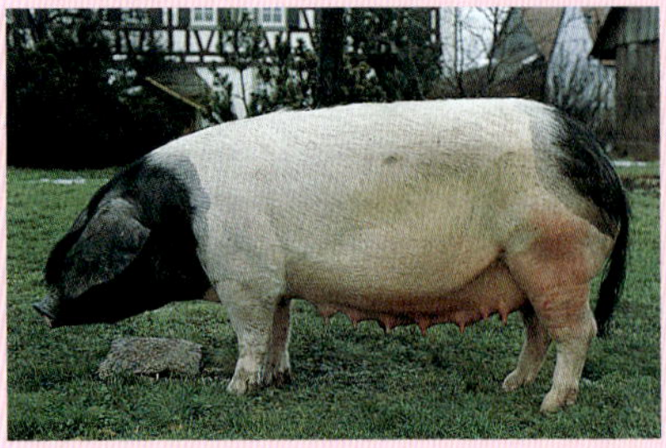	hohe Fruchtbarkeit und Widerstandsfähigkeit sowie beste Fleischbeschaffenheit; als Kreuzungspartner zur Qualitätsfleischerzeugung zunehmend gefragt

2.3 Leistungsprüfungen

Grundlagen – Die *Wirtschaftlichkeit* der Schweinehaltung wird durch folgende **Leistungsmerkmale** bestimmt:

- *Fruchtbarkeit,* d. h. Zahl der geborenen und aufgezogenen Ferkel,
- *Mastleistung:* tägliche Zunahmen und Futterverbrauch je kg Zunahme,
- *Schlachtkörperwert:* Anteil wertvoller Fleischstücke, Muskelfleischanteil, Fleischbeschaffenheit.

Nicht alle Merkmale sind wirtschaftlich gleich bedeutend. Für den Zuchterfolg ist auch entscheidend, wie hoch der *Erblichkeitsgrad* (Heritabilität, h^2) ist. Merkmale mit geringem Erblichkeitsgrad lassen sich eher durch optimale Fütterung und Haltung oder gezielte Kreuzungszucht verbessern.
Es ist unmöglich, alle Zuchttiere auf alle Leistungsmerkmale des Zuchtziels zu prüfen. So müsste man, um den Schlachtkörperwert zu ermitteln, das Tier schlachten. Dann ist es aber für die Zucht verloren. Deswegen benützt man geeignete Hilfsmerkmale, die abzuprüfen sind und eine Aussage über den Zuchtwert ermöglichen.

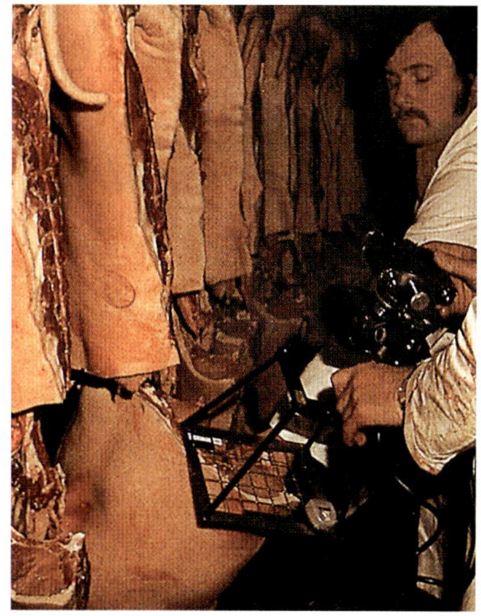

Abb. 1121 Fotografische Messung der Kotelettfläche bei der Schlachtleistungsprüfung.

2.3.1 Zuchtleistungsprüfung

Die **Zuchtleistungsprüfung** ist für alle Zuchtbetriebe *Pflicht.* Dazu werden in den Ställen der Züchter von allen Sauen des Bestandes folgende Daten ermittelt:

- Zahl der lebend geborenen Ferkel/Wurf,
- Zahl der lebend geborenen Ferkel/Sau und Jahr,
- Zahl der aufgezogenen Ferkel am 21. Tag nach der Geburt,
- Zahl der aufgezogenen Ferkel/Sau und Jahr.

Aus den Angaben lassen sich die *Ferkelverluste* und der *Wurfabstand* errechnen. Eine Verbesserung der Zuchtleistung gelingt wegen der geringen Erblichkeit nur mit Hilfe der *Hybridzucht.* Verbesserungen sind hier eher über *frühes Absetzen* der Ferkel (mit spätestens 4 Wochen; 2,2 Würfe/Jahr) und über die *Verringerung der Ferkelverluste* (höhere Geburtsgewichte, sichere Abferkelställe) zu erreichen.
Das ist der Grund dafür, dass sich in den letzten Jahren bezüglich der Fruchtbarkeit der Sauen wenig geändert hat.

2.3.2 Mast- und Schlachtleistungsprüfung

Für die **Mastleistung** eines Tieres haben folgende Merkmale Bedeutung:

- Futteraufwand/kg Zuwachs,
- tägliche Zunahmen.

Beide Merkmale haben einen *mittleren Erblichkeitsgrad* und stehen zueinander in enger Beziehung: Tiere mit hohen Tageszunahmen brauchen zugleich weniger Futter je 1 kg Zunahme.
Bei der **Schlachtleistung** werden folgende Daten erfasst bzw. errechnet:

- **Schlachtkörpergewicht** warm, Schlachtkörpergewicht kalt;
- **Schlachtkörperlänge** (= Abstand in cm zwischen Schlossknochen und 1. Halswirbel, siehe Abb. 1128, Seite 430);

Abb. 1122 Schema über den Ablauf der Geschwisterprüfung in einer Mast- und Schlachtleistungs-Prüfungsanstalt.

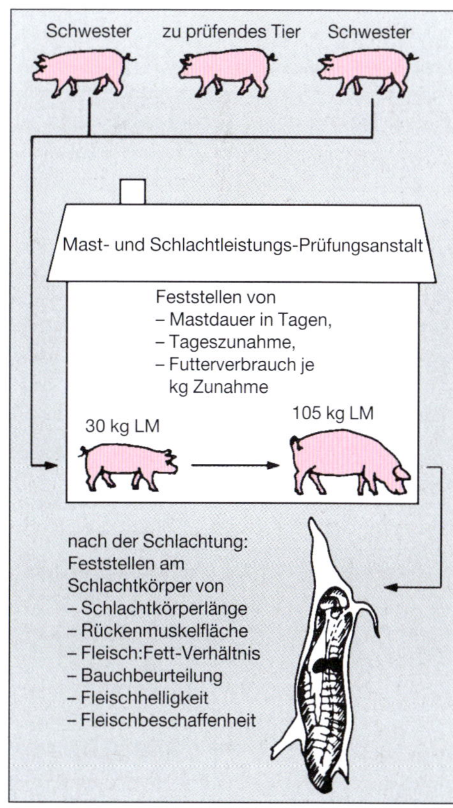

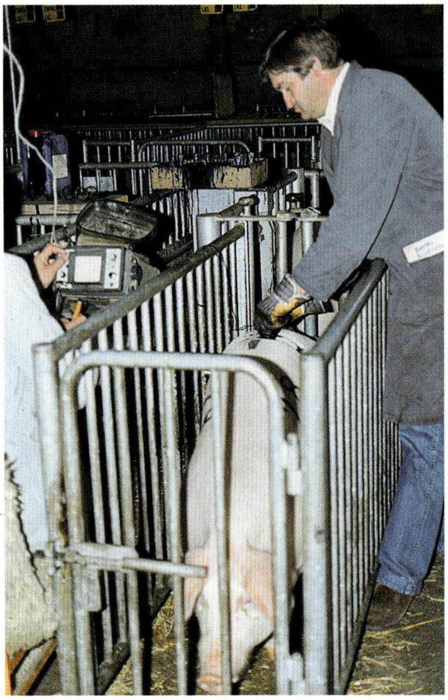

Abb. 1123 Mit dem Ultraschallgerät kann die Rückenspeckdicke am lebenden Tier gemessen werden.

Abb. 1124 Übersicht zu den Leistungsprüfungen bei Schweinen.

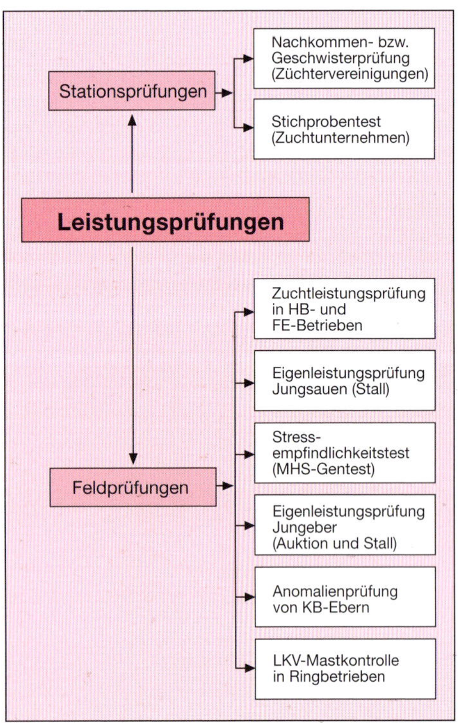

- **Rückenspeckdicke** und Seitenspeckdicke in cm an definierten Messpunkten;
- **Rückenmuskelfläche** (= Kotelettfläche zwischen dem 13. und 14. Brustwirbel in cm^2;
- **Fettfläche;**
- **Fleisch : Fett-Verhältnis** (gemessen und berechnet auf der Anschnittfläche zwischen 13. und 14. Brustwirbel);
- **Bauchbeurteilung;**
- **Schinken**gewicht und Schinkenanteil.

Zur Ermittlung der **Fleischbeschaffenheit** werden noch folgende Werte erfasst:

- pH_1-Kotelett,
- LF_1-Kotelett,
- LF_{24}-Kotelett,
- Fleischhelligkeit,
- pH_{24}-Schinken sowie LF_{24} und LF_1,
- Fleischbeschaffenheit (FBZ).

Je länger ein Schlachtkörper ist, desto mehr *wertvolle* Fleischteile (Kotelett, Kamm, Filet) enthält er. Eine große Rückenmuskelfläche, ein hoher Schinkenanteil und ein geringes Fleisch : Fett-Verhältnis erhöhen ebenfalls die Ausbeute an Fleisch insgesamt und an den wertvollen Fleischstücken.

Der *Fleischhelligkeitswert* gestattet zusammen mit den pH-Messungen und der Feststellung der Leitfähigkeit (LF-Werte) eine Aussage über die Fleischqualität. Das Göfo-Gerät ist mittlerweile in den Prüfanstalten durch den besseren *Opto-Star* ersetzt.

Je heller das Fleisch ist, desto weniger Saft vermag es zu halten und desto mehr schrumpft es beim Braten.

Die Merkmale der Schlachtleistungsprüfung besitzen einen hohen *Erblichkeitsgrad* (50 %). Deswegen lassen sich die Anlagen für diese Merkmale durch die Zucht schnell verbessern.

Geschwisterprüfung auf Station – Die Mast- und Schlachtleistungsprüfung kann nur in besonderen *Prüfanstalten* durchgeführt werden. Damit die Ergebnisse auch untereinander vergleichbar sind, laufen alle Prüfungen nach den gleichen Richtlinien und unter gleichen Umweltverhältnissen ab.

Da man die zu prüfenden Zuchttiere nach der Mastperiode nicht schlachten kann, weil sie dann für die Zucht verloren wären, behilft man sich durch die Prüfung von Geschwistern dieser Tiere (Geschwisterprüfung). Eine *Prüfgruppe* besteht dabei aus 2 Ferkeln (Geschwister des zu prüfenden Tieres), die an die Prüfungsanstalt gegeben werden. Die Prüfung beginnt mit dem Tag der Anlieferung und endet, wenn das einzelne Tier eine Lebendmasse von 105 kg erreicht hat.

Die Daten für die Mastleistungsprüfung ermittelt man in allen Anstalten und für alle Rassen in der Zeitdauer, die zwischen dem Erreichen von 30 kg und 105 kg LM liegt. Dazu wird in jeder Prüfungsanstalt *Futter* gleicher Zusammensetzung verabreicht, derzeit 85 % Getreide (Gerste/Weizen) und 15 % Eiweißkonzentrat. Dabei sollen folgende Mindestanforderungen erfüllt sein: 16 % Rohprotein, 1 % Lysin und 13 % MJ ME/kg.

Die Prüftiere dürfen davon so viel fressen, wie sie wollen. Man nennt diese Methode *Ad-libitum-Fütterung.* Die Tiere werden regelmäßig gewogen und nach Erreichen des Gewichtes von 105 kg geschlachtet. Am *Schlachtkörper* werden dann die Messungen für die Schlachtleistungsprüfung vorgenommen.

Leistungsprüfungen sind die Grundlage für die Ermittlung des Zuchtwertes.

Eigenleistungsprüfung auf Station – Neben der indirekten Prüfung der Zuchttiere über die Leistung der Geschwister versucht man natürlich auch, die Eigenleistung zu ermitteln. Eine Möglichkeit dazu ist, die zu prüfenden Zuchttiere ebenfalls in einer Prüfstation einer Mastperiode zu unterwerfen. Dabei lassen sich durch die Beobachtung der Gewichtsentwicklung die Kriterien der Mastleistung (tägliche Zunahmen, Futterverwertung) ermitteln. Da man das Tier am Schluss dieser Mastperiode nicht schlachten kann, misst man mit Hilfe des Echolot-Testes die Rückenspeckdicke und zieht daraus Rückschlüsse auf die zu erwartende Schlachtleistung.
Bei der Eigenleistungsprüfung auf Stationen sind wegen der großen Ansteckungsgefahr strenge *Gesundheitsvorschriften* zu beachten. Für die Auswahl der Zuchteber und besonders der für die künstliche Besamung bestimmten Eber ist die Kombination von Eigenleistungs- und Geschwisterprüfung sehr zu empfehlen, weil man dann die Leistungsdaten des Zuchttieres mit den Ergebnissen der Geschwister ergänzen kann.
Für die Eigenleistungsprüfung auf Station schickt man von den guten Sauen aus einem Wurf 2 unkastrierte Eberferkel und gleichzeitig 2 weibliche Ferkel zur Geschwisterprüfung.
Die Mastleistung beider Eberferkel wird während der Gewichtsentwicklung von 25–90 kg ermittelt, dann erfolgt der Echolot-Test. Wenn die Ergebnisse der gleichzeitig erfolgten Mast- und Schlachtleistungsprüfung ihrer Geschwistergruppe ebenfalls gut sind, werden die Eber zur Zucht verwendet.
Eigenleistungsprüfung im Feld – Wenn Eigenleistungsprüfungen auf Station nicht möglich sind, schreibt das Tierzucht-Gesetz für künftige Zuchteber mindestens die Eigenleistung im Feld vor.
Die Eber werden vor der Körung, die Sauen im Züchterstall bzw. vor Absatzveranstaltungen dieser Prüfung unterworfen. Sie erstreckt sich auf das Ermitteln der Zunahmen sowie der Speckdicke an definierten Messstellen. Die Daten der ersten Prüfung lassen Rückschlüsse auf die Mastleitung, die Ergebnisse des Echolot-Tests auf die Schlachtleistung zu.

2.3.3 Prüfung auf Stress-Resistenz

Bedeutung – In der letzten Zeit war das Zuchtziel bei Schweinen hauptsächlich auf die Vergrößerung des Fleischanteils am Schlachtkörper ausgerichtet. Aus diesem Grunde werden in Süddeutschland und besonders in Bayern überwiegend Ferkel aus der Kreuzung von Piétrain und DL zur Mast verwendet. Sie erreichen im

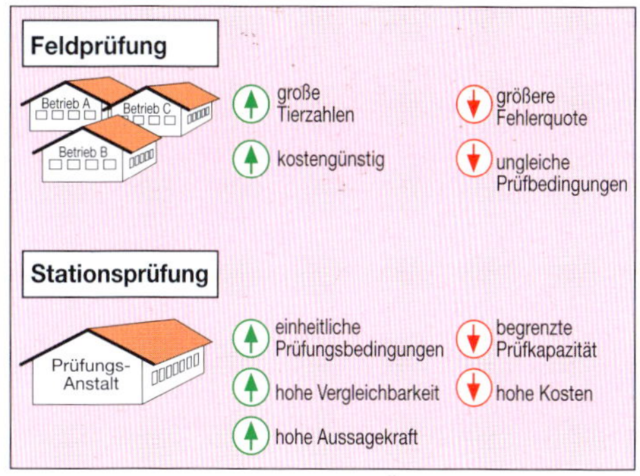

Abb. 1125 Vor- und Nachteile von Feld- und Stationenprüfung.

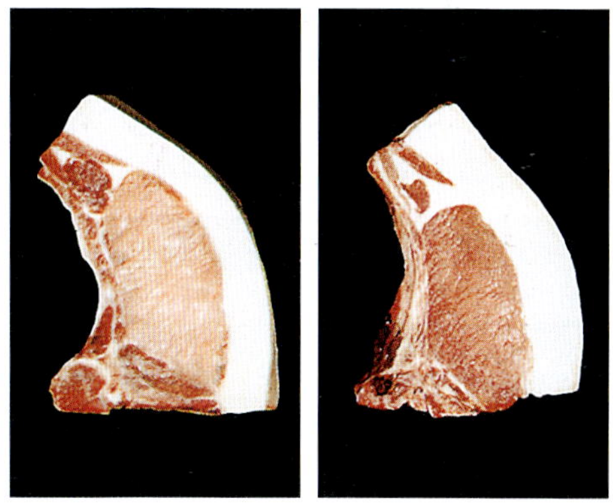
Abb. 1126 Unterschiede in der Kotelettfläche und im Fleisch : Fett-Verhältnis.

Abb. 1127 Deutlich sichtbare Unterschiede bei diesen Kotelettanschnitten zwischen der 13. und 14. Rippe.

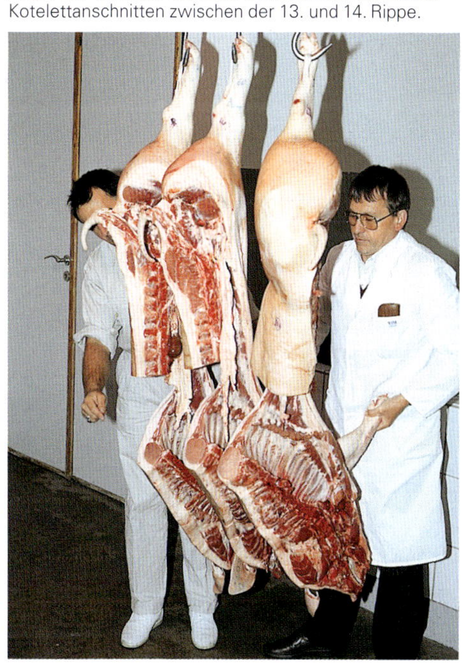

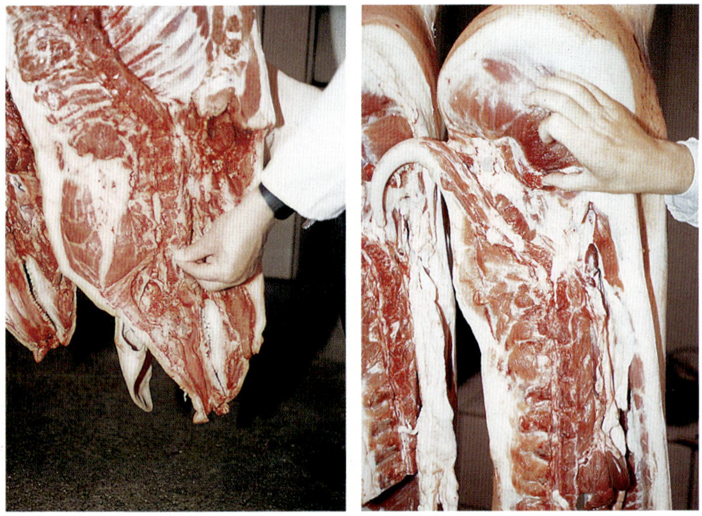

Abb. 1128 Mitte: Begrenzungen der Schlachtkörperlänge sind der 1. Halswirbel (links) und der Schlossknochen (rechts, Daumen).

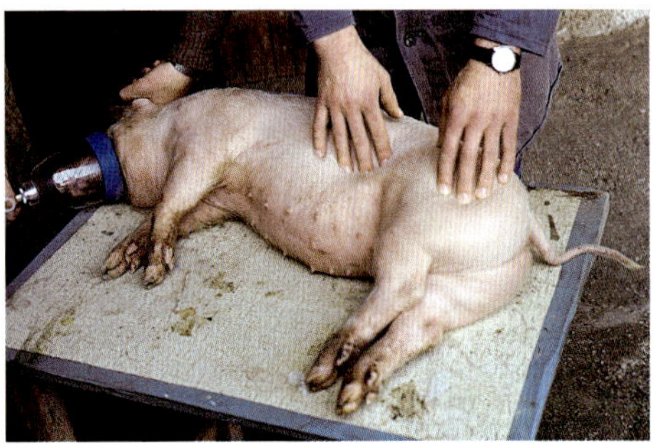

Abb. 1129 Dieses Ferkel reagiert auf den Halothantest negativ. Es ist stress-unempfindlich, seine Muskeln bleiben locker.

Abb. 1130 Beim Halothantest werden die Ferkel (20–25 kg LM) mit einem Gemisch aus Halothangas und Sauerstoff 5 Minuten lang betäubt. Bei positiv reagierenden Tieren versteifen sich die Muskeln.

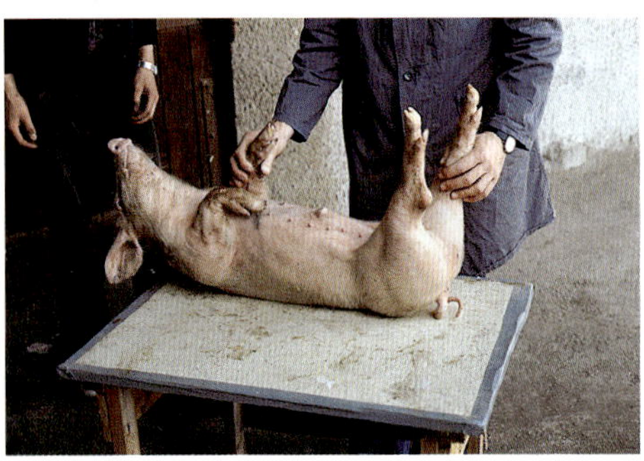

Alter von 140 Tagen etwa die 6fache Muskelmasse ihrer Vorfahren, der Wildschweine. Dies bedeutet eine entsprechende Mehrbelastung des Herzmuskels und des Kreislaufs. Solche Tiere sind stress-anfälliger.

Zwischen der *Stress-Anfälligkeit* und der *Fleischqualität* der Schweine bestehen aber enge Beziehungen. Deswegen muss die Züchtung auf dieses Merkmal besonders achten, zumal die Belastung der Tiere infolge der eingeschränkten Bewegungsfreiheit bei der Stallhaltung, beim Transport und vor der Schlachtung groß ist.

Bei der Zucht wird versucht, die Sauenlinien reinerbig stress-resistent zu züchten, damit die Ferkelerzeuger bald mit solchen Tieren arbeiten können. Bei der Kreuzung solcher Sauen mit stress-positiven, fleischreichen Ebern sind alle Nachkommen stress-resistent, aber mischerbig.

Für die **Prüfung der Stress-Resistenz** stehen der Halothan-, CK- und MHS-Gentest zur Verfügung.

Halothantest – Ferkel (20–25 kg LM) werden 5 Minuten lang mit einem Gemisch aus Halothangas und Sauerstoff betäubt. *Stressempfindliche* Tiere versteifen daraufhin ihre Muskulatur, die Herzfrequenz ist erhöht.

CK-Test – Hierbei misst man im Blut der Tiere die unterschiedlichen Mengen des Muskelenzyms **C**reatin**k**inase bei Belastung. Der Wert sollte möglichst unter 2,8 liegen.

MHS-Gentest – Inzwischen ist es möglich, mit Hilfe des MHS-(**M**alignes **h**yperthermisches **S**yndrom)-Gentests reinerbige (NN = reinerbig stress-stabil; PP = reinerbig nicht stress-stabil) und mischerbige (NP = mischerbig stress-stabil) Stress-Resistenz sofort zu ermitteln und voneinander zu unterscheiden. Der MHS-Gentest erfasst das Gen direkt am betreffenden Tier und liefert genauere Ergebnisse.

Halothan- und CK-Test haben deshalb an Bedeutung verloren. Heute wird fast ausschließlich mit dem MHS-Gentest gearbeitet.

Für die Aufnahme ins Zuchtbuch ist bei Ebern und Sauen in der Regel ein NN-Status erforderlich, der mittels MHS- Test geprüft oder aufgrund der Abstammung nachgewiesen ist.

1 008 6/6	*01.06.03	218 T.	L.AK.:
Muster Willi	89333 Musterdorf		

ZAHN	05 29 15121	PP	ZOTTEL	05 27 29296	NP
ZW: 126/ - / - /			BORTSCHA	05 27 29315	
ELINZE	05 29 16071	NP	ZANIT	05 29 83389	
ZW: 102		1/12,0/12,0	ELENNY	05 29 94029	

V:HB	2/2	799	2,18	91,0	65,5	0,16	66,8	66,0	55	52,8
HB Nat.-ZW:		+45	+0,09				–0,1	+0,3		–0,7
M:	2/1	641	2,30	96,0	71,9	0,15	68,5	67,0	77	83,3
HB Zens		–32	–0,06				–0,8	–0,4		+10,0

Zeichenerklärung (Stand 01.10.2003):

1 008 6/6	Katalog-Nummer, Spitzen-Nr. Zitzen (li/re)
01.06.03	Geburtsdatum
218 Tg.	Alter in Tagen am Körtag
ZAHN 05 29 15121	Name des Vaters, HB-Nummer
MHS-Testergebnis	NN = reinerbig stress-stabil
	NP = mischerbig stress-stabil
	PP = reinerbig nicht stress-stabil
ZW: 126/-/-	Zuchtwert: Gesamt/Prüfart HB/Prüfart FW
ELINZE 05 29 16071	Name der Mutter, HB-Nummer
ZW: 102 1/12,0/12,0	Zuchtwert, Zahl der Würfe, lebend geborene Ferkel, aufgezogene Ferkel
V: 2/2	Prüfergebnisse des Vaters, geprüfte Tiere, abgeschlossene Tiere
799	tägliche Zunahmen in g (30–105 kg LM)
2.18	Futterverbrauch pro kg Zuwachs in kg (30–105 kg LM)
91,0	Schlachtkörperlänge in cm
65,5	Rückenmuskelfläche in cm^2
0,16	Fleisch : Fett-Verhältnis = 1 : 0,16
66,8	Fleischanteil LPA-Formel
66	Fleischanteil im Bauch
55	Fleischhelligkeit (Opto-Star)
52,8	Fleischbeschaffenheitszahl
HB Nat.-ZW:	Natural-Zuchtwerte aus HB-Gruppen
FE	Prüfergebnisse aus FE (Kreuzungs-)Gruppen
M: 2/2	Prüfergebnisse der Mutter, geprüfte Tiere/abgeschlossene Tiere
HB ZEUS	Name des Ebers, mit dem die Mutter geprüft wurde

Die unter den Daten mit einem + oder – versehenen Angaben sind die Abweichungen vom gleitenden Anstaltsdurchschnitt (= Durchschnittsergebnisse der 70 vorher geprüften Gruppen).

Abb. 1131 Angaben eines Versteigerungskataloges bei einer Absatzveranstaltung für Zuchtschweine (**Beispiel** mit Erläuterungen).

! Die Auswahl stress-resistenter Zuchtsauen ist die wichtigste züchterische Maßnahme, um die Fleischqualität bei Kreuzungen zu verbessern.

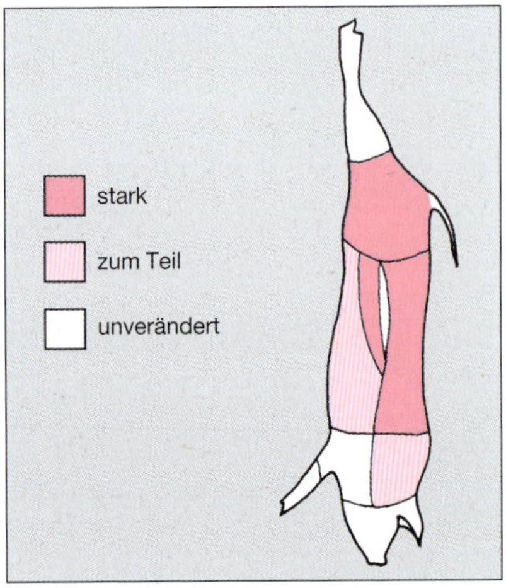

Abb. 1132 Teilstücke und ihre Neigung zur Ausbildung von Fleisch mit PSE-Charakter.

2.3.4 Prüfung auf Fleischqualität

Qualitätsfaktoren – Die Qualität von Schweinefleisch wird von folgenden Faktoren bestimmt:

- Eigenschaften, die durch *Sinneseindrücke* (sensorische Faktoren) erfasst werden, z. B. Farbe, Geruch, Geschmack, Zartheit.
- *Nährwert,* z. B. der Gehalt an Eiweiß, Fett, Vitaminen;
- *hygienische Eigenschaften,* z. B. Keimgehalt, Haltbarkeit, Rückstände;
- *technologische Eigenschaften,* z. B. Safthaltevermögen, pH-Wert, Bindegewebsanteil, Marmorierung.

! Um eine gute Fleischqualität zu erzielen, reichen züchterische Maßnahmen alleine nicht aus. Deswegen müssen auch Fütterung und Haltung optimiert und vor allem die Transport- und Schlachtbedingungen verbessert werden.

Qualitätsmängel – Helle, aber auch zu dunkle Fleischfarbe sowie eine abweichende Entwicklung des pH-Wertes im Schlachtkörper deuten auf Qualitätsmängel beim Fleisch hin.

- **PSE-Beschaffenheit:** Die Abkürzung PSE bedeutet **p**ale = bleich, **s**oft = weich, **e**xudative = ohne Safthaltevermögen. Der Grund liegt vor allem in einer durch Stress ausgelösten beschleunigten Fleischreifung im Schlachtkörper, die über die Denaturierung des Muskelproteins zu den genannten Eigenschaften führt. Der pH-Wert fällt innerhalb einer Stunde vom Neutralpunkt auf einen Endwert von ca. 5,4 bis 5,5.

Dabei ist es weniger die helle Farbe, die der Verbraucher bemängelt, sondern vielmehr der erhöhte Brat- und Kochverlust, der dann trockenes, zähes Fleisch bewirkt. Bei Pökelware stört allerdings neben dem Gewichtsverlust auch die helle Farbe.

- **DFD-Beschaffenheit:** Dies bedeutet **d**ark = dunkel, **f**irm = fest, **d**ry = trocken. DFD-Beschaffenheit kommt bei Rindern häufiger vor als bei Schweinen und ist die Folge ungenügender Fleischreifung (Glycogen-Mangel). Das Fleisch ist zwar zart, aber leimig in der Struktur und unbefriedigend im Geschmack. Die Haltbarkeit ist herabgesetzt.

Abb. 1133 Kotelettstück mit typischer PSE-Beschaffenheit.

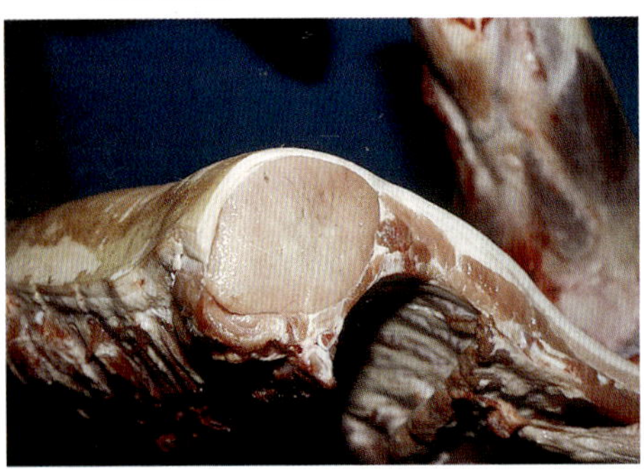

! PSE-Beschaffenheit ist der häufigste Mangel bei der Fleischqualität. PSE-Fleisch erkennt man also am pH_1-Wert, DFD-Fleisch am pH_{24}-Wert. In beiden Fällen ist aber der Fleischverzehr völlig unbedenklich.

Voraussetzung für die Zuchtauslese sind daher Kenntnisse über die Fleischqualität. Bei Leistungsprüfungen wird deswegen in den meisten Stationen zusätzlich gemessen

- der **Fleischhelligkeitswert** (Opto-Star-Wert, bisher Göfo-Wert)
- der **pH-Wert** im Kotelett und/oder Schinken.

Der *Opto-Star-Wert* sollte 24 Stunden nach dem Schlachten zwischen 61 und 80 liegen.

Die *pH-Werte* werden 1 Stunde (pH_1) und 24 Stunden (pH_{24}) nach dem Schlachten gemessen. Der Sollwert für pH_1 beträgt 6,0, für

pH_{24} ca. 5,4 bis 5,5, was einer normalen Säuerung des Muskels und damit einer »Fleischkonservierung« entspricht.
Opto-Star-Werte unter 55 und pH_1-Werte unter 5,6 deuten auf PSE-Beschaffenheit des Fleisches hin; Opto-Star-Werte über 80 und pH_{24}-Werte (Schinken) über 6,2 lassen DFD-Beschaffenheit des Fleisches vermuten.

> **!** Fleischhelligkeitswerte und pH-Werte dienen zur Berechnung der Fleischbeschaffenheitszahl (FBZ), die wesentliche Bedeutung für die Zuchtauswahl besitzt.

Weitere wichtige Qualitätskriterien sind der Reflexionswert und der LF-Wert.
Reflexionswert: Er ist ein »Nebenprodukt« der Klassifizierung mit Sondengeräten. Je nach Hell- und Dunkelfärbung des Fleisches werden dabei unterschiedlich hohe Reflexionswerte ermittelt. Hohe Werte (helleres Fleisch) sind ungünstig.
Elektrische Leitfähigkeit (LF-Wert): Die Feststellung erfolgt durch Messung des Stromflusses zwischen zwei Elektroden. Der LF_1-Wert wird wie der pH-Wert ca. 45 Minuten nach der Schlachtung im Rückenmuskel und Schinken gemessen; der LF_{24}-Wert nach 24 Stunden. Je höher beispielsweise der LF-Wert ist, desto besser wird Strom geleitet und desto günstiger ist damit die Fleischbeschaffenheit.

> **!** In die Fleischbeschaffenheitszahl (FBZ) sind die einzelnen Kriterien mit unterschiedlicher Gewichtung berücksichtigt.

2.3.5 Prüfung auf Anomalien

Angeborene Missbildungen (Anomalien) beeinträchtigen den Zuchterfolg. Daher werden bei Besamungsebern die Nachkommen auf Anomalien geprüft. Die Prüfung ist bestanden, wenn
- ▶ mindestens 25 Würfe (30 ist die Norm) geprüft wurden und
- ▶ der errechnete Anomalien-Index höher oder gleich einem rasse- und stationsspezifischen Schwellenwert ist.

2.4 Schweinebeurteilung

Die *objektive* Leistungsfeststellung muss durch eine *subjektive* Beurteilung der Zuchttiere ergänzt werden, um äußere Zeichen einer Zuchtuntauglichkeit zu erkennen.
Beurteilung der äußeren Erscheinung – Neben den Ergebnissen der Leistungsprüfungen hat auch die Beurteilung der Körperform ihre Berechtigung, weil äußere Merkmale Hinweise auf gute Mast- und Schlachtleistungen geben. Außerdem sind dabei z. B. fehlerhafte Beinstellungen zu erkennen, die sich bei modernen Haltungsformen negativ auswirken können.
Wie bei jeder Tierbeurteilung geht man zunächst vom Gesamteindruck aus und beurteilt erst dann die einzelnen Körperpartien.

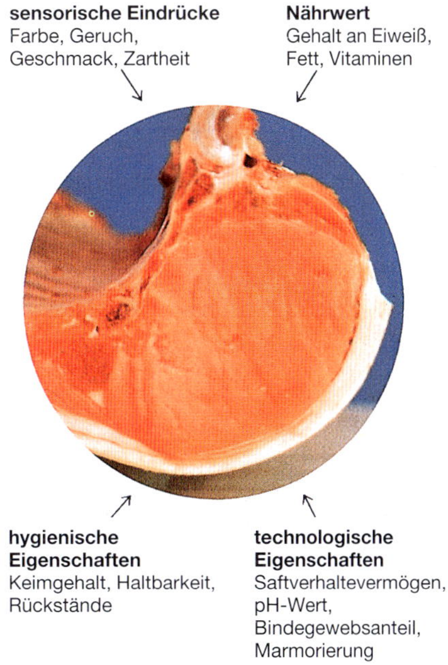

Abb. 1134 Einflussfaktoren auf die Fleischqualität.

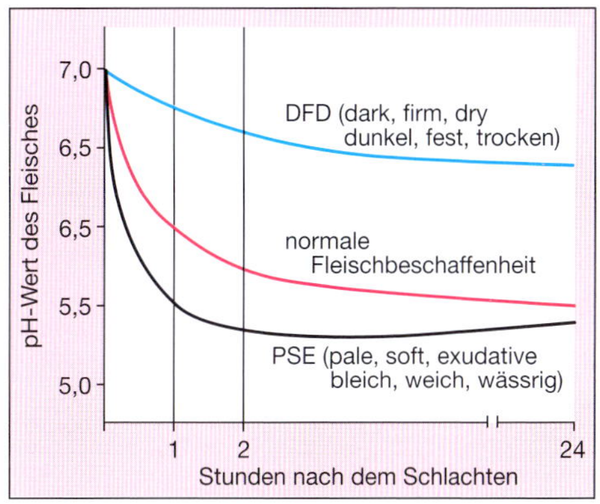

Abb. 1135 Zusammenhang zwischen pH-Wert und Fleischqualität; Der pH-Wert fällt innerhalb 1 Stunde vom Neutralpunkt auf einen Endwert von ca. 5,4–5,5.

Abb. 1136 Je größer der Wertungsfaktor bei Anomalien ist, desto mehr spricht gegen eine Zuchtverwendung **(Beispiele)**.

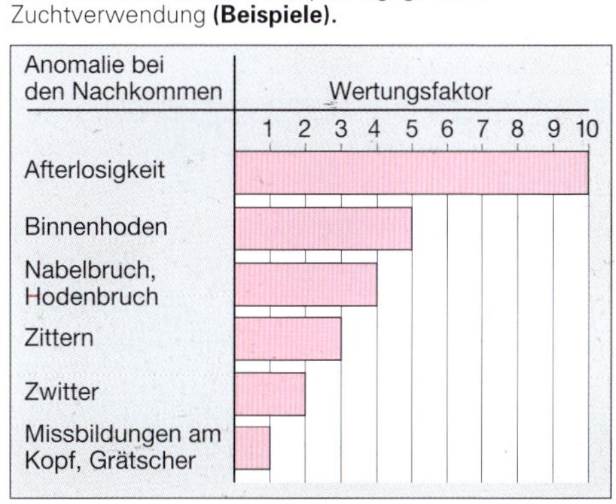

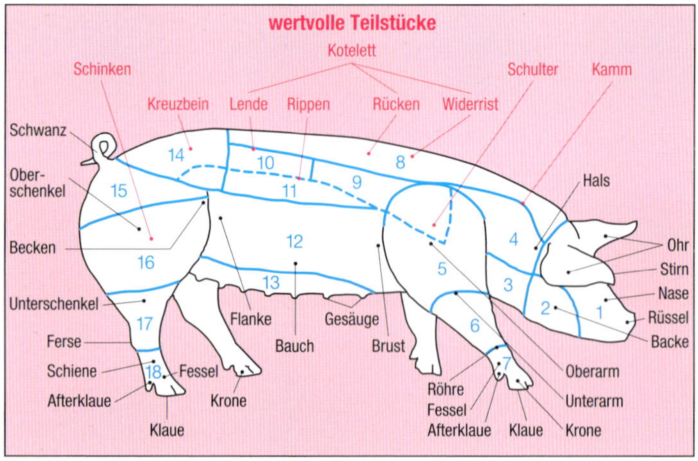

Abb. 1137 Bezeichnung der Körper- und Fleischteile beim Schwein (Mitte):

1 Kopf
2 Backe
3 Brust(spitze)
4 Halsgrat, Nacken, Kamm
5 Bug, (Vorder-)Schinken, Schulter, Schaufel, Blatt, Bügerl
6 Eisbein, (Vorder-)Haxe, Dickbein, Schinkenbein
7 Spitzbein, Schweinsfüße, Pfoten
8 Rückenspeck, Kernspeck, fetter Speck
9 Kotelett
10 Lendenkotelett, Lummerkotelett
11 Filet
12 Bauch(fleisch), Flomen
13 Wamme
14 Schinkenspeck
15 (Ober-)Schale
16 Nuss-Schinken
17 (Hinter-)Haxe, (Schinken-)Eisbein
18 Spitzbein, Schweinsfüße, Pfoten

2.5 Zuchtwertschätzung und Zuchtprogramme

Zuchtbescheinigung – Grundlage für die Beurteilung des Zuchtwertes eines Tieres ist die Zuchtbescheinigung (Abstammungs- und Leistungsnachweis). Sie wird nur von den anerkannten *Zuchtorganisationen* (Züchtervereinigungen und Zuchtunternehmen) ausgefertigt und stellt ein *offizielles Dokument* dar. In Versteigerungskatalogen für Zuchtschweine sind solche Bescheinigungen abgebildet (siehe Abb. 1145, Seite 438).

Zuchtwertschätzung – Eine planmäßige und wirtschaftliche Schweinezucht setzt voraus, dass man den Zuchtwert von Jungebern und Jungsauen schon *vor* ihrem Einsatz möglichst genau kennt. Diese Vorhersage ist Aufgabe der Zuchtwertschätzung. Sie wird heute nach dem **BLUP-Verfahren** durchgeführt (**B**est **L**inear **U**nbiased **P**rediction = lineares Modell zur höchstgenauen und unverzerrten Zuchtwertschätzung).

Grundlage bilden dafür die Ergebnisse der Leistungsprüfungen. Diese werden nicht allein am bzw. mit dem Zuchttier selbst, sondern auch mit bzw. an den Geschwistern und Halbgeschwistern durchgeführt (z. B. Fleischleistung). Dabei ist zu berücksichtigen, dass die ermittelten Leistungen (z. B. Zuchtleistung) von den im Herkunftsbetrieb herrschenden Umweltbedingungen (z. B. Stallverhältnisse, Personal, Behandlung, Fütterung) beeinflusst werden. Bei der Aus- und Bewertung der Ergebnisse ist auch die wirtschaftliche Bedeutung der Leistungsmerkmale zu beachten.

! In die Zuchtwertschätzung nach BLUP gehen deswegen nicht nur die Leistungsprüfungsergebnisse ein, sondern auch die Umweltfaktoren des Herkunftsbetriebes sowie die wirtschaftliche Bedeutung der Leistungsmerkmale.

Die **Vorteile** dieser Zuchtwertschätzung sind

- möglichst genaue Vorhersage des Zuchtwertes durch Verwertung aller erfassbaren Informationen,
- direkter Vergleich aller Zuchtwerte,

Abb. 1138 Erwünschte Körperform beim Eber.

Abb. 1139 So soll eine Zuchtsau nach heutigen Vorstellungen aussehen.

Schweinebeurteilung: ☐ **Zucht** ☐ **Mast**

Rasse: ____________ Alter: ____________

Nummer: ____________ Gewicht/kg: ____________

Geschlecht: ____________ Deckdatum: ____________

Gesundheit:

Atmung: normal – schnell, kurz

Augen: klar, lebhaft – trüb, schwarzer Ausfluss

Ohren: trocken – feucht, schwarzer Ausfluss

Haut: glatt, straff – faltig, blass, borkig

Temperament: lebhaft – träge

	Rahmen ◯ Punkte	**Bemuskelung** ◯ Punkte	**Punkte**	**Form** ◯ Punkte	**Gesäuge** ◯ Punkte
erwünscht	**Wuchs:** groß, rahmig, hoher Widerrist **Länge:** sehr lang bis lang **Breite:** sehr breit bis breit in Rücken und Brust **Tiefe:** mitteltief in Brust und Flanke	**Schinken:** fester, voller Innen- und Außenschinken, kugelig und weit herunterreichend **Rücken:** breit, fest, kantig, straff **Schulter:** sehr breit, ausgeprägt und voll bemuskelt (viel Vorderschinken)	**9 ausgezeichnet** **8 sehr gut** **7 gut**	**Vorhand:** mittellanger edler Kopf mit wenig Backe; gestreckter breiter Hals, fest anliegende Schulter **Mittelhand:** fester, leicht nach oben gewölbter Rücken. Übergänge zwischen Vor-, Mittel- und Nachhand harmonisch **Nachhand:** langes, breites Becken **Fundament:** kräftige, trockene und klare Gelenke; gleich große, geschlossene Klauen; korrekte Stellung der Gliedmaßen, korrekter Gang	**Gesäuge:** straffer Sitz, weit nach vorne reichend, drüsig **Zitzen:** mindestens 7/7 voll funktionsfähig; lange konische Zitzen; regelmäßiger Abstand
brauchbar	**Wuchs:** mittelgroß **Länge:** lang bis mittellang **Breite:** genügend breit **Tiefe:** zu tiefe Brust und Flanke	**Schinken:** noch fest, mittelmäßiger Außen- und Innenschinken **Rücken:** genügend breit und straff; weniger kantig **Schulter:** mittelbreit, genügend bemuskelt	**6 befriedigend** **5 durchschnittlich**	**Vorhand:** wenig edler Kopf; genügend breiter und gestreckter Hals, noch feste Schulter **Mittelhand:** gerader, genügend straffer Rücken; leichtere Formmängel (z.B. leichter Nierendruck, leicht geschnürt) **Nachhand:** genügend langes, genügend breites Becken **Fundament:** leichte, aber kaum leistungsmindernde Mängel; mittelstark, etwas unklare Gelenke; etwas unterschiedliche, leicht gespreizte Klauen; etwas hessige oder steile Stellung; etwas beeinträchtige Bewegung und noch normaler Gang	**Gesäuge:** genügend straff, noch drüsig **Zitzen:** mindestens 7/6 funktionsfähig; unregelmäßiger Abstand; leichte, wenig leistungsbeeinträchtigende Zitzenmängel (z.B. Zwischenzitzen, Blindzitzen)
zur Zucht kaum geeignet	**Wuchs:** klein **Länge:** kurz **Breite:** schmal **Tiefe:** seichte Brust und aufgezogene Flanke	**Schinken:** wenig Innen- und flacher Außenschinken, schlaffe Haut, wenig weit herunterreichend **Rücken:** schmal und schräg abfallend; gratig, dachförmig **Schulter:** schmal; schlaff mit Hautfalten; wenig bemuskelt	**4 ausreichend** **3 mangelhaft** **2 schlecht** **1 sehr schlecht**	**Vorhand:** fleischiger, unklarer, kurzer Kopf, ausgeprägte Backe, kurzer schmaler Hals; lockere Schulter **Mittelhand:** Karpfen-, Senkrücken; Nierendruck, Schnürung **Nachhand:** kurzes, schmales, stark abfallendes, abgedachtes Becken **Fundament:** schwache, schwammige, unklare Gelenke; ungleiche, stark gespreizte Klauen; durchtrittige Fessel (Bärentatze) rachitische, säbelbeinige, stuhlbeinige, stark hessige Stellung; behinderte Bewegung (Hahnentritt)	**Gesäuge:** herabhängendes, schlaffes Gesäuge, nicht weit nach vorne reichend **Zitzen:** zu geringe Zitzenzahl, stark unregelmäßiger Abstand, schwere Zitzenmängel (z.B. Stulpzitzen, zu kurze Zitzen, Wucherungen, Strahlenpilz)

Jeweils Zutreffendes unterstreichen oder ergänzen, danach entsprechendes Bewertungsergebnis (Punkte) oben ◯ eintragen.
Bei **Mastschweinen** nur Rahmen und Bemuskelung beurteilen.

Datum ____________ Beurteiler ____________

Abb. 1140 Bewertungsbogen für Schweine **(Beispiel)**.

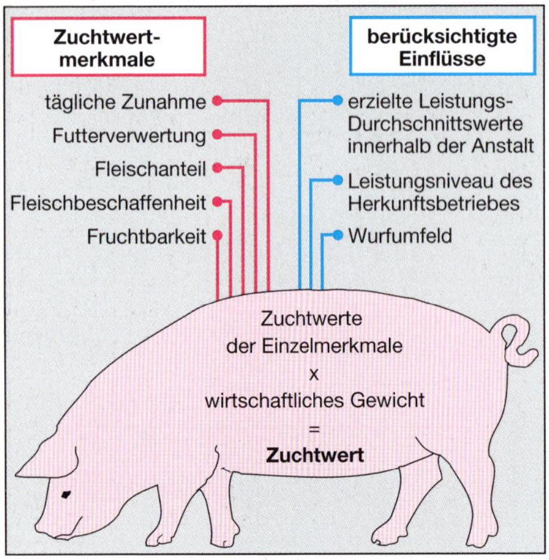

Abb. 1141 Einflussgrößen auf die Zuchtwertschätzung nach BLUP.

Abb. 1142 Zwei- und Drei-Rassen-Kreuzungen (Schema).

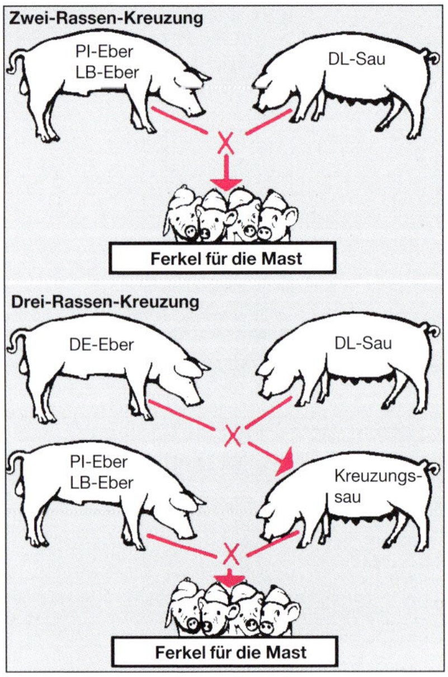

- Kontrolle des Zuchtfortschritts durch Vergleich der durchschnittlichen Zuchtwerte eines Geburtsjahrganges.

Zuchtprogramme – Die Zuchtorganisationen entwickeln *Pläne,* wie sie den Fortschritt in der Schweinezucht vorantreiben wollen. Diese werden als Zuchtprogramme bezeichnet und enthalten die *Zuchtziele* und die *Methoden,* wie diese Ziele in der praktischen Zuchtarbeit erreicht werden sollen.

2.6 Zuchtmethoden

2.6.1 Reinzucht

Unter **Reinzucht** versteht man die Paarung von Tieren der gleichen Rasse. Mit diesem Verfahren sollen große Mengen von möglichst einheitlichen Schlachtschweinen erzeugt werden. In Deutschland werden besonders die Rassen Deutsche Landrasse und Deutsches Edelschwein rein gezüchtet.

Der Vorteil dieses Verfahrens liegt darin, dass durch die stetige Auslese *innerhalb der Rasse* die erwünschten Eigenschaften immer eindeutiger hervortreten. Allerdings führt die Paarung innerhalb einer Rasse auch zu *immer kleineren Zuchtfortschritten,* weil sich die Tiere am Ende kaum noch unterscheiden. Das bedeutet, dass eine Anpassung an veränderte Zuchtziele nur sehr zögernd möglich ist.

Aber insbesondere für die Bereitstellung von Großeltern- und Elterntieren für Kreuzungen hat die Reinzucht elementare Bedeutung.

Ist zudem die Anzahl der Tiere einer Rasse nicht genügend groß, kann es zu Paarungen verwandter Tiere kommen *(Inzucht).* Dies wird z. B. bei der Hybridzucht bewusst angestrebt, um reinerbige Inzuchtlinien zu erhalten.

2.6.2 Kreuzung

Eine **Kreuzung** besteht in der Paarung von Tieren *verschiedener Rassen* bzw. Zuchtlinien. Eine planlose Kreuzung hat aber eine unausgeglichene Nachzucht zur Folge, weil die Erbanlagen in den Folge-Generationen aufspalten.

Kreuzungszucht muss daher nach einem festen Plan und unter ständiger Auslese durchgeführt werden. Sie stellt heute die verbreitetste Zuchtmethode dar, denn sie nützt die bei der gezielten Auswahl der Kreuzungspartner auftretenden Kombinations- und Heterosiseffekte aus.

Im Wesentlichen unterscheidet man

- **Zwei-Rassen-Kreuzung:** Sie ist die einfachste Form der Kreuzung. Man verwendet dazu z. B. Sauen von Rassen mit hoher Fruchtbarkeit und überdurchschnittlicher Mastleistung, wie das Deutsche Landschwein, und kreuzt sie mit Ebern, deren Rasse sich durch hohe Schlachtleistungen auszeichnet (z. B. Piétrain). Die Produkte dieser Kreuzung sind Tiere, die am Ende ihrer Mast weniger Futter verbraucht haben und gleichzeitig bessere Klassifizierungsergebnisse erreichen.

► **Drei-Rassen-Kreuzung:** Hierbei werden Kreuzungssauen mit Ebern anderer Rassen gekreuzt. Bei diesem Verfahren werden die Widerstandsfähigkeit und die Vitalität noch stärker betont, was mit einer Verbesserung der Fleischqualität einhergeht. Als Nachteile stehen gegenüber: größerer organisatorischer und finanzieller Aufwand sowie mögliche Absatzprobleme der F_1-Kastraten.

2.6.3 Hybridzucht

In der **Hybridzucht** werden mehrere Rassen oder Linien zunächst auf ihre Kombinationseignung (Heterosiseffekt) getestet, um sie dann in einem speziellen Kreuzungsprogramm einzusetzen. Die Hybridzucht liegt dabei in der Hand von Züchtervereinigungen wie Zuchtunternehmen (z. B. PIG, BHZP GmbH, PIC GmbH, Schaumann GmbH, JSR Hybrid GmbH, Schweinezuchtverband Baden-Württemberg e.V., Erzeugergemeinschaften (EZG), Hoppenbrock GmbH, Schweinezüchterverband Nord-West e.V. und andere).

Man unterscheidet dabei folgende **Organisationen:**

► *Basiszuchtbetriebe:* Ihre Aufgabe besteht in der Reinzucht der Linien und deren Selektion aufgrund von Leistungsergebnissen (Urgroßelternerzeuger).
► *Vermehrungsbetriebe:* Sie kreuzen Eber und Sauen aus der Basiszucht, um Kreuzungssauen für die Ferkelerzeuger zu erzeugen (Großelternerzeuger).
► *Ferkelerzeugerbetriebe:* Sie erzeugen mit den von den Vermehrungsbetrieben bezogenen Sauen die Hybridferkel (Elternerzeuger).
► *Mastbetriebe:* Sie mästen die Hybridferkel.

Nach geltendem Tierzuchtrecht müssen sich auch die Hybridzuchtunternehmen den Leistungsprüfungen unterziehen, die in Form von Stichprobentests (Warentests) erfolgen. Mehrkosten müssen durch höhere Erlöse und/oder durch bessere Leistung ausgeglichen werden.

Aufgaben:
1. Erklären Sie die Schwierigkeiten bei der Formulierung des Zuchtzieles.
2. Wer stellt Zuchtbescheinigungen aus?
3. Was versteht man unter dem Index?
4. Erklären Sie folgende Datenreihen aus der Mast- und Schlachtleistungsprüfung:
   6–12–10–164–828–2.72
   102, 0–43, 2–0, 48–31, 4–59
5. Weshalb ist die Geschwisterprüfung eine wesentliche Voraussetzung für die Zuchtwertermittlung?
6. Was versteht man unter »Eigenleistungsprüfung im Feld«?
7. Welche Faktoren beeinflussen die Fleischqualität?
8. Beschreiben Sie wichtige Fleisch-Qualitätsmängel und ihre Ursachen.

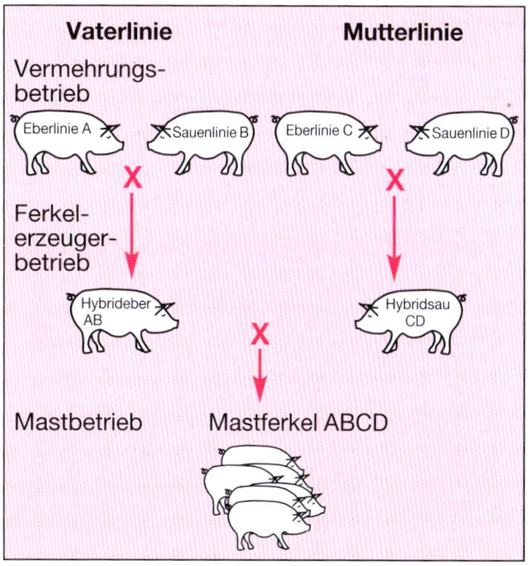

Abb. 1143 Exemplarischer Aufbau von Hybridzucht-Programmen.

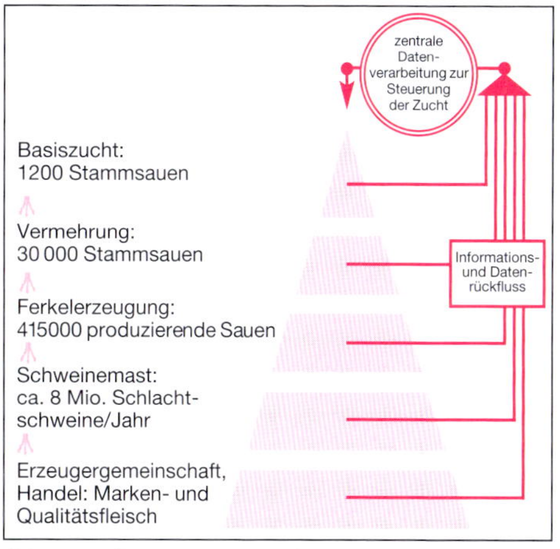

Abb. 1144 Exemplarischer Aufbau einer Hybridzüchtung.

EBER Geb. am: **08.01.03** Abst.-Nr.: **01 23 33297/084** Zitzen: **7/7**
Wurf-Nr.: **09** Abt.: **A**
Rasse: **Deutsche Landrasse**
Kat.-Nr.: **002**

Eigenleistung: **656 13** ZW.: **132** WKL: **A**

Verkauf: **Muster Johann** Tel.: **0 12 34/1 23 45**
Bachstr. 14 **A-Dorf**

Abstammung

V: **AMBERG** **01 26 97008 NN** VV: **AMM** **HH 01 26 75208**
A: **HGI: 100/123** VM: **LOTTO** **HH 01 26 41505**

V: **SCHRICKINE** **01 28 33297 NN** MV: **STRICKER** **01 28 31500**
A: **HGI: 108 10/10,0/9,1** MM: **SCHANELE G 01 28 32811**

V: **2/ 2**	**837**	**2,72**	**102,0**	**44,6**	**0,45**	**56,0**	**5,5**	**68**	**72,5**
HB	**+21**	**–0,22**			**–0,07**			**+3**	**+9,5**
35/33	**888**	**2,73**	**99,5**	**41,3**	**0,58**	**53,4**	**3,4**	**73**	**71,1**
KA	**+10**	**–0,03**			**–0,03**			**+12**	**+8,5**
M: **2/ 2**	**762**	**2,43**	**97,5**	**45,1**	**0,51**	**54,8**	**3,5**	**71**	**54,7**
WIRT	**–71**	**+0,18**			**+0,02**			**+3**	**–1,4**
KASTR.									

Die Übereinstimmung mit dem Herdbuch bestätigt:
Erzeugergemeinschaft und Züchtervereinigung für Zuchtschweine

Unterschrift – Für die Richtigkeit **Unterschrift** – Zuchtleitung

Körbescheinigung

Tierzuchtamt **XY**
Der auf der Zuchtbescheinigung bezeichnete Eber wurde
am **05.08.03** in **XYZ** bewertet

05.08.03 – Datum **Unterschrift**

Der Unterzeichnete bescheinigt, dass die vorliegende Unterlage die Angaben nach Art. 1 der Entscheidung 89/503/EWG der Kommission enthält

Abb. 1145 **Beispiel** einer Zuchtbescheinigung, die als Auszug aus dem Herdbuch zugleich die Körbescheinigung darstellt.

Abb. 1146 Geschlechts- und Zuchtreife bei Schweinen (Schema).

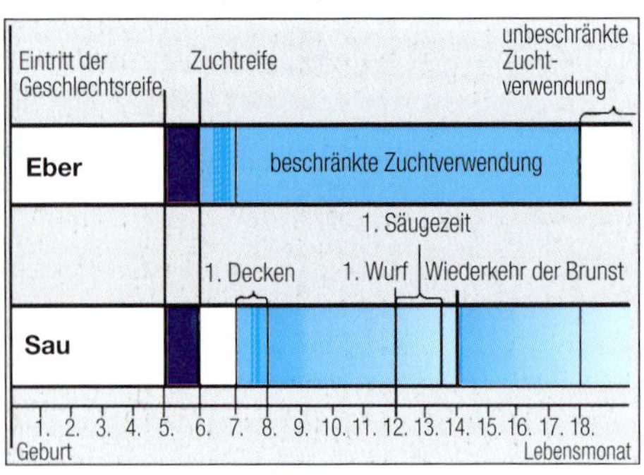

9. Wie lässt sich die Stress-Resistenz von Schweinen testen?

10. Worauf beruhen die Erfolge bei der Hybridzucht von Schweinen?

11. Weshalb darf mit den Mastprodukten bei der Hybridzucht nicht weitergezüchtet werden?

2.7 Praktischer Zuchtbetrieb

Geschlechtsreife, Zuchtreife – Schweine werden vielfach schon im Alter von 4–5 Monaten *geschlechtsreif.* Das bedeutet, dass man von diesem Alter an die Geschlechter trennen muss. Eine *Zuchtverwendung* zu diesem Zeitpunkt würde allerdings die weitere Entwicklung der Tiere wesentlich beeinträchtigen.

Eber – Bei ihnen gibt es in diesem Zusammenhang keine Probleme, weil für die Einstufung der Eber in Zuchtwertklassen (Körung) das Mindestalter 6 Monate beträgt und nur *gekörte* Eber zur Zucht verwendet werden dürfen. Jeder Eber muss – je nach Wertklasse – einen Mindest-Zuchtwert erreichen, ferner muss er ultraschallgetestet sein. Für die beste Wertklasse – sind auch Mindest-Zunahmen und Exterieurwerte sowie häufig auch ein NN-Status (reinerbig stress-stabil), nachgewiesen durch MHS-Tests, erforderlich.

Am Anfang der Zuchtbenutzung sollten Jungebern wöchentlich höchstens 1–2 möglichst stark rauschende Sauen, später 2–3 Sauen zugeführt werden.

Mit ca. 18 Monaten ist ein Eber voll einsatzfähig, so dass ihm 20–30 Sauen zugeteilt werden können. Eber sollten höchstens jeden 2. Tag decken. Überlastungen verschlechtern die Samenqualität, was zu schlechteren *Befruchtungsergebnissen* und uneinheitlichen Würfen führt.

Sauen – Für die Zuchtreife der Jungsauen gelten folgende Werte:

- Ein Körpergewicht von ca. 120–130 kg bei der Erstbelegung,
- eine Seitenspeckdicke von etwa 18 mm,
- ein Erstbelegungsalter von mindestens 220 Lebenstagen; bis dahin sollten die Tiere bereits mindestens einen Sexualzyklus durchlaufen haben.

Bei früherem Decken leidet die körperliche Entwicklung. Geburtskomplikationen, kleinere Würfe und geringere Lebensleistung sind weitere Folgen.

In der Sauenhaltung spielt auch die **Nutzungsdauer** der Tiere eine gewichtige Rolle. Sie bezeichnet die Nutzungsintervalle zwischen der ersten Belegung (EB) und dem Abgang aus der Herde. In gesunden Herden sollten die Sauen im Mittel 5 Würfe erbringen.

Nach dem 6. Wurf geht die Aufzuchtleistung merklich zurück. Oft werden die Tiere wegen zunehmender Korpulenz schwerfälliger. Die Erdrückungsverluste steigen an, die Milchleistung lässt nach und es werden weniger Ferkel aufgezogen als bei den jüngeren Sauen.

Den Anteil erster Würfe an den Gesamtwürfen bezeichnet man als **Reproduktionsrate.**

2.7.1 Auswahl der Zuchttiere

Auswahl der Elterntiere im eigenen Bestand – Die Ergänzung des eigenen Bestandes an Ebern und Sauen beginnt mit der Auswahl geeigneter Elterntiere. Dazu müssen deren Abstammung und Leistung bekannt sein. Bei Ebern wählt man Tiere mit den besten Mast- und Schlachtleistungsergebnissen aus, bei Sauen solche, die neben einer guten Körperform sich vor allem durch hohe Fruchtbarkeit, gute Muttereigenschaften und Gesundheit ausgezeichnet haben.

Auswahl der Zuchttiere – Die Ferkel dieser Eltern, also die künftigen Zuchttiere, werden nun einer *Selektionsphase* unterworfen. Dazu ist beim Absetzen die erste Gelegenheit. Alle gesunden, gut entwickelten Ferkel mit beidseits 7 voll ausgebildeten Zitzen (7/7) werden gekennzeichnet.

Die zweite Auslese erfolgt bei einer Lebendmasse von 20–25 kg. Jetzt scheiden zunächst alle Tiere aus, die in der Entwicklung gegenüber den anderen zurückgeblieben sind. Die anderen werden in besonderen Aufzuchtbuchten aufgestallt.

Bei einer Lebendmasse von 90–100 kg fällt dann die endgültige Entscheidung. Jetzt ist vor allem darauf zu achten, ob die ausgewählten Tiere gesund sind (besonders auf Beinschäden achten!) und ob sie die Brunstmerkmale deutlich zeigen.

Oft lässt man die künftigen Zuchtsauen auch mit den Mastsauen bis zu einer Lebendmasse von 70 kg beisammen und selektiert sie dann.

Weitere Selektionshilfen sind die Berechnung der *Lebenstagzunahme* und der *Echolot-Test.* Die Berechnung der Lebenstagzunahme erfolgt durch Division der Lebendmasse durch die Zahl der Lebenstage, wobei eine Differenz von 5 kg LM durch ± 7 Lebenstage korrigiert wird.

In der Regel müssen doppelt so viele Ferkel bei der ersten Selektion für die künftige Zuchtverwendung bereitgestellt werden, wie der Jungsauenbestand umfasst. Das bedeutet, die Hälfte der Tiere muss während der Aufzuchtphase ausgesondert werden.

Zukauf von Zuchttieren – Viele Betriebe kaufen ihre Zuchttiere zumindest teilweise direkt vom Züchter, über Händler oder Absatzveranstaltungen zu. Die Ergänzung des Bestandes durch Zukauf hat Vor- und Nachteile:

Vorteile:
- Ausnutzung des Zuchtfortschrittes der Herdbuchzuchten,
- keine Arbeit mit der Selektion,
- Einsparen von Stallplätzen.

Nachteile:
- Gefahr der Übertragung von Krankheiten,
- Schwierigkeiten bei der Eingewöhnung,
- tragende Zuchtsauen sind teuer.

Um die gesundheitlichen Probleme und die Eingewöhnungsschwierigkeiten zu mildern, sollten Jungsauen nicht einzeln, sondern in Trupps eingekauft werden. Jungeber müssen rechtzeitig zugekauft werden, damit eine mögliche momentane Überlastung ihre allgemeine weitere Entwicklung und Leistungsfähigkeit nicht beeinträchtigt.

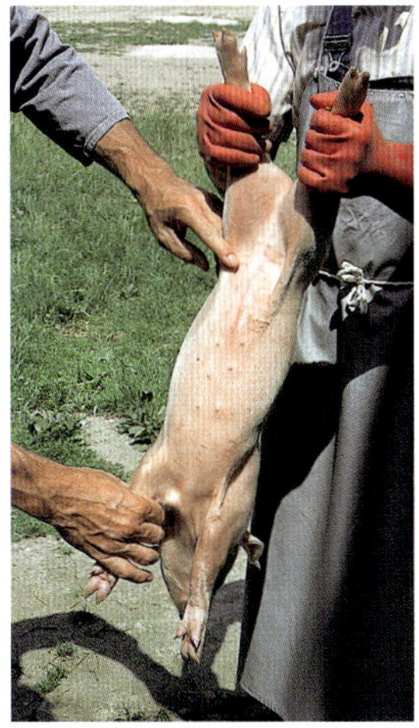

Abb. 1147 Das Feststellen der Zitzenzahl wird gleichzeitig mit der Kennzeichnung der Tiere vorgenommen.

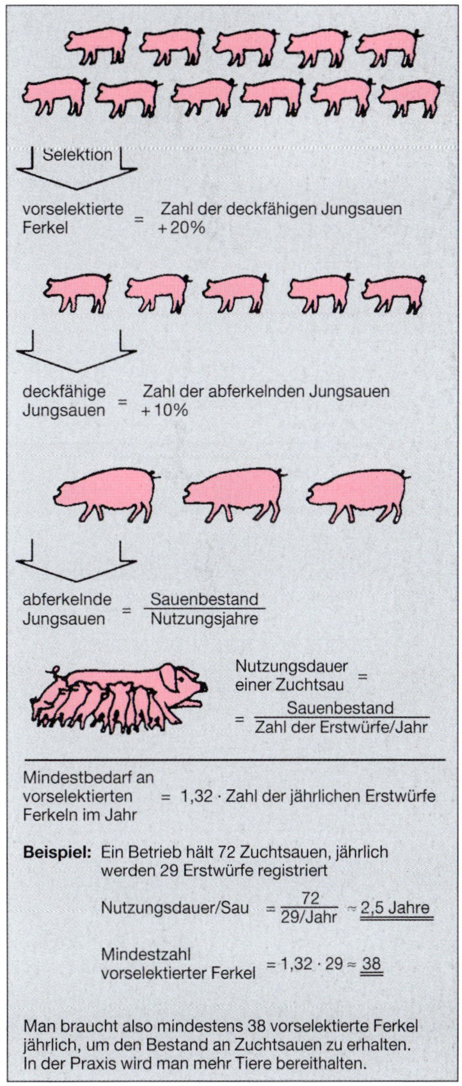

Abb. 1148 Ermittlung des Ergänzungsbedarfs bei Zuchtsauen (Schema).

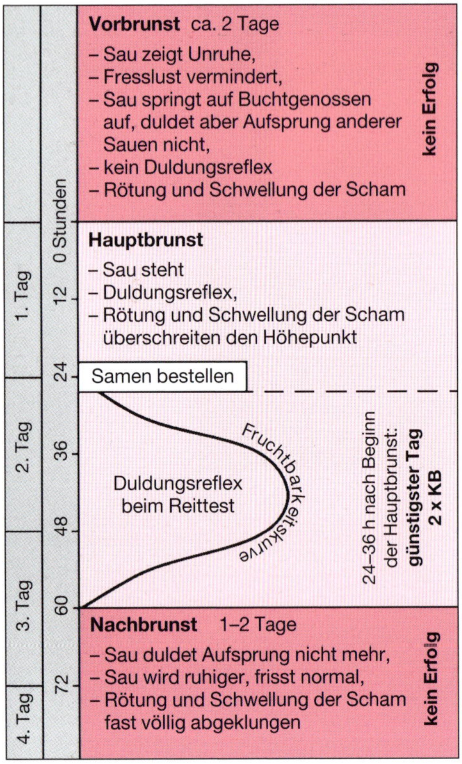

Abb. 1149 Brunsterscheinungen und günstigster Besamungstermin.

Abb. 1150 Programmierte Ferkelerzeugung (Schema) mit Brunst- und Abferkel-Synchronisation.

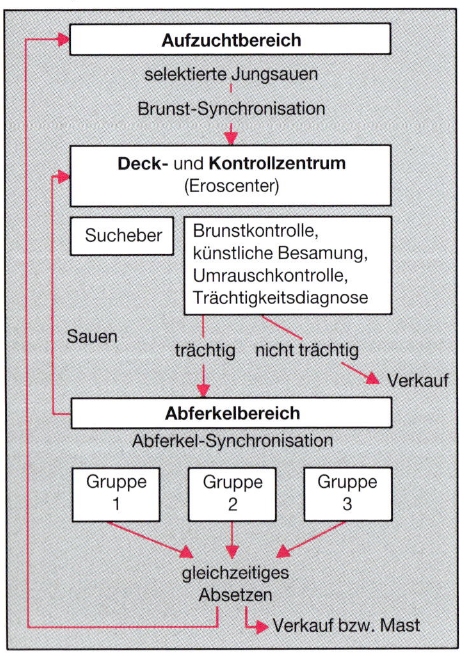

2.7.2 Brunst (Rausche) und Paarung

Geschlechtszyklus – Mit Eintritt der Geschlechtsreife werden nichtträchtige Sauen im Abstand von 21 Tagen brünstig. Durch Hormone gesteuert, reifen während dieser Zeit in den Eierstöcken Follikel mit den Eizellen heran. Während der Brunst platzen die Follikel (Ovulation) und entlassen 15–20 Eier in den Eileiter, wo sie für etwa 4–10 Stunden befruchtungsfähig bleiben. Aus dem Follikel entwickelt sich der Gelbkörper, der einerseits das Trächtigkeits-Schutzhormon Progesteron erzeugt und andererseits eine neue Follikelreifung verhindert.

Brunst (Rausche) – Unter diesem Begriff werden alle Erscheinungen zusammengefasst, welche die Sau vor, während und nach der Ovulation zeigt. Die **Vorbrunst** dauert etwa 2 Tage und äußert sich durch *Unruhe, verringerte Fresslust, Rötung* und *Schwellung der Scham, Schleimausfluss* aus der Scheide und typisches *Grunzen.* Die brünstige Sau versucht in dieser Phase, auf andere Tiere aufzuspringen, duldet aber das Aufspringen nicht.

Während der **Hauptbrunst,** die meist 2 Tage anhält, zeigt die Sau den Duldungsreflex, d. h., sie duldet das Aufspringen des Ebers. Dazu stellt sie sich breitbeinig hin und schlenkert mit den Ohren. Der Follikelsprung erfolgt in der Regel erst am 2. Tage der Hauptbrunst. Das ist für die Wahl des Paarungstermins wichtig.

An die Hauptbrunst schließt sich die 1–2 Tage dauernde **Nachbrunst** an, in der die Brunsterscheinungen wieder abklingen.

Die *Brunstbeobachtung* sollte zweimal am Tag und nicht während der Futterzeiten stattfinden.

Brunststeuerung (-synchronisation = zeitliche Gleichschaltung) – Aus arbeitstechnischen und hygienischen Gründen kann es vorteilhaft erscheinen, den Besamungszeitpunkt für alle Sauen auf den gleichen Termin zu legen. Dazu werden alle Ferkel der Altsauen gemeinsam abgesetzt und die Jungsauen vom Tierarzt mit Hormonen behandelt. Eine nochmalige Hormonbehandlung aller Sauen führt zu einem gemeinsamen Eisprung **(Ovulations-Synchronisation).**

Die Brunst- und Ovulationssteuerung erleichtern die Brunsterkennung und Besamung. Man gewinnt dadurch eine große Anzahl gleichaltriger Ferkel für den Verkauf und zur eigenen Nutzung. Die Abferkel- und Aufzuchtställe können alle auf einmal belegt und wieder geräumt sowie gereinigt und desinfiziert werden **(Rein-Raus-Verfahren).**

Deckakt – Die *besten Befruchtungsergebnisse* sind zu erzielen, wenn die Sau erst am 2. Tag der Hauptrausche gedeckt bzw. besamt wird. Dazu genügt ein einmaliges Decken. Allerdings sind Unterschiede bei der Ovulation und in der Brunst von Tier zu Tier möglich, mitunter liegen auch keine genauen Beobachtungen über den Beginn der Hauptbrunst vor, so dass manche Betriebsleiter ihre Tiere 12 Stunden nach dem ersten Sprung noch einmal decken lassen.

Dazu braucht man aber eine ausreichende Anzahl von Ebern, um diese nicht zu überlasten. Wenn der Eber bei Weidegang mit der Herde mitläuft, findet er den richtigen Deckzeitpunkt selber. Allerdings fehlt dann oft die Kontrolle über das genaue Deckdatum.

Beim kontrollierten Sprung und bei der künstlichen Besamung bestimmt der Betriebsleiter den **Decktermin.** Dies setzt sorgfältige Brunstbeobachtung voraus. Hilfsmittel dazu sind

- *Sucheber,* die z. B. bei Anbindehaltung langsam an den Sauenständen vorbeigetrieben werden,
- Auslösen des *Duldungsreflexes* durch Druckausübung mit der Hand auf Rücken und Flanke der Sau, Aufsitzen (Reittest),
- Einrichten besonderer *Deckbuchten* (»Eroscenter«),
- Verwenden von *Eberspray;* er löst, auf den Rüssel der brünstigen Sau gebracht, den Duldungsreflex aus.

Liegt keine Befruchtung vor, tritt die Brunst nach 21 Tagen erneut auf (umrauschen). Dies bedeutet Einbußen durch eine geringere Ferkelzahl/Tier, zusätzlichen Kapital- und Arbeitseinsatz sowie Besamungskosten.

> ! **Sorgfältiges Beobachten der Brunst ist Voraussetzung für günstige Befruchtungsergebnisse.**

Künstliche Besamung (KB) – Inzwischen hat die KB auch bei Schweinen größere Verbreitung gefunden. Die *Vorteile* liegen im schnelleren Zuchtfortschritt durch den Einsatz von Spitzenebern, der Einsparung von Kosten für die Eberhaltung und der besseren Deckhygiene. *Nachteilig* wirken sich die Schwierigkeiten beim Feststellen des optimalen Besamungszeitpunktes und die Bereitstellung des Samens für diesen Termin aus.

Embryotransfer (ET) – Er ist beim Schwein mittlerweile auch ohne Operation möglich, ist aber für den praktischen Zuchtbetrieb nicht so von Bedeutung, da Sauen ohnehin viele Nachkommen produzieren. Er wird für biotechnologische Maßnahmen in der Forschung oder in SPF–Basiszuchtbetrieben (**S**pezifisch **p**athogen**f**reier Betrieb, d. h. Freisein von bestimmten Krankheiten)eingesetzt, um neues oder wertvolles Erbmaterial für die Krankheits- und Seuchenprävention zu gewinnen.

Gentechnologie – Mit Hilfe der *Gentechnologie* versucht man, gezielt einzelne Leistungen des Schweines zu verbessern (z. B. Resistenz gegen bestimmte Krankheiten). Hierzu verbringt man Gene mit den gewünschten Eigenschaften in den Embryo (Gentransfer). Die Überprüfung von Ebern auf Erbfehler ist ebenfalls eine Anwendungsmöglichkeit der Gentechnologie.

Abb. 1154 Entwicklung der KB in Deutschland.

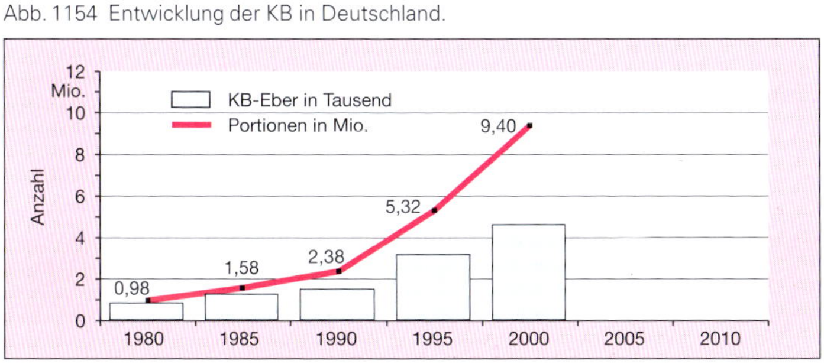

Abb. 1151 Mit dem Ebergeruchs-Spray kann man die Paarungsbereitschaft der Sau testen und das Tier auf die Besamung einstimmen.

Abb. 1152 Während des »Duldungsreflexes« hat die Belegung nicht nur bei der künstlichen Besamung die größten Aussichten auf Erfolg.

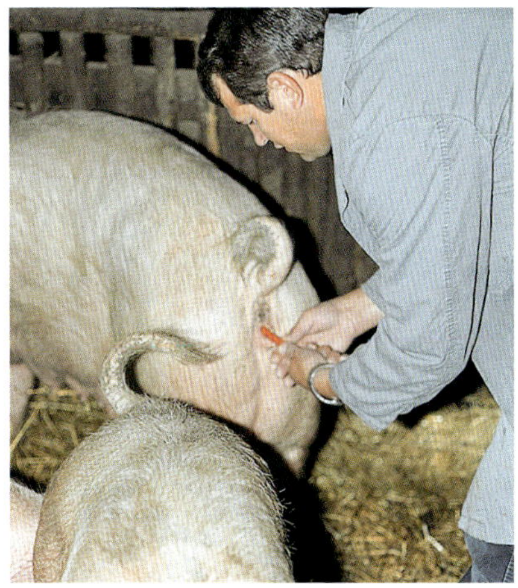

Abb. 1153 Der optimale Besamungszeitpunkt muss die natürliche Veranlagung der Sau zur Rausche berücksichtigen. Das erfordert vom Sauenhalter genaues Beobachten.

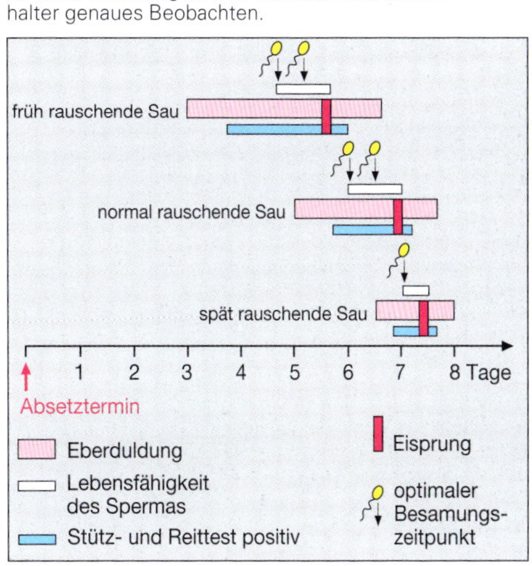

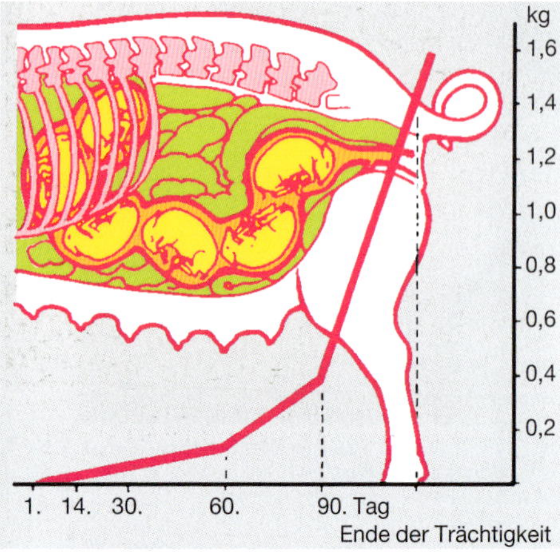

Abb. 1155 Gewichtsentwicklung eines Schweinefötus. Besonders gegen Ende der Trächtigkeit nehmen die Ferkel stark an Gewicht zu.

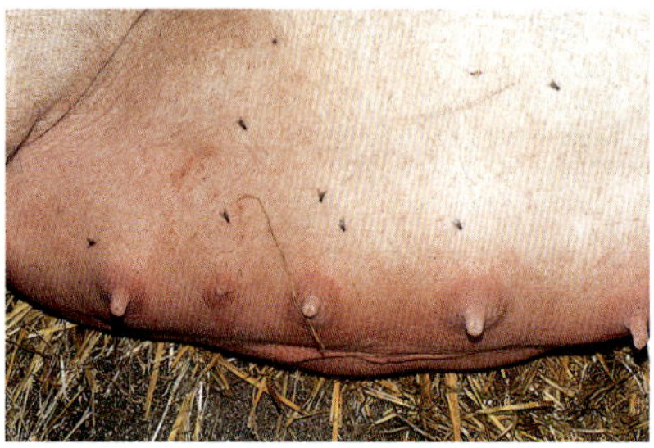

Abb. 1156 Ein Anzeichen der nahenden Geburt ist das Einschießen der Milch ins Gesäuge.

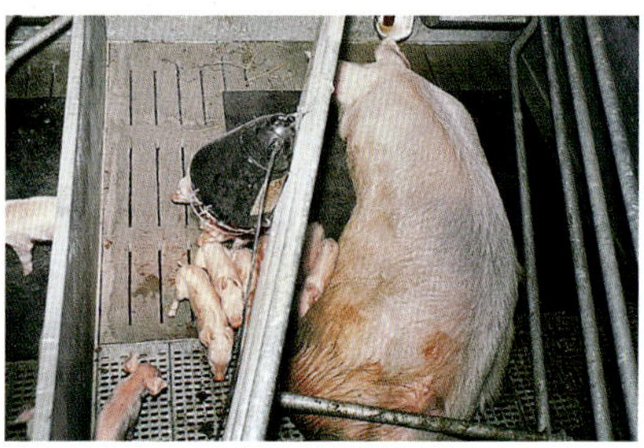

Abb. 1157 Die ersten Lebensstunden sind für die Ferkel entscheidend. Eine Senkung der Ferkelverluste um 1 % ist mit höheren Erlösen von 15 €/Sau und Jahr gleichzusetzen.

Abb. 1158 Ursachen für Ferkelverluste, die die Einnahmen aus der Schweinezucht verringern.

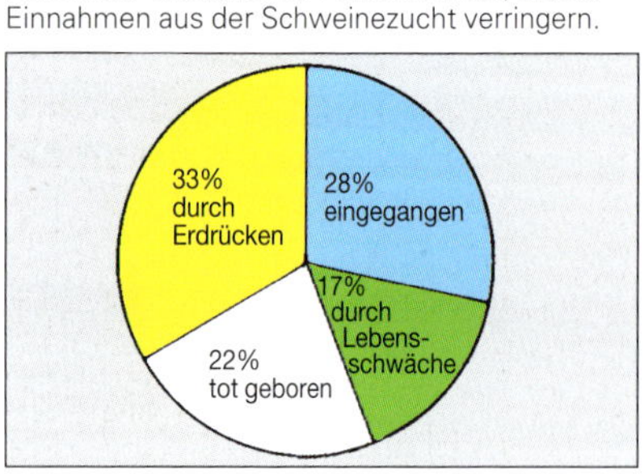

3 Sauenhaltung und Herdenführung

3.1 Ferkelerzeugung

3.1.1 Trächtigkeit

Dauer – Schweine sind 109–121 Tage trächtig, im Mittel 115 Tage (3 Monate, 3 Wochen, 3 Tage). Will man den *Abferkeltermin* rasch berechnen, zählt man zum *Decktermin* 4 Monate hinzu und zieht dann 6 Tage ab.

Beispiel: Decktermin 10. August.

Abferkeldatum: Monat 8 + 4 = 12, Tag 10 – 6 = 4, also 4.12.

Bis zum 91. Tag der Trächtigkeit bezeichnet man die Sau als niedertragend, die letzten 24 Tage als hochtragend.

Diagnose – Die Überprüfung auf Trächtigkeit erfolgt am besten mit einem *Sucheber,* durch *Beobachten* einer eventuellen Umrausche, durch *Blutuntersuchung* zwischen dem 17. und 24. Tag nach dem Decken auf Progesteron und ab der 4.–5. Trächtigkeitswoche mit dem *Ultraschall-Test.*

Steuerung – Durch unterschiedliches Einsetzen der Rausche nach dem Absetzen sowie durch individuelle Schwankungen der Trächtigkeitsdauer kommt es auch bei der Brunststeuerung zu einer Verteilung der Abferkeltermine auf eine Woche.

Durch die Anwendung von Hormonen (Prostaglandine) ab dem 111. Tag der Trächtigkeit lässt sich die Geburt nach 15–30 Stunden auslösen. Dadurch wird die Geburtsüberwachung erleichtert.

3.1.2 Ferkelgeburt

Maßnahmen vor der Geburt – Etwa 2 Wochen vor der Geburt wird die Muttersau *entwurmt.* Bevor sie in den gereinigten und desinfizierten Abferkelstall kommt, wird sie mit warmem Wasser und Seife *abgewaschen,* um eventuell an der Haut noch anhaftende Wurmeier zu entfernen. Dann wäscht man die Sau mit einem gegen *Räude* wirksamen Mittel.

Die Kraftfuttermenge wird einige Tage vor der Geburt allmählich verringert zugunsten von rohfaserreichen Futtermitteln (z. B. Weizenkleie, Grünmehl), um Verstopfungen vorzubeugen. Die Sau muss reichlich Wasser aufnehmen können. Als weitere Vorbeugungsmaßnahme gegen die Erkrankung am MMA-Komplex (= Gebärmutter-, Gesäugeentzündung und Milchmangel) kann das Futter mit Mineralfutter angesäuert werden.

Anzeichen der Geburt – Es sind dies das Anschwellen des Gesäuges, das Herabsenken des hinteren Bauchteils, Rötung und Schwellung der Scham. Am Tage vor der Geburt wird die Sau unruhig, versucht ein Nest zu bauen und zeigt keine Fresslust. Wenn Kolostralmilch an den Zitzen sichtbar wird und im Strahl ermolken werden kann, ist in 3–6 Stunden mit der Geburt zu rechnen.

Tabelle 111: Anzeichen der Geburt

Zeitpunkt	Beobachtung
4 Tage (7 bis 1) vor der Geburt	geschwollene Scham
48 bis 24 Stunden vor der Geburt	pralles Gesäuge
ab 12 Stunden vor der Geburt	wässeriger bis visköser Schleim
ab 3. Tag vor der Geburt	Milch in Einzeltropfen
ab 12. Stunden vor der Geburt	tropfenweise Milch
ab 6. Stunden vor der Geburt	reichlich Milch (im Strahl ermelkbar), häufiger Lagewechsel, Aufstehen
ab 24. Stunden vor der Geburt	Nestbautrieb beobachtbar
ab 1 Stunde vor der Geburt	ruhige Seitenlage und Bauchpresse
bei Passage der Ferkel durch Beckenring	Anziehen der Hinterbeine und Schlagen mit dem Schwanz

Geburtsablauf – Die Geburt dauert etwa 2–5 Stunden, bei Altsauen auch bis zu 8 Stunden. Die Ferkel werden in Abständen von 5–30 Minuten geboren. Der *Blasensprung* erfolgt in der Scheide oder in der Gebärmutter. Während der *Austreibungsphase* werden die Wehen durch die Bauchmuskulatur unterstützt; dies ist am Aufziehen des Rückens und an den Ruderbewegungen der oben liegenden Beine zu erkennen.
Die *Eihäute* lösen sich zusammenhängend nach der Geburt des letzten Ferkels und werden als *Nachgeburt* ausgetrieben.
Geburtshilfe – Sie besteht im Wesentlichen in der *Aufsicht* während des Ferkelns. Sollte während des Vorgangs mehr als eine halbe Stunde nach der Geburt eines Ferkels vergangen sein, muss durch einen *Eingriff* die Ursache ergründet werden (Wehenschwäche, Querlage der Ferkel o. Ä.).
Vor dem Eingriff müssen die äußeren Geschlechtsteile der Sau sowie die Arme und Hände des Untersuchers gereinigt und desinfiziert werden. Außerdem ist ein steriles Gleitmittel zu verwenden. Die Injektion wehenfördernder Mittel kann nur in Erwägung gezogen werden, wenn keine Geburtshindernisse vorliegen.
Geburtsgewicht – Die Wirtschaftlichkeit in der Ferkelerzeugung hängt weniger von der Anzahl der geborenen als vielmehr von der *Anzahl der aufgezogenen Ferkel* ab. Aufgrund der genetisch negativen Beziehung zwischen lebend geborenen Ferkeln und Geburtsgewicht sinken aber mit zunehmender Wurfgröße die Geburtsgewichte der einzelnen Ferkel. Normalerweise muss mit Verlusten von ca. 5 % gerechnet werden. Bei intensiver Betreuung im Abferkelstall in den ersten Stunden und Tagen nach der Geburt liegen die Werte in der Regel jedoch deutlich darunter.
Das *optimale Geburtsgewicht* beträgt 1,4–1,8 kg. Niedrigere Geburtsgewichte führen nicht nur zu höheren Aufzuchtverlusten, sondern auch zu schlechteren Mastleistungen. Im Alter von 3 Wochen sollten sie knapp 6 kg, mit 6 Wochen ca. 12 kg und nach 9 Wochen ca. 23 kg Lebendmasse besitzen.

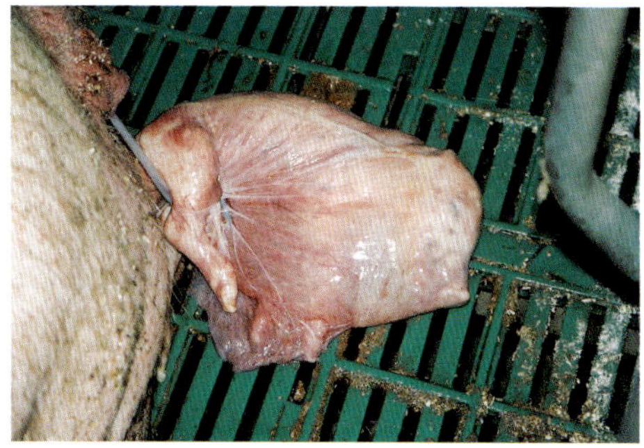

Abb. 1159 Ohne Hilfe beim Befreien von den Eihäuten hätte dieses Ferkel gewiss nicht überlebt.

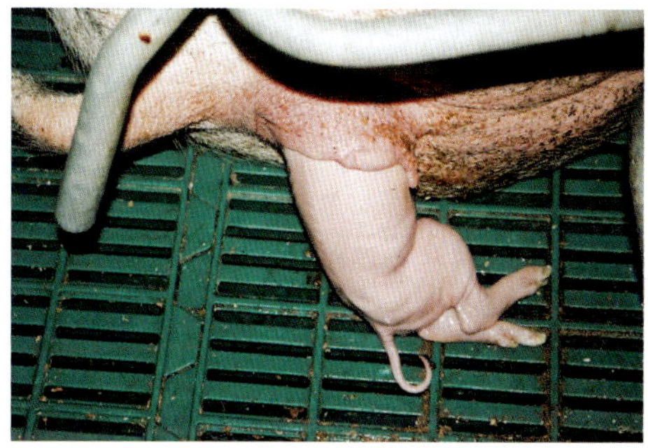

Abb. 1160 Zu lange Geburten erhöhen das Risiko, dass die Sau an MMA erkrankt. Die Geburt in Hinterlage ist nicht ganz so häufig wie die Vorderlage, hat aber keinen Einfluss auf die Lebensfähigkeit des Ferkels.

Abb. 1161 Je schneller die neugeborenen Ferkel ans Gesäuge kommen, desto besser ist auch die Aufnahme von Schutzstoffen in der Biestmilch gegen Krankheitserreger.

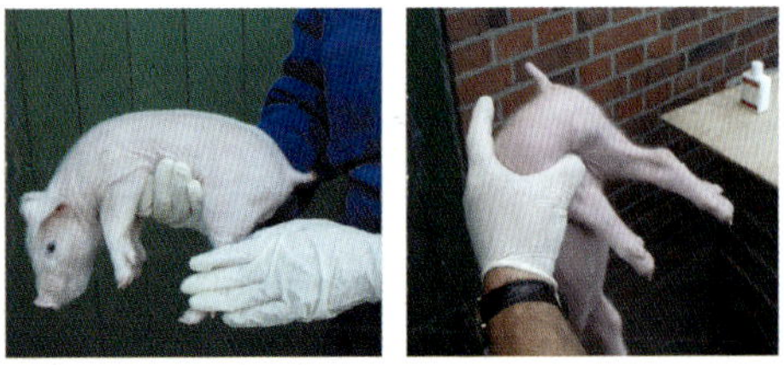

Abb. 1162 Links: So sollte man die kleinen Ferkel vor dem Kastrieren hochnehmen, also schonend. Das Greifen an den Ohren ist auf jeden Fall zu vermeiden.
Rechts: Das linke Hinterbein muss unter dem linken Daumen liegen. Mit letzterem verlagert man die Hoden mit leichtem Zug in Richtung Kopf, also nach unten.

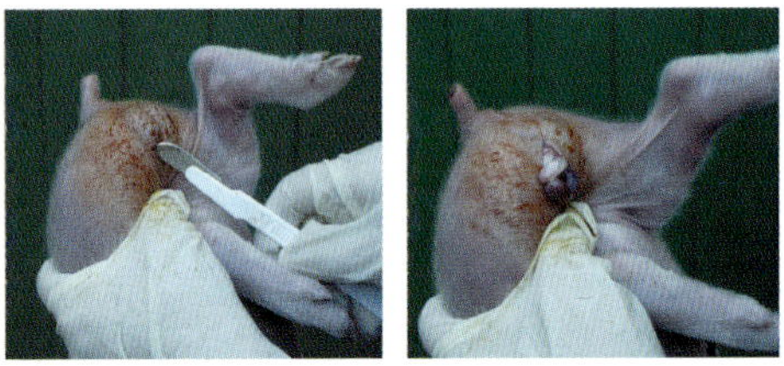

Abb. 1163 Links: Nach sorgfältigem Reinigen und Desinfizieren wird die nach unten gespannte Hodensackhaut mit einem in Richtung Schwanz geführten »Ritzschnitt« mit der rückseitigen Klingenspitze durchtrennt.
Rechts: Bei der unbedeckten Kastration tritt dann der Hoden und der Nebenhoden aufgrund des Daumendrucks aus dem eröffneten Scheidenhautsack hervor.

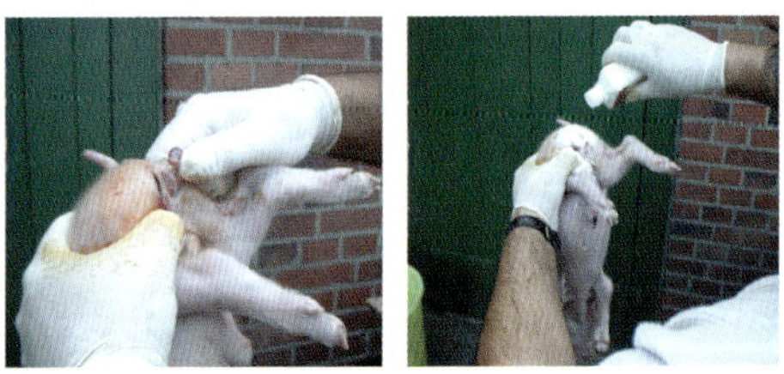

Abb. 1164 Links: Die vorgelagerten Teile werden mit dem rechten Daumen und der Skalpellklinge erfasst. Es folgt das Abtrennen des Samenstranges und der Gefäße.
Rechts: Nach dem Kastrieren wird eine lokale Antibiose durchgeführt, indem man einen Wundpuder oder ein entsprechendes Spray aufträgt.

Abb. 1165 Eine Zusatzheizung ist wegen des hohen Wärmebedarfs der Ferkel nötig.
Achtung: Abstand zu brennbaren Materialien!

Tabelle 112: Einfluss des Geburtsgewichtes auf Verluste und Leistung

Geburtsgewicht kg	Verluste %	tägliche Zunahmen g		
		bis 28. Lebenstag	28. Lebenstag bis Mastbeginn	Mast
unter 0,8	bis 70	140	360	–
0,8–1,0	bis 45	150–160	370	615
1,0–1,2	bis 25	170–180	400	630
1,2–1,4	bis 15	190–200	440	680
1,4–1,6	bis 10	220–230	490	720
1,6–1,8	unter 10	240–250	530	740
1,8–2,0	unter 7	260–280	550	760

3.1.3 Ferkelaufzucht

Hygiene- und Pflegemaßnahmen – Neben optimalen *Umweltbedingungen* im Stall sind für die Aufzuchtergebnisse auch *Hygiene* und *Pflege* maßgeblich.

Behandlung der neugeborenen Ferkel – Den neugeborenen Tieren entfernt man, wenn nötig, die Eihäute und hebt sie für kurze Zeit an den Hinterbeinen hoch, damit Schleim aus den Atemwegen ablaufen kann.

Falls die Nabelschnur noch nicht abgerissen ist, wird sie vorsichtig etwa 5 cm vom Nabel entfernt durchtrennt und anschließend desinfiziert. Die Ferkel reibt man mit einem sauberen Tuch trocken und legt sie sofort an das Gesäuge der Mutter, damit sie die Biestmilch aufnehmen können. Dies regt gleichzeitig die Wehentätigkeit bei der Sau an.

Das Abschleifen der Eckzähne von Ferkeln ist nur bei sehr aggressiven Ferkeln oder besonders empfindlichen Muttertieren innerhalb der 1. Lebenswoche erlaubt. Das Kürzen des Schwanzes, um Kannibalismus zu verhindern, darf innerhalb der ersten 4 Lebenstage ohne Betäubung vorgenommen werden.

Die **Kastration** männlicher Ferkel kann bis zum Alter von 1 Woche ohne Betäubung erfolgen. Die Frühkastration ist für die Ferkel weniger schmerzhaft und die Wundheilung verläuft schneller als bei späterer Kastration. Sie erfolgt am 3. Lebenstag zusammen mit dem Verabreichen der 1. Eisenspritze. *Nur gesunde Ferkel* dürfen kastriert werden.

Vor dem Eingriff reinigt man das Hinterteil des Tieres und desinfiziert es ebenso wie Hände und Messer des Operierenden. Man schiebt die Hoden in den Hodensack und öffnet diesen durch zwei senkrechte, etwa 2 cm lange Schnitte.

Die Hoden werden abgesetzt, indem man den Samenstrang mit dem Messer durchschabt oder mit einer quetschenden und schneidenden Spezialzange (Emaskulator) durchtrennt. Die offen bleibende Wunde wird anschließend mit einem antibiotischen Wundpuder oder -spray versorgt.

Bedeutung des Abferkelstalls – Eine wesentliche Vorbereitung für die Geburt liegt im Herrichten des Abferkelstalles. Er soll

- *Ferkelverluste* durch Erdrücken *verhindern,*

▶ die hohen Anforderungen der Ferkel an das *Stallklima,* besonders hinsichtlich der Temperatur, erfüllen,
▶ *günstige hygienische Verhältnisse* für die Ferkel schaffen.

Abferkelbuchten – Die strohlose Abferkelbox mit Kastenstand und festem oder schwenkbarem Ferkelschutzkorb ist die gebräuchlichste Form. Der Kastenstand muss so beschaffen sein, dass keine Verletzungsgefahr besteht. Die Sau muss ungehindert aufstehen, sich hinlegen und ausstrecken können.

Die Bodenfreiheit der unteren Begrenzung des Sauenkäfigs muss mindestens 30 cm betragen, damit die Ferkel auch bequem an das Gesäuge der liegenden Sau können. Der Fußboden im Liegebereich der Sau darf keinesfalls voll perforiert sein, der der Ferkel darf überhaupt nicht perforiert sein.

Der **Wärmebedarf** der neugeborenen Ferkel ist hoch. Er beträgt am Anfang 32 °C und sinkt dann um 2 – 3 °C/Woche. Es wäre zu kostspielig und für die Muttersauen unzuträglich, wollte man den ganzen Stall auf diese Temperaturen aufheizen. Deswegen schafft man nur über dem Liegeplatz der Ferkel (Ferkelnest) mit Strahlern oder mit einer Bodenheizung ein entsprechendes *Kleinklima.* Die relative Luftfeuchtigkeit sollte 60 – 80 % betragen (siehe auch Schweinehaltungs-Verordnung).

Einfache Möglichkeiten zur Reinigung und Desinfektion, schnelle Ableitung des Harns (perforierte Buchtenböden) sowie saubere und trockene Einstreu sorgen für hygienische Verhältnisse.

Gruppenweises Abferkeln – Die Nachfrage der Mastbetriebe nach Großgruppen hat viele Ferkelerzeuger dazu veranlasst, ein periodenweises Abferkelsystem zu praktizieren. Deshalb gewinnt das Rein-Raus-Verfahren auch in der Ferkelerzeugung zunehmend an Bedeutung.

Dabei wird die Sauenherde in gleich große Gruppen eingeteilt. Diese durchlaufen dann gemeinsam alle Stadien vom gleichzeitigen Absetzen der Ferkel über die gleichzeitige Belegung/Besamung, Trächtigkeit und Abferkelung bis zum erneuten Absetzen.

Vorteile dieser Gruppenabferkelungen sind u. a.
▶ ein Rationalisierungseffekt, der den Arbeitsaufwand je Sau und Jahr absenkt,
▶ die Unterbrechung von Infektionsketten,
▶ das Bereitstellen marktkonformer Ferkelpartien,
▶ vereinfachte Impfprogramme.

Gruppengrößen – Im Idealfall sind Aufzuchtgruppen so groß wie ein Wurf, also 10 – 12 Tiere.
▶ Der **Deckbetrieb** erhält die abgesetzten, leeren Sauen und lässt sie decken. Nach ca. 32 Trächtigkeitstagen gibt er sie an den Wartebetrieb zurück. Gleichzeitig ergänzt er den Bestand laufend durch Jungsauen.
▶ Der **Wartebetrieb** hält die trächtigen Jungsauen bis 1 Woche vor dem Abferkeln.
▶ Der **Abferkelbetrieb** übernimmt die hochträchtigen Sauen vom Wartebetrieb in Gruppen (Rein-Raus-Methode). Nach dem Absetzen der Ferkel gibt er die Sauen an den Deckbetrieb zurück.

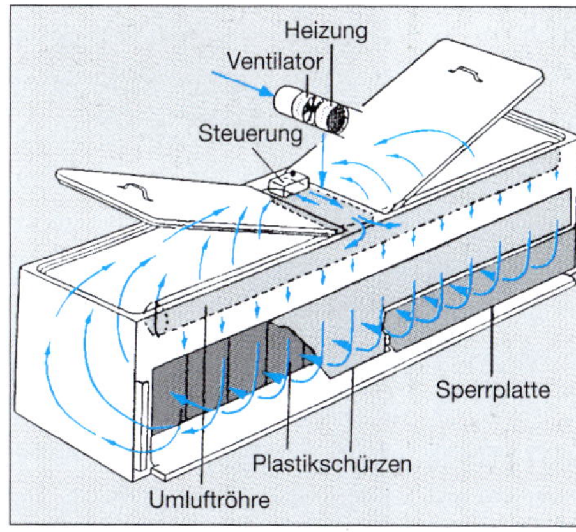

Abb. 1166 Ferkelbett: Es bietet den Ferkeln ausreichend Umgebungswärme in der Ruhephase.

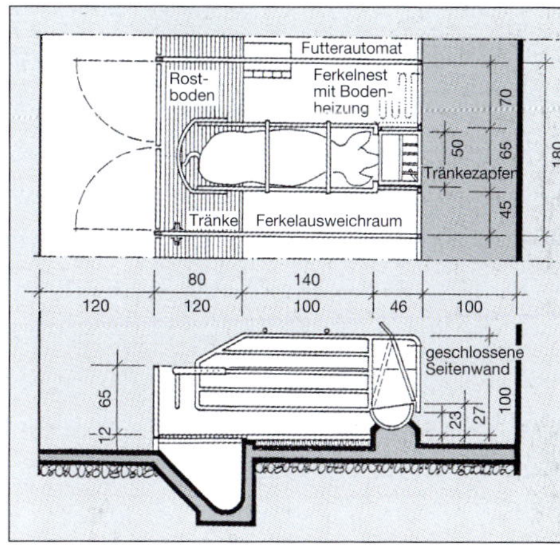

Abb. 1167 Abferkelbucht mit Kastenstand und Teilrostboden (Maße in cm).

Abb. 1168 Schema der arbeitsteiligen Ferkelaufzucht.

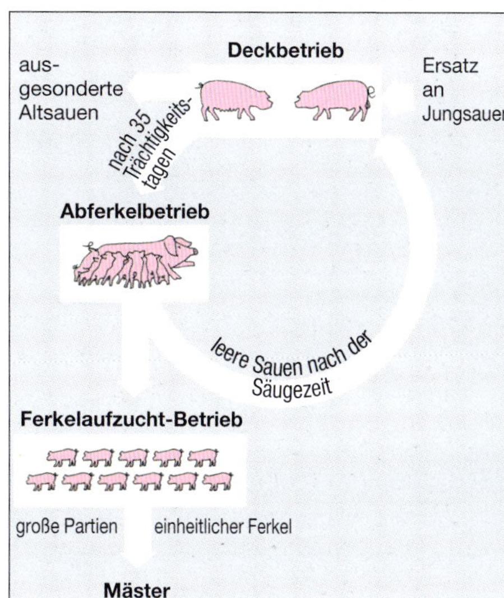

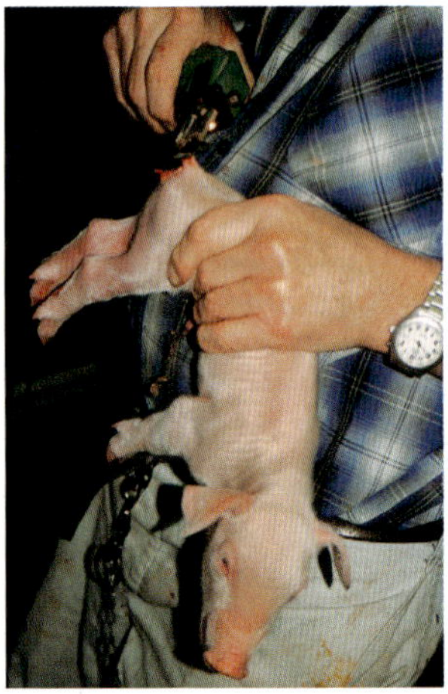

Abb. 1169
Das Kupieren der Schwänze kurz nach der Geburt gehört bei vielen Ferkelerzeugern zu den Standardmaßnahmen.

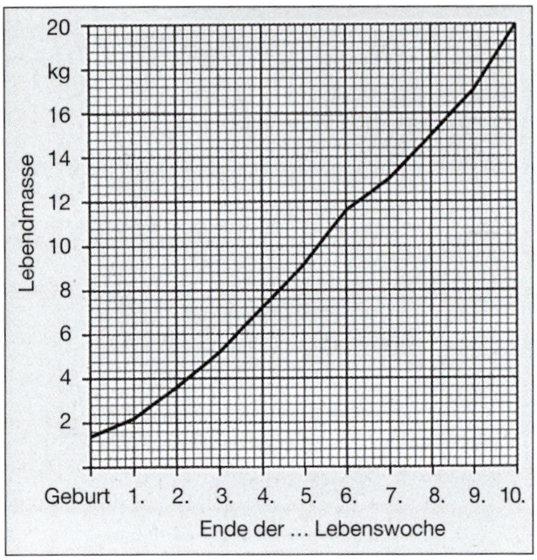

Abb. 1170 Gewichtsentwicklung bei Ferkeln.

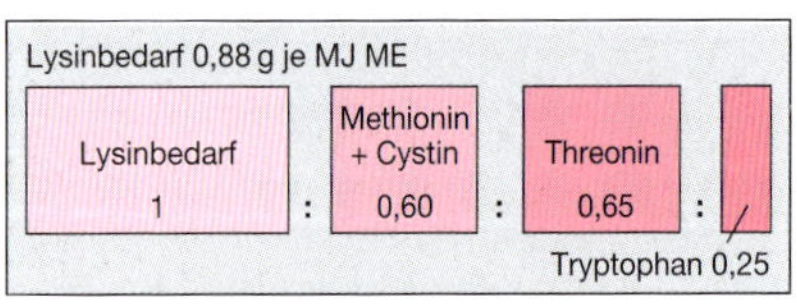

Abb. 1171 Aminosäurenmuster für Ferkelfutter.

Abb. 1172 Je kürzer die Säugezeit, desto größer die Zahl der Würfe in einem Jahr.

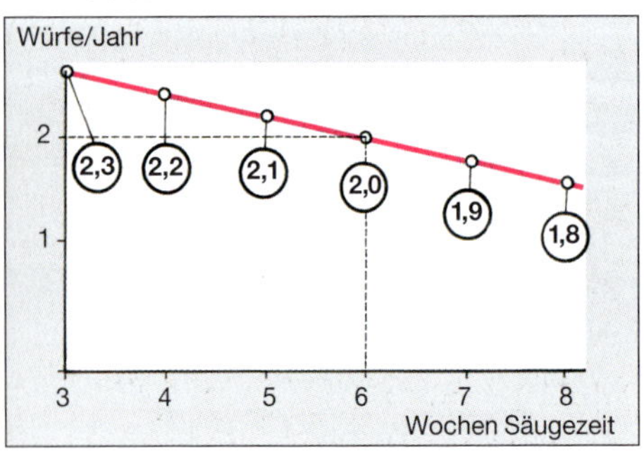

Absetzen – Der *früheste Absetzzeitpunkt* für Ferkel beträgt 3 Wochen; in der Praxis hat sich das Absetzen mit 4 Wochen durchgesetzt. Dafür sind die Anwendung des Rein-Raus-Verfahrens und strikte räumliche Trennung von anderen Alters- und Nutzungsgruppen Voraussetzung.

Das Futter muss dem Alter der Ferkel optimal angepasst sein, d. h. hochverdauliches, vollwertiges Protein enthalten und ein geringes Säurebindungsvermögen haben, da im Magen der Ferkel noch nicht genügend Salzsäure produziert wird. Auf ausreichende Wasseraufnahme ist stets zu achten.

Dem gruppenweisen Abferkeln im Ein-, Zwei- oder Dreiwochenturnus folgt auch das Absetzen und Aufstallen in Aufzuchteinheiten im gleichen Turnus. Die Kapazitäten müssen selbstverständlich aufeinander abgestimmt sein.

Zugekaufte Ferkel im Mastbetrieb sollten möglichst nur von einem Produzenten stammen. Sie sollen in gereinigten und desinfizierten Fahrzeugen transportiert und schonend behandelt werden. Der Vormaststall sollte voneinander getrennte Abteilungen haben, die im Rein-Raus-Verfahren nach Reinigung und Desinfektion belegt werden.

Die Futterumstellung muss schonend erfolgen mit zunächst erhöhtem Rohfaseranteil (> 6 %), Ansäuern des Futters und portionierter Fütterung mit ausreichender Wasseraufnahme. Die Ferkel werden gegen Ektoparasiten behandelt und entwurmt (1. und 10. Lebenswoche und Mastmitte). Es werden Schutzimpfungen oder Behandlungen gegen im Bestand vorkommende Erreger durch den betreuenden Tierarzt vorgenommen.

3.1.4 Ferkelfütterung

Grundlagen – Um die *Verlustquote* möglichst gering zu halten und damit die Aufzuchtleistung zu erhöhen, muss bereits die Fütterung der hochtragenden Sau im Hinblick auf den Energie-, Aminosäuren- und Wirkstoff-Gehalt optimiert werden. Dies wirkt sich insbesondere sehr vorteilhaft auf die Geburtsgewichte aus.

Es muss oberstes Ziel sein, dass die Ferkel schon sehr frühzeitig möglichst viel **Sauenmilch** aufnehmen. Sie erfüllt für die Ferkel zwei wesentliche Aufgaben: Versorgung mit essenziellen Nährstoffen in höchstverdaulicher Form und zudem ist sie ein »Gesundheits-Elixier« für die neugeborenen Ferkel. Das Kolostrum enthält eine hohe Konzentration an Immunglobulinen, die für die Ferkel lebenswichtig sind, da sie ohne schützende Antikörper geboren werden. Als Ersatz für 1 l Sauermilch muss das Ferkel 200 – 250 g eines energiereichen Futters aufnehmen.

Ferkel haben auch einen erhöhten Bedarf an **Eisen**. Da die Sauenmilch relativ arm an Eisen ist, erhalten sie am 1. Tag eine Eisenemulsion mit Vitaminen ins Maul oder am 2. bzw. 3. Tag 200 mg verwertbares Eisen meist unter die Haut der Kniefalte gespritzt. Die Eisenversorgung kann zusätzlich mit geeigneten Präparaten auch über das Trinkwasser und Futter ergänzt werden. Damit kann Vitalitätsstörungen (z.B. Müdigkeit, Kurzatmigkeit, Infektionsanfälligkeit) sowie Anämie (Blutarmut) vorgebeugt und die Frohwüchsigkeit erhalten werden.

Für das **Trinkwasser** brauchen die Ferkel verstellbare Nippeltränken mit einer Mindest-Durchflussmenge von ca. 0,8 l/min.

Nährstoffbedarf und Futtermittel – Trotz der hohen Milchleistung der Sauen von bis zu 10 kg/Tag, reicht dies nicht, den Nährstoffbedarf der rasant wachsenden Ferkel völlig zu decken. Deswegen sollte den Ferkeln etwa ab dem 5. Tag zusätzlich Futter angeboten werden. Dazu eignet sich ein hochverdauliches, energie- und lysinreiches **Ergänzungsfutter für Saugferkel** (Prestarter). Der Bedarf an Prestarter beläuft sich auf ca. 1–2 kg, der von **Ferkelaufzuchtfutter** auf 35–40 kg (Endgewicht ca. 30 kg). Die täglichen Zunahmen sollen ca. 450 g betragen.

Fütterungstechnik – Ergänzungsfutter für Saugferkel wird zuerst mehrmals täglich in kleinen Mengen entweder auf den Boden der Bucht gestreut oder in flachen Schalen angeboten. Die Gefäße sind anfangs mehrmals täglich zu reinigen, Reste sorgfältig zu entfernen. Ferkelaufzuchtfutter wird später in *Automaten* zur beliebigen Aufnahme angeboten.

Ferkel brauchen von Anfang an genügend sauberes, nicht zu kaltes Wasser. Die Wasserversorgung erfolgt dabei meist über Selbsttränken; bewährt haben sich Niederdrucktränken, die von einem Vorratsbehälter gespeist werden.

> **!** Zu später Beginn der Beifütterung, plötzlicher Futterwechsel, mangelhafte Wasserversorgung und Aufnahme von Sauenfutter sind die häufigsten Fütterungsfehler.

Aufgaben:

1. Erklären Sie den Unterschied zwischen Geschlechts- und Zuchtreife.
2. Beschreiben Sie den Brunstzyklus und Brunstverlauf.
3. Begründen Sie, weshalb der optimale Besamungstermin erst am 2. Tag der Brunst liegt.
4. Welche Anzeichen deuten auf die nahende Ferkelgeburt hin?
5. Welche Hygiene- und Pflegemaßnahmen sind bei Saugferkeln durchzuführen?
6. Was versteht man unter Brunst- und Abferkelsteuerung?
7. Wie sind zugekaufte Ferkel zu behandeln?
8. In welchem Zusammenhang stehen Geburtsgewicht und Gewichtsentwicklung der Ferkel.
9. Ein Aufzuchtfutter enthält 31 % Soja-Extraktionsschrot, 53 % Weizen, 12 % Gerste und 4 % Mineralfutter (21 % Ca, 7 % P, 5 % Na).
   a) Berechnen Sie den Gehalt an Rohprotein, Lysin, Rohfaser, Energie, Ca, P und Na in 1 kg Mischung.
   b) Vergleichen Sie mit den Richtwerten für Ferkelaufzuchtfutter I (12,6 MJ; 11 g Lysin; 180 g RP; max. 60 g RF; 9 g Ca; 7 g P; 2 g Na).

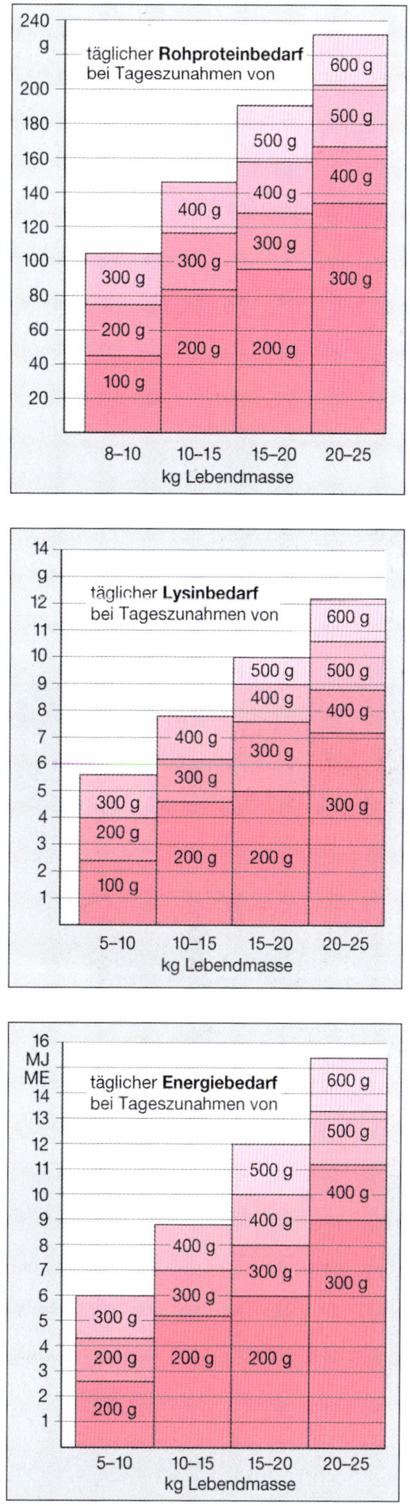

Abb. 1173 Der tägliche Bedarf der Ferkel an Rohprotein, Lysin und Energie hängt eng mit den angestrebten Tageszunahmen zusammen.

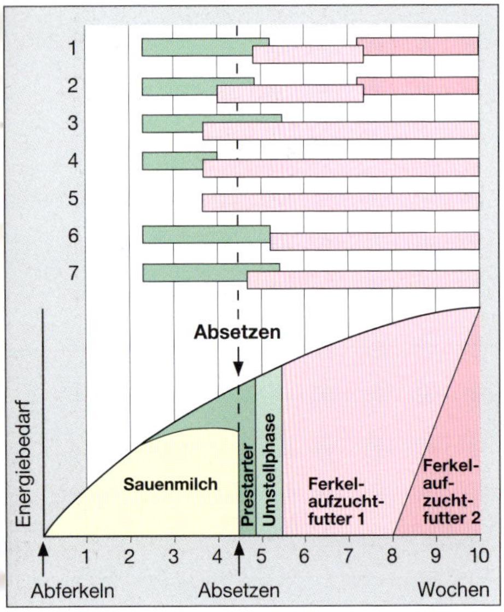

Abb. 1174 Möglichkeiten der Ferkelfütterung (Schema).

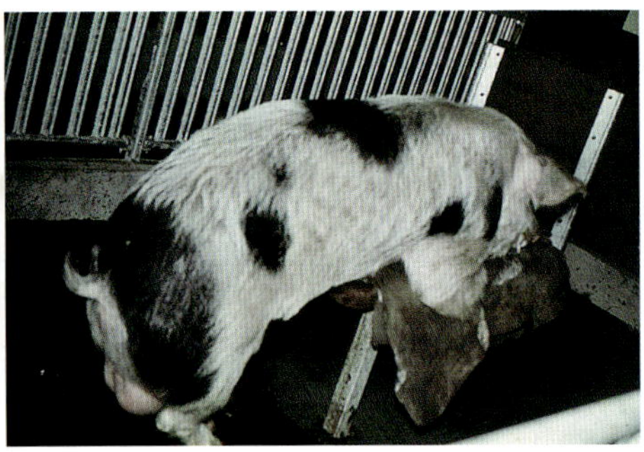

Abb. 1175 Spezialisierte Sauenhalter gewinnen Sperma zunehmend vom eigenen Eber.

3.2 Herdenführung

3.2.1 Formen der Datenerfassung

In Beständen **bis zu 20 Zuchtsauen** und 1 Eber genügen *Aufzeichnungen* über Deck-, Abferkel- und Absetztermine in einem *Kalender*, um die Übersicht über die sich wiederholenden Arbeiten zu behalten.
In Beständen **bis zu 50 Sauen** verlangt die Arbeitsplanung schon eine andere Form und damit einen größeren Aufwand. Das beginnt bereits mit dem Zusammenstellen von Sauengruppen, die den gleichen Produktionsrhythmus haben, sowie dem Planen für die Belegung des in Abteile gegliederten Abferkelbereichs im Stall. Hierfür und für die Organisation der täglichen Arbeiten sind technische Hilfsmittel wie *Sauenkarteien* und *Sauenkalender* erforderlich.
Für Sauenbestände **ab 80 Tieren** ist der Einsatz der *elektronischen Datenverarbeitung* in Form eines Personalcomputers (PC) unumgänglich. Allerdings sollte der PC nicht nur für die Herdenüberwachung, sondern auch für Futterberechnungen und alle weiteren betriebswirtschaftlichen Arbeiten verwendet werden.

3.2.2 Datenerfassung

Für das **Erfassen** der biologischen Daten der einzelnen Tiere können verschiedene *Informationssysteme* benützt werden. Sie sind umso anspruchsvoller im Aufwand, je größer die Herde ist und je mehr Gruppen gebildet werden.
In der Praxis werden benötigt:

- **Sauen-** und **Eberkartei:** Sie enthält Herdbuch- und/oder Stallnummer, Geburtsdatum, Abstammung, Herkunft, Deckdaten, eingesetzte Eber, voraussichtlichen und tatsächlichen Abferkeltermin, Wurfgröße, Zahl der lebend geborenen, tot geborenen, abgesetzten und verkauften Ferkel;
- **Deckregister,**
- **Abferkelliste.**

Abb. 1176 **Beispiel** für einen Wochenarbeitsplan im Ferkelerzeugerbetrieb.

	Stallbereich			
Wochentag	Abferkelstall	Ferkelaufzuchtstall	Deckzentrum	Wartestall
Montag	Sauen einstallen	Kontrolle	Hauptdeckbetrieb	Umtrieb der Sauen in Abferkelstall
Dienstag	Kontrolle	Ferkel aufstallen	Hauptdeckbetrieb	Kontrolle
Mittwoch	Ferkel kastrieren, tätowieren	Reinigen und Desinfizieren	Umtrieb der tragenden Sauen in Wartestall	tragende Sauen einstallen
Donnerstag	Ferkel absetzen, Sauen ins Deckzentrum	Absatzferkel einstallen	abgesetzte Sauen einstallen	Kontrolle
Freitag	Reinigen und Desinfizieren	Kontrolle	Kontrolle	Sauen für Einstallung in Abferkelstall bestimmen
Samstag, Sonntag	Kontrolle in allen Stallbereichen			

HB-Nr. 61061 Name MELIS	Stallnr. 91 Rasse: DL×PI	geb. 20.10.
Vater: ALLIANZ	Ohr-Nr. re.: 61061	Zitzenzahl li.: 7
Mutter: MOTTE	Ohr-Nr. li.: 6732	re.: 7
Züchter: Huber, Georg	Vater-Nr. 74972 Rasse: PI	ausgeschieden am:
Neukirchen	Mutter-Nr. 95358 Rasse: DL	Grund:
	Leistungsprüfung: 4/10,3/9,0	

Abb. 1177 Muster einer Sauenkarteikarte.

Um stets die erforderliche Übersicht im sauenhaltenden Betrieb zu gewährleisten, empfiehlt es sich, einen **Sauenplaner** zu nutzen. Er gehört zu wichtigsten Managementhilfen des Ferkelerzeugers für die Bestandesführung. Hier sind auch alle Leistungsdaten der Sau festgehalten, die für die Wirtschaftlichkeit ausschlaggebend sind, z. B. Zwischenwurfzeiten (ZWZ), Wurfhäufigkeit, Umrauschquote, tierärztliche Behandlungen, Impfungen, Abnormitäten bei Ferkeln. Diejenigen Muttertiere, die wegen ungenügender Leistungen, wegen hohen Alters oder krankheitsbedingt ausscheiden, müssen durch Jungsauen ersetzt werden.
Der Umfang wird durch die **Remontierungsrate** ausgedrückt. Sie besagt, wie viele Erstbelegungen von Jungsauen je 100 produktive Sauen durchgeführt werden. Aus der Zahl der Erstlingswürfe lässt sich somit mit Hilfe des Wurfabstandes und der Wurfhäufigkeit die Remontierungsquote errechen.
Diese Kennzahl drückt den Anteil der jährlich nachgestellten Jungsauen im Verhältnis zur Gesamtzahl der Sauen ab erster Belegung aus. Die Remontierungsquote ist somit ein wesentliches Merkmal der Herdenstruktur und -leistung.

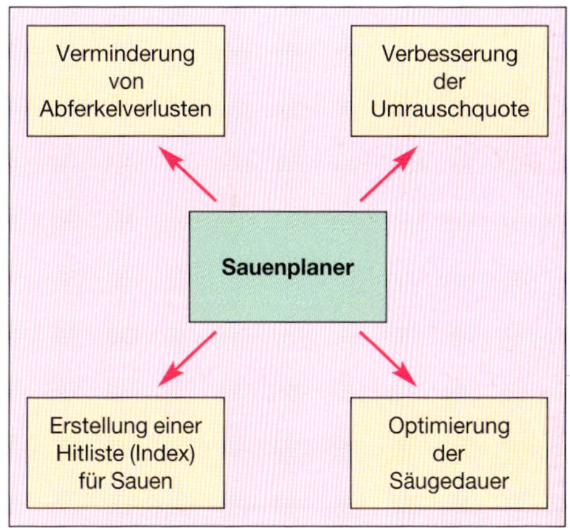

Abb. 1178 Vorteile, die ein Sauenplaner bietet.

Abb. 1179 Muster einer Kontrollkarte für eine Sau. Sie ist der Sauenkartei beizugeben.

Kontrollkarte der Sau MELIS
gedeckt am: 27. 10. von: DACHS
Wurf geboren am: 21. 2.

lfd. Nr. männlich	lfd. Nr. weiblich	Zitzen links	Zitzen rechts	Gewicht Geburts-	Gewicht nach 7 Tagen	Gewicht nach 21 Tagen	Bemerkungen
37		7	8	1,5	2,8	5,2	
38		7	7	1,4	2,8	5,0	
39		8	7	1,5	3,0	5,3	
	40	7	7	1,4	2,8	5,4	
	41	8	8	1,6	3,1	5,0	
	42	8	7	1,1	2,0	-	verendet 5.3.
	43	7	7	1,4	2,8	5,3	
	44	7	7	1,6	3,0	5,0	

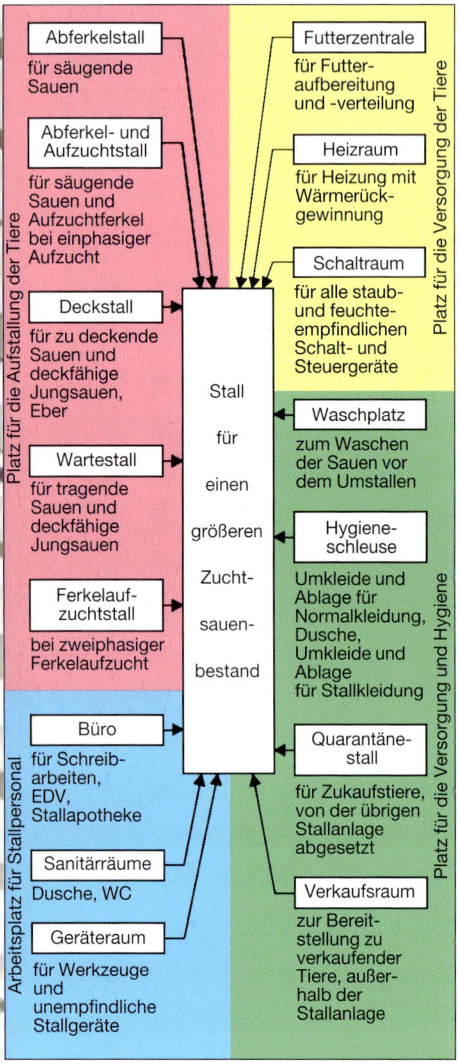

Abb. 1180 Raum- und Funktionsprogramm für einen größeren Sauenbestand.

Abb. 1181 Kennzeichnung von Schweinen mit Plastik-Ohrenmarken.

Tabelle 113: Analyse einer Sauenherde

Zeile = Z	Kennzahlen	Rechengang	Beispiel-Betrieb	Prüf-Betrieb
1	Sauen ab 1. Belegung (EB)	–	150	
2	Abferkelungen innerhalb eines Jahres (Stück)	–	337	
3	Würfe je Sau ab EB und Jahr (Stück)	Z2 : Z1	2,25	
4	Wurfabstand (Tage)	Z1 × 365 : Z2	162	
5	abgesetzte Ferkel innerhalb eines Jahres (Stück)		3075	
6	abgesetzte Ferkel je Sau und Jahr (Stück)	Z5 : Z1	20,5	
7	erste Würfe innerhalb eines Jahres (Stück)		68	
8	Reproduktionsrate (%) = Anteil 1. Würfe	Z7 × 100 : Z2	20,2	
9	Remontierungsquote (%)	Z7 × 100 : Z1 *oder* Z8 3 Z3	45,3	
10	Würfe je Sau und Leben (Stück)	100 × Z8 *oder* Z2 : Z7	4,95	
11	Nutzungsdauer je Sau (Jahre ab EB)	Z1 : Z7 *oder* Z10 : Z3	2,20	

3.2.3 Kennzeichnung der Schweine

Seit 1. April 2003 müssen gemäß Viehverkehrs-Verordnung (VVVO) alle neu geborenen Schweine spätestens mit dem Absetzen im Geburtsbetrieb eine **Ohrmarke** erhalten. Sie muss so beschaffen sein, dass sie nur einmal verwendbar ist.

Folgende **Angaben** in schwarzer Schrift auf weißem Grund müssen enthalten sein:

- DE (für Deutschland),
- Kfz-Zeichen des Betriebssitzes (z. B. PA für Passau),
- Registriernummer des Geburtsbetriebes – die letzten 7 Ziffern.

Das EU-Recht verpflichtet die Mitgliedstaaten zum Betrieb einer **elektronischen Datenbank** für Schweine. Ziel ist eine effektivere Tierseuchenbekämpfung. Meldepflichtig sind Schweinehalter, Viehhändler, Schlachtbetriebe, Transporteure, Zuchtverbände und Meldevertreter. Fehlende Ohrmarken führen zu einer Prämienkürzung (Cross Compliance!).

Die **Meldepflicht** bezieht sich auf eine jährliche *Stichtagserfassung* zum *1. Januar* innerhalb von 14 Tagen sowie auf die *Übernahme von Schweinen*. Dabei meldet der aufnehmende Betrieb innerhalb von 7 Tagen die Tierzahl, das Übernahmedatum und die Betriebsnummer des Vorbesitzers an das HI-Tier (**H**erkunfts- und **I**nformationssystem für Tiere). Für die Meldung über das Internet ist eine sog. PIN (**P**ersönliche **I**dentifikations-**N**ummer) erforderlich. Auch eine Kartenmeldung per Post ist möglich.

4 Fütterung der Schweine

4.1 Futteraufnahme und Verdauung

Futteraufnahme – Sie ist Voraussetzung für tierische Leistungen und hängt ab von
- ▶ der Schmackhaftigkeit,
- ▶ dem Geruch,
- ▶ dem Feuchtigkeitsgehalt (trocken, feucht, fließfähig),
- ▶ der Struktur (grob, fein, pelletiert) und
- ▶ der Zusammensetzung des Futters.

Verdauung – Im Gegensatz zu den Wiederkäuern besitzen Schweine einen *einhöhligen Magen.* Deswegen können sie voluminöses wirtschaftseigenes Grundfutter nur beschränkt aufnehmen und stellen an die Verdaulichkeit höhere Anforderungen. Ein wesentlicher Unterschied zu den Wiederkäuern und Pferden besteht in der *bakteriellen Verdauung.* Sie findet bei Schweinen nur im Dickdarm und nur in geringem Umfang statt.
Das bedeutet, dass Schweine Aminosäuren und Vitamine nur begrenzt selbst aufbauen können. Außerdem weiß man nicht genau, ob Stoffe aus der bakteriellen Verdauung im Dickdarm auch tatsächlich noch aufgenommen werden können.
Bei der Verabreichung des Futters sowie bei der Auswahl der Futtermittel sind diese Gegebenheiten zu berücksichtigen. Schweinefutter muss daher zu mindestens 80 % in seiner organischen Substanz verdaulich, reich an Aminosäuren und Vitaminen sein.

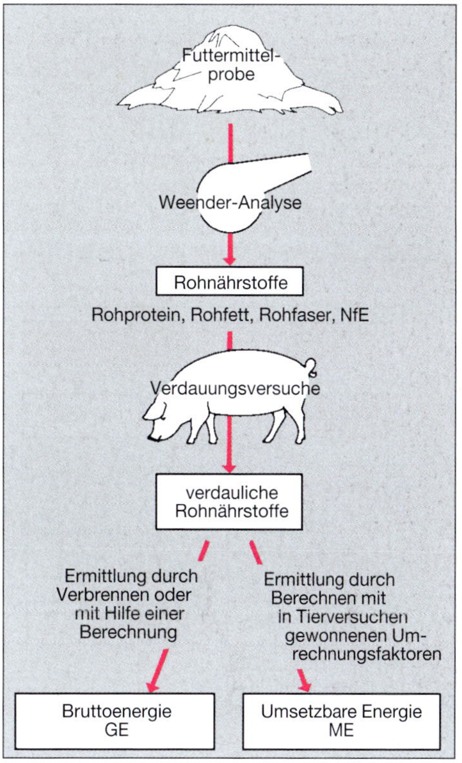

Abb. 1182 Ermittlung der Umsetzbaren Energie eines Futtermittels.

Tabelle 114: Verdauung beim Schwein (Übersicht)

Abschnitt des Verdauungskanals, Verdauungssaft	**Fermente und andere Bestandteile**	**Verdauungsvorgang**
Maulhöhle Speichel	α-Amylase, Schleim	Stärke → Maltose Zerkleinern und Befeuchten des Futters
Speiseröhre	Schleim	Durchfeuchten, Quellen
Magen Magensaft	 Pepsin, Salzsäure	Protein → Poly-Peptide Pepsinogen → Pepsin, Quellung der Eiweiße, Säuerung des Mageninhalts
Dünndarm Gallenblase Bauchspeicheldrüse Darmdrüsen	 Gallensäuren α-Amylase Lipase Trypsin, Chymotrypsin Karboxy-Peptidase Amino-Peptidasen Di-Peptidasen Maltase Lipase	 Emulgierung der Fette Stärke → Maltose Fett → Glycerin, Fettsäuren, Eiweiß → Poly-Peptide Poly-Peptide → Aminosäuren, Di-Peptide Poly-Peptide → Aminosäuren, Di-Peptide Di-Peptide → Aminosäuren Maltose → 2× Glucose Mono-Glyceride → Glycerin, Fettsäuren
Dickdarm	bakterielle Enzyme	Abbau von Rohfaser

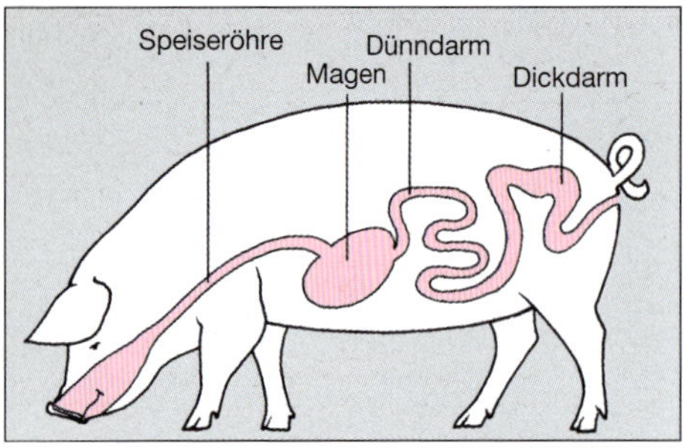

Abb. 1183 Verdauung beim Schwein (Schema).

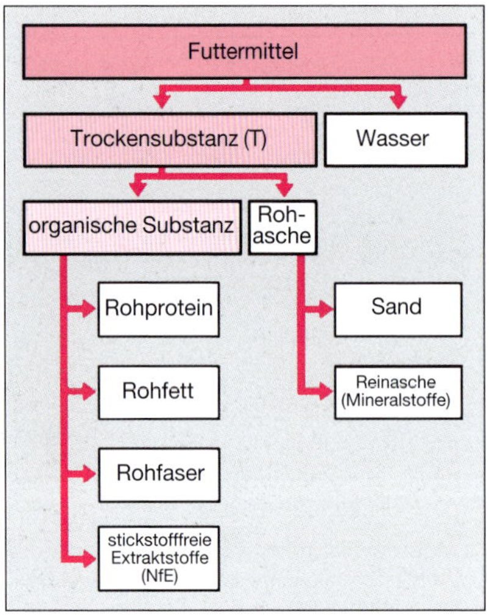

Abb. 1184 Schema der Weender-Analyse.

Verdaulichkeit – Tierversuche zeigen, dass die Verdaulichkeit der Rohnährstoffe beim Schwein stark vom *Rohfasergehalt* eines Futtermittels abhängt. Als Maß wählt man aber nicht die Verdaulichkeit der Rohfaser, sondern die der *organischen Substanz* (= Summe der organischen Rohnährstoffe) und gibt sie in Prozent an.
Das Zerkleinern von Körnerfutter verbessert dessen Verdaulichkeit. Bei rohfaserreichen Futtermitteln wird dadurch aber nicht die Verdaulichkeit erhöht (z. B. Musen von Grünfutter). Erhitzen kann die Verdaulichkeit ebenfalls erhöhen. So wird dadurch z. B. die Stärke bei Kartoffeln besser verdaulich und das Dampferhitzen (Toasten) von Sojaschrot erhöht die Eiweißverdaulichkeit erheblich, weil es einen Hemmstoff für das Verdauungsenzym Trypsin zerstört.
Weder die Zahl der Mahlzeiten, die Verteilung der Futterkomponenten noch die Flüssigkeitsbeimengung hat auf die Verdaulichkeit einen Einfluss.

4.2 Futterbewertung

Wirtschaftliche Schweinehaltung setzt voraus, dass dic Futtermenge berechnet werden kann, die für die *Bedarfsdeckung* beim Tier nötig ist. *Luxuskonsum* verteuert die Mast, *unterversorgte Tiere* bringen keine optimale Leistung, d. h., die Mastdauer verlängert sich. Da es sich bei der Umsetzung von Futter in Fleisch bzw. Erhaltung der Lebensfunktion immer um einen *Energieumsatz* handelt, ist die Bewertung des Futters im Hinblick auf seinen Energieinhalt unerlässlich.

Tabelle 115: Gehalte und dünndarmverdauliche Aminosäuren einiger Eiweißfuttermittel
(Angaben in %; aus: Nutrient Requirements of swine, 1998)

Proteinträger		Rohprotein	Lysin	Methionin	Cystin	Threonin	Tryptophan
Soja-Extraktionsschrot 44 % RP	total	43,8	2,83	0,61	0,70	1,73	0,61
	verdaulich		2,52	0,56	0,59	1,47	0,53
Soja-Extraktionsschrot (aus geschälter Saat)	total	47,5	3,02	0,67	0,74	1,85	0,65
	verdaulich		2,72	0,61	0,64	1,61	0,59
Sojabohnen (getoastet)	total	35,2	2,22	0,53	0,55	1,41	0,48
	verdaulich		1,91	0,45	0,44	1,17	0,39
Kartoffeleiweiß	total	73,8	5,83	1,68	1,20	4,30	1,02
	verdaulich		4,72	1,44	0,77	3,57	0,67
Raps-Extraktionsschrot	total	35,6	2,08	0,74	0,91	1,59	0,45
	verdaulich		1,62	0,64	0,76	1,21	0,34
Süßlupinen	total	34,9	1,54	0,27	0,51	1,20	0,26
	verdaulich		1,22	0,18	0,43	0,95	–
Ackerbohnen	total	25,4	1,62	0,20	0,32	0,89	0,22
	verdaulich		1,41	0,16	0,24	0,73	0,17
Erbsen	total	22,8	1,50	0,21	0,31	0,78	0,19
	verdaulich		1,32	0,18	0,24	0,65	0,15

Daneben spielt das *Eiweiß* eine wichtige Rolle, weil es durch andere Nährstoffe nicht zu ersetzen und gleichzeitig der teuerste Nährstoff ist. Deswegen wird neben der Energiebewertung auch eine Eiweißbewertung nötig.

Energetische Bewertung des Schweinefutters – Maßstab für den Energieinhalt des Schweinefutters ist heute die **Umsetzbare Energie** (ME = **m**etabolizable **e**nergy). Sie ergibt sich aus der *Bruttoenergie* (GE = **g**ross **e**nergy) nach Abzug der mit Kot und Harn ausgeschiedenen Energie und jener Energieverluste, die sich als *Wärmeverluste* durch die Bakterientätigkeit während der Verdauung im Dickdarm ergeben. Maßeinheit der Energie ist 1 Joule (1 J). Die Futterenergie wird in Megajoule (1 MJ = 1 000 000 J) angegeben. Grundlage der Futterbewertung ist die Ermittlung des Rohnährstoffgehaltes mit Hilfe der Weender-Analyse. Die Berechnung der Umsetzbaren Energie (ME) bei Schweinefutter muss aber gegenüber der Berechnung bei Rinderfutter korrigiert werden, weil Schweine Rohfaser und andere bei den N-freien Extraktstoffen (NfE) erfassten Substanzen nicht verdauen können. Diese Stoffe fasst man unter dem Begriff *»bakteriell fermentierbare Substanz* (BFS)« zusammen, weil sie nur von Bakterien während der Verdauung genutzt werden können.

Der Gehalt an ME wird daher als BFS-korrigiert bezeichnet. Die Korrektur wird erst bei mehr als 100 g BFS/kg T vorgenommen.

Beispiel: Berechnung des ME-Gehaltes von 1 kg Weizen

Die Durchschnittsergebnisse aus den Futteruntersuchungen werden von der Deutschen Landwirtschaftsgesellschaft (DLG) in Futterwerttabellen zusammengefasst (Auszüge siehe Anhang).

! Futterwerttabellen gestatten ein *Schätzen* des Futterwertes einer Ration und damit eine bedarfsgerechte Fütterung auch dann, wenn keine eigenen Untersuchungsergebnisse für die verwendeten Futtermittel vorliegen.

Eiweißbewertung – Das Schwein baut das Rohprotein des Futters mit Hilfe von Verdauungsenzymen zu Aminosäuren ab. Sie werden im Dünndarm absorbiert und bilden dann die Bausteine für die Synthese des körpereigenen Proteins.

Weil die bakterielle Verdauung beim Schwein gegenüber der des Wiederkäuers unbedeutend ist, muss das Schweinefutter eine Reihe von Aminosäuren enthalten, die ein Wiederkäuer selbst aufbauen kann. Sie werden lebensnotwendige oder *essenzielle Aminosäuren* genannt, z. B. Lysin, Methionin, Valin, Leucin u. a.

! Je mehr das Aminosäuren-Muster des Futterproteins dem des körpereigenen Proteins entspricht, desto größer ist seine biologische Wertigkeit.

Die **biologische Wertigkeit** des Futterproteins gibt an, wie viele Gramm Körperprotein aus 100 g Futterprotein gebildet werden können. Dabei wird die biologische Wertigkeit von derjenigen

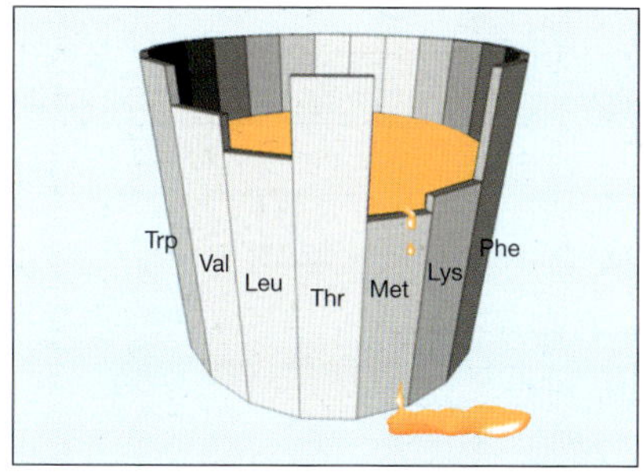

Abb. 1185 Das Gesetz vom Minimum gilt auch hier. Es hat keinen Sinn, einzelne Aminosäuren besonders zu füttern, ohne die nächst begrenzende ebenfalls anzuheben. Im **Beispiel** müssten zunächst Methionin und dann Lysin zudosiert werden. Das »Ideale Futtereiweiß« liegt dann vor, wenn alle Aminosäuren in gleicher Weise limitierend sind.

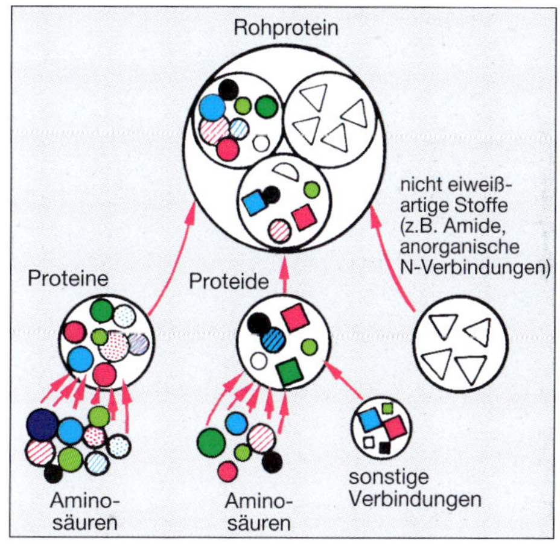

Abb. 1186 Rohprotein ist ein Sammelbegriff für alle Futterbestandteile, die sich aus Proteinen, Proteiden sowie nicht eiweißartigen Stoffen zusammensetzen.

Abb. 1187 Schweinefutter muss biologisch hochwertiges Eiweiß enthalten.

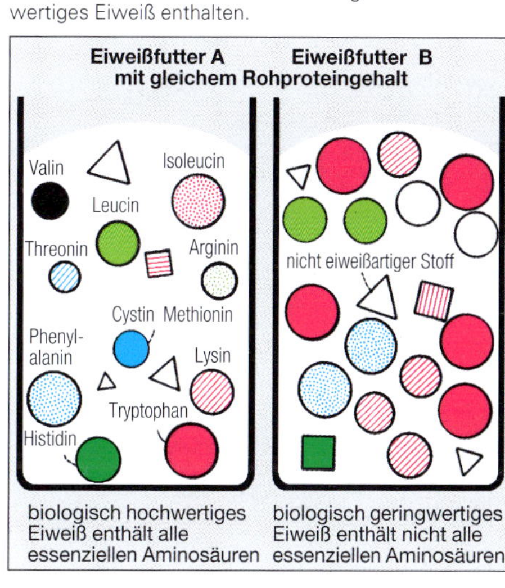

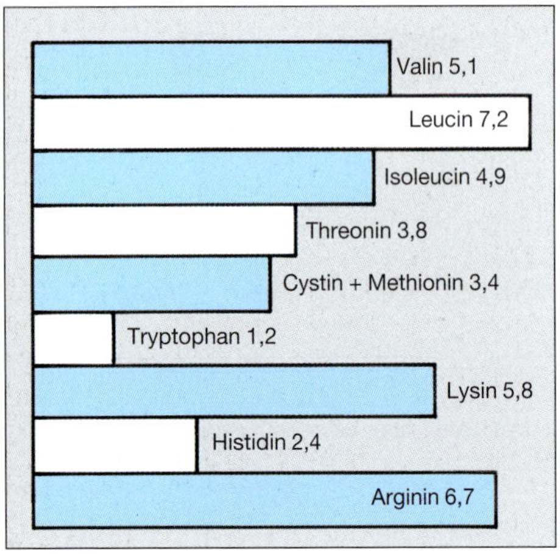

Abb. 1188 Anteil (in %) von Aminosäuren am Gesamt-Eiweißgehalt von Sojabohnen.

Abb. 1189 Eine ausgeglichene Futterration muss den Bedarf der Tiere decken.

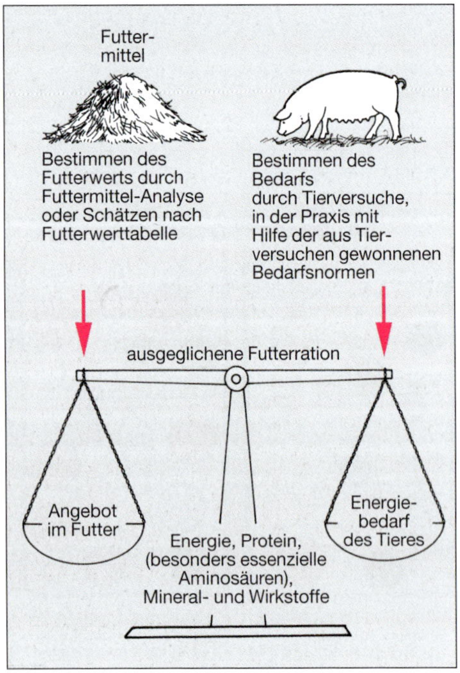

Aminosäure im Futter begrenzt, die bei der Proteinsynthese im Körper zuerst ins Minimum gerät.
Unter unseren Fütterungsbedingungen geraten vor allem *Lysin* und mit Abstand *Methionin* und *Cystin* ins Minimum. Die beiden zuletzt genannten Aminosäuren können sich allerdings gegenseitig ergänzen, weswegen sie in Futterrations-Berechnungen meist zusammen ausgewiesen sind.
Berechnung der Futterration – Die leistungsgerechte Fütterung der Schweine setzt voraus, dass die Futterration in ihren Gehaltswerten möglichst genau berechnet und damit in Zusammensetzung und Menge dem Bedarf angepasst werden kann. Dazu ist ein sorgfältiges Bewerten der Komponenten mit Hilfe von Futterwerttabellen nötig, soweit keine eigenen Untersuchungsergebnisse vorliegen. EDV-Programme ermöglichen ein Optimieren der Ration.
Beispiele für das Berechnen der Gehaltswerte werden bei den jeweiligen Kapiteln der praktischen Fütterung gegeben.

4.3 Wirkstoffe

4.3.1 Mineralstoffe

Von den essenziellen **Mengenelementen** Ca und P, Na, Mg, K, Cl und S geraten unter üblichen Bedingungen nur die ersten drei ins Minimum. Von den essenziellen **Spurenelementen** Fe, Cu, Mn, Zi, J, Co, Mo, F, Se und Ni müssen besonders die ersten fünf beachtet werden. Calcium und Phosphor dienen vor allem dem Aufbau der Knochen, Eisen ist für die Blutbildung verantwortlich und spielt besonders bei der Ferkelfütterung eine Rolle. Die Belastung der Gülle mit Schwermetallen durch Spurenelemente muss verhindert werden.

Tabelle 116: Bedarf an wichtigen Mineralstoffen (in g/Tier und Tag)

Stadium	Abschnitt	Ca	P	Na
Saugferkel		2– 4	1,5–2,5	0,5
Absatzferkel	10– 20 kg LM	4– 8	2,5–5	1
Mastschwein	20– 50 kg LM	8–13	5–9	1,5
	50–100 kg LM	13–20	9–13	2
Zuchtsau	niedertragend	14	9	4
	hochtragend	20	13	5
	säugend	40–50	25–35	12

4.3.2 Vitamine

Die ausreichende Versorgung der Schweine mit **Vitaminen** ist heute nötiger denn je, weil die Tiere bei hohen Leistungen und geringstmöglichem Futteraufwand im Stall gehalten werden, weil keine freie Futterwahl möglich, der Stoffumsatz aber erhöht ist und weil die große Besatzdichte der Ställe die Infektionsgefahr verstärkt und die Verwendung von Medikamenten über längere Zeitdauer die Tiere zusätzlich belastet.

4.4 Zusatzstoffe

4.4.1 Hilfsstoffe

Hilfsstoffe werden dem Futter zugesetzt, um seine Eigenschaften günstig zu beeinflussen. Sie sind in der Regel keine Nährstoffe und gesundheitlich unbedenklich. In der Schweinefütterung spielen folgende Hilfsstoffe eine Rolle:

- ► *Antioxidantien:* Sie verhindern das Zersetzen von Futterinhaltsstoffen durch Luftsauerstoff, z. B. Ranzigwerden von Fett.
- ► *Aromastoffe:* Sie fördern die Futteraufnahme und erleichtern z. B. im Ferkelfutter die Entwöhnung von der Muttermilch.
- ► *Emulgatoren:* Sie verhindern das Aufschwimmen des Fettes in Milchaustauschfuttermitteln und verbessern so deren Verträglichkeit und Verdaulichkeit.
- ► *Fließhilfsstoffe:* Sie verhindern Verklumpungen und verbessern die Einmischbarkeit in Flüssigkeiten.
- ► *Presshilfsstoffe:* Sie verbessern die Festigkeit der Pellets, setzen den Energieaufwand beim Pressen herab. Pressfutter bietet die Gewähr für eine gleichmäßige Verteilung und Aufnahme der einzelnen Futterkomponenten (kein Entmischen).
- ► *Konservierungsstoffe:* Es sind vorwiegend organische Säuren und Salze. Sie schützen Futtermittel vor dem Verderb durch Pilze und Bakterien.

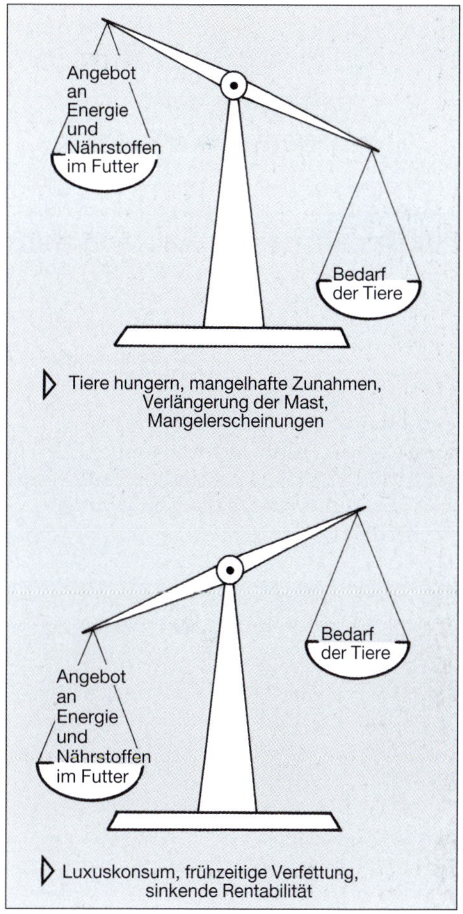

Abb. 1190 Wirkung von Über- und Unterversorgung (Schema).

4.4.2 Wachstums- und Leistungsförderer

Seit 1. Januar 2006 sind alle antibiotischen Leistungsförderer verboten. Zunehmend werden deshalb künftig Enzyme, organische Säuren sowie Pro- und Prebiotika (Symbiotika) als Leistungsförderer an Bedeutung gewinnen. Probiotika sind erwünschte Bakterien- und Hefekulturen, die die Darmflora günstig beeinflussen.

4.5 Futtermittel für Schweine

Das Futter ist der größte Kostenfaktor in der Schweinehaltung. Bei den heutigen Leistungsanforderungen ist ein ausschließliches Verwenden wirtschaftseigener Futtermittel nicht mehr möglich. Sie müssen durch zugekaufte Handelsfuttermittel mit spezifischen Nährstoffgehalten ergänzt werden.

Das Verwenden wirtschaftseigener Futtermittel setzt eine möglichst genaue Kenntnis ihres Futterwertes voraus, um damit ihre Einsatzmöglichkeiten besser abschätzen und planen zu können. Deshalb sind bei der Produktion hochwertiger Futtermittel, bei der Lagerung, Aufbereitung und Vorlage nach Möglichkeit Mengen- und Nährstoffverluste zu vermeiden. Darüber hinaus ist es empfehlenswert, Nährstoffanalysen durchzuführen.

Abb. 1191 Einfluss der Säurebindungskapazität auf die Verdauung.

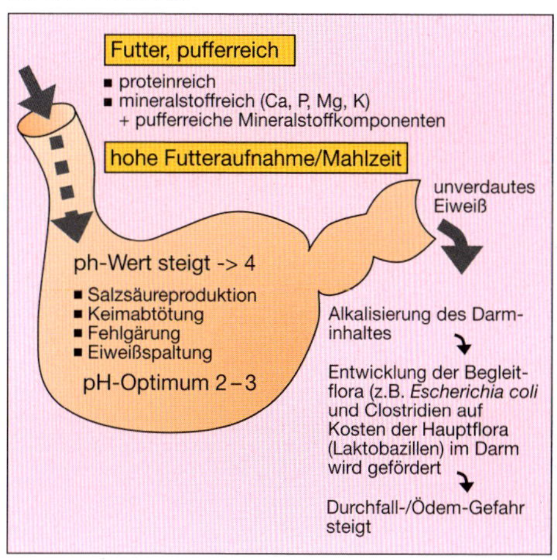

4.5.1 Futtermittelrecht

Auch für die Futtermittel, die in der Schweinehaltung eingesetzt werden, gilt das **Futtermittelrecht** *(Futtermittel-Gesetz* und die

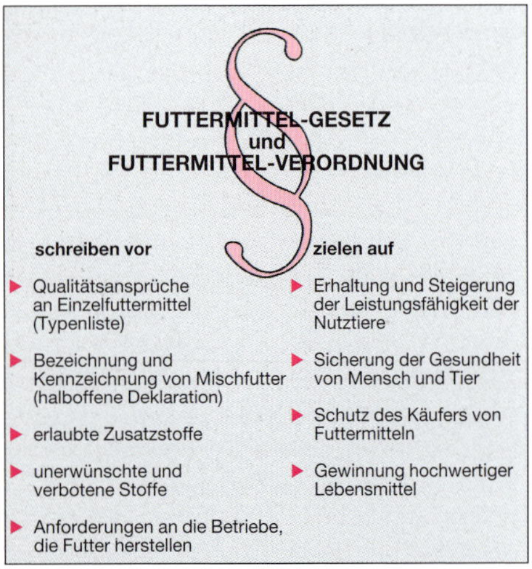

Abb. 1192 Inhalte und Ziele des Futtermittelrechts.

Abb. 1193 Bei Weizen können nur Mehl (Mitte) und Kleie (rechts) direkt in der Schweinefütterung eingesetzt werden. Körner sind vorher zu schroten.

Abb. 1194 Futtermittelrechtliche Vorschriften: Grenzwerte für Vitamine und Spurenelemente

Vitamine/ Spurenelemente	Tierart	Höchstgehalte je kg Futter (88% T)
Vitamin A	Mastschweine	13 500 I.E.
Vitamin D_3	Ferkel	10 000 I.E.
	Mastschweine	2 000 I.E.
Selen	alle Schweine	0,5 mg
Zink	alle Schweine	150 mg
Kupfer	Ferkel bis 12 Wo.	170 mg
	sonstige Schweine	25 mg
Mangan	alle Schweine	150 mg
Eisen	Ferkel bis 1 Wo.	250 mg/Tag
	vorm Absetzen	750 mg
	sonstige Schweine	
Jod	alle Schweine	10 mg
Kobalt	alle Schweine	2 mg

entsprechenden Verordnungen). Es verbietet den Einsatz von Hormonen, Thyreostatika und Antibiotika. Die Verwendung von Futterzusatzstoffen ist genau geregelt. Das Futtermittelrecht legt für den Zukauf von Einzelfuttermitteln und Mischfuttern die Angabe der qualitätsbestimmenden Inhaltsstoffe fest.

Futtermittel dürfen nur in den Verkehr gebracht werden, wenn die **Kennzeichnung** den gesetzlichen Vorschriften entspricht. Dies wird von der amtlichen Futtermittelkontrolle vom Hersteller weg überwacht.

Auf dem **Sackanhänger** müssen folgende Angaben stehen:

- Bezeichnung des Futters,
- Inhaltsstoffe,
- Zusatzstoffe,
- Hersteller oder Händler.

Zusätzlich für *Mischfutter:*

- Herstellungsjahr und -monat,
- Hinweise für den sachgerechten Einsatz.

Die mengenmäßige Angabe aller Mischfutterkomponenten ist nicht verpflichtend, wohl aber der Aufdruck von Fütterungshinweisen. Der Tierhalter ist für deren Einhaltung (angegebene Tiergattung, Höchstalter für die Verfütterung) und die eventuell vorgeschriebene Wartezeit bis zur Schlachtung (Absetzfrist) verantwortlich. *Rückstandsuntersuchungen* bei Schlachttieren decken Verstöße auf, für die der Tierhalter haftbar ist.

Die Feststellung der Inhaltsstoffe in den betriebseigenen und zugekauften Futtermitteln entscheidet daher über die Qualität der Einzel- und Mischfuttermittel.

Auch in Schweine haltenden Betrieben werden durch die Veterinärbehörden vermehrt Futterproben gezogen. Es sind die in Abb. 1194 aufgelisteten Höchstgehalte je kg Alleinfutter einzuhalten. Dabei ist das eingesetzte Mineralfutter (Einmischrate, Inhaltsstoffe) unbedingt zu berücksichtigen.

4.5.2 Futtermittel pflanzlicher Herkunft

Körnerfrüchte und deren Nebenprodukte – Dazu zählen neben Getreide und Mais auch die Mühlen-Nachprodukte.

Getreide ist gegenwärtig das wichtigste Schweinefutter. Hinsichtlich des Futterwertes ist *Lysin* die begrenzende Aminosäure. Die *biologische Wertigkeit* des Proteins fällt in der Reihenfolge Hafer, Gerste, Triticale, Weizen, Mais. Der *Energiegehalt* des Getreides liegt bei den nackten Getreidearten um 13,5 MJ ME/kg T und bei den bespelzten um 11 MJ ME/kg T. Das sehr enge Ca : P-Verhältnis erfordert bei getreidereichen Rationen Aufmerksamkeit.

Gerste eignet sich für alle Arten der Schweinehaltung, *Weizen* wegen der hohen Verdaulichkeit der Nährstoffe besonders für die Ferkel und *Hafer* wegen des Fettgehaltes vornehmlich für Zuchtsauen. *Roggen* ist zwar grundsätzlich zur Schweinefütterung geeignet, wird aber nicht gerne gefressen. Es ist zweckmäßig, die Inhaltsstoffe bei Verdacht auch auf DON untersuchen zu lassen.

Bei **Maiskolben-Futtermittel** werden heute neben den Körnern vor allem Korn-Spindel-Gemisch (CCM), Kolbenschrot und Lieschkolbenschrot (LKS) eingesetzt. Der *Energiegehalt* wird in

jedem Falle von der Größe des jeweiligen Kornanteils bestimmt. Die teilweise Miternte der Spindel ist nur deswegen von Vorteil, weil deren Rohfasergehalt sich vorteilhaft bei der Mast gegenüber dem rohfaserarmen Maiskorn auswirkt und weil bei schlechter Reife die halbreifen Körner am Spindelende mitgeerntet werden und so den Gesamt-Energieertrag erhöhen.
CCM wird hauptsächlich zur Flüssigfütterung der Mastschweine eingesetzt. Für die Feinheit des Schrotes gilt, dass ca. dreiviertel der Masse durch ein 2-mm-Sieb fallen sollten. *Kolbenschrot* ist ebenfalls ein sehr gutes Mastfutter. *Lieschkolbenschrot* kann jedoch erst nach dem Absieben der Lieschen für die Schweinemast verwendet werden.
Bei den **Nebenprodukten der Getreideverarbeitung** wird der Futterwert der Mühlen-Nachprodukte Futtermehl, Kleie und Schälkleie *(Weizen* und *Roggen)* vor allem durch den Grad der Ausmahlung bestimmt. *Haferfutterflocken* dienen wegen des hohen Energiewertes besonders als Ergänzungsfutter für Ferkel.
Häufig wird auch *Brot* aus Großbäckereien bzw. aus Resten in der Schweinemast verwendet.
Sojaschrot ist als dampferhitzter (= getoasteter) Soja-Extraktionsschrot das *wichtigste* Eiweißfuttermittel pflanzlicher Art. Das Dampferhitzen zerstört einen im Sojaschrot enthaltenen Hemmfaktor für das proteinabbauende Enzym Trypsin sowie andere wachstumshemmende Stoffe. Beim sog. HP-Schrot (Hoch-Protein-Soja) wurden die Schalen abgetrennt, während sie bei ungeschälter Saat noch weitgehend enthalten sind.

> ! Gedämpftes (getoastetes) Sojaschrot kann als alleiniges Eiweißergänzungsfutter in der Schweinemast verwendet werden.

Heimische Eiweißfuttermittel – Die Hülsenfrüchte **Ackerbohnen, Erbsen, Wicken** und **Lupinen** haben gegenüber Getreide einen höheren Proteingehalt. Im Vergleich zu Sojaschrot haben sie aber Mängel in der Aminosäurenausstattung, insbesondere bei Methionin und Tryptophan. Außerdem enthalten sie verzehrs- und leistungshemmende Inhaltsstoffe. In der Ration sollte ihr Anteil deshalb 10 – 20 % nicht überschreiten.
Raps-Extrationsschrot, ein Nebenprodukt der Rapsölgewinnung, wird überwiegend aus 00-Raps hergestellt. Er ist reich an Eiweiß und essenziellen Aminosäuren. Er hat aber einen höheren Rohfaser- und damit einen niedrigeren Energiegehalt als Soja-Extraktionsschrot und Getreide und enthält sog. anti-nutritive Stoffe, besonders Glucosinolate.
Diese scharf schmeckenden Inhaltsstoffe bewirkten eine geringere Futteraufnahme und ein Anschwellen der Schilddrüse. Deshalb sollte Raps-Extrationsschrot nur in der Größenordnung von 5 – 10 % im Alleinfutter eingesetzt werden.
Knollen und Wurzeln – Die Bedeutung von Kartoffeln und Rüben (auch als *Saftfutter* bezeichnet) geht wegen des damit verbundenen hohen Arbeitsaufwandes, der relativ hohen Konservierungskosten und -verluste und der geringen Energiedichte zurück.

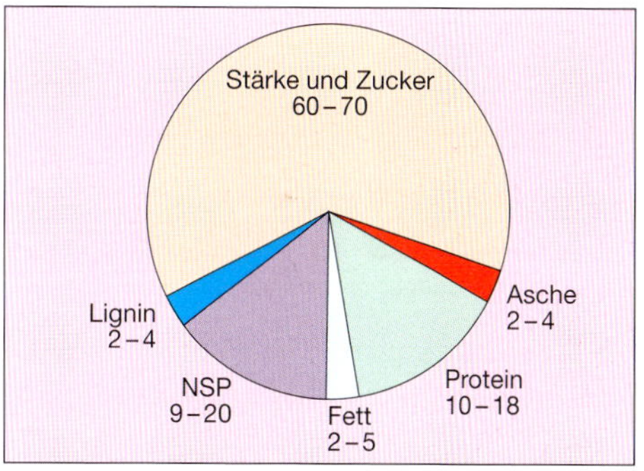

Abb. 1195 Zusammensetzung von Getreide (%-Anteile in der Trockenmasse; NSP = Nicht-Stärke-Polysaccharide, z. B.Cellulose).

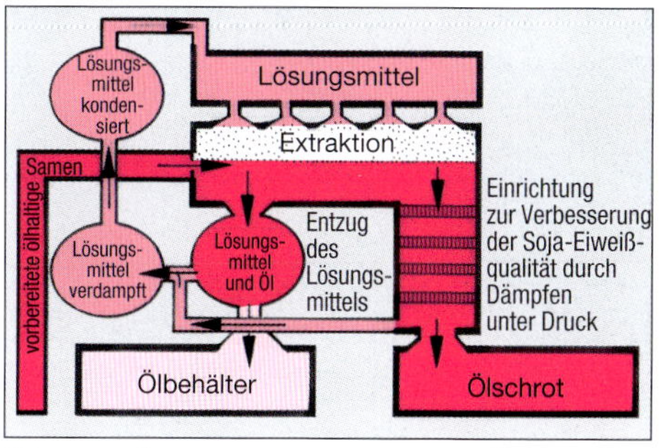

Abb. 1196 Ölschrotherstellung (Schema). Ölschrote haben einen geringeren Fettgehalt als Ölkuchen.

Abb. 1197 Sojaschrot enthält über 3-mal mehr Eiweiß als Gerstenschrot.
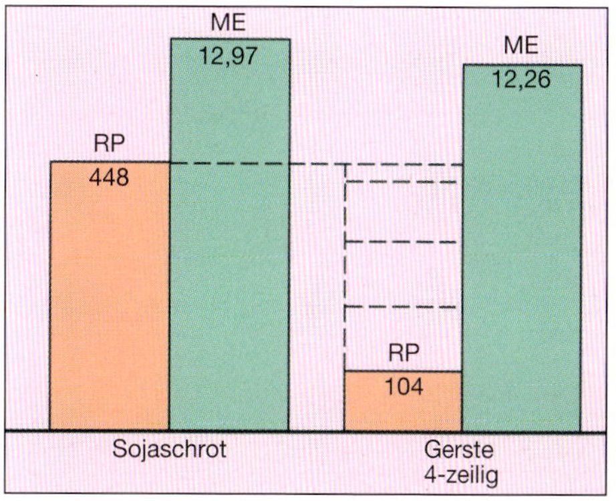

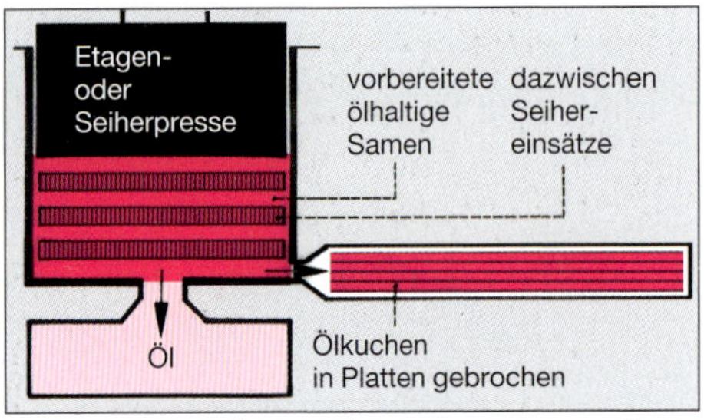

Abb. 1198 Ölkuchenherstellung (Schema). Ölkuchen hat mindestens 5 % Fettgehalt.

Abb. 1199 Verdorbenes Getreide darf nie in den Futtertrog gelangen.

Abb. 1200 Biertreber ist ein hochwertiges Eiweißfuttermittel und passt auch in Schweinerationen.

Tabelle 117: Schwankungsbreite bei den Inhaltsstoffen heimischer Eiweißfuttermittel (85 %)

Eiweißfutter	Energie MJ ME	Rohprotein g	Lysin g (% i.Rp)	Methionin g (% i. Rp)
Ackerbohnen				
Gloria (tanninarm)	12,50	285	15,4 (5,4)	1,8 (0,6)
Music (tanninhaltig)	12,16	253	13,5 (5,3)	1,6 (0,6)
Erbsen				
Nitouche	13,09	243	15,1 (6,2)	1,9 (0,8)
Duel	13,09	193	12,1 (6,3)	1,7 (0,9)
Lupinen				
Borsaja (gelb)	12,67	389	18,0 (4,6)	2,6 (0,7)
Bordako (blau)	11,86	278	10,0 (3,6)	1,4 (0,4)

Tabelle 118: Einsatzbeschränkungen heimischer Eiweißfuttermittel

Eiweißfutter	Verbindung	Wirkung	max. Einsatz (%) Zs	Fe	Ms
Ackerbohnen	Tannine	verzehrshemmend,	10	15	20
Erbsen		Proteinverdauung herabgesetzt	20	20	30
Lupinen (süß)	Lectine	Abwehr geschwächt	10	10	10
	Protease-inhibitoren	Wachstums-depression,			
	Glucoside	Vergiftungs-erscheinungen			
	Alkaloide	Verzehrshemmend			
	Antivitamine	Leistungsdepression			
	Mykotoxine	Fruchtbarkeits-probleme			
Rapskuchen	Gluco-sinolate	verzehrsdepression, Lebergift	10	10	15

Rüben werden hauptsächlich an tragende Sauen verfüttert. Die bei der Zuckerherstellung anfallenden Trockenschnitzel haben einen hohen Zuckergehalt, der die Menge an Umsetzbarer Energie schmälert.

Kartoffeln müssen vor dem Verfüttern gedämpft werden, damit die Stärke leichter verdaulich wird. Die Wurzeln von *Maniok* (= Tapioka) werden zu Maniokmehl bzw. Maniokschnitzeln verarbeitet. Wegen der Verunreinigungsgefahr mit Enterokokken (Bakterien) und Schimmelpilzen ist der Gesamtanteil von Maniok in einer Ration auf 30 % zu begrenzen.

Grünfutter, Silage – Grünfutter, Silage und getrocknetes Grünfutter sind wegen der geringen Energiedichte hauptsächlich als Grundfutter für Zuchtläufer, leere und niedertragende Sauen eignet.

4.5.3 Futtermittel tierischer Herkunft

Fischmehl, Tiermehl: Nach dem ersten BSE-Fall in Deutschland wurden laut *Gesetz über das Verbot des Verfütterns, des innergemeinschaftlichen Verbringens und der Ausfuhr bestimmter Futtermittel vom 1. Dezember 2000* bis auf weiteres das Verfüttern von Futtermitteln tierischer Herkunft verboten. Dieses Verbot gilt für

Tiermehl weiterhin, während Fischmehle mittlerweile wieder verfüttert werden dürfen.
Das hochwertige *Kartoffeleiweiß* ist kaum verfügbar und so muss die Proteinversorgung häuptsächlich mit *Sojaeiweiß*, ergänzt mit synthetischen Aminosäuren im Mineralfutter sichergestellt werden. Diese Strategie stößt jedoch schnell an die Grenzen einer tier- und umweltgerechten Fütterung.
Magermilch war früher das wichtigste wirtschaftseigene Eiweißfuttermittel. Heute muss ihre Preiswürdigkeit im Vergleich zu anderen Eiweißträgern jeweils geprüft werden. Magermilch wird am besten dicksauer verfüttert, um keinen Durchfall zu verursachen.
Molken sind Rückstände bei der Käseherstellung. Ihr Eiweißgehalt ist zwar niedrig, aber hochwertig. Das Nährstoffverhältnis in der Molke gleicht dem von Getreide. Der hohe Milchzuckergehalt wirkt abführend. Deswegen sollte die Molke bei Flüssigfütterung nicht mehr als das 4,5-fache der Trockenfuttermenge ausmachen.

4.5.4 Industrielle Mischfutter

Unter **Alleinfuttermittel** versteht man Mischfutterarten, deren Bestandteile so ausgewählt sind, dass das Nährstoffverhältnis dem Bedarf der Schweine voll entspricht. Man kann also, ohne ein anderes Futtermittel zu verwenden, den gewünschten Erfolg erzielen. Das Futtermittel-Gesetz und die entsprechenden Verordnungen schreiben die Bekanntgabe der Komponenten und des Futterwertes vor.
Ergänzungsfuttermittel haben lediglich die Aufgabe, die *Lücken* an Nähr-, Mineral- und Wirkstoffen in einer Ration zu schließen. Sie werden für verschiedene Bedürfnisse hergestellt, z. B. als Ergänzungsfuttermittel zur Eisenversorgung der Ferkel oder als Ergänzungsfuttermittel für Zuchtsauen.
Für Schweine werden folgende **Futtermischungen** angeboten:
- ▶ Milchaustauscher für Ferkel,
- ▶ Ergänzungsfutter für Saugferkel,

a)	**Inhaltsstoffe** in %	
	Lysin	mind. 0,8
	Rohprotein	mind. 16
	Rohfett	max. 8
	Rohfaser	max. 7
	Stärke	mind. 33
	Calcium	mind. 0,8
	Phosphor	mind. 0,6
	Natrium	mind. 0,25
b)	**Zusatzstoffe** je kg	
	Zink	mind. 50 mg
	Vitamin A	mind. 50 000 I. E.
	Vitamin D	mind. 625 I. E.
c)	**Umsetzbare Energie**	
	ME	13 MJ

Abb. 1201 **Beispiel** für die Zusammensetzung: »Alleinfuttermittel« für säugende Sauen.

a)	**Inhaltsstoffe** in %	
	Lysin	mind. 0,85
	Rohprotein	mind. 17
	Rohfett	max. 8
	Rohfaster	max. 6
	Stärke	mind. 33
	Calcium	mind. 0,75
	Phosphor	mind. 0,55
	Natrium	mind. 0,15
b)	**Zusatzstoffe** je kg	
	Kupfer	mind. 20 mg
	Zink	mind. 50 mg
	Vitamin A	mind. 4000 I. E.
	Vitamin D	mind. 500 I. E.
c)	**Umsetzbare Energie**	
	ME	mind. 12,5 MJ

Abb. 1202 **Beispiel** für die Zusammensetzung: »Alleinfuttermittel I« für Mastschweine bis ca. 50 kg LM.

Tabelle 119: Inhaltsstoffe einiger Rohfaserträger im Vergleich zu Gerste

Futtermittel	ME MJ	Rohfaser g	Rohprotein g	Stärke g	Calcium g	Phosphor g
Gerste	12,6	50	109	527	0,6	3,4
Weizenkleie	8,4	118	141	131	1,3	11,8
Trockenschnitzel	8,1	185	89	0	6,8	0,9
Grünmehl	7,0	188	177	0	7,5	3,8
Sojaschalen	5,9	344	118	32	5,0	1,4
Sonnenblumen-Extraktionsschrot	10,8	200	345	0	3,5	9,5
Strohmehl	2,0	380	33	0	2,1	0,6
Biertreber, 90 % T	8,5	153	233	38	3,1	5,5
Biertreber, siliert, 26 % T	2,4	50	65	4	0,9	1,6

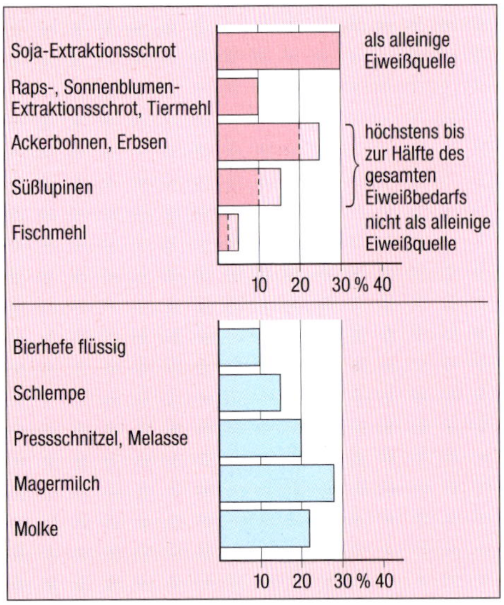

Abb. 1203 Empfohlene Höchstanteile (in %) in der Schweinefütterung bei eigenen eiweißreichen Futtermitteln bzw. an der Gesamt-Trockenmasse.

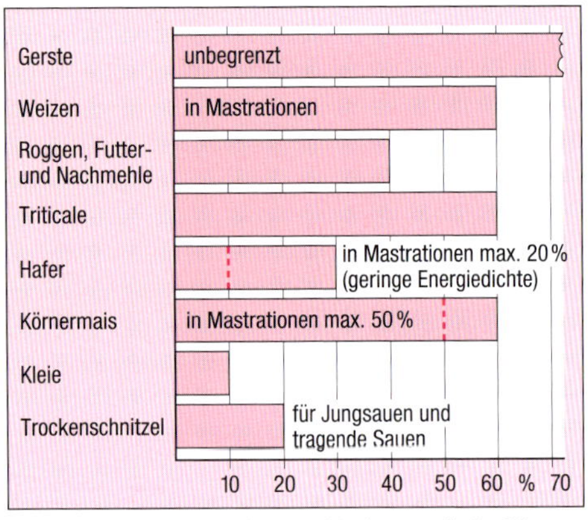

Abb. 1204 Empfohlene Höchstanteile (in %) einiger kohlenhydratreicher Futtermittel an der Futterration von Schweinen.

Abb. 1205 Rohfaser in der Futterration.

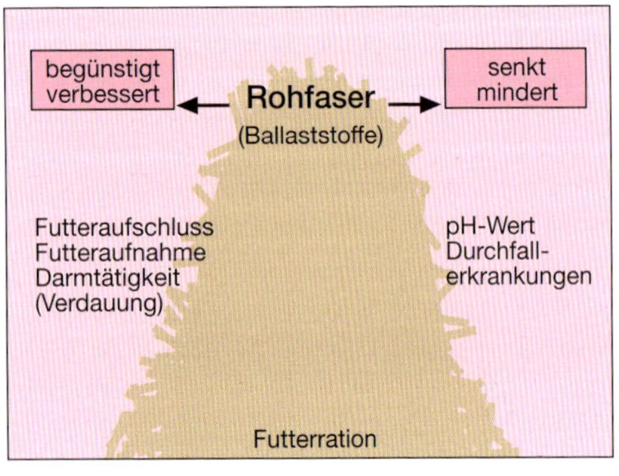

Tabelle 120: Vor- und Nachteile bestimmter Rohfaserträger

Futtermittel	Vorteil	Nachteil
Weizenkleie	frei verfügbar, standardisierte Inhaltsstoffe	hoher P-Gehalt, Futterstruktur zu fein, mykotoxinhaltig
Trockenschnitzel	frei verfügbar, gute Futterakzeptanz	schwankende Inhaltsstoffe, z. T. hohe Asche- und Ca-Gehalte
Grünmehl	frei verfügbar	schwankende Inhaltsstoffe, Futterstruktur zu fein
Sojaschalen	hoher Rohfasergehalt	schwer verfügbar
Strohmehl	hoher Rohfasergehalt	eingeschränkt einsetzbar (Vermahlung!), mikrobiologisch kritisch zu sehen, Futterstruktur neigt zu Brückenbildung im Silo
Biertreber, siliert	hoher Rohfasergehalt	eingeschränkt verfügbar; T-Gehalt, Transport- und Silierkosten bestimmen Preiswürdigkeit

- Ergänzungsfutter zur Eisenversorgung für Ferkel in den ersten Lebenswochen,
- Ferkel-Aufzuchtfutter I (Alleinfutter),
- Ferkel-Aufzuchtfutter II (Alleinfutter),
- Alleinfutter I (für Mastschweine bis ca. 50 kg LM),
- Alleinfutter II (für Mastschweine ab 50 kg LM),
- Alleinfutter für Mastschweine ab 35 kg LM,
- Ergänzungsfutter I für Mastschweine,
- Ergänzungsfutter II für Mastschweine,
- Alleinfutter für tragende Sauen,
- Alleinfutter für säugende Sauen,
- Ergänzungsfutter für Zuchtsauen,
- Eiweißkonzentrat für Schweine,
- Mineralfutter für Schweine (mit Antibiotika-Zusatz nicht für Zuchtsauen erlaubt!),
- Lysinhaltiges Mineralfutter für Schweine,
- Diätfutter beim Absetzen (Problembetriebe).

4.5.5 Zusammenstellen von betriebseigenen Futtermischungen

Viele Betriebe verwerten das im eigenen Betrieb erzeugte Getreide selbst als Futter in der Schweineproduktion. Bei der **Zusammenstellung** betriebseigener Futtermischungen geht es um die Lösung folgender Probleme:

- Herstellung eines bestimmten Verhältnisses von zwei Futterwertgrößen zueinander, z. B. ME : RP, ME : Lysin,
- Einstellen eines bestimmten Gehaltes, z. B. 16,5 % RP oder 13,0 MJ ME, bezogen auf 88 % T.

In der Praxis werden diese Aufgaben mit Hilfe von **Futteroptimierungs-Programmen** der EDV gelöst. Deswegen wird hier auf die Darstellung des mathematischen Lösungsweges verzichtet.

Aufgaben:

1. Weshalb sind Schweine auf die Zufuhr essenzieller Aminosäuren angewiesen?
2. Weshalb muss man in der Schweinefütterung dampferhitztes Sojaschrot einsetzen?
3. Eine Futtermischung für Mastschweine besteht aus: 30 % Ergänzungsfutter (in 1 kg: 860 g T, 280 g RP, 10,7 MJ, 75 g RF); 30 % Weizen (in 1 kg: 860 g T, 110 g RP, 13,7 MJ, 25 g RF); 40 % Gerste (in 1 kg: 850 g T, 100 g RP, 12,4 MJ, 45 g RF). Berechnen Sie den Gehalt von 1 kg Mischung an T, RP, MJ und RF.
4. Sojaschrot (45 % RP, 13,0 MJ/kg ME) soll mit einem Getreideschrot gemischt werden. Das Getreideschrot soll aus Gerste (11 % RP; 12,5 MJ/kg ME) und aus Weizen (11,5 % RP; 13,7 MJ/kg ME) im Verhältnis 2 : 1 zusammengesetzt sein. Die Gesamtmischung soll 16 % RP enthalten.
   a) Wie viele g/kg RP und MJ/kg enthält das Getreideschrot?
   b) Wie viel Prozent Sojaschrot und wie viele Prozent Getreideschrot sind zu mischen?
   c) Wie viele MJ/kg enthält die Mischung?
   d) Welches ME : RP-Verhältnis ist in der Mischung gegeben?
5. 20 % Hafer (108 g RP), 30 % Gerste (110 g RP), Weizen (115 g RP) und Eiweißkonzentrat (470 g RP) sind zu einer Mischung zusammenzufügen, die 16,5 % RP enthält. Wie viel Prozent Weizen und wie viel Prozent Eiweißkonzentrat sind einzumischen?
6. Aus 40 % Gerste (100 g RP; 12,6 MJ), 10 % Hafer (110 g RP; 11,3 MJ), Weizen (117 g RP; 13,5 MJ) und Eiweißkonzentrat 46 (460 g RP; 11,2 MJ) ist eine Mischung mit einem ME : RP-Verhältnis von 1 : 11,4 herzustellen. Wie viel Prozent Eiweißkonzentrat sind einzumischen?
7. Eine Mischung aus 35 % Gerste (100 g RP; 12,5 MJ ME), 10 % Weizenkleie (165 g RP; 9,3 MJ ME), 15 % Hafer (110 g RP; 11,3 MJ ME) und 40 % Weizen (115 g RP; 13,8 MJ ME) ist mit Eiweißkonzentrat 48 (480 g RP; 11,5 MJ ME) so zu mischen, dass die Gesamtmischung ein ME : RP-Verhältnis von 1 : 14,5 aufweist. Berechnen Sie die Prozentanteile aller Mischungskomponenten.
8. Corn-Cob-Mix (CCM) und Eiweißkonzentrat sollen in einem solchen Verhältnis gemischt werden, dass der RP-Gehalt 16,5 % beträgt, bezogen auf 88 % Trockensubstanz. Unterstellte Werte: CCM: 53 % T, 5,8 % RP, 8,0 MJ/kg; Eiweißkonzentrat: 86 % T, 46 % RP, 11,3 MJ/kg.
   a) Wie viel Prozent soll die Mischung von jeder Mischungskomponente enthalten?
   b) Wie viele Gramm RP und wie viel MJ sind in 1 kg Mischung (bezogen auf 88 % T) enthalten?

Abb. 1206 Das Futtermittelrecht plant eine verstärkte Pflicht zur Dokumentation und Futterkontrolle, um die Rückverfolgung garantieren zu können. Die *Futtermittelhygiene-VO* verlagt z. B.

- Dokumentation der verwendeten Pflanzenschutzmittel auf dem Acker,
- Dokumentation des Einsatzes von Bioziden im Getreidelager,
- Untersuchungsergebnisse von Futtergetreide (z. B. DON),
- Wareneingänge (z. B. Soja, Mineralfutter, Zukaufsgetreide) mit Lieferschein dokumentieren,
- Michanweisungen (Rationsberechnung) erstellen,
- Erstellung eines HACCP-Konzepts,
- Funktionalität der Mischanlage nachweisen usw.

Abb. 1207 Mindeststandards für Futtergetreide.

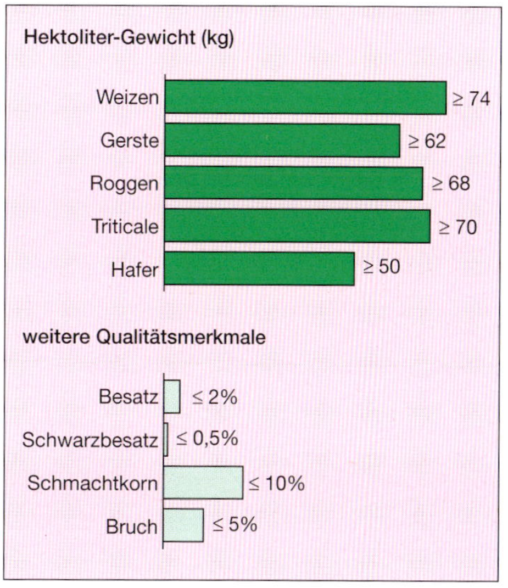

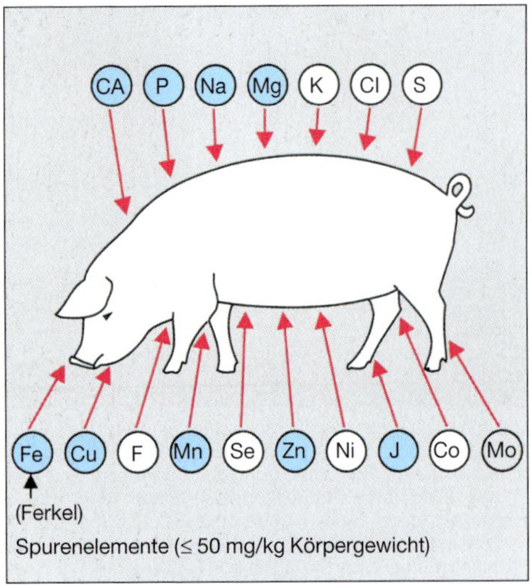

Abb. 1208 Essenzielle Spurenelemente für die Ernährung des Schweines.

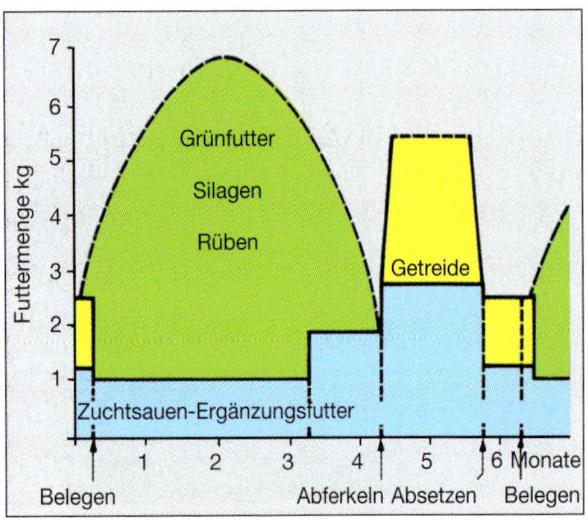

Abb. 1209 Fütterungsschema für die kombinierte Fütterung von Zuchtsauen.

5 Zuchtsauen

5.1 Fütterung

5.1.1 Allgemeines

Maßgeblichen Einfluss auf den wirtschaftlichen Erfolg in der Ferkelerzeugung, der sich u. a. in der Anzahl der abgesetzten Ferkel pro Sau und Jahr zeigt, hat die Fütterung der Sauen. Neuere Untersuchungen haben gezeigt, dass insbesondere Menge, Art und Qualität des Futters zu Beginn (die ersten 21 Tage) und zum Ende der Trächtigkeit (die letzten 14 Tage) das Geburtsgewicht der Ferkel wesentlich beeinflussen.

Grundsätzlich ist festzustellen, dass Sauen während der Trächtigkeit ca. 40 kg zunehmen dürfen. Bei Jungsauen ist eine Zunahme von 50 kg normal. Bei ausgewachsenen Sauen muss aber eine erhöhte *Gewichtszunahme* unbedingt vermieden werden, weil sich dadurch der Geburtsvorgang verzögert (Wehenschwäche).

Verfettung fördert außerdem Gesäugeentzündungen, setzt die Fresslust herab und erhöht die Schwerfälligkeit der Sau, wodurch die Erdrückungsgefahr für die Ferkel entsprechend zunimmt. Eine reduzierte Futteraufnahme unmittelbar nach dem Belegen begünstigt außerdem die Einnistung der Embryonen in die Gebärmutterschleimhaut.

5.1.2 Bedarf an Nährstoffen, Mineralstoffen und Vitaminen

Die Gesellschaft für Ernährungsphysiologie der Haustiere hat für Zuchtsauen die in folgender Tabelle genannten Empfehlungen gegeben.

Tabelle 121: Richtwerte zum täglichen Nähr- und Mineralstoffbedarf von Zuchtschweinen

Zuchtschweine	ME MJ	RP g	Lysin g	Ca g	P g	vP g	Na g
Zuchtsauen:							
niedertragend[1])	28	290	12,4	7,5	5,5	2,7	5,0
hochtragend[1])	33	340	14,5	18,0	13,0	6,3	5,5
säugend[2]) (10 Ferkel)	70	900	53,0	50,0	30,0	16,5	10,0
(12 Ferkel)	78	1000	58,0	53,0	33,0	18,5	11,0
Absetzen bis Decken	33	430	23,0	9,0	6,5	3,3	5,0

[1]) Sauen mit mehr als 200 kg LM beim Belegen brauchen je 10 kg Körpermasse einen Zuschlag von 1 MJ ME. Zwischen Jungsauen (Wachstum) und Altsauen (Erhaltungsbedarf) wird nicht unterschieden.

[2]) Die Bedarfsempfehlung für säugende Sauen berücksichtigt eine 4-wöchige Säugeperiode mit einer Wurfgröße von 10 Ferkeln (Jungsauen) bzw. 12 Ferkeln (Altsauen). Als Beifutteraufnahme werden je Wurf 12 kg angenommen.

5.1.3 Fütterungsmethoden

Kombinierte Fütterung – Von kombinierter Fütterung spricht man, wenn die Zuchtsauen *betriebseigenes Grundfutter* (Saftfutter) erhalten und das Nährstoffdefizit (2/3 – 3/4 des gesamten Nährstoffbedarfs) durch eine entsprechende *Kraftfuttergabe* aufgefüllt wird.

Als Grundfutter dient im **Sommer** Weidegang oder Grünfutter, das im Stall verfüttert wird. Zuchtsauen nehmen davon ca. 12 kg täglich auf und decken damit ihren *Eiweißbedarf* nach Menge und Qualität vollständig, wenn es sich um junges Grünfutter handelt. Zur Ergänzung des *Energiebedarfs* müssen an leere und niedertragende Tiere täglich 0,5 kg Getreideschrot dazugefüttert werden. 30 g vitaminierte Mineralstoffmischung decken den fehlenden Betrag an Mineralstoffen und Vitaminen.

Hochträchtige Tiere erhalten zum Ausgleich täglich 1,5 – 2 kg Kraftfutter, das in seiner Zusammensetzung dem Zuchtsauen-Alleinfutter entsprechen sollte.

Während der Säugezeit ist der Nährstoffbedarf so hoch, dass *ausschließlich* Kraftfutter in einer Menge von 0,5 kg/Ferkel gegeben wird.

Im **Winter** stellen *Gärfutter* und *Futterrüben* das Grundfutter. *Silage* muss besonders bei trächtigen Tieren einwandfrei vergoren und schimmelfrei sein. Erhalten Zuchtsauen Maissilage oder Futterrüben bis zur Sättigung, so ist zur Deckung des Nährstofffehlbetrages *Zuchtsauen-Ergänzungsfutter* in Mengen von 1 bzw. 2 kg täglich erforderlich.

Kartoffeln sollten nur in geringen Mengen an Zuchtsauen verfüttert werden, weil dabei leicht eine *Überversorgung* an Energie eintreten kann. *Grünmehl* oder *Cobs* können für niedertragende Sauen ein betriebseigenes Grundfutter sein, das bei einer Aufnahme von 3 kg den täglichen Nährstoffbedarf deckt. Die geringe Verdaulichkeit hindert im weiteren Verlauf der Trächtigkeit den Einsatz.

Alleinfütterung – Hier werden die Zuchtsauen nur mit *einer* Futtermischung gefüttert, die entweder fertig zugekauft oder selbst unter Verwendung von Getreideschrot und Eiweißkonzentrat gemischt wird.

Der Vorteil dieser Methode liegt in der *leichter* zu regelnden Nährstoffversorgung, weil der Gehalt der Mischung stets gleich bleibt, im *geringeren* Arbeitsaufwand (leichte Dosierung und Lagerung) und in der gleichen Futterzusammensetzung (Schwankungen in der Qualität wie bei Saftfutter sind weitgehend ausgeschlossen).

Dies wiegt manchmal den Nachteil der etwas höheren *Futterkosten* bei dieser Methode auf.

Zuchtsauen-Alleinfutter erfüllt neben den Nährstoffansprüchen auch die an Mineralstoffe und Vitamine. Die notwendigen Futtermengen lassen sich anhand der *Bedarfs-Richtzahlen* der Zuchtkondition und der *Gehaltswerte* des Futters ableiten.

So ergibt sich folgender *Futterplan* (pro Tier und Tag):

niedertragend	2–2,5 kg	
hochtragend, leer	3 kg	
Säugezeit	6 kg	(1,5 kg für den Erhaltungsbedarf der Sau, 0,5 kg für jedes Ferkel)

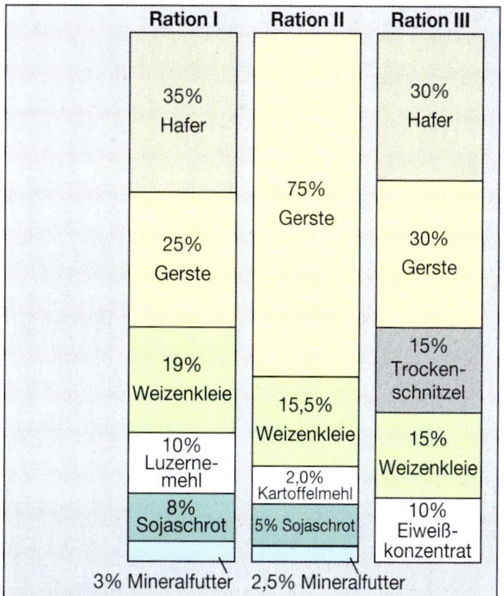

1 kg enthält	Ration I		Ration II		Ration III	
ME	10,73	MJ	11,6	MJ	11,00	MJ
RP	148	g	138	g	148	g
Lysin	6,9	g	6,3	g	6,9	g
Rohfaser	94	g	56	g	91	g
Ca	10	g	5,9	g	7,2	g
P	6,8	g	5,5	g	5,8	g
Na	1,9	g	1,7	g	1,6	g

Abb. 1210 **Beispiele** für Mischungen zur Alleinfütterung tragender Zuchtsauen.

Abb. 1211 **Beispiele** für Mischungen für säugende Sauen.

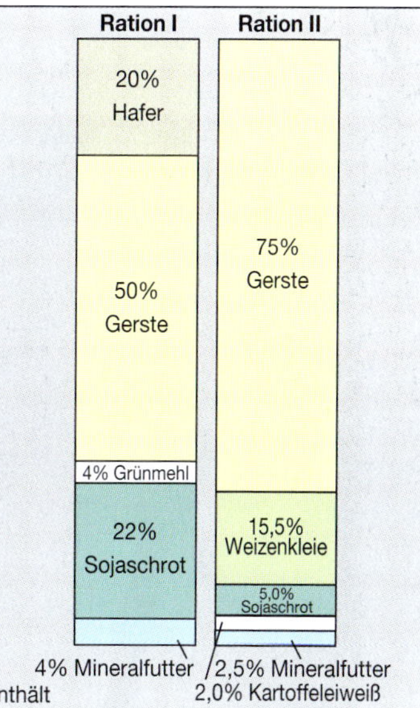

1 kg enthält	Ration I		Ration II	
ME	12,38	MJ	11,6	MJ
RP	160	g	138	g
Lysin	8,0	g	6,3	g
Rohfaser	64	g	56	g
Ca	10,9	g	5,9	g
P	6,5	g	5,5	g
Na	2,32	g	1,7	g

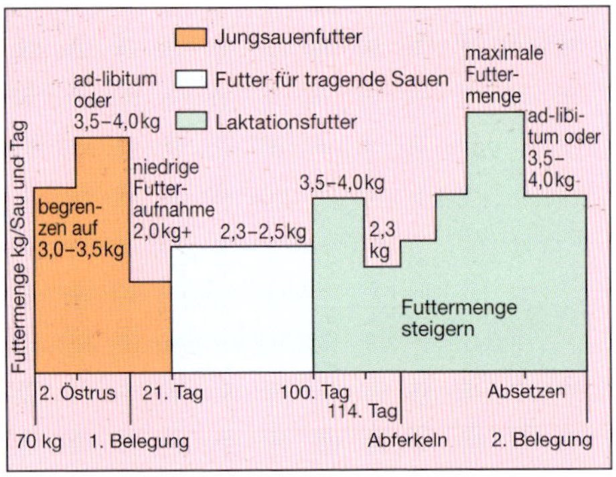

Abb. 1212 Futtermengen für Jungsauen, tragende und laktierende Sauen (**Beispiel,** Schema).

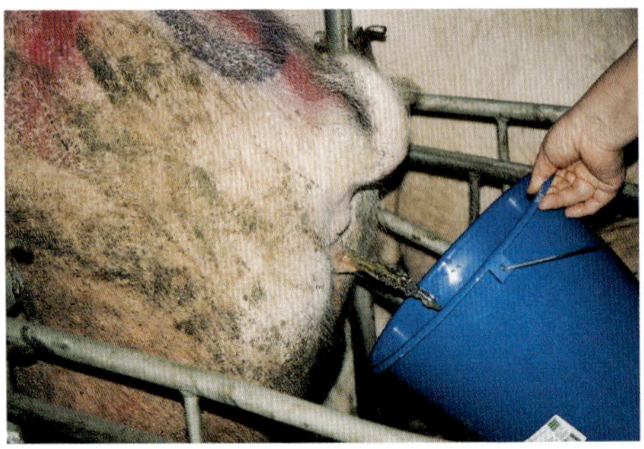

Abb. 1213 Mit einem Eimer wird der Harn aufgefangen und dann zur pH-Bestimmung in ein kleineres sauberes Gefäß umgefüllt.

Abb. 1214 Zu hohe Harn-pH-Werte der Sauen lassen sich über eine gezielte Vorbereitungsfütterung auf optimale Werte um 6 absenken.

5.1.4 Berechnung der Futterration

Die **Berechnung der Futterration** erfolgt heute mithilfe von EDV-Programmen für die Optimierung der Futtermischungen. Dabei werden der Gehalt an Trockenmasse, Rohfaser, Rohprotein sowie der wichtigen Aminosäuren und Mineralstoffe berücksichtigt. Zunächst wird anhand einer Futterwerttabelle der Nährstoffgehalt der einzelnen Futtermittel festgestellt, danach wird der Nährstoffgehalt von 1 kg Futtermischung berechnet (kg Futtermittelanteil mal Nährstoffgehalt) und schließlich wird der tägliche Futtermittelbedarf je Tier (täglicher Energiebedarf/Tier geteilt durch den Energiegehalt/kg Futter) ermittelt.

Fütterung im Wartestall – Laut gesetzlicher Bestimmungen dürfen tragende Sauen seit 1. Januar 2003 (mit entsprechenden Übergangsfristen) ab der 5. Woche bis 1 Woche vor dem Abferkeln nur noch in *Gruppen* gehalten werden. Die Sauen müssen im Wartestall genügend Grundfutter bzw. rohfaserreiches Tragefutter bis zur *Sättigung* erhalten, damit sich ihr Verdauungskanal *ausweitet* und sie in der Lage sind, während der Säugezeit genügend Kraftfutter aufzunehmen. *Wasser* muss über eine Selbsttränke stets zur Verfügung stehen.

Als **Möglichkeiten** der Fütterung bieten sich an:

- ▶ Einzelfütterung mit Abrufstation und Breinuckel,
- ▶ Gruppenfütterung mit Drippelfütterung oder Sattfütterung.

Nicht zuletzt wegen der aufwändigen Technik bei Einzelfütterung gewinnt die **Sattfütterung** an Bedeutung. Hier kommt es darauf an, ein Futter zusammen zu stellen, das zwar den Nährstoffbedarf abdeckt und dabei auch sättigt, jedoch keinesfalls zur Verfettung führen darf. Dazu wird der Rohfasergehalt erhöht (ca. 120 g Rohfaser/kg Futter) und der Energiegehalt auf ca. 9 MJ/kg Futter gesenkt.

Eine *Kontrolle* der Futterzuteilung und des Futterverbrauchs ist nur bei *Einzelfütterung* möglich. Schwächere Tiere dürfen bei Gruppenhaltung nicht abgedrängt werden können (Fressstände!). Die Alleinfuttermethode zwingt bei niedertragenden Sauen zur Einzelfütterung, weil die Tiere bei diesem Verfahren nicht ganz gesättigt werden und damit schwächere Tiere beim Fressen erheblich benachteiligt würden. Die Beigabe von gehäckseltem Heu oder die Einstreu mit sauberem Stroh gibt deswegen den Tieren die Möglichkeit, *satt* zu werden, und bringt damit mehr *Ruhe* in den Stall.

Hochtragende Sauen – Sie sollen bedarfsgerecht so ernährt werden, dass sie vom 86.–114. Trächtigkeitstag täglich ca. 860 g zunehmen und mit folgender Lebendmasse in den Abferkelstall gebracht werden:

Wurfnummer	1	2	3	4	5	6 und mehr
Lebendmasse (kg)	195	220	240	250	255	260

Die Einstallung soll spätestens 5 Tage vor der Geburt erfolgen. Dabei sind Systeme mit Gruppenabferkelungen vorteilhaft. Maximal 8–2 Tage vor dem Abferkeln erhalten die Sauen in vielen Betrieben ein sog. Geburtsfutter, das den pH-Wert des Harns durch Säurezugabe oder Verringerung der basisch wirkenden Ionen, z. B. Calcium, Magnesium, Kalium auf ca. 4,5 – 4,8 absenkt. Dadurch werden krankmachende Keime im Harn geschwächt und reduziert und damit vor allem MMA (Milchfieber) vorgebeugt.

Hochträchtige Sauen neigen zu Verstopfungen, deswegen sollte Alleinfutter für Sauen einen *höheren* Rohfaseranteil (ca. 9 %) aufweisen. Kurz vor dem **Ferkeln** sollte das Futter *suppig* (Wasser, Haferschrot und Weizenkleie) verabreicht werden.

In den letzten 2 Wochen wachsen die Feten ziemlich stark. In dieser Zeit werden auch die notwendigen Energiereserven aufgebaut, die die Ferkel unmittelbar nach der Geburt benötigen. Daher sollten die Sauen bis etwa 2 Tage vor der Geburt größere Mengen (3,5–4,0 kg) Laktationsfutter erhalten. Man erzielt so eine bessere Rückenspeckdicke der Sau, die zum einen als Energiereserve während der Laktation wichtig ist, und zum anderen die Qualität der Biestmilch steigert.

Diese reichliche Fütterung ist aber auf die letzten beiden Wochen zu beschränken, da eine zu üppige Fütterung während der gesamten Trächtigkeit die Futteraufnahme während der Säugezeit negativ beeinflusst.

Säugende Sauen – Sie haben einen sehr hohen Nährstoff- und Mineralstoffbedarf, so dass Sauen mit 10 – 12 Ferkeln kaum so viel fressen können, dass der Engergiebedarf abgedeckt werden kann. Unzureichende Nährstoffaufnahme kann zu hohen Gewichstverlusten führen, die sich auf die nächste Rausche bzw. auf den folgenden Wurf nachteilig auswirken können.

Für eine hohe Milchleistung ist deshalb ein Futter mit einer hohen Energie- und Nährstoffdichte (> 13 MJ ME) unerlässlich.

Während der Laktation sollte die Futtermenge nach dem Abferkeln allmählich bis zur Maximalmenge nach 1 Woche gesteigert werden. Die Futtermenge hängt dabei ab von der Wurfzahl, der Wurfgröße sowie vom Absetzalter. Ältere Sauen mit mehr als 10 Ferkeln sollten etwa 6 – 7 kg Futter aufnehmen.

Eine ausreichende Wasserversorgung und -aufnahme der säugenden Sauen ist ausgesprochen wichtig. Außerdem müssen die Tränkenippel entsprechende Durchflussmengen ermöglichen, damit die Sauen die erforderliche Wassermenge von 20 – 24 l/Tag und Sau aufnehmen können.

Die säugenden Sauen erhalten täglich 2 Mahlzeiten, tragende werden nur einmal am Tag gefüttert. Die *Tröge* sind vorher zu reinigen. Grünfutter muss *täglich frisch* geerntet und am besten *gehäckselt* werden. Rüben werden *geschnitzelt* verfüttert. Getreide darf nicht mehlig fein geschrotet werden.

Absetzen – Eine Woche **vor dem Absetzen der Ferkel** wird die Kraftfuttergabe täglich um 1 kg *verringert,* um einerseits die Milchleistung zu reduzieren und gleichzeitig die Ferkel an die vermehrte Aufnahme von Ergänzungsfutter zu gewöhnen. Außerdem wird die Sau auf die veränderte Fütterung nach dem Absetzen vorbereitet.

Nach dem Absetzen der Ferkel bis zum Belegen erhalten die Sauen ein energiereiches Futter mit hohem Vitamin- und Mineralstoffgehalt. Dies begünstigt die Rausche und die Ovulationsrate.

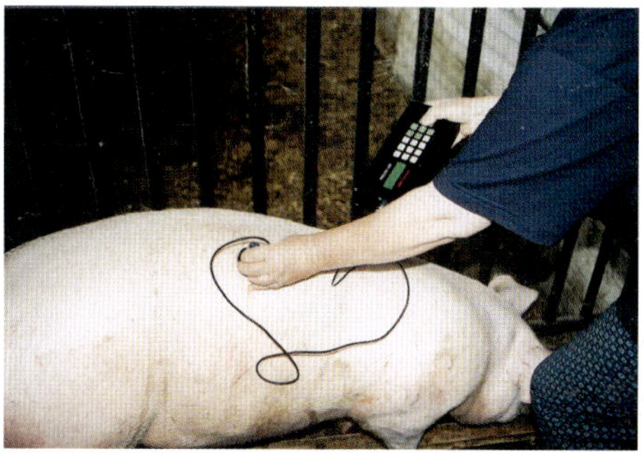

Abb. 1215 Die Speckdickenmessung ist ein wichtiges Hilfsmittel, die Fettausstattung des Tieres schätzen zu können.

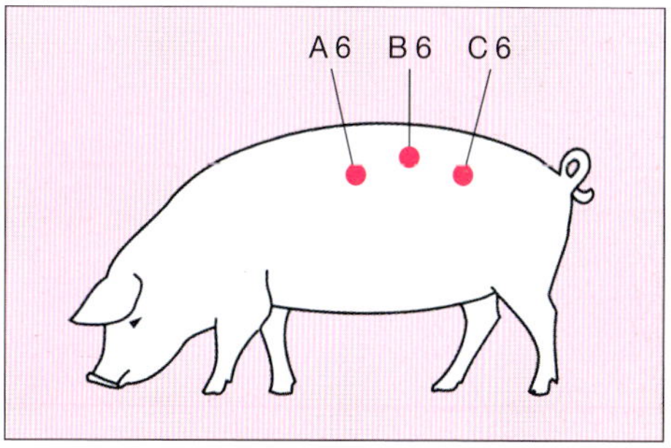

Abb. 1216 So wird die Seitenspeckdicke ermittelt:
B 6: Mitte zwischen Schulterblatt und Schinken 6 cm seitlich der Rückenlinie,
A 6: 15 cm kopfwärts von B 6,
C 6: 15 cm schwanzwärts von B 6.

Abb. 1217 Zu magere Sauen haben eine verminderte Fruchtbarkeit.

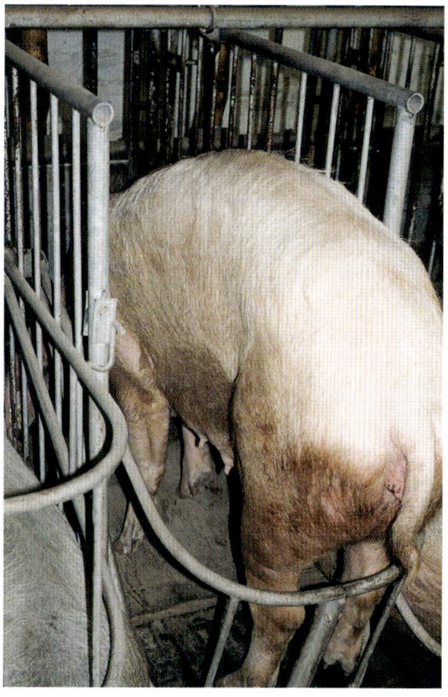

Abb. 1218 Flüssigfütterung mit Einzelfressständen für Zuchtschweine.

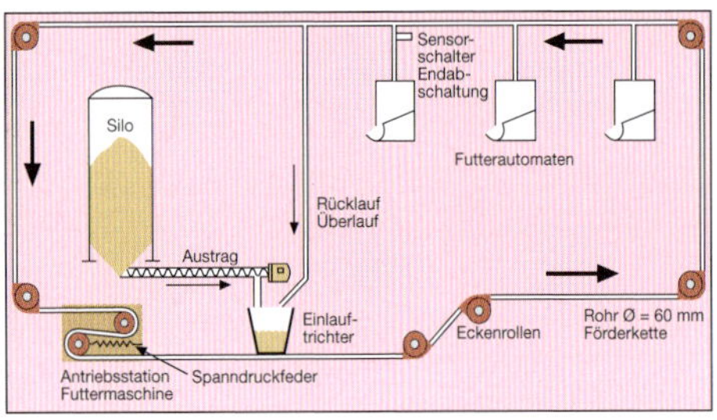

Abb. 1219 Futterautomaten (Schema).

Abb. 1220 Leersauenstall mit Abruffütterung (Schema).

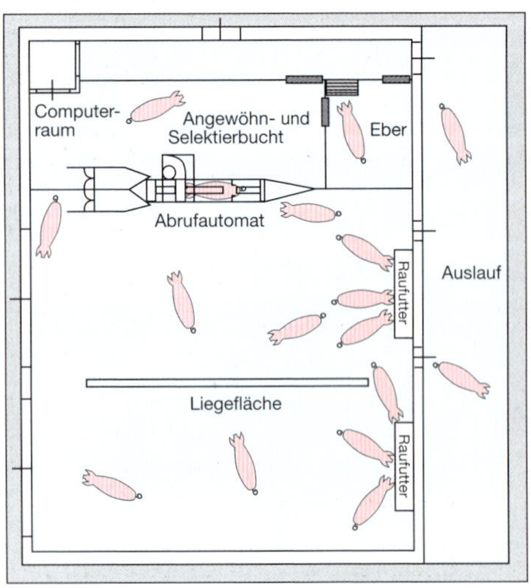

5.2 Fütterungsverfahren für Zuchtsauen

Zuchtschweine werden in kleineren Beständen von Hand gefüttert. Steigt der Zuchtsauenbestand an, kann durch Fütterungsanlagen täglich Arbeitszeit eingespart werden, die dann zur anderweitigen Betreuung der Tiere zur Verfügung steht. Je nach Haltungssystem (Deckstall, Wartestall, Abferkelstall) können die Sauen aus den unterschiedlichen Stallbereichen getrennt voneinander oder gemeinsam gefüttert werden.

Folgende **Fütterungsverfahren** für leere und tragende Sauen sind zu unterscheiden:

- ▶ Sattfütterung (ad-libitum-Fütterung),
- ▶ rationierte gruppenweise Fütterung,
- ▶ computergestützte Fütterung.

Die geringsten *Investitionskosten* verursacht das ad-libitum-Fütterungs-Verfahren. Über einfache Futterautomaten steht den Sauen stets energiereduziertes Futter zur freien Aufnahme zur Verfügung. Aufgrund der vermehrten Futteraufnahme entstehen allerdings höhere *Futterkosten,* die den Vorteil der geringeren Investitionskosten mindern.

Fütterung bei Gruppenhaltung – Folgende **Fütterungssysteme** haben sich bewährt:

- ▶ Abrufstation,
- ▶ Längstrog,
- ▶ Drippelfütterung,
- ▶ Selbstfangfressstände,
- ▶ Breinuckel,
- ▶ Mischsysteme.

Bei *rationierter Fütterung* in der Gruppe mit gemeinsamem Trog ist das Futter für jede Bucht exakt zu dosieren. Auch wenn jedes Tier einen eigenen Fressplatz hat, werden die ranghöheren Tiere die schwächeren verdrängen, da keine Einzelzuteilung möglich ist. Um die Konkurrenz um das Futter in der Gruppenfütterung zu vermindern haben sich eingeführt:

Bei **Drippelfütterung** fressen die Sauen gemeinsam. Die Futterzuteilung für jeden Fressplatz erfolgt einzeln und kontinuierlich. Die Zulaufgeschwindigkeit des Futters am Fressplatz ist auf das am langsamsten fressende Tier abgestimmt.

Die Tiere einer Gruppe sollen deshalb einen gleichen Entwicklungstand haben, denn sie erhalten je Fütterung die gleiche Futtermenge. Die Fütterung erfolgt in Längs- oder Rundtrögen mehrmals täglich in Kleinrationen.

Die **Abruffütterung** ermöglicht in der Gruppenhaltung eine individuelle Fütterung. Die Futterzuteilung erfolgt in einer Futterstation, die nur 1 Fressplatz hat und von allen Tieren aufgesucht werden kann. In der Futterstation wird jedes einzelne Tier durch einen Sender identifiziert. Dazu werden Halsbandsender oder Ohrmarkensender eingesetzt.

Die Futterzuteilung erfolgt mittels eines Rechners, in den die einzelnen Rationen der Sauen eingegeben sind. Der Rechner stellt die bereits ausgegebene Futtermenge für jedes Tier fest und gibt bei Abruf die restliche Ration frei. Täglich werden die abgerufenen Futtermengen je Tier kontrolliert.

Bei *Minderverbrauch* können Rückschlüsse auf gesundheitliche Probleme einzelner Tiere oder technische Fehler der Anlage gezogen werden. Die mögliche Tierzahl für eine Abrufstation liegt bei 40–50 Sauen.

Fütterung bei Einzelhaltung – Die Versorgung der Sauen mit Trockenfutter erfolgt durch Fütterungsautomaten mit Gewichts- oder Volumendosierung mehrmals am Tage an jedem einzelnen Fressplatz. Bei Flüssigfütterung wird das Futter zeit- oder gewichtsabhängig in den Einzeltrog dosiert. Bei der Einzelfütterung ist eine individuelle Fütterung der Sauen möglich.

5.3 Zuchtsauenhaltung

Aus der **Schweinehaltungs-Verordnung von 2006** ergeben sich folgende Vorgaben für die Haltung von **Zuchtschweinen**:

- max. Spaltenweite 20 mm (für bestehende Stallungen mit 22 mm: Übergangsfrist bis 31. 12. 2012),
- Gruppenhaltung ab 5. Woche nach dem Decken bis 1 Woche vor Abferkeltermin
- Liegefläche 1,3 m²/Sau bzw. 0,95 m²/Jungsau,
- Tiere müssen die Fress-Liegebuchten jederzeit aufsuchen und verlassen können; hinter dem Trog (1 m Abstand) darf der Schlitzanteil max. 15 % betragen.
- Gruppenunverträgliche Sauen dürfen nicht in Gruppen gehalten werden und *müssen* in Buchten untergebracht werden, in denen die Sauen sich jederzeit ungehindert umdrehen können.

	Gruppengröße bis 5 Zuchtsauen	Gruppengröße von 6–39 Tiere	Gruppengröße über 40 Tiere
je Jungsau (nach dem Decken bis 1. Wurf)	1,85 m²	1,65 m²	1,50 m²
je Sau (nach dem 1. Wurf)	2,50 m²	2,25 m²	2,05 m²

Zuchtsauenställe – Die natürlichste Form der Haltung ist die *Weidehaltung*. Aus arbeitswirtschaftlichen Gründen geht sie allerdings immer mehr zugunsten der ganzjährigen Stallhaltung zurück.

In größeren Beständen ist in der Sauenhaltung aufgrund der Hygieneanforderungen und der unterschiedlichen Temperaturansprüche der Sauen eine Trennung der **Funktionsbereiche** erforderlich:

- **Deckstall** für leere Sauen und Deckzentrum,
- **Wartestall** für tragende Sauen und Jungsauen,
- **Abferkelstall** für Ferkel führende Sauen,
- **Ferkelaufzuchtstall** für Ferkelaufzucht (2-phasig).

Bei einem 24-wöchigen Produktionszyklus ergeben sich folgende **Aufenthaltszeiten** je Tier:

- 6 Wochen im Deckzentrum,
- 12 Wochen im Wartestall,
- 6 Wochen im Abferkelstall.

Je nach Größe der Sauenherde und je nach den betrieblichen Bedingungen sind auch andere Rhythmen und Systeme möglich, z. B. der in Abb. 1221 dargestellte Drei-Wochen-Rhythmus. Von den zu bildenden 7 Sauengruppen befinden sich

- 2 Gruppen in Abferkelabteilungen,

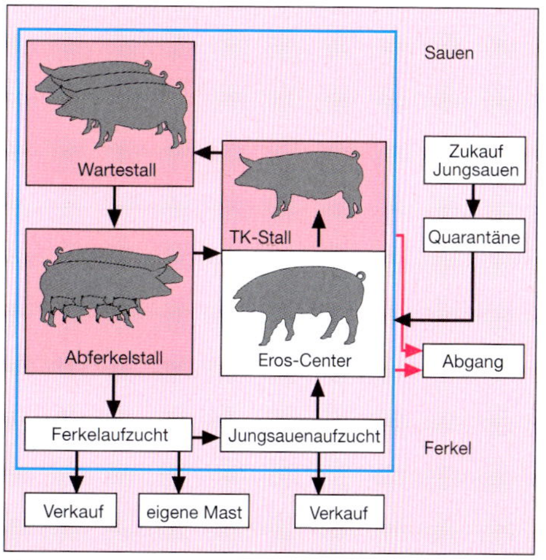

Abb. 1221 Raumprogramm für Sauengruppen (TK-Stall: Trächtigkeits-Kontrollstall).

Abb. 1222 Abferkelbucht mit Kastenstand und Festmist (Maße in cm).

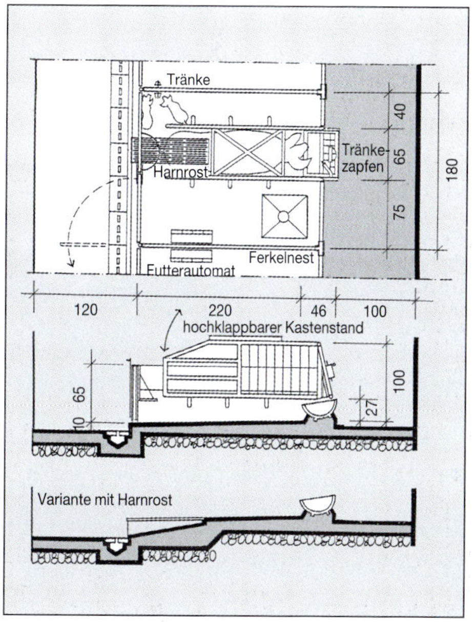

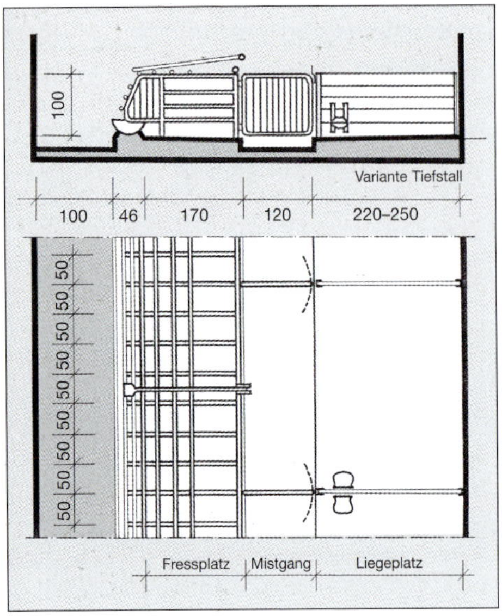

Abb. 1223 Gruppenhaltung in einer Sammelbucht mit Fressständen für Sauen (Maße in cm).

- 1 Gruppe ist im Deckzentrum (Eroscenter),
- 1 Gruppe befindet sich in der Trächtigkeitskontrolle,
- 3 Gruppen sind im Wartestall.

Schweineställe sollen nicht unter 2,50 m, aber auch nicht über 3,00 m hoch sein. Der Raumbedarf ergibt sich aus der Zahl der Zuchtsauen, der Säugezeit, der Buchtengröße, der Belegdauer der einzelnen Abteilungen sowie dem Verkaufsgewicht der Ferkel. Auf 20–25 Sauenplätze rechnet man 1 Eberplatz.

Haltungsformen – Man unterscheidet *Einzel-* und *Gruppenhaltung*. Wegen der Vorteile bei der Fütterung war und ist die **Einzelhaltung** tragender Sauen im Kastenstand bisher die vorherrschende Haltungsform. In Deutschland nutzen etwa zwei Drittel der Halter noch diese Form.

Mit Einführung der neuen EU-Richtlinie in deutsches Recht müssen in allen neuen bzw. umgebauten Ställen seit 1. Januar 2003 die Sauen in **Gruppen** gehalten werden. In den nächsten Jahren, spätestens bis zum Jahre 2013, sind daher alle Warteställe entsprechend umzubauen.

Eine *Anbindehaltung* für Neubauten ist bereits seit 1. Januar 1996 verboten, ab 2006 gilt dieses Verbot auch in alten Ställen. Folgende Tabelle gibt einen Überblick und einen Vergleich der Haltungsformen.

Tabelle 122: Übersicht über die Sauenhaltungsformen

Einzelhaltung	Gruppenhaltung
► **Anbindehaltung** für Stallneubau verboten, für bestehende Ställe bis 31.12.2005 erlaubt. ► **Kastenstandhaltung** ► **Einzelhaltung mit Bewegung** Zwillingsbucht Einzelstände mit Einzeltierauslass	**mit rationierter Fütterung** ► Selbstfang-Fressstände ► Dribbel-Fütterung ► Quertrogfütterung ► Rohr- bzw. Breiautomat mit Einzelfressplätzen ► Bodenfütterung ► Kipp-Fangfressstände ► Quickfeeder ► Variomix
	mit computergesteuerter tierindividueller Fütterung ► Abruffütterung ► Brei-Nuckel ► Flüssigfütterung
	mit ad libitum-Fütterung ► Breiautomat ► Rohr- bzw. Breiautomat ► Trockenautomat

Abb. 1224 In den neuen Kipp-Fangfressständen (Kombifeeder) können die Sauen auch behandelt (Besamung, Trächtigkeitskontrolle, Impfung, Blutentnahme) werden.

Voraussetzung für eine computergesteuerte Abruffütterung ist die **Gruppenhaltung.** Die Futterzuteilung erfolgt in der *Futterstation*, die nur 1 Fressplatz hat, wobei alle Tiere der Gruppe einzeln nacheinander gefüttert werden. Pro Station können etwa 40 bis 50 Sauen gehalten werden.

Die Vorteile der Abruffütterung für Sauen bestehen darin, dass auch Altgebäude gut genutzt werden können, die Fütterung automatisch erfolgt, jedes Tier aber individuell gefüttert werden kann. Die bessere Bewegungsmöglichkeit wirkt sich zudem vorteilhaft

auf die Tiergesundheit aus und führt zu geringeren Geburtsproblemen.
In der Futterstation werden die Sauen durch einen Sender identifiziert, den sie entweder an einem Gurt um den Hals tragen oder der wie eine Ohrmarke in das Ohr gezogen wird. Die Abruffütterung kann sowohl mit Trocken- als auch mit Flüssigfutter betrieben werden.
Die *Hüttenhaltung* ist die flächenaufwändigste Form der Gruppenhaltung für tragende Sauen. Das Einstreuen, Räumen und Desinfizieren der Hütten bedeutet viel Handarbeit. Aus tierschützerischer Sicht ist die Hüttenhaltung allerdings eine besonders tiergerechte Aufstallung.
Einzelhaltung ist ohne elektronische Hilfen die Voraussetzung für eine *individuelle* Fütterung der Sauen. Sie bringt mehr *Übersicht* und mehr *Ruhe* im Stall. Allerdings sind die Tiere in ihrer *Bewegungsfreiheit* erheblich eingeschränkt (Anbindung). Der Platzbedarf/Tier ist bei dieser Haltungsform am geringsten. Die folgende Abb. 1227 gibt einen Überblick und einen Vergleich der Haltungsformen.
Für die Stallhaltung gilt: Die eingestreute Bucht ist in jedem Fall tiergemäßer als die einstreulose Haltung.
Deckzentrum – Für Herden über 60 Sauen ist ein eigenes Deckzentrum erforderlich. Die abgesetzten Sauen haben hier eine Verweildauer von 5–6 Wochen. Für etwa 25 Sauen ist 1 Eberbucht zu errichten. Zusätzlich wird zunehmend auch die künstliche Besamung eingesetzt.
Jungsauen stehen zur Angewöhnung in der Nähe der Eberbucht. Im Deckstall soll der Eber zur Stimulation der Sauen freie Bewegung haben, um mit den Sauen Kontakt aufnehmen zu können.
Besondere Haltungsgrundsätze – Zuchtschweine sollen
- ruhig behandelt und weder geschlagen noch gestoßen werden; die Stallarbeit soll so rasch wie möglich verrichtet werden, damit die Tiere genügend Ruhe haben;

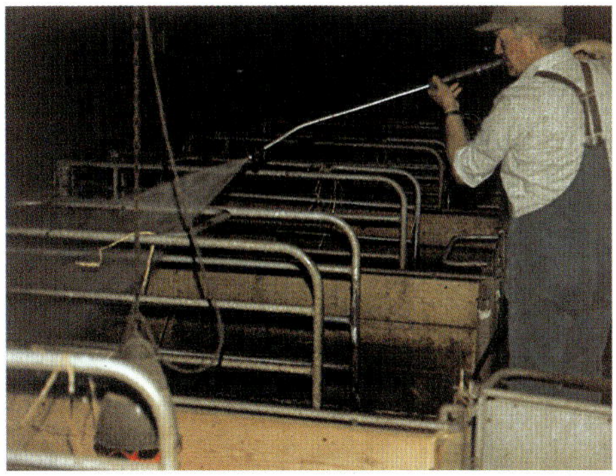
Abb. 1225 Vor einer neuen Belegung einer Bucht ist eine Desinfektion nötig.

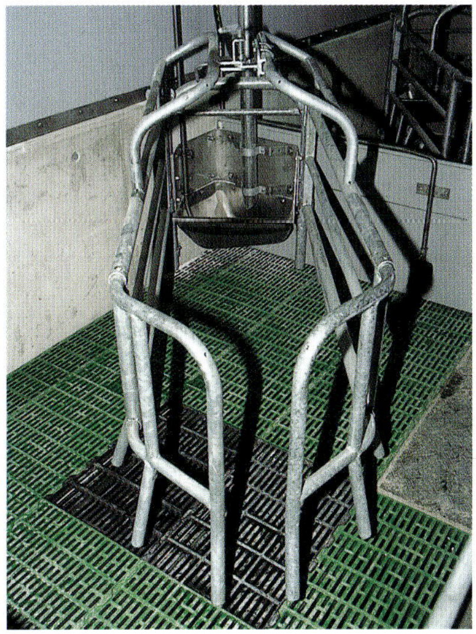
Abb. 1226 Modernes Abferkelabteil.

Abb. 1227 Vergleich der Haltungsformen (Stallhaltung, Maße in cm).

Einzelhaltung	Gruppenhaltung	
Kastenstand	**Fress-Liegebucht**	**Tieflaufstall** mit Einzelfressplätzen
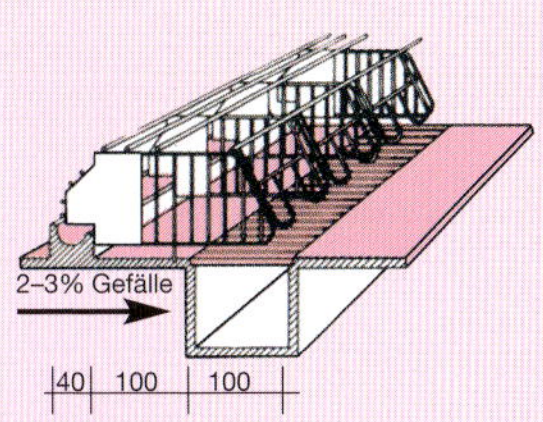	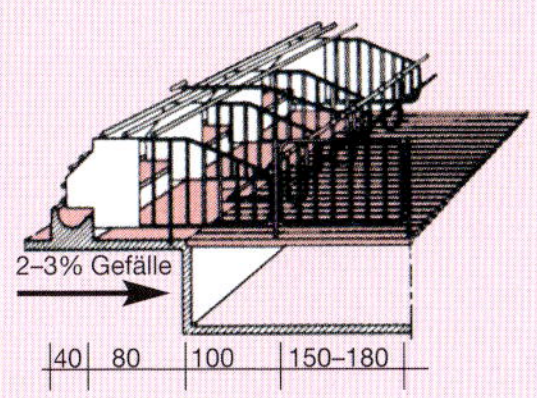	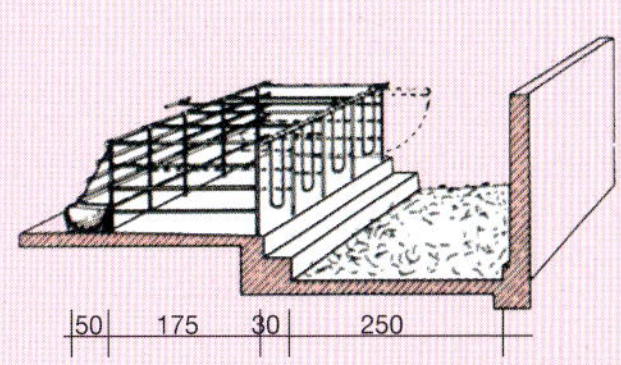
Stallfläche m²/Sau 2,60	2,73	2,75
Beurteilung Einzelhaltung; einfaches Umstallen, teure Einrichtung; hintere Buchtenhälfte kann mit Spaltenboden ausgestattet sein	Möglichkeit zur Gruppenhaltung; Tiere können sich ausreichend bewegen; Liegeplatz besteht aus Spaltenboden, daher keine Einstreu nötig	Voraussetzung: reichliche Einstreu; gute Bewegungsmöglichkeit für die Sauen; hauptsächlich für Betriebe, die vorhandene Altgebäude nutzen können (hoher Raumbedarf)

Abb. 1228 Wartebereich mit Volumendosierern.

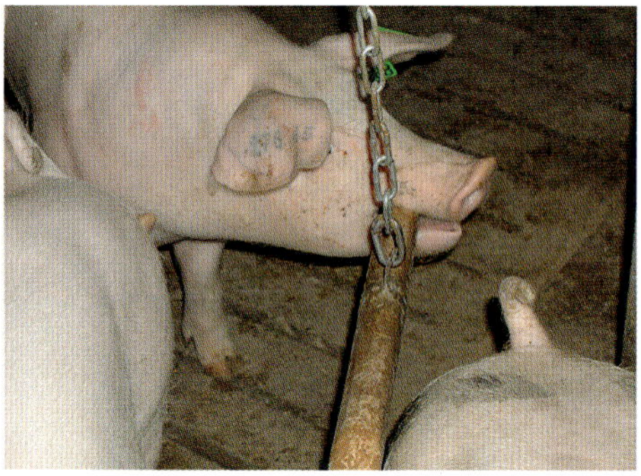

Abb. 1229 Der Pendelbalken ist ein beliebtes Spielzeug der Schweine.

Abb. 1230 Rohrbreiautomaten eignen sich besonders im Wartestall. Bei rationierter Fütterung sollten Fressplatzbegrenzer installiert werden.

- genügend Einstreu erhalten, da ein warmes und weiches Lager das Wohlbefinden fördert; täglich ist zu entmisten.

Die neue **EU-Richtlinie** fordert unter anderem:

- Gruppenhaltung von Sauen ab 5. Woche nach dem Belegen bis 1 Woche vor dem Abferkeln;
- Mindestflächen in der Gruppenhaltung von 1,64 m² bei Jung- und 2,25 m² bei Altsauen;
- auf mindestens 0,95 m² bei Jungsauen und 1,3 m² bei Altsauen darf der Perforationsanteil maximal 15 % betragen;
- Mindestanforderungen an den Spaltboden in Bezug auf Schlitzweiten und Auftrittsbreiten;
- bei Trogfütterung: je Sau ein Fressplatz, so breit, dass alle gleichzeitig fressen können;
- Verbot der Anbindehaltung;
- Abferkelbuchten: mindestens 4,3 m² Fläche, einschließlich beheizbarem Ferkelnest;
- ständigen Zugang der Schweine zu Beschäftigungsmaterial;
- Betreuung der Tiere nur von sachkundigen Personen;
- ständiger Zugang der Tiere zu Beschäftigungsmaterial.

Es müssen 2 der 3 folgenden Spielzeuge vorhanden sein:

- Futterdosiertechnik,
- Spielketten mit befestigten Holzteilen,
- veränderbares Material (z. B. Stroh).

Wenn bei Neu- und Umbau Zuschüsse aus dem Agrarinvestitions-Programm (AFP) angestrebt werden, sind noch weitere Anforderungen zu erfüllen.

Aufgaben:

1. Berechnen Sie den Gehalt je kg an ME, Rohprotein und Lysin in einer Mischung aus 40 % Hafer, 24 % Gerste, 25 % Weizenkleie, 8 % Sojaschrot und 3 % vitaminiertes Mineralfutter.
2. Was versteht man unter kombinierter Fütterung der Zuchtsauen?
3. Welche Leistungsphasen unterscheidet man bei der Zuchtsau?
4. Beschreiben Sie die Arbeitsschritte für die Berechnung einer Futterration für Schweine.
5. Welche Bestimmungen enthält die Schweinehaltungs-Verordnung für die Ställe?

6 Zuchtläufer und Eber

6.1 Fütterung

Bedarfsempfehlungen – Für die Versorgung mit Energie, Protein und Wirkstoffen gelten die in der folgenden Tabelle angegebenen Werte.

Tabelle 123: Richtwerte für die Energie-, Protein-, Mineralstoff- und Vitaminversorgung der Zuchtläufer

Lebensabschnitt	ME MJ	RP g	Lysin g	Ca g	P g	vP g	Na g
Jungsauen:							
30– 60 kg LM	19	280	14	11,0	8,0	4,0	1,9
60– 90 kg LM	27	330	17	14,0	10,0	5,0	2,5
90–110 kg LM	30	280	14	13,0	8,0	4,5	3,0
Jungeber:							
30– 60 kg LM	21	320	18	12,0	8,5	4,5	2,0
60– 90 kg LM	27	420	23	15,0	10,0	5,5	2,5
90–120 kg LM	31	430	24	14,0	9,0	5,0	3,0
Deckeber:							
120–180 kg LM	30	450	24	20,0	14,5	7,5	3,0
über 180 kg LM[1])	30	450	24	20,0	14,5	7,5	3,0

[1]) Bei intensiver Zuchtnutzung haben sich zur Erzielung ausreichender Spermamengen tägliche Lysingaben von 35–40 g bewährt (Lys. : [M + C] = 1 : 0,7).

Fütterung weiblicher Zuchtläufer – Weibliche Zuchtläufer sollen bis zum ersten Decken (3. Brunst) ca. 125 – 140 kg wiegen, sie sind dann etwa 7 1/2 – 8 Monate alt. Es ist dabei eine tägliche Zunahme von ca. 600 g anzustreben. Sie sollen beim ersten Belegen eine Rückenspeckdicke von mindestens 16, besser 18 mm haben.
Weidegang wirkt sich vorteilhaft auf die Tiergesundheit und die Entwicklung der Tiere aus.
Fütterung der männlichen Zuchtläufer – Sie erhalten in der Regel Alleinfutter, ab einer Lebendmasse von 60 kg dann Universalfutter.
Fütterung der Eber – Oberstes Ziel ist: Der Zuchteber soll fit, d. h. gesund, leistungsfähig und daher keinesfalls zu fett sein. Aus arbeitswirtschaftlichen Gründen bekommen Eber in der Regel dasselbe Grundfutter wie tragende Zuchtsauen. Um die Samenproduktion auf Dauer sicher zu stellen, erhalten sie eine erhebliche Zulage an Rohprotein, vor allem die Aminosäuren Lysin, Methionin und Cystin.

6.2 Haltung

Zuchtläufer können in einfachen *Tiefställen* oder auf der *Weide* gehalten werden. Sie stellen keine besonderen Ansprüche an den Stall.

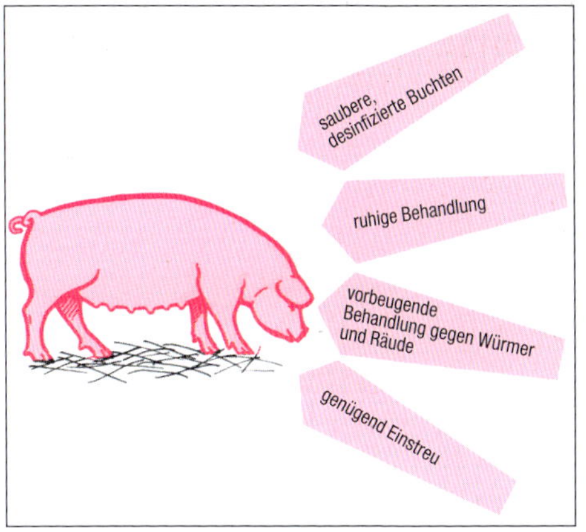

Abb. 1231 Neben der Fütterung entscheidet die Haltung wesentlich über das Wohlbefinden der Tiere.

Abb. 1232 Die Haltung der Zuchtläufer sollte so natürlich wie möglich erfolgen, z. B. in Gruppen (oben) oder mit Auslauf (unten).

Abb. 1233 Die Zudosierung von Mineral- und Wirkstoffen (z. B. Vitamine) hält die Zuchttiere fit und sichert gute Befruchtungsergebnisse.

Abb. 1234 Die Kontrolle mit dem Eber erleichtert das Finden des optimalen Besamungstermins.

Eber werden meist außerhalb des Stalles in *Hütten* untergebracht. Spezialbetriebe besitzen eigene *Deckställe* (Deckzentren), in denen auch die Eber, meist in besonderen Buchten, leben.

Für die Befruchtungsfähigkeit der Eber ist eine ausreichende Menge und Qualität des Spermas erforderlich, andernfalls kommt es zu erhöhten Umrauschquoten bzw. zu kleinen Wurfgrößen.

Unter den Bedingungen des Natursprungs wird ein Eber : Sauen-Verhältnis von 1 : 25 angestrebt.

Eber sind sensible Tiere, die auf Umweltbelastungen (z. B. auch Hitze) und bei Fütterungsfehlern mit einer Störung der Spermaproduktion reagieren.

Aufgaben:

1. Welche Vorteile hat Weidegang für die Haltung der Jungeber und Jungsauen und deren weitere Entwicklung?
2. Berechnen Sie den Gehalt für 1 kg einer Mischung aus 30 % Gerste, 25 % Hafer, 18 % Trockenschnitzel, 10 % Sojaschrot, 15 % Weizenkleie und 2 % vitaminiertem Mineralfutter (ME, Rohprotein, Lysin, Ca, P, Na).
3. Ein Betrieb hat ein Eber : Sauen-Verhältnis von 1 : 25 und eine Wurfhäufigkeit von 2,2. Je Wurf wird mit einem Doppelsprung gerechnet und von einer Umrauschquote von 15 % ausgegangen.
   a) Wie oft kommt der Eber im Jahr durchschnittlich zum Einsatz und welcher Abstand liegt zwischen den Besamungen?
   b) Wie verändern sich die Zahlenwerte bei einem Eber : Sauen-Verhältnis von 1 : 30 und bei einer Umrauschquote von 20 %?

7 Schweinemast

7.1 Fütterung der Mastschweine

7.1.1 Grundsätzliches

Bedarfswerte für die Schweinemast – Die Schweinezucht liefert heute Tiere, welche die Anlagen für großes *Fleischbildungsvermögen* und schnelles *Wachstum* besitzen. Nach ca. 17 Mastwochen können sie 115–120 kg Lebendmasse und damit die *Schlachtreife* erreichen. Aufgabe der Mast ist es, dieses Fleischbildungsvermögen auszunützen. Das verlangt neben der notwendigen Energiezufuhr vor allem eine optimale Proteinversorgung.
Für eine bedarfsgerechte Fütterung und aus Umweltschutzgründen sind N/P-reduzierte Rationen mit Aminosäuren- und Phytase-Zulagen sowie Phasenfütterung Standard. Dadurch können ca. 20 kg Eiweißfutter je Mastschwein gespart werden.

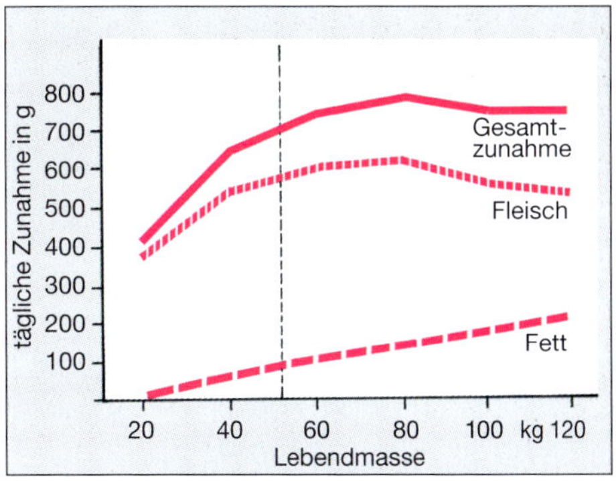

Abb. 1235 Um das besonders gute Fleischbildungsvermögen während der Anfangsmast ausnutzen zu können, muss der Eiweißanteil des Futters darauf abgestellt sein.

Tabelle 124: Richtwerte zum täglichen Nähr- und Mineralstoffbedarf für Mastschweine bei mittleren Tageszunahmen von 700 g
(DLG 1995/1999)

Lebendmasse kg	mittlere Tageszunahmen g	ME MJ	RP[1] g	Lysin g	M+C g	Thr g	Try g	Ca[2] g	P[2] g	vP[2] g	Na[3] g
25– 40	620	18,2	262	13,8	8,3	9,0	2,8	10,0	7,6	3,8	2,1
40– 50	700	22,7	300	15,9	9,5	9,5	3,2	12,0	9,0	4,5	2,6
50– 60	740	25,8	317	16,8	10,1	10,1	3,4	12,5	9,5	4,7	3,0
60– 70	765	29,0	346	18,3	11,0	11,0	3,7	13,5	10,0	4,9	3,3
70– 80	780	31,5	361	19,2	11,5	11,5	3,8	14,5	11,0	5,4	3,6
80– 90	760	33,7	358	18,9	11,3	11,3	3,8	13,0	9,5	4,7	3,9
90–115	680	34,8	343	18,1	10,9	10,9	3,6	12,5	9,0	4,5	4,0

[1]) 5,3 g Lysin/100 g Rohprotein.
[2]) Ca : P = 1,3 : 1;
Ca : vP = 2,5–3 : 1.
[3]) Na: 1,5 g/kg Alleinfutter (13,0 MJ/kg).

> ! Alle Maßnahmen der Futterzuteilung können Mängel nicht ausgleichen, die durch Lücken in der Proteinzuteilung (Mengen und Güte) sowie durch ungünstige Stallverhältnisse entstehen.

Abb. 1236 **Beispiele** für Hofmischungen zur Anfangsmast (bis 60 kg LM).

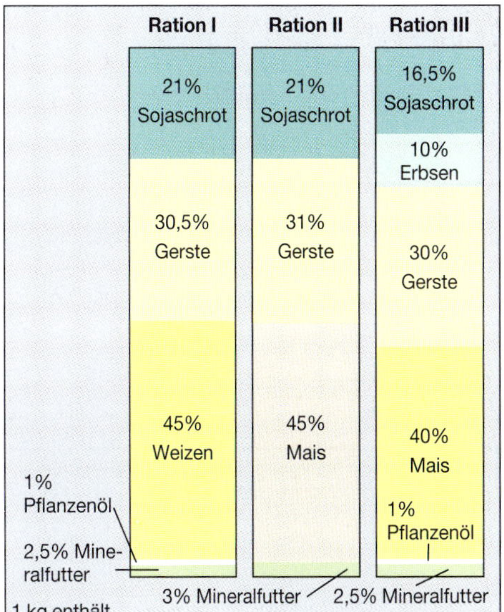

1 kg enthält	Ration I	Ration II	Ration III
ME	13,0 MJ	13,0 MJ	13,0 MJ
Lysin	9,8 g	9,6 g	9,9 g
RP	181 g	170 g	175 g
RF	37 g	36 g	40 g
Ca	7,3 g	8,4 g	7,2 g
P	4,8 g	5,4 g	4,8 g
Polyensäuren	14	13	14

Futterzuteilung – Mastschweine erhalten das Futter *trocken, breiförmig* oder *flüssig*. Es wird entweder in Mahlzeiten bzw. Tagesgaben *rationiert* oder zur *beliebigen* Aufnahme (ad libitum) in Automaten angeboten. Im letzten Fall ist eine Anpassung an einen veränderten Nährstoffbedarf nur über die Änderung der Zusammensetzung der Futtermischung möglich.
Fütterungsverfahren – Mit zunehmenden Bestandesgrößen wird die Fütterung von *Hand* durch *mechanische* Fütterungsanlagen er-

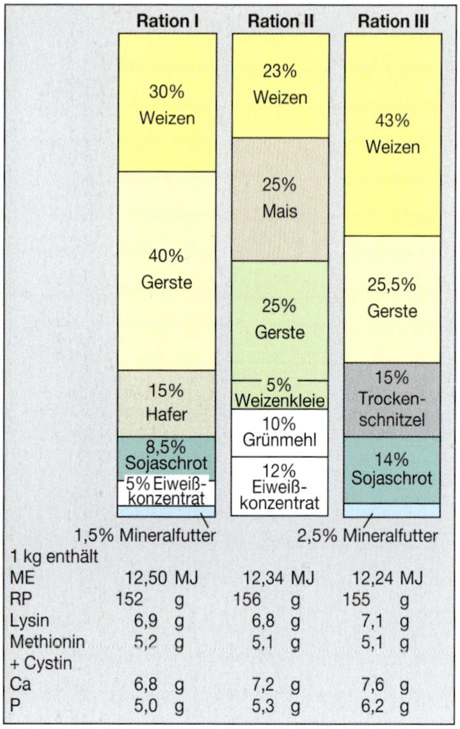

Abb. 1237 **Beispiele** für Hofmischungen zur Endmast.

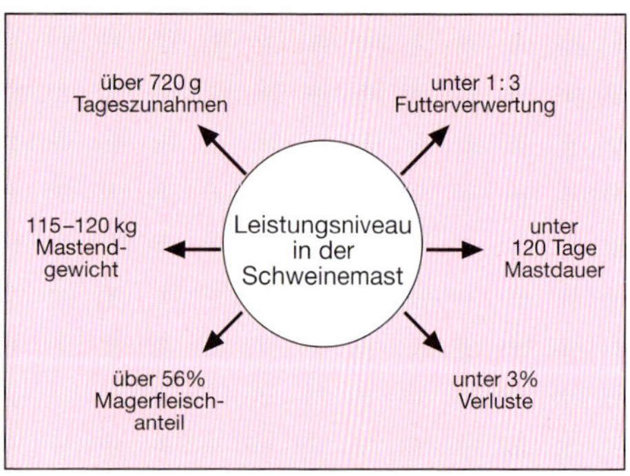

Abb. 1238 Ein hohes Leistungsniveau gibt Sicherheit im Wettbewerb.

setzt. Sie sind zwar teurer, sparen aber Stallfläche, weil die Bedienungsgänge kleiner sein können. Dabei unterscheidet man zwischen *rationierter Fütterung* und *ad libitum-Fütterung*.

! **Mechanisierte Fütterungsverfahren dürfen nicht zur Vernachlässigung der Tierbeobachtung führen!**

Die folgende Tabelle zeigt die heute üblichen Fütterungsverfahren in der Schweinemast.

Tabelle 125: Fütterungsverfahren in der Schweinemast

Futteraufbereitung	Transport	Dosierung
Trockenfütterung	mit Futterwagen, Ketten-, Schnecken-, Drahtwendelförderer	stationäre Dosierungsgeräte mit Dosierung nach – Volumen oder – Masse, Vorratsautomaten, Abrufstationen mit elektronischer Tiererkennung
Breiautomaten	wie Trockenfutter	Abruf von Trockenfutter in kleinen Portionen und Benetzung mit Wasser durch die Tiere
Flüssigfütterung Futteraufbereitung überwiegend in Bottichanlagen	Pumpen, Rohrleitungen	von Hand, automatisch nach Volumen oder Masse, Abrufstationen mit elektronischer Tiererkennung

Technik der Trockenfütterung: Bei der Fütterung von Trockenfutter oder Pellets werden ein- oder doppelseitige Futterautomaten, z. T. auch Rundtröge eingesetzt. Die Versorgung der Automaten mit Futter erfolgt mit Förderspiralen oder Seilförderanlagen. Die Förder und Dosieranlage ist so lange in Betrieb, bis der letzte Futterautomaten befüllt ist. Die Einstellung der Futtermenge an den Futterautomaten ist durch Volumen- oder Gewichtsdosierung möglich. Zur Fütterung entleeren sich die Behälter der Automaten in den Futtertrog.
Mit einem Futterautomaten lassen sich je nach Ausführung und Troganordnung gleichzeitig 8–12 Fressstellen versorgen. Durch eine entsprechende Steuerung der Dosier- und Förderanlage ist die Befüllung der Futterautomaten mit unterschiedlichen Rationen und somit eine Mehrphasen- oder Mehrkomponentenfütterung möglich.
Technik der Nassfütterung: Der Nassfutterautomat (Breiautomat) hat einen Vorratsbehälter, eine Dosier- und Rütteleinrichtung, Selbsttränkenippel und einen Futtertrog.
Je Automat können 1, 2 oder 4 Fressplätze versorgt werden. Jedes Tier kann über eine Rütteleinrichtung eine entsprechende Menge Trockenfutter aus dem Vorratsbehälter in den Trog dosieren und mit einer Wassermenge nach Bedarf anfeuchten.

Die Menge und die Konsistenz des Futters wird von jedem Tier individuell bestimmt. Die maximale Austragsmenge ist am Automat den Erfordernissen anzupassen. Meist wird die Futterentnahme völlig frei gegeben, jedoch ist zu gewissen Zeiten und bei Bedarf die Entnahme zu sperren.
Die maximal mögliche Tierzahl je Automatenplatz hängt von der Tiergröße ab, so können z. B. 24 Ferkel bis 25 kg Gewicht mit einem Futtertrog versorgt werden. Die Vorratsbehälter müssen eine Tagesration fassen, sind von Hand oder über Förderanlagen zu befüllen.

Technik der Flüssigfütterung: Flüssigfütterungsanlagen bestehen aus einem Anmischbehälter, einem Brauchwasserbehälter, einer Förderpumpe, Rohrleitungen, Futterventilen und Verteileinrichtungen sowie aus einer Reinigungs- und einer Steuerungsanlage. In dem Anmischbehälter werden die notwendige Wassermenge und die Futterkomponenten eindosiert und dann mit einem mechanischen Rührwerk gemischt. Ist der Anmischbehälter als Wiegebehälter ausgeführt, erfolgt das Einfüllen der Futterbestandteile nach Gewichtsdosierung.
Der fertige Futterbrei wird mit einer Kreisel- oder Schneckenpumpe zur Fütterung aus dem Anmischbehälter abgesaugt und über Rohrleitungen den Futterventilen am jeweiligen Trog zugeführt. Die *Dosierung* der Futtermenge in den Trog kann erfolgen durch

- Öffnen des Futterventils von Hand: Die Mengenbestimmung erfolgt nach dem augenscheinlichen Füllstand im Trog oder nach Zeitmessung;
- Öffnen des Futterventils von Hand: Die Mengenbestimmung erfolgt mittels eines Durchfluss-Messgerätes;
- automatisches Öffnen des Futterventils mit einem vom Rechner angesteuerten Druckluftventil: Die Mengenbestimmung kann erfolgen durch Zeitmessung oder durch Auswiegen aus dem Wiegebehälter.

Jede Tiergruppe kann mit individuell bemessener Futtermenge gefüttert werden. Die Fütterungsanlage kann in verschiedene Futterkreise eingeteilt sein. Nach der Fütterung ist das gesamte Rohrleitungssystem zu reinigen. Das Reinigungswasser wird für die nächste Fütterung wieder verwendet (Brauchwasserbehälter).
Bei rechnergesteuerten Flüssigfütterungsanlagen sind unterschiedliche Futterrationen und Fütterungsprogramme einzustellen, die automatisch durchgeführt werden. Die Dosierung der Menge erfolgt nach dem Gewicht der Tiere und nach der Futterzusammensetzung. (Mehrphasenfütterung). Eine manuelle Fütterung ist bei Bedarf jedoch immer möglich.
Viele Mäster bevorzugen heute die Flüssigfütterung mit Langtrögen. Zunehmende Bedeutung gewinnt auch die Sensorfütterung am Kurztrog. Insbesondere in Altgebäuden und kleineren Betrieben ist der Breiautomat sehr verbreitet. Dagegen sind Trockenfutterautomaten überholt, weil sie eine schlechtere Futterverwertung und höhere Futterkosten und somit auch niedrigere Deckungsbeiträge verursachen.

Anfüttern zum Mastbeginn – Da die Einstallungsphase wesentlichen Einfluss auf die Mastleistung und den Masterfolg hat, sollte die

Abb. 1239 Trockenfutterstation mit Wiegemischer zur Fütterung von verschiedenen Rationen.

Abb. 1240 Fütterung der Schweine mit Breiautomaten.

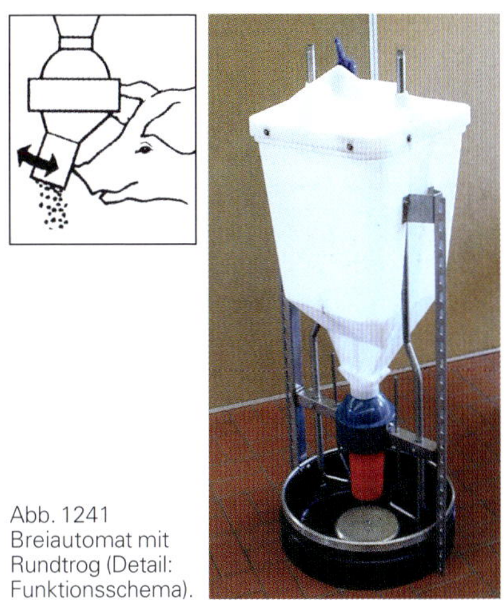
Abb. 1241 Breiautomat mit Rundtrog (Detail: Funktionsschema).

Abb. 1242 Flüssigfütterung mit Anmischbehälter, Förderpumpe, Rohrleitungen und Fütterungscomputer (Schema).

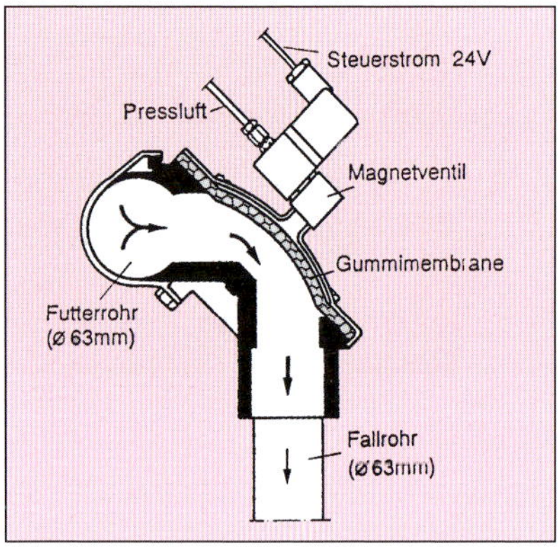

Abb. 1243 Das pneumatisch geschaltete Fütterungsventil wird elektrisch angesteuert.

Abb. 1244 Anmischbehälter für Flüssigfütterung auf Wiegestäben **(Beispiel)**.

Umstellung von der Aufzucht- zur Mastfütterung nicht zugleich mit dem Stallwechsel erfolgen,um Verdauungsstörungen zu vermeiden. Mängel in der Haltung können nämlich durch medikamentöse Futterkomponenten *nicht* ausgeglichen werden.
Die Tiere erhalten deshalb am 1. Tag lediglich Wasser, Kleie und Gerstenschrot. Am 2. Tag wird mit der halben Futtermenge bei abgesenktem Rohproteingehalt angefüttert. Säurezugaben und eine erhöhte Rohfasermenge schützen vor Durchfall.

Tabelle 126: Wichtige Einflüsse auf die Wirtschaftlichkeit der Schweinemast

Einflussfaktoren	€ pro Mastschwein
± 1 % Ausschlachtung	1,51
± 0,1 Futterwertung	1,43
± 0,5 € Futterpreis/dt	1,35
± 0,05 €/10 MJ ME	1,87
± 20 g Tageszunahmen	0,70
± 1 Masttag	0,17
± 1 % Verluste	0,72
± 0,025 € Erlös/kg SG	2,40
± 50 € Baukosten/Platz	2,03
± 1 % Zinsen (400 € Baukosten/Platz)	1,62

7.1.2 Arten der Mastschweinefütterung

Mast mit Trockenfutter – Allgemeines Kennzeichen dieser Mastmethode ist, dass nur *eine* Futtermischung verwendet wird. Diese kann in bäuerlichen Betrieben hauptsächlich aus selbst erzeugtem Getreide bestehen. Deswegen nennt man diese Methode auch *Getreidemast.*
Futtermittelhersteller bieten aber auch fertige Futtermischungen für die Mast an. Hier spricht man dann von *Fertigfuttermast.*
Vorteile der Mast mit Trockenfutter sind:

- Geringer Arbeitsaufwand,
- Herstellung einer Futtermischung auf Vorrat,
- sichere Versorgung der Tiere durch gleichmäßige Nährstoffkonzentration,
- günstige Verwertung des selbst erzeugten Getreides.

Bei der **Getreidemast mit »Hofmischungen«** können diese Futtermischungen sehr *einfach* sein. So bräuchte z. B. Gerste nur mit dampferhitztem Soja-Extraktionsschrot und vitaminiertem Mineralfutter ergänzt zu werden, um hinsichtlich Energiedichte, Proteingehalt und Verdaulichkeit (Rohfasergehalt) voll dem Bedarf des Schweines zu entsprechen. Andere Getreidearten müssen in ihrem Anteil *begrenzt* werden.
Aus Kostengründen wird eine Hofmischung immer mit *Zukaufskomponenten* ergänzt. Die Eiweißträger unter ihnen müssen auch die Lücken im Proteinbedarf und nach den Aminosäuren ergänzen.

Tabelle 127: Rationslisten und Futterbedarf für die Getreidemast
(25–115 kg LM, 750 g tägliche Zunahmen, LfL Tierernährung, Grub)

- ▶ mit Alleinfutter ab 25 kg LM (1. Woche Ferkelaufzuchtfutter)
- ▶ mit 2-Phasenfütterung (Vormast bis 60 kg LM)
- ▶ mit 3-Phasenfütterung (Vormast bis 60 kg LM, Mittelmast bis 90 kg LM)
- ▶ Grundstandardmethode (Alleinfutter I + Getreide)

Mast-woche	Gewichts-abschnitt kg	tägliche Energieaufnahme ME MJ/Tag	Gewichts-zunahme g/Tag	Alleinfutter kg/Tag	2-phasig kg	3-phasig kg	Grund-standard + Getreide kg
1	25,0–29,0	16,7	580	1,30			1,30
2	29,0–33,5	18,5	630	1,45			1,45
3	33,5–38,5	20,8	680	1,60		70 kg	1,5 + 0,1
4	38,5–43,5	22,4	720	1,75	80 kg	Vormast	1,5 + 0,25
5	43,5–48,5	24,8	750	1,90	Vormast		1,5 + 0,4
6	48,5–54,0	26,9	790	2,05			1,5 + 0,55
7	54,0–60,0	29,3	820	2,25			1,5 + 0,75
8	60,0–66,0	30,9	850	2,40		90 kg	1,5 + 0,9
9	66,0–72,0	32,2	860	2,50		Mittelmast	1,5 + 1,0
10	72,0–78,0	33,5	870	1,60			1,5 + 1,1
11	78,0–84,0	34,8	860	2,70			1,5 + 1,2
12	84,0–89,5	36,0	830	2,75	190 kg		1,5 + 1,25
13	89,5–95,5	36,0	800	2,75	Endmast		1,5 + 1,3
14	95,5–100,5	36,0	760	2,75		110 kg	1,5 + 1,3
15	100,5–105,5	36,0	720	2,75		Endmast	1,5 + 1,3
16	105,5–110,5	36,0	680	2,75			1,5 + 1,3
17	110,5–115,0	36,0	640	2,75			1,5 + 1,3
1–17	25–115	3480	750	270	270	270	270

Die Auswahl des *Mineralfutters* richtet sich nach den gewählten Mischungskomponenten. Es muss außerdem *vitaminiert* sein. In der Praxis werden Mischungen für die Anfangsmast (bis ca. 55–60 kg LM) und für die Endmast (ab 55–60 kg LM) verwendet. Der Energiegehalt sollte je kg Mischung bei 13 MJ ME liegen.

Der Rohfasergehalt sollte 6 % nicht über- und 4 % aus Gründen der Verdauung auch nicht unterschreiten.

Bei der **Mast mit zugekauftem Fertigfutter** wird das auch *Alleinfutter* genannte Mischfutter nach den Bestimmungen des Futtermittelrechts hergestellt. Die als sog. *Normtyp*-Mischfutter hergestellten Mischfutter müssen als solche gekennzeichnet sein und eine Angabe der Inhaltsstoffe enthalten. Alleinfuttermittel werden in der Regel *pelletiert.*

Auch die **Wasserversorgung** ist wichtig. Ein Mastschwein braucht täglich 2,5–3 l Wasser/kg Trockenfutter. Am besten werden *Selbsttränken* eingesetzt. Wichtig ist, dass diese Einrichtungen täglich auf ihre Funktionsfähigkeit überprüft werden.

Mast mit Feuchtfutter – Allgemein zählen Hackfrüchte, Maiskörner- und Maiskolben-Silagen, Abfälle aus dem Gärungsgewerbe (Schlempe, Pülpe), Nebenprodukte der Milchverarbeitung und

Abb. 1245 Extreme Nährstoffgaben (über 13,5 MJ ME/kg) führen nicht automatisch zu höheren Zunahmen. Hier ist die erbliche Veranlagung wichtiger.

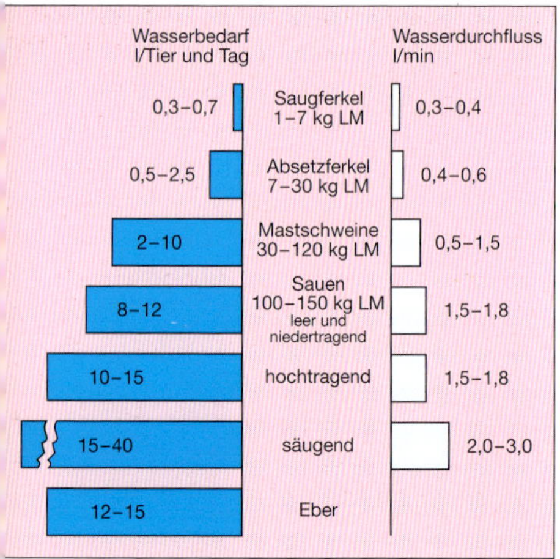

Abb. 1246 Der Wasserbedarf der Schweine.

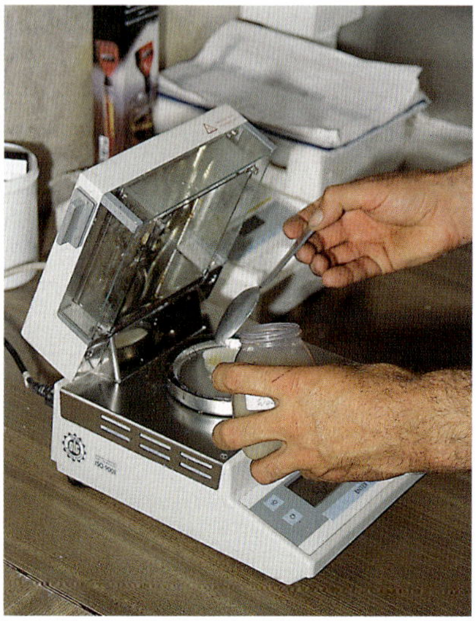

Abb. 1247 Das Flüssigfutter für Sauen, Ferkel und Mastschweine ist regelmäßig auf seinen Trockensubstanzgehalt zu kontrollieren.

Abb. 1248 Tägliche Futterzuteilung bei Kartoffelmast.

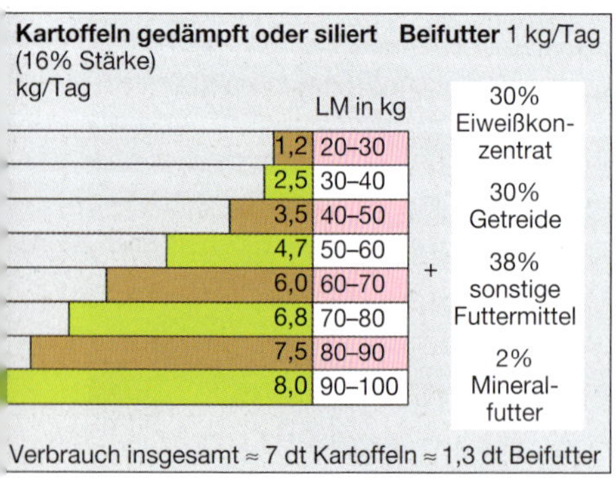

Tabelle 128: Modellrechnung für die Getreideveredelung in der Schweinemast

Verwertungserlös des eigenen Getreides in der Schweinemast		
Futterverwertung	1 : 3	
Gewichtsabschnitt	28 – 118 kg	
	= Zuwachs	90 kg
	= Futterverbrauch	270 kg
Ausschlachtung	79,50 %	
Sojaschrot und Mineralfutteranteil	17 + 3 = 20 % von 200	54 kg
Getreideanteil		**216 kg**
Erlös je Mastschweine	93,81 kg SG × 1,50 €/kg	140,70 €
Ferkelpreis im Ø	28,00 kg × 2,14 €/kg	– 60,00 €
Tierarzt, Medikamente, Energie, Wasser	pauschal	– 5,00 €
45,90 kg Sojaschrot	45,90 kg × 25,00 €/kg	– 11,02 €
Verlust (3 %)	pauschal	– 2,20 €
Verwertung je dt Getreide: rund 25 €		

Lebensmittelabfälle zu den feuchten Mastfuttermitteln. Eigentlich müsste man sie zu *Fließfutter* verarbeiten, doch stehen oft in bäuerlichen Betrieben die notwendigen Einrichtungen dafür nicht zur Verfügung. In ihrem Protein-, Mineralstoff- und Vitamingehalt müssen die oben genannten Futtermittel durch ein *Beifutter* aufgestockt werden.

Kartoffeln werden am besten siliert oder gedämpft verfüttert. Bei einem Stärkegehalt von 16 % enthält 1 kg gedämpfte Kartoffeln 20 g Rohprotein (1,1 g Lysin, 0,5 g Methionin und Cystin) und ca. 3,3 MJ ME. Die Hackfruchtmast ist allerdings ziemlich bedeutungslos geworden.

Bei Mast mit **Korn-Spindel-Gemischen** (CCM) sind der T- und der Rohfaser-Gehalt entscheidend. So enthält 1 kg Silage mit 65 % T ca. 9,9 MJ ME und mit 55 % nur ca. 8,3 MJ ME. Die *Eiweißergänzung* für das energiereiche Maiskorn kann z. B. durch Eiweißkonzentrat erfolgen. Allerdings macht das Einmischen der kleinen Mengen Schwierigkeiten. Deswegen gibt man auch hier gleichmäßig über die ganze Mast 1 kg Beifutter/Tier und Tag. Die Mindestwerte hierfür sind 22 % RP, 1,2 % Lysin, 1,6 % Ca, 0,6 % P und 0,2 % Na.

Maiskörner-Silage (MKS) muss wegen der hohen Energiedichte rationiert verfüttert werden.

Die Mast mit MKS erfordert auch die Bestimmung des T- und Rohfasergehaltes der Silage. MKS muss ebenfalls mit 1 kg Beifutter ergänzt und aufgrund der Nährstoffkonzentration ebenfalls rationiert verfüttert werden.

Bei der **Molkemast** muss wegen der geringen Nährstoffkonzentration mehr Kraftfutter eingesetzt werden. *Labmolke* muss frisch verfüttert oder mit Hilfe von Säuren konserviert werden. Die Ergänzung sollte mit Beifutter erfolgen, das in der Zusammensetzung dem Alleinfutter für die Endmast entspricht.

Die Mast mit **Abfällen** aus Großküchen und dergleichen setzt ein Abtöten der in diesem Futter eventuell enthaltenen Keime voraus (Durchkochen). Unsachgemäßer Umgang mit Speiseabfällen begünstigt das Auftreten der Schweinepest, weshalb größte Sorgfalt geboten ist. Außerdem ist auf eine ausreichende *Wasserversorgung* zu achten, weil solches Futter in der Regel *salzhaltig* ist. Die Mast sollte allmählich einsetzen und nicht vor einer Lebendmasse von 35 kg begonnen werden. Art und Menge des Beifutters sind vom Nährstoffgehalt der Speiseabfälle abhängig.

Es sollten nicht mehr als 15 – 25 % der gesamten Futtermischung aus Küchenabfällen bestehen, insgesamt also 75 kg/Mastschwein.

Reststoffe aus der Lebensmittelherstellung meint Halbfabrikate, Fehlchargen, Retouren, überlagerte bzw. beschädigte Waren, z. B. Bäckereireste, Snacks, Pommes frites, Milchprodukte, Bierhefe, Kartoffelschalen für die Lebensmittelindustrie und für die Mäster bietet dieser Recycling-Weg erhebliche Kostenvorteile.

Voraussetzung für den Einsatz ist *hygienische Unbedenklichkeit* sowie ein entsprechender *Futterwert*. Regelmäßige Nährstoffanalysen sind im Hinblick auf die Zufütterung unersetzlich.

Polyensäuren sind mehrfach ungesättigte Fettsäuren, die die Speckqualität beeinflussen. Hohe Anteile in Ölen, Ölsaaten, Mais und Speiseresten bewirken eine nachlassende Speckfestigkeit und -haltbarkeit.

Flüssigfütterung – Das Prinzip der Flüssigfütterung besteht im Vermischen der Futtermittel mit Wasser zu einem *fließfähigen Brei*, der durch Pumpen über Rohrleitungen und Dosiereinrichtungen in die Tröge befördert wird.

Die **Vorteile** des Verfahrens sind:

- Einsatz *preisgünstiger* Futterkomponenten, gleichgültig, ob sie trocken, feucht oder flüssig sind,
- Futteraufbereitung durch *direktes* Einmischen jeder Komponente in einem Arbeitsgang,
- hohe *Mischgenauigkeit*,
- bessere *Technisierbarkeit* des Futtertransports in den Stall.

Probleme können die in langen Rohrleitungen zurückbleibenden *Futterreste* verursachen. Bei mittelgroßen Anlagen werden die in den Leitungen verbleibenden Reste über einen Rücklauf bei der nächsten Mahlzeit neu vermischt oder die Leitungen werden bei leicht verderblichen Komponenten mit Wasser bzw. Druckluft gespült.

Für den **Wasserzusatz** je kg Grundmischung ist zu berücksichtigen, dass

- die Fließ- und Pumpfähigkeit gewährleistet ist; dies ist der Fall, wenn das Fließfutter etwa 23 – 27 % T besitzt.
- die Tiere nur eine begrenzte Futtermenge aufnehmen können. Das sind bei Mastbeginn (35 kg LM) ca. 6 l und bei Mastende ca. 10 – 11 l täglich. Damit ergibt sich eine durchschnittliche *Energiedichte* von ca. 3,2 – 3,8 MJ ME/kg Fließfutter.

Obwohl der **Wasserbedarf der Tiere** bei der Flüssigfütterung eigentlich gedeckt ist, lohnt sich die Installation von Tränken, um die Tiere in der warmen Jahreszeit oder bei geringer Fresslust mit genügend Flüssigkeit versorgen zu können.

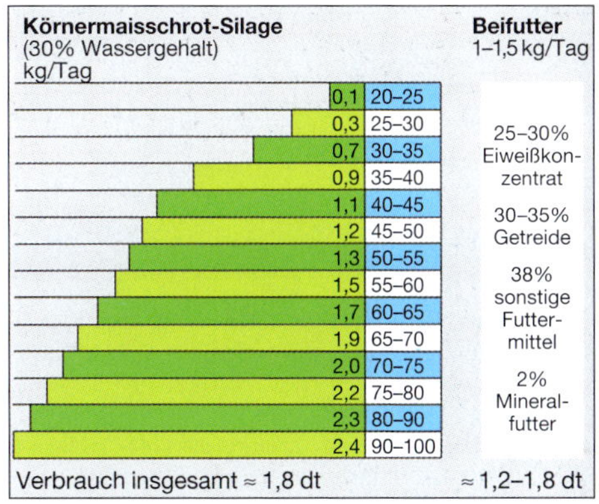

Abb. 1249 Tägliche Futterzuteilung bei der Mast mit Körnermaisschrot-Silage.

		CCM : Ergänzungsfutter		
		1:2	1:1	2:1
CCM/Tag ¹)	kg	0,82	1,30	1,85
CCM/Mastschwein	kg	89	142	202
CCM/Mastschwein ²)	m³	0,11	0,18	0,25
Ergänzungsfutter/Tag	kg	1,64	1,30	0,92
Ergänzungsfutter/MS ³)	kg	178	142	101
Gesamt-Futterbedarf/MS (CCM + Ergänzungsfutter)	kg	267	284	303

¹) 60% T; 5,3% Rohfaser in der T.
²) 8 dt CCM/m³. ³) MS = Mastschwein.

Abb. 1250 **Beispiel** für erforderliche Mengen an CCM und Ergänzungsfutter pro Mastschwein bei unterschiedlichen Anteilen an CCM und Ergänzungsfutter (2,2 kg Futter/Tier und Tag, 80 kg Zuwachs, Futterverwertung 3,0).

Abb. 1251 **Beispiele** für die Fütterung mit CCM (60% T).

	Gewichtsbereich (kg)	
	25–55	55–105
Futtermischung (%):		
CCM	50	67
Ergänzungsfutter	50	33
Ergänzungsfutter-Mischung (%):		
Sojaschrot	46,0	47,5
Weizen	46,5	44,8
Fett	1,0	0,7
Mineralfutter	6,5	7,0
Mineralfuttertyp:		
Ca / P / Na / Lys (%)	20/6,5/4/4	20/4,5/4/4
Futterbedarf für 80 kg Zuwachs (kg):		
CCM	43	140
Ergänzungsfutter	43	70
gesamt	86	210

Abb. 1252 Mischanlage für die Flüssigfütterung von Schweinen.

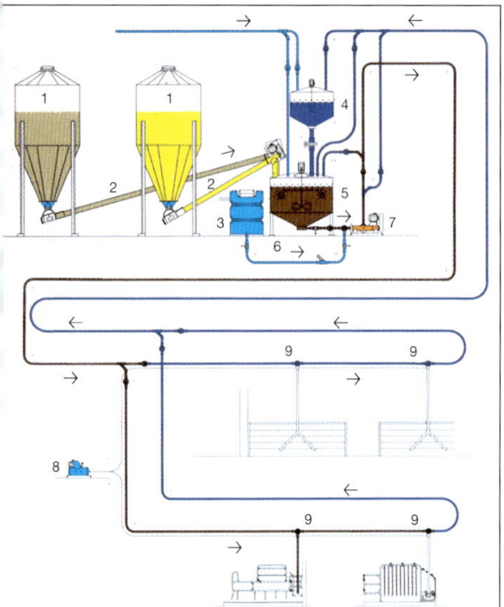

1 Futtersilo
2 Futterschnecke
3 Frischwassertank
4 Brauchwassertank
5 Mischtank
6 elektronische Wiegung
7 Futterpumpe
8 Kompressor
9 Futterventil

Abb. 1253 Flüssigfütterungsanlage für Schweine mit Fließfutteraufbereitung und -zuteilung **(Beispiel,** Maße in cm).

Abb. 1254 Die Flüssigfütterung ermöglicht eine zentrale Futterküche und weitgehende Mechanisierung.

Beispiel für das **Herstellen der Futtermischung** mit CCM:
1. Schritt: 1 kg Grundmischung herstellen:

Komponenten des Fließfutters	Futterwert							
	T	Rohprotein	Lysin	Rohfaser	ME	Ca	P	Na
g/kg	g	g	g	g	MJ	g	g	g
600 CCM	330	33	0,84	18,0	4,914	0,12	0,96	0,06
170 Soja-Extraktionsschrot	148	76	4,93	10,5	2,205	0,48	1,02	0,03
205 Weizen	180	24	0,68	5,3	2,819	0,14	0,68	0,04
25 Mineralfutter	24	–	–	–	–	5,50	1,88	1,25
1000 g	682	133	6,45 ≈ 6,5	33,8 ≈ 34	9,938 ≈ 9,94	6,24 ≈ 6,2	4,54 ≈ 4,5	1,38 ≈ 1,4

2. Schritt: Wasser zusetzen:
Die erforderliche Wassermenge/kg Fließfutter errechnet sich dann nach der Formel:

$$\text{Wassermenge} = \frac{\text{T-Gehalt der Grundmischung}}{\text{T-Gehalt des Flüssigfutters}} - 1$$

Beispiel: T-Gehalt des Flüssigfutters 24 % ≙ 240 g,
T-Gehalt der Grundmischung 68,2 % ≙ 682 g.

$$\text{Wassermenge} = \frac{682}{240} - 1 = 1{,}84$$

Je kg Grundmischung müssen also 1,84 kg Wasser zugesetzt werden.
Achtung! Beim Zusatz anderer Flüssigkeiten ergibt sich ein anderer Rechengang!

3. Schritt: Ermittlung der Inhaltsstoffe/kg Fließfutter:

$$\text{Inhaltsstoffe/kg Fließfutter} = \frac{\text{Inhaltsstoffe/kg Grundmischung}}{\text{Wassermenge} + 1}$$

Beispiel: T-Gehalt in 1 kg Flüssigfutter $= \frac{682\ \text{g}}{1{,}84 + 1} \approx 240$ g

Ergebnisse: Inhaltstoffe/kg Flüssigfutter

T	Rohprotein	Lysin	Rohfaser	ME	Ca	P	Na
g	g	g	g	MJ	g	g	g
240	46,8	2,3	12,0	3,50	2,2	1,6	0,5

4. Schritt: Berechnen der Futtermenge/Tier und Tag:
Die tägliche Futtermenge/Tier ist von der Lebendmasse, dem Futteraufnahmevermögen, der Wachstumsintensität und dem Energiegehalt/kg Flüssigfutter abhängig.
Für die Berechnung richtet man sich nur nach dem Energiebe-

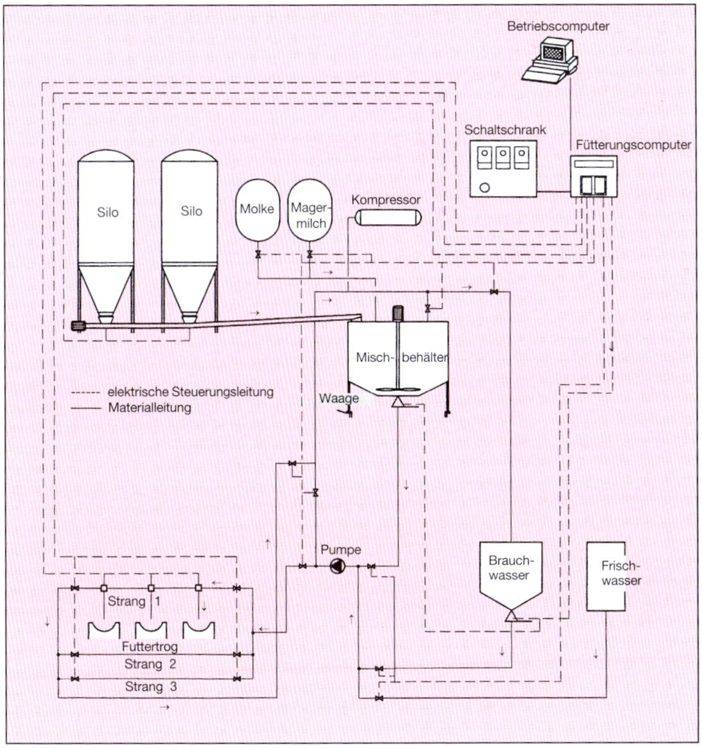

Abb. 1255 Mitte: Flüssigfütterungsanlage für Mastschweine mit Computersteuerung **(Beispiel)**.

Abb. 1256 Auch bei Flüssigfütterung müssen die Tiere jederzeit Zugang zu frischem Wasser haben.

darf, weil dieser im Wesentlichen von den anderen Einflussgrößen mitbestimmt wird.

$$\text{tägliche Futtermenge je Tier} = \frac{\text{Energiebedarf/Tier}}{\text{Energiegehalt/kg Flüssigfutter}}$$

Beispiel: Lebendmasse 35 kg, Energiebedarf 19,3 MJ/Tier und Tag;

$$\text{tägliche Futtermenge je Tier} = \frac{19{,}3\ \text{MJ}}{3{,}50\ \text{MJ/kg}} = 5{,}5\ \text{kg}$$

Bei der Wahl der **Futtermittel** ist man bei Flüssigfütterung flexibel. Vorwiegend werden CCM, Feuchtgetreide, Magermilch und Molke, aber auch Altbrot, Küchenabfälle, Kartoffeln, Zuckerrüben und Abfälle aus dem Gärungsgewerbe verfüttert.

Umweltschonende Fütterung – Die Dünge-Verordnung begrenzt seit 1996 die maximalen N-Gaben aus Wirtschaftsdüngern auf 170 kgN/ha. Auch bei Phosphat darf bei sehr hoch versorgten Böden nur nach Entzug gedüngt werden, ebenso bei Kali. Die entscheidende Schwelle liegt deshalb bei ca. 16 Mastplätzen je ha. Nur bei leistungsgerechter Fütterung kann bei hohem Tierbesatz die Nährstoffbilanz ausgeglichen werden.

Zur **Verringerung der N-, P- und K-Ausscheidungen** werden folgende Möglichkeiten genutzt:

- **Phasenfütterung:** Fütterungsanpassung an die Alters- und Leistungsabschnitte mit
  - 2-Phasen-Fütterung (30–60 kg LM und ab 60 kg LM) und

Abb. 1257 Bei der Multiphasenfütterung kann jeder Futterautomat mit einer speziellen Mischung computergesteuert beschickt werden.

– 3-Phasen-Fütterung (30–60 kg LM, 60–85 kg LM, 85–120 kg LM).

- ▶ N/P-Absenkung im Futter durch gezielte Zulage von limitierenden Aminosäuren (z. B. Lysin) und Phosphorreduzierung durch das Enzym Phytase sowie durch regelmäßige Futtermittelanalysen.
- ▶ **Verbesserung der Futterverwertung** durch leistungsfähigere Tiere, optimale Fütterungstechnik- und aufbereitung.
- ▶ Unter Ausschöpfung aller Möglichkeiten können bei N und P Einsparungen bis zu 40 % erreicht werden.

Abb. 1258 Platzbedarf für Mastschweine (Maße in cm).

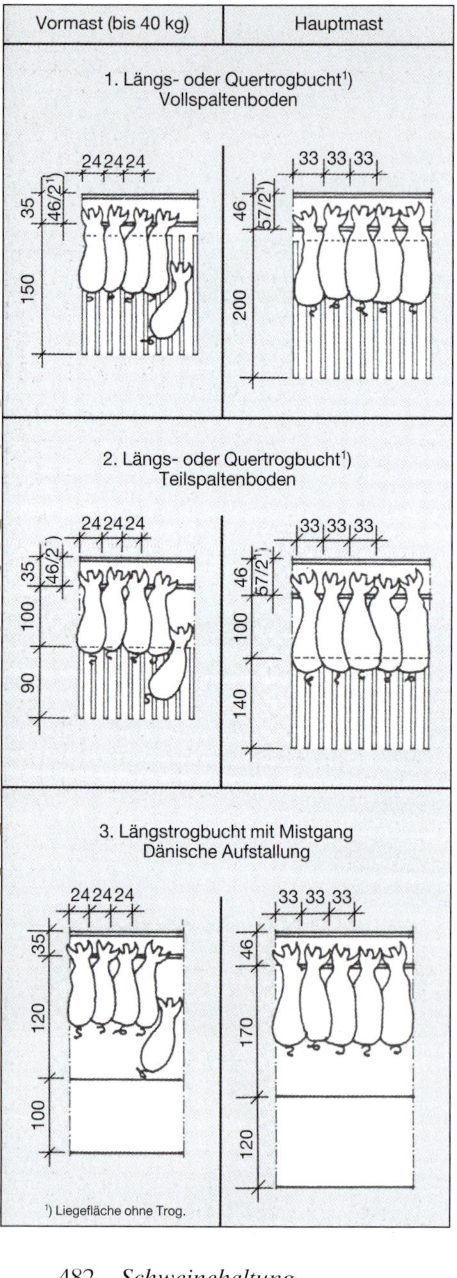

[1]) Liegefläche ohne Trog.

7.2 Haltung

7.2.1 Allgemeines

Grundsatz der Schweinehaltungs-Verordnung (2006) ist, Gesundheitsschäden der Tiere durch Bauweise, technische Ausstattung und Zustand des Stalles zu vermeiden. Deshalb gilt beispielsweise:

- ▶ Bei neuen Stalleinrichtungen (seit 31. Dezember 1989) darf der Liegebereich für Zuchtschweine nicht voll perforiert sein.
- ▶ Die Überwachung der Tiere (2 × täglich) und der technischen Versorgungseinrichtungen (1 × täglich) muss gesichert sein.
- ▶ Für Beleuchtung, Temperaturen im Liegebereich von Ferkeln und die Beschaffenheit des Stallbodens gelten Normen.
- ▶ Die Beschäftigung der in einstreulosen Ställen gehaltenen Tiere (z. B. mit Ketten) muss gewährleistet sein.
- ▶ Es muss sichergestellt sein, dass Luftzirkulation, Staubgehalt, Temperatur und Gaskonzentration im Stall die Gesundheit der Tiere nicht nachhaltig beeinflusst.
- ▶ Für die Haltung abgesetzter Ferkel in Gruppen werden einheitliche Tiergewichte und maximale Besatzdichten vorgeschrieben.

Voraussetzung – Mastschweine werden im Stall gehalten. Die *Schweinehaltungs-Verordnung* (2006) schreibt dafür die Mindestanforderungen hinsichtlich tiergemäßer und hygienischer Haltung vor.

Im Rahmen besonderer Anforderungen an die Landwirtschaft rücken Ökologischer Landbau, Verbraucherschutz und ausdrücklich auch Tierschutz und Tierhygiene unter dem Begriff **»Besonders tiergerechte Haltung«** in den Vordergrund. Nur wer diese strengeren Kriterien bei seinen Stallbauten erfüllt, kann vom Staat mit verbilligten Darlehen bzw. Zuschüssen rechnen.

Beispiele für Mastschweine sind:

- ▶ Jeweils 6 Tiere haben 1 Tränke,
- ▶ Gruppenhaltung mit mindestens je 20 Tieren; die Buchten sind so groß anzulegen und zu gestalten, dass sie in Fress-, Liege- und Bewegungs-/Abkotbereich strukturiert werden können,
- ▶ der Liegebereich ist so zu bemessen, dass alle Tiere gleichzeitig liegen können,

▶ größere Netto-Buchtenfläche / Mastschwein:
bis 60 kg LM mindestens 0,6 m² / Tier,
über 60 kg LM mindestens 1,0 m² / Tier,
▶ nicht zulässig sind Vollspaltenboden,
▶ für je 12 Tiere ist eine Beschäftigungsmöglichkeit vorzusehen.

Mastställe müssen aber auch zweckmäßig, d. h. arbeitssparend eingerichtet und kostengünstig im Bau und Unterhalt sein.

Haltungsverfahren – Mastschweine lassen sich nach verschiedenen Verfahren halten:

▶ **Kontinuierliches Verfahren:** In einem Stall befinden sich Mastgruppen in verschiedenen Mastabschnitten; Zu- und Abgänge erfolgen laufend.
▶ **Rein-Raus-Methode:** Alle Masttiere sind annähernd gleich alt und werden geschlossen auf einmal zum Schlachten gegeben, danach der ganze Bestand ebenso geschlossen auf einmal neu eingestallt. Das Verfahren ist aufgrund seiner Vorteile in Spitzenbetrieben mittlerweile Standard.

Tabelle 129: Vergleich zwischen den Haltungsverfahren

Verfahren	Vorteile	Nachteile
kontinuierliches Verfahren	keine Arbeitsspitzen, gute Ausnützung der Stallräume, Aufstallung auch mit Festmist möglich	keine gründliche Reinigung und Desinfektion möglich, schlechte Stallhygiene, Krankheitsbekämpfung erschwert
Rein-Raus-Methode	gründliche Reinigung und Desinfektion, Unterbrechung von Infektionsketten, bessere Bestandskontrolle, gezielte Arbeitsorganisation	höhere Investition in Bau und Technik, Ferkelbeschaffung u. U. schwierig, Arbeitsspitzen an bestimmten Tagen, schlechtere Stallplatznutzung

7.2.2 Maststall

Die modernen Fleischschweine leiden sehr unter *Stress,* der u. a. durch Ställe verursacht wird, die den gesundheitlichen Anforderungen nicht entsprechen.

Stallklima – Schweine fühlen sich bei *Raumtemperaturen* zwischen 16 und 18 °C am wohlsten. Für Buchten mit Vollspaltenböden sind jedoch wegen der fehlenden Wärmeisolierung bei der Aufstallung 26 °C nötig. Die relative Luftfeuchtigkeit sollte zwischen 60 und 80 % liegen.

Dazu ist eine ausreichende *Wärmedämmung* nötig. Der k-Wert (siehe »Grundstufe Agrarwirtschaft«) für Wände sollte 0,5, für Decken 0,4 und für Liegeflächen 0,7 betragen. Der CO_2-Gehalt darf 3500 ppm (= 3,5 l/m³) nicht überschreiten.

Lüftung – Ein unzureichender *Luftraum* führt zu schlechterer Futterverwertung und damit zu niedrigeren Zunahmen. Eine zugluftfreie *Belüftung* ist sicherzustellen, wenn pro Mastplatz 3,0–3,5 m³ Luftraum zur Verfügung stehen. Um Gesundheitsstörungen zu vermeiden, sollte im Stall möglichst wenig Staub entwickelt werden.

Fortsetzung Abb. 1258.

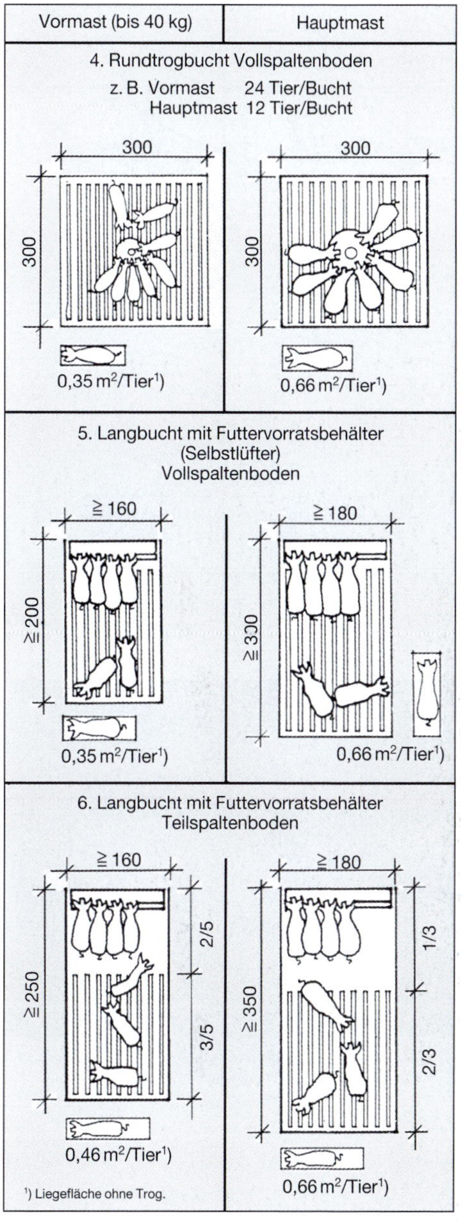

Abb. 1259 Günstige Temperaturbereiche in der Schweinehaltung.

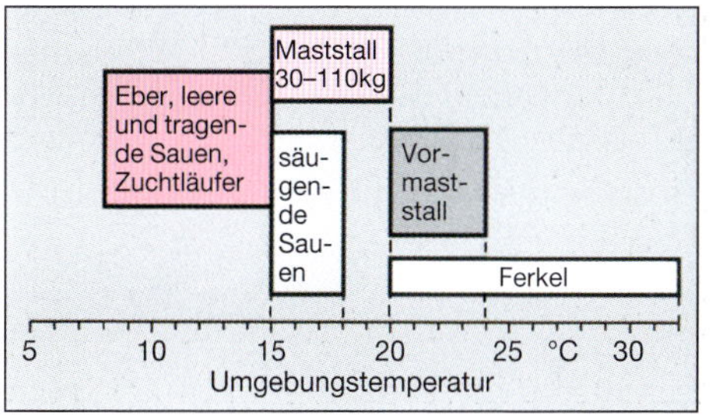

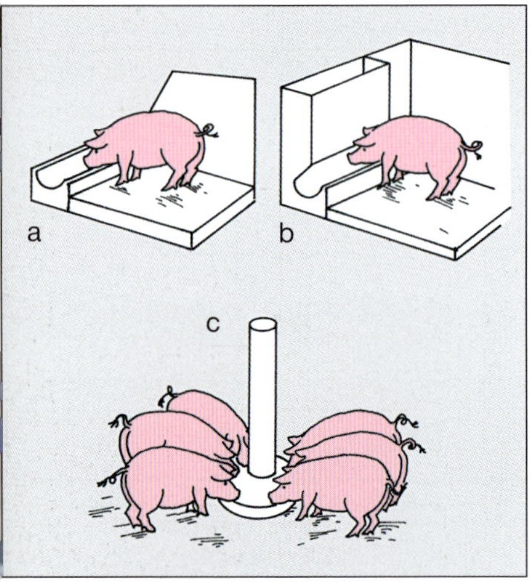

Abb. 1260 Die Futterart bestimmt in der Regel die Art der Futtervorgabe:
a Längs- oder Quertrog,
b Futtervorratsbehälter,
c Rundtrog.

Abb. 1261 Die Schweinehaltungs-Verordnung fordert eine Lichttaglänge von mindestens acht Stunden mit einer Beleuchtungsstärke von mindestens 50 Lux.

Abb. 1262 Aus Sicht der tiergerechten Haltung werden Teilspaltenböden zunehmend günstiger beurteilt als Vollspaltenböden.

Tabelle 130: Frischluftzufuhr und Luftgeschwindigkeit im Tierbereich

Jahreszeit	Frischluftzufuhr stündlich m^3/kg LM	Luftgeschwindigkeit im Tierbereich m/s
Winter	0,12	0,1
Herbst/Frühjahr	0,5	0,2
Sommer	1,2	0,3

Beleuchtung – Die *Schweinehaltungs-Verordnung* schreibt vor, dass Ställe, in denen zur Pflege und Versorgung der Tiere auch bei Tag künstliche *Beleuchtung* erforderlich ist, täglich 8 Stunden beleuchtet sein müssen.

Die Helligkeit im Tierbereich muss 50 Lux betragen und dem Tagesrhythmus angepasst sein. Jedes Schwein soll von der gleichen Lichtmenge erfasst werden. Außerhalb der Beleuchtungszeit muss so viel Licht vorhanden sein, wie die Schweine zu ihrer Orientierung brauchen.

Für den Fall einer *Betriebsstörung* in zwangsentlüfteten Ställen muss zur ausreichenden Frischluftzufuhr, Beleuchtung, Fütterungs- und Tränkemöglichkeit eine *Alarmanlage* vorhanden sein und ein Notstromaggregat einsatzbereit gehalten werden.

Stallhygiene – Vor dem Aufstallen ist die Bucht – bei der Rein-Raus-Methode der ganze Stall – zu *entmisten, sorgfältig zu reinigen* und zu *desinfizieren.*

Zur Hygiene gehört auch das tägliche *Beobachten der Tiere.*

Auch die *Hygiene bei der Fütterung* ist von größter Wichtigkeit. Mikroorganismen in den Fütterungsanlagen können Futterinhaltstoffe zerstören, gesundheitliche Probleme bei den Tieren (z. B. Durchfall, Erbrechen, verringerte Futteraufnahme, Kannibalismus, Blähungen und gegebenenfalls auch Tod) verursachen und die Leistung mindern.

Folgende **Reinigungsschritte** haben sich bewährt:

- *Mechanische Reinigung* der Rohrleitungen mit der so genannten Gerstenbürste. Beim Umpumpen ganzer Gerstenkörner schaben ihre spitzen Ende den »Biofilm« ab.
- *Saure Reinigungsmittel* machen die Anlage weitgehend keimfrei. Anschließend muss nachgespült werden.
- *Alkalische Reinigungsmittel* reduzieren die säureresistenten Keime. Starterkulturen (positive Milchsäurebakterien) erschweren zumindest das Ansiedeln schädlicher Mikroben.
- *Weitere Routinemaßnahmen* sind das Reinigen der Tröge, das tägliche Ausspritzen und die wöchentliche gründliche Säuberung der Anmischbehälter sowie die Beachtung der allgemeinen Futterhygiene.

Haltung auf Betonspaltenböden – Schweine mit mehr als 30 kg LM dürfen in Ställen mit Betonspaltenböden nur dann gehalten werden, wenn Spaltenweite und Auftrittsbreite entsprechen.

Gruppenhaltung – Schweine mit mehr als 30 kg LM dürfen nur bis zu den in Tabelle 132 genannten *Besatzdichten* in Gruppen gehalten werden. Bei *rationierter Fütterung* (Ausnahme Abruffütterung) müssen alle Schweine gleichzeitig fressen können. Bei *einmaliger Fütterung* täglich genügt eine Fressstelle für 2 Tiere. Bei *ad-libitum-*

Tabelle 131: Anforderungen an Spaltenböden

Tiergruppe	Spaltenweite
Saugferkel	11 mm
Absatzferkel	14 mm
Zuchtläufer und Mastschweine	18 mm
Jungsauen, Sauen und Eber	20 mm

Tabelle 132: Anforderungen an den Liegebereich bei Gruppenhaltung

durchschnittliche Lebendmasse kg	Tiere/m^2 Liegefläche	
	Liegebereich vom Kotbereich getrennt	Liegebereich nicht vom Kotbereich getrennt
bis 45	3	3,6
über 45–110	2	2,4
über 110–150	1	1,2
über 150	3 je 4 m^2	3 je 4,8 m^2

Fütterung muss für höchstens 4 Schweine eine Fressstelle vorhanden sein. Eine *Selbsttränke* reicht für höchstens 12 Tiere. **Flächenansprüche/Mastschwein:** bis 50 kg LM 0,5 m^2; bis 110 kg LM 0,75 m^2; über 110 kg LM 1,0 m^2. Für genehmigte bzw. in Nutzung genommene Stallungen gelten 0,65 m^2 bis 31. 12. 2012.

! Schweine, die mit anderen dauernd unverträglich sind, dürfen nicht in Gruppen gehalten werden.

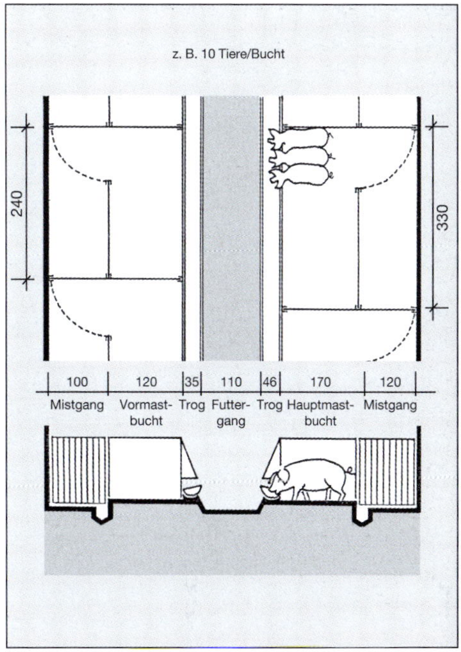

Abb. 1263 Längstrogbucht mit Mistgang (Dänische Aufstallung, Maße in cm).

Abb. 1264 Unten links: Längstrogbucht für die Hauptmast mit Vollspaltenboden (Zugang über Gang, Maße in cm).

Abb. 1265 Unten rechts: Quertrogbucht für die Hauptmast mit Teilspaltenboden (Maße in cm).

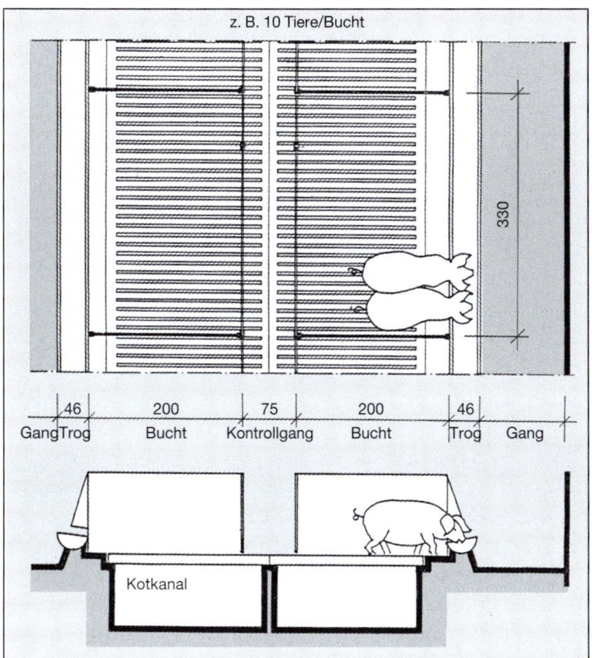

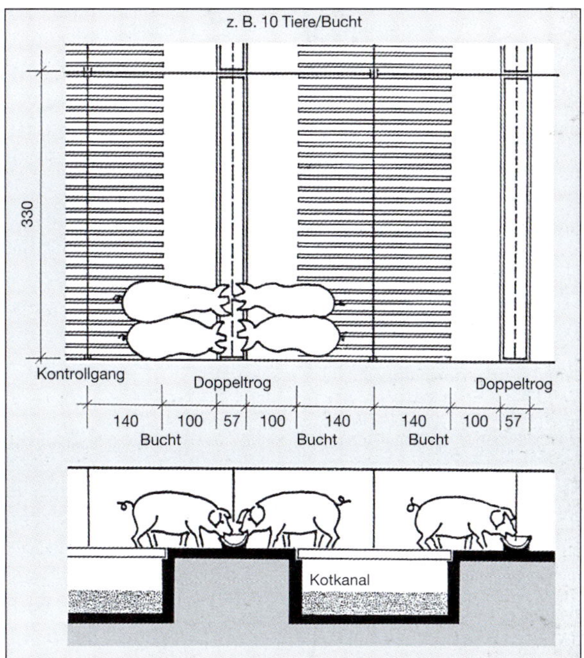

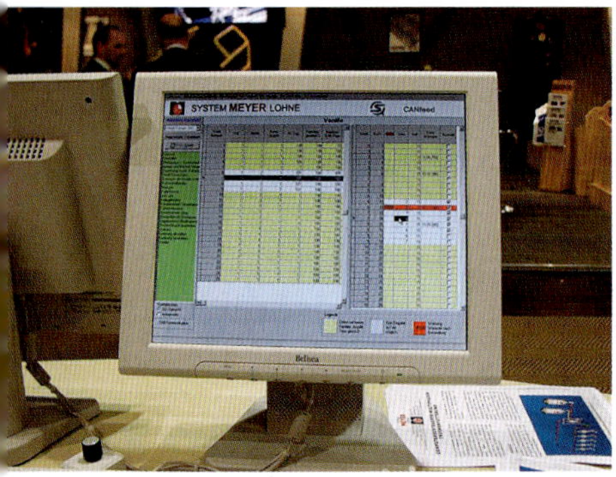

Abb. 1266 Der Fütterungscomputer wird auch zur Datendokumentation und Qualitätssicherung genutzt.

Abb. 1267 Vorgaben zum Immissionsschutz bei Schweineställen nach der VDI-Richtlinie 3471 vom Juni 1986.

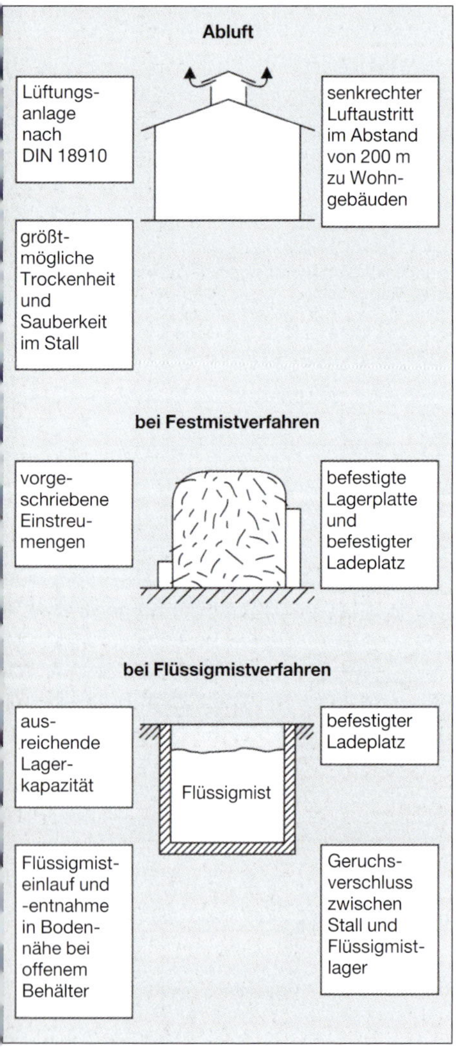

7.2.3 Aufstallungsformen

Die **Aufstallungsform** richtet sich weitgehend nach der Art der Fütterung und der Entmistung.

Futtervorgabe – Sie kann je nach Futterart erfolgen im

- *Längstrog* oder *Quertrog:* für Schrot, Fertigfutter, Feuchtgetreide, Flüssigfutter, Molke, Küchenabfälle;
- *Futtervorratsbehälter* (Selbstfütterer): für Schrot und pelletiertes Fertigfutter;
- *Rundtrog:* für Schrot und Fertigfutter.

Entmistung – Sie wird von der Haltung mit oder ohne Einstreu bestimmt. Mit Einstreu fallen je GV und Mastperiode 1 – 1,2 m^3 Festmist an. Für die Lagerung sind 0,5 – 0,6 m^2 Dunglege/Mastperiode zu veranschlagen. Außerdem werden 0,75 m^3 Jauchegrubenraum/Mastperiode benötigt. Ohne Einstreu fallen je Tier und Mastperiode 1,2 m^3 Gülle (7,5 % T) an.

Buchtensysteme – Entsprechend den Fütterungs- und Entmistungssystemen unterscheidet man

- *Längs-* oder *Quertrogbucht* entweder mit Vollspaltenboden oder mit Teilspaltenboden im Kotbereich,
- *Längstrogbucht* mit Mistgang (Dänische Aufstallung),
- *Rundtrogbucht* mit Vollspaltenboden,
- *Langbucht* mit Futtervorratsbehälter entweder mit Vollspaltenboden oder mit Teilspaltenboden.

Im Vollspaltenboden ist zwar der Platzbedarf/Tier am geringsten, dafür leidet oft das Stallklima (Gasentwicklung, Zugluft). Obwohl der Arbeitsaufwand bei den eingestreuten Mistgangbuchten am größten ist, bringen die Schweine wegen der artgemäßeren Haltung dort die besten Zunahmen.

Aufstallen der Mastferkel – Die Ferkelerzeugerbetriebe liefern heute Tiere mit besten Erbeigenschaften für gute Futterverwertung und Wüchsigkeit. Beim Aufstallen sollte man deshalb darauf achten, dass keine Krankheiten eingeschleppt werden, indem man nur bei bekannten Betrieben bzw. von Erzeugergemeinschaften einkauft. Außerdem sollten die Ferkel in einem desinfizierten Transportwagen zum neuen Stall gelangen.

Am 1. Tag erhalten die Tiere nur Wasser. Erst am 2. Tag bekommen sie Futter. Geruchsprays oder eine Waschung mit Eukalyptusbrühe vermindert die anfänglichen Rangkämpfe. Die Tiere sollten sorgfältig und regelmäßig beobachtet werden. Dabei sollten sich nicht zu viele Personen im Stall aufhalten, um die Tiere nicht zusätzlich zu beunruhigen. Eine Desinfektionsmatte vor der Stalltür vermindert das Infektionsrisiko.

7.2.4 Immissionsschutz

Schweineställe verbreiten unangenehme Gerüche, die zu einer *Umweltbelastung* führen können. Ab einer *Bestandesgröße* von mehr als 700 Mastschwein-Plätzen bzw. 250 Zuchtsauen sind daher Sondergenehmigungen erforderlich.

Für den Schutz vor Geruchsimmissionen gilt die VDI-Richtlinie 3471. Sie bewertet die Schweinehaltungsform nach Punkten für Entmistung einschließlich Lagerung, Stalllüftung und Sonstigem

(Abzüge für besondere Futtermittel, z. B. Molke, Standorteinflüsse, Flüssigmist-Lagerkapazität).

Möglichkeiten der **Geruchsminderung** sind:

- ▶ Geruchsverdünnung durch große Luftmengen,
- ▶ Frischluftbeimengungen zur Abluft (By-Pass-Anlagen),
- ▶ Vergrößerung der Abluftgeschwindigkeit,
- ▶ senkrechtes Ableiten der Abluft,
- ▶ Filteranlagen.

Schallimmissionen durch Lüftungsanlagen lassen sich vermeiden durch die Auswahl geräuscharmer Geräte und das Umlenken des Zuluftstroms bei Zuluftventilatoren.

Aufgaben:

1. Welche Mastformen werden hinsichtlich des verwendeten Futters unterschieden?
2. Wie viele kg Futter mit 12,7 MJ/kg benötigen wir täglich für 250 Schweine, wenn jedes Schwein 21,5 MJ erhalten soll?
3. Von einer Mastgruppe wurden je Schwein in 123 Tagen 264 kg Futter mit einem Energiegehalt von 12,8 MJ/kg verzehrt. Die Gewichtszunahme betrug 78 kg.
   a) Wie hoch war die mittlere tägliche Gewichtszunahme je Schwein in g?
   b) Wie groß war die mittlere tägliche Futteraufnahme je Schwein in kg?
   c) Wie viele kg Futter wurden je kg Gewichtszunahme aufgewendet?
   d) Wie viele MJ ME entfielen auf 1 kg Gewichtszunahme?
4. Aus einer CCM-Vormischung mit einem T-Gehalt von 62 % und Wasser sollen 3,5 t Fließfutter mit einem T-Gehalt von 24 % hergestellt werden. Wie viele kg Vormischung und wie viele Liter Wasser sind zu mischen?
5. Eine Mischung aus CCM und Ergänzungsfutter enthält 30 % Wasser. Aus 500 kg dieser Vormischung soll ein Fließfutter mit 22 % T-Gehalt hergestellt werden. Wie viele Liter Wasser sind zuzufügen?
6. Eine Mischung besteht aus 60 % CCM mit 54 % T; 5,5 % RF; 17,5 % Sojaschrot aus ungeschälter Saat mit 87,5 % T; 2,5 % vitaminiertem Mineralfutter mit 95 % T; 20 % Weizen mit 86 % T.
   Von der Mischung sollen folgende Kennwerte ermittelt werden: RP, Lysin, ME, RF, und zwar
   a) bezogen auf 1 kg Mischung,
   b) in Prozent der Mischung.
7. Wie viele Tonnen Fließfutter aus CCM (22 % T, 3,2 MJ/kg) sind für 150 Mastschweine (90 kg LM) täglich zu mischen, wenn jedes Tier 36 MJ ME benötigt?
8. Beschreiben Sie die hygienischen Anforderungen an den Maststall.

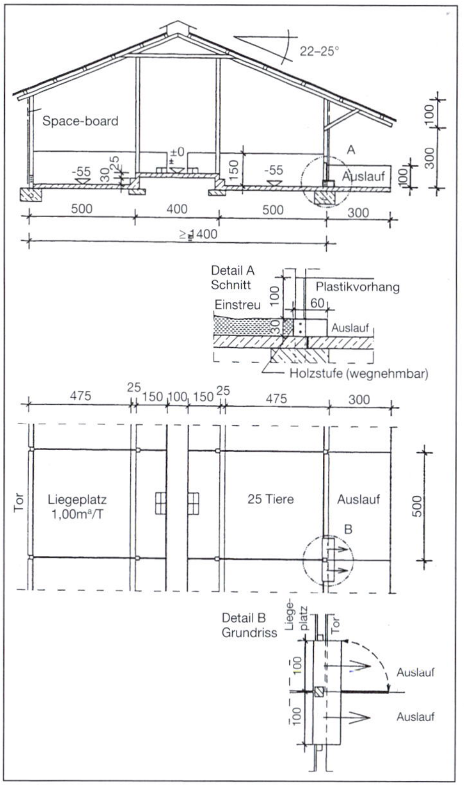

Abb. 1268 Außenklimaställe halten den Investitionsbedarf/Mastplatz gering. Die Gruppengröße schwankt zwischen 25 und 60 Tieren (Maße in cm).

Abb. 1269 Richtwerte für ein optimales Stallklima (§ 9 SHVO, 2006).

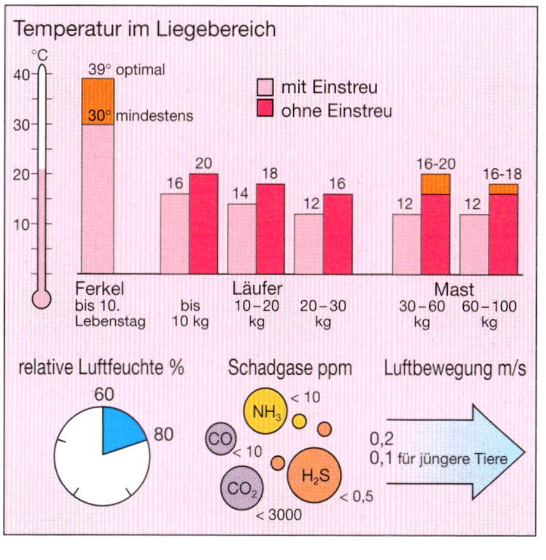

Abb. 1270 Auch bei Ebern ist die Beurteilung des Körpers Voraussetzung für die Ermittlung des Zuchtwertes.

Abb. 1271 Absatzveranstaltungen liefern der Landwirtschaft hochwertige Zuchttiere.

Abb. 1272 Erzeugerringe und Erzeugergemeinschaften haben unterschiedliche Ziele.

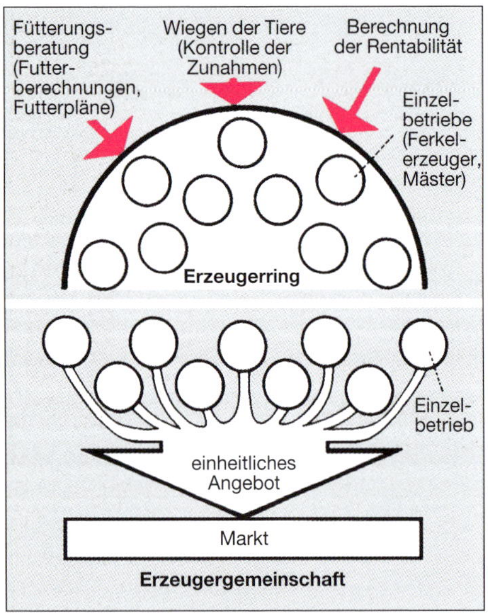

8 Förderung der Schweinehaltung

Wegen der großen privat- und volkswirtschaftlichen Bedeutung der Schweinehaltung bemühen sich *Selbsthilfeorganisationen* und der *Staat* um ihre Förderung.

Tierzucht-Gesetz – Es regelt im Wesentlichen Folgendes:

- *Anbieten* und *Abgeben* von Zuchttieren, Sperma, Eizellen und Embryonen,
- Grundsätze für die Durchführung von *Leistungsprüfungen* und der *Zuchtwertschätzung* von Reinzuchttieren,
- Grundsätze für die Durchführung des *Stichprobentests* für Kreuzungszucht-Programme auf Kombinationseignung von Zuchttieren,
- Vorschriften über die Führung von *Zuchtbüchern* sowie über die Ausstellung von *Zucht-* und *Herkunftsbescheinigungen,*
- *Anerkennung* und *Überwachung* von Züchtervereinigungen, Zuchtunternehmen, Besamungsstationen und Embryotransfer-Einrichtungen.

Schweinehaltungs-Verordnung – Sie legt verbindliche Normen fest für den Umgang mit Zucht- und Mastschweinen, worauf in entsprechenden Abschnitten des Buches hingewiesen wird.

Züchtervereinigungen (Zuchtverbände) – Sie sind mit die wichtigsten Selbsthilfeeinrichtungen zur Förderung der Schweinezucht. In Deutschland gibt es gegenwärtig 17 Züchtervereinigungen mit insgesamt ca. 2500 Mitgliedern.

Ihre Aufgaben sind Beratung der Mitglieder, Auslese und Eintrag der Eber und Sauen in das Herdbuch sowie die Durchführung von Absatzveranstaltungen für Zuchtschweine.

Zuchtunternehmen – Sie befassen sich nur mit der *Hybridzucht.* Die Vermittlung der Zuchttiere erfolgt aus wirtschaftlichen und hygienischen Gründen nur von Betrieb zu Betrieb.

Erzeugerringe – Dies sind *freiwillige* Zusammenschlüsse von Ferkelerzeugern oder Mästern.

Zu dem Aufgaben der **Ferkelerzeugerringe** gehören:

- *Durchführung von Leistungskontrollen,*
- *Produktionstechnische Beratung* in Fragen der Züchtung, Fütterung und Haltung,
- Durchführung von *Wirtschaftlichkeitsberechnungen,*
- *qualitätsverbessernde Maßnahmen* einleiten.

Erzeugergemeinschaften: Ihre wesentlichen Aufgaben sind

- Verbesserung der Qualität der Produkte durch Beachtung von Qualitäts- und Erzeugungsregeln,
- Zusammenfassung und Konzentration des Angebotes gegenüber der Nachfrageseite,
- kontinuierliche Belieferung des Marktes mit einheitlichen Partien,
- Verbesserung der *Verhandlungsposition* des Landwirts gegenüber Marktpartnern.

Mastkontrollringe wollen durch die Beratung der Mitglieder zur Fütterung und Haltung, verbunden mit Leistungskontrollen, das

Produktionsverfahren Schweinemast so wirtschaftlich wie möglich machen.

Schweine-Gesundheitsdienst (SGD) – Diese Dienstleistungseinrichtung für die Schweine haltenden Betriebe ist ein eingetragener Verein, der teilweise von der *Tierseuchenkasse* mitfinanziert wird. Die Tierärzte des Schweine-Gesundheitsdienstes überwachen die Gesundheit des Schweinebestandes in den Zucht- und Ferkelerzeugerbetrieben, behandeln in Zusammenarbeit mit dem Amts- und Hoftierarzt Schäden in Problembetrieben und führen spezielle Verfahren gegen Krankheiten wie Ferkelgrippe, Schnüffelkrankheit durch.

Aufgaben:

1. Was versteht man unter Immissionen der Schweinehaltung?
2. Welche Möglichkeiten der Geruchsminderung können in der Schweinehaltung genutzt werden?
3. Informieren Sie sich im Internet über die neuesten Immissionsschutzbestimmungen.
4. Ermitteln Sie die Anschriften der Erzeugerringe, Erzeugergemeinschaften und Kontrollringe in Ihrer Nähe.
5. Welche Bestimmungen enthält das Tierzucht-Gesetz?
6. Welche Inhalte hat die Schweinehaltungs-Verordnung?

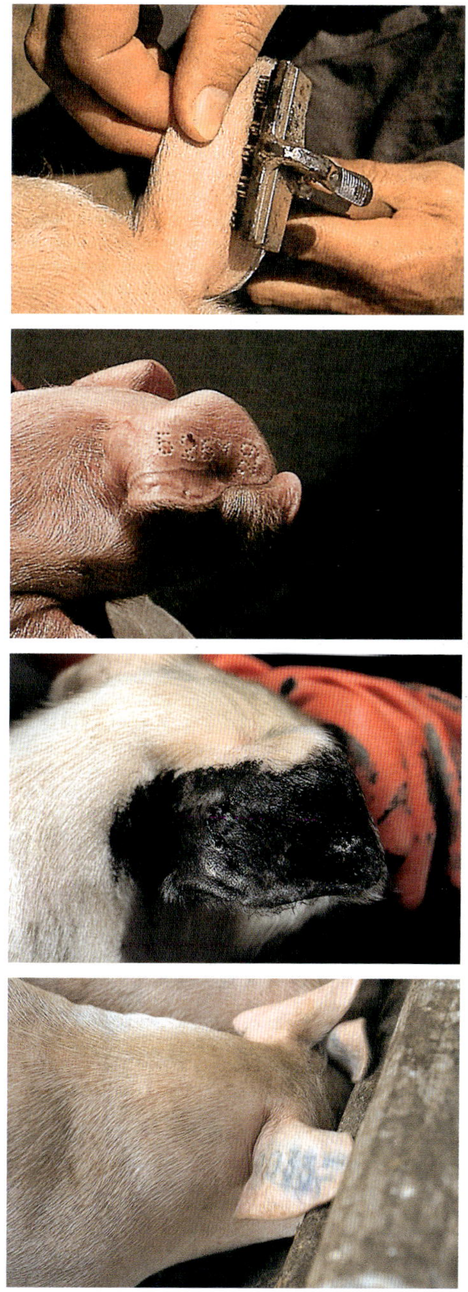

Abb. 1273 Tätowierung:
Die Abb. zeigen (von oben nach unten):
Eindrücken der Tätowierungszange,
Zustand nach dem Eindrücken,
Einreiben der tätowierten Stelle mit Tätowierfarbe,
fertige Tätowierung.

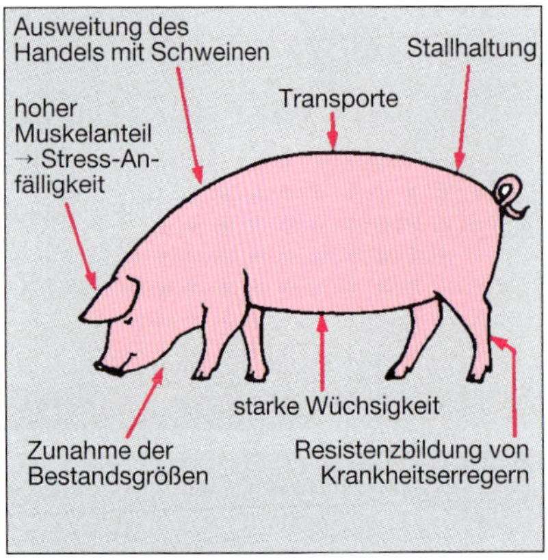

Abb. 1274 Einflussfaktoren auf die Gesundheit der Schweinebestände.

9 Schweinekrankheiten

Gesundheitssituation – Die gesundheitliche Situation der Schweinebestände wird von folgenden Faktoren maßgeblich beeinflusst:

- Zunehmende Bestandsgrößen,
- Haltungsbedingungen (z. B. Spaltenböden, Stallklima),
- Züchtung fleischreicher, fettarmer Schweine,
- automatisierte Fütterungssysteme,
- Aufbereitung der Futtermittel,
- Ausweitung des Tierhandels und lange Transportwege.

Dadurch wächst der Krankheitsdruck auf die Tiere, das rasche Ausbreiten von Krankheiten (Seuchen) wird begünstigt.

Vorbeuge – Dazu gehört die Beachtung der vorgeschriebenen Maßnahmen zur **Stall- und Betriebshygiene,** z. B. Reinigung und Desinfektion, betriebseigene Schutz- und Einwegkleidung, Bekämpfung der Schadnager, tier- und bedarfsgerechte **Fütterung** sowie optimale **Haltungsbedingungen.** Daneben ist auch die Stärkung der Widerstandskraft durch **züchterische Maßnahmen** nötig (z. B. Auslese stressresistenter Tiere mit Hilfe des MHS-Gen-Tests oder des CK-Tests, Zuchtausschluss von Tieren, deren Nachkommen erblich bedingte Schäden zeigen wie Afterlosigkeit, Zitterkrankheit, Hundesitzigkeit, das Grätschen der Beine, Leistenbrüche, Binneneber).

Die in der Schweinehaltungs-Hygiene-Verordnung vorgeschriebene **tierärztliche Bestandsbetreuung** soll durch frühzeitiges Erkennen von krankheitsverursachenden Faktoren die Tiergesundheit erhalten und verbessern (z. B. regelmäßige Untersuchungen, fachliche Beratung, Erstellung von betriebsspezifischen Impf-, Hygiene- und Sanierungsprogrammen).

Lagerung der Arzneimittel – Die für die Anwendung am Tier abgegebenen Arzneimittel müssen hygienisch und nach Angaben des Herstellers gelagert werden. Der Arzneischrank bzw. Kühlschrank darf für Unbefugte nicht zugänglich sein.

Bestandsbuch – Jede Anwendung von apothekenpflichtigen Arzneimitteln beim lebensmittelliefernden Tier muss in ein Bestandsbuch eingetragen werden.

Abb. 1275 **Beispiel** für einen Tierärztlichen Arzneimittel-Anwendungs- und Abgabebeleg.

Tierärztlicher Arzneimittel-Anwendungs- und Abgabebeleg

Name und Anschrift des Tierarztes ____ Name und Anschrift des Tierhalters ____ **Nr.** ____ Beleg-Nr. des Tierarztes

Anzahl, Art und Identität der Tiere	Diagnose	Erstbehandlung (E) Wiederholungsbehandlung (W)	Angewendete / Abgegebene Arzneimittel / Behandlungsanweisung: Arzneimittel-Bezeichnung	Abgabemenge	Anwendungsmenge und Art der Verabreichung	Chargenbezeichnung	Dosierung pro Tier und Tag	Anwendungsdauer	Wartezeit

Anwendungs-/Abgabedatum ____ Unterschrift des Tierarztes

Abb. 1276 **Beispiel** für ein Bestandsbuch über die Anwendung von Arzneimitteln.

Bestandsbuch über die Anwendung von Arzneimitteln

Anzahl, Art und Identität der Tiere	Standort der/s Tiere/s zum Zeitpunkt der Behandlung	Arzneimittelbezeichnung, Nr. des tierärztlichen Belegs	Datum der Anwendung / Art der Verabreichung, Menge des Arzneimittels					Wartezeit (Tage)	Name der anwesenden Person

Folgende **Angaben** müssen dabei gemacht werden:
- ▶ *Anzahl* der behandelten Tiere,
- ▶ *Identität* und
- ▶ *Standort* während der Behandlungs- und Wartezeit,
- ▶ *Bezeichnung des Arzneimittels,*
- ▶ *Verabreichungsart,*
- ▶ verabreichte *Menge* und *Wartezeit,*
- ▶ *Datum,*
- ▶ *Name* des Anwenders,
- ▶ *Belegnummer* des tierärztlichen Anwendungs- und Abgabebelegs.

Das Bestandsbuch ist 5 Jahre aufzubewahren.
Die folgenden Tabellen geben eine knappe **Übersicht über wichtige Schweinekrankheiten,** wobei die Einteilung insofern problematisch ist, weil manche Krankheiten nicht auf eine Altersstufe der Schweine beschränkt sind, z.B. Ferkelgrippe oder TGE.

9.1 Krankheiten bei Ferkeln

Tabelle 133: Übersicht wichtiger Ferkelkrankheiten

Krankheit	Krankheitsbild, Ursache	Abhilfe
Blutarmut (Anämie) 	Haut und äußere Schleimhäute werden porzellanweiß, die Haut stumpf, Ferkel machen einen müden Eindruck, Erscheinungen ab der 3. Lebenswoche beobachtbar; Ursache ist Mangel an Fe in der Sauenmilch Abb. 1277	Injektion von Fe-Präparaten innerhalb der ersten 3 Lebenstage des Ferkels, eventuell Wiederholung in der 3. Lebenswoche
Ferkelgrippe (Enzootische bzw. Mycoplasmen-Pneumonie) 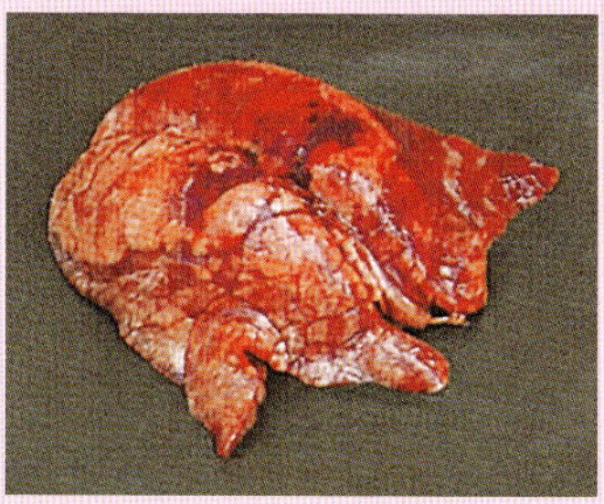	schleichend verlaufende Lungenentzündung mit Husten (besonders beim Auftreiben der Tiere), eventuell Fieber, Atemnot, Kümmern; Primär-Erreger sind Mycoplasmen, die in fast allen Schweinebeständen vorhanden sind und die durch beim Husten ausgestoßene Tröpfchen übertragen werden; Sekundärerreger (vor allem Pasteurellen) erschweren den Krankheitsverlauf; es erkranken vorwiegend abgesetzte Ferkel und junge Mastschweine. Abb. 1278	tierärztliche Behandlung erkrankter Tiere, Vorbeuge durch besseres Stallklima, nicht zu hohe Belegdichte; zweimalige Schutzimpfung der Ferkel; Entfernen chronischer Huster aus dem Stall

Fortsetzung Tabelle 133

Krankheit	Krankheitsbild, Ursache	Abhilfe
Schnüffelkrankheit (PRa = Progressive Rhinitis atrophicans = Nasenentzündung mit fortschreitendem Gewebeschwund) 	chronische Bestandsseuche, schleimig-eitriger bis blutiger Nasenausfluss, Faltenbildung auf dem Rüssel, Augenausfluss, Zerstörung der Nasenmuscheln, Oberkieferverbiegung, Erreger: Toxin bildende Pasteurellen, begleitend Bordetellen u. a., Tröpfchen-Infektion; Ferkel erkranken ab der 2. Lebenswoche Abb. 1279	**meldepflichtig** Haltung, Klima und Fütterung optimal gestalten, Schutzimpfung der tragenden Sauen; Ausmerzung aller offensichtlich erkrankten Tiere
Coli-Ruhr Abb. 1280 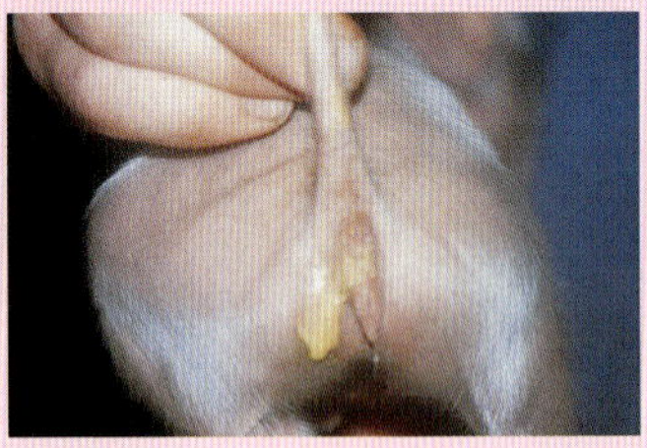	ab dem 1. Lebenstag wässriger Durchfall, Austrocknung, Schwäche; Sauglust häufig noch erhalten, bei unbehandelten Tieren tritt oft der Tod nach 1–3 Tagen ein, bei späterer Infektion (3. Lebenswoche, 1. Woche nach dem Absetzen) geringere Sterblichkeitsrate (20–30 %), Erreger: verschiedene Typen von Coli-Bakterien, Ansteckung über Aufnahme von Kot	sofortige tierärztliche Behandlung des ganzen Wurfs, Ferkel warm halten, sauberes Trinkwasser; Rein-Raus-Methode im Abferkelstall mit gründlicher Reinigung und Desinfektion, optimales Stallklima, sauberes Trinkwasser, Schutzimpfung der tragenden Sauen, keine Keimverschleppung über Stiefel oder andere Gerätschaften
Ödem-Krankheit (Coli-Enterotoxämie) Abb. 1281 	etwa eine Woche nach dem Absetzen oder nach Futterumstellungen treten Ödeme (Wasseransammlungen im Gewebe) an Augenlidern, Nasenrücken auf, Krämpfe, Übererregbarkeit, heisere Stimme, Kurzatmigkeit, Lähmung, Festliegen, Tod nach 1–2 Tagen, Erreger: verschiedene Typen von Coli-Bakterien, die sich bei Verdauungsstörungen stark vermehren und vom Dickdarm in den Dünndarm einwandern, die gebildeten Gifte (Enterotoxine) lösen Durchfall, Ödemkrankheit oder Schock aus	sorgfältige tierärztliche Behandlung und Futterentzug für 1–2 Tage bei reichlichem Wasserangebot; nach dem Absetzen hochwertiges und hochverdauliches Spezial-Futter mit niedrigem Säurebindungsvermögen für mindestens 2 Wochen portioniert füttern, Tränken kontrollieren
Nässendes Ekzem (Ferkelruß) 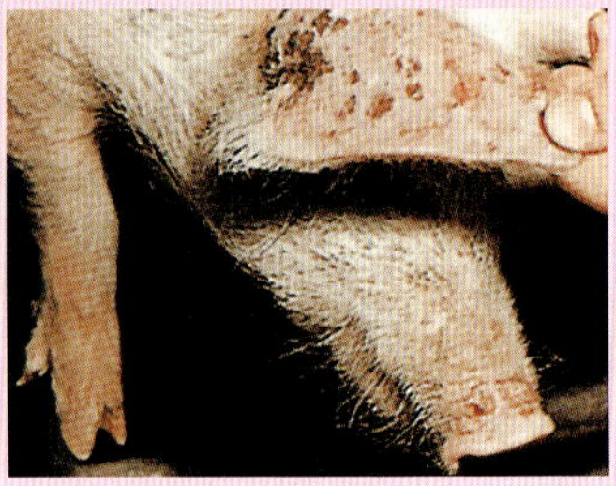	feuchter, schmieriger, später brauner, krustiger Hautausschlag bei Saugferkeln, der sich auf den ganzen Körper ausdehnt; Tiere kümmern oder verenden; bei älteren Ferkeln örtliche begrenzte Veränderungen, vorwiegend an den Ohren; Erreger: Staphylokokken, die über Hautverletzungen eindringen Abb. 1282	tierärztliche Behandlung des ganzen Wurfs; Schutzimpfung der tragenden Sauen mit stallspezifischer Vakzine
Influenza	hochansteckende, plötzlich einsetzende Erkrankung mit kurzfristig hohem Fieber, Husten, beschleunigter und angestrengter Atmung, Apathie, Appetitlosigkeit; Saugferkel erkranken nicht so schwer, Erholung nach 8 Tagen, Erreger: Influenza-A-Virus	Förderung der Selbstheilung durch Erhöhen der Stalltemperatur bei ausreichender, zugfreier Belüftung; Einstreu; hochgradig erkrankte Tiere behandeln lassen (Gefahr von Kreislaufkollaps, Abort, Milchmangel), Schutzimpfung

9.2 Krankheiten bei Muttersauen

Tabelle 134: Übersicht wichtiger Erkrankungen bei Muttersauen

Krankheit	Krankheitsbild, Ursache	Abhilfe
MMA (**M**etritis = Gebärmutterentzündung, **M**astitis = Gesäugeentzündung, **A**galaktie = Milchmangel) 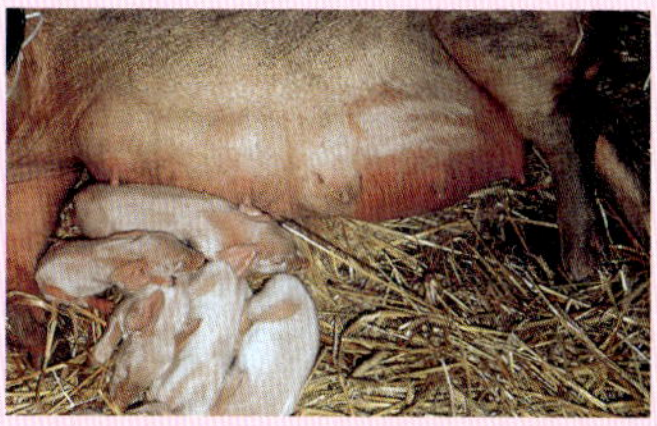	Milchmangel 24–48 Stunden nach der Geburt, meist begleitet von gestörtem Allgemeinbefinden mit Fieber, Gesäugeentzündung, eitrigem Scheidenausfluss, Nieren- oder Harnwegsinfektion; nicht alle Symptome müssen auftreten; Erreger überwiegend Coli-Bakterien Abb. 1283	sofortige tierärztliche Behandlung; ab 1. Woche vor der Geburt: Kraftfutter verringern und Rohfaseranteil erhöhen, um Verstopfung vorzubeugen; reichlich Wasser anbieten; Ansäuern des Futters mit Mineralfutter nach dem DCAB-Konzept; sachgemäße Geburtshilfe; Reinigung und Desinfektion der Abferkelbox
Fruchtbarkeitsstörungen (SMEDI, **S**tillbirth = Totgeburt, **M**umification = Mumifizierung, **e**mbryonic **d**eath = embryonaler Tod, **I**nfertility = Unfruchtbarkeit) 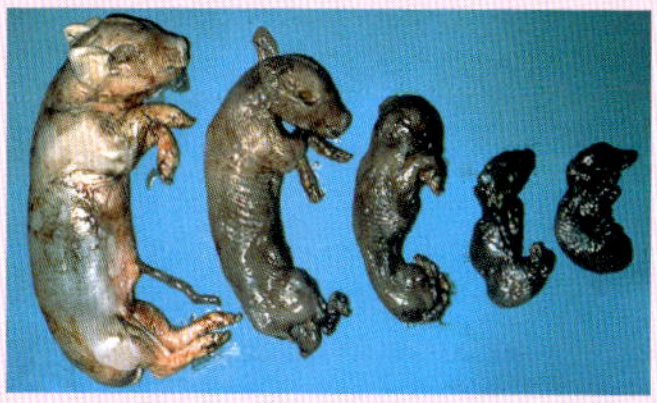	hervorgerufen durch Virus-Infektionen, wichtigster Erreger: Parvo-Viren; das Allgemeinbefinden der Sau ist hierbei nicht gestört Abb. 1284	Schutzimpfung der Sauen vor dem Belegen; Jungsauen nicht vor dem 6. Lebensmonat impfen
Seuchenhafter Spätabort der Schweine (PRRS, **P**orcines, **r**eproduktives, **r**espiratorisches **S**yndrom)	Umrauschen, Spätaborte ab 90. Tag, Totgeburten, lebensschwache Ferkel, langwierige Lungenentzündung bei Läufern und Mastschweinen mit Lidschwellungen, klarem Augenausfluss, Auseinanderwachsen der Mastpartien Erreger: Arterii-Virus	tierärztliche Behandlung, optimale Haltungsbedingungen, Rein-Raus-Verfahren in den Ferkel erzeugenden Betrieben, Schutzimpfung der Ferkel ab 3. Lebenswoche sowie der Sauen
Leptospirose 	Umrauschen, Aborte, mumifizierte oder lebensschwache Ferkel, Gelbsucht, Durchfall Erreger: Bakterien (Leptospiren), Übertragung durch Harn infizierter Tiere (Schweine, Rinder, Hunde, Mäuse, Ratten), verseuchte Gewässer Abb. 1285	**meldepflichtig** tierärztliche Behandlung des Bestandes, Reinigung und Desinfektion des Stalles, Schadnager-Bekämpfung, Sperrung von feuchten Weiden und Ausläufen, serologische Kontrollen, Schutzimpfung der Sauen
Strahlenpilzerkrankung 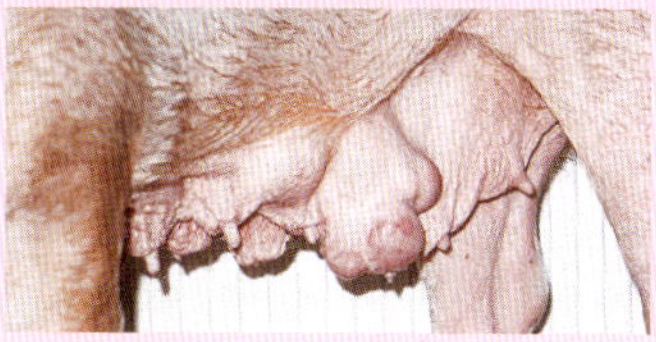	unterschiedlich große Knoten in den Drüsenabschnitten des Gesäuges, aus denen sich hochansteckender Eiter entleeren kann, Erreger: *Actinomyces suis* in Verbindung mit anderen Begleitbakterien, Übertragung durch Biss säugender Ferkel Abb. 1286	Isolierung erkrankter Sauen, tierärztliche Behandlung oder Schlachtung; Abschleifen der Ferkeleckzähne innerhalb der 1. Lebenswoche bei gefährdeten Sauen.

9.3 Krankheiten bei Mastschweinen

Tabelle 135: Übersicht wichtiger Krankheiten bei Mastschweinen

Krankheit	Krankheitsbild, Ursache	Abhilfe
Infektion mit dem Porcinen Circo-Virus Typ 2 **P**ostweaning **m**ultisystemic **w**asting **S**yndrome PMWS (d. h. Kümmern nach dem Absetzen durch Erkrankung verschiedener Organsysteme)	Kümmern der Ferkel nach dem Absetzen trotz Futteraufnahme Schniefen, Niesen, Atemnot, blasse bis gelbe Hautfarbe, spitzer Rücken, Lymphknoten-Schwellungen Ursache: Infektion mit dem porzinen (Schweine) Circo-Virus Typ II; ausgeprägte Krankheitsbilder bei Hinzukommen von weiteren Erregern, vor allem PRRS	tierärztliche Maßnahmen zur Verhinderung von Sekundärinfektionen; Reduzierung der Bestandsdichte, frühzeitiges Ausmerzen von Kümmerern; gründliches Reinigen und Desinfizieren vor Neubelegen des Stalles im Rein-Raus-Verfahren; optimales Stallklima
Belastungs-Myopathie 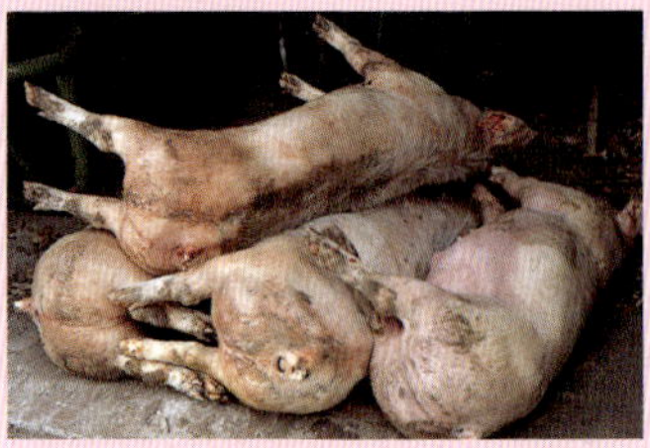	erblich bedingte Stoffwechselstörung der Muskulatur, die in Stresssituationen auftritt als Muskelerkrankung Folgen sind – verschlechterte Fleischqualität (PSE, DFD), – akute Rückenmuskel-Nekrose (Bananenkrankheit), – Transporttod Abb. 1287	sofortiges Ruhigstellen, kaltes Duschen, tierärztliche Maßnahmen; Tiere nüchtern und schonend transportieren, 3–6 Stunden Ausruhzeit vor dem Schlachten; Züchtung stressresistenter Tiere
Rotlauf 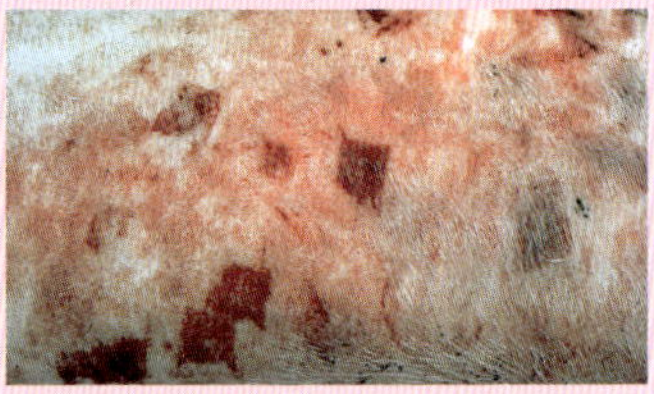	bakterielle Infektionskrankheit mit verschiedenen Verlaufsformen, akute Form: hohes Fieber, Appetitlosigkeit, Verkriechen, flächige Hautrötung oder Backsteinblattern, chronische Form: Herzklappen- und Gelenkrotlauf Abb. 1288	tierärztliche Behandlung, Reinigung und Desinfektion von Stall, Futtertrögen und Tränken; Schutzimpfung der Sauen
Dysenterie 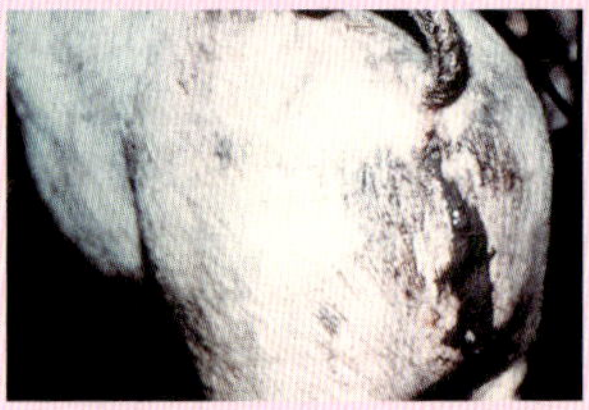	Durchfall mit betonfarben-breiigem bis schleimig-blutigem Kot, breitet sich langsam von Bucht zu Bucht aus und hält lange an; eingefallene Flanken, blasse Haufarbe; Läuferschweine am stärksten betroffen; Erreger: Dysenterie-Bakterien in Gülle bis 8 Monate ansteckungsfähig Abb. 1289	tierärztliche Behandlung, sauberes Trinkwasser zur beliebigen Aufnahme, Reinigung und Desinfektion des Stalles und der Güllenanlagen vor Neuaufstallung; optimales Stallklima, schonender Transport, keine Überbelegung, kein abrupter Futterwechsel, Schadnager-Bekämpfung
Transmissible Gastro-Enteritis (TGE, Oldenburger Schweineseuche) 	anfangs Erbrechen, dann Durchfall mit grau-gelbem, übel riechendem Kot, plötzliches Auftreten und schnelle Ausbreitung bei allen Schweinen, bei Saugferkeln Massenverluste, ältere genesen nach 8 Tagen Erreger: TGE-Virus Abb. 1290	**meldepflichtig** reichlich Trinkwasser anbieten, Elektrolyttränke, warme Ställe, trockene Liegefläche, bei Mastschweinen 3–4 Tage Diätfutter (Kleie, Leinsamen)

Fortsetzung Tabelle 135

Krankheit	Krankheitsbild, Ursache	Abhilfe
Actinobacillus Pleuropneumonie (APP) Lungen-Brustfellentzündung	perakuter, akuter oder chronischer Verlauf; Fieber, Appetitlosigkeit, Atemnot, Husten; Ursache: bakterielle Infektion mit *Actinobacillus pleuropneumoniae*, verschiedene Serotypen; Aufnahme des Erregers über die Atemwege	tierärztliche Behandlung; Vorbeuge: optimale Haltungsbedingungen Schutzimpfung
Porcine intestinal adenomatosis (PIA) (d.h. Erkrankung der Schweine mit entzündlichen Wucherungen der Darmschleimhaut	verminderte Futteraufnahme, Wachstumsstillstand, Gewichtsverlust, blasse Haut, Durchfall mit zum Teil blutigem Kot; milde und schwere Verlaufsformen; Ursache: bakterielle Infektion mit *Lawsonia intracellularis*	tierärztliche Behandlung betriebshygienische Maßnahmen, damit nicht der Erreger eingeschleppt wird, Impfstoff in Vorbereitung

9.4 Anzeigepflichtige Seuchen

Tabelle 136: Übersicht über einige anzeigepflichtige Seuchen bei Schweinen

Krankheit	Krankheitsbild, Ursache	Abhilfe
Schweinepest *(Europäische S., Klassische S.)* 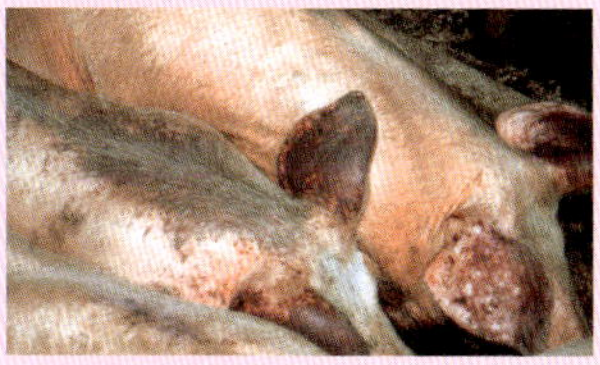 Abb. 1291	anhaltendes Fieber, punktförmige Haut- und Schleimhautblutungen (heute eher selten), Verstopfung, Durchfall, Schwanken der Hinterhand; Umrauschen, mumifizierte Früchte, Aborte, Geburt, lebensschwacher oder zitternder Ferkel Erreger: Virus, Inkubationszeit: 3–12 Tage und mehr; Virus überlebt in gepökeltem und gefrorenem Fleisch bis zu 3 Jahren; infizierte Wildschweine als Erregerreservoir	Tötung des gesamten Bestandes, Sperrbezirke, Beobachtungsgebiete, Handelsbeschränkungen; evtl. Notimpfungen; Verfüttern von Küchenabfällen nur nach vorgeschriebener Erhitzung; Desinfektion von Stiefeln, Gerätschaften und Fahrzeugen, betriebseigene Schutzkleidung, zugekaufte Tiere in Quarantäne; in verseuchten Gebieten Wildschweinimpfungen per Köder
Aujeszky'sche Krankheit 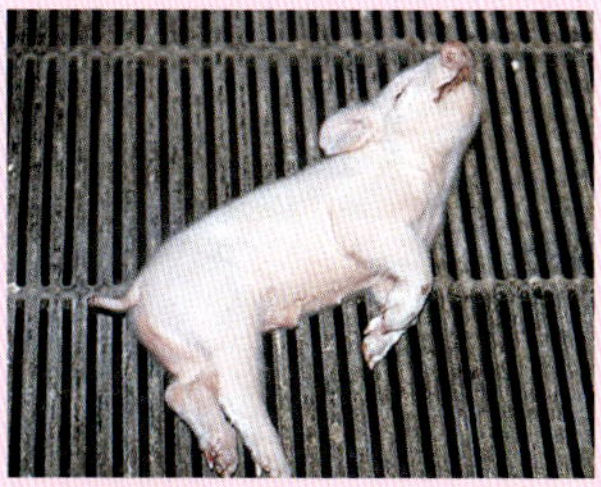 Abb. 1292	Saugferkel leiden unter Krämpfen und Lähmungen, der Tod tritt rasch ein, bei Läufern, Mastschweinen und Sauen meist gemäßigter Verlauf mit Fieber, Schläfrigkeit, Appetitlosigkeit, Kauen und Schmatzen, Speicheln, eventuell auch Lungenentzündung, bei Sauen Umrauschen, mumifizierte Früchte, Aborte Erreger: Virus, Inkubationszeit: 1–3 Tage, aber auch bis zu 3 Wochen	Maßnahmen werden amtstierärztlich angeordnet, z.B. Tötung erkrankter oder verdächtiger Tiere, Bildung von Sperrbezirken usw.; Tilgung der Seuche durch flächendeckende Impfungen und Ausmerzen der blutserologisch positiven Tiere; in anerkannt AK-freien Gebieten: Impfverbot und regelmäßige Kontrolluntersuchungen
Maul- und Klauenseuche (MKS) 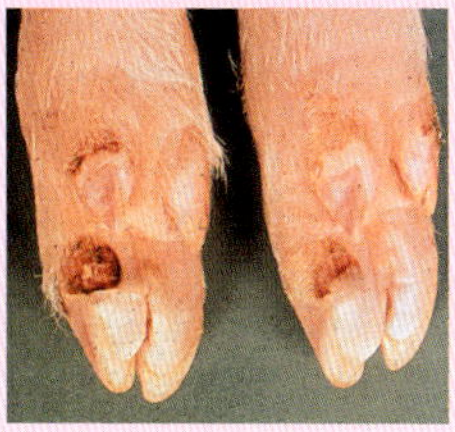 Abb. 1293	plötzliche und gehäuft auftretende Lahmheiten durch Blasen an den Klauen; Blasen auch an Zitzen, Rüsselscheibe und im Maul; Ferkel und Läufer können plötzlich an Herzmuskelschäden verenden; Erreger: MKS-Virus Inkubationszeit: 2–7 Tage massenhafte Virus-Ausscheidung schon vor Krankheitsausbruch	Tötung des gesamten Bestandes, Betriebssperre, Sperr- und Beobachtungsbezirke, Begrenzung des Tierhandels; Notimpfungen; Reinigung und Desinfektion von Stiefeln, Gerätschaften, Fahrzeugen; betriebseigene Schutzkleidung, Verfüttern von Küchenabfällen nur nach vorgeschriebener Erhitzung und sachgerechter Aufbereitung nur noch bis 31.10.2006 erlaubt.

9.5 Parasitäre Erkrankungen

9.5.1 Endoparasiten beim Schwein

Tabelle 137: Wichtige Endoparasiten beim Schwein

Krankheit	Aufnahme, Wanderung und Sitz des Wurms	Präpatenzzeit	Abhilfe
Zwergfaden-Wurm *(Strongyloides ransomi)* 3,3–4,5 mm lang betroffen sind Ferkel ab 2 Wochen; Durchfall, Abmagerung, blaß-graue Haut, Blutarmut	mit der Milch → **Dünndarm** oder über die Haut → Lymphe, Blut → Lunge → Luftröhre → Rachen → Magen → **Dünndarm**	6 – 9 Tage	Behandlung der Ferkel am 3., 6. und 14. Lebenstag und der Sauen vor Einstellung in den Abferkelstall regelmäßige Kotentfernung
Spulwurm *(Ascaris suum)* 15–30 cm lang und 3–6 mm dick; betroffen sind Ferkel und jüngere Mastschweine, Husten und Atemnot während der Lungenwanderung, wechselnder Appetit, Kolik-Erscheinungen, Blutarmut, eventuell Verstopfung durch Wurmknäule; Milkspots in der Leber (bilden sich innerhalb von 3–6 Wochen zurück) Abb. 1294	→ Dünndarm → Blut → Leber → Lunge → Luftröhre → Rachen → Magen → **Dünndarm** Spulwurmeier bleiben in feuchter Erde 5–6 Jahre infektiös 	6 – 8 Wochen	Behandlung der Läufer vor Mastbeginn und Wiederholung nach 6 Wochen; Entwurmung und anschließendes Abwaschen der Sauen vor Einstellung in den Abferkelstall; Bei Weidehaltung Jungtiere 6 Wochen nach Beginn des Weidegangs behandeln mit Wiederholung nach 6 Wochen. Reinigung und Desinfektion der Ställe (z. B. Kresole)
Knötchenwurm *(Oesophagostomum)* 8–15 mm lang vorwiegend bei älteren Mast- und Zuchtschweinen Entwicklungsstörungen, unbefriedigende Gewichtszunahme, verminderte Milchleistung	orale Schmutz-Infektion; Wanderung in Dickdarmwand (Knötchenbildung) und wieder Austreten in den **Dickdarm**	19 – 35 Tage	Behandlung vor Mastbeginn und Wiederholung nach 4 Wochen; Entwurmung der Sauen vor dem Einstellen in den Abferkelstall
Roter Magenwurm *(Hyostrongylus rubidus)* 4–11 mm lang, dunkelrot vorwiegend Weide-Infektion von Zuchtsauen; Durchfall, Erbrechen, Abmagerung, Blutarmut, Rückgang der Milchleistung, Fruchtbarkeitsstörungen, Entzündungen und Geschwüre im Magen	Entwicklung in Magenschleimhautdrüsen und wieder Austreten in den **Magen**	16 – 21 Tage	mehrtägige Behandlungen jeweils im Frühjahr und Herbst; Weideflächen jährlich mit anderen Tierarten wechseln
Lungenwurm *(Metastrongylus)* reine Weide-Infektion, höchste Befallsstärke bei 4–6 Monate alten Tieren; Husten, Atemnot, Entwicklungsstörungen, Abmagerung	Zwischenwirt: Regenwurm; Aufnahme beim Wühlen in der Erde; Darm → Lymphe,Blut → Lunge → **Bronchien** Wurmlarven können bis zu 4 Jahren im Regenwurm überleben!	28 – 32 Tage	Behandlung betonierte oder gepflasterte Ausläufe

9.5.2 Ektoparasiten

Tabelle 138: Wichtige Ektoparasiten beim Schwein

Krankheitsursache	Krankheitsbild	Abhilfe
Grabmilben *(Sarcoptes suis)* 0,2 – 0,4 mm lang 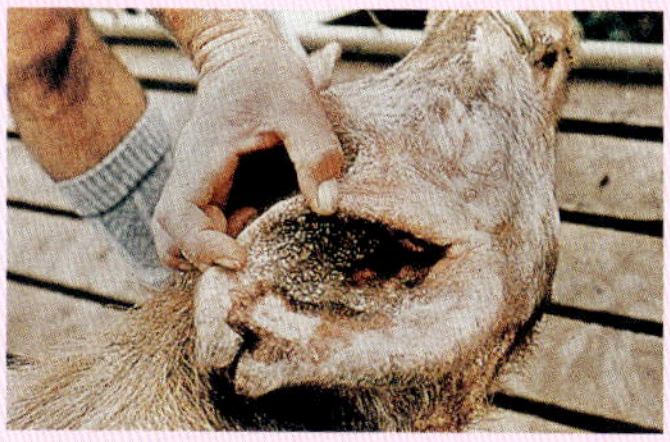	rufen Räude hervor, befallene Hautstellen (z. B. Ohren, Gelenkbeugen) zeigen zuerst Blasen und Knötchen, später Falten und Borken; Juckreiz, Unruhe, verringerte Gewichtszunahme Abb. 1295	Tiere, Stall und Geräte reinigen, Einsprühen mit Insektizid 3-mal im Abstand von 10 Tagen oder Einsatz von Endektoziden, das sind Mittel, die sowohl innere wie auch äußere Parasiten bekämpfen, z. B. Ivermectin; Behandlung der Sauen vor Einstellung in den Abferkelstall
Läuse, ca. 5 mm lang	Juckreiz, Blutarmut	

Aufgaben:

1. Wie lässt sich der Krankheitsdruck in einem Schweinebestand vermindern?
2. Der Ausfall hochwertiger Zuchttiere ist teuer und Ersatz kaum verfügbar. Wie lässt sich der Bestand gegen Einschleppen von Krankheiten schützen?
3. Welche Seuchen sind beim Schwein anzeigepflichtig?
4. Welches sind erblich bedingte Schäden bei Schweinen?
5. Beschreiben Sie die Aufgaben des Schweine-Gesundheitsdienstes.
6. Informieren Sie sich im Internet über die weiteren anzeigepflichtigen Seuchen:
   - Tollwut,
   - Afrikanische Schweinepest,
   - Milzbrand,
   - Ansteckende Schweinelähmung,
   - Vesikuläre Schweinekrankheit,
   - Brucellose.

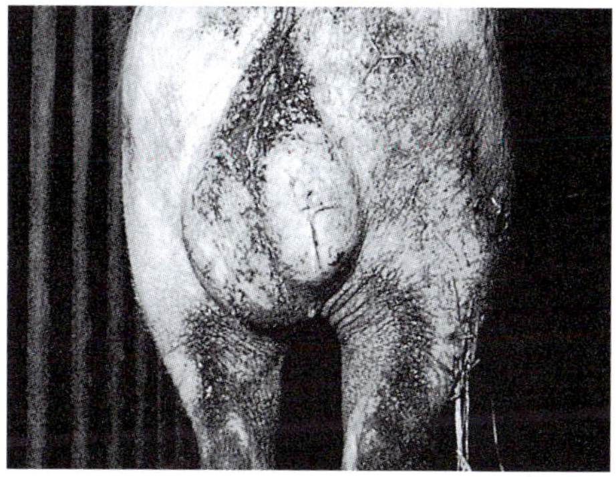

Abb. 1296 Eberhoden mit Brucellose.

Abb. 1297 Das Verladen sollte so schonend wie möglich erfolgen.

Abb. 1298 Vorschriftsmäßiger Transportwagen mit Einstreu, Lüftung und Abteilungen.

Abb. 1299 Laderampen sind wertvolle Hilfen beim Entladen, besonders wenn sie mit Stroh eingestreut sind.

Abb. 1300 Diese Schlachtschweine sind unmittelbar vor ihrer gemeinsamen, stressarmen CO_2-Betäubung.

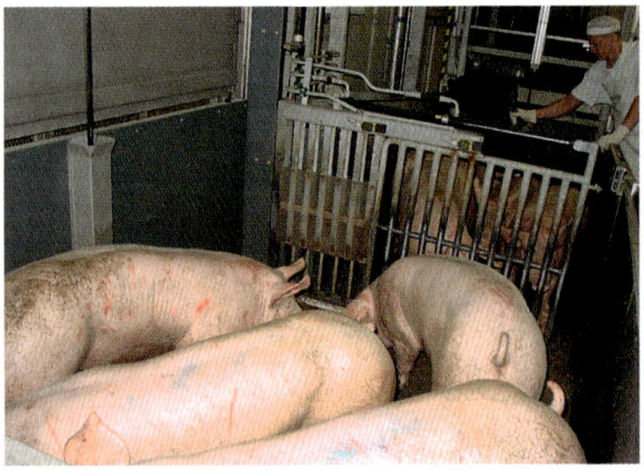

10 Vermarktung von Schweinen

10.1 Marktsituation

Schweine werden heute fast ausschließlich über den Fleischhandel und das Schlachtgewerbe vermarktet. Dabei geht die Vermarktung *lebender Schweine* weiter zurück gegenüber der *Fleisch-* oder *Geschlachtet-Vermarktung.*
In der EU besteht zwar eine **Marktordnung** für Schweine, doch diese lässt keine Pflicht-Intervention zu, so dass sich der Erzeugerpreis für Schweinefleisch nach Angebot und Nachfrage richtet.

10.2 Transport, Schlachtung, Fleischbehandlung

Transport – Das auf große Fleischleistung gezüchtete Schwein ist nervöser und anfälliger gegen Herz- und Kreislaufbelastungen. Beim Verlassen des Stalles bis zur Schlachtung unterliegt es großem Stress. Die *Totalverluste* während des Transportes sind höher als die *indirekten* Transportverluste durch Notschlachtung erschöpfter Tiere und Qualitätsverluste am Schlachtkörper.
Transportverluste lassen sich vermindern durch:

- ▶ *Vorbereitung* der Tiere zum Transport: keine Fütterung innerhalb der letzten 12 Stunden, aber die Tiere ausreichend tränken. Ein Magengewicht + Inhalt über 4 % des Körpergewichts stellt Überfütterung dar.
- ▶ *Tierschutzgerechtes* Verladen: schonende und ruhige Behandlung, Treiben in Gruppen und mit Treibhilfen (Brett, Gitter). Ladebrücken und Rampen mit Stroh abdecken, Schonung der Tiere durch hydraulische Hebebühnen.
- ▶ *Tiergerechte Transportfahrzeuge:* Mindest-Platzbedarf 0,4 bis 0,5 m^2/Tier, Trennwände, rutschfester, pflegeleichter Bodenbelag, regulierbare Be- und Entlüftung der Fahrzeuge.
- ▶ *Tierfreundlicher Transport:* verhaltene Fahrweise, Nutzung der kühlen Stunden und Parken im Schatten während der warmen Jahreszeit, Tränken bei längerem Transport.

Die Vorbereitung zum Transport ist ausschließlich Sache des Erzeugers. Transportverlust im eigentlichen Sinne ist der Lebendmasse-Verlust des Tieres zwischen Verladung und Ankunft am Bestimmungsort.

> ! Tiere sind mehr als nur ein Produktionsmittel. Sie sind Lebewesen und daher in besonderem Maße der menschlichen Verantwortung anvertraut. Dies bedeutet, dass wir Schäden oder Schmerzen grundsätzlich von den Tieren abwenden und vermeiden müssen.

Schlachtung – Die Behandlung der Tiere *vor* dem Schlachten und die *Schlachttechnik* beeinflussen die **Fleischqualität** erheblich. Die Schlachtung sollte erst nach einer *Wartezeit* von 1,5 bis max.

3 Stunden erfolgen. Die Wartebuchten müssen genügend groß und für die Mastgruppen abgeteilt sein.

Die *Betäubung* geschieht elektrisch oder mit CO_2. Unmittelbar danach sind die Tiere zu stechen. Die Liegend-Entblutung hat gegenüber der Hängend-Entblutung Vorteile, weil die Muskeln lockerer bleiben.

Fleischbehandlung – Nach der Schlachtung muss der Schlachtkörper *sofort gekühlt* werden. Nach 24 Stunden sollte eine *Kerntemperatur* von 7 °C erreicht sein, um die Keimbelastung zu vermindern (Grenzwerte der CMA für Qualitätsfleisch). Weil die Schweine heute infolge der kurzen Mastdauer sehr jung geschlachtet werden, ist die *Fleischreifung* bereits nach 1–2 Tagen abgeschlossen.

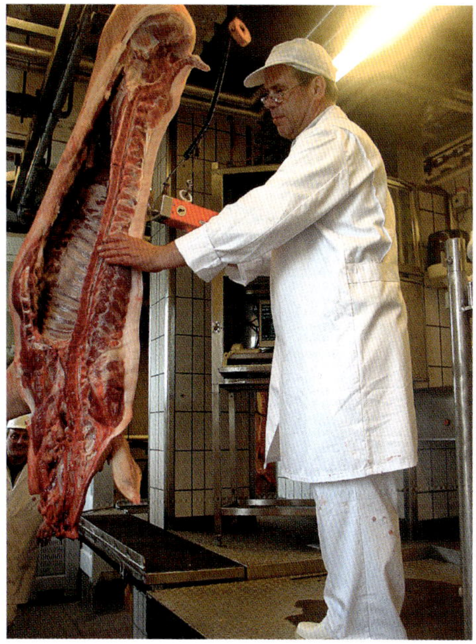

Abb. 1301 Herkömmliche Klassifizierung mit dem Hennessy-Verfahren.

10.3 Schlachtkörperqualität

Handelsklassen – Das *Vieh- und Fleischgesetz* legt **Handelsklassen** für die *Vermarktung lebender Schweine* auf Groß- und Schlachtviehmärkten fest. Dabei handelt es sich im Wesentlichen um *Gewichtsklassen*.

Bei der heute üblichen Vermarktung der **Schlachtkörper** gilt die *»Verordnung über die gesetzlichen Handelsklassen für Schweinehälften«*. Diese berücksichtigen *Fleischanteil* und *Ausbildung wertvoller Körperpartien*. Alle Betriebe, die Schlachtkörper oder -hälften vermarkten, sind zur Klassifizierung verpflichtet.

Tabelle 139: Handelsklassen bei Schweinen

Lebendvermarktung		Fleischvermarktung	
Klasse	Gewicht in kg	Klasse	Muskelfleischanteil
a	über 150	E	55 % und mehr
b_1 } a	149,5–135	U	50–55 %
b_2	134,5–120	R	45–50 %
c } c	119,5–100	O	40–45 %
d	99,5– 80	P	unter 40 %
e } e	79,5– 60		
f	unter 60	M_1	vollfleischige Sauen
		M_2	andere Sauen
		V	Eber und Altschneider
g_1	fette Specksauen	Unterklasse	Ausbildung der Fleisch tragenden Körperpartien
g_2	andere Sauen		
i	Altschneider		
		1	hervorragend
		2	gut bis sehr gut
		3	gering

Abb. 1302 Schlachthälften der Handelsklassen E, U und R (von rechts nach links).

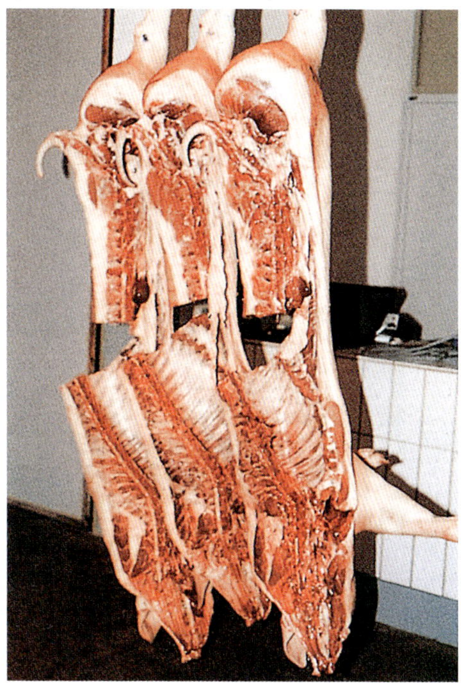

Die **Klassifizierung** der Schlachtschweine erfolgte bisher fast ausschließlich mit zwei Klassifizierungsgeräten (FOM, Hennessy). Beide registrieren mittels einer Einstichsonde *Rückenspeck* und *Fleischdicke* zwischen der zweit- und drittletzten Rippe der linken

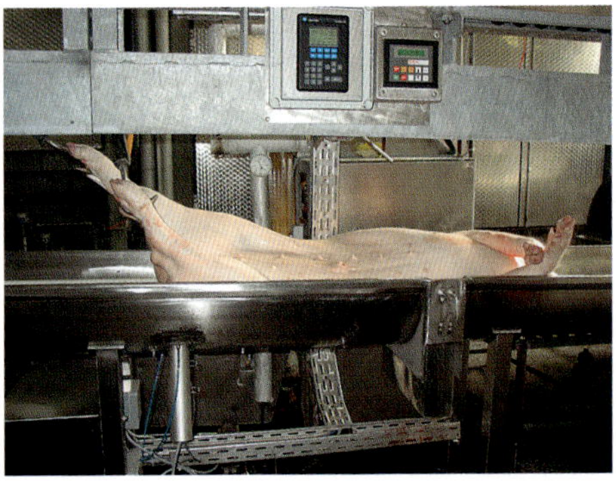

Abb. 1303 Bei dem vollautomatischen AutoFOM-Verfahren wird der Handelswert am noch nicht geöffneten Schlachtkörper ermittelt.

Abb. 1304 Kotelett der Handelsklasse E, U und R (von oben).

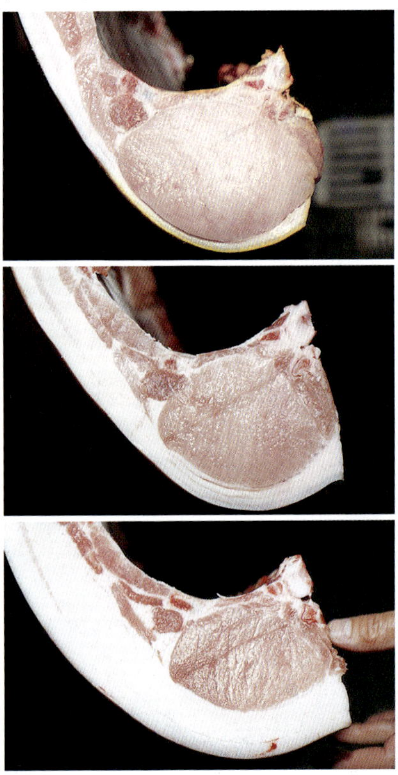

Schlachtkörperhälfte. Beim Herausziehen werden mittels einer Lichtquelle und einer Fotozelle Strecken unterschiedlicher Helligkeit aufgrund verschiedener Lichtreflexion von Fleisch und Speck abgesetzt. Der angeschlossene Rechner bestimmt aus den ermittelten Werten den Muskelfleischanteil (MFA) und damit die Handelsklassen. Bei weniger als 58 % Muskelfleischanteil muss mit Preisabschlägen gerechnet werden. Möglichkeiten zur Optimierung des MFA liegen in der Fütterung und Aufstallung.

Insbesondere in großen westfälischen Schlachthöfen werden seit einiger Zeit die Schlachtschweine auch deshalb nach dem aus Dänemark stammenden *Klassifizierungssystem AutoFOM* bezahlt. Das AutoFOM arbeitet auf der Basis von Ultraschall. Das vollautomatische Klassifizierungsgerät ist unmittelbar nach der Brühanlage und vor dem Flammofen fest in das Schlachtband installiert. Die Messung selbst wird am ungeteilten, warmen, gebrühten und entborsteten Schlachtkörper durchgeführt.

Ausschlaggebend für die Bezahlung ist hier nicht mehr der Muskelfleischanteil, sondern der Anteil der wertbestimmenden Teilstücke Lachs (Kotelettstrang), Schinken, Schulter, Bauchgewicht und Muskelfleischanteil im Bauch. Diese vier Teilstücke werden entsprechend ihrer Wertigkeit beim Verkauf mit Punkten bewertet.

Das **Schlachtgewicht** ist das Warmgewicht der geschlachteten und ausgeweideten Tiere ohne der Zunge, der Geschlechtsorgane, des Rückenmarks, der Organe der Brust- und Bauchhöhle, der Flomen, der Nieren, des Zwerchfells, des Zwerchfellpfeilers; das Gehirn muss entfernt werden, sofern der Kopf gespalten wird; bei Sauen, die mindestens einmal geferkelt haben, zur Zucht benutzte Eber und Altschneider ohne die im Karpal- und Tarsalgelenk abgetrennten Spitzbeine.

Jeder Schlachtkörper muss mit einer fortlaufenden **Schlachtnummer** gekennzeichnet werden. Sie dient der eindeutigen Identifizierung des Schlachtkörpers und ermöglicht jederzeit die Kontrolle des Gewichts, der Handelsklasse und der Abrechnung. Der Schlachtbetrieb muss diese Unterlagen mindestens 6 Monate lang für die Überwachungsbehörden aufheben.

Wünsche des Marktes – Der Markt wünscht Frischfleischschweine mit einem hohen Anteil an gut bezahlten Partien (Filet, Schinken, Kotelett, Kamm und Bug). Bei der Verarbeitung zu Wurst sind ebenfalls fleischreiche Schweine, aber aus geschmacklichen Gründen auch Fleisch mit einem entsprechenden Anteil an Fett gesucht. Verarbeitungsbetriebe bevorzugen daher Schweine der Handelsklassen R und O.

10.4 Fleischqualität

Die **Wünsche der Verbraucher** hinsichtlich der Fleischqualität decken sich weitgehend mit denen der Verarbeiter. Die Fleischqualität wird von dem *Genusswert,* dem *Nährwert* und der *Fleischbeschaffenheit* bestimmt. Die Züchtung fleischreicher Schweine brachte jedoch Einbußen bei der Fleischqualität und im Geschmack des Fleisches sowie als Träger fettlöslicher Vitamine.

Genusswert – Schweinefleisch soll eine arteigene rote Farbe haben sowie zart und saftig sein. Der Geschmack wird wesentlich vom Anteil *intramuskulären* Fettes (Marmorierung) bestimmt, er sollte im Rückenmuskel 2,5 % betragen. Die Selektion auf große Muskelfülle hatte auch eine Verringerung des intramuskulären Fettanteils zur Folge.

Nährwert – 100 g rohes Schweinefleisch enthalten im Mittel 19,95 g Eiweiß, 10,5 g Fett und damit einen Energiegehalt von ca. 710 kJ (170 kcal). Schweinefleisch ist reich an Vitaminen. Mineralstoffen und Spurenelementen.

Fleischbeschaffenheit – Hierbei handelt es sich um die *technologischen Eigenschaften* des Fleisches, also um Wasserbindungsvermögen, Fettkonsistenz und Safthaltevermögen, das eng mit dem *pH-Wert* zusammenhängt, und den *Bindegewebsanteil.*

Bei Schweinen kann vor allem im Kotelett, seltener im Schinken sog. **PSE-Beschaffenheit** vorkommen. Ursache ist eine überstürzte Fleischreife, die infolge eines erblich bedingten beschleunigten Glykogenabbaus bei Stress (Transport und Schlachtung) erfolgt. Dabei ist es weniger die helle Farbe, die die Käufer bemängeln, als vielmehr der erhöhte Brat- und Kochverlust. Er bewirkt zähes, trockenes Fleisch.

Den Verarbeiter stört bei PSE-Fleisch neben dem geringen Wasserbindevermögen die unbefriedigende Farbe bei roher Pökelware.

DFD-Beschaffenheit ist bei Schweinefleisch selten anzutreffen. Hier ist die Fleischreifung ungenügend, der Gewichtsverlust gering, aber die Haltbarkeit stark vermindert, weil der hohe pH-Wert gute Lebensbedingungen für Mikroorganismen anzeigt.

Die **Beurteilung** der Fleischbeschaffenheit kann mit Hilfe von *Messungen* des *pH-Wertes,* der *elektrischen Leitfähigkeit* und des *Reflexionswertes* erfolgen. Die Preisbildung für den Erzeuger orientiert sich vorerst nur an den Handelsklassen. Eine weitergehende Berücksichtigung der Fleischqualität scheitert vor allem an der Gewinnung der Messdaten. Sie müssten zuverlässig und schnell innerhalb der Schlachtkette erfasst werden können.

Fleischhygiene – Schlachtschweine, die für die menschliche Ernährung bestimmt sind, müssen gemäß dem Fleischhygiene-Gesetz vor und nach der Schlachtung einer amtlichen *Schlachttier-* und *Fleischbeschau* unterzogen werden. Für den Erzeuger ist es wichtig zu wissen, dass immer Stichproben von 0,5 % aller Schlachtkörper auf *Rückstände* von zugelassenen Hilfsstoffen, Medikamenten und deren Metaboliten erfolgen. Ferner wird auf pathogene Keime untersucht.

10.5 Vermarktungsstrategie

Der überwiegende Teil der Schweine wird geschlachtet vermarktet (Fleisch- oder Geschlachtet-Vermarktung).

Nachdem die Schwerpunkte der Schweinemast außerhalb der großen Verbrauchszentren liegen, haben sich auch die leistungsfähigen Schlachtbetriebe dorthin verlagert. Mit Fleisch lässt sich die Versorgung der Bevölkerung besser bewerkstelligen als mit Lebendvieh.

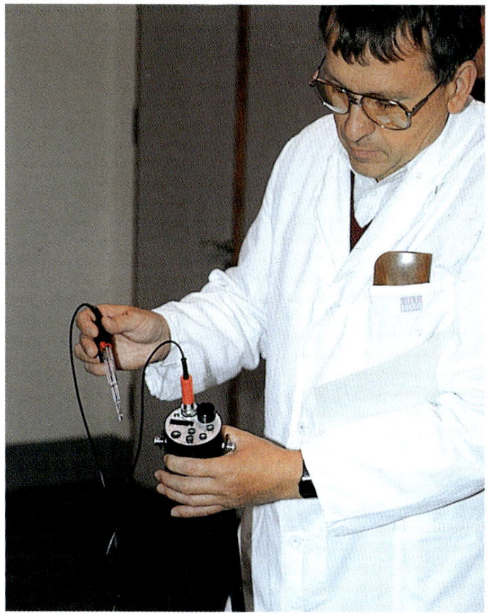

Abb. 1305 Gerät zu pH-Wert-Messung am Fleisch.

Abb. 1306 Grenzwerte der Fleischbeschaffenheit.

Messung 45–50 min p.m.[1]) pH 1-Wert Fleischbeschaffenheit	Ergebnis der pH-Wert-Messung in Kotelett oder Schinken	Messung 24 h p.m. pH 24-Wert Fleischbeschaffenheit
gut bis sehr gut	6,20	DFD-Fleisch
	6,10	Verdacht auf DFD-Fleisch
	6,00	
	5,90	
	5,80	
mäßig	5,70	
	5,60	
schlecht, PSE-Fleisch		

Ergebnis der Leitfähigkeitsmessung [2]) in Kotelett oder Schinken		
schlecht, PSE-Fleisch	9,42	schlecht, PSE
	8,40	mäßig
mäßig	7,80	
	5,50	gut bis sehr gut
gut bis sehr gut		

Ergebnis der Reflexionswertmessung bei Klassifizierung am Kotelett	
schlecht, PSE	60
mäßig	45
gut bis sehr gut	

[1]) p. m. = post mortem = nach der Schlachtung.
[2]) Messwert in mS (Millisiemens).

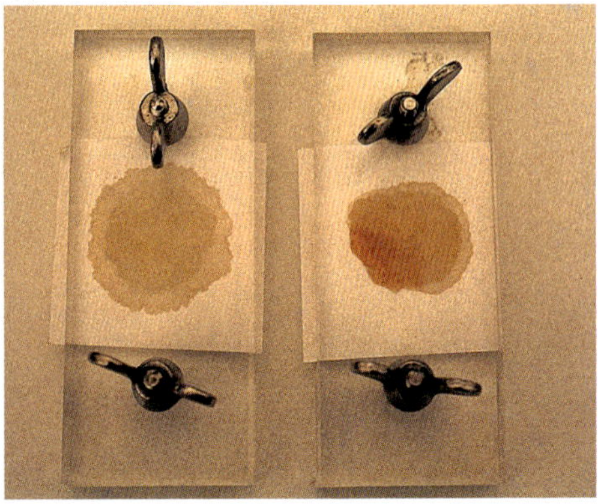

Abb. 1307 Die Pressmethode (30 g Fleisch zwischen 2 Plexiglasplatten) testet das Safthaltevermögen von Fleisch.

Abb. 1308 **Beispiel** für ein regionales Gütezeichen für Schweinefleisch.

Hinzu kommen die geringeren Transportverluste und die verbesserte Gesamtverwertung der Schlachtschweine, wenn nicht mehr viele kleine Schlachtereien ganze Tiere verarbeiten und verkaufen müssen, sondern jeder Metzger nur noch einzelne Fleischstücke je nach Bedarf von den Fleischmärkten kaufen kann.

> ! **Für den Erzeuger kommt es darauf an, den verfügbaren Vermarktungsweg auszuwählen, der für die angebotene Qualität die höchsten Preise bezahlt und die geringsten Vermarktungskosten berechnet.**

In der folgenden Abb. sind die **Vermarktungswege** dargestellt. In Betracht kommen

- **Direktvermarktung** über hofeigene Schlachtung und Verkauf des Fleisches direkt an den Verbraucher (Auflagen sind bei der Kreisverwaltungsbehörde zu erfragen),
- **Vermarktung über Erzeugergemeinschaften,**
- **Vermarktung über** den genossenschaftlichen und privaten **Handel.**

Qualitäts- und Markenprogramme – Ziel dieser Programme ist es, dem Verbraucher hochwertiges Fleisch anzubieten. Gleichzeitig soll ihm mehr Sicherheit hinsichtlich Herkunft, Erzeugung, tiergerechter Haltung und Transport sowie fachgerechter Verarbeitung gegeben werden. Eindeutige Kennzeichnung der Produkte stärken das Vertrauen der Verbraucher. Glaubwürdige Gütezeichen und bekannte Marken erhöhen den Zuspruch der Käufer, wie Marktanalysen seit langem beweisen.

Beispiele für überregionale Maßnahmen dieser Art sind

- Programm offene Stalltür,
- Gütesiegel, z. B. der CMA,
- DLG-Prüfzeichen, z. B. für Futtermittel.

Abb. 1309 Vermarktungsorganisationen und -kanäle für Fleisch (Schema).

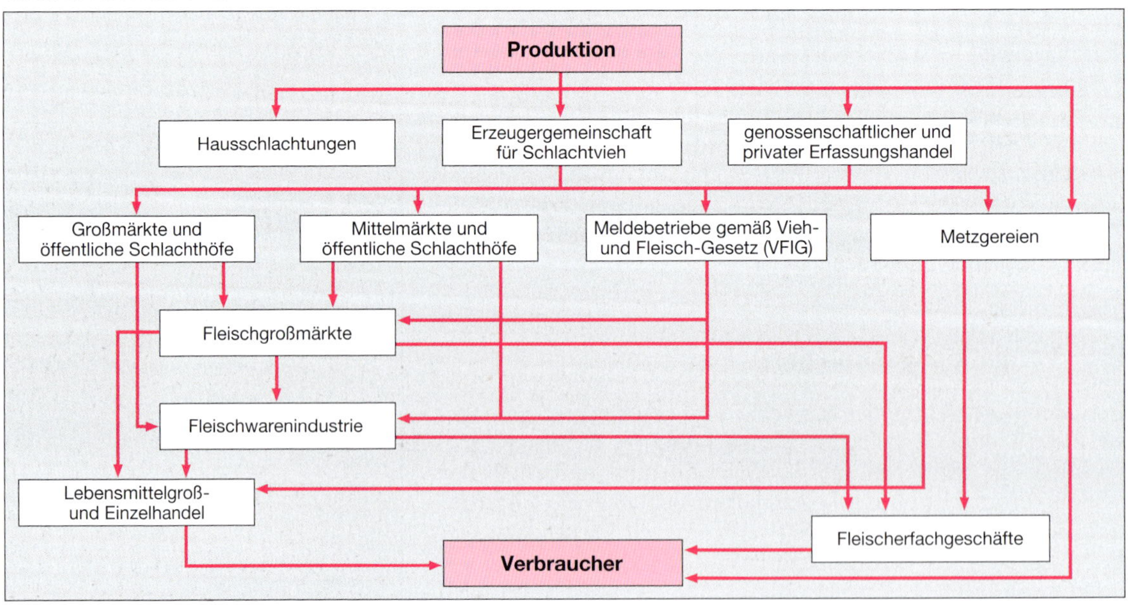

Qualitätssicherung – Einmal erreichte Qualitätsstandards bei Erzeugnissen müssen gesichert werden, will man nicht das mühsam gewonnene Vertrauen der Käufer verspielen. Deshalb muss der Grundsatz lauten: *Qualitätssicherung von der Rohware bis zum Endverbraucher.* Für den Betriebszweig Schweineproduktion kommen dafür zahlreiche Maßnahmen in Betracht:

- ▶ Dokumentation des Produktionsablaufes, z. B. durch Schlagkarteien, Sauenplaner, Tierbesatzergebnisse;
- ▶ Nachweise der Produktionsüberwachung, z. B. durch Futteruntersuchungen, Nährstoff- und Düngebilanzen, Stallbuch, Schlachtbelege und Arzneimittelbelege;
- ▶ Maßnahmen zur Erleichterung der Betriebsführung, z. B. durch Mitgliedschaft in Zuchtverbänden, Erzeugerringen und -gemeinschaften, Beteiligung an Leistungsprüfungen, Mitgliedschaft in Prüfringen.

Preisnotierung – Für *lebende Schweine* finden zunehmend weniger Preisnotierungen statt, weil diese Vermarktungsform stark rückläufig ist. Auch Fleischereien und Metzgereibetriebe schlachten häufig nicht mehr selbst, sondern kaufen vielfach die benötigten Schweinehälften oder Teilstücke in Fleischgroßmärkten.

Alle Betriebe, die wöchentlich mehr als 75 Tiere schlachten, sind verpflichtet, ihren Auszahlungspreis frei Schlachtstätte der zuständigen Landesstelle zu melden. Diese wertet die Meldungen aus und veröffentlicht sie als *amtliche Preisnotierung* in den Medien.

Abrechnung – Die Abrechnung für verkaufte Schweine muss enthalten

- ▶ Lieferdatum,
- ▶ die Schlachtnummern der Tiere,
- ▶ das jeweilige Schlachtgewicht,
- ▶ Preis frei Schlachtstätte,
- ▶ Vorkosten, das sind Erfassungsgebühr, Transportkosten, Versicherungskosten, eventuell Wiegekosten, Beiträge für den Absatzfond.

Aufgaben:

1. Welche Vorteile bietet die Fleischvermarktung für den Erzeuger?
2. Nach welchen Gesichtspunkten richten sich die Handelsklassen bei Lebend- und bei Fleischvermarktung?
3. Beschreiben Sie Maßnahmen für den Tierschutz beim Transport von Schweinen.
4. Welche Angaben muss die Abrechnung für gelieferte Schlachtschweine enthalten?

Abb. 1310 Qualitätslogos und Gütezeichen verbessern den Zuspruch der Verbraucher.

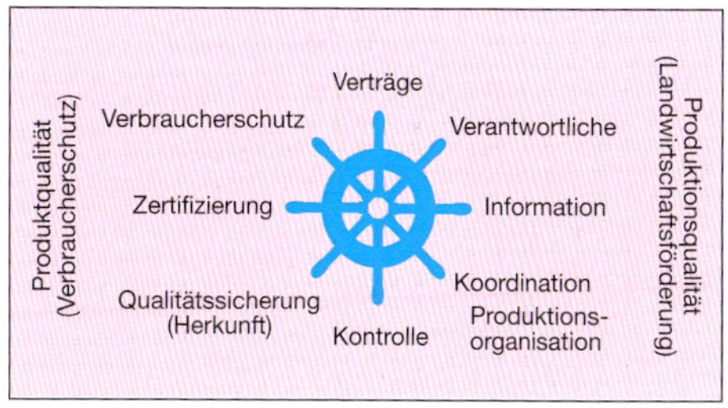

Abb. 1311 Qualitätssicherung in der Ferkelerzeugung und Schweinemast.

Abb. 1312 Qualitätssicherung – Aufbau des »QS«-Systems.

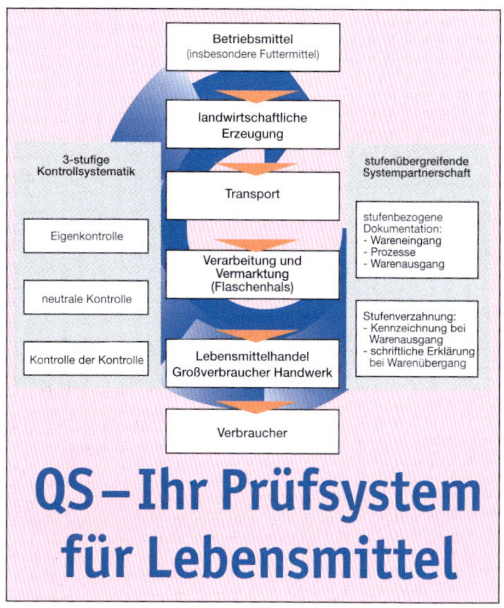

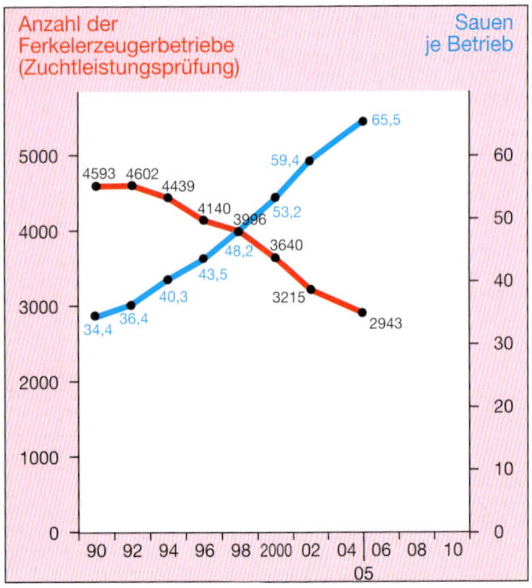

Abb. 1313 Entwicklung der Ferkelerzeugung in Bayern (Zuchtleistungsprüfung, LKV Bayern).

11 Rentabilität

Die **Rentabilität der Schweinehaltung** kann mit der Deckungsbeitrags-Berechnung bewertet werden. Zur Berechnung des Deckungsbeitrages werden dabei von der erbrachten Marktleistung die variablen Kosten abgezogen. Weitere Faktoransprüche (z. B. Stallplatz, Arbeitsbedarf) gehen nicht in diese Berechnung ein, sind aber in der Gesamtbewertung zu berücksichtigen.

11.1 Produktionsverfahren Zuchtsau

Wesentliche Faktoren bei den variablen Kosten sind die Aufwendungen für Futter und Tierarzt. Vor allem bei Futter und im Hygienebereich kann mit geeigneten Maßnahmen häufig die Effizienz gesteigert werden. Daneben spielen die betrieblichen Kenndaten in der Schweinehaltung eine große Rolle.

Tabelle 140: Zuchtsau ohne Nachzucht – Alleinfutter (»ZS« ab Deckdatum; Deckungsbeitrag in €, **Beispiel)**

Merkmal			**Aufzuchtleistung**					
Ferkel je Sau und Jahr		**Stück**		**16**		**19**		**22**
Ferkelpreis, 28 kg: 46 € netto	9 % MwSt.	€	50	800		950		100
Altsau 180 kg × 1,10 E/kg			0,4	79	0,4	79	0,4	79
Marktleistung (ML)		**€**		**879**		**1029**		**1179**
Bestandsergänzung à	256,0	€		102		102		102
Kraftfutter	17,00 €	dt	10,5	179	10,5	179	11	179
Ferkelfutter 35 kg/Ferkel	22,00 €	dt	5,6	123	6,7	148	7,7	170
Deckgeld/KB		€		30		30		30
Tierarzt, Desinfektion		€		63		63		63
Strom, Wasser, Sonstiges		€		55		60		65
variable Maschinenkosten		€		24		26		27
Tierseuchenkasse, Betriebskontrolle		€		16		17		19
Verlustausgleich	2 % der ML	€		17		20		23
variable Kosten		**€**		**609**		**645**		**678**
Deckungsbeitrag bei	**50 €/Ferkel**	**€**		**270**		**384**		**501**
DB einschließlich Güllewert	**24 €/ZS**	**€**		**294**		**408**		**525**

11.2 Produktionsverfahren Ferkelerzeugung

Die Wirtschaftlichkeit der Ferkelerzeugung hängt entscheidend von der erzielten Ferkelzahl je Sau und Jahr ab. Darüber hinaus spielt auch die nachhaltige Durchschnittsleistung einer Sauenherde eine Rolle. Sie beeinflusst die Höhe der Bestandesergänzung durch Jungsauen.

Weiterhin bestimmen die Stallverhältnisse (z. B. Aufstallung und Stallklima) die Wirtschaftlichkeit. Daneben ist die Professionalität des »Gesundheits- und Hygienemanagements« mitentscheidend, ohne in der Berechnung berücksichtigt zu werden.

Tabelle 141: Deckungsbeitrag (Beispiel)

Deckungsbeitrag des Produktionsverfahrens Ferkelerzeugung

Standard-Leistungsdaten:		Preise (einschließlich MwSt.):	
Wurfabstand	173 Tage	Ferkel (27 kg LM)	55,50 €
Würfe/Sau und Jahr	1,97	Altsau (155 kg LM)	194,00 €
Ferkel/Wurf geboren	9,85	Jungsau (Zukauf)	305,00 €
aufgezogen	9,10		
Ferkel/Sau und Jahr aufgezogen	18,25		
Bestandsergänzung	38 %		

Marktleistung:		
18,25 Ferkel × 55,50 €/Ferkel	=	1012,50 €
0,38 Altsau × 194,00 €	=	73,50 €
insgesamt		1086,00 €
variable Kosten:		
Bestandsergänzung		
0,38 Jungsau × 305,00 €	=	116,00 €
Sauenfutter		
10,6 dt × 20,25 €	=	214,50 €
Ferkelfutter		
7,2 dt × 29,50 €	=	209,00 €
Energie, Wasser	=	45,00 €
Tierarzt, Medikamente, Hygiene	=	36,00 €
Decken, Besamen	=	29,00 €
Verluste (2,5 % der Marktleistung)	=	27,00 €
Summe variable Kosten		676,50 €

Deckungsbeitrag:

Marktleistung	1086,00 €
– variable Kosten	676,50 €
	409,50 € je Sau

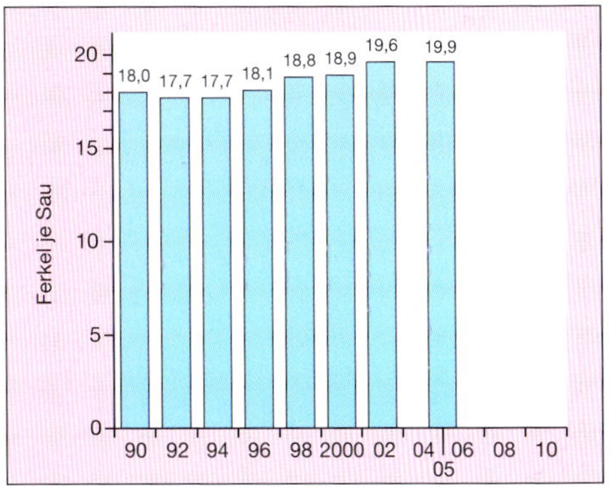

Abb. 1314 Entwicklung der Zuchtleistung in der Ferkelerzeugung (aufgezogene Ferkel/Sau und Jahr, LKV Bayern).

11.3 Produktionsverfahren Mastschweine

Tabelle 142: Mastschweine (Getreidemast, Deckungsbeitrag, Beispiel)

Verfahren			**hofeigene Mischung**		**Getreide und Ergänzungsfutter**	
Marktleistung 94 kg SG × 1,42 €/kg [1]		**€**		**133**		**133**
Güllewert bei 30 % N-Ausnutzung		€		2,5		2,5
Marktleistung und Güllewert		€		135,5		135,5
Ferkelkosten (28 kg Ferkel)		€		53		53
Ferkelaufzuchtfutter	24 €/dt	€	0,1 dt	2,4	0,1 dt	2,4
hofeigene Mischung	17 €/dt	€	2,6 dt	44,2		
Getreide	12,5 €/dt	€			1,72 dt	21,5
Ergänzungsfutter	27,5 €/dt	€			0,88 dt	24,2
Fertigfutter		€				
Schroten und Mischen	125 €/dt	€		3		2,5
Tierarzt, Medikamente		€		2,5		2,5
Strom, Wasser, Sonstiges		€		4		4
variable MAschinenkosten		€		3		3
Verlustausgleich 2,0–2,2 % der ML		€	2,00 %	2,7	2,00 %	2,7
Summe variable Kosten		**€**		**114,8**		**115,8**
Deckungsbeitrag/erzeugtem Mastschwein		**€**		**20,7**		**19,7**

[1]) Mast von 28–117 kg, tägliche Zunahmen = 700 g, Mastdauer = 127 Tage.

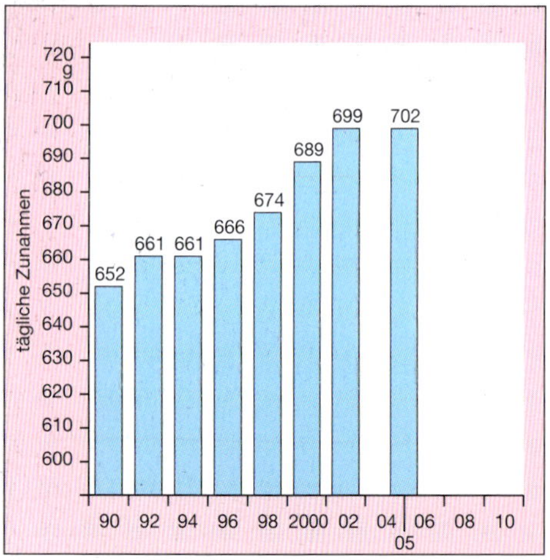

Abb. 1315 Entwicklung der täglichen Zunahmen in der Schweinemast.

Bei der **Schweinemast** werden in den Tabellen 142 (Seite 505) und 143 verschiedene Fütterungssysteme miteinander verglichen. Unter den gegebenen Preis- und Kosten-Verhältnissen ergibt sich ein Vorteil für die Corn-Cob-Mix-Fütterung.

Tabelle 143: Mastschweine (Corn-Cob-Mix, Deckungsbeitrag, Beispiel)

Verfahren			**Corn-Cob-Mix (CCM) 50 % T**	
Marktleistung: 94 kg SG × 1,42 €/kg [1]		**€**		**133**
Güllewert bei 30 % Ausnutzung		€		2,5
Marktleistung und Güllewert		€		135,5
Ferkelkosten (28-kg-Ferkel)		€		53
Ferkelaufzuchtfutter	24 €/dt	€	0,10 dt	2,5
Beifuttermischung	19,5 €/dt[2])	€	1,10 dt	21,5
Corn-Cob-Mix	10 €/dt[3])	€	2,0 dt	20
Schroten und Mischen	1,25 €/dt	€		1,4
Tierarzt, Medikamente		€		2,5
Wasser, Strom, Sonstiges		€		3,5
variable Maschinenkosten		€		5
Verlustausgleich 2,0 % der ML		€		2,7
Summe variable Kosten		**€**		**112,1**
Deckungsbeitrag/erzeugtem Mastschwein		**€**		**23,4**

[1]) Mast von 28 – 117 kg, tägliche Zunahmen = 705 g, Mastdauer = 126 Tage.
[2]) Beifuttermischung: 12 % Gerste, 42 % Weizen, 41 % Soja-Extraktionsschrot, 5 % Mineralfutter (24/6/5).
[3]) 60 % T, 5,3 % Rohfaser in der Trockenmasse; ohne AfA, Silo.

Aufgabe:
Wichtige Kennziffern zu Leistung und Betriebsmitteleinsatz in der Schweinehaltung. Geben Sie die entsprechenden Werte an!

Abgesetzte Ferkel/Sau und Jahr
....

Aufzuchtgewicht (kg)
....

Mastendgewicht (kg)
....

Futtermittel/Mastschwein (kg)
....

Würfe/Sau und Jahr
....

tägliche Zunahme (Mast) (g)
....

Ausschlachtung (%)
....

Arbeitszeitbedarf/Sau und Jahr (h)
....

Aufzuchtverluste (%)
....

Futterverwertung (Mast) (1:)
....

Magerfleischanteil (%)
....

Arbeitszeitbedarf/Mastschwein (h)
....

Remontierungsquote (%)
....

Mastdauer (Tage)
....

Futtermittel (88 % T)/Sau und Jahr (dt)
....

Jungsauenpreis (€)
....

Absetzalter (Tage)
....

Umtriebe/Mastplatz
....

Futtermittel/Ferkel (kg)
....

Schlachtsauenpreis (€)
....

Weitere Nutztiere

13

Gemessen an der Zahl der Rinder- und Schweinehalter sowie an den Bestandesgrößen spielt die Haltung anderer Nutztiere wie Schafe, Pferde oder Geflügel nur eine untergeordnete Rolle in der deutschen Landwirtschaft. Häufig handelt es sich um alternative Nischenproduktionen mit volkswirtschaftlich eher unbedeutendem Charakter, die aber regional oder einzelbetrieblich mitunter eine wesentliche Einkommensgrundlage bilden.

Für die Haltung dieser Tierarten sind neben wirtschaftlichen Überlegungen oft ökologische, klimatische oder geografische Gründe maßgeblich. Daneben können auch persönliche Neigungen des Betriebsleiters und traditionelle, betriebliche Gegebenheiten ausschlaggebend sein.

Das folgende Kapitel befasst sich mit den spezifischen Haltungsbedingungen dieser Tierarten und informiert über die maßgeblichen Grundlagen für einen erfolgreichen Betriebszweig.

13 Weitere Nutztiere

1 Schafhaltung

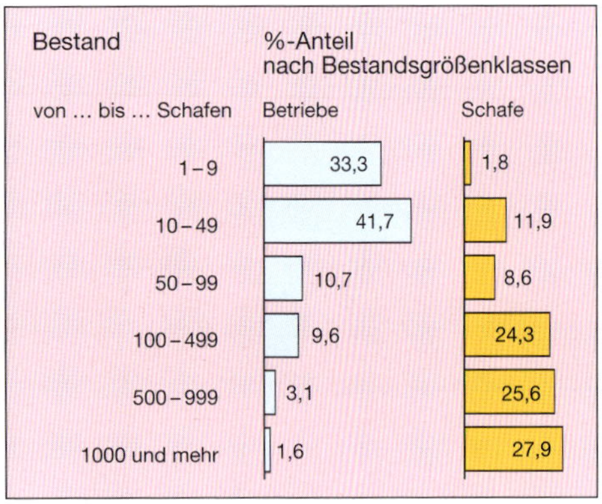

Abb. 1316 Bedeutung der Schafhaltung in Deutschland (Situationsbericht 2004; Stat. Bundesamt).

1.1 Bedeutung

Vor 150 Jahren war Deutschland das größte *Wollausfuhrland* der Welt. Die Wollproduktion war ein wichtiger Garant des früheren Wohlstandes. Bis in die 50er-Jahre stand bei der Schafhaltung die Wolle im Vordergrund des Interesses. Heute deckt das Wollaufkommen nur zu einem geringen Teil den inländischen Bedarf (rund 6 %).
Die Wirtschaftlichkeit der Schafhaltung wird von einer rentablen *Lammfleischerzeugung* bestimmt. Darüber hinaus haben Schafe zunehmende Bedeutung in der *Landschaftspflege* weniger ertragreicher Standorte z. B. Heide, Bergregionen, Deiche.
Schafe eigenen sich aus folgenden Gründen besonders gut zur **Landschaftspflege:**

- ▶ Der schonende Tritt der Schafe wirkt festigend auf den Boden.
- ▶ In Abhängigkeit von der Rasse eignen sich Schafe auch zum Einsatz an steilen oder feuchten Standorten oder in Forstkulturen.
- ▶ Ihr Futteraufnahmespektrum ist weiter als das der Rinder.
- ▶ Der selektive Verbiss der Grünlandnarbe durch die Schafe führt zu einer größeren Strukturvielfalt.
- ▶ Wegen ihres ruhigen Verhaltens bedeuten die Schafe als Weidetiere keine Störung für die übrige Tierwelt.

1.2 Rassen

Die Schafrassen in Deutschland lassen sich aufgrund der **Nutzungsrichtungen** in vier Gruppen einteilen:

- ▶ **Fleischwollschafe:** Typische Vertreter sind das Merinoland- und Merinofleischschaf. Besondere Eigenschaften sind die Widerstands-, Marsch- und Pferchfähigkeit sowie das asaisonale Brunstverhalten.
- ▶ **Fleischschafe:** Zu dieser Gruppe gehören u.a. das Schwarz- und das Weißköpfige Fleischschaf, Texelschafe und die Suffolk.
- ▶ **Landschafe:** Sie haben in geologisch und klimatisch speziellen Gebieten wegen besonderer Eigenschaften eine Bedeutung. Beispiele für Landschafrassen sind die Heidschnucke, das Rhönschaf, das Coburger Fuchsschaf.
- ▶ **Milchschafe:** Das ostfriesische Milchschaf ist ein typischer Vertreter dieser Rassen, die sich besonders durch eine hohe Milchleistung auszeichnen.

Bei der **Auswahl einer Schafrasse** für einen bestimmten Standort sind die Wirtschaftsrassen den alten Landrassen nicht generell in

Abb. 1317 Das Mufflon gehört zu den Urschaf-Typen.

Abb. 1318 Merino-Landschaf.

Abb. 1319 Deutsches schwarzköpfiges Fleischschaf.

Abb. 1320 Texelschaf.

Abb. 1321 Deutsches weißköpfiges Fleischschaf.

Abb. 1322 Graue, gehörnte Heidschnucke.

Abb. 1323 Weißes Bergschaf.

Abb. 1324 Ostfriesisches Milchschaf.

Abb. 1325 Blauköpfiges Fleischschaf.

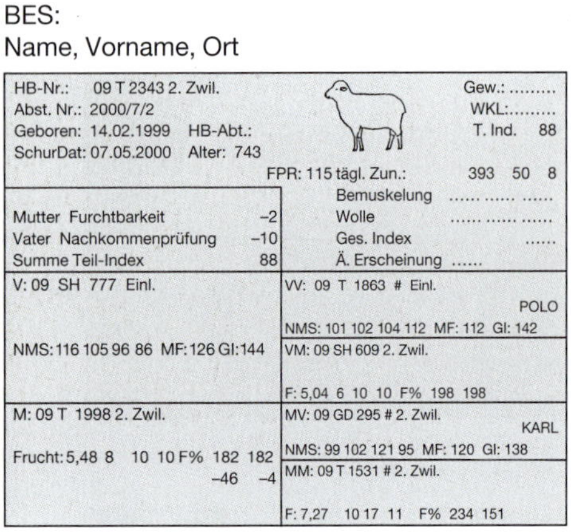
BES:
Name, Vorname, Ort

HB-Nr.: 09 T 2343 2. Zwil.
Abst. Nr.: 2000/7/2
Geboren: 14.02.1999 HB-Abt.:
SchurDat: 07.05.2000 Alter: 743
Gew.: ....
WKL:.........
T. Ind. 88
FPR: 115 tägl. Zun.: 393 50 8
Mutter Furchtbarkeit –2
Vater Nachkommenprüfung –10
Summe Teil-Index 88
Bemuskelung ....
Wolle ....
Ges. Index ......
Ä. Erscheinung ......
V: 09 SH 777 Einl.
NMS: 116 105 96 86 MF: 126 GI: 144
VV: 09 T 1863 # Einl.
POLO
NMS: 101 102 104 112 MF: 112 GI: 142
VM: 09 SH 609 2. Zwil.
F: 5,04 6 10 10 F% 198 198
M: 09 T 1998 2. Zwil.
Frucht: 5,48 8 10 10 F% 182 182
–46 –4
MV: 09 GD 295 # 2. Zwil.
KARL
NMS: 99 102 121 95 MF: 120 GI: 138
MM: 09 T 1531 # 2. Zwil.
F: 7,27 10 17 11 F% 234 151

Abb. 1326 **Beispiel** für einen Abstammungsnachweis. Erklärung der Angaben:

Fruchtbarkeit: **F:** 5.48 / 8 / 10 / 10
Fruchtbk.% 182 182
Abweichung –46 –4
F: bedeutet, das Mutterschaf hat in 5,48 Leistungsjahren* 8-mal gelammt, 10 Lämmer geboren, 10 Lämmer aufgezogen
* Leistungsjahre sind Lebensjahre abzüglich der rassespezifischen Aufzuchtzeit.

Fruchtbarkeit % = Angabe in % der geborenen bzw. aufgezogenen Lämmer.
Abweichung –46 –4

Abweichung = +/– Abweichung vom Rassedurchschnitt in der betreffenden Leistungsklasse (hier 8. Lammung)

E = Einling
Z = Zwilling
D = Drilling
V = Vierling
+ = Das Tier wurde auf einer Elite- oder Landesschau mit einem Sieger- oder 1. Preis ausgezeichnet.
***** = Das Tier wurde auf einer DLG-Schau mit einem Sieger- oder 1. Preis ausgezeichnet.
# = Tier nicht mehr im Bestand, die Leistung ist bereits abgeschlossen.

NMS 116/105/96/86 Nachkommenschaftsprüfung auf Station
116 = Tageszunahme 16% über Vergleichsdurchschnitt.
105 = Futterverwertung 5% besser als Vergleichsdurchschnitt.
96 = Bemuskelung 4% schlechter als Vergleichsdurchschnitt.
86 = Verfettung 14% weniger als Vergleichsdurchschnitt.

MF 126 = Mastleistung Feld Tageszunahme 26 % über Vergleichsdurchschnitt
GI = Gesamt-Index (100–180)
FPR = Feldprüfung
HB-Nr. = Herdbuchnummer mit Angabe des Betriebes z. B. 09-Bayern

ihrer Leistung bei der Landschaftspflege unterlegen. Der Einsatz alter Landschafrassen ist von Vorteil, wenn ihr geringes Gewicht die Voraussetzung für den Pflegeeffekt ist oder wenn sie aufgrund ihres grobwolligen Vlieses den klimatischen Bedingungen besser angepasst sind. Fleischschafrassen dagegen verbessern durch höhere Mast- und Schlachtleistungen die Wirtschaftlichkeit.
Die Tabelle 144 gibt einen Überblick über die Eignung verschiedener Schafrassen für die Pflege bestimmter Biotoptypen.

Tabelle 144: Eignung verschiedener Schafrassen zur Landschaftspflege

Schafrasse	Heide	Moor	Brachflächen
Merino-Landschafe			
Hütehaltung	+	+	+++
Koppelhaltung	–	–	++
Standweide	++	–	++
Fleischschaf			
Hütehaltung	–	–	+
Koppelhaltung	–	–	++
Standweide	–	–	+
Landschafe			
Hütehaltung	++	+	+++
Koppelhaltung	–	–	+++
Standweide	+	–	++
dabei insbesondere Schnucken			
Hütehaltung	+++	++	+++
Koppelhaltung	–	–	++
Standweide	++	+	++

+++ = sehr gut geeignet; ++ = gut geeignet; + = geeignet; – = ungeeignet

1.3 Zucht

Organisationen – Die 15 Landes-Schafzuchtverbände in Deutschland sind in der Vereinigung Deutsche Landesschafzuchtverbände (VDL) mit Sitz in Bonn zusammengeschlossen. Die Wirtschaftsvereinigung Deutsches Lammfleisch e.V. (WDL) fördert den Absatz von deutschem Lammfleisch und von Produkten aus deutscher Schafhaltung.

Leistungsprüfungen – In der Schafzucht ist die Verordnung über die Leistungsprüfungen und Zuchtwertfeststellungen bei Schafen und Ziegen vom 16. Mai 1991 Grundlage für die Durchführung der Leistungsprüfungen.
Prüfungskriterien sind:
- Zuchtleistung,
- Fleischleistung,
- Milchleistung,
- Woll- bzw. Fellqualität,
- äußere Erscheinung und Eignung zur Landschaftspflege.

Neben der *Stationsprüfung* auf **Mast-** und **Schlachtleistung** in Form der Nachkommen- bzw. Halbgeschwisterprüfung kommt der *Eigenleistungsprüfung* von Jungböcken im Feld nach wie vor

große Bedeutung zu. Die Eigenleistungsprüfung im Feld, also auf den Zuchtbetrieben, wird bei Fleischschafrassen im Alter von 100–120 Tagen durchgeführt.
Geprüft werden
- ▶ tägliche Zunahmen: Spitzenleistungen erreichen z. B. Rassen wie Suffolk oder Schwarzkopf mit über 450 g Zunahme/Tag,
- ▶ Nährstoffverwertung in MJ ME/kg,
- ▶ Bemuskelung,
- ▶ Verfettung.

Die **Zuchtleistung** erfasst die Fruchtbarkeit des Mutterschafes. Kenndaten sind die Ablammungs- und Aufzuchtergebnisse in %. Diese schwanken rassenspezifisch erheblich. Beispielsweise wurden in der Leistungsprüfung der LK Hannover 1997 beim Romanow-Schaf Spitzenleistungen mit Aufzuchtquoten von 244 %, dagegen beim Schwarzköpfigen Fleischschaf von 130 % festgestellt.
Die **Milchleistung** wird von Milchkontrollverbänden geprüft. Die Jahresleistung beträgt 500–900 kg Milch mit durchschnittlich 650 kg und Spitzenleistungen von 2000 kg, bei 5,5–7,5 % Fett und 4–6 % Eiweiß.
Zuchtwert – Aus den Ergebnissen der Leistungsprüfungen wird gemäß der Verordnung zum Tierzucht-Gesetz ein Teilzuchtwert berechnet, der bei der Körung durch die Beurteilung von Bemuskelung, äußerer Erscheinung und Wollqualität zum Zuchtwert ergänzt wird (Index).
Mindestanforderungen für die Körung eines Schafbockes sind:
- ▶ *Fleischleistung* (bei Fleischrassen) bzw. *Milchleistung* (bei Milchrassen) mindestens 80 Punkte,
- ▶ *äußere Erscheinung* und *Wollqualität* mindestens 4 Punkte (ausreichend),
- ▶ *Zuchtleistung* der Bockmutter nicht unter einem verbandsspezifisch festgelegtem Prozentsatz (z. B. 30 % des nach Altersklassen ermittelten Jahrgangs-Durchschnittes),
- ▶ *Mindestalter* 5 Monate.

Abb. 1327 Koppelschafhaltung – häufigste Betriebsform in Deutschland.

Abb. 1328 Hüteschafhaltung ist eine Form der Vollerwerbs-Schafhaltung.

1.4 Haltung

Betriebsformen – In der Schafhaltung unterscheidet man verschiedene **Betriebsformen:**
- ▶ Die **Koppelschafhaltung** ist mit einem Anteil von 42 % des Schafbestandes in Deutschland die bedeutendste Betriebsform. Unter Koppelschafhaltung versteht man ganz allgemein das Halten von Schafen unterschiedlicher Herdengröße in eingezäunten Weideflächen ohne ständige Beaufsichtigung.
- ▶ Die **standortgebundene Hütehaltung** mit etwa 40 % des Schafbestandes ist gekennzeichnet durch einen Schäfereibetrieb mit nahegelegenen Weiden, Nutzung von Zwischenfrüchten und Aufstallung im Winter. Diese Art der Haltung ist wahrscheinlich künftig für die Landschaftspflege die wichtigste Betriebsform.
- ▶ In Form der **Wanderschafhaltung** werden 18 % des deutschen Schafbestandes gehalten. Typisch für diese Form ist der jahreszeitliche Standortwechsel zwischen oft weit auseinander liegen-

Abb. 1329 Tieflaufställe lassen sich in bestehende Gebäude leicht einbauen (Maße in cm).
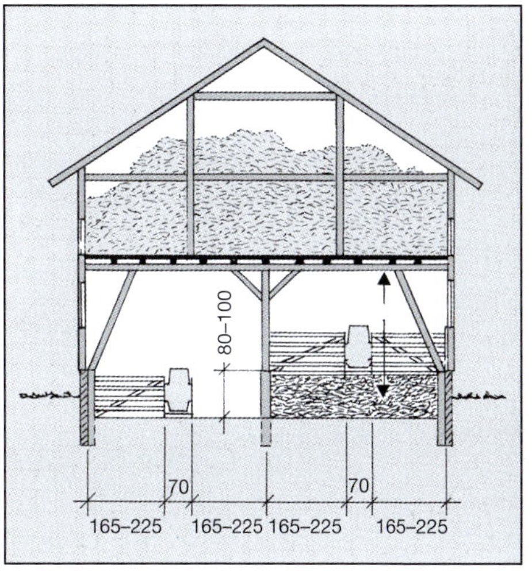

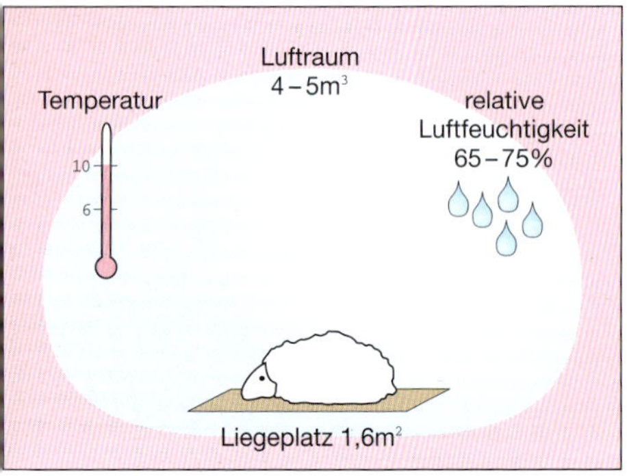

Abb. 1330 Der Schafstall-Platz- und Luftbedarf je Tier sowie Klimadaten im Winterquartier.

Abb. 1331 Fütterungseinrichtungen für Schafe im Querschnitt (Maße in cm).

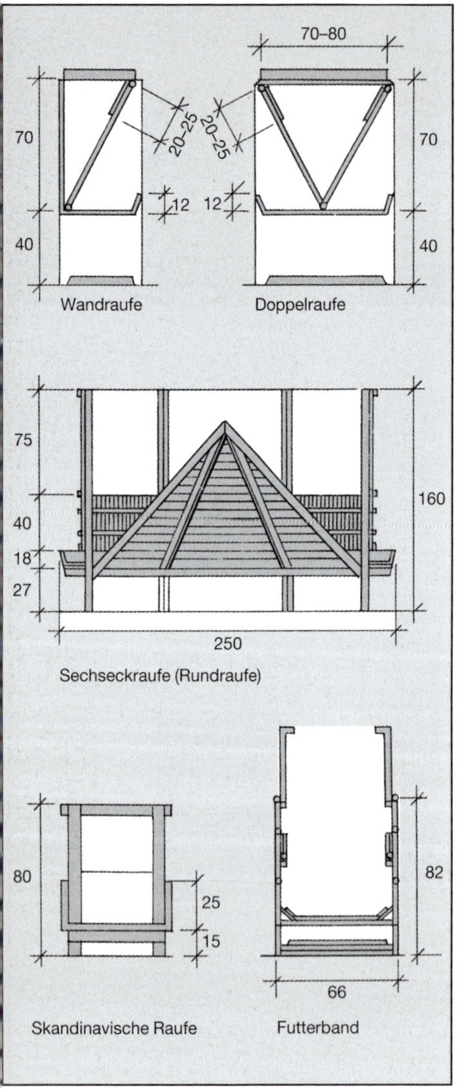

den Weideplätzen. Die Vorsommer- und Sommerweiden befinden sich meist in Höhenlagen auf Grenzertragsböden und landwirtschaftlich nicht mehr genutzten Flächen. Zur Herbst- und Winterweide werden die Schafe in klimatisch günstigere Regionen getrieben. Durch die hohe Flexibilität ist die Wanderschäferei für die Pflege nicht ständig beweidbarer, schutzwürdiger Flächen besonders wertvoll.

Stall – In der Regel werden Schafe nur während der Wintermonate für ca. 80–100 Tage im Stall gehalten. Die Stalltemperatur für Mutterschafe sollte 6–10 °C bei 65–75 % relativer Luftfeuchte betragen. Der optimale Stall ist hell und trocken sowie luftig, aber zugfrei.

Der Luftraum sollte pro Schaf 4–5 m³ bei einem hohen Frischluft-Austausch betragen. Bei einer Raumhöhe von mindestens 3 m und einem Liegeplatz von 1,6 m² ist diese Anforderung erfüllt. Besser ist allerdings eine höhere Raumhöhe.

Tabelle 145: Stallflächen- und Futterplatzbedarf bei Schafen
(ab 70 kg Durchschnittsgewicht)

Tierart	Flächenbedarf [1]) m²/Tier	Krippenlänge m/Tier
Mutterschaf ohne Lamm	1,0–1,5	0,4
Mutterschaf mit Lämmern	1,5–2,0	0,6
Mastlamm	0,6–0,8	0,3
Jährling	0,8–1,0	0,3
Bock in Einzelbucht	4,0–5,0	0,6
Bock in Sammelbucht	2,0–2,5	0,5

[1]) Bei Beständen unter 20 Tieren oder bei ganzjähriger Stallhaltung muss die Stallfläche um 20 % größer sein.

Leichtbauställe und andere für die Schafhaltung hergerichtete Gebäude werden meist als *Tieflaufställe* genutzt. Dabei rechnet man je Tier täglich mit ca. 0,8 kg Einstreu. Für die Mechanisierung des Futtertransportes und der Entmistung sollten die Ställe entweder eine *Längs-* oder *Querdurchfahrt* erlauben.

Mit Hilfe von Lattenkonstruktionen *(Hürden)* lässt sich der Stall leicht in Boxen zum Ablammen unterteilen. Sie gestatten den Durchschlupf der Lämmer zur gesonderten Fütterung mit Kraftfutter und können beim Entmisten ohne größeren Aufwand wieder entfernt werden.

Futter wird in *Raufen* oder *Futterbändern* vorgelegt. Dabei nimmt der Arbeitsaufwand von Raufen, die im Stallabteil stehen, über begeh- und befahrbare Raufen bis hin zu Futterbändern ab.

1.5 Fütterung

Mutterschaf – Schafe verwerten als Wiederkäuer rohfaserreiches Futter. Güste (leere) und niedertragende Schafe bekommen in der Regel nur Weide, Heu, Silage und Mineralfutter. Eine *Stoßfütterung* mit eiweißreicher Weide oder zusätzlicher Kraftfuttergabe 2 Wochen vor und nach der Paarung erhöht die Zahl reifender Eier und verringert die Embryonen-Sterblichkeit.

6 Wochen vor der Geburt ist wegen der dann eingeschränkten Aufnahmefähigkeit des Pansens höher konzentriertes Futter zu verabreichen. Säugende Mutterschafe und besonders Zwillingsmütter sollten deswegen bei geringer Weide- oder Grundfutterqualität zusätzlich Kraftfutter erhalten. Ab der 4. Lebenswoche können Lämmer genügend Kraftfutter aufnehmen, so dass sich eine zusätzliche Gabe an die Mutterschafe erübrigt.

Lämmer – Wie Kälber und Ferkel brauchen auch Lämmer innerhalb der ersten 12 Lebensstunden die *Kolostralmilch,* um genügend Antikörper aufzunehmen.

Es dauert 6 – 7 Wochen, bis sich die Vormägen des Schafes soweit entwickelt haben, dass der Nährstoffbedarf des Lammes ausschließlich über pflanzliche Nahrung gedeckt werden kann. Durch möglichst frühzeitiges *Beifutterangebot* in Form von Kraft- und Raufutter wird die Entwicklung des Vormagens wesentlich gefördert.

In der **normalen Aufzucht** bleiben die Lämmer bis zu einem Alter von 3 – 4 Monaten bei der Mutter. Die durchschnittliche *Zwischenlammzeit* beträgt ein Jahr. Diese Methode findet in Hüte- und Koppelschafhaltung ihre Anwendung.

Bei der **Frühentwöhnung** werden die Lämmer nach einer auf 6 bis 8 Wochen verkürzten Säugezeit mit einem Mindestgewicht von ca. 16 kg abgesetzt. Dieses Verfahren wird häufig in standortgebundenen Schafhaltungen mit intensiver Lämmerproduktion durchgeführt. Ziel ist es, die *Zwischenlammzeit* zu verkürzen und 1,5 Lammungen/Mutterschaf und Jahr zu erreichen.

1.6 Lämmermast

Von den Erlösen in der Lämmermast entfallen ca. 98 % auf die Fleischproduktion und nur 2 % auf die Woll- und Fellerzeugung.

Die **Mastlämmer** sollen fettarmes Fleisch und möglichst große Anteile wertvoller Fleischteile (Kotelett, Lende, Keule) aufweisen. Dabei ist es wichtig, dass das rassen- und geschlechtsspezifische günstige Mastendgewicht nicht überschritten wird.

Die wichtigsten **Mastverfahren** sind die *Kraftfutter-*, die *Wirtschafts-* und die *Weidemast.*

Kraftfuttermast – Sie ist das intensivste Verfahren. Diese Mastmethode ist vor allem für die vor Weihnachen geborenen Lämmer geeignet, um diese als Osterlämmer zu vermarkten. Die Lämmer erhalten Kraftfutter zur freien Aufnahme und zur Aufrechterhaltung der Pansenfunktion 0,2 – 0,4 kg Heu täglich. Das Mastendgewicht von 40 – 42 kg wird mit etwa 3 – 4 Monaten erreicht.

Wirtschaftsmast – Diese dauert einschließlich Säugezeit 6 – 7 Monate. Die Wirtschaftsmast ist vor allem für Sommer- und Herbstlämmer in Ackerbaubetrieben mit reichlicher Herbstweide (Getreidestoppeln und Zuckerrübenblatt) geeignet. Beim Hüten werden die Mütter von ihrem Lämmern begleitet. Vielfach bleiben die Lämmer auch im Stall und werden im Alter von 60 – 80 Tagen an die Aufnahme von Silage gewöhnt. Ziel ist der Verzehr von möglichst billigem Grundfutter und sparsamer Einsatz von Kraftfutter.

Abb. 1332 Mutterschaf mit Zwillingslämmern.

Abb. 1333 Methoden der Lämmer-Aufzucht (Schema).

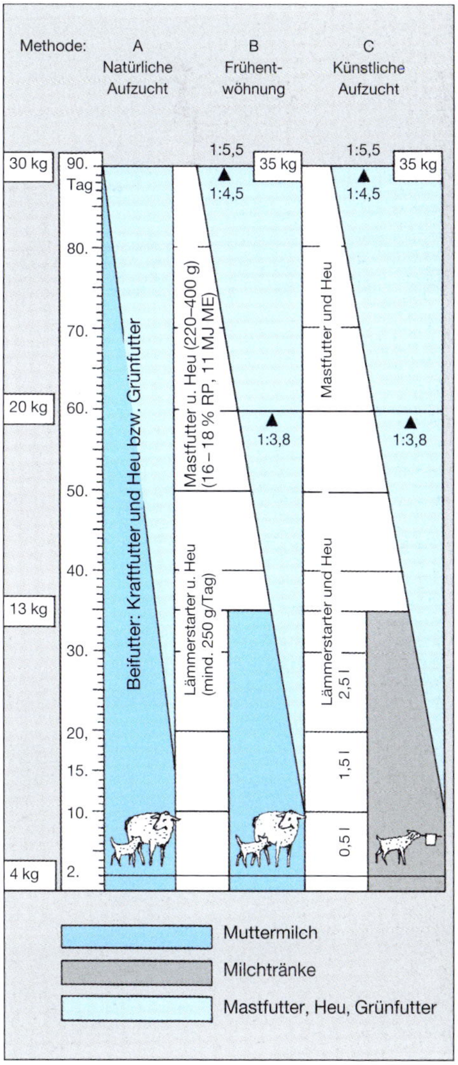

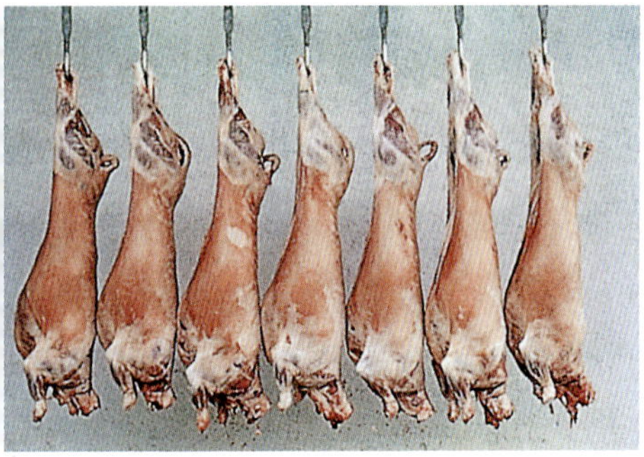

Abb. 1334 Schlachtkörper der Kategorie L.

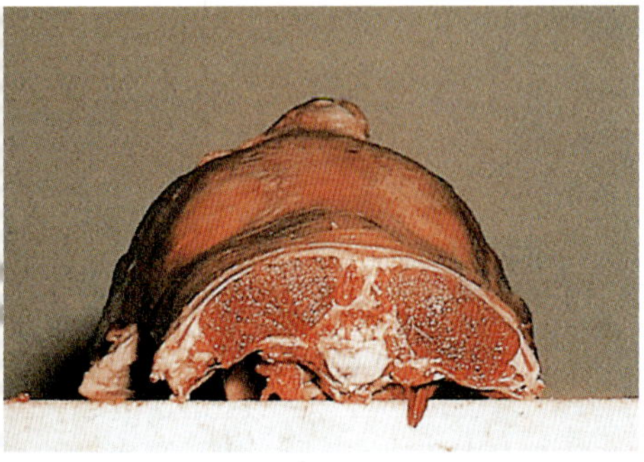

Abb. 1335 Rückenquerschnitt mit optimalem Fleischansatz und geringem Verfettungsgrad.

Abb. 1336 Gescheiteltes Wollvlies zur Beurteilung der Wollfeinheit.

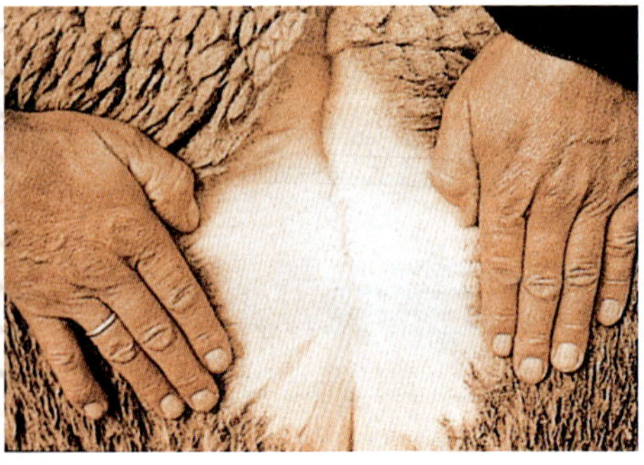

Weidemast – Sie kommt hauptsächlich für die Koppelschafhaltung, und zwar für die zwischen Weihnachten und März geborenen Lämmer, in Betracht. Das Mastendgewicht wird mit 45 – 50 kg in einem Alter von 5 – 6 Monaten, bei unbefriedigenden Weidebedingungen auch mit 7 – 8 Monaten erreicht.
Die Lämmer werden noch während der Stallperiode an Beifutter gewöhnt. Beim »creep-grazing« können die Lämmer durch einen Lämmerschlupf in dem noch ungenutzten Aufwuchs weiden. Durch diese Technik kann das Nährstoffangebot für die Lämmer verbessert werden.

1.7 Fortpflanzung

Geschlechtsreife – Sie tritt bei **weiblichen Schafen** bereits im Alter von 5 – 7 Monaten ein. Hinsichtlich der *Zuchtreife,* dem Alter für die erste Zuchtverwendung, gibt es erhebliche Rasseunterschiede.
Frühreife Rassen mit saisonaler Brunst wie z. B. das Weiß- und Blauköpfige Fleischschaf sowie das Texel- und Milchschaf sind bereits im Alter von 7 – 9 Monaten zuchtreif und lammen mit 12 – 14 Monaten das erste Mal ab.
Mittel- bis **spätreife Rassen** sind z. B. das Merino-Land- und Merino-Fleischschaf mit asaisonalem Brunstverhalten, die in der Regel erstmals im Alter von 15 – 18 Monaten ablammen.
Böcke erreichen die Zuchtreife in Abhängigkeit von Jugendentwicklung und Rasse im Alter von 6 – 12 Monaten. Einem Jungbock sollten höchstens 30 Mutterschafe, einem Altbock nicht mehr als 50 – 60 Schafe zugeteilt werden.
Brunst – Eine Brunst dauert beim Schaf etwa 24 – 36 Stunden und tritt im Abstand von etwa 17 Tagen auf. Unter *saisonalem Brunstverhalten* versteht man eine zeitlich begrenzte Paarungsbereitschaft in den Monaten September bis April.
Bei *asaisonal* veranlagten Schafe ist die Paarungsbereitschaft während des Jahresablaufes verschieden stark ausgeprägt. In den Herbstmonaten, der natürlichsten Paarungszeit, ist die Brunstintensität am größten.
Decken – Sobald ein geschlechtsaktiver Bock ein brünstiges Schaf gefunden hat, beginnt er dieses über einen längeren Zeitraum zu treiben, bis es stehen bleibt und dem seitlichen Drücken und Anschlagen mit den Vorderfüßen durch den Bock nicht mehr ausweicht. Nach diesem Vorspiel setzt der Bock mehrmals zum Aufsprung an. Der Deckakt selbst ist sehr kurz.
Trächtigkeit – Sie dauert 145 – 150 Tage. Vor allem in der Spätphase der Trächtigkeit ist im Hinblick auf einen störungsfreien Geburtsverlauf für eine ausreichende Bewegung der Mutterschafe zu sorgen. Daneben muss auch für eine quantitativ und qualitativ entsprechende Ernährung der Tiere gesorgt werden.
Besonders in den letzten Trächtigkeitswochen sollte gewissenhaft darauf geachtet werden, dass nicht durch mechanische Einwirkungen Verlammungen ausgelöst werden. Ursachen können z. B. starkes Drängen oder Stöße beim Ein- und Austreiben, aber auch Springen z. B. über Gräben oder von einem Miststapel auf den Gang sein.

1.8 Rentabilität in der Schafhaltung

Die **Rentabilität** der Schafhaltung ist im Folgenden an einem Beispiel in der Koppelschafhaltung dargestellt. Ziel ist es, ein möglichst hohes Ablammungsergebnis zu erreichen und hochwertige Schlachtkörper zu produzieren. Die Muttertiere sind Kreuzungen aus Merino-Fleischschaf und Schwarzköpfigen Fleischschaf. Als Vatertiere werden Texel- oder Suffolkböcke eingesetzt.

Beispiel: Der Flächenbesatz beträgt 5 Mutterschafe/ha und berechtigt damit zur Extensivierungsprämie. Die Marktleistung resultiert in der Schafhaltung hauptsächlich aus den Erlösen der Lämmer. Die Aufzuchtquote von 160 % beeinflusst die Rentabilität deshalb positiv.

1. Marktleistung

Lamm 1,6 × 20 kg × 4 €/kg	128 €
Marktleistung Altschaf 0,2 × 34 kg × 1,47 €/kg	10 €
Summe Marktleistungen	138 €

Die Marktleistung beträgt in diesem Beispiel insgesamt 138 €/Mutterschaf. Der Fleischpreis von 4 €/kg entspricht den Preisverhältnissen des Jahres 2005.

2. Variable Kosten

Bestandsergänzung	13 €
Kraftfutter inklusive Mineralfutter	16 €
Grundfutterkosten	30 €
variable Maschinenkosten	7 €
Strom, Wasser, TSK, Sonstiges	16 €
Zinsansatz Umlaufvermögen	3 €
variable Kosten	85 €

Hieraus ergibt sich ein Deckungsbeitrag von 53 €/Mutterschaf und Jahr. Die festen Kosten für Abschreibungen, Reparaturen und Zinsansatz werden mit 25 €/Mutterschaf angesetzt. Außerdem wird die Mutterschafhaltung in diesem Beispiel durch den Pachtansatz mit 25 €/Mutterschaf belastet.

Als Einnahmen müssen die betriebsindividuelle Prämie (BIP) und die anteilige Extensivierungsprämie berücksichtigt werden.

Deckungsbeitrag je Tier	53 €
– Festkosten/Pachtansatz	– 50 €
+ BIP/Extensivierungsprämie je Tier	42 €
Arbeitseinkommen	45 €

Zur Entlohnung der Arbeit bleiben nach Abzug der oben genannten Kosten noch 45 €, d. h. bei 3 h Arbeit/Mutterschaf wird der Arbeitseinsatz mit 15 €/h entlohnt. Dieses positive Arbeitseinkommen wäre ohne staatliche Förderung nicht zu erzielen. Besonders die Extensivierungsprämie wirkt sich mit 123 €/ha bei einem niedrigem Pachtansatz für anderweitig schwer nutzbare Flächen sehr positiv aus.

Im Vergleich zur Rinder- und Schweineproduktion ergibt sich in der Schafhaltung meist nur eine geringere Rentabilität. Die ökologische Bedeutung der Schafhaltung bleibt in der Regel unberücksichtigt.

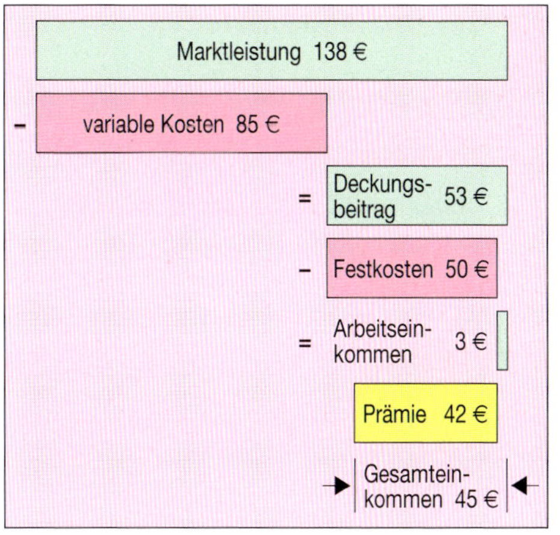

Abb. 1337 Nur mit staatlicher Förderung lässt sich ein lohnendes Arbeitseinkommen aus der Schafhaltung erzielen.

- ▶ Produktionsverfahren: Koppelschafhaltung mit Winteraußenhaltung
- ▶ Ablammperiode: 1. April – 30. Mai
- ▶ 6-wöchige Flushing-Fütterung ab 1. November
- ▶ Heuzufütterung von April bis November
- ▶ Fütterung Lämmer 1. Juli – 1. September; Lämmerschlupf und Kraftfutter

Abb. 1338 Produktionstechnische Kennziffern des **Beispiels** der Rentabilitätsberechnung.

1.9 Schafkrankheiten

1.9.1 Krankheiten

Tabelle 146: Wichtige Erkrankungen der Schafe

Krankheit, Krankheitsbild und Ursache	Abhilfe
Breinieren-Krankheit (Enterotoxamie) plötzliche Todesfälle gut genährter Jungtiere oder nervöse Form mit Aufblähen, Durchfall, schwankendem Gang, Benommenheit, Festliegen in Seitenlage und Verenden innerhalb 24 Stunden; Niere 6 Stunden nach dem Tod breiartig verändert; *Ursache:* Toxine (Gifte) von *Chlostridium perfringens* Typ D, massenhafte Vermehrung der Clostridien im Darm bei Aufnahme von zuviel kohlenhydratreichem Trockenfutter oder jungem, rohfaserarmem, eiweißreichem Grünfutter oder übermäßige Milchaufnahme	Therapie kommt meist zu spät; Schutzimpfung der Lämmer ab 2.–4. Woche oder der tragenden Schafe; Vermeiden von Fütterungsfehlern
Moderhinke Lahmheit, Aufstützen auf die Vorderfußwurzelgelenke oder Fressen im Liegen; schmierige, stinkende weiß-graue Masse unter Klauenhorn; *Ursache:* Infektion der Klauen mit Bakterien *(Dichelobacter nodosus* und *Fusobacterium necrophorum)*, begünstigt durch schlechte Klauenpflege, feuchte Weiden, schlammige Wege; hochansteckend, Inkubationszeit 10–20 Tage	tierärztliche Behandlung und Nachbehandlung der Klauen in wöchentlichen Abständen, Schutzimpfung; regelmäßiges Klauenschneiden (2 x jährlich), Kontrolle der Klauen bei zugekauften Tieren, Meiden von Triebwegen, Weiden und Ställen fremder Schafherden
Chlamydien-Abort Aborte 2–3 Wochen vor dem Ablammtermin besonders bei Erstlingen; die abgestoßenen Lämmer zeigen kaum Zersetzungserscheinungen, Nachgeburt ist sulzig mit graugelben bis rötlichen Belägen, Allgemeinbefinden der Mutterschafe kaum beeinträchtigt, anschließend wieder normale Geburten; *Ursache:* Infektion mit *Chlamydophila abortus;* die Bakterien werden mit Kot, Harn, Milch, Scheidensekret, vor allem aber ganz massiv beim Verlammen ausgeschieden, auch bei normalen Geburten in verseuchten Herden; Vorsicht: schwangere Frauen können sich infizieren und eine Fehlgeburt bekommen, sie müssen daher jeden Kontakt zu Schafherden meiden, in denen Ablammungen anstehen!	**Meldepflicht** sofortige tierärztliche Behandlung der übrigen trächtigen Schafe, Isolierung erkrankter Tiere, unschädliches Beseitigen des Abortmaterials, Reinigung und Desinfektion der Ablammbuchten; Schutzimpfung zu Beginn der Deckperiode, Kontakte mit fremden Herden vermeiden
Ketose (Trächtigkeitstoxikose) Stoffwechselstörung mit Wirkung auf das zentrale Nervensystem; überwiegend bei Mehrlingsträchtigkeiten ab 120. Tag bis 1 Woche nach der Geburt; Appetitlosigkeit, Trägheit, verminderte Reaktion auf Reize, ungewöhnliche Kopfhaltung, schwerfälliger bis schwankender Gang, Festliegen, Tod nach 1–6 Tagen; *Ursache:* hormonell bedingte Stoffwechselstörung mit vermutlich erblicher Veranlagung; begünstigend wirken zu energiereiche Fütterung mit Verfettung in der Frühträchtigkeit sowie Energieunterversorgung in der Hochträchtigkeit, Stress und nasskaltes Wetter in der Spätträchtigkeit	tierärztliche Behandlung; Ausmerzen von früher erkrankten Muttertieren, bedarfsgerechte Fütterung: bis zum 100. Trächtigkeitstag verhalten füttern, danach allmähliche Steigerung der Energiezufuhr auf den erforderlichen Bedarf und ausreichende Mineralstoffversorgung

Fortsetzung Tabelle 146

Krankheit, Krankheitsbild und Ursache	Abhilfe
Kupfer-Vergiftung *akute Form:* Speicheln, Durchfall mit grünem, später rötlich-braunem Kot, kolikartige Krämpfe, Schwäche, Verenden nach wenigen Stunden; *chronische Form* (häufiger): zunehmende Leberschädigung durch Kupfer-Einlagerung: ab 700 mg Kupfer/kg Leber kommt es zur Krise mit Appetitlosigkeit, Niedergeschlagenheit, Atemnot, Gelbsucht, Bluttharnen und Verenden; überlebende Tiere kümmern, magern ab und verlieren Wolle *Ursache:* Verfüttern von Milchaustauschern, Kraftfutter oder Mineralfutter für Rinder; Grundfutter von Flächen, die mit kupferhaltigen Pflanzenschutzmitteln (Weinbau), Mineraldüngern oder Schweinegülle behandelt wurden; Kupfer-Immissionen aus Industrieanlagen, Biertreber aus neuen Kupferkesseln, Trinkwasser aus neuen Kupferleitungen, Aufnahme kupferhaltiger Desinfektionsmittel, überdosierte Kupferbehandlung	Therapie in der Regel nicht mehr möglich; Überprüfung des Grundfutters, Trinkwassers, Kraftfutters und der Mineralstoffmischungen; Kupfergehalt der Leber bei verendeten Tieren bestimmen lassen; nie Futter von Rindern einsetzen; der Kupfergehalt der Gesamtration darf nicht höher als 15 mg/kg TS sein; bei belastetem, bestandseigenem Grundfutter empfiehlt es sich kontrolliert kupferarmes Grundfutter (z.B. Heu 2. Schnitt) und eine kupferfreie Mineralstoffmischung zuzukaufen; diese mit bestandseigenem Futter kombinierte Ration sollte 3 mg Molybdän/kg TS, 10 mg Kupfer/kg TS und 1000 mg Schwefel/kg TS enthalten
Lippengrind Jungtiere besonders empfänglich *gutartige Form:* Rötung, gelbliche Bläschen, anschließend bräunliche Krusten an Lippen, Maulwinkel, Nase, seltener an Augenlidern und Ohren (Lippenform); an Geschlechtsorganen und Euter (genitale Form) und an den Klauen (Fußform); Abheilen nach 2–3 Wochen; *bösartige Form:* umfangreiche blumenkohlartige Wucherungen an den Lippen, in Maulhöhle, Zunge, Rachen und Speiseröhre; das Saugvermögen ist erheblich gestört, es kommt auch zu Todesfällen, an den Klauen kann es zum Ausschuhen kommen *Ursache:* Infektion mit Parapox-Viren durch Kontakt mit kranken Tieren, verseuchten Ställen und Weiden; unter trockenen und lichtgeschützten Bedingungen bleibt der Erreger jahrelang ansteckungsfähig und da die Immunität nur 6–8 Monate anhält, kommt es zu erneuten Infektionen	**Meldepflicht** tierärztliche Behandlung: Schutzhandschuhe bei der Behandlung erkrankter Tiere (Ansteckungsgefahr für den Menschen), Bestandsergänzung nur aus eigener Nachzucht mit Ausnahme der Böcke, Zukauf aus Lippengrind-freien Herden; in Deutschland steht kein Impfstoff mehr zur Verfügung
Traber-Krankheit (Scrapie) langsam und ohne Fieber verlaufende, tödlich endende Erkrankung des Zentralnervensystems; Schreckhaftigkeit, Ängstlichkeit, eigenartiges Lippenspiel (Gnubbern), Zittern der Ohren, starrer oder unruhiger Blick, Kopfbewegungen, Speicheln, starker Juckreiz, Abmagerung trotz Appetit, traberartiger Gang mit den Vorderbeinen, Schwanken und Zusammenstürzen, Festliegen in Seitenlage *Ursache:* infektiöses Prion-Protein, wird von erkrankten Schafen mit Fruchtwasser und Nachgeburt ausgeschieden; die Empfänglichkeit für die Traber-Krankheit und die Resistenz dagegen sind genetisch festgelegt	**Anzeigepflicht** jede Störung des Zentralnervensystems bei erwachsenen Schafen, Ziegen und Rindern muss angezeigt werden; behördliche Beobachtung des Bestandes und Verbringungssperre, bei Erhärtung des Verdachts: Tötung des Bestandes bzw. nur der erkrankten und Scrapie-empfänglichen Tiere. Zucht nur mit genetisch resistenten Tieren (Nachweis über Blutprobe)

1.9.2 Parasiten beim Schaf

Tabelle 147: Wichtige Endoparasiten des Schafes

Wurm, klinisches Bild	Wanderung und Sitz des Wurms	Zwischenwirt	Präpatenz-Zeit	Abhilfe
Großer Leberegel *(Fasciola hepatica)* blattförmig 2–5 cm lang und 0,4–1,3 mm breit; Abmagerung, Leistungsminderung, struppiges Vlies, Wollausfall, Blutarmut, Kehlgangsödem, Durchfall, eventuell Todesfälle	über Dünndarm → Bauchhöhle → Leber → in Gallengangsystem der Leber	Zwergschlammschnecke, Infektion auf nassen Weiden oder über Gewässer	2–3 Monate	Behandlung der Schafe je 8 Wochen nach Weideaustrieb und nach dem Aufstallen und zusätzliche Behandlung Anfang August bis Mitte September; Trockenlegen feuchter Weiden; Auszäunen von Gewässern; Heu von verseuchten Flächen erst nach sechsmonatiger Lagerung verfüttern; befallene Zukaufstiere behandeln und 4 Wochen in Quarantäne stellen
Kleiner Leberegel (Lanzettegel, *Dicrocoelium)* Abmagerung, Wolle trocken und brüchig	über Dünndarm direkt in Gallengangsystem der Leber	Landschnecken → Ameisen → trockene Weiden	50–80 Tage	Behandlung Ende Juni und bei der Aufstallung im Herbst
Bandwürmer (Anoplocephalidae) bis 10 m lang, einzelnes Glied 16 mm breit und 1 mm lang; vor allem Lämmer betroffen, Abmagerung, Blutarmut, Durchfall, brüchiges Vlies	Dünndarm	Moosmilben Weide-Infektion	36–52 Tage	Behandlung schwierig; Vorbeuge durch Hygiene
Bandwurmfinnen-Befall z.B. Coenurose (Drehkrankheit) Zwangsbewegungen, Absondern von der Herde	Gehirn	Hund und Fuchs sind Endwirte; Schaf als Zwischenwirt infiziert sich über Hunde- oder Fuchskot		Heilungsaussichten erkrankter Schafe sind schlecht; keine rohen Schlachtabfälle von Schafen an Hunde verfüttern; Hunde regelmäßig entwurmen
Trichostrongyliden (Magen-Darm-Fadenwürmer) besonders Jungtiere betroffen; Blutarmut, Kehlgangsödem (»Flasche«), Abmagerung	Labmagen und Dünndarm	Weide-Infektion	2–3 Wochen	Behandlung der Mutterschafe kurz vor der Geburt; auf verseuchten Koppeln: Behandlung der Lämmer 3, 6 und 9 Wochen nach dem Austrieb, sowie 2–3 mal im August/September; Aufstallungsbehandlung der Lämmer und Muttertiere; Weidewechsel alle 2–6 Monate mit vorheriger Behandlung
Grosser Lungenwurm *(Dictyocaulus filaria)* 5–10 cm lang chronische Bronchitis, Bronchopneumonie, Husten, Nasenausfluss, Atemnot, Mattigkeit	über Dünndarm → Lymphgefäßsystem → Herz → Lungengewebe → in Bronchien	Weide-Infektion	26–53 Tage	

Tabelle 148: Wichtige Ektoparasiten des Schafes

klinisches Bild	Symptome	Abhilfe
Schaflausfliege 3–6 mm lang lebt dauernd auf dem Schaf	Juckreiz, Blutarmut	2 × Pour-on-Behandlungen im Abstand von 3–4 Wochen
Haarlinge 1,4–1,6 mm lang, leben dauernd auf dem Schaf, Eier werden an die Haare geklebt	Juckreiz, Unruhe, Wollausfall	2 × pour-on-Behandlungen im Abstand von 12–14 Tagen
Kopfräude *(Sarcoptes*-Milbe) 0,2–0,5 mm lang **Fußräude** *(Chorioptes*-Milbe) 0,3–0,6 mm lang **Körperräude** *(Psoroptes*-Milbe) 0,5–0,8 mm lang an Kreuz, Rücken, seitlicher Rumpfgegend	Juckreiz, Unruhe, Hautrötungen, Knötchen, Bläschen, Krusten, Borken, Falten, Wollausfall	2 × Behandlungen im Abstand von 10–14 Tagen (Baden oder Injektionsbehandlung), auch Zäune, Scheuerpfähle und Stallungen einbeziehen

Aufgaben:

1. Welche Bedeutung hat die Schafhaltung in der Landwirtschaft?
2. Beschreiben Sie die Grundsätze der Schaffütterung.
3. Welche Methoden der Lämmermast sind zu unterscheiden?
4. Wie lange sind Schafe trächtig?

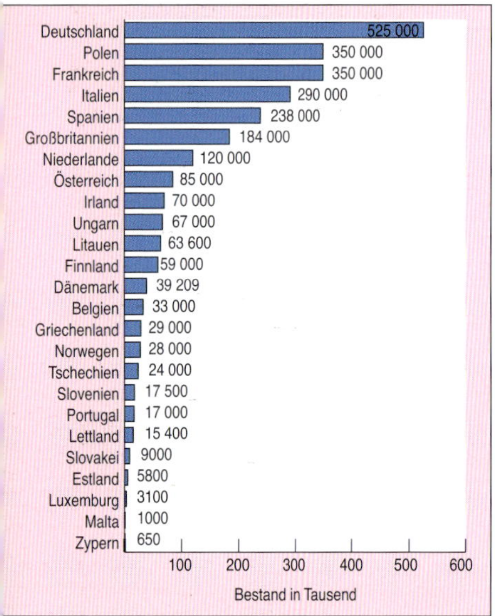

Abb. 1339 Pferdebestand in der EU-25 (2004, FAO).

Abb. 1340 Der Reitsport erfreut sich zunehmender Beliebtheit.

Abb. 1341 Jungpferde brauchen Bewegung und sollten nie einzeln gehalten werden.

2 Pferdehaltung

2.1 Bedeutung

Durch die Mechanisierung in der Landwirtschaft ging der Pferdebestand der 50er-Jahre bis Anfang der 70er-Jahre auf ca. 20 % des ursprünglichen zurück. Heute haben Pferde vor allem als Freizeit- und Sportpferde eine Bedeutung.

Die Pferdezucht spielt in der Landwirtschaft nur noch eine untergeordnete Rolle. Dagegen steigt die Zahl der Betriebe mit dem Betriebszweig Pensionspferdehaltung mit zunehmender Verbreitung des Reitsports.

2.2 Rassen

In Europa werden seit 4000 Jahren Pferde gezüchtet. Vorfahre unserer Rassen ist das *Prezwalski-Pferd.* Neueste Untersuchungen durch Erbgut (DNA)-Vergleiche verstärken die Zweifel an der bisherigen Abstammungstheorie. Neben den Spezialrassen (Englisches Vollblut, Arabisches Vollblut, Traber, Trakehner) werden in Deutschland vor allem *Deutsche Reitpferde,* auch Deutsches Warmblut genannt, gezüchtet. Darunter versteht man alle in den traditionellen Zuchtgebieten Deutschlands gezogenen Warmblutpferde, die im Laufe der Zeit durch Angleichung der Zuchtziele immer einheitlicher geworden sind.

Kleinpferde sind Pferde mit einer Widerristhöhe bis 148 cm. Neben dem *Deutschen Reitpony* gibt es noch andere Ponyrassen wie z. B. Shetland-Ponies, New Forest, Isländer, Connemara und Haflinger.

2.3 Haltung

Die **Haltungsbedingungen** variieren stark und hängen ab vom Alter der Pferde, der Nutzungsrichtung und der Jahreszeit.

Stall – Bei der Aufstallung unterscheidet man grundsätzlich drei **Aufstallungsarten:**

- Gemeinsame Haltung einer Pferdegruppe in einem Laufstall,
- gemeinsame Haltung einer Pferdegruppe in der Gruppen-Auslaufhaltung,
- Einzelaufstallung in Boxen oder Außenställen.

Zuchtstuten und Aufzuchtpferde werden in den Sommermonaten in der Regel auf der Weide gehalten.

Während bei Jungpferden in den Wintermonaten die Gruppenhaltung überwiegt, werden Reit- und Sportpferde überwiegend ganzjährig in Einzelboxen gehalten.

Die Leitlinien zur Beurteilung von Pferdehaltungen unter Tierschutzgesichtspunkten enthalten detaillierte Empfehlungen zu Management, Aufstallungsarten und Richtmaßen. Alle Bemessungsangaben werden in Relation zur Widerristhöhe ermittelt.

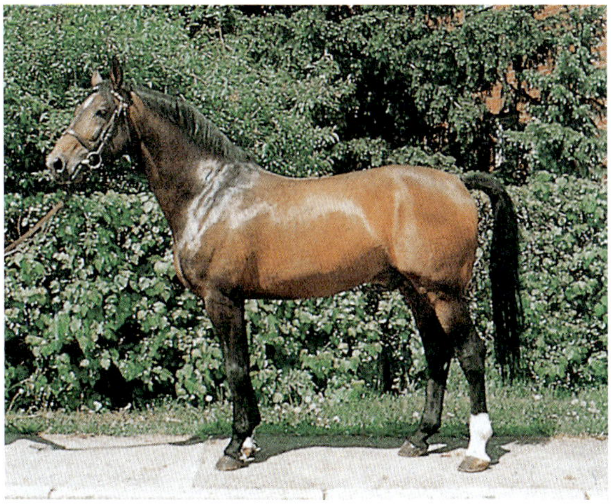

Abb. 1342 Deutsches Warmblut (Deutsches Reitpferd).

Abb. 1343 Fjordpferd.

Abb. 1344 Arabisches Vollblut.

Abb. 1345 Shetland.

Abb. 1346 Deutsches Kaltblut.

Abb. 1347 Haflinger.

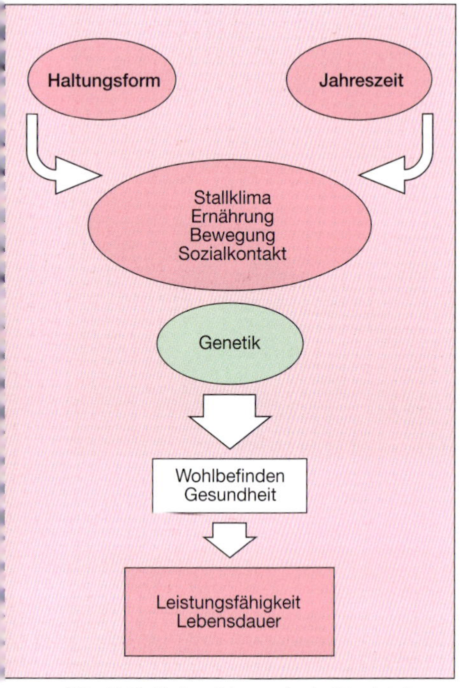

Abb. 1348 Einflussfaktoren in der Pferdehaltung (Schema).

Abb. 1349 Stallfenster mit Außenklappen ermöglichen ein pferdegerechtes Stallklima und sorgen für ausreichende Sichtverhältnisse.

Als Mindestmaß gilt für eine Einzelbox:

$$\text{Grundfläche} = (2 \times \text{Widerristhöhe})^2$$

Demnach benötigen sehr große Pferde eine Stallfläche von ca. 13 m^2, durchschnittliche Pferde mit einer Widerristhöhe von 1,67 m mindestens 11,2 m^2 und Ponys ca. 8,5 m^2.
Pferdehaltung wird durch vielfältige Faktoren beeinflusst.
Abb. 1348 gibt einen Überblick über die wichtigsten Einflussfaktoren auf das Wohlbefinden sowie die Gesundheit und damit auf die Leistungsfähigkeit und Gebrauchsdauer des Pferdes in Sport und Zucht.

Haltung – Das **Stallklima** sollte eine permanente *Frischluftzufuhr* ohne Zugluft gewährleisten. Im Optimalfall sollte der *Lichteinfall* so groß sein, dass die Lichtintensität den Außenverhältnissen nahe kommt. Schwankungen der *Außentemperatur* müssen spürbar sein, um die Anpassung des Wärmehaushalts zu trainieren.
Ein oft unterschätzter Einflussfaktor auf das Wohlbefinden der Pferde ist die Pflege von **Sozialkontakten.** Die Gruppenhaltung, insbesondere von Jungpferden, kommt dem Herdentier Pferd sehr entgegen. Dieses Bedürfnis kann bei Sportpferden, für die oft nur die Einzelhaltung praktikabel ist, durch stundenweisen Auslauf im Paddock oder auf der Weide mit anderen Pferden befriedigt werden.
Die **Bewegung** hat für eine gute Aufzucht und eine langfristig gesunde Haltung eine außerordentliche Bedeutung. Das Pferd ist durch die sportliche Nutzung einer hohen Belastung ausgesetzt. Sowohl in der Aufzucht als auch während der Nutzung als Reit- oder Zuchtpferd sollte das Pferd täglich Bewegung erhalten.
Dadurch werden die Voraussetzungen für die Entwicklung belastungsfähiger Skelettstrukturen und der Erhaltung der Knochenfestigkeit sowie der Elastizität der Sehnen, Bänder und Gelenke beim ausgewachsenen Pferd erfüllt.
Eine weitere Voraussetzung für die Entwicklung und Gesunderhaltung der Pferde ist neben regelmäßiger *Entwurmung* und *Impfung* die fachmännische **Hufpflege.**

2.4 Fütterung

Grundlagen der Verdauung – Eine ausreichende *Speichelproduktion* ermöglicht das Schlüpfrigmachen des Speisebreis und die Neutralisierung des sauren Mageninhalts. Die Speichelproduktion ist abhängig von der Dauer der Futteraufnahme und einem ausreichenden Raufutterangebot.
Der Rohfaseranteil sollte 18–25 % der TS der Gesamtration betragen. Die Speichelproduktion geht deutlich zurück, wenn das Pferd zu jedem Bissen Raufutter Wasser aufnimmt (mit der Tränke spielt), ebenso bei der Aufnahme von Futtermitteln mit höherem Wassergehalt (z. B. Silage).
Der *Magen* des Pferdes fasst etwa 15 l, d. h. er ist relativ klein. Dadurch ergeben sich u. a. eine langsame Futteraufnahme und relativ lange Fresszeiten. Um das verhältnismäßig geringe Magen-

volumen nicht zu überlasten, sollten je Mahlzeit Kraftfuttergaben von 0,5 kg pro 100 kg Körpergewicht nicht überschritten werden. Die Magenmotorik bewirkt eine Durchmischung sowie den Weitertransport des Nahrungsbreis. Eine gute Durchmischung – vor allem auch mit Magensaft – ist eine wichtige Voraussetzung für einen ungestörten Ablauf der Verdauung. Erregung und Unruhe führen häufig zu einer herabgesetzten Tätigkeit der Magen- und Darmmotorik. Deshalb sollte zur Futterzeit und eine Stunde danach Ruhe im Stall herrschen.

Futterration – Bei Pferden, die keine Leistung (Wachstum, Zucht, Sport) erbringen, genügt die Deckung des Erhaltungsbedarfes. Dies ist in der Regel durch ausreichend strukturiertes Raufutter, vitaminisiertes Mineralfutter und geringe Gaben von Kraftfutter gegeben (z. B. Großpferd 600 kg: 8 – 10 kg Heu, 2 kg Kraftfutter).

Als klassische Futtergrundlage dienen in der Pferdefütterung immer noch *Hafer* und *Heu*. In Kombination mit einem *Mineralfutter* wird diese Ration den Ansprüchen des Pferdes voll gerecht.

Bei der **Kraftfuttergabe** kann der Hafer auch mit einem Ergänzungsfutter kombiniert oder durch ein Alleinfutter ersetzt werden. Diese Futtermittel werden in der Regel in pelletierter Form angeboten und sind dem Bedarf des Pferdes angepasst.

Grundfutter – Der Anteil »unzerkleinerter« Rohfaser sollte in der Trockenmasse der Gesamtration 16 – 18 % betragen. Als Grundfutter können Heu, Grassilage oder Gras dienen.

Trockenschnitzel weicht man vor dem Füttern über Nacht in Wasser (1 : 4) ein. Mehr als 3 kg sollte die tägliche Gabe nicht betragen.

In der Tabelle 149 sind die Bedarfswerte für die tägliche Versorgung dargestellt.

Tabelle 149: Tagesbedarf für ein 600 kg schweres Pferd

Bedarf für	verdauliche Energie MJ	verdauliches Rohprotein g
leichte Arbeit, z. B. Freizeitsport	73 – 91	365 – 455
mittlere Arbeit, z. B. Breitensport	91 – 109	455 – 545
schwere Arbeit, z. B. Leistungssport	109 – 145	545 – 725

Fütterungstechnik – Von Natur aus ist das Pferd auf die kontinuierliche Aufnahme geringer Futtermengen eingestellt. Deshalb sollte es möglichst oft mit kleinen Portionen gefüttert werden. Diese Forderung lässt sich aus arbeitswirtschaftlichen Gründen nur begrenzt realisieren.

Bei nur zweimaliger täglicher Fütterung sollte man $2/3$ der Raufuttermenge am Abend verabreichen, wenn anschließend die Nachtruhe gewährleistet ist. Bei Reitpferden ergibt sich häufig das Problem, dass nach der Hauptmahlzeit am Abend die körperliche Belastung folgt. Denn Hobby-Pferdebesitzer nutzen ihre Abend-Freizeit für das Training. Sollte nach der Futteraufnahme keine Ruhepause von mindestens 1 Stunde Dauer bleiben, empfiehlt es sich, die Raufuttergabe nach dem Reiten zu verabreichen.

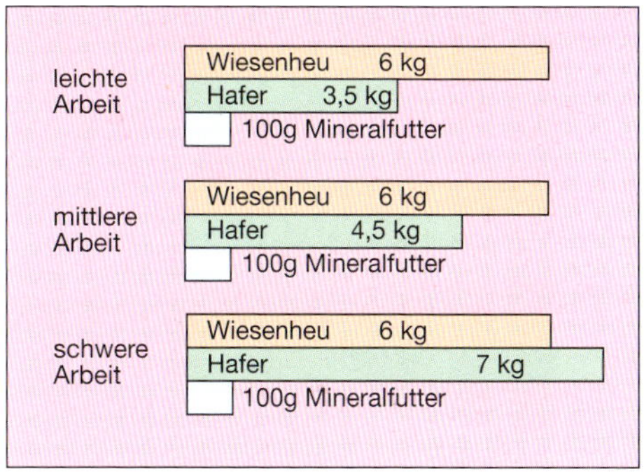

Abb. 1350 **Beispiel** für die tägliche Futterration eines Reitpferdes.

Abb. 1351 Pferde sollten mindestens 2–3 mal täglich gefüttert werden. In Abhängigkeit von der Kondition und den Leistungsanforderungen ist eine individuelle Rationsgestaltung erforderlich.

Abb. 1352 Pony im Fressgitter: Eine bedarfsgerechte Pferdefütterung beinhaltet eine ausreichende Rohfaserversorgung.

Abb. 1353 Stute mit Fohlen: In den ersten 6 Lebensmonaten besteht zwischen Stute und Fohlen eine enge Bindung.

Abb. 1354 Eine Reithalle wird von vielen Kunden sehr geschätzt, muss aber im Pensionspreis entlohnt werden.

2.5 Pferdezucht

Pferde werden im Alter von 18 Monaten *geschlechtsreif.* Allerdings werden die Stuten frühestens dreijährig gedeckt. Die Auswahl der für die Zucht bestimmten Hengste erfolgt im Alter von 2,5 Jahren in Form einer vom Zuchtverband durchgeführten Körung.
Die **Rosse** dauert 3–9 Tage. Äußere Anzeichen sind häufiges Harn- und Schleimlassen sowie das »Blitzen« (Öffnen der Schamlippen). Gegen Ende der Rosse erfolgt der Follikelsprung. Für den Befruchtungserfolg ist entscheidend, dass die Paarung bzw. Besamung kurz vor dem Follikelsprung erfolgt.
Die **Trächtigkeit** lässt sich durch einen Tierarzt ab dem 16. Tag durch eine rektale Ultraschalluntersuchung vom Mastdarm aus feststellen.
Die Trächtigkeit dauert 11 Monate. Bereits 9–11 Tage nach der Geburt kommt die Stute in die so genannte *Fohlenrosse.* Die Stute kann dann wieder gedeckt werden. Das Fohlen bleibt in der Regel ca. 6 Monate bei der Stute.

2.6 Pensionspferdehaltung

Die **Pensionspferdehaltung** zeichnet sich durch die Bereitstellung von Stallungen, Futter und bestimmten Dienstleistungen aus. Die Annahme eines Pensionspferdes sollte am besten vertraglich geregelt werden, um künftigen Ärger zu vermeiden. Im Wesentlichen sind dabei die Verfügbarkeit des Pferdes, wie z. B. das Einfangen auf der Weide und haftungsrechtliche Ansprüche, wie z. B. bei Unfällen mit anderen Pferden oder mit Personen zu regeln.
Die **Attraktivität des Einzelbetriebes** wird für den Einstaller vor allem durch die folgenden drei Faktoren bestimmt:

- **Standortfaktoren:** Hierzu zählen die Verkehrslage, die natürlichen Voraussetzungen sowie Mitbewerber. Im Hinblick auf die Verkehrslage wirken sich z. B. die Nähe zu Ballungszentren und eine gute Verkehrsanbindung positiv aus. Ein weitreichendes Ausreitgelände und gute Bodenverhältnisse sind natürliche Voraussetzungen, die von Kunden geschätzt werden. Mitbewerber, die die gleiche Zielgruppe ansprechen, vergrößern das Risiko, dass die Boxen nicht vollständig belegt sind.
- **Betriebliche Voraussetzungen:** Damit ist die Ausstattung des Betriebes im Hinblick auf Gebäude, Weideflächen und Reitplätze gemeint. Besonders im Hinblick auf die Ausstattung der Ställe und einer Reithalle können erhebliche Unterschiede bestehen, die im Wesentlichen durch betriebliche Gegebenheiten und das Investitionsvolumen bestimmt werden.
- **Persönliche Voraussetzungen:** Diese setzen sich zusammen aus der menschliche Eignung und der fachlichen Qualifikation. Die Pensionspferdehaltung erfordert neben der Bereitschaft zum täglichen Umgang mit dem Pferd z. B. auch Fähigkeiten im Bereich der Konfliktbewältigung (bei Mensch wie Tier). Die fachliche und persönliche Qualifikation ist die Voraussetzung, verschiedene Dienstleistungen anzubieten.

Die Relation dieser Faktoren im Verhältnis zum Pensionspreis bestimmt maßgeblich die Attraktivität des Pensionspferdebetriebes.
Es gibt verschiedene **Formen** der Pensionspferdehaltung. So spezialisieren sich Betriebe auf die Jungpferdeaufzucht, die Haltung von Zuchtstuten einschließlich Deckmanagement und Abfohlen oder Gnadenbrotpferde. Den größten Anteil hat die Pensionspferdehaltung von Reitpferden.
Die betrieblichen Vorraussetzungen werden häufig auf die Bedürfnisse einer bestimmten **Kundengruppe** abgestimmt wie z. B.
- Westernreiter,
- Turnierreiter in den Sparten Dressur, Springen oder Military,
- Freizeitreiter.

Abb. 1355 Die Pensionspferdehaltung ist eine zusätzliche Einnahmequelle, verlangt aber eine vertragliche Regelung, um Ärger zu vermeiden.

2.7 Rentabilität in der Pferdehaltung

In den meisten Fällen ist eine **rentable Pferdezucht** aufgrund der durchschnittlichen Marktpreise der Verkaufspferde nicht möglich. Die Rentabilität variiert stark in Abhängigkeit von den Aufzucht- und Ausbildungskosten sowie den Verkaufspreisen.
Auch die Rentabilität der Pensionspferdehaltung unterliegt komplexen Wechselwirkungen verschiedener Faktoren. Die Wirtschaftlichkeit hängt im Wesentlichen von dem Verhältnis der Festkostenbelastung durch Investitionen zur Attraktivität des Betriebes für den Kunden ab. Diese beeinflusst sowohl den erzielbaren Pensionspreis als auch die Auslastung der Boxen.
Bei der Planung betrieblicher Investitionen ist zu berücksichtigen, wie groß die Bereitschaft der Kunden ist, z. B. die Kosten einer Reithalle durch einen höheren Pensionspreis zu entlohnen.
In Abhängigkeit von den Standortfaktoren, den betrieblichen Voraussetzungen und der Betriebsleiterfähigkeit kann der monatliche Pensionspreis zwischen 125 und 500 €/Pferd und Box schwanken.

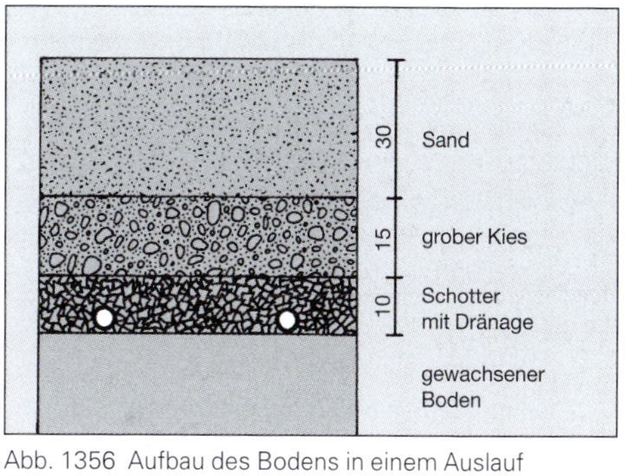

Abb. 1356 Aufbau des Bodens in einem Auslauf (Schema, Maße in cm).

Tabelle 150: Rentabilität der Pensionspferdehaltung bei 100 und 70% Auslastung

Merkmal	€/Pferd und Monat	
Auslastung	**100%**	**70%**
Einnahmen	**180**	
Kraftfutter	20	
Grundfutter; Einstreu	38	
sonstige Kosten	12	
variable Kosten	**70**	
Deckungsbeitrag	**110**	
Festkosten Gebäude	65	95
Weide; sonstige Kosten	18	23
Festkosten	**83**	**118**
Arbeitsentlohnung	**27**	**- 8**

Abb. 1357 Solche Boxen sind tiergemäß, jedoch schlägt sich die Neueinrichtung im Pensionspreis nieder.

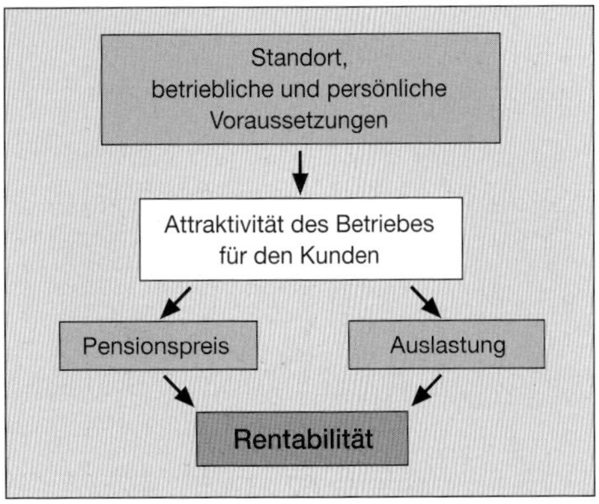

Abb. 1358 Einflussfaktoren auf die Rentabilität in der Pensionspferdehaltung.

Die variablen Kosten, die zu ca. 80 % aus den Kosten für Futter und Einstreu bestehen, liegen in der Regel zwischen 60–75 €/Pferd und Monat. In diesem Bereich gibt es kein großes Einsparpotenzial.
Die möglichst vollständige Auslastung der Boxen hat einen großen Einfluss auf die Wirtschaftlichkeit, da bei einer geringen Auslastung die Festkosten anteilig von weniger Pferden getragen werden müssen.
Dies wird am **Beispiel** in der Tabelle 150, Seite 525 deutlich.
Während bei 100%iger Auslastung 27 €/Pferd und Monat zur Entlohnung der Arbeit zur Verfügung stehen, werden bei 70%iger Auslastung die gesamten Kosten durch den Pensionspreis von 180 €/Pferd und Monat nicht gedeckt.

2.8 Pferdekrankheiten

2.8.1 Krankheiten

Tabelle 151: Wichtige Erkrankungen des Pferdes

Krankheit, Krankheitsbild und Ursache	Abhilfe
Pferde-Herpes-Virus-Infektion Typ 1 und 4 (Equines herpes virus EHV-1, EHV-4) **EHV-1:** *Spätabort* vorwiegend zwischen 7. und 10. Monat ohne vorherige Anzeichen., keine Zersetzungserscheinungen beim Foetus, ausgetragene Fohlen sterben nach wenigen Tagen, Fruchtbarkeit der Stute bleibt erhalten; Inkubationszeit: 2 Wochen bis 4 Monate; *Atemwegserkrankungen* vor allem bei Jungtieren in den Wintermonaten; milde verlaufend; *Zentralnervöse Erscheinungen:* Gleichgewichtsstörungen, Lähmungen; ungünstige Prognose **EHV-4:** Rhinopneumonitis Inkubationszeit 2–10 Tage, vorwiegend Jungtiere während des ganzen Jahres betroffen, Fieber bis 39,5 °C, Appetitlosigkeit, Mattigkeit, Rachenentzündung, Husten, wässriger bis wässrig-schleimiger Nasenausfluss; bei sehr jungen Tieren auch Bronchitis und Lungenentzündung; Dauer 1–5 Wochen. EHV-4 kann auch an Aborten und Lähmungen beteiligt sein; *Ursache:* Erregeraufnahme vorwiegend als Tröpfcheninfektion der Atemwege (Husten) sowie über Virus-behaftete Zwischenträger. Der Erreger kann unauffällig im Körper verbleiben (Latenz) und in Stresssituationen ausgeschieden werden	tierärztliche Maßnahmen; Isolieren von Stuten mit Abort, Reinigung und Desinfektion der Box, Arbeitspause für Tiere mit Atemwegserkrankungen und schonende Wiederaufnahme des Trainings; neueingestallte Tiere für 3 Wochen in Quarantäne; Schutzimpfung aller Pferde im Bestand mit regelmäßigen Wiederholungen, bei trächtigen Stuten evtl. zusätzlich im 3.–4. und 7.–8. Monat; räumliche Trennung der Zuchtstuten von den übrigen Pferden des Bestandes
Pferde-Influenza sehr ansteckend und schnelle Ausbreitung; kurzfristiges Fieber über 40°C zu Beginn der Erkrankung, wässriger Augen- und Nasenausfluss mit geröteten Schleimhäuten, trockener, kräftiger und schmerzhafter Husten; Dauer: 1–3 Wochen bei mildem Verlauf, Komplikationen: Herzschwäche, Leberschädigung, Lugenentzündung, Frühabort *Ursache:* Infektion mit Influenza-Viren A/equi-1, A/equi-2 und Subtypen; Tröpfchen-Infektion der Atemwege (Husten); Inkubationszeit: 1–3 Tage	tierärztliche Maßnahmen; Arbeitsruhe für alle Pferde unter optimalen Haltungsbedingungen und schonende Wiederaufnahme des Trainings; Ställe für 4 Wochen für Pferdeverkehr sperren, anschließend Reinigung und Desinfektion; konsequente Schutzimpfung aller Pferde eines Bestandes mit Auffrischungsimpfungen alle 6 Monate

Fortsetzung Tabelle 151

<table>
<tr><th>Krankheit, Krankheitsbild und Ursache</th><th>Abhilfe</th></tr>
<tr><td>

Druse
sehr ansteckend, am häufigsten sind junge Pferde betroffen;
Entzündung der Nasen- und Rachenschleimhaut mit Mattigkeit, anhaltendem, hohem Fieber, schleimig-eitrigem Nasenausfluss und Schwellung und Vereiterung der Kopflymphknoten;
nach Reifung und Aufbrechen der Abszesse sinkt das Fieber;
Komplikationen: Atem- und Schluckbeschwerden bei Befall der Schlundkopf- und Ohrspeicheldrüsen-Lymphknoten sowie Gefahr der Verschleppung von Eiterherden in weitere Körperlymphknoten oder innere Organe;
Deckdruse: eitrige Entzündung von Scham und Scheide;

Ursache: bakterielle Infektion mit *Streptococcus equi;*
vorwiegend Tröpfcheninfektion, aber auch über erregerbehaftete Gerätschaften und durch den Deckakt;
Inkubationszeit: 4–8 Tage

</td><td>

tierärztliche Behandlung;
Arbeitsruhe für erkankte Tiere, Isolierung erkrankter Tiere und laufende Reinigung und Desinfektion der benutzten Gerätschaften; Kleidungswechsel, Händedesinfektion; verseuchte Einstreu getrennt lagern und mit Folie abdecken;
Schutzimpfungen senken die Erkrankungsrate und mildern den Verlauf; Quarantäne für neueingestallte Tiere

</td></tr>
<tr><td>

Tetanus
das Tetanus-Toxin ist ein Nervengift;
Steifheit der Bewegungen; Krampfzustände bei Berührungen, Geräuschen und Licht; Kau- und Schluckbeschwerden bis hin zum Krampf der Kaumuskeln; Vorfall des 3. Augenlides, sägebockartige Stellung, bretttharte Muskulatur, Festliegen mit Atemnot, Temperaturanstieg kurz vor dem Tod

Ursache: Die Sporen von *Clostridium tetani* (Bakterien) befinden sich im Erdboden und auch im Darm der Pferde, Infektion über verschmutzte Stichwunden o.Ä., an die keine Luft gelangt
Inkubationszeit: 1–3 Wochen

</td><td>

tierärztliche Behandlung so schnell wie möglich;
Verbringen des Tieres in dunklen, ruhigen Raum, eventuell Hängegurt;
regelmäßige Schutzimpfungen;
bei Verletzungen Immunserum und/oder Auffrischungsimpfung mit aktivem Impfstoff

</td></tr>
<tr><td>

Spat
chronische, degenerative und schmerzhafte Prozesse an den kleinen straffen Gelenken des Sprunggelenks; Lahmheit besonders bei den ersten Schritten im Trab, schwungloser Trab auf hartem Boden, Trabrennpferde springen bei forciertem Tempo vermehrt in Galopp

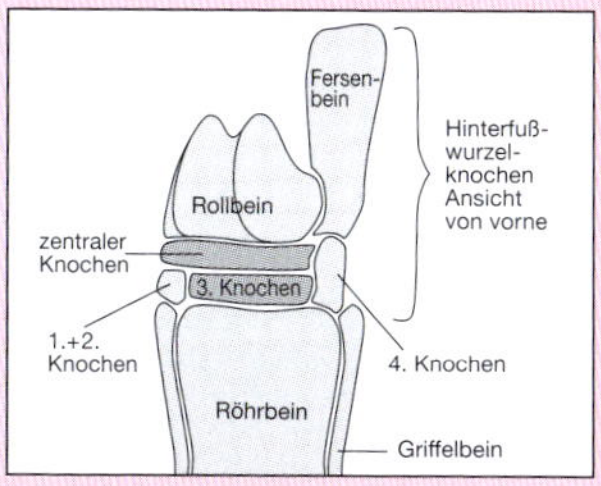

Ursache: Stellungsfehler der Hinterhand (kuhhessig, fassbeinig), zu kurz geschnittene Trachten (Traber); unausgeglichene Mineralstoffversorgung (Sollwert: Ca : P = 1,5 : 1 bis 2 : 1) oder übermäßige Energie- und Proteinversorgung während der Aufzucht; übermäßiges Training bei ungünstigen Bodenverhältnissen

Abb. 1359

</td><td>

der ursprüngliche Zustand ist nicht wiederherstellbar;
orthopädischer Beschlag, z.B. Hufeisen mit Zehenrichtung und erhöhten Schenkeln;
tierärztliche Behandlung, konservativ oder chirurgisch; gute Prognose für die funktionelle Wiederherstellung

</td></tr>
<tr><td>

Hufrollenentzündung (Podotrochlose)
chronische, degenerative und fortschreitende Erkrankung der Hufrolle (diese besteht aus dem Strahlbein mit seinen Aufhängebändern, der darunter gleitenden tiefen Beugesehne und dem dazwischen liegenden Schleimbeutel); meist beide Vorderbeine betroffen mit stumpfem, klammem Gang und Stützbeinlahmheit

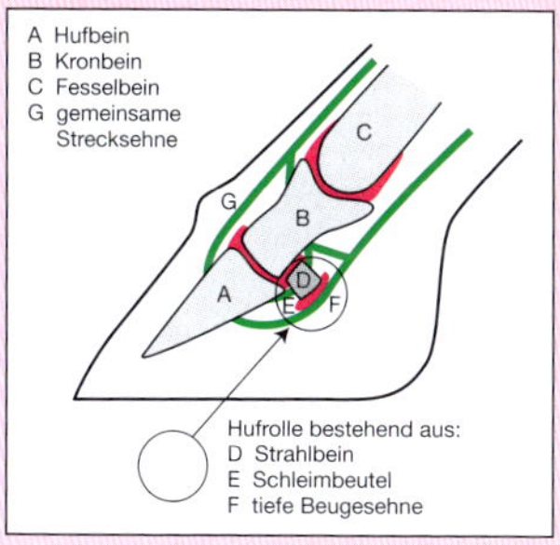

Ursache: Fehlstellungen der Vordergliedmaßen und Zehen, zu drastische Hufkorrekturen oder völlig vernachlässigte Hufe, übermäßige Beanspruchung junger oder untrainierter Pferde, Bewegungsmangel, Aufzuchtfehler (s.o.)

Abb. 1360

</td><td>

die eingetretenen Schäden sind in der Regel nicht rückgängig zu machen;
orthopädischer Beschlag: z.B. verdickte Schenkel, geschlossenes Eisen mit starker Zehenrichtung;
tierärztliche Maßnahmen;
ungünstige Prognose;
der Nervenschnitt, der zur Schmerzlosigkeit des Ballenbereichs führt, zählt zum Doping;
erkrankte Hengste aus der Zucht nehmen

</td></tr>
</table>

Fortsetzung Tabelle 151

Krankheit, Krankheitsbild und Ursache	Abhilfe
Hufrehe **akuter Reheanfall:** meist beide Vorderbeine betroffen, sie werden gestreckt und weit nach vorn gestellt, Bewegung wird vermieden; Fieber, erhöhte Puls- und Atemfrequenz, Schweißausbruch, Muskelzittern; *Ursache:* **Fütterungsrehe** durch übermäßige Aufnahme von Kraftfutter, jungem Gras, Klee; **Geburtsrehe** bei Nachgeburtsverhaltung, Gebärmutter-Infektion; **Belastungsrehe** durch Überlastung der Pferde auf hartem Boden; Rehe nach Vergiftungen, Infektionen, hochgradiger Druckschmerz im Huf durch Austritt von Blutserum aus den Gefäßen; wird nicht sofort behandelt, kommt es zur Hufbeinsenkung (Gefahr eines Sohlendurchbruchs) mit Ausbildung eines Knollhufs (chronischer Rehehuf) und schleuderndem Gang, Ballenfußung	Abstellen der Ursache und sofortige tierärztliche Behandlung; Pferde in weiche Box stellen; Kühlen der Gliedmaßen; orthopädischer Beschlag, während des akuten Anfalls keine Bewegung der Pferde, später schonende Bewegung auf weichem Boden; vorsichtige Prognose

2.8.2 Parasitenerkrankungen

Tabelle 152: Wichtige Endoparasiten des Pferdes

Wurm, klinisches Bild	Aufnahme und Sitz des Wurms	Präpatenz-Zeit	Abhilfe
Zwergfadenwurm *(Strongyloides westeri)* 8–9 mm Durchfall der Saugfohlen ab 9. Tag	mit der *Milch,* mit verunreinigtem Futter, über die Haut; Wanderung über Lymphe, Blut → Herz → Lunge → Luftröhre → Rachen → Magen → Dünndarm; auch Streuung der Larven im Körper, z. B. im Euter	9–14 Tage	Entwurmung der Mutterstuten unmittelbar vor dem Abfohlen; mehrmaliges Entwurmen der Fohlen im Abstand von 8 Tagen; tägliche Kotentfernung, wöchentliche Reinigung und Desinfektion des Stalles
Palisadenwürmer *Strongylus vulgaris* 10–25 mm lang Entzündungen der Blutgefäßwände mit Thrombosen, Aussackungen der Gefäßwände (Aneurysmen) und Embolien (Verstopfung von Gefäßen)	Larven werden von den Wänden abgeleckt oder beim Grasen aufgenommen, über Dickdarmwand → Blutgefäße → Dickdarm	6,5 Monate	regelmäßige Kotuntersuchungen und Entwurmungen; Wiederholungsbehandlungen kurz vor Ablauf der Präpatenzzeit, da nicht alle unreifen Stadien erfasst werden, 2 × wöchentlich Absammeln des Kots von der Weide kein Überbesatz an Tieren auf der Weide; Weidewechsel Anfang Juli auf vorher nicht von Pferden beweidete Flächen, keine Silagegewinnung von belasteten Weiden, Weidewechsel mit Rindern oder Schafen, Trockenlegen feuchter Weiden
Strongylus equinus 25–48 mm lang Kolik, Fieber, Appetitmangel, Wachstumsstörungen, Durchfall	Wanderung in Blinddarmwand → Bauchhöhe → Leber → Bauchspeicheldrüse → Dickdarm	8,5–9,5 Monate	
Kleine Strongyliden Durchfall, Leistungsminderung, Abmagerung, Blutarmut, struppiges Fell, Ödeme an Gliedmaßen und Unterbauch (Wassereinlagerung in die Haut)	Wanderung in der Dickdarmwand und wieder Austritt in den Dickdarm	5,5–14 Wochen	

Fortsetzung Tabelle 152

Wurm, klinisches Bild	Aufnahme und Sitz des Wurms	Präpatenz-Zeit	Abhilfe
Spulwurm *(Parascaris equorum)* 15–45 cm lang, strohhalmdick, vorwiegend bei Fohlen und Jährlingen Durchfall, Koliken, Entwicklungsstörungen, Lecksucht, Verstopfung des Darms mit Wurmknäueln, Anämie	sowohl Weide- als auch Stallinfektion; Dünndarm → Blut → Leber → Herz → Lunge → Luftröhre → Rachen → Magen → Dünndarm	10–16 Wochen	Fohlen in verseuchten Beständen ab der 8. Woche alle 8 Wochen behandeln bis 12. Lebensmonat, regelmäßiges Kotentfernen, Reinigung und Desinfektion des Stalles (z.B. Kresole), Dungstapelung
Pfriemenschwänze *(Oxyuren)* weibliche 4–18 cm, Männchen 0,9–1,9 cm lang, Juckreiz am After, Scheuerstellen am Schweif	**Dickdarm** Weibchen kriechen nachts aus dem After zur Eiablage	4–5 Monate	regelmäßige Kontrolle der Analgegend, feuchtes Abwischen der Eipakete und Entwurmung; regelmäßiger Wechsel der Einstreu; Fütterung aus Raufen
Lungenwurm *(Dictiocaulus arnfieldi)* bei gemeinsamem Weidegang mit Eseln; Husten, erschwerte Atmung, Abmagerung	Dünndarm → Lymphe, Blut → Herz → Lunge → Bronchien	Fohlen: 5,4–14 Wochen, Esel: 13 Wochen, bei erwachsenen Pferden wird der Wurm nicht geschlechtsreif	Behandlung bei festgestellten Befall Esel am Ende und vor Beginn der Weidesaison entwurmen

Tabelle 153: Wichtige Ektoparasiten beim Pferd

Parasit, Krankheitsbild	Abhilfe
Magendassel-Befall *(Gasterophilose)* die 8–18 mm großen Gasterophilus-Fliegen heften ihre Eier an den Kopf des Pferdes, an Vorderbeine, Schultern und Flanken oder an Futterpflanzen. Die aus den Eiern schlüpfenden 1. Larven bohren sich durch die Haut und wandern zur Maulhöhle. Dabei entsteht am Kopf das Sommerstreifenekzem *(Gasterophilus inermis)* mit hellen, haarlosen krustigen Streifen. In der Maulhöhle Entwicklung zur 2. Larve; dann Wanderung zum spezifischem Sitz in Magen, Dünndarm oder Mastdarm, wo sie sich als 3. Larve in die Schleimhaut einbohren. Nach 8–10 Monaten werden die 2 cm langen Larven mit dem Kot ausgeschieden und verpuppen sich. Flugzeit je nach Fliegenart von Juni bis August. Die Eier sind länglich gelblich, weißlich oder schwarz. Bei starkem Befall Entzündung der Maulschleimhaut mit Kau- und Schluckbeschwerden, Verdauungsstörungen, Kolikanfälle, Abmagerung, Blutarmut.	einmalige Behandlung der Pferde ab November bis März, vorzugsweise mit einem Kombinationspräparat, das auch Wurmbehandlung mit einschließt. Entfernen der abgelegten Eier im Sommer
Chorioptes-Räude *(Fußräude)* Milbe von 0,3–0,6 mm Länge, lebt in der Haut der Fesselbeuge, Bläschen und Schorfe oder nässende Form oder Bildung von dicken warzenähnlichen Krusten, starker Juckreiz besonders nachts und in feuchtwarmen Ställen, Pferde stampfen und sind unruhig **Psoroptes-Räude** (an Mähne und Schweifansatz) und **Sarcoptes-Räude** (an Kopf, Hals und schließlich am ganzen Körper) sind sehr selten	2 × Behandlung im Abstand von 8 Tagen, auch Scheuerstangen, Sattel- und Putzzeug mit behandeln

Abb. 1361 Hähne, die mindestens zu einem Anteil von 10 % in der Herde vertreten sein sollten, geben besseren Alarm vor Greifvögeln. Diese sind eine Hauptverlustursache in der Freilandhaltung.

Abb. 1362 In der Freilandhaltung werden die natürlichen Verhaltensweisen wie Scharren, Sandbaden und Flügelschlagen gefördert.

Abb. 1363 Die Mastrasse Bress sind französische Schwarzfußhühner zur Erzeugung langsam wachsender Broiler.

Abb. 1364 Hühner in Bodenhaltung mit Scharrraum innen.

3 Geflügelhaltung

3.1 Bedeutung

In der **Geflügelhaltung** differenziert man hauptsächlich zwischen Legehennen, Masthühnern, Puten, Enten und Gänsen. Während *Legehennen* und *Masthühner* die größte Bedeutung haben, hat sich die *Putenmast* in jüngster Vergangenheit zu einem bedeutsamen Betriebszweig entwickelt.

3.2 Rassen

In der spezialisierten **Legehennenhaltung** werden Hybridzüchtungen eingesetzt. Die Legehybriden haben ihren Ursprung in weißen *Leghorn-Hühnern* und *New Hampshire.* Letztere Rasse erfüllt den Verbraucherwunsch nach braunen Eiern.
Auch in der **Junggeflügelmast** werden überwiegend speziell für diesen Zweck gezüchtete Masthybriden eingesetzt.

3.3 Haltung

Junghennenaufzucht – Ziel der Aufzucht ist es, dem Legehennenhalter eine **legereife Junghenne** anzubieten. Wichtig für den Legehennenhalter ist, dass er Junghennen erhält, deren **Körperkondition** der geschlechtlichen Entwicklung entspricht und die während der Aufzucht durch Impfungen rechtzeitig und ausreichend gegen alle wichtigen Geflügelkrankheiten immunisiert wurden.
In der Junghennenaufzucht sind Lichtprogramme, Beleuchtungsstärke, Besatzdichte und Fütterungsregime entscheidende Kriterien.
Zu den praxisüblichen **Produktionsverfahren** in der Junghennenaufzucht gehören:

- ▶ Käfigaufzucht,
- ▶ intensive Bodenhaltung,
- ▶ Bodenhaltung mit Kotgrube,
- ▶ Bodenhaltung mit Kotgrube und Reuter,
- ▶ Volierenaufzucht (Voliere = großer (Flug-)Käfig).

Für alternative Haltungsformen kommen nur die drei letztgenannten Aufzucht-Systeme in Frage.
Eine wichtige **Managementmaßnahme** ist der Einsatz von *Lichtprogrammen.* Dabei spielt die Beleuchtungsdauer eine entscheidende Rolle für das Einsetzen der Legereife und für die Aufrechterhaltung der Legetätigkeit.
Durch das *Beleuchtungsprogramm* hat der Halter die Möglichkeit, den Legebeginn gezielt zu steuern. Dies ist deshalb von Bedeutung, da das Alter der Hennen beim ersten Legen das durchschnittliche Eigewicht während der gesamten Legeperiode beeinflussen kann. Ein späteres Einsetzen der Legetätigkeit erhöht in der Regel das Eigewicht.

Die *Wasserversorgung* sollte mehrmals täglich kontrolliert werden. Hennen haben eine Vorliebe für offenes Wasser. Daher sollten nicht nur Nippeltränken, sondern mindestens teilweise Cup-Tränken eingesetzt werden. Eine unzureichende Wasseraufnahme vermindert die Futteraufnahme und beeinträchtigt die Entwicklung der Tiere erheblich.

Empfehlenswert sind Kuren mit organischen Säuren bzw. Obstessig, um die Bildung und Entwicklung der Keime zu dezimieren.

Legehennen – Mehr als 80 % der Legehennen wurden im Jahr 2000 in Käfigen gehalten. Diese *Haltungsform* ist in Deutschland ab dem 31. Dezember 2008 ausnahmslos verboten. Bis Ende 2008 dürfen noch Käfige mit einer vergrößerten Grundfläche von 550 cm^2 pro Henne betrieben werden.

Die geforderten *Legehennenställe* müssen eingestreut sein und über eine Grundfläche von mindestens $2 \times 1{,}5$ m verfügen. Den Hühnern werden Nester und Sitzstangen angeboten. Bei einer Erhöhung der Mindest-Grundfläche auf 800 cm^2 bzw. 900 cm^2 bei schweren Hennen zuzüglich einem Gruppennest von 900 cm^2/10 Tieren steht 11 bzw. 10 Hennen eine Fläche von 1 m^2 zur Verfügung. Bei einer Aufstallung auf mehreren Ebenen in Volieren dürfen je Quadratmeter Grundfläche höchstens 18 Tiere aufgestallt werden.

Bei der *Freilandhaltung* sind nach der EU-Verordnung mindestens 4 m^2 Auslauffläche pro Legehenne vorgeschrieben. Diese Haltungsform erlaubt den Hühnern mehr Bewegungsfreiheit und die Ausübung von Verhaltensweisen wie Flügelschlagen und Sandbaden.

Werden die Hühner vor dem Auslauf zunächst 60 Minuten in überdachten Schlechtwetter-Ausläufen gehalten, setzen sie dort Kot ab und der offene Auslauf wird weniger belastet.

Geflügelmast – Junggeflügelmast ist die kommerzielle Produktion von **Hähnchenfleisch,** bei der Hähne und Hennen gleichermaßen gemästet werden. Die Tiere erreichen in 30 – 33 Tagen 1,45 kg Lebendmasse oder in 42 Tagen über 2 kg Lebendmasse. Käfighaltung ist wegen der Fleischqualität und aus ethischer Sicht nicht erstrebenswert.

Während *Hähnchen* einmalig je Mastdurchgang eingestreut werden, erhalten *Puten* kontinuierlich neue Einstreu.

Die Wachstumsintensität der **Puten** ist geschlechtsspezifisch ausgeprägt. Das aus ökonomischer Sicht optimale Endgewicht haben Putenhennen gewöhnlich in der 16. Lebenswoche mit 10 kg und Putenhähne in der 21. – 22. Lebenswoche mit 20 kg erreicht.

Bis zur 6. Lebenswoche werden die Küken gemeinsam aufgezogen. Dann wechseln die Putenhähne in einen Offenstall, während die Putenhennen im Aufzuchtstall bleiben. Nach der Schlachtung der Putenhennen kann der Aufzuchtstall wieder belegt werden, während die Putenhähne noch im Offenstall weiter gemästet werden.

In einer Stalleinheit von 1500 m^2 Grundfläche für den Maststall, muss der Aufzuchtstall ca. 800 m^2 groß sein. In dieser Stalleinheit können in 2,8 – 2,9 Jahresdurchgängen im 18 – 19 Wochen-Rhythmus insgesamt ca. 25 000 männliche und weibliche Puten im Geschlechtsverhältnis 50 : 50 aufgezogen werden.

Abb. 1365 Kaltscharrraum für Legehennen in Kombination Boden- und Volierenhaltung. Zur Reduzierung der Umweltbelastung haben sich überdachte Schlechtwetter-Ausläufe bewährt.

Abb. 1366 Der Stallraum ist in einer Voliere in mehreren Etagen durch Fliegen, Scharren und Klettern zu nutzen.

Abb. 1367 Mobiler Stall für 500 Legehennen.

Abb. 1368 Hütten schützen vor Greifvögeln und bei extremer Witterung.

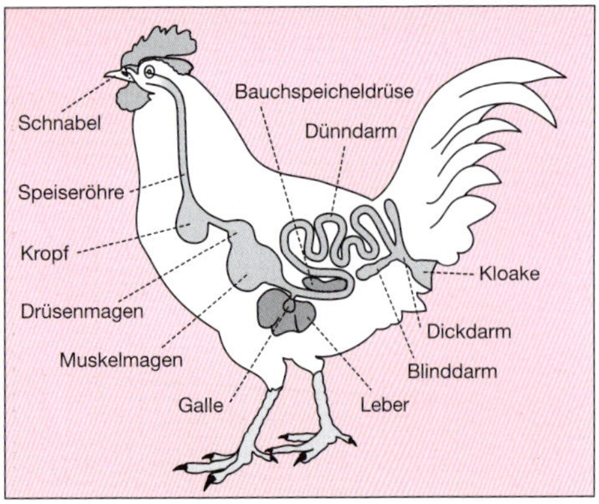

Abb. 1369 Die Verdauungsorgane beim Huhn.

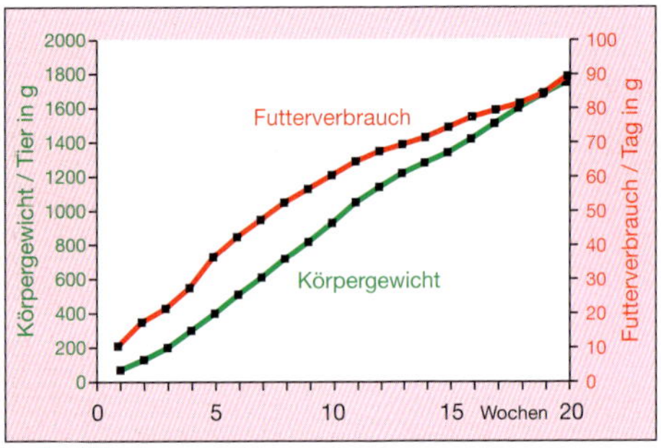

Abb. 1370 Futterverbrauch und Körpergewichtsentwicklung in Abhängigkeit vom Alter.

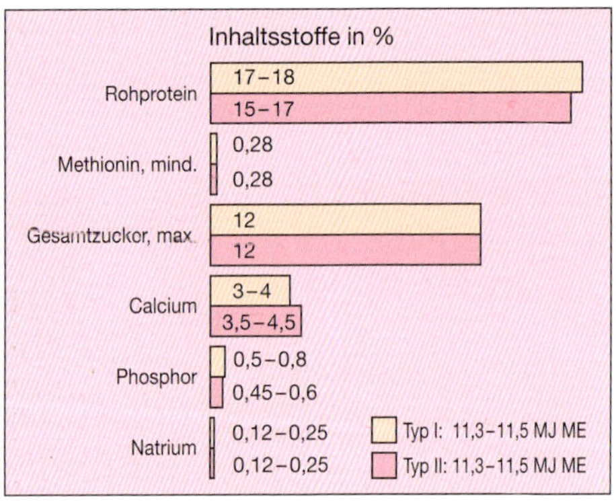

Abb. 1371 Inhaltstoffe im Alleinfutter für Legehennen.

Abb. 1372 Rohproteingehalt von Broilerfutter bei unterschiedlichen Energiegehalten.

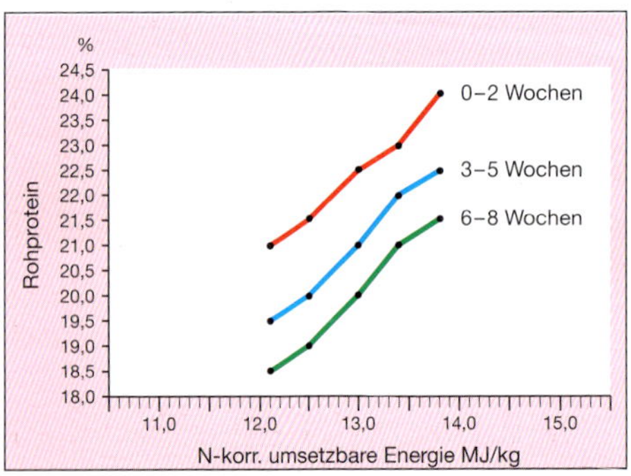

3.4 Fütterung

Junghennenaufzucht – Junghennen werden mit einem vierstufigen **Futterprogramm** aufgezogen:

bis zur 3. Lebenswoche	Kükenstarter
bis zur 11. Lebenswoche	Kükenfutter
bis zur 18. Lebenswoche	Junghennenfutter
bis zur 20. Lebenswoche	Vorlegefutter

Die Umstellung vom Kükenfutter zum Junghennenfutter erfolgt nur, wenn die Junghennen mindestens 1050 g wiegen.

Ab der 4. Lebenswoche werden in Abständen von 2 Wochen **Gewichtskontrollen** durchgeführt. Untergewichtige Tiere sind anfälliger gegen Krankheiten und verlieren eher das Federkleid. Zu stark gefütterte Junghennen sind oft sehr früh legereif und weisen eine hohe Legespitze auf. Da sie ab der 40. Lebenswoche keine Reserven mehr besitzen, fallen sie dann stark in der Leistung ab, werden krank und neigen zu Unarten.

Legehennen – In der Legehennenhaltung wird im Allgemeinen *Alleinfutter* verwendet.

Legehennen werden bei *intensiver Haltung* meist nur eine Legeperiode (12–15 Legemonate) gehalten. Die Futtermischung und -menge muss während der Legeperiode der Legeleistung angepasst werden. Die Reduzierung des Proteinbedarfes in der Futtermischung bezeichnet man als Phasenfütterung. Der Futtereinsatz wird dem Bedarf des Tieres angeglichen, um Nährstoffüberschüsse zu vermeiden.

Dieses setzt eine genaue Kenntnis von Gewichtsentwicklung, Legeleistung und Futteraufnahme voraus. Eine 100%-ige Legeleistung bedeutet eine Produktion von 1 Ei/Henne und Tag.

Während der ersten Legewochen nimmt der Futterverbrauch zu. Die Henne befindet sich in dieser Phase im Wachstum. Bei 80–90 % Legeleistung decken 120 g des Alleinfuttertyps I mit 11,3–11,5 MJ ME und 17,5 % Protein den Nährstoffbedarf einer 1,75 kg schweren Henne. Ab dem 10. Legemonat reichen bei sinkender Leistung 125 g des Alleinfutters II mit verringertem Proteingehalt zur ausreichenden Versorgung der Legehennen.

Geflügelmast – In der Junggeflügelmast wird in der Regel pelletiertes *Alleinfutter* eingesetzt. Zur Deckung des Energiebedarfes sollte Alleinfutter zwischen 12,1–13,8 MJ Energie enthalten. Der dem jeweiligen Energiegehalt angepasste Proteingehalt ist in Abb. 1372 dargestellt.

Im Hinblick auf eine ökologische Optimierung der Nährstoffbilanzen ist eine nährstoffangepasste Fütterung sowohl in der Legehennenhaltung als auch in der Geflügelmast erforderlich. Dazu zählen der Einsatz von mikrobiell hergestellter Phytase, von freien Aminosäuren sowie insbesondere in der Legehennenhaltung auch die Einführung der Phasenfütterung.

Vor allem ist auch auf die optimale Versorgung mit ökologisch produzierten Futtermitteln zu achten. Gentechnisch veränderte Organismen dürfen nicht verwendet werden. Futterkomponenten können u. a. Getreide, Körnerleguminosen und Ölsaaten sein.

3.5 Rentabilität in der Geflügelhaltung

Legehennen – Im Hinblick auf die Produktionskosten werden die deutschen Hennenhalter durch die Vorgaben der Hennenhaltungs-Verordnung im Vergleich zu den übrigen EU Ländern benachteiligt. Nach der EU-Richtlinie sind erst ab 2012 nur noch ausgestaltete Käfige mit Sandbad, Nest und Sitzstange erlaubt, während in Deutschland die Käfighaltung bereits ab 2009 ausnahmslos verboten ist.

Durch die ausgestalteten Käfige steigen die Produktionskosten um ca. 20 %. Der erforderliche Mehrerlös zur Deckung der Produktionskosten beträgt bei alternativen Haltungssystemen im Vergleich zur herkömmlichen Käfighaltung ca. 3 ct/Ei bei der Boden- und 4 – 5 ct/Ei bei der Freilandhaltung.

Bei einem Bestand von 40 000 Hühnern in herkömmlichen Käfigen und einer Vermarktung über den Erfassungshandel fallen variable Produktionskosten von 4,4 ct/Ei sowie Zusatz- und Festkosten von 0,5 ct/Ei an.

Bei einer Marktleistung von 5,7 ct/Ei bei Abgabe an den Großhandel ergibt sich nach Abzug des Zinsanspruches eine Entlohnung von ca. 8 €/Arbeitsstunde. Dabei ist ein Arbeitszeitbedarf von 0,17 h/Henne und Jahr unterstellt.

Geflügelmast – In der *Junggeflügelmast* ergibt sich für einen Stall mit 1500 m² im geschlossenen System bei 4,5 % Verlusten und 50 g täglicher Zunahme ein Deckungsbeitrag von 25 €/m² Stallfläche und Jahr. Aus dem Deckungsbeitrag in der Geflügelhaltung sind die variablen Kosten und die Stallbaukosten entlohnt. Der Geflügelpreis ist mit 0,75 €/kg LM kalkuliert.

Bei einer Stallgröße von 800 m² Aufzuchtstall und 1500 m² Offenstall kann in der *Putenmast* ein Deckungsbeitrag von 23 €/m² Stallfläche und Jahr erzielt werden. Dabei ist ein 18-Wochen-Rhythmus mit 88 g täglicher Zunahme und 4,1 % Verlusten bei den Hennen sowie 134 g täglicher Zunahme und 7,8 % Verlusten bei den Hähnen unterstellt.

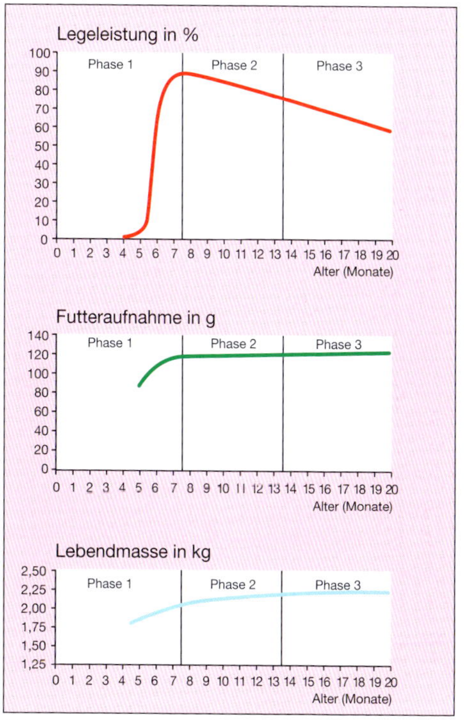

Abb. 1373 Veränderungen in der Eiproduktion, Lebendmasse und Futteraufnahme (leichte Legehybriden) während der Legeperiode.

Abb. 1374 Regionale Verteilung der Geflügelbestände bei der Eier- und Geflügelfleischproduktion in Deutschland.

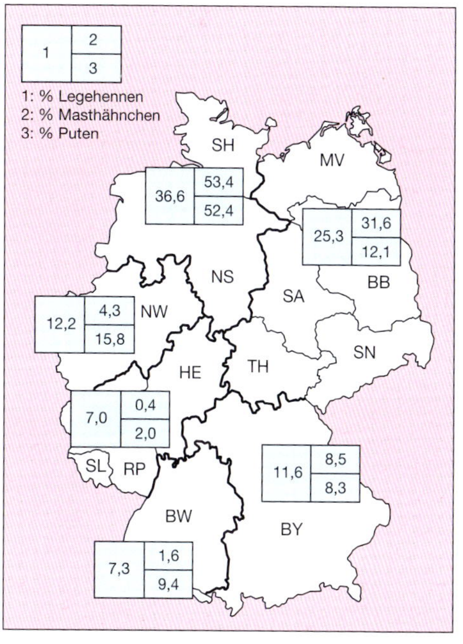

Abb. 1375 Eierverbrauch und Haltungsform (ZMP, 2006).

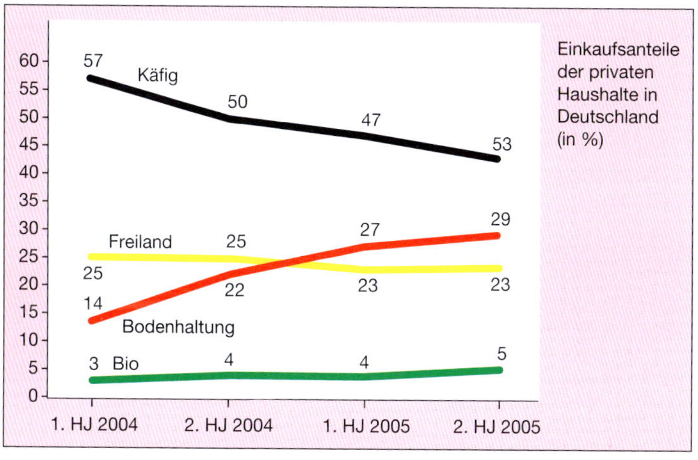

3.6 Geflügelkrankheiten

3.6.1 Erkrankungen bei Geflügel

Tabelle 154: Wichtige Erkrankungen des Geflügels

Krankheit, Krankheitsbild und Ursache	Abhilfe
Gumboro-Krankheit (Ansteckende Bursa-Erkrankung) es erkranken Jungtiere ab 3. Woche; weißlicher Durchfall, Appetitlosigkeit, Teilnahmslosigkeit, große Schwäche, vermehrte Infektionsanfälligkeit nach überstandener Krankheit, 20 % Todesfälle *Ursache:* Virus-Infektion über Kontakt mit kranken Tieren, verseuchten Stallungen und Gerätschaften; Erreger in Außenwelt äußerst widerstandsfähig Inkubationszeit: 2–5 Tage	**Meldepflicht** Schutzimpfung in 2. – 4. Lebenswoche.
Marek'sche Krankheit (Hühnerlähmung) Erkrankung vorwiegend zwischen 8. Woche und Legereife; *akute* Erkrankung mit Geschwulstbildung in inneren Organen (Tumorform); *chronische* Form mit Lähmungen vor allem der Beine; Pupillenverzerrung; 30 % Todesfälle, vermehrte Infektionsanfälligkeit nach überstandener Krankheit *Ursache:* Virus-Infektion; Viren sind in abgestoßenen Haut- und Federzellen im Staub monatelange haltbar; Inkubationszeit: 2–20 Wochen	**Meldepflicht** (akute Form) Schutzimpfung der Küken am 1. Lebenstag
Infektiöse Bronchitis (IB) es erkranken Küken und Junghühner mit Nasenausfluss, Bindehautentzündung, Husten, Niesen, Rasselgeräuschen und Atemnot mit Schnabelatmung; bei Legehennen oft keine Atemwegserkrankung, sondern Abfall der Legeleistung und Veränderungen der Eischale (rau, brüchig, verformt) *Ursache:* Virus-Infektion, Aufnahme von erregerhaltigem Staub oder als Tröpfchen-Infektion; Inkubationszeit: 18–36 Stunden	Schutzimpfung in der 2., 9. und 15. Lebenswoche und weiter während der Legeperiode alle 3 Monate über das Trinkwasser
Newcastle-Krankeit (Atypische Geflügelpest) plötzliche Todesfälle oder Mattigkeit, Appetitlosigkeit, Durchfall, dunkle Kammfärbung, dünnschalige Eier, Legerückgang; schwere Atemnot mit Schnabelatmung, Niesen, Röcheln, Schleimabsonderung, Gleichgewichtsstörungen, Lähmungen, Verdrehen des Halses; 10–100 % Todesfälle je nach Virustyp; *Ursache:* Virus-Infektion, leicht übertragbar durch Kontakt mit kranken Tieren und deren Ausscheidungen, über infizierte Gerätschaften, Wildvögel; Virus in gefrorenem Geflügelfleisch jahrelang haltbar; Inkubationszeit: 4–10 Tage	**Anzeigepflicht** Behandlungsverbot; Bestandstötungen können behördlich angeordnet werden; Schutzimpfung in der 3., 8. und 16. Lebenswoche für alle Hühnerbestände gesetzlich vorgeschrieben (auch Hobby-Geflügelhalter ab 1 Tier!); Weiterimpfung während der Legeperiode alle 3 Monate über das Trinkwasser
Klassische Geflügelpest, Geflügel-Influenza, Geflügelgrippe Plötzliche hochgradige Störung des Allgemeinbefindens, Rückgang der Legeleistung, gehäufte Todesfälle schon zu Beginn der Erkrankung; Atemwegsprobleme, blaue Kämme, Durchfall; Erreger: Influenza A-Viren (z.B. H_7N_7, H_7N_1), sehr ansteckend, Ausscheidung über Nasen- und Rachensekrete sowie Kot; Verbreitung durch damit verunreinigtes Futter, Wasser, Gerätschaften, gebrauchte Eierverpackungen, Personen, Wassergeflügel und Wildvögel; Inkubationszeit: 3–14 Tage; für den Menschen nur sehr geringes Ansteckungsrisiko im Gegensatz zu dem in Asien vorkommenden Typ H_5N_1	**Anzeigepflicht** Bestandstötungen, Sperrgebiete mit Transportverbot für lebendes Geflügel und Bruteier, Verbot von Brieftaubenflügen und Geflügelveranstaltungen, Transport- und Ausbringverbot von Geflügelgülle, Tiere aufstallen, strikte Hygienemaßnahmen

Fortsetzung Tabelle 154

Krankheit, Krankheitsbild und Ursache	Abhilfe
Ansteckender Hühnerschnupfen Niesen, Schnabelatmung, Nasenausfluss, beulenartige Auftreibung der Augenlidsäcke und Nasennebenhöhlen (»Eulenkopf«), Rückgang der Legeleistung *Ursache:* bakterielle Infektion mit *Hämophilus paragallinarum;* es erkranken hauptsächlich Hühner in extensiver Haltung mit Auslauf bei feucht-kalter Witterung und Zugluft Inkubationszeit: 1–3 Tage	tierärztliche Behandlung, optimales Stallklima schaffen; Schutzimpfung in 12. und 16. Woche
Geflügelpocken **Hautform:** runde, schwarzbraune, warzenähnliche Veränderungen der unbefiederten Haut vor allem im Kopfbereich **Schleimhautform:** hirsekorn- bis bohnengroße gelbliche festsitzende Beläge in Schnabelhöhle, Rachen, Kehlkopf, Speise- und Luftröhre **Gemischte Form:** sowohl Haut als auch Schleimhaut betroffen; hierbei ist Allgemeinbefinden am stärksten gestört; Rückgang der Legeleistung, Schluck- und Atembeschwerden, gehäufte Todesfälle *Ursache:* Pocken-Virus-Infektion durch Kontakt von Tier zu Tier, wobei Hautverletzungen den Eintritt begünstigen; als Tröpfchen-Infektion beim Niesen, über gemeinsames Futter und Trinkwasser, durch stechende Insekten; meist in nasser, kalter Jahreszeit. Inkubationszeit: 4–20 Tage	**Meldepflicht** tierärztliche Maßnahmen, eine ursächliche Behandlung ist nicht möglich; Notimpfung noch nicht erkrankter Tiere und Isolierung der Erkrankten, Schutzimpfung in 8.–10. Lebenswoche mit Flügelstich-Methode; nach 6–10 Tagen muss es zu einer Schwellung an der Impfstelle kommen; Reinigung und Desinfektion vor Belegung eines Stalles; Zukaufstiere 3 Wochen in Quarantäne
Hühnertyphus, Weiße Kükenruhr, Paratyphoid-Krankheit Küken sterben plötzlich oder zeigen Mattigkeit, Appetitlosigkeit, Hängenlassen der Flügel, weißlichen Durchfall, eventuell Atemnot; ältere Tiere zeigen Abmagerung, Durchfall und Legerückgang durch Eileiterentzündung Erreger: *Salmonella gallinarum-pullorum.* Infektion über Brutei, verseuchte Brutmaschinen, Ställe und Gerätschaften, verseuchtes Futter und Trinkwasser, Nagetiere, Wildvögel, gesund erscheinende Dauerausscheider. Inkubationszeit: 3–5 Tage	tierärztliche Behandlung; Bestandsuntersuchungen über Kot- und Blutproben, Ausmerzen von Dauerausscheidern, Impfverbot; Reinigung und Desinfektion der Ställe und Gerätschaften; Ausläufe 1 Jahr unbenutzt lassen, Bruthygiene
Salmonellenbefall der Hühner ohne erkennbare Erkrankung Erreger: *Salmonella typhimurium* und *S. enteritidis* infizierte Hühner zeigen kaum Krankheitserscheinungen, doch kann es beim Menschen durch den Genuss nicht ausreichend erhitzter Geflügelprodukte (Kerntemperatur 70 °C für 10 min) zu Infektionen kommen	Impfpflicht für alle Tierhalter, die mehr als 250 Junghennen zu Legehennen aufziehen; betriebseigene Kontrollen in Zuchtbetrieben und Brütereien vorgeschrieben (Hühner-Salmonellen-Verordnung); Eier müssen ab dem 18. Tag bei +5 bis +8 °C gekühlt werden und dürfen nur bis 21 Tage nach dem Legen verkauft werden (Hühnerei-Verordnung); es wird empfohlen, 4 × jährlich Kotproben und Eier der Legehennenbestände auf Salmonellen untersuchen zu lassen

Fortsetzung Tabelle 154

Krankheit, Krankheitsbild und Ursache	Abhilfe
Mykoplasmen-Infektion chronische Entzündung der oberen Luftwege und Luftsäcke, eventuell auch Gelenks- und Sehnenscheidenentzündungen; verminderte Legeleistung; zusammen mit Viren und Koli-Bakterien verursachen sie die **chronische Atemwegserkrankung** des Huhns (chronic respiratory disease, CRD); es erkranken vorwiegend Junghühner *Ursache:* Mykoplasmen-Infektion durch Kontakt mit erkrankten Tieren, erregerbehafteten Gerätschaften, Einstreu und Futter sowie über das Brutei; hohe Besatzdichte, schlechtes Stallklima, Fütterungs- und Hygienemängel begünstigen das Auftreten der Erkrankung (Faktorenkrankheit) Inkubationszeit: 4–21 Tage	rechtzeitige tierärztliche Behandlung; Verbesserung von Fütterung und Haltung; Reinigung und Desinfektion vor Neubelegung eines Stalles; Schutzimpfung in der 16. –18. Lebenswoche (Einzeltierimpfung); Sanierung der Zuchtbestände über serologische Untersuchungen und Ausmerzen der Reagenten
Kokzidiose, Rote Kükenruhr Mattigkeit, verringerte Nahrungsaufnahme, dünnflüssiger, blutiger Kot *Ursache:* Infektion der Blinddarmwände mit *Eimeria tenella;* durch die Vermehrung der Kokzidien in den Darmwänden kommt es zu Zellzerstörungen, Blutungen und Entzündungen; es gibt noch verschiedene andere Kokzidienarten, die unterschiedliche Darmabschnitte besiedeln; das infektiöse Stadium sind die mit dem Kot ausgeschiedenen und unter günstigen Außenweltbedingungen (feucht-warme Einstreu) gereiften Oozysten	tierärztliche Behandlung und Vorbeugemaßnahmen; Stallreinigung und -desinfektion vor Neubelegung; häufiges und gründliches Kotentfernen, Trockenhalten der Einstreu; Bekämpfung von Fliegen, Schaben und Vorratsschädlingen, die Oozysten verschleppen können; Schutzimpfung der Küken am 5.–9. Lebenstag

3.6.2 Parasitenerkrankungen bei Geflügel

Tabelle 155: Häufige Würmer beim Huhn

Wurm, klinisches Bild	Sitz	Zwischenwirt (Weiterentwicklung oder Vermehrung des Parasiten)	Präpatenz-Zeit	Abhilfe
Haarwürmer: *Capillaria obsignata* 7–15 mm lang *Capillaria caudinflata* 10–20 mm lang besonders bei Jungtieren fortschreitende Abmagerung, Blutarmut, dünnbreiiger bis schleimig-wässeriger Kot, verminderte Legeleistung, blasse Eidotter	 Dünndarm Dünndarm	 Regenwurm	3–4 Wochen	Behandlung je nach dem Ergebnis der Kotuntersuchung, eventuell Wiederholung kurz vor Ablauf der Präpatenzzeit (außer bei Bandwürmern) Wechsel der Einstreu nach Entwurmung oder Umsetzen in neuen Stall und Wechsel des Auslaufs; Entwurmung der Junghennen sollte vor Legebeginn abgeschlossen sein (Wartezeit); Reinigung und Desinfektion des Stalles vor Neubelegung; regelmäßiger Wechsel des Auslaufs; Trockenhalten des Auslaufs
Spulwürmer *(Ascaridia galli)* bis 12 cm lang und 1,8 mm dick Jungtiere bis 3 Monate am anfälligsten; Appetitlosigkeit, Leistungs- und Wachstumsstörungen, Blutarmut, Verstopfung des Darms mit Wurmknäueln	Dünndarm		5–6 Wochen bei Jungtieren, bis 8 Wochen bei älteren Tieren	

Fortsetzung Tabelle 155

Wurm, klinisches Bild	Sitz	Zwischenwirt (Weiterentwicklung oder Vermehrung des Parasiten)	Präpatenz-Zeit	Abhilfe
Pfriemenschwänze *(Heterakis gallinarum)* 7–16 mm lang verminderte Legeleistung	Blinddarm	Regenwurm als Transportwirt	24–34 Tage	Behandlung je nach dem Ergebnis der Kotuntersuchung, eventuell Wiederholung kurz vor Ablauf der Präpatenzzeit (außer bei Bandwürmern) Wechsel der Einstreu nach Entwurmung oder Umsetzen in neuen Stall und Wechsel des Auslaufs; Entwurmung der Junghennen sollte vor Legebeginn abgeschlossen sein (Wartezeit); Reinigung und Desinfektion des Stalles vor Neubelegung; regelmäßiger Wechsel des Auslaufs; Trockenhalten des Auslaufs.
Luftröhrenwürmer *(Syngamus trachea)* bis 36 mm lang, leben in Dauerbegattung (Y-Form) Atembeschwerden, Blutarmut	Darm → Leber → Lunge → Luftröhre	Regenwürmer, Land- und Süßwasserschnecken, Insekten als Transportwirte	12–21 Tage	
Bandwürmer (von 4 mm–20 cm) es gibt verschiedene Arten, die in unterschiedlichen Zwischenwirten leben; verminderte Mast- und Legeleistung	Dünndarm	je nach Wurmart: Schnecken, Kornkäfer, Mistkäfer, Kleinkrebse	2–4 Wochen	

Tabelle 156: Wichtige Ektoparasiten beim Huhn

Parasit, Krankheitsbild	Abhilfe
Rote Vogelmilbe 0,6–0,7 mm lang und 0,3–0,4 mm dick; Milben sind weißgrau bis dunkelrot; sitzen tagsüber versteckt im Stall und saugen nachts Blut, Unruhe, Leistungsminderung, Blutarmut	mehrmalige Behandlung des Stalles im Abstand von 7–14 Tagen (bei Wärme schnellere Entwicklung); Sitzstangen und deren Auflagestellen sind bevorzugte Aufenthaltsorte
Kalkbeinmilbe (Fußräude) 220–295 µm lang; besonders bei alten Hühnern dicke grau-weiße Borken an den unbefiederten Läufen; Juckreiz, Unruhe, Leistungsrückgang, Bewegungsstörungen	2 × Behandlung der Tiere und des Stalles im Abstand von 14 Tagen
Federlinge 1–5 mm lang; leben ständig im Gefieder; Unruhe, Leistungsminderung	2 × Behandlung der Tiere und des Stalles im Abstand von 8–10 Tagen
Hühnerflöhe 3–3,5 mm lang, seitlich abgeplattet; Abmagerung, Rückgang der Legeleistung, Blutarmut	2 × Behandlung der Tiere und des Stalles im Abstand von 10 Tagen

Aufgaben:

1. Welche Mindest-Anforderungen müssen in der Legehennenhaltung erfüllt werden?
2. Durch welche produktionstechnische Besonderheiten zeichnet sich die Putenmast aus?
3. Beschreiben Sie die Grundsätze der Geflügelhaltung.

Energieproduktion

14

Bedingt durch die geänderten wirtschaftlichen Rahmenbedingungen, haben sich die Aufgabenbereiche der Agrarwirtschaft in den letzten Jahrzehnten stark verändert. Die Produktion von hochwertigen Lebensmitteln ist zwar immer noch die umfangreichste Aufgabe, daneben sind aber Aufgaben im Bereich Dienstleistung, Landschaftspflege und Erzeugung von Rohstoffen für die Industrie dazugekommen.

Der Aufgabenbereich, der in den letzten Jahren stark an Bedeutung gewonnen hat, ist die Energieproduktion. Auslöser für diese Entwicklung war ganz wesentlich die Gesetzgebung, die klare Regelungen für das Einspeisen und die Vergütung von elektrischer Energie geschaffen hat.

Das Erneuerbare-Energien-Gesetz vom März 2000, abgelöst durch das seit dem 1. August 2004 gültige Gesetz für den Vorrang Erneuerbarer Energien (EEG) schuf eine sichere Kalkulationsbasis für den Bau und das Betreiben von Anlagen zur Stromgewinnung im landwirtschaftlichen Betrieb. Es muss davon ausgegangen werden, dass dieser Bereich weiter zunimmt und in einigen Regionen auch zu einer ernsten Konkurrenz für die Nahrungsmittelproduktion wird.

Bundesministerium
der Justiz

Gesetz für den Vorrang Erneuerbarer Energien

Erneuerbare-Energien-Gesetz

EEG 2004

Geltung ab 01.08.2004

§ 1
Zweck des Gesetzes

(1) Zweck dieses Gesetzes ist es, insbesondere im Interesse des Klima-, Natur- und Umweltschutzes eine nachhaltige Entwicklung der Energieversorgung zu ermöglichen, die volkswirtschaftlichen Kosten der Energieversorgung auch durch die Einbeziehung langfristiger externer Effekte zu verringern, Natur und Umwelt zu schützen, einen Beitrag zur Vermeidung von Konflikten um fossile Energieressourcen zu leisten und die Weiterentwicklung von Technologien zur Erzeugung von Strom aus Erneuerbaren Energien zu fördern.

(2) Zweck dieses Gesetzes ist ferner, dazu beizutragen, den Anteil Erneuerbarer Energien an der Stromversorgung bis zum Jahr 2010 auf mindestens 12,5 Prozent und bis zum Jahr 2020 auf mindestens 20 Prozent zu erhöhen.

14 Energieproduktion

1 Biogas

Mit dem *Gesetz für den Vorrang Erneuerbarer Energien* (EEG) soll der Anteil der Energiegewinnung aus regenerativen Energiequellen mittelfristig auf 20 % erhöht werden. Ziel ist es, die Abhängigkeit von fossilen Energieträgern zu vermindern und die Umweltbelastung zu reduzieren.

Die **Produktion von Biogas** setzt *organische Masse* als Ausgangsmaterial voraus. Diese kann in Form von Grünpflanzen, Silagen, Getreide, Gülle oder Mist vorliegen. Damit ist die Produktion von Biogas unzweifelhaft ein Aufgabenbereich der Landwirtschaft; die Erzeugung von Biomasse steht am Beginn der Produktionskette.

Außer durch die Landwirtschaft wird Biogas auch in den Faulbehältern von *Kläranlagen* produziert und dort dementsprechend als *Faulgas* bezeichnet.

In der Kombination Tierhaltung und Biogas-Produktion entsteht für die Landwirtschaft eine zusätzliche **Einnahmequelle**. Die Anforderungen in fachlicher Hinsicht sind dabei relativ hoch, werden aber oft falsch eingeschätzt, so dass manche Investition nicht die erhoffte Rendite bringt.

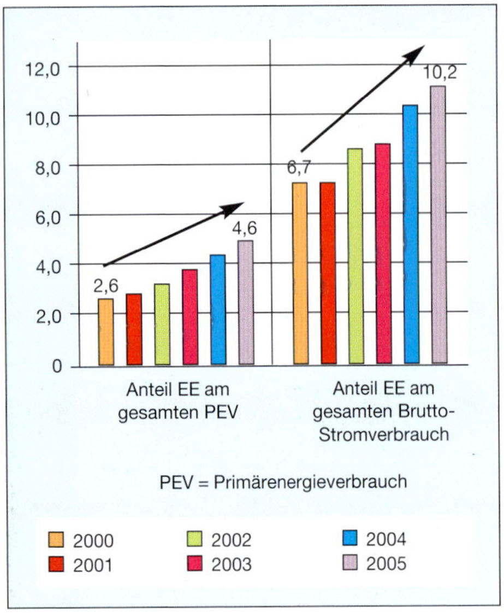

Abb. 1376 Entwicklung der erneuerbaren Energien (EE, Februar 2006).

Abb. 1377 Installierte elektrische Gesamtleistung (in MW_{el}) der Biogasanlagen in den Bundesländern (gesamt: 190 MW; Stand Februar 2004).

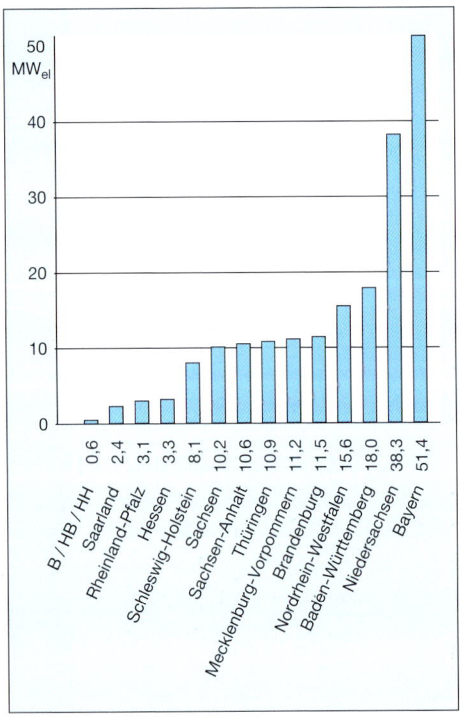

1.1 Grundlagen

Grundsätzlich ist die Produktion von Biogas für den Landwirt kein neuer Bereich. Seit jeher entsteht in den Mägen von Wiederkäuern Methan und wird und dann allerdings an die Umwelt abgegeben.

Bei den **Biogas-Anlagen** wird dieser natürliche Vorgang in einem technisierten Gärprozess für die energetische Verwendung optimiert und das entstehende Biogas zur **Wärme-** und **Stromgewinnung** genutzt.

Dieser Vorgang läuft CO_2-neutral ab und entlastet damit die Umwelt.

1.1.1 Biogas-Bildung

Biogas wird beim Abbau von organischer Masse unter Luftabschluss durch anaerobe Bakterien erzeugt. Dieser Vorgang, an dem verschiedene Bakterienstämme beteiligt sind und der etwa 30 Tage dauert, kann in vier **Schritte** unterteilt werden.

- **Hydrolyse:** Hierbei werden die großen organischen Moleküle in ihre Grundbausteine zerlegt. So werden Fette in Fettsäuren, Polysaccharide (z. B. Stärke) in Einfachzucker und Proteine in Peptide und Aminosäuren zerlegt.

- **Fermentation:** Bei diesem Vorgang, wissenschaftlich als Acidogenese bezeichnet, werden die einfachen Grundbausteine zu niedrigen Fett-/Karbonsäuren (z. B. Essigsäure, Milchsäure, Buttersäure, Propionsäure) und in niedrige Alkohole (z. B. Ethanol) umgewandelt.
- **Acedogenese:** Die vorher entstandenen Fett- und Karbonsäuren sowie die Alkohole werden nun, wieder durch Mikroorganismen, primär zu Essigsäure und deren Salz, dem Acetat, und zu Kohlendioxid abgebaut.
- **Methanogenese:** Im letzten Teil der Biogasbildung wird, zwingend unter Luftabschluss, die Essigsäure in Methan (CH_4), Kohlendioxid (CO_2) und Wasserstoff (H_2) umgewandelt.

Zurück bleiben die schwer abbaubaren organischen Stoffe wie etwa Lignin sowie anorganische Stoffe wie Sand und Mineralstoffe.
Für die optimale Gasproduktion ist eine gleichbleibende Temperatur erforderlich. Je nach Art der Produktion wird dabei zwischen dem mesophilen Bereich (35 – 42 °C) und dem thermophilen Bereich (ca. 55 °C) unterschieden. Die meisten Anlagen arbeiten im mesophilen Bereich bei etwa 39 °C.
Damit diese Temperatur im Gärbehälter konstant vorliegt, wird ein Teil der bei der Biogas-Verbrennung entstehenden Abwärme wieder zum Beheizen des Fermenters benötigt.

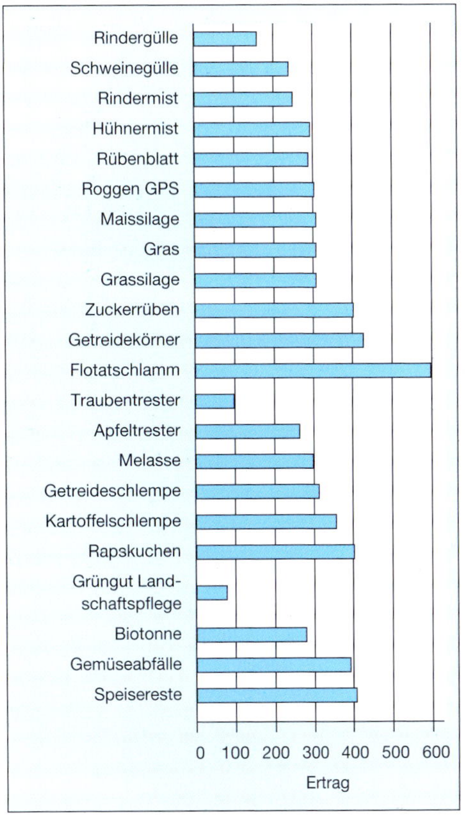

Abb. 1378 Methanertrag (in l/kg oTS) verschiedener Ausgangsstoffe.

1.1.2 Zusammensetzung von Biogas

Die **Zusammensetzung von Biogas** hängt stark vom Ausgangssubstrat und der Betriebsweise des Fermenters ab. *Methan* ist der wertvolle Bestandteil von Biogas. Je höher sein Anteil ist, desto energiereicher ist das Gas.
Wasserdampf und *Kohlendioxid* sind nicht nutzbar; der Wasserdampf wird vor der Verbrennung durch Kondensation entfernt. *Ammoniak* und *Schwefelwasserstoff* sind aggressive Bestandteile und müssen vor der Verbrennung entfernt bzw. durch gezielte Oxidation unschädlich gemacht werden, um die eingesetzten Gasmotoren vor Korrosion zu schützen. Biogas mit weniger als 50 % Methan führt zu Problemen bei der Verstromung mit reinen Gasmotoren.
Biogas hat eine **Dichte** von ca. 1,2 kg/m^3 und ist damit leichter als Luft. Eine *Explosionsgefahr* besteht nur bei einem Methananteil von 5 – 15 % in der Luft; bei einer höheren Konzentration kommt es zu einer Verbrennung. Die **Zündtemperatur** von Biogas beträgt

Abb. 1379 Trockenmasseertrag (dt TS/ha) verschiedener Biogaspflanzen.

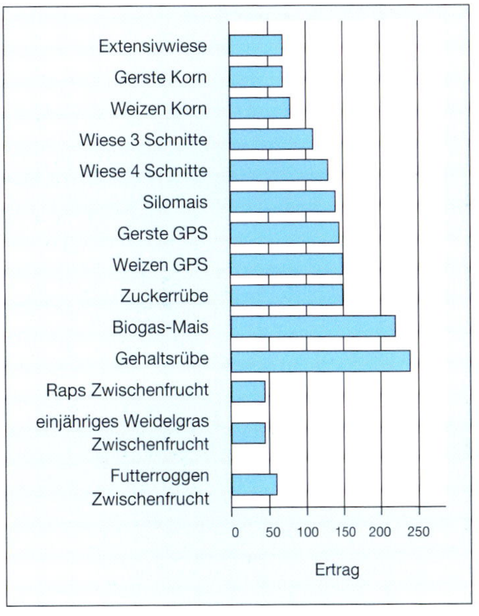

Tabelle 157: Durchschnittliche Zusammensetzung von Biogas (in %)

Methan	40 – 75
Kohlendioxid	25 – 55
Wasserdampf	0 – 10
Stickstoff	0 – 5
Sauerstoff	0 – 2
Wasserstoff	0 – 1
Ammoniak	0 – 1
Schwefelwasserstoff	0 – 1

Abb. 1380 Feststoffdosierer zum Einbringen von Mist, Silagen oder Grüngut in dem Fermenter.

Abb. 1381 Kennzeichen von Biogasanlagen ist fast immer die Folienhaube über dem Fermenter. Unter ihr wird das Biogas gesammelt.

700 °C. Sein Heizwert hängt vom Methan-Gehalt ab und liegt zwischen 4 und 7,5 kWh/m^3. Der durchschnittliche Heizwert von 1 m^3 Biogas entspricht damit etwa dem von 0,6 l Heizöl. *Ungereinigtes Biogas* riecht wegen des Schwefelwasserstoffs nach faulen Eiern, gereinigtes Biogas ist nahezu geruchlos.

1.1.3 Bedeutung der zu vergärenden Biomasse

Der **Gasertrag** und damit die Wirtschaftlichkeit hängt im hohen Maße von der eingesetzten Biomasse ab. Maßgeblich ist dabei der Gehalt an organischer Trockenmasse (oTS), wobei ein hoher Anteil an leicht verdaulicher organischer Substanz angestrebt werden muss. Verholzte Pflanzenmasse mit einem hohen Ligninanteil kann in der begrenzten Zeit im Fermenter kaum genutzt werden.
Da die Gasausbeute der bereits durch die tierische Verdauung energieärmeren **Gülle** natürlich geringer ist, als bei noch nicht genutzter Biomasse, ist die Zugabe von weiteren Substraten, wie etwa Maissilage, Grüngut oder Getreide zur Gülle sinnvoll.
Gülle ist zwar in der Regel sehr preiswert und liefert eine gute Grundsubstanz für die Vergärung, es ist aber auch möglich, eine Biogasanlage ohne Gülle, nur mit pflanzlichen Rohstoffen, zu betreiben.
Eingesetzte Gülle sollte einen möglichst hohen TS-Gehalt haben. Problematisch kann der Zusatz von Wasser und darin enthaltene Spül- und Desinfektionsmittel sein.
Da die **Vergütung** für den **eingespeisten Strom** teilweise auch von der verarbeiteten Biomasse abhängt, ist für die Wirtschaftlichkeit einer Anlage nicht nur der Gasertrag entscheidend. Zusätzlich muss der landwirtschaftliche Betrieb bei den Überlegungen zur Auswahl des eingesetzten Substrats auch pflanzenbauliche Aspekte berücksichtigen.
Hier stellt sich die Frage nach dem Biomasseertrag je Hektar und dem maximalen Anteil der ausgewählten Feldfrucht in der Fruchtfolge. Wie bei einer Futterplanung im Bereich der Rinderhaltung muss dabei der gesamte Ackerbau mit der Möglichkeit von Zwischenfrüchten berücksichtigt werden.
Abschätzung von landwirtschaftlicher Ressourcen für die Stromproduktion:

Für 1 kW elektrische Dauerleistung benötigt man bei der Verstromung von Biogas im Durchschnitt:
- ▶ 0,5 ha Silomaisfläche,
- ▶ 0,7 ha Getreide,
- ▶ 1 ha Wiese,

oder
- ▶ Gülle von 7 Kühe,
- ▶ Gülle von 53 Schweinen

Aufgrund des hohen Flächenertrages und der einfachen Mechanisierbarkeit hat sich in der Praxis der Anbau von speziell für die Biogas-Produktion gezüchteter Silomaissorten durchgesetzt. Das Ziel ist ein möglichst hoher Trockenmasseertrag je ha bei einem relativ geringen Trockenmassegehalt von ca. 28 % TM. Die Bedeutung des Stärkegehalts ist bei Biogas-Mais geringer als in der

Rinderfütterung. Der niedrigere Trockenmassegehalt soll nicht durch eine frühe Ernte, sondern durch den Anbau spät reifender Sorten angestrebt werden.
Bei der Neuzüchtung wird bei diesen Sorten auf eine verbesserte Jugendentwicklung geachtet. Je nach Marktpreisen werden zusätzlich Getreideschrot, Gemüse, oder Ölsaaten zugesetzt.

1.2 Arbeitsweise einer Biogas-Anlage

Eine landwirtschaftliche Biogas-Anlage wird heute in der Regel als **kontinuierliche Durchflussanlage** betrieben. Die Hauptbestandteile sind:

- Beschickung,
- Fermenter,
- Blockheizkraftwerk,
- Lager für Substrate.

Beschickung – Das kontinuierliche Durchflussverfahren macht auch eine kontinuierliche Beschickung notwendig. Durch gleichmäßige Zugabe in kleineren Mengen gibt es geringere Schwankungen beim Gärprozess und bei der Temperatur im Fermenter.
Die Gülle aus der Tierhaltung wird hierzu in einem Vorbehälter gesammelt. Von dort wird in regelmäßigen Zeitabständen eine bestimmte Menge in den Fermenter gepumpt. Die als Co-Substrat eingesetzte Biomasse wird über mechanische Dosiereinrichtungen in mehreren über den Tag verteilten Intervallen zugeführt. Diese Feststoffdosierer arbeiten mit Schnecken oder mit hydraulisch angetriebenen Stempeln.
Fermenter mit Rührwerk und Gasspeicher – Der **Fermenter** ist üblicherweise ein isolierter Rundbehälter mit Rührvorrichtung und Heizung. Die Heizung kann sowohl im Boden integriert, als auch an der Wand angebracht sein. Im Fermenter findet bei etwa 39 °C durch die Mikroorganismen die Vergärung der organischen Substanz zu Methan und Kohlendioxid statt.
Im Durchflussverfahren wird dabei durch das Einbringen neuer Substanz automatisch eine gleiche Menge an vergorener Substanz über einen Überlauf herausgedrückt und fließt in einen Lagerraum. Der Füllstand im Gärbehälter bleibt damit immer konstant.
Das **Rührwerk** sorgt für eine gute Durchmischung und erleichtert das Aufsteigen des Gases. Die *Heizung* wird mit der Abwärme aus dem Blockheizkraftwerk betrieben und sorgt für gleichmäßig optimale Temperaturbedingungen.
Gelegentlich wird noch ein zweiter Gärbehälter nachgeschaltet, um durch eine Nachgärphase die Gasausbeute zu erhöhen.
Der **Gasspeicher** befindet sich häufig direkt über dem Gärbehälter in Form einer gasdichten Folienhaube als Abdeckung. Eingesetzt werden aber auch Foliensäcke. Alle Rohrleitungen für das Biogas müssen aus korrosionsfestem Material hergestellt werden.
Blockheizkraftwerk – Mithilfe von Gasmotoren, die einen Generator antreiben, wird das entstehende Biogas verbrannt. Dabei entstehen Strom und Abwärme.
Bei den Motoren gibt es reine Gasmotoren und Zündstrahlmotoren, bei denen ein mit Heizöl oder bei einer Inbetriebnahme nach

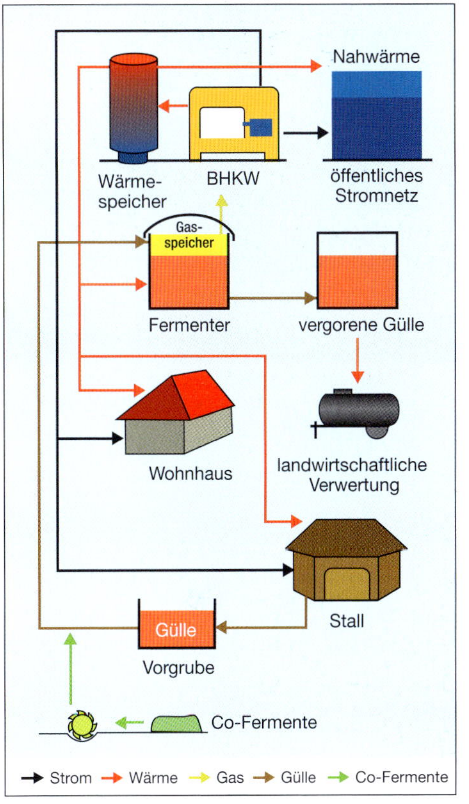

Abb. 1382 Schematischer Aufbau einer Biogasanlage.

Abb. 1383 Bei Biogas-Mais ist der Stärkegehalt von geringerer Bedeutung als in der Rinderfütterung.

dem 1. Januar 2007 mit Pflanzenöl oder PME betriebener Zündstrahl die Verbrennung im Motor erleichtern.
Für die Nutzung der Wärmeenergie ist ein Wärmetauscher und ein Wärmespeicher nötig. Etwa die Hälfte der thermischen Energie wird wieder zum Heizen des Fermenters benötigt. Der *Strom* wird gegen entsprechende Vergütung in das Netz der Stromversorger eingespeist.
Lagerraum für vergorenes Substrat – Das vergorene Substrat wird als *Wirtschaftsdünger* auf den landwirtschaftlichen Flächen ausgebracht. Dafür ist, abgestimmt auf den Durchsatz der Anlage, ein entsprechend großer Lagerbehälter nötig, um die Vorgaben der Gülle-Verordnung zu erfüllen.

1.3 Wirtschaftlichkeit

Die **Wirtschaftlichkeit** einer Biogas-Anlage hängt vorrangig von folgenden Faktoren ab:
- ▶ der Anlagentechnik,
- ▶ dem pflanzenbaulichen Können bei der Biomasseerzeugung,
- ▶ dem Spezialwissen des Betreibers.

Die Schwankungsbreite beim Methangehalt von 40 – 75 % zeigen den Einfluss, den die Fachkompetenz des Betreibers hat.
Bei der derzeitigen **Einspeisevergütung** (2006) beträgt der Erlös aus dem Stromverkauf bei guten Silomais mit 28 % TM etwa 55 €/t Frischmasse und bei Getreide etwa 19 €/dt.

1.3.1 Nutzung der Energie

Bei der Verbrennung des Biogases im Blockheizkraftwerk fallen elektrische und thermische Energie an.
Der **Nutzungsgrad** der im Biogas enthaltenen Energie liegt elektrisch bei ca. 28 – 38 % und thermisch bei ca. 42 – 58 %. Der entstehende **Strom** wird aus wirtschaftlichen Gründen in das Netz der Stromversorger eingespeist und entsprechend dem EEG vergütet.
Die Nutzung der nicht im Verarbeitungsprozess benötigten Wärme **(Abwärme)** gestaltet sich oft schwierig. Es wäre möglich, private oder öffentliche Gebäude oder Anlagen mit Wärmeenergie zu versorgen. Da Heizwärme nur saisonal benötigt wird und der Aufbau einer Fernwärmeleitung sehr kostenintensiv ist, beschränkt sich die Nutzung häufig auf die betriebseigenen Gebäude. Damit kann der Zuschlag für die thermische Nutzung oft nicht realisiert werden.

Abb. 1384 Im Gasmotor wird das Biogas in Antriebsenergie für einen Generator umgewandelt. Die Abwärme kann eventuell zur Warmwassererzeugung oder zu Heizzwecken genutzt werden.

1.3.2 Vergütung nach dem Gesetz für den Vorrang Erneuerbarer Energien (EEG)

Das neue, seit 1. August 2004 gültige EEG sieht für die Einspeisung von Strom aus Bioenergie festgelegte Vergütungssätze vor (Tabelle 158).
Der **NAWARO-Zuschlag** wird bei Anlagen bis 500 kW bei der ausschließlichen Verwendung von nachwachsenden Rohstoffen,

Tabelle 158: Vergütungssätze nach dem EEG

Anlagengröße	Einspeisevergütung	NAWARO-Zuschlag[1]
bis 150 kW	11,5 ct/kWh	6 ct/kWh
bis 500 kW	9,9 ct/kWh	4 ct/kWh
bis 5 MW	8,9 ct/kWh	2,5 ct/kWh
5 – 20 MW	8,4 ct/kWh	–

[1]) Nachwachsende Rohstoffe.

Gülle und Schlempe aus bäuerlichen Brennereien und bei den Anlagen bis 5 MW bei der Verwendung von Holz bezahlt.
Weitere, zusätzliche zu zahlende Zuschläge gibt es für die Kraft-Wärme-Kopplung (2 ct/kWh) und für die Verwendung von innovativer Technologie (2 ct/kWh).
Die Einspeisevergütung wird auf jeweils 20 Jahre garantiert.
Die vorgesehene Degression auf die Einspeisevergütung beträgt 1,5 % seit 1. Januar 2005.

Aufgaben:

1. Welche Folgen ergeben sich aus einer starken Zunahme der Biogasanlagen für die landwirtschaftliche Rinderhaltung?
2. Ein Problem der landwirtschaftlichen Biogas-Anlagen ist oft die ungenutzte Wärme. Welche Lösungsmöglichkeiten wären denkbar?

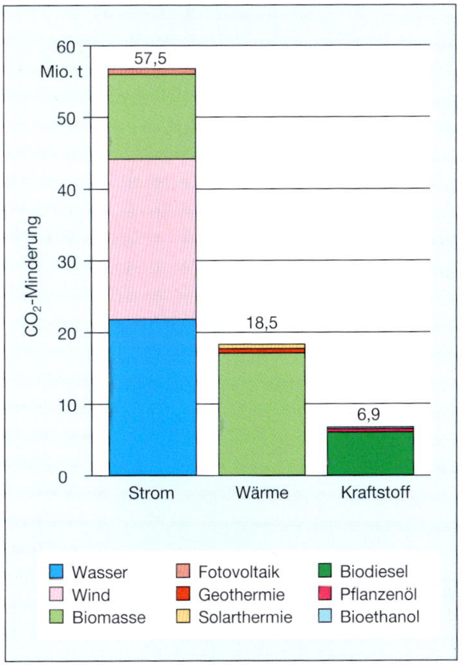

Abb. 1385 Vermiedene Emissionen durch die Nutzung erneuerbarer Energien (Stand Februar 2006).

Abb. 1386 Holz ist ein sicherer, heimischer Energielieferant.

Abb. 1387 Hackschnitzel sollten eine möglichst gleichmäßige Kantenlänge und wenig Feinanteil haben.

Abb. 1388 Dunkle, teilweise schimmlige Stellen im Hackschnitzelhaufen zeigen eine zu feuchte Einlagerung an.

2 Biomasseheizung

Biomasse als Energieträger nimmt im Bereich der regenerativen Energieerzeugung eine bedeutende Rolle ein. Im Gegensatz zur Biogas-Erzeugung geht es bei der Biomasseheizung überwiegend um die Gewinnung von thermischer Energie.

2.1 Grundlagen

Für die **Biomasseheizung** werden vorwiegend pflanzliche Produkte verwertet. Die organische Masse besteht zu einem großen Teil aus Kohlenstoffverbindungen, die bei der Fotosynthese aus dem Kohlendioxid der Luft und Wasser gebildet werden. Bei der Verbrennung wird die gleiche Menge an Kohlendioxid wieder frei. Das Kohlendioxid bewegt sich also in einem Kreislauf.
Deshalb gilt die Verbrennung von Biomasse als CO_2-neutral; es wird kein zusätzliches klimaschädliches Kohlendioxid erzeugt. Die CO_2-Emissionen für die Produktion und Bereitstellung des Brennstoffes ist ebenfalls deutlich geringer als etwa bei Erdgas.
Holz, das schon seit Jahrtausenden zum Heizen genutzt wurde, ist auch bei der Biomasseheizung der häufigste Brennstoff. Daneben wird aber, bedingt durch den niedrigen Preis, auch das Verfeuern von *Getreide* diskutiert und erprobt. Neben technischen Problemen sind hier sicher auch ethische Fragen zu diskutieren.

2.2 Brennstoff Holz

Bedingt durch einfache Beschickung und Dosierung haben die fossilen Brennstoffe Erdöl und Erdgas im vergangenen Jahrhundert den alten Brennstoff **Holz** aus vielen Bereichen verdrängt.
Neue technische Entwicklungen bei den Heizkesseln und besonders die mögliche Automatisierung bei der Beschickung der Heizanlage durch Hackschnitzel oder Pellets haben hier eine Gegenbewegung in Gang gebracht.
Holz wird heute vorwiegend in den folgenden **Brennstoff-Formen** eingesetzt:

- Scheitholz
- Holzhackschnitzel
- Holzpellets

Grundsätzlich darf nur trockenes und unbelastetes Holz verheizt werden. Da Holz, insbesondere das Scheitholz, nicht beliebig dosierbar ist und die Heizkessel nur in einem bestimmten Leistungsbereich eine optimale Wärmeausbeute zulassen, ist bei einer Holzheizung ein ausreichender Wärmepuffer nötig, um auch bei Intervallbetrieb eine kontinuierliche Wärmeabgabe zu ermöglichen.

2.2.1 Scheitholz

Scheitholz wird aus Stamm- oder Astholz hergestellt und hat, entsprechend den Kesselanforderungen, eine Länge zwischen 0,3 – 1 m. Stärkere Holzteile werden auf eine Kantenlänge von 0,1 – 0,15 m gespalten, um das Trocknen und die Handhabung zu erleichtern. Für die Gewinnung und Aufbereitung gibt es eine breite Palette von technisch ausgereiften Maschinen.
Je nach Baumart ist eine **Lagerzeit** von bis zu 3 Jahren einzuplanen, um die Restfeuchte auf den geforderten Wert von weniger als 20 % zu bringen. Dafür wird ein entsprechend großer, möglichst von oben gegen Regen geschützter Lagerplatz benötigt.
Die **Maßeinheit** für das Brennholz ist der Raummeter (rm) oder auch Ster. Dabei wird das Volumen von 1 m langen aufgeschichteten Scheitholz gemessen. Ein Raummeter entspricht dabei etwa 0,7 Festmeter (fm).
Als Richtwert für den Brennstoffverbrauch kann 1 Raummeter Scheitholz je benötigte 1 kW Heizlast und Jahr angesetzt werden.

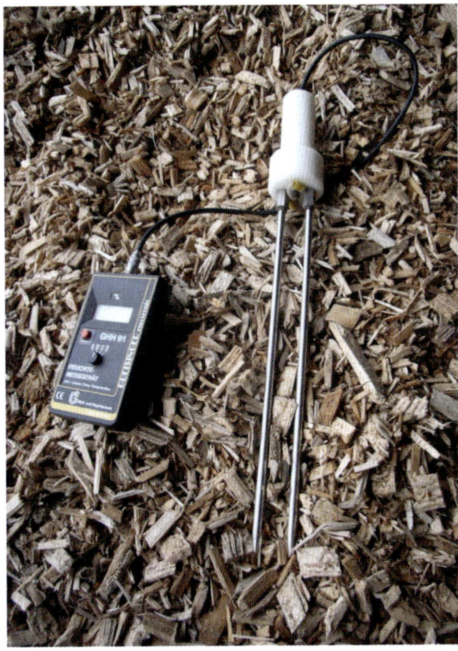

Abb. 1389 Messgerät zur Messung der relativen Feuchte der Hackschnitzel.

2.2.2 Holzhackschnitzel

Holzhackschnitzel ist trockenes oder waldfrisches, naturbelassenes Holz – auch Baumkronen, Schwachholz oder Holzabfälle –, das mit speziellen Maschinen gehackt wird. Die optimale Kantenlänge der Hackschnitzel liegt bei 30 – 50 mm, um eine störungsfreie mechanische Beschickung zu ermöglichen. Die erforderliche Technik wird über Lohnunternehmen, Maschinenringe oder Waldbauvereinigungen organisiert.
Waldfrische Hackschnitzel haben eine Feuchte von etwa 40 %. Ein Verbrennen in diesem Zustand verringert die Heizleistung, da auch das enthaltene Wasser verdampft werden muss. Daher ist eine relativ große Lagerfläche zur Bevorratung und Trocknung nötig.
Neben der aktiven oder passiven Belüftung wird die biologische Selbsterwärmung der Hackschnitzel auf der Miete zur Trocknung eingesetzt. Wegen der Gefahr einer *Selbstentzündung* muss dabei auf eine gute Durchlüftung geachtet werden.
Als Richtwert für den Brennstoffverbrauch können etwa 2,6 Schüttraummeter (Srm) Hackschnitzel je benötigte 1 kW Heizlast und Jahr angesetzt werden.
Hackschnitzel ermöglichen eine vollautomatische Beschickung und Steuerung der Heizung. Dabei werden die Hackschnitzel aus einem Vorratsraum mit Austragsschnecken, Schubböden oder Blattfederrührwerke zu einer Transportschnecke gefördert.

2.2.3 Holzpellets

Während sich die Brennstoffe Scheitholz und Hackschnitzel aufgrund des größeren Lagerraums und der nötigen Technik mehr für den ländlichen Raum und Fernwärmeanlagen eignen, ist das Heizen mit **Holzpellets** auch eine interessante Alternative für Einfamilienhäuser.
Pellets werden ohne Zugabe von Bindemitteln durch einen Pressvorgang aus Sägespänen oder zerspanten Holzabfällen herge-

Abb. 1390 Holzpellets aus gepressten Sägespänen.

Abb. 1391 Hackschnitzelzuführung über eine Schnecke und ein Zellenrand zur Rückbrennsicherung bei der Hackschnitzelzuführung. Im Notfall kann die Zuleitung auch geflutet werden.

Abb. 1392 Blick in den Heizraum einer Hackschnitzelheizung. Im Vordergrund die Schnecke zum Ascheaustrag und der Aschebehälter.

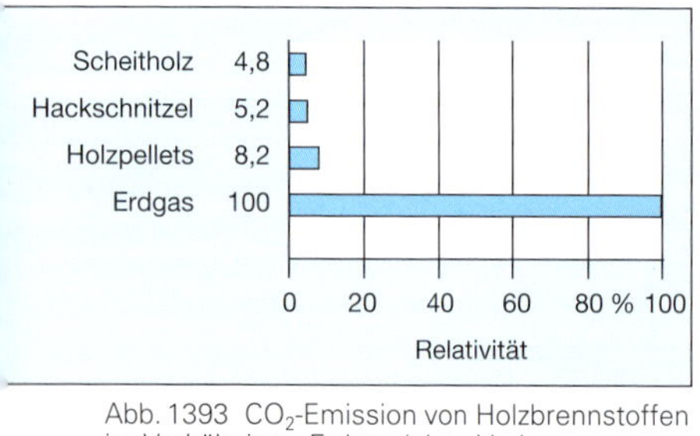

Abb. 1393 CO_2-Emission von Holzbrennstoffen im Verhältnis zu Erdgas (ohne Verbrennungs-CO_2 bei den Holzbrennstoffen).

stellt und sind damit ein naturbelassener Brennstoff. Als Rohstoff dient Restholz aus Sägewerken, der Holz verarbeitenden Industrie oder Schwachholz aus der Durchforstung.
Auf dem Markt sind überwiegend Pellets mit einem Durchmesser von 6–8 mm. Es gibt aber auch Pelletsgrößen mit bis zu 40 mm Durchmesser.
Der Heizwert von 1 kg Holzpellets beträgt ca. 5 kWh und entspricht in etwa dem Heizwert von 0,5 l Heizöl bzw. von 0,5 m^3 Erdgas. Der Preis für 1 kg Holzpellets liegt zur Zeit bei ca. 0,20 €. Steigende Ölpreise in den vergangenen Jahren haben die Holzpellets damit auch wirtschaftlich interessant gemacht.
Holzpellets werden wie Heizöl im Tankwagen geliefert und in einen vorhandenen Vorratsraum oder Silo geblasen. Das Gewicht für einen Schüttkubikmeter kann mit 650 kg angesetzt werden. Als Qualitätsmerkmal muss auf einen geringen Staubanteil geachtet werden.
Pellets können über eine entsprechende Technik – meist Schneckensysteme – vollautomatisch dem Brennraum der Pelletsheizung zugeführt werden und erlauben ein gutes Dosieren der benötigten Wärmemenge.
An den *Lagerraum* werden bei den üblichen Größen für Wohnhäuser keine besonderen Sicherheitsanforderungen gestellt. Der ehemalige Heizöl-Lagerraum ist in der Regel ausreichend.

2.3 Sonstige Brennstoffe

Hier sind aus landwirtschaftlicher Sicht vor allem Getreide und Stroh zu nennen. Der anhaltend niedrige Getreidepreis hat die Diskussion um Getreide als Brennstoff in Gang gebracht.
Während **Stroh** schon immer auch als Brennstoff eingesetzt wurde, wird mit der Getreideverbrennung Neuland betreten. Entsprechend emotional sind die Diskussionen.
In Deutschland ist **Getreide** bisher nicht als Regelbrennstoff zugelassen; Getreideheizungen benötigen deshalb eine Sondergenehmigung. Als Brennstoff wird dabei über – auf Stilllegungsflächen angebautes – Energiegetreide, Getreideabfallprodukte und für menschliche Ernährung unbrauchbares, z. B. pilzbelastetes Getreide nachgedacht.
Die Anlagen zur Getreideverbrennung sind vergleichbar mit Pellets- oder Hackschnitzelheizungen. Bisherige Anlagen fahren teilweise auch mit einer Mischung aus Pellets und Getreide. Die Verbrennungseigenschaften von Getreide machen aber einige **technische Besonderheiten** notwendig.
Hier ist die höhere *Staub-Emmission* – vorwiegend durch die Asche verursacht – zu beachten. In vielen Fällen wird der vorgegebene Grenzwert von 150 mg/m^3 Rauchgas überschritten.
Bei der Verbrennung von Getreidekörnern ist der hohe *Chlorgehalt*, der über die Bildung von Salzsäure zu einer starken Korrosion führen kann, und der niedrige *Schmelzpunkt*, der leicht zur Verschlackung der Asche führt, problematisch.
Ebenso bereiten die überhöhten *Stickstoff-Emissionen* – verursacht durch den hohen Proteingehalt – Schwierigkeiten.

Tabelle 159: Brenn- und Emissionseigenschaften für einige Biomasse-Brennstoffe

Brennstoff	Aschegehalt in Gewichts-%	N in Gewichts-%	Cl in mg/kg TS	Schmelzpunkt in °C
Laubholz	0,55	0,49	163	1265
Nadelholz	0,79	0,14	87	1398
Roggen Körner	2,04	1,91	863	710
Weizen Körner	2,69	2,28	426	687
Tritikale Körner	2,06	1,68	692	730
Raps Körner	4,60	3,94	nicht ermittelt	nicht ermittelt
Getreide Stroh	5,68	0,47	2503	960

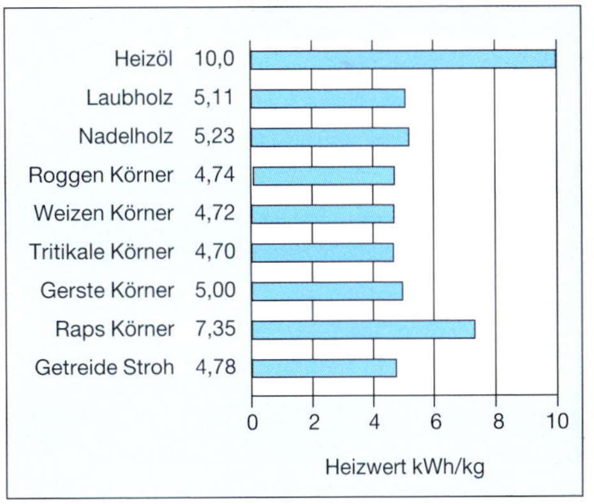

Abb. 1394 Heizwert von Biomasse-Brennstoffen (in kWh/kg) im Vergleich zu Heizöl.

Aufgaben:

1. Vergleiche die brennstoffbedingten Heizkosten für ein Wohnhaus bei einem Energiebedarf von 20000 kWh/Jahr. Besorge dir dafür aktuelle Preisangaben!
2. Warum wird bei der CO_2-Bilanz für nachwachsende Rohstoffe nur das bei der Produktion und Aufbereitung entstehende CO_2 angerechnet und nicht das Verbrennungs-CO_2?

Abb. 1395 Werden mit diesen Getreidebeständen in Zukunft Lebensmittel erzeugt oder Energie produziert?

Abb. 1396 Landwirtschaftliche Gebäude haben große, für Fotovoltaik geeignete Dachflächen.

3 Fotovoltaik

Die **Fotovoltaik** beschäftigt sich mit der Umwandlung von Strahlungsenergie in elektrische Energie und ist seit 1958 zur Energieversorgung (zunächst von Satelliten) im Einsatz.
Der Name setzt sich aus den Bestandteilen Photos – das griechische Wort für Licht – und Volta – nach ALESSANDRO VOLTA, einem Pionier der Elektrizität – zusammen.

3.1 Bedeutung der Fotovoltaik

Seitdem das EEG *(Erneuerbare-Energien-Gesetz)* vom 29. März 2000 das Stromeinspeise-Gesetz ersetzte, erfuhr die Fotovoltaik in Deutschland größere Bedeutung. Ziel des Gesetzes ist es, durch hohe Einspeisevergütungen (bis zu 57,4 ct/kWh) die Nachfrage nach Solarstromanlagen anzuregen und somit die Entwicklung kostengünstigerer Solarmodule zu fördern.
Seit 2005 sinken die Vergütungssätze jährlich um 5 %. Insgesamt werden 2005 laut Bundesverband Erneuerbare Energien 1735 Megawattstunden (MWh) Strom aus der Fotovoltaik bereitgestellt.
In der Landwirtschaft werden viele Aufdachanlagen und teilweise Freilandanlagen montiert.

3.2 Aufbau einer Solarstromanlage

Eine **Solarstromanlage** besteht aus den *Solarmodulen* – alle zusammen werden *Solargenerator* genannt –, einer *Gleichstromverkabelung*, einem stabilen Untergestell, Wechselrichter, einem Anschlusskasten, einem Stromzähler und einer Überwachungseinheit.
Diese Anlagen können auf dem Dach, als Dachersatz, an Fassaden und auf Freiflächen installiert werden. Es werden kleine Solarstromanlagen bis 30 kW_p, mittlere mit 30 – 100 kW_p und große über 100 kW_p eingesetzt.

3.2.1 Die Solarzelle

Der fotoelektrische Effekt wurde von ALEXANDRE EMOND BECQUEREL schon 1839 entdeckt. Die erste Siliziumzelle der Welt wurde 1954 in den Laboratorien der Firma Bell mit Wirkungsgraden von über 4 % entwickelt.
Der fotoelektrische Effekt beruht auf dem Herausschleudern eines Elektrons aus der äußeren Schale des Siliziumatoms durch ein Photon. Ein Siliziumatom hat auf der äußeren Schale 4 Elektronen. Wird 1 davon durch ein Photon getroffen, absorbiert es dessen Energie und löst sich aus der Bahn. Es entsteht ein sog. Elektronenloch und damit ein positiv geladenes Atom sowie ein negativ geladenes, frei umherschwirrendes Elektron.
Um ein Zurückfallen des Elektrons in ein nächstes Elektronenloch zu verhindern, wird die hochreine Siliziumscheibe (Wafer) gezielt verunreinigt (Dotierung). In der oberen, der Sonne zuge-

Abb. 1397 Querschnitt durch eine Solarzelle.

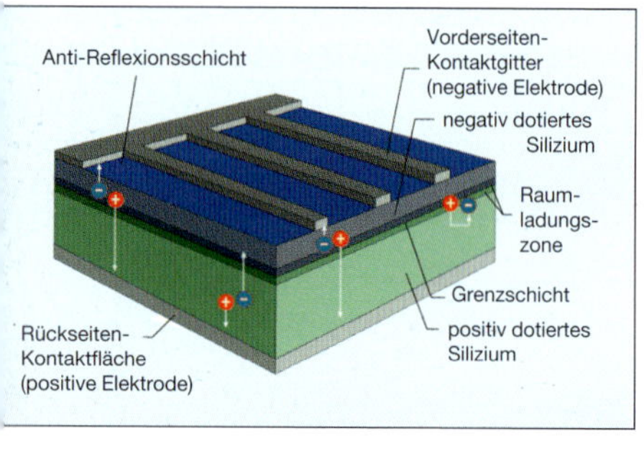

wandten Schicht sind Phosphor-Atome eingebracht, die auf der äußeren Schale ein Elektron mehr aufweisen.
In der unteren Schicht des Wafers wird mit Bor-Atomen der genau entgegengesetzte Effekt erzielt. Bor-Atome haben auf der äußeren Schale ein Elektron weniger. Somit bildet die Vorderseite der Zelle den Minuspol, man spricht von der »n-Dotierung. Die »p-dotierte« Rückseite ist der Pluspol.
Wenn nun bei Licht Photonen in die Zelle eindringen, lösen sich Elektronen aus den Silizium-Atomen und wandern zum Minuspol. Die positiven geladenen Elektronenlöcher bewegen sich zum Pluspol. Die elektrische Spannung bei maximaler Leistung liegt bei den gebräuchlichsten Zellen bei etwa 0,5 Volt.
Mit einer einzigen **Solarzelle** lässt sich z. B. ein Taschenrechner versorgen, aber die Spannung ist viel zu gering für einen Stromgenerator. Deshalb werden viele Zellen hintereinander verschaltet. Die Spannungen addieren sich, der Strom bleibt gleich. Die Zelle mit dem niedrigsten Wert bestimmt den Gesamtstrom des Solarmoduls.
Deshalb ist es so wichtig, nur Solarzellen einheitlicher Güte miteinander zu kombinieren. Dazu wird jede fertiggestellte Solarzelle unter definierten Bedingungen vor der Weiterverarbeitung auf ihre Nennleistung in Klassen sortiert und entsprechend dem jeweiligen Modul zugeordnet.
Es gibt verschiedene Arten von Solarzellen, auch Solarzellentyp genannt, die aus folgenden Materialien bestehen:

- Siliziumzellen
  - Dickschicht:
    - monokristalline Zellen (c-Si)
    - polykristalline Zellen (mc-Si)
  - Dünnschicht:
    - amorphes Silizium (a-Si)
    - kristallines Silizium
- GaAs – Zellen (Verwendung in der Raumfahrt)
- CdTe – Zellen (Cadmium-Tellurid)
- CIS, CIGS-Zellen (Kupfer – Indium – Diselenid)
- organische Solarzellen
- Farbstoffzellen

Die Solarzellentypen unterscheiden sich hinsichtlich ihres Wirkungsgrades, ihrem Verhalten bei Temperaturschwankungen, Kosten der Herstellung und der Lebensdauer.

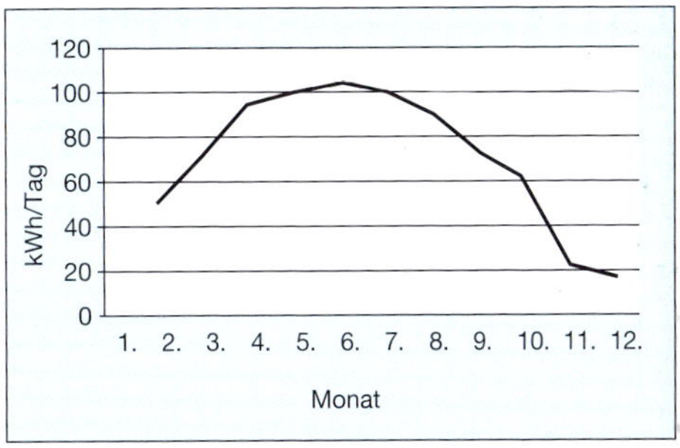

Abb. 1398 Tagesenergiewerte einer 30 kW_p -Solarstromanlage (Praxismessung einer bestehenden Anlage).

Kennwert	Sharp Modul
Leistung	175 W
Zelltyp	monokristallin
Maße	1,57 m x 0,83 m
Spannung im MPP	35,4 V
Strom im MPP	5,0 A
Leistungskoeffizient pro °C	0,5 %
Zellwirkungsgrad	16,4 %
Modulwirkungsgrad	13,5 %

Abb. 1399 Leistungsmerkmale eines Moduls (**Beispiel**).

3.2.2 Das Solarmodul

Das **Solarmodul** besteht aus den einzelnen miteinander verbundenen Solarzellen. Hierzu wird der frontseitige Minuspol einer Solarzelle mit dem rückseitigen Pluspol der nächsten Solarzelle verlötet. Nach diesem Prinzip der Reihenschaltung werden die Solarzellen eines Moduls zu Strings (englisch: Strang) verbunden. Höhere Ströme können erreicht werden, wenn mehrere Strings parallel geschaltet sind.
Falls einige oder mehre Zellen eines Moduls z. B. verschattet werden, kann eine sog. Bypass-Diode an der Rückseite des Moduls den Strom der übrigen Zellengruppen vorbeifließen lassen und eine mögliche Schädigung der verschatteten Solarzellen verhindern.

Abb. 1400 Schrägdach-Aufständerung der Solarmodule zur Südseite.

Abb. 1401 Montage einer 30 kWp-Solarstromanlage auf dem Dach.

Abb. 1402 Montage von Wechselrichtern unterschiedlicher Leistung.

Abb. 1403 Solarstromanlage der Stadt Fürth auf einem ehemaligen Müllberg.

Die **Nennleistung** in der Fotovoltaik wird in W_p ($Watt_{peak}$) beziehungsweise kW_p angegeben. »Peak« (englisch: Höchstwert, Spitze) bezieht sich auf die Leistung bei Testbedingungen (STC: Standard Test Conditions), die dem Alltagsbetrieb nicht direkt entsprechen. Die Testbedingungen dienen zur Nominierung und zum Vergleich verschiedener Solarmodule.

Die **Kennwerte** eines Solarmoduls sind:

- Leerlaufspannung U_{OC}
- Kurzschlussstrom I_{SC}
- Spannung im bestmöglichen Betriebspunkt U_{MPP}
- Strom im bestmöglichen Betriebspunkt I_{MPP}
- Leistung im bestmöglichen Betriebspunkt P_{MPP}
- Leistungskoeffizient pro °C %
- Zellwirkungsgrad %
- Modulwirkungsgrad %

Die Abkürzungen bedeuten: U: Spannung, Einheit Volt; I: Stromstärke, Einheit Ampere; P: Leistung, Einheit Watt; SC: Short Circuit – Kurzschluss; OC: Open Circuit – Leerlauf; MPP: Maximum Power Point – Betriebspunkt maximaler Leistung

Entsprechend des verwendeten Zelltyps werden die Module in **Modultypen** eingruppiert.

3.2.3 Der Wechselrichter

Wechselrichter wandeln Gleichstrom in Wechselstrom, so dass der Strom ins Stromnetz eingespeist werden kann. Bevor der Wechselrichter zum Einsatz kommt, müssen ausreichend viele Solarmodule miteinander verbunden werden. Erst ab einer bestimmten Spannung und Stromstärke arbeiten Wechselrichter mit einer hohen Effizienz.

Optimale Wirkungsgrade sind nur zu erzielen, wenn die Kennwerte der Solarmodule auf die Kennwerte des Wechselrichters abgestimmt sind. Hierzu bedarf es einer sorgfältigen Planung der Komponentenzusammensetzung.

Wechselrichter unterscheiden sich in der **Ausstattung**. Es werden Wechselrichter mit und ohne Transformator eingesetzt.

In der **Verschaltung** werden unterschiedliche Wege beschritten. Die einfachste Methode den Wechselrichter mit Strom aus dem Solargenerator zu versehen besteht darin, eine bestimmte Anzahl Solarmodule an den Wechselrichter anzuschließen. Die Wechselrichterleistung passt sich hierbei den jeweiligen »Außenbedingungen« an. Intelligente Verfahren sorgen dafür, dass der Wechselrichter möglichst im Volllastbereich – höchster Wirkungsgrad – arbeitet. Hierzu werden zwei Verfahren eingesetzt.

Das **Master-Slave-Prinzip**: Bei geringer Sonneneinstrahlung arbeitet nur das Master-Gerät. Erst wenn die Sonne intensiver scheint, schaltet sich automatisch ein Slave-Gerät nach dem anderen dazu. Häufig werden die Geräte entsprechend ihrer Einsatzstunden automatisch in die Master-Geräterolle überführt, so dass eine gleichmäßige Abnutzung der Geräte erfolgt.

Beim **Multi-String-Prinzip** werden je Wechselrichter mehrere Modulstränge mit einer gewissen Anzahl von Solarmodulen getrennt in einem Wechselrichter zu Wechselstrom verarbeitet. So können einzelne Stränge mit unterschiedlicher Leistung in einem Wechselrichter verschaltet werden, ohne dass eine Leistungsminderung eintritt.

3.3 Ertrag einer Solarstromanlage

In Deutschland kann ein Energieertrag von ca. 650 – 1200 kWh pro kWhp installierter Leistung und Jahr erwartet werden.
Der **Energieertrag** ist bhängig von:
- ▶ Standort (Globalstrahlung),
- ▶ eventuell Verschattungen,
- ▶ Ausrichtung der Solarmodule,
- ▶ Neigungswinkel der Solarmodule,
- ▶ Modultyp,
- ▶ Verschaltung und Verkabelung der Solarmodule,
- ▶ Wechselrichtertyp.

Ein *optimaler Energieertrag* ist zu erwarten, wenn die Globalstrahlung über 975 kWh und Jahr beträgt, kaum Verschattungen vorliegen, die Solarmodule in Südausrichtung sind, die Solarmodule 30° Neigungswinkel aufweisen, der Modultyp die örtlichen Gegebenheiten berücksichtigt, Solarmodule und Wechselrichter aufeinander abgestimmt sind und die Verschaltung und Verkabelung optimal sind.

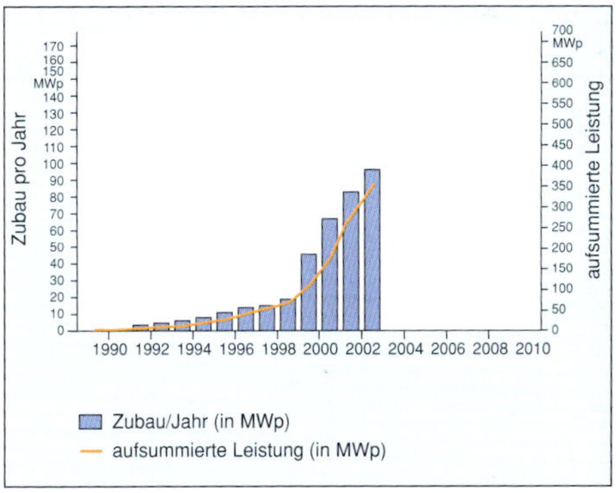

Abb. 1404 Jährlich installierte Fotovoltaik-Leistung und gesamte Kapazität in Deutschland (netzgekoppelte Anlagen).

3.4 Wartung und Pflege

Die Fotovoltaik-Anlage ist täglich auf ihre Funktionsfähigkeit zu überprüfen. Hierzu ist mindestens ein Display mit den wichtigsten Kennwerten an jedem Wechselrichter erforderlich.
Komfortabler und aussagekräftiger sind PC-Programme, die eine Auswertung einzelner Strings erlauben. Ein Kontrollsystem vergleicht die gemessene Sonneneinstrahlung auf dem Dach und einer hieraus errechneten theoretischen Stromleistung mit der tatsächlichen Leistung des Wechselrichters.
Die Wechselrichter müssen regelmäßig von Staub befreit werden, da sonst die Kühlung leidet. Ein Reinigen der Module ist nur in seltenen Fällen erforderlich. Die Schrägstellung des Moduls sorgt für eine natürliche Reinigung über Niederschläge.

Abb. 1405 Die Angaben zur Globalstrahlung sind Hinweise darauf, wo Solaranlagen sinnvoll errichtet werden können (DWD, Stand 2000).

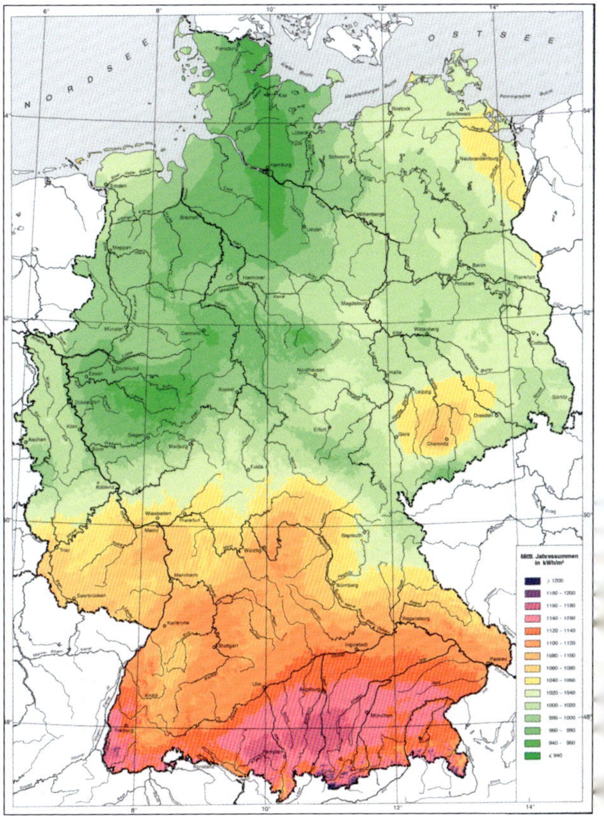

3.5 Rentabilität

Die Rentabilität der Solarstromanlage ist abhängig von der Sonneneinstrahlung bzw. dem Stromertrag der Anlage, den Investitionskosten und vom Vergütungssatz für den ins öffentliche Netz eingespeisten Strom. In 2007 beträgt die Einspeisevergütung für auf Dächern installierte Anlagen bis 30 kWp Leis-

Tabelle 160: Rentabilität einer 30 kW-Solarstromanlage (Beispiele)

	Rentabilität einer 30 kW_p Solarstromanlage mit 800 kWh/kW_p und verschiedenen Investitionskosten		Rentabilität einer 30 kW_p Solarstromanlage mit 950 kWh/kW_p und verschiedenen Investitionskosten	
Stromertrag	**800 kWh/kW_p**	**800 kWh/kW_p**	**950 kWh/kW_p**	**950 kWh/kW_p**
Investitionskosten – Kosten/kW_p	**114 000 €** 3800 €	**96 000 €** 3200 €	**114 000 €** 3800 €	**96 000 €** 3200 €
Stromertrag – gesamt – 1. Jahr – 20. Jahr (90 %)	 456 000 kWh 24 000 kWh/Jahr 21 800 kWh/Jahr	 456 000 kWh 24 000 kWh/Jahr 21 800 kWh/Jahr	 541 500 kWh 28 500 kWh/Jahr 25 650 kWh/Jahr	 541 500 kWh 28 500 kWh/Jahr 25 650 kWh/Jahr
Stromerlös – gesamt – 1.Jahr – 20. Jahr (49,21 ct/kWh)	 224 398 € 11 810 €/Jahr 10 531 €/Jahr	 224398 € 11 810 €/Jahr 10 531 €/Jahr	 266 472 € 14 025 €/Jahr 12 622 €/Jahr	 266 472 € 14 025 €/Jahr 12 622 €/Jahr
Abschreibung – 5 %, linear	 5700 €/Jahr	 4800 €/Jahr	 5700 €/Jahr	 4800 €/Jahr
Betriebskosten[1] – gesamt – pro Jahr: 1,5 % vom Neupreis	 34 200 € 1710 €/Jahr	 28 800 € 1440 €/Jahr	 34 200 € 1710 €/Jahr	 28 800 € 1440 €/Jahr
Überschuss – gesamt – 1. Jahr – 20. Jahr	 76 198 € 4400 €/Jahr 3121 €/Jahr	 99 598 € 5570 €/Jahr 4291 €/Jahr	 118 272 € 6615 €/Jahr 5212 €/Jahr	 1 411 672 € 7785 €/Jahr 6382 €/Jahr
Verzinsung des Kapitals – 1. Jahr – 20. Jahr	 3,9 % 2,7 %	 5,8 % 4,5 %	 5,8 % 4,6 %	 8,1 % 6,6 %

[1]) Wartung, Reparaturen, Versicherung, Sonstiges.

tung 49,21 ct/kWh für 20 Betriebsjahre, zuzüglich der Monate des Jahres der Inbetriebsnahme nach der Installation.

Aufgaben:

1. Nennen Sie die Bestandteile einer Fotovoltaik-Anlage und beschreiben Sie deren Funktion!
2. Erklären Sie den fotoelektrischen Effekt!
3. Welche Parameter bestimmen den Energieertrag einer Fotovoltaik-Anlage?

4 Windkraft

Windenergie ist ein Teil der erneuerbaren Energien und wird als Bewegungsenergie vom Menschen schon frühzeitig zum Antrieb von z. B. Bewässerungseinrichtungen genutzt.
Wind entsteht aufgrund der Sonneneinstrahlung. Die Sonne erwärmt Land und Meer sowie die darüber liegenden Luftschichten. Diese Erwärmung führt zur Ausdehnung der Luft und damit zu unterschiedlicher Luftdichte und unterschiedlichem Luftdruck. Zwischen den unterschiedlichen Zonen entsteht Wind als Ausgleichsströmung, dessen Strömung noch von der Erdrotation und anderen Faktoren beeinflusst wird.
Windenergieanlagen nutzen die *Bewegungsenergie* des Windes, der einen Rotor in Bewegung setzt. Der Rotor dreht über eine Welle einen Generator, der Strom erzeugt.

4.1 Bedeutung der Windkraft in Deutschland

Die Windkraft gewinnt seit Verabschiedung und Inkrafttreten des Stromeinspeisungs-Gesetzes 1991 in Deutschland wieder an Bedeutung. Politische Rahmenbedingungen zur Förderung der Windkraft lösten einen wahren Boom zur Errichtung von Windkraftanlagen aus und sorgten für einen rasanten technischen Fortschritt in der Entwicklung sowie Energieausbeute der Windkraftanlagen.
Während vor 10 Jahren Windkraftanlagen mit 600 kW produziert wurden, sind es heute Anlagen mit bis zu 6 MW, die über 10-mal soviel Strom produzieren können.
Heute ist Deutschland weltweit führend in der Bereitstellung installierter Nennleistung zur Erzeugung von Strom. Ende 2005 wurden nach Angaben des Bundesverbandes Erneuerbare Energien 26,5 Terawattstunden Strom mit 17 574 Windkraftanlagen produziert. Damit ist die Windenergie die größte Energiequelle unter den Erneuerbaren Energien.
In letzter Zeit besteht eine kontroverse Diskussion hinsichtlich der Windnutzung zwischen Befürwortern, Investoren und Gegnern. Dieser Umstand führt in der Neuausweisung von zur Windkraftnutzung geeigneten Flächen teilweise zu einer restriktiven Genehmigungspraxis.

4.2 Funktionsprinzip und Bestandteile einer Windkraftanlage

Funktionsprinzip – Eine Windkraftanlage (WKA) wandelt die Windenergie in elektrische Energie um und speist diese zumeist in das öffentliche Stromnetz ein. Dies geschieht, indem die kinetische Energie des Windes den Rotor in eine Drehbewegung versetzt.
Die aerodynamische Form der üblichen drei Rotorblätter pro WKA nutzen nicht die Widerstandskraft des Windes, sondern die

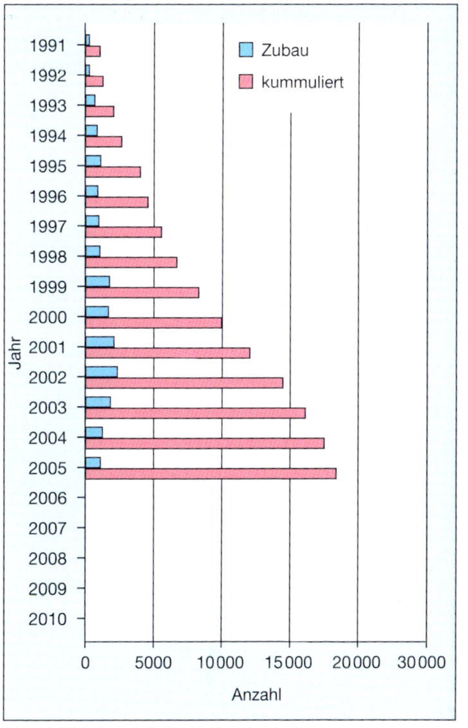

Abb. 1406 Anzahl Windkraftanlagen in Deutschland (nach BEE).

Abb. 1407 Installierte Windenergieleistung in Deutschland (nach BEE).

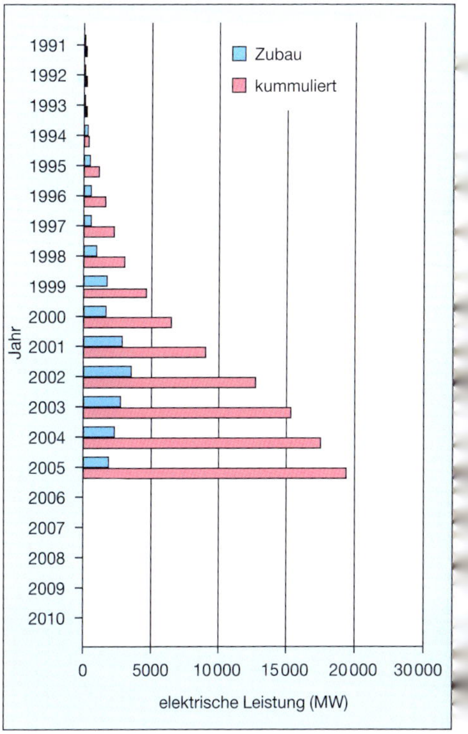

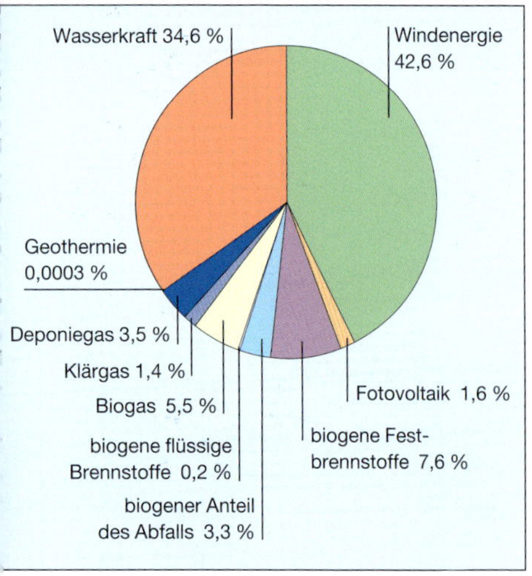

Abb. 1408 Struktur der Stromerzeugung aus erneuerbaren Energien (Februar 2006, gesamt: 62,1 TWh).

Abb. 1409 Windkraftanlage mit Gittermast als preisgünstigste Variante.

am Flügel auftretende Auftriebskraft. Anlagen mit diesem Wirkungsprinzip werden **Auftriebsläufer** genannt.

Konstrukteure von Windkraftanlagen haben sich die Erkenntnis über Aerodynamik und Auftrieb aus dem Flugzeugbau zunutze gemacht. Die Flügel eines Flugzeugs sind so geformt, dass die Luft schneller über die längere gekrümmte Oberseite strömt als über die gerade Unterseite. Dadurch ist der Druck oben geringer als unten und es entsteht ein Auftrieb.

Die Rotorblätter sind ähnlich gebaut, so dass ein Auftrieb senkrecht zur Bewegungsrichtung wirkt. Auftriebsläufer haben einen Leistungsbeiwert von bis zu 0,5 und sind somit nahe an der maximalen Windenergieausnutzung, die nach BETZ mit einem Leistungsbeiwert von 0,59 beschrieben wird.

Bestandteile einer Windkraftanlage – Eine Windkraftanlage besteht aus einem Rotor mit Nabe und Rotorblättern, einer Maschinengondel, die den Generator und häufig ein Getriebe beherbergt. Sie ist drehbar auf einem Turm gelagert, dessen Fundament die notwendige Standsicherheit gibt.

Dazu kommen noch Überwachungs-, Regel- und Steuerungssysteme sowie die Netzanschlusstechnik. Wenige Anlagenhersteller bauen auch Windkonverter, die ohne Getriebe auskommen.

Rotorblätter – Sie setzen die Bewegungsenergie der Luftteilchen in Rotationsenergie um. Die Energie, die damit an der sich drehenden Achse verfügbar ist, wird mittels eines Generators in elektrische Leistung umgesetzt. Rotorblätter bestehen aus glasfaserverstärktem Kunststoff und haben eine Länge von 20 bis über 60 m.

Die Regelung der Rotordrehzahl erfolgt entweder über der so genannten Stallregelung (Strömungsabriss) oder über eine Veränderung des Anstellwinkels des Rotorblattprofils, der Pitschregelung (pitch: englisch neigen). Die *Stallregelung* (englisch stall: Abrutschen) hat keinen Blattverstellmechanismus. Rotoren mit *Pitschregelung* erlauben eine optimale Anpassung der Rotordrehzahl auf die jeweilige Windgeschwindigkeit, indem der Anstellwinkel verändert wird.

Ist die Windgeschwindigkeit für einen wirtschaftlichen Betrieb zu gering, wird die Anlage im Leerlaufzustand versetzt. Ab einer Windgeschwindigkeit von 2 – 4 Meter pro Sekunde (m/s) schaltet die Regelung die WKA ein. Bei sehr großen Windgeschwindigkeiten (25 m/s) schaltet sich die Anlage ab. Die Nennleistung der WKA, also die Maximalleistung, wird bei einer Windgeschwindigkeit von 12 – 15 m/s erreicht. Bei weniger Wind läuft die Anlage im Teillastbereich.

Getriebe – Das Getriebe erhöht die niedrige Drehzahl der Antriebswelle (variabel 0 – 50 min^{-1}) auf die erforderliche Nenndrehzahl von 1500 min^{-1} des Generatorantriebes. Getriebelose Anlagen besitzen einen Synchrongenerator, der bei wesentlich geringerer Drehzahl (variabel 0 – 38 min^{-1}) betrieben werden kann. Allerdings sind Synchrongeneratoren viel größer und schwerer.

Generator – Der Generator wandelt die vom Getriebe übertragene Drehbewegung in Strom um. In seinem Gehäuse rotieren auf der Längsachse angeordnete Metallspulen in einem starken Magnetfeld. Dadurch fließen die Elektronen in eine Richtung durch die Spule. Es entsteht elektrischer Strom.

Turm – Die meisten WKA haben Hohltürme aus Stahl. Ihre konische Form erhöht die Stabilität und spart Material. Gittertürme aus Stahl sind die preisgünstigste Variante. Heute sieht man sie jedoch selten. Betontürme gewinnen aufgrund heutiger Fertigbautechniken verstärkt an Bedeutung.
Windnachführungseinrichtung – Sie sorgt dafür, dass die Gondel mit dem Rotor immer richtig in den Wind gedreht wird. Bei Sturm kann die Anlage aus dem Wind gedreht werden.

4.3 Einflüsse auf den Stromertrag

Moderne Rotoren beginnen sich ab einer Windgeschwindigkeit von 2–5 m/s zu drehen. Bei einem jährlichen Durchschnitt von 4–5 m/s in 10 m Höhe lohnt sich heute die Errichtung von Windkraftanlagen. In Nabenhöhe der Windräder ist die Geschwindigkeit erheblich höher.
Standort – An der deutschen Nordseeküste wird in 10 m Höhe eine Windgeschwindigkeit von 6 m/s, an der Ostseeküste vielfach über 5 m/s und in der Norddeutschen Tiefebene immerhin rund 4 m/s erreicht. Manche Höhenlagen der Mittelgebirge bieten mit Geschwindigkeiten von 4–5 m/s gute Vorraussetzungen für Windkraftanlagen.
Für die Planung einer WKA sind zuverlässige Informationen über mittlere Windgeschwindigkeiten und die Häufigkeitsverteilung der Windrichtungen am Standort unumgänglich. Wetterstationen liefern meteorologische Daten für die Erstellung dieser sogenannten Windrose. In einem Windgutachten wird der erwartete Energieertrag für den Standort prognostiziert.
Anlagengröße und Nabenhöhe – Moderne Windkraftanlagen haben eine Nennleistung von 1,5 bis zu 6 Megawatt. Diese Anlagen können 3 500 000 bis über 10 000 000 kWh Strom jährlich einspeisen.
Größere Anlagen können den vorhandenen Wind besser in elektrische Leistung umsetzen. Somit wird vielfach der Ersatz älterer kleiner Anlagen gegen Großanlagen (Re-Powering) angestrebt. Jeder Meter Nabenhöhe bringt 1 % Mehrertrag und die Vergrößerung des Rotordurchmessers von 10 % lässt die den Energieertrag bestimmende Fläche bereits um 21 % wachsen.
Außerdem sind in höheren Luftschichten die durch Bodenrauigkeit hervorgerufenen Turbulenzen wesentlich geringer, was sich positiv auf die Störanfälligkeit und Lebensdauer einer Anlage auswirkt.

Abb. 1410 In günstigen Lagen kommt es zu einer Häufung von Windkraftanlagen, die dann landschaftsprägend werden.

Abb. 1411 Turmmontage für eine Windkraftanlage.

4.5 Rentabilität

Der wirtschaftliche Erfolg einer Windkraftanlage wird bestimmt von dem Ertrag, den Betriebskosten, der Abschreibung und der Investition. Die Nutzungsdauer einer WKA beträgt nach Herstellerangaben 15–20 Jahre.
Die Mindestvergütung ist über 20 Jahre im EEG (Erneuerbare-Energien-Gesetz) festgeschrieben und beträgt 5,5 ct/kWh, wobei eine Zusatzvergütung, die standortabhängig ist, gewährt wird.

Tabelle: Rentabilität einer 800 kW- und 2000 kW-Windkraftanlage mit verschiedenen Investitionskosten und Stromerträgen

Nennleistung der Anlage	**800 kW**	**800 kW**	**2000 kW**	**2000 kW**
Investitionskosten – Kosten/kW	**950 000 €** 1187 €	**1 050 000 €** 1312 €	**2 000 000 €** 1000 €	**2 200 000 €** 1100 €
Stromertrag/Jahr	1 700 000 kWh	1 900 000 kWh	4 200 000 kWh	4 400 000 kWh
Stromerlös/Jahr (8,01 ct/kWh)	139 230 €	155 610 €	343 980 €	360 360 €
Abschreibung – 6,66 %, linear	63 270 €	69 930 €	133 200 €	146 520 €
Betriebskosten[1] – pro Jahr: 4,5 % von Neupreis	42 750 €	47 250 €	90 000 €	99 000 €
Überschuss – 1. Jahr	33 210 €	38 430 €	120 780 €	114 840 €
Verzinsung des eingesetzten Kapitals	3,5 %	3,7 %	6,0 %	5,2 %

[1]) Wartung, Reparaturen, Versicherung, Sonstiges.

Abb. 1412 Diese Übersicht zur mittleren Windgeschwindigkeit/Jahr zeigt, dass besonders die küstennahen Standorte geeignet sind (DWD, Stand 2000).

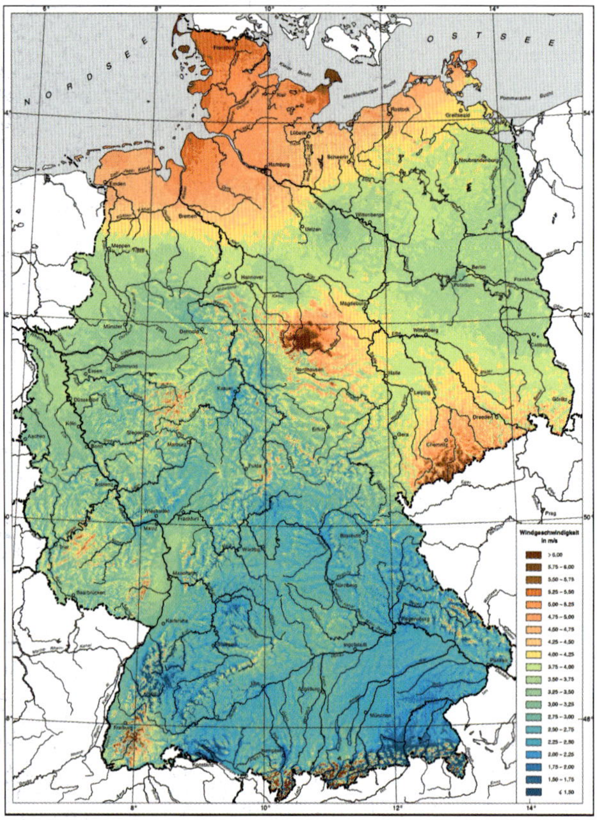

Unter entsprechenden Standortbedingungen können (2007) 8,19 ct/kWh für 20 Jahre angenommen werden. Die Einspeisevergütung sinkt jährlich um 2 %, wobei das Inbetriebnahmejahr maßgebend ist.

Aufgaben:
1. Wovon hängt der Stromertrag einer Windkraftanlage ab?
2. Welche Standorte in Ihrer Region sind für Windkraft geeignet?

Anhang

15

Aktualität bedeutet für jeden Einzelnen, besonders im Zeitalter der Globalisierung bei gleichzeitig rasanter wissenschaftlicher Weiterentwicklung, betriebswirtschaftlichen und marktwirtschaftlichen Vorteil, zumal das erworbene Wissen zunehmend kurzlebiger wird.

Deshalb sollte man im Lehrbuch enthaltene Zahlen und Aussagen regelmäßig überprüfen und aktualisieren. Dadurch kann der Leser/die Leserin selbst die Veränderungen erkennen und sie gegebenenfalls tabellarisch und grafisch festhalten. Zusammen mit den aktuellen Informationen der Medien können Tendenzen abgeleitet und Entwicklungen prognostiziert werden.

Die angegebenen Internet-Adressen stellen nur eine Auswahl dar; weitere können mit der Eingabe eines Such-Stichwortes in einem Suchprogramm des Internets über den PC ermittelt werden. Es liegt am Leser selbst, diese Hilfen mit den im Anhang genannten Tabellen und Hinweisen zu nutzen, sie zu ergänzen und mit den für den eigenen Betrieb bedeutsamen Informationen zu erweitern.

1 Tabellen

Die angegebenen Tabellen können den unterrichtlichen Einsatz der jeweils aktuellen Zahlen nicht ersetzen; sie bilden aber eine notwendige Grundlage für die Arbeit mit dem Lehrbuch.

Tabelle 157: Futterwerttabelle für Wiederkäuer. Auszug der »DLG-Futterwerttabelle für Wiederkäuer« (Quelle: M. KIRCHGEßNER, Tierernährung, 10. Aufl.)

Futtermittel	Trockenmasse	in 1 kg Trockenmasse						
		VQ[1]) organische Masse	Rohfaser	Rohprotein	nutzbares Rohprotein	ruminale Stickstoffbilanz	ME	NEL
	g/kg		g	g	g	g	MJ	MJ
1. Grünfutter – frisch								
Alexandriner Klee, Beginn der Blüte	190	70	257	187	146	6	9,72	5,77
Erbse (Futtererbse), in der Blüte	160	71	282	177	137	6	9,21	5,40
Esparsette, Beginn der Blüte	230	–	267	171	136	6	10,01	5,93
Futterrübe (gehaltvolle), Blätter sauber	160	76	125	157	130	4	9,89	6,03
Gerste								
– Beginn bis volles Ährenschieben	170	81	231	180	155	4	11,25	6,89
– in bis Ende der Blüte	230	68	313	102	122	–2	9,32	5,49
Grünland, 2–3 Nutzungen, grasreich								
1. Aufwuchs								
– Beginn Ähren-/Rispenschieben	170	80	195	180	152	5	11,30	6,90
– Beginn der Blüte	210	71	288	130	131	0	9,91	5,88
– Mitte bis Ende der Blüte	230	68	323	108	123	–1	9,38	5,50
2. und folgende Aufwüchse								
– unter 4 Wochen	180	74	208	183	140	7	10,21	6,12
– 4–6 Wochen	200	72	247	166	135	5	10,01	5,95
Grünland, 2–3 Nutzungen, klee- und kräuterreich								
1. Aufwuchs								
– Beginn Ähren-/Rispenschieben	160	81	188	184	153	5	11,48	7,03
– Beginn der Blüte	200	74	262	177	141	6	10,36	6,18
– Mitte bis Ende der Blüte	220	69	300	165	132	5	9,70	5,71
2. und folgende Aufwüchse								
– unter 4 Wochen	170	80	187	202	153	8	11,27	6,87
– 4–6 Wochen	190	75	225	185	143	7	10,44	6,25
Hafer								
– Beginn Rispenschieben	170	83	210	164	152	2	11,41	7,01
– Beginn der Blüte	220	74	302	111	132	–2	10,19	6,09
– in der Teigreife, Körneranteil ca. 33 %	300	63	320	83	114	–4	8,92	5,17
Klee, Persischer								
– Beginn der Blüte	190	74	207	208	148	10	9,86	5,89
Landsberger Gemenge, in der Blüte	160	71	269	148	133	2	9,86	5,86
Lupine, in der Blüte	140	69	222	202	125	12	9,62	5,75
Luzerne								
1. Aufwuchs								
– in der Knospe	170	70	238	219	141	12	9,83	5,82
– Beginn der Blüte	200	68	286	187	139	8	9,37	5,49
– Mitte bis Ende der Blüte	230	63	327	175	135	6	8,77	5,07
2. und folgende Aufwüchse								
– in der Knospe	180	70	247	214	141	12	9,85	5,81
– Beginn der Blüte	210	67	281	204	141	10	9,31	5,43
Mais								
– Beginn der Kolbenbildung	170	71	258	104	131	–3	10,11	6,04
– in der Milchreife	210	75	223	90	136	–6	10,70	6,47
– Beginn der Teigreife	270	73	205	86	133	–6	10,61	6,39
– Ende der Teigreife	350	73	198	81	131	–7	10,61	6,38
Mais, Restpflanze								
– aus Lieschkolbenernte	300	64	280	74	114	–5	8,90	5,18

[1]) Verdauungsquotient.

Fortsetzung Tabelle 157

Futtermittel	Trockenmasse g/kg	in 1 kg Trockenmasse: VQ[1]) organische Masse	Rohfaser g	Rohprotein g	nutzbares Rohprotein g	ruminale Stickstoffbilanz g	ME MJ	NEL MJ
Mais, Restpflanze								
– aus Corn-Cob-Mix-Ernte	350	63	297	70	109	–5	8,59	4,98
– aus Körnerernte	400	58	336	59	99	–5	7,81	4,45
Maiskolben								
– mit Hüllblättern	500	82	132	98	153	–8	12,28	7,61
– ohne Hüllblätter	600	82	91	100	154	–8	12,52	7,79
Markstammkohl, früh geerntet	120	85	123	193	155	6	11,38	7,07
Obsttrester (Apfel)	220	64	216	66	115	–7	9,68	5,67
Ölrettich, vor bis in der Blüte	130	78	232	184	139	7	9,20	5,52
Raps (Futterraps), vor der Blüte	110	88	133	194	157	6	11,30	7,00
Roggen								
– Beginn Ährenschieben	150	82	225	182	154	5	11,54	7,08
– Beginn der Blüte	200	71	331	131	130	0	9,87	5,84
– in der Teigreife	300	72	328	109	130	–2	10,07	5,99
Rotklee								
1. Aufwuchs								
– in der Knospe	160	76	213	193	152	7	10,68	6,44
– Beginn der Blüte	220	70	261	161	138	4	9,82	5,82
– Mitte bis Ende der Blüte	250	66	296	150	135	2	9,34	5,47
2. und folgende Aufwüchse								
– in der Knospe	180	74	209	207	152	9	10,48	6,29
– Beginn der Blüte	220	68	262	177	138	6	9,64	5,67
Rotklee-Gras-Gemenge								
1. Aufwuchs								
– in der Knospe	170	75	223	178	143	6	10,52	6,34
– Beginn der Blüte	200	72	259	155	134	3	9,84	5,84
– Mitte bis Ende der Blüte	240	70	300	134	133	0	9,66	5,70
Rübsen, vor der Blüte	110	84	145	201	152	8	11,15	6,88
Senf, Weißer								
– in der Blüte	150	73	210	267	143	20	9,99	6,06
Sonnenblume, in der Blüte	120	69	216	144	123	3	9,13	5,40
Weißklee, vor der Blüte	120	81	148	256	172	13	11,55	7,08
Weizen								
– Beginn Ährenschieben	210	80	229	133	143	–1	11,00	6,72
– in bis Ende der Blüte	250	67	343	100	122	–2	9,35	5,48
– in der Teigreife	300	66	300	89	119	–4	9,32	5,46
Zuckerrübenblätter, sauer	160	82	108	159	141	3	10,48	6,47
2. Grünfutter – Silage								
Gerste								
– in bis Ende der Blüte	230	68	335	99	122	–3	9,56	5,65
– in der Teigreife (GPS)	300	63	284	95	115	–2	8,79	5,10
Grünland, 2–3 Nutzungen, grasreich								
1. Aufwuchs								
– Beginn Ähren-/Rispenschieben	350	79	221	165	145	3	11,09	6,69
– Beginn der Blüte	350	74	299	130	128	0	9,73	5,76
2. und folgende Aufwüchse								
– unter 4 Wochen	350	72	219	175	135	6	10,04	5,98
– 4–6 Wochen	350	70	260	157	130	4	9,62	5,62
Grünland, 2–3 Nutzungen, klee- und kräuterreich								
1. Aufwuchs								
– Beginn Ähren-/Rispenschieben	350	81	212	171	148	4	10,75	6,51
– Beginn der Blüte	350	72	273	149	132	3	9,84	5,84
2. und folgende Aufwüchse								
– unter 4 Wochen	350	76	206	183	142	7	10,43	6,28
– 4–6 Wochen	350	72	242	163	133	5	9,80	5,82
Hafer								
– in der Blüte	220	68	322	88	121	–4	9,58	5,63
– Ende der Blüte	250	63	361	79	109	–4	8,43	4,86
– in der Teigreife (GPS)	300	59	312	92	109	–2	8,38	4,80
Landsberger Gemenge, in der Blüte	350	71	289	144	130	2	9,90	5,88

Fortsetzung Tabelle 157

Futtermittel	Trockenmasse	in 1 kg Trockenmasse						
	g/kg	VQ[1]) organische Masse	Rohfaser g	Rohprotein g	nutzbares Rohprotein g	ruminale Stickstoffbilanz g	ME MJ	NEL MJ
Luzerne								
1. Aufwuchs								
– in der Knospe	350	66	254	207	132	12	9,28	5,43
– Beginn der Blüte	350	63	294	179	128	8	8,71	5,04
– Mitte bis Ende der Blüte	350	58	342	178	128	8	8,26	4,70
2. und folgende Aufwüchse								
– Beginn der Blüte	350	62	293	213	135	13	8,95	5,17
Mais								
– in der Milchreife	210	70	233	93	129	–5	10,12	6,03
– Beginn der Teigreife	270	72	212	88	131	–6	10,51	6,31
– Ende der Teigreife	350	73	201	81	131	–7	10,70	6,45
– Kolbenanteil >55 %	380	75	177	80	135	–8	11,06	6,71
Maiskolben								
– mit Hüllblättern	500	80	143	89	146	–8	11,97	7,37
– ohne Hüllblätter	600	82	89	95	152	–8	12,49	7,78
– ohne Hüllblätter, CCM	600	84	52	105	159	–8	12,89	8,08
Markstammkohl, früh geerntet	140	76	179	104	125	–2	9,84	5,97
Raps (Futterraps), in der Blüte	130	79	202	172	138	5	10,37	6,29
Roggen, Beginn der Blüte	210	72	351	105	128	–3	9,98	5,93
Rotklee								
1. Aufwuchs								
– in der Knospe	350	72	234	182	142	6	10,10	6,03
– Beginn der Blüte	350	68	277	155	132	4	9,49	5,58
– Mitte bis Ende der Blüte	350	65	309	150	131	3	9,09	5,32
2. und folgende Aufwüchse								
– in der Knospe	350	73	215	196	145	8	10,16	6,07
– Beginn der Blüte	350	66	276	161	129	5	9,14	5,34
Rotklee-Gras-Gemenge								
1. Aufwuchs								
– in der Knospe	350	76	246	173	145	5	10,86	6,55
– Beginn der Blüte	350	73	278	165	137	5	10,25	6,11
Weizen								
– in bis Ende der Blüte	250	66	346	108	114	0	8,65	5,04
– in der Teigreife (GPS)	300	62	291	95	112	–2	8,59	4,97
Zuckerrübenblätter, sauber	160	76	159	149	130	3	9,71	5,86
3. Grünfutter – getrocknet								
Grünland, 2–3 Nutzungen, grasreich								
1. Aufwuchs								
– volles Ähren-/Rispenschieben	860	65	294	106	121	–1	9,11	5,32
– Beginn der Blüte	860	62	324	94	115	–2	8,55	4,93
– Mitte bis Ende der Blüte	860	58	356	91	108	–2	7,99	4,55
2. und folgende Aufwüchse								
– unter 4 Wochen	860	70	251	151	135	3	9,66	5,71
– 4–6 Wochen	860	66	284	133	125	1	9,05	5,28
– 7–9 Wochen	860	61	312	124	116	1	8,30	4,76
Grünland, 2–3 Nutzungen, klee- und kräuterreich								
1. Aufwuchs								
– volles Ähren-/Rispenschieben	860	68	275	123	127	0	9,41	5,54
– Beginn der Blüte	860	66	301	103	121	–2	9,08	5,31
– Mitte bis Ende der Blüte	860	63	330	101	117	–2	8,59	4,96
2. und folgende Aufwüchse								
– unter 4 Wochen	860	69	231	171	137	5	9,61	5,67
– 4–6 Wochen	860	66	265	147	128	3	9,06	5,28
– 7–9 Wochen	860	59	302	146	118	4	8,17	4,66
Grünmehl (Gras)								
– unter 24 % Rohfaser	900	76	209	197	177	3	10,69	6,44
– über 24 % Rohfaser	900	69	272	185	171	2	9,74	5,75
Grünmehl (Luzerne)								
– unter 26 % Rohfaser	900	70	222	218	194	5	9,61	5,67
– über 26 % Rohfaser	900	62	289	188	168	3	8,57	4,95

Fortsetzung Tabelle 157

Futtermittel	Trockenmasse g/kg	in 1 kg Trockenmasse: VQ[1]) organische Masse	Rohfaser g	Rohprotein g	nutzbares Rohprotein g	ruminale Stickstoffbilanz g	ME MJ	NEL MJ
Grascops, 1. Schnitt[2])								
– Blattstadium	890	–	166	191	175	3	10,72	6,54
– Schossen	890	–	198	183	168	2	10,28	6,21
– Rispenschieben	890	–	242	156	151	1	9,64	5,72
Grascops, 2. und folgende Schnitte[2])								
– Blattstadium	890	–	166	190	168	4	9,97	6,03
– Schossen	890	–	200	172	158	2	9,65	5,76
– Rispenschieben	890	–	238	164	150	2	9,21	5,41
Luzerne, Heu								
1. Aufwuchs								
– in der Knospe	860	64	276	192	141	8	8,92	5,18
– Beginn der Blüte	860	61	326	165	131	5	8,51	4,89
– Mitte bis Ende der Blüte	860	58	366	164	132	5	8,09	4,60
2. und folgende Aufwüchse								
– in der Knospe	860	60	279	181	133	8	8,31	4,77
– Beginn der Blüte	860	57	322	173	127	7	7,97	4,52
– Mitte bis Ende der Blüte	860	56	348	163	129	5	7,79	4,41
Rotklee, Heu								
1. Aufwuchs								
– in der Knospe	860	67	258	157	137	3	9,37	5,51
– Beginn der Blüte	860	66	300	155	134	3	9,01	5,25
– Mitte bis Ende der Blüte	860	63	336	134	130	1	8,73	5,05
Rotklee-Gras-Gemenge, Heu								
1. Aufwuchs								
– in der Knospe	860	71	260	136	134	0	9,85	5,86
– Beginn der Blüte	860	68	300	139	132	1	9,51	5,59
– Mitte bis Ende der Blüte	860	63	336	124	123	0	8,73	5,05
4. Stroh								
Erbse	860	48	409	94	96	0	6,57	3,62
Gerste	860	50	442	39	82	–6	6,80	3,76
– aufgeschlossen (Natronlauge)	860	63	423	40	96	–8	8,15	4,70
– aufgeschlossen (Ammoniak)	860	59	457	87	111	–3	8,11	4,60
Glatthafer	860	53	385	58	93	–5	7,19	4,02
Hafer	860	50	440	35	80	–6	6,74	3,73
– aufgeschlossen (Ammoniak)	860	56	428	81	104	–3	7,67	4,32
Roggen	860	44	472	37	74	–5	6,00	3,25
– aufgeschlossen (Ammoniak)	860	57	456	71	102	–4	7,26	4,06
Rotschwingel	860	50	392	59	90	–4	6,82	3,77
Weidelgras, Deutsches	860	54	380	54	94	–5	7,42	4,17
Weizen	860	47	429	37	76	–5	6,37	3,50
– aufgeschlossen (Natronlauge)	860	60	425	37	91	–8	7,87	4,51
– aufgeschlossen (Ammoniak)	860	55	432	93	105	–1	7,49	4,21
5. Wurzeln und Knollen, fleischige Früchte								
Futterrübe (gehaltvolle), sauber	150	89	64	77	149	–11	11,96	7,57
Kartoffel, roh	220	92	27	96	162	–10	13,08	8,44
– gedämpft	220	84	29	98	150	–7	11,99	7,56
– gedämpft und siliert	220	89	37	104	157	–8	12,38	7,88
Kartoffelflocken	880	86	24	89	152	–9	12,11	7,64
Kartoffelschnitzel	880	86	28	92	152	–9	11,99	7,56
Kohlrübe, sauber	110	89	101	111	158	–7	12,41	7,88
Maniokmehl/Maniokschnitzel								
– Typ 55	880	85	59	29	132	–15	11,95	7,55
Massenrübe, sauber	120	89	69	89	150	–9	11,96	7,60
Mohrrübe	110	88	93	92	150	–8	12,15	7,71
Stoppelrübe								
– ohne Blätter, sauber	90	89	114	133	158	–3	12,07	7,65
– mit Blätter, sauber, siliert	130	83	209	172	151	3	11,34	6,95
Zuckerrübe, sauber	230	89	54	62	152	–13	12,56	8,01
Zuckerrübenschnitzel, Vollschnitzel	900	88	54	53	145	–14	12,47	7,93

Fortsetzung Tabelle 157

Futtermittel	Trockenmasse g/kg	in 1 kg Trockenmasse: VQ[1]) organische Masse	Rohfaser g	Rohprotein g	nutzbares Rohprotein g	ruminale Stickstoffbilanz g	ME MJ	NEL MJ
6. Körner und Samen								
Ackerbohne	880	91	89	298	195	17	13,62	8,61
Erbse	880	90	67	251	187	10	13,48	8,53
Gerste (Sommer)	880	87	52	119	165	–6	12,93	8,16
Gerste (Winter)	880	85	57	124	164	–5	12,84	8,08
Hafer	880	74	116	121	140	–2	11,48	6,97
Lein	880	83	71	249	122	20	17,34	10,75
Lupine blau, süß	880	90	162	333	212	19	14,19	8,91
Lupine gelb, süß	880	90	168	438	232	33	14,31	8,95
Mais	880	86	26	106	164	–8	13,29	8,39
Maiskolbenschrot								
– mit Hüllblättern	880	72	171	84	133	–7	10,61	6,38
– ohne Hüllblätter	880	76	82	92	144	–7	11,70	7,17
– ohne Hüllblätter, CCM	880	87	59	100	161	–9	13,29	8,40
Milo (Sorghum)	880	86	24	117	169	–7	13,12	8,28
Raps	880	74	89	221	98	20	17,51	10,72
Reis (Bruchreis)	880	89	9	89	161	–11	13,59	8,72
Roggen	880	90	27	112	167	–8	13,31	8,49
Sojabohne, dampferhitzt	880	86	62	398	189	33	15,88	9,90
Weizen (Winter)	880	89	29	138	172	–4	13,37	8,51
7. Nebenerzeugnisse der Müllerei								
Gerstenfuttermehl	880	76	89	151	154	0	11,50	7,01
Gerstenkleie	890	71	153	138	146	0	10,81	6,50
Gerstenschälkleie	900	57	207	129	121	1	8,67	4,97
Haferfutterflocken	910	86	22	139	160	–2	13,64	8,58
Haferschälkleie, über 20 % Rohfaser	910	61	270	68	108	–5	8,65	4,99
Haferspelzen	910	54	326	56	94	–5	7,47	4,20
Maisfuttermehl	890	85	59	118	162	–6	13,36	8,38
Maiskleie	890	81	121	114	161	–7	12,43	7,66
Reisfuttermehl, gelb	900	67	105	143	127	3	11,04	6,56
Reisfuttermehl, weiß	890	85	59	145	151	0	13,26	8,23
Roggenfuttermehl	880	84	37	173	164	1	12,37	7,68
Roggengrießkleie	880	74	66	164	145	3	11,05	6,69
Roggenkleie	880	73	83	163	143	3	10,67	6,42
Roggennachmehl	880	–	25	154	174	–2	13,49	8,59
Weizenfuttermehl	880	85	52	192	173	3	13,07	8,18
Weizengrießkleie	880	74	97	175	151	4	11,17	6,76
Weizenkleie	880	67	134	160	140	3	9,92	5,86
Weizennachmehl	880	87	33	192	177	2	13,52	8,53
8. Nebenerzeugnisse der Zucker- und Stärkeherstellung								
Futterzucker	990	96	0	1	–	–	14,15	9,30
Kartoffelpülpe, getrocknet	880	80	216	71	142	–10	11,18	6,84
Kartoffelstärke	830	92	0	2	0	0	13,51	8,77
Maiskleber, getrocknet	900	92	13	708	482	36	15,27	9,52
Maiskleberfutter								
– 20–23 % Protein	900	82	85	220	178	7	12,48	7,77
– 23–35 % Protein	890	82	90	258	189	11	12,46	7,71
Maisstärke	880	96	3	6	0	0	13,97	9,13
Melasse (Zuckerrübe), zuckerreich	770	89	0	136	160	–3	12,29	7,88
Melasserest (Zuckerrübe)	670	78	0	325	148	28	9,16	5,59
Melasseschnitzel	910	89	157	126	156	–7	12,09	7,61
Nassschnitzel, siliert	140	84	237	117	156	–5	11,70	7,23
Pressschnitzel, siliert	220	86	208	111	157	–6	11,87	7,40
Trockenschnitzel	900	86	205	99	156	–8	11,93	7,43
Weizenkleber	910	95	5	813	322	79	15,63	9,81

Fortsetzung Tabelle 157

Futtermittel	Trockenmasse	in 1 kg Trockenmasse						
	g/kg	VQ[1]) organische Masse	Rohfaser g	Rohprotein g	nutzbares Rohprotein g	ruminale Stickstoffbilanz g	ME MJ	NEL MJ
9. Nebenerzeugnisse des Gärungsgewerbes								
Biertreber,								
– frisch	240	66	178	253	185	11	10,91	6,44
– siliert	260	68	193	249	185	10	11,22	6,66
– getrocknet	900	66	170	259	198	10	10,57	6,19
Hefe (Bierhefe), getrocknet	900	84	25	521	324	32	12,40	7,61
Hefe (Sulfitablaugenhefe)	910	78	31	502	307	31	12,27	7,48
Malzkeime	920	70	145	297	180	19	10,36	6,17
Schlempe (Kartoffel), getrocknet	900	73	106	284	194	14	9,81	5,86
Schlempe (Mais), getrocknet	900	79	104	297	242	9	12,68	7,75
10. Nebenerzeugnisse der Ölgewinnung								
Baumwollsaat-Extraktionsschrot								
– aus geschälter Saat	900	76	96	501	285	35	11,85	7,15
– aus teilgeschälter Saat	900	69	185	412	243	27	10,95	6,52
– aus ungeschälter Saat	900	63	258	358	215	23	9,56	5,55
Baumwollsaatkuchen/Expeller, 4–8 % Fett								
– aus geschälter Saat	910	73	103	473	291	29	12,62	7,66
– aus teilgeschälter Saat	910	73	174	400	191	13	11,71	7,00
– aus ungeschälter Saat	910	59	267	273	245	23	9,77	5,65
Erdnuss-Extraktionsschrot								
– aus enthülster Saat	880	89	57	568	279	46	13,76	8,60
– aus teilenthülster Saat	920	85	117	521	261	42	13,10	8,09
Erdnusskuchen/Expeller, 4–8 % Fett								
– aus teilenthülster Saat	920	79	108	451	252	32	13,10	8,03
– aus unenthülster Saat	920	62	241	380	206	28	10,66	6,25
Kokos-Extraktionsschrot	900	83	161	238	222	2	12,21	7,56
– aufgefettet	900	80	152	232	216	3	12,22	7,52
Kokoskuchen/Expeller								
– 4–8 % Fett	900	80	152	229	222	1	12,50	7,69
– 8–12 % Fett	900	80	144	227	211	2	12,97	8,00
Lein-Extraktionsschrot	890	79	103	385	232	24	12,04	7,34
Leinkuchen/Expeller, 4–8 % Fett	900	77	107	373	240	21	12,36	7,52
Maiskeim-Extraktionsschrot								
– Maismühlenindustrie	890	85	81	132	164	– 4	12,44	7,81
– Stärkeindustrie	890	89	96	258	200	9	13,10	8,23
Maiskeimkuchen/Expeller								
– Maismühlenindustrie	910	83	70	134	163	– 4	12,75	7,94
– Stärkeindustrie	920	78	108	228	187	7	12,52	7,67
Palmkern-Extraktionsschrot	890	76	199	188	185	0	11,20	6,77
Palmkernkuchen/Expeller, 4–8 % Fett	910	76	169	207	194	2	12,26	7,47
Raps-Extraktionsschrot, 00-Typ	890	80	131	399	219	29	11,99	7,31
Rapskuchen/Expeller, 00-Typ, 4–8 % Fett	900	80	121	396	236	26	12,35	7,54
Soja-Extraktionsschrot aus geschälter Saat, dampferhitzt	890	92	39	548	324	36	13,73	8,59
Soja-Extraktionsschrot aus ungeschälter Saat, dampferhitzt	880	91	67	510	308	32	13,75	8,63
Sonnenblumen-Extraktionsschrot								
– aus geschälter Saat	910	80	135	439	229	33	11,88	7,22
– aus teilgeschälter Saat	900	65	223	379	193	30	10,24	6,02
Sonnenblumenkuchen/Expeller, 4–8 % Fett								
– aus geschälter Saat	900	75	112	492	259	37	12,14	7,29
– aus teilgeschälter Saat	910	65	206	390	213	28	11,05	6,53

Fortsetzung Tabelle 157

Futtermittel	Trockenmasse	in 1 kg Trockenmasse						
		VQ[1]) organische Masse	Rohfaser	Rohprotein	nutzbares Rohprotein	ruminale Stickstoffbilanz	ME	NEL
	g/kg		g	g	g	g	MJ	MJ
11. Tierische und sonstige Futtermittel								
Fischmehl, Typ 55								
– 60–65 % Protein, 3–8 % Fett	920	88	14	641	476	26	11,93	7,33
– 60–65 % Protein, über 8 % Fett	910	88	13	637	464	28	12,86	7,97
Fischmehl, Typ 60								
– 65–70 % Protein, 3–8 % Fett	900	88	9	685	506	29	12,50	7,70
Fischpresssaft, eingedickt	530	92	11	640	357	45	13,23	8,09
Milchprodukte								
– Buttermilchpulver	960	96	0	320	177	23	14,29	9,13
– Magermilch, frisch	85	96	0	368	179	30	13,94	8,96
– Magermilchpulver	960	96	0	365	179	30	13,75	8,82
– Vollmilch, frisch	140	97	0	264	128	22	19,31	12,47

[1]) Verdauungsquotient. [2]) Ergänzt aus »Fütterung der Milchkühe, Zuchtrinder, Mastrinder, Schafe, Ziegen«, LfL Tierzucht, Grub.

Tabelle 158: Gehaltswerte von Misch- und Mineralfuttermittel [1])

Futtermittel	1. Zeile: in 1000 g Trockenmasse (T) *2. Zeile: in 1000 g Frischfutter*								
	T	Rohfaser	Rohprotein	nutzbares Rohprotein	ruminale Stickstoffbilanz	NEL	ME	Ca	P
	g	g	g	g	g	MJ	MJ	g	g
Mischfuttermittel									
Kälberaufzuchtfutter 18 % RP		102	205	176	5	7,65	12,21	9,1	5,7
	880	*90*	*180*	*155*	*4*	*6,73*	*10,75*	*8,0*	*5,0*
Kälberaufzuchtfutter 24 % RP		102	273	196	12	7,81	12,49	9,1	5,7
	880	*90*	*240*	*172*	*11*	*6,88*	*10,99*	*8,0*	*5,0*
Milchaustauscher Aufzucht 15 % Fett		1	234	164	11	10,38	16,11	9,6	6,4
	940	*1*	*220*	*154*	*10*	*9,76*	*15,15*	*9,0*	*6,0*
Milchaustauscher Mast 20 % Fett		1	234	157	12	10,89	16,88	9,6	6,4
	940	*1*	*220*	*148*	*12*	*10,24*	*15,86*	*9,0*	*6,0*
Rindermastfutter I 20 % RP 1 K		159	227	171	9	6,69	10,96	11,4	5,7
	880	*140*	*200*	*150*	*8*	*5,89*	*9,65*	*10,0*	*5,0*
Rindermastfutter I 20 % RP K		125	227	178	8	7,20	11,66	11,4	5,7
	880	*110*	*200*	*156*	*7*	*6,34*	*10,26*	*10,0*	*5,0*
Rindermastfutter I 20 % RP 3 K		102	227	185	7	7,69	12,33	11,4	5,7
	880	*90*	*200*	*162*	*6*	*6,77*	*10,85*	*10,0*	*5,0*
Rindermastfutter II 32 % RP K		136	364	210	25	7,00	11,42	22,7	7,9
	880	*120*	*320*	*185*	*22*	*6,16*	*10,05*	*20,0*	*7,0*
Milchleistungsfutter									
MLF I 12 % RP Est. 4 TMR		80	136	161	−4	7,99	12,62	3,4	4,5
	880	*70*	*120*	*142*	*−4*	*7,03*	*11,11*	*3,0*	*4,0*
MLF I 14 % RP Est. 3		102	159	161	−1	7,61	12,11	8,0	4,5
	880	*90*	*140*	*142*	*−1*	*6,70*	*10,67*	*7,0*	*4,0*
MLF I 16 % RP Est. 3		102	182	171	2	7,61	12,15	8,0	4,5
	880	*90*	*160*	*151*	*2*	*6,70*	*10,69*	*7,0*	*4,0*
MLF II 18 % RP Est. 3		114	205	177	4	7,61	12,18	8,0	4,5
	880	*100*	*180*	*156*	*4*	*6,70*	*10,72*	*7,0*	*4,0*
MLF II 18 % RP Est. 4		91	205	196	1	8,02	12,79	8,0	6,2
	880	*80*	*180*	*172*	*1*	*7,06*	*11,26*	*7,0*	*5,5*
MLF III 25 % RP		153	284	185	16	6,59	10,90	17,0	6,8
	880	*135*	*250*	*162*	*14*	*5,80*	*9,59*	*15,0*	*6,0*
MLF IV 35 % RP Est. 4 TMR		91	398	266	21	7,96	12,83	3,4	8,0
	880	*80*	*350*	*234*	*19*	*7,00*	*11,29*	*3,0*	*7,0*

[1]) Aus »Fütterung der Milchkühe, Zuchtrinder, Mastrinder, Schafe, Ziegen«, LfL Tierzucht, Grub.

Fortsetzung Tabelle 158

Futtermittel	T	Rohfaser	Rohprotein	nutzbares Rohprotein	ruminale Stickstoffbilanz	NEL	ME	Ca	P
	1. Zeile: in 1000 g Trockenmasse (T) *2. Zeile: in 1000 g Frischfutter*								
	g	g	g	g	g	MJ	MJ	g	g
Mineralfuttermittel									
8 % Ca, 12 % P								84,2	126,3
	950							*80,0*	*120,0*
12 % Ca, 8 % P								126,3	84,2
	950							*120,0*	*80,0*
20 % Ca, 5 % P								210,5	52,6
	950							*200,0*	*50,0*
22 % Ca, 2 % P								231,6	21,0
	950							*220,0*	*20,0*
Kohlensaurer Kalk	997							381,4	0,4
Viehsalz	990								

Tabelle 159: Durchschnittliche Gewichtsentwicklung und Beifutteraufnahme wachsender Ferkel

Lebenswoche	∅ Lebendmasse zum Ende der Woche	Zunahme	Futteraufnahme (13 MJ ME/kg) je Tag	Futteraufnahme (13 MJ ME/kg) gesamt
	kg	g/Tag	g	kg
1	2,6	180	–	–
2	4,1	210	–	–
3	5,8	240	20–50	
4	7,7	270	100	1–2 Prestarter
5	9,8	300	200	
6	12,3	350	600	
7	15,4	450	700	30–35 Ferkelaufzuchtfutter
8	19,0	510	840	
9	23,0	580	1000	
10	27,8	670	1200	

Zunahmen: 1.–10. Woche ca. 370 g (350–400 g); 5.–10. Woche ca. 480 g (420–520 g).
Ferkelfutterverbrauch: 1.–5. Woche ca. 1–2 kg Ergänzungsfutter für Saugferkel; 5.–10. Woche ca. 33–36 kg Ferkelaufzuchtfutter; pro Zuchtsau und Jahr 650–750 kg. Quelle: LfL Tierzucht, Grub.

Tabelle 160: Auszug aus der Futterwerttabelle für Schweine (Quelle: LfL Tierzucht, Grub)

Nr.	Futtermittel	T	ME	RP	Lys	M+C	Thre	Tryp	Rohfaser	Ca	P	Na	K
		1. Zeile: in 1 kg Frischmasse *2. Zeile: in 1 kg Trockenfutter (870 g T)*											
		g	MJ	g	g	g	g	g	g	g	g	g	g
Grünfutter													
1205	Grünmais	280	2,62	24	0,8	0,7	0,9	0,2	59	0,6	0,6	0,0	3,1
		870	*8,13*	*74*	*2,6*	*2,1*	*2,9*	*0,7*	*183*	*1,8*	*1,9*	*0,1*	*9,6*
1714	Luzerne	180	1,55	39	2,1	0,9	1,8	0,7	41	3,1	0,4	0,1	4,9
		870	*7,48*	*188*	*10,0*	*4,1*	*8,6*	*3,6*	*198*	*14,9*	*2,1*	*0,3*	*23,5*
1614	Rotklee	140	1,26	29	1,6	0,7	1,4	0,5	27	1,8	0,5	0,1	5,4
		870	*7,83*	*183*	*9,9*	*4,4*	*9,0*	*2,9*	*167*	*10,9*	*3,2*	*0,3*	*33,5*
1014	Wiesengras	160	1,40	30	1,5	0,7	1,2	0,4	32	1,1	0,6	0,1	5,1
		870	*7,62*	*165*	*8,3*	*3,8*	*6,8*	*2,3*	*174*	*5,9*	*3,5*	*0,5*	*27,7*
1505	Zuckerrübenblatt	160	1,51	26	1,0	0,6	0,9	0,3	17	2,0	0,4	1,5	5,6
		870	*8,19*	*131*	*5,6*	*3,5*	*5,0*	*1,4*	*95*	*10,8*	*2,2*	*8,2*	*30,4*

Fortsetzung Tabelle 160

Nr.	Futtermittel	1. Zeile: in 1 kg Frischmasse *2. Zeile: in 1 kg Trockenfutter (870 g T)*											
		T g	ME MJ	RP g	Lys g	M+C g	Thre g	Tryp g	Rohfaser g	Ca g	P g	Na g	K g
Raufutter													
3014	Heu	860	5,47	110	4,6	2,9	4,7	0,0	211	4,8	3,1	0,4	24,4
3145	Haferstroh	860	1,88	31	0,0	0,2	0,0	0,0	381	3,5	1,2	1,9	18,1
Gärfutter													
5205	Maiskorn-Silage (MKS)	650	10,17	68	1,8	2,8	2,6	0,6	17	0,3	2,6	0,1	3,1
		870	*13,61*	*90*	*2,5*	*3,7*	*3,5*	*0,8*	*23*	*0,3*	*3,5*	*0,1*	*4,2*
5224	CCM (3,5 % Rohfaser)	650	9,93	68	1,8	2,2	2,4	0,4	23	0,5	2,0	0,1	3,3
		870	*13,29*	*91*	*2,4*	*2,9*	*3,2*	*0,6*	*30*	*0,7*	*2,6*	*0,1*	*4,4*
5225	CCM (5,3 % Rohfaser)	600	8,95	63	1,6	2,0	2,2	0,4	32	0,5	1,8	0,1	3,0
		870	*12,98*	*91*	*2,4*	*2,9*	*3,2*	*0,6*	*46*	*0,7*	*2,6*	*0,1*	*4,4*
5235	Maiskolbenschrot	550	7,80	52	1,4	2,1	2,0	0,5	51	0,4	1,5	0,1	3,3
	(7,6 % Rohfaser)	*870*	*12,34*	*83*	*2,2*	*3,3*	*3,2*	*0,8*	*81*	*0,7*	*2,4*	*0,1*	*5,2*
5245	Lieschkolbensilage	500	7,08	48	1,3	1,9	1,9	0,4	47	0,4	1,4	0,0	3,0
	(LKS), gesiebt	*870*	*12,31*	*83*	*2,2*	*3,3*	*3,2*	*0,8*	*81*	*0,7*	*2,4*	*0,1*	*5,2*
2235	Lieschkolbensilage	450	5,40	44	1,0	1,8	1,7	0,4	72	0,2	1,3	0,0	2,7
	(LKS)	*870*	*10,45*	*84*	*1,9*	*3,4*	*3,3*	*0,8*	*138*	*0,4*	*2,4*	*0,0*	*5,2*
2225	Maissilage	300	2,97	24	0,6	0,7	0,9	0,2	57	0,7	0,8	0,1	3,6
		870	*8,62*	*70*	*1,7*	*2,0*	*2,7*	*0,7*	*165*	*2,1*	*2,2*	*0,2*	*10,4*
2014	Grassilage	400	2,98	67	2,7	1,3	2,7	0,9	89	2,8	1,5	0,4	11,7
		870	*6,49*	*145*	*6,0*	*2,8*	*6,0*	*2,0*	*193*	*6,0*	*3,4*	*0,9*	*25,5*
2505	Zuckerrübenblatt-Silage	180	1,22	28	1,1	0,7	1,0	0,3	26	2,7	0,4	1,8	6,4
		870	*5,91*	*136*	*5,4*	*3,4*	*4,9*	*1,4*	*126*	*13,0*	*2,1*	*8,6*	*31,0*
Rüben und Nebenerzeugnisse der Zuckerherstellung													
5555	Gehaltsfutterrübe	146	1,81	12	0,4	0,5	0,3	0,1	10	0,4	0,4	0,6	4,4
		870	*10,81*	*74*	*2,5*	*3,1*	*1,8*	*0,5*	*57*	*2,3*	*2,1*	*3,5*	*26,1*
5565	Massenfutterrübe	110	1,27	10	0,4	0,4	0,2	0,1	9	0,3	0,3	0,4	3,9
		870	*10,05*	*82*	*2,8*	*3,4*	*2,0*	*0,6*	*69*	*2,2*	*2,2*	*2,9*	*30,4*
5505	Zuckerrübe	232	3,02	16	0,6	0,6	0,3	0,1	13	0,5	0,3	0,2	1,9
		870	*11,31*	*59*	*2,4*	*2,3*	*1,1*	*0,4*	*47*	*2,0*	*1,3*	*0,8*	*7,0*
7545	Melasse	770	10,23	99	2,5	2,9	5,1	0,8	4	4,2	0,2	5,6	35,4
		870	*11,56*	*112*	*2,8*	*3,3*	*5,7*	*0,9*	*4*	*4,7*	*0,3*	*6,4*	*40,0*
7515	Nassschnitzel	127	1,02	14	0,6	0,4	0,7	0,2	32	1,2	0,1	0,5	0,9
		870	*6,99*	*98*	*3,9*	*2,9*	*5,0*	*1,1*	*217*	*8,4*	*0,8*	*3,3*	*6,1*
7525	Pressschnitzel	200	1,64	23	0,9	0,7	1,2	0,2	42	1,9	0,2	0,8	1,6
		870	*7,13*	*98*	*3,9*	*2,9*	*5,0*	*1,1*	*184*	*8,4*	*0,8*	*3,3*	*7,0*
Kartoffeln und Nebenerzeugnisse der Stärkeherstellung													
5605	Kartoffel, roh, 16 % Stärke	220	2,57	21	1,1	0,7	0,9	0,3	6	0,1	0,6	0,1	4,8
		870	*10,15*	*84*	*4,4*	*2,7*	*3,4*	*1,2*	*23*	*0,3*	*2,2*	*0,5*	*19,1*
5615	Kartoffel, roh, siliert,	300	3,66	27	1,4	0,6	1,1	0,4	8	0,1	0,8	0,2	6,6
	16 % Stärke	*870*	*10,61*	*78*	*4,1*	*2,5*	*3,1*	*1,1*	*24*	*0,3*	*2,2*	*0,5*	*19,1*
5625	Kartoffel, gedämpft,	220	3,30	22	1,1	0,6	0,8	0,2	6	0,2	0,6	0,0	4,8
	16 % Stärke	*870*	*13,05*	*85*	*4,4*	*2,2*	*3,0*	*0,9*	*24*	*0,7*	*2,2*	*0,0*	*19,1*
5635	Kartoffel, gedämpft, siliert,	220	3,30	24	1,2	0,8	0,8	0,3	8	0,2	0,4	0,0	4,8
	16 % Stärke	*870*	*13,03*	*94*	*4,9*	*3,2*	*3,3*	*1,0*	*32*	*0,7*	*1,7*	*0,0*	*19,1*
7605	Kartoffelschälabfälle, roh	110	1,22	12	0,6	0,4	0,5	0,2	5	0,0	0,3	0,1	2,4
		870	*9,64*	*91*	*4,8*	*2,9*	*3,7*	*1,3*	*39*	*0,3*	*2,2*	*0,5*	*19,1*
7625	Kartoffelschälabfälle,	108	1,51	17	0,9	0,4	0,6	0,2	7	0,1	0,3	0,0	2,4
	gedämpft	*870*	*12,15*	*134*	*7,0*	*3,5*	*4,7*	*1,5*	*53*	*0,7*	*2,2*	*0,0*	*19,1*
7635	Kartoffelpresspülpe,	180	1,97	9	0,5	0,3	0,4	0,1	37	0,1	0,5	0,0	4,0
	siliert	*870*	*9,54*	*43*	*2,2*	*1,4*	*1,7*	*0,6*	*181*	*0,6*	*2,3*	*0,1*	*19,1*
Brauerei- und Brennereiprodukte													
7015	Bierhefe	100	1,38	53	3,3	1,4	2,4	0,7	2	0,2	0,5	0,0	1,5
		870	*12,04*	*457*	*28,3*	*11,9*	*21,1*	*6,5*	*15*	*1,6*	*3,9*	*0,3*	*12,8*

Fortsetzung Tabelle 160

Nr.	Futtermittel	T g	ME MJ	RP g	Lys g	M+C g	Thre g	Tryp g	Rohfaser g	Ca g	P g	Na g	K g
		1. Zeile: in 1 kg Frischmasse *2. Zeile: in 1 kg Trockenfutter (870 g T)*											
7025	Biertreber	237	2,18	59	2,5	1,5	2,2	0,4	43	0,9	1,6	0,1	0,2
		870	8,00	217	9,1	5,5	8,0	1,3	159	3,3	5,8	0,4	0,9
7026	Biertreber, siliert	262	2,44	65	2,7	1,6	2,4	0,4	51	0,9	1,5	0,1	0,3
		870	8,11	215	9,0	5,4	8,0	1,3	170	2,9	5,0	0,3	0,9
7645	Kartoffelschlempe	72	0,77	25	1,2	0,3	0,9	0,1	5	0,2	0,5	0,0	4,0
		870	9,28	307	14,4	4,0	11,1	1,5	58	2,4	6,4	0,5	47,8
7205	Maisschlempe	72	0,99	20	0,5	0,4	0,7	0,1	7	0,2	0,6	0,1	0,7
		870	11,96	247	6,2	4,5	8,9	1,5	81	2,2	7,5	1,1	7,9
7145	Weizenschlempe	56	0,63	21	0,6	0,6	0,7	0,0	6	0,2	0,3	0,2	0,4
		870	9,86	321	9,6	8,5	10,3	0,0	97	3,0	4,6	2,7	7,0
Molkereiprodukte, frisch													
7715	Buttermilch	80	1,33	30	2,3	1,0	1,4	0,4	0	0,9	0,7	0,3	1,4
		870	14,48	325	25,1	10,7	15,3	4,6	0	9,4	7,5	3,1	15,7
7725	Magermilch	86	1,36	31	2,4	1,1	1,5	0,4	0	1,2	0,9	0,3	1,0
		870	13,72	314	24,2	10,5	14,8	4,4	0	11,8	9,5	3,2	10,4
7735	Labmolke	50	0,70	7	0,5	0,3	0,4	0,1	0	0,4	0,5	0,3	1,3
		870	12,23	119	8,5	4,0	7,3	1,9	0	7,1	7,5	5,6	21,7
7736	Labmolke, eingedickt	120	1,69	16	1,2	0,6	1,0	0,3	0	1,0	1,0	0,8	3,0
		870	12,23	119	8,5	4,0	7,3	1,9	0	7,1	7,5	5,6	21,7
7745	Sauermolke	50	0,68	8	0,6	0,3	0,5	0,1	0	1,1	0,8	0,3	1,3
		870	11,91	136	9,6	4,4	8,3	2,4	0	17,1	14,0	5,6	21,7
7746	Sauermolke, eingedickt	120	1,64	19	1,3	0,6	1,1	0,3	0	2,4	1,9	0,8	3,0
		870	11,91	136	9,6	4,4	8,3	2,4	0	17,1	14,0	5,6	21,7
7755	Permeatmolke	40	0,51	2	0,1	0,0	0,1	0,0	0	1,0	0,5	0,3	1,1
		870	11,17	37	1,5	0,6	1,1	0,3	0	20,7	11,7	7,4	21,7
7765	Milchzuckermelasse	300	3,42	68	4,8	2,4	4,1	1,2	0	10,2	5,4	4,8	12,0
		870	9,91	196	13,9	6,9	11,9	3,5	0	29,6	15,7	13,9	34,8
7766	Milchzuckermelasse,	225	3,43	24	1,2	0,4	1,4	0,1	0	11,0	7,1	4,7	11,4
	proteinarm	870	9,91	93	4,6	1,5	5,4	0,3	0	42,5	27,5	18,2	44,0
5705	Vollmilch (Kuh)	135	3,01	35	2,7	1,4	1,7	0,5	0	1,2	1,0	0,4	1,5
		870	19,39	228	17,3	8,9	11,2	3,2	0	7,5	6,2	2,8	9,5
Nebenprodukte der Lebensmittelverarbeitung (Schlacht-, Back- und Küchenabfälle)													
5185	Altbrot	650	10,91	80	2,4	1,7	2,1	0,6	9	0,6	1,6	2,7	3,3
		870	14,61	107	3,2	2,3	2,8	0,9	12	0,8	2,1	3,6	4,4
7824	Speisereste, fettarm	144	1,72	47	2,5	1,2	1,6	0,4	7	7,2	3,5	1,7	1,4
		870	10,41	283	15,0	7,2	9,6	2,2	44	43,6	21,1	10,4	8,7
7825	Speisereste, mittelfett	156	2,30	45	2,4	1,2	1,6	0,4	10	4,5	1,8	1,7	1,6
		870	12,82	250	13,3	6,5	8,7	2,3	56	25,0	10,0	9,2	8,7
7826	Speisereste, fettreich	180	3,59	43	2,5	1,3	1,6	0,4	5	1,9	0,8	1,6	1,8
		870	17,36	206	12,2	6,2	7,6	1,9	25	9,4	4,0	7,9	8,7
6185	Backabfälle	877	14,60	106	2,7	3,9	3,1	1,1	11	0,1	2,3	10,9	8,8
6835	Griebenkuchen	925	22,27	580	29,6	18,0	16,2	4,1	0	0,9	20,9	10,0	4,0
4535	Futterzucker	965	14,63	14	0,0	0,0	0,0	0,0	0	0,4	0,1	0,1	1,0
Trockenfutter													
4305	Ackerbohnen	870	12,52	260	16,7	4,8	9,1	2,3	78	1,4	4,2	0,2	11,3
6015	Bierhefe	900	12,47	469	29,1	11,2	21,7	6,7	22	1,6	4,1	0,3	13,2
6025	Biertreber	900	8,51	238	8,9	10,0	8,7	1,4	152	4,1	6,5	0,5	0,9
4345	Erbsen	870	13,48	225	15,7	5,2	8,1	2,0	59	0,8	4,2	0,2	9,6
6456	Erdnuss-Extraktionsschrot, entschält	886	13,94	503	18,1	13,0	12,9	4,9	51	1,4	5,9	0,4	11,5
6455	Erdnuss-Extraktionsschrot, teilentschält	908	13,32	481	16,3	12,5	12,6	4,7	104	2,3	5,3	0,3	12,7
4846	Fischmehl, 65–70 % RP	910	14,11	656	50,0	24,3	27,5	6,8	7	38,9	24,8	7,7	6,8
4845	Fischmehl, 60–65 % RP	900	13,48	608	46,3	22,5	25,5	6,3	9	42,8	25,4	8,8	7,2
4844	Fischmehl, 55–60 % RP	920	13,04	581	45,9	21,5	24,3	6,0	14	50,1	32,8	6,3	8,3

Nr.	Futtermittel	T g	ME MJ	RP g	Lys g	M+C g	Thre g	Tryp g	Rohfaser g	Ca g	P g	Na g	K g
		1. Zeile: in 1 kg Frischmasse *2. Zeile: in 1 kg Trockenfutter (870 g T)*											
4025	Gerste, 2-zeilig	870	12,54	104	3,8	4,1	3,6	1,2	46	0,7	3,4	0,3	4,4
4026	Gerste, 4-zeilig	870	12,48	109	3,9	5,2	3,7	1,3	50	0,6	3,6	0,7	3,5
3074	Grascobs, Blattstadium	890	6,94	170	6,6	3,9	7,3	2,7	148	7,3	3,8	0,5	28,2
4065	Hafer	870	11,09	107	4,6	4,8	3,7	1,3	98	1,0	3,0	0,3	4,4
4075	Haferflocken	910	15,07	117	4,5	5,0	3,3	1,5	16	0,9	4,0	0,3	3,8
6635	Kartoffelpülpe	880	9,74	61	3,2	1,9	2,4	0,9	166	0,2	2,2	0,1	19,4
4625	Kartoffelstärke	836	13,58	3	0,0	0,0	0,0	0,0	4	0,2	0,5	0,2	0,8
4405	Leinsamen	910	16,68	226	9,0	7,9	8,8	3,4	66	2,5	4,9	0,8	7,3
6406	Leinkuchen, -expeller	899	10,86	337	11,8	11,8	12,8	6,4	99	3,8	7,4	0,9	10,8
6405	Lein-Extraktionsschrot	886	10,40	340	12,2	11,9	13,9	5,4	91	4,0	8,4	1,0	10,6
4365	Lupine, weiß, süß	870	13,45	327	17,0	9,5	13,4	3,3	118	2,5	4,4	0,5	8,3
3774	Luzernecobs, jung	900	7,79	174	7,5	4,0	7,1	2,4	169	12,0	3,3	0,4	30,8
4205	Mais	870	13,93	92	2,4	4,0	3,3	0,6	23	0,3	3,5	0,2	4,2
6035	Malzkeime	920	7,99	272	13,3	7,6	9,8	2,4	133	2,4	7,5	0,6	19,3
4665	Maniokmehl, -schnitzel	871	13,34	23	1,1	0,6	0,9	0,2	28	1,4	1,0	0,4	7,0
4664	Maniokmehl Typ 55	866	12,58	23	1,2	0,6	0,9	0,2	48	1,6	0,7	0,2	7,8
4285	Milokorn, Hirse	870	12,76	113	2,4	4,1	4,2	1,6	45	0,8	2,8	0,6	2,7
6425	Raps-Extraktionsschrot	886	9,85	360	20,1	16,2	15,7	4,7	114	6,1	10,5	0,1	13,3
4105	Roggen	870	13,29	98	4,0	4,4	3,5	0,9	24	0,8	2,9	0,2	5,2
6105	Roggennachmehl	878	13,53	147	5,3	4,7	5,7	0,9	18	0,8	4,6	0,1	7,0
6135	Roggenkleie	881	8,89	144	6,7	3,4	6,5	1,1	73	1,5	10,0	0,7	12,3
6436	Soja-Extraktionsschrot, 48 % RP HP	870	14,10	480	30,1	14,4	19,1	6,2	34	2,8	6,6	0,3	20,0
6435	Soja-Extraktionsschrot, 44 % RP NT	870	12,75	437	26,4	12,3	16,9	5,8	69	4,1	5,6	0,3	18,8
6448	Sonnenblumenkuchen (high oleic)	910	13,56	273	9,8	9,6	9,0	2,7	161	3,8	9,7	0,1	16,0
6446	Sonnenblumen-Extraktionsschrot, entschält	894	11,88	409	14,7	16,3	15,1	6,1	114	3,9	8,9	0,1	11,6
6445	Sonnenblumen-Extraktionsschrot, teilentschält	899	10,78	344	12,4	13,8	12,1	4,8	200	3,6	9,6	0,4	11,7
4125	Triticale	870	13,64	112	3,4	3,5	2,9	1,2	23	0,5	3,0	0,2	4,9
6505	Trockenschnitzel	906	8,19	91	3,5	2,1	3,0	0,7	187	8,8	1,0	2,2	8,2
4145	Weizen	870	13,63	120	3,4	3,8	3,5	1,6	25	0,6	3,3	0,1	4,4
6145	Weizennachmehl	881	14,25	170	6,0	6,8	5,6	2,2	29	0,8	6,5	0,1	7,9
6175	Weizenkleie	880	8,33	141	5,8	5,1	4,7	2,0	118	1,6	11,4	0,5	10,6
	Orientierungswerte für Ergänzungsfutter												
8265	Ergänzungsfutter Mast	870	12,70	400	30,0	12,0	16,0	5,0	25	27,0	10,0	5,0	15,0
8264	Ergänzungsfutter Mast (mit Phytase)	870	12,70	400	30,0	12,0	16,0	5,0	25	25,0	5,5	5,0	16,5
8355	Ergänzungsfutter Zuchtsauen	870	12,70	350	25,0	9,0	12,0	4,5	60	35,0	12,0	7,0	15,0
8216	Ergänzungsfutter Ferkel (mit Phytase)	870	12,50	450	45,0	17,0	24,0	8,0	40	40,0	20,0	7,0	15,0
	Fette und Öle												
5435	Sojaöl	999	37,32	0	0	0	0	0	0	0	0	0	0
5425	Rapsöl	999	36,58	0	0	0	0	0	0	0	0	0	0
	Mineralfutter												
8284	Mineralfutter Ferkel	900	–	–	70	20	25	0	0	180	40	50	–
8295	Mineralfutter Mast	900	–	–	50	5	10	0	0	250	40	50	–
8294	Mineralfutter Molkemast	900	–	–	50	0	0	0	0	250	20	20	–
8385	Mineralfutter Zuchtsauen, säugend	900	–	–	50	20	10	0	0	200	40	50	–
4925	Kohlensaurer Kalk	997	0,00	0	0	0	0	0	0	380	0,4	0	–
4905	Dicalciumphosphat	950	0,00	0	0	0	0	0	0	228	176	0	–
4945	Viehsalz	900	0,00	0	0	0	0	0	0	0	0	356	–

Tabelle 161: Richtwerte zum täglichen Nähr- und Mineralstoffbedarf für Zuchtschweine (DLG 1999)

Zuchtschweine		ME MJ	RP g	Lysin g	Ca g	P g	vP g	Na g
Zuchtsauen:	niedertragend[1])	28	290	12,4	7,5	5,5	2,7	5,0
	hochtragend[1])	33	340	14,5	18,0	13,0	6,3	5,5
	säugend[2]) (10 Ferkel)	70	900	53,0	50,0	30,0	16,5	10,0
	(12 Ferkel)	78	1000	58,0	53,0	33,0	18,5	11,0
	Absetzen bis Decken	33	430	23,0	9,0	6,5	3,3	5,0
Jungsauen:	30–60 kg LM	19	280	14	11,0	8,0	4,0	1,9
	60–90 kg LM	27	330	17	14,0	10,0	5,0	2,5
	90–110 kg LM	30	280	14	13,0	8,0	4,5	3,0
Jungeber:	30–60 kg LM	21	320	18	12,0	8,5	4,5	2,0
	60–90 kg LM	27	420	23	15,0	10,0	5,5	2,5
	90–110 kg LM	31	430	24	14,0	9,0	5,0	3,0
Deckeber:	120–180 kg LM	30	450	24	20,0	14,5	7,5	3,0
	über 180 kg LM[3])	30	450	24	20,0	14,5	7,5	3,0

[1]) Sauen mit mehr als 200 kg beim Belegen brauchen je 10 kg Körpermasse einen Zuschlag von 1 MJ ME. Zwischen Jungsauen (Wachstum) und Altsauen (Erhaltungsbedarf) wird nicht unterschieden.

[2]) Die Bedarfsempfehlung für säugende Sauen berücksichtigt eine 4-wöchige Säugeperiode mit einer Wurfgröße von 10 Ferkeln (Jungsauen) bzw. 12 Ferkeln (Altsauen).

[3]) Bei intensiver Zuchtnutzung haben sich zur Erzielung ausreichender Spermamengen tägliche Lysingaben von 35–40 g bewährt (Lys. : M + C = 1 : 0,7). Quelle: LfL Tierzucht, Grub, Futterberechnung für Schweine, 14. Auflage.

Tabelle 162: Richtwerte zum täglichen Nähr- und Mineralstoffbedarf für Ferkel (DLG 1999)

Lebenswoche	ME MJ	Rohprotein g	Lysin g	Ca g	P g	vP g	Na g
1.	Sauenmilch						
2.	Sauenmilch + Ergänzungsfutter für Saugferkel						
3.	5,0	80	4,8	3,3	2,4	1,3	0,1
4.	5,5	100	5,3	3,8	2,8	1,5	0,2
5.	6,6	111	6,2	4,3	3,2	1,7	0,4
6.	8,0	133	7,2	5,0	3,7	2,0	1,2
7.	9,5	165	8,4	5,8	4,2	2,3	1,4
8.	10,9	195	9,2	6,5	4,7	2,6	1,7
9.	13,0	205	10,8	7,8	5,6	3,1	2,0
10.	15,6	240	13,0	9,3	6,7	3,7	2,4
11.	16,9	280	15,5	10,0	7,2	4,0	2,6

Tabelle 163: Richtwerte zum täglichen Nähr- und Mineralstoffbedarf für Mastschweine bei mittleren Tageszunahmen von 700 g (DLG 2002)

Lebendmasse kg	∅ tägliche Zunahmen g	ME MJ	Rp[1]) g	Lysin g	M+C g	Thr g	Try g	Ca[2]) g	P[2]) g	vP[2]) g	Na[3]) g
25–40	620	18,2	260	13,8	8,3	9,0	2,8	10,0	7,2	3,6	2,1
40–50	700	22,7	300	16,0	9,5	9,5	3,2	11,5	8,4	4,2	2,6
50–60	740	25,8	320	16,8	10,1	10,1	3,4	12,0	9,0	4,5	3,0
60–70	765	29,0	350	18,3	11,0	11,0	3,7	13,0	9,6	4,7	3,3
70–80	780	31,5	360	19,2	11,5	11,5	3,8	13,5	10,0	5,0	3,6
80–90	760	33,7	360	18,9	11,3	11,3	3,8	12,5	9,0	4,5	3,9
90–115	680	34,8	340	18,1	10,9	10,9	3,6	12,0	8,6	4,3	4,0

[1]) ≥ 5,3 g Lysin/100 g Rohprotein. [2]) Ca : P = 1,3 : 1; Ca : vP = 2,5–3 : 1 [3]) Na: 1,5 g/kg Alleinfutter (13,0 MJ/kg).

Tabelle 164: Richtwerte zum täglichen Nähr- und Mineralstoffbedarf für Mastschweine bei mittleren Tageszunahmen von 800 g (DLG 2002)

Lebendmasse kg	∅ tägliche Zunahmen g	ME MJ	Rp[1]) g	Lysin g	M+C g	Thr g	Try g	Ca[2]) g	P[2]) g	vP[2]) g	Na[3]) g
25–40	700	19,5	275	16,0	9,5	10,5	3,2	11,0	8,2	4,1	2,2
40–50	800	24,7	325	18,1	10,8	10,8	3,6	12,5	9,5	4,7	2,9
50–60	900	29,3	360	20,1	12,1	12,1	4,0	14,5	10,5	5,3	3,4
60–70	960	33,1	400	21,5	12,9	12,9	4,3	15,5	11,5	5,7	3,9
70–80	900	35,0	410	21,9	13,1	13,1	4,4	16,5	12,0	6,1	4,2
80–90	850	36,0	385	20,5	12,3	12,3	4,1	13,5	10,0	5,0	4,2
90–115	730	36,0	360	19,0	11,4	11,4	3,8	12,5	9,0	4,5	4,2

[1]) ≥ 5,3 g Lysin/100 g Rohprotein.
[2]) Ca : P = 1,3 : 1
Ca : vP = 2,5–3 : 1
[3]) Na: 1,5 g/kg Alleinfutter (13,0 MJ/kg).

Tabelle 165: Mindest-Standards für Futtergetreide (Empfehlungen des Deutschen Verbandes für Tiernahrung (DVT), gelten für die Verarbeitung von gereinigtem Getreide)

Qualitätsparameter		Weizen	Gerste	Roggen	Triticale	Hafer	Mais
Hektoliter-Gewicht	kg	≥ 74	≥ 62	≥ 68	≥ 70	≥ 50	–
Feuchtigkeit	%	≤ 15	≤ 15	≤ 15	≤ 15	≤ 15	≤ 15
Besatz	%	≤ 2,0	≤ 2,0	≤ 2,0	≤ 2,0	≤ 2,0	≤ 2,0
Schwarzbesatz	%	≤ 0,5	≤ 0,5	≤ 0,5	≤ 0,5	≤ 0,5	≤ 0,5
davon Mutterkorn	%	≤ 0,1	–	≤ 0,2	≤ 0,1	–	–
Schmachtkorn	%	≤ 10	≤ 10	≤ 10	≤ 10	≤ 10	–
Bruch	%	≤ 5	≤ 5	≤ 5	≤ 5	≤ 5	≤ 10
Mykotoxine (Pilzgifte)							
DON [1])	mg/kg	≤ 1,0	≤ 1,0	≤ 1,0	≤ 1,0	≤ 1,0	≤ 1,0
ZEA [2])	mg/kg	≤ 0,05	≤ 0,05	≤ 0,05	≤ 0,05	≤ 0,05	≤ 0,05
Afla [3]) B1	mg/kg	≤ 0,05	≤ 0,05	≤ 0,05	≤ 0,05	≤ 0,05	≤ 0,02

[1]) DON = Deoxynivalenol. [2]) ZEA = Zearalenon. [3]) Afla = Aflatoxin.

Tabelle 166: Richtwerte für ein optimales Stallklima für Schweine

Parameter			DIN 18910	SHVO § 9 [1]) mit Einstreu	SHVO § 9 [1]) ohne Einstreu	optimal/tiergerecht ohne Einstreu	
Temperatur im Liegebereich		°C					
Ferkel bis 10. Lebenstag				mindestens 30		39	
Läufer	bis 10 kg			16	20	28	
	10–20 kg		26–20	14	18	24	
	20–30 kg		22–18	12	16	22	
Mast	30–60 kg		20–16	12	16	18–20	
	60–100 kg		18–14	12	16	16–18	
relative Luftfeuchte		%	40–80			60–70	
Schadgase		ppm				**Flat Deck**	**Mast**
NH_3			50	< 10		10	10 (20)
H_2S			10	< 0,5		0	0
CO_2			3500	< 3000		1000	1500
Luftbewegung		m/s		im Optimalbereich 0,2 jüngere Tiere 0,1		im Sommer möglich bis 0,5	

[1]) Schweinehaltungs-Verordnung.

Tabelle 167: Pflanzen für den Zwischenfruchtbau

Pflanze	Merkmale, besondere Eignung	Saatgut-bedarf kg/ha	Ertrag dt/ha Trockenmasse	Brutto-Nährstoffertrag[1] kStE/ha	GJ NEL
Untersaaten					
Weißklee	für bessere Böden; schlecht mähfähig, daher besser im Gemisch anbauen; Morsö-Typ	8–12	15–20	1000–1300	9
Gelbklee	auch für trockene Lagen; nur zur Gründüngung	10	15–20	1000–1300	–
Welsches Weidelgras	bringt große Wurzelmasse, daher gut zur Gründüngung geeignet	20	25–30	1500–1800	20
Stoppelsaaten					
Erbsen, Wicken, Ackerbohnen, (Gemische)	sehr gute Vorfruchtwirkung, aber langsames Jugendwachstum, daher Aussaat schon im Juli nötig	Erbsen 90 Wicken 50 Bohnen 30	35–45	–	16
Perser Klee mit Einjährigem Weidelgras	rasches Wachstum; Saatzeit spätestens Anfang August	15–20	25–35	1500–2000	14
Winterraps, Winterrübsen	schnelles Wachstum, ertragssicher; für Gründüngung oft Kurzschlegeln nötig	10–15	15–35	–	16
Senf	Saat bis Mitte September möglich, Ernte vor Blühbeginn (Senfölbildung!)	18–20	30–40	–	–
Ölrettich	für alle Böden geeignet, schnelles Wachstum; für Gründüngung Kurzschlägeln nötig	18–24	40–50	–	14
Sonnenblumen	hohe Erträge, wenn die Saat spätestens Anfang August erfolgt; auch für trockenere Lagen; Vorfruchtwirkung gering; verfüttern nur in siliertem Zustand	40	40–70	–	–
Phacelia	gute Gründüngungswirkung; Bodengesundungspflanze, da sie weder Kreuz- noch Schmetterlingsblütler und daher auch kein Zwischenwirt für Krankheiten und Schädlinge ist; keine Futterpflanze	10–15	25–35	–	–
Markstammkohl	braucht genügend Bodenfeuchtigkeit und viel Stickstoff (150 kg/ha); Saat spätestens bis Ende Juli	4–6	50–60	–	33
Stoppelrüben	für feuchte Lagen; bringt hohe Erträge; geringe Bodenansprüche	2–3	50–65	–	19
Winterzwischenfrüchte					
Winterrübsen, Winterraps	geringe Bodenansprüche; schnelles Wachstum im Frühjahr; Nutzung höchstens bis Blühbeginn (bis Anfang Mai)	12	30–45	1800–2700	17
Grünroggen	geringe Bodenansprüche; frosthart; Nutzung bis zum Spitzen der Grannen	140–200	50–70	2500–3500	26
Wickroggen	größerer Eiweißgehalt wegen des Leguminosenanteils	Wicken 50 Roggen 80	50–70	2700–3800	–
Landsberger Gemenge	für bessere Böden; wintert besonders bei häufigen Kahlfrösten leicht aus; bringt hohe Erträge, wird gern gefressen	Winterwicken 21 Inkarnatklee 9 Welsches Weidelgras 30	50–70	3000–4300	–

[1]) Soweit Angaben in der Fachliteratur vorhanden.

Tabelle 168: Vorfruchtschema (nach Unterlagen von DIJKEMA, KLAPP UND KÖNNECKE)

Vorfrucht	Weizen	Wintergerste	Sommergerste	Roggen	Hafer	Mais	Erbsen	Gartenbohnen	Ackerbohnen	Luzerne, Klee	Gräser, Grünland	Spätkartoffeln	Frühkartoffeln	W.-Raps, Rübsen	Z.- und F.-Rüben	Kohlrüben
Winterweizen	●	●	●	+	+	+				+	+				+	+
Sommerweizen	●	●	●	+	+		△						△	△		
Wintergerste	+	●	●	+	+	●			○	+	+	●			●	●
Sommergerste	+	●	+	+	+		○	○	○	●	+	△	△			
Winterroggen	+	+	+	+	+	+				+	+	+				
Sommerroggen	+	+	+	+	+		△						△	△		
Hafer	+	+	+	+	○								△	△		
Mais						○							△	△		
Erbsen, Bohnen		△					●	●	●	●			△	△		
Ackerbohnen		△					●	●	●	●			△	△		
Luzerne[1]	○	+			+	+	●	●	●	●	●			+		
Rotklee[1]	+	+			+	+	●	●	●	●	●			+		
Gräser[1]	+	+				+					+	+				
Spätkartoffeln		△										○	○	△		
Frühkartoffeln		△										○	○	△		
W.-Raps, Rübsen	●			+	○	●		○	●			●		○	●	●
Zuckerrüben										○	○		△	●	●	●
Runkelrüben													△	●	●	●
Kohlrüben (Hauptfrucht)													△	●	●	●

[1]) Nach Getreide und Raps als Untersaat, sonst als Blanksaat gewertet.

□ = Günstig.
△ = Günstig, aber Luxusfolge; andere Nachfrüchte nutzen die Vorfrucht besser aus; mit Zweit- oder Zwischenfrucht eventuell vertretbar.
\+ = Möglich.
○ = Bedingt möglich; nicht bei später Vorfruchternte oder in Trockenlagen oder bei Schädlingsgefahr (meist Nematoden) oder bei Lagergefahr (Sommergerste nach Leguminosen).
● = Sehr schlecht oder unmöglich oder ungebräuchlich.

Tabelle 169: Beurteilung des Feuchtegehaltes bei Grüngut
(aus: Lehrbuch »Die Landwirtschaft«, Pflanzliche Erzeugung)

Feuchtegehalt %	Merkmale	Feuchtegehalt %	Merkmale
85–75	frisch geschnitten, keine Welkeerscheinungen;	40–30	Blätter bereits trocken, rascheln, bei Nagelprobe Saftaustritt am Stängel, Bröckelverlustgefahr;
75–60	Blätter welken, Farbe blass, Stängel noch prall und grün;	30–25	Stängel noch weich, aber bei Nagelprobe kein Saftaustritt mehr, Bröckelverlustgefahr;
60–50	Blätter noch weich, Stängel welken und blassen, Gut gabelt sich schwer;	20	Stängel sperrig, bricht mit glattem Bruch, größte Bröckelverluste, Heu lagerfähig
50–40	Blätter beginnen zu rascheln, Stängel noch zäh, Farbe bereits einheitlich, gabelt sich leichter;		

Tabelle 170: Umrechnung des Viehbestandes in Großvieheinheiten (nach DLG, 1 GV = 500 kg LM)

Pferde, schwer	1,2[1]	GV	Kühe	1,0[2]	GV	Schafe unter 1 Jahr	0,05	GV
Pferde, mittel	1,0[1]	GV	Jungvieh über 2 Jahre	1,0	GV	Zuchteber	0,3	GV
Pferde, leicht	0,8[1]	GV	Jungvieh, 1–2 Jahre	0,7	GV	Zuchtsauen	0,3[3]	GV
Fohlen, 1–2 Jahre	0,7	GV	Jungvieh unter 1 Jahr	0,3	GV	Mastschweine 50–115 kg	0,16	GV
Zugochsen	1,2	GV	Mastvieh über 2 Jahre	1,0	GV	Läufer 20–50 kg	0,06	GV
Zuchtbullen	1,2	GV	Schafe über 1 Jahr	0,1	GV	Ferkel bis 20 kg	0,02	GV

1) Die Schlüsselzahlen für Pferde sind aus Gründen der rechnerischen Vereinfachung um 15–20 % niedriger angesetzt, als es dem durchschnittlichen LM entspricht, um Übereinstimmung mit den Zahlen des ZK-Schlüssels zu erreichen.
2) Bei 500 kg LM.
3) Wenn die gesamte Nachzucht einer Zuchtsau (2 Würfe mit insgesamt 14 aufgezogenen Ferkeln im Jahr) im Betrieb gemästet wird, kann 1 Zuchtsau einschließlich Nachzucht gleich 1 GV gesetzt werden.

Tabelle 171: Trächtigkeitskalender

Tierart	Trächtigkeitsdauer		Eintritt der Brunst nach Geburt	Dauer der der Brunst	Wiedereintritt der Brunst nach erfolglosem Deckakt/Tage
	Tage	Wochen	Tage	Stunden	
Rind Höhenrassen	245–289–316	41	28	24–36	21–28
– Niederungsrassen	235–280–305	40	28	24–36	21–28
Schwein	112–116–130	16½	35–42	30–40	21–28
Pferd	307–340–412	48½	9	24–36	8–10
Schaf	146–152–157	22	185	24–36	14–21
Ziege	146–152–157	22	11	24–36	14–21
Hund	63–65	9	120	4–14	–
Brütedauer Hühner	19–24	3	–	–	–

Beginn der Trächtigkeit	Ende der Trächtigkeit			Beginn der Trächtigkeit	Ende der Trächtigkeit			Beginn der Trächtigkeit	Ende der Trächtigkeit		
	Rind	Schwein	Pferd		Rind	Schwein	Pferd		Rind	Schwein	Pferd
Jan. 1.	Okt. 11.	April 25.	Dez. 6.	Mai 5.	Febr. 12.	Aug. 27.	April 9.	Sept. 6.	Juni 16.	Dez. 29.	Aug 11.
5.	15.	29.	10.	9.	16.	31.	13.	10.	20.	Jan. 2.	15.
9.	19.	Mai 3.	14.	13.	20.	Sept. 4.	17.	14.	24.	6.	19.
13.	23.	7.	18.	17.	24.	8.	21.	18.	28.	10.	23.
17.	27.	11.	22.	21.	28.	12.	25.	22.	Juli 2.	14.	27.
21.	31.	15.	26.	25.	März 4.	16.	29.	26.	6.	18.	31.
25.	Nov. 4.	19.	30.	29.	8.	20.	Mai 3.	30.	10.	22.	Sept. 4.
29.	8.	23.	Jan. 3.	Juni 2.	12.	24.	7.	Okt. 4.	14.	26.	8.
Febr. 2.	12.	27.	7.	6.	16.	28.	11.	8.	18.	30.	12.
6.	16.	31.	11.	10.	20.	Okt. 2.	15.	12.	22.	Febr. 3.	16.
10.	20.	Juni 4.	15.	14.	24.	6.	19.	16.	26.	7.	20.
14.	24.	8.	19.	18.	28.	10.	23.	20.	30.	11.	24.
18.	28.	12.	23.	22.	April 1.	14.	27.	24.	Aug. 3.	15.	28.
22.	Dez. 2.	16.	27.	26.	5.	18.	31.	28.	7.	19.	Okt. 2.
26.	6.	20.	31.	30.	9.	22.	Juni 4.	Nov. 1.	11.	23.	6.
März 2.	10.	24.	Febr. 4.	Juli 4.	13.	26.	8.	5.	15.	27.	10.
6.	14.	28.	8.	8.	17.	30.	12.	9.	19.	März 3.	14.
10.	18.	Juli 2.	12.	12.	21.	Nov. 3.	16.	13.	23.	7.	18.
14.	22.	6.	16.	16.	25.	7.	20.	17.	27.	11.	22.
18.	26.	10.	20.	20.	29.	11.	24.	21.	31.	15.	26.
22.	30.	14.	24.	24.	Mai 3.	15.	28.	25.	Sept. 4.	19.	30.
26.	Jan. 3.	18.	28.	28.	7.	19.	Juli 2.	29.	8.	23.	Nov. 3.
30.	7.	22.	März 4.	Aug 1.	11.	23.	6.	Dez. 3.	12.	27.	7.
April 3.	11.	26.	8.	5.	15.	27.	10.	7.	16.	31.	11.
7.	15.	30.	12.	9.	19.	Dez. 1.	14.	11.	20.	April 4.	15.
11.	19.	Aug. 3.	16.	13.	23.	5.	18.	15.	24.	8.	19.
15.	23.	7.	20.	17.	27.	9.	22.	19.	28.	12.	23.
19.	27.	11.	24.	21.	31.	13.	26.	23.	Okt. 2.	16.	27.
23.	31.	15.	28.	25.	Juni 4.	17.	30.	27.	6.	20.	Dez. 1.
27.	Febr. 4.	19.	April 1.	29.	8.	21.	Aug. 3.	31.	10.	24.	5.
Mai 1.	8.	23.	5.	Sept. 2.	12.	25.	7.				

2 Grundlagen für landwirtschaftliches Rechnen mit Lösungen der Rechenaufgaben

2.1 Grundlagen für landwirtschaftliches Rechnen

Tabelle 172: Griechisches Alphabet

α	Α	Alpha	ι	Ι	Jota	ρ	Ρ	Rho
β	Β	Beta	κ	Κ	Kappa	σ	Σ	Sigma
γ	Γ	Gamma	λ	Λ	Lambda	τ	Τ	Tau
δ	Δ	Delta	μ	Μ	My	υ	Υ	Ypsilon
ε	Ε	Epsilon	ν	Ν	Ny	φ	Φ	Phi
ζ	Ζ	Zeta	ξ	Ξ	Xi	χ	Χ	Chi
η	Η	Eta	ο	Ο	Omikron	ψ	Ψ	Psi
ϑ	Θ	Theta	π	Π	Pi	ω	Ω	Omega

Tabelle 173: Vorsätze für Einheiten

Zehnerpotenz	Vorsatz	Vorsatzzeichen	Zehnerpotenz	Vorsatz	Vorsatzzeichen
10^{18}	Exa	E	10^{-1}	Dezi	d
10^{15}	Peta	P	10^{-2}	Zenti	c
10^{12}	Tera	T	10^{-3}	Milli	m
10^{9}	Giga	G	10^{-6}	Mikro	μ
10^{6}	Mega	M	10^{-9}	Nano	n
10^{3}	Kilo	k	10^{-12}	Piko	p
10^{2}	Hekto	h	10^{-15}	Femto	f
10^{1}	Deka	da	10^{-18}	Atto	a

Tabelle 174: Basisgrößen und Basiseinheiten im SI-System [1])

Basisgrößen		**Basiseinheiten**		
Name	Formelzeichen	Name	Abkürzung	gebräuchliche Vielfache bzw. Teile
Länge	l			
Breite	b			
Höhe	h	(das) Meter	m	1000 m = 1 Kilometer (km)
Radius	r			
Durchmesser	d			
Wegstrecke	s			
Masse	m	Kilogramm	kg	100 kg = 1 Dezitonne (dt) 1000 kg = 1 Tonne (t)
Zeit	t	Sekunde	s	60 s = 1 Minute (min) 60 min = 1 Stunde (h)
Temperatur	T, ϑ	(das) Kelvin	K	die Temperaturdifferenz 1 K ≙ 1 °C
Stromstärke	I	Ampere	A	0,001 A = 1 Milliampere (mA)

[1]) **S**ysteme **I**nternational d'Unitès (französisch = Internationales Einheitensystem). Von der Bundesrepublik Deutschland mit »Gesetz über Einheiten im Messwesen« vom 2.7.1969 als »Gesetzliche Einheiten« eingeführt und seit 1.1.1978 verbindlich.

Tabelle 175: Abgeleitete Größen im SI-System

Name	Kurzzeichen	Definition	Einheit Name	Einheit Zeichen	andere zugelassene Einheiten Name	andere zugelassene Einheiten Zeichen	Zusammenhang
Fläche	A	$A = l \cdot b$	Quadratmeter	m^2	Ar Hektar	a ha	$1\ a = 100\ m^2$ $1\ ha = 100\ a = 10\,000\ m^2$
Volumen	V	$V = l \cdot b \cdot h$	Kubikmeter	m^3	Liter	l	$1\ l = 1\ dm^3$
Dichte	ρ	$\rho = \frac{m}{V}$	Kilogramm je Kubikmeter	$\frac{kg}{m^3}$	Gramm je Kubikzentimeter	$\frac{g}{cm^3}$	$1\ \frac{kg}{m^3} \triangleq \frac{1}{1000}\ \frac{g}{cm^3}$
Geschwindigkeit	v	$v = \frac{\Delta s}{\Delta t}$	Meter je Sekunde	$\frac{m}{s}$	Kilometer je Stunde	$\frac{km}{h}$	$1\ \frac{km}{h} \triangleq \frac{10}{36}\ \frac{m}{s}$
Beschleunigung	a	$a = \frac{\Delta v}{\Delta t}$	Meter je Sekundequadrat	$\frac{m}{s^2}$			
Kraft Gewichtskraft	F F_G	$F = m \cdot a$ $F_G = m \cdot g$	Newton	N			$1\ N = 1\ \frac{kgm}{s^2}$
Druck	p	$p = \frac{F}{A}$	Pascal	Pa	Bar	bar	$1\ Pa = 1\ \frac{N}{m^2} = \frac{1}{100\,000}\ bar$
Arbeit Energie	W	$W = F \cdot s$	Joule	J	Wattsekunde Kilowattstunde	Ws kWh	$1\ J = 1\ Nm = 1\ Ws$ $1\ kWh = 3\,600\,000\ Ws$
Leistung	P	$P = \frac{W}{t}$	Watt	W			$1\ W = 1\frac{J}{s} = 1\ VA$
elektrische Ladung	Q	$Q = I \cdot t$	Coulomb	C	Amperstunde	Ah	$1\ C = 1As$ $1\ Ah = 3600\ As$
Drehzahl	n		Umdrehungen je Sekunde	$\frac{1}{s}$			$\frac{1}{s} = \frac{60}{min}$
elektrische Spannung	U	$U = \frac{W}{Q}$	Volt	V			$1\ V = 1\ \frac{Nm}{C}$
elektrischer Widerstand	R	$R = \frac{U}{I}$	Ohm	Ω			$1\ \Omega = 1\frac{V}{A}$
Temperaturdifferenz	ΔT $\Delta \vartheta$	$\Delta T = T_2 - T_1$ $\Delta \vartheta = \vartheta_2 - \vartheta_1$	Kelvin	K	Grad Celsius	°C	$1°\ C \triangleq 1\ K$

Tabelle 176: Mittlere Dichten einiger Stoffe (Auswahl)

Stoff	Dichte in kg/m³	Stoff	Dichte in kg/m³
Heu lose	70–100	Kartoffeln - frisch, unsortiert, verschmutzt - sortiert, trocken	 800 680
Heu Ballen	100–200	Futterrüben	680
Stroh Ballen	40–200	Zuckerrüben	750
Körner - Gerste - Hafer - Weizen - Roggen - Mais	 650 500 760 720 750	Grassilage Maissilage Erde, Sand/Lehm/Ton	500 650 800–1800

Tabelle 177: Formeln für die Berechnung von Flächen

Fläche	Formeln	Fläche	Formeln
Quadrat 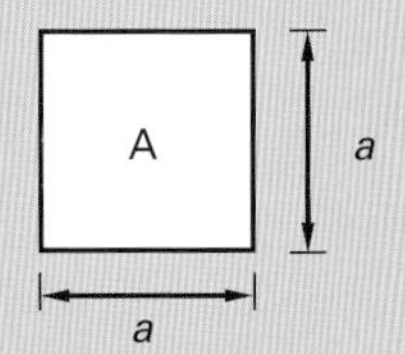	$A = a^2$ $a = \sqrt{A}$	Rechteck 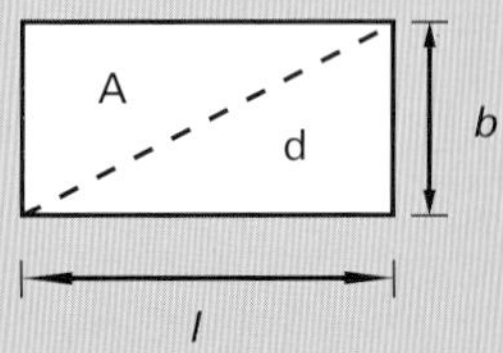	$A = l \cdot b$ $a = \sqrt{b^2 + l^2}$
Tapez 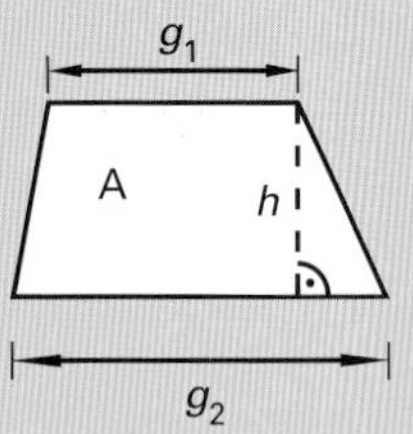	$A = \frac{g_1 + g_2}{2} \cdot h$	Kreis 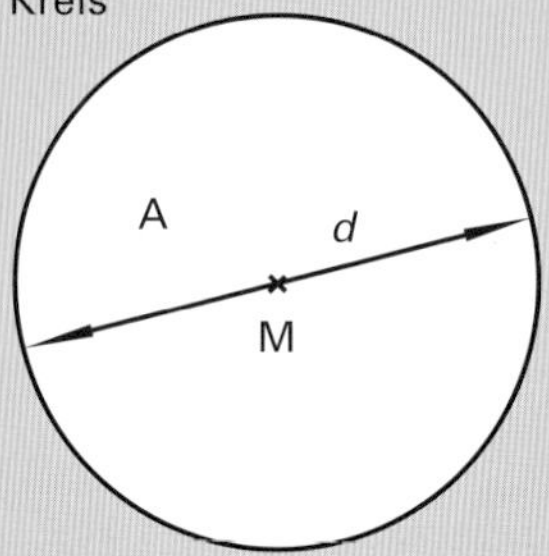	$A = \frac{d^2\pi}{4}$ *oder* $= r^2\pi$
Dreieck 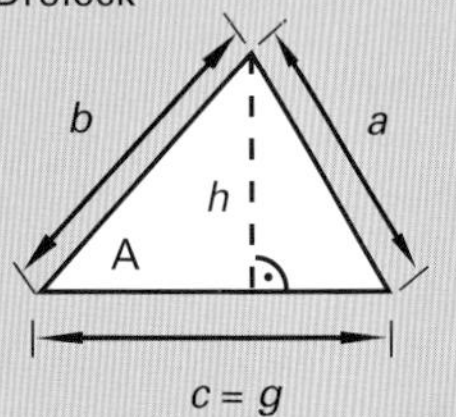	$A = \frac{g \cdot h}{2}$ oder $= \sqrt{s(s-a)(s-b)(s-c)}$ $s = \frac{a + b + c}{2}$		

Fläche	Formeln	Fläche	Formeln
Quader (Rechtecksäule) 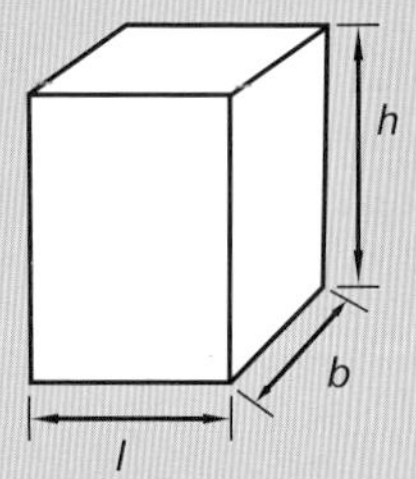	$V = l \cdot b \cdot h$	Zylinder (Rundsäule) 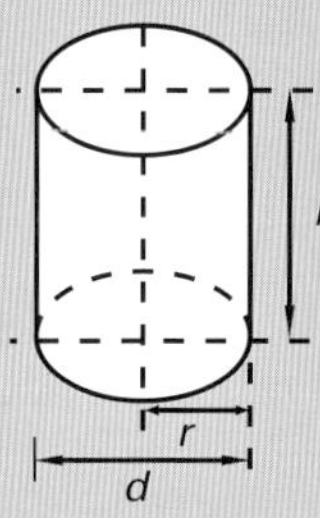	$V = \frac{d^2 \cdot \pi \cdot h}{4}$ *oder* $V = r^2 \cdot \pi \cdot h$
Pyramide 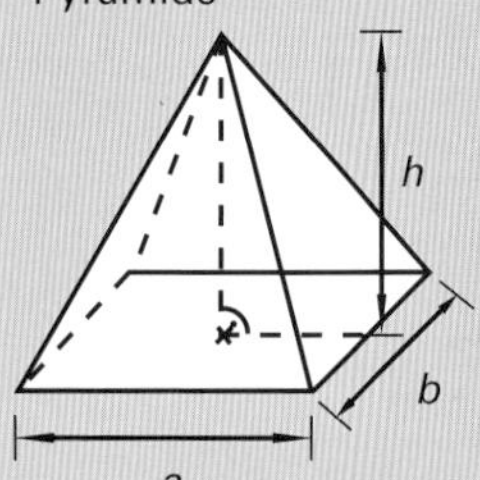	$V = \frac{a \cdot b \cdot h}{3}$	Pyramidenstumpf 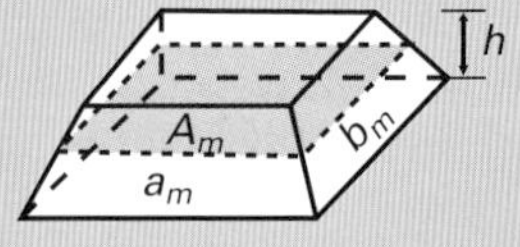 Kegelstumpf 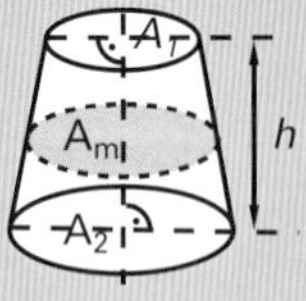 für stumpfe Körper gilt annähernd für das Volumen mittlere Grundfläche • Höhe $V \approx A_m \cdot h$ genau: $V = \frac{h}{3}(A_1 + A_2 + \sqrt{A_1 A_2})$	

Tabelle 178: Zusammenstellung von Futtermischungen aus zwei Komponenten

Das Ziel einer Mischung aus zwei Komponenten mit unterschiedlichen Kennwerten kann sein

- ein bestimmtes *Verhältnis* von 2 Komponenten zueinander herzustellen, z. B. NEL : nXP oder Ca : P. In diesen Fällen ist keine Rücksicht auf den TS-Gehalt der Mischungskomponenten nötig;
- ein bestimmter *Gehalt* an einem Kennwert, z. B. nXP oder Preis, bezogen auf 88 % TS. In diesem Fall sind vorher die TS-Gehalte der Mischungskomponenten auf den angegebenen TS-Gehalt umzurechnen.

Bei jeder Mischung muss die stärker konzentrierte Komponente abgeben und die schwächer konzentrierte zugewinnen. Deshalb liegt die Konzentration der Mischung stets zwischen denen der beiden Komponenten.

Die Lösung solcher Aufgaben erfolgt entweder mithilfe des »Mischungskreuzes« oder mit einer algebraischen Gleichung.

Beispiel: Gerstenschrot mit einem Gehalt von 10 % nXP und Eiweißkonzentrat mit einem Gehalt von 50 % nXP sollen so gemischt werden, dass die Mischung 15 % nXP enthält. Der TS-Gehalt ist in beiden Futtermitteln annähernd gleich.

1. Lösung mithilfe des Mischungskreuzes
Komponente 1 Gerste enthält 100 g nXP/kg
Komponente 2 Eiweißkonzentrat enthält 500 g nXP/kg
Zielwert der Mischung 150 g nXP/kg

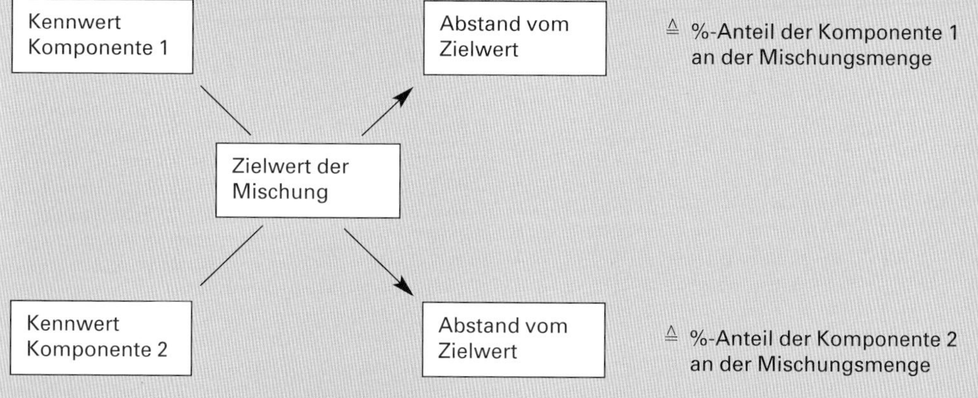

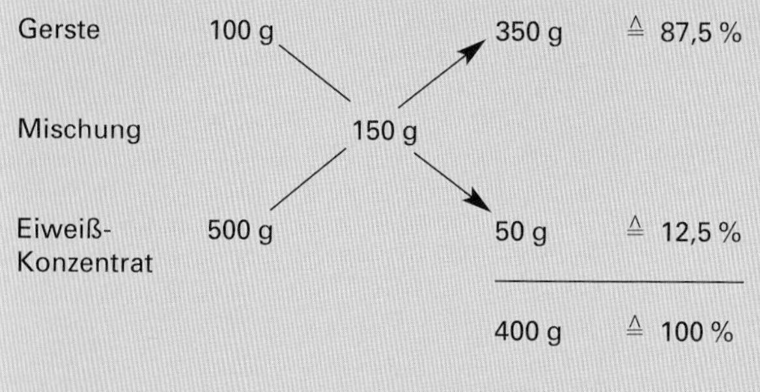

Nebenrechnung: $\frac{100\ \% \cdot 350\ g}{400\ g} = 87{,}5\ \%$

Gerste und Eiweißkonzentrat sind also im Verhältnis 87,5 : 12,5 oder gekürzt im Verhältnis 7 : 1 zu mischen.

Fortsetzung Tabelle 178: Zusammenstellung von Futtermischungen aus zwei Komponenten

2. Algebraische Lösung

a: Lösung mithilfe *einer* Gleichung

1 kg Eiweißkonzentrat enthält 500 g nXP

x kg Gerste enthalten 100 g × nXP

daher gilt: Die nXP-Masse in beiden Komponenten ist gleich der nXP-Masse in der Mischung.

$500 + 100x$	=	$150(x+1)$	Klammer ausmultiplizieren
$500 + 100x$	=	$150x + 150$	$-100x - 150$
350	=	$50x$	Seiten vertauschen und : 50
x	=	7	

Es sind also 7 kg Gerste und 1 kg Eiweißkonzentrat jeweils zu mischen (Verhältnis 7:1).

b: Lösung mithilfe von *zwei* Gleichungen

100 kg Mischung

x kg Gerste enthalten	100 x g nXP
y kg Eiweißkonzentrat enthalten	500 y g nXP
x + y kg Mischung enthalten	150 (x+y) g nXP

Daraus folgt

➛ Die Summe beider Komponenten ist gleich 100 kg

➛ Die Summe der nXP-Massen in den Komponenten ist gleich der nXP-Masse in der Mischung

(1) $x + y = 100 \leftrightarrow x = 100 - y$

(2) $100x + 500y = 150(x + y)$	Klammer ausmultiplizieren und durch 100 dividieren
$x + 5y = 1{,}5x + 1{,}5y$	$-x - 1{,}5y$
$3{,}5y = 0{,}5x$	: 0,5
$7y = x$	

Wert für x in Gleichung (1) einsetzen

$7y = 100 - y$	$+ y$
$8y = 100$	: 8
$y = 12{,}5$	

Es sind also 12,5 kg Eiweißkonzentrat mit 87,5 kg Gerste zu mischen.

2.2 Lösungen der Rechenaufgaben

Seite 23

Nr. 4 485 Halme/m^2

Nr. 5 ≈ 83 dt

Nr. 6 42; 54; 84

Nr. 7 a) 2 g/Ähre
b) 470 Halme/m^2

Nr. 8 a) 80 %
b) 1,78

Nr. 9 223,5 kg/ha

Nr. 10 192 kg/ha; 2881 kg

Nr. 11 1794 kg

Nr. 12 ≈ 685 kg

Nr. 13 351 Pflanzen/m^2

Seite 44

Nr. 1 a) 80 m
b) 67 Umdrehungen
c) 3,2 kg

Nr. 2 Getriebenummer 50

Nr. 3 a) asymmetrisch
b) symmetrisch
c) asymmetrisch

Nr. 4 a) 87 cm
b) 80 cm
c) 155 cm

Seite 56

Nr. 1 a) 0,83
b) 0,69
c) 0,87
d) 0,91
e) 0,925

Nr. 2 a) 27 000 kgT 3 000 kg Wasser
b) 64 000 kgT 16 000 kg Wasser
c) 63 000 kgT 27 000 kg Wasser
d) 20 400 kgT 3 600 kg Wasser
e) 121 175 kgT 63 825 kg Wasser
f) 38 724 kgT 3 276 kg Wasser

Nr. 3 ≈ 115,8 dt Trockengut;
≈ 424 kg Wasser

Nr. 4 21 395 l Wasser; 58,6 t

Nr. 5 a) 71,6 dt
b) 58,7 dt
c) 77,0 dt

Nr. 6

	bezogen auf Feuchtgut	bezogen auf Trockengut
a	4,71 dt	4,82 dt
b	5,84 t	6,84 t
c	26,63 t	35,5 t
d	23,4 dt	24,5 dt

Nr. 7

	bereinigte Masse	Auffeuchtemenge Wasser
a	527 dt	≈ 1197 l
b	74,94 t	≈ 2104 l
c	130,3 dt	224 l

Seite 57

Nr. 8 a) 178 dt
b) 91,7 dt
c) 44,4 t
d) 256,4 dt

Nr. 9 a) 210,1 dt
b) 1526,25 €

Nr. 10 a) 1,176
b) 1,183
c) 1,190
d) 1,087
e) 1,093
f) 1,099

Nr. 11

	a	b	c
% Gewichtsabzug	2,88	7,03	16,1
von 100 dt Feuchtgut kg zuviel abgezogen	74,70	262,70	353,2

Seite 68

Nr. 4 ≈ 223 kg/ha

Seite 79

Nr. 7 1435 kg KAS im Frühjahr
3444 kg KAS zur Spätdüngung

Nr. 8 324 l

Nr. 9 90 kg N, 120 kg P_2O_5, 90 kg K_2O

Seite 80

Nr. 10 18,75 l bzw. 1,69 kg

Nr. 11 a) 41,25 m^2
b) 6 Behälter mit je 2,62 m Grundflächen-Länge

Nr. 12 216,3 dt ≈ 21,5 t

Nr. 13 ≈ 116 dt

Nr. 14 195,3 dt Trockengut
Masseverlust 4,7 dt

Nr. 15 a) 7,92 dt/m^3
b) 5,83 dt/m^3
c) 5,20 dt/m^2

Nr. 16 7,63 dt/m^3

Nr. 17 6,8 dt/m^3

Nr. 18 a)	ca. 220 dt
b)	ca. 140 dt
c)	ca. 18 dt
Nr. 19 a)	71,6 dt
b)	58,7 dt
c)	77,0 dt

Seite 90

Nr. 1	21,4 kg
Nr. 2	8,8 cm
Nr. 3	33,2 dt/ha

Seite 98

Nr. 3 a)	146 kg/ha
b)	165 kg/ha
Nr. 4	ca. 5 cm (4,76 cm)

Seite 117

Nr. 5	1,65 U/ha
Nr. 8	109,9 t
Nr. 9	8,0 km/h
Nr. 10 a)	1,71 kg
b)	≈ 74 %

Seite 142

Nr. 4	111 765 Körner
Nr. 10 a)	1,5 U/ha
b)	2 U/ha
Nr. 11 a)	18,5 cm
b)	13,8 cm
Nr. 12	188,2 m³
Nr. 13	DB = 2048 €

Seite 157

Nr. 5	0,7 dt Schwefelsaures Ammoniak 4,0 dt Novaphos 2,8 dt Kalimagnesia
Nr. 9 a)	37 cm
b)	16,8 t
Nr. 10 a)	Pflanzabstand ≈ 37 cm Pflanzgutbedarf 21,2 dt/ha
b)	Pflanzabstand ≈ 30 cm Pflanzgutbedarf 28,8 dt/ha
Nr. 11 a)	71 %
b)	114,2 m²
Nr. 12	DB = 1112,50 €

Seite 174

Nr. 5

5,72 kg	Weißklee	= 28,00 €
26,29 kg	D-Weidelgras	= 63,62 €
13,73 kg	Bastard-Weidelgras	= 32,92 €
22,86 kg	Welsches Weidelgras	= 90,30 €
3,43 kg	Wiesenrispe	= 13,89 €
11,43 kg	Knaulgras	= 42,29 €
8,00 kg	Glatthafer	= 34,00 €
91,46 kg		
22,86 kg	Lieschgras	= 54,86 €
114,32 kg	Mischung	= 359,88 €

Seite 189

Nr. 1 a)	0,81 €/hl Bier
b)	0,21 €/hl Bier
Nr. 2	23,13 €/Familien-AK

Seite 216

Nr. 2 a)	1,99 kg
b)	1,74 kg Differenz 3,15 kg

Seite 228

Nr. 1 a)	283,7 dt Heu; ≈ 284 dt	1394,28 dt Silage ≈ 1395 dt
b)	≈ 236 m³	
c)	Silage 6,3 % RP (63 g RP/kg Futter) 2,17 MJ NEL/kg Futter	
Nr. 2	294 m³	
Nr. 3	≈ 395 dt	
Nr. 4	338 m³	

Seite 275

Nr. 9	Stamm 1: 0,46 m³/L2b/24,84 € Stamm 2: 0,61 m³/L3b/45,29 € Stamm 3: 0,31 m³/L1b/11,72 €

Seite 276

Nr. 10	Fichtenstamm	0,66 m³/ 50,16 €
	Eichenstamm	3,97 m³/786,06 €
	Buchenstamm	2,90 m³/253,75 €
	Birkenstamm	0,36 m³/ 13,86 €

Seite 333

Nr. 3 a)	250 kg LM	5,840 kg T
	350 kg LM	7,580 kg T
	500 kg LM	8,580 kg T
b)	250 kg LM	664 g nXP;
	51,6 MJ ME; 13,9 g Ca; 12,0 g P	
	350 kg LM	949 g nXP;
	69,5 MJ ME; 52,6 g Ca; 26,3 g P	
	500 kg LM	1182 g nXP;
	90,0 MJ ME; 55,3 g Ca; 25,2 g P	

Seite 351[1]

Nr. 3 a) T = 15,8 kg, RF = 2,529 kg, 101,6 MJ NEL, 2193 g nXP, – 15 g RNB

b) nach NEL 20,8 kg Milch; nach nXP 20,6 kg Milch

c) 16 %

Nr. 4 T = 20,3 kg, RF = 3,917 kg, 133,8 MJ NEL, 3108 g nXP, + 69 g RNB Milcherzeugungswert nach NEL 32,4 kg, nach nXP 32,5 kg, 19 % RF

Nr. 5 a) Milcherzeugungswert Grundfutter nach NEL 13,7 kg Milch, nach nXP 15,1 kg Milch, 0,7 kg AKF

b) 2,5 kg AKF, 19,4 kg Milch, – 2 g RNB, 20 % RF

Seite 352

Nr. 6 a) Milcherzeugungswert Grundfutter nach NEL 6,9 kg, nach nXP 10,5 kg 1,7 kg AKF

b) 0,6 kg AKF, 14 kg Milch, + 40 g RNB, 20 % RF

Seite 394

Nr. 2 a) 5219 g T
803 g RP
59,41 MJ ME
36,9 g Ca
33,2 g P

b) ≈ 1000 g

Nr. 3 a) 1178 g/Tier und Tag

b) 18,9 kg Maissilage
1,1 kg Sojaschrot
0,2 kg Gerste
0,2 kg Weizen

c) 69 MJ/kg Zuwachs

Seite 447

Nr. 9 a) 214 g RP, 12,75 MJ ME, 39 g RF, 11,1 g Lysin, 9,6 g Ca, 6,9 g P, 2,2 g Na

Seite 461

Nr. 3 T = 856 g, RP = 157 g
ME = 12,3 MJ, RF = 48 g

Nr. 4 a) 112 g RP; 12,9 MJ ME

b) 14 % Sojaschrot und 86 % Getreideschrot

c) 12,9 MJ/kg

d) ME : RP ≈ 1 : 12,4

Nr. 5 15 % Eiweißkonzentrat und 35 % Weizen sind einzumischen

Nr. 6 10 % Eiweißkonzentrat und 40 % Weizen sind einzumischen

Nr. 7 29 % Gerste, 8 % Weizenkleie, 12,5 % Hafer, 33 % Weizen, 17,5 % Eiweißkonzentrat

Nr. 8 a) 12,5 % Eiweißkonzentrat und 87,5 % CCM

b) 167 g RP/kg, 13,0 MJ/kg

Seite 470

Nr. 1 1 kg enthält 11,19 MJ ME, 140 g RP und 6,4 g Lysin

Seite 472

Nr. 2 140 g RP, 6 g Lysin, 10,89 MJ ME, 6,6 g Ca, 4,8 g P, 2,5 g Na

Seite 487

Nr. 2 423 kg

Nr. 3 a) 634 g/Tag

b) 2,15 g/Tag

c) 3,38 kg/Tag

d) 43,3 MJ

Nr. 4 1350 kg Vormischung, 2150 l Wasser

Nr. 5 1590 kg Fließfutter; 1090 l Wasser

Nr. 6 0,67 kg T ≙ 67 %
9,8 MJ, 33,5 g RF ≙ 3,4 %
136 g RP ≙ 13,6 %
6,5 g Ca ≙ 0,65 %
3,9 g P ≙ 0,4 %
1,6 g Na ≙ 0,16 %

Nr. 7 1,688 t

Seite 506 20,5; 2,3; < 3,0; 40 %; < 28; 30; > 700; < 2,9; < 120; 2,8; 115; 80; > 56; 12; 35; 260; 17; < 0,4; 300; 150.

Seite 519

Nr. 4 145 – 150 Tage

[1] Mögliche Lösungen in Abhängigkeit von den ausgewählten Futtermitteln.

3 Literaturhinweise

3.1 Verwendete und weiterführende Literatur

ALSING, I., Lexikon Landwirtschaft, 2002, Verlag Eugen Ulmer, Stuttgart, 4. Auflage.

AUER, ST., KLETZL, W., 2000: Handbuch für Reparaturen an Landmaschinen und Traktoren, Verlag Eugen Ulmer, Stuttgart, 5. Auflage.

BECVAR, W., 1995: Nutztiere natürlich heilen, DLG-Verlag, Frankfurt/M.

BEHRENS, H., DOEHNER, H., SCHEELJE, R., WASSMUTH, R., 1983: Lehrbuch der Schafzucht, Verlag Paul Parey, Berlin und Hamburg, 6. Auflage.

BIEDERMANN, G., GRANZ, E., 1976: Rinderproduktion, Verlag Paul Parey, Berlin und Hamburg.

BOSTETT, H., 2002: Fruchtbarkeitsmanagement beim Rind, DLG-Verlag, Frankfurt/M., 4.Auflage.

BURGKART, M., 1998: Praktische Schafhaltung, Verlag Eugen Ulmer, Stuttgart, 4. Auflage.

BURGSTALLER, G., 1985: Praktische Schweinefütterung, Verlag Eugen Ulmer, Stuttgart, 2. Auflage.

BURGSTALLER, G., BIEDERMANN, G., HUBER, M., PAHMEYER, L., RATSCHOW, J.-P, 1999: Handbuch Schweineerzeugung, DLG-Verlag, Frankfurt/M., 4. Auflage.

DACHLER, PELZMANN, 1999: Arznei-, Heil- und Gewürzpflanzen, Österreichischer Agrarverlag, Klosterneuburg, 2. Auflage.

DEBRUCK, FISCHBECK, KAMPE, 1983: Getreidebau aktuell, DLG-Verlag, Frankfurt/M., 7. Auflage.

DEURINGER, J., DREXEL, P., 1998: Nachbarrecht für Landwirte, Verlag Eugen Ulmer, Stuttgart, 2. Auflage.

DEURINGER, J., FISCHER, R., FAUCH, M., 1999: Verträge in der Landwirtschaft, Verlag Eugen Ulmer, Stuttgart.

DIERCKS, R., HEITEFUSS, R., 1994: Integrierter Landbau, Verlag Eugen Ulmer, Stuttgart, 2. Auflage.

EICH, K.-O., 1991: Handbuch Schweinekrankheiten, Landwirtschaftsverlag Münster-Hiltrup, 3. Auflage.

EIMERN, J. VAN, HÄCKEL, H., 1979: Wetter- und Klimakunde, Eugen Ulmer Verlag, Stuttgart, 3. Auflage.

EISENREICH, W., HANDEL, A., ZIMMER, U. E., 2003: Der Tier- und Pflanzenführer für unterwegs, BLV-Verlag.

ENGELHARDT, W. V., BREVES, G. (Hrsg.), 2000, Physiologie der Haustiere, Enke-Verlag.

ERTL, J., BIRNBECK, ST., 2007: 1000 Fragen für den jungen Landwirt, Verlag Eugen Ulmer, Stuttgart, 16. Auflage.

Faustzahlen für Landwirtschaft und Gartenbau, Landwirtschaftsverlag Münster-Hiltrup.

FIEDLER A., NÜSKE ST., MAIERL J., 2000: Funktionelle Klauenpflege beim Rind, Verlag Eugen Ulmer, Stuttgart.

FRANZ, J. M., KRIEG, A., 1982: Biologische Schädlingsbekämpfung, Verlag Paul Parey, Berlin und Hamburg, 3. Auflage.

FRIESECKE, H., 1984: Handbuch der praktischen Fütterung, BLV-Verlag, München.

GEISLER, G., 1991: Farbatlas landwirtschaftliche Kulturpflanzen, Verlag Eugen Ulmer, Stuttgart.

GOLD, M., 2003: Der Pferdewirt, BLV-Verlag, München, 6. Auflage.

GOLZE, M. und andere, 1997: Extensive Rinderhaltung, Verlag Eugen Ulmer, Stuttgart.

GOTTSCHALK, A., ALPS, H., ROSENBERGER, E., 1992: Praktische Rinderzucht und Rinderhaltung, BLV-Verlag, München, 2. Auflage.

GRANZ, E., 1990: Tierproduktion, Verlag Paul Parey, Berlin und Hamburg, 11. Auflage.

GRAUVOGL, A., PIRKELMANN, H., ROSENBERGER, G., V. ZERBONI DI SPOSETTI, H.-N., 1996: Artgemäße und rentable Nutztierhaltung, Verlag Eugen Ulmer, Stuttgart.

HANF, M., 1999: Ackerunkräuter Europas, Verlag Eugen Ulmer, Stuttgart, 4. Auflage.

HEITEFUSS, R., KÖNIG, K., OBST, A., RESCHKE, M., 1993: Pflanzenkrankheiten und Schädlinge im Ackerbau, DLG-Verlag, Frankfurt/M., 3. Auflage.

HERRMANN, G., PLAKHOLM, G., 1993: Ökologischer Landbau, DLG-Verlag, Frankfurt/M., 2. Auflage.

HEYWANG, F. und andere, 1980: Physik für technische Berufe, Verlag Handwerk und Technik, Hamburg, 26. Auflage.

HOFFMANN, W., MUDRA, A., PLARRE, W., 1970: Lehrbuch der Züchtung landwirtschaftlicher Kulturpflanzen, Band 1 und 2, Verlag Paul Parey, Berlin und Hamburg.

HOFFMANN, NIENHAUS, SCHÖNBECK, WELTZIEN, WILBERT, 1985: Lehrbuch der Phytomedizin, Verlag Paul Parey, Berlin und Hamburg, 2. Auflage.

HOFMEISTER, H., GRAVE, E., 1998: Lebensraum Erde, Verlag Paul Parey, Berlin und Hamburg, 2. Auflage.

HUITH, M., SICHLER, G., 1995: Betriebsmanagement für Landwirte, BLV-Verlag, München.

JEROCH, DROCHNER, SIMON, 1999: Ernährung landwirtschaftlicher Nutztiere, Eugen Ulmer Verlag, Stuttgart.

KAMPLING, 1970: Landwirtschaftliches Fachrechnen, BLV-Verlag München, 2. Auflage.

KIRCHGESSNER, M., 1997: Tierernährung, DLG-Verlag, Frankfurt/M., 10. Auflage.

KLEIN, W., KÖNIG, K., GRABLER, W., 2002: Sachkundig im Pflanzenschutz, Verlag Eugen Ulmer, Stuttgart, 10. Auflage.

KNODEL, 1977: Lindner-Biologie, Metzlersche Verlagsbuchhandlung.

KOLLER, HAMMER, MITTRACH, SÜSS, 1981: Rindviehställe, BLV-Verlag, München, 2. Auflage.

KOLLER, HAMMER, MITTRACH, SÜSS, 1981: Schweineställe, BLV-Verlag, München.

LINDERMAYER, H., PROBSTMEIER, G., STRAUB, K., 1994: Fütterungsberater Schwein, Verlag Eugen Ulmer, Stuttgart.

LISCHER, CHR. (Hrsg.), Handbuch zur Pflege und Behandlung der Klauen beim Rind, Blackwell-Verlag.

LITTMANN, E. und andere, 1997: Praktische Sauenhaltung, Verlag Eugen Ulmer, Stuttgart.

LOEFFLER, K., 1994: Anatomie und Physiologie der Haustiere, Verlag Eugen Ulmer, Stuttgart, 9. Auflage.
LOHNER, J., 1995: Recht für Landwirte in Frage und Antwort, BLV-Verlag, München, 2. Auflage.
MATZKE, P., GRASER, H.-U., PUTZ, M., RÖHRMOSER, G., SCHLICHTING, M., SPANN, B., STOCKINGER, CHR., 1996: Wirtschaftliche Milchviehhaltung und Rindermast, DLG-Verlag, Frankfurt/M., 3. Auflage.
MIRIAM, W., SCHARF, K.-H., 1982: Biologie heute, Schroedel Schulbuchverlag, Hannover.
MÜLLER, E., ZIPPERLEIN, W., 1982: Krankheiten bei Rinder, Schafen und Schweinen, BLV-Verlag, München, 6. Auflage.
NEUERBURG, W., PADEL, S., 1992: Organisch biologischer Landbau, Verlag Eugen Ulmer, Stuttgart.
NÖSBERGER, J., OPITZ VON BOBERFELD, W., 1986: Grundfutterproduktion, Verlag Paul Parey, Berlin und Hamburg.
PICHLMAYR, 2001: Physik – Formeln und Tabellen für Telekolleg II, TR-Verlagsunion.
PICK, M. (Hrsg.), 1988: Neues Handbuch der Pferdekrankheiten, Kosmos Verlag.
POTTEBAUM, P., BULLERDIEK, A., 1994: Handbuch Direktvermarktung, Landwirtschaftsverlag Münster-Hiltrup, 3. Auflage.
OEMICHEN, J., 1986: Pflanzenproduktion, Verlag Paul Parey, Berlin und Hamburg.
OEMICHEN, J., 1986: Chemie für Landwirte, Verlag M & H Schaper, Hannover, 2. Auflage.
RIEDL, H., 2003: Handbuch praktische Traktorentechnik, Verlag Eugen Ulmer, Stuttgart, 4. Auflage.
ROTH, G. D., 2002: Wetterkunde für alle, BLV-Verlag, München, 10. Auflage.
RÜSSE, M. W., 1987: Geburten im Stall, DLG-Verlag, Frankfurt/M., 2. Auflage.
RÜSSE, M. W., 1992: Bessere Fruchtbarkeit beim Rind, DLG-Verlag, Frankfurt/M., 3. Auflage.
SATTLER, V. WISTINGHAUSEN, 1985: Der landwirtschaftliche Betrieb (Biologisch Dynamisch), Eugen Ulmer Verlag, Stuttgart.
SCHAUER, TH., CASPARI, C., 2001: Der große BLV Pflanzenführer, BLV-Verlag, München, 8. Auflage.
SCHEFFER, SCHACHTSCHABEL, 1989: Lehrbuch der Bodenkunde, Verlag Ferdinand Enke, Stuttgart, 12. Auflage.
SCHEUERLEIN, A., 1997: Finanzmanagement für Landwirte, Verlag Eugen Ulmer, Stuttgart.
SCHMAUZ, F., 2003: Buchführung in der Landwirtschaft, Verlag Eugen Ulmer, Stuttgart, 4. Auflage.
SCHÜTT, KOCH, BLASCHKE, LANG, SCHUCK, SUMMERER, 1986: So stirbt der Wald, BLV-Verlag, München, 5. Auflage.
SPANN B., 1993: Fütterungsberater Rind, Verlag Eugen Ulmer, Stuttgart.
STRAITON, E. C., 1982: Schweinekrankheiten, BLV-Verlag, München, 2. Auflage.
STRAITON, E. C., HOLLWICH, W., 2003: Rinder- und Kälberkrankheiten und Geburtshilfe, Verlag Eugen Ulmer, Stuttgart, 6. Auflage.
top agrar, Jahrbuch neue Energie, Landwirtschaftsverlag GmbH
top agrar, Neue Energie vom Bauernhof, Landwirtschaftsverlag GmbH
VOGEL-ANGERMANN, 1968: dtv-Atlas zur Biologie, Deutscher Taschenbuchverlag.
WEIDMANN, ZINS, 1970: Physik für Realschulen, Buchners-Verlag, Bamberg.
Die Landwirtschaft, Lehrbuch für landwirtschaftliche Fachschulen, mit den Teilbänden: Pflanzliche Erzeugung, Tierische Erzeugung, Landtechnik/Bauwesen, Wirtschaftslehre, Märkte und Vermarkten, Berufs- und Arbeitspädagogik, Waldwirtschaft, BLV-Verlag, München, Landwirtschaftsverlag Münster-Hiltrup.

3.2 Fachzeitungen und Fachzeitschriften

Agrartechnik, Deutscher Landwirtschaftsverlag, München;
Bauernzeitung, Deutscher Bauernverlag, Berlin;
Bayerisches Landwirtschaftliches Wochenblatt, Deutscher Landwirtschaftsverlag, München;
DLG-Mitteilungen (mit Pflanzenschutz-Praxis), Max-Eyth-Verlag, Frankfurt/M.;
dlz agrarmagazin, Deutscher Landwirtschaftsverlag, München;
Neue Energie, Bundesverband WindEnergie e. V. und Bundesverband Erneuerbare Energie e. V.
Neue Landwirtschaft, Deutscher Landwirtschaftsverlag, Berlin;
Photon – Das Solarstrom-Magazin, Solar Verlag, Aachen;
Rinderzucht Braunvieh, Deutscher Landwirtschaftsverlag, München;
Rinderzucht Fleckvieh, Deutscher Landwirtschaftsverlag, München;
top agrar, Landwirtschaftsverlag Münster-Hiltrup.

3.3 Öffentliche und industrielle Beratung

Agrarberichte/Ernährungs- und agrarpolitische Berichte der Bundesregierung (verschiedene Jahre);
Broschüren des Auswertungs- und Informationsdienstes (AID), Bonn;
Mitteilungsblätter der Landwirtschaftskammern bzw. Landesämter für Bodenkultur, Tierzucht usw.;
Informationsschriften der Centralen Marketinggesellschaft der Deutschen Agrarwirtschaft (CMA), Bonn;
Veröffentlichungen der Herstellerfirmen von Düngern, Pflanzenbehandlungsmitteln, Saatgut, Maschinen;
Veröffentlichungen der Tiergesundheitsdienste;
Veröffentlichungen/Beratungsunterlagen der Bayerischen Landesanstalt für Landwirtschaft (LfL), verschiedene Institute, Freising.

4 Fachbegriffe

Abdrehen: Einstellen der Ausbringmengen bei Sämaschinen und Mineraldünger-Streuern.

Abschreibung: Aufteilung der Anschaffungskosten abnutzbarer Wirtschaftsgüter auf die Nutzungsjahre, meist nach Normsätzen festgelegt.

Absolutes Grünland: Wegen ungünstiger klimatischer Verhältnisse, Überflutungsgefahr; Staunässe, flacher Krume oder starker Hangneigung nicht zur Ackernutzung geeignete Flächen.

Absorption: Aufnahme von Flüssigkeiten, Gasen oder Energie in den Organismus.

ad libitum-Fütterung: Freie und unbeschränkte Futteraufnahme.

Adhäsion: Aneinanderhaften von Stoffen infolge molekularer Anziehungskräfte; Ursache von Ab- und Adsorption.

Adsorption: Anlagerung von Wasser und Nährionen an die Oberfläche von Bodenteilchen.

Agenda 2000: Bezeichnung für eine seit 2000 gültige Reform der EU, um die Ausgaben für die Landwirtschaft zu senken.

Agenda 21: Richtlinien der UN für verantwortliches wirtschaftliches Handeln (Nachhaltigkeits-Prinzip).

Akarizide: Milben tötende Pflanzenbehandlungsmittel.

Alleinfutter: Mischfutter, dessen Nährstoffverhältnis dem Bedarf der Tiere angepasst ist.

Allergie: Heftige Reaktion auf bestimmte Stoffe bzw. Reize.

Aminosäuren: Bausteine des Eiweißes (der Proteine).

Ammenkuhhaltung: Kühe ziehen neben dem eigenen Kalb noch 1–2 fremde Kälber auf – Extensivform der Rinderhaltung.

Analyse: Zerlegung, Untersuchung.

Anion: Negativ geladenes Teilchen.

Antheren: Staubgefäße, männliche Geschlechtsorgane der Pflanze.

Antigen: Körperfremder Stoff, der nach seinem Eindringen eine Abwehrreaktion auslöst.

Antikörper: Im Körper gebildete spezifische Abwehrstoffe gegen die Antigene.

Art: Gruppe von Lebewesen, die sich untereinander fortpflanzen können.

Assimilation: Stoffwechsel mit aufbauender Wirkung in der Pflanze.

Aufmischweizen: Weizensorten, die zur Mischung mit anderen geeignet sind, weil sie deren Backqualität verbessern.

Aufstallung: Form der Stalleinrichtung und Unterbringung der Tiere.

Austausch-Kapazität: Gesamtmenge an Ionen, die ein Boden austauschbar gebunden hält. Da vorwiegend Kationen gebunden werden, auch Kationen-Austauschkapazität genannt (KAK).

Bagasse: Fester Rückstand beim Auspressen von zuckerhaltigen Pflanzen.

Basen (Laugen): Chemische Verbindungen aus Metalloxiden und Wasser. Sie färben Lackmus blau und haben pH-Werte über 7,0.

Beizung: Umhüllung des Saatgutes mit chemischen Mitteln zur Abtötung bzw. Abschreckung von Krankheitserregern und Schädlingen.

Berufsgenossenschaft: Körperschaft des öffentlichen Rechts, deren Mitglieder die Betriebe einer Berufsgruppe, z. B. Landwirte sind. Die Berufsgenossenschaften sind die Träger der gesetzlichen Unfallversicherung.

Bestandesdichte: Zahl der Einzelpflanzen/m^2 bzw. ha.

Bestandesführung: Sammelbegriff für alle Maßnahmen von der Aussaat bis zur Ernte, die zur Sicherung des Ertrages dienen.

Bestockung: Fähigkeit von Gräsern und damit auch der Getreidearten, aus dem ersten Halmknoten mehrere Seitensprosse zu bilden, die sich zu Ähren tragenden Halmen entwickeln.

Betarüben: Fachsprachlich für Zucker- und Futterrüben.

Betriebseinkommen: In Geld ausgedrückte Summe aller Werte, die den am Produktionsprozess beteiligten Personen eines Betriebes während eines Jahres zufließen.

Betriebssystem: Einteilung der Betriebe nach der Struktur des Standard-Deckungsbeitrages, z. B. in Marktfrucht-, Futterbaubetriebe.

Betriebszweig: Bereich eines Betriebes mit gleichen Produktionsverfahren, z. B. Schweinehaltung, Getreidebau.

Biestmilch (Kolostralmilch): Erste Muttermilch nach der Geburt, reich an Eiweiß, Mineralstoffen, Vitaminen und Schutzstoffen, die z. B. bei Kühen nicht an die Molkerei abgeliefert werden darf.

Bilanz: Geordnete Zusammenstellung des Vermögens und der Schulden. Anfangs- und Schlußbilanz der Buchführung sind Grundlagen für die Gewinn- und Verlustrechnung (GUV).

Biogas: Brennbares Gas, vorwiegend Methan, das bei der bakteriellen Vergärung von Biomasse oder Gülle in Biogasanlagen entsteht.

Biologische Schadensregulierung: Einsatz aller pflanzenbaulichen Maßnahmen und Einsatz von tierischen Nützlingen zur Schädlingsbekämpfung.

Biomasse: Das Gewicht aller Bodenlebewesen, bezogen auf eine bestimmte Fläche.

Biotechnik: Technische Anwendung und Umsetzung biologischer Vorgänge.

Biotop: Ein durch das Zusammenleben bestimmter Pflanzen- und Tiergesellschaften gekennzeichneter Lebensraum.

Biozönose: Lebensgemeinschaft aus Pflanzen und Tieren in einem Biotop.

BLUP (Best Linear Unbiased Prediction): Direkter Vergleich der Leistungsdaten von Zuchttieren (über ein EDV-Programm).

Bodenaktivität: Summe aller Umwandlungsprozesse im Boden, die durch Bodenlebewesen und chemische Reaktionen ausgelöst werden.
Bodenarten: Sie kennzeichnen die Böden nach der vorherrschenden Korngrößenzusammensetzung ihrer Bodenteilchen.
Bodengare: Der für die Pflanzen ideale Bodenzustand (Krümelstruktur).
Bodenprofil: Der Längsschnitt durch den Boden, der die Horizonte (Bodenschichten) erkennen lässt.
Bodenreaktion: Der pH-Wert der Bodenlösung.
Bodenstruktur (Bodengefüge): Anordnung und Zusammenhalt der festen Bodenteilchen.
Bodentyp: Einteilung der Böden nach ihrem Ausgangsmaterial, ihrem Zustand und ihrer Entwicklungsstufe.
Breitband-Herbizid: Auf eine ganze Gruppe von Unkräutern wirkendes Mittel.
Brunstsynchronisation: Auslösung der Brunst weiblicher Tiere durch Hormonbehandlung, um gleichzeitige Trächtigkeits- und Geburtszeiten in einem Bestand (z. B. für Embryotransfer nötig) zu erreichen.
Brunstzyklus: Durch Hormone gesteuerter Geschlechtszyklus weiblicher Tiere.
Cash-flow: Summe aus Eigenkapitalveränderung und Abschreibungen.
Chromosomen (Kernschleifen): Träger der Erbinformationen im Zellkern.
Corn-Cob-Mix (CCM): Gemisch aus Kolbenspindeln und Maiskörnern, das als Silage vorwiegend in der Bullen- und Schweinemast eingesetzt wird.
Datenschutz: Gesetzliche Bestimmungen über die Speicherung und Weitergabe (meist personenbezogener) Daten.
Datensicherung: Technische Möglichkeiten zur Sicherung der gespeicherten Daten gegen Löschen.
Deckungsbeitrag: Mathematisch die Differenz zwischen Marktleistung und variablen Kosten eines Produktionsverfahrens; Beitrag des einzelnen Produktionsverfahrens zur Deckung der Fest- und Gemeinkosten eines Betriebes; betriebsinterner Wettbewerbsmaßstab der Produktionsverfahren eines Betriebes.
Desoxiribonukleinsäure (DNS): Speicher der Erbinformationen in den Chromosomen (engl. DNA).
Destruenten: Luftscheue (anaerobe) Bakterien, die organische Masse in Gewässern zersetzen.
Dickung: Dichter Waldbestand aus mehr als mannshohen Bäumchen.
Diffusion: Konzentrationsausgleich innerhalb einer Lösung infolge der Brownschen Molekularbewegung.
Draufholz: Bei der Heilbronner Sortierung das Aushalten des Stammes bis zur nächstniederen Klasse.
Drehmoment: Das Produkt aus Kraft und Kraftarm an einem Hebel.
Druckrollen: Aggregate an Sägeräten, die die obere Bodenschicht andrücken und so die Kapillarität des Bodens fördern.
Durchforstung: Waldbauliche Pflegemaßnahme im Stangenholzalter, bei der die Förderung der Zukunftsstämme im Vordergrund steht.
Eigenkapitalveränderung: Gesamteinkommen abzüglich privater Entnahmen (ohne private Vermögensbildung).
Einheitswert: Von der Finanzbehörde aufgrund der Bewertung von Boden, Wohn- und Wirtschaftsgebäuden, Pflanzenbeständen, totem und lebendem Inventar festgesetzte Besteuerungsgrundlage eines Betriebes (Einkommen-, Grundsteuer).
Element: Grundstoff, der auch in kleinsten Teilmengen noch gleiche Eigenschaften aufweist.
Embryo: Das neue, aus der Vereinigung von männlicher Samen- und weiblicher Eizelle entstandene Lebewesen.
Embryotransfer (ET): Übertragung von Embryonen aus weiblichen Spendertieren an weibliche Empfängertiere, die diese Embryonen austragen; damit lassen sich von einem wertvollen Muttertier mehr Nachkommen gleichzeitig erreichen.
Emulsion: Feinste Verteilung zweier nicht mischbarer Flüssigkeiten.
Energie: Fähigkeit eines Körpers, Arbeit zu leisten.
Enzyme (Fermente): Stoffe, die biochemische Vorgänge auslösen oder in ihrer Geschwindigkeit beeinflussen; man nennt sie auch Bio-Katalysatoren.
Epithel: Pflanzliches und tierisches Gewebe.
Erhaltungsbedarf: Energie- und Proteinbedarf zur Aufrechterhaltung der Lebensfunktionen eines Tieres (ohne jegliche Leistung).
Erhaltungszucht: Sicherstellung des Saatgutvorrates einer Sorte durch fortwährende Auslese und Vermehrung.
Erosion: Bodenabtrag, der durch Wasser und Wind entsteht.
Ertragspotenzial: Summe der erblich bedingten und durch die Standortfaktoren gegebenen Ertragsvoraussetzungen.
Ethanol (Äthanol): Chemische Bezeichnung für eine Gruppe der Alkohole.
Eutrophierung: Nährstoffanreicherung der Gewässer, die zunächst zur starken Algenvermehrung und nach Sauerstoffmangel zum Umkippen des Gewässers führt.
Evolution: Die Entwicklung der Arten im Laufe der Zeit.
Extensivierung: Verminderung der Produktion zum Abbau von Überschüssen und zum umweltfreundlichen Wirtschaften.
Exterieur: Äußeres Erscheinungsbild (Phänotyp).
Faktoransprüche: Umfang und Zusammensetzung der Ansprüche eines Produktionsverfahrens an die im Betrieb begrenzt verfügbaren Produktionskapazitäten, z. B. AKh/ha insgesamt und in den Zeitspannen, Kapitalbedarf/Mastplatz, Futterfläche/Milchkuh.
FAO-Zahl: Zahlencode für die Kennzeichnung der Reifezeit und Kornfarbe bei Maissorten.
Feldaufgang: In % angegebener Anteil der nach erfolgter Saat aufgelaufenen Pflanzen von den insgesamt ausgesäten keimfähigen Samen.

Feldkapazität: Wasserspeicherfähigkeit des Bodens in mm Niederschlag; die nutzbare Feldkapazität (nFK) bezeichnet den für die Pflanzen nutzbaren Anteil des Speicherwassers.

Fermentation: Durch Bakterien bzw. deren Fermente (= Enzyme) ausgelöste chemische Veränderung, oft Gärprozesse.

Feste (fixe) Kosten: Summe aller unabhängig von der Produktion anfallenden Kosten, z.B. für Abschreibung, Versicherung.

Fetus: Das ungeborene Lebewesen (Embryo), nachdem sich die Organe entwickelt haben.

Fließfutter: Verarbeitung der Futterkomponenten in der Schweinemast zu einem pumpfähigen Brei (Flüssigfütterung).

Fotosynthese (Assimilation): Fähigkeit der grünen Pflanzen, aus CO_2 und Wasser mit Hilfe der Sonnenenergie und ihrer Farbstoffträger in den Zellen, Zucker und Stärke zu erzeugen, wobei Sauerstoff ausgeschieden wird.

Fotovoltaik: Gewinnung von elektrischer Energie mithilfe von Solarzellen aus Sonneneinstrahlung.

Fremdbesatz: Prozentanteil von artfremden Samen in einer Saatgutpartie.

Frequenz: Physikalische Bezeichnung für die Anzahl der Schwingungen innerhalb einer Zeiteinheit.

Fresser: Für die Mast aufgezogene Jungrinder von 150-200 kg Lebendmasse.

Fruchtfolge: Fachlich begründete, periodisch wiederkehrende Aufeinanderfolge von Fruchtarten auf ein und demselben Feld.

Frühentwöhnung: Begrenzung der Tränkdauer z.B. der Kälber mit Vollmilch bzw. der Säugedauer bei Ferkeln auf eine bestimmte Anzahl von Tagen.

Fungizid: Pilz tötendes Pflanzenschutzmittel.

GATT (General **A**greement on **T**ariffs and **T**rade, zu deutsch **Allgemeines Zoll- und Handelsabkommen):** Es besteht zwischen mehr als 90 Staaten der Erde und beabsichtigt den Abbau der Handelsbeschränkungen. Vorläufer der WTO.

Gen ist eine einzelne Erbinformation innerhalb der DNS.

Genzentrum: Heimat der jeweiligen Kulturpflanze.

Gesamt-Deckungsbeitrag: Summe aller Deckungsbeiträge der verschiedenen Produktionsverfahren eines Betriebes.

Gesamteinkommen: Summe aus dem Gewinn und den nichtlandwirtschaftlichen Einkünften.

Geschäftsfähigkeit: Fähigkeit einer Person, rechtswirksame Geschäfte abzuschließen. Beschränkte Geschäftsfähigkeit besteht zwischen dem 7. und 18. Lebensjahr.

Gewinn: Differenz aus Unternehmensaufwand und Unternehmensertrag oder Differenz aus Gesamt-Deckungsbeitrag abzüglich der Festkosten des Betriebes und des Lohnanspruchs des Unternehmers.

Gewinnrate: Quotient aus dem Hundertfachen des Gewinns und dem Unternehmensertrag.

Gezielte Paarung: Zucht mit den besten Tieren einer Rasse.

Göfo-Wert: Der mit dem Göttinger fotoelektrischen Messgerät festgestellte Farbhelligkeitswert bei Schweinefleisch, zunehmend ersetzt durch die Opto-Star-Messung.

GPS: Das Global Positioning System ist ein satellitengestütztes Funksystem, das an jedem Ort der Erde und zu jeder Zeit die Lage und die Bewegung eines Körpers (z. B. Fahrzeug) erfassen kann.

Großvieheinheit (GV): 500 kg Lebendmasse.

Grundbuch: Eigentumsnachweis von Grundstücken und Gebäuden. Führung und Aufbewahrung durch das Grundbuchamt beim jeweiligen Amtsgericht.

Grundfutter: Wirtschaftseigenes Raufutter, z. B. Gras.

Halothan-Test: Verfahren zur Ermittlung stressresistenter Ferkel für die Zucht.

Haploidiezucht: Züchtung von Pflanzen mit einfachem Chromosomensatz aus Staubgefäßen auf Nährböden.

Herbizide: Unkraut vernichtende Pflanzenbehandlungsmittel.

Herdbuchzucht: Zusammenschluss von Züchtern, die sich ein gemeinsames Zuchtziel gesetzt haben. Ihre Vereinigung (Zuchtverband) führt das gemeinsame Herdbuch.

Herdenführung: Übersicht über die sich wiederholenden Arbeiten und Maßnahmen in einem Tierbestand.

Heritabilität: Anteil der Erblichkeit an einem Leistungsmerkmal.

Heterosis: Übertreffen der elterlichen Leistung bei Nachkommen aus Gebrauchskreuzungen.

Heterosiseffekt: Besondere Leistungssteigerung bei Nachkommen aus Hybridzucht (nicht vererbbar).

Hormone: Chemische Botenstoffe, die in Pflanzen und Tieren den Stoffwechsel steuern und bestimmte Reaktionen auslösen, z. B. Wachstumsförderer oder -hemmer.

Humus: Gesamtheit aller abgestorbenen organischen Stoffe auf und im Boden, die sich in allen Stufen der Zersetzung befinden können.

Hybriden: Aus Zuchtlinien entstandene Gebrauchskreuzungen von Pflanzen oder Tieren, die nicht zur Weiterzucht vorgesehen sind.

Hydraulik: Lehre von strömenden Flüssigkeiten. In der Technik Bezeichnung für die Kraftübertragung mittels unter Druck stehendem Öls.

Hydrolyse: Spaltung einer Verbindung unter Mitwirkung von Wasser.

Immunität: Die durch äußere Einwirkung, z. B. Impfung, erworbene Widerstandsfähigkeit gegen Krankheiten und Schädiger.

Index: Zahlenwert, der z. B. die Zusammenfassung aller Leistungsmerkmale eines Tieres unter Berücksichtigung der wirtschaftlichen Bedeutung der Merkmale darstellt und damit den direkten Vergleich der Tiere untereinander ermöglicht.

Insektizide: Insekten tötende Pflanzenschutzmittel.

Integrierter Pflanzenbau: Nutzung aller ökologischen Maßnahmen beim Pflanzenbau.

Ionen: Elektrisch geladene Teilchen (Atome oder Moleküle).

Isolation: Einschränkung oder Unterbindung der Kontakte von Lebewesen mit ihrer Umwelt, z. B. zum Schutz vor Ansteckungen.

Kalibrierung: Herstellung gleicher Samendurchmesser beim Saatgut, in der Regel durch Absieben oder Pillieren.

Kambium: Das teilungsfähige Gewebe im Spross zweikeimblätteriger Pflanzen.

Kapillarität: Wasserbewegung entgegen der Schwerkraft in engen Röhrchen bzw. Bodenporen.

Kapitalbindung: Festlegung von Geldmitteln in Investitionen, z. B. Maschinen, Anlagen, Gebäude.

Kapitaldienstgrenze: Maximal tragbare Zins- und Tilgungsleistung.

Kapitalkosten: Preis für geliehenes Geld (Zinsen, Bearbeitungsgebühr u.a.).

Karenzzeit: Wartezeit (Sperrfrist) zwischen der letzten Pflanzenbehandlungsmaßnahme und der Nutzung der Pflanze.

Kataster: Verzeichnis aller Flächen einer Gemarkung (Flur) mit der Angabe von Eigentümer, Flurplannummer, Größe, Bodenbewertung und Nutzungsart. Erstellt und verwaltet von den Vermessungsämtern.

Kationen: Elektrisch positiv geladene Teilchen.

Kaufkraft: Gütermenge, die für eine bestimmte Geldmenge gekauft werden kann.

Keimfähigkeit: In % angegebener Anteil gekeimter Samen bei einer Probe.

Klassifizierung: Einreihung von Marktprodukten bzw. Tieren in Handelsklassen, z. B. bei Schlachtkörpern.

Kleemüdigkeit: Negative Gesamtwirkung aus der Vermehrung pflanzlicher und tierischer Schädlinge bei ununterbrochenem oder mit zu kurzen Pausen betriebenem Anbau von Leguminosen.

Klimafaktoren: Alle physikalischen Einflussgrößen, die das Klima eines Standorts bestimmen, z. B. die Höhenlage.

Klon: Alle durch (künstliche) ungeschlechtliche Vermehrung entstandenen und dadurch erbgleichen Nachkommen einer Pflanze oder eines Tieres.

Kohäsion: Zusammenhangskraft der Moleküle in einem Stoff.

Kohlenhydrate: Die Nährstoffe Zucker, Stärke und Rohfaser.

Kolloide: Quellfähige, sehr kleine Bodenteilchen (unter einem hundertmillionstel Meter).

Kraftfutter: Futtermittel mit höherer Nährstoffkonzentration als im Grundfutter.

Krume: Oberste, meist bearbeitete Bodenschicht.

Laktation: Zeitabschnitt nach der Geburt bei Säugetieren, in dem Muttertiere Milch geben.

Landwirtschaftlich genutzte Fläche (LF): Landwirtschaftliche Nutzfläche abzüglich der länger als 1 Jahr ungenutzten landwirtschaftlichen Fläche.

Landwirtschaftliche Nutzfläche (LN): Summe aus Ackerfläche, Wechsel- und Dauergrünlandfläche, Gartenfläche und Fläche von Dauerkulturen.

Lebendverbauung: Die Verkittung von Bodenteilchen zu stabilen Krümeln durch Bodenlebewesen oder deren Ausscheidungen.

Leguminosen: Zur Familie der Schmetterlingsblütler gehörende Pflanzen, die in Gemeinschaft mit N-sammelnden Knöllchenbakterien an ihren Wurzeln leben.

Lehm: Bezeichnung für eine Bodenart, die zwischen 20 und 50% abschlämmbare Teilchen besitzt.

Leistungsprüfungen im Feld: Prüfung möglichst vieler Nachkommen eines Zuchttieres in den Betrieben.

Lieschkolbenschrot (LKS): Gemisch aus geschroteten Maiskolben und Lieschen, das siliert in der Rinderfütterung und abgesiebt in der Schweinefütterung eingesetzt wird.

Lineare Beschreibung: Exakte Erfassung des äußeren Erscheinungsbildes eines Tieres durch ziffernmäßige Bewertung der einzelnen Merkmale.

Liquidität: Zahlungsfähigkeit zu einem bestimmten Zeitpunkt.

Löss: Ein lockeres, kalkhaltiges Absatzgestein, das nach der Verwitterung fruchtbare Böden bildet.

Marketing: Summe aller Maßnahmen, die auf die Erhaltung und Steigerung des Absatzes sowie das Erzielen höherer Preise ausgerichtet sind.

Marktleistung: Summe der Einnahmen aus dem Verkauf der marktfähigen Haupt- und Nebenleistungen eines Produktionsverfahrens.

Marktordnung: Maßnahmen zur Steuerung von Angebot und Nachfrage, Wettbewerb und Preisentwicklung, um die Existenz der Betriebe einerseits und die Versorgung der Bevölkerung andererseits mit einem Produkt zu gewährleisten.

Masse: Die Stoffmenge eines Körpers.

Massen-, Volumen-, Stückzahlbedeckung: Masse, Volumen, Stückzahl von Ausbringgütern auf eine Flächeneinheit.

Melasse: Restsirup, aus dem der Zucker nicht mehr herauskristallisiert werden kann (wird als Futtermittel eingesetzt).

Mengenstrom: Menge (Masse, Volumen, Stückzahl), die eine Maschine in einer Zeiteinheit ausstößt.

Meristem: Gewebe mit teilungsfähigen Zellen.

Meristemkultur: Gewinnung neuer Pflanzen aus dem Teilungsgewebe (Meristem) einer Pflanze z. B. zur Resistenzzüchtung.

Milchfluss: Milchmenge in kg, geteilt durch die Melkdauer (in Minuten).

Mineralisierung: Zerlegung der Biomasse über Humus in ihre mineralischen Bestandteile.

Minimalbestelltechnik: Verfahren zur Saatbettbereitung und Saat in einem Arbeitsgang, meist in Verbindung mit pflugloser Bodenbearbeitung.

Moleküle: Kleinste chemische Verbindungen.

Molluskizide sind Schnecken tötende Pflanzenschutzmittel.

Monogerm-Saatgut: Erblich einkeimiges Saatgut (bei Rüben).

Morphose: Gestaltwandel eines Lebewesens, der sich unter dem Einfluss äußerer Bedingungen vollzog.

Mulchsaat: Direktsaat ohne vorherige Saatbettbereitung in die abgestorbenen Reste einer Zwischenfrucht oder die Stoppeln der Vorfrucht.

Mutation: Sprunghafte Änderung einer Erbanlage.

Mutterkuhhaltung: Kühe werden nicht gemolken, sondern säugen ihre Kälber.

Mycel: Pilzgeflecht.

Mykoplasmen: Einzellige Lebewesen ohne feste Zellwand, die als Krankheitserreger auftreten.

Nachgemelk: Restliche Milchmenge in cm^3, die nach dem Nachlassen des normalen Milchflusses und dem Absetzen der Melkmaschine ein Nachmelken erfordert.

Nährstoffvergleich: Gemäß Dünge-Verordnung jährlich vorgeschriebene Bilanz der Nährstoffab- und -zufuhr auf landwirtschaftlich genutzten Flächen.

Nahrungskette: Gefüge der Lebewesen in einer Biozönose (siehe dort), das sich aus dem Fressen und Gefressenwerden ergibt.

Narbe: Pflanzendecke der Grünlandflächen oder Teil des Stempels in der Blüte.

NEL (Nettoenergie-Laktation): Futterbewertungs-System für Milchkühe.

Nematizide: Gegen Nematoden wirkende Pflanzenbehandlungsmittel.

N_{min}-Methode: Bodenuntersuchungsmethode zur Feststellung der Menge des mineralisierten (pflanzenaufnehmbaren) Stickstoffs.

Normtyp: Standardisierte Handelsfuttermittel.

NRR: Non-Return-Rate.

Null-null-Sorten (Doppel-Null-Sorten): Erucasäure-freie und Glucosinolat-arme Rapssorten.

nXP: Nutzbares Protein → Ruminale Stickstoffbilanz.

Ökologie: Die Lehre von den Wechelbeziehungen der Lebewesen mit ihrer Umwelt.

Ökosystem: Die Biozönosen eines Biotops.

Osmose: Konzentrations-Ausgleich zweier verschieden konzentrierter Flüssigkeiten durch eine halbdurchlässige Membran hindurch.

Oxidation: Elektronenabgabe, bedeutet in der Regel Verbindung eines Stoffes mit Sauerstoff.

Parasitismus: Das Zusammenleben verschiedener Organismen, bei der eine Art auf Kosten der anderen lebt.

Periodensystem der Elemente (PSE): Übersicht über die chemischen Elemente in der Reihenfolge ihrer Kernladungszahlen.

Persistenz: Die Dauerwirkung einer chemischen Substanz, z. B. in der Pflanze oder im Boden, bis zum völligen Abbau.

pH-Wert: Zeichen für die Wasserstoffionen-Konzentration in einer Lösung, Maßstab für den Säuregrad.

Phloëm: Der Teil der Leitgefäße im Spross, der die Assimilate nach unten transportiert.

Pick-Up: Trommel mit gesteuerten Zinken zur Aufnahme von Ernteschwaden.

Pillierung: Umhüllung der Samen mit einem Mantel aus nährstoffhaltigen und/oder schützenden Stoffen, dient auch der Kalibrierung.

Population: Die Lebewesen einer Art in einem Biotop.

Produktionsfaktoren: Faktoren, die die Grundlage der landwirtschaftlichen Erzeugung darstellen, wie Boden, Arbeit, Kapital und unternehmerische Leistung.

Produktionsverfahren: Kleinste Produktions-Einheit eines Betriebszweiges, z. B. 1 Tier, 1 ha, 1 Stallplatz. Das Produktionsverfahren ist gekennzeichnet durch die Art des Hauptprodukts, die Leistungen, die zuteilbaren Kosten, z. B. Dünger, Saatgut und die Faktoransprüche an die Produktionsfaktoren Fläche, Arbeit, Kapital usw.

Proteide: Zusammengesetzte Proteine, die aus einem Proteinanteil und einem Nicht-Proteinanteil bestehen.

Protein: Auch als Eiweiß bezeichnet; große Moleküle aus kettenförmig aneinandergereihten Aminosäuren.

Pufferung: Die Fähigkeit von Böden, ihren pH-Wert trotz saurer oder alkalischer Einwirkungen über eine gewisse Zeit konstant zu halten.

Rasse: Gruppe von Tieren derselben Art, die sich durch bestimmte Merkmale von anderen Rassen unterscheiden und diese Merkmale auch weitervererben.

Reaktion: Die saure oder alkalische Eigenschaft einer Lösung, z. B. des Bodenwassers.

Rechtsfähigkeit: Fähigkeit natürlicher oder juristischer Personen zur Übernahme eigener Rechte und Pflichten. Sie beginnt mit der Geburt und endet mit dem Tod.

Reduktion: Elektronenaufnahme, in der Regel durch den Entzug von Sauerstoff.

Reflex: Eine ohne Mitwirkung des Willens ablaufende Reaktion auf einen Reiz.

Regeneration: Wiederherstellung von Teilen eines Organismus, z. B. nach Beschädigungen.

Relative Luftfeuchtigkeit: Gibt in Prozent den Sättigungsgrad der Luft mit Wasser an.

Rentabilität: Erwirtschaftung einer positiven Ertrags-Aufwands-Differenz.

Reparaturkostenfaktor: Verhältniszahl, die man mit dem Neuwert der Maschine multipliziert, um die wirtschaftlich vertretbaren Reparaturkosten für die gesamte Lebensdauer einer Maschine zu berechnen.

Resistenz: Die ererbte Widerstandsfähigkeit eines Organismus gegen Schädiger.

Rhizom: Unterirdische Erdsprosse von Pflanzen, die als Dauer- oder Speicherorgane die Überwindung ungünstiger Vegetationsperioden ermöglichen.

RNB → Ruminale Stickstoffbilanz.

Rodentizid: Ein Pflanzenschutzmittel gegen Nagetiere.

Rohfaser: Futterbestandteil aus unlöslichen Vielfachzuckern, hauptsächlich Cellulose und Lignin. Nur Wiederkäuer können die schwer verdaulichen Kohlenhydrate der Cellulose verwerten.

Rohprotein: Sammelbegriff für alle Futterbestandteile, die sich aus Proteinen, Proteiden sowie nicht eiweißartigen Stoffen zusammensetzen.

Rotte oder **Verrottung:** Der Zersetzungsvorgang organischer Masse.

Rückstellungen: In der Bilanz ausgewiesene Beträge zur Deckung von zu erwartenden Belastungen, um zusätzlichem Aufwand vorzubeugen und steuerlich vorab geltend zu machen.

Ruminale Stickstoffbilanz (RNB): Differenz zwischen dem Gehalt eines Futtermittels an nutzbarem Rohprotein (nXP) und unabbaubarem Protein (UDP) in einer Futterration für Milchvieh.

Ruminantia: (lateinische) Bezeichnung für Wiederkäuer.

Saatgutkategorien: Vorstufen-, Basis-, Zertifiziertes Saatgut.

Saatstärke: Masse des auszubringenden Saatgutes in kg/ha unter Berücksichtigung der Keimfähigkeit.

Salpeter: Nitratstickstoff.

Salze: Chemische Verbindungen aus Metall- und Säurerest-Ionen. Salze sind Kristalle mit unterschiedlicher Löslichkeit.

Sanktion: Bestätigung; meist als Plural gebraucht: Sanktionen = Zwangsmaßnahmen.

Säuren: Chemische Verbindungen aus Nicht-Metalloxiden und Wasser. Sie färben Lackmus rot und haben pH-Werte unter 7,0.

Schadensschwelle: Grenze, unterhalb der die Bekämpfung von Schädigern teurer ist als der durch sie angerichtete Schaden.

Schossen: Streckungsphase der Getreidehalme.

Sekundär-Rohstoffdünger: Abwässer, Fäkalien, Klärschlamm.

Selbstversorgungsgrad: In % ausgedrückter Anteil der Menge eines im eigenen Land erzeugten Lebensmittels am Gesamtbedarf im eigenen Land.

Selektion: Immer wiederholte Auswahl von Pflanzen und Tieren derselben Art zu züchterischen Zwecken.

Selektive Wirkung: Eigenschaft der Pflanzenbehandlungsmittel, nur auf wenige oder auf eine Pflanzenart zu wirken.

Silomais: Mais für die Silagegewinnung aus den oberirdischen Pflanzenteilen.

Solarthermie: Gewinnung von thermischer Energie durch Sonneneinstrahlung mithilfe von Solaranlagen.

Sortenschutz: Gesetzliche Regelung (Sortenschutz-Gesetz) zur Sicherung der finanziellen Rechte des Züchters.

SPF-Verfahren (**s**pecific **p**athogen **f**ree): Geburt und Aufzucht hochwertiger Zuchtferkel unter besonderen hygienischen Bedingungen (keimfrei), um die Infektion mit bestimmten Krankheiten zu verhindern.

Sporen: Ungeschlechtliche Fortpflanzungszellen von Pilzen bzw. Dauerformen von Bakterien.

Spritzenprüfung: (Freiwillige) Überprüfung der Querverteilung (Dosistest), der Druckanzeige (Manotest) und der Pumpenleistung (Quantotest) an einer Feldspritze.

Spurennährstoffe: Nur in kleinsten Mengen für die Pflanzen/Tiere nötig.

Stabilität: Nachhaltige Existenzfähigkeit eines (landwirtschaftlichen) Betriebes.

Standard-Deckungsbeitrag: Aufgrund von Buchführungsergebnissen für bestimmte Regionen und Produktionszweige ermittelte durchschnittliche Deckungsbeiträge als Grundlage für den überbetrieblichen Vergleich.

Standweide: Haltung der Tiere während der ganzen Weideperiode auf derselben Fläche.

Stärkeeinheit (StE): Veraltete Maßeinheit für die Futterbewertung für Masttiere.

Stoppelsaat: Saat von Zwischenfrüchten auf die flach eingegrubberten Stoppeln der Hauptfrucht.

Strip-Grazing: Streifenweise Kurzzeit-Weidenutzung.

Substrat: Umgesetzter Stoff; der Begriff wird für Erdmischungen verwendet.

Symbiose: Zusammenleben verschiedener Organismen zum gegenseitigen Nutzen.

Synthese: Chemische Verbindung von Stoffen.

Tausendkorngewicht (TKG): Masse von 1000 Körnern (Früchten, Samen) einer Pflanze in g.

Testtagsmodell: Verfahren zur Schätzung des Zuchtwertes von Tieren für bestimmte Leistungsmerkmale. Dabei werden die am Testtag (Kontrolltag) erbrachten Leistungen gewertet.

Totalherbizid: Herbizid, das den gesamten Aufwuchs vernichtet.

Transpiration: Wasserverdunstung der Pflanzen.

Trockenmasse (T): Masse (in kg) aller organischen und anorganischen Stoffe, die nach der Trocknung über 3 Stunden bei 105 °C von einer Pflanze übrig bleibt.

Trockensubstanz (TS): Der Prozentanteil einer Probe aus organischem Material, der nach der Trocknung über 3 Stunden bei 105 °C übrigbleibt.

Überlänge: Bei der Heilbronner Sortierung das Aushalten des Stammes über die Mindestlänge hinaus bis zum Erreichen des Klassenzopfes.

UDP: Nicht abgebautes Protein → Ruminale Stickstoffbilanz.

Umlaufvermögen: Geldvermögen, das im Frühjahr in Saatgut, Dünger usw. festgelegt ist, sich später im Pflanzenbestand ausdrückt und schließlich über die Erntevorräte und deren Verkauf wieder zu Geldvermögen wird.

Umsetzbare Energie (ME): Maßstab der Energiebewertung von Futter.

Umtriebsweide: Nutzung der Weidefläche durch Aufteilung in Koppeln.

Untersaat: Zusätzlicher Anbau einer zweiten Frucht in eine schon bestehende Aussaat oder gleichzeitiger Anbau zweier Früchte.

Valenz: Chemische Wertigkeit.

Variable Kosten (auch veränderliche Kosten oder Spezialkosten): Alle einem Produktionsverfahren tatsächlich zuteilbaren Kosten, z. B. Dünger, Pflanzenschutz, Kraftfutter, Tierarzt.

Vegetationsperiode: Die Wachstumszeit der Pflanzen.

Verbindlichkeiten: Schulden.

Verjüngung: 1. Natürliche Begründung eines Waldbestandes durch Verbreitung des Samens aus dem Altbestand über Wind und Tiere (Naturverjüngung). 2. Künstliche Verjüngung durch Saat oder Pflanzen.

Verwitterung: Zerfall von Gesteinen aufgrund natürlicher Einwirkungen wie Temperaturunterschiede, Wasser und Frost.

Viren (Einzahl Virus): Eiweißkörper mit krankmachender Wirkung.

Viskosität: Zähflüssigkeit.

Wachstumsregulatoren: Chemische Mittel, die vor allem der Halmverkürzung und damit der Standfestigkeit bei Getreide dienen.

Waldsterben: Sammelbegriff für Schäden an Waldbäumen, die vorwiegend durch die zunehmende Luftverschmutzung hervorgerufen werden.

Wild- oder Beikräuter: Bezeichnung für Konkurrenzpflanzen im ökologischen Sprachgebrauch.

Xylem: Die Wasser führenden Teile der Leitgefäße im Spross der Pflanzen.

Zeitwert: Anschaffungswert abzüglich der bis zum Stichtag vorgenommenen Abschreibungen.

Zertifiziertes Saatgut: Saatgut einer in der Sortenliste des Bundes-Sortenamtes eingetragenen Sorte, amtlich überprüft (Feldbesichtigung) und vor dem Verkauf anerkannt.

Zopf: Dünneres Ende eines Baumstammes.

Zuchtreife: Zeitpunkt für die erste Paarung von Tieren.

Zwischenfruchtbau: Anbau von Früchten zur Fütterung oder Gründüngung zwischen zwei Hauptfrüchten.

5 Internet-Adressen (Auswahl)

Adressat	Internet-Adresse
Agar-europe Pressedienst	*http://www.agra-europe.de*
Agrar-Datenbanken	*http://dainet.de/fiz-agrar*
Agrarwirtschaftliches Internet-Portal	*http://www.infofarm.de*
Arbeitsgemeinschaft für landwirtschaftliches Bauwesen (ALB) in Bayern e.V., Grub	*http://www.alb.bayern.de*
Auswertungs- und Informationsdienst für Ernährung, Landwirtschaft und Forsten (aid)	*http://www.aid.de*
Bayerische Landesanstalt für Landwirtschaft (LfL), Freising	*http://www.lfl.bayern.de*
Bayerisches Staatsministerium für Landwirtschaft und Forsten, München	*http://www.stmlf.bayern.de*
Bayerisches Staatsministerium für Gesundheit, Ernährung, Verbraucherschutz	*http://www.stmgev.bayern.de/blickpunkt*
Biologische Bundesanstalt für Land- und Forstwirtschaft (BBA) Braunschweig	*http://www.bba.de*
Biosiegel	*http://www.bio-siegel.de*
BLV Verlagsgesellschaft mbH, München	*http://www.blv.de*
Bodenkunde	*http://www.uni-karlsruhe.de*
Bundesforschungsanstalt für Landwirtschaft	*http://www.fal.de*
Bundesverband der landw. Sozialversicherungsträger	*http://www.lsv-d.de/verbände*
Centrale Marketinggesellschaft der deutschen Agrarwirtschaft (CMA), Bonn	*http://www.cma.de*
Datenbank der Zeitschrift Gemüse	*http://www.gemuese-online.de*
Deutsche Landwirtschafts-Gesellschaft (DLG), Frankfurt/M.	*http://www.dlg-frankfurt.de*
Deutscher Bauernverband (DBV), Bonn	*http://www.bauernverband.de*
Deutscher Bauernverband	*http://www.dbv.de*
Deutscher Wetterdienst	*http://www.dwd.de*
DLG Deutsche Landwirtschafts-Gesellschaft	*http://www.dlg.org*
EU-Kommission, Generaldirektion VI (Landwirtschaft)	*http://europa.eu.int/comm/dg06/index_de.htm*
Europäischer Bauernverband (Copa)	*http://www.copacopeca.de*
Forschungsinstitut für die Biologie landwirtschaftlicher Nutztiere (FBN), Dummerstorf	*http://www.fbn.uni-rostock.de*
Hauptverband landwirtschaftlicher Buchstellen und Sachverständiger (HLBS)	*http://www.hlbs.de*
Haus Düsse (Lehr- und Versuchsanstalt der LK Westfalen-Lippe)	*http:/www.duesse.de*
Inaro – Informationssystem Nachwachsende Rohstoffe	*http://www.inaro.de*
Information-Medien-Agrar (IMA):	*http://www.ima-agrar.de*
Informationsdienst der Landwirtschaftsverwaltung Baden-Württemberg	*http://www.landwirtschaft-mlr.baden.wuerttemberg.de/*
Infos zu Pflanzenschutz, Düngung, Biotechnologie	*http://www.iva.de*
Kuratorium für Technik und Bauwesen in der Landwirtschaft (KTBL), Darmstadt	*http://www.ktbl.de*
Landwirtschaftliche Homepages, Diskussionsforen	*http://www.agrarnet.de*
Landwirtschaftskammer für das Saarland	*http://www.lwk-saarland.de*

Landwirtschaftskammer Hannover	*http://www.lwk-hannover.de*
Landwirtschaftskammer NRW	*http://www.landwirtschaftskammer.de*
Landwirtschaftskammer NRW	*http://www.lwk-nrw.de*
Landwirtschaftsverlag Münster-Hiltrup	*http://www.landwirtschaftsverlag.com*
Lehrstuhl für Wirtschaftslehre des Landbaus	*http://wdl.weihenstephan.de*
Maisanbau	*http://www.maiskomitee.de*
Maschinenring	*http://www.maschinenring.de*
Ökologische Lebensmittelwirtschaft	*http://www.boelw.de*
Ökologische Produktion	*http://www.soel.de* *http://www.oekoland-Bayern.de*
Pflanzenberatung	*http://www.proplantexpert.com*
Pflanzenschutzmittel-Datenbank	*http://www.bba.de*
Rapsanbau	*http://www.isip.de*
Rinder- und Schweineregistrierung	*http://www.hi-tier.de*
Schweineproduktion	*http://www.schweine.net*
Sicherheitsdatenblätter für Pflanzenschutzmittel	*http://www.ivu.de*
Statistik für die Landwirtschaft	*http://www.statistik-bund.de*
Statistisches Bundesamt Wiesbaden	*http://www.statistik-bund.de*
Stichwortverzeichnis zu landwirtschaftlichen Fachbereichen	*http://dir.agrar.de*
Stiftung Ökologie und Landbau (SÖL), Bad Türkheim	*http://www.umwelt.de*
Suchmöglichkeiten:	
Agrar-Informations-Portal	*http://www.agrarheute.com*
für die praktische Landwirtschaft	*http://www.agripool.de*
mit Stichwortverzeichnis	*http://www.google.de*
Tiergesundheit im Internet	*http://www.animal-health-online.de*
Tiergesundheit	*http://www.veterinaernetz-hessen.de*
Tierschutz	*http://www.mv-regierung.de/lm/doku/tierschutz_nutztierhaltungs_vo.pdf*
Verzeichnis der regionaliserten Kleinstrukturanteile	*http://www.pflanzenschutzdienst.de*
Waldbau	*http://www.zukunftswald.de*
Wetterfax	*http://www.wetterfax.de*
Zentrale Invekos-Datenbank	*http://www.zi-daten.de*
Zentrale Markt- und Preisberichtstelle (ZMP), Bonn	*http://www.zmp.de*
Zentralstelle für Agrardokumentation und -information (ZADI) und DAINet (Deutsches Agrar-Informations-Netz), Bonn	*http://www.zadi.de* *http://www.dainet.de*
Zuchwertdatenbank Rinderzucht, München (Baden-Württemberg, Bayern, Hessen)	*http://www.stmlf.bayern.de/rinddb*
Zuchtwertdatenbank Schweinezucht, München (Bayern)	*http://www.stmlf.bayern.de/eberdb*
Zuckerrübenanbau	*http://www.liz-online.de*

6 Stichwortverzeichnis

7 Verzeichnis verwendeter wissenschaftlicher Namen